普通高等教育“十一五”国家级规划教材

陶瓷工艺学

（第二版）

马铁成　**主编**

缪松兰　林绍贤　朱振峰　**副主编**

中国轻工业出版社

图书在版编目（CIP）数据

陶瓷工艺学/马铁成主编. —2 版. —北京：中国轻工业出版社，2025. 2

普通高等教育“十一五”国家级规划教材

ISBN 978-7-5019-7822-9

Ⅰ. ①陶… Ⅱ. ①马… Ⅲ. ①陶瓷－工艺学－高等学校－教材 Ⅳ. ①TQ174. 6

中国版本图书馆 CIP 数据核字（2010）第 167283 号

责任编辑：李建华　　杜宇芳

策划编辑：李建华　　责任终审：滕炎福　　封面设计：锋尚设计

版式设计：宋振全　　责任校对：李　靖　　责任监印：张　可

出版发行：中国轻工业出版社（北京鲁谷东街 5 号，邮编：100040）

印　　刷：三河市万龙印装有限公司

经　　销：各地新华书店

版　　次：2025 年 2 月第 2 版第 18 次印刷

开　　本：787×1092　1/16　印张：33

字　　数：823 千字

书　　号：ISBN 978-7-5019-7822-9　定价：88. 00 元

邮购电话：010-85119873

发行电话：010-85119832　010-85119912

网　　址：http://www. chlip. com. cn

Email：club@ chlip. com. cn

250227J1C218ZBW

前　言

本书根据普通高等教育“十一五”国家级规划教材的要求，在第一版的基础上，由大连工业大学、景德镇陶瓷学院和陕西科技大学有关教师进行了认真修订。

本书第一版是在原普通高校使用的陶瓷专业教材的基础上编写而成，立足于我国普通陶瓷（传统陶瓷）工业国内外的发展现状和方向，体现了先进性、科学性和实用性，其特点是不仅可作为高校教材，也适合自学，因此，一直深受师生和科技人员的喜爱。

本次修订仍然保持了原有教材的风格和特点，以传统陶瓷为主，认真总结了多年来的教学实践，并尽可能反映出近十年来陶瓷工业的最新技术成果。这次修订的主要内容：原料和陶瓷缺欠部分进行了补充，显微结构与性质部分进行了调整和修改，坯（釉）料制备、成型、干燥、烧成、装饰部分反映了近十年来的科技进步，其余部分也进行了修订。通过本次修订使该教材更适于教学、科研和生产技术人员使用。

本书由大连工业大学马铁成任主编，缪松兰、林绍贤、朱振峰为副主编。各章编写及修订人员为：大连工业大学李家驹教授、姜妍彦教授（绪论）、马铁成教授、刘贵山副教授、刘敬肖教授（第一章）、林绍贤、姜妍彦教授（第二章）、胡志强教授（第五、六章）、景德镇陶瓷学院缪松兰教授（第十二章）、郑乃章教授（第七章）、王艳香教授（第四章）、朱小平教授（第十一章）、陕西科技大学朱振峰教授（第三、八、九章）、秦本正副教授（第十章），任强教授对本版第三章做了详尽修订、武秀兰教授对本版第八章、第九章做了详尽修订。

大连交通大学高宏教授和大连海事大学孙俊才教授对本书进行了认真地审阅，在此表示衷心的感谢。

本书在编写和修订中由于资料的收集尚欠详尽，加之编者水平所限，难免有错误和不当之处，敬请读者指正。

编者

2010 年 6 月

目　　录

绪　　论

一、陶瓷的概念与分类

"陶瓷"是陶和瓷的总称，是一种人类生产和生活中不可缺少的材料和制品，它在人类生产的历史上已有数千年的历史。传统上，陶瓷的概念是指所有以黏土为主要原料与其他天然矿物原料经过适当的配比、粉碎、成型并在高温焙烧情况下经过一系列的物理化学反应后，形成的坚硬物质，如我们常见的日用陶瓷制品、建筑陶瓷和电瓷等，亦称为传统陶瓷。由于它的主要原料是取之于自然界的硅酸盐矿物（如黏土、长石、石英等），所以可归属于硅酸盐类材料和制品。陶瓷工业可与玻璃、水泥、搪瓷、耐火材料等工业同属"硅酸盐工业"的范畴。

随着科学的发展和社会文明的进步，人们对陶瓷制品的要求越来越高，不仅要求其具有良好的机械性能，而且要具有声、光、电、热、磁等特殊性能，由此新型陶瓷应运而生。为了与传统陶瓷相区别，人们将具有这些特殊性能的陶瓷材料冠以"先进"、"精细"、"高性能"、"特种"等词。这类陶瓷是采用高度精选或人工合成的原料，通过结构设计、精确的化学计量、合适的成型方法和烧成制度而达到特定的性能，再经过加工处理使之符合使用尺寸精度要求的一种无机非金属材料，它在原料、组成和生产工艺等方面与传统陶瓷有很大的不同。因此，广义的陶瓷概念已是用陶瓷生产方法制造的无机非金属固体材料和制品的通称。

国际上通用的陶瓷（Ceramics）一词在各国并没有统一的界限。在欧洲某些国家中，陶瓷一词是指包括各种陶瓷在内的广义的陶瓷。如德国陶瓷协会认为："陶瓷是化学工业或化学生产工艺的一个分支，包括陶瓷材料和器物的制造或进一步加工成陶瓷制品（元件）。陶瓷材料属于无机非金属材料，最少含30%结晶体。一般是在室温中将原料成型通过800℃以上的高温处理，以获得这种材料的典型性质。有时也在高温下成型，甚至可经过熔化及析晶等过程。"而在美国和日本等国却把Ceramics一词看成包括各种硅酸盐材料和制品在内的无机非金属材料的通称，不仅指陶瓷，还包括水泥、玻璃、搪瓷等材料。我们也必须认识到，科学技术的不断发展，必然对陶瓷的界说产生影响，开发出新的领域，突破旧的界限，向更新的范围过渡。

日用陶瓷是品种繁多的陶瓷制品中最古老和常用的传统陶瓷。这一类陶瓷制品具有最广泛的实用性和欣赏性，也是陶瓷科学技术和工艺美术有机结合的产物。日用陶瓷制品的界说似可概括地描述为："用铝硅酸盐矿物或某些氧化物等为主要原料，依照人类意愿，通过特定的化学工艺在高温下以一定的温度和气氛（氧化、炭化、氮化等）制成的工艺岩石，满足生活上、生产上和工程技术上使用要求，绝大多数基本上不吸水。按其用途有的制成器物后，表面施有相当悦目的各种光润釉或特定釉和某些装饰。若干瓷质还具有不同程度的半透明度。通体由一种或多种晶体、无定形胶结物及气孔或与熟料包裹体等种种微观结构相组成。”

陶瓷制品种类繁多，为了便于掌握各种制品的特征，需要进行分类。但由于分类时，各人从不同的角度出发，有的按其材料的结构和基本物理性能来分类，有的按其所用原料、组成或用途来分类，故有多种分类方法，国际上尚无统一的方案。为了便于学习，现介绍两种比较普遍的分类法。

（一）按陶瓷概念和用途来分类

我们可将陶瓷制品分为两大类：即普通陶瓷和特种陶瓷。

普通陶瓷即为陶瓷概念中的传统陶瓷，这一类陶瓷制品是人们生活和生产中最常见和使用的陶瓷制品，根据其使用领域不同，又可分为日用陶瓷（包括艺术陈列陶瓷）、建筑卫生陶瓷、化工陶瓷、化学瓷、电瓷及其他工业用陶瓷。这类陶瓷制品所用的原料基本相同，生产工艺技术亦相近，是典型的传统陶瓷生产工艺，只是根据需要制成适于不同使用要求的制品，是本书的主要研究对象。

普通陶瓷以外的广义陶瓷概念中所涉及的陶瓷材料和制品即为特种陶瓷。特种陶瓷是用于各种现代工业和尖端科学技术所需的陶瓷制品，其所用的原料和所需的生产工艺技术已与普通陶瓷有较大的不同和发展，有的国家称之为“精密陶瓷”（Fine ceramics）。特种陶瓷又可根据其性能及用途的不同细分为结构材料用陶瓷和功能陶瓷。结构材料用陶瓷主要是用于耐磨损、高强度、耐热、耐热冲击、硬质、高刚性、低热膨胀性和隔热等结构陶瓷材料；功能陶瓷中包括电磁功能、光学功能和生物 - 化学功能等陶瓷制品和材料，此外还有核能陶瓷和其他功能材料等。

可以看出，上述的分类方法仅是考虑到陶瓷品种的发展和应用的不同，以俗成的方法来区别，两类陶瓷之间并没有严格的界限。有的陶瓷品种完全可以一种多用，无需拘泥于属于哪一类。

（二）按坯体的物理性能分类

按陶瓷制品坯体的本质，即坯体结构及其相应的基本物理性能的不同来分类，是较为科学的一种分类方法。这种分类法按照陶瓷坯体的结构不同和所标志的坯体致密度的不同，把所有陶瓷制品分为两大类：陶器和瓷器。陶器是一种坯体结构较疏松、致密度较差的陶瓷制品，通常有一定吸水率，断面粗糙无光，没有半透明性，敲之声音粗哑；瓷器的坯体致密，基本上不吸水，有一定的半透明性，断面成石状或贝壳状。

陶器和瓷器根据其性能及特征的差别还可分成几小类。我国国家标准（GB5001—1985）日用陶瓷的分类见表 0 - 1、表 0 - 2、表 0 - 3。

表 0 - 1　　日用陶瓷分类

性能及特征	陶器	瓷器
吸水性/%	一般大于 3	一般不大于 3
透光性	不透光	透光
胎体特征	未玻化或玻化程度差，结构不致密，断面粗糙	玻化程度高，结构致密、细腻，断面呈石状或贝壳状
敲击声	沉浊	清脆

表 0-2　日用陶器分类

名称	粗陶器	普通瓷器	细瓷器
特征	吸水率一般大于15%，不施釉，制作粗糙	吸水率一般不大于12%，断面颗粒较粗，气孔较大，表面施釉，制作不够精细	吸水率一般不大于15%，断面颗粒细，气孔较小，结构均匀，施釉或不施釉，制作精细

表 0-3　日用瓷器分类

名称	炻瓷类	普通瓷器	细瓷器
特征	吸水率一般大于3%，透光性差，通常胎体较厚，呈色，断面呈石状，制作较精细	吸水率一般不大于1%，有一定的透光性，断面呈石状或贝壳状，制作较精细	吸水率一般不大于0.5%，透光性好，断面细腻，呈贝壳状，制作精细

除此以外，陶器和瓷器还可根据其所用原料和胎质的成分不同分成不同的陶瓷器，其详细分类见表0-4。

表0-4所列的细陶器类中其胎体颗粒细而均匀、施以熔块釉、呈白色或浅色、烧结程度差、吸水率高的细陶制品称精陶。

二、我国陶瓷技术发展概述

在中国的科技发展史上，除了“四大发明”，最引人注目的莫过于陶瓷了。我国的陶瓷有着悠久的历史和光辉的成就，它在我国的文化和工艺史上都占有极其重要的地位。

（一）陶器的起源和演变

陶器是人类最早的手工业制品，陶器的产生与人类从游猎生活逐步过渡到定居生活并从事农业生产有着密切的关系。恩格斯曾对陶器的发明作如下叙述：“可以证明，在许多地方，或者甚至在一切地方，陶器都是由于用黏土涂在编制或木制的容器上而发生的，目的在于使其能耐火。因此，不久之后，人们便发现成型的黏土，不要内部的容器，也可以用于这个目的。”陶器的出现也标志着人类文化开始从旧炻器时代跨入了新炻器时代。

我国陶器起源于何时，随着新炻器时代文化遗址的不断发现而众说纷纭，到目前为止，我国最早陶器在北方和南方都有发现。北方中原地区1977年发现的裴李岗遗址中的陶器，根据C^{14}测定年代，距今约8000年；1976年发现的磁山遗址中的陶器，距今约7300年之久。南方的浙江省余姚河姆渡村遗址中的陶器，根据测定也距今约7000年之久。这些最早出现的陶器大都是泥质和夹砂红陶、灰陶和夹碳黑陶。河姆渡的夹碳黑陶使用的是含Fe_2O_3量较低（1.5%~1.8%）的绢云母质黏土，烧成温度为800~900℃。

随着陶器制作的不断发展，到新炻器时代的晚期，已发展到以彩陶和黑陶为其特色的史前文化。1921年在河南渑池县仰韶村，首先发现了红黑花纹的彩陶片与磨制过的炻器共存。考古学家称这一时代的文化为“仰韶文化”，又称“彩陶文化”。据测定，早期仰韶文化的彩陶其年代距今约6400年。此后，在山西、陕西、甘肃、新疆、宁夏以及内蒙古等地陆续有同样的发现。仰韶文化的陶器分布很广，陶器壁厚薄相当均匀，造型端正。

表 0－4　陶瓷制品的详细分类

类别	种类	详细分类	使用原料	配料/份								烧成温度/℃	用途举例	特征、性质		
				黏土或高岭土	石英	长石	$CaCO_3$	熟料	瓷石	骨灰	滑石			颜色	吸水率/%	相对密度
陶器	粗陶器	石灰质 硅石质	易熔黏土	100	—	—	—	0～20	—	—	—	850～1100	砖、瓦、盆、罐等	黄、红青、黑	11～20	1.5～2.0
陶器	普通陶瓷		可塑性高的难熔黏土、石英、熟料	0～10.0	0～20	—	—	0～20	—	—	—	900～1200	日用器皿	黄、红、灰	6～14	2.0～2.4
陶器	细陶器	黏土质 石灰质 长石质 熟料质 其他	可塑性高的难熔黏土、石英、熟料等，镁质黏土、硅灰石透辉石、其他熔剂	80～85 55～50 40～55 45～80	15～20 35～45 35～55 —	— — 3～12 —	— 5～10 — —	— — — 20～55	— — — —	— — — —	— — — —	素烧 1100～1300 釉烧 1000～1200	日用器皿、彩陶、卫生用具、建筑制品、陈设品等	白色或浅色	4～12	2.1～2.4
瓷器	炻瓷器	粗炻瓷器 细炻瓷器	日用细瓷器	53～55 30～70	40～42 30～60	3～5 5～25	— —	— —	— —	— —	— —	1200～1300 1250～1300	日用器皿、建筑制品、耐热制品、化工陶瓷、陈设品等	乳黄、浅褐、灰、紫	0～3	1.3～2.4
瓷器	普通瓷器和细瓷器	长石质 绢云母质 磷酸盐质 镁质 其他	高岭土、瓷石、可塑性高的难熔黏土、长石、石英、骨灰、滑石等	40～60 30～70 20～45 10～15	20～30 — 9～20 —	20～30 — 8～22 10～15	— — — —	— — — —	— 70～30 — —	— — 20～60 —	— — — 70～75	1250～1450 1250～1450 1200～1300 1300～1400	日用器皿、艺术陈设品、电瓷、耐热瓷、化学瓷等	白色或浅色	0～1	2.4～2.6
瓷器	特种瓷	高铝质 镁质 锆质 钛质 锂质 磁性瓷 金属陶瓷 其他	高铝矾土、氧化铝、滑石、氧化镁等，锆英石等，TiO_2等 含锂矿物等 各种氧化物、氮化物、硅化物等										高频和耐高频绝缘材料、强电材料、磁性材料、电容器材料、耐高温和高力学强度材料，其他特种功能材料等			>2.6

大汶口文化发掘于山东泰安大汶口，大约开始于公元前4000年，早期以红陶为主正，色彩大部分为灰红色，上面画有红色、黑色或紫色花纹。河南仰韶村夹砂红陶器孔隙度27%，莫氏硬度4，氧化气氛烧成。与中原仰韶文化同时的，还有西北地区的甘肃仰韶文化，鲁中南和苏北地区的大汶口文化，太湖流域的马家浜文化，以及华中地区的大溪文化，均用手制，彩陶有红、白、黑、赭数种，至中后期使用了陶车，晚期以灰陶为主。马家浜文化是河姆渡文化的直接继承者，其年代为公元前4750～3700年，陶器以夹砂和泥质红陶为主，并有部分泥质灰陶以及少量黑陶，早期仍用手制，器表多施红色陶衣，到晚期则出现轮制。

到新石器时代晚期，长江以北已从仰韶文化过渡到龙山文化，长江以南则从马家浜文化进入到良渚文化。从公元前2000年到进入青铜时代的时期，陶器的制作已有较大发展，并有明显的时代风貌，其中最突出的为龙山文化的陶器。1928年在山东历城县龙山镇城子崖，发现了许多黑色的陶器，考古学家称之为"黑陶"，并称这一时期的文化为"龙山文化"，又称"黑陶文化"。龙山文化分布在黄河中下游及东部沿海的广大地区，它是继大汶口文化发展而来的东方古老文化。新中国成立后，在山东、河南、陕西、山西、河北和江苏等省，发现了数百处龙山文化遗址。龙山黑陶在烧制技术上有了显著进步，它广泛采用了轮制技术，因此，器形浑圆端正，器壁薄而均匀。黑陶中最精制的制品，表面打磨光滑，乌黑发亮，薄如蛋壳，厚度仅1mm，人称"蛋壳陶"。山东城子崖龙山文化薄胎黑陶，孔隙度15%，莫氏硬度3，通体墨黑，烧成温度1000℃左右。黑色是用烟熏法渗碳造成的。龙山文化时期，除黑陶外，也有灰陶、红陶、黄陶和白陶，但数量不多。以上是我国史前时期陶器的演变情况，距今约3500年以前。

进入有文字记载的殷商时代，在河南安阳曾发掘出距今约3000年的商代刻纹白陶，后在郑州和辉县都有发现。郑州二里冈殷代硬陶，颜色土红带黄，烧成温度（1180±20)℃，说明陶器的烧成温度不断提高。特别应予提及的是商代除出现白陶外，极少量的釉陶在郑州早期遗址和安阳晚期遗址中发现，安阳殷代晚期釉陶，其孔隙度0.26%，莫氏硬度6，釉色浅黄，坯色土黄带红，烧成气氛氧化，釉层厚0.01mm，石灰釉。商代陶器从无釉到有釉，在技术上是一个很大的进步，是制陶技术上的重大成就，为从陶过渡到瓷创造了必要条件，这一时期釉陶的出现可以看成是我国陶瓷发展过程中的"第一次飞跃"*。

周代在釉陶方面继承了殷商时代的传统，出土的釉陶数量很多，器形均为豆式，釉色略呈青色。西周张家坡陶碎片中KNaO含量较高，达4.79%，烧成温度（1200±30)℃，气孔体积分数7.22%；山西侯马东周釉陶的孔隙度为0.14%，烧成温度（1230±30)℃，胎内结构较细，孔隙较少。从这些碎片的显微结构来看很接近陶器的结构，但在原料处理和坯泥炼制上还比较原始。周代在陶器应用方面的一个重要发展是把陶器的应用扩大到建筑方面，砖瓦已开始成为建筑中的重要材料，烧制砖瓦也成了陶业中的重点业务。尤其至秦代（公元前221至公元前206年）用大量砖瓦修建长城和阿房宫，说明建筑陶瓷材料已大量使用。1975年在陕西临潼秦始皇陵墓东侧出土的巨型兵马陶俑，其尺寸类同真人真马，造型生动，工艺精巧，是罕见的古代巨型雕塑品，说明秦代陶工在陶俑成型和烧造

* 刘秉诚. 我国陶瓷的起源及其发展［J］. 陶瓷，1978（2）

方面的完美无缺，这是我国陶瓷工艺发展史上辉煌的成就。

两汉（公元前206至公元220年）是我国陶器制造很发达的时代，这时各地已设置制陶工场，大量生产陶器，尤其是釉陶，已发展到很高的水平，釉陶在两汉末年已成为了一种正常的生产。汉代釉陶的釉色有翠绿、赭黄、铜绿、灰青等，基本上都属于铅釉，只是含有不同含量的氧化铜或氧化铁。铅釉的熔融温度低，较适宜于烧成温度不高的陶器。硬陶上的灰青釉是一种高钙石灰釉，含 CaO 量在 15～20wt%。随着使用原料的选择和精制、烧成温度的提高，又使用了石灰釉，使汉代末期的釉陶已向胎质更致密、釉层更光亮、透明而均匀、胎釉结合更好的瓷器过渡。

汉代以后，釉陶逐渐发展成瓷器，无论从釉面和胎质来看，瓷器的出现无疑是釉陶的一大飞跃。但作为致密度和光泽度都不及瓷器的陶器来说，并没有因为瓷器的出现而逐渐消失。陶器由于其密度较小，很少变形，易于制造大件器物，脆性相对较小等特点，加之原料易得，烧成温度低，工艺技术要求不高，日用陶器在民间需要量大，故陶器虽然经过若干曲折，但一直经久不衰，与瓷器并存到现在。历代在陶器的品种上也不断出现新的品种，如唐代的三彩陶很负盛名，称为唐三彩，唐三彩系发展了汉代的低温铅釉，用绿（以 Cu^{2+} 着色）、黄褐（以 Fe^{3+} 着色）、蓝［以（CoO_4）$^{2-}$ 着色］和紫（主要色剂为 Mn，而 Fe、Co 起调色作用）的釉色施在雕塑产品及实用器物上，变化多端，堂皇华丽。宋代以后在江苏宜兴地方兴盛起来的紫砂陶器等，都是曾经在历史上煊赫一时，至今声名不衰的著名陶器。

陶器的发展，不仅在釉和装饰上有不断的发展，同时在原料的选择、烧成温度、加工处理、胎釉结合等方面也日益精作，生产出外表上可与细瓷器媲美的现代细陶器（精陶器）。另外，陶器的多孔结构具有过滤性和吸附性，也具有隔热隔音等优良性能，在现代陶瓷工业中出现的称为多孔陶瓷的新种类，充分利用了多孔结构材料的特性，在多种工业上得到了广泛的应用。可以看出，陶器作为陶瓷发展史上的早期制品，经过演变与发展，直到现在，仍不失为具有其特色的一大系列陶瓷制品，它对人民生活和工业建设从古到今都起到了应有的积极作用，作出了不可磨灭的贡献。

（二）由陶到瓷的发展过程和瓷器的发明

从陶器到瓷器是我国陶瓷生产史上的一个重大飞跃，世界人民公认瓷器是我国古代的伟大发明之一，中国是瓷器的祖国。关于由陶到瓷的发展过程，中国科学院上海硅酸盐研究所李家治等较全面地总结了自新石器时代一直到明、清近7000年我国陶瓷工艺的发展的过程，科学的指出：我国之所以能够由陶过渡到瓷，主要是由于我国古代劳动人民，经过长期的实践，在制陶工艺上取得辉煌成就的基础上，又逐步提高认识，积累经验，在原料的选择和精制、炉窑的改进和烧成温度的提高、釉的发现和使用等方面有了新的突破。于是远在3000多年前的商、周时代，即创造了釉陶或原始瓷器。又经过1000多年的过渡时期，使原始瓷器的工艺更为成熟，遂在三国、魏、晋时期或更早一些的汉代，完成由陶向瓷的过渡，使我国成为世界上最早发明瓷器的国家*。这里，提出了我国陶瓷工艺发展的三个重大突破和我国陶瓷发展的三个阶段。三个重大突破即是原料的选择和精制、炉窑

* 李家治．瓷器—我国伟大的发明创造［J］．化学通报，1977（6）：42～44
李家治．我国古代陶瓷和瓷器工艺发展过程的研究［J］．考古，1978（3）：179～188

的改进和烧成温度的提高、釉的发现和使用。前一个突破是陶向瓷发展的内因根据，后两个突破是陶向瓷发展的外因条件。三个阶段即是陶器、原始瓷器（过渡阶段）、瓷器。并指出由陶向瓷过渡中在化学组成中起相当重要作用的 Fe_2O_3，由陶器中含量为6%以上，降到原始瓷器的3%左右，然后再降到瓷器1%左右。正是由于 Fe_2O_3 含量的降低，才使烧成温度有提高的可能。

我国学者刘秉诚*从传统陶瓷的表观结构出发，认为我国陶瓷的发展历程，经历了三个重大飞跃：商、周时代的釉陶是陶器的第一个飞跃；从釉陶发展到具有半透明的釉，而胎还是欠致密的瓷器，是又一个飞跃；以后在此基础上发展成为更具有半透明的胎的瓷器，是第三个飞跃。并指出，自新石器时代到商代，陶器开始有釉，发展为釉陶，尽管釉陶的釉还不够好，但由无釉到有釉，而且胎也比较烧结，这毕竟应当算是一个大的飞跃。如安阳殷代晚期釉陶的孔隙度为0.26%，釉层浅黄，坯土黄带红。山西侯马东周釉陶的孔隙度为0.14%，烧成温度（1230±20)℃，釉层浅黄，釉浅土黄。胎内结构较细，孔隙较少，釉层中有若干气泡。西周张家坡陶瓷碎片 KNaO 含量较高，达4.79%，烧成温度(1200±30)℃，矿物组成：石英13.0%；莫来石17.4%；玻璃69.6%；气孔体积分数7.22%，从这些碎片的显微结构看已非常接近瓷器的结构，但在原料处理和坯泥练制上还比较原始。

第二个飞跃是作出了比较美观的釉面。在早期，釉陶的釉层还比较薄（<0.01mm)，光泽也不够好。自商代经汉魏以至北宋，尤以汉魏南方青瓷为代表，釉面“晶莹明彻，光润如玉”，釉层厚度由0.01mm增长到0.1mm左右，并进行通体敷釉，似可称为第二个飞跃。在此阶段主要着重于釉的发展，由极薄的釉发展到形成一定厚度并且表面致密光润具有近代瓷感的釉。由于其观感上已与釉陶有很大的不同，发生了突变和飞跃，使当时人们意识到无法再以一个“陶”字继续混称下去，遂创造了“瓷”字来称呼这些当时有所发展的釉陶，从而逐渐发明了瓷器。但应明确，当时的瓷器着重于釉面的“晶莹明彻，光润如玉”，而不注重瓷胎，这种“重釉轻胎倾向”一直贯穿到宋代以来的五大名窑(官、哥、定、钧、汝)。许多釉面呈现光润如玉的传世作品，其胎质则处于生烧或微生烧状态，尤以北方为甚，这是由于未注意到加入适量熔剂，使胎质烧结，达到瓷化所致。同时也可能是有意识地为了防止窑和产品变形。

第三个飞跃是瓷器由半透明釉发展到半透明胎。江西景德镇由于具有适宜的原料，首先产生了这个飞跃。宋代景德镇湖田、湘湖窑的影青瓷的胎的白度和半透明度都很高，已接近现代细瓷的水平，可作为标志。景德镇一带的陶瓷原料有其地质特点，不仅具有高岭村附近的白土（相当于片状高岭石和管状埃洛石的混合物)，并且主要矿物为石英和水云母类矿物以及部分高岭石或长石的各种瓷石。故景德镇瓷器的配方不同于目前的长石质瓷器，而属于水云母质系统。即以水云母作熔剂的高岭石－石英－水云母质瓷胎和石灰石－石英－水云母质瓷釉的瓷器。于是，为具有半透明釉的瓷发展到具有半透明胎的瓷创造了条件。

这三个重大飞跃的观点，不仅可以概括解释由陶到瓷各个历史发展阶段上的“质变”现象，而且特别适合于用来说明：随着人类社会科学技术水平的不断提高，陶瓷科学领域

* 刘秉诚．我国陶瓷的起源及其发展（二稿）[M]．陶瓷工程论丛．北京：轻工业出版社，1987，1~5，39~67

中的“飞跃”现象将像在其他科学技术领域中一样，继续出现许多光耀夺目的成果，如近年航天飞机外壳上所用的陶瓷耐热耐磨绝缘材料，以及近代材料科学领域内出现的各种技术陶瓷和特种功能陶瓷，其用料和制作工艺已超出传统陶瓷的范畴，则可看做是陶瓷发展的第四个“飞跃”。

瓷器是我国古代的伟大发明，但是关于我国瓷器起源的具体年代，历来各家说法颇不一致，产生分歧的原因主要是衡量古代瓷器的标准不同，或者对瓷器的涵义理解不同。再加上我国地下文物陆续出土，不断地改变着人们的认识。中国科学院上海硅酸盐研究所李家治等，全面总结了我国由陶到瓷的工艺发展，并结合近年来在浙江上虞龙泉塘西晋墓出土的越窑青釉瓷片和上虞小仙坛出土的东汉越窑青釉瓷片进行研究，指出：无论在组成上或工艺上，这些瓷片都已达到近代瓷器的标准，它的组成除 Fe_2O_3 和 TiO_2 的含量较高，而使瓷胎呈较深的灰白色外，其烧成温度已达 1300 ~ 1310℃，吸水率为 0.42% 和 0.28%，显气孔率为 0.92% 和 0.62%，在光学显微镜下，可看到瓷胎里有发育较好的莫来石晶体，石英颗粒较细，还可看到它的熔蚀边，有较多的玻璃态，烧结程度较好，微透光。因而进一步认为我国在公元 1 ~ 2 世纪的东汉时代即已出现瓷器。

也有人指出，我国传统“瓷器”这个概念主要是以釉为主来确定和划分的，瓷胎方面既包括致密烧结和完全瓷化的，也包括未充分烧结和瓷化程度差些的。在东汉到五代这段历史时期内，南北方青瓷胎的瓷化程度并不与时代发展成正比关系。从商周到唐宋，我国陶瓷器只是釉层厚度有较明显的增长，至于胎质的孔隙度和烧成温度，并未看到明显或突出发展的趋势。因而，不能用现代成瓷标准对当时的制品进行内外通体衡量。从出土的三国至晋时代南方的青瓷来看，这些传世魏晋间的完整瓷器，其釉层由薄而厚，已增至 0.10mm 左右，并进行了通体敷釉，胎质也逐渐趋向致密，不吸水，瓷化程度较高，这时已普遍选用优质黏土矿物原料做成坯体，在釉料中存在铁质，于还原焰中烧成泛青色调，大大改善了以往粗糙晦暗的观感。由此表明，东汉末至三国，是中国陶瓷发展史上一个极为重要的时期。由于考虑到现存完器如东汉（公元 25 ~ 220 年）的青瓷四系罐，表面上看来还明显地逊于西晋初期（公元 265—280 年）的青釉瓷羊和三国吴（公元 222—280 年）的青瓷卧羊。同时，东汉到西晋时间跨度较大，如何为中国瓷器的始期划限，值得商榷。若考虑：①已经出土的魏晋完器釉面具有明显瓷化质感的表现特性表征；②现存典籍中的“瓷”字开始出现于魏晋；③国外著名的科学技术史料（李约瑟《中国科学技术史》）也承认，在瓷器方面，西方落后于中国 11 ~ 13 个世纪。不妨先暂定为魏晋或汉晋，俟掌握更多的有关实物和研究成果后再行推敲论定。

（三）我国历代瓷器的成就

我国瓷器在汉、晋时期完成由陶向瓷过渡以后，进入了普遍发展时期。在南北朝（公元 420—589 年）青釉瓷器大量生产，不仅在南方，同时在北方青瓷生产也有极大的进展。到了隋唐时代（公元 581—907 年）瓷器的发展进入了成长阶段。当时的经济、文化颇为发达，由于生活的需要和禁用铜器的结果，陶器制造业有了更大的发展，瓷器的使用已很普遍，瓷器生产已普遍使用高火度烧成，胎质更为坚致。隋代已出现白釉瓷器。唐代瓷器产区已分布很广，并正式出现“窑”的专称。其中以越窑（浙江余姚）的青瓷和邢州的白瓷齐名全国。古人有诗云：“邢客与越人，皆能造瓷器，圆似月魂堕，轻如云魄起”，人评“邢瓷类银、类雪”，“越瓷类玉、类冰”。到五代江西景德镇胜梅亭窑的白瓷，其白度达70%，孔隙度为0.81%，已接近现代细瓷的水平。

宋代（公元960—1279年），我国南北各地的窑业，继承唐代传统，得到了极大发展，造瓷地区逐渐扩大，当时有官、哥、定、钧、汝五大名窑。官窑北宋时在河南开封，南宋时在浙江临安（杭州），北宋官窑一说是汝窑的贡器，釉色主要是粉青。哥窑确切窑厂至今尚未发现，哥窑瓷胎体有厚有薄，釉色主要有粉青、月白、米黄等，釉面有大大小小不规则的开裂纹片，俗称“开片”或“文武片”。定窑有北定、南定两处，北定在河北曲阳，南定在江西景德镇，定窑继承了邢窑制瓷传统，以白釉为主，兼出红、紫、黑、绿定，花纹加工有划花、刻花、印花三种。钧窑在河南禹县神垕镇，钧窑是应用铜红釉最早的窑，其釉色丰富多彩，并创造出窑变花釉，著名的釉色有茄波紫、朱砂红、胭脂斑、鸡血红、雨过天晴、葱翠青等，钧窑的铜红釉和窑变花釉对以后的国际上著名的景德镇铜红釉和窑变影响极大。据研究，所有的钧窑系釉都是液—液分相釉，蓝钧釉的乳光蓝色和官钧紫红色窑变釉中的蓝色斑纹都是釉中的分相液滴引起的光散射效应。汝窑在河南临汝，汝窑制品以卵青色为主，器物通体有极细纹片，其釉青色是我国烧瓷技术采用铁还原着色的一个划时代发展。

此外，陕西的耀州窑，福建的建窑，江西的吉州窑，浙江的哥窑、弟窑、象州窑，河北的磁州窑，北宋和辽对峙时期的辽瓷，南宋和金对峙时期的金钧窑，也都是当时比较著名的窑场。耀州窑以青釉为主，近似汝窑产品，装饰多用凸雕与印花，如串枝莲、莲瓣碗等，简朴壮美，为其他各窑所不及。建窑中最著名的是黑釉瓷，人称黑建，釉黑而滋润，并半透出银色白波纹如兔毫状，有兔毫、油滴、玳瑁斑等名贵铁系花釉。吉州窑在今江西省吉安县永和镇，品种相当丰富，釉色有青釉、绿釉、黑釉和白釉等，其中油滴、兔毫、玳瑁、鹧鸪斑和木叶、剪纸等釉色最为著名。浙江的哥窑、弟窑相传皆为龙泉窑系，龙泉窑继承唐代越窑的优良传统，制造青瓷，誉满海内外。龙泉青瓷有两种主要类型，即黑胎青瓷和白胎青瓷，相传为章姓兄弟二人所主之窑，黑胎青瓷为哥窑型龙泉青瓷，白胎青瓷为弟窑型龙泉青瓷。哥窑青瓷土脉细紫，质颇薄，色青，浓淡不一，有紫口铁足，多断纹，号百圾碎，冠绝当时；弟窑青瓷质厚，用白土造器，外涂幻水翠浅，纯粹如美玉，影露白痕，无纹片，是整个龙泉窑系的主流。龙泉瓷釉在五代北宋属石灰釉，南宋元明属石灰-碱釉，其高温黏度较高，釉面光泽柔和，应看做是一个创造性的进步。磁州窑在今河北彭城镇，有白器和黑器，其装饰以黑白色彩对比为主要特点，在白釉上用黑色、赭色、茶色等色调作画，还有黑底褐彩色等，开创了用笔彩绘装饰的新途径，为宋以后的青花和五彩瓷奠定了基础。与此同时，广东、山西、山东、甘肃、安徽、四川、云南等也普遍开始生产陶瓷。

景德镇自汉代生产陶器开始，唐初已能烧制瓷器，宋以“景德年制”置镇，习称景德镇，后正式命名，大量生产“色白花青”的影青瓷。所谓影青瓷就是指当时以景德镇为代表的一些窑场所生产的釉面呈色青白的瓷器，而“色白花青”特指有刻印花纹的青白釉瓷器。北宋末年间，则仿定窑生产白釉瓷器。南宋以后，特指是明代开始，江西景德镇成为我国瓷业的中心，逐渐成为我国瓷器的代表，对世界各国有很大的影响。

元代（公元1271—1368年）初期，南北瓷窑很多遭到破坏，独有景德镇在原有的基础上继续获得发展。当时蒙古帝国横跨欧亚，中西交往频繁，在一定程度上刺激了景德镇的瓷业生产。景德镇除继续烧造青白瓷外，又创烧了卵白釉、黑釉等，并绘制了红绿彩与金彩等釉上彩绘瓷器。特别是青花与釉里红两种釉下彩绘瓷器的烧造成功，使我国瓷器的装饰艺术别开生面，进入了一个崭新的时代。除景德镇瓷器外，龙泉的青瓷也大量出口。

明代（公元1368—1644年）以来景德镇逐渐成为全国瓷业的中心，景德镇的制瓷工艺继承了历代的优秀传统，在技术上和艺术上都有了极大的发展。从原料的开采、精选、胎釉配方的改进、成型、干燥、烧成和装饰等一系列的工艺过程都有显著的进步。如当时已能烧制“半脱胎”和“大龙缸”等大型制品。当时四方名工巧匠聚集景德镇，除发展本地区的传统外，还吸取和继承了国内外著名瓷区的工艺特点，仿制过宋代窑场的各种色釉，如汝、官、钧、龙泉，釉色逼真，甚至超过原物，有的派生出新，更有发挥，基本上可以代表我国这一时代传统制瓷工艺的综合成就。当时有名的制品有：永乐时代创制的白釉脱胎瓷，宣德时用低锰高铁的钴料为着色剂的青花，幽茜明艳，被称为“开一代未有之奇”。除景德镇外，河北彭城、浙江处州（龙泉）、福建德化、江苏宜兴、广东石湾等地都有各具一格的发展。

清代（公元1644—1911年）初叶，我国的制瓷工艺进入了十分成熟的阶段。此时仍以景德镇为中心，选瓷规模更大，制瓷技术达到历史上的空前水平，制品种类更为丰富。除继承前人之外，又接受了一些外来的影响，釉彩由五彩、斗彩发展到粉彩与珐琅彩，并创造了各种低温和高温颜色釉，康熙、雍正、乾隆三朝制品尤其精巧华丽。它是我国劳动人民在工艺美术方面卓越的成就之一，不但在我国陶瓷史上永远闪烁着光辉，而且在世界陶瓷史上也占有灿烂的一页。清代名窑除景德镇外，还有石湾、宜兴、德化、博山等地，至清末湖南醴陵瓷业一鸣惊人，成为后起之秀。

（四）制瓷技术的外传及其对世界陶瓷的影响

中国瓷器对世界各国的影响很大，在文化发展和陶瓷制造技术方面都有过直接与间接的影响。

远在唐代，中国瓷器即以新兴的商品进入国际市场，东销日本，西销印度、波斯以及埃及。两宋时对外通商范围和贸易数量都超过唐代，瓷器仍是主要出口商品之一。当时来中国通商的有大小50余国，对外贸易中心逐渐由广州扩展到泉州，荷兰商人由泉州贩运瓷器至欧洲，取得很大利润。

明代郑和七次下西洋，所经各国在政治上、贸易上、文化上都和中国发生了密切关系。每次使节往来，中国政府的“赏赉品”中必有瓷器。外国人对中国瓷器视如奇珍异宝，纷纷到中国大量采购。所输出的瓷器，绝大部分是景德镇所产，以青花瓷器居多，其次是龙泉青瓷。清代初期到中叶，中国瓷器除在欧洲有广大市场外，其他如美、非、大洋各洲也都直接或间接来购买中国瓷器。

中国瓷器自7世纪初传到世界各国后，各国竞相仿造。埃及人从法特米王朝（公元969—1171年）开始仿制。13世纪波斯人仿造的瓷器中有中国式凤凰图案。伊拉克、叙利亚、土耳其等国所制瓷器的风格，均能不同程度地看出一些中国的影响。1470年前后，意大利威尼斯人从阿拉伯人那里学会中国制瓷技术，造出了半透明瓷器。17世纪中叶（1677年）法国首先仿制中国瓷器，制成青花软瓷。1634年，荷兰的德尔夫特学会了制造软质瓷方法，至此仿造的中国瓷器都属于软质瓷。直到1708年，德国迈森国家瓷厂的鲍特盖尔制成第一批硬质瓷，这是欧洲仿造中国瓷器之最先成功者。当时，他能仿制中国白瓷、宜兴紫砂器和宜钧。然后英国于1750年，法国于1760年，瑞典在1758年，丹麦于1760年相继生产出硬质瓷，而美国瓷器于1890年始在特伦顿出现。值得一提的是在1712年和1722年法国人传教士殷弘绪神父，曾两次将景德镇制造瓷器的实况，详细地向法国报告。当时，他以神父身份搜集了景德镇制瓷工艺的详细材料，对欧洲瓷器的制造有很大的帮助。

在东方，梁贞明四年（公元918年）朝鲜学会了中国的制瓷技术并在康津设窑厂烧造瓷器，能仿制越窑、汝窑、磁州窑、龙泉窑等各窑的制品，到15世纪也能仿制景德镇的青花白瓷。以后中国的制瓷技术由朝鲜传到日本。南宋嘉定十六年（公元1223年）日本人加藤四郎左卫门氏随道元禅师到我国福建学习制陶技术六年，回国后在濑户地烧制黑釉炻瓷器，后人称之为“濑户物”，称加藤氏为日本的“陶祖”。明正德时期，日本又派人来中国景德镇学习制作青花白瓷，归国后在有田设窑烧造瓷器，称“有田烧”。清初日本又有人到中国继续吸取经验。越南于15世纪初邀请中国技师教授制瓷。泰国在公元795年和公元1300年招聘过中国陶瓷工人，制成仿元、明龙泉青瓷及磁州窑、青花等瓷。

从上述简况来看，世界各国的瓷器发展都比中国晚得多，他们中间，虽然由仿制中国瓷器而逐渐创立自己的风格，但在早期瓷器的纹饰和造型等方面以及工艺制作过程，都还很容易直接或间接找出其源自中国的痕迹。中国瓷器，为人类文化的进步所作出的重大贡献，是值得我们引以为自豪的。

三、陶瓷在现代化建设中的作用

陶瓷工业在现代化建设中具有很重要的地位。首先，陶瓷是人民日常生活中所不可缺少的日用品，几千年来一直是人类用以生活的主要餐具、茶具和容器。在人民生活水平日益提高的形势下，与人民生活密切相关的陶瓷制品必然面临对品质和数量提出更高要求的局面。另外，陶瓷又是制造美术陈设器皿的最耐久最富于装饰性的材料，陶瓷的坚致洁白、明润如玉、便于塑造、适于多种装饰手段、变化万千、丰富多彩是其他材料所无法替代的。尤其瓷器是我国的伟大发明，在国际上享有很高声誉，在对外交往中，瓷器常作为我国的传统礼品与各国交流，包括美术陈设瓷的日用陶瓷作为传统产品在我国外贸中占有一定的地位，故陶瓷工业在现代化建设中的地位是不可低估的。陶瓷又是一个原料来源丰富，传统技艺悠久，具有坚硬、耐用及一系列优良性质的材料，除日用陶瓷外，建筑工业中的砖、瓦、管道，以及卫生洁具等需要量很大，电力、电子工业中的陶瓷绝缘材料，化学工业中的耐腐蚀陶瓷设备，冶金工业中需用的大量耐火材料，以及其他工业需用的很多陶瓷材料等在陶瓷工业中的比例随着现代化建设的发展而日益增大。另外，农业的灌溉和农产品的加工也需要大量的陶瓷管道和设备用具。总之，陶瓷工业的产品已遍及到民用和工业用的各个方面，是现代化建设中不可忽视的一个产业。

随着现代科学技术的飞速发展，对材料的要求更高更严，作为具有优良性能的特种陶瓷已得到了广泛应用。许多现代国防工业和尖端科学技术，如航空、航天、半导体、高频技术、高温材料和各种特种用途的新材料、新元件无不需要陶瓷材料。作为具有悠久历史的陶瓷，随着世界科学技术的日新月异，新兴的陶瓷材料必然会层出不穷，古老的陶瓷工业在新的形势下将再次产生飞跃，在现代工业中放射出更加灿烂的光芒。

四、陶瓷工业的现状与发展趋势

20 世纪的工业革命极大地推动了科学技术的进步和社会生产力的发展，然而陶瓷这一传统工业与其他新兴工业比，发展则比较缓慢。究其原因主要是陶瓷的组成—结构—性能之间的关系非常复杂，加上传统技艺上的垄断与保守，同时，高能耗、劳动密集和低附加值等制约了陶瓷工业发展。

随着现代市场经济的建立和对外贸易事业的发展，尤其是中国加入 WTO 后面临的历史机遇，使陶瓷这一传统的行业焕发了生机。全国范围内形成了一些陶瓷重要产区，主要分布在佛山、唐山、淄博、景德镇、醴陵、德化、邯郸、宜兴、潮州、湛江、海城、大埔、北流等地，形成了三山（唐山、佛山、博山）崛起，川陶争雄的局面。一批优秀的现代企业，如佛陶、邯郸陶瓷集团等，华光、华美、景德镇、国光、唐山、长城、临沂、高淳等陶瓷有限股份公司，以及合资企业如石湾东亚瓷厂、唐山高档陶瓷联合发展有限公司、淄博赛德克陶瓷颜料有限公司、中釉集团大鸿制釉有限公司等如雨后春笋般出现在大江南北。同时一大批中小型乡镇企业和民营企业也风起云涌般建立起来。

传统陶瓷面临的新挑战是随着科技的进步，消费水平的提高，日用陶瓷不仅要能冷藏、加热、抗碰撞、耐刀叉磨划和不含铅镉等有毒物质，还要外观效应强、制品规整等，以满足人们对陶瓷制品集保健、观赏、实用、收藏于一体的要求。近年来陶瓷工业出现的新品种、新工艺和新装饰方法主要有以下几个方面。

（一）绿色陶瓷

随着科学的进步，生活水平的提高，人类越来越关心绿色环保健康。因为陶瓷产品和人们的生活息息相关，所以对日用陶瓷装饰溶出的铅、镉、铜等重金属污染食品，危害健康，倍加警惕，世界上许多国家对铅、镉溶出量作出严格限制。抗菌陶瓷产品也越来越受到人们的青睐，这是从 20 世纪 90 年代开始，国内外的科研人员相继开发成功的一种生态陶瓷。目前，抗菌用陶瓷、卫生陶瓷已进入我们的生活。

1. 控制铅、镉溶出量的新工艺

釉下彩绘是在素烧坯或未烧的坯体上进行彩绘，然后施上一层透明釉，在高温下烧制而成。这种装饰手法无毒害，消费者使用有安全感，故成为世界宠儿，得以蓬勃发展。然而，釉下装饰必须在 1300℃高温一次烧成，其颜料的品种及呈色稳定性均无法与釉上新彩媲美，难以完全满足消费者需要。随着科技的进步，生产工艺的改进，滑石瓷、骨灰瓷、精细炻器、耐热微晶陶瓷、强化陶瓷等，已能成批量生产，这为高温快烧提供了可能，同时颜色釉料品种的不断出现，促使釉中彩新工艺应运而生。釉中彩是在陶瓷釉面上进行彩绘后，在 1060～1250℃温度下快速烤烧而成。在高温条件下，制品釉面软化熔融，使陶瓷颜料渗透到釉层中内部，冷却后釉面封闭，颜料自然沉入釉中。由于釉中彩所饰的新型颜料经过高温快烧，能与釉层溶为一体，基本上无铅、镉等重金属溶出，解决了危害消费者的问题。同时，它的耐磨强度与抗碱腐蚀性均较强，能够适应洗碗机洗刷、微波炉蒸煮以及高温药物消毒。并且，在装饰技术上又保持了与釉上彩相同的优越性。所以，国内外陶瓷企业的日用瓷生产，正在努力采用釉中彩取代釉上彩，使陶瓷产品绿色化。

2. 生态抗菌陶瓷

抗菌陶瓷产品对大肠杆菌、葡萄球菌和霉菌等都有很强的杀灭效果，其 24h 的抗菌率可达90%以上。具有抗菌易洁功能抗菌陶瓷产品一经面世，就受到了人们的关注和青睐。生态抗菌陶瓷主要有三个品种。

（1）金属离子型抗菌材料　采用超洁技术，用 Ag^+ 做抗菌剂，当釉面与水接触时可析出 Ag^+，Ag^+ 直接进入细菌体内破坏细菌的生长。这种制备方法釉面贵金属含量多 [$w(Ag_2O) \geqslant 0.09\%$]，但由于 Ag^+ 容易被氧化，导致陶瓷的釉面变色，影响外观质量，并且成本较高。

（2）光催化型无机抗菌材料　在陶瓷产品的釉料中，加入纳米 TiO_2 或 ZnO 等形成光催化氧化层，TiO_2 在光照条件下具有亲水性，易与水结合形成水膜楔入到污垢下面使污垢不易黏附在釉面上，光催化氧化时还会吸收空气中的有害物质净化空气。该方法制备的抗菌陶瓷需要在光照条件才能保持杀菌效果。

（3）稀土激活光催化复合型无机抗菌材料　将无机复合抗菌剂加在釉料配方中，采用"一次混料、一次施釉、一次烧成"的工艺，制备抗菌陶瓷。加有复合抗菌剂的釉面可将水氧化成强氧化能力的活性自由基和负氧离子，当与细菌细胞膜发生作用时，达到杀灭细菌的目的。无机复合抗菌剂具有耐高温、使用工艺简单、成本低等显著特点，使其成为抗菌陶瓷产品的首选抗菌剂。

（二）新品种陶瓷

水晶瓷，这种瓷采用优质水晶石作原料，以纳米纯碱金属作熔剂，采用高温素烧、低温釉烧的烧成工艺，釉面光亮洁净，无铅、无锡，极易清洗，具有瓷质细腻、胎薄如纸、光泽如玉、抚若婴肤、敲击如磬的特点和自然消毒灭菌的功效。目前，开发的水晶瓷餐具、茶具系列陆续投放市场，掀起了日用陶瓷行业的新革命。

（三）陶瓷装饰艺术化

陶瓷装饰，是根据装饰美的一般规律和表现形式，在限定的陶瓷器物上，将客观世界的真实感受上升到理性认识来进行艺术的再创造。因此，不同历史时期都会因社会、材质、科技、人文等因素的综合影响和制约而形成不同的风格和特色。现代陶瓷装饰是在把握住长期生活在传统之中的人们的审美情趣的基础上，创造有时代气息、新颖独特又不乏文化内涵的艺术作品，日用瓷艺术化，正在成为日用瓷的发展方向，主要体现在陶瓷器皿的造型、装饰形式及材质的综合运用上。

在陶瓷器皿的造型方面，摈弃传统造型中的呆板、停滞、僵硬和缺乏情感风格，更加注重形式的追求，注重人与自然环境的和谐美。

在陶瓷装饰的形式方面，由于现代社会发展之快，人们已经很少使用毛笔写字、画画，这也影响了陶瓷绘画的发展，逐渐出现了板画、手指画等，也从传统陶瓷装饰中的多子多福、一虫一道、群仙祝寿、连生贵子等题材，逐渐出现了单一的几何图案、卡通形象、抽象花卉、人物、动物、建筑等现代陶瓷装饰图案。陶瓷肌理是指物体表面诉诸视觉或触觉的组织构造。现代陶瓷装饰中的肌理表现注重视觉感受对于器皿表面的质地的作用，它的运用既可以满足人们视觉上的审美要求，同时又满足生理上对自然物质的亲近感。由于科学技术的发展，现代陶瓷装饰在釉色方面种类更为繁多，现代陶瓷釉色的装饰不仅在一种釉的运用上，在色彩的把握和处理上也充分考虑到色彩的协调、面积的对比等，使作品更富有时代气息。

材质的综合运用方面，相对于传统陶瓷装饰而言，现代陶瓷装饰在总体上更体现出现代开阔思维方式和综合运用各种材质的表达方式，这种运用打破了以往单一使用瓷泥材质的工艺，而是在原有的陶瓷表现基础上，扩展到陶瓷与木材、不锈钢、玻璃、塑料等材料的综合运用。由于材料的不同，使它们在质感、肌理等方面产生不同的视觉效果和感染力，达到了形式与内容的完美结合。

现代陶瓷装饰艺术的发展趋势是继承传统装饰的精华，吸收西方现代文化的影响，又要扎根于我们民族文化的土壤中，使其以独具风姿的造型和特定的文化内涵引人关注，充分体现出自由个性和材质的自然属性。

（四）成型新技术

近20年来，人们已经逐渐认识到陶瓷材料制备工艺是降低陶瓷制品生产成本、提高陶瓷材料可靠性和可重复性不能逾越的环节，其中陶瓷材料成型工艺的研究已逐渐成为陶瓷制备工艺科学研究的主流。

等静压成型是将待压试样置于高压容器中，利用液体介质不可压缩的性质和均匀传递压力的性质，从各个方向对试样进行均匀加压，使瘠性粉料成型致密坯体，也称为等静压法。等静压工艺制品具有组织结构均匀，密度高，烧结收缩率小，模具成品低，生产效率高，可成型形状复杂、细长制品和大尺寸制品和精密尺寸制品等突出优点，是目前一种较先进的成型工艺，以其独特的优势开始替代传统的成型方法，如陶瓷生产的火花塞、瓷球、柱塞、真空管壳等产品，显示出越来越广阔的应用前景。

冷冻成型是近年研发出来的一种新型成型专利技术，用于制备掺钕钇铝石榴石透明陶瓷，其方法是选用掺杂钕的钇铝石榴石（Nd: YAG）粉末作原料；将原料粉末和有机分散剂加入到水和丙三醇的混合溶液中静置，然后球磨，超声震动，用氨水将浆料的pH调整为8～10，然后倒入模具中，冷冻8～12h，真空干燥，去模后制得掺钕YAG的成型坯体。冷冻成型的陶瓷坯体具有高固含量，连通气孔，并且陶瓷坯体密度均匀，在后序的煅烧和加工的过程中不易产生变形的特点。

（五）烧成新工艺

传统的烧成方法必须采用匣钵盛放陶瓷制品，不仅费时、费料、耗能，而且占用空间大，生产效率低。现代的烧成方法已经开始逐渐变化，首先是采用明焰裸烧，取消匣钵，改用天然气、液化石油气、轻油，使用高速喷嘴，轻质砌窑材料，强化通风设备等，一系列新工艺的采用，可减小窑体截面或降低其通道的高度，以降低窑内上下温差，缩短窑体长度，烧成时间可减小至4h，实现快速烧成的目的。

微波烧结是一种新型的利用微波加热来对材料进行烧结的方法，它是一种快速制备高质量新型材料和使传统材料具有新性能的技术手段，在国外，微波烧结已进入产业化阶段。微波烧结利用的是微波的加热特性，以及材料吸收的微波能被转化为材料内部分子的动能和势能，使材料整体均匀加热，因此其加热和烧结速度非常快，显著提高产品的生产效率，降低生产周期；微波能可被材料直接吸收，如果烧结炉保温系统设计得好，几乎没有热量损失，能量利用率很高，比常规烧结节能80%左右。由于烧结时间短，烧结过程中消耗的保护气体用量大大降低，减少了不必要的污染；由于材料整体内外同时均匀受热，使试样内部的温度梯度很小，从而可使材料内部热应力减至最小，这对于制备超细晶粒结构的高密度、高强度、高韧性材料非常有利。阻碍微波烧结技术工业化的一个重要的因素就是微波烧结设备，必须对微波烧结机理进行充分的认识，才能有助于解决这一问题。

我国日用陶瓷产量、出口量均居世界首位。国内现有日用陶瓷产业1000多家，年产量近100亿件，其中出口量可达39.6亿件，出口到150多个国家和地区。工艺陶瓷、园林陶瓷、电瓷、工业理化陶瓷、耐热陶瓷等突飞猛进，发展迅速。新兴的环保陶瓷崭露头角，风靡海外。尽管如此，在若干方面仍与世界先进水平有不少差距，如从我国学到陶瓷技术的日本和西方国家，由于市场竞争，依托当今计算机等众多高新技术，不断加速陶瓷生产的机械化、自动化进程，加快科技研发进程，反而遥遥领先。我们要进一步开展陶瓷工艺技术的研究，利用现代的科学理论和分析化验设备研究总结我国陶瓷生产的经验，使这一具有民族特色的传统技艺得到进一步的提高和发扬；同时要加强陶瓷基础理论与应用研究，积极寻找新原料，研制新瓷种，改进造型与装饰设计，用系统工程的方法，提高产品品质，减少能源消耗，提高劳动生产率；提高产品的附加值，增加产品的科技含量，改善产品工艺设计或增加产品的情调趣味性，加大产品的加工深度和利用技术渗透及材料变换。还可以利用名人效应来增加产品纪念意义及珍藏价值。

参考文献

1. 贺宗武浅谈我国陶瓷的历史与现状及其发展趋势［J］. 景德镇陶瓷，2001，11（3）：6~10
2. 余磁. 试论陶瓷装饰艺术的新发展［J］. 中国陶瓷，2002，38（4）：53~54
3. 王家胜. 生态抗菌陶瓷与无机抗菌剂发展概况［J］，新材料产业，2007，(1)：49~52
4. 赵英娜，姚宗银. 纳米抗菌技术在陶瓷生产中的应用及发展前景［J］，陶瓷，2005，(3)：10~13
5. 李秀然，徐政. 纳米载银抗菌陶瓷［J］. 江苏陶瓷，2002，35（2）：6~7
6. 创新信息. 陶瓷新瓷种“水晶瓷”问世. 佛山陶瓷，2010，(3)：31
7. 张文兵，闻袖君. 浅谈现代陶瓷装饰艺术的发展趋势［J］. 佛山陶瓷，2008，(7)：28~30
8. 许静，饶华军. 新时代的陶瓷艺术设计［J］. 佛山陶瓷，2008，(8)：41~42
9. 游亚州. 创新发展日用瓷［J］. 陶瓷研究，2002，17（3）：27~29
10. 刘宏，吕耀辉，桑元华，等. 一种掺钕钇铝石榴石透明激光陶瓷的冷冻成型方法［P］. CN101429018，2009. 05
11. 孙振华，郝斌. 微波烧结制备陶瓷材料的研究进展［J］. 陶瓷，2010，(1)：12~14
12. 吴红，史洪刚，冯宏伟，等. 微波烧结技术的研究进展［J］. 兵器材料科学与工程，2004，27（4）：59~61
13. 轻工业部陶瓷工业科学研究所. 中国的陶瓷［M］. 北京：轻工业出版社，1983
14. 刘秉诚. 陶瓷工程论丛书［M］. 北京：轻工业出版社，1987
15. 中国硅酸盐学会. 中国古陶瓷论文集［C］. 北京：建筑工业出版社，1982

第一章　原　料

第一节　原料分类

一、概　　述

陶瓷材料制品由多相的无机非金属材料所构成，所用原料大部分是天然的矿物原料或岩石原料，其中多为硅酸盐矿物。矿物指的是自然化合物或是自然元素，是地壳经过各种物理作用的产物，具有均质化学组成，呈晶体状态存在，并以具有工业意义的矿床聚集体产出，如高岭土、石英、长石等均属于矿物。岩石是矿物的集合体，是由多种矿物以一定的规律组合而成，如伟晶花岗岩是由石英、长石、云母等矿物组合而成。

地球表层约20km厚的地壳上层部分是各种岩石的硅酸盐带，其中95%为火成岩，5%为沉积岩，硅酸盐工业原料就是从这里采掘和选用的。陶瓷制品的性能和品质的好坏，既取决于所选用的原料，也有赖于所采用的生产工艺过程。这些原料种类繁多，资源蕴藏丰富，且分布极广。品质优良的原料，是生产优质陶瓷制品的基础；一般性能的陶瓷制品，可以选用一般品质的原料。了解和掌握陶瓷原料的品质和特性，既是充分利用物质资源，做到物尽其用的重要一环，也是生产出性能优良的陶瓷制品的必要条件。

二、原料分类

通常，陶瓷原料的分类是根据不同的工艺特性、传统习惯及原料性质等不同角度进行的。综合起来，有如下几种分类方法：

①根据原料的工艺特性分为：可塑性原料、非可塑性原料（也称瘠性原料）和熔剂性原料。

②根据原料的用途分为：瓷坯原料、瓷釉原料、色料及彩料原料。

③根据原料的矿物组成分为：黏土质原料、硅质原料、长石质原料、钙质原料和镁质原料。

④根据原料获得的方式不同分为：矿物原料和化工原料。

陶瓷制品的结构是决定其性能和品质的内因，而制品的结构是由原料的种类和工艺生产过程来保证的。陶瓷制品所选用的原料，首先要保证其经过加工后能生成制品所需要的各种晶相和玻璃等结构物，其次要保证能够适应在加工处理过程中制品所需要的各种工艺性能。具体地说，陶瓷制品结构中晶相和玻璃相（或胶结物）的生成，需要一类能生成晶相的原料，如能生成莫来石晶相的高岭土或黏土，能生成石英晶相的石英原料，能生成斜顽火辉石的滑石类原料，能生成刚玉晶相的氧化铝或高铝原料，以及能生成磷酸三钙晶相的骨灰原料等；另一类是能生成玻璃相的所谓熔剂原料，如长石、滑石、钙镁的碳酸盐等。而加工过程所需的工艺性能，则往往希望陶瓷原料具有能进行塑性加工的可塑性原料，能减少干燥和烧成中收缩的非可塑性原料（也称瘠性原料）等。综合上述两方面的要求，可以把所需要的陶瓷原料主要归纳为三大类原料，即根据原料的工艺特性可把陶瓷原料分为：具有可塑性的黏土类原料、具有非可塑性的石英类原料和熔剂原料。

一般说来，黏土类原料往往是既有加工所需的可塑性，也能在烧成后形成结构晶相的原料；石英类原料既是非可塑性原料，同时也是能生成晶相的原料；熔剂原料也具有非可塑性质。

除上述的陶瓷坯体中所需的三大类原料外，陶瓷釉料还常常需要各种特殊的熔剂原料，包括采用各种化工原料。陶瓷工业中需用的辅助材料主要是石膏和耐火材料，以及各种外加剂如助磨剂、助滤剂、增塑剂和增强剂等。

第二节 黏土类原料

黏土类原料是日用陶瓷的主要原料之一。细瓷配料中黏土类原料的用量常达40% ~ 60%，陶器和炻瓷中用量还可增多。

黏土是多种微细的矿物的混合体，其矿物的粒径多数小于2μm，主要是由黏土矿物和其他矿物组成的并具有一定特性的（其中主要是具有可塑性）土状岩石。黏土矿物主要是一些含水铝硅酸盐矿物，其晶体结构是由［SiO_4］四面体组成的（Si_2O_5）$_n$层和一层由铝氧八面体组成的 $AlO(OH)_2$层相互以顶角连接起来的层状结构，这种结构在很大程度上决定了黏土矿物的各种性能。

从外观上看，黏土有白、灰、黄、红、黑等各种颜色；从硬度来说，有的黏土柔软，可以在水中散开，有的黏土则呈致密块状；从含砂来讲，有的黏土较多，有的较少或不含砂子。黏土矿物或大或小都具有可塑性，这种可塑性有利于陶瓷的成型。

黏土矿物的成分是高岭石、多水高岭石、蒙脱石和水云母等，伴生矿物有石英、长石、方解石、赤铁矿、褐铁矿等，以及一些有机物质。其化学成分主要是SiO_2、Al_2O_3和H_2O，也含有少量的Fe_2O_3、FeO、TiO_2、MnO、CaO、MgO、K_2O和Na_2O等。黏土除可塑性外，通常还具有较高的耐火度、良好的吸水性、膨胀性和吸附性。

一、黏土的成因与分类

（一）黏土的成因

地球外壳的主要成分为硅酸盐，从地表至地下15km处的地层几乎是由各种硅酸盐矿物构成，其平均成分如下：SiO_2 59.1%、Na_2O 3.8%、MgO 3.5%、Al_2O_3 15.4%、K_2O 3.1%、Fe_2O_3 6.9%、TiO_2 1.1%、CaO 5.1%、P_2O_5 0.3%。

由此可见，地壳中的硅酸盐大致为碱类及碱土类的铝硅酸复盐，如长石、云母、辉石及角闪石等，黏土是自然界产出的多种矿物混合体。

黏土是由富含长石等铝硅酸盐矿物的岩石，如长石、伟晶花岗岩、斑岩、片麻岩等，经过漫长地质年代的风化作用或热液蚀变作用而形成的。这类经风化或蚀变作用而生成黏土的岩石统称为黏土的母岩。母岩经风化作用而形成的黏土产于地表或不太深的风化壳以下，母岩经热液蚀变作用而形成的黏土常产于地壳较深处。

风化作用类型有机械的（物理的）、化学的和生物的等。机械风化作用是由于温度变化、积雪、冰冻、水力和风力的破坏而使岩石崩裂和移动。这些自然力同时或互相轮换作用的结果，将庞大而坚硬的岩石粉碎成细块和微粒，并给化学风化作用创造了大的侵袭面积。

化学风化作用能使组成岩石的矿物发生质的变化。在大气中的二氧化碳、日光和雨水、河水、海水及氯化物、硝酸盐、硫酸盐等长时间的共同作用下，有时还加上矿泉、火山喷出的气体，含有腐殖质酸的地下水的侵蚀、长石类矿石会发生一系列水化和去硅作用，最后形成黏土矿物。

长石及绢云母转化为高岭石的反应大致如下：

$$2KAlSi_3O_8 + H_2O + H_2CO_3 = Al_2Si_2O_5(OH)_4 + 4SiO_2 + K_2CO_3$$

（钾长石）　　　　　　　　　（高岭石）

$$Al_2Si_2O_5(OH)_4 = Al_2O_3 \cdot nH_2O + SiO_2 \cdot nH_2O$$

（高岭石）　　　　（水铝石）　　　（蛋白石）

$$CaAl_2Si_2O_8 + H_2O + H_2CO_3 = Al_2Si_2O_5(OH)_4 + CaCO_3$$

（钙长石）　　　　　　　　　（高岭石）

$$2[KAl_3Si_3O_{10}(OH)_2] + 3H_2O + H_2CO_3 = 3Al_2Si_2O_5(OH)_4 + K_2CO_3$$

（绢云母）　　　　　　　　　　（高岭石）

从上述反应看出，反应后生成的基本产物是 $Al_2Si_2O_5(OH)_4$，称为高岭石，主要由其组成的黏土就是高岭土。此外还有可溶性的 K_2CO_3 与难溶性的 $CaCO_3$，以及游离的 SiO_2。可溶性碳酸盐中，K_2CO_3 易被水冲走，$CaCO_3$ 在富含 CO_2 的水中逐渐溶解后也被水冲走，剩下的 SiO_2 以游离石英状态存在于黏土中。

上述反应的端点矿物是水铝石和蛋白石。但常因受条件的限制，反应往往尚未进行到底就生成一系列的中间产物，成为不同类型的黏土。

母岩不同，风化与蚀变条件不同常形成不同类型的黏土矿物。由火山熔岩或凝灰岩在碱性环境中经热液蚀变则形成蒙脱石类的黏土，由白云母经中性或弱碱性条件下风化可形成伊利石类（或水云母类）黏土。

生物风化作用是由一些原始生物残骸，吸收空气中的碳素和氮素，逐渐变成腐殖土，使植物可以在岩石的缝隙中滋长，继续对岩石进行侵蚀。树根又对岩石进行着机械的风化作用，有时地层将深层的土翻到表面上来，经空气的作用使一些物质逐渐变细且在品质上发生变化。

由水从腐殖土中分解出来的腐殖酸也能促进矿物的分解，实现高岭土化。这种分解作用较含碳酸的水更大，特别是和有机酸共存的 CO_2 尚处于还原状态时，可放出初生态的氧，这就更能促进分解。若在不存在氧化的情况下发生这一分解作用时，则母盐中的铁将变成低价的铁盐（可溶性的重碳铁盐）而被水洗去，形成白色黏土。若母盐缺少覆盖的有机物层且又在氧化存在的条件下进行分解作用时，则铁将变成高价铁盐，或再遇水分解成氢氧化铁而残留于母盐内。依母盐的性质不同，分别形成黄土、红土或一般土壤等。

（二）黏土的分类

黏土种类繁多，为了便于研究需对其进行分类，但各学者对黏土的分类意见并不一致。现仅根据其成因、产出状况、工艺性能及主要矿物组成等来进行分类。

1. 按成因分类

①原生黏土。原生黏土又称一次黏土、残留黏土，是母岩风化崩解在原地残留下来的

黏土。此种黏土因由风化而产生的可溶性盐类溶于水中，被雨水冲走，只剩下黏土矿物和石英砂等，故质地较纯，耐火度较高，但往往含有母岩杂质（石英、云母、石膏、方解石、黄铁矿等），颗粒较粗，因而可塑性较差。高岭土常为原生黏土。

②次生黏土。次生黏土又称二次黏土、沉积黏土，是由风化形成的黏土，经雨水河流的冲刷与漂流及有时外加风力的作用以后，迁移至盆地或水流缓慢的湖泊沼泽地沉积下来，而形成黏土层。由于漂流迁移而沉积下来的黏土颗粒很细，而且在漂流和沉积过程中夹带了有机物质和其他杂质，因而可塑性较好，耐火度较差，并因常混入呈色杂质而显色。

2. 按可塑性分类

①高可塑性黏土。高可塑性黏土又称为软质黏土。其分散度大，多呈疏松状、板状或页状。如黏性土、膨润土、木节土、球土等。

②低可塑性黏土。低可塑性黏土又称为硬质黏土。其分散度小，多呈致密块状、石状。如叶蜡石、焦宝石、碱石和瓷石等。

3. 按耐火度分类

①耐火黏土。一般耐火黏土的耐火度在1580℃以上，是比较纯的黏土，含杂质较少。天然耐火土的颜色较为复杂，但灼烧后多呈白色、灰色或淡黄色，是细陶瓷、耐火制品、耐酸制品的主要原料。

②难熔黏土。一般难熔黏土的耐火度在1350～1580℃，含易熔杂质在10%～15%，可作炻瓷器、陶器、耐酸制品、装饰及瓷砖的原料。

③易熔黏土。一般易熔黏土的耐火度在1380℃以下，含有大量的杂质。其中危害最大的是黄铁矿，在一般烧成温度下它能使制品产生气泡、熔洞等缺陷，多用于建筑砖瓦和粗陶等制品。

除了根据上述成因及性能进行分类外，还常根据主要矿物组成类型进行分类，这样就可以更深入地了解各种黏土类型。

（三）黏土的主要矿物类型

如前所述，黏土很少由单一矿物组成，而是多种微细矿物的混合体，其主要矿物是被统称为“黏土矿物”的一些含水铝硅酸盐矿物。根据矿物的结构与组成的不同，陶瓷工业所用黏土中的主要矿物有高岭石类、蒙脱石类和伊利石（水云母）类等三种，另外还有较少见的水铝英石。

1. 高岭石类

高岭石是一般黏土中常见的黏土矿物，主要由高岭石组成的较纯净的黏土为高岭土。高岭土首先在我国江西景德镇东部的高岭村山头发现，现在国际上都把这种有利于成瓷的黏土称为高岭土，它的主要矿物成分是高岭石和多水高岭石。高岭石的化学式为：$Al_2O_3 \cdot 2Si_2O \cdot 2H_2O$，其质量分数为：$Al_2O_3$39.53%，$Si_2O$ 46.51%，H_2O13.96%。其晶体结构式是：$Al_4(Si_4O_{10})(OH)_8$。

高岭石的结晶属于双层结构硅酸盐矿物，既每一晶层系由一层硅氧四面体（SiO_4）和一层铝氧八面体［$AlO_2(OH)_4$］通过共用的氧原子联系在一起，如图1－1所示。高岭石由许多具有这种双层结构的平行的晶层组成，相邻两晶层通过八面体的羟基和另一层四面体的氧以氢键相联系，因而它们之间的结合力较弱，层理易于裂开及滑移。层间不易吸附水分子，但由于水分子的楔裂作用，或外部机械应力的作用，易使层间分离，或使粒子破坏，增加比表面积，提高分散度，增加可塑性。高岭石晶格内部离子是很少置换的，在晶格破坏时，最外层边缘上有断键，电荷出现不平衡，才吸附其他阳离子，重新建立平衡。高岭石结构外表面的 OH^- 中的 H^+ 可以被 K^+ 或 Na^+ 等阳离子所取代。结晶差的晶体中，晶格内部的部分 Al^{3+} 可以被 Ti^{4+} 或 Fe^{3+} 等所置换，产生不平衡键力，吸附其他离子，具有一定的离子交换量。

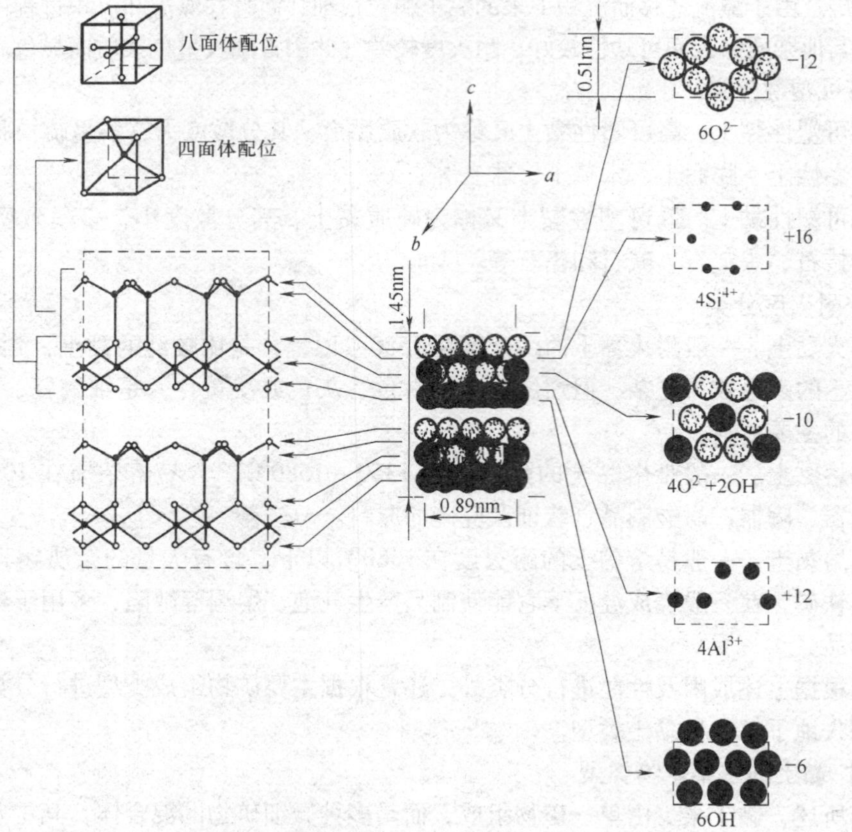

图 1－1　高岭石晶体结构图

∘—阴离子　•—阳离子

—O^{2-}　$R=0.13$nm　—OH^-　$R=0.13$nm　—Al^{3+}　$R=0.06$nm　—Si^{4+}　$R=0.04$nm

高岭土质地细腻，纯者为白色，含杂质时呈黄、灰或褐色。其晶体呈极细的六方鳞片状、粒子状、也有杆状（见图 1－2）。二次高岭土中粒子形状不规则，边缘折断，尺寸也小，高岭石晶片往往互相重叠，其颗粒平均大小为 0.3～3μm，相对密度为 2.41～2.63。

高岭石族矿物包括高岭石、地开石、珍珠陶土和多水高岭石等。地开石和珍珠陶土与高岭石的结构相近，主要差别在于单位晶胞内单斜角度及 c 边与 b 边的大小不同，高岭石的两层结构中各八面体的离子填充是一样的，而地开石每隔一层有一些变化。珍珠陶土（即珍珠石）各层相对结构偏移为 $b/3$，同时旋转 180°，c 轴较前两种矿物大 2 倍，因此比他们更能保证增强水在层间的渗透性，加大了吸附作用和膨胀性质。

多水高岭石（又称埃洛石）的结构与高岭石的结构相似，因我国四川叙永县盛产以这种矿物为主的黏土，该土已被世界公认为典型多水高岭石，故又定名为叙永石（hydro－endellite）。

这种黏土矿物的结构，只是在高岭石的结构晶层间充满了按一定取向排列的水分子，因而使之沿 c 轴方向厚度增大。这种水叫层间水，它的数量不定，位置也不是严格固定的。多水高岭石的分子式为 $Al_2O_3 \cdot 2Si_2O \cdot nH_2O$（$n=4\sim6$）。同时，结构单位晶层之间的排列不如高岭石规则，沿 a、b 轴方向错开。这样的结晶卷曲成管状，并叠置成管状晶体（如图1-3）。卷曲成管状体的原因是由于晶片在沿 a、b 轴两个方向上，里层（OH层）于外层（O层）的尺寸不同，外层长，里层短，加之由于层间水使两晶层间的氢键变弱，两晶层间发生位错，使得它们能够以一定的曲率半径卷曲成管状。脱水之后，晶层接近，键力加强，因而能展开摊平。

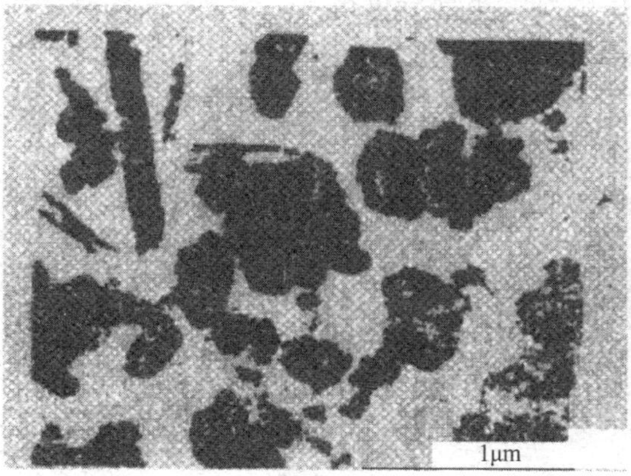

图1-2 江苏苏州阳山阳西高岭石的电子显微镜照片

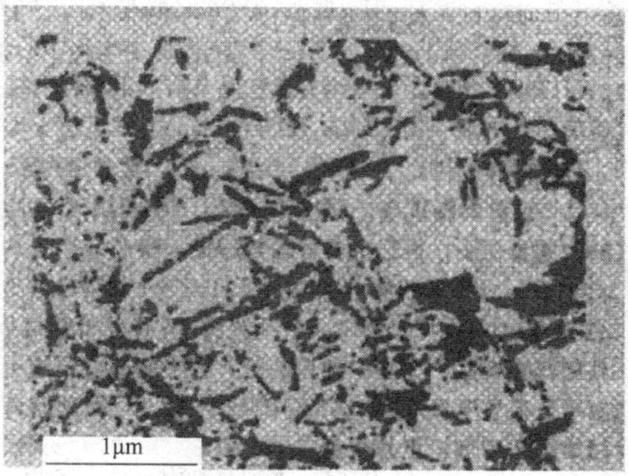

图1-3 四川叙永多水高岭石的电子显微镜图片

高岭土中高岭石类黏土矿物含量越多，杂质越少，其化学组成越接近高岭石的理论组成，纯度越高的高岭土其耐火度越高，烧后越洁白，莫来石晶体发育越多，从而其力学强度、热稳定性、化学稳定性越好。但其分散度较小，可塑性较差。反之，杂质越多，耐火度越低，烧后不够洁白，莫来石晶体较少，但可能其分散度较大，可塑性较好。

2. 蒙脱石类

蒙脱石是另一种常见的黏土矿物，以蒙脱石为主要的黏土叫膨润土（bentonite）。蒙脱石最早发现于法国蒙脱利地区，故此命名。一般把这个命名同时用于除蛭石以外的具有膨胀晶格的一切黏土矿物，总称为蒙脱石类矿物（或微晶高岭石矿物）。蒙脱石类的矿物种类繁多，成分变化也最复杂。若不考虑晶格中的 Al^{3+} 和 Si^{4+} 被其他离子置换时，蒙脱石的理论化学式为 $Al_2O_3 \cdot 4Si_2O \cdot nH_2O$（$n$ 通常大于2）。它的晶体构造式是 $Al_4(Si_8O_{20})(OH)_4 \cdot nH_2O$。

蒙脱石晶粒呈不规则细粒状或鳞片状，颗粒较小，一般小于0.5μm，结晶程度差，轮廓不清楚（见图1-4）。颜色为白色或淡黄色，相对密度为2.0～2.5。

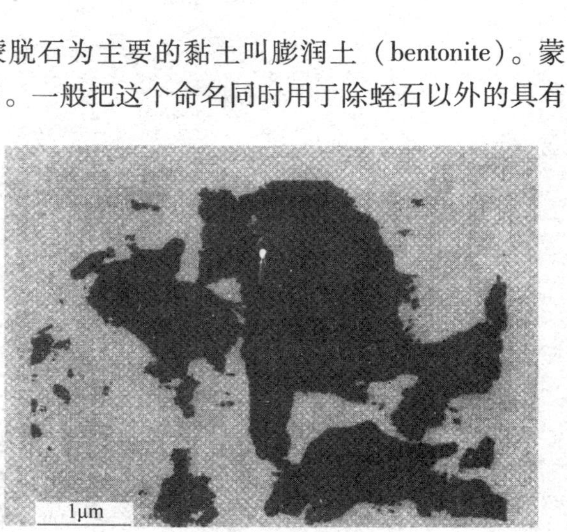

图1-4 河南信阳蒙脱石的电子显微镜图片

蒙脱石的特征是能够吸收大量的水，体积膨胀。以蒙脱石为主要成分的膨润土吸水后体积可膨胀20~30倍，这就是膨润土的名称由来。膨润土在水中呈悬浮和凝胶状，并具有良好的阳离子交换特性。

蒙脱石类矿物之所以吸水性强，是因为其晶胞为具有三层结构的硅酸盐矿物，每个晶层是由两层硅氧四面体中夹一层［$AlO_2(H_2O)_4$］八面体（见图1-5）。四面体的顶端氧指向结构层中央，与八面体共用，并将三层联结在一起。这种结构沿 *a*、*b* 轴方向可无限伸长，沿 *c* 轴方向以一定的间距重叠。（重叠时沿 *a*、*b* 轴不规则）。由于 *c* 轴方向的晶层间的氧层与氧层的联系力很小，可形成良好的解离面，层间易于侵入水分子或其他极性分子，引起 *c* 轴方向膨胀，另外，晶格内四面体层的 Si^{4+} 小部分可被 Al^{3+}、P^{5+} 等置换。八面体层内的 Al^{3+} 常被 Mg^{2+}、Fe^{3+}、Zn^{2+}、Li^{+} 等置换。这样使得晶格中电价不平衡，产生剩余键，促使在晶层间吸附 Ca^{2+}、Na^{+} 等阳离子，以平衡晶格内的不平衡电价。蒙脱石族矿物晶格内的离子置换主要发生在［$AlO_2(OH)_4$］层中，因此其晶层间吸附的阳离子，不仅使蒙脱石之间的距离增加，更易吸收水分而膨胀，而且这些被吸附的阳离子易于被置换，使蒙脱石具有较强的阳离子交换能力。

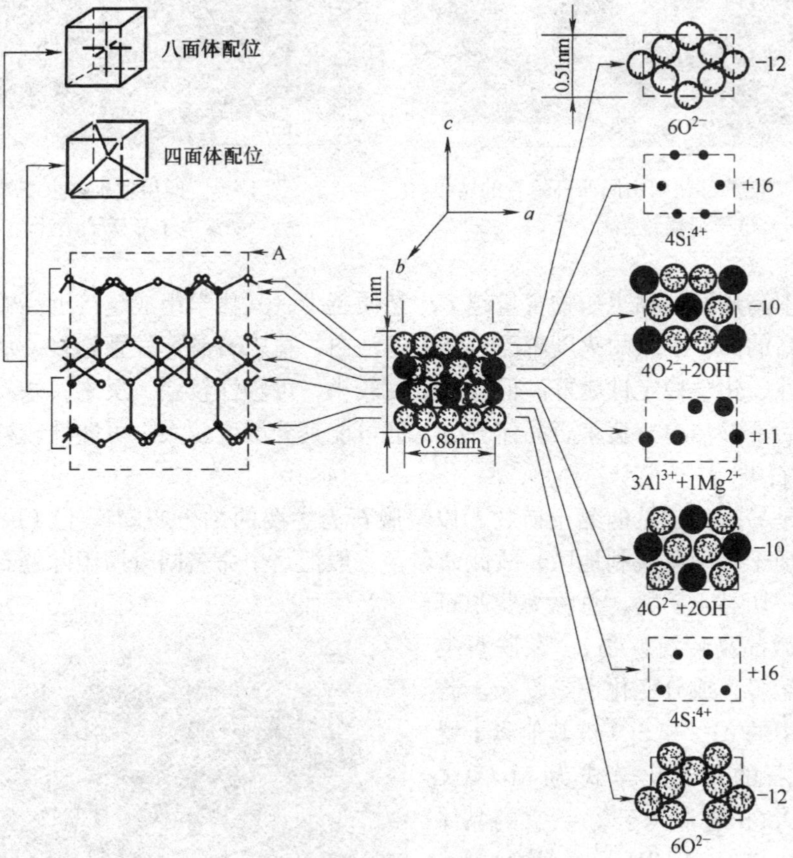

图1-5　蒙脱石晶体图

∘—阴离子　•—阳离子

—O^{2-}　$R=0.13$nm　—OH^{-}　$R=0.13$nm

—Mg^{2+}　$R=0.08$nm　—Al^{3+}　$R=0.06$nm　—Si^{4+}　$R=0.04$nm

由于蒙脱石晶层内的离子置换和晶层间的离子交换的原因，蒙脱石的化学成分很复杂，一般可根据它们所吸附的离子不同而有许多类别，如吸附钠离子的蒙脱石称为钠蒙脱石，吸附钙离子的蒙脱石称为钙蒙脱石。钠蒙脱石分散性强，在水中能形成稳定的悬浮液。钙蒙脱石分散性差，在水中不易形成稳定的悬浮液，矿物颗粒多凝聚成聚合体。

蒙脱石容易碎裂，故其颗粒极细，相应的可塑性好，干燥后强度大，但干燥收缩也大。由于蒙脱石中 Al_2O_3 的含量极低，又吸附了其他阳离子，杂质较多。故烧结温度较低，烧后色泽较差。在一般的陶瓷坯料中膨润土用量不宜太多，一般在5%左右。釉浆中可掺用少量膨润土作为悬浮剂。

同属蒙脱石族的黏土矿物种类很多。由于矿物晶格内离子置换时离子种类与置换量的不同，可有多种蒙脱石族黏土矿物，下面是四种主要的蒙脱石族黏土矿物的理想构造式：

蒙脱石（montmorillonite） $(OH)_4Si(Al_{3.34}Mg_{0.66})O_{20}$

$$\downarrow$$

$$(1/2Ca, Na)_{0.66}$$

拜来石或贝得石（beidellite） $(OH)_4(Si_{6.34}\cdot Al_{1.66})Al_{4.34}O_{20}$

$$\downarrow$$

$$(1/2Ca, Na)_{0.66}$$

绿脱石或绿高岭石（nontronite） $(OH)_4(Si_{7.34}\cdot Al_{0.66})Fe_4O_{20}$

$$\downarrow$$

$$(1/2Ca, Na)_{0.66}$$

皂石（saponite） $(OH)_4(Si_{7.34}\cdot Al_{0.66})Mg_6O_{20}$

$$\downarrow$$

$$(1/2Ca, Na)_{0.66}$$

蒙脱石矿物的产地在我国分布很广，东北、华北及南方各地都有出产，辽宁黑山膨润土、江苏祖堂山泥、浙江宁海黏土都是以蒙脱石为主要矿物的黏土，我国出产的膨润土多以钙蒙脱石为主要矿物。

另一种在陶瓷工业中常用的蜡石原料，其黏土矿物为叶蜡石（Pyrophyllite）。叶蜡石的化学通式为 $Al_2O_3\cdot 4Si_2O\cdot H_2O$，其理论化学组成为：$Al_2O_3$ 28.30%，SiO_2 66.70%，H_2O 5.00%，晶体结构式为：$Al_2(Si_4O_{10})(OH)_2$，属单斜晶系。从结构上来说，叶蜡石和蒙脱石相似，也具有三层结构，可以说近似于蒙脱石类，其与蒙脱石的不同在于三层结构中四面体中的 Si^{4+} 和八面体中的 Al^{3+} 并未被置换，晶层间不易吸收水分和吸附阳离子，各晶层之间由范德华力联结，结合很弱，容易滑动解离，所以硬度低，易裂成挠性薄片和有滑腻感（但少弹性）。通常是由细微的鳞片状晶体构成的致密块状，质软而富于脂肪感，相对密度2.8左右。蜡石原料含较少的结晶水，加热至500～800℃脱水缓慢，总收缩不大，且热膨胀系数较小，基本上呈直线性的，具有良好的热稳定性和很小的湿膨胀，宜用于配制快速烧成的陶瓷坯料，是制造要求尺寸准确或热稳定性好的制品的优良原料。

浙江青田蜡石是一种较纯的叶蜡石质原料，在电子显微镜下它由扁平状的不规则颗粒组成，夹杂着六角形晶体，可能是混入的高岭石晶体，另外还夹杂少量无定形微细粒子和胶态物质。此外，我国的福建寿山、浙江上虞、昌化等地均以产隐晶质致密块状蜡石出名。欧美有时将蜡石称为寿山石（Agalmatolite）。

3. 伊利石类

伊利石类也泛称水云母类，其组成成分与白云母相似，是白云母经强烈的化学风化作用，转变为蒙脱石或高岭石的中间产物，白云母的晶体结构见图1-6。白云母的晶胞也是具有三层结构的硅酸盐矿物，与蒙脱石的晶胞不同的是，其二层硅氧四面体中约有1/4的Si^{4+}被Al^{3+}所置换，其剩余键正好由一个嵌入层间氧层四面体网眼中的K^+来平衡，故其晶格结合牢固，不致发生膨胀。白云母的化学通式为：$K_2O \cdot 3Al_2O_3 \cdot 6Si_2O \cdot 2H_2O$。在进行化学风化时，其晶体结构中的$K^+$由于水化的作用，被部分地滤掉，而由$H_3O^+$取代时，即得水云母矿物。所以水云母类黏土的含碱量较云母为少，而含水量较云母为多。但这个取代是逐步过渡的，有的水化不强烈，有的水化强烈，前者仍有云母特色，后者则在组分、物性，以及形态诸方面变化较多，一般即归之于伊利石类矿物。伊利石类矿物成分复杂，存在量大，其晶体结构式可写成$K_2(Al,Fe,Mg)_4(Si,Al)_3O_{20}(OH)_4 \cdot nH_2O$。从组成上和结构上来看，伊利石与白云母比较，伊利石含K_2O较少，而含水较多，晶层间阳离子通常为K^+，也有部分被H^+、Na^+所取代。伊利石与高岭石相比较，伊利石含K_2O多，而含水较少，故其成分是介于白云母与高岭石或白云母与蒙脱石之间。

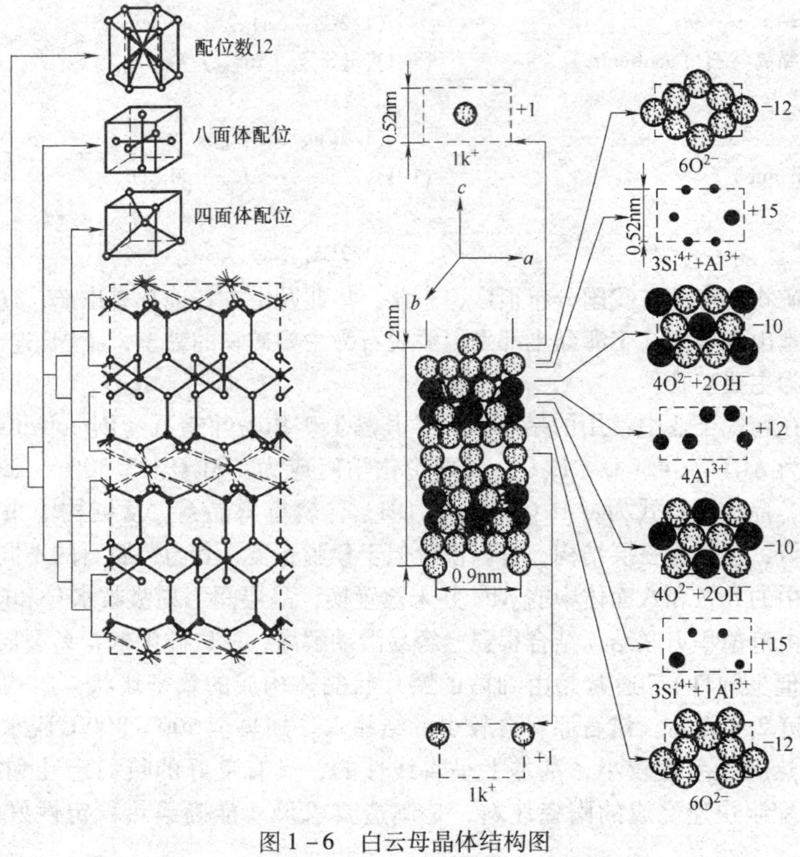

图1-6　白云母晶体结构图

∘—阴离子　•—阳离子

—O^{2-}　$R=0.13$nm　—OH^-　$R=0.13$nm　—K^+　$R=0.13$nm

$R=0.08$nm　—Al^{3+}　$R=0.06$nm　—Si^{4+}　$R=0.04$nm

伊利石的晶体呈厚度不等的鳞片状，有时带有劈裂与折断的痕迹，也有呈板条状的。

伊利石类的黏土属单斜晶系，纯者洁白，因含杂质而染成黄、绿、褐等色，莫氏硬度1～2，相对密度2.6～2.9。

由于伊利石类矿物是白云母风化时的中间产物，其转变的程度不同可形成各种矿物。绢云母是在热液或变质作用下形成的细小鳞片状白云母，晶体结构及成分与白云母相似，但外观呈土状，表面呈丝绢光泽，故而得名，具有黏土性质，是南方瓷石中的主要黏土矿物之一。另外，属于水云母类矿物还有绿磷石（Celadonite）、海绿石等。

伊利石类矿物的基本结构虽与蒙脱石相仿，但因其无膨润性，且其结晶也比蒙脱石粗，因此可塑性较低，干后强度小，而干燥收缩较小，软化温度比高岭石低。使用时应注意这些特点。

我国产出的含伊利石类矿物的黏土产地较多。河北邢台产的章村土即为伊利石和少量石英、钠长石白云母等矿物组成；我国南方各地区特别是景德镇地区生产传统细瓷的原料——瓷石，即为石英和绢云母及少量其他矿物所组成（如景德镇南港瓷石、三宝蓬瓷石、安徽祁门瓷石等）；而湖南醴陵默然塘泥却为水云母类黏土，含少量杆状高岭石和游离石英。

4. 水铝英石

水铝英石是一种非晶质的含水硅酸铝，它的结构很可能是由硅氧四面体和金属离子配位八面体任意排列而成，没有任何对称性，它与其他黏土矿物的区别是它能在盐酸中溶解，而其他结晶质的黏土矿物不溶解于盐酸，但溶解于硫酸。水铝英石的组成变动无常，n（SiO_2）/n（Al_2O_3）在0.4～8。水铝英石在自然界并不常见，往往少量地包含在其他黏土中，在水中能形成胶凝层，包围在其他黏土颗粒上，从而提高黏土的可塑性。

二、黏土的组成

为了了解、研究和使用黏土，有必要对使用的黏土的组成有充分的了解，根据使用的需要，黏土的组成可从几个方面来分析，一般可从矿物组成、化学组成和颗粒组成三个方面来进行分析，后两个组成的分析方法简易，易于进行，矿物组成的分析较难，但有利于对黏土的研究。

（一）矿物组成

黏土是多种微细矿物的混合体，因此黏土中所含的各种微细矿物的种类和数量是决定这种黏土的性质的主要因素。为了便于研究黏土的矿物组成，一般将黏土中的矿物根据其性质和数量可分成两大类，即黏土矿物和杂质矿物。

黏土矿物是组成黏土的主体，是决定黏土性质的主要成分，黏土矿物的种类和数量是决定黏土类别的主要根据，黏土矿物的种类和性质已如前所述，主要为高岭石类、蒙脱石类和伊利石类，以及少见的水铝英石等。对于一种黏土来说，并不全是含有一种黏土矿物的，而往往是同时含有两种或更多种黏土矿物，故各种黏土矿物的所含数量的多寡也将严重影响黏土的性质。除此之外，在黏土形成过程中，常由于岩石风化未完全，或由于其他因素而混入一些非黏土矿物和有机物质，这些物质我们统称为杂质矿物，杂质矿物在黏土中根据黏土成因情况的不同，有的含量较少，有的含量较多，它们通常以细小晶粒及其集合体分散于黏土中，常会影响甚至决定黏土的工艺性能，是影响黏土工业利用的一个重要因素。下面将对各种杂质矿物的类别及其对黏土性质的影响作一叙述。

1. 石英和母岩残渣

石英经常是长石的共生矿物，在风化后常保存其原有形态，特别在一次黏土中游离石英是常见的杂质之一。其他风化未完全的母岩残渣还有长石和云母等。这些杂质一般以较粗的颗粒混在黏土中，对黏土的可塑性和干燥后强度产生不良影响。故工厂多采用淘洗法（也可用水力旋流器）将黏土中的粗颗粒杂质除去。对于含石英多的黏土，若在原料细碎和配方上采取措施，也可不经淘洗工序，直接配料，这样可提高原料利用率和降低成本。

2. 碳酸盐及硫酸盐类

黏土中的碳酸盐及硫酸盐类矿物也是常见的杂质，碳酸盐矿物主要是方解石（$CaCO_3$）、菱镁矿（$MgCO_3$）。混入的硫酸盐矿物主要是石膏（$CaSO_4 \cdot 2H_2O$）、明矾石［$KAl_3(SO_4)_2(OH)_6$或$K_2SO_4 \cdot Al_2(SO_4)_3 \cdot 4Al(OH)_3$］及可溶性硫酸钾、钠等。$CaCO_3$、$MgCO_3$如果以很微细的颗粒分布在黏土中，其影响不大，如以较粗的颗粒存在，则往往在烧后会吸收空气中的水分而局部爆裂。含有较细的碳酸盐的黏土，碳酸盐可在高温下分解出CaO、MgO，起熔剂作用，能降低陶瓷的烧成温度。

黏土中如含有可溶性硫酸盐，能使制品表面形成一层白霜。这是由于坯体在干燥时，可溶性盐随水的蒸发而在表面析出所致，较多的硫酸盐因其在氧化气氛中的分解温度较高，容易引起坯泡。石膏细块还会和黏土熔化形成绿色的玻璃质熔洞。

3. 铁和钛的化合物

铁的杂质矿物以黄铁矿（FeS_2）、褐铁矿（$HFeO_2 \cdot nH_2O$）、菱铁矿（$FeCO_3$）、赤铁矿（Fe_2O_3）、针铁矿（$HFeO_2$）和钛铁矿（$FeTiO_3$）等形式存在于黏土之中，其中呈结核状铁质矿物存在的可用淘洗等方法清除，分散度大于易被磁吸引的铁杂质可用电磁选矿来除去，而黄铁矿的晶体细小而又坚硬，既不易粉碎也难于被电磁除去，往往在烧成中造成坯体的深黑斑点。黏土中铁的化合物都能使坯体呈色，同时降低黏土的耐火度，也会严重影响制品的介电性质、化学稳定性等。

钛的化合物一般以金红石、锐钛矿和板钛矿（TiO_2）等形式存在于黏土之中，纯净的TiO_2原是白色，但与铁的化合物共存时，在还原焰中烧成呈灰色，在氧化焰中烧成呈浅黄或象牙色。

4. 有机杂质

很多黏土中含有不同数量的有机物质，如褐煤、蜡、腐殖酸衍生物等，这些都能使黏土呈暗色，甚至黑色。但它们在煅烧时能被烧掉，因此只要不含别的着色物质，黑色黏土仍可烧出白质陶瓷。有的有机物质（如腐殖质）有着显著的胶体性质，可以增加黏土的可塑性和泥浆的流动性，但有机物质过多时也有造成陶瓷表面起泡与针孔的可能，须在烧成中加强氧化来解决这个矛盾。兹将我国陶瓷工业常用的几种黏土的矿物组成举例列于表1－1。

表1－1　　我国几种黏土原料的矿物组成

序号	产地名称	主要矿物组成
1	辽宁复州黏土	高岭石，个别样品有游离石英
2	辽宁黑山膨润土	蒙脱石，少量石英
3	河北章村瓷土	伊利石，少量石英、钠长石、白云石等
4	河北唐山紫木节	高岭石类为主，少量长石及杂质
5	山西大同土	高岭石在90%以上，有少量长石和石英
6	河南巩县高岭土	结晶较差的高岭石
7	山东潍坊坊子土	高岭石，水云母类

续表

序号	产地名称	主要矿物组成
8	山东淄博焦宝石	高岭石
9	陕西铜川上店土	结晶较差的高岭土，含有一定量的高铝矿物（可能是水铝英石）
10	江苏苏州土	高岭石、多水高岭石
11	江苏南京王府山土	水云母及埃洛石的混合层矿物
12	浙江青田蜡石	叶蜡石
13	江西景德镇明砂高岭土	高岭石 65% ~70%，水云母 25% ~30%，余为石英、多水高岭石、金红石等
14	江西南港瓷石	石英 58% ~62%，高岭石 10%，绢云母 25% ~28%
15	安徽祁门瓷石	绢云母 50% ~60%，余为石英，少量方解石
16	湖南衡阳界牌泥	杆状结构的高岭石 60% ~65%，余为石英
17	湖南衡山东湖泥	高岭石 90% ~95%，石英
18	广东潮安飞天燕瓷土	高岭石为主，含有较多的石英和一定量的水云母
19	广东清远浸潭洗泥	高岭石、石英为主，少量长石、水云母
20	四川叙永土	多水高岭石（叙永石）

（二）化学组成

黏土原料是由多种矿物组成的，随着各种黏土原料所含的矿物组成的不同，尤其是所含黏土矿物种类的不同，以及杂质矿物含量的多少，其化学组成的变化很大。但由于黏土中的主要黏土矿物都是含水的铝硅酸盐，因此其主要化学成分为 SiO_2、Al_2O_3和 H_2O 。此外，随着地质生成条件的不同，还会含有少量的碱金属氧化物 K_2O、Na_2O，碱土金属氧化物 CaO、MgO 以及 Fe_2O_3和 TiO_2等。一般黏土原料的化学分析如包括上述九个项目，即已能满足生产上的参考需要。有时为了研究工作的需要，还需测定 CO_2、SO_3、有机物以及其他微量元素。在上述九个项目中化合水一项一般不做直接测定。而以“灼烧减量”（或称烧失量）的形式测定。灼烧减量一项除了包括化合水外，还包括碳酸盐的分解和有机物的挥发等所引起的质量减轻。当黏土比较纯净、杂质含量少时，灼烧减量可近似地作为化合水的量。

化学分析的方法比较简便，黏土的化学分析数据在生产上有着重要的指导意义。它可以帮助我们获得许多有价值的启示，如初步估计黏土的矿物组成和工艺性能等；可为确定该黏土能不能用、如何配料以及在配料计算时提供必要的依据。具体来说，掌握黏土的化学组成具有如下意义：

①化学组成可以作为鉴定黏土的矿物组成的参考。当黏土中的杂质含量不多，主要是由一种黏土矿物组成时，常可根据黏土的化学组成来初步估计其主要黏土矿物的种类。如苏州土的化学组成为：SiO_2 46.42%，Al_2O_3 38.96%，$Fe_2O_3$0.22%，CaO 0.38%，MgO 痕量，K_2O、Na_2O 痕量，灼烧减量 14.40%。其化学组成与纯高岭石的化学组成（SiO_2 46.5%，Al_2O_3 39.5%，H_2O 14%）很接近，则可估计该黏土主要是高岭石矿物，属于高岭土。当黏土的化学组成中碱性杂质较多时，则主要黏土矿物可能是蒙脱石类与伊利石类。若化学组成以摩尔比（即用各化学组成的质量分数除以各自的摩尔质量）来表示。则 SiO_2/Al_2O_3或 SiO_2/R_2O_3的摩尔数比在 2 左右时可能是高岭石和多水高岭石，在 3 左右

时是富硅高岭土、伊利石或贝得石，在4左右时是蒙脱石、叶蜡石。

②可以估计黏土耐火度的大小。当化学组成中含碱金属、碱土金属和铁的氧化物较多时，说明该黏土所含的杂质较多，则其耐火度就较低，烧结温度也较低。当其含杂质越少，而 Al_2O_3 含量高，则其耐火度或烧结温度也越高。根据化学组成的数据，还可用一些经验公式来计算耐火度的大小。

③可以推断黏土煅烧后的呈色。Fe_2O_3 和 TiO_2 是能引起坯体显色的杂质，随着 Fe_2O_3 含量的不同，烧后的黏土可呈不同的颜色，如表1－2所示。如在还原气氛下进行煅烧，由于有部分 Fe_2O_3 被还原成为FeO，则呈色一般为青、蓝灰到蓝黑色，同时降低黏土的耐火度。

表1－2　Fe_2O_3 含量对黏土煅烧后呈色的影响

Fe_2O_3 含量/%	在氧化焰中烧成时的呈色	适于制造的品种	Fe_2O_3 含量/%	在氧化焰中烧成时的呈色	适于制造的品种
<0.8	白色	细瓷、白炻瓷、细陶器	4.2	黄色	炻瓷、陶器
0.8	灰白色	一般细瓷、白炻瓷器	5.5	浅红色	炻瓷、陶器
1.3	黄白色	普通瓷、炻瓷器	8.5	紫红色	普通瓷、粗陶器
2.7	浅黄色	炻器、陶器	10.0	暗红色	粗陶器

④可以估计黏土的成型性能。从化学组成中来推断黏土中主要黏土矿物的类型可以在一定程度上反映其成型性能。另外，如 SiO_2 含量很高，可说明该黏土中除黏土矿物外，还夹有游离石英，这种黏土的可塑性不会太好，但收缩较小。若在高岭石类黏土中灼烧减量高于14%、在叶蜡石黏土中高于5%、在多水高岭石和蒙脱石类黏土中在20%以上、在瓷石中高于8%，则可说明黏土中所含的有机物或碳酸盐过多，这种黏土其烧成收缩必然较大，在使用时应在配料和烧成工艺上要考虑解决。

⑤可以推断黏土在烧结过程中产生膨胀或气泡的可能性。黏土中的 Na_2O 和 K_2O 一般存在于云母、长石和伊利石矿物中，也有可能以钠、钾的硫酸盐存在。当以云母状态存在时，它的矿物化合水是在较高温度下（1000℃以上）排出的，这是引起黏土膨胀的一个原因。黏土中的CaO、MgO往往是以碳酸盐或硫酸盐的形式存在，如含量多，在煅烧时有大量 CO_2、SO_3 等气体排出，操作不当时容易引起针孔和气泡。

使黏土产生膨胀的主要原因之一是 Fe_2O_3 的存在，在氧化气氛下，在1230～1270℃以前，Fe_2O_3 是稳定的，如果温度继续升高，则 Fe_2O_3 将按下式分解而放出气体，引起膨胀。

$$3Fe_2O_3 = 2Fe_3O_4 + O$$

$$Fe_2O_3 = 2FeO + O$$

⑥根据化学分析的数据可以粗略地计算该黏土矿物组成的示性分析，计算方法见第二章。对评价一种制造粗陶瓷的低级黏土来说，它们的化学分析数据意义不大，重要的是它们的工艺性能。

表1－3为我国陶瓷工业常用的主要黏土的化学组成，表中同时列入了每一类黏土矿物的理论组成和一般组成范围，以便于比较。

表 1－3　　　　　我国主要黏土原料的化学组成　　　　　单位:%

类别	产地名称	化学组成										
		SiO_2	Al_2O_3	Fe_2O_3	TiO_2	MnO	CaO	MgO	K_2O	Na_2O	烧失	总量
高岭石类	江西明砂高岭（精泥）	47.69	36.01	0.99	0.04	0.14	0.40	0.25	2.51	0.95	11.12	100.10
	江西马鞍山碱石	44.23	38.29	0.72	2.38	痕迹	痕迹	0.26	0.35	0.21	14.13	100.57
	江西星子高岭（精泥）	45.06	35.99	3.25	1.23	—	0.30	0.14	—	—	14.03	100.00
	河北开滦	45.55	36.38	3.29	1.24	—	0.30	0.14	—	—	14.18	101.72
	河北唐山碱干	43.50	40.09	0.63	0.30	—	0.47		0.49	0.22	14.28	99.98
	河北唐山紫木节	46.15	32.58	1.32	1.32	—	1.27	0.43	0.7	0.74	16.16	100.67
	河北灵山土	44.66	34.28	0.58	0.30	—	0.22	0.52	0.25	0.40	17.78	98.99
	河北上庄土	42.25	36.94	0.66	0.90	—	1.23		0.70	0.19	16.20	99.07
	山西大同黏土	43.44	39.44	0.27	0.09	—	0.24	0.38	痕迹		16.07	100.24
	福建同安高岭土	50.73	32.64	0.02	—	—	0.65	0.57	5.39	0.42	9.57	99.99
	广东飞天燕土胆	46.58	36.47	0.46	—	—	1.03	0.11	4.96	0.38	9.54	99.53
	广东高州高岭土	58.68	26.36	0.12	—	—	0.44	0.09	8.41		6.42	100.52
	湖南黄茅园高岭土	45.62	39.13	0.05	—	—	0.23	0.08	0.70		14.21	100.02
	湖南新宁高岭土	45.41	35.71	0.34	—	—	0.80		2.00	2.39	13.27	99.92
	陕西铜川上店土	46.08	37.62	1.08	1.36	—	0.36	0.15	0.06	0.23	13.46	100.40
	江苏苏州高岭（阳西）	46.43	39.87	0.50	—	—	0.32	0.10	—	—	12.30	99.52
	江苏苏州高岭（阳东）	46.01	39.84	1.51	—	—	0.15	0.14	—	—	12.11	99.76
	河南巩县钟岭	43.52	40.62	0.84	0.96	—	0.53	0.41	0.60	0.90	11.63	100.01
	山东新汶碱石	47.68	35.55	0.48	0.49	—	0.48	0.58	0.1	0.15	14.17	99.68
	山东博山焦宝石	44.39	38.70	0.89	1.60	—	0.23	—	痕迹	0.01	14.42	100.24
	吉林舒兰七道河子	57.98	29.79	1.53	—	—	0.24	0.46	—	—	9.85	99.85
	辽宁复州湾	45.37	36.94	2.30	—	—	0.28	0.48	—	—	14.09	100.06
	理论组成	46.54	39.50		—	—	—	—	—	—	13.96	100.00
	一般组成范围	43.6～54.7	30.0～40.2	0.3～2.0	0～1.4		0.03～1.5	0～1.0	0－1.5	0～1.2	11～14.3	
多水高岭石类	四川叙永	44.56	38.80	0.30	—	—	0.82	0.20	0.11	0.13	15.4	100.32
	江西贵溪上清乡	48.28	35.05	1.58	—	—	0.17	0.37	2.41	0.28	12.31	100.45
	辽宁沈阳王家沟	61.28	24.25	2.35	—	—	1.14	2.15			6.8	97.97
	江苏南京栖霞山土	40.31	35.65	1.12	—	—	0.49	0.12	0.35	0.40	21.58	100.02
	贵州贵阳高坡	46.42	39.40	0.10	0.03	—	0.09	0.09	0.05	0.09	13.80	100.17
	内蒙古清水河白蜡石	44.69	37.51	0.26	0.49	—	0.66	0.52	0.15	0.34	15.37	99.99
	湖南界牌大排岭高火泥	67.64	22.16	0.28	—	—	0.33	0.10	—		9.32	100.21
	湖南界牌大排岭桃红泥	63.48	21.47	0.54	—	—	0.21	0.12	0.34		—	99.26
	湖南界牌马迹泥	50.52	33.62	0.31	—	—	0.32	0.16	1.34		13.76	100.03
	湖南界牌东湖泥	72.80	17.47	0.40	—	—	0.28	0.20	1.58		6.96	99.69
	理论组成	43.50	36.90		—	—	—	—	—	—	19.60	100.00
	一般组成范围	40.0～45.8	33.8～39.2	0.0～0.4	—	—	0.1～0.8	0.3	0.3	0.1～0.2	13.4～23.7	

续表

	产地名称	化学组成										
		SiO_2	Al_2O_3	Fe_2O_3	TiO_2	MnO	CaO	MgO	K_2O	Na_2O	烧失	总量
膨润土类	辽宁锦西	47.95	21.43	3.86	FeO 0.40	0.11	1.79	2.07	1.0	0.30	21.48	100.39
	吉林九台	66.57	16.60	3.34	—	—	2.02	2.42	—	—	6.97	97.92
	吉林桦甸	73.99	14.82	1.27	—	—	1.49	1.62	—	—	6.69	99.84
	黑龙江穆陵	53.19	23.27	3.91	—	—	2.76	0.55	1.71	4.53	10.08	100.00
	河北易县膨润土	70.06	14.54	0.16	—	—	2.36	3.75	0.14	0.23	7.76	99.57
	河北宣化	62.73	13.15	0.88	—	0.079	6.57	2.35	3.47	—	11.32	100.55
	浙江余杭	60.74	14.33	2.58	—	—	1.56	2.57	0.09	—	12.23	94.10
	福建连城	61.40	16.86	0.09	—	—	2.51	2.44	—	—	16.70	100.00
	四川达县	61.32	13.65	4.52	—	—	3.63	6.70	—	—	9.31	99.13
	江苏溧阳	63.54	16.06	1.15	—	—	2.00	2.49	2.50	0.45	12.18	100.37
	理论组成	53.40	22.60		—	—	—	—	—	—	24.00	100.00
	一般组成范围	47.9～51.2	20.0～27.1	0.2～1.4	—	—	1.0～3.7	2.1～6.6	0.2～0.6	0.3～0.8	17.1～23.7	—
叶蜡石	浙江温州蜡石	62.71	29.92	0.33	0.32	—	—	痕迹	0.15	0.17	6.17	99.77
	浙江青田蜡石	67.46	27.40	0.20	—	—	0.03	0.08	0.12	—	5.03	100.32
	理论组成	66.65	28.35	—	—	—	—	—	—	—	5.00	100.00
伊利石类	江西乐平桥头丘	64.93	21.38	1.02	0.80	P_2O_5 0.20	0.62	—	1.55	0.2	8.73	99.43
	青海鄂博梁地区	38.48	17.02	9.98	0.52	—	3.84	3.05	1.03	1.24	24.83	99.99
	陕西彬县	48.50	22.09	10.74	0.54	—	0.33	3.52	3.44	0.02		89.18
	甘肃镇源	48.12	22.77	10.24	0.64	—	0.30	3.63	3.75	0.14		89.59
	河北邢台章村土	41.88	40.92	0.36	0.43	—	0.66	1.37	5.95	2.85	4.94	99.36
	一般组成范围	50.1～51.7	21.7～32.8	0－6～2	0.5	—	0～0.6	2.0～4.5	4.1～6.9	0.1～0.5	6.4～7.0	
瓷石和瓷土类	安徽祁门瓷石（精泥）	69.93	17.65	0.66	0.07	0.01	2.11	0.40	4.61	0.54	4.31	100.29
	江西屋柱槽釉果	74.43	14.64	0.62	0.06	0.02	1.97	0.16	2.90	2.38	2.85	100.03
	江西南港瓷石	76.12	14.97	0.76	—	0.06	1.45	—	2.77	0.42	3.71	100.26
	江西青树下釉果	74.85	14.66	1.30	—	0.14	1.52	0.21	3.11	2.39	2.28	100.46
	江西三宝蓬瓷石	73.76	15.34	0.70	—	0.04	0.70	0.16	4.13	3.79	1.13	99.69
	江西余干瓷石	77.50	14.72	0.43	—	痕迹	0.37	0.16	2.65	0.24	3.72	99.81
	湖南醴陵马颈坳瓷石	76.35	14.21	0.71	—	—	0.75	0.43	4.04	0.23	3.19	99.91
	湖南醴陵千冲瓷土	73.19	17.34	1.05	—	—	0.22	0.21	3.89		4.35	100.25
	福建小岭山瓷石	76.56	14.37	0.66	0.06	—	0.16	0.16	5.34	0.55	2.15	100.25
	福建观音歧瓷石	79.04	14.20	0.34	0.04	—	0.69	0.19	3.80	0.15	2.65	100.14
	江苏吴县光福瓷石	73.75	18.07	1.37	—	—	0.24	0.40	3.78	0.22	2.18	100.01
	浙江龙泉宝溪瓷土	70.50	19.24	0.39	—	—	0.53	痕迹	5.35	0.25	4.25	100.51

续表

类别	产地名称	化学组成										
		SiO_2	Al_2O_3	Fe_2O_3	TiO_2	MnO	CaO	MgO	K_2O	Na_2O	烧失	总量
瓷石和瓷土类	云南易门瓷土	70.77	18.74	0.30	—	—	0.36	0.14	0.37	5.28	4.03	99.99
瓷石和瓷土类	河北徐水县黏土	69.50	18.98	0.40	0.20	—	—	0.67	3.55	0.18	7.03	100.51
瓷石和瓷土类	江苏宜兴茗岭瓷土	73.54	17.04	0.45	—	—	0.46	0.41	1.25	3.00	4.02	100.17
瓷石和瓷土类	江苏新沂瓷土	80.71	13.14	0.99	—	—	0.35	0.14	1.48	0.20	2.98	99.99
①海泡石类	江西乐平	68.75	0.46	0.59		—	0.12	23.98	0.15	0.20	5.73	99.98
①海泡石类	湖南醴陵冷水坑	66.26	3.35	0.49		—	2.70	22.15	2.15		2.90	100.00
②绿泥石类	辽宁海城英落山	23.45	5.41	0.47	0.16	—	0.85	39.55	—	0.18	30.12	100.19
②绿泥石类	山东栖霞	35.68	18.33	0.96	0.10	—	0.18	33.25	—	—	11.51	100.01
其他各地黏性土	山东坊子黏土	56.52	30.05	0.69	—	—	0.28	0.35	1.37	0.09	10.68	100.03
其他各地黏性土	吉林烟筒子山黏土	52.40	30.10	2.40	—	—	1.50	1.50	2.50		9.90	100.03
其他各地黏性土	吉林水曲柳黏土	50.80	31.50	1.50	—	—	0.20	0.50	1.50		14.00	100.00
其他各地黏性土	辽宁锦州紫木节	49.64	32.79	1.90	—	—	0.74	0.85	0.82	0.26	13.00	100.00
其他各地黏性土	广东东莞二顺泥	53.08	31.66	1.60	—	—	0.30	0.85	2.10	0.77	9.64	100.00
其他各地黏性土	广东佛山湾黑泥	50.93	23.00	2.48	—	—	0.48	0.72	—	—	22.38	99.99
其他各地黏性土	广东潮安双白土	49.62	36.44	0.24	—	—		0.33	1.30		12.07	100.00
其他各地黏性土	台湾台北县北投耐火黏土	49.93	34.92	1.47	—	—	—	—	—	—	13.68	100.00
其他各地黏性土	台湾台北县北投瓷土	72.19	17.68	0.43	—	—	0.26	0.55	1.72	2.30	4.87	100.00
其他各地黏性土	浙江龙泉宝溪紫金土	46.58	28.29	7.82	1.57	—	1.16	0.78	3.84	0.35	9.66	100.05
其他各地黏性土	浙江宁海黏土	56.73	25.78	3.50	—	—	0.80	1.15	2.85	—	9.18	99.99
其他各地黏性土	浙江台州木节土	57.33	24.58	2.90	0.69	—	0.62	1.22	2.75	0.09	10.14	100.32
其他各地黏性土	云南永胜跑楼黏土	77.13	16.15	0.26	—	—	0.33	0.41	3.57	0.32	1.82	100.00
其他各地黏性土	江苏无锡白泥	67.60	22.69	0.69	—	—	0.72	0.15	2.11	2.11	3.93	100.00
其他各地黏性土	江苏宜兴东山白泥	70.12	20.86	1.80	—	—	0.45	0.39	1.02	0.30	5.07	100.01
其他各地黏性土	江苏宜兴西山面头	66.06	20.96	4.32	—	—	0.22	0.35	0.32	0.44	7.32	99.99
其他各地黏性土	江苏宜兴东山甲泥	68.18	18.20	5.96	0.45	—	0.78	0.22	0.2	0.10	5.87	99.96
其他各地黏性土	江苏宜兴本山紫泥	50.28	29.05	8.49	—	—	0.36	0.48	0.24	0.24	10.85	99.99

注：①海泡石（Sepiolite）是一种镁质耐火黏土，化学式为：$4MgO \cdot 6SiO_2 \cdot 2H_2O$，景德镇用为制匣钵的原料。

②绿泥石（Chlorite）是富含镁质的黏土，化学式为：$5MgO \cdot Al_2O_3 \cdot 3SiO_2 \cdot 4H_2O$，烧失量和 MgO 含量都很高，而 Al_2O_3 与 SiO_2 含量均低，可以认为是夹在滑石与菱镁矿之间产生的，现有人利用为制造堇青石瓷的原料。

（三）颗粒组成

颗粒组成是指黏土中含有不同大小颗粒的质量分数。黏土中的黏土矿物的颗粒是很细的，其直径一般在 1 ~ 2μm 以下，而不同的黏土矿物其颗粒大小也不同，蒙脱石和伊利石的颗粒要比高岭石小，黏土中的非黏土矿物的颗粒一般较粗，可在 1 ~ 2μm 以上，在颗粒分析时，其细颗粒部分主要是黏土矿物的颗粒，而粗颗粒部分中大部分是杂质矿物颗粒。所以黏土原料的分级处理时，往往可以通过淘洗等手段，富集细颗粒部分，从而得到较纯的黏土。颗粒大小的不同，在工艺性质上也能表现出很大的不同，由于细颗粒的比表面积大，其表面能也大，因此当黏土中的细颗粒越多时，则其可塑性越强，干燥收缩大，干后强度越高，并且在烧成时也易于烧结，烧后的气孔率亦小，有利于成品的力学强度、白度和半透明度的提高。表 1－4 所示为黏土质点的大小对其物理性质的影响。

表 1－4　黏土质点大小对其物理性质的影响

质点平均直径/μm	100g 颗粒的表面积/m^2	干燥收缩/%	干燥状态下的强度/MPa	相对可塑性
8.50	13	0.0	0.451	无
2.20	392	0.0	1.37	无
1.10	794	0.6	4.61	4.40
0.55	1750	7.8	6.28	6.30
0.45	2710	10.0	12.75	7.60
0.28	3880	23.0	29.03	8.20
0.14	7100	30.5	44.92	10.20

此外黏土的颗粒形状和结晶程度也会影响其工艺性质，片状结构比杆状结构的颗粒堆积致密、塑性大、强度高，结晶程度差的颗粒可塑性也大。

测定黏土原料颗粒大小的方法很多，有用显微镜、电子显微镜、水簸法、混浊计法、吸附法等，最简单和最普通的方法是筛分析（0.06mm 以上）与沉降法（1～50μm）。测定的结果，一般粗颗粒是石英、长石、云母及其他非可塑性杂质，细颗粒中绝大部分是黏土矿物及少量如赤铁矿等杂质矿物，两者的比率可约略推测该黏土所属的矿物类型。

三、黏土的工艺性质

黏土是陶瓷工业的主要原料，黏土的性质对陶瓷的生产有很大的影响，因此掌握黏土的性质，尤其是工艺性质是稳定陶瓷生产的基本条件。黏土的工艺性质主要取决于黏土的矿物组成、化学组成与颗粒组成，其矿物组成是基本因素。如膨润土主要是蒙脱石矿物，由于其类型及细颗粒含量较多，表现出黏性高，成型水分高，收缩大，烧结温度低等特性；苏州高岭土由于其含有大量的杆状结构外形的高岭石，因而可塑性低，干燥气孔率高，干燥强度低，烧结收缩大，泥浆流动时的含水量多，且呈强烈触变性等特性；而紫木节土，由于其黏土矿物高岭石的结晶程度较差，颗粒细，含有机物质较多，所以可塑性及泥浆性质良好。因此在研究黏土原料的工艺性质时，不但要了解各种黏土的工艺性质指标，而应将工艺性质与黏土的组成结构密切联系起来，使外部性质与内因联系起来，才能深入地了解黏土的工艺性质，以指导我们合理地选用黏土，正确地指导配方的拟定。

黏土的性质很多，现仅将作为陶瓷原料用黏土的工艺性质介绍如下：

（一）可塑性

黏土与适量的水混练后形成泥团，这种泥团在一定外力的作用下产生形变但不开裂，当外力去掉以后，仍能保持其形状不变。黏土的这种性质称为可塑性。

可塑性是黏土的主要工艺技术指标，是黏土能够制成各种陶瓷制品的工艺基础。由于黏土达到可塑状态时包含有固体和液体两种形态，是属于由固体分散相和液体分散介质所组成的多相系统，因此黏土的可塑性的大小主要决定于固相与液相的性质和数量。固相的性质主要是指固体物料类型、颗粒形状、颗粒大小及颗粒分布、颗粒的离子交换能力等，液相性质主要是指液相对固相的浸润能力和液相的黏度。一般说来固体分散相的颗粒越小，分散度越高，比表面积越大，可塑性越好。尤其是在黏土中是否有胶体物质存在，对其可塑性的影响尤其大，所以黏土中水铝英石含量高，可塑性也好。另外，固体分散相的形状也对可塑性有影响，一般对于具有层状结构的黏土矿物呈薄片状颗粒要比呈杆状颗粒，或呈棱角状颗粒具有更好的可塑性。同时，黏土矿物的离子交换能力较大者，其可塑性也较高。对于液相来说，对黏土颗粒具有较大浸润能力的液相，一般都是含有羟基的（如水）液体，其与黏土拌和后就呈较高的可塑性。此类液体黏度较大者，可塑性也较高。

影响黏土可塑性的因素，除了形成泥团的固相和液相性质外，固相与液相的相对数量对黏土的可塑性也有很大影响。当黏土中加入的水量不多时，黏土还难以形成可塑状态，很容易散碎，只有水量加入到一定程度，黏土才形成具有可塑状态的泥团，这时黏土的含水量称为塑限含水量。若继续在泥团中加入水分，泥团的可塑性会逐渐增高，直到泥团能自动流动变形，此时的含水量称为液限含水量。但在生产中适合成型的泥团，其含水量一般都在塑限含水量和液限含水量之间，此时泥团的含水量称为工作泥团的可塑水量，这是陶瓷生产中塑性成型的一个重要参数。各种黏土的可塑水量很不一致，可塑性越大的黏土所需的水量越多，高可塑性黏土的含水量可达28%～40%，中可塑性的为20%～28%，低可塑性的为15%～20%。

测定黏土可塑性的方法很多，目前我国常用的方法有可塑性指数法与可塑性指标法两种。可塑性指数是指黏土的液限含水率与塑限含水率之差，从黏土与水的相对关系来看，塑限含水率表示黏土被水湿润后，形成水化膜，使黏土颗粒能相对滑动而出现可塑性的含水量。所谓塑限高，说明黏土颗粒的水化膜厚，工作水分高，但干燥收缩也大。液限含水量反应黏土颗粒与水分子亲和力的大小，液限高的黏土颗粒很细，在水中分散度大，不易干燥，湿坯的强度低。可塑性指数表示黏土能形成可塑泥团的水分变化范围。指数大则成形水分范围大，成型时不易受周围环境湿度及模具的影响，即成型性能好。但可塑性指数小的黏土调成的泥浆厚化度大、渗水性强，却便于压滤榨泥。

可塑性指标系指在工作水分下，黏土泥团受外力作用最初出现裂纹时应力与应变的乘积，同时还应测定泥团的相应含水率。可塑性指标也反映了黏土泥团的成型性能的好坏，但要注意相应的含水率。若相应含水率大，则工作水分多，干燥过程易变形、开裂。

黏土的可塑性能根据可塑指数或可塑指标分为以下几类：强塑性黏土指数 >15 或指标 >3.6；中塑性黏土指数 7～15 或指标 2.5～3.6；弱塑性黏土指数 1～7 或指标 <2.5；非塑性黏土指数 <1。

陶瓷生产中为了获得成型性能良好的坯料，除了选择适宜的黏土外，还可调节坯料的可塑性以满足生产上对可塑性的要求。提高坯料可塑性的措施有：

①将黏土原矿进行淘洗，除去所夹杂的非可塑性物料，或进行长期风化。

②将湿润了的黏土或坯料进行长期陈腐。

③将泥料进行真空处理，并多次练泥。

④掺入少量的强可塑性黏土。

⑤必要时加入适当的胶体物质，如糊精、胶体 SiO_2、$Al(OH)_3$、羧甲基纤维素等，但在一般日用陶瓷生产中不用此法。

降低坯料可塑性的措施有：

①加入非可塑性原料，如石英、瘠性黏土、熟瓷粉等。

②将部分黏土预先煅烧。

（二）结合性

黏土的结合性是黏土能黏结一定细度的瘠性物料，形成可塑泥团并有一定干燥强度的性能。黏土的这一性质能保证坯体有一定的干燥强度，是坯体干燥、修理、上釉等能够进行的基础，也是配料调节泥料性质的重要因素。黏土的结合性主要表现为其能黏结其他瘠性物料的结合力的大小，黏土的这种结合力在很大程度上由黏土矿物的结构决定的。一般说来具有可塑性强的黏土结合力大，但也有例外，黏土的结合力与可塑性是两个概念，是两个不完全相同的工艺性质。

黏土结合力的测定：在工程上要直接测定分离黏土质点所需的力是困难的，生产上常用测定由黏土制作的生坯的抗折强度来间接测定黏土的结合力。在实验中通常以能够形成可塑泥团时所加入标准石英砂（颗粒组成为：0.25～0.15mm 占 70%，0.15～0.09mm 占 30%）的数量及干后抗折强度来反映。加砂量可达 50% 时为结合力强的黏土，加砂量达 25%～50% 时为结合力中等的黏土，加砂量在 20% 以下时为结合力弱的黏土。

（三）离子交换性

黏土颗粒由于其表面层的断键和晶格内部离子的被置换，黏土表面总是带有电荷同时又吸附一些反离子。在水溶液中，这种吸附的离子又可被其他相同电荷的离子所置换。这种离子交换反应发生在黏土粒子的表面部分，而不影响硅铝酸盐晶体的结构。各种黏土由于其晶格内部离子置换的程度不同以及黏土颗粒大小不同，其离子交换的能力也不同。

离子交换的能力一般用交换容量来表示，它是 100g 干黏土所吸附能够交换的阳离子或阴离子的量。不同黏土矿物的离子交换容量可以从表 1－5 看出。黏土颗粒大小与阳离子交换容量的关系示于表 1－6。

表 1－5　不同黏土的离子交换容量　单位：$\times 10^{-1}$ mmol/g

黏土种类	吸附离子种类		黏土种类	吸附离子种类	
	阳离子	阴离子		阳离子	阴离子
高岭土	3～9	—	叙永土	15～40	—
高岭土类黏土	9～20	7～20	膨润土	40～150	20～50
伊利石类黏土	10～40	—			

表1-6　　黏土颗粒大小与离子交换容量的关系　　单位：$\times10^{-1}$mmol/g

矿物	颗粒大小/μm							
	10~20	5~10	2~4	1.~0.5	0.5~0.25	0.25~0.1	0.1~0.05	<0.05
高岭石	2.4	2.6	3.6	3.8	3.9	5.4	9.5	—
伊利石	—	—	—	—	13~20	—	20~30	27.5~41.7

另外，黏土中有机物含量和黏土矿物的结晶程度也影响其交换容量。如唐山紫木节土中有机物多，因有机物中的—OH、—COOH活性基团具有吸附阳离子的能力，故该土的阳离子交换容量达2.52 mmol/g，远较纯高岭土的阳离子交换容量大（苏州土为0.7mmol/g）。同时，这也由于紫木节土的结晶程度差，晶格内存在类质同晶的置换所致。

黏土的离子交换容量不仅与黏土本身的性质有关，而且也取决于吸附的离子种类，黏土吸附阳离子的能力比阴离子要大（见表1-5）。而黏土吸附阳离子的种类不同，其交换容量也不同，黏土的阳离子交换容量大小一般情况下可按下列顺序排列：

$$H^+ > Al^{3+} > Ba^{2+} > Sr^{2+} > Ca^{2+} > Mg^{2+} > NH_4^+ > K^+ > Na^+ > Li^+$$

即左面的离子能置换右面的离子，自右至左交换容量逐渐增大。黏土吸附阴离子的能力较小，可按下列顺序排列：

$$OH^- > CO_3^{2-} > P_2O_7^{4-} > PO_4^{3-} > CNS^- > I^- > Br^- > Cl^- > NO^{3-} > F^- > SO_4^{2-}$$

即左面的阴离子能在离子浓度相同的情况下从黏土上交换出右面的阴离子。

黏土吸附的离子种类不同，对黏土泥料的其他工艺性质会有不同的影响，表1-7列出了黏土吸附不同离子对可塑泥团及泥浆性质的影响。

表1-7　　吸附离子的种类对黏土泥料性质的关系

性质	吸附离子种类和性质变化的关系	性质	吸附离子种类和性质变化的关系
结合水数量（膨润土）	$K^+ < Na^+ < H^+ < Ca^{2+}$	可塑泥团的液限（高岭土）	$Li^+ < Na^+ < Ca^{2+} < Ba^{2+} < Mg^{2+} < Al^{3+} < K^+ < Fe^{2+} < H^+$
湿润热：膨润土 高岭土	$K^+ < Na^+ < H^+ < Mg^{2+} < Ca^{2+}$ $H^+ < Na^+ < K^+ < Ca^{2+}$	泥团破坏前的扭转角	$Fe^{2+} < H^+ < Al^{3+} < Ca^{2+} < K^+ < Mg^{2+} < Ba^{2+} < Na^+ < Li^+$
ξ-点位（高岭土、膨润土）	$Ca^{2+} < Mg^{2+} < H^+ < Na^+ < K^+$	泥团干后强度	$H^+ < Ba^{2+} < Na^+$；$H^+ < Ca^{2+} < Na^+$；$Cl^- < CO_2{}^{2-} < OH^-$
触变性	$Al^{3+} < Ca^{2+} < Mg^{2+} < K^+ < Na^+ < H^+$	水中溶解下列电解质时泥浆的过滤速度	$NaOH < Na_2CO_3 = H_2O < KCl = NaCl = Na_2SO_4 < CaCl_2 = BaCl_2 < Al_2(SO_4)_3$
干燥速度和干后气孔率	$Na^+ < Ca^{2+} < H^+ < Al^{3+}$		

（四）触变性

黏土泥浆或可塑泥团受到振动或搅拌时，黏度会降低而流动性增加，静置后逐渐恢复原状。此外，泥料放置一段时间后，在维持原有水分的情况下也会出现变稠和固化现象，这种性质统称为触变性。黏土的触变性在生产中对泥料的输送和成型加工有较大影响。生产中一般希望泥料有一定触变性，泥料触变性过小时，成型后生坯的强度不够，影响脱模与修坯的品质。而触变性过大的泥浆在管道输送过程中会带来不便，成型后生坯也易变形。因此控制泥料的触变性，对满足生产需要，提高生产效率和产品品质有重要意义。

黏土的触变性主要取决于黏土的矿物组成、粒度大小与形状、水分含量、使用电解质种类和用量，以及泥料（包括泥浆）的温度等。黏土的触变性与黏土矿物结构的遇水膨胀有关，溶剂水分子渗入黏土矿物颗粒中有两种情况，一种是水分子仅渗入黏土颗粒之间，如高岭石和伊利石颗粒；另一种是水分子还可渗入单位晶胞之间，蒙脱石和拜来石就属于这两种情况都存在。因此蒙脱石的遇水膨胀要比高岭石和伊利石高，矿物颗粒也较细，其触变性较大，触变容积也大。黏土颗粒的大小与形状对触变性的影响，表现为颗粒越细，活性边表面越多，形状越不对称，越易呈触变性。球状颗粒不易显示触变性，此外，触变效应与吸附离子及吸附离子的水化密切相关。黏土吸附的阳离子其价数越小或价数相同而离子半径越小者，其触变效应越大。

泥料的触变性与含水量有关，含水量大的泥浆，不易形成触变结构，含水量小的泥浆则易形成触变结构而呈触变现象。温度对泥料的触变性也有影响，温度升高，黏土质点的热运动剧烈，使黏土间的联系力减弱，不易建立触变结构，从而使触变现象减弱。

黏土泥料的触变性在测定时以厚化度（或稠化度）来表示。厚化度以泥料的黏度变化之比或剪切应力变化的百分数来表示，泥浆的厚化度是泥浆放置30min和30s后其相对黏度之比。即

$$泥浆厚化度 = t_{30\text{min}}/t_{30\text{s}} \tag{1-1}$$

式中：$t_{30\text{min}}$——100mL泥浆放置30min后，由恩氏黏度计中流出的时间；

$t_{30\text{s}}$——100mL泥浆放置30s后，由恩氏黏度计中流出的时间。

可塑泥团的厚化度为放置一定时间后，球体或圆锥体压入泥团达一定深度时剪切强度增加的百分数。即

$$泥团厚化度 = (F_n - F_0)/F_0 \times 100\% \tag{1-2}$$

式中：F_0——泥团开始承受的负荷，N；

F_n——经过一定时间后，球体或锥体压入相同深度时泥团承受的负荷，N。

（五）干燥收缩和烧成收缩

黏土泥料干燥时，因包围在黏土颗粒间的水分蒸发，颗粒相互靠拢引起体积收缩，称为干燥收缩。黏土泥料在煅烧时，由于发生一系列的物理化学变化（如脱水作用、分解作用、莫来石的生成、易熔杂质的熔化，以及这些熔化物充满质点间空隙等），因而黏土再度收缩，称为烧成收缩。这两种收缩构成黏土泥料的总收缩。

黏土的收缩情况主要取决于它的组成、含水量、吸附离子及其他工艺性质等，细颗粒黏土及呈长形纤维状粒子的黏土收缩较大，黏土矿物组成与其收缩的关系如表1-8所示。

表1-8　各类黏土的收缩范围　　单位：%

线收缩＼黏土	高岭石类	伊利石类	蒙脱石类	叙永石类
干燥收缩	3~10	4~11	12~23	7~15
烧成收缩	2~17	9~15	6~10	8~12

收缩测定是以直线长度或体积大小的变化来表示。为了方便起见，可将体积收缩近似

等于直线收缩的3倍，但有6%～9%的误差。

干燥收缩是以试样干燥至105～110℃时其尺寸的变化来表示，可按下式计算：

$$\varepsilon_{干} = (L_0 - L_{干})/L_0 \times 100\% \tag{1-3}$$

式中：L_0——式样的原始长度；

$L_{干}$——式样的干燥后长度；

$\varepsilon_{干}$——式样的干燥线收缩率。

线收缩和体积收缩的关系为：

$$\varepsilon_{干} = \left(1 - \sqrt[3]{1 - \frac{\varepsilon_{v干}}{100}}\right) \times 100\% \tag{1-4}$$

式中：$\varepsilon_{v干}$——试样的干燥体积收缩率。

有时为了了解坯体在干燥时能产生形变和开裂倾向的大小，可用干燥灵敏度来表示。灵敏度大，可知其在干燥过程中容易变形和开裂。干燥灵敏度与坯体的干燥体积收缩率成正比，与干燥后配体的总气孔率成反比。即

$$K_{敏} = \varepsilon_{v干}/P_{孔} \tag{1-5}$$

式中：$P_{孔}$——试样干燥后的总气孔率；

$K_{敏}$——干燥灵敏度。

黏土坯体的$K_{敏} \leqslant 1$时，在干燥中比较安全，介于1～2者为中等，如大于2则容易形成缺陷。

烧成线收缩按下式计算：

$$\varepsilon_{烧} = (L_{干} - L_{烧})/L_{干} \times 100\% \tag{1-6}$$

式中：$L_{干}$——试样干燥后的长度；

$L_{烧}$——试样烧成后的长度；

$\varepsilon_{烧}$——试样的烧成线收缩率。

由于干燥线收缩是以试样干燥前的原始长度为基础，而烧成线收缩是以试样干燥后的长度为基准，因此黏土试样的总收缩$\varepsilon_{总}$并不等于干燥线收缩$\varepsilon_{干}$与烧成线收缩$\varepsilon_{烧}$之和。它们之间的数学关系为：

$$\varepsilon_{烧} = (\varepsilon_{总} - \varepsilon_{干})/(100 - \varepsilon_{干}) \times 100\% \tag{1-7}$$

测定收缩是研制模型放尺的依据，由于黏土原料性质的不同，收缩也不相同，一般黏土的总收缩波动于5%～20%。黏土或配成的坯料如果收缩太大，在干燥与烧成中，将产生有害的应力，容易导致坯体开裂，这时就应调整配方，加以防止。在制造大型坯件时，其水平收缩与垂直收缩也会略有差异，在制模时应予注意。

（六）烧结温度与烧结范围

黏土是多矿物组成的物质，它没有固定的熔点，而是在相当大的温度范围内逐渐软化。当黏土在煅烧过程中，温度超过900℃以上时，低熔物开始出现，低熔物液相填充在未熔颗粒之间的空隙中，并由其表面张力的作用，将未熔颗粒进一步靠近，使体积急剧收缩，气孔率下降，密度提高。这种体积开始剧烈变化的温度称为开始烧结温度（见图1-7中t_1）。随着温度的继续升高，黏土的气孔率不断降低，收缩不断增大，当其密度达到最大状态时（一般以吸水率等于或小于5%为标志），称为完全烧结，相当于此时的温度叫烧结温度（图1-7中的t_2）。

从完全烧结开始，温度继续上升，会出现一个稳定阶段，在此阶段中，体积密度和收缩等不发生显著变化。持续一段时间后，由于黏土中的液相不断增多，以至于不能维持黏土原试样的形状而变形，同时也会因发生一系列高温化学反应，使黏土试样的气孔率反而增大，出现膨胀。出现这种情况的最低温度称软化温度（图 1－7 中的 t_3），通常把烧结温度到软化温度之间黏土试样处于相对稳定阶段的温度范围称为烧结温度（图 1－7 中的 $t_2 \sim t_3$）。

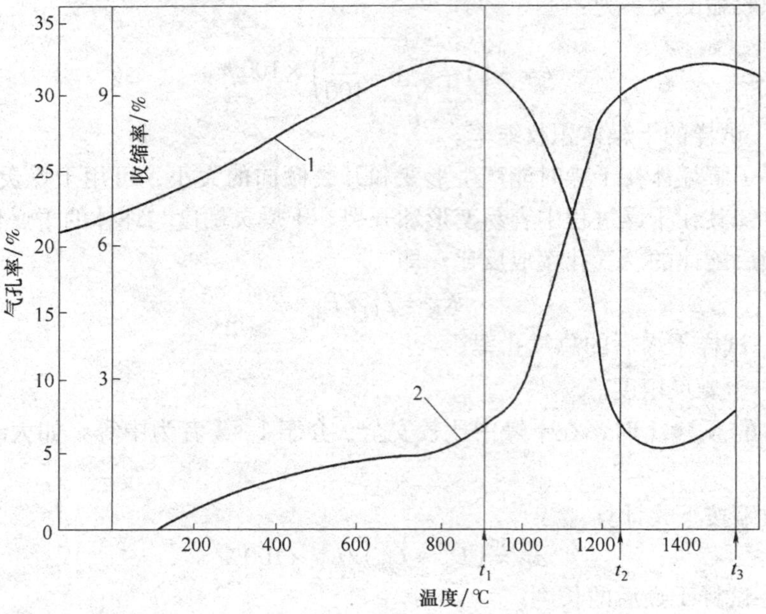

图 1－7　黏土加热时的收缩与气孔率曲线

1—气孔率曲线　2—收缩曲线

黏土的烧结属液相烧结，影响烧结的因素很多，其中主要的因素是化学组成与矿物组成。从化学组成来看，碱性成分多、游离石英少的黏土易于烧结，烧结温度也低；从矿物组成来看，膨润土、伊利石类黏土比高岭土易于烧结，烧结后的吸水率也较低。不同黏土的烧结范围差别也很大，主要取决于黏土中所含熔剂杂质的量和种类以及相应液相的增加速度，纯耐火黏土烧结范围约 250℃，优质高岭土约 200℃，不纯的黏土约 150℃，伊利石类黏土仅 50～80℃，低钙泥灰岩只有 20～30℃。烧结范围越宽，陶瓷制品的烧成操作越容易掌握，也越容易得到煅烧均匀的制品。因此，黏土的烧结范围在陶瓷生产中十分重要。它是制定烧成制度、选择烧成温度范围、决定坯料配方、选择窑炉等的参考和依据之一。

生产中常用吸水率来反映原料的烧结程度。一般要求黏土原料烧后的吸水率 $<5\%$。

（七）耐火度

黏土在高温下加热，当温度达到黏土软化温度后，继续升温，黏土逐渐软化熔融，直至全部熔融变为玻璃态物质。为了表征材料在高温下，虽已发生软化而没有全部熔融，在使用中所能承受的最高温度，称为耐火度。耐火度是耐火材料的重要技术指标之一，它反映材料无荷重时抵抗高温作用的稳定性，是材料的一个工艺常数（熔点是一个物理常数)。

黏土的耐火度主要取决于其化学组成。Al_2O_3含量高其耐火度就高，碱类氧化物能降低黏土的耐火度。通常可根据黏土原料中的Al_2O_3/SiO_2比值来判断耐火度，比值越大，耐火度越高，烧结范围也越宽。

耐火度的测定是将一定细度的原料制成一截头三角锥（高30mm，下底边长8mm，上顶边长2mm），在高温电炉中以一定的升温速度加热，当锥内复相体系因重力作用而变形以至顶端软化弯倒至锥底平面时的温度，即是试样的耐火度，见图1-8。

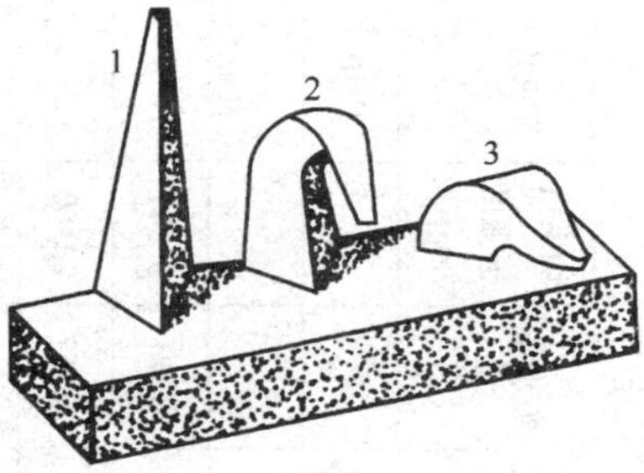

图1-8 试样的耐火度测定
1—熔融开始之前
2—开始熔融，顶端触及底座，到达耐火度
3—高于耐火度的温度下全部熔融

黏土的耐火度也可根据黏土的化学分析用下列经验公式（1-8）和式（1-9）来计算：

$$t=360+[w_A-w_{MO}]/0.228 \tag{1-8}$$

式中：t——耐火度,℃；

w_A——黏土中Al_2O_3和SiO_2总量换算为100%时，Al_2O_3的质量分数,%；

w_{MO}——黏土中Al_2O_3和SiO_2总量换算为100%时，相应带入的其他杂质氧化物的总的质量分数,%。

上式适用于质量分数为20%～50%的黏土。

$$t=1534+5.5w_A-30\ (8.3w_F+2w_{MO})/w_A \tag{1-9}$$

式中：w_A——Al_2O_3质量分数,%；

w_F——Fe_2O_3质量分数,%；

w_{MO}——TiO_2、CaO、MgO和R_2O等杂质质量分数,%。

上式适用于Al_2O_3质量分数在15%～50%的黏土，计算时各质量分数须换算为无灼减量的质量分数。我国陶瓷工业几种常用黏土的主要工艺性质列于表1-9。

四、黏土的加热变化

黏土是陶瓷的主要原料，陶瓷在烧成过程中所发生的一系列物理和化学变化，是在黏土加热变化的基础上进行的，因此黏土的加热变化是陶瓷制品烧成的基本理论基础。研究黏土的加热变化对确定陶瓷制品的烧成温度具有很重要的意义。不仅如此，不同矿物组成的黏土加热时发生各种变化的温度和热效应也不同，由此还可用以鉴定黏土的矿物组成。

黏土在加热时发生一系列的化学变化，与此同时也发生相应的物理变化，如体积的膨胀与收缩、气孔率的降低与增高、失去部分质量、吸热与放热等。

黏土在加热过程中发生脱水、分解、析出新晶相等物理和化学变化较为复杂，在研究中由于条件不完全一致，对黏土的加热变化，尤其是高温下的相变，出现很多看法，现综合起来论述如下：

黏土在加热过程中的变化包括两个阶段：脱水阶段与脱水后产物的继续转化阶段。

表 1-9　我国几种黏土的某些工艺性能

序号	名称	可塑性					干燥性能					烧成性能					
		液限水分/%	塑限水分/%	可塑性指数	可塑性指标	相应含水率/%	干燥线收缩/%	干燥体收缩/%	干燥气孔率/%	干燥灵敏指数	干燥抗折强度/MPa	烧成线收缩/%	烧成体收缩/%	真气孔率/%	吸水率/%	烧后抗折强度/MPa	耐火度/℃
1	江西明砂高岭				2.52	31.89		10.95	37.41		1.00						1770
2	安徽祁门泥石				2.93	25.50		6.87	33.20		1.22						1350
3	安徽祁门泥石				0.617	25.50	4.1	12.37	33.60	0.435	0.72	7.24	21.74	11.91	0.40	58.71	
4	江西星子高岭				1.151	30.68	6.37	19.13	46.00	0.503	0.55	3.69	26.09	25.71	11.57	22.60	
5	江西贵溪高岭				1.029	26.60	7.71	23.14	37.70	0.624	0.80	9.61	28.85	22.50	11.41		
6	江西南港瓷石				1.202	24.68	6.42	19.27	36.51	0.619	0.71	7.17	21.52	12.68	0.112	74.26	
7	江西余千瓷石				1.896	24.60	6.91	20.73	31.43	0.692	0.65	6.01	18.02	19.60	0.11	51.76	
8	江西青树下瓷石				0.921	22.00	4.22	12.66	32.00	0.413	0.53	7.65	22.95	29.40	0	46.22	
9	江西三宝蓬瓷石				0.772	23.00	6.62	13.91	13.71	0.416	0.58	7.20	21.61	12.80	0.10	63.31	
10	江西景德镇碱石				0.761	21.20	4.12	12.27	25.00	0.570	0.50	5.62	18.88	25.30	11.08		
11	江西柳家湾黏土				0.542	30.52	5.79	17.38	47.04	0.439	1.82	5.52	16.55	39.42	21.13	39.22	
12	陕西上店高岭	25.95	12.86	13.09	3.17	21.28			14.20	25.90	4.24						1730~1750
13	江苏苏州高岭	63.54	36.58	26.96	1.55			13.81	45.15	0.308	0.97		45.73	15.58		19.21	1770~1780
14	河北唐山紫木节							15.75	31.80	0.549			39.52	1.17		34.79	1770~1710

15	浙江台州木节土							27.16	37.70	0.784			20.60	1.22		42.92	1590～1610
16	江苏南京栖霞山土	32.61	18.72	13.89	3.07			4.20			2.03		20.58			47.68	
17	江苏南京王府山土	55.92	29.14	30.78	3.65			18.90			6.31		23.43			40.43	
18	江苏无锡泥	33.54	18.60	14.88	4.25			16.10			1.66		27.09			53.56	
19	江苏宜兴白泥	22.80	14.93	7.78	4.70	20.22		11.58	17.27		1.84		10.42	11.13	4.86		
20	江苏宜兴紫泥	26.37	16.19	10.18	2.52	18.68		19.35	16.68		1.17		19.74	8.11	3.23		
21	江苏宜兴黄泥	21.74	17.45	4.29	2.66	21.44		13.50	18.25		0.89			16.21	7.47		
22	河北唐山碱干			13.70	2.18		6.70			0.48		12.92			8.75		
23	河北唐山碱石			3.95	1.44		5.19			0.45		8.33			8.93		
24	山西大同土			6.90	1.45		6.70			0.54		9.70			12.62		
25	河北邢台章村土			2.30	1.45		2.20		39.30			6.80			0.35		1600
26	湖南界牌高岭土			5.80			4.00				0.81	6.80				18.38	
27	湖南醴陵长坡瓷土						1.40				0.08	6.60				22.49	
28	湖南醴陵马颈坳瓷土			4.10			3.00				0.48	8.20				50.91	
29	湖南醴陵冷水坑瓷土			22.40			5.50				3.33	6.80				25.77	
30	湖南巩县牛家沟黏土			8.80			30.0				0.47	10.30				12.99	

（一）脱水阶段

黏土干燥后，继续加热，首先出现的反应是脱水，其中最主要的是结构水的排出，黏土中的结构水大部分都在430～600℃时放出，但在比这更低的温度下，也有少量的水被除去。在更高的温度下，残余的结构水可继续排出。

现以高岭土的加热脱水为例，其脱水的过程如下：

100～110℃　湿存水（大气吸附水）与自由水的排出。

110～400℃　其他矿物杂质带入水的排出（如多水高岭土中的部分水）。

400～450℃　结构水开始缓慢排出（两个—OH变为一个 H_2O 排出，留下一个O）。

450～550℃　结构水快速排出。

550～800℃　脱水缓慢下来，到800℃时排水近于停滞。

800～1000℃　残余的水排出完毕。

上述的脱水过程与结晶程度有关，结晶程度差、分散程度大的高岭土，其脱水温度有某些降低。脱水温度除了与黏土本身有关外，还随加热的快慢而变化，快速加热时黏土中的各脱水温度都相应地提高。

其他黏土矿物的具体脱水温度与高岭土不完全一样，都有其特殊性，如膨润土在100℃左右有大量的层间水排出，至500～800℃结构水排出；瓷石在100～200℃排出吸附水；在400～700℃绢云母失去结构水，其急剧脱水在600～700℃进行。黏土脱水时失去部分质量，并产生吸热效应，故可从各种黏土的差热曲线和失重曲线上看出其脱水与温度的关系。图1－9示出几种黏土的典型差热曲线和失去部分质量曲线。

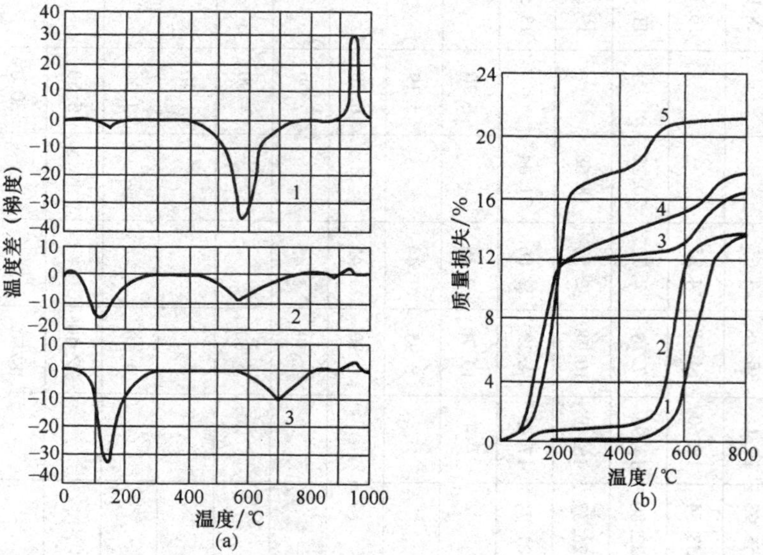

图1－9　几种黏土的典型差热曲线（a）和失去部分质量曲线（b）

（a）1—高岭石　2—伊利石　3—蒙脱石

（b）1—地开石　2—高岭石　3—蒙脱石　4—绿脱石　5—伊利石

黏土脱水时，会伴随着产生体积变化，从室温开始加热时，黏土会发生膨胀，至100℃以后，当吸附水开始排出时，体积出现一个小收缩，在250℃左右收缩终止，其后继续膨胀至晶体开始分解，而转为再收缩，由于各种不同矿物类型的黏土其结构水排出的温度不同，其开始收缩的温度也不同，高岭石在500～600℃开始收缩，绢云母和叶蜡石则要到800～900℃时才收缩。这是由于具有二层结构的高岭石，其结构水排出较易，结构水刚排出时，体积急剧膨胀，但随即转入收缩过程。而绢云母等三层结构的矿物，当其结构水开始排出时，晶格结构会发生很大变化，所以有较大的膨胀，几乎要到所有的水分排出后才开始收缩，故其开始收缩温度较高。黏土结构水排出后的体积收缩，可以一直进行到结构水完全排出。

黏土中总存在一些杂质，这些杂质在黏土脱水阶段会发生一些分解与氧化等反应，如硫化物与有机物的氧化、碳酸盐的分解等，这些杂质的氧化分解反应，将对黏土的差热与失去部分质量曲线产生影响，甚至使差热曲线和失去部分质量曲线与纯净黏土的典型曲线相差很大，从而给通过差热与失去部分质量曲线来鉴定矿物造成困难。

黏土脱水后均变为脱水产物，高岭石类黏土脱水后生成偏高岭石，反应式如下：

$$Al_2O_3 \cdot 2SiO_2 \cdot 2H_2O = Al_2O_3 \cdot 2SiO_2 + 2H_2O$$

偏高岭石

偏高岭石是接近于高岭石结构的产物，但不完全是晶体，X射线衍射分析，线条不明显。其他类型的黏土，在脱水温度下排出结构水后均变为无水硅酸盐化合物。

（二）脱水后产物继续转化阶段

温度继续升高，黏土脱水后的产物可继续转化，偏高岭石由925℃开始转化为由AlO_6和SiO_4构成的尖晶石型新的结构物，其反应如下：

$$2(Al_2O_3 \cdot 2SiO_2) = 2Al_2O_3 \cdot 3SiO_2 + SiO_2$$

Al－Si尖晶石

偏高岭石的加热转化，使首先脱去SiO_2后形成的尖晶石型结构为具有立方晶系的结构，由于这一尖晶石的结构比较致密而且较偏高岭石的结构稳定，因而在转化过程中能出现收缩率增大以及在差热曲线上出现放热效应。在转化中同时形成的SiO_2为非晶质SiO_2。这种非晶质SiO_2在潮湿的环境下，能发生水化而产生膨胀，这就是黏土脱水产物会产生水化膨胀现象的原因之一。

铝硅尖晶石结构尽管其结构较偏高岭石结构稳定。但其结构中空位较多，因而它也是很不稳定的，继续加热就会转化成热力学稳定的莫来石而分离出方石英：

$$3(2Al_2O_3 \cdot 3SiO_2) = 2(3Al_2O_3 \cdot 2SiO_2) + 5SiO_2$$

Al－Si尖晶石　　　　莫来石　　　　方石英

开始转化温度约为1050℃，这一转化在X射线衍射图上可显示出来，在差热曲线上所显出的在1150～1250℃温度范围内的放热效应与莫来石的迅速形成有关。与此同时，由于无定形的SiO_2转化成方石英，也会在差热曲线上出现第三个放热效应。

其他类型的黏土矿物的加热变化稍有不同。含碱的黏土矿物（即含有伊利石和绢云母）在350～600℃放出结构水后，在800～850℃时晶格受到破坏，莫来石从1000℃开始形成，玻璃质自950℃开始形成，在850～1200℃形成的尖晶石会熔解在1300℃时形成的玻璃体中。白云母在1100～1200℃时完全分解，形成含莫来石、$\alpha-Al_2O_3$、$\gamma-Al_2O_3$及大量玻璃的物相。

蒙脱石在600℃以下不发生实质性的变化，这一温度以上失去结构水，800～850℃发生变化，在1100℃左右形成尖晶石，并熔解于玻璃相中，在1050℃以后，会形成莫来石。

蒙脱石失去层间水时，其晶体结构与叶蜡石相同。叶蜡石的结构水在500～600℃时放出，形成非晶体的无水叶蜡石，1300℃以上，则有莫来石形成，叶蜡石在形成莫来石时，会有较多的方石英生成，因此反应物的膨胀率比高岭石的高得多，又因脱水量较少，所以烧成收缩率也就小得多。

各种黏土矿物在高温下都能生成莫来石晶体，莫来石是一种针状或细柱状晶体，化学组成在 $3Al_2O_3 \cdot 2SiO_2$ 与 $2Al_2O_3 \cdot 3SiO_2$ 之间，一般写作 $3Al_2O_3 \cdot 2SiO_2$，理论组成为 Al_2O_3 71.8%，SiO_2 28.2%，相对密度3.15，熔融温度1810℃，熔融后分解为刚玉和石英玻璃。莫来石本身力学强度高，热稳定性好，化学稳定性强，它能赋予陶瓷制品许多良好的性能。

伴随着加热中黏土物质所发生的化学变化，相应地也发生了物理性质的变化，其变化为：

①气孔率从900℃开始陆续下降，至1200℃以后下降速度最为剧烈。

②失去部分质量现象主要发生在脱水阶段，脱水阶段后仍有残留结构水排出而失去微小质量。

③相对密度在900℃以前稍有降低，而在900～1000℃的温度范围内相对密度大大增加，收缩异常显著。

④收缩的开始温度则由于黏土的不同其开始温度也不同，可在500～900℃，在900～1000℃以前一般收缩较缓慢，至900～1000℃以上时收缩急剧增加，到达黏土的烧结温度时（高岭石类黏土可达1350℃）收缩才终止。伊利石的收缩终点可能较早。

⑤温度超出烧结温度范围时，将重新出现气孔增加、坯体膨胀现象，乃至整个坯体熔融。对于一些杂质较多的易熔黏土等，其发生的物理变化相似，但反应温度会有所不同。

五、黏土在陶瓷生产中的作用

由于黏土可使其泥料具有可塑性和烧结性，因而黏土成为陶瓷制品的主要原料。可以说人们在发现和发明陶瓷制品的过程中，充分利用了黏土的这一特性，才创造出多姿多彩的各类陶瓷制品。黏土作为主要原料对陶瓷生产的影响是巨大的，黏土不仅能保证陶瓷制品的成型，而且能决定烧后制品的性质，尤其是黏土的种类繁多，性质各异，使黏土在陶瓷生产中的作用更加突出，这需要我们给予充分重视。

黏土在陶瓷生产中的作用概括起来如下：

①黏土的可塑性是陶瓷坯泥赖以成型的基础。黏土可塑性的变化对陶瓷成型的品质影响很大，因此选择各种黏土的可塑性，或调节坯泥的可塑性，已成为确定陶瓷坯料配方的主要依据之一。

②黏土使注浆泥料与釉料具有悬浮性与稳定性。这是陶瓷注浆泥料与釉料所必备的性质，因此选择能使泥浆有良好悬浮性与稳定性的黏土，也是注浆配料和釉浆配料中的主要问题之一。

③黏土一般呈细分散颗粒，同时具有结合性。这可在坯料中结合其他瘠性原料并使坯料具有一定的干燥强度，有利于坯体的成型加工。另外，细分散的黏土颗粒与较粗的瘠性原料相结合，可得到较大堆积密度而有利于烧结。

④黏土是陶瓷坯体烧结时的主体，黏土中的 Al_2O_3 含量和杂质含量是决定陶瓷坯体的

烧结程度、烧结温度和软化温度的主要因素。也可以说，黏土的种类是确定生产何种陶瓷制品品种的主要依据。

⑤黏土是形成陶器主体结构和瓷器中莫来石晶体的主要来源。黏土的加热分解产物和莫来石晶体是决定陶瓷器主要性能的结构组成。莫来石晶体能赋予瓷器以良好的力学强度、介电性能、热稳定性和化学稳定性。

六、我国的黏土原料

我国黏土原料资源丰富，产地遍及全国。尽管各地的黏土原料性质各异，品质有优劣，但作为生产品种繁多的陶瓷制品原料，完全可以就地取材，量材使用，做到物尽其用，发展各具特色的陶瓷制品。

从总的地质情况来看，我国的残留黏土矿床大部分为高岭土矿床，多覆盖在古老的酸性火成岩或结晶片岩之上，华中及东南沿海各省所产者大部系斑岩类喷出岩和酸性侵入岩的风化产物，矿质色白，是优良陶瓷原料，但较分散。沉积耐火黏土矿床一般在古生代及中生代煤系地层内，多见于华北、东北地区的石炭二叠纪煤系中，有时这类矿床内除高岭石、伊利石外，尚含有大量一水硬铝矿而构成铝土矿床，这些地区的残留黏土矿床较少。西南地区的黏土矿床多产自二叠纪、侏罗纪煤系中或下白垩纪的岩层内，分布较为零星。由于这些黏土的成因互异和各有特征，造成了我国南、北方陶瓷生产工艺和烧成气氛的不同。一般来说，北方黏土往往在化学组成上含 Al_2O_3、TiO_2和有机物较多，含游离石英和铁质较少，因而可塑性好，吸附力强，耐火度较高，不需淘洗即可使用，生坯强度较高，可以内外同时上釉，由于铁质少，可用氧化焰烧成。南方的高岭土和瓷土等含游离石英和铁质较多，含 TiO_2和有机物较少，因而可塑性较差，耐火度较低，往往需先淘洗而后使用，生坯强度也较差，需要分内外两次上釉，由于铁质多，常用还原焰烧成。

下面概略地介绍我国各地主要黏土原料的情况。

（一）东北地区和内蒙古地区

东北地区所产多为耐火黏土，普遍用于耐火材料的生产，工业上已大量开采的有辽宁复州湾、本溪二区、吉林水曲柳等地。这些黏土的矿物组成大都是以高岭石为主，并含有不同量的石英和水铝石。其中硬质黏土较好的有本溪二区和明山沟两地的黏土，常作为耐火材料的原料。软质黏土中比较盛名的有吉林水曲柳黏土、辽宁法库土、烟台和复州土。吉林水曲柳黏土是结晶良好、质纯的高岭石矿物，含有极少量水云母及石英，颗粒很细，可塑性和结合性都很好，是良好的可塑土，广泛用于耐火材料、电瓷、有色和无色的一般陶瓷的生产。法库土是以石英为主，含有部分伊利石的黏土，石英含量虽高，但颗粒很细，原矿不仅能水化，且具有良好的可塑性和结合性。烟台黏土有硬质、软质两种，复州黏土属半硬质，两者主要是由高岭石组成。其中硬质烟台土和复州土杂质含量少，耐火度在1750℃以上，可供作优质耐火原料使用。软质烟台土的游离石英含量较高，钾、钠含量较高，耐火度低，但其可塑性和结合性相当好，可以作为结合黏土使用。上述的耐火黏土由于其含铁量较高（1% ~3.5%），作为制造白色陶瓷制品的原料难以满足，仅供生产一般陶瓷制品使用。

辽宁省虽是东北地区的主要产瓷区，但长期以来所用白色黏土需从外省进入。近年来陆续发现和开采了一些矿点可供生产陶瓷使用，其中较好的为东沟高岭土，其矿藏量大，主要组成矿物为多水高岭石，并含有部分高岭石、水云母和石英，烧后白度可在70%以上，但需经淘洗，并宜于还原烧成。另外还有建平小平房土、义县白土等，但小平房土的铝含量和生坯强度较低，需与铝含量高、塑性和结合性高的黏土原料配合使用。此外，还有宝国老瓷土、更刻瓷土、乌可湾瓷土、旧门瓷土、东兴瓷土、百果瓷土、项杖子瓷土、法库瓷土、白泥瓷土等地方性黏土。这些黏土的外观较白，含有较多石英砂粒，淘洗后黏土的塑性和干燥强度都很高，属于水云母类矿物，但 Fe_2O_3 含量稍高，TiO_2 含量较低，可用还原焰烧成精细瓷器。近年来还在喀左等地出产适宜于生产紫砂陶瓷器的陶土。

内蒙古地区的黏土资源也不少，但缺乏大量开采，其中高岭土主要产地有清水河、准旗、包头、石拐、乌海市的海勃湾、昭盟巴林右旗等，其中昭盟巴林右旗出产的大阪花石呈中型矿床，组成矿物主要是迪开石，其次是一水硬铝石、叶蜡石等。烧后白度较高，可以用作精细瓷器原料。膨润土产地有察右后旗、商都县和乌拉特前旗的小佘太等。水云母类黏土产地有乌拉特前旗、武川县、锡林郭勒盟、西乌旗等。此外，在昭盟巴林左旗出产的林东叶蜡石为一大型矿床，主要组成矿物为叶蜡石并含有石英，纯净的叶蜡石与浙江青田蜡石相类似。

（二）华北地区

华北地区是我国历史名窑的所在地，如著名的磁州窑所在地河北邯郸市彭城镇，定窑所在地河北曲阳。此外，唐山市是我国近百年来发展起来的著名陶瓷产区，该地区的黏土原料开采历史悠久，品种繁多，并有地方特色。

华北地区以盛产铝矾土或硬质黏土著名。盛产于唐山、古冶一带的铝矾土是制造磨料及高铝耐火材料的宝贵原料。铝矾土的主要矿物成分为水铝石（$Al_2O_3 \cdot H_2O$）及高岭石。Al_2O_3含量可从39.5%到77.22%，低者接近纯高岭石的理论组成，高者接近水铝石的组成，按 Al_2O_3含量的高低分为特A级、A级、B级、C级和D级等品种。广义的硬质黏土中产量大，使用较广的有山西大同土、河北章村土和承德宽城土等。山西大同土又名大同砂石，是与煤伴生的灰黑色块状硬质高岭土，高岭石含量在90%以上，还有少量长石和石英，含铁量低，是制瓷的优质高岭土，在北方地区广泛使用。承德宽城土也系硬质高岭土，储藏丰富，但夹杂有较软的玉髓等杂质，经淘洗后其成型性能很好。河北章村土是邢台县章村发现的一种沉积硬质黏土，但含碱量较白云母低，一般在7%～9%，灼减量一般为5%，其他杂质一般不超过1%，其质地纯净，是良好的细瓷原料。另外，河北唐山、邯郸地区的碱石是呈灰色质地坚硬的硬质黏土，其成分主要是高岭石，也常伴有铝土矿，故含 Al_2O_3量高。

软质黏土在华北地区主要有产于唐山地区的紫木节和碱干，外观呈紫色或青灰色，含Al_2O_3较高，一般在38%左右，是一种软质的沉积型高岭土。其可塑性好，结合力强，耐火度高，用于坯料其泥浆流动性好，是良好的塑性原料，但含 Fe_2O_3量稍高，在1.2%～1.4%。在保定地区徐水县发现的徐水土是一种含硅量较高具有一定塑性的软质黏土，其矿物成分主要是高岭石和石英，还混有一定量的长石。其含铁量较低，有的在0.5%以下，是生产白色细瓷器的好原料，适于还原焰烧成。另外，山西的阳泉黏土为良好的陶瓷原料。近年来，华北各地陆续发现了不少陶瓷黏土新原料，如邯郸陈窑瓷土、曲阳灵山瓷土、永年上庄瓷土、峰峰矿区常范煤灰石等，都是与煤伴生的沉积黏土。而易县膨润土的含铁量仅为0.16%～0.47%，比一般的膨润土的含铁低得多，是一种优质塑化剂。总之，华北地区的黏土大部分是古生代及中生代煤系地层内的沉积黏土，与煤共生，含铁量各有高低，有硬有软，适用于生产不同陶瓷品种，对发展当地各具特色的陶瓷制品创造了条件。

（三）华东地区

华东五省是我国盛产传统陶瓷制品的地区。江西是“中国瓷都”景德镇所在地，江苏是著名“陶都”宜兴所在地，浙江是我国陶器和瓷器最早的发源地，福建的德化也是历史上著名细瓷产区，而山东的淄博则是我国现在的著名陶瓷产区之一。该地区的陶瓷黏土原料，成因不同，种类各异，各具特色，现分别叙述如下。

山东省的淄博虽是我国大陶瓷产区之一，但省内含铁低、烧后洁白的高岭土或瓷土不多，精细白瓷所用的黏土大部分来自于外省（如山西大同土、湖南界牌土等），只有新汶的矸石（煤矸石）是优质高岭土，可以代替大同土。但山东省内有很好的塑性黏土（结合黏土），如莱阳膨润土、坊子土等。含铁量较高的黏土不少，其中较负盛名的是焦宝石。焦宝石是我国常用的耐火黏土，是一种致密块状的硬质黏土，主要矿物成分是高岭石，并含有一定数量的三水铝石（$Al_2O_3 \cdot 3H_2O$）或水铝石（$Al_2O_3 \cdot H_2O$），随着水铝石或三水铝石含量的增加，可逐渐过渡为铝矾土，一般以 Al_2O_3/SiO_2的摩尔比来区别，比值大于1的为铝矾土，小于1的是焦宝石（但山东某地焦宝石比值为0.51例外）。焦宝石由于含铁和钛的量稍高（可达1%左右），使用于纯白色的陶瓷制品较困难，但烧结性好（1300℃，吸水率1.10%），当地利用这个特点，制成带色的炻瓷，称为焦宝石瓷，独具一格。

江苏宜兴制瓷已有5000多年历史，几千年来一直绵延不绝，其最根本的保证，就是当地的陶土资源藏量十分丰富。当地陶土原料有20余种，归纳起来可分为：甲泥（夹泥）、白泥和嫩泥三大类。这些黏土的组成矿物主要是水云母类矿物，夹有高岭土、石英及云母碎屑，其化学组成 Al_2O_3/SiO_2摩尔比大都在1.5~4.5，含铁量除个别白泥在0.5%左右外，其余均在1%~3%，有的甚至高达7%~8%，烧后呈色除白泥、绿泥呈灰白、浅黄外，其余都呈砖红、酱红或黑褐色。当地用含铁量较高的紫泥生产紫砂陶、炻瓷器，用含铁量中等的甲泥制作大中型日用陶瓷。用含铁量较低的白泥制作小型日用陶器。嫩泥不单独使用，一般用作日用陶瓷的结合黏土。

江苏苏州阳西产的苏州土是纯度很高的高岭土，在国内素负盛名，共生矿物有石英、白云母、蒙脱石及少量长石。精良的苏州土其化学成分组成十分接近高岭石的理论值，色洁白，耐火度高（1770℃以上）。它是由片状及杆状两种不同结构的高岭石混合组成。由于两种高岭石在混合组成中含量的不同，往往引起各级苏州土在性质上的一些变化。苏州土的杆状颗粒多于片状颗粒，这就造成苏州土的颗粒堆积不良，使它具有高的干燥气孔率和低的干燥强度，低的可塑性和高的泥浆含水量，因而烧成收缩大，容易引起开裂。苏州土泥浆呈现强烈的触变性质，也与杆状颗粒堆积容易形成保留空隙水有关。

除上述黏土外，江苏省的徐州、镇江、苏州等地区又发现许多新的黏土矿点。徐州地区东部有新沂郝湖瓷土（矿物组成为石英、绢云母，其次还有长石）、赣榆石桥高岭土。徐州地区西部有铜山贾汪、利国、三铺、邳县宿羊山等地的耐火黏土。铜山青山泉、大泉的木节土，铜山利国的砂石（矿物组成为石英和水白云母，有害杂质含量很少）等。镇江地区有宜兴茗岭瓷土（矿物组成为水云母、石英、长石并伴生着多水高岭石），溧阳、句容、丹徒一带的膨润土，高淳秀山的焦宝石等。苏州地区有吴县青山嘴高岭土、吴县光福瓷石等。

浙江省有温州、龙泉、绍兴等著名产区。温州是我国最早生产精陶的地区，当地藏量较大的黏土有马安岭瓷土、小京瓷土和北坦陶土等。三种原料的主要矿物组成为多水高岭石，但水化程度稍有不同。三种原料均含有较多量石英，在马安岭和小京瓷土中尚含有少量云母矿物。北坦陶土则含有少量水铝石和水铝石英。三种原料的烧结性能良好，但成型性能较差。除此之外，温州地区常用原料还有钟桐岭瓷土、百尖山瓷石、社头蜡石等。钟桐岭瓷土主要由多水高岭石、水云母和石英组成，百尖山瓷石主要由水云母和多水高岭石组成，社头蜡石是叶蜡石－石英型矿物，并含少量碳酸钙。

龙泉是我国著名青瓷产区，附近盛产瓷土（如宝溪、木岱口、毛家山、源底等），其化学组成富含石英，钾钠含量较高，可能也属于瓷石一类，所以历史上也经常以一种原料制坯，制釉是以釉石与釉灰配制（类似于景德镇传统制釉。而以毛竹枝叶灰或谷壳灰掺制）。该地区另产一种紫金土，是含铁量高的黏土，历来用它作为青瓷釉或“黑胎”、“朱砂胎”的着色原料。

福建省的德化所产白瓷具有一种特有的乳白色油脂光泽，温润如玉，白度与透明度都很高，称为“建白瓷”，是我国古瓷中著名品种之一。福建省内的黏土原料质地优良，品种较多，高岭土有德化、同安、晋江、龙海等产地，瓷石有德化、永春、安溪、闽侯等产地。福建所产瓷石根据示性分析结果，所含石英在40%～49%，长石在19%～30%，黏土物质在30%～33%，大多为火山岩系中石英斑岩侵入体风化而成。其中Al_2O_3含量低，K_2O含量高，可以用一种瓷土单独成瓷，成瓷烧成温度较低，一般在1200～1280℃。

福建与浙江都盛产优质叶蜡石，其中所含有害杂质很少，耐火度在1700℃以上。在加热中，叶蜡石的收缩很小，是制造耐热陶瓷及要求尺寸规格十分准确的制品的理想原料。

江西景德镇从明代以来即是我国最著名的制瓷中心，景德镇产品长期以来作为我国传统瓷器的主要代表，但其所用原料与国内外其他地区有所不同，不是以黏土－长石－石英三大原料为主（所谓三元组成的长石质瓷），而是以高岭土和瓷石作胎，以釉石和釉灰制釉，即所谓水云母质瓷。景德镇的制瓷原料，一般可分为三类：

第一类为高岭土。产地有星子、抚州、临川、贵溪、石头口、乐平枫源、浮梁高岭村（即明砂矿区）、马鞍山等。明砂矿区高岭所含主要矿物成分是高岭石、水白云母和多水高岭石，并含有少量的石英和长石等矿物。它是一种原生高岭，其可塑性与干燥强度都很低，玻化范围为950～1500℃。马鞍山碱石为较纯的高岭石，但含TiO_2量高，当地用来作匣钵原料。星子、枫源、石头口高岭主要由高岭石、石英和水云母类矿物组成，根据计算星子高岭土的矿物组成为高岭石70%、石英14%、水云母16%。

第二类为瓷石。产地有浮梁南港、三宝蓬、余干黄金埠，祁门太和坑等。祁门瓷石主要由绢云母和石英组成，含少量方解石、黄铁矿等杂质，故碱金属氧化物较高。淘洗的精泥中，分散性的细颗粒含量相当多，可塑性略高于明砂高岭土。南港瓷石与余干瓷石属同一类型，其主要矿物为石英和水云母类矿物，在南港瓷石中还含有一部分高岭石和少量碳酸盐，三宝蓬瓷石主要由石英、水云母类和长石矿物组成。瓷石可单独制瓷，而和高岭土配合后即可制造薄胎及精细产品。

第三类为釉石，即适于制釉的瓷石，其矿物组成与瓷石相似，但具有较低的熔融温度，熔融物具有良好透明度。当地将釉石在矿物舂细淘净后制成土砖状，称谓釉果。釉石的产地有浮梁青树下、屋柱槽、乐平礼林里等。青树下釉果和三宝蓬瓷石属同一类型，只是绢云母含量较多。屋柱槽釉石和祁门瓷石属同一类型，除主要矿物为绢云母石英外，另外少量长石夹杂于侵入的矿脉中。釉石和少量石灰质原料混合即可制成釉料，但高温瓷器则可单独用以制釉。与釉石共同制得的石灰质原料称釉灰，釉灰是由石灰石与狼萁草（蕨类植物，在福建浙江等地也有人用谷壳）堆叠烧炼数次，经陈腐而成，其主要成分为 $CaCO_3$，但碱金属含量较低。配釉时釉灰用量在 6% ~20% （质量分数）。釉灰的产地有浮梁寺前乡、乐平牛角岭等。

景德镇的原料一般含铁量较高，而含钛量较低（马鞍山碱石例外），故制成的瓷坯只适于用还原焰烧成。

（四）中南地区

河南省有著名的官窑（开封）、钧窑（禹县、神垕镇）、汝窑（临汝）等，河南焦作黏土为良好的陶瓷原料。

湖南省的陶瓷工业较发达，陶瓷厂遍布全省，其中以醴陵最集中，是目前我国陶瓷发展较迅速的地区，也是我国较著名的大产瓷区。湖南的高岭土以衡阳地区界牌、马迹、东湖一带最为集中。储藏量以千万吨计。主要分布在界牌大牌岭、马迹大俄山、东湖、江柏堰等四个矿区，是我国较大高岭矿区之一，供应全国 10 多个省市用。这些黏土是属于杆结构的高岭石和石英混合矿物，高岭石占 60% ~65%。其中大牌岭、大俄山、东湖等地的高耐火度的高岭土含铁量多在 0.4% 以下，烧后白度相当高，是制造高级细瓷的优良原料。

醴陵产区的瓷石、瓷土藏量丰富，有马颈坳瓷石、长坡瓷土、干冲瓷土、转步瓷土等。附近浏阳、湘潭、湘乡、茶陵等地也多出产瓷土，一般含铁都较高（1% 左右），外观呈米黄色，同时 $K_2O + Na_2O$ 含量也较高（3% 左右），烧结温度较低。此外黔阳雪峰山、溆浦黄茅园的球状高岭，长沙晋家山高岭，新宁大石板高岭，也都是著名优质高岭土。

硬质黏土有醴陵八里坳焦宝石、辰溪焦宝石、辰溪铝土矿等。镁质黏土有醴陵冷水坑泥、庵唐坡泥、横山岭泥等。

广东省是我国日用陶瓷最大的产区之一，陶瓷厂遍布全省 70 多个县市，比较集中的老产区有石湾、枫溪、高陂和饶平。广东省的黏土原料多属残留黏土，矿物组成除高岭石外，往往含有多量游离石英、水云和长石，所以单一黏土原料可以成瓷，一般可塑性较差，干坯强度较低，含铁量也较高，必须采用还原焰烧成。常用的有飞天燕瓷土、饶平上山土、湛江禾了土、清远浸潭泥、大埔探筒戈瓷土、大埔稼社瓷土、高州土等。飞天燕瓷土产于潮安县，历来是枫溪瓷器生产的主要原料，是一种以高岭石为主，含有较多石英和一定量水云母的硬质黏土。烧结温度超过 1300℃，烧后白度数 72.7%。原矿中夹杂一种浅黄绿色的结核状矿物，其含铝量比原矿高 1 倍多，烧结温度和烧后白度都较原矿物高。此瓷土是一种优质制瓷原料。饶平上山土产于饶平新丰乡，矿物组成是高岭石、水云母和石英。色灰白，疏松块状，烧后色灰白，需与白度高的原料配用。湛江禾了土的储量很大，是一种风化良好的石英斑岩。矿物组成以高岭石为主，还含有多量的石英及一定量的水云母，半软质块状。成分稳定，烧后色白，白度约81%。清远浸潭泥的矿物组成与禾了土相仿，原料矿呈砂性团状，松散，含砂率高，须经淘洗后使用。洗泥的颗粒细，可塑性好，化学成分接近高岭土的理论成分，但含有一定量的 K_2O，在1320℃烧结，烧后色白，白度73.8%。大埔探筒戈瓷土的矿物组成以高岭石和石英为主，硬质块状，颗粒粗，可塑性差，经淘洗后使用。烧后黄白色，白度62%。大埔稼社瓷土矿物组成以长石和高岭石为主，并含少量石英和水云母。硬质块状，烧后灰白色，白度66%，化学分析中 $K_2O + Na_2O$ 含量达9.24%，在配方中可部分代替长石使用。高州土的矿物组成以高岭石为主，含少量游离石英及水云母；含铁量很低，烧后白度很高；但成分不够稳定。此外，高陂地区常用原料还有：羊子湖瓷土、深窠泥、沙坪石泥、银江泥等。

（五）其他地区

除了上述一些较著名的黏土原料产区外，其他省区也都有一些较著名的黏土资源矿藏。如西北地区的陕西铜川县上店土，其储量在100万t以上，主要矿物是结晶性较差的高岭石类矿物，并含有一定量的高铝矿物（非晶质水铝英石或胶体氢氧化铝），是一种比较纯并具有中等可塑性和干燥强度的硬质耐火黏土，适宜于用作制瓷的重要原料。

西南地区的四川所用的瓷泥，多属砂岩（泡砂岩）淘洗的产物，而瓷土矿床发现较少。四川叙永县盛产的黏土，色白，有滑腻感，其矿物为典型的水合多水高岭石（叙水石），烧成收缩较大。云南所产的黏土，其矿物成分系云太石、石英，或为多水高岭石，一般 Al_2O_3 含量在20%以下，Fe_2O_3 含量较低（1%以内），但钾钠含量较高（2.5%～5%）。这些黏土的可塑性及色泽颇佳，可作为细陶瓷生产的主要原料。

台湾省的残留黏土多分布于大屯山火山岩系及东部海岸，沉积黏土多分布于沿海平原、溪床及河岸，几乎遍及全岛沿岸。但有开采价值的大多是高铝质页岩，大屯山矿区的铝矾土储量在1000万t以上，是重要的耐火材料和制陶黏土。当地制造瓷器多用砂石淘洗后的瓷土。砂石在台湾北部较多，其中高岭石含量少的只有百分之几，高达30%。台北县北投镇是台湾最重要的耐火黏土和陶土的产地，此外台湾北部油田区的苗栗出磺坑区也出产陶土原料。

第三节　石英类原料

一、石英的种类和性质

（一）石英的种类

自然界中的二氧化硅结晶矿物可以统称为石英，石英由于经历的地质产状不同，呈现出多种状态，并有不同的纯度。其中最纯的石英晶体统称为水晶，水晶的产量很少，且在工业上有更重要的用途，陶瓷工业一般不予使用。在陶瓷工业中常用的石英类原料和材料有下列几种：

①脉石英。由含二氧化硅的熔融岩浆填充岩隙并在地壳的较浅部分经急冷凝固成为致密状结晶态石英（有的可凝固为玻璃态石英），并呈矿脉状产出，这种石英称为脉石英，是火成岩。脉石英外观色纯白，半透明，呈油脂光泽，断口呈贝壳状，其 SiO_2 含量可高达99%，是生产日用细瓷的良好原料。

②砂岩。石英颗粒被胶结物结合而成的一种碎屑沉积岩。根据胶结物质的不同，可分为：石灰质砂岩、黏土质砂岩、石膏质砂岩、云母质砂岩和硅质砂岩等。在陶瓷工业中仅硅质砂岩有使用价值。砂岩的颜色有白、黄、红等色。其含量为90%～95%。

③石英岩。一种变质岩。系硅质砂岩经变质作用，石英颗粒再结晶的岩石。含SiO_2量一般在97%以上，常呈灰白色，有鲜明光泽，断面致密，强度大，硬度高。其加热时晶型转化比较困难。石英岩是制造一般陶瓷制品的良好原料，其中品质好的可作细瓷原料。

④石英砂。花岗岩、伟晶岩等风化成细粒后，由水流冲激淘汰后自然聚集而成，利用石英砂作为陶瓷原料，可不用破碎，简化工艺过程，降低成本，但由于其中杂质较多，成分波动也大，用时须进行控制。

⑤燧石。由于含SiO_2溶液经化学沉积在岩石夹层或岩石中的隐晶质SiO_2，属沉积岩。常以层状、结核状产出。呈钟乳状、葡萄状产出的为玉髓。色浅灰、深灰或白色。因其硬度高，可作研磨材料、球磨机内衬等，品质好的燧石也可代替石英作为细陶瓷坯、釉的原料。

⑥硅藻土。溶解在水里的一部分二氧化硅被微细的硅藻类水生物吸取沉积演变而成，本质是含水的非晶质二氧化硅。常含少量黏土，具有一定可塑性。硅藻土具有很多空隙，是制造绝热材料、轻质砖、过滤体等多孔陶瓷的重要原料。

（二）石英原料的性质

石英的外观视其种类不同而异，有的呈乳白色，有的呈灰白半透明状态，表面具有玻璃光泽或脂肪光泽，莫氏硬度为7。相对密度因晶型而异，变动于2.22～2.65。各种晶型石英的相对密度和比体积列于表1－10。

表1－10　石英的相对密度和比体积

晶型	相对密度	比体积/(m^3/kg)	晶型	相对密度	比体积/(m^3/kg)
α－石英	2.533	0.3939	γ－鳞石英	2.77	0.4405～0.4255
β－石英	2.65	0.3773	α－方石英	2.229	0.4486
α－鳞石英	2.228	0.4488	β－方石英	2.33～2.34	0.4292～0.4274
β－鳞石英	2.242	0.4455	石英玻璃	2.21	0.4524

石英的主要化学成分为SiO_2，常含有少量杂质成分，如Al_2O_3、Fe_2O_3、CaO、MgO、TiO_2等。这些杂质是成矿过程中残留的，其他夹杂矿物中带入的，杂质矿物主要有碳酸盐（白云石、方解石、菱镁矿等）、长石、金红石、板钛矿、云母、铁的氧化物等。此外，尚有一些微量的液态和气态包裹物。我国几个主要产地的石英原料的化学组成列于表1－11。

石英是具有强耐酸侵蚀力的酸性氧化物，除氢氟酸外，一般酸类对它都不产生作用。当石英与碱性物质接触时，则能起反应而生成可溶性的硅酸盐。在高温中与碱金属氧化物作用生成硅酸盐与玻璃态物质。

石英材料的熔融温度范围决定于氧化硅的形态和杂质的含量。硅藻土的熔融终了点一般是1400～1700℃，无定形氧化硅约在1713℃即行熔融。脉石英、石英岩和砂岩在1750～1770℃熔融，但当杂质含量达3%～5%时，却在1690～1710℃即可熔融。当含有

5.5% Al_2O_3时，其低共熔点温度会降低至1595℃。

表1-11　　石英化学组成表　　单位：%

序号	原料名称	产地	化学组成								
			SiO_2	Al_2O_3	K_2O	Na_2O	Fe_2O_3	TiO_2	CaO	MgO	灼减
1	石英	山东泰安	99.48	0.36	—	—	0.010	—	—	—	0.03
2	石英	河南铁门	98.94	0.41	—	—	0.19	—	痕迹	痕迹	—
3	石英砂	江苏宿迁	91.90	4.64	—	—	0.21	—	0.20	0.10	0.24
4	石英	湖南湘潭	95.31	1.93	—	—	0.26	—	0.39	0.40	1.74
5	石英	广东桑甫	99.53	0.19	—	—	—	—	痕迹	0.04	—
6	石英	江西星子	97.95	0.53	痕迹	0.44	0.19	—	0.33	0.63	0.29
7	石英	江西景德镇	98.24	—	—	—	—	—	—	—	—
8	石英	广西	98.24	—	—	—	1.02	—	—	—	—
9	石英	山西五台	98.71	0.65	—	—	0.16	—	—	—	—
10	石英	四川青川	98.89	1.03	—	—	0.032	—	0.17	—	—
11	石英	贵州贵阳	98.23	0.18	—	—	0.02	—	—	—	微
12	石英砂	贵州普定	96.77	0.46	—	—	0.57	—	—	—	—
13	石英	新疆尾亚	98.4	0.18	—	0.02	0.80	—	—	—	—
14	石英	云南昆明	97.07	—	—	—	0.56	—	—	—	—
15	石英	陕西凤县	97.0	1.41	—	—	—	—	—	—	—
16	石英	山西闻喜	98.05	—	—	—	0.10	—	—	—	—
17	石英	北京	99.02	0.024	—	—	—	—	—	—	—
18	石英	内蒙古包头	98.08	0.84	—	—	0.34	—	0.19	—	—

二、石英的晶型转化

石英是由 $[SiO_4]^{4-}$ 四面体互相以顶点连接而成的三维空间架状结构。连接后在三维空间扩展，由于它们以共价键连接，连接之后又很紧密，因而空隙很小，其他离子不易侵入网穴中，致使晶体纯净，硬度与强度高，熔融温度也高。由于 $[SiO_4]^{4-}$ 四面体之间的连接在不同的条件与温度下呈现出不同的连接方式，石英可呈现出各种晶型，其晶型与晶型间的转变温度见图1-10。

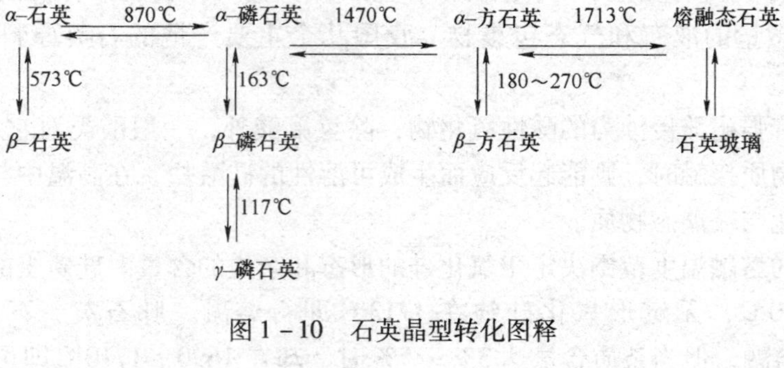

图1-10　石英晶型转化图释

石英在自然界中大部分以β－石英的形态稳定存在，只有很少部分以磷石英或方石英的介稳状态存在。

上述的石英晶型转化根据其转化时的情况可以分为高温型的缓慢转化和低温型的快速转化两种。

1. 高温型的缓慢转化

高温型的缓慢转化见图1－10中的横向转化。

这种转化由表面开始逐步向内部进行，转化后发生结构变化，形成新的稳定晶型，因而需要较高的活化能。转化进程缓慢，转化时体积变化较大，并需要较高的温度与较长的时间。为了加速转化，可以添加细磨的矿化剂或助熔剂。

2. 低温型的快速转化

低温型的快速转化见图1－10中的纵向转化。

这种转化进行迅速，转化是在达到转化温度之后，晶体表面和内部瞬间同时发生转化，结构不发生特殊变化，因而转化较容易进行，体积变化不大，转化为可逆的。

石英晶型转化结果引起一系列物理变化，如体积、相对密度等，其中对陶瓷生产影响较大的是体积变化。石英晶型转化过程中的体积变化可由相对密度的变化计算出其转化的体积效应（表1－12）。

表1－12　石英晶型体积转化时的效应（计算值）

缓慢转化	计算转化效应时的温度/℃	该温度下晶型转化时的体积效应/%	快速转化	计算转化效应时的温度/℃	该温度下晶型转化时的体积效应/%
α－石英→α－鳞石英	1000	+16.00	β－石英→α－石英	573	+0.82
α－石英→α－方石英	1000	+15.04	γ－鳞石英→β－鳞石英	117	+0.20
α－石英→石英玻璃	1000	+15.05	β－鳞石英→α－鳞石英	163	+0.20
石英玻璃→α－方石英	1000	－0.09	β－方石英→α－方石英	150	+2.80

由表1－12所列计算值看出，属缓慢转化的体积效应值大，如在α－石英向α－鳞石英的转化中，体积膨胀达到16%，而属快速转化的体积变化则很小，如573℃时的β－石英的体积膨胀仅0.82%。

单纯从数值上看，缓慢转化似会出现严重问题，但实际上由于它们的转化速度非常缓慢，同时转化时转化时间也很长，再加上液相的缓冲作用，因而使得体积的膨胀进行缓慢，抵消了固体膨胀应力所造成的破坏作用，对生产过程的危害反而不大，而低温下的快速转化，虽然体积膨胀很小，但因其转化迅速，又是在无液相出现的所谓干条件下进行转化，因而破坏性强，危害性大。

所有陶瓷制品在其煅烧过程中都不可能使石英顺次完成全部转化过程，而只能在本身的烧成温度范围内，实际转化为相应的晶型。我国普通陶瓷烧成温度一般都在1300～1400℃，同时陶瓷坯料又是多组分配料，因此石英在烧成过程中的转化与理想状态下的转化差别很大。石英的实际转化示意图见图1－11。

从实际转化示意图可以看出，由α－石英转化为α－方石英或α－鳞石英时，不论有无矿化剂存在，都需先经由半安定方石英阶段，然后才能在不同的温度与条件下继续转化下去。

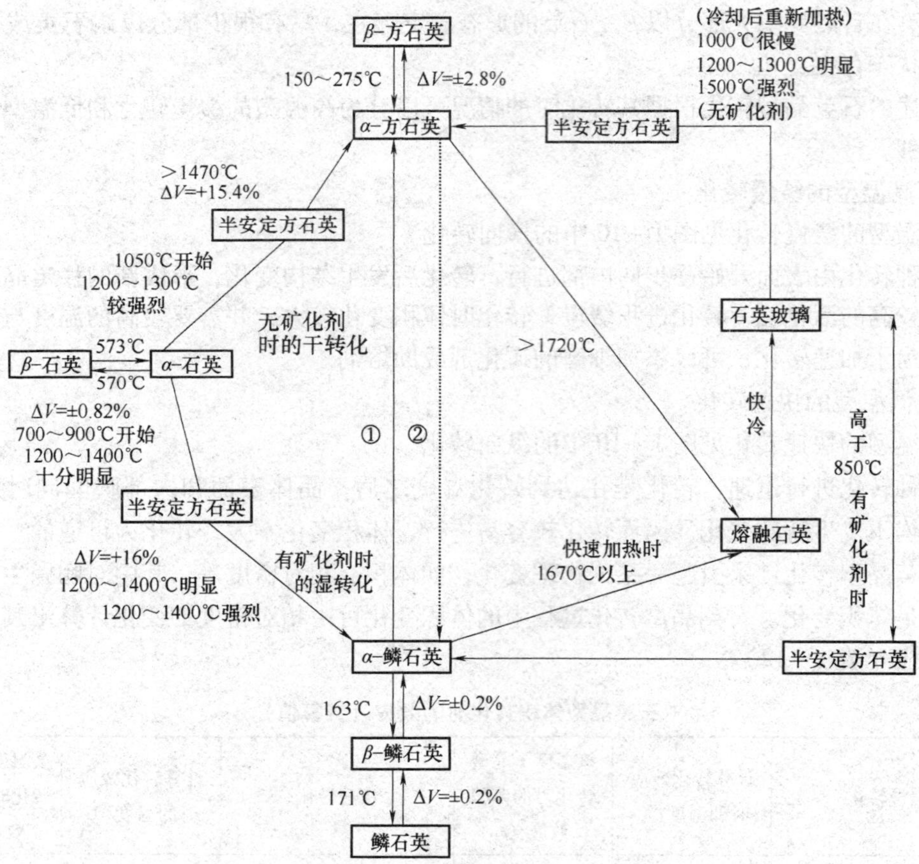

图1－11　石英实际转化示意图

ΔV—体积膨胀值

注：①1470～1500℃缓慢，长时间保温时转化完全，高于1500℃时转化迅速。

②1300℃以上可以看得出转化，1400～1470℃转化强烈（无矿化剂时）。

石英在转化为半安定方石英的过程中，石英颗粒会开裂。如果此时有矿化剂存在，矿化剂产生的液相就会沿着裂缝侵入内部，促使半安定方石英转化为鳞石英。假如无矿化剂存在或矿化剂很少时，就转化为方石英，而颗粒内部仍保持部分半安定方石英。

上述转化均在1200℃之后明显进行，而在1400℃之后则强烈进行。就日用陶瓷来讲，烧成温度达不到使之继续充分转化的条件，因而实际上是无法继续全部转化完成。所以陶瓷生产中的石英于烧成后，得到的是半安定方石英晶型和少量其他晶型。在这一转化过程中，体积变化很大，可高达15%以上，无液相存在时破坏性很强，有液相存在时，由于表面张力的作用，可减缓不良影响。

关于半安定方石英的研究，一般认为它是一种鳞石英稳定温度范围内形成的，具有光学各向同性方石英，结构近于方石英。形成温度在1200～1250℃，处于稳定状态，冷却后可以保持下来。

综合上述，掌握了石英的理论转化与实际转化之后，在指导生产上有一定的实际意义，可以利用它的加热膨胀作用，预先煅烧块状石英然后急速冷却，使组织结构破坏，便于粉碎。一般预烧温度为1000℃左右，具体情况需视其温度高低、时间长短、冷却速度快慢等因素而定。总的体积膨胀2%～4%，这样的体积变化能使块状石英疏松开裂。此外，在制品烧成和冷却时，处于晶型转化的温度阶段，应适当控制升温与冷却速度，以保证制品不开裂。

三、石英在陶瓷生产中的作用

石英是作为瘠性原料加入到陶瓷坯料中的，它是陶瓷坯体中主要组分之一，它在陶瓷生产中的作用不仅在坯体成型时，而且在烧成时都有重要的影响。先概括如下：

①在烧成前是瘠性原料，可对泥料的可塑性起调节作用，能降低坯体的干燥收缩，缩短干燥时间并防止坯体变形。

②在烧成时，石英的加热膨胀可部分抵消坯体收缩的影响，当玻璃质大量出现时，在高温下石英能部分熔解于液相中，增加熔体的黏度，而未熔解的石英颗粒，则构成坯体的骨架，可防止坯体发生软化变形等缺陷。

③在瓷器中，石英对坯体的力学强度有着很大的影响，合理的石英颗粒能大大提高瓷器坯体的强度，否则效果相反。同时，石英也能使瓷坯的透光度和白度得到改善。

④在釉料中二氧化硅是生成玻璃质的主要组分，增加釉料中石英含量能提高釉的熔融温度与黏度，并减少釉的热膨胀系数。同时它是赋予釉以高的力学强度、硬度、耐磨性和耐化学侵蚀性的主要因素。

第四节 长石类原料

长石是陶瓷原料中最常用的熔剂性原料，在陶瓷生产中用作坯料、釉料、色料、熔剂等的基本组分，用量较大，是陶瓷三大原料之一。

一、长石的种类和一般性质

长石是地壳上分布广泛的造岩矿物。它呈架状硅酸盐结构，化学成分为不含水的碱金属与碱土金属铝硅酸盐，主要是钾、钠、钙和少量钡的铝硅酸盐，有时含有微量的铯、铷、锶等金属离子。自然界中，一般纯的长石较少，多数是以各类岩石的集合体产生，共生矿物有石英、云母、霞石、角闪石等，其中以云母（尤其黑云母）与角闪石为有害杂质。

根据架状硅酸盐的结构特点，长石主要有四种基本类型：

钠长石（Ab）$Na[AlSi_3O_8]$ 或 $Na_2O \cdot Al_2O_3 \cdot 6SiO_2$

钾长石（Or）$K[AlSi_3O_8]$ 或 $K_2O \cdot Al_2O_3 \cdot 6SiO_2$

钙长石（An）$Ca[Al_2Si_2O_8]$ 或 $CaO \cdot Al_2O_3 \cdot 2SiO_2$

钡长石（Cn）$Ba[Al_2Si_2O_8]$ 或 $BaO \cdot Al_2O_3 \cdot 2SiO_2$

其中，前三种居多，后一种较少。这几种基本类型长石，由于其结构关系彼此可以混合形成固熔体，它们之间的互相混熔有一定规律。钠长石与钾长石在高温时可以形成连续固溶体，但温度降低则可混性减弱，固溶体会分解，这种长石也称微斜长石；钠长石与钙长石能以任何比例混熔，形成连续的类质同相系列，低温下也不分裂，就是常见的斜长石；钾长石与钙长石在任何温度下几乎都不混熔；钾长石与钡长石则可形成不同比例的固溶体，地壳上分布不广。

由于长石的互熔特性，故地壳中单一的长石少见，多数是几种长石的互熔物，按其化学成分和结晶化学特点，其中较重要的有两个亚族：

1. 钾钠长石亚族

由钾长石和钠长石分子组成可知，它们是日用陶瓷的重要原料。钾长石分子的理论组分是 K_2O16.9%，$Al_2O_3$18.3%，$SiO_2$64.8%。自然界的钾长石都混有钠长石，常见的钾长石有：

①透长石。其成分中含钠长石可达50%，单斜晶系，生成温度在900～950℃以上，系高温型，产于喷出岩中。

②正长石。其成分中含钠长石可达30%，单斜晶系，生成温度在650～900℃以上，系中温型，产于侵入岩和变质岩中。

③微斜长石。其成分中含钠长石可达到20%，三斜晶系，生成温度在650℃以下，系低温型，多产于伟晶岩和变质岩中。

由于微斜长石含钠量最低，故熔融温度范围也比其他长石宽（钾长石，1130～1450℃），而且熔体黏度大，熔化缓慢，作为熔剂加入到陶瓷坯体中有利于坯体在高温下不易变形。

2. 斜长石亚族

由钠长石和钙长石分子组成可知，两者可以任意比例组成连续的类质同相系列，其化学式可写成：$(100-n)Na[AlSi_3O_8] \cdot nCa[Al_2Si_2O_8]$，$n=0 \sim 100$。含钠长石在90%以上的，称钠长石；含钠长石不足10%的，称为钙长石。而在这中间不同比例的混熔物，则统称为斜长石。

斜长石中以钠长石的熔点最低（约1120℃），所以常用作日用陶瓷的釉用原料。

生产中一般所称谓的钾长石，实际上是含钾为主的钾钠长石；而所谓的钠长石，实际上是含钠为主的钾钠长石。一般含钙的斜长石在日用陶瓷生产中较少用。

钾钠长石中含钾长石较多的长石一般呈粉红色或肉红色，个别的可呈白色、灰色、浅黄色等，相对密度为2.56～2.59，莫氏硬度6～6.5，断口呈玻璃光泽，解理清楚。钠长石与钙长石一般呈白色或灰白色，相对密度2.62，其他一般物理性质与钾钠长石近似。斜长石呈带浅灰或浅绿的白色，相对密度2.62～2.76，莫氏硬度为6。

长石的理论化学组成见表1－13。

表1－13　长石的理论化学组成　　单位：%

名称＼成分	SiO_2	Al_2O_3	CaO	K_2O	Na_2O	BaO
钾长石	64.7	18.4	—	16.9	—	—
钠长石	68.6	19.6	—	—	11.8	—
钙长石	43.0	36.9	20.1	—	—	—
钡长石	32.0	27.1	—	—	—	40.9

实际生产中使用的长石的成分稍复杂一些，但不如黏土含的杂质成分多，其杂质常有石英、霞石、云母、角闪石，以及铁的化合物等。作为陶瓷原料，石英的存在关系不大，霞石的成分与长石相似，也无影响，然而云母（尤其是黑云母）、角闪石和铁的化合物，

能使制品显色，影响白度，特别是黑云母在高温时能熔化为黏稠的液体，且不与长石互熔，而独自以黑斑存在。所以工业上对长石的含铁量要求比对黏土的要求更为严格，Fe_2O_3含量应控制在0.5%以下为宜。我国各地所产的长石化学组成举例如表1－14。

表1－14　长石化学组成　　单位：%

序号	原料名称	产地	化学组成								
			SiO_2	Al_2O_3	K_2O	Na_2O	Fe_2O_3	TiO_2	CaO	MgO	灼减
1	营口长石	辽宁	63.67	19.27	11.58	—	0.86	—	1.36	3.27	—
2	山海关长石	河北	66.35	19.66	10.71	2.66	0.17	—	0.39	0.10	—
3	海城长石	辽宁	65.08	19.52	14.22	—	0.24	—	0.61	—	0.21
4	唐山长石	河北	66.74	18.90	7.67	0.98	0.30	—	—	0.45	—
5	北戴河长石	河北	66.80	19.13	14.63	0.63	0.28	—	0.19	0.14	0.48
6	莱芜长石	山东	64.71	23.26	10.87	—	0.45	—	0.60	—	0.60
7	祁县长石	山西	65.66	18.38	13.37	2.64	0.17	—	—	—	0.33
8	望城长石	湖南	63.41	19.18	13.79	2.36	0.17	—	0.36	痕	0.46
9	揭阳长石	广东	63.19	21.77	12.76	0.42	0.44	—	0.48	0.30	1.47
10	岳阳长石	湖南	64.28	20.44	13.72	—	0.36	—	0.83	0.08	0.28
11	衡山长石	湖南	66.29	20.95	0.90	9.58	0.02	—	0.97	0.64	0.37
12	资原长石	广西	65.91	17.89	13.96	—	0.21	—	0.34	0.20	0.77
13	平江长石	湖南	65.22	19.18	9.74	4.20	0.20	—	0.36	0.23	0.83
14	绥中长石	辽宁	65.62	19.42	8.97	4.85	0.71	0.04	0.20	0.24	0.44
15	闻喜长石	山西	64.62	19.98	8.72	4.15	0.17	0.26	0.62	0.32	0.35
16	包头长石	内蒙	66.86	20.12	10.41	1.12	0.18		0.70	0.10	
17	尾亚长石	新疆	65.83	18.94	10.10	4.23	0.39				0.51
18	张家川长石	甘肃	71.07	15.63	12.30	—	0.39				0.61
19	旺苍长石	四川	67.77	17.21	13.92	—	0.25	微	0.54	0.17	0.54

二、长石的熔融特性

长石在陶瓷坯料中是作为熔剂使用的，在釉料中也是形成玻璃相的主要成分。为了使坯料便于烧结而又防止变形作为熔剂的长石，一般希望长石具有较低的熔化温度、较宽的熔融范围、较高的熔融液相黏度和良好的熔解其他物质的能力。因此，长石的熔融特性对于陶瓷生产来说具有很重要的意义。

从理论上讲，各种纯的长石的熔融温度分别为：钾长石1150℃，钠长石1100℃，钙长石1550℃，钡长石1715℃。但实际上，尽管长石是一种结晶物质，因其经常是几种长石的互熔物，加之又含有一些石英、云母、氧化铁等杂质，所以陶瓷生产中使用的长石却没有一个固定的熔点，只能在一个不太严格的温度范围内逐渐软化熔融，变为玻璃态物质。煅烧实验证明，长石变为液状玻璃体时的温度并不低，一般在1220℃以上，并以其粉碎细度、升温速度、气氛性质等条件而异，其一般熔融温度范围为：钾长石1130～1450℃；钠长石1120～1250℃；钙长石1250～1550℃。

从上述可看出，钾长石的熔融温度不是太高，且其熔融温度范围宽。这与钾长石的熔融反应有关。钾长石从1130℃开始软化熔融，在1220℃时分解，生成白榴子石与SiO_2共熔体，成为玻璃态黏稠物，其反应如下：

$$K_2O \cdot Al_2O_3 \cdot 6SiO_2 \longrightarrow \underset{\text{白榴子石}}{K_2O \cdot Al_2O_3 \cdot 4SiO_2} + 2SiO_2$$

温度再升高，逐渐全部变成液相。由于钾长石的熔融物中存在白榴子石和硅氧熔体，故黏度大，气泡难以排出，熔融物呈稍带透明的乳白色，体积膨胀7%～8.65%。钾长石这种熔融后形成黏度较大的熔体，并且随着温度升高熔体的黏度逐渐降低的特性，在陶瓷生产中有利于烧成控制和防止变形。所以在陶瓷坯料中以选用正长石或微斜长石为宜。

钠长石的开始熔融温度比钾长石低，其熔化时没有新的晶相产生，液相的组成和未熔长石的组成相似，形成的液相黏度较低，故熔融范围较窄，且其黏度随温度的升高而降低的速度较快，所以一般认为在坯料中使用钠长石容易引起产品变形。但钠长石在高温时对石英、黏土、莫来石的熔解却最快，熔解度也最大，以之配合釉料是非常合适的。也有人认为钠长石的熔融温度低、黏度小，助熔作用更为良好，有利于提高瓷坯的瓷化程度和半透明性，关键在于控制好烧成制度，根据具体要求制订出适宜的升温曲线。

由于长石类矿物经常互相混熔，钾长石中总会掺入钠长石。如将长石原矿煅烧至熔融状态可得到白色乳浊状和透明状的层状体。白色层为钾长石，而透明层为钠长石。在钾钠长石中若K_2O含量多，熔融温度较高，熔融后液相的黏度也大。若钠长石较多，则完全熔化成液相的温度就剧烈降低，即熔融温度范围变窄。另外，若加入氧化钙和氧化镁，则能显著地降低长石的熔化温度和黏度。图1－12显示出了不同长石的高温黏度变化值。

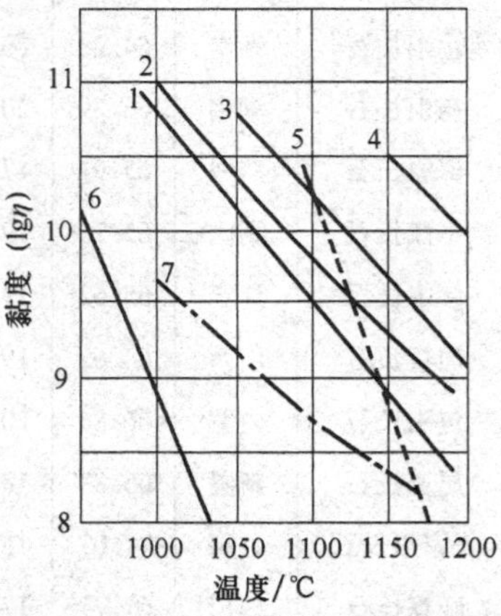

图1－12　不同长石的高温黏度变化值

1—钾长石　2—钾长石75%＋石英25%

3—钾长石60%＋石英40%　4—钾长石40%＋60%

5—钠长石　6—钾长石98%＋CaO_2%

7—钾长石98%＋MgO_2%

钙长石的熔化温度较高，高温下的熔体不透明，黏度也小，冷却时容易析晶，化学稳定性也差。斜长石的化学组成波动范围较大，无固定熔点，熔融范围窄，熔液黏度较小，配成瓷件的半透明性强，强度较大。

日用陶瓷一般选用含钾长石较多的钾钠长石，一般要求K_2O与Na_2O含量不小于11%，其中K_2O：Na_2O的质量比大于3，CaO与MgO的总量不大于1.5%，Fe_2O_3含量在0.5%以下为宜。在选用时，应对长石的熔融温度、熔融温度范围及熔体的黏度作熔烧实验。陶瓷生产中适用的长石要求共熔融温度低于1230℃，熔融范围应不小于30～50℃。

三、长石在陶瓷生产中的作用

长石在陶瓷原料中是作为熔剂使用的，因而长石在陶瓷生产中的作用主要表现为它的熔融和熔化其他物质的性质。

①长石在高温下熔融，形成黏稠的玻璃熔体，是坯料中碱金属氧化物（K_2O、Na_2O）的主要来源，能降低陶瓷坯体组分的熔化温度，有利于成瓷和降低烧成温度。

②熔融后的长石熔体能熔解部分高岭土分解产物和石英颗粒（其熔解的百分比见表1－15）。液相中 Al_2O_3 和 SiO_2 互相作用，促进莫来石晶体的形成和长大，赋予了坯体的力学强度和化学稳定性。

表1－15　长石熔体对黏土、石英的熔解度　单位：%

被熔解的物质	1300℃的熔解度		1500℃的熔解度	
	钾长石	钠长石	钾长石	钠长石
黏土分解产物	15～20	25～33	40～50	60～70
石英	5～10	8～15	15～25	18～28

③长石熔体能填充于各结晶颗粒之间，有助于坯体致密和减少空隙。冷却后的长石熔体，构成了瓷的玻璃基质，增加了透明度，并有助于瓷坯的力学强度和电气性质的提高。

④在釉料中长石是主要熔剂。

⑤长石作为瘠性原料，在生坯中还可以缩短坯体干燥时间，减少坯体的干燥收缩和变形等。

第五节　其他矿物原料

一、含碱硅酸铝类

（一）伟晶花岗岩

伟晶花岗岩是一种颗粒很粗的岩石（与细花岗岩相对应）。其矿物成分主要是石英和正长石、斜长石，以及少量的白云母等。大多是岩浆中酸性最大的溶液冷却后的产物。石英成分波动较大，适用于陶瓷工业的伟晶花岗岩中石英含量不能太多，一般石英含量为25%～30%，长石含量为60%～70%，其余杂质较少。

伟晶花岗岩的化学组成举例如下：

SiO_2 69.89%，Al_2O_3 15.08%，Fe_2O_3 2.05%，CaO 2.07%，MgO 0.66%，K_2O 4.29%，Na_2O 4.73%，灼减 0.54%。

组成中以 Fe_2O_3 最有害，使用时应磁选，如含黑云母杂质必须考虑筛选。一般要求 Fe_2O_3 控制在0.5%以下，碱成分不小于8%，CaO 含量不大于2%，游离石英不大于30%，$m(K_2O)/m(Na_2O)$（质量比）不小于2。

英国用的 Cornwall Stone 也是一种高岭石化程度高的花岗岩。

（二）霞石正长岩

霞石正长岩的矿物组成主要为长石类（正长石、微斜长石、钠长石）及霞石（Na，K）$AlSiO_4$ 的固溶体。次要矿物为辉石、角闪石等。它的外观是浅灰绿或浅红褐色，有脂肪光泽。霞石正长岩的化学组成举例如表1－16。

表 1－16　　霞石正长石的化学组成　　单位：%

序号＼化学组成	SiO_2	TiO_2	P_2O_5	Al_2O_3	Fe_2O_3	CaO	MgO	K_2O	Na_2O	灼减
1	57.6	0.38	—	23.9	0.96	0.85	0.23	6.53	8.25	0.91
2	36.70	1.77	5.90	22.70	3.60	11.35	2.20	6.60	7.90	1.33

霞石正长岩在1060℃左右开始熔化，随着碱含量的不同而变化，在1150～1200℃内完全熔融。由于霞石正长岩中 Al_2O_3 的含量比正长石高（一般在23%左右），以及几乎不含游离石英，而且高温下能熔解石英，故其熔融后的黏度较高。用霞石正长岩代替长石使用，可使坯体烧成时不易沉塌，制得的产品不易变形，热稳定性好，力学强度有所提高。但它的含铁量往往较多，需要精选。

在国外，俄罗斯和美国常采用霞石正长岩为陶瓷坯体的原料。根据实践结果：坯内含有20%霞石正长岩、10%锂辉石时，可将坯体的烧成温度降低为1050℃。

（三）酸性玻璃熔岩

这类原料属火成玻璃质岩石，主要由玻璃质组成，含 SiO_2 较多，一般为65%～75%。它们的碱金属氧化物含量较高（可高达8%～9%），含铁钛等着色氧化物较少。这类熔岩包括珍珠岩、松脂岩、黑曜岩、浮岩（又称浮石）等。

1. 浮岩

浮岩也称浮石，是一种多孔的轻质火山玻璃熔岩或火山碎屑岩，因相对密度小而得名。由于浮岩包括基性、中性和酸性的火山岩和火山碎屑岩，因此各类浮岩的 SiO_2 含量差别较大，见表1－17。浮岩的化学组成除表中所列外，还有Mo、Ni、V、Cr、Co、Be、As、Te、W、Ti、Y、Ag、Cd等元素，其含量在0.001%～0.03%。

表 1－17　　我国浮岩的化学组成　　单位：%

类别＼化学组成	SiO_2	Al_2O_3	Fe_2O_3	FeO	CaO	MgO	MnO	TiO_2	K_2O	Na_2O	P_2O_5	灼减
基性浮岩	50.04	15.15	3.94	5.12	6.01	5.74	0.04	2.45	5.03	3.81	1.08	1.75
中性浮岩	61.66	15.61	5.52	2.73	1.30	0.49	0.07	0.44	5.30	5.90	0.20	0.79
酸性浮岩	68.39	11.31	5.24	2.38	0.63	0.29	0.04	0.25	4.02	5.69	—	1.76

浮岩主要是玻璃质物质，都含有不等量的斑晶、微晶。根据浮岩的不同种类，斑晶、微晶不同，有长石、辉石、白榴石、橄榄石、石英等斑晶、微晶。后生蚀变物常有蒙脱石、沸石类矿物，以及明矾石、蛋白石等。在有些浮岩中还发现磁铁矿、褐铁矿和黄铁矿。浮岩的颜色因其化学组成不同而异，通常有白、灰白、深灰、褐红、红、黑等色。硬度中等，相对密度一般小于1（0.5～2.9）。

2. 珍珠岩

天然珍珠岩属流纹岩类，是一种火山喷出的酸性玻璃质熔岩，因广泛具有珍珠裂隙构造而得名。珍珠岩主要由酸性火山玻璃质组成，含有一定量的水，并含有不等量的透长石、石英等斑晶和微晶矿物：辉石、角闪石、刚玉、黑云母、赤铁矿和尘点状磁铁矿等，以及各种相态的雏晶。

天然珍珠岩化学组成中 SiO_2 68% ~ 75%，Al_2O_3 9.0% ~ 14.0%，Fe_2O_3 0.9% ~ 4.0%，MgO 0.4% ~ 1.0%，CaO 1.0% ~ 2.0%，Na_2O 2.5% ~ 5.0%，K_2O 1.5% ~ 4.5%，TiO_2 0.13% ~0.2%，H_2O 3.0% ~6.0%，此外还有小于1%的FeO、MnO、P_2O_5、Zr、Li、Be、Rb、Sr、Ba、Pb、Zn 等。

珍珠岩呈无色、淡灰、灰白、黄白、淡绿、蓝、暗绿、红、褐、黑等色。珍珠岩呈玻璃光泽，新鲜断口为珍珠光泽，风化后可呈油脂光泽。玻璃基质透明至半透明。不同地区的珍珠岩相对密度、硬度、耐火度和含水量均不同。一般相对密度 2.2 ~2.4，莫氏硬度 5.5 ~6，耐火度为 1280 ~1368℃，含水量 2% ~6%，性脆。

（四）锂质矿物原料

常用的含锂矿物有锂辉石和锂云母两种。

1. 锂辉石

锂辉石的结构式为 $LiAl(SiO_3)_2$，理论化学组成为：Li_2O 8.02%，SiO_2 64.58%，Al_2O_3 27.40%，尚有钾、钠、镁、锰、铁等杂质。锂辉石有三种同质多变体，即 α - 锂辉石、β - 锂辉石以及 γ - 锂辉石。其中 α - 锂辉石是低温稳定变体，仅存在于自然界，在地质学上通称为锂辉石，属单斜晶系，链状结构。β - 锂辉石是高温稳定变体，属四方晶系，架状结构。γ - 锂辉石为高温亚稳态变体，属六方晶系，架状结构。自然界中的锂辉石晶质粗大，常呈长柱状。集合体呈板状和致密块状。颜色为浅灰白色，常带浅绿和黄绿等色调。莫氏硬度 6.5 ~7，相对密度 3.13 ~3.2。

锂辉石即 α - 锂辉石，在加热过程中，于 850℃开始转化为 β - 锂辉石，1000℃时转化趋于完全，此时出现亚稳态 γ - 锂辉石，1100℃时 γ - 锂辉石转化为 β - 锂辉石，加热到 1430℃时达到不一致熔融，其中的 β - 锂辉石视矿物杂质含量多少可为 β - 锂辉石固熔体。

2. 锂云母

锂云母又称鳞云母，是一种富含挥发成分的三层型结构状硅酸盐，其构造式为 $KLi[Al(OHF)_2](SiO_3)_3$，化学组成不定，Li_2O 1.2% ~5.9%，SiO_2 46.9% ~60.6%，Al_2O_3 11.3% ~28.8%，K_2O 4.8% ~13.9%，H_2O 0.6% ~3.2%，成分中尚含有氟，有时含有铷和铯。其中典型的锂云母的组成见表 1 - 18。

表 1 - 18　　锂辉石、锂云母的化学组成　　单位:%

产地及种类	Li_2O	K_2O	Na_2O	SiO_2	Al_2O_3	Fe_2O_3	MgO	CaO	P_2O_5	MnO	F	Rb_2O	Cs_2O	TiO_2
新疆阿尔泰锂辉石	6.5	0.21	0.33	63.31	27.54	0.15	0.50	0.35	0.93	—	—	—	—	—
澳大利亚锂辉石精砂	7.70	1.0	1.0	68.0	22.0	0.07	0.2	0.25	0.30	0.2	—	—	—	0.2
江西宜春锂云母	4.82	8.16	1.60	55.04	22.91	0.30	0.18	0.06	5.23	1.38	0.23	—	—	—
美国锂云母	5.00	17.81	—	51.09	23.23	—	0.16	0.18	1.22	0.99	0.31	—	—	—

锂云母为单斜晶系，晶体呈板状或短柱状，通常呈片状或细鳞片状集合体产出。颜色呈玫瑰色、浅紫色，有时为白色等。莫氏硬度 2.5 ~4，相对密度 2.8 ~2.9。烧后常呈黄

玉色，于1300℃完全熔化。

由于金属中锂的相对原子质量最小，化学活性比钾钠强，且 Li^+ 具有很高的静电场，有非常强的熔化剂作用，能显著降低材料的烧结和熔融温度，提高釉的流动性。

由于金属中锂的离子半径最小，一般含锂矿物都具有很低的甚至负的热膨胀特性。在陶瓷坯釉中引用含锂矿物，能改善釉面性能，如降低热膨胀系数、提高耐热急变性、提高釉的显微硬度与光泽度及釉的化学稳定性。如果在陶瓷坯料中加入60%～80%的锂辉石，瓷坯的热膨胀系数可以小于 $2 \times 10^{-6}/℃$，甚至接近于零膨胀。瓷坯的热膨胀率主要取决于瓷坯中生成的 β－锂辉石固溶体的数量，以及固溶体中 SiO_2 的含量。在锂辉石、高岭土和石英组成的配方中，随着锂辉石、石英加入量的增加，瓷坯的热膨胀系数减小。

含锂矿物广泛用于抗震性能好、尺寸公差小的工业陶瓷领域，如窑炉的加热部件、气轮机叶片、火花塞、喷气飞机的喷嘴、微波炉托盘、耐热炊具等。

除上述各种原料外，还有一些可作为瘠性原料和熔剂原料使用，如作为瘠性原料还有熟料、素烧坯等，作为熔剂使用有各种火成岩、各种炉渣和矿渣、萤石、碎玻璃粉等。总之，对于生产品种繁多的陶瓷制品，尤其是制造有色或浅色的陶瓷制品来说，可利用的原料是很多的。在原料来源方面，也不应局限于开发新矿床，一些矿渣、工业废料等都可开发，因此如何利用当地的各种区域性原料，做到就地取材，物尽其用，是陶瓷工作者的重要任务。

二、碱土硅酸盐类原料

（一）滑石与蛇纹石

1. 滑石

滑石与蛇纹石均属于镁的含水硅酸盐矿物，是制造镁质瓷的主要原料，在普通陶瓷的坯料中也可加入少量以改善性能。

滑石是一种天然的含水硅酸盐矿物，其结晶构造式为 $Mg_3[Si_4O_{10}](OH)_2$，化学通式为 $3MgO \cdot 4SiO_2 \cdot H_2O$。其理论组成为：MgO 31.88%，$SiO_2$ 63.37%，H_2O 4.74%。成分中常含有铁、铝、锰、钙等杂质。滑石属单斜晶系，晶体呈六方或菱形板状，常呈两种形态产出，一为粗鳞片状，另一为细鳞片致密块状集合体（称块滑石）。纯净的滑石为白色，含有杂质时一般为淡绿、浅黄、浅灰、淡褐等，具有脂肪光泽，富滑腻感，莫氏硬度为1，相对密度2.7～2.8。滑石在加热时，于600℃左右开始脱水，在880～970℃结构水完全排出，滑石分解为偏硅酸镁和 SiO_2，反应式如下：

$$3MgO \cdot 4SiO_2 \cdot H_2O \longrightarrow 3(MgO \cdot SiO_2) + SiO_2 + H_2O$$

偏硅酸镁有三种晶型，即原顽火辉石及斜顽火辉石。滑石加热脱水后先转变为顽火辉石，顽火辉石可在1260℃左右转变为原顽火辉石，原顽火辉石是高温稳定形态，在冷却时，原顽火辉石可转变为低温稳定的斜顽火辉石或顽火辉石。在原顽火辉石变为斜顽火辉石或顽火辉石时，伴随有较大的体积变化。斜顽火辉石为斜短柱状无色晶体，莫氏硬度6，相对密度3.19，1557℃熔融。

滑石在普通日用陶瓷中一般作为溶剂使用，在细陶瓷坯体中加入少量滑石，可降低烧成温度，在较低的温度下形成液相，加速莫来石晶体的生成。同时扩大烧结温度范围，提高白度、透明度、力学强度和热稳定性。在精陶坯体中如用滑石代替长石（即镁质精陶），则精陶制品的湿膨胀倾向将大为减少，釉的后期龟裂也可相应降低。在陶瓷釉料中加入滑石可改善釉层的弹性、热稳定性，增宽熔融范围。

滑石在镁质瓷中是作为主要原料使用的。滑石在镁质瓷中不仅使瘠性原料，而且能与黏土反应在高温下生成镁质瓷的主晶相，根据滑石与黏土的使用比例不同（滑石用量可达34%～90%），可制成堇青石（$2MgO_2 \cdot 2Al_2O_3 \cdot 5SiO_2$）质耐热瓷、用于高频绝缘材料的原顽火辉石－堇青石质瓷和块滑石瓷（原顽火辉石瓷）以及日用滑石质等。

由于滑石多是片状结构，破碎时易呈片状颗粒并较软，故不易粉碎。在陶瓷制品成型过程中极易趋于定向排列，呈有序状态，烧成时产生各向异性收缩，往往引起制品开裂。故在使用时常采用预烧的方法来破坏滑石的原有片状结构。预烧温度随各产地原料组织结构不同可在1200～1410℃。

我国是盛产滑石的国家，具有丰富的优质滑石矿资源，含Fe_2O_3的碱金属氧化物都较低。辽宁的海城一带和山东栖霞、掖县等所产的滑石驰名海内外，此外山西、广东、广西、湖北等地均有滑石矿床。各地滑石的化学组成列于表1－19。

表1－19　　滑石的化学组成　　单位:%

原料名称	产地	SiO_2	MgO	Fe_2O_3	CaO	K_2O	Na_2O	灼减
特级滑石粉	辽宁海城	62.16	32.29	0.14	0.37	—	—	5.00
一级滑石粉	辽宁本溪	64.18	33.72	0.57	1.53	—	—	—
一级滑石粉	山东海阳	62.29	31.80	0.36	0.39	—	—	5.14
一级滑石粉	山东平度	56.11	35.01	0.66	1.24	—	—	6.91
一级滑石粉	山东掖县	56.89	32.34	0.74	1.21	—	—	8.82
滑石优质原矿	辽宁海城	60.24	32.58	0.06	0.22	0.06	0.04	6.44
滑石优质原矿	山东掖南	57.62	31.32	5.20	0.39	0.02	0.05	5.40
滑石优质原矿	广东高州	62.06	32.23	0.64	0.81	0.04	0.07	4.14
滑石优质原矿	广西陆川	60.74	31.88	0.52	0.84	—	—	6.02
滑石优质原矿	四川冕宁	60.68	30.57	0.61	2.28	—	—	5.84
滑石优质原矿	湖南攸县	62.96	30.72	0.03	0.43	0.14	0.02	5.26

2. 蛇纹石

蛇纹石与滑石同属镁的含水硅酸盐矿物，结晶构造式为$Mg_3[Si_3O_5](OH)_4$，化学通式$3MgO \cdot 2SiO_2 \cdot 2H_2O$，其理论化学组成是：MgO 43.0%，$SiO_2$ 44.1%，H_2O 12.9%。常含有铁、钛、镍等杂质，铁含量较高。

蛇纹石属于单斜晶系，晶体发育不完全，呈微细的鳞片状和纤维状集合体，有的呈致密块状，有时夹杂极薄的石棉细脉。一般蛇纹石性质较柔软，外观呈绿色或暗绿色，叶片状蛇纹石呈灰色、浅黄、淡棕、浅蓝等色，具有玻璃或脂肪光泽。莫氏硬度2.5～3，相对密度2.5～2.7。

蛇纹石在加热过程中，500～700℃失去结构水，1000～1200℃分解为镁橄榄石与游离SiO_2，1200℃之后，游离SiO_2与部分镁橄榄石结合生成顽火辉石，总反应式如下：

$$3MgO \cdot 2SiO_2 \cdot 2H_2O \longrightarrow \underset{\text{镁橄榄石}}{2MgO \cdot SiO_2} + \underset{\text{顽火辉石}}{MgO \cdot SiO_2} + 2H_2O$$

镁橄榄石是一种橄榄绿色的、莫氏硬度很高（6.5～7）的架状硅酸镁，熔点1910℃。

蛇纹石的成分与滑石有一定的相似之处，但由于其铁含量高（可达7%～8%），一般只用作碱性耐火材料。也可用以制造有色的炻瓷器、地砖、耐酸陶器以及堇青石质匣钵等。在我国河北涞源县发现的蛇纹石，系与石棉伴生的纤维状蛇纹石，化学组成为：MgO 41.12%，SiO_2 44.24%，灼减 14.11%，Al_2O_3 0.25%，Fe_2O_3 0.16%，CaO 0.44%。含铁量低。邯郸陶瓷研究所用其制出与滑石质瓷一样具有优异透光度和白度的蛇纹石瓷。蛇纹石在使用时与滑石一样也需预烧，预烧温度约 1400℃，以破坏其鳞片状和纤维状结构，它也可以在陶瓷配料中代替滑石。

（二）硅灰石

硅灰石是一种典型的变质矿物。通常出现在酸性岩浆岩和碳酸盐的接触带，或在岩浆内再结晶的石灰岩的捕虏体中，系高温交待作用的产物。化学通式为 $CaO \cdot SiO_2$，理论化学组成为 CaO 48.25%，SiO_2 51.75%。

硅灰石矿物主要包括 $CaSiO_3$ 的两种同质多相变体。高温变体即为 $\beta-CaSiO_3$，属于三斜晶系，具有三个 $[SiO_4]^{4-}$ 四面体形成三方环 $[Si_3O_9]^{9-}$ 结构，称为环硅灰石；低温变体即为 $\alpha-CaSiO_3$，有两种形态，以为三斜晶系，另一为单斜晶系，都具有由 $[SiO_4]^{4-}$ 四面体形成的单链 $[Si_3O_9]_n^{6n-}$ 结构，只是单链的堆积方式有所不同，$\beta-CaSiO_3$ 和低温变体（$\alpha-CaSiO_3$，单斜晶系）在自然界中较少见，一般说的硅灰石指的是 $\alpha-CaSiO_3$（三斜晶系）。硅灰石单晶体呈板状或片状、集合体呈片状、纤维状、块状和柱状等。天然硅灰石由于常与透辉石、石榴石、绿廉石、方解石、石英等共存，故含有 Fe_2O_3、Al_2O_3、MgO、MnO 及 K_2O、Na_2O 等。颜色通常为白色、灰白色，具有玻璃光泽。莫氏硬度 4.5～5，相对密度 2.8～2.9，熔点 1540℃。

硅灰石作为碱土金属硅酸盐，在普通陶瓷坯体中可起助熔作用，降低坯体的烧结温度，用它代替方解石和石英配釉时，釉面不会因析出气体而产生釉泡和针孔，若用量过多会影响釉面的光泽。

硅灰石在陶瓷中的应用，大多是作为陶瓷坯体的主要原料使用，硅灰石可与黏土配成硅灰石质坯料，由于硅灰石本身不含有机物和结构水，而且干燥收缩和烧成收缩都很小，仅为 6.7×10^{-6}/℃（温室～800℃），因此其坯料很适宜快速烧成，特别适用于薄陶瓷制品。另外，在烧成后生成的硅灰石针状晶体，在坯体中交叉排列成网状，使产品的力学强度提高，同时形成含碱土金属氧化物较多的玻璃相，其吸湿膨胀也小。这些特点使硅灰石在陶瓷工业中的用途很广，可用于制造釉面砖、日用陶瓷、低损耗无线电陶瓷等，也用来生产卫生陶瓷、磨具、火花塞等。

硅灰石坯体存在的主要问题是烧成范围较小。加入 Al_2O_3、ZrO_2、SiO_2 或钡锆硅酸盐等可提高坯体中液相的黏度，可以扩大硅灰石质瓷的烧成范围。

我国已发现数处有一定规模和品质的硅灰石矿床。它们的化学组成列于表 1－20。

表 1－20　硅灰石的化学组成

单位：%

产地	SiO_2	Al_2O_3	Fe_2O_3	CaO	MgO	K_2O	Na_2O	TiO_2	灼减
江西上饶	51.26	0.61	0.50	41.42	0.86	0.08	0.02	—	5.26
湖北小贡士	50.23	0.46	0.82	44.90	1.00	—	—	0.01	2.47
福建漳州	48.47	0.81	0.15	45.86	1.66	0.09	0.01	—	2.87
吉林四平	44.34	1.41	0.14	45.94	0.91	—	—	—	7.25

续表

产地	SiO_2	Al_2O_3	Fe_2O_3	CaO	MgO	K_2O	Na_2O	TiO_2	灼减
江西新余	52.29	0.83	0.50	42.65	1.53	—	0.2	—	2.32
湖南常宁	51.32	5.29	1.41	38.91	1.24	0.87	0.32	—	0.63

（三）透辉石

透辉石是偏硅酸钙镁，结构式为 CaMg［Si_2O_6］，理论化学组成为：CaO 25.9%，MgO 18.5%，SiO_2 55.6%。透辉石和硅灰石一样都属于链状结构硅酸盐矿物。透辉石主要形成于接触交代过程，也可是硅质白云岩热变质的产物。透辉石常与含铁的钙铁辉石系列矿物共生，故常含有铁、锰、铬等成分。透辉石系单斜晶体，晶体呈短斜状，集合体呈粒状、柱状、放射状，色呈浅绿或浅灰，当钙铁辉石含量较高时颜色较深。玻璃光泽，莫氏硬度 6～7，相对密度 3.3，透辉石无晶型转变，纯透辉石熔融温度为 1391℃。

透辉石在普通陶瓷中的应用与硅灰石类似，既可作为助熔剂，也可作为主要原料。由于透辉石与硅灰石性质相似，不含有机物和结构水，热膨胀系数也不大（250～800℃时，7.5×10^{-6}/℃），其收缩小，热效应也较小，故透辉石坯料可制成低温烧成的陶瓷坯体，也易于快速烧成，尤其在釉面砖生产中得到广泛的应用。

由于透辉石的 Mg^{2+} 可与 Fe^{2+} 进行类质同相置换，天然产出的透辉石中都含有一定量的铁，所以在生产白色陶瓷制品时，透辉石原料需要控制和选择。

我国一些地区透辉石矿床的化学组成，见表 1－21。

表 1－21　　透辉石的化学组成　　单位:%

产地	SiO_2	CaO	MgO	K_2O	Na_2O	Al_2O_3	TiO_2	Fe_2O_3	FeO	灼减
江西新余	54.11	21.36	20.20	0.81	0.10	1.51	0.04	0.54	0.49	0.84
青海平安	50.28	22.52	13.67	0.69	0.59	4.28	—	6.78	—	0.44

（四）透闪石

透闪石是双键状结构的硅酸盐矿物，属于角闪石族单斜角闪石亚族，其结构式为 Ca_2Mg_5［Si_4O_{11}］$_2$（OH）$_2$，理论化学组成为：CaO 13.8%，MgO 24.6%，SiO_2 58.8%，H_2O 2.8%，FeO 的含量有时可达 3%，还有少量 Na、K、Mn 等，其中羟基也可由 F、Cl 等置换。透闪石晶体结构属单斜晶系，晶体呈长柱状、针状，有时呈毛发状。通常呈柱状、放射状或纤维状集合体。有时形成致密隐晶粒块状体，称之为软玉。透闪石色白或灰，莫氏硬度 5～6，相对密度 3 左右。

透闪石是典型的变质矿物，主要有接触交代变质作用形成，原岩中含有 Si、Ca、Mg 时，也可通过区域变质作用形成。透闪石可产于不纯石灰岩或白云岩中，或产于结晶片岩中，常与滑石共生。也可产生于火成岩中，为有橄榄石、辉石等因热蚀变构成的二类矿物，故透闪石可能伴生有方解石、白云石，或也可能伴生透辉石或橄榄石以及石英等。

透闪石作为钙镁硅酸盐在陶瓷中的应用与硅灰石、透辉石相似，常作为釉面砖的主要原料使用，其他陶瓷品种也正在开发。透闪石作为陶瓷原料的特点与硅灰石相似，也适于快速烧成，但因晶体结构中有少量结构水，其结构水的排出温度较高 1050℃，故可能不适应一次低温快烧。另外，透闪石矿常有其他碳酸盐伴生，使坯体灼减量大，气孔率难以控制，也难以实现快烧，在使用前应注意检选。由于常见的透闪石与硅灰石一样，呈放射状和纤维状集合体，风化后易破碎，但不易磨细，且硬度很高，对设备磨损较大。我国产出的几种透闪石化学组成列于表1－22。

表1－22　透闪石的化学组成　单位：%

产地	SiO_2	Al_2O_3	Fe_2O_3	FeO	TiO_2	CaO	MgO	K_2O	Na_2O	灼减
湖北	56.61	1.65	0.15	—	—	15.24	23.53	0.17	0.16	2.51
吉林	51.59	0.57	0.01	0.01	—	12.33	25.99	0.12	0.10	9.27
陕西	53.36	3.40	0.74	—	0.02	13.10	23.74	0.49	0.53	4.09

三、碳酸盐类

1. 方解石与石灰石

方解石的主要成分为碳酸钙 $CaCO_3$。理论组成为 CaO 56%，CO_2 44%，常含混入物镁、铁、锰、锌等。属于此组成的还包括冰洲石、石灰石、石笋、钟乳石、白垩、大理石、霰石等。

方解石属三方晶系，晶体呈菱面体，有时呈粒状和板状。一般为白色，当含有各种混入物时呈各种不同颜色：如灰、黄、浅红、绿、蓝、紫和黑等。玻璃光泽解理面为珍珠光泽，性脆，莫氏硬度为3，相对密度2.6～2.8。在冷稀盐酸中极易溶解并急剧起泡。将方解石加热到850℃左右开始分解，放出 CO_2，950℃左右反应激烈。我国常用方解石的化学组成见表1－23。

表1－23　方解石的化学组成　单位：%

组成／产地	CaO	CO_2	MgO	SiO_2	Fe_2O_3	Al_2O_3
四川泸州	54.56	43.62	0.88	—	—	—
贵州贵阳	56.29	42.17	—	1.00	—	—
陕西陇县	55.87	43.28	0.27	0.38	0.09	0.1
辽宁本溪	55.28	43.30	0.10	1.28	0.08	0.62

方解石在坯料中于分解前起瘠化作用，分解后起熔剂作用，方解石能和坯料中的黏土及石英在较低温度下起反应，缩短烧成时间，并能增加产品的透明度，使坯釉结合牢固，在制造石灰质釉陶器时，方解石的用量可达10%～20%，制造软质瓷器时为1%～3%。

方解石在釉料中是一个重要原料。在高温釉中能增大釉的折射率，因而提高光泽度，并改善釉的透光性。但在釉料中配合不当，则易出现乳浊（析晶）现象，单独作熔剂时，在煤窑或油窑中易引起阴黄、吸烟。

石灰石是石灰岩的俗称，为方解石微晶聚集块体，无解理，多呈灰白色、黄色等。质坚硬，其作用与方解石相同，但纯度较方解石差。

2. 白云石

白云石是碳酸钙（$CaCO_3$）和碳酸镁 $MgCO_3$ 的复合盐，化学通式为 $CaMg(CO_3)_2$。白云石的理论组成为 CaO 30.41%，MgO 21.87%，$m(CaO)/m(MgO)=1.39$，相对密

度2.85~2.9，莫氏硬度3.5~4.0，性脆，遇稀酸微微起泡。白云石为无色或白色，含铁者为黄褐色或褐色，含锰者略显淡红色，有时为灰色或绿色。玻璃至珍珠光泽。

依 m（CaO）/m（MgO）比值的不同，白云石原料可分为白云石（比值约1.39）、镁质白云石（比值小于1.39）和石灰质白云石（比值大于1.39）三种。

白云石矿分布广泛，蕴藏量大。我国某些白云石的化学组成列于表1-24。

表1-24　　各地白云石原料化学组成　　单位：%

产地	CaO	MgO	SiO_2	Fe_2O_3	Al_2O_3	灼减
北京	27.61	24.33	1.52	0.07	0.57	45.12
辽宁大石桥	25.27	25.53	0.55	0.95	0.95	47.08
山西	28~29	17~19	<2	2~3	2~3	—
四川	30.71	21.19	1.36	0.48	0.48	46.19
河北玉田	30.51	21.54	0.5	0.06	0.21	46.88

白云石在加热过程中发生分解，逸出 CO_2。分解作用分两个阶段进行。反应过程如下：

$$CaMg(CO_3)_2 \xrightarrow{730\sim760℃} MgO + CaCO_3 + CO_2\uparrow$$

$$CaCO_3 \xrightarrow{880\sim940℃} CaO + CO_2\uparrow$$

由于原料的化学组成、晶体结构与岩石构造上的差别，各种白云石的分解温度不完全一致。在900~1000℃的分解产物CaO、MgO呈游离态，且晶格缺陷较多，发育不完全，结构疏松，相对密度较低，仅为1.45左右，气孔率较大，大于50%。外观呈白色粉块，其化学活性很高，在大气中极易水化，温度继续升高，晶格缺陷得到校正，晶体发育长大，密度大大提高，活性下降，水化变缓。

白云石在坯体中的作用能降低烧成温度，增加坯体透明度，促使石英熔解及莫来石的生成，如用白云石代替坯内的 $CaCO_3$ 组分，则可以扩大坯体的烧结范围20~30℃。

白云石也是瓷釉的主要原料，它可以代替方解石，加入白云石的釉不会乳浊，但慢冷时釉中会析出少量的针状莫来石，并提高釉的热稳定性以及在一定程度上防止吸烟。

3. 菱镁矿

菱镁矿是一种天然矿石，化学通式为 $MgCO_3$，它的理论化学组成为MgO 47.82%，CO_2 52.18%。天然菱镁矿可分为晶体或隐晶质白色碳酸盐镁岩，由于其中所含杂质不同，颜色可以由白到浅、暗灰、黄或灰黄色。晶质菱镁矿的相对密度为2.96~3.12，莫氏硬度3.4~5.0，沿菱面解理完全，具有玻璃光泽。菱镁矿可与菱铁矿形成连续固溶体，随着铁矿含量的增加，相对密度和折射率也提高。隐晶质菱镁矿（也称不定形菱镁矿）的颜色也因杂质不同而有白、浅黄、或灰色。

菱镁矿依其形成条件不同，其结晶颗粒大小和伴生矿物也不同，晶态菱镁矿属三方晶系，呈菱面体晶型，具有良好的晶粒，伴生矿物主要有白云石、石灰石，此外还有石英和滑石。蛋白石是隐晶质菱镁矿常见的杂质，从化学组成看，菱镁矿最常见的杂质是CaO、SiO_2、Fe_2O_3、Al_2O_3等。

菱镁矿的主要化学组成为 $MgCO_3$，煅烧时，从350℃开始分解，放出 CO_2，生成MgO，伴有很大的体积收缩，其反应式如下：

$$MgCO_3 \longrightarrow MgO + CO_2 \uparrow$$

温度达到550~650℃时反应激烈，至1000℃时分解完全，生成轻烧MgO，其质地疏松，化学活性大。继续升温，MgO体积收缩，化学活性减小，真密度增加。同时菱镁矿中CaO、SiO_2、Fe_2O_3等杂质与MgO逐步生成低熔点化合物。至1550~1650℃时，MgO晶格缺陷得到校正，晶粒逐渐发育长大，组织结构致密，生成以方镁石为主要矿物的烧结镁石。

菱镁矿在350℃时开始分解，CO_2完全分解出来的温度要到1000℃。由于菱镁矿的分解温度比方解石低，所以含有菱镁矿的陶瓷坯料在烧结开始前就停止逸出CO_2。用菱镁矿代替部分长石，可降低坯料的烧结温度，并减少液相的数量。另外，MgO还可以减弱坯体中由于含有铁、钛等化合物所产生的黄色，促进坯体的半透明性，提高坯体的力学强度，在釉料中加入MgO，可增宽熔融范围，改善釉层的弹性和热稳定性。

菱镁矿不仅是制造耐火材料的重要原料，也是新型陶瓷工业中用于合成尖晶石（$MgO \cdot Al_2O_3$）、钛酸镁（$MgO \cdot TiO_2$）和镁橄榄石瓷（$2MgO \cdot SiO_2$）等的主要原料，同时作为辅助原料和添加剂被广泛应用。

在其他类型陶瓷坯体中较少采用，一般常用滑石作为引入MgO的原料。菱镁矿在我国东北海城大石桥一带有大量出产，当地就用含菱镁矿的镁质黏土来制造镁质精陶和瓷器。

四、钙的磷酸盐类

1. 骨灰

骨灰是脊椎动物骨骼经一定温度煅烧后的产物。其中绝大部分有机物被烧掉，而剩下无机盐类，其主要成分是羟基磷灰石，其结构式为$Ca_{10}(PO_4)_6(OH)_2$，另有少量的氟化钙、碳酸钙、磷酸镁等。另一种看法认为骨头主要成分的结构式为$Ca_4(PO_4)_2(HPO_4)_{0.4}(CO_3)_{0.6}$，这与羟基磷灰石中的Ca与P的摩尔比是一致的，也与天然骨中的碳酸盐含量是一致的。

生产中使用的骨灰是牛、羊、猪等骨骼先在900~1000℃温度下用蒸汽蒸煮脱脂，然后在900~1300℃下煅烧，煅烧后经球磨机细磨，磨后经水洗、除铁、陈化、烘干备用。煅烧时一定要通风良好，避免炭化发黑。一般骨胶厂在提取骨胶后的骨渣，也可使用，骨灰的化学组成举例列于表1-25。

表1-25　骨灰的化学组成　　单位:%

产地	P_2O_5	CaO	SiO_2	Al_2O_3	K_2O	Na_2O	其他
唐山第一瓷厂	46.69	51.90	0.40	0.13	0.24	0.18	0.66
唐山第一瓷厂	44.10	53.10	0.44	0.19	0.13	1.21	0.83
瑞典	41.1	54.5	0.45	0.13	0.30	1.60	1.85
英国	40.50	56.0	0.50	0.20	0.10	0.86	1.82

骨灰是骨灰瓷中的主要原料，用量可达整个坯料的一半左右，是骨灰瓷中主晶相$\beta-Ca_3(PO_4)_2$的主要来源。骨灰在细磨后呈微弱可塑性，为了保证骨灰瓷坯料成型塑性，需加入一定量的增塑黏土，实践证明骨灰的加工处理（包括蒸煮、煅烧、细磨等）对坯体的可塑性有很大的关系，另外，骨灰的用量对骨灰瓷制品的色调、透明度以及烧成

温度和强度也都有较大影响。

骨灰作为原料其本身是难熔的，$Ca_3(PO_4)_2$的熔融温度可达1720℃，可是在普通黏土坯料中骨灰用量较少时（2%～20%）可作为一种强助熔剂使用。

2. 磷灰石

磷灰石是天然磷酸钙矿物，化学式为$Ca_5(PO_4)_3(F, Cl, OH)$。按成分中附加阴离子的不同，常见的有氟磷灰石$Ca_5[PO_4]_3F$和磷氯灰石$Ca_5[PO_4]_3Cl$，另外尚有羟基磷灰石$Ca_5[PO_4]_3(OH)$和碳酸磷灰石$Ca_5[PO_4]_3(CO_3)$等。通常以氟磷灰石居多。

磷灰石是六方晶系，呈六方柱状或粒状集合体，柱面具有纵的条纹，解理不完全。外面呈灰白或黄绿、浅蓝、紫等色。具有玻璃光泽，也有土状光泽，性脆，莫氏硬度为5，相对密度3.18～3.21。

由于磷灰石与骨灰的化学成分相似，故可部分代替骨灰作骨灰瓷，坯体的透明度很好，但形状的稳定性较差。同时，因含有一定量的氟，作为坯体使用不利，常有针孔、气泡或发阴现象，选择原料时必须注意。

将磷灰石少量引入长石釉中，能提高釉面光泽度，使釉具有柔和感，但用量不宜过多，如P_2O_5含量超过2%，易使釉面发生针孔、气泡，还会使釉难熔。

五、高铝质矿物原料

（一）高铝矾土

我国高铝矾土原料主要矿物组成是水铝石（$\alpha-Al_2O_3 \cdot H_2O$）和高岭石（$Al_2O_3 \cdot 2SiO_2 \cdot 2H_2O$），除此之外，还发现存在一些其他次要矿物，有波美石（$\gamma-Al_2O_3 \cdot H_2O$）、迪开石（$Al_2O_3 \cdot 2SiO_2 \cdot 2H_2O$）、三水铝石（$Al_2O_3 \cdot 2SiO_2$）、金红石（$TiO_2$）、含铁矿物（褐铁矿、黄铁矿、赤铁矿、菱铁矿等）。以及滑石、长石、方解石、白云母、绢云石等。一般Al_2O_3含量在45%～80%，SiO_2含量在1%～40%，原料中杂质总量在2.5%～6.0%，随着Al_2O_3含量的增加杂质含量有增多的趋势，杂质中TiO_2含量在1.5%～3.6%，也随Al_2O_3含量增加而递增，TiO_2常以分散状态分布于主要矿物之间。其他杂质与Al_2O_3含量无直接关系。含铁杂质往往分布极不均匀，比较集中。CaO和MgO含量较低，一般都在0.3%～0.5%以下。K_2O和Na_2O含量也很低，但个别产地的矾土中含量较高，可达0.5%以上。

矾土中的水铝石，有呈粒状、片状以及针状晶体存在的，一般在0.012～0.06mm；有以隐晶质或胶质体状态存在的。矾土中的高岭石，结晶发育各有不同，一般而言，晶粒细小。矾土的组织结构差别很大，通常是水铝石质和高岭石－水铝石质两类矾土较均匀致密；水铝石－高岭石质则较不均匀，多鲕状结构，硬度很大，很难破碎。

高铝矾土在煅烧过程中发生一系列物理－化学变化，实质上是组成矾土的各矿物的加热变化的综合反映。水铝石－高岭石类型矾土的加热变化大致可分为三个阶段，即分解、二次莫来石化及重结晶烧结。

1. 分解阶段

400～1200℃范围属于分解阶段。在此阶段中，水铝石和高岭石分别发生如下反应：

$$\underset{\text{刚玉假相}}{\alpha-Al_2O_3 \cdot H_2O \longrightarrow \alpha-Al_2O_3 \cdot 2SiO_2 + H_2O} \quad (400\sim500℃)$$

$$3(Al_2O_3 \cdot 2SiO_2 \cdot 2H_2O) \longrightarrow 3(Al_2O_3 \cdot 2SiO_2) + 6H_2O\uparrow$$
$$\xrightarrow{>950℃} 3Al_2O_3 \cdot 2SiO_2 + SiO_2$$

高铝矾土的脱水一般开始于400℃，在450～600℃间激烈进行，在700～800℃完成。水铝石脱水后形成的刚玉相仍保持水铝石的外形，当温度超过1100℃后，逐渐转变为刚玉。

2. 二次莫来石阶段

二次莫来石化是指高铝矾土中所含高岭石分解并转变为莫来石后，析出的SiO_2与水铝石分解后所形成的刚玉相作用形成莫来石的过程。开始于1200℃，1400～1500℃完成。伴随二次莫来石生成，产生较大的体积膨胀（$\Delta V \approx 10\%$），导致结构疏松，气孔率增大，这是高铝矾土难烧结的主要原因。其反应过程可用图1－13及反应式表示。

$$3(Al_2O_3 \cdot 2SiO_2 \cdot 2H_2O) \longrightarrow 3Al_2O_3 \cdot 2SiO_2 + 4SiO_2 + 6H_2O\uparrow$$

一次莫来石

$$6(Al_2O_3 \cdot H_2O) \longrightarrow 6Al_2O_3 + 6H_2O\uparrow$$
$$6Al_2O_3 + 4SiO_2 \longrightarrow 2(3Al_2O_3 \cdot 2SiO_2)$$

二次莫来石

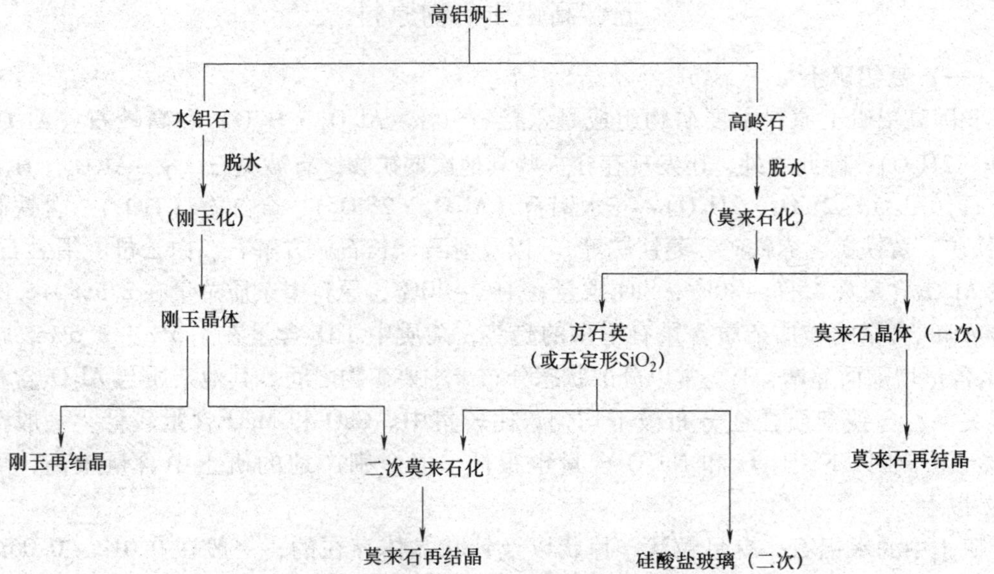

图1－13　高铝矾土的加热变化

3. 重结晶烧结阶段

当矾土的二次莫来石化已趋于完成后，进入重结晶阶段，莫来石和刚玉晶体发育长大，气泡缩小和消失，坯体逐渐致密化并烧结。矾土的重结晶烧结主要是在液相存在下进行的，是以液相烧结为主的烧结过程。在此同时，也存在固相烧结作用。矾土中所含的Fe_2O_3、TiO_2在高温下能进入莫来石和刚玉晶体，形成固溶体，造成晶格缺陷，加速重结晶作用。这种固相反应一般始于1200～1400℃，其后与液相烧结同时进行。我国的矾土在1300～1400℃以下即已产生液相，这是由于矾土中的Fe_2O_3、TiO_2和其他杂质与Al_2O_3、SiO_2反应形成液相，其存在不但有助于二次莫来石化，也有助于重结晶过程的进行。

高铝矾土常用于制造电瓷和加匣体。高铝矾土除用于生产高铝陶瓷外，还用于生产窑具和砌筑窑炉的耐火材料。我国主要产地一级矾土化学组成见表1-26。

表1-26　我国主要产地一级矾土化学组成　单位：%

产地	SiO_2	Al_2O_3	Fe_2O_3	TiO_2	CaO	MgO	K_2O	Na_2O	灼减
河北古冶	3.91~11.98	69.56~76.23	0.62~2.42	2.41~3.61	<0.18	<0.25	—	—	14.22~14.96
山西阳泉	7.00	73.76	0.93	2.71	0.11	0.10	0.05	0.10	14.47
河南巩县	6.68~10.18	73.12~73.65	0.96~1.74	—	0.20~0.47	0.57~0.60	0.87~1.21	0.06~0.07	6.96~13.20
贵阳	1.18	78.68	1.22	3.45	0.43	—	0.33（K_2O+Na_2O）		14.45

（二）硅线石

硅线石类矿物属于无水硅酸盐矿。在矿物岩相学上分为三种不同晶格的同质异形矿体，包括硅线石、蓝晶石和红柱石，它们的化学组成完全相同。区别在于物理化学性质，见表1-27。

表1-27　硅线石类矿物的物理化学性质　单位：%

原料名称	晶系	晶状	莫氏硬度	相对密度
硅线石	斜方	针状、纤维状	6~7	3.2~3.25
蓝晶石	三斜	刃片状	4.7~7	3.5~3.6
红柱石	斜方	柱状	7~7.5	3.1~3.2

硅线石类矿物属于高温变质矿体。外观随共生矿物的不同，而呈现橙红、灰褐等颜色，质脆有韧性，有透明与不透明的，并呈玻璃光泽。

硅线石类矿物多与锆英石、石榴石、尖晶石、云母、石英等矿物共生，此外，还常混有水铝石、叶蜡石、电气石、磁铁矿、赤铁矿、黄铁矿等杂质。

硅线石的化学通式为 $Al_2O_3 \cdot SiO_2$，理论组成为 Al_2O_3 62.9% 和 SiO_2 37.1%，真密度 3.2~3.25g/cm^3，加热后转变为莫来石（86%）和方石英变体（14%），开始转变温度为1500~1550℃。

蓝晶石与红柱石经过一定的温度后，可转变为硅线石。蓝晶石转化温度为1478℃，红柱石转化温度为1300℃，为非可逆性转化。蓝晶石与红柱石转化为硅线石的温度相差几乎为200℃。硅线石转化为莫来石的终止温度约在1550℃，其转化过程是由整个质点的内外同时进行的。红柱石或蓝晶石加热到1300℃以上还有不经过硅线石而直接转化为莫来石的，但是只有在长时间的保温和有熔剂（Fe_2O_3、TiO_2等）的情况下，才有这种可能，这种转化的温度也是很缓慢的，而且只是质点表面转化的程度较显著。

硅线石族矿物是由氧化铝水成岩受变质作用形成的，存在于变质岩中，硅线石、蓝晶石大部分产于区域变质岩内，红柱石则产于接触变质岩内。一般矿床中含量较少，大都在10%~40%，所以都需要选矿后使用。

硅线石在加热过程中产生体积膨胀，体积增加7%~8%，一般采取煅烧的方法来消除体积膨胀的影响。

硅线石族矿物原料 Al_2O_3 含量较高，又能在高温下转变为莫来石，可用于合成莫来石或配制高铝耐火材料与窑具。

我国许多地方有硅线石类矿床，其化学组成见表 1－28。

表 1－28　　我国一些地区硅线石类矿床的化学组成　　单位：%

产地	Al_2O_3	SiO_2	TiO_2	Fe_2O_3	RO	R_2O	灼减	料别
黑龙江鸡西	59.58	38.30	0.24	0.61	0.11	0.26	0.64	硅线石精矿
河南镇平	57.05	33.19	3.21	5.37	—	—	—	硅线石精矿
福建莆田	54.80	39.83	2.60	0.59	0.12	0.05	1.28	硅线石精矿
内蒙古土贵乌拉	56.56	37.98	0.03	1.68	0.21	0.09	—	硅线石精矿
吉林二道甸子	56.88	38.60	0.17	1.18	1.85	0.80	0.28	红矿石精矿
河北邢台	58.72	36.77	0.20	1.44	0.39	0.39	—	蓝晶石精矿

六、锆　英　石

锆英石的化学通式为 $ZrSiO_4$，理论上含 ZrO_2 67.2%，SiO_2 32.8%，由于含有微量 U、Th 等放射性元素，因而带有微量放射性。它主要是由酸性火成岩风化后，其母岩中的锆英石随着独居石、钛铁矿、金红石及石榴石等冲积至河床或海岸形成的沉积矿床。

锆英石的产地国外有澳大利亚、美国、印度、巴西、斯里兰卡等。澳大利亚是世界上最大产出国。我国广东、山东、台湾等地沿海一带都有锆英石的砂积矿床。其化学组成见表 1－29。

表 1－29　　各国锆英石砂积矿床的化学组成　　单位：%

产地	ZrO_2	SiO_2	Al_2O_3	Fe_2O_3	TiO_2	CaO	MgO	Na_2O	K_2O	灼减
中国	66.25	32.50	0.37	0.16	0.33	0.05	0.02	0.01	0.01	0.30
澳大利亚（东部）	67.02	32.38	0.25	0.07	0.08	0.01	0.01	0.01	0.01	0.16
澳大利亚（西部）	65.37	33.42	0.62	0.06	0.29	0.05	0.01	0.06	0.02	0.24
印度	67.27	31.98	0.20	0.08	0.13	0.03	—	—	—	0.24
斯里兰卡	66.28	32.76	0.34	0.12	0.30	0.02	0.01	0.02	0.01	0.14
马来西亚	68.90	26.02	1.59	0.57	1.92	0.17	0.04	0.09	0.06	0.44
美国	62.50	35.00	0.12	0.10	1.75	0.10	0.10	0.05		

锆英石属正方晶系，相对密度 3.9～4.9，莫氏硬度 7～8. 由于含有杂质而呈现不同颜色，有无色的，也有淡黄、浅灰、淡黄绿、棕黄和淡红褐色。

锆英石在高温下加热发生分解。由于锆英石的纯度、研究方法和试验条件的不同，得到的分解也不同，其分解温度范围为 1540～2000℃。根据克尔斯（C·E·Curtis）和索维曼（H·G·Sowaman）测定，高纯度锆英石约自 1540℃开始缓慢分解，1700℃开始迅速分解，并随温度升高分解量增大，于 1870℃分解达 95%。分解产物是单斜型 ZrO_2 和非晶质 SiO_2。影响锆英石分解的因素较多，有原料中的杂质、粒度、加热温度、最高温度下的保温时间、炉内气氛、加热速度和冷却速度等。

锆英石一般作为普通陶瓷釉料的乳浊剂被广泛使用，在建筑卫生瓷釉料中一般加入量为 10%～16%。它在釉中不仅起乳浊作用，还可提高釉的白度和耐磨性，并能增大抗釉面龟裂性和釉面硬度。

七、工业废渣

1. 磷矿渣

磷矿渣是用磷矿石生产黄磷排除的废渣，其化学组成依磷矿石和黄磷的生产工艺不同而有所不同。某厂排除的磷矿渣化学成分为 SiO_2 44.08%，Al_2O_3 0.47%，Fe_2O_3 0.49%，CaO 43.66%，MgO 0.68%，K_2O 0.96%，Na_2O 0.32%，P_2O_5 0.96%，SO_3 0.08%，灼减 1.25%，磷矿渣可向陶瓷坯体中引入 CaO 而不带入挥发成分，是快速烧成的理想原料。磷矿渣也可以用来配制低温釉的熔块。

2. 高炉矿渣

高炉矿渣是冶炼生铁时的副产品，用高炉冶炼生铁时，除了铁矿石（磁铁矿 Fe_3O_4或赤铁矿 Fe_2O_3和杂质石英、黏土、碳酸盐、磷灰岩等）和燃料（焦炭，含灰分 10% 左右）外，还需要加入相当数量的石灰石和白云石作为熔剂。石灰石和白云石分解所得到的 CaO 和 MgO 及铁矿石中的废矿、焦炭中的灰分相互熔化在一起，生成组成主要为硅酸钙（镁）和铝硅酸钙（镁）的熔融体，其相对密度 2.3～2.8。根据冶炼生铁的种类，矿渣可分为铸铁矿渣、炼钢生铁矿渣、特种生铁矿渣（如锰矿渣、镁矿渣）。根据矿渣中碱性氧化物（CaO + MgO）与酸性氧化物（SiO_2 + Al_2O_3）的比值的大小，可分为三种：比值 >1 的矿渣为碱性矿渣；比值为 1 称为中性矿渣；比值 <1，称为酸性矿渣。根据冷却方法矿渣还可分为缓冷渣和急冷渣。

高炉矿渣的化学组成主要为 CaO、SiO_2、Al_2O_3，其总量一般在 90% 以上，另外，还有少量的 MgO、FeO 和一些硫化物。矿渣的化学组成中 CaO 38%～46%，SiO_2 26%～42%，Al_2O_3 7%～20%，MgO 4%～13%，FeO 0.2%～1%，MnO 0.1%～1%，S 1%～2%。

我国部分高炉矿渣的化学组成见表 1－30。

表 1－30　　**高炉矿渣的化学组成**　　单位:%

矿渣类型	SiO_2	Al_2O_3	FeO	CaO	MgO	S	MnO
铸铁矿渣	41.68	7.17	0.24	43.61	5.99	1.16	0.15
铸铁矿渣	37.68	8.01	0.60	45.64	5.94	1.53	0.60
铸铁矿渣	30.63	15.46	0.79	41.35	9.20	1.92	0.65
炼钢矿渣	37.83	11.68	0.69	40.71	7.90	0.99	0.20
炼钢矿渣	24.66	19.04	0.56	43.22	10.07	2.11	0.34

高炉矿渣的矿物组成和结构，根据所用原料、冶炼生铁种类和冷却方法的不同而有所不同。在慢冷的结晶态的矿渣中，碱性矿渣的主要晶相组成为硅酸二钙和钙铝黄长石；而在酸性矿渣中，则主要为硅酸一钙和钙长石。此外，在慢冷的结晶态高炉矿渣中，还可能存在透辉石、镁方柱石、镁蔷薇辉石、尖晶石、二硅酸三钙等。慢冷的矿渣，根据其组成的不同，或转变成坚固的石状体，为各种矿物的集合体；或转变成细粉。矿渣经水淬或空气急冷以后，则冷凝成尺寸为 0.5～5mm 的颗粒状矿渣，即粒化高炉矿渣。粒化高炉矿渣主要由玻璃体组成，而玻璃体含量与矿渣熔体的化学组成及冷却速度有很大关系。一般来说，酸性矿渣的玻璃体含量较碱性矿渣为高。这时由于酸性熔体的黏度较碱性熔体高，易

于形成玻璃体。此外，冷却速度越快，玻璃体含量也越高。我国钢铁厂排出的粒化高炉矿渣中，玻璃体含量一般在80%以上。

高炉矿渣可以作为生产建筑瓷的原料。如用于生产釉面砖，它是一种瘠性原料，可减少烧成收缩。但在使用粒化高炉矿渣时，由于其具有较强的水硬活性，在制备和储存泥浆时产生稠化，给球磨、泥浆的输送、喷雾干燥造成困难，因此在使用时要注意。结晶态高炉矿渣在坯料中加入量为5%~30%，但较坚硬，不易球磨。粒化高炉矿渣一般在坯料中加入量为10%，而且泥浆不能储存。无论使用哪种矿渣，在煅烧时，反应要完全，否则釉面易出现针孔。

3. 萤石矿渣

萤石矿渣的化学组成：SiO_2 42.76%，Al_2O_3 7.58%，Fe_2O_3 1.02%，CaO 38.97%，MgO 2.82%，SO_3 0.20%，K_2O 1.10%，Na_2O 0.44%，TiO_2 0.12%，P_2O_5 1.69%，F 2.00%，灼减1.36%。由于萤石矿渣的主要组成是硅酸钙，因此可以代表硅灰石配制釉面砖坯料，也可作地砖的熔剂。

4. 辉绿岩

辉绿岩为基性岩，是由同一种岩浆形成的不同相产物。辉绿岩主要由基性斜长石和辉石组成，次要矿物有橄榄石、角闪石及黑云母，有时还出现少量石英。常见结构为辉绿结构和斑状结构，以块状构造为主，新鲜岩石致密、坚硬。岩石均为暗色，一般为黑、绿、灰绿及暗紫等色。辉绿岩在我国分布比较普遍，多形成岩床和岩墙。凡有岩浆分布的地区，特别是基性岩分布的地区，辉绿岩浸入体是常见的。辉绿岩的化学组成见表1-31。

表1-31　辉绿岩的化学组成　单位:%

产地	SiO_2	Al_2O_3	Fe_2O_3	FeO	CaO	MgO	K_2O	Na_2O	灼减
北京西山	51.05	18.14	4.04	6.21	8.05	6.97	0.93	2.45	1.56
浙江富阳	45.65	16.73	3.51	7.25	7.44	7.48	0.68	3.70	—

5. 粉煤灰

粉煤灰是火力发电厂燃煤粉锅炉排出的废渣，它来源于煤的灰分，而煤的灰分来源于地质时期沉积煤过程中混入的泥沙、黏土等。粉煤灰外观随其组成、细度、含水量等变化，特别是组分中含碳量的变化，可以使粉煤灰的颜色从乳白变到灰黑色。粉煤灰的颜色可以反映含碳量的多少和粉煤灰的细度，颜色较黑，说明含碳量较高，而且颗粒也粗。粉煤灰无黏结性，瘠性物料。相对密度1.8~2.4。粉煤灰的化学组成是由原煤的成分和燃烧条件决定的，根据我国40个大型电厂的资料，粉煤灰化学组成的变动范围较大，SiO_2 40%~65%，Al_2O_3 15%~40%，Fe_2O_3 4%~20%，CaO 2%~7%，MgO 0.2%~5%，灼减3%~10%。

我国部分电厂粉煤灰的化学组成见表1-32。

关于粉煤灰的矿物组成，根据研究结果，一般认为主要是：玻璃体50%~80%，莫来石5%~30%，石英3%~20%，$Fe_2O_3+Fe_3O_4$ 1%~6%，玻璃体中SiO_2 20%~45%，Al_2O_3 3%~25%，此外，粉煤灰中尚有方解石、钙长石、$\beta-C_2S$赤铁矿和较少量的硫酸盐、磷酸盐矿物等。

表 1-32 粉煤灰的化学组成 单位：%

编号	SiO_2	Al_2O_3	Fe_2O_3	FeO	CaO	MgO	K_2O	Na_2O	灼减
1	46.24	33.83	7.78	2.20	3.07	0.85	0.31	0.85	4.92
2	51.56	33.35	5.94	1.88	2.93	1.20	1.36	0.31	2.42
3	56.08	29.91	1.51	1.02	1.62	0.92	0.87	0.38	7.69
4	45.56	30.24	11.18	4.23	3.32	0.73	1.40	0.27	3.08
5	53.12	24.22	7.46	1.80	2.93	1.30	1.96	0.43	7.06
6	50.78	30.05	4.65	2.37	2.09	1.30	1.36	0.51	7.34
7	49.97	22.70	7.30	2.08	10.28	1.83	1.58	0.80	3.46

粉煤灰由于具有一定活性，可用于生产建筑制品和粉煤灰硅酸盐水泥。也可用于制作釉面砖。由于粉煤灰为瘠性原料，烧结温度较高，因此在使用时要加入黏土提高可塑性和黏性，加入助溶剂，以降低烧结温度。粉煤灰加入量可达50%～60%。

6. 煤矸石

煤矸石是夹在煤层间的脉石，包括掘进矸石和洗选矸石，它实际上是含碳岩石（碳质页岩、碳质灰岩等和少量煤块）和其他岩石（页岩、砂岩等）的混杂物，煤矸石的成分复杂，随地质形成条件和取样方法的不同有较大的波动。主要化学组成为SiO_2、Al_2O_3，一般占总量的60%～85%，它们对煤矸石的性能有重要影响，次要成分有Fe_2O_3、K_2O、Na_2O、CaO、MgO、TiO_2、SO_3等，有时对煤矸石的性能有较大的影响。

在煤矸石的矿物组成中，凡是页岩基质都是由黏土矿物组成，并夹有数量不等的碎屑矿物和碳质。煤矸石中黏土矿物主要为高岭石、水云母、蒙脱石和绿泥石，随着地质形成条件的不同，有的以高岭石为主，有的则以水云母为主，还有的以蒙脱石或绿泥石为主，但以前两者为主的居多。除黏土矿物外，煤矸石中海含有石英、长石、云母类、黄铁矿、碳酸盐等陆源碎屑和自生矿物，随着地质形成条件的不同，它们的种类和数量也不相同。

由于煤矸石矿物成分复杂，在加热过程中会发生一系列变化。当加热到600℃后，高岭石已基本分解成无定形物质；黄铁矿已转变成赤铁矿；在450～600℃水云母失去结构水，到800～870℃水云母变成无定形物质；加热到1000℃时，煤矸石已部分熔融，并析出莫来石相，随着温度的提高，莫来石晶数量迅速增长，莫来石晶相出现的温度提前，可能是由于低熔点的杂质存在降低了系统的熔点，能在较低的温度下产生液相促进莫来石析晶的缘故；加热到1000～1300℃，发生了石英的晶型转变，转变成鳞石英、方石英。

煤矸石可用于生产建筑瓷。如釉面砖、地砖、烧结砖等，生产釉面砖、地砖加入量可达60%～80%，生产烧结砖加入量还可增加。我国一些煤矿所产煤矸石列于表1-33中。

表 1-33 煤矸石的化学组成 单位：%

产 地	SiO_2	Al_2O_3	Fe_2O_3	TiO_2	CaO	MgO	K_2O	Na_2O	灼减
陕西铜川	46.21	38.12	0.18	0.04	0.07	0.21	1.0	0.10	14.50
山西大同	43.94	38.78	0.27	—	0.14	0.51	0.15	0.22	15.90
陇县浦城	45.20	38.12	0.18	0.04	0.12	0.10	0.11	0.10	15.22
山西阳泉	47.68	38.20	0.13	0.85	0.33	0.48			12.22

7. 高岭土与瓷石尾砂

高岭土尾砂是高岭土矿山在开采高岭土中排放的尾砂矿，可达原矿的80%，如江西抚州高岭土矿尾砂，主要矿物组成为石英、白云母、长石、高岭石等，外观呈淡黄色，颗粒较粗，肉眼可见石英、长石、白云母等矿物，并夹杂着一定量的高岭土。

瓷石尾砂是瓷石矿山在生产精矿后排放的尾砂矿，可达原矿的30%。如江西贵溪上祝瓷石尾砂，主要矿物组成为石英，其次是绢云母及长石，微量的高岭土、褐（赤）铁矿、黄铁矿等。高岭土和瓷石尾砂的化学组成见表1－34。

表1－34　　高岭土、瓷石尾砂的化学组成　　单位:%

原料种类	SiO_2	Al_2O_3	Fe_2O_3	CaO	MgO	K_2O	Na_2O	TiO_2	灼减
江西抚州高岭土尾砂	81.12	10.45	0.84	0.10	1.20	3.57	1.20	—	2.08
江西上祝瓷石尾砂	80.47	11.61	0.48	0.42	0.35	3.66	1.48	0.10	2.45

8. 钨尾矿渣

钨尾矿渣是钨矿开采过程中排放的尾矿，钨尾矿中含钨金属矿物占的比例很少，大部分为非金属矿物，主要为石英、长石、萤石、石榴石等，还含有一定数量的黏土。如赣南某钨尾矿的化学组成为 SiO_2 83.51%，Al_2O_3 5.46%，Fe_2O_3 1.54%，MnO 0.93%，CaO 1.55%，MgO 0.23%，K_2O 0.34%，Na_2O 0.30%，P_2O_5 0.29%，TiO_2 0.05%，S 0.79%。可作为釉面砖、墙地砖坯体原料及玻璃陶瓷原料使用。

第六节　陶瓷原料的标准化

将开采的陶瓷原料用科学的方法按化学组成、颗粒组成分成若干个等级，使每个等级的原料的化学组成、颗粒组成在一个规定的范围内波动，这就是原料的标准化、系列化。生产厂家可以根据需要购买某一等级的原料。在一些发达国家早已实现了陶瓷单一原料的标准化、系列化，在我国才刚刚起步，虽然有些原料也制定了一些标准和品质要求，但与先进国家相比还有较大差距。陶瓷原料不进行标准化、系列化对原料本身和产品品质都造成较大影响。对于原料本身来说，优质和劣质原料不能根据需要充分利用，造成资源浪费；厂家也不能根据产品的档次、工艺要求选择合适的原料，造成原料浪费。对于产品品质来说，由于原料的化学成分不稳定，每一批原料都不一样，另外，原料的颗粒组成不合理也不稳定，因此不可能生产出优质产品。这已严重制约了我国陶瓷工业的发展。为了解决这一问题，国家“八五”期间将陶瓷原料的精制技术列为重点攻关项目，以抚州高岭土、湖南界牌土、上祝瓷石、贵溪瓷石为试点，经过几年的研究工作，取得较大进展。

（一）原料标准的制定

对于具有一定规模的陶瓷单一原料矿床，要根据原料的化学组成范围、用途，由国家有关部门组织专家制定原料的标准。如对抚州高岭土、湖南界牌土、江西上祝瓷石、江西贵溪瓷石等制定的等级标准见表1－35。

（二）原料的掺和技术

采掘的原矿，要根据品质粗略分类堆放，以利于原料的掺和。不同类的原矿一般都要经过粗选、精选、超细粉碎、高梯度磁选机除铁等处理过程。处理好的原料按类送入料仓。

表 1-35 **高岭土与瓷石的等级标准** 单位:%

原料	级别	化学组成标准						粒度标准	
		SiO_2	Al_2O_3	$Fe_2O_3+TiO_2$	TiO_2	K_2O+Na_2O	Na_2O	>44μm	<2μm
江西抚州高岭土	一级		≥36	≤0.6	≤0.1			<1.0	≥40
	二级		≥34	≤1.0	≤0.1			<1.0	≥35
	三级		≥32	≤1.2	≤0.1			<1.0	≥30
湖南界牌土	一级		≥30	≤0.5	≤0.1	<2.5	≤0.5	<1.0	≥40
	二级		≥25	≤0.6	≤0.1	<3.0	≤1.0	<1.0	≥35
	三级		≥23	≤0.7	≤0.1	<4.0	≤1.0	<1.0	≥30
江西上祝瓷石	一级	≤70.0	≥16.0	≤0.5	≤0.1	<4.0	≤0.5	<1.0	≥40
	二级	≤75.0	≥14.0	≤0.7	≤0.1	<4.0	≤1.0	<1.0	≥35
说明	掺和后单一原料产品品质指标波动不大于:SiO_2 1.5%;Al_2O_3 1.5%;Fe_2O_3 0.1%;Na_2O 0.3%;粒度(≤2μm)5%								

原料的掺和采用计算机控制，根据需要用料仓中的不同种类的原料掺和出某一等级的原料。若实现计算机最优掺和，必须计算机提供计算程序。因此首先要建立数学模型，然后用最优化原理求解。

可根据原料的化学成分、颗粒组成、波动范围、工艺要求及掺和设备的精度等情况建立数学模型，应用线性规划来解决这一问题。标准化学成分、颗粒组成和波动范围就成为约束条件，目标函数就是价格。价格应是综合的，要合理的确定价格系数，应有统一的计算方法，既反映出原料的品质，又能反映颗粒组成对价格的影响。不同化学组成的原料，其价格不同，那么几种价格不同的原料，经最优化掺和所得到的原料化学成分、颗粒组成应符合标准要求，即在能掺和出某一等级原料的情况下，应优先选择价格低的原料。掺和后的原料应是在该种情况下价格最低的。

给定某矿区经过加工的 m 种原料，由所定标准及波动范围确定 n 个约束，求原料的最优掺和比，使其满足标准化原料要求。

应建立的数学模型如下:

在约束为:

$AX \leqslant B$（或$\geqslant B$），$X \geqslant 0$ 的条件下，求目标函数:

$$S = C^T \cdot X = Min$$

其中:

$$X = (X_1, X_2, \cdots, X_m)^T$$

$$A = \begin{bmatrix} a_{11} & a_{12} & \cdots & a_{1m} \\ a_{21} & a_{22} & \cdots & a_{2m} \\ & \cdots\cdots & & \\ & \cdots\cdots & & \\ a_{n1} & a_{n2} & \cdots & a_{nm} \end{bmatrix}$$

$$B = (b_1, b_2, \cdots, b_n)^T$$

$$C=(c_1, c_2, \cdots, c_n)^T$$

上述矩阵说明：

X——各种掺和原料的掺和比矩阵；

A——约束条件的系数矩阵；

B——约束条件的系数矩阵；

C——各原料综合价格矩阵。

数学模型建立之后，可采用单纯形法，编制成计算机程序求解。以抚州高岭土为例编制的最优掺和过程计算机控制程序框图如图 1-14 所示。

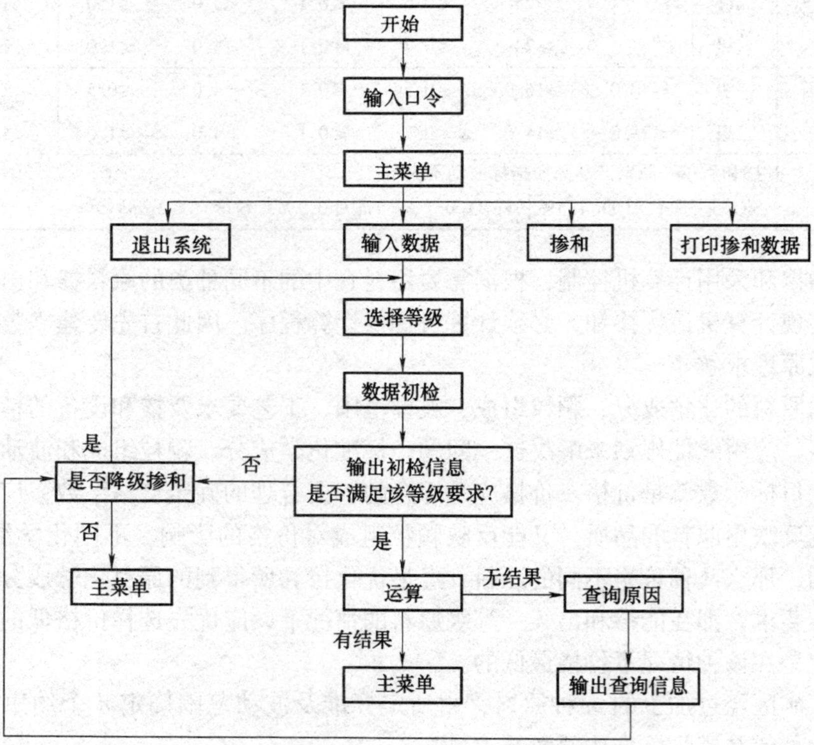

图 1-14　程序框图

原料最优掺和控制程序包括两部分：一部分是功能控制，可为使用者提供数据检验、储存、打印等功能；另一部分是运算，由于所占篇幅较大，未画出框图。

原料的化学组成有很多，还有颗粒组成，作为约束条件，应约束主要的几种，约束越多，无解的机会越多。作为波动范围，在工艺条件允许的条件下，也应适当放宽，以增大有解的机会。

（三）应用举例

从矿山购入的原料要分别堆放，经过粗选、精选、超细粉碎、高梯度磁选机除铁等处理过程，然后测定每种原料的化学组成和颗粒组成，这样每种原料就成为被掺和原料。将准备好的被掺和原料分别装入料仓中，一般为 4～8 个料仓，以保证不同成分原料的供应。

以抚州高岭土为例，被掺和的原料的原始数据见表 1-36。用 4 种被掺和原料欲掺和出一级标准原料。由于不知道原料的价格，且原料中铝含量是重要指标，所以暂且以铝含量作为价格，掺和结果见表 1 - 37 至表 1 - 39。

表 1 - 36　　被掺和原料的原始数据　　单位：%

原料	SiO_2	Al_2O_3	$Fe_2O_3+TiO_2$	TiO_2	CaO	MgO	Na_2O	灼减	L44	L2	目标函数
1	46.57	36.29	0.17	0.00	1.03	0.27	1.57	14.10	0.90	43.00	36.29
2	44.06	37.50	0.30	0.00	1.20	0.33	1.70	14.91	0.80	40.00	37.50
3	49.26	33.28	0.12	0.00	1.09	0.22	2.01	14.02	0.50	43.00	33.28
4	50.10	32.00	0.18	0.00	1.10	1.20	2.30	13.12	0.09	42.00	32.00

表 1 - 37　　目标函数值与原料掺和比

目标函数值	原料 1	原料 2	原料 3	原料 4
35.25	0.000	0.591	0.000	0.409

表 1 - 38　　掺和后原料的化学组成　　单位：%

等级	SiO_2	Al_2O_3	Fe_2O_3	TiO_2	CaO	MgO	K_2O	Na_2O	灼减
1	46.53	35.25	0.25	0.00	1.16	0.69	0.00	1.95	14.18

表 1 - 39　　掺和后原料的颗粒度和示性矿物组成　　单位：%

>44μm	<2μm	高岭土	长石	石英	其他
0.51	40.82	63.73	12.96	21.66	1.65

从掺和结果看，被掺和原料共 4 种，经最优掺和，用 2 种原料掺和出符合一级标准的原料。

参 考 文 献

1. 李家驹. 日用陶瓷工艺学［M］. 武汉：武汉工业大学出版社，1992
2. 西北轻工业学院. 陶瓷工艺学［M］. 北京：轻工业出版社，1980
3. 郭靖远，相清清. 日用精陶［M］. 北京：轻工业出版社，1984
4. ［日］桥本谦一，滨野键也. 陶瓷基础［M］. 陈世光译. 北京：轻工业出版社，1986
5. 浙江大学，武汉建筑材料学院，上海化工学院，华南工学院. 硅酸盐物理化学［M］. 北京：建筑工业出版社，1980
6. ［德］H. 萨尔满，H. 舒尔兹. 陶瓷学［M］. 黄照柏译. 北京：轻工业出版社，1989
7. ［日］素木洋一. 精细陶瓷［M］. 顾磐伟，林正娥等译. 北京：轻工业出版社，1984
8. 苏文静，张道洪. 陶瓷化学分析［M］. 北京：轻工业出版社，1984
9. ［英］W. E. 沃罗尔. 黏土与陶瓷原料［M］. 张焰译. 北京：轻工业出版社，1980
10. 王成兴. 硅酸盐矿物原料基础知识［M］. 北京：轻工业出版社，1984
11. 华南工学院，南京化工学院，武汉建筑材料学院. 陶瓷工艺学［M］. 北京：建筑工业出版社，1981
12. 南京化工学院，华南工学院，清华大学. 陶瓷物理化学［M］. 北京：建筑工业出版社，1981
13. 杜海清，唐绍英. 陶瓷原料配方［M］. 北京：轻工业出版社，1986
14. 轻工业部第一轻工业局. 日用陶瓷工业手册［M］. 北京：轻工业出版社，1984

15. ［日］素木洋一. 硅酸盐手册［M］. 刘达权，陈世光译. 北京：轻工业出版社，1982
16. 张天乐. 中国黏土矿物电子显微镜研究［M］. 北京：地质出版社，1978
17.《陶瓷墙地砖生产》编写组. 陶瓷墙地砖生产［M］. 北京：建筑工业出版社，1983
18. 张冠英. 非金属矿产矿物学［M］. 武汉：武汉工业大学出版社，1989
19. 田煦. 非金属矿产地质学［M］. 武汉：武汉工业大学出版社，1991
20. 冯奶谦. 高性能混凝土［M］. 北京：建筑工业出版社，1996
21. 沈旦申. 粉煤灰混凝土［M］. 北京：中国铁道出版社，1989
22. 苏云卿. 硅酸铝质耐火材料［M］. 北京：冶金工业出版社，1989
23. 沈威等. 水泥工艺学［M］. 武汉：武汉工业大学出版社，1991
24. 缪松兰. 高岭土尾砂玻璃马赛克的研制［J］. 陶瓷学报，1996（1），30～36
25. 缪松兰. 工业废渣粉煤灰、高岭土尾砂和瓷石尾砂在工艺玻璃中的应用研究［J］. 玻璃与搪瓷，2001（5），21～25
26. 陈冀渝. 轻质多孔粉煤灰陶瓷的研制［J］. 陶瓷，2006（1），38～39
27. 王金峰. 磷矿渣用于陶瓷坯料实验研究［J］. 江苏陶瓷，2001（4），20～22
28. 孙缓缓. 工业固体废弃物在硅酸盐材料中的应用研究与展望［J］. 中国陶瓷，2007（9），3～6
29. 蔡英骥. 陶瓷原料最优化掺和计算机软件的研制［J］. 中国陶瓷，1994（4），36～39

第二章 坯 料

陶瓷制品品种繁多，其性能要求和所用原料各不相同，使陶瓷的坯料有很多类型。普通陶瓷坯料一般都是以黏土为主要原料，故可通称为黏土质坯料。由于使用的黏土种类有异，尤其是使用的熔剂原料的种类不同，还可以将坯料进一步加以区分。如以长石作为主要熔剂原料的坯料称为长石质坯料。本章以介绍长石质瓷、绢云母质瓷、磷酸盐质瓷和镁质瓷坯料为主，同时也简要地介绍一些其他质地的陶瓷坯料。

第一节 坯料的类型

一、瓷器坯料

（一）长石质瓷坯料

长石质瓷是目前国内外陶瓷工业所普遍采用的一种瓷质。它是以长石作助熔剂的“长石－高岭土－石英”三组分系统瓷。这种瓷利用长石在较低的温度下熔融形成高黏度液相的特性，以长石、石英、高岭土为主要原料，按一定比例配合成坯料，在一定的温度范围内烧后成瓷。长石质瓷的特点是烧成温度范围比较宽，以其组分比例及工艺因素的不同，变动范围很宽，可以配成1150～1450℃（SK3～SK16）温度范围内烧成的各种瓷器。一般认为，烧成温度在1350℃（SK12）以上的为高火瓷，而在1350℃以下烧成的为低火瓷。我国的长石质瓷的烧成温度一般为1250～1350℃。长石质瓷的瓷胎是由玻璃相、莫来石晶相、残余石英晶相及微量气孔构成，其瓷质洁白，薄层呈半透明，断面呈贝壳状，不透气，吸水率很低，质地坚硬，机械强度高，化学稳定性好，热稳定性好。这种瓷适合于作餐具、茶具、陈设瓷器、装饰美术瓷器以及一般的工业技术用瓷器。

1. 长石质瓷的物理化学基础

硅酸盐工艺岩石制品的制造是在实践经验的基础上，以相应的相图为基本依据来寻找其合理组成的，选择烧成温度范围，调整工艺性能和使用性能，改进配方和分析指导生产工艺过程。普通陶瓷生产是以“$K_2O-Al_2O_3-SiO_2$”三元系统相图为基础的，如图2－1所示。此相图不但可以指导对陶瓷的组成和温度特性的选择，而且还可以对高岭土的加热分解、钾长石的加热分解、石英的晶型转化以及釉的组成和熔融特性等具有指导意义。同时也是进行相组成计算的基本图示。熟练地掌握和解释这一相图，合理地运用这一相图，对于掌握陶瓷坯料是非常必要的。

根据此相图，长石质瓷的坯料组成范围处于图中右上角的莫来石区域（$SiO_2-K_2O\cdot Al_2O_3\cdot 6SiO_2-3Al_2O_3\cdot 2SiO_2$ 所围成的范围），并在莫来石（*M*点）与最低共熔点（*E*点）连线的两侧。此区域中的物相是玻璃态物质、莫来石晶体、残余二氧化硅，它们是多相混熔物，冷凝后成为洁白的产物即瓷。尽管瓷的成分复杂多变，但始终是在这一区域内波动，所不同的只是所处的位置不同，物相组成和形成温度不同。如图2－1所示，长

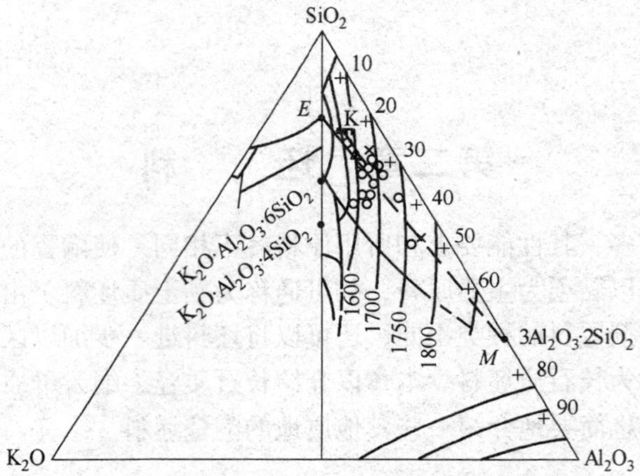

图 2－1 “$K_2O-Al_2O-SiO_2$” 三元系统相图

○—日用瓷　△—软质瓷　＋—高压电瓷

K—高石英瓷　×—化学瓷　□—高长石瓷（帕利安瓷）

石、石英、莫来石之间于（985 ±20）℃形成最低共熔点，瓷的组成越靠近最低共熔点，其成瓷温度越低，液相量越多莫来石量越少。反之，越靠近莫来石组成点，成瓷温度越高，莫来石晶相量增多，而液相量减少。从理论上说，在莫来石（*M* 点）与最低共熔点（*E* 点）的连线上的莫来石区域中，石英晶体应全部熔融，长石消失，只有莫来石晶相和玻璃相，但是实际上由于瓷的烧成温度的不同，不可能达到如图所示的平衡状态，瓷中总是残留一定量的石英和其他残留物，一般长石质瓷其烧成温度在 1450℃以下，瓷的相组成范围为：玻璃相50% ~60%，莫来石晶相10% ~20%，残余石英8% ~12%，半安定方石英6% ~10%。

上述比例，因生产条件而异。我国各主要瓷区的瓷组成在相图上的位置如图 2 －2 所示。

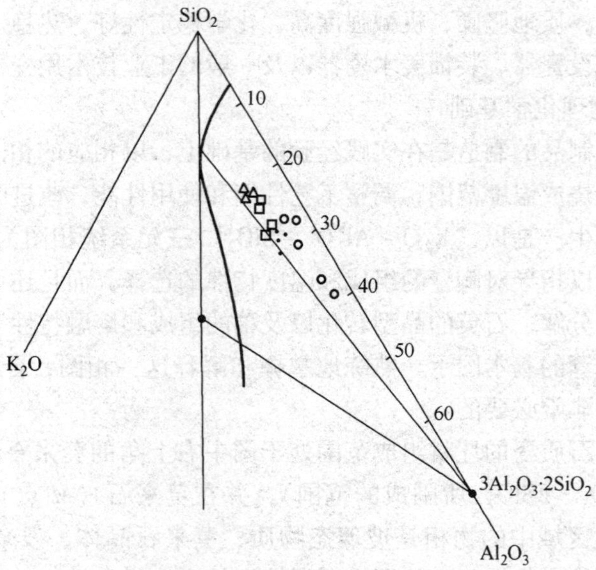

图 2－2　我国瓷在相图上的位置

·—唐山瓷　△—景德镇瓷　○—欧洲瓷　□—龙泉瓷

2. 长石质瓷的化学组成

陶瓷与其他硅酸盐工业制品一样，都有其特定的化学组成。由于陶瓷制品种类繁多，性能要求也有差异，加之所用原料成分复杂，各地生产厂家的配方及生产方法也不同，因而陶瓷制品的化学组成的波动范围很宽。

（1）化学组成　目前我国各重点产瓷区的瓷坯的化学组成见表2－1。

表2－1　　我国长石质瓷坯的化学组成　　单位：%

序号	产地及名称	化学组成								其中碱性氧化物的总量
		SiO_2	TiO_2	Al_2O_3	Fe_2O_3	K_2O	Na_2O	CaO	MgO	
1	醴陵422#瓷	69.50	0.01	24.00	0.17	3.76	0.82	0.32	1.21	6.11
2	醴陵371#瓷	67.20	0.01	25.80	0.20	4.97	0.90	0.45	0.25	6.57
3	界牌26#瓷	74.9	—	21.20	0.22	3.63	3.63	0.25	0.13	4.01
4	长沙建湘378#瓷	74.0	—	20.60	0.42	3.72	3.72	0.70	0.25	4.67
5	唐山25#瓷	70.0	0.37	25.20	0.27	2.82	0.50	0.39	0.73	4.44
6	唐山61#瓷	70.5	0.06	22.9	0.41	3.10	0.47	0.31	1.89	5.77
7	唐山第七瓷厂瓷	71.75	0.27	22.15	0.31	3.26	1.47	0.22	0.56	5.57
8	唐山第五瓷厂瓷	71.00	0.22	24.90	0.34	1.79	0.72	0.46	0.56	3.53
9	邯郸第一瓷厂瓷	73.00	0.22	20.70	0.17	3.12	1.08	0.44	0.31	4.95
10	邯郸第二瓷厂瓷	75.38	0.14	19.20	0.30	2.90	0.65	0.39	0.56	4.50
11	邯郸陶瓷研究所	72.40	0.11	21.50	0.11	3.24	0.69	1.30	1.30	6.53
12	唐山陶瓷研究所	70.50	0.06	22.90	0.41	3.10	0.47	0.31	1.89	5.77
13	郑州瓷厂1#瓷	69.50	—	25.70	0.19	3.87	3.87	0.16	0.07	4.10
14	北京大华瓷厂瓷	68.70	—	24.30	0.70	4.45	4.45	1.98	0.49	6.92
15	重庆瓷厂瓷	73.20	0.03	23.50	0.28	2.73	2.73	0.13	0.18	3.04
16	云南易门瓷厂瓷	71.12	—	22.05	0.40	5.79	5.79	0.20	0.40	6.38
17	广东电白瓷厂瓷	70.44	—	21.70	1.10	6.40	6.40	0.18	0.73	7.30

从表2－1中所列数据可以看出，我国各地的瓷坯的化学组成虽略有不同，但从统计规律来看，在实际生产中，我国瓷的化学组成一般在下述范围内变动：SiO_2 65%～75%，Al_2O_3 19%～25%，R_2O+RO 4%～6%（其中KNaO应不低于2.5%）。

但是，瓷的化学组成不是固定不变的，它与烧成温度有密切关系，两者互相制约。烧成温度高的瓷，组成中铝含量高，硅含量相应少一些，如欧美瓷。而烧成温度低的瓷则铝含量少，而硅含量相应多一些，如我国及日本瓷。国外一些瓷的化学组成见表2－2，以作参考。

（2）各种氧化物在瓷中的作用

①SiO_2。瓷中的SiO_2以"半安定方石英"、"残余石英颗粒"、熔解在玻璃相中的"熔融石英"，以及在莫来石晶体和玻璃态物质中的结合状态存在。SiO_2是瓷的主要成分，含量很高，直接影响瓷的强度及其他性能。但其含量不能过高，如果超过75%接近80%，瓷器烧后热稳定性变坏，易出现自行炸裂现象。

表 2－2　　国外长石质瓷坯化学组成　　单位：%

序号	国别及名称	化学组成								其中碱性氧化物的总量
		SiO_2	TiO_2	Al_2O_3	Fe_2O_3	K_2O	Na_2O	CaO	MgO	
1	日本瓷（N1）	69.71	0.10	23.21	0.62	3.00	0.90	0.81	1.22	5.93
2	日本瓷（N2）	64.91	—	28.61	—	3.99	0.90	0.24	0.91	6.02
3	德国迈生瓷	62.82	—	31.38	0.33	2.94	0.71	0.51	1.02	5.18
4	法国塞弗尔瓷	59.57	—	32.53	0.54	1.92	0.77	0.49	0.19	3.42
5	前苏联“罗”厂瓷	66.03	0.30	22.32	0.32	3.75	3.75	0.66	0.09	—
6	捷克瓷	71.08	0.08	25.93	0.64	1.21	1.55	0.36	0.05	3.17
7	德国（柏林）	67.51	—	26.81	0.91	3.39	—	0.30	0.33	4.02
8	德国（麦森）	71.87	—	23.57	0.29	2.46	1.04	0.75	0.02	4.27
9	奥地利	58.75	—	35.03	0.70	4.27		0.28	0.20	5.06
10	奥地利	59.76	—	34.57	0.76	1.57		1.72	0.97	4.26

②Al_2O_3。瓷中的 Al_2O_3 主要是由长石和高岭土引入的，是成瓷的主要成分，一部分存在于莫来石晶体中，另一部分溶于熔体中以玻璃相存在。Al_2O_3 可以提高瓷的化学稳定性与热稳定性，提高瓷的物理化学性能和机械性能，提高白度。含量过多会提高瓷的烧成温度，若过少（低于 15%），则瓷坯趋于易熔，容易变形。

③K_2O 与 Na_2O。K_2O 与 Na_2O 主要以长石引入，它们也是成瓷的主要成分，起助熔剂作用。存在于玻璃相中提高其透明度。据湖南界牌瓷厂研究，K_2O 可使瓷的音韵洪亮、铿锵有声，而 Na_2O 过多，则瓷的声音沉哑。一般 K_2O 与 Na_2O 的总量控制在 5% 以下为宜，否则会急剧地降低瓷的烧成温度与其热稳定性。

④碱土金属氧化物（CaO、MgO 等）。我国瓷中的碱土金属氧化物，在一般情况下含量较少，而且不是特别引入的。它们在少量情况下只与碱金属氧化物共同起着助熔作用。但引入 CaO、MgO 等，可以相对地提高瓷的热稳定性和机械强度，提高白度和透光度，改进瓷的色调，减弱铁钛的不良着色影响。

⑤着色氧化物（Fe_2O_3 与 TiO_2）。瓷组成中的铁、钛氧化物含量较微少，但它们的有害影响却很大，可使瓷被着色呈不好的色泽，影响其外观品质。

我国南方一些省区的瓷组成中，铁含量较高，钛含量较低，在还原气氛中烧成，瓷呈现“白里泛青”色调。北方一些省区，瓷组成中铁含量较低，但钛含量较高，在氧化焰下烧成，瓷呈现“白里泛黄”的色调。湖南醴陵、界牌一带，瓷组成中铁、钛含量均很低，瓷器白度高、透明度好。可见铁、钛含量对瓷质量的显著影响。故要求瓷组成中 Fe_2O_3 的含量应在 1% 以下，TiO_2 的含量应在 0.2% 以下为宜，并配合一定的工艺措施以减弱它们的有害影响。

（3）瓷中各氧化物成分之间的关系　从瓷的组成实例中可以看出，它们的化学成分波动范围很宽，而且与烧成温度及许多工艺因素有关。同时各成分之间也有一定的比例关系。为进一步表征出它们的成分特点以及这种比例关系，明确瓷组成中各成分之间的对立统一规律，采用坯式中的硅铝比坐标图来加以说明。坯式的硅铝比坐标图如图 2－3 所示。

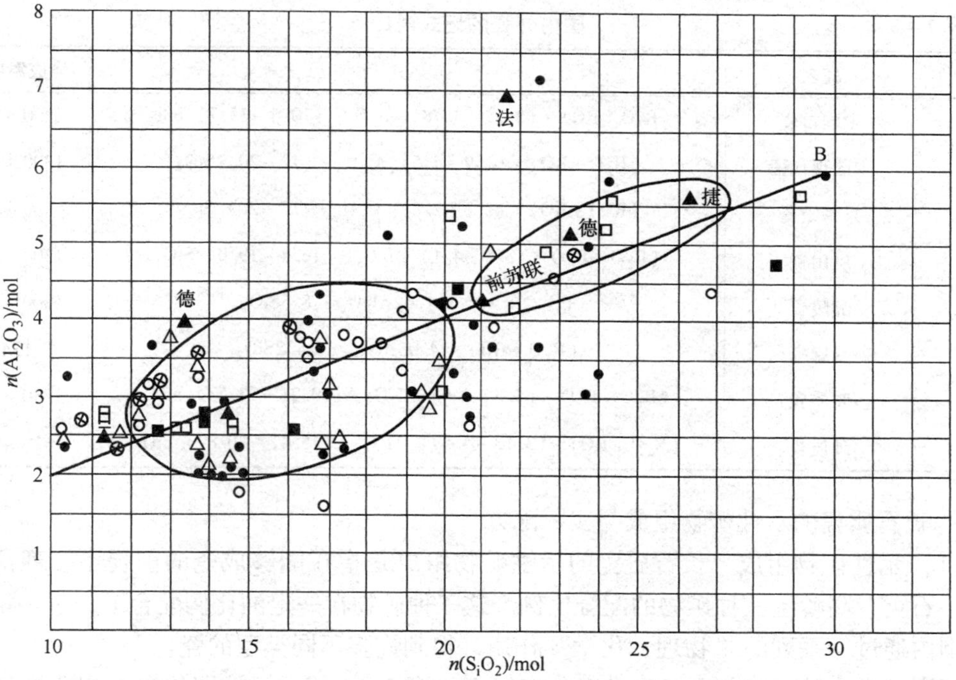

图 2－3　坯式硅铝比坐标图

○—唐山瓷坯　●—中国历代名窑瓷坯　⊗—清初瓷坯　△—景德镇历史瓷

□—醴陵建湘瓷坯　▲—国外瓷坯　■—龙泉青瓷坯

该图是以“坯式”中的“$R_2O + RO$”为基础（令其为1），以 Al_2O_3 物质的量（mol）为纵坐标，SiO_2 物质的量（mol）为横坐标，在图中标出一系列瓷坯的组成点。

从图中可以明显看出，这些组成点密集为两个分离着的区域，各代表着两种烧成温度范围的瓷组成：

区域一：是我国日用瓷的组成区，包括了古瓷及著名瓷区所产瓷的组成。它们的组成范围为：

$$(R_2O + RO) \cdot (1.9 \sim 4.5)\ Al_2O_3 \cdot (12 \sim 20)\ SiO_2$$

该区域瓷的烧成温度均在1300℃左右。

区域二：是国外瓷及个别国内瓷的组成区，它们的组成范围为：

$$(R_2O + RO) \cdot (4.0 \sim 6.0)\ Al_2O_3 \cdot (20.5 \sim 27.5)\ SiO_2$$

该区域瓷的烧成温度均在1400℃左右。

这两个区域瓷的组成及烧成温度虽然有所不同，但从瓷的成分中 Al_2O_3 与 SiO_2 摩尔比之间的比例关系来看，有一个基本一致的规律。这个规律是：

①$n(Al_2O_3)/n(SiO_2) = 1:5$ 左右。

②坯料中的 Al_2O_3 物质的量不低于2mol。

图中 *AB* 线，即是这种比例的关系线，各种瓷的组成点均在该线上下跳动，远离的飞点极少。该图可作为拟定瓷坯组成或调整瓷器配方的参考。国内外瓷坯的坯式比较见表2－3。

表 2-3　国内外瓷的坯式对比

序号	瓷名	坯式	烧成温度/℃
1	中国古瓷	$(R_2O+RO)\cdot(2.52\sim3.78)\ Al_2O_3\cdot(10.4\sim15.7)\ SiO_2$	1200～1300
2	中国现代瓷	$(R_2O+RO)\cdot(1.9\sim4.5)\ Al_2O_3\cdot(12\sim20)\ SiO_2$	1300～1350
3	景德镇瓷	$(R_2O+RO)\cdot(2.2\sim2.8)\ Al_2O_3\cdot(12\sim20)\ SiO_2$	1300～1350
4	唐山瓷	$(R_2O+RO)\cdot(3.5\sim4.1)\ Al_2O_3\cdot(16.4\sim19.0)\ SiO_2$	1300～1350
5	醴陵瓷	$(R_2O+RO)\cdot1.62Al_2O_3\cdot8.5SiO_2$	1300～1350
6	界牌瓷	$(R_2O+RO)\cdot4.05Al_2O_3\cdot24.2SiO_2$	1340
7	软质瓷	$(R_2O+RO)\cdot(1.3\sim3.6)\ Al_2O_3\cdot(10.21\sim13.53)\ SiO_2$	1250～1320
8	硬质瓷	$(R_2O+RO)\cdot(3.13\sim4.59)\ Al_2O_3\cdot(15.47\sim20.89)\ SiO_2$	1320～1450

3. 长石质瓷的示性矿物组成与实际配方

（1）示性矿物组成　长石质瓷的示性矿物组成是指在能够成瓷的前提下，理论上的长石、石英、高岭土三种矿物的配合比例。这三种矿物在一定的比例配合下，于一定的温度范围内通过一系列的“物理-化学”作用，得到许多不同类型的瓷。

不同温度下的成瓷范围及耐火度分布线，如图 2-4 所示。该图给出了主要瓷坯类型的组成范围和温度概况。

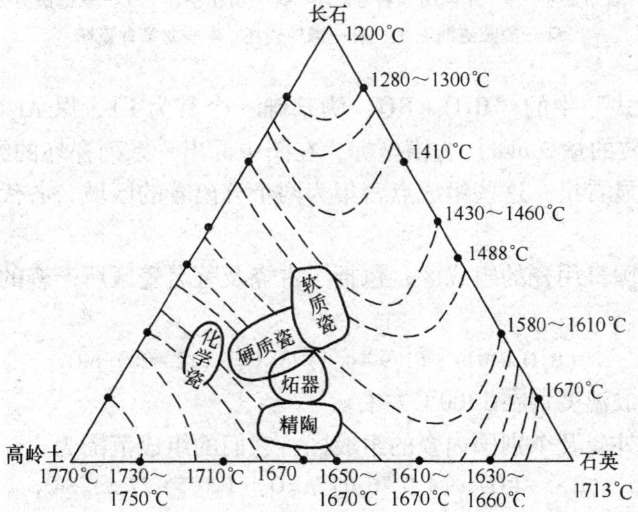

图 2-4　成瓷范围及其耐火度分布

图中所指的硬质瓷是这样一种类型的瓷，一方面它们的组成中高岭土含量较多，长石及其他熔剂物质含量较少，其成瓷温度较高，一般在 1350～1450℃之间或更高一些。另一方面，由于组成中的高岭土较多，加之烧成温度较高，因而莫来石含量也多，瓷及釉面硬度也较其他的瓷高一些（莫氏硬度 7 左右），所以称之为硬质瓷。软质瓷则与之相反，配方中的熔剂原料较多，烧成温度也比硬质瓷低，瓷质较软。

我国瓷器的示性矿物组成范围一般为长石 20%～30%，石英 25%～35%，黏土物质 40%～50%，烧成温度在 1250～1350℃，有些南方的瓷厂可达到 1400℃左右。各种瓷器的示性组成范围如图 2-5 所示。

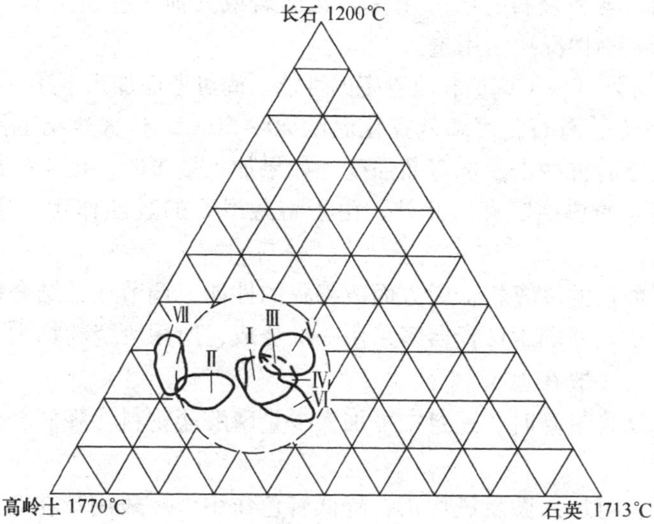

图 2-5 陶瓷的组成范围

Ⅰ—餐茶具瓷 Ⅱ—耐热瓷 Ⅲ—艺术瓷 Ⅳ—半透明度高的瓷

Ⅴ—软质瓷 Ⅵ—电瓷 Ⅶ—化学瓷

图中，凡处于虚线圆圈区域内的组成均可成瓷，且范围较宽，针对不同类型的瓷坯，一般又分别集中在某一较小范围内。

(2) 实际配方 实际配方是在示性矿物组成的基础上，考虑具体原料与生产工艺条件等因素而制定的生产料方，应使用高岭土或烧后呈白色的其他黏土。为了考虑其成型性能，在使用高岭土的同时，必须使用一定数量的强可塑性的黏土。具体用量应根据成型的要求及黏土的可塑性强弱而定。例如可以用膨润土作为增塑剂，其用量一般在 5% 以下，也可用其他塑性强的黏土，用量应通过具体实验而定。有时因为黏土的可塑性太强，而为了提高氧化铝的引入量，必须大量采用时，可将部分黏土（或高岭土）煅烧成熟料使用，视其情况可在 10% 以下。

长石与石英的用量主要是根据瓷的性能要求而决定，其次应考虑到成型和干燥性能所要求的减黏作用。

瓷坯组成中主要是采用钾长石，它的特点是高温黏度大，而且随温度的变化其黏度变化速度慢，熔融范围宽，这有利于瓷的形成，并且能保证在成瓷温度下提供足够的玻璃相，使坯体得以良好烧结，防止产品变形。根据界牌瓷厂的研究，钾长石还可使瓷器的音韵洪亮。

钠长石的缺点是高温黏度小，流动性大，因而产品易于变形，烧成中不易控制。成瓷后的产品音韵沉哑。它的优点是利于晶体的发育成长，控制适当，会得到较好效果。

由于自然界纯的钾长石较少，多数是钾钠长石的固溶体，因而实用的长石多少含有一定比例的钠长石，一般要求长石中纯钠长石含量在 30% 以下。从化学成分上看，长石中的钾钠比应在 3∶1 以上。

工艺过程中，石英在低温下主要起减黏作用，降低坯体的收缩，利于干燥，防止变形。在高温下则参与成瓷反应，熔解在长石玻璃中，提高黏度，一部分残存下来，一部分转化成为方石英，构成骨架，提高强度。

坯体组成中的石英和长石，可采用伟晶花岗岩或其他一些富含石英和长石的岩石代替，但应根据实际矿物情况决定用量。

除三种主要组分外，为了调整和改善瓷的性能，尚可考虑加入下述一些少量补充成分：

①加入1%～2%的滑石，可降低瓷化温度20～30℃，扩大烧结范围，促进瓷体良好地莫来石化，提高瓷的抗冲击及抗弯曲强度。如果加入量多时，由于生成热膨胀系数小的堇青石，还可提高瓷的热稳定性。此外，由于熔融滑石的乳浊作用，还可提高制品的白度，改善外观质量。

②可采用一定数量的废瓷粉，一方面改善瓷的性能，调节坯釉结合性；另一方面也是利用废物，降低成本。我国生产瓷器多采用一次烧成，所用废瓷粉均为上过釉的，具体用量可通过实验决定，一般在10%以下。

③原料中铁、钛含量高时，配料中可加入少量磷酸盐物料，降低着色影响。具体用量可经实验决定。

氧化焰烧成时，可加入微量氧化钴，降低着色作用。一般用量在0.005%左右（钴盐经沉淀换算为氧化钴）。

（3）高长石质瓷　高长石质瓷是在长石质瓷的基础上研究开发出的新产品。这种瓷采用高温素烧，低温釉烧的二次烧成工艺，用制普通长石质瓷的原料来制造出透明度较高、强度较高、变形度小、釉面光滑平整、色调柔和的精细瓷器（被称为“鲁玉瓷”）。下面是一个高长石质瓷的典型配方及相应的化学组成：

配方：长石35%，大同土54%，淘洗界牌土5%，坊子土5%，滑石1%。

化学组成：SiO_2 50.20%，Al_2O_3 34.12%，Fe_2O_3 0.29%，TiO_2 0.32%，CaO 0.28%，MgO 0.43%，K_2O 4.50%，Na_2O 0.93%，灼减量8.93%。

这种瓷在原料组分上为“高岭土－长石”二元系统，同常不加或仅引入少量石英。在化学成分方面，K_2O 和 Na_2O 的含量较一般的长石质瓷的高，Al_2O_3 含量也相应提高。烧成温度在1290℃左右。实践结果表明，在提高半透明度的同时，瓷坯的高温变形不会变大。这是因为瓷坯中液相量虽高，但由于在碱含量一定的情况下，随铝含量的增多，液相的高温黏度增大，高温变形度并不大。实验研究表明，在高长石质瓷中，若固定长石的含量，随着石英含量的增多，制品的变形度呈现有规律的增大。

我国各主要瓷区陶瓷坯料配方举例见表2－4和表2－5。

表2－4　我国各地陶瓷坯料的配方表（北方区）

	厂名及料别	配方/%	化学组成/%									烧成温度/℃
			SiO_2	Al_2O_3	Fe_2O_3	TiO_2	CaO	MgO	K_2O	Na_2O	灼减	
1	辽宁锦州某瓷厂（塑性坯料）	硅石12　长石24 大同土22　界牌土32 回泥5　膨润土5	66.28	21.71	0.48	—	0.50	0.24	4.02		7.16	1270～1280
2	河北唐山某瓷厂（塑性坯料）	石英32　长石18 生砂石19　熟砂石3 木节土3　衡阳土25	70.87	19.64	0.26	0.17	0.27	0.22	1.70	0.10	6.53	1250～1280

续表

	厂名及料别	配方/%	化学组成/%									烧成温度/℃
			SiO_2	Al_2O_3	Fe_2O_3	TiO_2	CaO	MgO	K_2O	Na_2O	灼减	
3	河北唐山某瓷厂（注浆坯料）	石英 34　长石 21 生砂石 21　熟砂石 10 木节土 7　碱干 7	68.70	22.38	0.25	0.13	0.27	0.27	1.92	0.69	5.41	1250 ~ 1280
4	山东某瓷厂（塑性坯料）	长石 18　石英 26 生大同 26　熟大同 10 界牌土 11　莱阳土 2 洪山土 5　滑石 2	68.42	21.15	0.17	0.22	0.27	0.64	2.09	0.98	6.11	1240 ~ 1260
5	河北邯郸一瓷厂（塑性坯料）	石英 35　长石 22 生砂石 36　木节土 7	67.82	20.06	0.223	0.262	0.304	0.034	3.04	0.82	7.48	1280 ~ 1300
6	河北邯郸二瓷厂（塑性坯料）	石英 22　长石 13 大同土 23　木节土 5 蘅阳土 25　章村土 6 易县土 6	68.82	20.15	0.29	0.25	0.34	0.52	1.85	0.60	6.85	1280 ~ 1300
7	长春某瓷厂（塑性坯料）	石英 26　长石 22 大同土 28　界牌土 18 紫木节 6	68.12	20.60	0.42	—	0.28	0.22	2.97	—	—	1270 ~ 1290
8	唐山研究所（白玉瓷）	石英 13　长石 22 宽城土 65　滑石 1	70.50	22.90	0.41	0.06	0.31	1.89	3.1	0.47	—	1250 ~ 1280
9	河北唐山五瓷厂（塑性坯料）	石英 34　长石 16 大同 39　滑石 1 紫木节 3　碱干 7	65.76	23.08	0.32	0.20	0.43	0.52	1.66	0.66	7.36	1250
10	河北唐山七瓷厂（塑性坯料）	石英 35　长石 10 紫木节 10　膨润土 2 章村土 17　D 石 24 彰武土 2	71.35	22.49	0.31	0.27	0.22	0.56	3.26	1.47	—	1220
11	河南郑州某瓷厂（塑性坯料）	石英 10　长石 25 大同 30　界牌土 35	64.10	23.77	0.18	—	0.15	0.06	3.57	—	8.34	1260 ~ 1280

表 2-5　　我国各地陶瓷坯料的配方表（南方区）

	厂名及料别	配方/%	化学组成/%									烧成温度/℃
			SiO_2	Al_2O_3	Fe_2O_3	TiO_2	CaO	MgO	K_2O	Na_2O	灼减	
1	江苏宜兴某瓷厂（青瓷坯料）	石英 27　长石 20 界牌土 27　苏州土 17 山西木节 5　膨润土 4	70.92	18.84	0.45	—	0.58	0.28	2.70		5.54	1280（还原焰）
2	湖南建湘瓷厂（378#坯料）	界牌桃红泥 35 衡山东湖泥 37 衡山马迹泥 5 山西阳泉泥 3 平江长石 20	70.17	20.46	0.45	—	0.32	0.23	3.24		5.8	1400 ~ 1410

续表

	厂名及料别	配方/%	化学组成/%									烧成温度/℃
			SiO_2	Al_2O_3	Fe_2O_3	TiO_2	CaO	MgO	K_2O	Na_2O	灼减	
3	广东潮安某瓷厂（坯料）	飞天燕洗泥 30 高岭土 20 风化长石原矿 40 石英 10	61.49	27.43	0.14	—	0.61	—	4.61	0.50	6.18	1320 ~ 1340
4	重庆某瓷厂（塑性坯料）	石英 32　长石 20 界牌土 10　白黏土 10 煤层黏土 20 灰黏土 8	66.36	21.29	0.26	0.22	0.11	0.16	2.48		9.10	1280 ~ 1300
5	界牌某瓷厂（塑性坯料）	石英 8　长石 24 界牌土 68	70.04	19.98	0.21	—	0.24	0.12	3.41		5.92	1340
6	闽清某瓷厂（坯料）	长石 5　高岭土 45 普贤土 32　晋江土 18	74.87	18.12	0.21	—	0.05	0.38	—		6.36	1380
7	江西景德镇新华瓷厂（碗类坯料）	南港不子 54 南港雷蒙粉 14 余干不子 7 三宝蓬不子 7 星子不子 18	67.39	21.47	0.52	—	0.96	0.42	2.91	1.06	5.32	1330 ~ 1350（还原焰）
8	江西景德镇东风瓷厂（壶类坯料）	南港瓷石 69 余干瓷石 10 星子高岭土 21	70.67	19.28	0.72		0.79	0.21	2.98	0.22	4.97	1290（还原焰）
9	福建德化瓷厂（坯料）	瓷土 56 釉石 19 石英 25	79.71	13.14	0.21	—	0.27	0.18	2.66	0.21	3.42	1260 ~ 1290
10	湖南国光瓷厂（62#坯料）	马劲坳瓷石 40 干冲泥 15 界牌桃红泥 15 衡山何关泥 30	69.10	20.10	0.45	—	0.42	0.46	4.27		5.28	1390 ~ 1400

（二）绢云母质瓷

绢云母质瓷是我国传统的瓷质之一。它是以绢云母为熔剂的“绢云母－石英－高岭土”系统瓷。在我国南方一些省区，尤其江西景德镇地区广为生产，是盛名于世，历史悠久的中国瓷的代表。

这种瓷是利用瓷石中所含绢云母的特性及其熔融后形成高黏度玻璃的性质，并利用其本身已经含有石英的特点另外加入高岭土按一定比例组合成坯料，在一定温度范围内烧后成瓷。烧成温度视其瓷石与高岭土用量比例，可在 1250 ~ 1450℃ 范围内选择，但考虑经济与技术条件，实际生产中一般为 1350℃ 以下。

绢云母质瓷的瓷质由“石英、方石英、莫来石、玻璃相”构成。瓷质除具有长石质瓷的一般性能特点外，还有透明度较高，加之采用还原焰烧成，外观呈“白里泛青”的特色，成为中国瓷的某些传统风格和独有的特点，适用于作餐具、工艺美术陈设瓷等。

1. 化学组成

绢云母质瓷的化学组成见表 2－6。它的组成与长石质瓷大体一致，其组成范围为：($R_2O + RO$) 4.5%～7%，Al_2O_3 22%～30%，SiO_2 60%～70%。

表 2－6 **绢云母质瓷的化学组成** 单位：%

序号	产地及名称	化学成分								其中碱性氧化物的总量
		SiO_2	TiO_2	Al_2O_3	Fe_2O_3	K_2O	Na_2O	CaO	MgO	
1	景德镇薄胎瓷	69.31	—	27.0	1.02	3.36	1.02	0.02	0.12	4.52
2	景德镇 1956 年试制瓷	62.50	—	30.90	0.81	4.33		1.43	0.32	6.08
3	景德镇 64－7# 瓷	69.29	—	24.32	0.54	2.66	1.21	1.14	0.84	5.85
4	景德镇 64－9# 瓷	69.34	0.05	24.19	0.54	2.67	2.86	0.28	0.08	5.89
5	景德镇 79# 瓷	70.8	0.06	21.9	0.38	3.78	1.51	0.82	0.32	6.43
6	江苏某瓷厂瓷	73.59	—	22.46	0.47	1.97	1.33	0.50	0.18	3.98
7	福建某瓷厂瓷	82.63	—	13.69	0.22	2.77	0.22	0.28	0.19	3.46
8	湖南醴陵某瓷	72.89	—	21.20	0.47	4.50		0.44	0.49	5.43
9	中国古瓷（清）	66.21	—	27.42	0.77	3.07	1.29	1.36	0.13	6.85

2. 示性矿物组成

绢云母质瓷的示性矿物组成，研究得尚不够充分。按照目前拥有的资料通过计算，可以提出如下的范围：绢云母 30%～50%，石英 15%～25%，高岭土 30%～50%，其他矿物 5%～10%。

在这一组成范围内，均可成瓷，如图 2－6 所示。

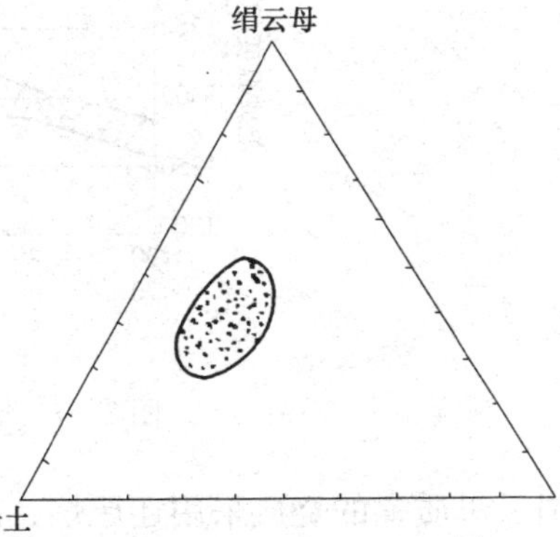

图 2－6 绢云母质瓷的组成范围

3. 实际配方

中国传统的古瓷生产，开始是以单一的水云母、绢云母质黏土作为原料，以后随着工艺技术的发展及新材料的采用，逐渐增加高岭土的用量，来提高瓷的质地。渐渐地由单一组分配料演变为瓷石与高岭土的二组分配料，并形成了中国瓷特有的配料方法。这种配料是以一种高岭土和一种瓷石，或以几种高岭土和几种瓷石配合组成配料。

这种配料，从原料的使用上看是两种组分，但由于瓷石中含有大量的绢云母、水云母、石英等矿物，少量的多水高岭土、碳酸盐矿物，有时也存在少量的长石，因而，实际的组成则主要是绢云母（或水白云母）、石英和高岭土。这里绢云母起着助熔作用，长石与石英的作用与在长石质瓷中的作用相同。在考虑配料比例时，应根据它们的实际矿物组成的数量通过实验来确定。

烧成温度在 1250～1450℃的绢云母质瓷的配料比例为：瓷石 70%～30%，高岭土

30% ~70%。

烧成温度随着高岭土含量的增加而提高。高岭土还可以扩大烧成范围。

生产中应在现有设备及工艺条件下，以尽量提高瓷的质量为出发点，选择适宜于生产要求，并具有合理经济指标的现实温度，不宜过高或过低，一般为1300 ~1350℃为宜。

绢云母质瓷的坯料配方如表2 –7 所示。坯料组成与烧成温度的关系如图2 –7 所示。

表2 –7 **绢云母质瓷坯料配方** 单位:%

序号	名称	配比		示性矿物组成			
		瓷石	高岭土	绢云母	高岭土	石英	其他
1	景德镇薄胎瓷	63.20	36.8	49	26	19	6
2	景德镇厚胎瓷	71.1	28.9				
3	景德镇 8#瓷	50	50				
4	景德镇 9#瓷	45	55				
5	景研 B_5#瓷	50	50	37 ~45	35 ~40	15	3
6	景研 B_3#瓷	30	70	38 ~48	22 ~28	21	7
7	红星瓷厂	40	60				
8	宇宙瓷厂	40	60				

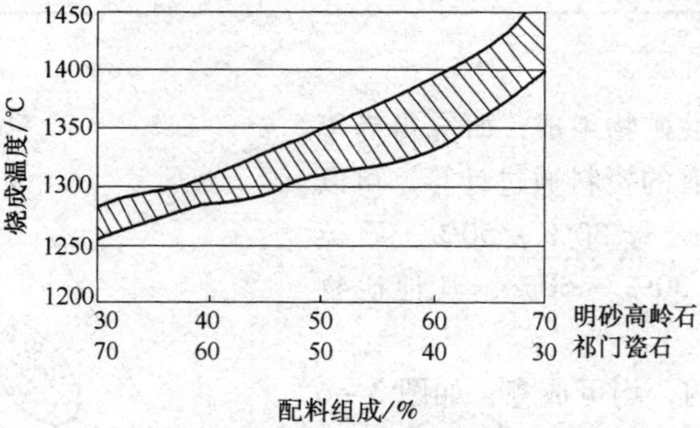

图2 –7 绢云母质瓷的烧成温度与配料

绢云母质瓷的烧成采用还原焰，成瓷后的外观色调比长石质瓷好，而内在性能上无大差异。

目前绢云母质瓷已不局限于二组分配料，逐渐增加了长石含量，兼有长石质瓷的一些配方特点，在质量上有了进一步的改进和提高。

（三）磷酸盐质瓷

磷酸盐质瓷是以磷酸钙作熔剂的“磷酸盐 – 高岭土 – 石英 – 长石”系统瓷。其中磷酸盐可由骨胶生产的副产品——骨磷或骨灰引入。工厂通常都采用骨灰进行生产，有时也加入一些其他成分，习惯上称这类瓷为骨灰瓷。

骨灰瓷一般分为两次烧成。第一次为素烧，温度为850 ~900℃；第二次为釉烧，温度为1200 ~1280℃。

烧后瓷质主要由钙长石、$\beta - Ca_3(PO_4)_2$、方石英、莫来石和玻璃相所构成。该瓷的白度高，透明度好，瓷质软，光泽柔和，但脆性较大，热稳定性较差，而且烧成范围狭窄，不易控制。

1. 成瓷的物理化学基础

骨灰瓷的成瓷物理化学基础可以“$Ca_3(PO_4)_2-SiO_2-CaO\cdot Al_2O_3\cdot 2\ SiO_2$”三元相图为依据。

图 2－8 中有一个三元最低共熔点，该点的组成为：$Ca_3(PO_4)_2$ 11%，钙长石 51%，SiO_2 38%，三元最低共熔点为 1290℃。骨灰瓷的组成就选在该点左侧附近。$Ca_3(PO_4)_2$是由骨灰引入的，骨灰的主要化学组成如表 2－8 所示。

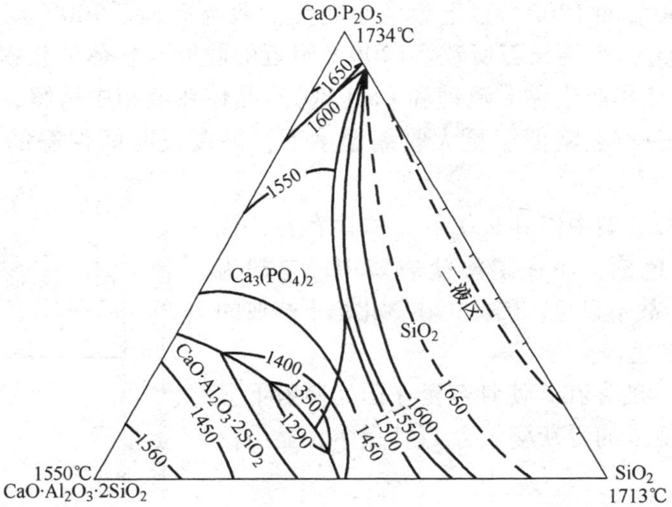

图 2－8 Ca（PO_4）$_2-SiO_2-CaO\cdot Al_2O_3\cdot 2SiO_2$ 三元系统相图

表 2－8 **骨灰的主要化学组成** 单位:%

类别＼化学组成	P_2O_5	CaO	SiO_2	Al_2O_3	K_2O	Na_2O	合计
猪骨	47.85	51.21	0.40	0.13	0.24	0.18	100.01
牛羊骨	44.10	53.10	0.44	0.19	0.13	1.21	99.17

兽骨中的钙主要以磷酸盐形式存在，经高温烧成后分解为 $Ca_3(PO_4)_2$和 CaO，后者与瓷坯料中的高岭土分解产物——偏高岭石作用生成钙长石。

$$3\ Ca_3(PO_4)_2\cdot CaCO_3\cdot H_2O\longrightarrow 3\ Ca_3(PO_4)_2+CaO+H_2O+CO_2\uparrow$$

$$CaO+Al_2O_3\cdot 2\ SiO_2\longrightarrow CaO\cdot Al_2O_3\cdot 2\ SiO_2$$

可是 $Ca_3(PO_4)_2$本身的熔点并不低，在 1734℃。它的助熔作用并不是自身的低温熔融，而是与其他两个组分共熔，共熔之后液相温度降低，液相大量产生，而起到助熔作用。骨灰瓷的烧成在 1200℃开始，接近熔融温度时，熔融缓慢进行，逐渐形成熔体，液相量增加迟缓，达到共熔温度后，液相急剧增加（液化线为 1350～1500℃），因而瓷坯的烧成范围狭窄，易变形熔塌，一般应在 1200～1280℃之间择优烧成，且升温速率不能过急，务必使熔融缓慢进行，这样一来才能制得优质的瓷器。

骨磷（牛骨经酸溶提胶中和后的沉淀物）也可用作原料，其主要组成是 $CaHPO_4\cdot$

$2H_2O$ 和 $Ca(OH)_2$。其煅烧时，在420℃左右可发生下列反应：

$$2[CaHPO_4 \cdot 2H_2O] \longrightarrow \gamma-Ca_2P_2O_7 + 5H_2O\uparrow$$

$$Ca(OH)_2 \longrightarrow CaO + H_2O\uparrow \quad (200℃)$$

$$\gamma-Ca_2P_2O_7 \longrightarrow \beta-Ca_2P_2O_7 \quad (800℃)$$

$$\beta-Ca_2P_2O_7 + CaO \longrightarrow \beta-Ca_3(PO_4)_2 \quad (约920℃)$$

$$偏高岭石 + CaO \longrightarrow 钙长石 \quad (约920℃)$$

将骨磷瓷坯和骨灰瓷坯作比较，发现两者的透明度、显微结构、烧成坯体的性能和煅烧过程中的性状变化无明显差异，现以骨灰瓷为例说明两者的焙烧性状如图2-9所示。曲线在900℃和1200℃以上为两个明显的收缩阶段。900℃附近的收缩主要原因是生成$Ca_3(PO_4)_2$和钙长石所致。1200℃附近的收缩与坯体的致密化过程有关，此时由于所形成的液相产生黏滞流动和$Ca_3(PO_4)_2$晶体在液相中熔解，引起了极大的收缩。实践证明，只有在略低于更大收缩温度下，采取长时间保温的烧成法才可烧得优质瓷件。

Fe^{3+}在硅酸盐玻璃中以$[FeO_4]$结构团存在，成为显黄色的强着色剂；而在磷酸盐玻璃中，它却为$[FeO_6]$结构团，故不显色，因此，在氧化焰下烧成的骨灰瓷一般为纯白色。

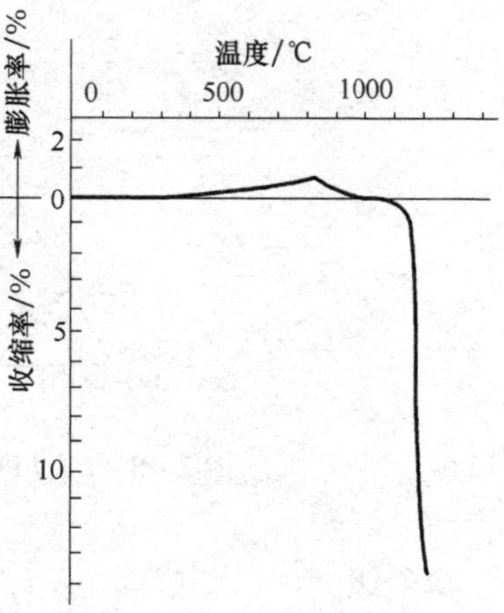

图2-9 骨灰瓷的烧成性能

由于少量Fe^{2+}的存在，使骨灰瓷在阳光照射下显透绿色。还原焰烧成的骨灰瓷，含Fe^{2+}量多，显出白里透绿之色。

骨灰瓷中玻璃相可达40%左右，各相之间的折射率差别不大（玻璃相为1.56，钙长石为1.58，磷酸钙1.59~1.62），因而光的散射较少，透明度好且光亮柔和，装饰效果佳，声音特别悦耳。

英国以生产骨灰瓷而著名，其瓷质特点，白里略带黄色，釉面光滑针孔少。日本骨灰瓷瓷质也极优异，目前我国唐山已有少批量生产，其他产瓷区，如景德镇、山东、湖南等也有少量生产。

2. 化学组成

骨灰瓷的化学成分主要是P_2O_5，SiO_2，Al_2O_3，CaO。属于$CaO-Al_2O_3-P_2O_5-SiO_2$系统。SiO_2由石英和长石引入。Al_2O_3由长石和高岭土引入。CaO和P_2O_5由骨灰引入。

根据所得少数资料的统计分析，骨灰瓷组成似有这样的规律，即当Al_2O_3为1mol时，SiO_2应为3~4mol，CaO为1.8~3.0mol，P_2O_5为0.6~1.0mol。

3. 实际配方

骨灰瓷坯料的特点是含大量的骨灰，它在坯料中起主导作用，引入大量的磷酸钙$Ca_3(PO_4)_2$，其次是高岭土和石英以及一定数量的长石。

骨灰瓷坯料的原料配比一般为：骨灰20%~60%，长石8%~22%，高岭土25%~45%，石英9%~20%。

由于具体原料和生产条件的不同，各国骨灰瓷配方也各有差异，表2-9为中国、英国等国一些骨灰瓷的化学组成。表2-10和表2-11为国内外一些骨灰瓷的坯料配方。

表 2－9　　国内外骨灰瓷化学组成　　单位：%

序号	名称	SiO_2	Al_2O_3	CaO	P_2O_5	K_2O	Na_2O	MgO	Fe_2O_3	TiO_2	F	SO_3	灼减
1	中国骨灰瓷	34.47	14.40	21.46	18.60	2.43	1.67	2.11	0.204	0.07	—	—	4.55
2	英国骨灰瓷	32.27	17.46	25.63	21.21	1.48	1.35	0.50	0.19	0.02	—	—	—
3	英国骨灰瓷	31.40	13.63	25.48	21.53	1.67	0.76	0.05	0.31	0.02	0.17	0.08	4.89
4	英国骨灰瓷	32.88	14.35	25.48	18.76	1.37	0.97	0.03	0.25	0.31	0.20	0.08	5.36
5	苏联骨灰瓷	28.30	14.79	27.39	19.53	2.53	1.00	1.77	0.35	—	—	—	4.35
6	美国骨灰瓷	37.0	15.7	24.0	20.4	2.9	—	—	—	—	—	—	—
7	日本骨灰瓷	36.84	17.84	23.13	17.79	2.44	0.81	0.60	0.29	0.34	—	—	0.24

表 2－10　　唐山试制的骨灰瓷坯料配方　　单位：%

坯料	石英	长石	骨灰	紫木节	大同土	滑石	宽城土	章村土
1	8.0	10	40	11	7	2	22	
2	10	8	50	4	17	0.5	0.5	10.5

表 2－11　　国外骨灰瓷坯料配方　　单位：%

国别＼原料	骨灰	高岭土	黏土	石英	长石	瓷石	伟晶花岗岩
英国	46	24	—	3.0	—	—	27
英国	47	30	—	13	10	—	
英国	45	26	—	3	—	—	26
德国	50.9	22	3	—	24.1	—	—
德国	50.9	25	—	—	24.1	—	—
日本	30～50	15～40	0～20	0～20	—	15～30	—
前苏联	50	20	10	—	20	—	—

骨灰瓷坯料中，骨灰含量最好在50%左右为宜，过多会使瓷质发黄，且坯料可塑性太差。一般配方中要有一定量的黏土物质，有时还要保持一定量的可塑性黏土，以提高坯料的可塑性。骨灰瓷中长石和石英的作用与在其他瓷坯料中的作用相同，其量要根据烧成温度和骨灰的用量而定，一般在20%～25%。

骨灰瓷坯料可用可塑法和注浆法成型，均采用二次烧成。我国试制的骨灰瓷均为低温素烧（850～900℃），高温釉烧。英国则采用高温素烧，低温釉烧，并用振动抛光机将瓷坯表面抛光，所以釉面光亮平滑。素坯加热至200℃左右，施以硼－铅熔块釉，其组成见表2－12。

表 2－12　　硼－铅熔块釉组成　　单位：%

熔块		釉料	
长石	38	熔块	60
硼酸	27	长石	20
石英	24	铅白	20
石灰石	11		

骨灰瓷处于软质瓷与硬质瓷之间。施易熔釉时可采用釉下彩进行装饰，在骨灰瓷上显得更为美丽、牢固。骨灰瓷的缺点是热稳定性差，由于钙长石等晶相热膨胀系数较大所致。施高温釉时不宜使用釉下彩。

（四）镁质瓷

镁质瓷是以含 MgO 的铝硅酸盐为主晶相的瓷。按照瓷坯的主晶相不同，它可以分为：原顽辉石瓷（即滑石瓷）、镁橄榄石瓷、尖晶石瓷及堇青石瓷。

镁质瓷的主要晶相属于 $MgO-Al_2O_3-SiO_2$ 三元系统，如图 2－10 所示。而滑石瓷是一种以滑石为主体成分的镁质瓷。

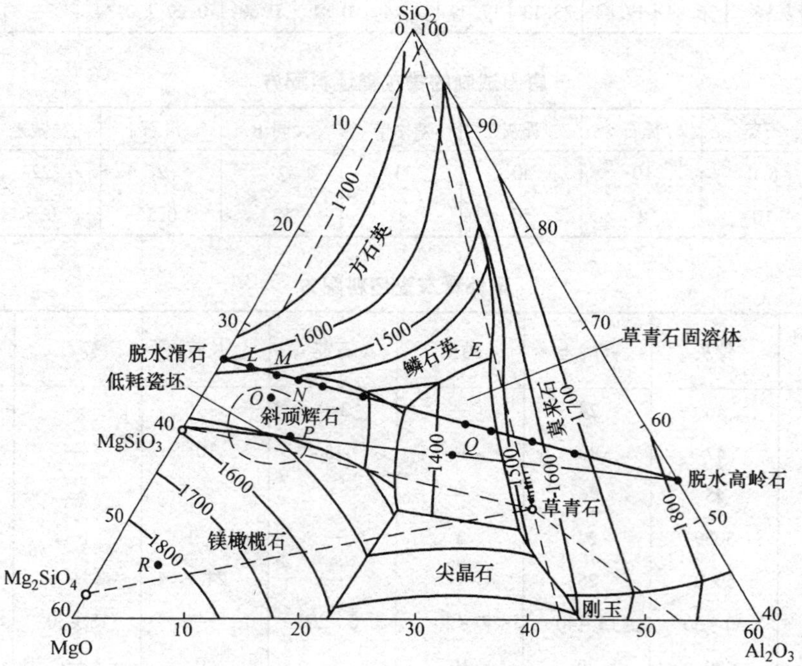

图 2－10　$MgO-Al_2O_3-SiO_2$ 系统相图（一部分）

1. 滑石瓷的物理化学基础

滑石瓷的配方主要是滑石为主体加少量黏土，在 $MgO-Al_2O_3-SiO_2$ 三元系统中，它们的组成一般是在偏高岭石－脱水滑石的连线上或附近。其位置接近于方石英－原顽辉石的界线处，图中 *L*、*M* 及 *N* 是某些滑石瓷的组成，它们相应地含 5%、10% 及 15% 的偏高岭石，落在方石英和原顽辉石初晶区内。适当增加黏土及 MgO 的含量，使坯体组成接近于镁橄榄石－原顽辉石界线处，这就是低介电损耗的滑石瓷坯区，例如图上的 *O* 点及 *P* 点。当瓷坯中含有较多量的 MgO 时，就达到镁橄榄石瓷坯区，如图上的 *R* 点。如果坯料中黏土含量增多时，就向堇青石区域移动，成为以堇青石为主要晶相的堇青石质瓷，如图上的 *Q* 点。*L*、*M*、*N*、*O*、*P*、*Q* 点的组成，都在三元系统的最低共熔点 1347℃ 下出现液相。*R* 点则在另一共熔点 1362℃ 出现液相。根据杠杆定律，可以计算出它们在不同温度下的液相量，如图 2－11 所示。对镁质瓷来说，液相量在 35% 时将使瓷坯充分烧结，接近 45% 时则会造成变形。由图 2－11 可见，*O*、*P*、*Q* 及 *N* 点的配方，烧成范围都很窄，温度相差仅 5℃，坯体已由生烧变为过烧。而 *L* 及 *M* 坯的烧结温度范围为 30～40℃。只有镁橄榄石瓷的液相线较平坦。R 点配方的液相出现温度为1362℃，液相量约25%，由图2－11可见，它的烧成温度较宽。

作为滑石质日用瓷，从20世纪70年代以来，国内的山东、辽宁、河北等地，国外的日本都进行了大量的研究，并小批量投入过生产。其组成范围一般灼滑石70%～75%、长石10%～15%、黏土12%～18%。其主要晶相是原顽辉石；其次有少量斜顽辉石和α－方石英，玻璃相含量较少。日用滑石质瓷的发展甚快，它在本质上属于块滑石瓷范畴，只是针对日用瓷生产的特点，在配方上作出必要的调整。滑石质瓷的特点是瓷质白度高，透明度好，色泽光润，可作精细日用瓷和工艺美术瓷。

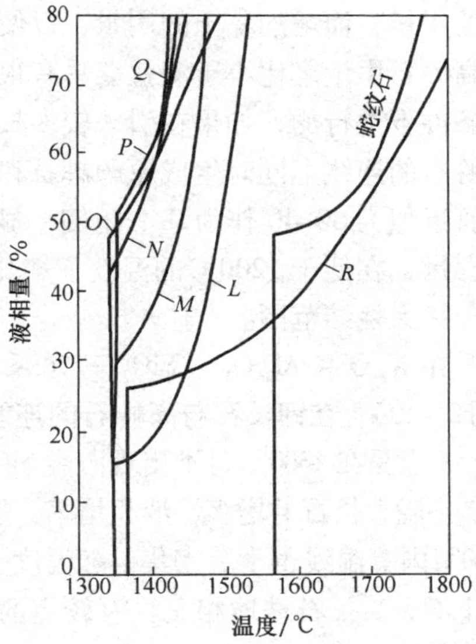

图2－11　镁质瓷坯体的理论熔融曲线

2. 化学组成

根据滑石瓷的特点，其化学组成主要是SiO_2和MgO，一定量的Al_2O_3和少量的CaO、K_2O、Na_2O等，比较成熟的坯料的化学成分如：SiO_2 66.10%，MgO 23.91%，Al_2O_3 7.00%，CaO 1.08%，K_2O 1.38%，Na_2O 0.28%，Fe_2O_3 0.18%，TiO_2 0.08%。

坯式为：

$$\left.\begin{matrix}0.218K_2O\\0.064Na_2O\\8.590MgO\\0.277CaO\end{matrix}\right\}\cdot\left.\begin{matrix}0.984\ Al_2O_3\\0.016\ Fe_2O_3\end{matrix}\right\}\cdot\begin{matrix}15.59SiO_2\\0.013\ TiO_2\end{matrix}$$

3. 坯料配方

滑石质瓷的坯料配方，虽然由于所使用的原料不同而有所差异，但其配方范围大致如下：滑石65%～75%，高岭土8%～12%，长石6%～10%，强可塑黏土4%～6%。

某瓷厂的“鲁青瓷”是一种滑石质日用瓷，其瓷胎的配方如下：煅烧滑石75%，长石12%，新汶高岭土10%，莱阳土3%，碱粉0.3%。

上述坯料塑性差，不易成型，烧成温度范围窄，烧成过程中容易造成变形等问题，这些都是阻碍滑石质日用瓷大批量投入生产的关键问题。滑石的可塑性差，用量多时难以成型。若减少坯料中的滑石用量，增加黏土的用量，坯料的烧结范围则变窄，因此为提高坯料的可塑性，常加少量的强可塑性黏土作增塑剂，如膨润土，但必须防止带入多量的着色氧化物。为了保证在高温烧成时的液相黏度较大，防止变形，配料中的长石宜选用钾长石。所用滑石须经高温煅烧，以破坏其片状结构，利于细磨成型和烧成。此外，为克服滑石瓷的高温变形，可用高温素烧和施以硼铅釉的低温釉烧工艺。

近些年来，陶瓷工作者以$MgO-Al_2O_3-SiO_2$三元系统相图为基础，引入长石作助熔剂，研究了原顽辉石－堇青石质瓷的新组成。在$MgO-Al_2O_3-SiO_2$三元系统相图中，选择生成原顽辉石和堇青石晶相的组成，瓷坯具有比原顽辉石（滑石瓷）低而比纯堇青石高的膨胀值，介于两者之间，有利于配用一般的高温釉或一般的熔块釉，同时可以减少滑石的用量，而增加黏土的用量，以便保证坯料具有一定的成型性能。过去认为脱水滑石和偏高岭石用量之比小于4就会具有很窄的烧成范围，但是过去的研究都是在缺乏低温熔剂的条件下进行的，如果在引入较多长石熔剂的情况下就会产生新的变化，在脱水滑石和偏高岭石的连线上同时生成原顽辉石和堇青石晶相。按相图理论分析，应取脱水滑石∶偏高岭石近似为60∶40作为基本比例，显然组成点与1355℃共熔点靠近，但是引入足够的长石含量，在低于1200℃的温度下熔化，使其在大大低于共熔温度以下提前烧结，这就有利于扩大烧结范围。

在$K_2O-Al_2O_3-SiO_2$三元系统相图中（图2-12），在钾长石与高岭石的连线上组成配合，X点是在1300℃时不出现游离SiO_2晶相的临界点。随着长石的增多，液相增多，但在1200～1300℃内等温线也十分密集，随温度变化，液相变化不大。长石玻璃相又具有较高的高温黏度，因此即使含有较高量的长石，也不容易变形。

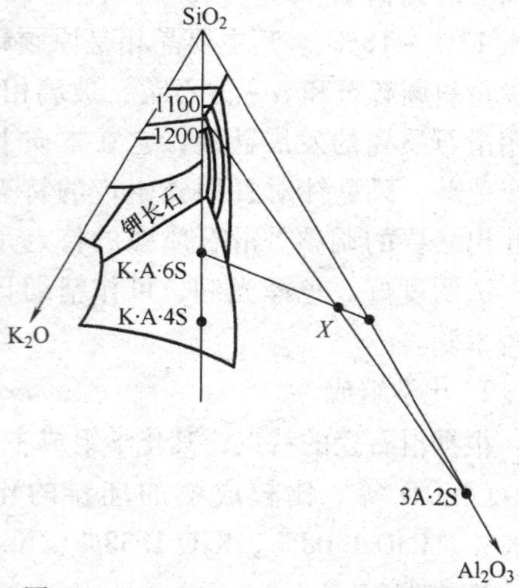

图2-12　$K_2O-Al_2O_3-SiO_2$系统相图

K·A·6S—$K_2O \cdot Al_2O_3 \cdot 6SiO_2$

K·A·4S—$K_2O \cdot Al_2O_3 \cdot 4SiO_2$

3A·2S—$3Al_2O_3 \cdot 2SiO_2$

此原顽辉石-堇青石质瓷的新组成具有以下特点：

①灼滑石45%～50%，长石20%，黏土30%～35%的合理组成，烧成温度在1220～1280℃。其烧成范围较宽（60℃）；成型性能较好；变形度较低；机械强度较高（120MPa左右）；透明度较高；色调柔和。泥料塑性好，能滚压成型有利于解决扭曲变形。这是$MgO-Al_2O_3-SiO_2$系统中的一种瓷器的新组成。

②此瓷坯以原顽辉石和堇青石为主晶相，高黏度玻璃质含量较多，没有游离SiO_2晶相存在，其显微结构质均晶细，特别是堇青石晶粒细小，这种显微结构决定其具有较高的物理力学性能。

③新瓷坯如同堇青石瓷和滑石瓷一样达到相应的极限温度就会出现软塌，因此必须严格控制烧成的上限温度。

④关于瓷坯的老化和结构应力问题，只要组成合理、堇青石含量不要过多，有足够的高黏度玻璃相，抑制原顽辉石向斜顽辉石转化（相对密度3.18～3.28）；控制晶粒尺寸不要长大（$<10\mu m$），避免游离SiO_2晶相出现，特别是方石英转化，并在工艺上控制初始粒度，控制好烧成温度就会有效地消除瓷体老化和结构应力。关于这个问题仍需要进行深入系统的研究。

总之，原顽辉石-堇青石质瓷器的研究为镁质日用细瓷的工业化生产提出了一个新途径。它是我国陶瓷工作者试制成功的新品种。它既有较高的强度、白度和半透明度，而且在工艺中又较好地解决了泥浆稠化问题，也改善了泥料的可塑性，增宽了烧成温度范围。

二、精陶坯料

（一）陶器的种类

陶器分为粗陶器、普通陶器和细陶器，粗陶器一般是用一种或两种以上易熔黏土组成制得，其胎体不致密，吸水率较大，是一种较低级的陶器。普通陶器一般可以用可塑性高的难熔黏土、石英、熟料等原料制作，其胎体不够致密，颗粒较粗，气孔较大，制作不够精细，表面施以釉层。而细陶器也是用可塑性高的难熔黏土、石英、长石、熟料等原料制得。胎体颗粒细，气孔微小。结构均匀，制作精致，施釉或不施釉，颜色有白色或浅色，其选料要求严格，几乎近似于瓷器，它与瓷器的区别仅在于有一定的气孔率，坯体未完全烧结，因而不透明，抗压强度较低。

精陶是一种细陶器制品。胎体颗粒细而均匀，呈白色或浅色，多施熔块釉，烧结程度较差，吸水率一般为8% ~20%。

精陶制品常应用于日用制品，称为日用精陶；也可用于建筑材料上，称为建筑精陶。目前常见的日用精陶主要有石灰质精陶和长石质精陶两种。石灰质精陶又称软质精陶，是用可塑黏土、高岭土、石英和石灰石配制而成。石灰石是主要的熔剂成分，也可以是方解石、白云石。其烧成温度范围狭窄，强度不高，吸水率较大，热稳定性较差，因而在日用精陶中很少采用。

长石质精陶又称硬质精陶，是用可塑黏土、高岭土、石英和长石配制而成的。坯料中的长石也可用瓷石或其他含 K_2O，Na_2O 较多的原料替代。为改善坯釉的结合性能和利用废料，有时也可加入一点废陶片（3% ~5%）。长石质精陶的烧成温度较高，机械强度较高，吸水率较小，热稳定性较好，因而是生产日用精陶制品的主要材质。

此外还有混合质细陶器，它是同时引入石灰石和长石作熔剂的。其坯料的性能介于上述两种精陶之间，既可以作日用陶器，也可以生产建筑用的内墙砖。

（二）精陶的化学组成

我国生产的日用精陶大多属长石质精陶，坯料配方属黏土－石英－长石三元组分体系。在生产特大型制品时，为了减少变形开裂等缺陷的产生，往往可以引入10% ~30%的熟料。长石质精陶坯料的化学组成范围：SiO_2 65% ~75%，Al_2O_3 18% ~25%，Fe_2O_3 0.4% ~0.8%，CaO 1.0% ~2.0%，MgO 0.1% ~0.3%，K_2O 1.5% ~2.5%，Na_2O 0.5% ~1.0%，灼减 0 ~0.5%。

坯式为：$(R_2O+RO)\cdot(5.5\sim8.0)\ Al_2O_3\cdot(26.0\sim35.0)\ SiO_2$

我国生产的日用精陶坯料，根据加入原料的情况基本上可分为高铝坯料（Al_2O_3含量为30%左右）和高硅质坯料（SiO_2含量为70%以上）两种，由于所采用的黏土多为含SiO_2较高的黏土，因此实际配方属高硅质。表2－13列出了我国和日本的一些精陶坯料的化学组成。

表2－13　　中国和日本的精陶坯料的化学组成　　单位:%

类别＼化学组成	SiO_2	Al_2O_3	Fe_2O_3	CaO	MgO	K_2O	Na_2O	灼减
坯$_1$	7164	19.82	0.31	0.38	0.20	1.30	0.36	6.45
坯$_2$	60.34	28.63	0.47	0.77	0.14	1.30	0.71	7.82
坯（石湾）	71.58	18.57	0.34	0.60	0.49	1.77		6.24
坯（温州）	59.98	21.35	0.52	7.18	0.20	0.54		11.12
坯（宜兴）	70.04	20.14	0.43	0.32	0.27	1.80		7.08

续表

类别 \ 化学组成	SiO_2	Al_2O_3	Fe_2O_3	CaO	MgO	K_2O	Na_2O	灼减
坯（河南）	60.34	28.63	0.47	0.77	0.14	1.30	0.71	7.82
坯（浙江）	72.05	17.09	1.79	1.31	0.32	1.47		5.97
坯（日本）	74.56	18.95	0.64	2.14	0.24	1.84	0.92	—

建筑精陶系指用于装饰或装备建筑物的墙面、地面等的各类精陶制品。例如釉面砖就是其中最具典型的精陶制品。下面就主要介绍釉面砖，釉面砖又称釉面内墙砖，主要用于建筑物内墙装饰。砖坯为精陶质，表面带釉。为了提高遮盖能力和白度，通常施用乳浊釉。其主要物理性能为：吸水率≤22%，一般为16%～19%；热稳定性，比冷水温高130℃至流动冷水中急冷一次不裂；白度不小于78%；弯曲强度不低于16.67MPa。

精陶坯料化学组成中，主要应控制SiO_2和K_2O+Na_2O含量变化。SiO_2含量的高低直接影响坯体热膨胀系数和坯釉的结合性，而K_2O+Na_2O含量变化主要影响坯体的素烧温度，一般应控制在2%以下，若含量过高，能使坯体烧成温度降低，不利于方石英的形成，会降低坯体的热膨胀系数，影响坯釉结合，而产生釉裂缺陷。精陶坯料中熔剂组分较少，但石英含量较多，并有一定数量的CaO和MgO，加上烧成温度低，因而坯体的矿物组成中有石英、方石英、莫来石、玻璃相以及气孔，甚至还有少量长石和云母残骸，其中玻璃相少，故坯体多孔。为了改变烧后坯体内玻璃相的成分，降低吸湿膨胀值，适当提高素坯的热膨胀系数，可在坯料中加1%～3%的滑石、石灰石或白云石作矿化剂，使CaO+MgO的含量提高到1.5%～2.5%。生产实践证明，这一措施对高硅质精陶坯料尤为有效。

精陶器一般都采用两次烧成，第一次素烧温度在1200～1300℃，第二次釉烧温度在1050～1150℃。由于使用了低温熔块釉，所以坯釉之间的化学组成差别较大，釉的热膨胀系数较高，致使坯釉适应性变差，极易产生早期釉层龟裂。以往选用弹性较大的铅硼釉，能在一定范围内抵消坯釉热膨胀所造成的有害影响，但却使精陶器又具有了铅溶出量过大的缺点。尤其采用含大量铅、镉等有毒金属的彩料进行装饰时，问题更为严重。

精陶胎体具有一定的气孔率，能从空气中吸收水分，其吸水率可在9%～12%，最大时可达到17%左右，易造成吸湿后的体积膨胀（其体积膨胀为0.016%～0.11%），产生釉层的后期龟裂。尤其是釉面砖多为多孔的精陶坯体，在长期与空气的接触过程中，特别是在潮湿的环境中使用会吸收水分而产生吸湿膨胀的现象。由于釉的吸湿膨胀非常小，当坯体吸湿膨胀的程度增大到使釉面处于张应力状态，应力超过釉的抗张强度时，釉面发生开裂，这种釉裂称为后期龟裂。即精陶釉面砖的后期龟裂是由于坯体的吸湿膨胀而引起的。

为了克服精陶坯釉适应性能差、后期龟裂和铅溶出量过大的三大缺点，要求正确选配坯釉组成合理制定生产工艺，改革现有的装饰方法和彩料。

控制坯、釉的酸性系数和热膨胀系数可以增强坯釉的结合性能，一般精陶的酸性系数为1.2~1.3，釉为1.5~2.5。当坯的热膨胀系数为（6~8.5）$\times10^{-6}$/℃时，釉的热膨胀系数以（5~6.8）$\times10^{-6}$/℃为宜，经常波动在（5.5~8）$\times10^{-6}$/℃。

我国的精陶配方基本上可分为两大类，即SiO_2含量在70%以上的高硅系统和Al_2O_3接近30%的高铝系统。

精陶坯料中熔剂组分较少，$w(K_2O+Na_2O)<3\%$，但石英含量较多，并有一定数量的CaO和MgO，加上烧成温度低，因而坯体的矿物组成中有石英、方石英、莫来石、玻璃相以及气孔，甚至还有少量长石和云母残骸，其中玻璃相少，故坯体多孔。

精陶的坯釉结合和后期龟裂受矿物组成影响极大。由表2-14可看出，方石英热膨胀系数最大，长石质玻璃相的吸湿性最强。因此为了使坯能与高热膨胀系数的釉很好结合，就必须在坯胎中生成一定数量的方石英。而方石英的含量除与石英原料的种类、细度以及烧成制度有关以外，还与坯料的组成密切相关。对于我国现有坯料而言，当$w(K_2O+Na_2O)<2\%$并且在1290~1330℃的温度下烧成时，石英就容易向方石英转化。此时坯体热膨胀系数可达8×10^{-6}/℃以上（釉为7.2×10^{-6}/℃），因而形成压缩釉，热稳定性相应提高。

表2-14　陶坯矿物组成的膨胀性

物相名称	热膨胀系数 $\alpha/(\times10^{-6}/℃)$	湿膨胀率 /%	物相名称	热膨胀系数 $\alpha/(\times10^{-6}/℃)$	湿膨胀率 /%
石　英	13.4	0.06	长石（熔物）	6.8	2.4
方石英	23.9	—	长石（晶体）	—	0.4
莫来石	5.7	—	黏土（烧成期）	—	0.2

长石含量直接影响坯体的吸湿膨胀。例如将坯中的K_2O含量从1.3%提高至2.21%，则坯的湿膨胀率就由0.082%增大为0.139%，此时产品发生后期龟裂。控制碱含量，引进Ca^{2+}、Mg^{2+}，一方面可增加坯中方石英含量，另一方面还能改变玻璃相成分，提高它的耐腐蚀能力。

为降低釉面铅溶出量，曾在精陶制品上采用无铅锂釉、锶釉，或在釉上彩的颜料中加入无铅的铋、硼助熔剂，然而釉面和画面的光泽却被降低。近来由于精陶用的高温（1080~1100℃）快烧（60~90min）釉中彩的研究成功，不仅降低了精陶制品的铅溶出量，而且由于彩烧温度高，制品相当于又进行了一次重复釉烧，坯中方石英有了增加，因而坯件的热稳定性也相应地提高了。

铅溶出量与釉的耐酸值直接有关，它不仅与釉中PbO的浓度有关，而且与PbO和碱金属氧化物的总量有关。无论釉中PbO的浓度如何，只要釉中含有的网络外体氧化物总量，按1mol中SiO_2含量小于0.75mol时，铅的溶出量都较低，而且只有釉表层的PbO才被侵蚀。B_2O_3、F、P_2O_5和彩料中的碱性助熔剂，以及大部分过渡金属氧化物如CdO、CuO等色剂本身都能降低釉的耐酸性并提高铅溶出量。从表2-15看出，虽采用了无铅釉上彩，但铅溶出量反而会增加，这是由于彩料助熔剂的碱金属起了有害作用。精陶釉中彩并不需用熔剂，而且本身沉入釉中，因而不会增加釉中碱含量，所以即使采用铅硼釉，PbO溶出量也不致增高，釉的弹性却相应提高了。

表 2-15　　精陶铅溶出量

釉的种类	铅溶出量/(mg/kg)
含铅白釉 178mm 盘	0.49
含铅白釉，无铅釉上贴花 178mm 盘	6.64
含铅白釉，釉上彩 178mm 盘	0.49

（三）精陶的烧成

精陶坯料制备、成型、干燥、施釉等工艺和设备都与瓷器基本相同。薄壁制品可在传送带式干燥器或红外干燥器上快速干燥，周期在 15～20min。

素烧的目的在于使坯体具有必要的机械强度和热膨胀系数，以及上釉所需的气孔率。由于坯料中助熔剂少，煅烧温度低，难以生成易熔的氧化亚铁硅酸盐，从而液相量少，反应缓慢，故烧成过程中无需还原阶段。氧化铁可使坯体显黄色，但氧化钴或硫酸钴（0.02%～0.05%）的引入可使其色调变淡。精陶坯料含有较多的可塑性黏土，因此在干燥和焙烧的前期，即排除机械水和结构水的阶段，升温速率都应放慢。焙烧至最高温度后应保温 4～5h，烧成时间一般为 16～35h，冷却时间在 30～48 h，此时应特别注意方石英转化温度期的降温速率，防止制品炸裂。

素烧温度高低直接影响方石英的转化率和坯体的吸水率。吸水率较高的坯体，釉烧时可生成较厚的坯釉中间层，既利于坯釉的结合，又增强了热稳定性，但对抗后期龟裂性能却有不良的影响，烧成温度过高，由于石英溶解量增多，方石英和石英晶相总量减少，致使坯体吸水率和热膨胀系数都减小，此时虽然可提高抗后期龟裂性能，但却降低了热稳定性，所以一般都以素烧坯的吸水率大小来确定焙烧温度。例如我国的精陶器以素坯的吸水率在 10%～15%时的焙烧温度作为素烧的最终温度。由此可知，测定素坯的吸水率是精陶制品极为重要的一项控制指标。

素烧的具体温度取决于坯料中 K_2O 和 Na_2O 含量以及坯料的细度。K_2O 和 Na_2O 含量高，坯料细，素烧温度相应可低些。粒度细的石英转化为方石英的速度快，因而在 SiO_2 含量大于 70% 的坯料中，往往由于石英颗粒过细，烧成时转化过于集中而使坯体开裂，一般认为以万孔筛筛余 0.5% 为合理，当石英粒度约为 30μm 且分布均匀时最为适宜。

精陶坯体不易变形，故可数件叠装在同一匣钵内素烧。该坯质地多孔，不透明。

釉烧温度高低决定着坯釉中间层的厚薄和釉本身的热膨胀系数。适当提高釉烧温度可增厚坯釉中间层并降低釉的热膨胀系数。通常精陶器的釉烧温度比瓷器约低 200℃，釉烧时间比素烧时间要少 15%～30%。釉烧时可以 100～150℃/h 的速率加热至 900℃，当采用铅－硼无锌釉时须用氧化焰烧成。

精陶釉烧温度低于瓷器，故适用于它的釉下彩的品种也多于瓷器。

三、其他陶瓷器坯料

（一）硅灰石质陶瓷

用硅灰石原料代替陶瓷坯料中某些长石所制得的陶瓷具有坯料干燥收缩与烧成收缩小的特点。

由于硅灰石属于瘠性原料，本身干燥收缩小，而且它呈针状结构，不仅增加坯体强度，在干燥和烧成开始阶段，坯料中的水分容易而且能均匀排出。烧成时部分硅灰石和黏土中的高岭石发生反应生成钙长石与方石英。

$$Al_2O_3 \cdot 2SiO_2 + CaO \cdot SiO_2 \longrightarrow CaO \cdot Al_2O_3 \cdot 2SiO_2 + SiO_2 \ (900 \sim 1000℃)$$

这一反应的体积收缩只有9%左右（高岭石转变为莫来石和方石英时，其体积收缩接近20%）。因此含硅灰石的坯料烧成收缩比较小。

硅灰石原料中碱金属氧化物含量很小，所以精陶坯体中引入硅灰石能降低陶瓷坯体的吸湿膨胀，硅灰石受热膨胀与温度呈线性关系，易和釉料结合，加上它的灼减量很小，适应低温快烧，产品的热稳定性好，所以国内外大量用于生产釉面砖，也用于制日用陶瓷等。

硅灰石质陶瓷坯料配方的大致范围如下：硅灰石30%～40%，叶蜡石25%～35%，紫木节20%～25%，石英5%，滑石5%～10%。

陶瓷工业中可广泛使用硅灰石制造釉面砖、日用陶瓷、低损耗无线电陶瓷和釉料等。也有用来生产卫生陶瓷、磨具、火花塞等。采用硅灰石生产陶瓷产品，由于硅灰石不含有机物、吸附水和结晶水，也不会受热分解出气体。它本身的干燥收缩和烧成收缩都小。硅灰石的热膨胀系数较小（20～800℃范围内β－硅灰石的热膨胀系数为$6.5\times10^{-6}/℃$），而且热膨胀系数变化均匀。因此用硅灰石配制的坯料适于快速烧成产品。

硅灰石颗粒为针状晶体，提供水快速排出的通路，因此可以快速干燥，且易压制成型，不致分层，适宜制釉面砖。用硅灰石制釉面砖的坯体中，针状硅灰石晶体交叉排列成网状，周围由钙长石和石英加固，产品机械强度高，且产品中玻璃相少而碱土金属氧化物较多，因而湿膨胀较小。

硅灰石本身的介电损耗低，天然硅灰石烧至1350～1400℃以后，在100℃下则得其$\tan\delta=(4\sim8)\times10^{-4}$，合成硅灰石在100 ℃下的$\tan\delta=(0.8\sim4)\times10^{-4}$。所以适于制造低损耗瓷件。

用硅灰石配制的坯体的烧成范围较小。加Al_2O_3、ZrO_2、SiO_2或钡锆硅酸盐等可提高坯体中液相的黏度，扩大硅灰石瓷的烧成范围。

（二）锂质陶瓷

用锂辉石或其他含锂的原料代替陶瓷器坯料中长石所制得的陶瓷具有较高热稳定性的特点。

锂质陶瓷能经受急剧的温度变化而不被破坏的这种性能，使它能用作感应炉和其他窑炉的砖衬、喷气机和温度控制器的元件、热电偶保护管、涡轮机叶片、实验室用的器皿、耐热的厨房用具等。

在$Li_2O-Al_2O_3-SiO_2$系统中存在着有热膨胀系数为负值的区域，如图2－13所示。下面的区域包括β－锂霞石的固溶体，上面的区域包括β－锂辉石固溶体。

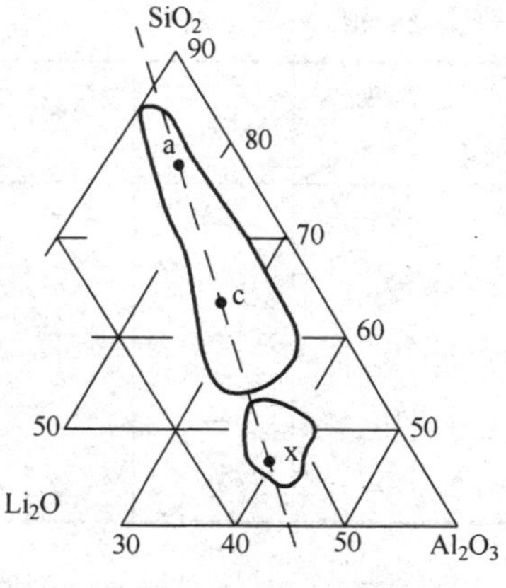

图2－13 含$Li_2O-Al_2O_3-SiO_2$系统的坯体的负膨胀系数区

a—透锂长石 c—锂辉石 x—锂霞石

锂质陶瓷的大致组成是：锂辉石25%～30%，高岭土15%～20%，塑性土20%～25%，石英18%～22%。根据组成不同，烧成温度在1300～1320℃范围内。表2－16为以Li_2CO_3为原料的锂质陶瓷的坯体组成举例。

锂质陶瓷的缺点是烧成范围窄（共熔点与液化温度差别小），而且强度低。若将坯体的一部分制成熔块，再加黏土研磨、成型，在1021～1120℃烧成时，强度可以得到改善。

低膨胀坯体的施釉是一个困难问题，很少有相类热膨胀系数的釉能够与之配合。一些热膨胀系数在（4～5）×10^{-6}/℃的炻瓷器坯已成功地解决了釉的问题，但热膨胀系数小于4×10^{-6}/℃的坯体看来还很难找到一种合适的釉。有人认为采用锂质釉是最有希望的。文献介绍一种锂质釉能在特殊的热处理中失透，使釉中充满锂辉石或锂霞石细晶。其组成如表2－17所示。先制成熔块，再加入5%黏土一起研磨制成釉料，施于坯体后，烧至1290℃保温1 h，然后降至750℃再保温1 h，以促进析晶，据说其釉具有良好的光泽和热稳定性。

表2－16　以Li_2CO_3为原料的锂质陶瓷的坯体组成

序号	原料组成/%			化学组成/%			热膨胀系数（20～400℃）α/（×10^{-6}/℃）
	碳酸锂	高岭土	石英	Li_2O	Al_2O_3	SiO_2	
1	10.0	41.8	48.2	4.6	17.6	77.8	－0.4
2	16.6	67.7	15.8	8.5	31.5	60.0	0
3	22.6	75.1	2.3	11.9	40.4	47.7	－2.1
4	20.4	77.0	1.9	11.0	38.0	51.0	－0.6

表2－17　锂质釉的化学组成　单位：%

SiO_2	Al_2O_3	Li_2O	ZrO_2	P_2O_5	TiO_2	Na_2O	K_2O	B_2O_3	PbO
50.4	29.2	5.9	1.7	2.6	2.6	1.0	1.0	2.8	2.8

另有文献介绍用锂的氯化物、硫化物、碳酸盐、磷酸盐等与低融的碳酸钠混合，施于坯体上，在1000～1200℃烧成，可得到外观有光泽的低膨胀瓷釉，其组成如表2－18所示。

表2－18　锂质釉的组成　单位：%

原料＼编号	1	2	3	4	5	6	7	8
LiCl	55	60	65	—	—	—	—	—
Li_2SO_4	—	—	—	55	60	—	—	—
Li_2CO_3	—	—	—	—	—	—	—	80
Li_3PO_4	—	—	—	—	—	75	80	—
Na_2CO_3	45	40	35	45	40	25	20	20

至于耐焰器皿，要求比炉用器皿最能抵抗热震，坯体的热膨胀系数一般小于2×10^{-6}/℃，只有含有多量堇青石质或锂质的坯体才能胜任。施釉问题比炉用器皿更困难，看来只有失透的釉才是合适的。

此外，器皿的设计及厚度，对于它的抗热震性能有重大影响。器皿的厚薄越均匀、越圆整、越薄，越能耐受热震。底面要粗糙，要尽量减少与炉子的接触面积。

（三）叶蜡石质陶瓷

用叶蜡石作为陶瓷坯料中的主要黏土原料制得的陶瓷器称为叶蜡石质陶瓷。根据有关部门估计，我国叶蜡石的储量超过了日本，主要分布于东南沿海中生代火山岩区内，其次内蒙古、北京、新疆、吉林、辽宁、山东、四川、陕西、青海、安徽等省区均有叶蜡石的矿床。所以陶瓷行业近年来相继大量采用叶蜡石作为原料来制造陶瓷器，主要是建筑陶瓷。一般精陶面砖配料，叶蜡石占55%～70%，卫生陶瓷也大量采用叶蜡石，在日用陶瓷中，也有用叶蜡石来制造餐具的，效果很好。

叶蜡石是所有含水铝硅酸盐里含结构水最少的，不到高岭石的一半，化学分析中含水量也比较稳定。叶蜡石在未烧结以前，在一定的温度区间内（1050～1150℃）会产生线膨胀，据研究，叶蜡石在脱水过程中所产生的这种线膨胀是由于晶格膨胀（氧化铝－氧化硅分离）所致。这种热膨胀性能可以抵消在烧成过程中由于其他物料（如黏土、熔剂）所造成的收缩，扩大烧成范围，保证产品规格一致，而且叶蜡石具有较低的热膨胀系数，热稳定性良好，可制造餐具，同时叶蜡石的湿膨胀也小，所以也是制造釉面砖的好原料。

用于陶瓷工业的叶蜡石采用干法或湿法磨细到180～200目细粉。一般先将叶蜡石用清水洗净。干法主要是用颚式破碎机和雷蒙磨配合使用；湿法是用石头轮的轮碾机配合球磨机磨细，再经过筛，除铁、压滤及真空练泥后供使用。

用叶蜡石制造的陶瓷制品有以下特点：

①热稳定性好。瓷胎中，因晶态石英含量高，热膨胀系数较大，在各个温度下，坯的热膨胀系数都可略大于釉的热膨胀系数；坯釉适应性好，釉层呈现较大的压应力，故热稳定性好。

②机械强度高。瓷胎中因钾、钠含量较低，玻璃相少，晶相多，致密度高，故机械强度高。

③色调纯。叶蜡石含铁量低，成分较稳定，烧后呈白色，色调柔和纯正。

④能快速烧成。叶蜡石含结构水少且脱水缓慢（从550℃起开始缓慢脱水，到900℃止），故烧成过程中较安全及收缩小，适宜快速烧成。

⑤可节能。叶蜡石含结构水不到高岭石的一半，排除结构水能耗小；瓷胎中Al_2O_3含量低，成瓷温度可低，且铁含量低，可氧化烧成，故节能。

⑥外加助熔剂可降低烧成温度。因瓷胎中钾、钠含量低，外加助熔剂对形成玻璃相降低烧成温度有利。外加1.5%左右的石灰石，烧成温度可降低20℃左右。

（四）石灰质陶瓷

石灰质陶瓷是在其坯料中加入石灰石作熔剂，故称为石灰质陶瓷。石灰石可以是方解石或白云石。

石灰质陶瓷绝大部分是指石灰质精陶而言。其坯料组成范围为：黏土45%～60%，石英25%～40%，石灰石10%～15%。

石灰质精陶的坯体分为白色和有色两种。所用的釉料为含铅或不含铅、有色或无色的易熔釉。素烧温度1000～1180℃，釉烧温度为950～1100℃，吸水率18%～21%，抗折强度5.88～19.60MPa，抗压强度58.8～88.2MPa，抗冲击强度为0.108～0.157MPa。

石灰质精陶又称为软质精陶，其烧成温度低，强度不高，吸水率较大，热稳定性较差，易发生后期釉裂，但烧成收缩很小，一般为0～1%，所以主要用来生产釉面砖，很少用来生产餐茶具。

若在坯料中同时加入石灰石和长石作为混合熔剂，制得的精陶称为石灰－长石质精陶。其坯料的组成可以是：黏土45%～60%，石英25%～40%，长石3%～5%，石灰石5%～7%。

其坯料性质介于石灰质精陶和长石质精陶之间，现主要用于制造餐茶具及面砖、卫生设备等。

（五）透辉石质陶瓷

用透辉石原料代替陶瓷坯料中长石等熔剂原料所制得的陶瓷制品称为透辉石质陶瓷。透辉石原料属于链状硅酸盐矿物，晶型呈短柱状。将透辉石原料用于坯料中，使烧成后的坯体中主要晶相为普通辉石和钙长石，因此必然使坯体的烧成温度大幅度下降，可实现坯体的低温快速烧成的目的。

我国有些生产厂家利用透辉石代替长石原料加在普通坯料中，制造釉面砖，其加入量在30%，可使其素烧和釉烧温度降低120～150℃，达到既低温快烧、节约能源，又延长窑炉使用寿命，降低成本，提高经济效益的目的。

利用透辉石原料制得的陶瓷制品在性能上（吸水率、抗折强度、热稳定性等方面）均能达到部颁要求的标准。

透辉石原料一般含铁杂质较多，所以烧后坯体白度较差，呈淡黄颜色，但使用遮盖能力较强的乳浊釉，仍能生产出高白度的产品，并使其釉面平整光滑。就目前国际市场情况和工业发展趋势，颜色釉和带有淡雅色调坯体有日益见多的趋势。用透辉石生产略带黄色的坯体对增加其艺术效果也可能起到某种积极的作用。

（六）高石英质瓷

陶瓷工作者在长期的生产实践中早已体察到，增多长石质细瓷配料中的石英含量，会提高瓷胎的白度、半透光度和机械强度。一般的长石质细瓷中，石英的含量波动于25%～30%，而高于30%的则称之谓高石英瓷。但由于石英在长石质瓷中的行为和作用，尤其是其中发生的方石英转化的条件及对热稳定性的影响，因缺乏深入的研究，以前的高石英瓷的主要问题是耐热震性能差，易出现炸瓷现象，不能进行工业化生产，只能用于生产陶瓷美术品。近十几年来，陶瓷工作者探讨了高石英瓷在日用细瓷中的应用，比较系统地研究了日用细瓷中的石英含量，以及各种工艺条件对高石英质细瓷的外观和理论性能的影响；探明了石英在日用细瓷中发生方石英转化的条件及其对宏观性能的影响。发现了增加中颗粒石英的含量，减少熔剂的含量，发生适当程度的方石英转化，能很大程度地提高瓷胎的机械强度和瓷器的耐热震性。下面给出一个比较典型的高石英质日用细瓷的配方及相对应的化学组成。

配方：煅烧石英40%，长石10%，大同土36%，淘洗临沂白12%，煅烧滑石2%。化学组成：SiO_2 76.19%，Al_2O_3 19.93%，Fe_2O_3 0.18%，TiO_2 0.23%，CaO 0.19%，MgO 0.85%，K_2O 2.12%，Na_2O 0.30%，总量99.99%。

由于石英在长石玻璃中的熔解度以及在瓷胎中的方石英含量，是高石英瓷最不稳定的因素，因此石英颗粒越细，烧成温度越高，保温时间越长，熔剂量越高，石英熔解得就越厉害，瓷胎中的玻璃相被熔解的石英饱和程度越高，石英转化为方石英的数量越大。石英被长石玻璃熔解的数量和程度不同，方石英生成的数量不同，这是造成高石英瓷性能不稳定的主要原因。

在高石英质瓷中，把石英含量提高到40%以上，而长石含量要降低到13%～19%，这就从组成上为玻璃相处于石英的饱和状态打下基础。采用10～30μm的中颗粒石英配料，能有效地控制石英的熔解程度和方石英的转化数量，这个数量既不能过大（5%～15%），也不能没有，从而提高了瓷态势的机械强度和耐热震性。在制备泥料的工艺过程中，配料中的中颗粒石英，应在细磨的基础上利用颗粒分级设备分离出来，然后与分别磨细过的其他原料混合制泥，这是生产高石英瓷必不可少的工艺过程。

新研制出的高石英瓷，泥料的可塑性能好，干坯的抗折强度高，适合于各种成型方法。产品的白度高（79%），抗折强度大（16.0MPa），耐热震性能好（产品在260℃投入20℃水中不炸裂），透明度高（21%）。高石英瓷的研制成功为我国的高级日用细瓷、耐热瓷、高强瓷的发展，奠定良好的材料基础。

第二节　配料的依据

当生产陶瓷产品的原料选定之后，确定各种原料在坯料和釉料中使用的数量是一项关键性的工作。因为它们直接影响到陶瓷产品的质量及其工艺制度的确定。天然产出的黏土等原料很少能直接单独用来制成坯料，一般需用几种原料配合来满足配料的要求。配料的设计是一个非常复杂的问题，在配料计算完后可将其结果作为进行配方实验的依据，再在检验的基础上决定产品的最后配方。进行配方计算和配方试验之前，必须对所使用的原料化学组成、矿物组成、物理性质以及工艺性能进行全面了解，同时对产品的质量要求和性能要求也要全面了解，才能做出科学配方，保证配方最大限度地获得预期效果。在确定陶瓷配方时，应遵循下列原则。

一、产品的物理化学性质以及使用性能要求

产品的物理化学性质以及使用性能要求是考虑坯料、釉料组成的主要依据。如日用瓷要求产品有一定的白度与透明度，釉面光泽要好，配套餐具要求器型规整、色泽一致。而电瓷要有较高的机械强度和电气绝缘性能。釉面砖则应规格一致，釉面光滑平整并有一定的吸水率等。因此在设计配方时，一定要考虑各类陶瓷材料的基本性能要求。

二、拟定配方时采用积累的经验和数据

在拟定配方时可采用一些工厂或研究单位积累的经验和数据，这样可节省时间，有助于提高效率。例如各类陶瓷材料和产品都有自己的经验组成范围。前人还总结了原料对坯料性质的影响关系，无论是定性的说明或定量的数据都值得参考，由于原料性质的差异和生产条件的不同，则不应机械地搬用。对于新材质或新产品的配方，可以原有的经验和相近的规律为基础进行试验创新。

三、了解各种原料对产品性质的影响是配料的基础

陶瓷是多组分材料，每种坯料中都含有多种原料，不同的原料在生产过程以及产品的结构中都起着不同的作用。有的原料构成产品的主晶相，有的是玻璃相的主要来源，还有少量的添加物可以调节产品的性质。在陶瓷产品的性质中，有些能互相吻合和促进，有些是互相制约的。采用多种原料的配方有利于控制产品的性能，制造稳定的材料。因此配料时应掌握原料对产品性质的关系。

四、配方应满足生产工艺的要求

具体来说，坯料应能适应成型、干燥与烧成的要求。

坯料要求组成和性能稳定、要求成型性能、干燥性能（干坯强度、干燥收缩）和烧成性能（烧结温度、烧结温度范围等）要好。

五、采用的原料要求

采用的原料要求来源丰富、质量稳定、运输方便、价格低廉，还应强调就地取材、量材使用、物尽其用。这些都是生产优质、低成本产品的基本条件。

第三节　配 料 计 算

一、坯料组成的表示方法

坯料组成的表示方法在生产上和文献上主要有以下几种表示方法。首先应了解这种坯料组成表示方法，然后再找出这几种不同表示方法之间的关系，并进行相互换算。

（一）实验式表示法

陶瓷坯料一般为混合物，可以用化学实验式来表示，即以各种氧化物的摩尔数的比例来表示。这种表示方法叫做化学实验式表示法，简称实验式。

陶瓷工业常用的氧化物并不很多，从性质上可分为三类：碱性、中性或两性、酸性，见表 2－19。

表 2－19　氧化物分类

碱性		中性	酸性
K_2O	ZnO	Al_2O_3	SiO_2
Na_2O	FeO	Fe_2O_3	TiO_2
Li_2O	MnO	Sb_2O_3	ZrO_2
CaO	PbO	Cr_2O_3	MnO_2
MgO	CdO	B_2O_3	P_2O_5
BaO	BeO		
	SrO		

从上面可看出，每类氧化物分子式中氧原子与其他原子的比数有一定的规律。若以“R”代表某一元素，则碱性氧化物包括 R_2O 和 RO 两种，中性氧化物为 R_2O_3，酸性氧化物为 RO_2。通常把 B_2O_3 和 P_2O_5 列入 RO_2 中计算。

实验式中各氧化物的排列顺序如下：

$$\left.\begin{matrix} a\ R_2O \\ b\ RO \end{matrix}\right\} \cdot cR_2O_3 \cdot d\ RO_2$$

碱性氧化物在前，其次为中性氧化物，最后是酸性氧化物。式中的 a、b、c、d 分别为各氧化物的摩尔数，用来表示各氧化物之间的相互比例。

习惯上，对陶瓷坯料的实验式，往往取中性氧化物的物质的量之总和为1。

例如，我国清代康熙瓷的实验式：

$$\left.\begin{matrix} 0.860\ K_2O \\ 0.120\ Na_2O \\ 0.082\ CaO \\ 0.030\ MgO \end{matrix}\right\} \cdot \left.\begin{matrix} 0.978\ Al_2O_3 \\ 0.022\ Fe_2O_3 \end{matrix}\right\} \cdot 4.150\ SiO_2$$

在釉料的实验式中，往往取碱性氧化物物质的量的总和为1。例如，我国康熙年间中胎斗彩盘的青花釉的实验式为：

$$\left.\begin{matrix} 0.185\ K_2O \\ 0.151\ Na_2O \\ 0.548\ CaO \\ 0.116\ MgO \end{matrix}\right\} \cdot \left.\begin{matrix} 0.664\ Al_2O_3 \\ 0.034\ Fe_2O_3 \end{matrix}\right\} \cdot 4.879\ SiO_2$$

从上面的方式去认识化学实验式，就很容易辨别出它是代表坯，还是代表釉的实验式。不过在国外，有许多国家的陶瓷行业却习惯以坯料实验式的碱性氧化物物质的量总和为1，即 $n(R_2O)+n(RO)=1$。例如俄罗斯的卫生炻瓷器坯料的化学实验式为：

$$\left.\begin{matrix} 0.65\ K_2O \\ 0.20\ Na_2O \\ 0.07\ CaO \\ 0.08\ MgO \end{matrix}\right\} \cdot \left.\begin{matrix} 3.40\ Al_2O_3 \\ 0.034\ Fe_2O_3 \end{matrix}\right\} \cdot \begin{matrix} 16.80\ SiO_2 \\ 0.120\ TiO_2 \end{matrix}$$

化学实验式表示法反映了各氧化物之间的相互关系，使各氧化物之间的组成一目了然，便于识别。除了能估计出有害杂质与降低熔融温度的成分对坯体的影响外，还能表明其高温化学性能，这是陶瓷工作者所习惯的表示方法之一。

（二）化学组成表示法

以坯料中各氧化物的质量分数来表示配方组成的方法，称为化学组成表示法。又称为氧化物质量分数表示法。它列出化学成分中对坯体性能起主导作用的 SiO_2 和 Al_2O_3 的含量，有害杂质 Fe_2O_3、TiO_2 的含量，能降低烧成温度的熔剂如 K_2O、Na_2O、CaO、MgO 的含量以及灼减量的含量。这种表示方法的优点是能较准确地表示出坯料的化学组成，同时能根据其含量多少估计出这个配方的烧成温度的高低、收缩大小、产品的色泽以及其他性能的大致情况。例如坯料中的 Al_2O_3 和 SiO_2 含量多，说明坯体的烧成温度较高，坯体难以烧结和玻化；若坯体中 K_2O 和 Na_2O 的含量多，则坯体易烧结，烧成温度较低；若坯料中 Fe_2O_3 和 TiO_2 多，则表示其着色氧化物成分多，产品的白度必然下降。再如，坯料的灼减量大，说明坯料内含有机物和其他挥发物较多，因而该坯料收缩较大或高温分解时容易产生气泡等。

总之，从坯料的化学组成可大致估计出此配方的工艺性能和产品烧后的最终性能。表 2－20 是国内以及国外一些陶瓷坯料的化学组成，仅供参考比较。

表 2－20　陶瓷坯料的化学组成　单位:%

	SiO_2	Al_2O_3	Fe_2O	CaO	MgO	K_2O	Na_2O	灼减	合计
日本瓷坯	66.96	21.58	0.74	0.31	0.10	3.82	1.67	4.89	100.05
日本陶坯	78.84	14.86	0.34	0.12	0.36	2.56	0.18	2.86	100.12
英国陶坯	75.18	19.95	0.55	1.21	0.28	1.91	0.80	0.48	100.36
法国瓷坯	52.94	28.91	0.48	3.99	0.17	1.70	0.68	11.60	100.47
德国瓷坯	57.48	28.99	0.30	0.47	0.93	2.68	0.65	8.49	99.99
美国瓷坯	67.89	19.54	0.93	0.90	0.16	3.06	0.65	6.00	100.13
比利时瓷坯	63.95	25.59	0.69	痕迹	0.54	2.07	0.98	6.62	100.44
景德镇瓷坯	65.87	22.46	0.76	—	0.18	2.66	2.89	5.49	100.31
景德镇坯	72.87	17.21	0.96	—	0.20	3.97	0.37	4.39	99.97
湖南瓷坯	69.67	20.20	0.45	0.32	0.23	2.69	0.55	5.80	100.00

（三）示性矿物组成表示法

坯料配方组成以纯理论的黏土、石英、长石等矿物来表示的方法，叫做示性矿物组成表示法，又称示性分析法，简称矿物组成法。

普通陶瓷生产中，把使用的各种原料所含的同类矿物合并在一起，用黏土、石英、长石三种矿物的质量分数计算出来。因为同类矿物在坯料中所起的作用基本上是相同的，但这些矿物的种类很多，性质上也有所差异，它们在坯料中的作用也有差别，因此这种表示方法也只能较粗略地反映一些情况，但用矿物组成进行配料计算是比较方便的。表 2－21 列举了某些制品的示性矿物组成。

表 2－21　不同制品的示性矿物组成　单位:%

制品种类	黏土	石英	长石	制品种类	黏土	石英	长石
高压电瓷	43.3	37.3	19.4	旅馆用瓷	51.8	24.6	23.6
高压电瓷	50.6	27.7	21.7	厨房用瓷	60.1	17.6	22.3
低压电瓷	49.0	27.5	23.5	美术瓷	44.4	28.2	27.4
化学瓷	65.5	9.7	24.8	软质瓷	36.3～47.0	23.3～34.8	24.2～34.0
家庭用瓷	48.7	27.1	24.2				

（四）配料量表示法

在陶瓷配方中，用原料的质量分数（或质量）来表示配方组成的方法，叫做配料量表示法。

例如某厂坯料配料量：石英29%，长石21%，大同砂石32%，界牌土15%，滑石3%。

这是最常见的表示方法，列出了每种原料的质量分数。由于这种表示方法简单，直观性强，易于称量配料，便于记忆，所以工厂中的配料单中常常使用这种表示方法。通常把配料量表示法表示的配方称为实用配方。这种表示方法的主要缺点是：它只适用于本地工厂，对其他产区的参考意义不太大，因为各地原料所含成分差异甚大，只要其中一种主要原料的成分不同，配制的坯料的性质就会产生很大的差别。

二、配料计算

（一）从化学物质的量计算实验式

若知道了坯料的化学物质的量，可按下列步骤，计算成为实验式。

（1）若坯料中的化学物质的量包含灼减量成分，首先应将其换算成不含灼减量的化学物质的量。

（2）以各氧化物的摩尔质量，分别除各该项氧化物的质量分数，得到各氧化物的物质的量（mol）。

（3）以碱性氧化物或中性氧化物物质的量总和，分别除各氧化物的物质的量，即得到一套以碱性氧化物或中性氧化物物质的量为1的各氧化物物质的量的系数。

（4）将上述各氧化物的物质的量值按 $RO \cdot R_2O_3 \cdot RO_2$，的顺序排列为实验式。

【例1】某瓷坯的化学组成如表2－22所示。

表2－22 某瓷坯的化学组成 单位:%

组成	SiO_2	Al_2O_3	Fe_2O_3	CaO	MgO	K_2O	Na_2O	灼减	合计
含量	63.37	24.87	0.81	1.15	0.32	2.05	1.89	5.54	100.00

试求该瓷坯的实验式。

【解】（1）先将该瓷坯的化学组成换算成不含有灼减量的化学组成。

$$w\ (SiO_2) = \frac{63.37}{100-5.54} \times 100\% = 67.09\%$$

$$w\ (Al_2O_3) = \frac{24.87}{100-5.54} \times 100\% = 26.33\%$$

$$w\ (Fe_2O_3) = \frac{0.81}{100-5.54} \times 100\% = 0.8575\%$$

$$w\ (CaO) = \frac{1.15}{100-5.54} \times 100\% = 1.217\%$$

$$w\ (MgO) = \frac{0.32}{100-5.54} \times 100\% = 0.3388\%$$

$$w\ (K_2O) = \frac{2.05}{100-5.54} \times 100\% = 2.170\%$$

$$w\ (Na_2O) = \frac{1.89}{100-5.54} \times 100\% = 2.001\%$$

$$\sum = 100.00\%$$

（2）将各氧化物质量分数除以各种氧化物的摩尔质量，得到各种氧化物在100g原料中的物质的量。

$n(SiO_2) = 67.09 \div 60.1 = 1.116$（mol）

$n(Al_2O_3) = 26.33 \div 101.9 = 0.2583$（mol）

$n(Fe_2O_3) = 0.8575 \div 159.7 = 0.0054$（mol）

$n(CaO) = 1.217 \div 56.1 = 0.0217$（mol）

$n(MgO) = 0.3388 \div 40.3 = 0.0084$（mol）

$n(K_2O) = 2.170 \div 94.2 = 0.0230$（mol）

$n(Na_2O) = 2.001 \div 62.0 = 0.0323$（mol）

（3）将中性氧化物的物质的量算出。

$$0.2583 + 0.0054 = 0.2637\ (mol)$$

（4）用0.2637分别除各氧化物的物质的量，得到一套以R_2O_3系数为1的各氧化物的系数。

$SiO_2 = 1.116 \div 0.2637 = 4.232$

$Al_2O_3 = 0.2583 \div 0.2637 = 0.9597$

$Fe_2O_3 = 0.0054 \div 0.2637 = 0.0205$

$CaO = 0.0217 \div 0.2637 = 0.0823$

$MgO = 0.0084 \div 0.2637 = 0.0319$

$K_2O = 0.0230 \div 0.2637 = 0.0872$

$Na_2O = 0.0323 \div 0.2637 = 0.1224$

（5）将所得到的各氧化物系数按规定的顺序排列，即可得到所要求的实验式。

$$\left.\begin{matrix} 0.0872\ K_2O \\ 0.1224\ Na_2O \\ 0.0823\ CaO \\ 0.0319\ MgO \end{matrix}\right\} \cdot \left.\begin{matrix} 0.9795\ Al_2O_3 \\ 0.0205\ Fe_2O_3 \end{matrix}\right\} \cdot 4.232\ SiO_2$$

（二）由实验式计算坯料的化学组成

若已知道坯料的实验式，可通过下列步骤的计算，得到坯料的化学组成。

（1）用实验式中各氧化物的物质的量分别乘以各该氧化物的摩尔质量，得到各氧化物的质量。

（2）算出各氧化物质量之总和。

（3）分别用各氧化物的质量除以各氧化物质量之总和，可获得各氧化物所占质量的分数。

【例2】 我国雍正薄胎粉彩碟的瓷胎实验式为：

$$\left.\begin{matrix} 0.088\ CaO \\ 0.010\ MgO \\ 0.077\ Na_2O \\ 0.120\ K_2O \end{matrix}\right\} \cdot \left.\begin{matrix} 0.982\ Al_2O_3 \\ 0.018\ Fe_2O_3 \end{matrix}\right\} \cdot 4.033\ SiO_2$$

试计算该瓷胎的化学组成。

【解】（1）计算出各氧化物的质量。

$$m\ (CaO)=0.088\times56.1=4.937\ (g)$$
$$m\ (MgO)=0.010\times40.3=0.403\ (g)$$
$$m\ (Na_2O)=0.077\times62.0=4.774\ (g)$$
$$m\ (K_2O)=0.120\times94.2=11.30\ (g)$$
$$m\ (Al_2O_3)=0.982\times101.9=100.1\ (g)$$
$$m\ (Fe_2O_3)=0.018\times159.7=2.875\ (g)$$
$$m\ (SiO_2)=4.033\times60.1=242.4\ (g)$$
$$\sum=366.8\ (g)$$

（2）计算出各氧化物质量总和为366.8g。

（3）计算出各氧化物所占的质量分数。

$$w\ (CaO)=4.937\div366.8\times100\%=1.346\%$$
$$w\ (MgO)=0.403\div366.8\times100\%=0.1099\%$$
$$w\ (Na_2O)=4.774\div366.8\times100\%=1.301\%$$
$$w\ (K_2O)=11.30\div366.8\times100\%=3.081\%$$
$$w\ (Al_2O_3)=100.1\div366.8\times100\%=27.29\%$$
$$w\ (Fe_2O_3)=2.875\div366.8\times100\%=0.78\%$$
$$w\ (SiO_2)=242.4\div366.8\times100\%=66.09\%$$
$$\sum=100.00\%$$

该瓷胎的化学组成见表2－23。

表2－23 **瓷胎的化学组成** 单位:%

组成	SiO_2	Al_2O_3	Fe_2O_3	CaO	MgO	K_2O	Na_2O	合 计
含量	66.09	27.29	0.78	1.346	0.1099	3.081	1.301	100.00

（三）由配料量计算实验式

由坯料的实际配料量计算实验式，应按下列步骤进行计算：

（1）首先要知道所使用的各种原料的化学组成，即各种原料所含每种氧化物的质量分数。并把各种原料的化学组成换算成不含灼减量的化学组成。

（2）将每种原料的配料量（质量），乘以各氧化物的质量分数，即可得到各种氧化物质的量。

（3）将各种原料中共同氧化物的质量加在一起，得到坯料中各氧化物的总质量。

（4）以各氧化物的摩尔质量分别去除它的质量，得到各氧化物的物质的量。

（5）以中性氧化物的物质的量去除各氧化物的物质的量，即得到一系列以中性氧化物（R_2O_3）系数为1的一套各氧化物的系数。

（6）按规定的顺序排列各种氧化物，即可得到所要求的实验式。

【例3】 某厂的坯料量如下：石英13%，长石22%，宽城土65%，滑石1%。

各种原料的化学组成如表2－24所示，试求该坯料的实验式。

【解】（1）将各种原料的化学组成换算成不含灼减量的化学组成如表2－25所示。

表 2-24　各种原料的化学组成　单位:%

化学组成 原料名称	SiO_2	Al_2O_3	Fe_2O_3	CaO	MgO	K_2O	Na_2O	灼减	合计
长石	65.62	19.42	0.71	0.20	—	8.97	4.85	0.41	100.18
石英	98.54	0.72	0.27	0.37	0.25	—	—	—	100.15
宽城土	58.43	30.00	0.31	0.47	0.42	0.48	0.12	9.64	99.98
滑石	60.44	1.19	0.14	3.10	29.02	—	—	5.32	99.21

表 2-25　不含灼减量的各种原料的化学组成　单位:%

化学组成 原料名称	SiO_2	Al_2O_3	Fe_2O_3	CaO	MgO	K_2O	Na_2O	灼减	合计
长石	65.77	19.47	0.71	0.20	—	8.99	4.86	—	100.00
石英	98.54	0.72	0.27	0.37	0.25	—	—	—	100.15
宽城土	64.76	33.25	0.34	0.52	0.47	0.53	0.13	—	100.00
滑石	64.37	1.27	0.15	3.30	30.91	—	—	—	100.00

（2）计算各种原料中每种氧化物的质量。

长石中：

$m\ (SiO_2) = 22 \times 65.77\% = 14.47\ (g)$

$m\ (Al_2O_3) = 22 \times 19.47\% = 4.28\ (g)$

$m\ (Fe_2O_3) = 22 \times 0.71\% = 0.16\ (g)$

$m\ (CaO) = 22 \times 0.20\% = 0.04\ (g)$

$m\ (K_2O) = 22 \times 8.99\% = 1.98\ (g)$

$m\ (Na_2O) = 22 \times 4.86\% = 1.07\ (g)$

石英中：

$m\ (SiO_2) = 13 \times 98.54\% = 12.81\ (g)$

$m\ (Al_2O_3) = 13 \times 0.72\% = 0.094\ (g)$

$m\ (Fe_2O_3) = 13 \times 0.27\% = 0.035\ (g)$

$m\ (CaO) = 13 \times 0.37\% = 0.048\ (g)$

$m\ (MgO) = 13 \times 0.25\% = 0.033\ (g)$

宽城土中：

$m\ (SiO_2) = 65 \times 64.76\% = 42.09\ (g)$

$m\ (Al_2O_3) = 65 \times 33.25\% = 21.61\ (g)$

$m\ (Fe_2O_3) = 65 \times 0.34\% = 0.22\ (g)$

$m\ (CaO) = 65 \times 0.52\% = 0.34\ (g)$

$m\ (MgO) = 65 \times 0.47\% = 0.31\ (g)$

$m\ (K_2O) = 65 \times 0.53\% = 0.34\ (g)$

$m\ (Na_2O) = 65 \times 0.13\% = 10.085\ (g)$

滑石中：

$m\ (SiO_2) = 1 \times 64.37\% = 0.64\ (g)$

$m\ (Al_2O_3) = 1 \times 1.27\% = 0.013\ (g)$

$m\ (Fe_2O_3) = 1 \times 0.15\% = 0.0015\ (g)$

$m\ (CaO) = 1 \times 3.3\% = 0.033\ (g)$

$$m\ (MgO) = 1 \times 30.91\% = 0.31\ (g)$$

（3）将各原料中的同种氧化物加和起来，求出坯料中每种氧化物的总质量。

$$m\ (SiO_2) = 14.47 + 12.81 + 42.09 + 0.64 = 70.01\ (g)$$
$$m\ (Al_2O_3) = 4.28 + 0.094 + 21.61 + 0.013 = 25.997\ (g)$$
$$m\ (Fe_2O_3) = 0.16 + 0.035 + 0.22 + 0.0015 = 0.4165\ (g)$$
$$m\ (CaO) = 0.04 + 0.048 + 0.34 + 0.033 = 0.461\ (g)$$
$$m\ (MgO) = 0 + 0.033 + 0.31 + 0.31 = 0.653\ (g)$$
$$m\ (K_2O) = 1.98 + 0 + 0.34 + 0 = 2.32\ (g)$$
$$m\ (Na_2O) = 1.07 + 0 + 0.085 + 0 = 1.155\ (g)$$

（4）用每种氧化物的摩尔质量分别去除每种氧化物的质量，得到每种氧化物的物质的量。

$$n\ (SiO_2) = 70.01 \div 60.1 = 1.1649\ (mol)$$
$$n\ (Al_2O_3) = 25.997 \div 101.9 = 0.2551\ (mol)$$
$$n\ (Fe_2O_3) = 0.4165 \div 159.7 = 0.0026\ (mol)$$
$$n\ (CaO) = 0.461 \div 56.1 = 0.0082\ (mol)$$
$$n\ (MgO) = 0.653 \div 40.3 = 0.0162\ (mol)$$
$$n\ (K_2O) = 2.32 \div 94.2 = 0.0246\ (mol)$$
$$n\ (Na_2O) = 1.155 \div 62 = 0.0186\ (mol)$$

（5）计算出中性氧化物（R_2O_3）物质的量总量。

$$0.2551 + 0.0026 = 0.2577\ (mol)$$

（6）以 0.2577 分别除每种氧化物的物质的量。

$$SiO_2 = 1.1649 \div 0.2577 = 4.5204\ (mol)$$
$$Al_2O_3 = 0.2551 \div 0.2577 = 0.9899\ (mol)$$
$$Fe_2O_3 = 0.0026 \div 0.2577 = 0.0101\ (mol)$$
$$CaO = 0.0082 \div 0.2577 = 0.0318\ (mol)$$
$$MgO = 0.0162 \div 0.2577 = 0.0629\ (mol)$$
$$K_2O = 0.0246 \div 0.02577 = 0.0955\ (mol)$$
$$Na_2O = 0.0186 \div 0.2577 = 0.0722\ (mol)$$

（7）将各氧化物按规定的顺序排列，得到该坯料的实验式。

$$\left.\begin{matrix} 0.0955\ K_2O \\ 0.0722\ Na_2O \\ 0.0318\ CaO \\ 0.0629\ MgO \end{matrix}\right\} \cdot \left.\begin{matrix} 0.9899\ Al_2O_3 \\ 0.0101\ Fe_2O_3 \end{matrix}\right\} \cdot 4.5204\ SiO_2$$

由坯料的实际配料量计算其实验式，如果首先已知道了各种原料的实验式，或者把原料的已知化学组成事先换成为实验式，也可将各种原料中所含共同的每种氧化物的摩尔数加在一起，按照规定的方法，将中性氧化物（R_2O_3）的系数换算成 1，把得到的各种氧化物按规定顺序排列成为所要求的坯式。由于计算各种原料的实验式较麻烦，所以通常很少采用此法，只有当所用原料比较纯的时候，接近理论实验式时，才采用此法计算。

（四）由实验式计算配料量

由坯料的实验式计算其配料量时，首先必须知道所用原料的化学组成，其计算方法如下：

（1）将原料的化学组成计算成为示性矿物组成所要求的形式，即计算出各种原料的矿物组成。

（2）将坯料的实验式计算成为黏土、长石及石英矿物的百分组成。在计算中，要把坯料实验式中的 K_2O、Na_2O、CaO、MgO 都粗略地归并为 K_2O，则坯料的实验式可写成如下：

$$a\ R_2O \cdot b\ Al_2O_3 \cdot c\ SiO_2$$

（3）用满足法来计算坯料的配料量，分别以黏土原料和长石原料满足实验式中所需要的各种矿物的数量，最后再用石英原料来满足实验式中石英矿物所需要的数量。

【例 4】 某厂坯料的实验式如下：

$$\left.\begin{array}{l} 0.078\ K_2O \\ 0.031\ Na_2O \\ 0.047\ CaO \end{array}\right\} \cdot 1.0\ Al_2O_3 \cdot 3.05\ SiO_2$$

所使用原料的化学组成如表 2－26 所示。

表 2－26　使用原料的化学组成　单位：%

原料名称＼化学组成	SiO_2	Al_2O_3	Fe_2O_3	TiO_2	CaO	MgO	K_2O	Na_2O
高岭土	49.04	38.05	0.20	0.04	0.05	0.01	0.19	0.03
长石	65.34	18.53	0.12	—	0.34	0.08	14.19	1.43
石英	99.40	0.11	0.08	—	—	—	—	—

试计算该坯料的配料量。

【解】（1）将各种原料的化学组成换算成示性矿物组成。为简化计算过程可将原料中的 K_2O、Na_2O、CaO、MgO、Fe_2O_3、TiO_2 均作为熔剂部分，即作为长石来计算。

例如高岭土原料可简化为：SiO_2 49.04%，Al_2O_3 38.05%，K_2O 0.28%。

再进行换算见表 2－27。

表 2－27　配料量计算过程（A）

项目＼化学成分	SiO_2	Al_2O_3	K_2O、Na_2O、CaO、MgO
高岭土成分	49.04	38.05	0.28
用摩尔质量除，得到物质的量	0.817	0.373	0.003
高岭土中含长石矿物 0.003mol	0.018	0.003	0.003
剩余量	0.799	0.370	0
高岭土中含黏土矿物 0.370mol	0.74	0.370	
剩余量	0.059	0	
高岭土中含石英矿物 0.059mol	0.059		
剩余量	0		

高岭土原料中含各种矿物组成为：

长石矿物：0.003 ×556.8 =1.67

黏土矿物：0.370 ×258.2 =95.53

石英矿物：0.059 ×60.1 =3.54

$\sum$ =100.74

其百分组成为：

长石矿物：1.67 ÷100.74 ×100% =1.66%

黏土矿物：95.53 ÷100.74 ×100% =94.83%

石英矿物：3.54 ÷100.74 ×100% =3.51%

用相同的方法计算可得到：

长石原料中含：　　长石矿物 96.33%

　　　　　　　　　石英矿物 3.67%

石英原料中含：　　石英矿物 99.40%

（2）计算坯料实验式中所需要的各种矿物组成的百分数。在计算过程同样把 K_2O、Na_2O、CaO 作为 K_2O 的量来计算见表 2 -28。

表 2 -28　　　　配料量计算过程（B）

坯料试验式	0.156 R_2O	1.0 Al_2O_3	3.05 SiO_2
含 0.156mol 的长石矿物	0.156	0.156	0.936
剩余量 含 0.884mol 的黏土矿物	0	0.884 0.884	2.114 1.688
剩余量 含 0.426mol 的石英矿物		0	0.426 0.426

坯料中含各种矿物组成为：

长石矿物：0.156 ×556.8 =86.86

黏土矿物：0.884 ×258.2 =217.92

石英矿物：0.426 ×60.0 =25.56

$\sum$ =330.34

其百分组成为：

长石矿物：86.86 ÷330.34 ×100% =26.3%

黏土矿物：217.92 ÷330.34 ×100% =66.0%

石英矿物：25.56 ÷330.34 ×100% =7.7%

（3）用满足法计算配料量见表 2 -29。

表 2 -29　　　　配料量计算过程（C）

矿物类别 / 项目	黏土矿物	长石矿物	石英矿物
坯料组成/%	66.00	26.30	7.7
高岭土配料量 100 ×66 ÷94.83 =69.60%	66.00	1.16	2.44
剩余量 长石配料量 100 ×25.4 ÷96.33 =26.10%	0	25.14 25.14	5.26 0.96

续表

项目 \ 矿物类别	黏土矿物	长石矿物	石英矿物
剩余量 石英配料量 4.30%		0	4.30 4.30
剩余量			0

经计算，该坯料的配料量为：高岭土 69.60%，长石 26.10%，石英 4.30%。

上述第（3）步配料量之计算也可用图解法。若用图解法计算可按下列步骤进行：

①在黏土－长石－石英三轴图（如图 2－14 所示）上按坯料、高岭土、长石及石英原料的示性矿物组成（见表 2－30）分别找出它们的组成点（表 2－30）。

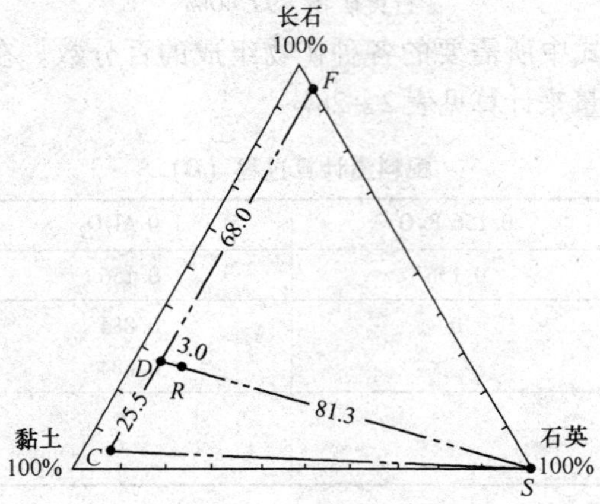

图 2－14　由实验式计算配料量（图解法）

表 2－30　　**配料量计算过程（D）**

原料名称 \ 矿物类别	黏土矿物	长石矿物	石英矿物	组成点
坯料	66	26.30	7.7	*R*
高岭土原料	94.83	1.66	3.51	*C*
长石原料	—	96.33	3.67	*F*
石英原料	—	—	99.40	*S*

②连接 *C*、*F*、*S* 三点成一个三角形。

③把 *C*、*F*、*S* 三点中任何一点与 *R* 点连接，如连接 *S*、*R* 两点并延长交 *CF* 于 *D* 点。

④根据杠杆规则进行计算。

S——石英原料在组成中的百分率为：

$$\frac{DR}{DS}\times 100\% = \frac{3.7}{85}\times 100\% = 4.35\%$$

D——包括黏土与长石原料在组成 *R* 中所占的百分率为：

$$\frac{RS}{DS}\times 100\% = \frac{81.3}{85}\times 100\% = 95.65\%$$

在 CF 中 D 点就分配了黏土原料和长石原料所占的比例。

其中：C——黏土原料在 D 中所占比例为：

$$\frac{DF}{CF}\times 100\% = \frac{68}{93.5}\times 100\% = 72.72\%$$

F——长石原料在 D 中所占比例为：

$$\frac{CD}{CF}\times 100\% = \frac{25.5}{93.5}\times 100\% = 27.27\%$$

则 C 在 R 中所占的百分率为：

$$72.72\% \times 95.65\% = 69.56\%$$

F 在 R 中所占的百分率为：

$$27.27\% \times 95.65\% = 26.09\%$$

故该坯料的配料量为：高岭土 69.56%，长石 26.09%，石英 4.35%。

用图解法计算与前面的满足法计算的结果相比较，其误差不大，误差产生的原因与作图的准确性有关，其实前面的示性矿物组成计算也是有误差的，这些误差的存在是难免的，均可忽略不计。

（五）由示性矿物组成计算配料量

已知坯料的矿物组成及原料的化学组成时，须先将原料的化学组成换算成原料的矿物组成，然后再进行配料计算。若已知坯料及原料的矿物组成，则可直接计算其配方。配方的计算，首先以黏土原料中的黏土矿物部分来满足坯料中所需要的矿物成分，然后将随黏土原料带入的长石矿物和石英矿物部分分别从所需求的百分数中减去，再分别以长石原料和石英原料来满足坯料中所需要的长石矿物及石英矿物。

【例 5】 已知所使用原料的化学组成见表 2－31。

表 2－31　原料的化学组成　　单位：%

原料名称	SiO_2	Al_2O_3	Fe_2O_3	CaO	MgO	K_2O	Na_2O	灼减	总计
高岭土	48.30	39.07	0.15	0.05	0.02	0.18	0.03	12.09	99.89
黏土	49.09	36.74	0.40	0.11	0.20	0.52	0.11	12.81	99.98
长石	64.93	18.04	0.12	0.38	0.21	14.45	1.54	0.33	100.00
石英	96.60	0.11	0.12	3.02	—	—	—	—	99.85

试用以上四种原料计算出坯料中含黏土矿物 63.08%、长石矿物 28.62%、石英矿物 8.3% 的配料量。

【解】 首先按【例 4】的方法将各种原料的化学组成换算成各种原料的矿物组成见表 2－31。

然后计算配料量。首先用黏土原料满足坯料中所需要的黏土矿物，现坯料中的黏土矿物由高岭土及黏土两种原料来供给，因此计算前应确定高岭土及黏土的用量，从这两种原料的可塑性、收缩率、烧后颜色等各项工艺性能来考虑，假定坯料中的黏土矿物一半由高岭土供给，则另一半应由黏土原料来供给。

高岭土用量：

$$\left(\frac{1}{2}\times 63.08\right)\times\frac{100}{96.78} = 32.59\%$$

黏土用量：

$$\left(\frac{1}{2}\times 63.08\right)\times\frac{100}{89.72}=35.15\%$$

由32.59%的高岭土原料引入的长石矿物：32.59 × 0.0196 = 64%

由32.59%的高岭土原料引入的石英矿物：32.59 × 0.0126 = 0.41%

由35.15%的黏土原料引入的长石矿物：35.15 × 0.0766 = 2.69%

由35.15%的黏土原料引入的石英矿物：35.15 × 0.0262 = 0.92%

高岭土和黏土原料共引入的石英矿物：0.41% + 0.92% = 1.33%

坯料中需石英矿物8.30%，扣除由高岭土与黏土两种原料引入的石英矿物1.33%外，其余数量可全由石英原料来供给，故石英原料用量为：

$$(8.30-1.33)\times\frac{100}{95.60}=7.29\%$$

由于石英原料中含有4.4%的长石矿物，则7.29%的石英原料引入的长石矿物为：

$$7.29\times 0.044=0.32\%$$

由高岭土、黏土、石英三种原料引入的长石矿物为：

$$0.64\%+2.69\%+0.32\%=3.65\%$$

故长石原料用量为：

$$28.62\%-3.65\%=24.97\%$$

由上述计算得到坯料的配料量为：高岭土32.59%，黏土35.15%，石英7.29%，长石24.97%。

（六）由化学组成计算配料量

当陶瓷产品的化学组成和采用的原料的化学组成均为已知，且采用的原料的化学组成又比较纯净，采用上述两种计算方法虽可行，但有时遇到所用原料比较复杂时仍嫌不够准确。因为上述方法的计算中或以CaO、MgO、Na_2O统作为K_2O并入一道计算，或采用黏土、长石、石英原料的示性矿物组成作为计算基础，使之计算产生较大的偏差。若以原料的化学组成的质量分数直接来计算，则可以得到较准确的结果。

在计算的过程中，可根据原料性质和成型的要求，参照生产的经验先确定一两种原料的用量（如黏土、膨润土），再按满足坯料化学组成的要求逐个计算每种原料的用量。在计算过程中要明确每种氧化物主要由哪种原料来提供。

【例6】 某厂的耐热瓷坯料及原料的化学组成见表2-32。

表2-32 耐热瓷坯料及原料的化学组成 单位：%

原料名称	SiO_2	Al_2O_3	Fe_2O_3	CaO	MgO	K_2O+Na_2O	灼减
耐热瓷坯料	68.51	21.20	2.75	0.82	4.35	1.68 0.18	—
膨润土	72.32	14.11	0.78	2.10	3.13	2.70	4.65
黏土	58.48	28.40	0.80	0.33	0.51	0.31	11.16
镁质黏土	66.91	2.84	0.83	—	22.36	1.20	6.35
长石	63.26	21.19	0.58	0.13	0.13	14.41	—

续表

原料名称	SiO_2	Al_2O_3	Fe_2O_3	CaO	MgO	K_2O+Na_2O	灼减
石英	99.45	0.24	0.31	—	—	—	—
氧化铁	—	—	9.30	—	—	—	—
碳酸钙	—	—	—	56.00	—	—	44.00

试计算此耐热瓷坯料的配料量。

【解】 (1) 将原料化学组成中带有"灼减量"者换算成为不含灼减量的各氧化物的质量分数。如所给定的坯料组成中有灼减量也须同样换算成为不含灼减量的各氧化物的质量分数。

上述原料经换算后的原料化学成分的质量分数如表2-33(K_2O、Na_2O以合量计)所示。

表2-33　换算后原料化学组成　单位:%

原料名称	SiO_2	Al_2O_3	Fe_2O_3	CaO	MgO	K_2O+Na_2O	总计
膨润土	75.8	14.8	0.82	2.21	3.28	2.84	99.75
黏土	65.6	31.9	0.90	0.37	0.57	0.35	99.69
镁质黏土	71.5	3.03	0.88	—	23.80	1.28	100.49
碳酸钙	—	—	—	100.00	—	—	100.00

(2) 列表用化学组成满足法进行配料计算,其坯料中膨润土用量规定不超过5%,兹定为4%。计算过程见表2-34。

表2-34　配料量计算过程

项目 \ 化学组成	SiO_2	Al_2O_3	Fe_2O_3	CaO	MgO	K_2O+Na_2O
耐热瓷坯	68.51	21.20	2.75	0.82	4.35	1.86
膨润土4%	3.03	0.59	0.03	0.09	0.13	0.11
余量	65.48	20.61	2.72	0.73	4.22	1.75
镁质黏土 100×4.22/23.8=17.75%	12.70	0.54	0.16	—	4.22	0.23
余量	52.78	20.07	2.56	0.73	0	1.52
长石 100×1.52/14.41=10.57%	6.67	2.24	0.06	0.01		1.52
余量	46.11	17.83	2.50	0.72		0
黏土 100×17.83/31.9=55.8%	36.7	17.83	0.50	0.21		
余量	9.41	0	2.00	0.51		
石英 100×9.41/99.45=9.48%	9.41		0.03	—		

续表

化学组成 项目	SiO_2	Al_2O_3	Fe_2O_3	CaO	MgO	K_2O+Na_2O
余量 氧化铁 100×1.97/93=2.1%	0		197 1.97	0.51 —		
余量 氧化钙 0.51%			0	0.51 0.51		

（3）将计算所得到的配料质量分数，按原料组成中本来含有灼减量者换算成为含灼减量在内的原料配料质量分数，然后全部按百分比折算一次即得到配料量。

	计算值	换算值	配料质量分数
膨润土	4%	4.2%	3.85%
镁质黏土	17.75%	18.95%	17.40%
长石	10.57%	10.57%	9.68%
黏土	55.80%	62.80%	57.60%
石英	9.48%	9.48%	8.70%
氧化铁	2.10%	2.10%	1.93%
氧化钙	0.51%	0.91%	0.84%
		109.01%	100.00%

在计算黏土用量时所带入的 MgO 及 K_2O 和 Na_2O，如果含量很少，可以不予考虑。

由坯料及所用原料的化学组成计算坯料的配料量还可以采用“三角形直线法”进行计算。用这种方法可以解决需要使用三种黏土原料时的计算问题。这种计算方法除了在一定范围内能满足化学组成外，还能根据各种黏土原料的性质，调整几种黏土的用量，以改善坯料的工艺性能。“三角形直线”计算法是按坯料的化学组成或实验式来计算的。计算时，先选定坯料的组成范围，然后用已选定的原料，一般是长石、石英与两种或两种以上的黏土原料来进行计算。

计算时，先根据黏土的组成和性能假定采用的总量和几种黏土原料之间的用量比例，然后算出黏土中所含的 K_2O 含量，并从采用的坯体配方中的 K_2O 量中减去，所剩余的 K_2O量计算出长石的需要量，再把从长石原料中所带来的 Al_2O_3量，从坯料中的 Al_2O_3量中减去，根据所余的 Al_2O_3量的范围计算出各黏土原料的用量。计算时在以三种黏土原料构成的三轴图中定出一个区域，在这一区域内，三种黏土间任何不同比例的配合，都能符合所选定的瓷坯坯料中 Al_2O_3的含量范围。其 SiO_2的不足数量则可用石英原料来补足。

在确定的区域中，可以按黏土的物理化学性能，选择一个小的区域并选出几点进行配料和进行一切性能的测定，最后再确定一最佳配方。

以下是以 A、B、C 三种黏土和石英，长石为原料，用“三角形直线法”进行配方计算的实例。

【例7】 所选定的某瓷坯的化学组成范围及所用原料的化学组成见表2－35。

表2－35　　某瓷坯及原料的化学组成　　单位：%

类别	SiO_2	Al_2O_3	Fe_2O_3	TiO_2	CaO	MgO	K_2O	Na_2O
坯料的化学组成	68～74	21～26	<1	—	—	—	2.5～5.0	
A黏土	53.98	45.31	0.25	微量	0.44	微量	—	微量
B黏土	69.07	23.00	1.24	2.69	0.05	0.70	2.96	0.23
C黏土	54.34	34.46	1.56	0.99	0.83	1.44	6.38	微量
长石	63.93	19.28	0.17	—	0.36	—	13.88	2.37
石英	99.53	0.36	0.08	—	—	—	—	微量

试用"三角形直线法"计算此坯料的配料量。

【解】（1）若所给定的坯料及原料的组成中包含有灼减量，应首先将其换算成不包含灼减量在内的质量分数。

（2）按坯料组成中Al_2O_3的要求含量的质量分数，以理论成分比例计算出与其相应配比的SiO_2量，从而估计黏土的总用量。

在此计算中假设Al_2O_3的含量为24%，即100g坯料中有24g的Al_2O_3。

按高岭土理论成分脱水以后，$m(Al_2O_3):m(SiO_2)=46:54$，则24g Al_2O_3需要：

$$m(SiO_2)=\frac{24\times 54}{46}=28.5\ (g)$$

黏土的用量为24＋28＝52（g）

（3）按照各种黏土的物理性能以及生产与供应情况初步估计各种黏土的配料量。

设：A黏土55%，B黏土40%，C黏土5%。

（4）计算各种黏土原料带入到坯料中K_2O的总量。

$$\text{A黏土中：} w(K_2O)=0$$

$$\text{B黏土中：} w(K_2O)=2.96\%$$

$$\text{C黏土中：} w(K_2O)=6.38\%$$

则由三种黏土带入的K_2O含量：

$$(55\times 0+40\times 0.0296+5\times 0.0638)\times 0.52=0.782\ (g)$$

（5）从坯料要求的K_2O的总量中减去由各种黏土原料带入的K_2O的量，剩余的K_2O的量由长石原料来满足。假设坯料中需要的K_2O为3.9%，则需要的长石量。

$$\frac{3.9-0.782}{13.88}\times 100=22.46\ (g)$$

（6）从坯料总量100g中减去黏土原料总量及长石需要量，可得到石英原料的需要量。

$$100-(52+22.46)=25.54\ (g)$$

（7）计算由长石原料带入的Al_2O_3量。

$$22.46\times 19.28\%=4.33\ (g)$$

（8）从坯料所需Al_2O_3含量中减去由长石带入的Al_2O_3含量。因为坯料中所需Al_2O_3含量为21%～26%，则：

$$21-4.33=16.67\ (\mathrm{g})$$

$$26-4.44=21.67\ (\mathrm{g})$$

此剩余的16.67%～21.67%的Al_2O_3量应由三种黏土所含Al_2O_3来补足。三种黏土中的Al_2O_3含量分别为：A黏土45.31%，B黏土23.00%，C黏土34.46%。

由三种黏土带入的Al_2O_3含量：

$$(0.4531w_{A_1}+0.23w_{B_1}+0.3446w_{C_1})\times 52\%=16.67\%$$

$$(0.4531w_{A_2}+0.23w_{B_2}+0.3446w_{C_2})\times 52\%=21.67\%$$

在黏土三组分系统图上（如图2－15所示）

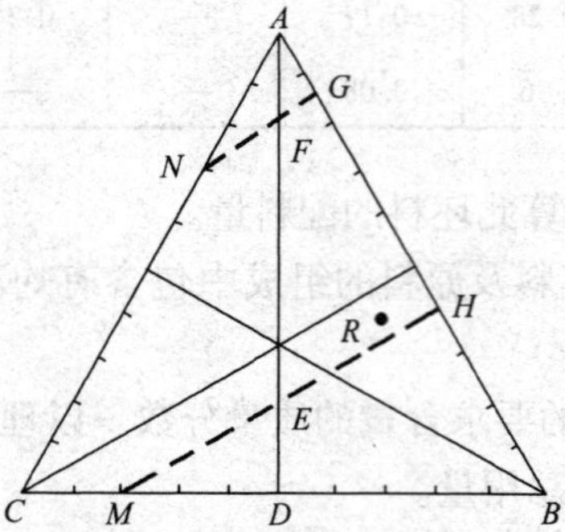

图2－15　三角形直线法计算配料图

$$w_A+w_B+w_C=1$$

设AD为中线，则 $w_B=w_C$　$w_A+2w_B=1$　$w_B=\dfrac{1-w_A}{2}=w_C$

所以
$$\begin{cases} w_{B_1}=w_{C_1}=\dfrac{1-w_{A_1}}{2} \\ w_{B_2}=w_{C_2}=\dfrac{1-w_{A_2}}{2} \end{cases}$$

将w_{B_1}和w_{B_2}代入上述方程组：

$$\left(0.4531w_{A_1}+0.23\times\frac{1-w_{A_1}}{2}+0.345\times\frac{1-w_{A_1}}{2}\right)\times 52\%=16.67\%$$

$$\left(0.4531w_{A_2}+0.23\times\frac{1-w_{A_2}}{2}+0.345\times\frac{1-w_{A_2}}{2}\right)\times 52\%=21.67\%$$

解此方程组得$w_{A_1}=20.05\%$，$w_{A_2}=78.07\%$。

将w_{A_1}和w_{A_2}在黏土三组分系统图上表示出来，相当图中的E点和F点。

另设图中AB线上有两点，它们所含的Al_2O_3量相当于上述的不足Al_2O_3量16.67%～21.67%，因为在AB线上，只有A、B两种黏土，没有C黏土，故$w_C=0$，$w_A+w_B=1$则$w_B=1-w_A$，于是：

$$\begin{cases} w_{B_1}=1-w_{A_1} \\ w_{B_2}=1-w_{A_2} \end{cases}$$

将w_{B_1}和w_{B_2}也带入到方程组中：

$$\begin{cases}(0.4531\ w_{B_1}+0.23\ w_{B_1})\times 52\%=16.67\%\\(0.4531\ w_{A_2}+0.23\ w_{B_2})\times 52\%=21.67\%\end{cases}$$

$$\begin{cases}[0.4531\ w_{A_1}+0.23\ (1-w_{A_1})]\times 52\%=16.67\%\\[0.4531\ w_{A_2}+0.23\ (1-w_{A_2})]\times 52\%=21.67\%\end{cases}$$

解此二元一次方程组得到：$w_{A_1}=40.56\%$，$w_{A_2}=83.69\%$。也把w_{A_1}和w_{A_2}的值在黏土三组分系统图中分别表示出来，相当于图中的 *H* 点和 *G* 点。

这样在黏土三组分系统图上，得到了 *E*、*F*、*H*、*G* 四个点。连接 *HE*、*GF* 并延长交于 *CB* 和 *AC* 于 *M* 点和 *N* 点。于是在此三组分系统图上得到一个 *MNGH* 区域，在 *MNGH* 范围内的各组成点，均符合上述 16.67% ~21.67% 的 Al_2O_3 含量。

由上述计算可以看出，除满足坯料所需的化学组成外，还可以在 *MNGH* 范围内任意调整 A、B、C 三种黏土的比例，来满足泥料所要求的各种工艺性能（如成型、干燥性能等）。

必须指出，在三角形中任选一点是黏土总量内三种黏土的百分比，还必须乘以黏土总量占总配料量的质量分数，才能换算成为各种黏土占坯料总配比的百分数。例如 A 黏土为 55%；B 黏土为 40%；C 黏土为 5%，尚乘以 52%，得出在坯料总配比中 A 黏土为 28.6%，B 黏土为 20.8%，C 黏土为 2.6%。

故此坯料的配料量为：

A 黏土：28.6%	长石：22.46%
B 黏土：20.8%	石英：25.54%
C 黏上：2.6%	

用此方法计算出各种原料的用量组成比较切合实际，但对所选用的原料的物理性质及工艺性能必须有充分的了解，这是比较困难的。

第四节 坯料的成型性能

一、可塑泥团的成型性能

可塑泥团的首要性质是具有良好的可加工性，包括易于成型成各种形状而不致开裂，可以钻孔和切割，还要求干燥后有较高的生坯强度。希望坯料尽可能有各向同性的均匀结构、颗粒定向排列不严重，以免因收缩不均而引起坯体变形甚至开裂。

（一）可塑泥团的流变特性

可塑泥团是由固相、液相、少量气相组成的弹性－塑性系统。当它受到应力作用而发生变形时，既有弹性性质，又出现假塑性变形阶段。由图 2－16 可见，当应力很小时，含水量一定的泥团受到应力 σ 的作用而产生形变 ε，两者呈直线关系（泥团的弹性模量不变），而且是可逆的。这种弹性变形主要由于泥团中含有少量空气和有机增塑剂，同时也是由于黏土颗粒表面形成水化膜所致。若应力增大超过弹性的极限值 σ_y，则出现不可逆的假塑性变形。

由弹性变形过渡到假塑性变形的极限应力 σ_y 称为流动极限（或称流限、屈服值），此值随泥团中水分增加而降低。达到流限后，应力增大会引起更大的变形速度。这时弹性模量减小。若除去泥团受到的应力，则会部分地恢复原来的状态（用 ε_y 表示），剩下不可逆变形部分 ε_n 叫做假塑性变形。这是由于泥团中的矿物颗粒产生相对位移所致，若应力超过泥团的强度极限 σ_p 则导致开裂破坏。破坏时的变形值 ε_p 和应力 σ_p 的大小取决于所加应力的速度和应力扩散的速度。在快速加压及应力容易消除的情况下，则 ε_p 和应力 σ_p 值会降低。

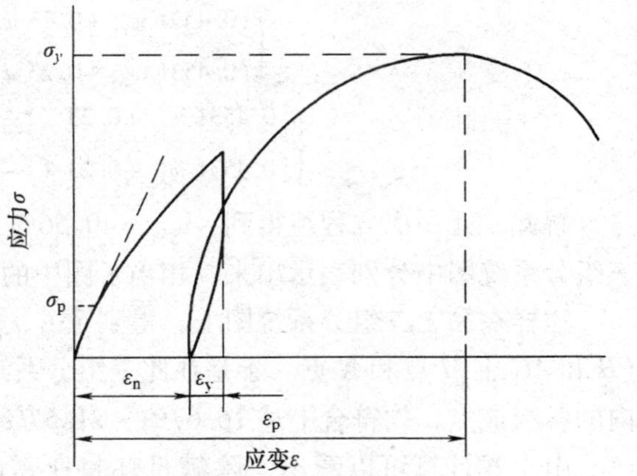

图 2－16　黏土泥团的应力－应变曲线

成型时，希望泥团能长期维持塑性状态。这涉及加压方式与变形的关系。当应力是一次和很快地加压到泥团上时，比较容易出现弹性变形，而不可逆的假塑性变形值较少。所以要使泥团形成坯体要求的形状，成型的压力应陆续、多次加压到泥团上。

泥团受力作用而变形后，若维持其变形量不变，则应力会逐渐消失。也就是说，贮存在已经变形的泥团中的能量会转化为热能而逐渐消失。这种应力降到一定数值时所需的时间叫做松弛期。如果成型时泥团受压的时间比其松弛期短得多，则在应力作用期间内泥团来不及变形而又恢复为原状，成为弹性体。若延长加压的时间，并且远远超过其松弛期，则泥团呈塑性变形，长期保持变形后的形状。

在可塑坯料的流变性质中，有两个参数对成型过程有实际的意义。一个是泥团开始假塑性变形时须加的应力，即其屈服值；另一个是出现裂纹前的最大变形量。成型性能好的泥团应该有一个足够高的屈服值，以防偶然的外力引起变形；而且应有足够高的变形量，使得成型过程中变形虽大但不致出现裂纹。但这两个参数并不是孤立的。图 2－17 表明，改变泥团的含水量可改变一个流变特性，但同时却会降低另一个特性。

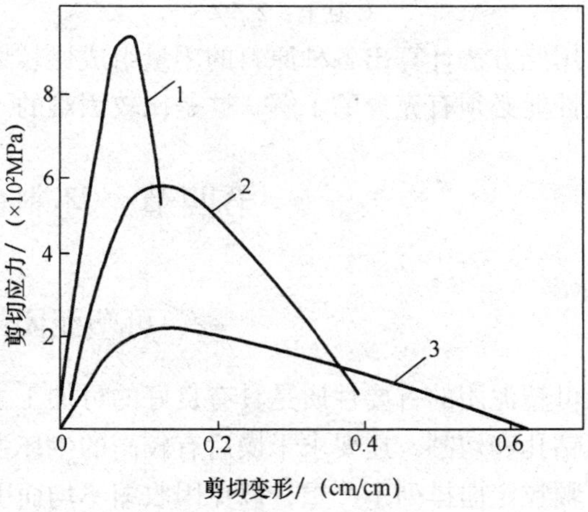

图 2－17　某黏土的含水量与其应力－应变曲线的关系
1—水分 35%　2—水分 40%　3—水分 45%

一般可以近似地用屈服值和最大变形量的乘积来评价泥团的成型性能。这也是直接评价可塑性的方法。对于一定的泥团来说，在合适的水分下，这个乘积达到最大值也就具有最好的成型能力。

不同的可塑成型方法对泥团流变性的上述两个参数的要求是不同的。在挤压或手动旋坯成型时，要求泥团的屈服值大些，使坯体形状稳定。在石膏模内旋坯或滚压成型时，由于坯体在模型中停留时间较长，受应力作用的次数较多，屈服值可以低些。对于泥团开裂前的最大变形量来说，手工成型的泥团可以小些，因为工人可以根据泥团的特性来适应它。用机械成型时则要求变形量大些，以降低废品率。

（二）影响泥团可塑性的因素

1. 矿物种类

可塑性良好的泥团一般具备下列条件：颗粒较细；矿物解理明显或解理完全，尤其是呈片状结构的矿物；颗粒表面水膜较厚。蒙脱石具备上述三条件，可塑性很强。多水高岭石呈管状。迪开石粒子较粗、叶蜡石及滑石颗粒虽呈片状，但水膜较薄，所以塑性不高。石英无论破碎到多细，均不会呈片状，而且吸附的水膜又薄，因此可塑性最低，马歇尔（Marshall，1955）测得黏土中所含矿物的可塑性按下列顺序依次增大：迪开石 < 隧石 < 伊利石 < 绿脱石 < 锂蒙脱石 < 高岭石 < 蒙脱石。

高岭土与膨润土的可塑性相差很大，可由其矿物结构的差异来说明。在高岭石的层状结构中，每层的边缘处为 O^{2-} 与 OH^-，层与层之间有氧键的作用力，水分不易进入两层之间，毛细管力也小，所以高岭土的塑性较低。而蒙脱石晶层边缘处为 O^{2-}，层与层之间是通过范德华力来连接，这种键力较弱。水分子易被吸附进入晶层之间形成水膜，产生大的毛细管力，因而膨润土的可塑性强。

2. 固相颗粒大小和形状

一般地说，泥团中固相颗粒越粗，呈现最大塑性时所需的水分越少，其最大可塑性越低；颗粒越细则比表面越大，每个颗粒表面形成水膜所需的水分越多。此外，由细颗粒堆积而形成的毛细管半径越小，产生的毛细管力越大，可塑性也高。

不同形状颗粒的比表面是不同的，因而对可塑性的影响也有差异。根据计算，板片状、短柱状颗粒的比表面较球状和立方体颗粒的比表面大得多。前两种颗粒容易形成面与面的接触，构成的毛细管半径小，而毛细管力较大，而且它们的对称性低，移动时阻力大，促使泥团的可塑性增大。

3. 吸附阳离子的种类

黏土胶团间的吸引力明显地影响着泥团的可塑性，而吸引力的大小决定于阳离子交换的能力及交换阳离子的大小与电荷。阳离子交换能力强的原料一方面可使粒子表面带有水膜，同时由于粒子表面带有电荷，不致聚集。此外，比表面增加会促使原料的阳离子交换能力增强，这也是细粒原料可塑性强的原因之一。若从电荷的多少来考虑，三价阳离子价数高，它和带负电荷的胶粒吸引力相当大，大部分进入胶团的吸附层中，使整个胶粒净电荷低，因而斥力减小，引力增大，提高黏土的可塑性。二价离子对可塑性的影响较小，吸附 Ca^{2+}、Mg^{2+} 的体系可塑性会有所增大。一价阳离子对可塑性的影响最小。但 H^+ 是例外，因为它实际上只有一个原子核，外面没有电子层，所以电荷密度最高，吸引力最大，因而氢黏土的可塑性很强。

对于同价阳离子来说，离子半径越小，则其表面上电荷密度越大，水化能力越强，水化后的离子半径也大。例如 Li^+ 水化后离子半径增大，与带负电荷的胶粒吸引力减弱，进入吸附层的 Li^+ 数目少。胶粒的净电荷较高，因而斥力大而吸引力小，所以吸附 Li^+ 的黏土塑性低。见表 2 – 36。

黏土吸附不同阳离子时，其可塑性变化的顺序和阳离子交换的顺序是相同的。

$$\text{H—黏土} > Al^{3+} > Ba^{2+} > Ca^{2+} > Mg^{2+} > NH_4^+ > K^+ > Na^+ > Li^+$$

$$\longleftarrow\text{可塑性}\text{———}$$

阴离子交换能力较小，对可塑性的影响不大。

表 2－36　　同价阳离子水化前后离子半径比较　　单位：nm

离子种类	Li^+	Na^+	K^+
水化前离子半径	0.078	0.098	0.133
水化后离子半径	0.37	0.33	0.31

4. 液相的数量和性质

水分是泥团出现可塑性的必要条件，泥团中水分适当时才能呈现最大的可塑性，从图 2－18 可知，泥团的屈服值随含水量的增加而减小，而泥团的最大变形量却随含水量的增加而加大。若用屈服值与最大变形量两者的乘积表示可塑性，则对应于某一含水量泥团的可塑性可达到最大值。实际上可塑成型时的最佳水分应该是可塑性最大时的含水量（又称可塑水分）。

液体介质的黏度、表面张力对泥团的可塑性有显著的影响。泥团的屈服值受存在于颗粒之间的液相的表面张力所支配。液相的表面张力大必定会增大泥团的可塑性。如果加入表面张力比水低的乙醇，则泥团可塑性比加入水时要低。此外，高黏度的液体介质（如羧甲基纤维素、聚乙烯醇和淀粉的水溶液、桐油等）也会提高泥团的可塑性。这是由于有机物质黏附在泥团颗粒表面，形成黏性薄膜，相互间的作用力增大，再加上高分子化合物为长链状，阻碍颗粒相对移动所致。从而使坯料具有一定的可塑性。

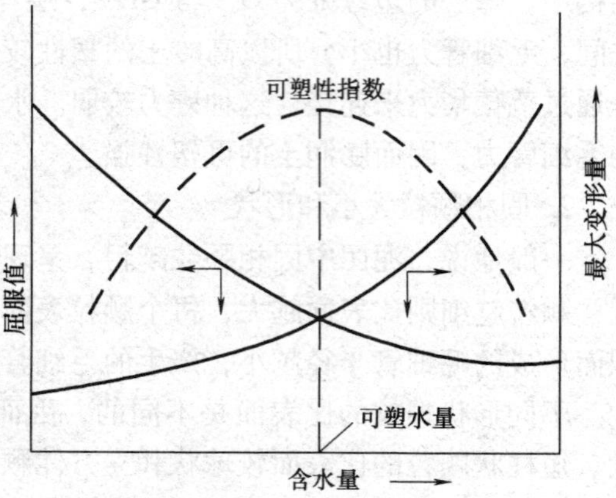

图 2－18　可塑泥团含水量与可塑性的关系

（三）可塑泥团的颗粒取向

经过练泥的可塑泥段，其片状颗粒受到外力的作用会沿其尺寸最大的方向（长轴方向）重叠排列。这种颗粒在平面内择优取向的现象就是颗粒取向。沿某一方向排列的颗粒多、比例大，则定向排列的程度高。若在任何方向上颗粒都是统计地均匀排列，则为无定向排列。

由于颗粒取向使坯体形成各向异性的结构，引起各方向上出现收缩差，导致坯体变形或开裂，降低产品的物理性质，因此受到重视。

1. 泥料颗粒取向的原因及排列状况

泥料的颗粒不可能全部是球体或正立方体。对于黏土质坯料来说，甚至大部分都不是球体或正方体。如高岭石颗粒呈鳞片状、管状或杆状；长石颗粒呈板状或柱状；石英为棱角状、外形不对称。当泥料受挤压作用时，组成中的固相粒子发生滑移或转动，减少空隙、增加致密度。当颗粒以其主平面重叠在一起、占最小的体积时，便处于稳定的状态。图 2－19 是最简单的颗粒定向排列的情况。

挤制泥段中的结构和颗粒排列的情况是随挤制过程的各个阶段逐渐形成的。泥料加入练泥机后，通过螺旋浆叶向前输送，由于加料不均匀和不连续，泥料并未填满机筒，受压不大，因而颗粒定向程度不明显。泥料继续受浆叶推动向前，受压增大，变成致密泥带。

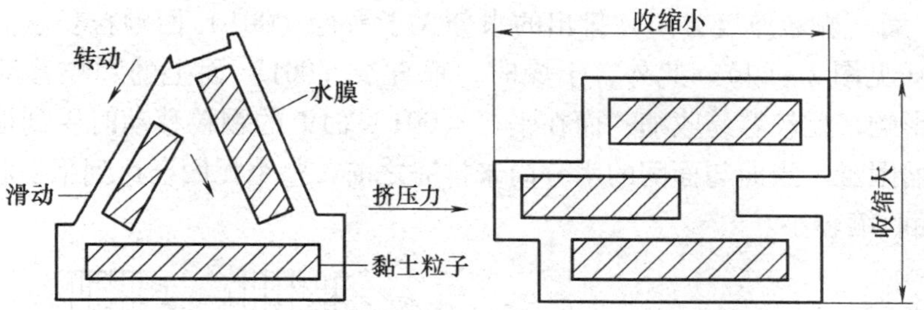

图 2－19　挤压作用下的颗粒取向

它与机筒之间的摩擦作用往往超过桨叶与泥带之间的摩擦。因此靠近机筒的泥料不易随螺旋转动，而沿轴向的运动速度增大。桨叶的转动使泥料产生滑移，表面磨光，细颗粒与水分向磨光表层移动，导致颗粒的（001）面平行于螺旋面或磨光面层。在练泥机的末端螺旋排泥区域内，泥带受螺旋的扭转与挤压形成泥段。通过塑性流动更加磨光泥带。结果片状黏土颗粒的（001）面平行于末端螺旋。由于轴毂处不排泥，若泥料未能充满机头，则在泥段中心处留下空洞，受末端螺旋的扭转而形成 S 形分层结构。当泥料进入机头出口部分后，受到的径向压力加大。机筒壁的摩擦力阻碍外层泥料前进。泥段中心部分的前进速度相对来说还是较大的，使泥段外层颗粒排列平行于轴线。逐渐深入泥段中心，则颗粒平面与轴线所交的角度日益增大；到达泥段中心则与轴线垂直（如图 2－20、图 2－21所示）。

图 2－20　挤制泥段颗粒移动图

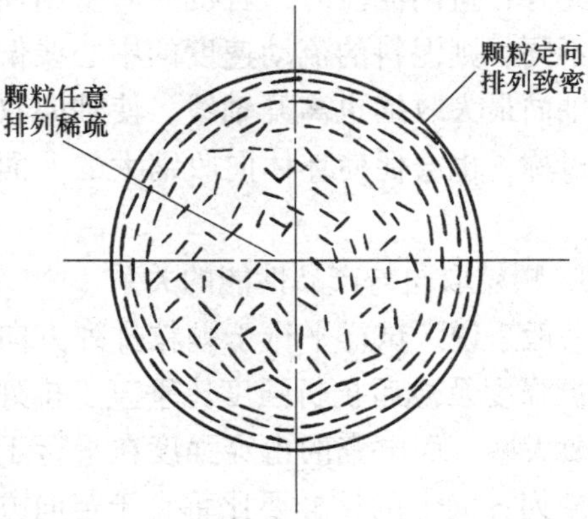

图 2－21　圆柱状泥段断面上的颗粒排列

除可塑泥团外，注浆成型的坯体也有定向排列的情况。图 2－22 为单面注浆平板的颗粒排列。图 2－23 是注浆产品在石膏模缝隙部位颗粒定向排列的状态。一般地说，颗粒长轴方向平行于模型表面，坯体的厚度是颗粒短轴重叠起来的尺寸。靠近模缝部位颗粒排列的方向发生变化，形成尖锥状突出体。

2. 颗粒取向与收缩、变形的关系

无定向排列的坯体其各方向上的收缩是一致的。若颗粒沿一个方向排列，则不同方向上的收缩必然出现差别。定向排列的程度越高，则各方向内收缩差越大。被溶剂化水膜所包围的黏土颗粒，在（001）面上水膜厚度比垂直于该面的侧边上的要大些。干燥时，垂直于（001）面（颗粒厚度方向）排出的水分大于平行（001）面颗粒长度方向，所以前者收缩较大（见图2－24）。此外，干燥时，垂直于（001）面上的颗粒移动时仅受到边与边阻力的影响，比较容易收缩，而在平行（001）面上的颗粒移动时受到面与面的摩擦所阻碍，收缩困难。当面与面间的水分尚未排完之前，整个泥团已达到平衡状态，因而平行（001）面收缩较小。

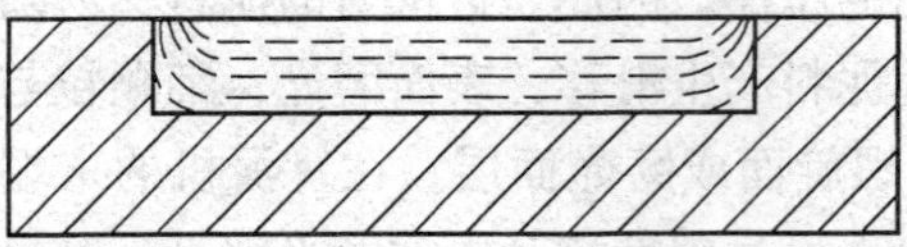

图2－22　单面注浆平板中颗粒排列

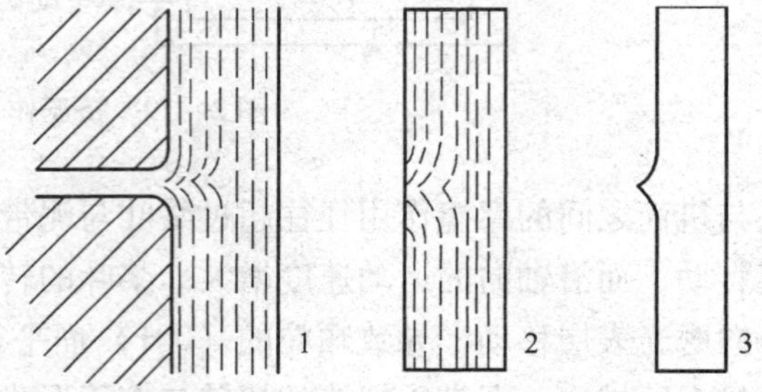

图2－23　注浆模缝部分坯体中最短的排列

1—脱模前的湿坯中颗粒排列　2—修坯后的排列

3—烧后的坯体

如前所述，由练泥机挤出的泥段，中心部分颗粒的长垂直于轴向，收缩较大；外层颗粒的长轴平行轴向，其收缩较小。整个泥段不同深度上有收缩梯度，从而引起坯体变形或开裂。此外，挤制泥段时，若机头筒壁四周摩擦阻力不同，则泥料的流动速度的中心线偏离轴线，轴向最大收缩也离开轴线，使轴向收缩与轴不对称，也会促使坯体向收缩大的一面弯曲变形。

3. 颗粒取向与产品性能的关系

一般来说，试样平行于颗粒排列方向的干后抗折强度及烧后抗折强度比垂直于排列方向上的要大些。而电瓷的击穿强度在平行于颗粒定向排列方向上的试样要比垂直于定向方向上的小些。这是因为击穿的途径是通过颗粒间的孔隙发展的。垂直于颗粒定向排列的试样，其击穿要绕过晶相颗粒，延长了击穿路程，增大了击穿所需的电压。

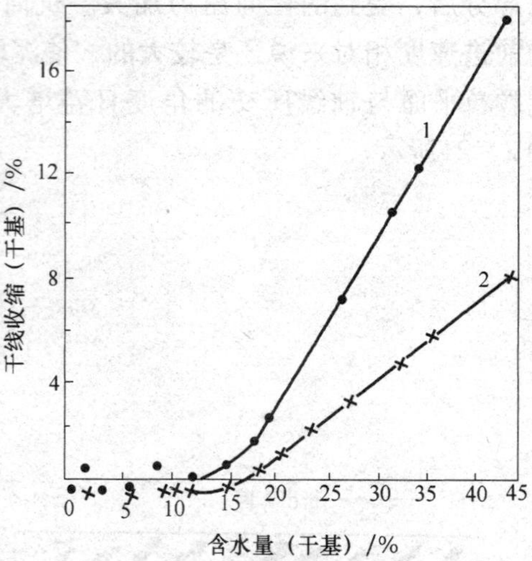

图2－24　高岭土泥段干燥收缩与挤出方向及水分的关系

1—垂直挤出方向　2—平行挤出方向

二、泥浆的成型性能

（一）陶瓷泥浆的流变特性

1. 陶瓷泥浆的流动曲线

陶瓷生产所用泥浆的流变性能的表示方法和其他众流体一样，通常将剪切应力 τ 与剪切速率 γ 作图，画出其流动曲线。泥浆这类悬浮体属非牛顿型流体。

国外许多学者测定了各类陶瓷泥浆的流动曲线。图2－25为一些原料泥浆的流动曲线。可塑黏土调成为泥浆（相对密度 1.34）其流动曲线是塑性型的。在低的剪切应力（如自重作用）作用下这种泥浆不会流动，在高剪切应力作用下，泥浆容易流动。当剪切速率越过 100/s 时，其流动曲线和宾汉流型接近，并无触变滞后环。但当加入碱液解胶后，则其屈服应力减小，而且出现滞后环。

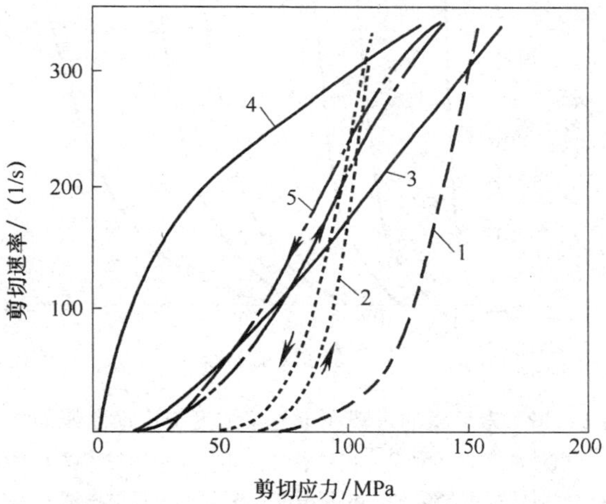

图 2－25　陶瓷原料泥浆的流动曲线

1—可塑黏土泥浆　2—骨灰浆　3—石英浆　4—氧化铝浆

5—加入碱的可塑黏土泥浆

陶瓷泥浆就其固相颗粒大小来说，是介于溶胶－悬浮体－粗分散体系之间的一种特殊系统。它既具有溶胶的稳定性，又会聚集沉降。这种复杂的性质使得我们既要从固相颗粒本性出发，又要考虑外在条件（浓度、粒度分布、电解质的种类与数量、泥浆制备方法等）的影响，这样才能全面掌握泥浆的流变性质。

2. 影响泥浆流变性能的因素

（1）泥浆的浓度　图 2－26 为不同浓度的可塑黏土泥浆的流动曲线。泥浆的浓度增加时，曲线的形状基本上不变，只是曲线的位置沿横轴方向向右移动，也就是获得同一剪切速率所需施加的应力增大。

（2）固相的颗粒大小　对于高浓度高岭土（黏土）泥浆来说，其流变性能是颗粒分布的函数。颗粒分布对泥浆流变性能的变化主要表现：

①胶体颗粒（$<0.1\mu m$）是悬浮体中大颗粒移动的润滑剂，也是非胶体颗粒的分散剂与支承者。

②泥浆是粗分散体系，其粒度范围为 $200\sim0.2\mu m$，胶体颗粒主要由可塑黏土引入，数量很少。这时颗粒分布范围和大小颗粒之比起主导作用。若粗粒之间的空隙为细颗粒填满，而体系中的中颗粒又少，则颗粒间空隙进入的水分少，同一浓度泥浆中的自由水增多，体系的黏度下降。若颗粒分布范围广，最小与最大颗粒径之比必小，如果中间颗粒稍多，则空隙体积大，吸引水分进入，增大泥浆的黏度。

（3）电解质的加入　向泥浆中加入电解质是控制其流动性和稳定性的有效方法。电解质的种类和数量对泥浆的流变性能都有影响。一般说来，含电解质的泥浆都会出现触变滞后环。随着泥浆解凝程度的不同，泥浆的屈服值和滞后环的面积都会变化。

（4）陈腐　新调制的泥浆及解凝程度不够的泥浆，其泥浆流变性能是不稳定的。陈放

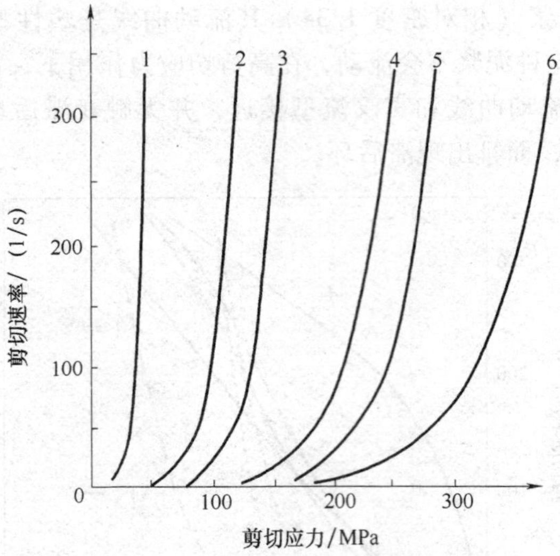

图 2-26　未解凝的可塑泥土泥浆浓度与流动曲线的关系

1—相对密度 1.266　2—相对密度 1.308　3—相对密度 1.346

4—相对密度 1.386　5—相对密度 1.421　6—相对密度 1.426

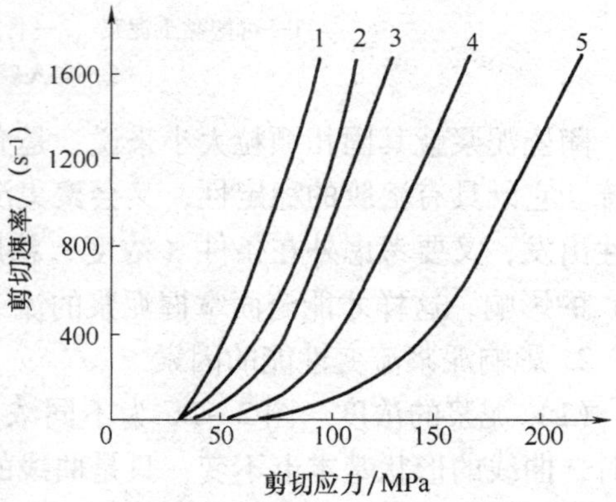

图 2-27　陈腐对可塑泥土泥浆流动曲线的影响

1—1h　2—24h　3—120h　4—288h　5—432h

过程中黏度和屈服值会逐渐加大，往往需要存放几天，几周才会稳当下来。图 2-27 为未解凝的可塑黏土泥浆（相对密度 1.25）陈放不同时间下流动曲线的变化。约需存放三周才能使泥浆性能稳定。高岭土泥浆也有类似的情况。在陈放过程中聚集的粒子不可逆地逐渐分散开来，其大小的极限是 1μm。若全部颗粒粒径 <1μm，再则长期放置性能也不会变化：对于解凝充分的泥浆，陈腐的影响不大。因为解凝剂起着分散颗粒的作用，促使泥浆达到动力平衡状态。从泥浆黏度与陈放时间的关系来看，当泥浆未完全解凝时，黏度随陈放时间而升高，若泥浆过分解凝（解凝剂放入过多）则陈放时最初是降低（又称二次解凝），经一定时间后不再变动；若泥浆充分解凝则泥浆黏度不随时间发生变化，是固定的。

（5）有机物质　可塑黏土及一些夹杂在煤层中的黏土常含有天然有机物质。这些难以用机械方法将其与黏土分离出来的有机物一般称为腐殖质。胶体腐殖质是一系列酸性的高分子聚合物，它的官能团主要是羧基、酚式羟基及少量烯醇式羟基。

不含有机物的黏上调成泥浆时，由于颗粒平面带负电荷，边缘带正电荷形成面-边结合的片架结构，呈絮凝状态。若黏土中含有机物，则带正电荷的边缘吸附有机物的负离子，使整个颗粒的平面与边缘呈现中性，面-面缔合成较厚或较大的薄片，平行聚集而分散不开；当向含有机物的泥浆中加入碱离子与羟基离子使其 pH 增至 7~8 时，则被黏土颗粒吸附的有机物的羧基会变成可溶性钠盐，导致颗粒表面呈负电荷，互相排斥增加其悬浮性。实际上腐殖质确实会降低黏土泥浆的黏度和增加其流动性。

（6）可溶性盐类　黏土中的可溶性盐类通常为碱金属与碱土金属的氯化物、硫酸盐等。这些盐类一般都会提高泥浆的黏度。图 2－28 表示在碱解凝的泥浆中添加可溶性盐类时黏度的变化，微量 Ca^{2+}、Mg^{2+} 等多价离子取代被黏土颗粒吸附的 Na^{2+}，使 ζ－电位变小导致黏度增大。图 2－29 中显示出黏土坯料中加入不同可溶性盐［（2mgeq/100g 固体）注：mgeq（毫克当量）为不规范单位，根据盐的种类，可换算成标准单位（mol）］，用硅酸钠解凝时泥浆黏度的变化。为了降低加入可溶性盐类泥浆的黏度，需要加入大量硅酸钠，而且其黏度比无可溶性盐的泥浆要高得多。泥浆中可溶性盐增多时，即使添加解凝剂，黏度也难以下降。

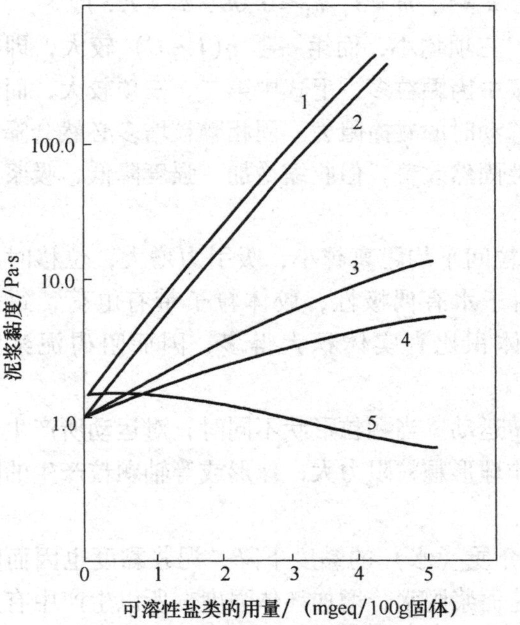

图 2－28　可溶性盐类与泥浆黏度的关系

1—$MgCl_2$　2—$CaCl_2$　3—NaCl

4—Na_2SO_4　5—NaOH

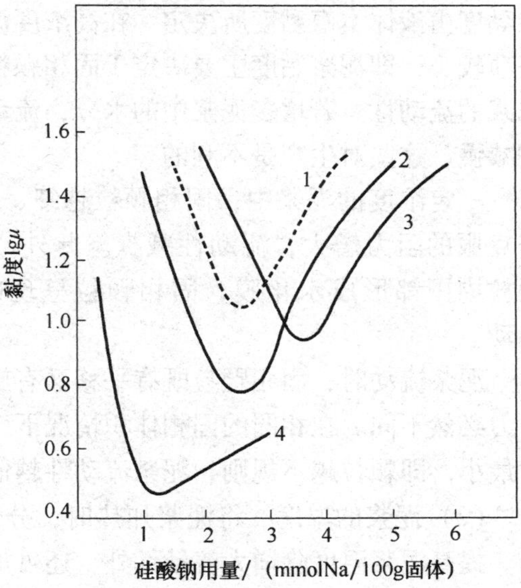

图 2－29　加入可溶性盐类的坯料的解凝曲线

1—NaCl　2—Na_2SO_4　3—$CaCl_y$　4—未加

可塑黏土中的岩石碎片是硫化物的来源。当潮湿的黏土开采后露天陈放期间，硫化物和空气接触会氧化成硫酸盐，成为铁、钙、镁的可溶性盐，这种可溶性硫酸根离子会降低解凝剂的稀释作用。例如含一定量 $CaSO_4$ 的泥浆比含 $Ca(OH)_2$ 泥浆需要多加 40% 的硅酸钠才能达到同样解凝程度，因为 SO_4^{2-} 阻碍解凝作用。对于含 SO_4^{2-} 的可塑黏土泥浆来说，若吸附了有机物，加入 $BaCO_3$ 可增大其流动性，减少解凝剂的数量，这是由于羟基能恢复有机物官能团的反应。

$$Na_2SO_4 + BaCO_3 \longrightarrow Na_2CO_3 + BaCO_3 \downarrow$$

$$Na_2CO_3 + H_2O \longrightarrow NaOH + NaHCO_3$$

$$RCOOH + NaOH \longrightarrow RCOONa + HOH$$

$$CaSO_4 + 2RCOONa \longrightarrow Na_2SO_4 + RCOO—Ca—OOC—R$$

$$RCOO—Ca—OOC—R + 2NaOH \longrightarrow 2RCOONa + Ca(OH)_2$$

(二) 影响泥浆浇注性能的因素

1. 流动性

高浓度泥浆具有良好的流动性是浇注成型的首要条件。影响流动性的因素：

(1) 固相含量、颗粒大小和形状　泥浆流动时的阻力来自三个方面：水分子本身的相互吸引力；固相颗粒与水分子之间的吸引力；固相颗粒相对移动时的碰撞阻力。若用经验公式可写成：

$$\eta = \eta_0(1-C) + k_1C^n + k_2C^m$$

式中：　　η——泥浆黏度；

η_0——液体介质黏度；

C——泥浆中固相浓度；

n、m、k_1、k_2——常数（对高岭土泥浆来说，$n=1$，$m=3$，$k_1=0.08$，$k_2=7.5$）。

低浓度泥浆中固相颗粒少，上式中第二、三项均小，而第一项 $\eta(1-C)$ 较大，即泥浆黏度由液体本身黏度所决定。在高浓度泥浆中因颗粒多，上式中第二、三项较大，而第一项较小，即泥浆黏度主要决定于固相颗粒移动时的碰撞阻力。固相颗粒增多必然会降低泥浆的流动性。若增多泥浆中的水分，流动性固然改善，但收缩增加，强度降低，吸浆速度减慢，这些对生产是不利的。

一定浓度的泥浆中，固相颗粒越细、颗粒间平均距离越小，吸引力增大，位移时所需克服的阻力增大，流动性减少。此外，由于水有偶极性，胶体粒子带有电荷，每个颗粒周围都形成水化膜，固相颗粒呈现的体积比真实体积大得多，因而阻碍泥浆的流动。

泥浆流动时，固相颗粒既有平移又有旋转运动。当颗粒形状不同时，对运动所产生的阻力必然不同。在相同的固相体积情况下，非球形颗粒阻力大，球形或等轴颗粒产生的阻力最小，即颗粒越不规则，泥浆流动性越低。

(2) 泥浆的温度　将泥浆加热时，分散介质（水）的黏度下降，泥浆黏度也因而降低。提高泥浆温度除增大流动性外，还可加速泥浆脱水，增加坯体强度。所以生产中有采用热模、热浆进行浇注的方法。

(3) 水化膜的厚度　生产实践发现，黏土原料经干燥后成泥浆的流动性有所改变。如图2－30所示，黏土干燥温度升高时，一定量泥浆流出的时间缩短，即其流动性增加。在某一温度下干燥黏土时，泥浆的流动性可达最大值。而进一步升高干燥温度，泥浆性能则又降低。这和黏土干燥后，其表面吸附离子的溶剂化水膜厚度变化有关。

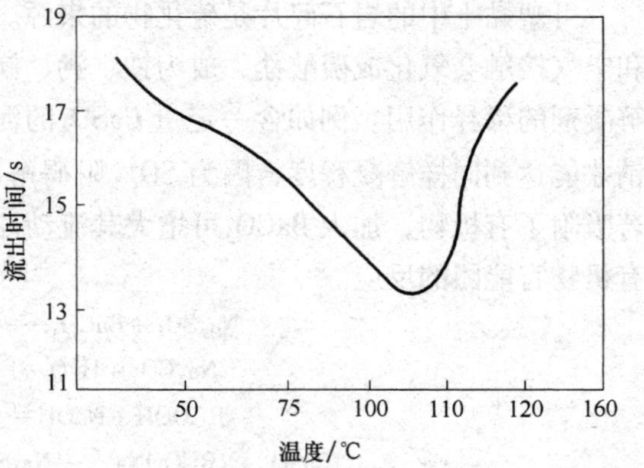

图2－30　黏度干燥温度与泥浆流动性的关系

在同一含水量的条件下，胶团中结合水减少，导致自由水增多，因而颗粒易于位移，泥浆流动性增大。但若干燥温度超过一定数值，黏土颗粒受热使表面结构破坏，吸附的离子和黏土颗粒结合变松，再水化时黏土与水的偶合力较强，能形成较厚的水化膜，使结合水增加而自由水量减少，因而泥浆的流动性又变差。

（4）泥浆的 pH 提高瘠性料浆流动性与悬浮性的方法之一是控制其 pH。

瘠性料浆中的原料多为两性物质（如氧化铝、氧化铬、氧化铁等），它们在酸性和碱性介质中都能胶溶，但离解的过程不同，形成胶团的结构也不同。pH 影响其离解程度，又会引起胶粒 ζ - 电位发生变化，导致改变胶粒表面的吸力与斥力的平衡，最终使这类氧化物胶溶或絮凝。

（5）电解质的作用 泥浆中加入适当电解质是改善其流动性的一个主要方法。电解质之所以能产生稀释、解凝作用在于它能改变泥浆中胶团的双电层的厚度和 ζ - 电位。

2. 吸浆速度

注浆过程中，泥浆中的水分受到模型毛细管力的作用向模型孔隙中移动，而固体粒子停留在模型的表面上形成吸附泥层，这时模型对水的吸引力和水在模型中的流动阻力加上水通过吸附泥层的阻力之和相等。经过一定时间后，水通过吸附泥层的阻力增大，而水在模型中的阻力相对减小，甚至可忽略不计；则注件成坯的速度取决于水分通过吸附泥层的阻力。固相颗粒的比表面积决定颗粒堆积的形式，所以比表面积增大，急剧降低吸浆速度，此外，泥浆温度升高和注浆压力增大均会提高注浆成坯速率，而泥浆越浓则降低成坯速率。

3. 脱模性

浇注成型时，当吸浆结束之后（空心注浆是倒出剩余的泥浆之后、实心注浆是泥浆不再吸入模型之后）坯体中的水分不断减少。经过一定时间后，水分减少缓慢，坯体收缩与模型脱离。模型 - 坯体界面的结合力（当模型与坯体界面上形成粗粒表层时，界面结合力），若泥浆中硅酸钠含量增多会加大界面结合力，使坯体不易离模。坯体界面强度受石膏模和解凝剂在界面上发生的反应所影响。由石膏模溶解出来的 Ca^{2+} 与硅酸钠反应会生成硅酸钙，使界面结合能力增大，若采用的是硅酸钠与纯碱两者作解凝剂，纯碱量增多时，界面上会生成 $CaCO_3$ 结晶，减弱界面的结合力；另外，坯体的形状如界面的曲率、模型表面的凹凸程度和坯体的自重都是影响坯体离模效果的因素。

4. 挺实能力

挺实能力指的是脱模时坯体有足够的硬度或湿强度、不致变形的能力。注浆坯体脱模后断面上的水分是不均匀的，随着脱模后存放时间的延长，坯体内外水分差逐渐减小（图 2 - 31）。坯体脱模时的强度也因内外有水分差而不同。泥浆中黏土及硅酸钠含量增多时会加大其表面强度，对平均强度影响不大。这样使内外强度差增大。离模系数小的坯体，其水分梯度决定着内外强度的差别。

5. 加工性

加工性是指注浆成型的生坯能承受钻孔、切割等加工工序的能力。有人选择脱模后坯体和模型接触的表面加工时的最大变形量作为衡量其加工性的尺度，因此它是坯体表面强度的函数。在最大变形量小的坯体上钻孔、切割时容易产生毛刺或呈小块脱落，干燥与烧成后易开裂。用硅酸钠作解凝剂时，增加用量会降低其加工性。坯体中黏土含量增多，其加工性能也增大，但黏土含量超过 30% 时则加工性能略有减小。

（三）注浆过程中的物理－化学变化

采用石膏模注浆时，既发生物理脱水过程，也出现化学凝聚过程，前者是主要的。

1. 物理脱水过程

泥浆注入模型后，在毛细管的作用下，水分沿着毛细管排出。可以认为毛细管是泥浆脱水过程的推动力。这种推动力取决于毛细管的半径大小、分布和水的表面张力。毛细管越细，水的表面张力越大，则脱水的推动力越大。当模型内表面能形成一层坯体后，水分必先通过坯层的毛细孔，然后再进入模型的毛细管中。这时脱水的阻力来自模型和坯体两个方面。注浆的前期模型的阻力起主要作用，注浆的后期坯体厚度增加所产生的阻力起主导作用。

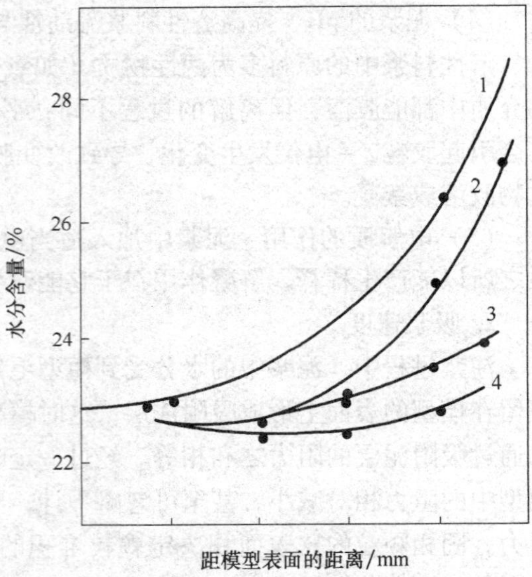

图 2－31　脱模后坯体断面上水分的分布

1—刚脱模　2—脱模后 3min

3—脱模后 15min　4—脱模后 30min

坯体产生的阻力大小决定泥浆的性质和坯体的结构。含塑性原料多、胶体粒径多的泥浆脱水阻力大，模型中形成的坯体密度大则阻力也大。石膏模型产生的阻力取决于毛细管的大小和分布，这又和制造模型时的水与熟石膏粉的比例有关。注浆过程的阻力与吸浆速度的关系由图 2－32 可见，当水: 石膏＝78: 100 时，总阻力最小而相应的吸浆速度最大。若水分少于 78 份时，则模型的气孔少，泥浆水分的排出主要由模型阻力所控制。随着水分增加，模型阻力和总阻力均减少，吸浆速度则增大。若水分超出 78 份，模型的气孔增多，水分的排出受坯体的阻力所控制，坯体的阻力和总阻力均随水分增多而加大，吸浆速度则随之降低。

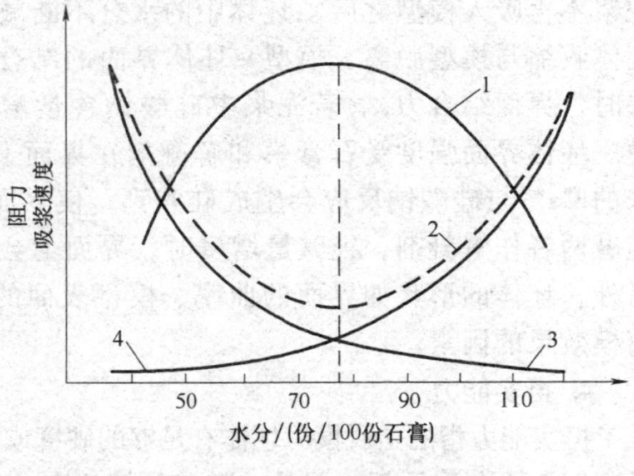

图 2－32　注浆过程阻力与吸浆速度的关系

1—吸浆速度　2—总阻力　3—模型阻力　4—坯体阻力

2. 化学凝聚过程

泥浆与石膏模接触时，会溶解一定数量的 $CaSO_4$（25℃时 100g 水中 $CaSO_4$ 的溶解度为 0.208g）。它和泥浆中的 Na—黏土及硅酸钠发生离子交换反应：

$$\text{Na—黏土} + CaSO_4 + Na_2SiO_3 \longrightarrow \text{Ca—黏土} + CaSiO_3 \downarrow + Na_2SO_4$$

使靠近石膏模型表面的一层 Na—黏土变为 Ca—黏土，泥浆由悬浮状态转变为聚沉。石膏起着絮凝剂的作用，促使泥浆絮凝硬化，缩短成坯时间通过上述反应生成溶解度很小的

$CaSiO_3$，促使反应不断向右进行，而生成的 Na_2SO_4 是水溶性的，被吸入模型的毛细管中。烘干模型时，Na_2SO_4 以白色丛毛状结晶的形态析出。由于 $CaSO_4$ 的溶解与反应，模型的毛细管增大，表面出现麻点，机械强度下降。

三、压制用粉料的成型性能

（一）粉料的工艺性质

无论干压法或半干压法都是采用压力将陶瓷粉料压制成一定形状的坯体。通常可把 0.1μm 至 1mm 的固体颗粒称为粉料，它属于粗分散物系。有一些特有的物理性能。

1. 粒度和粒度分布

粒度是指粉料的颗粒大小，通常以颗粒半径或直径表示。实际上并非所有的粉料颗粒都是球状，非球形颗粒的大小可用等效半径来表示，也就是把不规则的颗粒换算成为和它同体积的球体，以相当的球体半径作为其粒度的量度。例如棒状粒子的长度 a，宽度为 b，高度 c，则其体积为 $V = abc = 4/3\pi r^3$

即该颗粒等效半径为：

$$r = \sqrt[3]{\frac{3V}{4\pi}}$$

粒度分布指各种不同大小颗粒所占的百分比。

从生产实践中可知，很细或很粗的粉料，在一定压力下被压紧成型的能力较差。细粉加压成型时，颗粒间分布着的大量空气会沿着与加压方向垂直的平面逸出，产生层裂。而含有不同粒度的粉料成型后密度和强度均高。这可由粉料的堆积性质来说明。

2. 粉料的堆积特性

由于粉料的形状不规则，表面粗糙，使堆积起来的粉料颗粒间存在大量空隙。粉料颗粒的堆积密度与堆积形式有关，球体的最紧密堆积可分为等径球堆积和不等径球堆积，如以等径球状粉料为例，排列方式和孔隙率的关系计算，其四方堆积和棱锥堆积的孔隙率有 25.95%；而立方堆积的孔隙率则可达到 47.64%。

若采用不同大小的球体堆积，则可能小球体填塞在等径球体的空隙中。因此采用一定粒度分布的粉料可减少其孔隙，提高自由堆积的密度。例如，只有一种粒度的粉料堆积时孔隙率为 40%，若用两种粒度的粉料配合则堆积密度增大。若采用三种颗粒配合则可得到更大的堆积密度。当粗颗粒为 50%、中颗粒为 10%、细颗粒为 40%，粉料的孔隙率仅 23%。

应该说明的是，压制成型粉料的粒度是由许多小颗粒组成的团粒，比真实的固体颗粒大得多。如半干压法生产面砖时，泥浆细度用万孔筛余 1% ~2%，即固体颗粒大部分小于 60μm，实际压砖时材料的假颗粒度为通过 0.16 ~0.24mm 筛网，因而要先经过“造粒”。

3. 粉料的拱桥效应（或称桥接效应）

粉料自由堆积的孔隙率往往比理论计算值大很多。这因为实际粉料不是球形，加上表面粗糙，结果颗粒互相交错咬合，形成拱桥形空间，增大孔隙率，这种现象称为拱桥效应（如图 2 –33 所示）。

当粉料颗粒 B 落在 A 上，粉料 B 的自重为 W，则在接触处产生反作用力，其合力为

F，大小与 W 相等，但方向相反。若颗粒间附着力较小，则 F 不足以维持 B 的重力 W，便不会形成拱桥，颗粒 B 落入空隙中。所以粗大而光滑的颗粒堆积在一起时，孔隙率不会很大。细颗粒的质量小，比表面大，颗粒间的附着力大，容易形成拱桥，如气流粉碎的 Al_2O_3 粉料，颗粒多为不规则的棱角形，自由堆积时的孔隙比球磨后的 Al_2O_3 颗粒要大些。

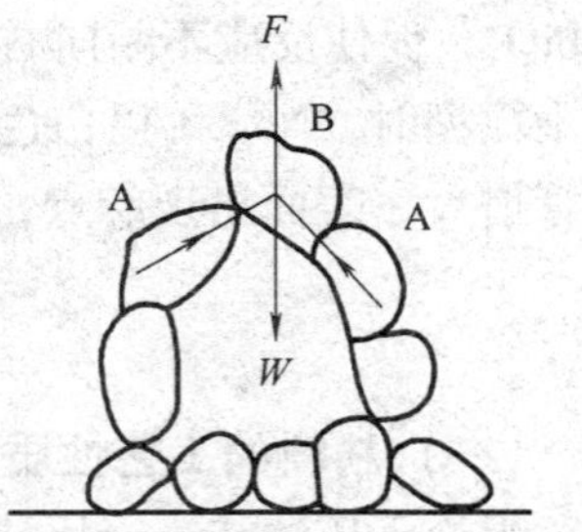

图 2－33　颗粒堆积的拱桥效应

4. 粉料的流动性

粉料虽然由固体小颗粒所组成，但由于其分散度较高，具有一定的流动性。当堆积到一定高度后，粉料会向四周流动，始终保持为圆锥体，其自然休止角（偏角）保持不变。当粉料堆的斜度超过其固有的休止角时，粉料向四周流泻，直到倾斜角降至为休止角为止。因此可用休止角反映粉料的流动性。一般粉料的自然休止角为 20～40°，若粉料呈球形，表面光滑，易向四周流动，自然休止角就小。粉料的流动性决定于它的内摩擦力。

当粉料维持自然休止角时，颗粒不再流动。实际上粉料的流动性与其粒度分布和颗粒的形状、大小、表面状态等因素有关。

在生产中，粉料的流动性决定着它在模型中的充填速度和充填程度。流动性差的粉料难以要求在短时间内填满模具，影响压机的产量和坯体的质量。所以往往向粉料中加入润滑剂以提高其流动性。

（二）粉料的致密化过程

1. 密度的变化

压制成型过程中，随着压力增加，松散的粉料迅速形成坯体。加压开始后颗粒滑移、重新排列，将空气排出，坯体的密度急剧增加；压力继续增加时，颗粒接触点发生局部变形和断裂，坯体密度比前一阶段增加缓慢；当压力超过某一数值（粉料的极限变形应力）后，再次引起颗粒滑移和重排，坯体密度又迅速加大。压制塑性粉料时，上述过程难以明显区分，只有脆性材料才有密度缓慢增加的阶段。

若粉料在模型中单方面受到均匀的压力 P，粉料加入模中时的孔隙率为 V_0，受极限变形应力后的孔隙率为 V_r（即理论上能达到的孔隙率）、粉料颗粒之间的内摩擦（黏度）为 η，则在 t 时间内，坯体的孔隙率 V 可用下式表示：

$$(V-V_t)=(V_0-V_t)\ e^{-kpt/\eta}$$

式中：k——与模型形状、粉料性质有关的比例系数，指数项中的“－”号表示孔隙率降低。

由上式可见，坯体孔隙率与其他参数的关系如下：

①粉料装模时自由堆积的孔隙率 V_0 越小，则坯体成型后的孔隙率 V 也越小。因此，应控制粉料的粒度和级配，或采用振动装料时减少 V_0，从而可以得到较致密的坯体。

②增加压力 P，可使坯体孔隙率 V 减小，而且它们呈指数关系。实际生产中受到设备结构的限制，以及坯体质量的要求，P 值不能过大。

③延长加压时间 t，也可降低坯体气孔率，但会降低生产率。

④减少颗粒间内摩擦力 η，也可使坯体孔隙率降低。实际上，粉粒经过造粒（或通过喷雾干燥）得到球形颗粒，加入成型润滑剂或采取一面加压一面升温（热压）等方法均可达到这种效果。

⑤坯体形状、尺寸及粉料性质都会影响坯体的密度大小和其均匀性。压制过程中，粉料与模壁产生摩擦作用，导致压力损失。坯体的高度 H 与直径 D 比（H/D）越大，压力损失也越大，坯体密度更加不均匀。模具不够光滑，材料硬度不够都会增加压力损失。模具结构不合理（出现锐角，尺寸急剧变化），某些部位粉末不易填满，会降低坯体密度，并且密度分布不均匀。

2. 强度的变化

随着成型压力的增加，坯体强度分阶段以不同的速度增大。压力较低时，虽由于粉料颗粒位移而填充空隙，但颗粒间接触面积仍小，所以强度并不大。成型压力增大后，不仅颗粒位移和填充空隙继续进行，而且颗粒发生弹性－塑性变形或者断裂，颗粒间接触面积大增，强度直线提高。压力继续增大，坯体密度和孔隙率变化不明显，强度变化也较平坦。

威斯特（West，1955）曾研究压制墙地砖时，坯体强度与坯体水分的关系。认为颗粒间水膜的表面张力与所加的压力结合在一起会促使颗粒紧密接触，发挥范德华力的作用。图 2－34 表示砖坯的抗折强度随坯料水分增加而提高，但水分超过 10% 则强度会下降。此外，强度的增加，几乎和体积密度的加大成线性关系。

3. 坯体中压力的分布

压制成型遇到的一个问题是坯体中压力分布不均匀，即不同的部位受到的压力不等，因而导致坯体各部分的密度出现差别，这种现象产生的原因是颗粒移动和重新排列时，颗粒之间产生内摩擦力；颗粒与模壁之间产生摩擦力。这两种摩擦力妨碍着压力的传递。坯体中离开加压面的距离越大，则受到的压力越小（见图 2－35）。摩擦力对坯体断面上的压力及密度分布的影响随 H/D 的比值而不同。H/D 比值越大，则不均匀分布现象越严重。

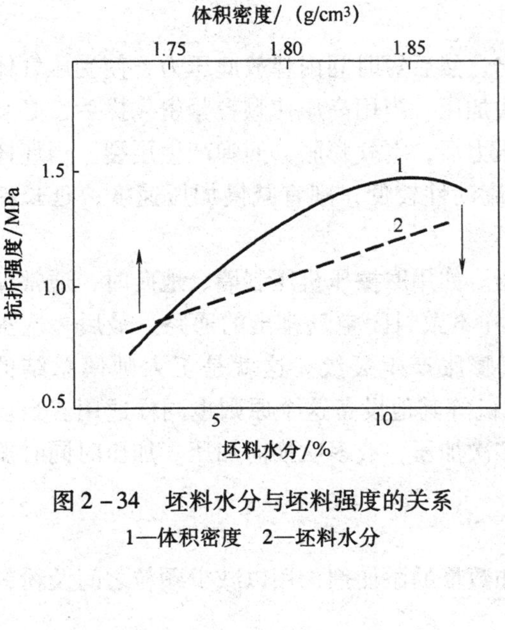

图 2－34 坯料水分与坯料强度的关系

1—体积密度 2—坯料水分

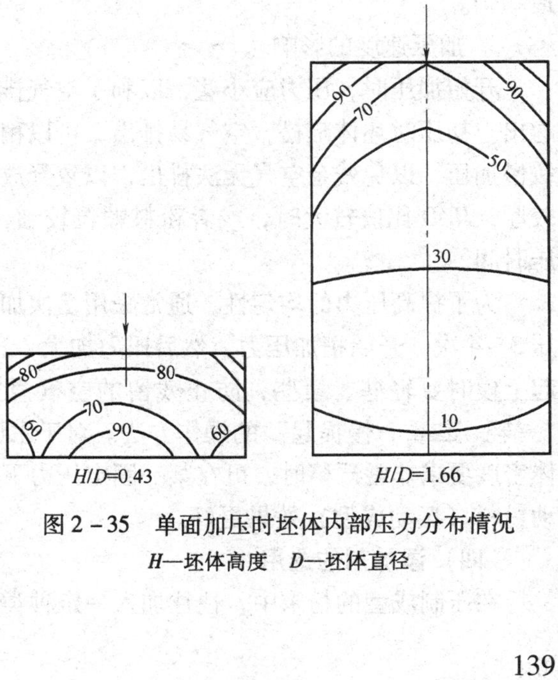

图 2－35 单面加压时坯体内部压力分布情况

H—坯体高度 D—坯体直径

因此高而细的产品不适于采用压制法成型。扁平的砖类产品成型时，平面上也会出现压力与密度分布不均的情况：砖坯四周的中间部位比四角的压力稍小些，而沿砖坯的中心线上，越趋近中心受到的压力也越小。由于坯体各部位密度不同，干燥与烧成时收缩也就有差异，容易引起产品变形和开裂。

施加压力的中心线应与坯体和模型的中心对正。如产生错位，会引起压力分布更加不均匀。

（三）影响坯体密度的因素

1. 成型压力的影响

压制过程中，施加于粉料上压力主要消耗在以下两方面：

①克服粉料的阻力 P_1 称为净压力。它包括颗粒相对位移时所需克服的内摩擦力及使粉料颗粒变形所需的力。

②克服粉料颗粒对模壁摩擦所消耗的力 P_2，称为消耗压力。

所以压制过程中的总压力 $P = P_1 + P_2$，这就是一般所说的成型压力。它一方面与粉料的组成和性质有关，另一方面与模壁和粉料的摩擦力和摩擦面积有关，即与坯体大小和形状有关。如果坯体横截面不变，而高度增加，形状复杂，则压力损耗增大；若高度不变，而横截面尺寸增加，则压力损耗减小。对于某种坯料来说，为了获得致密度一定的坯体所需要施加的单位面积上的压力是一个定值，而压制不同尺寸坯体所需的总压力等于单位压力乘以受压面积。一般工业陶瓷的单位成型压力为40～100MPa。含黏土的坯体塑性较好，可用较低的压力10～60MPa。产品性能要求严格的瘠性坯料需用较大的压力。

2. 加压方式的影响

单面加压时，坯体中的压力分布是不均匀的。不但有低压区，还有死角。为了使坯体的致密度均匀一致，宜采用双面加压。双面同时加压时，可消失底部的低压区和死角，但坯体中部的密度较低。若两面先后加压，两次加压之间有间歇，利于空气排出，使整个坯体压力与密度都较均匀。如果在粉料四周都施加压力（也就是等静压成型），则坯体密度最均匀。

3. 加压速度的影响

开始加压时，压力应小些，以利于空气排出，然后短时间内释放此压力，使受压气体逸出。初压时坯体疏松，空气易排出，可以稍快加压。当用高压使颗粒紧密靠拢后，必须缓慢加压，以免残余空气无法排出，以致释放压力后，空气膨胀，回弹产生层裂。当坯体较厚，H/D 比值较大时，或者粉料颗粒较细，流动性较低，则宜减慢加压速度，延长持压时间。

为了提高压力的均匀性，通常采用多次加压。如用摩擦压机压制墙、地砖时，通常加压3～4次，开始稍加压力，然后压力加大，这样不致封闭空气排出的通路。最后一次提起上模时要轻些、缓些，防止残留的空气急速膨胀产生裂纹。这就是工人师傅总结的“一轻、二重、慢提起”的操作方法。对于水压机等其他设备这个原则也同样适用。当坯体密度要求非常严格时，可在某一固定压力下多次加压，或多次换向加压。加压时同时振动粉料（振动成型）效果更好。

（四）添加剂的选用

在压制成型的粉末中，往往加入一定种类和数量的添加剂，用以减少颗粒之间及粉料与模壁之间的摩擦，增加颗粒之间的黏结作用，促进颗粒湿润或变形，从而提高坯体的密度和强度，减少密度分布不均的现象。

第五节　调整坯料性能的添加剂

一、添加剂的种类

为了使坯料性能适合成型及以后各工序的要求，常向坯料加入一些添加剂。根据所起的作用，添加剂有以下几类：

1. 解凝剂（解胶剂，稀释剂）

用来改善泥浆的流动性，使其在低水分的情况下黏度适当便于浇注。这类添加物可用无机电解质。也可用有机盐类或聚合电解质。前者多用于黏土质泥浆中，后两者既可用黏土质泥浆，也可用瘠性料浆。

2. 结合剂

用来提高可塑泥团的塑性，增强生坯的强度。有一类结合剂在常温下能将坯料颗粒黏合在一起，使其具有成型能力，而烧成时，它们会挥发、分解、氧化，这类称为黏合剂，多数是有机物及其溶液。另一类结合剂在常温下可提高坯料的塑性，高温下仍在坯体中，这类称为黏结剂，多数为无机物质，如硅酸盐和磷酸盐等。

3. 润滑剂

润滑剂用于提高粉料的湿润性，减少粉料颗粒之间及粉料与模壁之间的摩擦，以促进压制坯体密度增大和均匀化。通常采用含极性官能团的有机物作润滑剂。

实际上一种添加物往往不只起着一种作用，如石蜡既可黏结粉料颗粒，也可减少粉料的摩擦力；一些表面活性物质既可作解凝剂，又具有湿润的作用。

各种添加物的共同要求是：和坯料颗粒不发生化学反应，不会影响产品性能；分散性好，便于和坯料混合均匀；有机物质希望在较低温度下烧尽，灰分少；氧化分解的温度范围宽些，以防引起坯体开裂。

二、解凝剂的作用

根据胶体化学的基本原理可将用作解凝剂的电解质所必须具备的条件归纳为：能离解成水化能力强的一价阳离子（如 Na^+）；能直接离解或水解，提供足够的 OH^-，使黏土质泥浆呈碱性；它的阳离子能与料浆中引起絮凝的有害离子形成难溶的盐类或稳定的络合物。

生产中常用的解凝剂的作用分述如下：

（一）无机电解质

这类解凝剂多数为无机酸的钠盐，如水玻璃、碳酸钠、磷酸钠、六偏磷酸钠等，它们会和黏土泥浆中的絮凝离子 Ca^{2+}、Mg^{2+} 进行交换，生成不溶性或溶解度极小的盐类，将 Ca^{2+}、Mg^{2+} 原来吸附的水膜释出成自由水；水化度大的 Na^+ 使扩散层增大、水化膜加厚，系统的 ξ - 电位升高，泥浆流动性增强。此外，加入这类电解质会使泥浆变成碱性。使颗粒带负电荷，除中和正电荷外，剩余负电荷使颗粒间相互斥力加大、ξ - 电位增高，促进泥浆稀释。

要得到黏度适当的泥浆所需加入的无机电解质的种类和数量与泥浆中黏土的类型有密切关系。水玻璃对高岭土泥浆的悬浮效果影响最好，它不仅显著地降低其黏度，而且在相当宽的范围内黏度都是低的，这样有利于生产控制。

若黏土中含有机物质，采用 Na_2CO_3、Na_2SiO_3 均可使它解凝，但两者的作用不尽相同。Na_2CO_3 主要使有机物质成为胶体和离解，离解后的 Na^+ 和 COO^- 均能使泥浆解凝。

$$\underset{\text{有机腐殖质}}{2R\text{—}COOH} + Na_2CO_3 \longrightarrow 2R\text{—}COONa + H_2O + CO_2\uparrow$$

$$R\text{—}COONa \longrightarrow R\text{—}COO^- + Na^+$$

Na_2SiO_3 除提供 Na^+ 进行阳离子交换，聚合的 $SiO_3{}^{2-}$ 还能和有机阴离子一样，部分与黏土吸附 Ca^{2+}、Mg^{2+} 形成稳定的络合物，部分吸附在黏土颗粒断裂的界面上，加强胶粒的净电荷。对于紫木节土来说，虽然 Na_2SiO_3 能使泥浆流动性更好，但由于它解凝的泥浆并不稳定，聚沉物紧密，渗水性低，会降低成型时的吸浆速度，所以采用 Na_2CO_3 作解凝剂更为有效。

生产中常同时采用水玻璃和纯碱作解凝剂。以调整吸浆速度和坯体的软硬程度。单用水玻璃时，坯体脱模后硬化较快，致密变硬，容易开裂；单用纯碱时，脱模后的坯体硬化较慢，坯体较软，或内软而外硬。

使用电解质时，要注意其质量。纯碱如果受潮会变成碳酸氢钠，后者会使泥浆絮凝。水玻璃是一种可溶性硅酸盐，由不同比例的碱金属氧化物（通常为 Na_2O）及二氧化硅所组成。通常以 SiO_2/Na_2O 的摩尔比（称为水玻璃的模量）表示其组成。不同组成的水玻璃对陶器泥浆黏度的影响是不同的（见图2－36）。当模量 >4 时，长期放置会吸潮水解析出胶体二氧化硅。

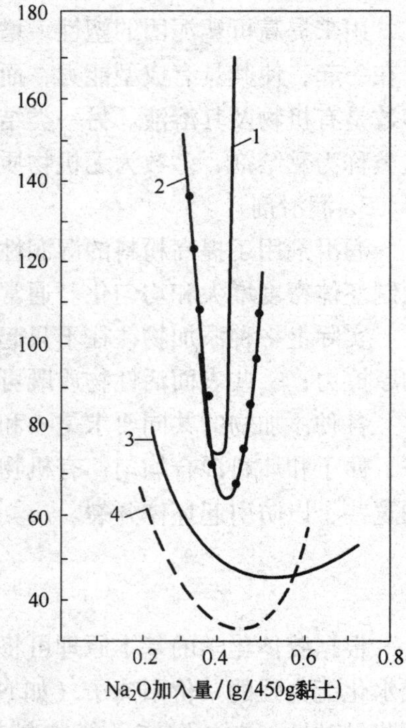

图2－36　水玻璃组成对陶器泥浆的解凝作用

1—$Na_2O\cdot3.5H_2O$　2—$Na_2O\cdot3.0SiO_2$　3—$Na_2O\cdot SiO_2$　4—$Na_2O\cdot2.0SiO_2$

加入解凝剂不仅会改变泥浆的黏度，而且会影响浇注性能和生坯的某些性能。若在泥浆中加入水玻璃，随着水玻璃含量的增加，使聚集的粒子分散，泥浆水分降低，粒子的填充率及比表面积加大。但若水玻璃加入量过多，颗粒又开始再凝聚，泥浆水分又增大。泥浆的浇注性质（如屈服值、吸浆速度常数）及坯体干燥收缩均随水玻璃用量增加而降低，而坯体脱模时及干燥后强度则增大。

一些特种陶瓷的瘠性料浆常通过调整 pH 来控制料浆的流动性，这时解凝剂多为无机的酸、碱或盐类。

（二）生成保护胶体的有机酸盐类

这类解凝剂为腐殖酸钠、单宁酸钠、柠檬酸钠、松香皂等。其解凝作用的规律和无机电解质相似，即加入少量时会降低泥浆黏度，超过一定数量，泥浆黏度又会升高。以腐殖酸钠为例说明其解凝作用的机理。由腐殖酸钠解离出来的 Na^+ 吸附在泥浆中的黏土胶粒上，增厚扩散层、加大 ζ－电位，使胶团斥力增加，长期悬浮。同时，腐殖酸根 R—COO—中的羧基朝着另一方向排列。它减弱黏土胶团由于布朗运动产生的吸引力，使泥浆黏度降低。此外，由于腐殖酸钙、镁盐难溶于水，而腐殖酸根又具有络合能力，因而使泥浆中的 Ca^{2+}、Mg^{2+} 浓度减小，起着反絮凝作用，也促使泥浆解凝。应注意的是腐殖酸钠的用量若超过 0.25%，由于有机物不一定能完全烧尽，会使釉面发暗，而且过多的腐殖酸根会彼此黏结从而减弱泥浆的流动性。

生产中还采用橡椀烤胶作解凝剂，它是栲树或乐树果实的外壳提取出来的浓缩物，主要成分为单宁酸，经碱处理后得到的单宁酸钠因而可代替单宁酸及纯碱作泥浆的解凝剂，用量为 0.3% ~0.6%。

（三）聚合电解质

使用效果较好的是聚丙烯酸盐、羧甲基纤维素、木质素磺酸、阿拉伯树胶等。它们是水溶性聚合物。它们对泥浆（包括坯浆和釉浆）的影响取决于聚合物的特性：表面吸附能力、聚合度和结构。聚合物的链长对它与矿物质点的相互作用有很大影响。含 50 个单体的聚丙烯酸盐显示出解凝的能力；若聚合度达到 5000 单位，则起稠化的作用；聚合物为 500000 单位则有絮凝性。因此．用作解凝剂的是低相对分子质量的聚合物；中等相对分子质量的聚合物可作黏结剂使用；高分子聚合物可作絮凝剂。聚合物的结构会改变聚合电解质的性能，如用作解凝剂的聚合物希望是线性的；有侧链（支链）结构的聚合物可以在三度空间发展，使其变为不可溶的。无论作解凝剂、黏合剂或絮凝剂都要求聚合物在水溶液中能充分吸附在固体粒子的表面。

用聚丙烯酸盐作解凝剂时，可采用它的铵盐或钠盐。实际测定的结果表明，若欲获得相同黏度的日用瓷、卫生瓷和陶器的泥浆，用聚丙烯酸盐作解凝剂时，泥浆的浓度比用无机电解质时高约 1%。含聚丙烯酸盐的泥浆长期放置会比含硅酸盐电解质的泥浆稳定些。获得最低黏度泥浆所需聚丙烯酸盐的用量比无机电解质要少，但加入水玻璃及纯碱的泥浆黏度比加入聚丙烯酸盐要小。聚丙烯酸盐对石膏模的浸蚀很小，聚丙烯酸钙部分溶于水中，不会沉淀在模型与坯体的接触面上。含聚丙烯酸铵的泥浆触变性较强，而含聚丙烯酸钠的泥浆无触变性。

一些特种陶瓷的瘠性料浆常用阿拉伯树胶、桃胶、明胶、羧甲基纤维素钠盐等有机胶体作解凝剂。这类胶体用量较多时才会呈现解凝作用，用量少时反而会使料浆聚沉。因为少量树胶无法将浆料中的固体颗粒覆盖，反将附着在树胶链节上的固体颗粒连接起来，促使其聚沉。若树胶用量增多，每个颗粒黏附的树胶分子增加，颗粒外表形成保护膜。阻碍料浆颗粒聚沉。此外，有机胶体会提高料浆中液相的黏度，增加固体颗粒聚沉时的阻力。

三、塑化剂的构成

普通陶瓷的坯料常用可塑黏土、膨润土来提高其塑性和坯体的强度。特种陶瓷的坯料则需要用有机塑化剂以便成型。生产中使用的塑化剂常用几种物质配成。

1. 黏合剂

它们可以是亲水的，也可以是憎水的。均要求溶解（或融化）成液态时有较高的黏结能力。这类黏合剂中有的是天然产物（如淀粉、阿拉伯树胶、桐油、石蜡等），有的是合成产物（如聚乙烯醇、羧甲基纤维素钠盐、酚醛树脂等）。它们可用于压制成型及多种可塑成型（挤制、热压注、注射、轧膜等），还可用于浇注成型（包括流延法）。

2. 增塑剂

增塑剂一般用来溶解有机黏合剂和湿润坯料颗粒，在颗粒之间形成液态间层，提高坯料的可塑性。常用的增塑剂多数为有机的醇类或脂类。轧膜成型所用增塑剂的作用是：插入高分子化合物链节之间，减弱相互之间的吸引力，使黏合剂受力变形后，不致出现弹性收缩和破裂，从而提高坯料的可塑性。

3. 溶剂

溶剂能溶解黏合剂及增塑剂，溶剂的分子结构和它们相似或有相同的官能团。常用溶剂为水及有机醇、酮、酯或汽油。

四、有机黏合剂的性能

作为黏合剂的有机物要控制的性质如下：

1. 在水中或有机溶剂中的溶解度

大多数可溶性有机黏合剂都是长链聚合物。分子的主链上含有共价结合的原于（如碳、氧、氮），沿分子长度方向一些支链的官能团与主链相接。这些官能团的性质部分地决定黏合剂可溶解于什么液体中。若官能团极性强，则黏合剂可溶于水中；极性中等的官能团使黏合剂溶于极性有机溶剂中；含非极性官能团的黏合剂溶于非极性液体中。当然，物质的化学极性及与液体的亲和能力只是影响其溶解度的必要条件，但并不是唯一条件。

2. 溶液的黏度

根据一些水溶性黏合剂的黏度与浓度的关系，可将黏度划分为若干等级，供选用时参考，乙烯类、丙烯类黏合剂属于低黏度或极低黏度一类；纤维素衍生物的黏度属中等及高黏度范围内；而藻酸盐及大多数天然胶的黏度是高的或极高的。从使用角度来说，挤制成型要求用黏度中等的黏合剂（如淀粉、甲基纤维素、羟乙基纤维素）；喷雾干燥粉料干压成型时可用黏度不大的阿拉伯树胶、聚乙烯醇及低黏度的淀粉。半干压成型可用黏度极低且价廉的黏合剂（如木质素磺酸盐、糊精、糖蜜及聚乙烯醇）。

聚乙烯醇水溶液的黏度随浓度、聚合度、醇解度的加大而增高。热塑性树脂（无规聚丙烯、聚丙烯、聚苯乙烯、聚乙烯等）常用作注射成型的黏合剂。这时树脂的熔融黏度是重要的性质。同类树脂若平均分子量相同，分子量分布范围狭窄的，在熔融温度下也难软化；分子量分布范围广的，在较低温度下却易软化。这时可添加增塑剂和润滑剂来降低其熔融后的黏度。

3. 凝胶化的能力

黏合剂溶液在一定条件（冷却、加热或与化学药品作用）下会形成凝胶。凝胶不会流动，在一定屈服应力下会呈现弹性。含胶凝液体的坯体干燥时水分不易渗透至表面，难以干燥。一般受热会变成液态的凝胶只能在低温下缓慢干燥。

4. 受热失重的情况

有机黏合剂及增塑剂一般在450℃以下会烧尽，留下少量灰分。不同类型黏合剂及增塑剂氧化分解的速度不同。通常希望它们的氧化分解的温度范围宽些，即失重缓慢以防坯体开裂。

5. 灰分及其成分

煅烧产品后希望有机物留下灰分少，而且不要影响产品的性能。仅含碳、氢、氧的黏合剂大部分含灰分0.5% ~2%，这样引入的金属杂质在100~500mg/kg。一些黏合剂属阴离子型聚合电解质（如木质素磺酸盐、羧甲基纤维素及藻酸盐），它们都是含钾、钠、钙及铵的盐类。用作黏土质陶瓷及一些耐火材料的黏合剂时，金属离子的不利影响是容许的。而对于要求纯度高的坯体来说，只能用其铵盐。非离子型黏合剂一般不含金属离子，但却含有氮［如聚乙烯基吡咯烷酮（PVP）、聚丙酰胺，聚乙烯亚铵（PEl）］。这类含氮的黏合剂在陶瓷生产中的使用是有限的，因为它们的成本高，而且煅烧的氮氧化会污染环境。

参考文献

1. 李家驹．日用陶瓷工艺学［M］．武汉：武汉工业大学出版社，1992
2. 刘康时．陶瓷工艺原理［M］．广州：华南理工大学出版社，1990
3. 华南工学院、南京化工学院、武汉建筑材料工业学院．陶瓷工艺学［M］．北京：中国建筑工业出版社，1981
4. 西北轻工业学院．陶瓷工艺学［M］．北京：轻工业出版社，1980
5. 北京轻工业学院．陶瓷工艺学［M］．北京：轻工业出版社，1962
6. 汪啸穆．陶瓷工艺学［M］．北京：中国轻工业出版社，1994
7. 吴绳愚．陶瓷计算［M］．北京：轻工业出版社，1983
8. 轻工业部第一轻工业局．日用陶瓷工业手册［M］．北京：轻工业出版社，1984

第三章 釉 料

第一节 釉的作用及特点

一、釉 的 作 用

釉是施于陶瓷坯体表面的一层极薄的物质，它是根据坯体性能的要求，利用天然矿物原料及某些化工原料按比例配合，在高温作用下熔融而覆盖在坯体表面的富有光泽的玻璃质层（渗彩釉及自释釉例外）。施釉的目的在于改善坯体的表面性能，提高产品的使用性能，增加产品的美感。一般陶瓷胎体疏松多孔，表面粗糙，即使在坯体烧结良好，气孔率很低的情况下，由于胎体里晶相存在，表面仍为粗糙无光，易沾污和吸湿，影响美观、卫生和使用性能（机械性能、化学稳定性、电学性能、热性能）。釉烧后，不透水、不透气、表面光滑致密，在一定程度上改善了产品性能。同时釉可以着色、析晶、乳浊、消光、变色、闪光等，又可增加产品艺术性，掩盖坯体的不良颜色。釉的作用可归纳如下：

①使坯体对液体和气体具有不透过性，提高了其化学稳定性。

②覆盖于坯体表面，给瓷器以美感。如将颜色釉（大红釉、橄榄绿等）与艺术釉（铜红釉、铁红釉、油滴釉、闪光釉等）施于坯体表面，则增加了瓷器的艺术价值与欣赏价值。

③防止沾污坯体。平整光滑的釉面，即使有沾污也容易洗涤干净。

④使产品具有特定的物理和化学性能。如电性能（压电、介电、绝缘等）、抗菌性能、生物活性、红外辐射性能等。

⑤改善陶瓷制品的性能。釉与坯体高温下反应，冷却后成为一个整体，正确选择釉料配方，可以使釉面产生均匀的压应力，从而改善陶瓷制品的机械性能、热性能、电性能等。

二、釉的特点和性质

（一）釉的特点

一般认为釉是玻璃体，具有与玻璃相似的物理化学性质。如各向同性；由固态到液态或相反的变化是一个渐变的过程，无固定的熔点；具有光泽；硬度大；能抵抗酸和碱的侵蚀（氢氟酸和热碱除外）；质地致密，不透水和不透气等。

但是，釉又和玻璃有不同的地方，归纳起来，有如下几个方面：

①从釉层显微结构上看，其结构中除了玻璃相外，还有少量的晶相和气泡，其衍射图谱中往往出现晶体的衍射峰。也就是说，釉的均匀程度与玻璃不同。

②釉不是单纯的硅酸盐，经常还含有硼酸盐、磷酸盐或其他盐类。

③大多数釉中含有较多的氧化铝，氧化铝是釉的重要组分，既能改善釉的性能，又能提高釉的熔融温度。而玻璃中氧化铝的含量则相对较少。

④釉的熔融温度范围比玻璃要宽一些。有的釉熔融温度很低（比硼砂还低），有的釉的熔融温度又很高，如硬质瓷釉等。

造成釉与玻璃的性质差异的原因很多，但影响釉显微结构的主要因素主要有以下几方面：

①釉本身的化学组成和矿物组成。

②高温反应过程中，釉中组分挥发。

③坯釉之间相互反应。

④烧成制度对釉熔融的影响。

这样使釉不能达到像玻璃一样的均相物质，而是包含有少量气体，同时还有未反应的石英和新生成的莫来石、钙长石、方石英等晶相。

（二）釉的性质

1. 釉的化学性质

坯与釉之间的反应直接影响釉的化学性质及釉面状态。釉的化学组成应与坯体的化学组成既要接近，但又要保持适当的差别。这样，釉与坯体在高温下相互作用，使釉中的组分，特别是碱性氧化物和坯体充分反应而渗入坯体；同时也促进坯体中的成分进入釉层，形成晶体。因此，釉的化学组成非常复杂。

釉在坯体表面熔融过程中，会发生一系列物理和化学变化。其中包括：

①釉本身的物化反应，如制釉原料脱水、分解、氧化、熔融等。

②釉与坯接触处的物化反应。釉料中某些组分渗入坯体，坯体中成分与釉料反应，形成坯釉中间层。一般坯釉中间层从坯体中引入 SiO_2、Al_2O_3 等成分，而从釉内引入 RO 和 R_2O 等成分。坯釉中间层的化学组成和性质介于坯釉之间，并逐渐由坯过渡到釉，无明显界限。坯釉中间层能调和釉与坯性质上的差异，能增强坯釉结合。为了获得良好的坯釉中间层，在坯体酸性较高的情况下，即 SiO_2/RO 的摩尔比高，则应该采用中等酸性的釉料；如果坯体的酸性弱，则釉应该是接近中性或弱碱性，否则由于两者之间化学性质相差过大，作用强烈，会使釉被坯体吸收，出现“干釉”现象。需要说明的是，在后面的章节中我们会了解到，坯与釉之间的化学反应，除与化学性质有关外，还与其烧成制度有关。

2. 釉的熔融特性

（1）熔融温度范围　釉和玻璃一样无固定的熔点，只是在一定温度范围内逐渐熔化。釉的熔融温度范围指始融到完全熔融之间的温度范围。始融温度指釉的软化变形点，称为熔融温度的下限；完全熔融温度即流动温度，也称为熔融温度上限，这与玻璃的 T_g、T_f 温度有所不同。釉的烧成温度在熔融温度范围内选取，一般选釉充分熔化并在坯上铺展成为平整光滑的釉面时的温度。釉的熔融性质直接影响釉面质量。若始熔温度低、熔融温度范围过窄，则釉面易出现气泡、针孔等缺陷。特别是快速烧成时更容易出现这种现象。若釉的熔融温度范围越宽，则釉的适用性就越广。表 3－1 列出了釉的熔融温度范围。

影响釉熔融温度范围的因素很多，但主要与釉的化学组成、矿物组成、细度、混合均匀程度等有关。

表 3-1　釉的熔融温度范围　单位：℃

制品	收缩温度	烧结温度	始融温度	流动温度
瓷器	1100~1150	1140~1180	1120~1250	1250~1280
精陶	700~750	850~900	1000~1100	1080~1150
低温瓷	750~1070	750~1070	900~1060	1120~1160
炻器瓷	1080~1090	1100~1150	1110~1180	1200~1220
彩陶	720~780	820~860	920~960	960~1000

组成对釉熔融温度范围的影响主要取决于釉式中的 SiO_2、Al_2O_3和碱组分的含量、配比以及碱组分的种类。其中以熔剂的种类和配比影响最大。熔剂可分为碱金属氧化物和碱土金属氧化物两大类，也可以按习惯分为软熔剂和硬熔剂。软熔剂包括 Li_2O、Na_2O、K_2O、PbO，大部分属于 R_2O 族；硬熔剂包括 CaO、MgO、ZnO，属于 RO 族。BaO 属于硬熔剂，但在制造熔块时，它的助熔作用与 PbO 相似，因此又属于软熔剂。据报道，助熔剂在瓷釉中的作用能力有如下关系：

1mol CaO 相当于 1/6mol K_2O　　1mol CaO 相当于 1/2mol ZnO

1mol CaO 相当于 1/6mol Na_2O　　1mol CaO 相当于 1mol BaO

当然，这只是大致的关系，助熔剂在不同釉中的作用能力有所不同。Al_2O_3的含量对釉的熔融温度和黏度影响很大，其含量增加将使釉的熔融温度和黏度增加。SiO_2也用来调节釉的熔融温度和黏度，SiO_2的含量越多，釉的烧成温度越高。另外，适量增加 K_2O 和 MgO 的含量，可以扩大釉的熔融温度范围。

釉料的物理状态也影响釉的熔融温度，釉料的颗粒越细、混合得越均匀，其熔融温度和始熔融温度都相应越低。

釉的熔融温度可以通过实验方法获得，也可以通过酸度系数、熔融温度系数大致地进行推测。

①实验方法。把磨细的釉料制成直径与高度都等于 3mm 的小圆柱体，用高温显微镜观察其在加热过程中的变化。当其受热至棱角变圆时的温度为始熔温度；软化至与底盘面形成半球时的温度为熔融温度下限，其高度降至原高的 1/3 时的温度称为熔融温度的上限，该温度范围称为釉的熔融温度范围。釉的成熟温度（烧成温度）一般在熔融温度范围的上限附近。

②酸度系数法。采用酸度系数法只是用来间接比较瓷釉的烧成温度的高低。酸度系数越大，则烧成温度越高。

酸度系数是指釉组分中的酸性氧化物与碱性氧化物的摩尔比，一般以 C. A 表示：

$$C.A=\frac{2n(RO_2)}{2n(RO)+2n(R_2O)+6n(R_2O_3)}=\frac{n(RO_2)}{n(RO)+n(R_2O)+3n(R_2O_3)} \quad (3-1)$$

对于精陶器含硼的釉（除铅釉外），Al_2O_3与 B_2O_3的影响在一定情况下是相似的，计算时将他们都归为碱性氧化物，那么：

$$C.A=\frac{n(SiO_2)}{n(RO)+n(R_2O)+3n(Al_2O_3)+3n(B_2O_3)} \quad (3-2)$$

对于精陶器含铅釉，Al_2O_3是酸性强化剂，计算时将Al_2O_3与RO_2放在一起；此时B_2O_3是减弱耐酸性的，故计算时应将B_2O_3放在R_2O_3中，则：

$$C.A=\frac{n(SiO_2)+n(Al_2O_3)}{n(RO)+n(R_2O)+3n(B_2O_3)} \tag{3-3}$$

表3－2为计算釉酸度系数时各氧化物的分类情况。

表3－2 计算釉酸度系数时各氧化物的分类情况

酸性氧化物RO_2	碱性氧化物		
	R_2O	RO	R_2O_3
SiO_2	K_2O	CaO	Al_2O_3
TiO_2	Na_2O	MgO	Fe_2O_3
B_2O_3	Li_2O	PbO	Mn_2O_3
As_2O_3	Cu_2O	ZnO	Cr_2O_3
P_2O_5		BaO	
Sb_2O_5		FeO	
Sb_2O_3		MnO	
		CdO	

釉的酸度系数增加，釉的烧成温度提高。例如瓷釉的烧成范围为：

硬质瓷$(RO+R_2O)\cdot(0.5\sim1.4)\ Al_2O_3\cdot(5\sim12)\ SiO_2$

C. A＝1.8～2.5　　烧成温度1320～1450℃

软质瓷$(RO+R_2O)\cdot(0.3\sim0.6)\ Al_2O_3\cdot(3\sim4)\ SiO_2$

C. A＝1.4～1.6　　烧成温度1250～1280℃

③釉熔融温度计算。首先计算釉的熔融温度系数K，计算公式如式（3－4）。

$$K=\frac{a_1w_{a1}+a_2w_{a2}+\cdots+a_iw_{ai}}{b_1w_{b1}+b_2w_{b2}+\cdots+b_iw_{bi}} \tag{3-4}$$

式中：a_1、$a_2\cdots a_i$——易熔氧化物熔融温度系数；

b_1、$b_2\cdots b_i$——难熔氧化物熔融温度系数；

w_{a1}、$w_{a2}\cdots w_{ai}$——易熔氧化物质量分数；

w_{b1}、$w_{b2}\cdots w_{bi}$——难熔氧化物质量分数。

釉组分中各氧化物的熔融温度系数见表3－3。

表3－3 釉组分中各氧化物的熔融温度系数

易熔氧化物				难熔氧化物	
氧化物种类	系数a	氧化物种类	系数a	氧化物种类	系数b
NaF	1.3	CoO	0.8	SiO_2	1.0
B_2O_3	1.25	NiO	0.8	Al_2O_3（>3%）	1.2
K_2O	1.0	MnO_2、MnO	0.8	SnO_2	1.67
Na_2O	1.0	Na_3SbO_3	0.65	P_2O_5	1.9
CaF_2	1.0	MgO	0.6		

续表

易熔氧化物				难熔氧化物	
氧化物种类	系数 a	氧化物种类	系数 a	氧化物种类	系数 b
ZnO	1.0	Sb_2O_5	0.6		
BaO	1.0	Cr_2O_3	0.6		
PbO	0.8	Sb_2O_3	0.5		
AlF_3	0.8	CaO	0.5		
$NaSiF_6$	0.8	Al_2O_3（<0.3%）	0.3		
FeO	0.8				
Fe_2O_3	0.8				

根据计算所得表达式 K，由表 3－4 查出釉的相应熔融温度 t。

表 3－4　K 与 t 的对照表

K	2	1.9	1.8	1.7	1.6	1.5	1.4	1.3	1.2	1.1
t/℃	750	751	753	754	755	756	758	759	765	771
K	1.0	0.9	0.8	0.7	0.6	0.5	0.4	0.3	0.2	0.1
t/℃	778	800	829	861	905	1025	1100	1200	1300	1450

例如，湖南某瓷厂高档瓷釉的化学组成为：

SiO_2 72.81%，CaO 2.32%，MgO 2.22%，K_2O 6.11%，Al_2O_3 15.05%，Na_2O 1.39%，Fe_2O_3 0.12%。

按照上述方法计算出易熔性系数为：

$$K=\frac{0.8\times 0.12+0.5\times 2.32+0.6\times 2.22+1\times 6.11+1\times 1.39}{1\times 72.81+1.2\times 15.05}=0.111$$

查表 3－4 及推算可知该釉熔融温度为 1433℃，比实际烧釉温度略高。说明，这种根据经验数据计算的结果准确程度是有限的。

（2）釉熔体的高温黏度、表面张力、润湿性　釉熔体能否在坯体表面平滑的铺展，与其黏度、表面张力和润湿性有关，下面分别加以介绍。

①黏度。黏度是流体的一个重要性质，釉熔融时的黏度，可以作为判断釉的流动情况的尺度。在成熟温度下，釉的黏度过小，流动性大，则容易造成流釉、堆釉及干釉等缺陷；釉的黏度过大，流动性差，则容易引起橘釉、针眼、釉面不光滑、光泽不好等缺陷。流动性适当的釉，不仅能填补坯体表面的一些凹坑，而且还有利于釉与坯之间的相互结合，生成中间层。

影响釉黏度的最重要因素是釉的组成和烧成温度。釉熔体中由［SiO_4］相连的网络结构的完整程度，是决定黏度的最基本的因素，石英玻璃 O/Si 的摩尔比为 2，是硅氧系统玻璃中具有最大黏度的玻璃。组成中加入碱金属氧化物后，破坏了［SiO_4］网络结构，随着 O/Si 的摩尔比值增加，黏度随之下降；对于碱金属氧化物，在同样质量分数时其氧化物摩尔质量越小，则所引入的阳离子数量越多，黏度下降的幅度也越大，对玻璃黏度的降低，Li_2O 的作用最大，其次是 Na_2O，再次是 K_2O；二价金属氧化物 CaO、MgO、BaO，在高温下降低釉的黏度，而在低温时相反增加釉的黏度。但 CaO 引起黏度增长的范围较小，在冷却时易使瓷器产生应力，造成不利影响；MgO 可以使釉在高温时具有较高的黏度，但比 Al_2O_3 的影响小。二价的金属氧化物，除了 R^{2+} 对 O/Si 比例影响与一价离子相同外，极化对黏度也有显著影响，极化使离子变形，共价键成分增加，减弱了 Si—O 键力，因此具有 18 电子结构的 Zn^{2+}、Cd^{2+}、Pb^{2+} 等比 8 电子结构的 R^+ 具有更低的黏度（Ca^{2+} 有些例外）。碱土金属阳离子降低黏度顺序为：

$$Pb^{2+} > Ba^{2+} > Cd^{2+} > Zn^{2+} > Sr^{2+} > Ca^{2+} > Mg^{2+}$$

三价金属氧化物和高价氧化物，如 Al_2O_3、SiO_2、ZrO_2 都增加釉的黏度，引入 TiO_2 没有引入 ZrO_2 效果明显。而 B_2O_3 对釉黏度的影响比较特殊，常出现“硼反常”现象，当加入量较小（一般 <15% 左右）时，B_2O_3 处于［BO_4］状态，黏度随 B_2O_3 含量的增加而增加，超过一定量时又起降低黏度的作用，当然这与釉中 R_2O、RO 的含量有关。Fe^{3+} 比 Mg^{2+} 能显著降低釉的黏度。而水蒸气、CO、H_2、H_2S 也降低釉熔体的黏度。

综合上述情况可见：

a. 三价及高价氧化物如：Al_2O_3、SiO_2、TiO_2 等都会提高釉的黏度。

b. 碱金属氧化物会降低釉的黏度。当釉中 O/Si 比值很高时，黏度按 $Li_2O \rightarrow Na_2O \rightarrow K_2O$ 的顺序递减，由于这时 R_2O 含量较多，网络破坏严重，［SiO_4］多以较小的集团存在，［SiO_4］四面体之间主要靠 R—O 键力相连，而 Li—O 键力最大；但当釉中 O/Si 摩尔比很小时，SiO_2 含量较多，网络较完整，R^+ 对网络的破坏起主要作用，Li^+ 的极化力最大，减弱 Si—O—Si 键的作用也最大，故黏度按 $Li_2O - Na_2O - K_2O$ 的顺序递增。

c. 碱土金属氧化物对黏度的影响较复杂。在无硼或无铅釉中，一方面由于 RO 极化能力强，使氧离子变形，它们能使大型四面体群解聚，降低黏度，在高温下这个效果是主要的；另一方面由于碱土金属阳离子为二价，离子半径不大，键力较碱金属离子大，有可能将小型四面体群的氧离子吸引到自己周围，使黏度增大，这一效果主要在低温下呈现。不同温度下极化能力与离子半径对黏度的影响是不同的。一般认为，CaO、MgO、ZnO、PbO、BeO 在高温下会降低釉的黏度（如引入 10% ~15% CaO 在 1000℃ 时会使釉的黏度迅速降低，ZnO 在 900℃ 时会降低釉的黏度），在低温下却增大其黏度，只是 ZnO、BeO、PbO 对釉冷却时黏度的增加速度影响较小。

莱曼等提供了陶瓷釉高温黏度的近似计算公式：

$$\eta = \frac{92}{k_i - 0.32} \qquad (3-5)$$

$$k_i = \frac{100}{w_{SiO_2} + w_{Al_2O_3}} - 1 \qquad (3-6)$$

式中：　η——高温黏度，Pa·s；

k_i——黏度指数；

w_{SiO_2}、$w_{Al_2O_3}$——釉组成中，SiO_2 和 Al_2O_3 的质量分数。

注：上式只适用于低温釉，否则要进行修正。

【例】 某精陶釉的化学组成如表 3-5 所示，该釉料的烧成温度为 1160℃，试计算釉料在该温度下的高温黏度。

表 3－5　　某精陶釉的化学组成　　单位:%

氧化物	PbO	K_2O	Na_2O	MgO	ZnO	Al_2O_3	SiO_2	B_2O_3	合计
组成	22.2	5.8	3.8	0.5	1.1	10.1	47.8	8.7	100.00

【解】 $k_i=\frac{100}{w_{SiO_2}+w_{Al_2O_3}}-1=\frac{100}{47.8+10.1}-1=0.727$

$$\eta=\frac{92}{k_i-0.32}=\frac{92}{0.727-0.32}=226\ (\text{Pa}\cdot\text{s})$$

故此精陶釉在烧成温度下的高温黏度为226Pa·s。

詹姆斯和诺里斯研究了在卫生陶瓷、釉面砖上铅釉和无铅釉的高温黏度，如表 3－6所示。

表 3－6　　陶瓷釉的高温黏度 $\lg\eta$

温度/℃	1000	1100	1200	1300
无铅釉	4.25	3.3	2.65	2.35
无铅釉	3.45	2.75	2.3	2.05
无铅釉	3.4	2.8	2.3	1.9
无铅釉	3.5	2.85	2.3	—
铅釉	1.9	1.7	—	—

布雷蒙德认为：釉的黏度 $\lg\eta=4$ 不能与坯结合，$\lg\eta=3$ 则与搪瓷釉相似，$\lg\eta<3$ 才能完全成熟，$\lg\eta=1.6$ 则高温黏度过低，釉呈过烧状态，气泡布满釉面。釉的熔融温度范围与黏度变化范围有关。一般陶瓷釉在成熟温度下的黏度值为200Pa·s左右。

②表面张力。釉的表面张力，对釉的外观质量影响很大。表面张力过大，阻碍气体排除和熔体均化，在高温时对坯的润湿性不利，容易造成“缩釉”（滚釉）缺陷；表面张力过小，则容易造成“流釉”（当釉的黏度也很小时，情况更严重），并使釉面小气泡破裂时所形成难以弥补的针孔。

釉表面张力的大小，取决于其化学组成、烧成温度和烧成气氛。在化学组成中，碱金氧化物对表面张力影响较大。前苏联学者曾研究了氧化物阳离子半径大小对硅酸盐熔体表面张力的影响，其规律为：熔体的表面张力随碱金属及碱土金属离子半径的增大而减少，随过渡金属离子半径的减少而降低。碱金属离子的半径越大，其降低效应越显著（见表 3－7），表面张力由大至小顺序为：$Li^+>Na^+>K^+$。二价金属离子中钙、钡、锶的作用相近，在1300℃时，其离子半径越大，表面张力越小，但不如一价金属氧化物明显，即：$Mg^{2+}>Ca^{2+}>Sr^{2+}>Ba^{2+}>Zn^{2+}>Cd^{2+}$。PbO 明显降低釉的表面张力。三价的氧化物，如 Fe_2O_3、Al_2O_3、B_2O_3等的影响随阳离子半径的增大而增大，B_2O_3以［BO_3］平面结构平行排列于表面而降低表面张力。四价氧化物对表面张力的影响类似于三氧化物，且取决于其在网络中的位置，一般来说，网络形成体降低表面张力，网络外体则增加表面张力。SiO_2对表面张力的影响取决于其他的硅酸盐成分，当 Na^+存在时，其降低表面张力，而在铅－硅熔体中，SiO_2有时增加表面张力（根据铅含量的高低有所不同）。

表 3-7 某些氧化物在不同温度下的表面张力

氧化物	表面张力/(mN/m)				
	900℃	1200℃	1300℃	1400℃	阳离子半径/nm
K_2O	0.1	—	—	—0.75	1.33
Na_2O	1.5	1.27	—	1.12	0.98
Li_2O	4.6	—	4.5	—	0.78
MgO	6.6	5.7	5.2	5.49	0.78
CaO	4.8	4.92	5.1	4.92	1.06
ZnO	4.7	—	4.5	—	0.83
NiO	4.5	—	—	—	—
CoO	4.5	—	4.3	—	—
MnO	4.5	—	3.9	—	—
BaO	3.7	—	4.7	3.8	1.46
PbO	1.2	3.7	—	—	0.84
Al_2O_3	6.2	5.98	5.8	5.85	0.72
Fe_2O_3	4.5	4.5	—	4.4	0.67
B_2O_3	0.8	0.23	—	—0.23	0.31
V_2O_5	6.1	—	—	—	0.59
SiO_2	3.4	3.25	2.9	3.24	0.39
TiO_2	3.0	—	2.5	—	0.64
ZrO_2	4.1	—	3.5	—	0.87
CaF_2	3.7	—	—	—	—

由上表可知，各种氧化物对釉料表面张力的影响也是各不相同的。阿宾根据经验将氧化物对硅酸盐熔体表面张力的影响将其分为三类：a. 非表面活性氧化物，如 Al_2O_3、V_2O_3、Li_2O、CaO、MgO 等及一些稀土元素氧化物（Nd_2O_3、La_2O_3等），它们会提高釉料的表面张力；b. 弱表面活性氧化物，如P_2O_5、B_2O_3、Bi_2O_3、PbO、Sb_2O_5等，引入量较多时，往往会降低硅酸盐熔体的表面张力；c. 强表面活性氧化物，如 MoO_3、Cr_2O_3、WO_3、V_2O_5 等，若引入量较少时也会降低表面张力。

硅酸盐熔体表面张力随温度的提高而降低，表面张力的温度系数较小，为（$-7 \sim -4$）$\times 10^{-5}$N/(m·℃)，即温度每升高 1℃，表面张力降低（$4 \sim 7$）$\times 10^{-5}$N/m。但对于不对称离子，如 Pb^{2+}，由于其结构表现有极性和定向性，其表面张力的温度系数为正值。熔体的表面张力在高温时没有多大变化，但在低温时则显著增大。

此外，窑内气氛对釉熔体的表面张力也有影响。在还原气氛下的表面张力比在氧化气氛下大约 20%。在还原气氛下釉熔体表面发生收缩，其下面的新熔体就会浮向表面。利用这种现象，在色釉尤其是在熔块釉烧成时，采用还原气氛可使其着色均匀。基于这个原因，采用还原焰烧成容易消除釉中气泡。

在设计釉配方的时候要考虑表面张力对釉面质量的影响，其计算可采用以下两种方法。

a. 表面张力与温度的关系，可按下式计算。

$$\sigma = \sigma_0 (1 - b\Delta T) \quad (3-7)$$

式中：σ——T温度下的表面张力，N/m；

σ_0——T_0温度下的表面张力，N/m；

ΔT——$T-T_0$，K；

b——经验系数。

b. 表面张力与化学组成的关系，可采用如下公式计算。

$$\sigma_{釉}=w_{a1}\sigma_1+w_{a2}\sigma_2+w_{a3}\sigma_3\cdots \qquad (3-8)$$

式中：$\sigma_{釉}$——熔融釉的表面张力值，N/m；

w_{a1}，w_{a2}…——不同组分（氧化物的）质量分数,%；

σ_1，σ_2…——不同组分的表面张力；N/m。

不同组分在不同温度下表面张力可查表3－7，在不同温度下釉的表面张力值，可按每增加100℃，釉的表面张力平均降低1%～2%估算，计算的结果与实验测定值的误差约为1%，一般釉的表面张力值约为0.3N/m。

【例】 某厂铅釉的化学组成如表3－8所示。

表3－8　　某厂铅釉的化学组成　　单位:%

氧化物	SiO_2	Al_2O_3	PbO	Fe_2O_3	CaO	MgO	K_2O	NaO	合计
组成	28.5	1.5	65	3.8	0.20	0.22	0.45	0.14	99.81

试分别计算该釉料在900℃和1000℃时的表面张力值各为多少？

【解】 按公式（3－8）和表3－7提供的系数计算：

$$\sigma_{900℃}=(28.5\times3.4+1.5\times6.2+65\times1.2+3.8\times4.5+0.2\times4.8+0.22\times6.6+0.45\times0.1+0.14\times1.5)\times10^{-3}=0.204\times10^{-3}\ (N/m)$$

1000℃时釉料的表面张力可按每升高100℃降低1%～2%进行估算：

$$\sigma_{1000℃}=0.204\times10^{-3}\times(1-1.5\%)=0.21\times10^{-3}\ (N/m)$$

③润湿性。釉熔体对坯体的润湿性可以用釉熔体与坯体的接触角来表示。润湿性与釉熔体的表面张力密切相关。其测定方法可将干釉制成直径10mm、高10mm的圆柱形试样，置于坯体上，烧后测定其接触边角，以它来判别它的润湿性。

从图3－1可以看出熔融釉与坯体接触边角$\theta>90°$时，熔体不能将坯体润湿；$\theta<90°$时，则坯表面被完全润湿；$\theta=0°$时，熔体扩散开。θ值越大，润湿性越不好，熔体润湿表面并扩散开来是由于重力的影响。如果附着张力大于或等于熔体的表面张力，釉不能润湿坯体。即使釉熔体的黏度再小，因其表面张力较大，釉也不能在坯体表面铺展开，所以表面张力仍是影响润湿性的重要因素。

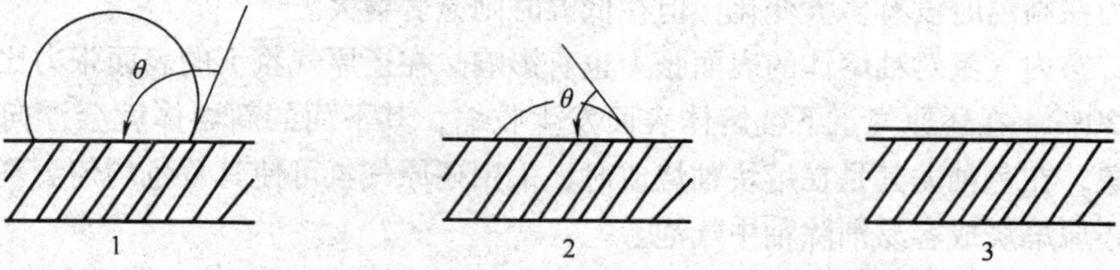

图3－1　瓷釉在固体表面上的状态

1—不润湿（$\theta>90°$）　2—润湿（$\theta<90°$）　3—熔体扩散开

虽然釉料相同，但如果所用坯体不同，那么其接触边角也不同。接触边角最小时流动性大，而且润湿的程度较高。釉在成熟前必须将坯体全部润湿。熔融温度相同的釉，如果坯体不同，那么其成熟温度有时差4个塞格尔锥号。

3. 机械强度和硬度

机械强度也是釉的重要性质。通常釉抵抗压应力的能力比抵抗张应力的能力大许多倍，因此，必须使釉受压应力而不受张应力。从坯与釉的相互影响来说，可以通过调整热膨胀系数来达到。釉的硬度对于日用瓷来说是一个不可忽视的指标。划痕硬度就是餐具瓷釉面能否承受刀叉的经常磨刻而不致出现刻痕的一种性能。为了提高划痕硬度，釉成分可以作如下调整：

①减少 B_2O_3 的含量。

②用 Li_2O 置换部分 K_2O，用 Li_2O 和 BeO 置换 Na_2O。

③用 ZnO、BaO 及 MgO 置换 PbO。

此外，适当的 B_2O_3 含量以及增加 Al_2O_3、BeO、MgO 都对提高划痕硬度有利。釉的硬度随网络结构的改变而改变，一般随网络外体氧化物离子半径的减小和化合价的上升而增加，这与结构网络对其他性质的关系相同。由此可见，碱金属氧化物含量增加将导致釉料硬度的降低。

若釉层中析出硬度大的微晶，而且高度分散在整个釉面上，则釉的硬度会明显增加，尤其是析出针状晶体时，效果更为明显。一些研究结果表明：在釉层中析出锆英石、锌尖晶石、镁铝尖晶石、金红石、莫来石、硅锌矿、钙长石等晶体，釉面的耐磨度将会增加。因此，从这个角度来说，在成熟温度相同的情况下，乳浊釉和无光釉的耐磨度比透明釉的要高。

另外，调节釉中玻璃相的热膨胀系数和弹性模量，使釉面产生压应力而且有较大的弹性，则釉的耐磨性会相应提高；烧成工艺也会影响釉面硬度，石英含量较高的釉料在较高温度下烧成，冷却后的釉面具有较高的硬度。烧成引起的任何釉面缺陷，如气泡、针孔、裂纹等都会降低釉面的耐磨度。

釉面硬度一般采用莫氏硬度和显微硬度（维氏硬度）来表示。瓷器釉面的硬度为：莫氏硬度7~8，维氏硬度5200~7500MPa。釉的抗张强度为110~350MPa，抗压强度为400~700MPa。

4. 化学稳定性

在使用过程中，施釉的陶瓷制品常和水、酸液或碱液接触。釉的表面不同程度地和这些介质发生离子交换、溶解或吸附效应，结果是降低釉面光泽，形成薄层干涉色，甚至溶出釉中的一些阳离子。例如，果汁或食物酸会从釉中萃取铅、镉等离子；用施釉的陶瓷容器盛放酒液会溶出铝、钙及镁离子；半导体釉因受到环境的化学侵蚀而改变其电阻。因此化学稳定性是釉的一个重要的性质。

（1）釉层受水侵蚀的机理　釉的侵蚀机理和玻璃相似，经历一个复杂的过程。它不仅涉及溶解，也涉及某些离子对玻璃结构的渗透与作用。侵蚀反应开始时是在网络结点上的离子与溶液中的离子之间进行，接着会从釉结构中萃取出一价及二价阳离子。下面从水、酸、碱等方面分析釉的侵蚀机理。

①水对釉的侵蚀。水溶液对釉面的侵蚀过程，首先是水中的氢置换碱金属离子：

$$\equiv Si—O—R + H \cdot OH \longrightarrow \equiv Si—OH + R^{+}OH^{-}$$

然后，羟基离子与釉结构网络中的 Si—O—Si 反应：

$$\equiv Si—O—Si\equiv + OH^{-} \longrightarrow \equiv Si—OH + \equiv Si—O^{-}$$

断裂的桥氧和其他水分子作用产生羟基离子，又重复上述反应：

$$\equiv Si—O^{-} + H \cdot OH \longrightarrow \equiv Si—OH + OH^{-}$$

H^{+}置换 R^{+}形成类似硅凝胶［可写为 $Si(OH)_4 \cdot nH_2O$ 或 $SiO_2 \cdot xH_2O$］的薄膜，除一部分溶于水溶液中外，大部分附着在釉层表面，具一定的抗水与抗酸能力。由此可见，釉中 SiO_2含量多时会降低釉被侵蚀的程度。釉中若有二价或多价离子存在，它们对 Na^{+}的抑制效应常常能阻碍碱金属离子扩散，抑制侵蚀作用的进行。所以上述反应进行得很慢。从潮湿的墓葬中挖掘出来的低温绿釉陶器，往往全部或局部釉面呈现银色。经过张福康等人的研究认为：银色沉积物的形成和绿釉表面受到水或大气的轻微溶蚀和沉积作用有关，在釉面与水及大气接触处先后沉积了多层薄膜。沉积层达到一定厚度时，由于光线的干涉作用和沉积层具有轻微的乳浊性，产生银白色的光泽。这是釉面受水侵蚀的实例。

②碱对釉的侵蚀。碱对釉的侵蚀作用如下：

$$\equiv Si—O—Si\equiv + Na^{+}OH^{-} \longrightarrow \equiv Si—OH + \equiv Si—O^{-}Na^{+}$$

溶液中呈现的碱金属离子使其 pH 增加，从而加大硅酸的萃取速度，逐渐溶解在溶液中。碱虽破坏硅氧骨架（即 $\equiv Si—O—Si\equiv$），但又不会形成硅凝胶薄膜，因此釉面会脱落。溶液和釉发生作用而溶出的离子量是衡量其化学稳定性的标志。

③酸对釉的侵蚀。一般的酸（除氢氟酸外）并不会直接和釉起反应，而是通过水的作用来侵蚀。因此，浓酸对釉的侵蚀作用低于稀酸。氢氟酸对釉的作用是直接破坏其结构中的 Si—O—Si 键。

$$\equiv Si—O—Si\equiv + H^{+}F^{-} \longrightarrow \equiv Si—OH^{+} + \equiv Si—F$$

对釉来说，氢氟酸的作用是剧烈的，生产中用它来作为制作“腐蚀釉”，即类似蒙砂的效果。釉面上涂层石蜡，要求磨蚀成图案的部位则将石蜡刻除，用 2 份盐酸（38%）和 1 份氢氟酸（40%）配成酸液，将釉在此溶液中浸泡，就会得到所需图案。有些釉受有机酸的侵蚀比 pH 低的无机酸浸蚀更强烈。有机阳离子在溶液中形成复合离子，会增加釉的溶解度。

（2）釉的组成与化学稳定性　低温釉含碱量较多，碱金属离子溶出的速度随着碱含量及离子半径的增大而增加。若低温釉中含多种一价、二价或多价元素，则金属离子溶出的速度会降低。

许多餐具釉面装饰颜料中含有铅，它对釉的耐碱性影响不大，但会降低釉的耐酸性。多年来大家都在注意铅离子从釉表面溶出的问题。为了使釉及颜料中的铅不致影响人体健康，要求铅以不溶解的状态（如二硅酸铅玻璃）存在于釉中。在一些耐化学腐蚀的釉和颜料中常用硼酸配制无铅熔块，但其使用范围是有限制的。若熔块中加入 B_2O_3，呈四配位的形式成为网络形成体进入玻璃结构中，可使釉的化学稳定性增强。但 B_2O_3增至一定数量时，由于硼反常现象，会成为三配位而易溶于酸中。故 B_2O_3的含量应适当控制。

若以 SiO_2为基准来考虑耐水釉料的组成，则 SiO_2的含量应大于 50%，如一次烧成卫生瓷釉料含 SiO_2通常为 60%；化工陶瓷釉料的 SiO_2含量为 75%。

氧化铝、氧化锌能提高釉的耐碱性，氧化钙、氧化镁、氧化钡能有效地提高釉的化学稳定性，含大量锆的釉特别耐酸和碱的侵蚀。

5. 热膨胀性和弹性

（1）热膨胀性　釉层受热膨胀主要是由于温度升高时，釉层内部网络质点热振动的振幅增大，导致其间距增大所致。这种由于热振动而引起的膨胀，其大小决定于离子间的键力，键力越大则热膨胀越小，否则反之。

釉的热膨胀通常用一定温度范围内的长度膨胀率或线膨胀系数来表示。在室温 T_1 和加热至温度 T_2 之间的长度膨胀率 ε 为：

$$\varepsilon = \frac{T_2\text{时的长度} - T_1\text{时的长度}}{T_1\text{时的长度}} \times 100\% = \frac{L_{T_2} - L_{T_1}}{L_{T_1}} \times 100\% \tag{3-9}$$

而线膨胀系数为：

$$\alpha_{(T_2 - T_1)} = \frac{1}{T_1\text{时的长度}} \times \frac{T_2\text{时的长度} - T_1\text{时的长度}}{T_2 - T_1} = \frac{L_{T_2} - L_{T_1}}{L_{T_1}} \times \frac{1}{\Delta T} \tag{3-10}$$

由以上两式可知，$\alpha = \varepsilon / \Delta T$。

由于组成的不同及受热行为的差异，各种陶瓷坯体、釉的热膨胀系数是不同的，其范围见表 3-9。

表 3-9　陶瓷坯体与釉的热膨胀系数

材质		α（20～700℃）/（×10⁻⁶/℃）坯体	釉
普通陶瓷	硬质瓷	4.5～5.0	3.5～4.8
	软质瓷	5.5～6.3	5.0～5.5
	普通日用瓷	4.1～5.0	3.0～5.0
	低温瓷	4.5～6.5	4.3～5.8
	耐热炻瓷	4.6～5.4	4.5～4.9
	彩饰炻瓷	5.7～7.1	5.6～6.6
	硬质精陶	7.0～8.0	—
	黏土精陶	8.8～9.8	7.0～8.1
	石灰精陶	5.0～6.0	5.0～5.8
	艺术彩陶	7.0～9.1	6.7～8.0
特种陶瓷	刚玉瓷	5.0～5.5	—
	莫来石瓷	4.0～4.5	—
	滑石瓷	6～7	5～6

釉的热膨胀系数和其组成密切相关。SiO_2 是网络形成体，有很强的 Si—O 键。若其含量高，则釉的结构紧密，热膨胀小。含碱的硅酸盐釉料中，引入的碱金属与碱土金属离子削弱了 Si—O 键或打断了 Si—O 键，使釉的热膨胀增大。一般说来，碱金属离子增大釉的热膨胀系数的程度超过碱土金属离子。除了 SiO_2 外，有人认为釉中 Al_2O_3 加入量在 0.3mol 以下时，会使釉的热膨胀系数下降，而含 SiO_2 少的硼釉中，若 Al_2O_3 量超过 0.2mol 则釉的热膨胀系数会增大。又如增加硼酸或用 SiO_2 等量代替硼酸会降低釉的热膨胀系数，而硼酸量超过 17% 则会显著提高釉的热膨胀系数。维克尔曼及肖特等得出，釉的热膨胀系数

和组成氧化物的质量分数符合加和性原则。而实际上利用加和性公式计算的热膨胀系数与实测结果有一定偏差。而用摩尔分数表示各种氧化物含量时，计算出来的 α 值与实测数字比较吻合。

（2）弹性　弹性表征着材料的应力与应变的关系。弹性大的材料抵抗变形的能力强。对于釉来说，它是能否消除釉层因应力而引起缺陷的重要因素。通常用弹性模量来表示材料的弹性，它与弹性成倒数关系。釉层的弹性主要受四方面影响。

①釉的组成。当釉中引入离子半径较大、电荷较低的金属氧化物（如 Na_2O、K_2O、BaO、SrO 等）往往会降低釉的弹性模量；若引入离子半径小、极化能力强的金属氧化物（如 Li_2O、BeO、MgO、AL_2O_3、TiO_2、ZrO_2等）则会提高釉的弹性模量。但在碱－硼－硅系统釉中存在硼反常现象，当 B_2O_3 的含量小于 15% 时，以 B_2O_3 取代 SiO_2后，形成的［BO_4］和［SiO_4］四面体形成紧密的网络，使釉的弹性模量升高。但 B_2O_3增加至一定量（15% ~17%）后，增加的 B_2O_3会形成［BO_3］三角体，结构松散，受力后易变形，弹性模量也就降低。各种氧化物对釉弹性模量的提高作用的强弱顺序是：$CaO > MgO > B_2O_3 > Fe_2O_3 > Al_2O_3 > BaO > ZnO > PbO$。

②釉的析晶。冷却时析出晶体的釉（如乳浊釉、析晶釉，结晶釉等）其弹性模量的变化取决于晶体的尺寸与分布的均匀程度。若晶体尺寸小于 0.25nm，而且分布均匀，则会提高釉的弹性。反之，若晶体的尺寸大，而且大小相差悬殊，则会显著降低釉的弹性。

③温度的影响。一般来说，釉的弹性会随温度升高而降低，主要是由于釉中离子间距因受热膨胀而增大，使离子间相互作用力减弱，弹性便相应降低。

④釉层厚度。实际测定弹性模量的结果表明，釉层越薄弹性越大。

实际测得玻璃与釉的弹性指标见表 3－10。

表 3－10　　　釉与玻璃的弹性模量和泊松比

材料名称	弹性模量/($\times 10^4$ MPa)	泊松比 μ
瓷釉	5.71 ~ 6.48	0.2 ~ 0.3
钠－钙－硅玻璃	6.76	0.24
钠硅酸盐玻璃	8.42	0.25
硼硅酸盐玻璃	6.17	0.20
石英玻璃	7.05	0.16

6. 光学性质

（1）光泽度　当光线投射到物体上时，它既会按照反射定律向一定方向反射，又会散射。若表面光滑平整，则光线在镜面反射方向上的强度比其他方向要大，因而光亮得多。若表面粗糙不平，则光线向各方向漫反射，表面呈半无光或无光。由此可见，物体的光泽主要是该物体镜面反射光线所引起的，它反映着表面平整光滑程度。光泽度就是镜面反射方向光线的强度占全部反射光线强度的比例系数。

我国国家标准 GB3295—1996 中规定，测定釉面光泽度时，用黑色平板玻璃作为标准板。釉面对黑玻璃平板的相对反射率（釉面反光量与黑玻璃反光量之比）即为釉面的光泽度，用百分比表示。

釉的光泽与其折射率有直接的关系。折射率越大，釉面的光泽越强，因为高折射率使镜面方向的反射分量增多。而折射率与釉层的密度成正比，因此，在其他条件相同的情况下，精陶釉和陶釉中因含有 Pb、Ba、Sr、Sn 及其他大密度元素的氧化物，所以它们的折射率比瓷釉大，光泽也强，TiO_2能强烈地提高釉的光泽度。目前流行的水晶釉是典型的建筑陶瓷高光泽度釉。

不少学者指出，凡能剧烈降低熔体表面张力、增加熔体高温流动性的成分，有助于形成平滑的镜面，从而提高其光泽；表面活性较大并具有变价阳离子的晶体也能改善釉面的平滑度与光泽度。

实践经验证明，急冷会使釉面光泽度增大。这并不是由于折射率的影响（因为急冷的釉比慢冷釉的折射率小，一般低 2.2%）；而是由于急冷时釉层不会失透和析晶的缘故。

（2）白度　对有些陶瓷产品而言，白度是很重要的光学性能之一，特别是对于日用瓷、卫生瓷和釉面砖，白度是评价其外观性能的重要指标。对于高级日用细瓷，白度要求达到 70% 以上，而一般细瓷则要求达到 65% 以上。

物体呈白色由于它对白光的选择吸收少，透过率也小，散射量大而造成的。若物体对白光的选择吸收少，而散射也小，则该物体是透明的，由此可见，白度的高低有三个条件：第一，对白光吸收少；第二，透过率小；第三，有极强的散射。在此情况下，白光能量一部分用于反射，其他能量进入釉的内部，经过多次散射以后，以漫反射的形式表现出来。白度可以用下面的公式表示：

$$W = (I_R/I_O) \times 100\% \qquad (3-11)$$

式中：I_R——漫反射光强；

　　I_O——入射光强。

I_R的测定结果是相对于化学纯的氧化镁而言的。

影响白度的因素主要有以下几方面。第一，坯釉的化学组成。如果着色氧化物的含量高，则白度低。一般说来，如果着色氧化物的含量小于 0.5%，则白度能达到 80% 左右。第二，烧成气氛的影响。原料中如果 Fe_2O_3含量多而 TiO_2少，用还原气氛烧成会使白度增加（如南方日用瓷），反之，原料中 Fe_2O_3含量少而 TiO_2多，则用氧化气氛烧会使白度增加（如北方日用瓷）。为了增加白度，一般采用如下措施：降低釉中着色氧化物的含量，或加入磷酸盐等使着色剂形成络合物，以增加散射，提高白度。另外，加入适量滑石也可以提高白度。在烧成中，应控制烧成气氛，还要防止碳的沉积。

（3）颜色釉的主波长、色饱和度和明度　对于建筑卫生陶瓷及其他使用颜色釉的瓷器而言，其颜色的主波长、色饱和度和明度也是其重要的光学性能之一。主波长决定了色釉的色调，而色饱和度则取决于颜色的深浅，明度取决于颜色的明快程度，关于色釉颜色的具体描述及表示，将在后面装饰及色料等相关章节中加以讨论。

第二节　釉的分类、制釉氧化物

一、釉的种类

不同用途的陶瓷，其制作工艺各不相同，釉的种类和组成也就各不相同。釉的种类很多，可根据制品类型、熔剂和原料组成、制造方法、烧成温度及外观特征等不同角度进行分类。同一种釉按不同的角度划分时，可以有几种名称，例如长石作熔剂的釉可称为长石釉，也属高温釉、生料釉、碱釉、透明釉等。釉的常用几种划分方法见表3－11。

表3－11　　釉的种类划分

分类的依据		种类名称
坯体的种类		瓷器釉、炻器釉、陶器釉
制造工艺	釉料制作方法	生料釉、熔块釉、挥发釉（食盐釉）、自释釉、渗彩釉
	烧成温度	低温釉（<1120℃）、中温釉（1120～1300℃）、高温釉（>1300℃）、易熔釉、难熔釉
	烧釉速率	慢速烧成釉、快速烧成釉
	烧成方法	一次烧成釉、二次烧成釉
组成	主要熔剂	长石釉、石灰釉（石灰－碱釉、石灰－碱土釉）、锂釉、镁釉、锌釉、铅釉（纯铅釉、铅硼釉、铅碱釉、铅碱土釉）、无铅釉（碱釉、碱土釉、碱硼釉、碱土硼釉）
	主要着色剂	铜红釉、镉硒红釉、铁红釉、铁青釉、玛瑙红釉
性质	外观特性	透明釉、乳浊釉、虹彩釉、无光釉、半无光釉、金属光泽釉、闪光釉、偏光釉、荧光釉（发光釉）、单色釉、多色釉、变色釉、结晶釉、金星釉、裂纹釉、纹理釉、水晶釉、抛光釉
	物理特性	低膨胀釉、半导体釉、耐磨釉、抗菌釉
显微结构		玻璃态釉、析晶釉、结晶釉、分相釉
用途		装饰釉、粘接釉、底釉、面釉、丝网印花釉、商标釉、餐具釉、电瓷釉、化学瓷釉

需要说明，在实际生产中，我们一般习惯以熔剂原料组成来做釉的划分标准。当然，随陶瓷釉品种不断发展，新型装饰釉的不断出现，按其外观特性的划分越来越被大众所接受。

二、制釉氧化物

釉用原料分为两种：天然矿物原料（如石英、长石、高岭土、石灰石、方解石、滑石、锆英石等）和化工原料（如 ZnO、SnO_2、硼酸、硼砂等）。制釉所用的原料能给釉的组成提供一种或一种以上的氧化物，这些氧化物决定着釉的性质，下面分别说明主要制釉氧化物的作用和特点。

（一）SiO_2

SiO_2主要由石英引入，另外，黏土和长石也可引入一部分，SiO_2是釉的主要成分，一般含量在50%以上，通过 $SiO_2/(R_2O+RO)$ 的摩尔比可初步可判断釉的熔融性能，摩尔比为2.5～4.5之间的较易熔，4.5以上的则较难熔。

SiO_2可提高釉的熔融温度和黏度，给釉以高的机械强度（如硬度、耐磨性），提高釉的白度、透明性、化学稳定性，并降低釉的热膨胀系数。

（二）Al_2O_3

Al_2O_3主要由黏土、长石、冰晶石、氧化铝、氢氧化铝等引入，是形成釉的网络中间体，既能与SiO_2结合，也能与碱性氧化物结合。Al_2O_3能改善釉的性能，提高化学稳定性、硬度和弹性，并能降低釉的热膨胀系数。熔块釉中适当的Al_2O_3可防止釉面龟裂。Al_2O_3还能提高熔融温度，增加熔体的高温黏度，使釉在成熟温度下具有必要的稳定性。同时，对建筑制品还可提高抗风化和抗化学侵蚀能力。在实际应用中，Al_2O_3的加入量因碱性成分的种类和数量不同而异，因其会大大提高釉的熔融温度和高温黏度，一般其用量不能太高。另外，可通过调整 Al_2O_3/SiO_2摩尔比来控制釉的光泽，在明亮的光泽釉中，Al_2O_3/SiO_2摩尔比在1:（6~10）之间；在无光釉中为1:（3~4）。增加 Al_2O_3的含量，能获得好的无光效果。

（三）CaO

CaO 主要由方解石、大理石、白云石、石灰石（工业重钙、沉淀碳酸钙）、白垩、硅灰石、钙长石等引入。CaO 在釉中是主要熔剂，在 Sk4 温度以上，它可以降低高硅釉的黏度，提高釉的流动性和釉面光泽度，对有些色釉可增强釉的着色能力（如铬锡红釉），但会使釉面白度降低（对日用瓷而言），一般其用量不超过18%，过多会使釉结晶，导致釉层失透，形成无光釉。这也是形成无光釉的普遍方法之一。CaO 作为熔剂，与碱金属氧化物相比，CaO 能增加釉的抗折强度和硬度，降低釉的热膨胀系数。另外，CaO 既能与釉料反应也与坯料反应，用量适当，可增加坯釉结合性，CaO 能提高釉的化学稳定性，即增加抗水、酸、风的抵抗力和耐磨性。CaO 资源丰富，应用也较为普遍。配料中常采用 $CaCO_3$，其密度小，易悬浮在釉浆中，并且能增强釉的悬浮性。

（四）MgO

MgO 主要由菱镁矿、白云石、滑石引入。MgO 在低温时起耐火作用，但以 MgO、CaO 混合使用时，耐火性降低。在高温下，MgO 与 CaO 类似，是强的活性助熔剂，可提高釉熔体的流动性；可促进坯釉中间层的形成，从而减弱釉面的龟裂；提高釉面硬度，用作建筑瓷釉可提高釉面耐磨性，作卫生瓷可耐酸碱；MgO 在用做低温无光釉组分时，以滑石加入，有提高乳浊性的作用，与锆英石同时引入，乳浊效果更为明显，可提高白度。但其乳浊效果和白度不如 ZnO、SnO_2，而以白云石引入则无乳浊作用，以滑石引入时，即使用量较高，釉面也不易收缩，而以菱镁矿引入时，MgO 用量不超过3%，否则釉面质量难以控制，但 MgO 少量使用时可成为光亮釉，在低温釉中，加入量不能太高，否则，釉料难以熔融，且促使结晶生成。MgO 常和 CaO 同时引入，对于高温瓷来说一般应使 CaO/MgO 摩尔比小于1。

（五）Li_2O、Na_2O、K_2O

Li_2O 来源于锂云母、锂辉石、钛酸锂、硅酸锂、锆酸锂、碳酸锂等。Na_2O 来源于钠长石、硼砂、碳酸钠、硝酸钠。K_2O 来源于钾长石、碳酸钾、硝酸钾。Li_2O、Na_2O、K_2O 都是强助熔剂，它们能降低釉的熔融温度和黏度，能增大熔体的折射率，从而提高其光泽度，降低釉的化学稳定性、力学强度。Li_2O 在无铅釉中少量使用，可显著改变釉的熔融性和表面张力，同时可解决部分如棕眼及釉面不平整等表面缺陷，锂釉与钾釉、钠釉相比，虽价格较贵，但熔体能多熔解石英，热膨胀系数小，光泽度高，抗酸性强。锂釉用于陶器可减少釉面开裂，增加光泽度，并提高抗机械冲击强度及抗热冲击强度；用于建筑制品，可以增加釉面的耐磨性。Na_2O 作为助熔剂，其效果不如 Li_2O，但比 K_2O 强。主要用于低温釉中，能增加半透明性，但光泽性差。Na_2O 在碱金属中，热膨胀系数最大，会降低制品的弹性和抗张强度，从而引起釉的开裂。K_2O 作为熔剂，其性能优于 Na_2O，以钾长石和钠长石相比，钾长石高温黏度大，熔融温度范围宽，釉面光泽度好，K_2O 能降低釉的热膨胀系数，提高釉的弹性，对热稳性有利，但用量不能太高，用量太高也会增加釉的热膨胀，引起釉的开裂。实际应用过程中，K_2O 与 Na_2O 一般同时引入，其最佳摩尔比为 2～4。

（六）ZnO

ZnO 直接以氧化锌或碳酸锌引入，ZnO 可使釉易熔，降低高温釉的烧成温度，对釉的力学强度、弹性、熔融性能和耐热性能均能起到良好的作用，还能增加釉的光泽度、白度，增大釉的成熟温度范围。一般 ZnO 用量不宜过多，用量过多，可提高耐火度、黏度，使釉不易熔融，但釉面光泽并不降低，当达到饱和时，ZnO 析晶，形成结晶釉。ZnO 和 SnO_2共同使用时，能获得良好的乳浊效果。在建筑陶瓷及艺术瓷大红釉中，ZnO 是不可缺少的成分。ZnO 在使用前，要经过 1250～1280℃的高温煅烧，其原因：a. 减少釉在烧成过程中的收缩；b. 减少了因收缩而出现的秃釉和气泡、针孔等缺陷；c. 增加其密度，避免因密度小而使釉浆呈“豆腐脑”状，从而改善生釉性能。

（七）PbO

PbO 由铅丹（Pb_3O_4）、铅白［$2PbCO_3 \cdot Pb(OH)_2$］、密陀僧（PbO）引入。PbO 是最强的助熔剂，PbO 与 SiO_2极易反应生成低熔点的硅酸铅，由于硅酸铅折射率高，因而可形成光泽度高的釉面。与碱金属氧化物相比，PbO 作为熔剂具有以下特点：适量 PbO 降低釉的热膨胀系数；使热稳定性提高，并可降低熔体黏度，使釉具有良好的流动性；同时可增加釉的熔融温度范围；提高釉面弹性、光泽度，增加抗张强度；PbO 的加入使釉中有少量析晶失透倾向。PbO 使用时需要注意，PbO 具有毒性，且易挥发，对于生铅釉，如果操作不当，易被还原，使釉面呈现灰黑色。而且由于其挥发性，对操作工人危害较大，一般做成熔块使用（但在琉璃釉中，Pb_3O_4的含量可高达 70% 左右）。含 PbO 的釉在大气中长期暴露，釉面会失去光泽，易裂，而且 PbO 使釉面硬度降低。

（八）B_2O_3

B_2O_3由硼砂、硼酸、硼钙石、硼镁石、方硼石引入，B_2O_3是釉的重要组分，是强助熔剂。B_2O_3能与硅酸盐形成低熔点的混合物，降低釉的熔融温度。低温时形成高黏度玻璃；温度升高，使釉熔体黏度降低，流动性增大，易于铺展成平整的釉面，B_2O_3的加入能增大釉的折射率，提高光泽度，用量适当可降低热膨胀，用量过多，热膨胀反而增大，同时也降低釉的耐酸和抗水侵蚀能力。含 B_2O_3量高时，釉面的硬度会随之降低，烧成温度范围变窄，且易引起颜色扩散，含 B_2O_3多的釉不适于长周期和明焰烧成。调整 B_2O_3和 SiO_2的相对含量可达到最佳坯釉适应性。B_2O_3形成的熔体不但本身不易结晶，而且有阻止其他化合物的结晶倾向。所以加入 B_2O_3可避免釉失透现象发生。需要注意的是，B_2O_3在 1000℃左右时挥发加快，故在配方设计时，需考虑此项损失。

（九）BaO

BaO 由碳酸钡、硫酸钡、氯化钡引入，BaO 在建筑瓷釉和卫生瓷釉中多以 $BaCO_3$引入，也可做无光釉的助熔剂，用量较大时（通常大于 0.15mol）起耐火作用。可提高熔融温度；如用量较小时（通常小于 0.15mol），可改善制品釉面的光泽度和力学强度。目前流行的建筑瓷水晶釉中就含有 BaO，BaO 在一定程度上可增加釉抗有机酸侵蚀的能力。BaO 以任何比例取代 CaO 和 ZnO 均使釉的弹性模量降低，但大部分钡的化合物有毒性，使用时应注意。

（十）SrO

SrO 由碳酸锶引入，可降低釉的熔融温度，提高光泽，扩大烧成范围。与 BaO 相似，SrO 也要限量地使用，它具有 BaO 在釉中的全部优点，而无毒性，在含硫的气氛中和 BaO 一样有造成制品缺陷的趋势。在含锆釉中，以锶化合物代替 BaO 和 CaO，可促进坯釉中间层的化学反应，提高坯釉适应性；在低温釉中可用来取代铅，但釉烧时，需相应延长保温时间；在石灰釉中替代 CaO，可增加釉的流动性，降低软化温度，增大石灰釉的烧成温度范围，改善釉的适应性，提高釉的硬度。

除此之外，在釉料中也常加入骨粉、瓷粉、乳浊剂、色料等。骨粉可提高光泽，还可促进釉料分相；使用瓷粉取代长石调节釉料，可提高釉的熔融温度，降低釉的高温黏度，减少釉面针孔，提高白度。在釉料中使用的乳浊剂有 SnO_2、TiO_2、ZrO_2、$ZrSiO_4$、锑化物、磷酸盐等；在釉料中常使用的着色剂含有 Mn、Cr、Co、Fe、Ni、Cu、V、Pr 等的氧化物、化合物或合成颜料。

第三节 确定釉配方的依据

一、釉配方的物理化学基础

釉是由酸性氧化物（SiO_2 或 B_2O_3）和碱性氧化物（K_2O、Na_2O、CaO、MgO、BaO、PbO、ZnO 等）组成。在高温下熔成液态，而在冷却过程中逐渐凝固，最后形成玻璃态的硅酸盐或硼硅酸盐。从物理化学方面来看，釉与玻璃有很多相似之处，如各向同性，无固定的熔点，具有光泽透明，不透水等特性。但从化学组成、制作方法以及应用方面来看，釉与玻璃有本质区别。按照各成分在釉中所起的作用，可将釉的组分归纳为以下几类：

1. 网络形成剂

玻璃相是釉的主相。釉的结构和玻璃的结构是相似的。形成玻璃的主要氧化物（如 SiO_2、B_2O_3等）在釉层中以四面体的形式相互结合为不规则网络，所以它又称为网络形成剂。

长期以来，许多学者从热力学、动力学、结晶化学诸方面提出许多玻璃形成的假说，虽然这些假说不够完善，实际玻璃形成的条件尚有例外，但是还可以作为多数情况下判断的依据。

①氧化物阳离子场强（取决于阳离子电荷与其离子半径平方之比）要大。一般说来，电荷较高、离子半径较小的阳离子及其化合物都是玻璃网络形成剂。表 3－12 列出一些氧化物的阳离子场强与玻璃形成能力。

表 3－12 阳离子场强与其形成玻璃的能力

氧化物	阳离子半径 r/nm	阳离子电荷 z	阳离子场强 z/r^2	形成玻璃的能力
SiO_2	0.042	4	2267	形成硅酸盐玻璃
B_2O_3	0.023	3	5670	形成硼酸盐玻璃
P_2O_5	0.035	5	4080	形成磷酸盐玻璃
GeO_2	0.053	4	1420	形成锗酸盐玻璃

续表

氧化物	阳离子半径 r/nm	阳离子电荷 z	阳离子场强 z/r^2	形成玻璃的能力
Li_2O	0.068	1	220	
Na_2O	0.097	1	110	
K_2O	0.133	1	60	
CaO	0.099	2	210	
MgO	0.066	2	460	不能形成玻璃
SrO	0.112	2	160	
BaO	0.134	2	110	
ZnO	0.074	2	360	
PbO	0.120	2	140	

注：本表摘自“Table of lonic Radii”，Handbook of Chemistry and Physics PPE214～215 CRC Press Inc. 1979。

②氧化物的键强要大。这样难以有序排列，形成玻璃倾向性大。孙光汉提出：单键强度（化合物的分解能与阳离子配位数之比）大于335kJ/mol的化合物都是网络形成剂，而单键强度在250～335kJ/mol的化合物，属于网络中间体，而小于250kJ/mol的化合物，一般不能形成玻璃；罗生（Rawson）在1956年提出，玻璃形成能力不仅与单键强度有关，而且还与破坏原有键使其熔化所需要的热能有关。他提出，单键强度/熔点的比值大于0.21kJ/(mol·K)的化合物是玻璃形成剂，单键强度/熔点的比值小于0.063kJ/(mol·K)者不能形成玻璃，是玻璃修饰体。从表3－13可见，当Al^{3+}的配位数为4，Zr^{4+}的配位数为6时，它们也可形成玻璃体。

表3－13　网络形成氧化物的单键能

氧化物	阳离子价数	氧化物的分解能/(kJ/mol)	配位数	M－O的单键能/(kJ/mol)	(单键能/熔点)/[kJ/(mol·K)]
B_2O_3	3	1490	3	498	0.686
SiO_2	4	1770	4	444	0.222
GeO_2	4	1803	4	452	0.326
Al_2O_3	3	1682～1326	4	423～330	—
B_2O_3	3	1490	4	372	0.51
P_2O_5	5	1850	4	464～368	0.435～0.548
V_2O_5	5	1878	4	469～377	0.397～0.498
As_2O_5	5	1460	4	364～293	—
Sb_2O_5	5	1818	6	356～285	—
ZrO_2	4	2029	6	339	—

③凡有离子键向共价键过渡的混合键（又称极性共价键）的氧化物较易形成玻璃态，都属于玻璃形成剂。因为这种混合键既具有离子键易改变键角、易形成不对称变形的趋势；又具有共价键的方向性和饱和性，不易改变键长与键角的倾向。前者有利于造成玻璃的远程无序，后者则赋予玻璃近程有序。表3－14列出一些氧化物的键性形成能力的关系。

表 3-14 氧化物的键性与玻璃形成能力

氧化物	配位数	结构类型	键的离子性/%	形成玻璃的能力
SO_2	4	分子结构	20	不能形成玻璃
B_2O_3	3 或 4	层状结构	42	形成玻璃
SiO_2	4	三维空间结构	50	形成稳定玻璃
GeO_2	4	三维空间结构	55	形成稳定玻璃
Al_2O_2	4 或 6	刚玉型结构	60	难成玻璃
MgO	4 或 6	NaCl 型结构	70	不能形成玻璃
Na_2O	6 或 8	CaF_2 型结构	80	不能形成玻璃

表 3-14 的数据表明，极性共价键中离子性占 39% ~55% 的氧化物能形成稳定的玻璃。在 SiO_2 玻璃中，在［SiO_4］内体现为共价键性，其 O—Si—O 键角符合理论值 109.4°，而四面体以顶角相互连接时，O—Si—O 键角能在较大范围内无方向性连接，表现了离子键的特性。可以认为，键角分布小、作用范围小的纯共价键物质及成键无方向性、作用距离长的纯离子键物质，形成玻璃的可能性小；而处于两者之间的混合键物质及分子间作用力（范德华力）很弱的有机物容易形成玻璃。

④熔体的结构也是能否形成玻璃的重要因素。当熔体中阴离子团聚合程度大，例如以三维空间结构为主的结构，则形成玻璃的倾向大。否则反之。因为高聚合的阴离子团难以位移和重排，结晶激活能较大，不易形成晶体。此外，阴离子团聚合程度大，其结构越复杂，熔体的黏度大，有利于玻璃的形成。如 SiO_2、GeO_2、B_2O_3 三者熔点下的黏度分别为 10^{10}、10^6、10^7 Pa·s，都是玻璃形成体。

阴离子团的对称性低，也容易形成玻璃。在 SiO_2 玻璃中 Si—O—Si 的键角变动于 120° ~180°，键角的不规则分布，造成阴离子团的几何不相对称，决定其结构无序，玻璃化的倾向大。

2. 助熔剂

在釉料熔化过程中，这类成分能促进高温分化反应，加速高熔点晶体（如 SiO_2）化学键的断裂和生成低共熔物。助熔剂还起着调整釉层物理化学性质（如机械性质、热膨胀系数、黏度、化学稳定性等）的作用。它不能单独形成玻璃，一般处于玻璃网络之外，所以又称为网络外体或网络修饰剂、网络调整剂。常用的助熔剂化合物为 Li_2O、Na_2O、K_2O、PbO、CaO、MgO、CaF_2 等。

这类氧化物 M—O 键的单键强度均小于 250kJ/mol。它们的离子性强。当阳离子的电场强度较小时（如碱金属氧化物），氧离子易摆脱阳离子的束缚，起断网作用，使玻璃网络结构松散，热膨胀系数增大、化学稳定性和黏度、硬度均下降。当阳离子的电场强度较大时（如碱土金属氧化物），却能使断键积聚（但这与釉中 R_2O+RO 的含量有关）。

二、釉料配方的配制原则

确定釉料的配方，首先要考虑不同的制品对釉性能的不同要求，例如对于日用瓷，要求其具有良好的透明性、高白度、光泽度；墙地砖要求其高硬度，耐磨性能、热稳性能、耐酸性能、化学稳定性好；电瓷则要求好的绝缘性能等。其次，要求釉料组成适应坯料性能及烧成工艺。

①根据坯料烧结性能来调节釉的熔融性质。釉的熔融性质包括熔融温度、熔融温度范围和釉面性能等三个方面的指标。首先要求釉料必须在坯体烧结温度范围内成熟，一般对于一次烧成陶瓷产品来说，开始熔融温度应高于坯体中碳酸盐、硫酸盐、有机物的分解温度。熔化温度范围应宽些（不少于30℃），在此温度范围内熔融状态的釉能均匀铺展在坯体上，不被多孔的坯体吸收，在冷却后形成平整光滑的釉面，从而减少釉面缺陷。为了防止高温下釉被坯体吸收，釉开始熔融时黏度可稍大些，以防出现干釉、缺釉，对于较密的坯体，则要求坯釉黏附性强，生釉层干燥收缩小，以免开裂和缩釉。对于经过高温素烧的二次烧成制品，一般釉烧温度低于素烧温度60～120℃。但在小型建筑瓷厂，也有低温素烧、高温釉烧工艺。

②坯、釉的热膨胀系数、弹性模量相适应。若釉的热膨胀系数略低于坯体的热膨胀系数，则釉冷却凝固后，釉层受压应力，这可以提高瓷坯机械强度和抗热震性能，消除釉层的开裂和剥落的缺陷。这种釉常用“+”表示，又称为正釉。受张应力的釉，常用“-”表示，又称负釉。由于釉的抗压强度远大于抗张强度，故负釉易裂，然而，当釉的压应力超过耐压强度极限时，也会造成釉层呈片状崩落，所以坯、釉的热膨胀系数差别不能过大，两者相差程度取决于坯、釉的种类和性质。

在釉的组分中，凡是玻璃形成剂，如 SiO_2 能形成或加强网络，使热膨胀系数降低；相反，凡属网络外体会使结构网络断裂，使热膨胀系数提高。

对于弹性模量大的釉，很难补偿坯釉之间所产生的应力，对外界机械作用的应力及热应力的应变能力小，易产生开裂缺陷，反之，弹性模量小的釉，对外界机械作用的应力及热应力的应变能力大。一般要求釉既有较大的弹性，又要求其与坯体的弹性模量相匹配，使 $E_{釉} < E_{坯}$。

③坯釉化学组成相适应。坯釉料种类繁多，组成千差万别且波动范围很大。但为保证坯釉紧密结合，形成良好的中间层，应使坯釉料组成有一定的差别，但也不易过大，一般以坯、釉酸度系数 C. A 来控制。例如：

瓷坯的酸度系数 C. A = 1 ~ 2，瓷釉 C. A = 1.8 ~ 2.5，陶坯 C. A = 1.2 ~ 1.3，陶釉 C. A = 1.5 ~ 2.5。

④釉料对釉下彩和釉中彩不致溶解和变色。

⑤合理地选用原料。釉用原料（特别是易熔原料）比坯用原料复杂，既有天然矿物原料，又有化工原料。各种原料在高温下的性能如熔融温度、高温黏度、密度和黏附性等都有很大的差别，除了使釉料化学组成合理以外，必须正确地选用原料，以求获得具有良好的工艺性能的釉浆和烧成后无缺陷的釉面。

如以 MgO 来降低釉的热膨胀系数和提高釉的弹性，选用滑石原料则可改善釉浆悬浮性、扩大釉的烧成范围、提高釉抵抗气氛的能力、克服“吸烟”和发黄等缺陷；若采用菱镁矿作原料，则会由于釉面张力过大产生缩釉；用白云石引入有利于增加釉的透明度。若考虑将一并引入 CaO，为使滑石不致在高温时分解出结构水，常在高温下煅烧后使用；但为了增加釉浆的悬浮性；也采用部分生滑石。

在配制生铅釉时，常采用铅丹而不用悬浮性较好的铅白，这是因为碱式碳酸铅易于分解，使釉面出现针孔。

釉料中需要一定量的 Al_2O_3，应以长石而不以黏土的形式加入，以避免熔化不良而使釉面失去光泽；但为了工艺上的需要，又必须有适量的黏土，一方面增加釉的悬浮性；另一方面使釉很好地被坯体吸附，使坯釉烧后结合良好。

总之，在选用原料时要考虑多方面的要求，取长补短以满足需要。

三、釉料配方的确定

1. 掌握必要的资料

①首先要掌握坯料的化学与物理性质，如坯体的化学组成、热膨胀系数、烧结温度、烧结温度范围及气氛等。

②必须明确釉本身的性能要求（例如白度、光泽度、透光度、化学稳定性、抗冻性、电性能）及制品的性能要求（例如机械强度、热稳定性、耐酸耐碱性、釉面硬度）。

③制釉原料化学组成、原料的纯度以及工艺性能等。

除以上三点外，工艺条件对釉的影响也很大，如细度与表面张力的关系、釉浆稠度对施釉厚度的影响、燃料种类、烧成方法、窑内气氛等均须在釉料的研究中加以考虑。

2. 釉料配方的确定方法

要确定一种釉料配方，在实际工作中可按下述方法进行：

（1）借助于成功的经验　由于陶瓷生产方法多而且陶瓷种类繁多，需根据所要生产的类型和品种，借助于其他生产单位成功的经验，结合本地区原料的特点和必要的外地原料的质量情况，通过计算、调整和试验，以获得满意的釉料配方。

值得注意的是根据所用坯料的组成、性质、工艺措施和烧成条件，进行综合考虑，试验是一个很重要的环节，通过试验不断改进和提高，以理论结合实际，从而求得合理的生产配方。

在考虑釉的组成中，除所用原料的种类、化学组成和物理性能以及工艺指标外，烧成条件也是不能忽视的。烧成条件包括温度、气氛、窑炉类型甚至燃料，对产品都有影响。所以，一种良好的釉料配方，是多种因素配合，综合优选的结果。诚然，釉料配方的原则是基本的先决条件。

（2）借助三元相图　每种陶瓷釉料都有其基本成分，由于配料较多，须从其配料中的基本成分所组成的相图上加以研究，以求获得更好的釉料配方。以下为石灰石釉的三元相图加以说明。石灰石釉的基本组成可换算成相应的 $CaO-Al_2O_3-SiO_2$ 三组分，如图 3－2 所示。

在三元相图中找出组成点的位置，发现优良光亮釉的组成都处于 $Al_2O_3:SiO_2=1:(7\sim11.5)$ 的线段间区域。其中 a、b、c、d 四种光亮釉配方的实验式（釉式）的组成是：

a 釉　$\left.\begin{matrix}0.3\ K_2O\\0.7\ CaO\end{matrix}\right\}\cdot 0.5\ Al_2O_3\cdot 4.0\ SiO_2$

b 釉　$\left.\begin{matrix}0.3\ K_2O\\0.7\ CaO\end{matrix}\right\}\cdot 0.6\ Al_2O_2\cdot 4.0\ SiO_2$

c 釉　$CaO\cdot 0.4\ Al_2O_3\cdot 4.0\ SiO_2$

d 釉　$CaO\cdot 1.2\ Al_2O_3\cdot 9.0\ SiO_2$

a、b 釉在 SK9～SK11 温度下烧成，c 与 d 釉在 SK1～SK13 温度下烧成。

对于上述碱性组成为 0～0.3 K_2O（Na_2O）、0.7～1.0 CaO 的光亮釉，其组成区域以 $X\sim$

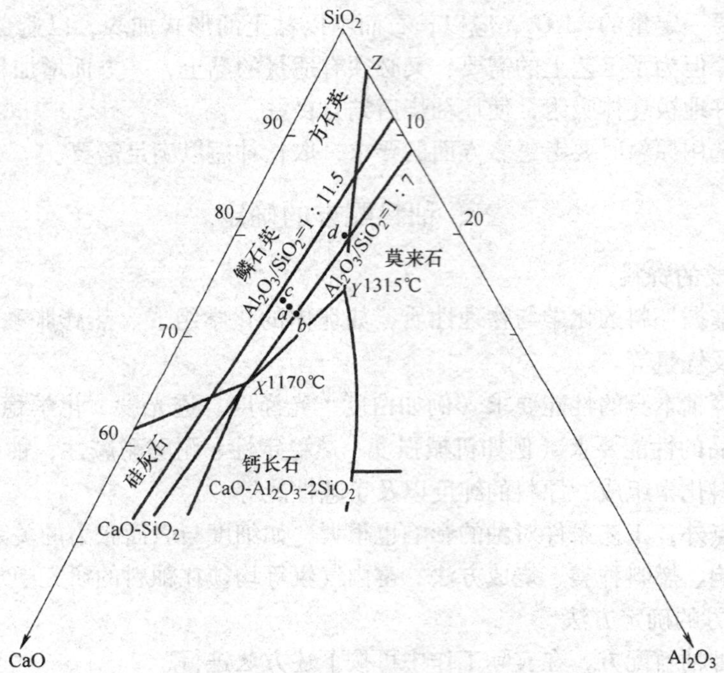

图 3－2　石灰釉在 $CaO-Al_2O_3-SiO_2$ 相图中的组成范围

Y 和 $X \sim Z$ 为界线，并略向石英初晶区伸展。由于 $Al_2O_3:SiO_2=1:7$ 的线段通过共晶点 X，而和 XY 线极为靠近，因此只要 Al_2O_3 略有增加，组成点就会进入钙长石析晶区。当 $n(Al_2O_3)/n(SiO_2)>1:11$（即 SiO_2 量增多）时，釉中将析出方石英，釉面失去光泽。所以光亮釉的允许组成范围为小于 0.5mol 的碱和 $n(Al_2O_3)/n(SiO_2)=1:(7\sim11)$。$SiO_2$ 为碱性和中性氧化物总量的 2～3 倍，为 Al_2O_3 量的 8～10 倍。

石灰釉中少量的 Al_2O_3 可增加釉的流动性，但量多时却显著地减少釉的流动性，提高釉的烧成温度和黏度，且釉面光泽暗淡或无光。

（3）利用釉的化学组成－成熟温度图设计配方　普通透明光泽釉的成熟温度与釉的化学组成关系密切。基于普通日用瓷釉的釉式为：

$$\left.\begin{matrix}0.3\ R_2O\\0.7\ RO\end{matrix}\right\}\cdot mAl_2O_3\cdot nSiO_2$$

前人总结的实用日用瓷釉成熟温度与化学组成的关系如图 3－3 所示。R_2O 主要指 K_2O 和少量 Na_2O；RO 主要指 CaO 和少量 MgO 等二价氧化物。由图 3－3 可以看出，绝大部分实用日用瓷釉的 Al_2O_3、SiO_2 的物质的量分别落在 0.3～0.7 和 3～7 范围之内，$n(Al_2O_3)/n(SiO_2)$ 一般控制在 $1:(7\sim10)$，且随着瓷釉组成点从左下方向右上方移动，釉中 Al_2O_3 和 SiO_2 的含量同时提高，釉料的成熟温度逐渐升高。为了满足熔融性能的需要，成熟温度为 1250～1350℃的釉料，$n(SiO_2)/n(R_2O+RO)$ 为 4～6。

按图中硅铝比，再结合实验进行修改，反复调整，不难得出合理适用的釉料配方。

（4）参考测温锥的化学组成设计配方　标准测温锥的化学组成与釉料的化学组成相接近，而且标准测温锥的弯倒温度相对固定。实验证明，将测温锥加热到使其达到透明光泽釉成熟状态时所需温度对应的锥号，相当于比该锥高 4～5 个锥号的测温锥的弯倒温度。

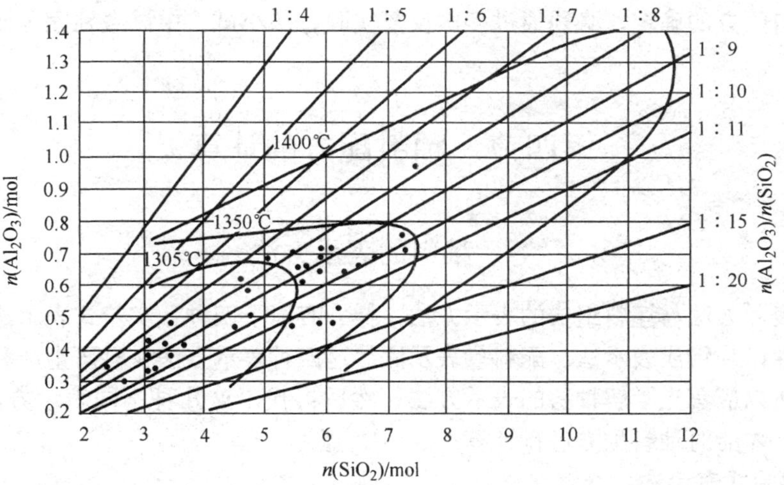

图 3－3　瓷釉的化学组成－成熟温度关系图

•—实用日用瓷釉组成点

例如参考 SK7 的化学组成设计的釉料的成熟温度为 SK11～SK12 的弯倒温度。因此，可以利用测温锥的化学组成与其弯倒锥号之间的关系设计釉料配方。

（5）采用釉料的系统调试方法　采用釉料的系统调试方法是在上面所述的几种方法基础上来进行的，它可以从变化一个、两个或三个主要（或重要）的釉化学组成来设计一系列釉料配方，可以同时烧成这一系列的配方，根据烧成结果可以获得最佳组成范围或直接获得最佳配方。当然，这实质上是一种实验设计方法，还得通过实验去确定配方。其具体设计和实验方法将在釉料配方的计算一节中详细介绍。

（6）采用正交实验设计　为了获得某种特定工艺性能的釉料，如低膨胀釉、高光泽釉、抗菌釉及大红色釉料等，在确定釉配方的过程中，还可以采用正交实验方法。采用正交实验方法可以减少实验次数，寻找到各因子间的内在规律，获得最佳因子组合，从而达到事半功倍的效果。所谓正交实验设计就是采用正交表来安排实验的方法。其实质是利用数理统计中排列组合原理来安排各因子和水平数，并采用方差分析等手段来分析各因子的作用效果。在正交表中，因子、水平数和衡量指标需实验者自行确定。确定了因子与水平后，就可以选用相应的正交表，如选用 L_9（3^4）正交表，其中的数字含义如下：4 表示最多安排 4 个因子，3 表示每个因子有 3 个水平数，9 则表示共做 9 次实验。在实际设计过程中，可以选取最关键的几种原料（如黏土、石英、长石等）和工艺参数（如釉料细度、烧成温度、保温时间等）为因子，并根据经验或资料确定各个因子的水平，在确定水平的时候，要尽量使各因子的水平分布均匀（如内墙砖釉中黏土用量一般在 3%～5%，若选 3 个水平，则可确定为 3%、4%、5%）。以釉所要达到的关键性能（如热膨胀系数、光泽度、白度、颜色主波长、色饱和度、杀菌能力等）作为衡量指标。通过试样制作、性能测试和方差分析可以得出最佳因子组合以及进行因子作用效果比较，找出作用效果最显著的因子。另外，还可以通过回归正交分析以及考虑交互作用等分析，获得更为准确的结果。当然，如要进行此方面的实验设计，还需查阅相关资料。

上述有关釉料配方的方法对确定合理的釉料配方提供有益的参考，但仍然离不开实践的基础，釉料配方的确定，必须通过多次反复实验，从小试、中试直到完全成熟后，方可正式投入生产。

第四节　釉料配方的计算

一、釉料的表示方法

釉料的表示方法与坯料组成的表示方法一样，有以下四种：实验式表示法、化学组成表示法、示性矿物组成表示法、配料量表示法。这四种表示方法在科研生产和文献资料上经常用到，所以应首先了解釉料的表示方法，然后再找出这几种不同表示方法间的关系，并进行换算，才能对釉料配方进行计算。

（一）实验式表示法

实验式表示法是以各种氧化物的物质的量（mol）的比例来表示，又称化学实验式表示法。

釉料实验式表示法，又简称为釉式，釉式中往往取碱性氧化物的物质的量的总和为1，例如：浙江龙泉青瓷釉的实验式为：

$$\left.\begin{matrix}0.807 & CaO \\ 0.169 & K_2O \\ 0.024 & Na_2O\end{matrix}\right\}\cdot\left.\begin{matrix}0.549 & Al_2O_3 \\ 0.032 & Fe_2O_3\end{matrix}\right\}\cdot 3.909\ SiO_2$$

化学实验式表示法反映了各氧化物之间的关系，釉料中各氧化物的组成一目了然。从釉式中可以估计出釉的烧成温度。

软质瓷釉式：一般为 $(R_2O+RO)\cdot(0.3\sim0.6)\ R_2O_3\cdot\ (3\sim4)\ SiO_2$

烧成温度：1250～1280℃

硬质瓷釉式：$(R_2O+RO)\cdot(0.5\sim1.4)\ Al_2O_3\cdot\ (5\sim12)\ SiO_2$

烧成温度为：1320～1450℃

所以可初步判断浙江青瓷釉为软质瓷，烧成温度为1250～1280℃。

（二）化学组成表示法

以釉料中各种氧化物组成的质量分数来表示配方组成的方法，称为化学组成表示法，也称氧化物质量分数表示法，表示时列出 SiO_2、Al_2O_3、Fe_2O_3、TiO_2、MgO、CaO、K_2O、Na_2O、B_2O_3、ZnO、PbO、BaO、灼减量等质量分数数据，这种表示法能较准确地表示釉料组成，同时据其含量估计烧成温度的高低和釉的熔融性能。

（三）配料量表示法

以原料的质量分数来表示配方组成的方法，称配料量表示法，这种方法在工厂中应用最普遍，称为实际配方。这种方法的优点是易称量，便于记忆，表示简单、直观；缺点是它只适用于本地工厂，对其他产区的参考意义不大，因为各地原料所含成分差异甚大，只要其中一种主要原料的成分不同，所配制釉料差异就会很大。

（四）示性矿物组成表示法

坯料配方组成以纯理论的黏土、石英、长石等矿物来表示的方法，称为示性矿物组成表示法，又称示性分析法，简称矿物组成法。但由于陶瓷釉矿物种类繁多，性质也有很大差异，因此，这种表示方法只能粗略地反映釉的组成，故不常用。

二、釉式的计算

1. 从化学组成计算釉式

若知道了釉料的化学组成，可按下列步骤计算釉式。

①按式（3－12）计算100g原料中各氧化物的物质的量。

$$n=\frac{\text{氧化物的质量分数}}{\text{摩尔质量}} \qquad (3-12)$$

②以碱性氧化物的量的总和，分别去除各氧化物的量，即得到一套以碱性氧化物摩尔数之和为1的各氧化物物质的量的系数。

③将得到的各氧化物物质的量系数按RO、R_2O_3、RO_2的顺序排列为釉式。

【例1】　某釉料的化学组成如下，试计算其釉式。

组成	SiO_2	Al_2O_3	Fe_2O_3	CaO	MgO	K_2O	Na_2O	ZnO	灼减	合计
质量分数/%	69.19	14.63	0.12	0.79	3.43	6.32	1.68	1.5	1.96	100

【解】　①计算各氧化物的物质的量。

组成	SiO_2	Al_2O_3	Fe_2O_3	CaO	MgO	K_2O	Na_2O	ZnO
n/mol	1.1512	0.1436	0.0008	0.0141	0.0851	0.0671	0.0271	0.0184

②将碱性氧化物的物质的量总数算出。

$$n\,(CaO)+n\,(MgO)+n\,(K_2O)+n\,(Na_2O)+n\,(ZnO)=$$
$$0.0141+0.0851+0.0671+0.0271+0.0184=0.2117\ (mol)$$

③用碱性氧化物的物质的量总数去除各氧化物的物质的量，可到一套以RO＋RO_2系数为1的各氧化物摩尔系数。

组成	SiO_2	Al_2O_3	Fe_2O_3	CaO	MgO	K_2O	Na_2O	ZnO
系数	5.438	0.678	0.004	0.067	0.402	0.317	0.128	0.087

④将所得系数按规定顺序排列，即得到所要求的实验式：

$$\left.\begin{array}{l}0.317\ K_2O\\0.128\ Na_2O\\0.067\ CaO\\0.402\ MgO\\0.087\ ZnO\end{array}\right\}\cdot\left.\begin{array}{l}0.678\ Al_2O_3\\0.004\ Fe_2O_3\end{array}\right\}\cdot 5.438\ SiO_2$$

2. 从配方计算釉式

计算步骤如下：

①首先要知道所使用各原料的化学组成，即各种原料所含每种氧化物的质量分数。

②将每种原料的配料量（质量）乘以各氧化物的质量分数，得各种氧化物的质量。

③将各原料中的共同氧化物的质量加在一起，得釉料中各氧化物的总质量。

④以各氧化物的摩尔质量分别去除它的质量，得各氧化物的量。

⑤以碱性氧化物的量的总和分别去除各氧化物的量，得到一系列以碱性氧化物（RO＋RO_2）系数为1的一套各氧化物的摩尔系数。

⑥按规定顺序排列各种氧化物，即为所要求的实验式。

【例 2】 某建筑瓷锆釉的配方为：长石 25.6%，石灰石 18.4%，石英 32.2%，氧化锌 2%，黏土 10.0%，锆英石 11.8%。

各原料的化学组成见表 3－15，试计算其釉式。

表 3－15　原料的化学组成　单位:%（质量分数）

原料	SiO_2	Al_2O_3	Fe_2O_3	CaO	MgO	Na_2O	K_2O	ZnO	ZrO_2	灼减	总计
长石	65.04	20.40	0.24	0.8	0.18	3.74	9.38	—	—	0.11	99.89
黏土	49.82	35.74	1.06	0.65	0.6	0.82	0.95	—	—	10.0	99.64
石英	98.54	0.28	0.72	0.25	0.35	—	—	—	—	0.2	100.34
石灰石	1.0	0.24	—	54.66	0.22	—	—	—	—	43.04	99.16
氧化锌	—	—	—	—	—	—	—	100	—	—	100
锆英石	38.81	5.34	—	0.4	0.2	—	—	—	55.10	—	99.85

【解】 按上述步骤的方法计算釉中各氧化物的含量。

①釉中氧化物的含量，见表 3－16。

表 3－16　氧化物的含量　单位:%（质量分数）

原料	配方	化学组成									
		SiO_2	Al_2O_3	Fe_2O_3	CaO	MgO	Na_2O	K_2O	ZnO	ZrO_2	灼减
长石	25.6	16.65	5.22	0.06	0.20	0.05	0.96	2.40	—	—	0.02
黏土	10.0	4.98	3.57	0.11	0.06	0.06	0.08	0.10	—	—	1.05
石英	32.2	31.76	0.09	0.23	0.03	0.14	—	—	—	—	0.06
石灰石	18.4	0.18	0.04	—	10.06	0.04	—	—	—	—	7.99
氧化锌	2	—	—	—	—	—	—	—	2	—	—
锆英石	11.8	4.58	0.63	—	0.05	0.03	—	—	—	6.5	—
总计		58.15	9.55	0.40	10.40	0.29	1.03	2.50	2.00	6.50	9.12

②釉式的计算步骤，见表 3－17。

表 3－17　釉式的计算步骤

项目 \ 化学组成	SiO_2	Al_2O_3	Fe_2O_3	CaO	MgO	Na_2O	K_2O	ZnO	ZrO_2
质量分数/%	58.15	9.55	0.40	10.40	0.29	1.03	2.50	2.00	6.50
摩尔质量	60.1	102	160	56.1	40.3	62	94.2	81.2	123.2
n/mol	0.9676	0.0936	0.0025	0.1854	0.0072	0.0166	0.0265	0.0246	0.0528
$\frac{n}{n(R_2O+RO)}$	3.7172	0.3596	0.0096	0.7123	0.0277	0.0638	0.1018	0.0945	0.2028

③计算所得釉式为：

$$\left.\begin{matrix}0.1018\ K_2O\\0.0638\ Na_2O\\0.7123\ CaO\\0.0277\ MgO\\0.0945\ ZnO\end{matrix}\right\}\cdot\left.\begin{matrix}0.3596\ Al_2O_3\\0.0096\ Fe_2O_3\end{matrix}\right\}\cdot\begin{matrix}3.7172\ SiO_2\\0.2028\ ZrO_2\end{matrix}$$

三、釉料配方的计算

（一）生料釉配方的计算

与熔块釉相对而言，生料釉是以生料配方经混合磨细后施釉烧成的。配方计算过程中首先是要选择生料釉的釉式，要结合坯体的化学组成和主要性能，结合国内外实际情况来确定。配釉料一般选用较纯的原料，为计算方便，可采用原料的理论值。计算方法一般采用逐项平衡法列表进行计算，在计算时一般先用长石来满足钾（钠）含量，同时平衡部分氧化铝，然后用黏土平衡掉剩余的氧化铝，再逐项平衡其他组成，最后未被平衡的组成采用化工原料加以平衡。

【例3】 已知某长石质瓷的釉料，其釉式为：

$$\left.\begin{matrix}0.4860\ K_2O\\0.4490\ MgO\\0.0650\ ZnO\end{matrix}\right\}\cdot 0.6670\ Al_2O_3\cdot 6.6920\ SiO_2$$

试用钾长石、高岭土、石英、氧化锌、滑石这五种原料进行配料。

【解】 ①根据釉式计算各原料的量，见表3-18。

表3-18　原料中的氧化物含量　单位：mol

配方	SiO_2	Al_2O_3	MgO	K_2O	ZnO
	6.6920	0.6670	0.4490	0.4860	0.0650
钾长石（$K_2O\cdot Al_2O_3\cdot 6SiO_2$）0.4860	2.9160	0.4860		0.4860	
余量	3.7760	0.1810	0.4490	0	0.0650
高岭土（$Al_2O_3\cdot 2SiO_2\cdot 2H_2O$）0.1810	0.3620	0.181			
余量	3.4140	0	0.4490		0.0650
滑石（$3MgO\cdot 4SiO_2\cdot H_2O$）0.1490	0.5960		0.4490		
余量	2.8180		0		0.0650
石英（SiO_2）2.8180	2.8180				
余量	0				0.0650
氧化锌（ZnO）0.0650					0.0650
余量					0

②根据各原料的量计算配料量，见表3-19。

（二）熔块配方计算

当采用易溶于水的碳酸钠、碳酸钾、硼砂、硼酸等原料配釉时，在施釉过程中釉容易被坯体吸收，使坯体的烧结温度降低，而釉的成熟温度因釉浆成分改变而提高。坯体干燥后，这些水溶性盐类又随水分蒸发而集中在坯体表面，烧后产生缺陷。此外在釉中常要引

表 3－19　　配料量的计算

原料	原料的物质的量/mol	摩尔质量/(g/mol)	配料量/g	配料/%（质量分数）
钾长石	0.486	556.8	270.6	49.5
高岭土	0.181	258.2	46.7	8.4
滑石	0.149	379.3	56.5	10.3
石英	2.818	60.1	169.4	30.9
氧化锌	0.065	81.4	5.3	0.9

入一些毒性原料（铅的化合物、钡盐、锑盐等），它们作为生料直接引入釉中会造成生产工人操作中毒。因此，需要把上述毒性原料和其他原料预先熔制成不溶于水或微溶于水、无毒的硅酸盐熔块（但渗彩釉则是用可溶性发色原料配制成釉液，直接渗入坯体中而制造渗彩玻化砖）。此外，烧制熔块过程中原料挥发物的排除，有利于后序制品的烧成，使难熔原料变得易熔，使釉料成分均匀，扩大了配釉原料的种类等。

1. 配制熔块的原则

①K_2O、Na_2O 除由长石带入外，其他含 K_2O、Na_2O 的原料均需置于熔块原料之中，含硼化合物（除硼钙石、硼镁石外）也置于熔块成分之内。

②$n(RO_2+R_2O_3)/n(R_2O+RO)=(1\sim3):1$，这样可保证适当的融化温度，因温度过高，碱盐易于挥发。

③$n(R_2O)/n(RO)<1$，按比例制成熔块，可难溶或不溶于水。

④$n(SiO_2)/n(B_2O_3)>2$，因硼盐的溶解度较大，提高氧化硅含量可降低其溶解度。

⑤熔块配料中 Al_2O_3应控制在 0.2mol 以内。如 Al_2O_3太多，则高温黏度大，熔化困难，因而不能得到均匀的熔块，且熔化温度较高，会导致碱性物的挥发损失大。

⑥氧比（SiO_2所带入的氧与其他氧化物所带入的氧之比）应为 2～6，按下式计算：

$$\text{OR（氧比）}=\frac{2n(SiO_2)}{n(RO)+3n(Al_2O_3)}$$

这些规则有助于正确的配制熔块，但必须同时结合实际进行。

2. 由配合料质量计算熔块熔融后的质量（产率）

配制熔块的许多原料在熔融时因排除了水分、二氧化碳、五氧化二氮氧、三氧化硫、氟（四氟化硅）而灼减。归纳起来，有以下几个类型。

（1）排除结晶水或结构水　例如硼酸、五水硼砂、氢氧化铝、高岭石、滑石等。

（2）碳酸盐分解　碳酸钾、碳酸钡、碳酸钙、碳酸镁等会分解放出二氧化碳。

（3）硝酸盐分解　例如硝酸钾、硝酸钠等分解后只留下氧化钾和氧化钠。

（4）氧化物分解　例如铅丹的摩尔质量为 669.6g/mol，1mol 铅丹分解后生成 3mol 的氧化亚铅，质量变为 653.6g。另外，还有过氧化铅等的分解也会造成质量减轻。

（5）硫酸盐的分解　例如生石膏、硫酸钾、硫酸钠等的分解。

以上这些物质的分解，最终的产物都是金属氧化物，由其摩尔质量的损失量可以计算出最终熔块的产量，当然还要考虑各环节的人工及机械造成的损失。

3. 熔块的配料计算

若已知熔块的化学组成，可按前述的方法计算釉式后再进行配料计算。

【例4】 某熔块的釉式如下所示，计算其配料量。

$$\left.\begin{matrix}0.150\ K_2O\\0.288\ Na_2O\\0.375\ CaO\\0.187\ PbO\end{matrix}\right\}\cdot 0.150\ Al_2O_3\cdot\left\{\begin{matrix}2.150\ SiO_2\\0.614\ B_2O_3\end{matrix}\right.$$

【解】 ①计算原料的引入量，见表3-20。

表3-20 各原料的引入量 单位：mol

组成	K_2O	Na_2O	CaO	PbO	Al_2O_3	B_2O_3	SiO_2
	0.150	0.288	0.375	0.187	0.150	0.614	2.15
钾长石（$K_2O\cdot Al_2O_3\cdot 6SiO_2$）0.150	0.150				0.150		0.90
余量	0	0.288	0.375	0.187	0	0.614	1.25
硼砂（$Na_2O\cdot 2B_2O_3\cdot 10H_2O$）0.288		0.288				0.576	
余量		0	0.375	0.187		0.038	1.25
碳酸钙（$CaCO_3$）0.375			0.375				
余量			0	0.187		0.038	1.25
Pb_3O_4 0.187×(1/3)				0.187			
余量				0		0.038	1.25
硼酸（$B_2O_3\cdot 3H_2O$）0.038						0.038	
余量						0	1.25
石英（SiO_2）1.25							1.25
余量							0

②由原料的引入量计算配料量，见表3-21。

表3-21 计算配料量

原料名称	原料的物质的量/mol	摩尔质量/(g/mol)	配料量/g	配料/%（质量分数）
钾长石	0.15	557	83.5	23.6
硼砂	0.288	382	110.0	31.1
碳酸钙	0.375	100	37.5	10.6
Pb_3O_4	0.187×(1/3)	658.6	42.6	12.1
石英	1.25	60	75.2	21.3
硼酸	2×0.038	62	4.7	1.3
合计				100

(三) 熔块釉配方计算

熔块釉分为全熔块釉（熔块一般95%左右）和半熔块釉（熔块含量30%~85%），一般情况下，生料组分由黏土、氧化锌石灰石等组成，其中黏土主要起悬浮作用；熔块和生料两者的比例可根据制品烧成温度和生产工艺确定。

由熔块的实验式和熔块釉的实验式来计算熔块釉的配方，计算方法如下所示。

【例5】 已知熔块的实验式为：

$$\left.\begin{matrix}0.4444\ PbO\\0.1111\ K_2O\\0.2778\ Na_2O\\0.1667\ CaO\end{matrix}\right\}\cdot\left.\begin{matrix}0.1500\ Al_2O_3\\0.5556\ B_2O_3\end{matrix}\right\}\cdot 1.0000\ SiO_2$$

要求配制的釉的实验式为：

$$\left.\begin{matrix}0.4000\ PbO\\0.1000\ K_2O\\0.2500\ Na_2O\\0.2500\ CaO\end{matrix}\right\}\cdot\left.\begin{matrix}0.2000\ Al_2O_3\\0.5000\ B_2O_3\end{matrix}\right\}\cdot 1.0000\ SiO_2$$

熔块所用的原料均为工业纯，计算该熔块釉的配方。

【解】 ①先计算出熔块的“摩尔质量”，见表3－22。

表3－22　计算熔块的摩尔质量

氧化物种类	氧化物的摩尔质量/(g/mol)	氧化物的物质的量/mol	氧化物的质量/g
PbO	223.2	0.4444	99.19
K_2O	94.2	0.1111	10.47
Na_2O	62.0	0.2778	17.22
CaO	56.1	0.1667	9.35
Al_2O_3	101.9	0.15	15.29
B_2O_3	69.5	0.5556	38.67
SiO_2	60.1	1.00	60.10
	熔块的摩尔质量＝250.29		

②根据熔块实验式，进行熔块配料的计算，见表3－23。

表3－23　配料计算

组成	PbO	K_2O	Na_2O	CaO	Al_2O_3	B_2O_3	SiO_2
	0.4444	0.1111	0.2778	0.1667	0.1500	0.5556	1.0000
氧化亚铅（PbO）0.4444	0.4444						
余量	0	0.1111	0.2778	0.1667	0.1500	0.5556	1.0000
钾长石（$K_2O\cdot Al_2O_3\cdot 6SiO_2$）0.1111		0.1111			0.1111		0.6666
余量		0	0.2778	0.1667	0.0389	0.5556	0.3334
硼砂（$Na_2O\cdot 2B_2O_3\cdot 10H_2O$）0.2778			0.2778			0.5556	
余量			0	0.1667	0.0389	0	0.3334
碳酸钙（$CaCO_3$）0.1667				0.1667			
余量				0	0.0389		0.3334

续表

组成	PbO	K_2O	Na_2O	CaO	Al_2O_3	B_2O_3	SiO_2
	0.4444	0.1111	0.2778	0.1667	0.1500	0.5556	1.0000
高岭土（$Al_2O_3 \cdot 2SiO_2 \cdot 2H_2O$）0.0389					0.0389		0.0778
余量					0		0.2556
石英（SiO_2）0.2556							0.2556
余量							0

③计算熔块釉中的生料配合量及配料比，见表3－24。

表3－24　熔块釉中的生料配合量及配料量

原料种类	摩尔质量/(g/mol)	配料量/mol	配合量/g	w/%
氧化亚铅	223.2	0.4444	103.19	32.96
钾长石	556.7	0.1111	61.85	19.76
硼砂	381.4	0.2778	105.95	33.84
碳酸钙	100.1	0.1667	1669	5.33
高岭土	258.1	0.0389	10.04	3.21
石英	60.1	0.2556	15.36	4.91
生料配合量＝313.08g				合计100.01

④根据釉式对熔块釉进行配料计算，见表3－25。

表3－25　配料计算　单位：mol

组成	K_2O	Na_2O	CaO	PbO	B_2O_3	Al_2O_3	SiO_2
	0.10	0.25	0.25	0.40	0.50	0.20	1.50
熔块0.90	0.10	0.25	0.15	0.40	0.50	0.135	0.90
余量	0	0	0.10	0	0	0.065	0.60
碳酸钙0.1			0.10				
余量			0			0.065	0.60
高岭土0.065						0.065	0.13
余量						0	0.47
石英0.47							0.47
余量							0

注：在配制熔块釉时，根据釉的烧成温度的不同，一般引入0.85～0.95mol的熔块（此例引入0.9mol），其余不足部分由生料引入。

⑤计算熔块釉的配料量及配方，见表3－26。

（四）釉料配方的计算机辅助计算

1. 优化方法及优化目标

陶瓷釉配方的设计与计算是陶瓷生产、科研和产品开发中的一个重要环节，它是进行

表 3－26　　熔块釉的配料量及配方

原料种类	摩尔质量/(g/mol)	原料量/mol	配料量/g	w/%
熔块	250.29	0.90	225.26	80.36
碳酸钙	100.1	0.10	10.01	8.57
高岭土	258.1	0.065	16.78	5.97
石英	60.1	0.47	28.25	10.08
	总配料量 = 280.30g			总计 99.98

配方试验的基础。传统的计算方法既费事又很难找出最佳配方。随着计算方法的深入研究和计算机应用技术的普及，以最优化计算方法进行陶瓷配方的计算机辅助设计在我国得到了推广和应用。

为了使某些目标达到最好的效果，就要找出使这些目标达到最优的有关因素（或变量）的某些值（通常称为最优点、最优解或近似最优解），这类问题在数学上称为最优化问题。

陶瓷釉配方所使用的原料种类较多，各种原料的矿物组成及化学组成也相当复杂，在配方计算中，既要使釉的化学组成或某些性能满足预定要求，又要使某些原料的用量在一定的范围内，这类计算基本上属于多变量的非线性规划问题或无约束规划问题。求解无约束优化和约束优化的计算方法很多。这里就单纯形法做简要介绍，本方法用于求 n 元函数的无约束极小值，它是对 n 维空间的（$n+1$）个点（它们构成一个初始单纯形）上的函数值进行比较，去掉其中函数值最大的点，代之以新的点，从而构成一个新的单纯形，这样通过迭代法逐步逼近极小点。在配方计算中常常采用简化方法，以目标的重要程度如将化学组成放在第一位按次排列了优先次序，将多目标规划变成迭代计算单目标规划问题，同时将非线性规划近似用线性规划代替，从而将求多变量的非线性规划问题简化为迭代计算目标的线性规划问题。

配方设计计算中常用到的优化目标首先是关键指标即化学组成、矿物组成、颗粒组成以及釉面性能要求（如热膨胀系数）等。按具体产品，如卫生瓷、墙地砖、日用瓷、工业瓷等釉料定出的关键指标的允许波动范围。

2. 建立配方优化设计的数学模型

在釉配方的优化设计中，考虑到它们的性能指标、工艺参数等受工艺过程的影响很大，而且不可能建立相关的表达式，因而不能直接以其性能指标作为优化参数，只能根据釉的化学组成与性能的关系，通过对釉化学成分含量的控制，达到其性能指标的目的。

（1）确定设计变量　设计变量 $X(i)$，$i=1, 2, 3, \cdots n$，$X(i)$ 为各种原料加入量的质量分数（不含灼减），n 为原料的种数。

（2）各种约束　化学组成要求和工艺对主要原料大致加入量的要求。

据此建立边界方程：

$$LX(i) \leqslant X(i) \leqslant HX(i) \tag{3-13}$$

式中：$X(i)$ ——各种原料的需求加入量（未知数）；

LX (*i*) ——各种原料的最大允许加入量（设定）；

HX (*i*) ——各种原料的最小允许加入量（设定）。

（3）目标函数 为满足瓷釉的性能要求，其化学组成、矿物组成、颗粒组成应严加控制。此外，如要控制配合料成本必须控制各种原料的最大允许单价等，根据以上这些要求建立目标函数，有设计变量、约束条件和目标函数就可建立数学模型、编制计算程序，配料设计计算中常用的算法语言有BASIC语言、C语言、FORTRAN语言，这些程序有以下特点：

①采用模块结构，易于编排和移植，且层次清楚、调节灵活。

②将主要原始数据如原料的化学组成，釉的化学组成的控制范围，各原料的控制用量的上、下限等编入到数据文件中，这样调试程序或更换原始数据时都很方便。

③对于同一组原始数据，当输入的初始点（第一顶点或网络划分数）数值不同时，可产生多组满足要求的配料比，这对于进一步确定试验方案，比较配料成本都是很有益的。

需要说明，由于陶瓷釉料所使用的原料种类很多，性能多样，在制造过程中许多复杂的工艺因素和偶然因素无法从数学模型中反映出来，因此，用最优化方法计算出的最佳配合比不一定是实际的最佳配比。实际的最佳配比还要经过实验获得，根据其中发现的问题再进行调整。所以，即使是用最优化方法计算出的配料比，也只是配方实验的基础，它并不能代替配方实验，但用最优化方法进行配料计算，既可取代繁琐的手工计算，又可做到减少配方实验的盲目性，大大节省人力物力，因而具有很好的参考价值。

（五）釉料的系统调试方案

由于釉料组成与性质之间的关系十分复杂，为了获得有既定性能的釉料配方尚需经过多次试验。若能有规律地进行系统调试，则可事半功倍，可在较短的时间内得到希望的效果。下面简要介绍系统调试釉料的方案。

1. 变更釉料的1个组分

若需配制适用于坯体烧成温度为1000℃的生铅釉，并要求釉与坯的收缩相适应，可从调整釉中SiO_2含量着手。根据实践和理论的知识或查阅有关资料先拟定基本釉式：

$$\left.\begin{matrix}0.6 & PbO \\ 0.3 & CaO \\ 0.1 & Na_2O\end{matrix}\right\} \cdot 0.2Al_2O_3 \cdot 1.6\ SiO_2$$

变动釉中SiO_2含量，即将SiO_2分别加减0.2mol则得到两种釉组成：一个为高硅釉，SiO_2为1.8mol，另一个为低硅釉，SiO_2为1.4mol。将这两个基础釉采用逐相平衡法计算其配方，然后在相同的条件下进行加工（破碎、球磨等），并将两种釉浆调至同一密度，按一定的体积比进行混合，则可得到不同组成的釉料（表3－27中列出SiO_2含量不同的这9种釉料）。然后，将它们施在试片上（最好是同一种试片），在同一条件下煅烧。烧后结果绘成图3－4。由此可判断，SiO_2为1.65mol的釉料适于这种坯体。

2. 变更釉料中的2个组分

上述方法也可用于改变釉料的2个组分而进行调试，这种方法也常称为四角配料法。例如欲配制在1390℃下成熟的瓷釉，可通过变动SiO_2及Al_2O_3含量来找到性能最佳的配方。首先，根据经验或查阅资料，得出一个合适的瓷釉釉式。如下所示：

表 3－27　　变动釉料 1 个组分的试验方案

基础釉			
A	0.6PbO 0.3CaO $0.1Na_2O$	$0.2Al_2O_3$	$1.4SiO_2$
B	0.6PbO 0.3CaO $0.1Na_2O$	$0.2Al_2O_3$	$1.8SiO_2$
A 釉的体积/mL		B 釉的体积/mL	$n(SiO_2)$/mol
100		0	1.40
87		13	1.45
75		25	1.50
62		38	1.55
50		50	1.60
38		62	1.65
25		75	1.70
15		85	1.75
0		100	1.80

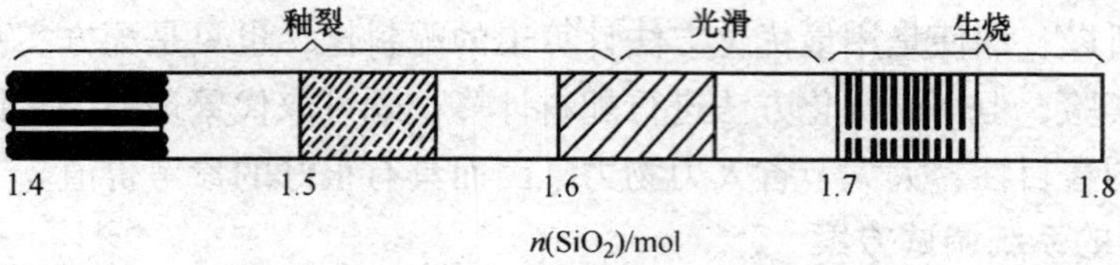

图 3－4　SiO_2的含量对釉面品质的影响

$$\left.\begin{matrix}0.3\ K_2O\\0.7\ CaO\end{matrix}\right\}\cdot 1.5\ Al_2O_3\cdot 8.0\ SiO_2$$

然后，分别变动 SiO_2及 Al_2O_3含量，变动的范围可视具体情况而定，例如本调试设计中作如下变动：

Al_2O_3：1.5 ± 1（即 0.5、2.5）　　　SiO_2：8.0 ± 4（即 4、12）

则这时可得到四个基础釉：高硅（12）、低硅（4）、高铝（2.5）、低铝（0.5），其釉式如下：

$$A\quad\left.\begin{matrix}0.3\ K_2O\\0.7\ CaO\end{matrix}\right\}\cdot 0.5\ Al_2O_3\cdot 4.0\ SiO_2$$

$$B\quad\left.\begin{matrix}0.3\ K_2O\\0.7\ CaO\end{matrix}\right\}\cdot 0.5\ Al_2O_3\cdot 12.0\ SiO_2$$

$$C\quad\left.\begin{matrix}0.3\ K_2O\\0.7\ CaO\end{matrix}\right\}\cdot 2.5\ Al_2O_3\cdot 4.0\ SiO_2$$

$$D\quad\left.\begin{matrix}0.3\ K_2O\\0.7\ CaO\end{matrix}\right\}\cdot 2.5\ Al_2O_3\cdot 12.0\ SiO_2$$

变动釉料 2 个组分的试验方案见表 3－28。

同样将上述基础釉在同一条件下加工，然后调至同一密度，再按体积进行混合，施在试条上煅烧，检查其效果（见表 3－29）。图 3－5 为该四角配料的组成方框图。

表 3－28　　变动釉料 2 个组分的试验方案

各基础釉料体积/mL				$n(SiO_2)$/mol	$n(Al_2O_3)$/mol
A	B	C	D		
100	0	0	0	4	0.5
75	0	25	0	4	1.0
50	0	50	0	4	1.5
25	0	75	0	4	2.0
0	0	100	0	4	2.5
75	25	0	0	6	0.5
56.25	18.75	18.75	6.25	6	1.0
37.5	12.5	37.5	12.5	6	1.5
18.75	6.25	56.25	18.75	6	2.0
0	0	75	25	6	2.5
50	50	0	0	8	0.5
37.5	37.5	12.5	12.5	8	1.0
25	25	25	25	8	1.5
12.5	12.5	37.5	37.5	8	2.0
0	0	50	50	8	2.5
25	75	0	0	10	0.5
18.75	56.25	6.25	18.75	10	1.0
12.5	37.5	12.5	37.5	10	1.5
6.25	18.75	18.75	56.25	10	2.0
0	0	25	75	10	2.5
0	100	0	0	12	0.5
0	75	0	25	12	1.0
0	50	0	50	12	1.5
0	25	0	75	12	2.0
0	0	0	100	12	2.5

表 3－29　　瓷釉烧后外观品质

$n(SiO_2)$/mol	$n(Al_2O_3)$/mol				
	0.5	1.0	1.5	2.0	2.5
4	开裂	半无光	半无光	半无光	半无光
6	开裂	光泽好	半无光	半无光	半无光
8	开裂	光泽好	光泽好	半无光	半无光
10	开裂	光泽好	光泽好	半无光	无光
12	开裂	开裂	半无光	无光	无光

由表 3－29 所示的结果可知，光泽良好的釉组成为：

$$\left.\begin{matrix}0.3K_2O\\0.7CaO\end{matrix}\right\}\cdot 1.0Al_2O_3\cdot 8.0SiO_2$$

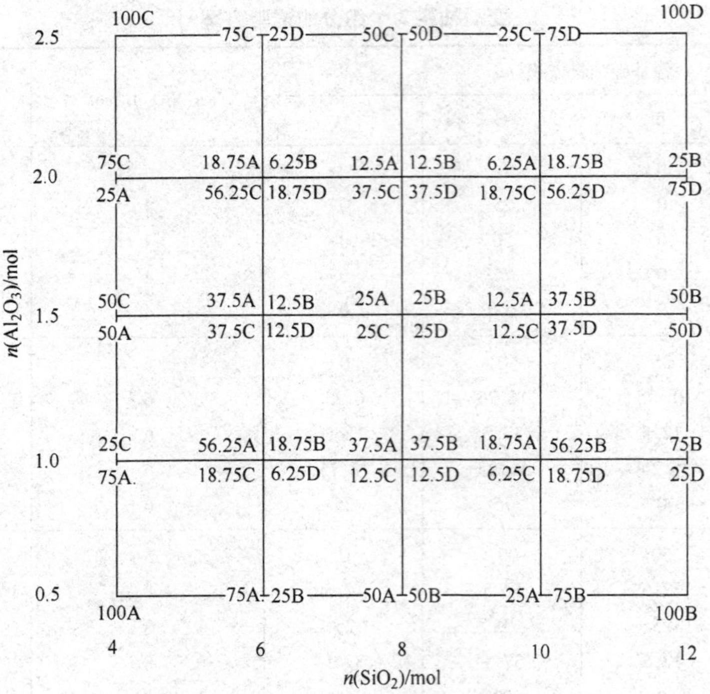

图 3－5　瓷釉实验组成方框图

而无光釉的组成为：

$$\left.\begin{matrix}0.4K_2O\\0.7CaO\end{matrix}\right\}\cdot 1.0Al_2O_3\cdot 8.0SiO_2$$

3. 变动釉料的 3 个组分

为了获得优质釉层，有时需调整三个组分，这种方法也叫三角配料法。例如基础釉 A 的釉式为：

$$A\quad \left.\begin{matrix}0.3K_2O\\0.7CaO\end{matrix}\right\}\cdot 0.6Al_2O_3\cdot 3.8SiO_2$$

为了考察不同熔剂的作用效果，分别以 0.3mol 的 BaO 和 MgO 取代 CaO，则可得釉式为 B 和 C 的两种釉料，其釉式如下：

$$B\quad \left.\begin{matrix}0.3K_2O\\0.4CaO\\0.3BaO\end{matrix}\right\}\cdot 0.6Al_2O_3\cdot 3.8SiO_2$$

$$C\quad \left.\begin{matrix}0.3K_2O\\0.4CaO\\0.3MgO\end{matrix}\right\}\cdot 0.6Al_2O_3\cdot 3.8SiO_2$$

同样将以上 A、B、C 3 种釉调至同一密度，按体积比混合成一系列新釉料。图 3－6 表示釉料的三元组成图，三角形中任何一点组成都由三顶点成分所构成，共可配成 12 种釉料。用前述的方法也可选出最优配方或配方范围。瓷釉的碱性氧化物组成见图 3－7。

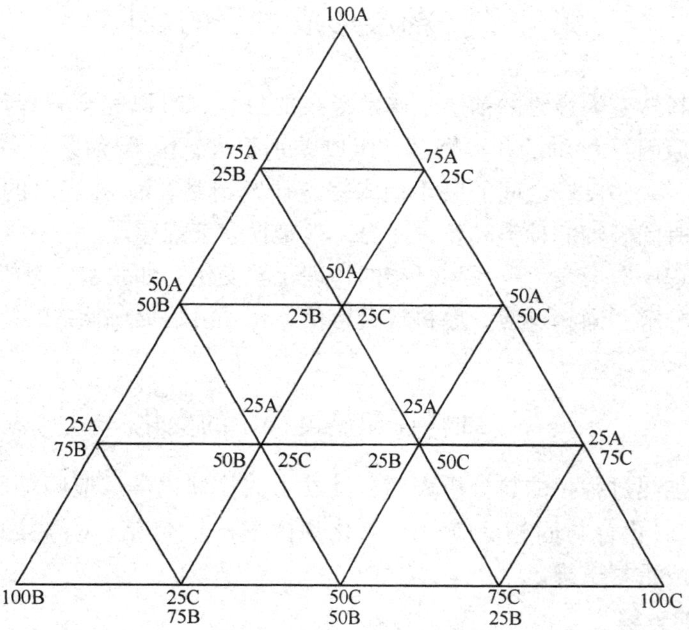

图 3－6 釉料三元组成图

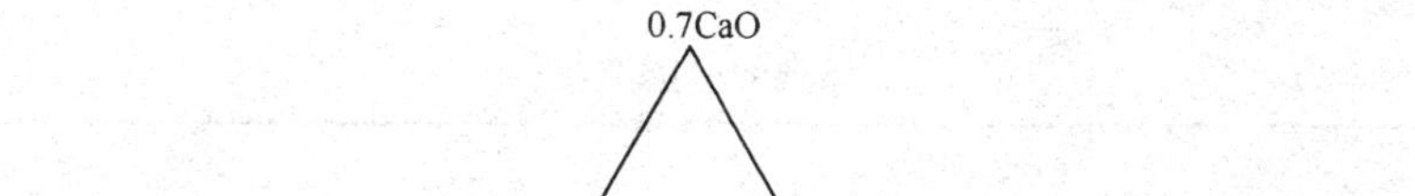

图 3－7 瓷釉的碱性氧化物组成

第五节　釉层形成过程的反应

由配釉的原料转变为最终的釉层是非常复杂的过程，难以完全解释清楚其形成过程。主要有以下几个原因：a. 釉的种类繁多，组成差别很大；b. 配釉原料多，它们同时参与反应，相互制约，一些反应之间的联系尚未完全研究清楚；c. 釉烧时的高温处理温度与烧成时间及保温时间因釉的种类和要求而异，很难描述其规律。

釉在加热过程中，会发生一系列复杂的物理化学变化，如脱水，有机物、碳酸盐、硫酸盐、磷酸盐等分解和固相反应，原料自身熔化、相互溶解形成低共熔物以及坯釉之间在加热过程中的反应等。

一、釉料在加热过程中的变化

不同釉料在加热过程中的热分析表明，其发生的物理化学反应归纳起来有以下几类：a. 原料的分解；b. 化合与固相反应；c. 氧化物挥发；d. 烧结；e. 熔融。这些变化往往又重叠交叉出现或重复出现。

（一）原料的分解

釉用原料如黏土脱水、有机物挥发、碳酸盐、硫酸盐、磷酸盐、硝酸盐、硼砂、硼酸、石灰石、方解石等分解，对于釉的形成非常重要。在适当的温度进行保温，使气体充分排除，以便形成平整光滑的釉面。现将几种常用的原料分解温度列于表 3－30。

表 3－30　原料的分解温度

原料	分解温度/℃	备注
黏土	405～650	主要在 450℃（高岭土脱水）
碳酸钙	886～915	依照颗粒大小，有的在 610℃以下可分解
碳酸镁	800～900	$MgCO_3 \rightarrow MgO + CO_2\uparrow$
碳酸钠	＞1150	熔点 851℃
碳酸钾	＞1100	熔点 894℃
碳酸锌	296	$ZnCO_3 \rightarrow ZnO + CO_2\uparrow$
碳酸钡	1421	$BaCO_3 \rightarrow BaO + CO_2\uparrow$
碳酸锶	1289	$SrCO_3 \rightarrow SrO + CO_2\uparrow$
石灰石	894	$CaCO_3 \rightarrow CaO + CO_2\uparrow$
白云石	750～760	两个阶段，碳酸镁先分解，碳酸钙后分解
硝酸钡	664	$Ba(NO_3)_2 \rightarrow BaO + NO_2$
硝酸钾	400	$KNO_3 \rightarrow K_2O + NO + O$（熔点 333℃）
硝酸钠	388	$NaNO_3 \rightarrow Na_2O + N_2 + O_2$（熔点 311℃）
亚硝酸钠	＞320	$4NaNO_2 \rightarrow 2Na_2O + 2N_2 + 3O_2$
硫酸铝	757	$Al_2(SO_4)_3 \rightarrow Al_2O_3 + 3SO_2$
硫酸钙	1200	$CaSO_4 \rightarrow CaO + SO_3$
硫酸铁	707	$Fe_2(SO_4)_3 \rightarrow Fe_2O_3 + 3SO_3$

续表

原料	分解温度/℃	备注
硫酸亚铁	665	$FeSO_4 \rightarrow FeO + SO_3$
硼酸	185	分两阶段，200℃脱水，900℃完全脱水
硼砂	320	$Na_2B_4O_7 \cdot 10N_2O \rightarrow Na_2B_4O_7 + 10H_2O$
铅丹	>550	$Pb_3O_4 \rightarrow 3PbO + O$
铅白	400	$2PbCO_3 \cdot Pb(OH)_2 \rightarrow 3PbO + CO_2 + H_2O$
Sb_2O_5	450	$Sb_2O_5 \rightarrow Sb_2O_3 + O_2$
As_2O_5	400	$As_2O_5 \rightarrow As_2O_3 + O_2$
Fe_2O_3	>1250	$Fe_2O_3 \rightarrow FeO + O_2$
长石	1150℃开始	$K_2O \cdot Al_2O_3 \cdot 6SiO_2 \rightarrow K_2O \cdot Al_2O_3 \cdot 4SiO_2 + 2SiO_2$

需要指出，杂质的存在会降低化合物的分解温度，例如纯白云石的分解温度为750～760℃，而含5% Na_2CO_3或K_2CO_3的白云石分解温度则为630℃，而1%的NaCl会使白云石分解温度降低100℃左右。

从表3－30可以看出，在575～900℃温度范围内，碳酸盐、硫酸盐、纯碱、钾碱、菱镁矿、白云石等分解形成氧化物，硝酸盐分解放出氮气和氧气等。由于大量气体的排出，这一阶段应缓慢升温，充分地排除气态产物以防止气泡产生及釉面针孔、裂纹等缺陷形成。随后，易熔氧化物、化合物（H_3BO_3、$Na_2B_4O_7$）等开始熔融。

长石中由于杂质的存在，在高于800℃时，会放出大量所吸附的气体，如水汽、酸性气体、氮气等，也需要合理控制烧成制度，防止釉面针眼出现。同时，黏土中吸附的碳素在500～800℃之间要挥发掉，为了防止针孔和黑点，此阶段应特别注意。

（二）化合与固相反应

在釉料中出现液相之前除了分解反应发生外，同时还有许多化合物间的固相反应发生。在温度继续升高时，易熔氧化物同Al_2O_3和SiO_2等发生反应，形成了新的共熔物。

有研究表明，Na_2CO_3和SiO_2在700℃以下能发生完全固相反应，在800℃时能发生少量烧结现象。PbO和SiO_2在580℃时能发生固相反应生成$PbSiO_3$，而在670～730℃，其固相反应速度显著增加。在700～750℃，$BaCO_3$和SiO_2能生成$BaSiO_3$，其反应速度取决于反应物之间的比例，而在1155℃时就完全反应了。$CaCO_3$和SiO_2固相接触可反应生成偏硅酸钙（$CaSiO_3$），如果加热时间很长，在610℃以下可以起反应，在800℃时反应剧烈，950℃可完全形成可熔性硅酸盐，1150℃时成为流动性熔体。此外，ZnO也能和SiO_2通过固相反应生成硅锌矿（$2ZnO \cdot SiO_2$），在固相反应中，当一些原料熔融或出现低共熔体时，能促进固相反应的进行。

有人对$CaCO_3$和黏土之间的固相反应进行了详细研究，发现其反应过程如下：

800℃以下：生成$CaO \cdot Al_2O_3$或有$CaO \cdot Fe_2O_3$

800～900℃：生成$CaO \cdot SiO_2$

900～950℃：生成$3CaO \cdot 2SiO_2$

950～1200℃：生成$2CaO \cdot SiO_2$

$3CaO \cdot SiO_2$由于低温不稳定，直至1200℃以上有液相存在时才出现。

（三）釉中组分的挥发

釉中所有组分在加热过程中都有一定程度的挥发，其挥发的大小取决于各组分蒸气压、加热时间、窑炉气氛等因素。氧化铅、硼砂，硼酸、钠和钾盐、氧化锑、芒硝等均会有不同程度的挥发，这些物质中硼酸和钾盐类较易挥发。

有研究表明，下列氧化物自1040℃起开始挥发，其挥发难易程度的次序是：硼450℃；铅850℃；铬1000℃。莱特于1921年指出，玻璃熔体中，Al_2O_3挥发量为0.5%～5%，氧化硼为1%～5%，而Na_2O和K_2O的挥发量可达5%。釉中着色剂在高温下也往往会挥发，如硒镉红釉超过1020℃，显色效果不佳，就是由于硒化物挥发的缘故。现代研究生产的硅酸锆包裹镉硒红颜料，其挥发量大大降低，1250℃时仍能呈现鲜艳的大红色调。釉中成分挥发与釉的组成与制备方法及原料种类有密切关系，如果增加SiO_2含量，就相应地提高了釉的挥发温度，烧成时保温时间越长，釉中挥发物的损失就越多。因此，在熔块制作过程中，釉中挥发物的损失就很多，要给予充分考虑。

（四）烧结

烧结是指将粉末状态的物质经过加热转化为具有一定强度的凝集块状物质的过程，烧结也是吸收热能，从而降低颗粒表面能的过程。烧结受诸多因素的影响，现归纳如下：

①烧结温度和保温时间的影响。烧结温度越高、保温时间越长，越有利于烧结，但多晶材料应注意晶粒的“异常生长”。

②原料粒度的影响。原料颗粒越细，则表面积越大，颗粒相互接触面积就越大，发生反应的机会就越多，则熔点降低，有利于烧结。反之，颗粒越大，则不利于烧结。

③添加剂的影响。根据添加剂的不同可促进或阻止烧结过程。

④原料类型不同，烧结速率就有很大差别。

⑤颗粒表面如黏附着熔融物，则有利于烧结。

⑥在合适的温度下，扩散作用可以补偿结构缺陷，粒子边缘的破碎也受其影响。

⑦小颗粒的原料由于表面能较大，不断向大颗粒移动，大小颗粒结合而形成一更大颗粒，降低了表面能，促进了烧结。

（五）熔融

熔融是釉料在高温下反应的最终结果，釉熔融出现液相有两方面原因：一是自熔，指釉料中长石、碳酸盐、硝酸盐、氧化铅及熔块等易熔物的融化；其次是共熔，是指釉料中几种物质形成各种低共熔物。例如碳酸盐与长石、石英；铅丹与石英、黏土；硼砂、硼酸与石英及碳酸盐；氟化物与长石、碳酸盐；乳浊剂（ZrO_2、SnO_2）与含硼原料、铅丹、ZnO等。

随着温度升高，釉层中最初出现的液相使粉料由固相反应逐渐转化为有液相参与的反应，并不断地熔解釉料成分，最终使液相量急剧增加，绝大部分成分变成熔体。而温度的继续升高，使液态充分流动，对流作用使釉的组成逐渐均匀化，这种对流作用随温度升高而加强，因为高温降低了熔体黏度的同时也进一步加速了扩散和化学变化，促进了釉层均匀化。事实上，釉层不可能完全均匀，在釉中仍然存留着残留石英或方石英以及未熔的乳浊剂和着色剂颗粒，同时还有少量的气体存在。

釉料熔融的均匀化及彻底程度直接影响釉面质量。因此，在实际生产中，要控制好工艺因素，使其完全熔融，从而提高釉的表观性能。影响熔融和均化的一些因素归纳如下：

①釉料内部的高温排气。在高温下，釉料内气泡的排出会在釉熔体中起搅拌作用。温度越高，釉黏度下降越大，搅拌作用越强，而且随搅拌作用的加强，颗粒间接触面积增大，反应速度也会加快，从而釉层均化较好。

②原料的状态。原料颗粒越细，混合得越均匀，越能降低熔化温度，大大缩短熔化时间，增强均匀程度。

③釉烧时间和温度。釉烧时间长，温度高，会使釉熔化和均化更充分。

二、釉层冷却时的变化

熔融的釉层在冷却时经历的变化和玻璃一样如图 3－8 所示，要经过三个阶段。

①从低黏度的流动状态冷却到软化温度（T_f）；

②黏度增加，经过黏性状态；

③超过转变温度（T_g）后凝固形成玻璃体。

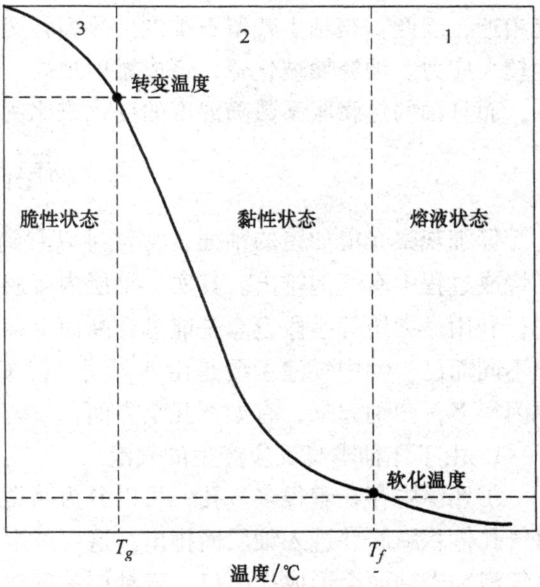

图 3－8　釉熔体在冷却过程中的三个阶段

考查釉的热膨胀是了解釉层冷却过程中状态变化的最好方法。图 3－9 中的 1 为典型的退火膨胀曲线，*A* 点（转变温度）以下由于成为固态而不能消除应力或者虽能消除也极为缓慢。*AC* 之间为釉的膨胀随着温度的上升而增大的范围，在 *A* 点附近的低温处，应力能在短时间内消除，在 *C* 点（软化点）则迅速消除。在 *A* 点以下及 *C* 点以上范围内，膨胀率与温度发生直线变化。自 *A* 点至 *C* 点为松弛区，釉内部结构调整或重排。各种物理性质呈异常变化。玻璃的 *A* 点在 350～450℃之间，而釉则在 450～550℃之间。

图 3－9 中 2 为未退火玻璃的热膨胀率，可见，2 号试样在常温下的物理性质与 1 号试样不同。消除其应力即退火，应在 *A* 点以下。在不发生软化的温度下缓慢地进行。对于未退火的热膨胀曲线 *A* 点以上部分，在其松弛与温度范围内曲线有个短暂的平缓区。该膨胀率的减少表示釉的收缩。到 *B* 点再度膨胀，到 *C* 点与已退火的试体平行地膨胀，*C* 点为软化开始的温度，与 *C* 点相对应，*B* 点为硬化的临界温度。表 3－31 是陶瓷器釉的软化温度和相应应力情况。

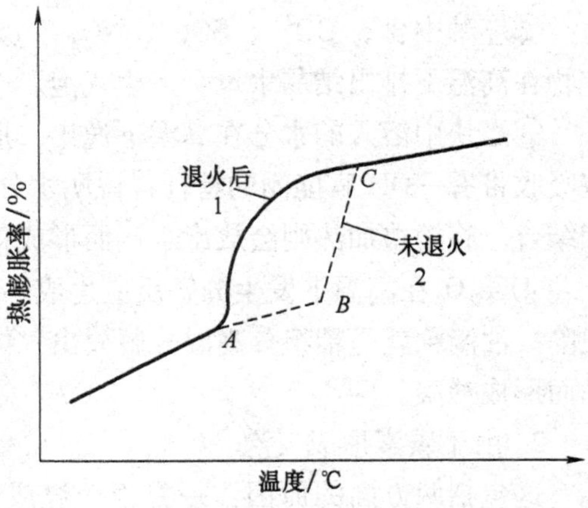

图 3－9　釉退火试样（1 号）与未退火试样（2 号）的热膨胀率曲线

表 3-31　陶瓷釉的软化温度和釉内应力情况

种类	软化温度/℃	烧后应力情况
炻器	340~480	釉内应力很小
软瓷	530~570	釉内应力大
硬瓷	670	釉内应力小

对于炻器釉而言，由于其软化温度小于石英的晶型转化温度（573℃），在冷却时石英晶型转化对釉的影响就可以被抵消；而对软质瓷釉而言，其软化温度和石英晶型转化温度相近，因此，当釉中残留石英发生晶型转变时，釉处于脆性状态，不能抵消应力，故产生较大应力。硬瓷属玻化瓷，烧成温度很高，釉内的残余石英量较少，石英的晶型转化量少，而且釉的热膨胀系数随温度的变化成比例变化，故产生较小的应力。

三、釉层内的气泡

仔细观察光滑如镜的釉面，常常可以看到的 0.01~0.1mm 深度的小针孔，这说明釉在烧成过程中有气泡排出。其实，釉层内普遍存在气泡，即使是表面平滑、光泽良好的釉层，利用显微镜等手段也总是能见到断面上存在着气泡，只是气泡的大小、数量与分布情况不同而已。釉中气泡主要是由 N_2、水汽、CO、O_2、SO_2、H_2 等引起，釉层产生气泡的原因很多，归纳起来，有如下几个方面：

1. 由于坯釉本身反应产生的气泡

①坯体中存在着很多气孔，可以分为两类：开口气孔和闭口气孔。在温度升高时，开口气孔体积膨胀并进入釉层而排出。这会产生两种釉面缺陷：一种是小气泡在釉中汇集成大气泡冲击釉面会形成火山口，若釉层黏度较小，则可以拉平，但也会出现针孔；另一种是由于气泡的排出会产生釉面的凹坑，例如油滴釉中的凹坑缺陷。另外，随温度升高，釉层熔融将坯体湿润，由于釉对坯体的溶解作用可以打开原来已封闭的闭口气孔，也会使其通过釉层排出而形成如上所述缺陷。对于没有排出的气孔，则留在釉层中形成气泡。

②坯釉中含有 CO_3^{2-}、SO_4^{2-}、NO_3^-、Pb_3O_4 等，在高温下分解而排出气体，而且有些矿物在高温下排出结晶水也会产生气泡。

③熔块中溶入的水分在高温下逸出，形成气泡。阿当姆发现，熔块的红外光谱上的一些吸收带有—OH 官能团的特征，说明水分子分解后进入熔块网络中形成—OH 和 Si 原子相结合。将熔块加热则会放出水汽而形成釉中气泡。

④Fe_2O_3 在高温下发生分解反应生成 FeO 和 O_2，O_2 在釉层中形成气泡或通过釉层产生缺陷。油滴釉就是釉组分高温分解放出气体在釉层表面形成缺陷，然后 Fe_2O_3 在缺陷处析晶而形成油滴。

2. 由于碳素形成气泡

这包括两方面的原因：一方面，烧成气氛中的 CO 气体容易被方石英所吸附，而且 CO 在高温下裂解产生 CO_2 和 C，CO_2 气体在釉层形成气泡；另一方面，裂解的 C 沉积在釉表面，在高温下氧化而形成 CO_2 引起釉层出现气泡。

3. 由工艺因素影响而形成的气泡

①干燥后的釉层透气性较差，坯体孔隙中的气体不易排出，而在高温时坯中气体通过釉面而产生气泡。

②在施釉时将一部分气体封闭在釉层中，也会产生气泡，或者在釉中加入一些添加剂而引入气泡。

③在烧釉或烧制熔块时，窑炉中的燃烧产物会夹带进入釉层中形成气泡。

④快速烧成时，坯釉中气体来不及排出，被已烧融并硬化的釉层封闭在其中形成气泡。

布莱克列研究长石、石英、黏土系统中气泡的形成过程，其观察结果如图 3－10 所示。从图中可以看出，气泡在 900℃时开始出现，1025℃时气体容积率最大，到 1100℃时，气泡从熔体中逐渐消失。在偏光显微镜及热台显微镜下观察了釉中气泡的形成、移动与排除过程。在 1240℃左右釉料已熔化，出现大量小气泡，大部分分布在釉层中部，随温度升高，釉熔体的黏度逐渐降低，气相量和玻璃相逐渐增多，由于表面张力的作用，小气泡移动合并，由小变大，由多变少，而且逐渐上升，有的突破釉层表面。若熔体黏度大，表面张力小，则无法使破口拉平，形成像火山爆发一样的“喷口”，而未破口的气泡，冷却后体积缩小形成凹坑。温度升至 1300℃时气泡上升与增大的速度稍为减慢，在正常情况下达到釉成熟温度而未排出的气泡多半在釉层深处坯釉接触的地带，而且体积较小，对釉面外观品质影响不大。

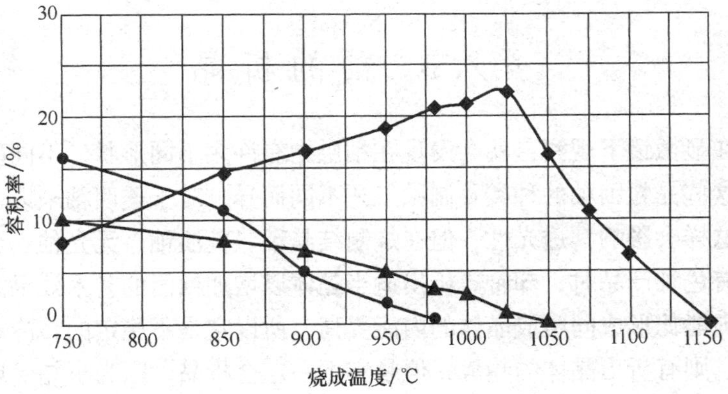

图 3－10　釉加热过程中，石英、长石的熔融及气泡的发生情况

◆—气泡　●—长石　▲—石英

从图 3－11 中可看出，釉层中气泡数量随釉层厚度增加而增多，气泡尺寸随烧成温度的升高和烧成时间的增长而增大，气泡尺寸大多集中在 10～30μm。

釉中气泡的存在，会给釉面性能带来很大影响，在外观质量上，气泡的存在使釉面透光度降低，同时针孔。凹坑及不平整等缺陷增加，使外观质量下降。釉中气泡的大小也会对釉的外观产生很大影响，其影响见表 3－32。另一方面，釉中气泡还会严重影响釉面的理化性能，釉中存在气孔，则釉面耐磨程度下降，耐酸碱腐蚀能力也下降，机械强度也有所下降。

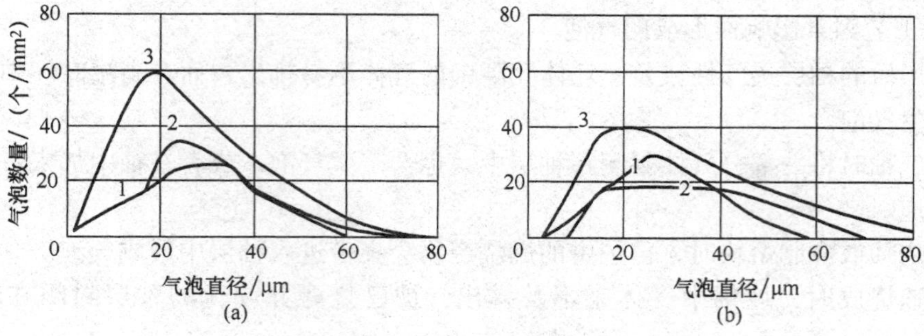

图3－11　釉层中气泡的分布区域

（a）施釉坯体上侧的釉层　（b）施釉坯体下侧的釉层

1—薄釉层（厚120～180μm）　2—正常釉层（厚210～240μm）　3—厚釉层（厚380～480μm）

表3－32　　气泡大小与釉面外观状态关系

气泡大小/μm	外观
80	变化不明显
80～100	釉面呈阴暗状态
100～200	釉面呈蛋壳状
200～400	釉面呈橘皮状
400～800	釉面有棕眼

第六节　釉的析晶

成熟的釉在显微镜下观察，就会发现在釉层中有许多不同形状、不同颜色、不同尺寸大小的晶粒，这些晶粒因釉的种类及制釉工艺不同而异，对于透明釉来说，这些晶粒是不需要的，因为这样会影响其透光性，但在烧制结晶釉、乳浊釉、无光釉、金属光泽釉、铁红釉以及某些有色釉产品时，却希望析出适当晶体以增加釉面的艺术效果。从热力学角度看，釉熔体的内能比形成同组成晶体的内能要高，所以它是不稳定的，冷却时，釉熔体有降低内能趋势，则有析出晶体的趋势，但是它不一定会析晶，因为析晶受熔体的温度及烧成工艺等动力学因素的影响。

一、釉熔体的析晶过程

在釉熔体中析出晶体，一般经历两个阶段，即晶核的形成和晶体的生长。晶核的形成有两方面的原因，其一是釉熔体中未熔化的残余微晶充当晶核，如乳浊釉中引入的乳浊剂晶核等；其二是釉熔体在冷却过程中原子重新排列而形成的。成核的速率与晶体生长速率两者之间都是过冷度的函数。大多数硅酸盐熔体的成核最大速度在较低温度下，而晶体生长的最大速度在较高的温度下（如图3－12）。

在成核与生长曲线重叠部分的温度范围内，黏度适中，既有晶核生成，晶体又能生长。因此，在烧制透明釉时，希望迅速冷却越过此范围以免析晶，在烧制乳白釉时希望在此范围内保温一段时间。温度冷却至A点以下，虽然晶核易于形成，但是无法长大，只可能出现微晶。熔体成核与生长曲线的最高点分离得越远，数值越小，则熔体越稳定，反之则越易析晶。

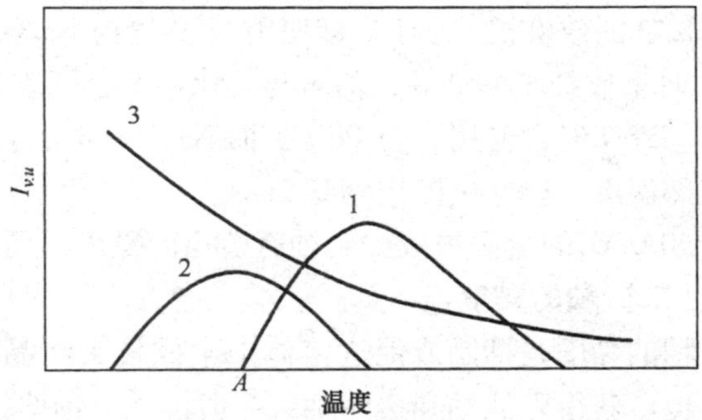

图3－12　熔体的成核速度（*Iv*）与晶体生长速度 *u* 曲线
1—晶体生长速度　2—熔体成核速度　3—熔体黏度

由于釉熔体组成不同，成核速率曲线与生长速率曲线也偶尔出现两者几乎完全重合或完全分离开来的情况，而要得到一定数量和尺寸大小的晶体则要采取不同的烧成制度。当成核速度曲线和生长速度完全重合时，则当釉熔体冷却到成核温度进行保温，此时晶核形成和晶体生长同时进行。而当两曲线完全分离的情况时，则在冷却过程中首先需要在较低温度（晶核形成温度）下保温形成晶核，再快速升温至较高温度（晶体生长温度）再保温以使晶核长大。

二、影响釉熔体析晶的因素

釉熔体析晶受诸多因素如烧成制度、化学组成等的影响，归纳起来有如下几个方面：

（一）釉的组成

晶体的形成因釉的种类不同而不同，晶体的化学组成也因此而异，如铁红釉中为 Fe_2O_3 结晶，而钙无光釉中则是析出了钙长石等晶体。因此，釉料的组成是熔体析晶能力的内在因素。利用釉料主要组成系统的相图可以了解该系统的析晶特性。假定系统达到平衡态，如果釉料的组成对应于有关相图中一定化合物的组成或处于某晶体的初晶区，则此釉料容易析晶，若釉料的成分接近于相图中的相界线与特别是落在低共熔点上，则可能会析出两种或两种以上晶体，它们会互相干扰，从而阻碍了析晶。因此，要在配料时适当控制釉料的组成，以达到析晶或不析晶的目的。实际生产中，为了析晶，一般采用如下几种方法：

1. 加入晶核剂

加入晶核剂也即加入乳浊剂，在制作乳浊釉时，加入磨细的 SnO_2、ZrO_2、TiO_2、P_2O_5等。这些氧化物配位数较高，阳离子场强大，在热处理过程中易从硅酸盐网络中分出来导致分相、析晶。

2. 引入某种成分

引入某种成分使其与玻璃熔体中的组分形成化合物而析出，如增多石灰石用量会析出钙长石或硅灰石，增多釉中的 Al_2O_3或 BaO 可析出莫来石或钡长石。

3. 适当引入碱金属或碱土金属氧化物

加入 RO 能够在高温时降低熔体的黏度，加速扩散作用，使熔体有利于析晶。素木洋一认为，RO 组对晶化效果顺序是：

$$Na_2O > K_2O > PbO > MgO$$

H・G 舒雷科探讨了铁金星釉在广泛温度范围中的生成条件，并阐明了其中釉组成对析晶的影响，得出了如下结论：

①Na_2O 作为碱是唯一有效的组分，其量的大小对结晶生长的比例和大小有重要的作

用。K_2O 的效果相当之小。即使用 Li_2O 置换 Na_2O 也显示不出促使金星长大的作用。引入 Li_2O 时生成细小的结晶，但若与氧化铬共存则表现为明显的无光。

②PbO 经常使用，但 PbO 少而 Na_2O 多时，虽然促使晶化，但光泽度降低，根据不同的成熟温度，CaO 可能用到 0.2mol。

③Al_2O_3的量必须减少到釉有适当的黏度，而又不过于流动的程度。

（二）釉的黏度

釉的黏度是抑制或促进熔体中生成较大结晶或微晶的重要因素，因而通过黏度的调整，也可获得乳浊釉和透明釉。一般说来，釉熔体黏度大的，其扩散阻力大，因而不利于晶体长大；反之，釉熔体黏度小，其扩散作用就十分明显，则有利于粒子的定向排列，有利于晶体生长。因而，结晶釉往往是黏度较小的釉。

因此，为了在釉中获得好的结晶，必须要提高温度及加入碱金属氧化物以降低釉的高温黏度，使得结晶体易于形成，但是釉的黏度太小又容易引起流釉黏坯现象，在生产实际中，必须协调好两者之间的关系，以获得较理想的效果。

（三）分相

近年来，陶瓷研究者们发现在铁红釉、钛乳浊釉及许多古代瓷釉（油滴釉、铜红釉、兔毫釉等）中都有液相分离的结构。分相对釉熔体的析晶也有显著的影响，晶核形成和晶体生长机理十分复杂，目前尚未完全弄清楚，但可概括为以下几方面：

①分相提供成核的推动力。从热力学的角度考虑，分相与析晶热力学势垒的变化关系如图 3－13 所示，从组成 X_o的玻璃中析出 X_c晶体时，由于分相，使自由焓的差从 ΔG_0增大到 ΔG_1，因而析晶速率增大。

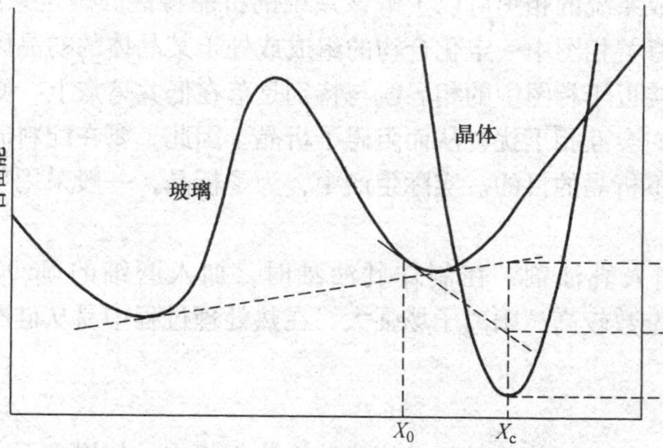

图 3－13　分相与析晶热力学势垒的变化关系

②一些实验表明，熔体分解的液相比原始相更接近化学计量。越接近化学计量的组成其结晶倾向越大。因为熔体中含该种化合物的浓度越大，饱和度也越大，自然易于析晶。

③分相所产生的界面提供成核的有利部位。

④分相使两液相中的一个相具有比均匀的母相更大的原子迁移率，使总的成核速率加大。

⑤分相使加入的晶核剂富集在一相中。当富集到一定程度时，起着晶核的作用，便析出晶体。

（四）烧成制度

釉料在烧成时，往往经历着晶体的生长与熔解过程。如在高温时，部分析出的晶体开始熔解，而在冷却时，残余的微晶又成为晶核而析出晶体。因此，在烧成过程中，若想获得结晶良好的釉，则需要在晶核形成及晶体生长的交叉温度区进行长时间保温。若不想获得结晶的釉面，则快速通过该温度区。因此，一般说来，快速冷却可以在一定程度上避免釉层析晶。

由于化学成分不同，釉熔体偶尔也会出现如前所述的晶核形成温度区及晶体生长温度区完全分离及完全重合的情况，在这种时候，为了析出晶体，可采用如图 3－14 所示的烧成制度进行。

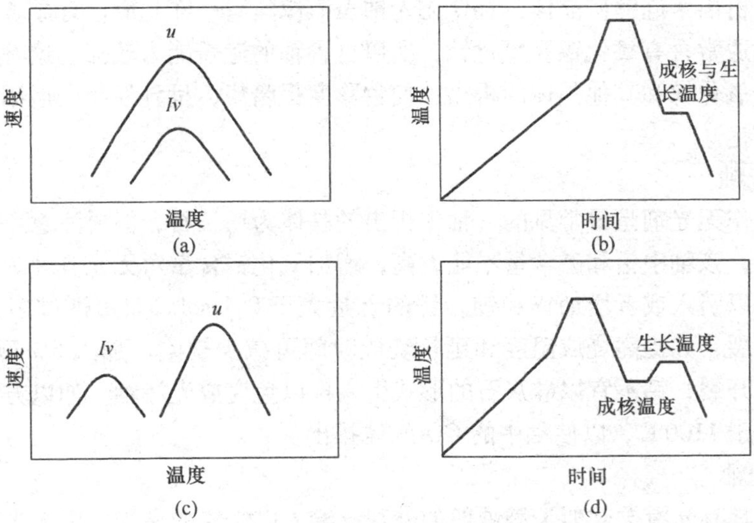

图 3－14　不同情况下的烧成制度曲线

（a）两种速度曲线重合　（b）对应于 a 的烧成曲线
（c）两种速度曲线分离　（d）对应于 c 的烧成曲线

三、析晶对釉面光学性质的影响

釉面析晶对釉面质量有很大影响，主要表现在光学性质上，可以形成天然造型的各色艺术效果，增添了釉的欣赏价值，一般说来，釉中析晶对釉面光学性质的影响主要有以下几个方面。

（一）无光或半无光效果（低光泽度效果）

釉面产生无光有三方面的原因：一是生烧，即釉未熟而产生的无光，这种无光不能叫做真正意义上的无光；二是用 HF 酸腐蚀釉面，形成无光；三是由于在釉中生成了许多微晶，这些微晶在釉面上均匀分布，当其尺寸大于光的波长时，就会在釉面形成丝光或玉石状光泽而无强烈的反射光。无光釉中生成的微晶已知是钙长石、鳞石英、莫来石、硅灰石等。当然这与釉本身组成有关。第一个研制氧化铝无光釉产是 C. F 宾斯，结果认为问题的关键在于碱的种类和含量以及 SiO_2 的含量。从目前研究的结果看，无光釉一般出现在高硅低铝区或高铝低硅区，在高硅低铝区主要是由于析出了石英类晶体，而在高铝低硅区则主要是由于析出了长石类晶体而呈现无光，例如析出了钙长石或钡长石。

目前使用无光釉大致有以下几种：

1. 钛无光釉

通过在釉中加入10%～15%的氧化钛可使釉面产生无光，其原因是在釉中析出了金红石或锐钛矿晶体，虽然这种釉烧成范围宽，但不能过烧，否则釉中微晶熔解，釉面产生光泽。钛无光釉也可添加氧化锌，使釉面均匀而光滑。一般在研制钛无光釉时，希望析出的晶体是锐钛矿，因为析出金红石晶体的釉面白里泛黄，而析出锐钛矿的釉面则白里泛青，白度较高。

2. 锌无光釉

由于表面析出了硅锌矿晶体，ZnO无光釉表面像丝绢一样光滑，有显著消光效果。由于这种无光釉通常含有氧化锡及氧化钛，所以这种釉的遮盖能力较强。这种无光釉制备成色釉时，由于氧化锌和其他晶体的析出，使色彩变得暗淡，呈乳浊状。但添加氧化铜等会使色彩变得鲜艳。

3. 钙无光釉

用氧化钙作无光剂是最常见的，釉中析出的晶体为钙长石，但要注意，其仅在某些情况下产生无光，该釉中铅和碱含量不能太高，增加氧化铝含量对无光有利。当减少铅和碱的用量时，可以引入或者增加锌和钡。锌的含量大于0.1mol。如用钙过多，釉会产生针孔、多孔和开裂，如提高烧成温度和延长烧成时间可减少缺陷。加入5%硼酸和膨润土，则有利于防止开裂，钙不宜以硅灰石的形式引入，以免变成光泽釉，如以方解石引入，釉烧温度必须高于1100℃，以使釉中的CO_2气体排出。

4. 钡无光釉

钡无光釉具有光滑柔软似天鹅绒般的外观，给人以愉快的享受。钡无光釉的烧成范围宽，温度在SK4号测温锥以上。钡在釉中的含量以0.3mol左右为宜，以便析出钡长石晶体。钡无光釉的釉面不易起皱和开裂。碳酸钡有毒，以硫酸钡的形式引入安全而又便宜。

5. 镁无光釉

MgO和CaO情况相似，仅在某些情况下产生无光釉，析出的晶体为镁橄榄石或尖晶石等，但镁无光釉可以制成生料釉或半熔块釉。其选择的原料较多，纯氧化镁、碳酸镁、滑石、白云石都能直接引用。其中碳酸镁可以制无光收缩釉。

6. 复合无光釉

将上述几种经常使用的无光结晶剂复合使用，可以得到无光效果及性能更佳的无光釉。从X衍射分析结果可知，其主要晶相为钙长石、硅灰石、硅酸锌、原顽火辉石等，合适的用量为：CaO 0.4～0.5mol，MgO 0.1～0.14mol，ZnO 0.25～0.33mol。当然，此方面还需进一步研究，以获得更好的无光效果。

（二）高光泽度效果

在釉中析出的晶体，如果某晶面在特定工艺制度下能在釉面上定向排列，则可以产生高反射效果。典型的例子就是目前在建筑陶瓷行业中应用较多的金属光泽釉。当然金属光泽釉的制造方法较多，就目前所知就有热喷涂溅射金属熔层法、还原金属化合物法、电镀法、金属醇盐法（溶胶凝胶法）及析晶法等。前几种方法其本质上是在表面镀一层金属成金属氧化物薄膜，其釉面力学性能较差。而析晶法则由于只需调整配方和烧成制度，而且釉面力学性能很高，为大多数人所采用。金属光泽釉种类较多，有金色、黑色、银色、绿色、铜色及多色等金属光泽釉。

中国科学院张振禹等利用X衍射及扫描电子显微镜等分析手段研究发现，在金属光泽釉釉层表面有大量金属氧化物尖晶石类矿物析出，其主要晶形为三角形、六边形及树枝状和微晶集合体；而且尖晶石晶体是定向生长，其（111）晶面与釉层表面平行。因此，其产生金属光泽的机理是由于在釉层表面有大量的尖晶石晶体析出，且原子密度较大的（111）晶面与釉层表面平行，从而对光线产生强烈镜面反射作用的结果。

（三）虹彩效果

所谓虹彩效果是指在高温下在釉中析出一定形态的晶体，由于其折射率与玻璃相的不同，它们对光线产生干涉现象，使陶瓷釉面产生虹彩效果。目前，虹彩釉在建筑陶瓷中也广泛应用，归纳起来有如下四种。

1. 铅－锌－钛系虹彩釉

铅－锌－钛系虹彩釉是以铅－锌釉作为基础釉，加入氧化钛晶核，再加入促进氧化钛晶体生成的偏钒酸铵，就会形成金红石型的二氧化钛晶体，金红石二氧化钛的结晶为叶片状长方形，聚体呈星形状，由于其厚度很小，使光线产生了干涉效应，故呈现出红、蓝、橙等虹彩现象。

2. 钙－镁－铁系虹彩釉

在钙－镁基础釉中加入氧化铁（8%）和稀土类氧化物，例如三氧化二铌（5%），在氧化气氛中1280℃烧成，可得棕色底釉橙红色虹彩的釉面。

3. 铅－锌－锰系虹彩釉

在铅－锌的基础釉中加入二氧化锰及促进氧化锰晶体生成的偏钒酸铵，烧成冷却时，在釉中析出黑锰矿，呈三角锥状分布于釉中，黑锰矿晶体好像棱镜作用一样使光线产生干涉现象，从而形成金、银、蓝色虹彩。

4. 锂－铅－锰－铜－镍系虹彩釉

在锂－铅－锰的基础釉中，引入氧化铜（2%）、氧化镍（1%），于1280℃氧化气氛下烧成，则可以在深黑棕釉上形成磨光铜器般的金色光泽虹彩。

（四）乳浊效果

当釉中析出折射率与玻璃相不同的微晶时，由于其折射率的差异，会使光线发生散射导致釉层失透而出现乳浊效果。这些微晶通常可以通过加入乳浊剂等来实现，其乳浊效果取决于三方面。第一，晶体与熔体折射率的差值，如差值越大，则散射率越强，乳浊效果好。表3－33为一些常用乳浊剂的折射率数据。第二，乳浊效果还取决于微晶体的数量和大小；数量多，体积小，散射效果好，乳浊度就高。第三，微晶颗粒在釉熔体中分布越均匀，散射效果越好，则乳浊效果越好。

表3－33　乳浊剂的平均折射率

乳浊剂	折射率	与釉玻璃折射率的差值	乳浊剂	折射率	与釉玻璃折射率的差值
釉玻璃	1.55		SnO_2	2.04	+0.49
金红石	2.76	+1.21	$ZrSiO_4$	1.94	+0.39
锐钛矿	2.55	+1.00	$CaO \cdot TiO_2 \cdot SiO_2$	1.90	+0.35

续表

乳浊剂	折射率	与釉玻璃折射率的差值	乳浊剂	折射率	与釉玻璃折射率的差值
ZrO_2	2.40	+0.85	AlF_3	1.24	-0.31
ZnS	2.37	+0.82	NaF	1.33	-0.22
$CaTiO_3$	2.38	+0.83	CaF_2	1.43	-0.12
CeO_2	2.33	+0.78	微泡	0.45～0.70	-1.10～-0.85

（五）其他艺术效果

在釉中析出晶体，由于晶体对光的不同作用效果，可以形成不同颜色的装饰效果。如在结晶釉中，在不同配方及烧成制度下，可形成红、绿、蓝等多种釉色，而且其结晶形态也多种多样，有星点结晶、花形叶状结晶、辐射状结晶、圆状结晶及其他奇异状结晶等，它吸收不同波长的光，反射不同波长的光，形成优美的艺术釉，具有及好的装饰效果。例如在砂金釉中，形成金子光泽的细结晶，而且微晶的颜色因粒度而异，最细的发黄色，最粗的发红色。而在铁红釉中，由于 $\alpha-Fe_2O_3$ 的析晶，可出现耀眼的大红花晶体，显示出特殊的艺术效果。在建筑陶瓷的装饰釉中，荧光釉则是由于内部析出了硫化物晶体，再加上一些激活重金属，便出现发荧光现象。此外，在釉中析出某些特殊的晶体，还会出现变色、偏光、闪光、珠光等效果。

第七节　坯釉适应性

坯釉适应性是指熔融性能良好的釉熔体，冷却后与坯体紧密结合成完美的整体，釉面不致龟裂和剥脱的特性。影响坯釉适应性的因素是复杂的，究其根源，是由于釉层中不适当的应力所致。产生釉层不适当应力主要有四个方面的原因：即坯釉之间的热膨胀系数差、坯釉中间层、釉的弹性与抗张强度及釉层厚度等。坯釉之间不能协调好，往往会产生釉裂或剥釉，特别是对于坯釉性能差异较大的产品如日用精陶器皿等，要仔细控制，特别是在制釉中控制釉的热膨胀系数是非常关键的，当然，釉的抗张强度、弹性和施釉厚度也应注意。

一、热膨胀系数对坯釉适应性的影响

由于釉和坯是紧密联系在一起的，如果两者之间热膨胀系数不一致，釉在冷却固化后，在釉层中便会有应力出现，会影响釉在坯体上的附着性能，归纳起来，有如下三种情况。

（一）釉的热膨胀系数大于坯的热膨胀系数（$\alpha_{釉}>\alpha_{坯}$）

如图 3-15 所示，当 $\alpha_{釉}>\alpha_{坯}$ 时，在坯釉冷却过程中，釉层的收缩大于坯体的收缩，坯体受到了釉层的压缩，受到压应力；而釉受到了坯体的拉伸受到了张应力，当张应力超过了釉层的抗张强度时，就出现导致釉层断裂的网状裂纹。热膨胀系数相差越大，龟裂程度就越大。当应力较小时，出窑后几天才会发生大的网状裂纹。利用这种性能，可以通过调整釉的配方，使 $\alpha_{釉}>\alpha_{坯}$，从而制作裂纹艺术釉。

（二）釉的热膨胀系数小于坯的热膨胀系数（$\alpha_{釉}<\alpha_{坯}$）

如图 3－16 所示，当 $\alpha_{釉}<\alpha_{坯}$时，在冷却过程中，坯的收缩大于釉的收缩，则釉受到坯体的压缩作用，在釉中产生压应力，如果这种应力较大，当大于釉的抗压强度时，则容易在釉中产生圆圈状的裂纹，甚至引起釉层的剥落。从另一个角度出发，如果这种压应力不是太大的情况下，可以抵消一部分由于热应力或外加于釉面的机械力产生的张应力，从而提高釉面的抗拉机械强度和热稳定性。因为一般釉的耐压强度很大，通常大于其抗张强度约 50 倍，因此，只有当坯、釉的热膨胀系数相差太大，出现了相当大的压力下才会出现剥脱现象。

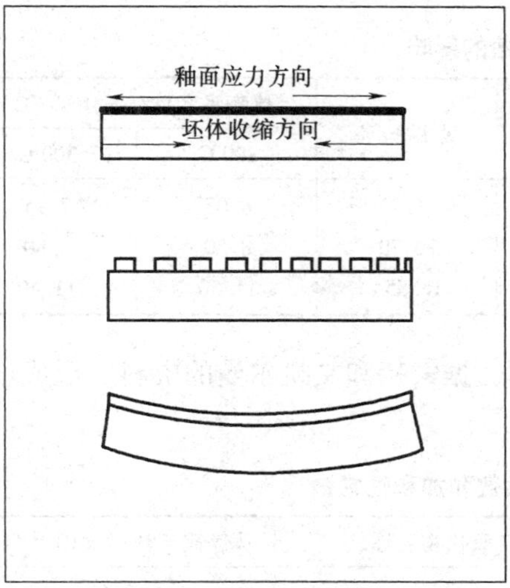

图 3－15　釉面受张应力的情况

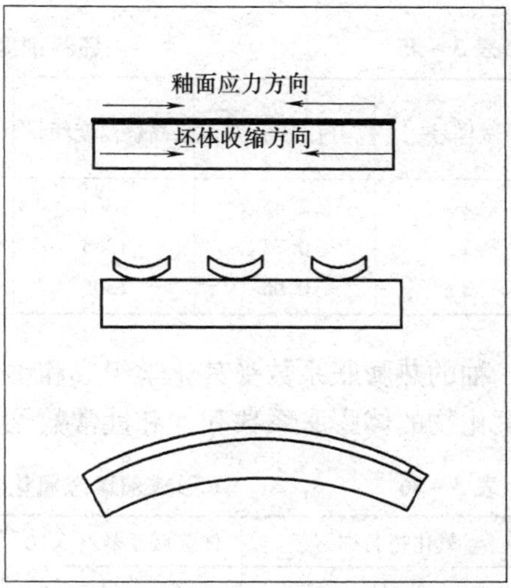

图 3－16　釉面受压应力的情况

（三）坯、釉的热膨胀系数相等或非常接近（$\alpha_{釉}=\alpha_{坯}$）

当 $\alpha_{釉}=\alpha_{坯}$时，在冷却过程中，釉中既不会出现张应力也不会出现压应力，釉层和坯体结合完美，但这只是最理想的状态，坯和釉的热膨胀系数不可能完全一致。因此，在实际配制釉的时候，应配制出热膨胀系数略小于坯的釉料，使釉中产生不大的压应力，可以在提高釉的热稳性及力学强度的情况下而不出现裂纹。

判断釉面究竟处于何种应力状态可以采用下面几种方法：

①敲击法。用重物瞬时猛击制品，当釉面受张应力时，裂纹呈 120°角度叉开，当釉面受压应力时，裂纹呈圆圈状。

②平板弯曲试验法。将施釉的薄板状坯体置炉内加热，观察其弯曲情况，当釉面受张应力时，坯体呈凹状变形；当釉面受压应力时，坯体呈凸状变形。

③偏光显微镜法。在偏光显微镜下，釉面受压应力时呈绿色，受张应力时呈黄色。坯、釉热膨胀系数值的大小还取决于坯的矿物组成和釉的化学组成，而坯的矿物组成又与化学组成、原料细度和烧成制度有关。表 3－34 中可以发现，坯体中方石英的热膨胀系数最大，要使坯体的热膨胀系数增大，就希望在坯中的生成一定数量的方石英，这就要求坯料中 SiO_2 含量要尽量高一点，而且要有 CaO、MgO 等矿化剂存在。其二，要增加坯料的细度。因为增加细度能提高其表面积，增大了表面能，根据固相反应动力学原理，其晶型

转化成方石英的数量才越多。表3-35列出了坯料细度对热膨胀系数的影响。其三，在烧成中，注意控制保温时间及烧成温度，使方石英的转化能顺利进行。

表3-34　各种矿物相的热膨胀系数值　单位：$\times 10^{-6}$/℃

矿物相名称	A（1）	B（2）
石英	19.0（0~800℃）	8~13（沿其二釉）
莫来石	4.5	5.7
方石英	30.0（0~800℃）	23.9
玻璃相	3.0	6.8

表3-35　坯料细度对热膨胀系数的影响

试样号	万孔筛余/%	高烧温度/℃	保温时间/h	吸水率/%	热膨胀系数/（$\times 10^{-6}$/℃）	
					200℃	300℃
1	2.45	1305	4	11.25	8.05	7.95
2	0.73	1305	4	10.70	8.50	8.80
3	0.06	1305	4	8.85	11.50	11.40

釉的热膨胀系数受其化学组成和釉烧制度影响，据索特和文凯尔曼的资料，形成玻璃态氧化物的体膨胀系数和加和性常数见表3-36。

表3-36　形成玻璃态氧化物的体膨胀系数和加和性常数

氧化物名称	体膨胀系数/（$\times 10^{-7}$/℃）	氧化物名称	体膨胀系数/（$\times 10^{-7}$/℃）
Na_2O	10.0	Sb_2O_3	3.6
K_2O	8.5	BaO	3.0
NaF	7.4	PbO	3.0
Cr_2O_3	5.1	CaF_2	2.5
Mn_2O_3	5.0	MnO_2	2.2
Al_2O_3	5.0	CuO	2.2
CaO	5.0	ZnO	2.1
Na_2SiF_3	5.0	SnO_2	2.0
AlF_3	4.4	P_2O_5	2.0
CaO	4.4	Li_2O	2.0
TiO_2	4.1	Ag_2O_3	2.0
$NaSbO_3$	4.1	SiO_2	0.8
Fe_2O_3	4.0	B_2O_3	0.1
NiO	4.0	MgO	0.1

因此，要降低釉的热膨胀系数，要在工艺许可的条件下少用 Na_2O 和 K_2O，而用其他如 Li_2O 等代替，同时提高釉烧温度和延长高温保温时间，会使釉料中石英熔融，从而降低釉的热膨胀系数，提高坯釉结合强度，也可采用与钢化玻璃生产相似的方法，经快速冷却在釉表面形成压应力以避免发裂。

二、中间层对坯釉适应性的影响

在釉烧时，釉中一些组分迁移到坯体的表层，而坯体中有些组分也会扩散到釉中，在釉中熔解，通过这种相互的扩散、熔解和渗透，使坯釉接合部位的化学组成及物理性质均介于坯与釉之间，结果形成了中间层，中间层的形成可促使坯釉间热应力均匀，发育良好的中间层填满坯体表面缝隙，有助于釉牢固附着在坯体上。

（一）中间层对坯釉结合性的具体影响

①降低了釉的热膨胀系数，消除釉裂。烧釉后由于釉中的 Na_2O、K_2O 等向坯体扩散而含量减少，但坯体 Al_2O_3 和 SiO_2 则相应向釉中扩散，这一交换的结果，使釉的热膨胀系数降低，甚至可由 $\alpha_{釉} > \alpha_{坯}$ 变为 $\alpha_{釉} < \alpha_{坯}$，即釉由承受张应力而转变为压应力，从而消除了釉裂。

②若中间层生成了与坯体性质相近的晶体，则有利于坯釉结合；反之，则不利于坯釉结合。例如在瓷质产品坯釉中间层生成了渗入釉层的莫来石晶体，其起着楔子一样的作用，加强了坯釉结合，但如莫未石晶体在中间层过分发育，反而有产生釉层崩落缺陷的可能，影响了坯釉结合。有研究表明，在高铝质精陶中，虽然中间层极薄，然而坯釉的结合并不差，釉裂几率很小，主要是由于中间层生成了致密的尖晶石所致；而钙长石类晶体可能起有害作用。实践证明，含硅高的坯料适应于长石质釉；铝含量高的坯料适应于石灰釉；含钙高的坯料适应于硼釉、硼铅釉。

③釉熔解了部分坯体表面，并渗入坯体，坯釉接触面积增大，有利于釉的黏附，增加了坯釉适应性。

总之，中间层对提高坯釉结合性有利，但其具体的影响还受坯釉种类以及中间层厚度的影响。当坯釉组成相似，热膨胀系数相差不大时，这时中间层的影响的就很小，例如瓷器的坯釉结合。而当坯、釉的热膨胀系数相差较大时中间层就起着非常重要的作用。

（二）影响中间层发育的主要因素

中间层是坯釉反应之产物，影响其发育的因素主要是坯釉化学组成和烧成制度。

①坯釉组成对中间层发育的影响。若坯釉化学组成相差越大，则反应得越激烈，中间层形成速度快，而且厚，发育较好。实践证明：含 PbO、B_2O_3 的釉，中间层发育较好。素木洋一认为：坯体中含 CaO、Al_2O_3 和石英，则容易被熔体侵蚀，提高了在釉烧过程中釉的化学活性，所以能促进中间层的生成，有利于坯釉结合。

②烧成制度对中间层发育的影响。烧成温度越高，烧成时间越长，则釉的溶解作用越大，釉中组分的扩散作用越强，则坯釉反应越充分，中间层发育良好，则坯釉结合性变好。

③釉料的细度和厚度。釉料越细则越适于坯釉反应，扩散作用加强，中间层发育良好。釉层薄，熔化后釉组分变化大，中间层相对厚度增加，发育较好。

因此，在实际生产中，要在生产工艺许可条件下，尽量提高烧成温度、延长烧成时间、增加釉料细度等以增加坯釉结合性。

三、釉的弹性、抗张强度对坯釉适应性的影响

釉的弹性和抗张强度是抵抗和缓和坯釉应力的另一个重要因素。一般说来具有较低弹

性模量的釉，其弹性形变能力大，弹性好，抵抗坯釉应力或外界机械张力及热应力的能力强，于坯釉适应有利，而釉的抗张强度大，也可抵消部分坯釉应力，对坯釉结合也非常有益。

从弹性的角度出发，要求使釉的弹性模量适合于坯，也就是说使之相互接近。因为无论坯釉，弹性模量大者，弹性形变能力就小，如釉的弹性形变能力低于坯，对坯釉适应极为不利，从抗张强度的角度出发，釉的抗张强度越高，坯釉适应性越好，釉面越不容易开裂。但事实上釉的弹性和抗张强度很难同时统一起来，因为釉的弹性和抗张能力极大程度上取决于釉的化学组成和釉层厚度。在釉中，有的氧化物弹性模量小，但是，其强度因子却很低。如表 3－37 所示。

表 3－37　　一些氧化物的热膨胀系数、弹性模量和抗张强度因子

氧化物	热膨胀系数（0～100℃）$\alpha_v \times 10^{-7}$	弹性模量 $E/(\times 10^2 MPa)$	抗张强度因子/MPa
CaO	4.4	416	2.0
MgO	0.1	250	0.1
ZnO	1.8	346	1.5
BaO	3.0	356	0.5

从表 3－37 中可看出，MgO 虽然抗张强度因子很小，但因为其弹性模量小，弹性好，从而弥补了其抗张强度小的弱点，故引入 MgO，坯釉结合很好。如引入 CaO，釉的抗张强度虽然明显提高，然而釉面开裂反而增多，原因是釉的热膨胀系数和弹性模数都明显提高。因此，泽曼认为：在精陶釉中加入 MgO，釉面开裂最少，加 ZnO、BaO 次之，加 CaO 则最多。但是，如果在生料釉中，钙质釉却和铝质坯结合得非常好，所以在不考虑釉的热膨胀系数的情况下，究竟是釉的弹性还是抗张强度对坯釉结合影响大，还很难定论，依坯釉种类不一而异。

四、釉层厚度对坯釉适应性的影响

釉层的厚薄，在一定程度上，对坯釉适应性也有一定影响，一般说来，薄的釉层对坯釉适应有利，原因有以下两方面：

①薄釉层在煅烧时组分的改变比厚釉层相对变动大，釉的热膨胀系数变化得也多，使坯、釉的热膨胀系数相接近，同时中间层相对厚度增加，故有利于提高釉的压应力，使坯釉结合良好。当釉层较厚时，坯釉中间层厚度相对地降低，因而不足以缓和两者之间的热膨胀系数差异而出现的有害应力。目前建筑陶瓷新产品“抛光釉”，其烧成后釉层厚度可达 3mm 左右，然后抛光，这些产品更应考虑坯釉结合问题。

②釉层厚度越小，釉内压应力越大，而坯体中张应力越小，这样有利于坯釉结合。比杰尔于 1952 年证明了这一点，其结论如图 3－17 所示。

需要指出，釉层太薄容易发生干釉现象，因此，釉层的厚度应根据工艺需要适当控制，一般小于 0.3mm。如精陶透明釉厚度一般为 0.1mm 左右。

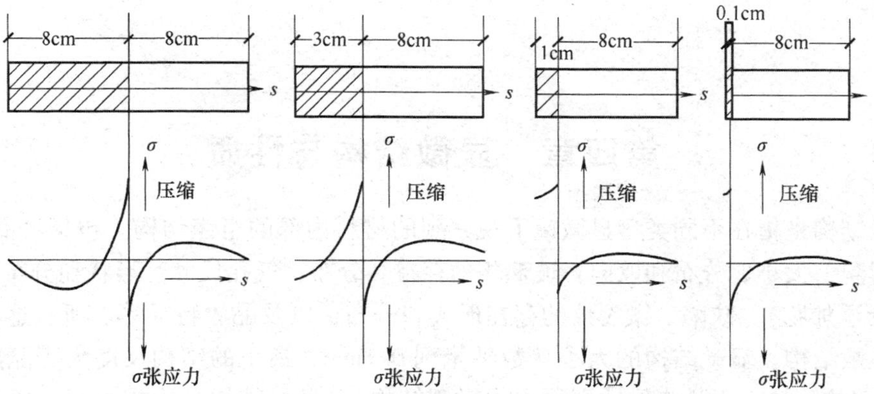

图 3-17 釉层厚度对坯体和釉内应力影响

参 考 文 献

1. 李家驹. 日用陶瓷工艺学 [M]. 武汉：武汉工业大学出版社，1991
2. 刘康时. 陶瓷工艺原理 [M]. 广州：华南理工大学出版社，1994
3. 西北轻工业学院. 陶瓷工艺学 [M]. 北京：轻工业出版社，1991
4. 赵连级. 卫生瓷生产 [M]. 北京：建材工业出版社，1995
5. 江苏宜兴陶瓷工业学校. 陶瓷工艺学 [M]. 北京：轻工业出版社，1993
6. 于丽达. 陶瓷墙地砖、釉面砖生产技术手册 [M]. 北京：国际展望出版社，1993
7. （日）素木洋一. 釉及色料 [M]. 刘可栋，刘光跃译. 北京：中国建筑工业出版社，1979
8. 郭靖远. 日用精陶 [M]. 北京：轻工业出版社，1982
9. （日）稻田博. 陶瓷坯釉结合 [M]. 姚治才译. 北京：轻工业出版社，1988
10. 轻工业部第一轻工业局. 日用陶瓷工业手册 [M]. 北京：轻工业出版社，1980
11. 中国硅酸盐学会陶瓷分会建筑卫生陶瓷专业委员会. 现代建筑卫生陶瓷工程师手册 [M]. 北京：中国建材工业出版社，1998
12. 劳动部培训司. 工业和建筑陶瓷制造 [M]. 北京：中国劳动出版社，1991
13. 杨世源. 釉烧温度和保温时间对陶瓷坯适应性影响的研究 [J]. 陶瓷研究. 1994
14. 汪荣鑫. 数理统计 [M]. 西安：西安交通大学出版社. 1986
15. 熊燕飞. 陶瓷釉的分相 [J]. 陶瓷研究. 1997，12（11）：20
16. 段仁官. Na^+ 和 Ti^{4+} 对 $CaO-Al_2O_3-SiO_2$ 系玻璃结构和晶化的影响 [J]. 中国陶瓷. 1997，33（6）

第四章　显微结构与性质

显微结构是指在不同类型显微镜下观察到的材料内部的组织结构。包括：晶相种类、晶粒的形貌、大小、分布和取向，玻璃相的存在和分布，气孔尺寸、形状和分布，各种杂质（包括添加物）、缺陷、微裂纹的存在形式和分布，以及晶界特征等。所有这些综合起来构成显微结构。显微结构的大小从数纳米到 0.1mm，最小的结构尺度大于晶胞的尺寸（若是研究的结构小于晶胞尺寸则称之为微观结构）。显微结构是构成材料的组成和制备工艺过程诸因素的综合反应。显微结构的形成不仅和化学组成有关，而且和原材料性质，工艺过程（如升温速度、保温时间）等紧密相关。对于给定化学组成的陶瓷来说，其性能很大程度上取决于其显微结构。研究化学组成、显微结构，性能与应用之间的相互关系是材料科学的一项重要任务。

材料的性能与工艺、结构的关系如下：

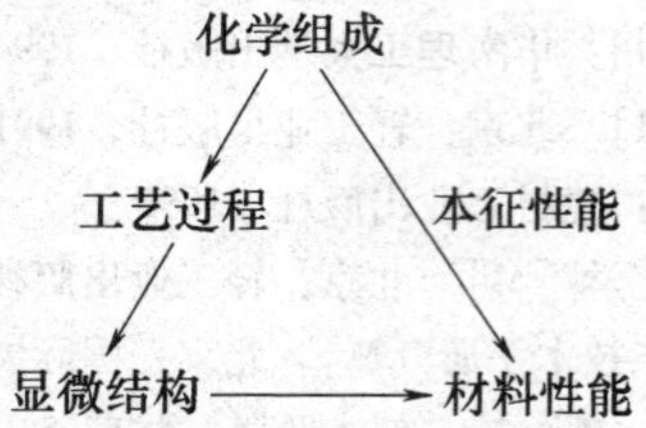

显微结构的研究是用各种光学显微技术（如暗场照明、相衬、干涉以及微差干涉相衬等显微技术）和电子显微技术以及其他现代分析手段，综合运用物理化学、结晶学、矿物岩石学、材料制备工艺学，对材料的显微结构、材料组成、物相、工艺制备条件以及性能品质之间的关系进行研究。具体讲显微结构分析有如下任务：

①根据材料研究和生产过程中原料、半制品、成品的显微结构，对它们的品质进行评价。

②通过对材料或制品中缺陷的检测，从显微结构上找出缺陷产生的原因，提出改善和防止的措施，对生产进行控制。

③对玻璃或其他熔体与耐火材料发生的反应，通过显微结构的观察，了解其中的侵蚀机制，设法延长窑炉的使用寿命，为适当选择和使用耐火材料提供依据。

④从显微结构和物理化学的基本观点出发，研究设计新材料或中间产品，以求获得较为理想的显微结构并具有预期优良性能的材料或产品。

⑤研究工艺条件对显微结构形成的影响规律，促使工艺条件更加合理化，改善材料的使用性能。

第一节　普通长石质瓷的显微结构

陶瓷材料的显微结构是在各类显微镜下分辨陶瓷材料中含有晶相、玻璃相和气相的种类、数量、形态、大小、发育程度及其几何分布。陶瓷坯体显微结构的研究就是研究晶相的种类、数量、形态，晶粒的大小、分布及取向、晶界结构、晶体缺陷、品格畸变等；研究玻璃相的含量、分布、应力分布等；研究气孔的大小、多少、分布、位置等及研究微裂纹的大小、形状分布等。晶相、玻璃相和气相三者在陶瓷坯体中空间的相互关系决定着陶瓷材料的性能。而陶瓷的显微结构是在整个制备过程中形成的，其中每一步骤——原料制备、成型、烧成——都对它的显微结构形成有重要影响。

一、显微结构的形成

下面以普通长石瓷为例来讨论陶瓷坯体的显微结构。

普通长石质瓷通常是由高岭土（包括其他类黏土）、长石、石英三种原料配制，在1150～1450℃烧制而成，是典型的三组分陶瓷。三组分陶瓷是一种多相结构的材料，在烧成时原料本身（指粗颗粒）或原料之间发生一系列反应，使它的结构在物理－化学平衡上发生变化，在烧成之后，其显微结构并未完全达到平衡状态，因而它既是一种结构复杂的材料，又是一种结构在空间分布不均匀的材料。陶瓷材料的显微结构由晶相、玻璃相、气孔等构成。一般情况下普通长石质瓷的显微结构由下列几个组分构成：玻璃相（按体积计）为40%～65%，莫来石晶体为10%～30%，残留石英（含方石英）为10%～25%，以及少量的气孔。图4－1和图4－2显示了普通长石质瓷的显微结构，从图中可以清楚地看到固相、玻璃相和气相。

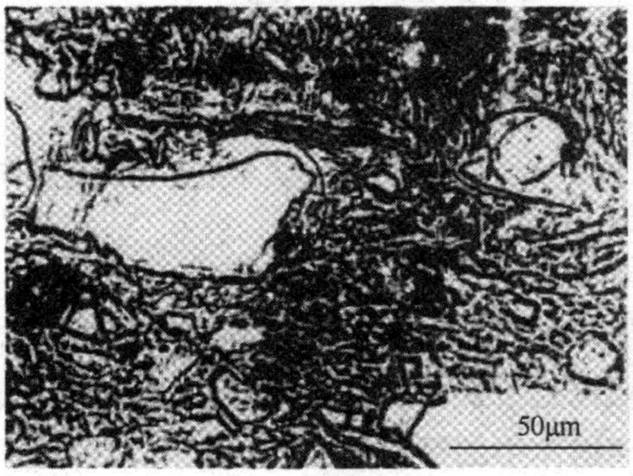

图4－1 日用瓷坯的显微结构

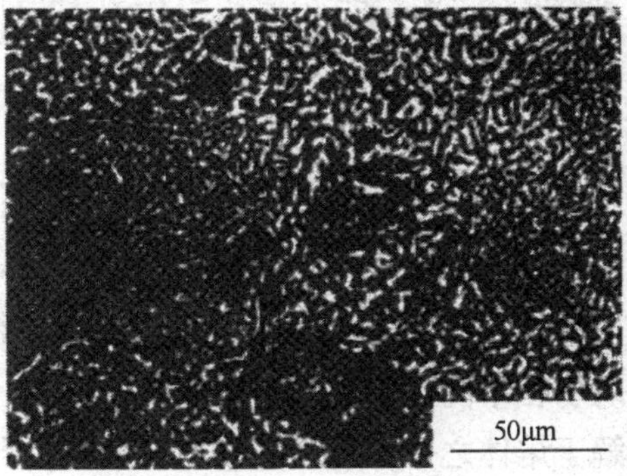

图4－2 长石熔体中析出的莫来石针状晶体

晶相是决定陶瓷基本性能的主导物相，其种类、发育状态、完整程度、存在方式、晶体取向、晶体缺陷等均对陶瓷材料性能产生影响。

玻璃相是陶瓷坯体中的低熔组成物，其黏度、数量、分布方式等也对陶瓷材料的性能产生影响。

气孔（气相）是陶瓷材料中不可避免出现的，它的存在方式、数量、分布状态也对陶瓷材料性能产生影响。

三组分陶瓷最终形成的物相与它的组成和烧成有关。下面将讨论陶瓷材料坯体的显微结构形成。

普通长石质瓷是三组分陶瓷，其显微结构由高岭石、长石、石英等的反应物所构成。研究这些原料的热变化非常有必要。

1. 高岭石

普通长石质瓷中的主要原料之一是高岭土及其他黏土，最常见的黏土矿物是高岭石，高岭石的加热变化是形成陶瓷材料的显微结构中最重要的反应之一，一般对高岭石加热时的物相变化可以用下述反应式表示：

$$\underset{\text{高岭石}}{3\ (Al_2O_3 \cdot 2SiO_2)} \xrightarrow{550 \sim 650°C} \underset{\text{偏高岭石}}{Al_2O_3 \cdot 2SiO_2} \quad (4-1)$$

$$\underset{\text{偏高岭石}}{3\ (Al_2O_3 \cdot 2SiO_2)} \xrightarrow{>950°C} \underset{\text{（一次）莫来石}}{3Al_2O_3 \cdot 2SiO_2} + \underset{\text{无定形石英}}{4SiO_2} \quad (4-2)$$

高岭石脱水后形成的偏高岭石仍保持高岭石的结构，偏高岭石转化为莫来石的反应进行到1200℃时，莫来石的生成趋近于平衡，晶体逐步长大和逐步完整。因此，黏土矿物在瓷坯显微结构中可以出现两种状态的莫来石，即发育较差的鳞片状莫来石和发育较好的、排列整齐的人字形莫来石。图4－3和图4－4显示了鳞片状莫来石和人字形莫来石。

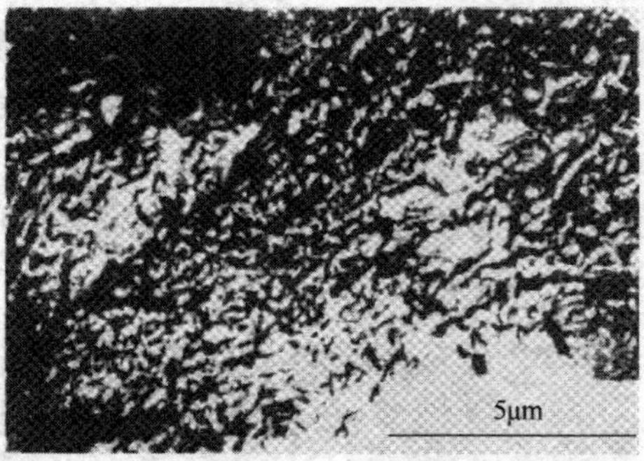

图4－3　日用瓷坯中鳞片状排列的莫来石

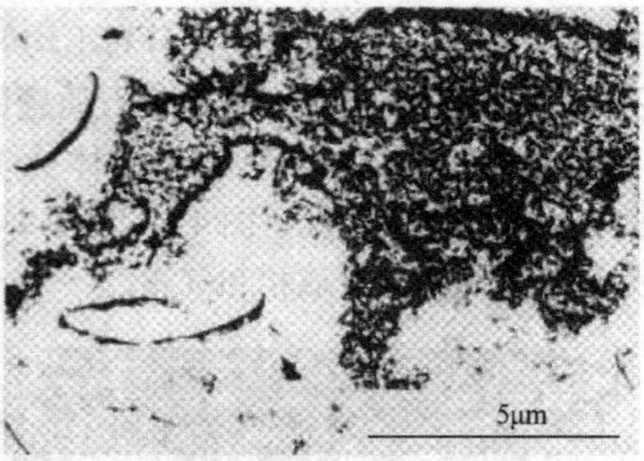

图4－4　日用瓷坯中呈人字形排列的莫来石

2. 长石

钾长石在1150℃以上熔融成熔体，钠长石在1120℃以上熔融成熔体，这时视长石周边的物相不同而呈现出不同的表现形式：当石英颗粒处于长石熔体包裹之中时，部分石英熔解于熔体之中，形成高硅氧玻璃相；当长石玻璃熔体中的钾离子向周边扩散，中心部位贫钾，其组成逐渐转为莫来石组成，在熔体中析晶出二次针状莫来石晶体；长石熔体流动填充进黏土分解形成的一次莫来石产物区内，减少空隙。

3. 石英

石英在烧成过程中随着烧成温度的提高，会出现晶型转变。当烧成温度达573℃时，β－石英转化为α－石英，伴随着体积变化效应，会导致大颗粒的石英破碎。当温度继续上升时，视条件的不同发生各类转变。在较低温度下烧成时就保留其完整的原始外形，在较高温度下烧成时，石英颗粒边缘熔融，外形逐步趋向浑圆，其周边有一圈熔蚀边；有时可以在颗粒边界上析出犬齿状方石英。根据上述不同形态和不同变体的存在，可以了解瓷坯烧成过程中相变的情况。图4－5和图4－6可以看到石英的熔蚀边和方石英。

4. 形成过程

在制备陶瓷的过程中，因原料性质的不同，加工后的坯料所含的石英颗粒较大（莫氏硬度为6，较难粉碎），长石颗粒较小一些（莫氏硬度为5，较石英易粉碎），黏土颗粒

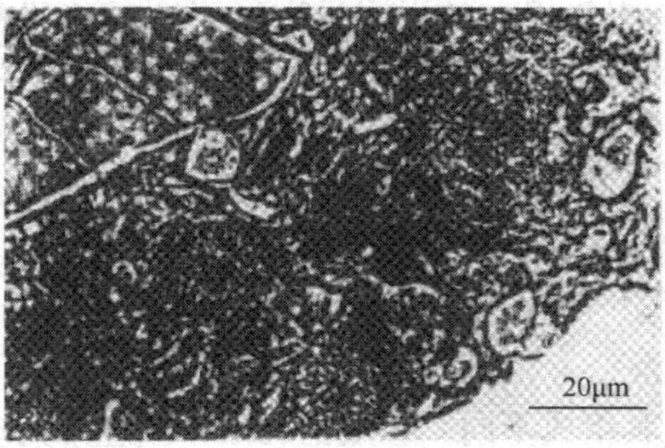

图4-5　坯体中的石项晶体具有明显的熔蚀边

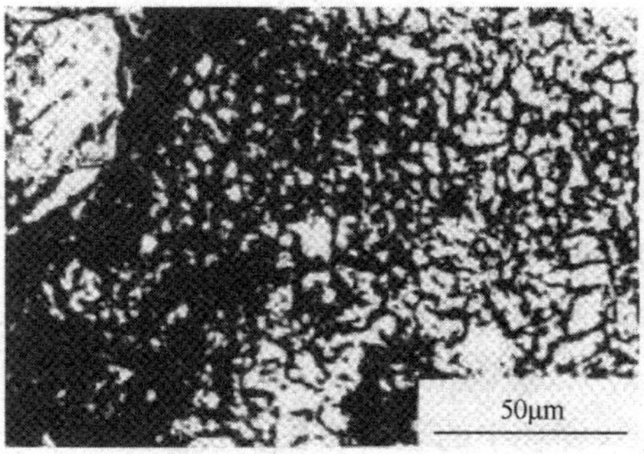

图4-6　坯体中的石英晶体已明显方石英化

最小，但其体积最大，形成连续的基质。因而一般陶瓷生坯的组织结构是在连续的黏土基质中分散分布着石英、长石，既存在着二元接触，也存在着三元接触。在烧成过程中，既存在着多元物相之间的物理化学反应，也有单一物相的物理化学变化。

当烧成温度小于1000℃时。主要是黏土矿物的物化变化，高岭石在450~650℃迅速脱水分解成偏高岭石，温度提高，偏高岭石逐渐转变成铝硅尖晶石，其粒度约10nm。当温度接近1050℃时，铝硅尖晶石转变成莫来石。在这个阶段内还存在有机物的氧化和盐类的分解与石英在573℃的晶型转变。

一般情况下，瓷坯在950~1000℃开始烧结。烧结时坯体开始剧烈收缩，气孔开始消失，瓷坯逐渐致密。

1000℃以后的相界反应比较复杂。长石与黏土的分解物——无定形石英，在950℃左右在接触点处出现低共熔点点状熔体。温度升高到1150℃左右时，长石开始熔融，瓷坯中开始出现多量的熔体，相界接触点处的点状熔体发展成为熔体网络。在更高温度下，瓷坯中熔体增多且黏度降低。熔体开始填充气孔，坯体进一步烧成收缩。

在1200℃左右，长石熔体中碱离子扩散到黏土分解区，促使黏土形成一次鳞片状莫来石。在1200~1250℃，莫来石和方石英突然增多。同时，由于长石熔体中K_2O量降低，中心部位组成向莫来石析晶区变化，导致在长石熔质中析出二次针状莫来石。与黏土接触的长石熔体边缘因熔解黏土物质，富集了Al_2O_3而析出二次针状莫来石（见图4-2）。1200~1400℃温度范围内，液相促使扩散过程加剧，莫来石针状晶体线性尺寸发育长大。石英颗粒被长石熔体部分熔解，增大玻璃相的高温黏度，熔蚀边处析出犬齿状方石英，高岭石分解产物无定形石英转变成极细小的方石英（见图4-6）。

冷却过程中，冷却速度很快，一般不会有新的晶体析出。由此可见，一次莫来石、二次莫来石、残留石英、方石英、玻璃相、气孔等构成了普通陶瓷的显微结构。该显微结构可以由原料的种类、配比、颗粒大小、坯料制备、成型手段、烧成制度等的不同而千变万化。

二、显微结构中各物相的作用

1. 莫来石

莫来石是普通长石质瓷的主晶相，是瓷坯内部的骨架。莫来石的种类、大小、分布等诸因素对瓷坯的强度有着明显的影响。并且对瓷坯的其他性能也有影响。

瓷坯中的莫来石分别由黏土形成和从玻璃相中析出。黏土团粒中形成的莫来石有两类，即发育得较差的鳞片状莫来石（见图4－3）和发育得较好、排列整齐的人字形莫来石（见图4－4）；玻璃相中析出的莫来石为细针状，交织成网，通常称之为莫来石鸟巢。

与玻璃相相比莫来石具有较高的力学强度，尤其是网状的莫来石强度更高。莫来石构成瓷坯中玻璃相的骨架，骨架的强度可以明显改变玻璃相基质的强度。通常希望瓷坯中莫来石晶相的晶粒大小均匀或有较多的针状莫来石。

2. 玻璃相

瓷坯中的玻璃相在形成过程中因条件不同，其组成不同。一般情况下，瓷坯中的玻璃相有以下三种组成，即：环绕在石英颗粒周围的熔有石英的高硅玻璃相，热膨胀系数较小；中间生长有交织成网的莫来石晶体的长石玻璃相；在黏土分解产物区内，填充在黏土残骸（一次鳞片状莫来石晶体）间的玻璃相。

玻璃相在瓷坯中所占比例最大，它的数量、化学组成与分布状态决定着瓷坯的性质。

玻璃相的高温黏度决定着瓷坯抵御高温变形的能力，钾长石玻璃相的高温黏度较钠长石的高温黏度为大，抵抗高温变形的能力优于钠长石；石英在玻璃相中的熔解量影响玻璃相的高温黏度，玻璃相中熔解的石英数量越多，则玻璃相的高温黏度越大，瓷坯越不易变形。

冷却后，玻璃相的力学强度对瓷坯的力学强度起主要作用，而玻璃相的强度决定于玻璃相的组成，玻璃相中的网络结构越完整，则强度越高，反之，则强度越低。

玻璃相的量对陶瓷坯体的致密性有重要的作用，玻璃相多且黏度适中，则坯体的致密性好，反之，致密性差。

3. 石英

瓷坯中的石英晶体有两种类型，即残留石英与方石英。残留石英是石英原料在烧成过程中与其他组分反应形成低共熔点熔体以及高温下熔解于熔体残留下来的。残留石英的多少和大小与石英原料的类型、石英原始颗粒粒度、熔体化学成分、烧成温度与高温保温时间有关。方石英的形成有两种形式，一是从石英颗粒周围富硅玻璃相中析出的齿状二次方石英；另一是石英和非晶质 SiO_2 在干环境中转变成的方石英，比如从黏土分解产物非晶质 SiO_2 转变而来的方石英，但是这种方石英非常细小，只有通过 X 射线衍射分析才能鉴别出来；又如在被黏土颗粒包围的石英边缘也可见干环境转变的粒状方石英，此外，在瓷坯中气孔附近石英颗粒周边也出现方石英。

一般情况下，瓷坯中的残留石英的量会多于方石英的量，因石英的热膨胀系数与玻璃体的热膨胀系数相差较大，冷却时会在瓷坯中形成应力，对瓷坯的强度造成影响。合理的石英颗粒能大大提高瓷坯的强度。同时石英能使瓷坯的透光度和白度得到改善。

4. 气孔

气孔在瓷坯中的多少、大小、形状、分布、含量对瓷坯的强度、透光度、致密度、介电性能、热传导性能、吸湿膨胀性能等都有较为明显的作用。气孔一般存在于玻璃相基质中，但也会被包裹于大晶粒之中，气孔的存在取决于坯料的组成、成型方法、烧成工艺等。除了特殊要求外，通常希望瓷坯中的气孔量尽可能地少。

三、瓷胎显微裂纹

三组分瓷胎中经常发生显微裂纹。这是因为瓷胎固化时晶体与玻璃体的热膨胀系数不同以及在冷却时残留石英的晶型转变发生的体积突然变化。莫来石的热膨胀系数为 $4.5\times10^{-6}/℃$，硬质瓷当石英全部溶解时，玻璃相的热膨胀系数为 $3\times10^{-6}/℃$，有残留石英时，玻璃相热膨胀系数高些。石英的热膨胀系数为 $13\times10^{-6}/℃$（573℃时），方石英在 210℃时热膨胀系数约为 $16\times10^{-6}/℃$。可见，莫来石与玻璃相的热膨胀系数相近，而石英或方石英与玻璃相的热膨胀系数相差较大。因此，瓷胎中显微型纹主要发生在石英晶体内部，玻璃基质内部以及石英和玻璃相相界上等三种场合。石英晶体内部的显微裂纹称内部裂纹，这种裂纹比较直，如图 4－7（a）所示；石英和玻璃相相界间裂纹称周裂纹，如图 4－7（b）所示；在相界附近玻璃内部的裂纹称圆弧裂纹，如图 4－7（c）所示。

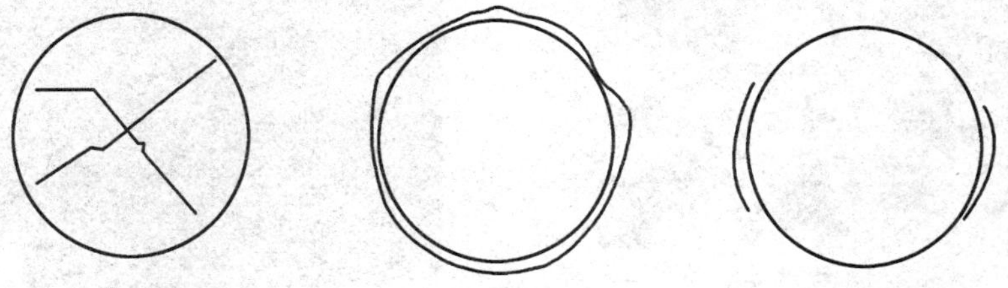

(a) 内部裂纹　　(b) 周边裂纹　　(c) 圆弧裂纹

图 4－7　瓷胎的显微裂纹

显微裂纹的类型取决于石英的粒度。当石英粒径为 50μm 时，往往易产生圆弧基质裂纹与内部裂纹。这是因为石英在冷却时收缩量比玻璃基质大，对石英周边某一点而言，在石英粒中产生径向张应力，而在玻璃中产生切向压应力，这种内应力超过璃璃相的机械强度就会在该处产生显微裂纹。石英颗粒减小时，圆弧裂纹过渡为周边裂纹。石英粒径更小时，玻璃与石英内部都不见显微裂纹。

瓷胎中显微裂纹的类型、数量以及分布状态常决定了瓷体的机械强度与热稳定性，因此，研究瓷胎中的显微裂纹是一个重要的课题，目前研究得还很不够。

第二节　釉层的显微结构

陶瓷釉层的显微结构一般较坯体的显微结构要简单。烧成后釉层的显微结构由大量的玻璃相、少量的残留和（或）析出的晶体、或多或少的气泡等构成。釉层的显微结构取决于釉料的组成、制釉的方法、施釉的方法及烧成制度等因素。显微结构的好坏直接影响釉的品质及制品的宏观性能。

一、透　明　釉

良好的透明釉一般是由硅酸盐（有些含有 PbO 或 P_2O_5）透明玻璃所组成。但因配比、制作加工、烧成等因素影响，有时还会存在少量的晶体与气泡，见图 4－8。

釉层中的晶体一般为两种：一种为未熔的残留石英颗粒及其变体；另一种为冷却时从熔体中析出的晶体，晶体的种类随釉料组成不同而不同。戴慕潜用电镜和 X 射线衍射分析了长石质透明釉（组成为 SiO_2 67.6%、Al_2O_3 24%、CaO 82%、MgO 4.89%、R_2O 7.58%）的显微结构。在 1210℃时釉层中主晶相为石英，1270℃时为石英与鳞石英，

1310℃时为鳞石英，1350℃时为鳞石英与莫来石。高宝琴等测定含石灰石、烧滑石的长石釉煅烧至1270℃以上无晶体存在，冷却后析出的主晶相为辉石类（见图4-9），并有微量方石英和莫来石。黏土加入量较多的透明釉在较低温度下烧成，会在釉层中残留黏土团粒。氧化钙含量高的釉会在釉层中析出钙长石晶体，在南方瓷产区的釉层中有时可见云母残骸。

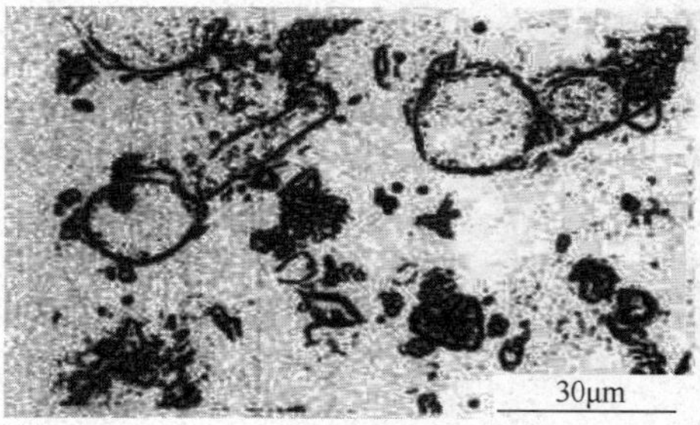

图4-8　日用瓷釉的显微结构图

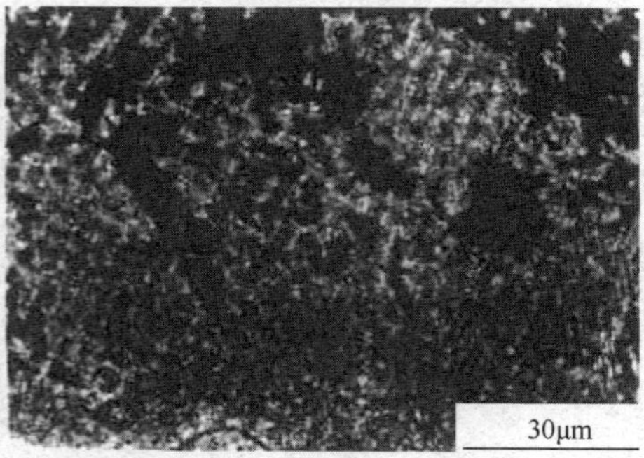

图4-9　瓷釉中坯釉交界处析出的透辉石晶体

釉层中晶体的存在对釉层的光泽度、强度、透光度等有影响。釉中各相折射率越大、越接近，则釉面光泽度越好；釉中石英颗粒细小（当然不能过细），则釉面平整，光泽度好。国内外陶瓷釉层显微结构比较见表4-1。

表4-1　国内外陶瓷釉层显微结构比较

名称	釉层观察项目						光泽度
	釉层厚度/mm	气泡频数较大位置	D_{max}/μm	D_{min}/μm	含量/%	釉中残留石英	
英国骨灰瓷	0.1	全部出现在中间层	19	3	0.48	无	108
山东高石英瓷	0.1	全部出现在中间层	30	8	1.44	几乎没有	105
捷克瓷	0.15	中间层	60	4	3.55	很少，平均大小56μm²	
日本瓷	0.3	中间层及釉中	70	10	3.94	多，平均大小56μm²	102
德国瓷	0.3	分布釉中	53	4	7.55	少，平均大小130μm²	94
中国台湾瓷	0.2	整个釉层	80	11	8.64	多，平均大小130μm²	93.5
红旗瓷石瓷	0.237	整个釉层	53	3	6.11	多，平均大小85μm²	89.7

釉层中除了有上述晶体外，还有一些气泡。釉层中的气泡可在显微镜下进行分析鉴定，釉中气泡的形状为圆形，它们是釉本身及瓷坯深层析出的气体形成的。一般釉中气泡的量占釉体积的1%～6%，偶尔有的会高达12%～15%。釉中气泡的大小一般在10～

60μm，极细小的气泡和大于60μm的气泡占气泡量的7%～9%（见图4－10）。气泡在釉层中呈不均匀分布，坯釉中间层处气泡量偏多，靠近釉面表层，气泡少。盛振宏等对国内外日用陶瓷透明釉做了系统研究，研究指出，釉中气泡的含量，随着釉层厚度的增加而增大；釉中气泡尺寸随着釉层厚度的增加而增大。这是因为气泡从釉层中选出的快慢与釉层厚度有密切关系。

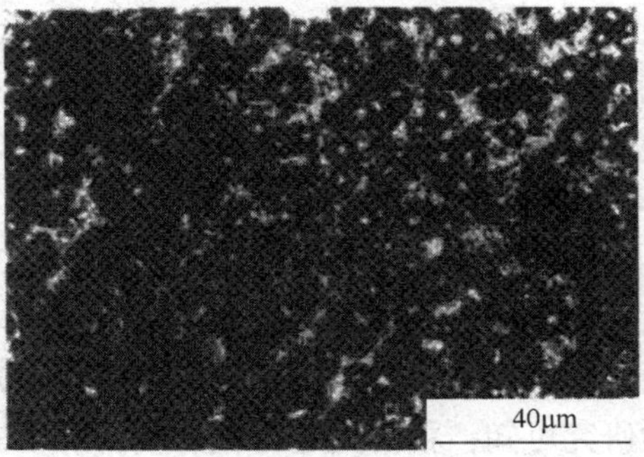

图4－10　日用瓷釉中的气孔呈孤立状、浑圆形，散布在玻璃相之中

研究表明，当釉层厚度由0.02cm增厚到0.03cm后，釉中气泡的排出时间将会延长50%。

釉层中气泡的存在会影响制品的表面光泽度和硬度，为了减少釉中气泡，可以从以下几个方面着手，釉料中少用在高温下会分解释放气体的原料，石英颗粒要细，烧成温度不宜过高，保温时间可适当延长，必要时可采用高温素烧，低温釉烧，或用熔块釉。

二、乳　浊　釉

乳浊釉的显微结构就是在釉层中存在着与基础玻璃相性质相同的第二相（或多相），使得入射光线在多相的界面上产生复杂的散射、折射、漫反射等光学现象，造成光线透不过釉层而达到乳浊。

乳浊釉中的第二相既可以是气相，也可以是液相或是固相。第二相颗粒的大小、数量、分布、折射率等直接影响乳浊釉的乳浊程度。

（一）气相乳浊釉

一般釉玻璃相的折射率为1.5左右，气体的折射率一般为1.3，两者之间存在差距，可以构成乳浊，直径小于0.1mm的釉泡会使釉层混浊不透明，气泡尺寸大到肉眼能分辨时，会使釉面产生暗哑的光泽而失去美感。要使釉层中产生多而细小分布均匀的气泡在工艺上较为困难，且会因气泡多影响釉面硬度。一般不采用气体来实现釉面乳浊。

（二）液相乳浊釉

液相乳浊釉的显微结构是在釉玻璃中出现了与基础玻璃相互不混溶的液相，也就是说在釉中存在液相分离。陈显求等学者系统研究了传统釉——铁红釉的液相分离机理。铁红釉是含Fe_2O_3、P_2O_5相当高的艺术釉，外观上呈现为海参棕底色，上有蚕豆大的橘红色斑块。显微结构分析研究证实：通过一次液相分离，形成含Fe_2O_3连续相中的富Fe_2O_3孤立小滴结构是产生海参棕色的原因。孤立小滴在釉面附近某些区域聚结、长大，进行第二次分离，形成富Fe_2O_3连续相中的贫Fe_2O_3小滴，富Fe_2O_3相析出了$\alpha-Fe_2O_3$晶体面形成大红色（见图4－11）。

图4－11　铁红釉中液相分离和析晶

（分相区中的小白点、是富铁玻璃孤立相，黑色连续相是贫铁玻璃，花瓣状析晶是含铁硅酸盐微晶）

余莉娜等人研究指出，选择合适的原料，进行合理的配比，加上适当的工艺，可以生产出完全由液相分离形成的用于建筑陶瓷的乳浊釉。一般讲在高硅釉中引入适量的磷酸盐，烧成后因磷玻璃不同于硅玻璃而出现液相分离，帮助乳浊。

（三）固相乳浊釉

固相乳浊釉显微结构就是在釉基础玻璃相中存在着晶体（晶体既可以是残留的也可以是析出的，或两种状态并存），且晶体的折射率与玻璃相的折射率相差较大，使得入射光线在釉层中的散射、折射、漫反射等光学现象反复进行，最终失透。根据对釉层透光度的研究可知：釉的失透与乳浊相折射率的大小，乳浊相粒子大小、数量、分布均匀程度等有关。

加入到釉中的乳浊剂有多种，因而乳浊釉通常以乳浊剂的名字来称呼，目前常见的乳浊釉有锆乳浊釉、锡乳浊釉、钛乳浊釉。

1. 锆乳浊釉

锆乳浊釉的显微结构是在釉中残留或析出锆化合物晶体，使得釉层失透，形成乳浊。

锆乳浊釉的乳浊剂一般是天然的锆英石或化工原料，如氧化锆、硅酸锆。锆乳浊釉中的乳浊相粒子，则以锆英石为主，少量的锆釉中有锆石析出。锆釉中乳浊剂的量以10%～18%为好。当锆釉中的乳浊相为锆石时，其乳浊效果最佳；当锆釉中的乳浊相为锆英石与锆石时，乳浊效果好；当锆釉中的乳浊相为锆英石时，其乳浊效果较好。这是因为锆石的折射率（2.13～2.20）大于锆英石的折射率（1.94）。如何控制乳浊相晶体？文献中指出：釉中析出的晶相与釉料中酸性氧化物和碱金属氧化物含量的多少有密切关联。当釉中SiO_2含量<52.3%（或SiO_2/ZrO_2摩尔比<3），K_2O和Na_2O含量为13%～24%时，单斜锆石从釉熔体中析出；当釉中SiO_2含量为54%～65%，K_2O和Na_2O含量<20%时，釉熔体中主要析出锆英石；当釉中SiO_2含量>54%，K_2O和Na_2O含量>20%时，即使在釉中加入20%的锆英石，釉熔体中也不会析出晶体，是因为此釉黏度过低，对晶粒的熔解能力过强。

锆釉的乳浊性与乳浊相粒子的粒度有较大关系，一般认为当乳浊相粒子的大小与可见光波长相当时乳浊效果最好，粒径越大效果越差。同样分量的乳浊剂，粒径越小，形成的散射中心就越多，乳浊效果就越好。从显微结构分析来看，生料锆英石釉烧成后，主要是以残留的锆英石为乳浊相，其颗粒大小不匀，分布不均，乳浊效果较低；而熔块锆釉则因在熔制熔块时已将锆英石熔化在含碱性氧化物的熔体中，很少有残留，釉烧时从熔体中析出大量的晶体，且粒径细小，乳浊效果好。因而在生产实际中，通常是使用熔块釉，让乳浊相在釉烧过程中析出，保证获得足够数量的细小的散射中心；另一个措施就是将锆英石等原料先进行超细粉碎，然后再加入到组成合适的生料锆釉中。此外在锆釉中常加入硼和氟等晶核形成剂（以它们的盐类或酸的形式引入），它们加入釉中后，烧后釉中形成的锆化合物晶粒数量要比未加的对照釉多得多，且晶粒细小。

锆釉中除了结合物乳浊相外，经常还有其他晶相参与乳浊，如有锌铝尖晶石、钙黄长石、透辉石、斜长石等，至于析出什么晶体，视釉料组成而变。

2. 锡乳浊釉

锡乳浊釉是传统釉种，早在公元前6～9世纪，中东地区就已经出现了应用在内墙砖上的锡乳浊釉。

锡乳浊釉的显微结构是釉层中均匀分布着一定数量的 SnO_2（其折射率高达 1.99 ~ 2.09，比基础釉玻璃的折射率要高出 40% ~50%）晶体。也有人认为在釉中除了含有 SnO_2 还含有锡石（$CaO \cdot SnO_2 \cdot SiO_2$），两者共同起作用。

锡乳浊釉中的乳浊剂 SnO_2 在釉烧过程中，几乎不被熔解。帕麦利及哈尔曼（1973 年）指出，在含铅的硼硅乳白釉中，约有 0.01mol 用量的 10% SnO_2 熔解于釉中。潘尼斯卡尔（1948 年）系统研究了陶器及有关的釉料后提出，SnO_2 在釉中的熔解度因 Na_2O、K_2O 及 B_2O_3 存在而增大，CaO、BaO、ZnO、$A1_2O_3$ 会降低 SnO_2 的熔解度，PbO 在一定程度上会降低 SnO_2 的熔解度。因此一般认为锡乳浊釉中的乳浊相是釉烧过程中未被熔解的 SiO_2 晶粒。SnO_2 晶粒均匀悬浮分布引起光的散射而导致乳浊。

3. 钛乳浊釉

钛乳浊釉的显微结构是在釉层中分布着 TiO_2 的晶体（锐钛矿或金红石）或钛榍石（$CaO \cdot TiO_2 \cdot SiO_2$）入射光线作散射而形成乳浊。

从上述可知，钛乳浊釉的乳浊相既可以是锐钛矿，也可以是金红石，又可以是钛榍石。不同的乳浊相，所造成的乳浊效果不同，当釉烧温度低于 900℃时，釉中主要析出锐钛矿（折射率为 2.52）。锐钛矿生长缓慢，晶粒细小，粒径为 0.16 ~0.3μm，乳浊效果好，釉色呈现白中略带青色，当釉烧温度高于 900℃时，釉中主要析出的晶体是金红石（2.76），此时尽管金红石的折射率比锐钛矿高，但釉色却是白中泛黄，不能令人满意。原因是因为金红石对气氛极为敏感，其结构易于形成氧空位，结构中的钛阳离子能俘获排除氧离子后留下的电子保持电中性，但是钛阳离子俘获的电子具有较高的能量，会吸收可见光光子的能量激发到导带，从而使金红石晶相产生黄色调；另一方面，金红石晶体生长较快，晶粒较大，粒径大于 0.3μm，对可见光中长波长的光线散射强度大，形成的视觉效果是釉面偏黄。由此可见，在陶瓷生产中不太可能获得锐钛矿，是因陶瓷生产的烧成温度不低于 900℃所致。而金红石造成的釉面色调不能令人满意。显然要使钛乳浊釉实用就必须改变钛乳浊釉的显微结构，设法控制釉中晶体的种类、数量与大小，从而提高乳浊效果。让 TiO_2 与釉中的碱性金属氧化物生成复合硅酸盐作为乳浊相是较好的解决途径，钛榍石乳浊相就是在此背景下开发出的。钛榍石的折射率为 1.95，与金红石的 2.76 相比显得低很多，使得入射光线在基础釉与钛榍石的界面上发生的光学作用不那么强烈，但仅凭这一点判断钛榍石乳浊相的作用是片面的。乳浊作用的强弱，不仅与乳浊相和基础釉的折射率之差值成正比，还与釉中乳浊相粒子数量成正比，与乳浊相粒子的粒径成反比。与金红石相比，釉中析出的钛榍石晶粒细小，不像金红石那样易于粗大化。同时，釉中析出的钛榍石粒子数几乎为金红石的 3 ~4 倍。也就是说榍石为乳浊相的釉中，散射中心多，乳浊效果好。

为了保证钛釉中的乳浊相是钛榍石，必须控制 TiO_2 与 CaO 的摩尔比，日本专利认为：当 $n(TiO_2)/n(CaO)$ 在 1∶(0.7 ~2) 时，可以获得稳定的钛榍石晶粒；如果大于 1∶0.7，则因 TiO_2 过剩，烧成后会析出金红石，影响釉面色调；如果小于 1∶2，则因钙含量过剩，造成釉面呈灰色调。一般情况下，TiO_2 的加入量为 4% ~10% 时较好。钛釉在烧成过程中会出现固液平衡。固液平衡温度为 1127 ~1142℃。若在此范围内烧成，冷却后釉中既有微晶存在，又有液 - 液分离得到的粒径为 0.2 ~0.4μm 的液滴，釉中同时存在固相乳浊与液相乳浊，乳浊效果好。

三、结　晶　釉

结晶釉与乳浊釉在显微结构上有明显不同，它是在釉层某部位有少量的发育良好的大晶体，或多个晶体聚集在一起构成不同形态的晶簇，以晶花的形式，如星点结晶、花形叶结晶、辐射状结晶等形式出现在釉面（见图4－12），而不是均匀分布在整个釉层，是一种艺术釉。结晶釉中的晶体通常是硅酸盐晶体，其大小由数毫米至几十毫米。在釉中加入少量的发色离子，如 Cu^{2+}、Co^{2+}、Ni^{2+} 等，可以使晶体呈现美丽的色调。结晶釉的形成关键是控制晶核形成速度的最大值与晶核生长速度的最大值。析晶时，成核区与生长区的温度分得足够远。在临界成核温度下成核速度是最高的，温度升到1200℃以上，把大部分的晶核熔掉，然后冷却到迅速生长区时就可以用剩下的少数晶核为基础来生长出很大的晶花。影响结晶的因素有釉料组成、烧成制度（特别是冷却制度）、釉熔体黏度、熔质的浓度等。

图4－12　析晶釉层中析出的晶花

四、无　光　釉

无光釉也是乳浊釉的一种特例。无光釉的显微结构是在釉玻璃体中析出大量的细微晶体从釉表层一直到内部均匀分布。在显微镜下观察，可见釉表面不平整，呈波浪纹状态，波顶距波底的差值为6～8μm，有效地减弱了入射光线的镜面反射，增强了漫反射。无光釉的宏观效果是釉面呈丝绢状、蜡状或玉石状光泽，不眩目。无光釉中的微晶体一般为钙长石、钡长石、硅锌矿、滑石、辉石、莫来石等。无光釉的获得是将釉料经高温充分熔融后缓冷，釉中某些组分因过饱和而析出微晶。影响无光釉效果的因素有釉料组成、釉层厚度、加工因素、烧成制度等。

五、高温颜色釉

高温颜色釉的显微结构是根据其着色元素的不同而加以区分。

（一）青釉

青釉是我国历史上最早出现的颜色釉。随着时代的不同，其组成有所不同。早期的青釉为含钙量较高的石灰釉，宋代以后逐渐转变为含钙、钾相近的石灰－碱釉。青釉中以 FeO、Fe_2O_3为着色氧化物，两者的比例决定釉的青、黄色调的深浅。Fe_2O_3含量为0.7%～2.7%。

青瓷釉一般表现出玉的质感。这是由其显微结构所决定。文献指出：钧窑青釉合硅量高，含铝量低，含有约1%的磷，高温下磷在高硅质玻璃釉中产生分相，使釉呈现出乳浊且带有乳光（见图4－13）；而龙泉哥窑青瓷、汝官窑青瓷和枢府青白瓷的釉中硅含量稍低，铝含量稍高，烧成后釉中有微气泡团存在，聚集堆叠，并有大量的微细钙长石晶体，两者共同形成光的散射源，使釉面乳浊（见图4－14），临汝青瓷釉中的气泡较大，甚至孤立分散于釉中，钙长石晶体极少，因而釉是透明的（见图4－15）。

青釉的显色与釉中的 Fe^{2+} 和 Fe^{3+} 在釉中的浓度比例有密切关系，而两者的比例与还原气氛强弱有关，还原气氛重则 Fe^{2+}/Fe^{3+} 比高，釉色偏蓝；还原气氛轻则 Fe^{2+}/Fe^{3+} 比值低，釉色偏黄绿。颜色的深浅也与釉层的厚度有关，在含铁量相近的情况下，釉层越厚，釉的颜色越深。如钧窑天青釉和汝官窑天青釉色调相近，但前者比后者厚得多，因此尽管钧窑青釉的含铁量低于汝官窑釉，但其颜色的深度相近。除此以外，呈色的深浅还与铁的浓度、SiO_2/Al_2O_3 比、CaO/K_2O 比、烧成温度及釉的熔融状态等有关。

图 4－13　钧窑青釉分相图

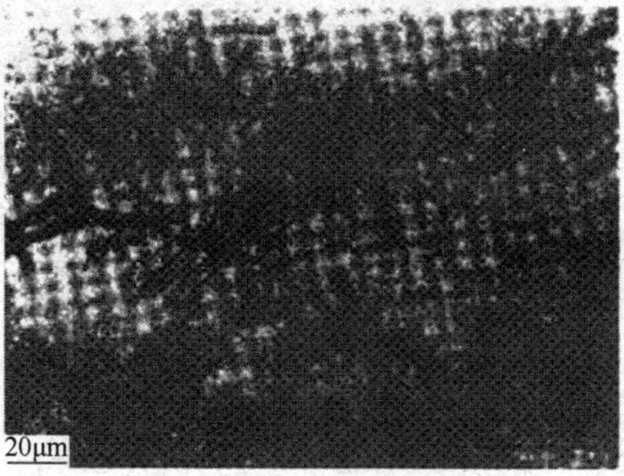

图 4－14　龙泉青瓷釉显微结构

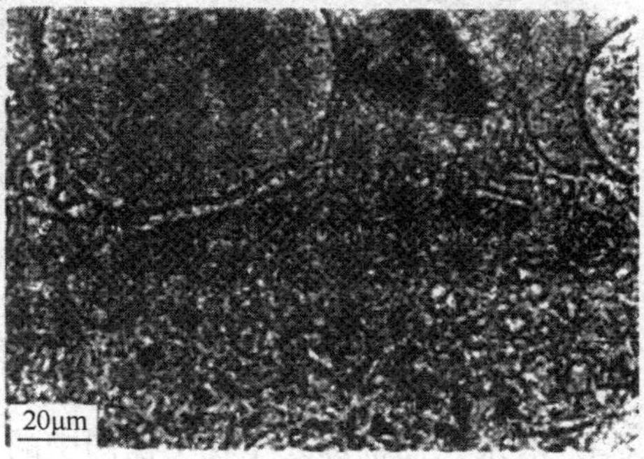

图 4－15　临汝青瓷釉显微结构

（二）黑釉（天目釉）

这是以大量铁为着色剂的釉，习惯上称之为天目釉。

吉州天目釉是我国南方地区黑釉的代表，是我国宋代的名釉之一，在吉安市近郊的永和镇吉州窑遗址仍能挖掘到残片。我国福建建阳的建盏（兔毫盏）也是著名的黑釉。北方地区有定窑黑瓷釉。下面以吉州天目釉为例进行讨论。

吉州天目釉除了一些纯黑色的以外，多数釉面呈现条纹和斑块，比如兔毫釉、玳瑁斑釉、虎皮斑釉、膜鸽斑釉和油滴釉等。它是在坯体上先浸普通黑釉或酱黄釉作底釉，然后再施含磷的乳浊面釉。烧后两种釉料互相作用产生多变的色调和自然流纹与斑块。李中和等人分析了天目釉的底釉及面釉的化学组成，列于表 4－2。

表 4－2　吉州天目釉底釉与面釉的化学组成　单位：%

釉层	SiO_2	Fe_2O_3	Al_2O_3	TiO_2	CaO	MgO	K_2O	Na_2O	MnO	P_2O_5	灼碱
底釉	61.55	6.16	12.73	0.73	9.20	3.69	1.16	0.32	0.91	0.28	2.32
面釉	31.91	5.79	20.18	微	20.67	5.16	3.16	7.04		1.50	7.04

陈显求等人通过研究，将吉州天目釉的结构特点归纳为：

①底釉多数呈色透明，往往有一些残留的石英微粒，少数石英周围生长着犬齿状方石英微晶。底釉和其与面釉结合区中的铁都以磁铁矿为主，带合少量赤铁矿。

②釉的斑纹区是底釉与面釉作用发生液相分离呈现乳浊的结果。分离的液滴并未析晶。孤立的液滴直径最小的低于 0.01μm，最大的可达 0.05μm，一般兔毫釉中的较小而鹧鸪斑釉中的最大，有些釉甚至出现二次液相分离。见图4－16 和图 4－17。

③釉的斑纹区或多或少都含有透辉石针晶聚集中成的球晶。见图 4－18。

④坯－釉界面上有一层钙长石中间层。

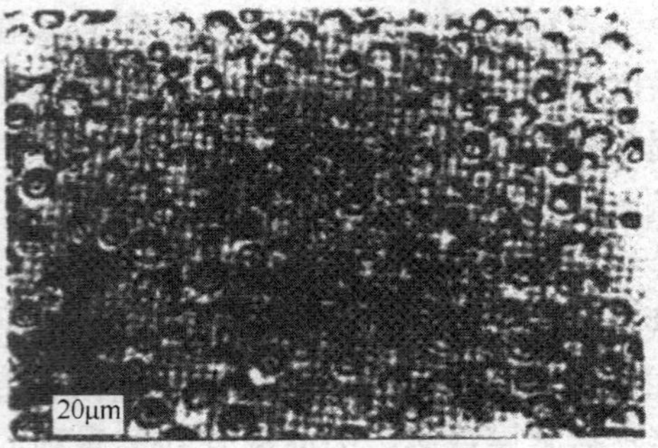

图 4－16　吉州天目釉中液相分离的孤立液滴

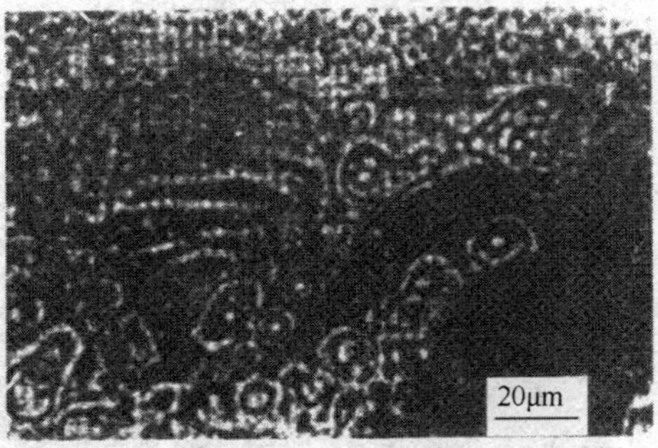

图 4－17　吉州天目釉中液相分离的孤立液滴

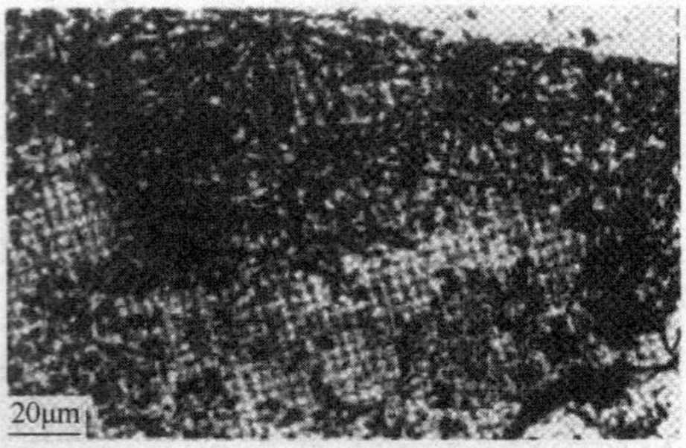

图 4－18　吉州天目釉中的透辉石晶体

一般宋代瓷釉都处于相平衡图中的方石英（KS_4）－硅灰石（CS）－钙长石（CAS_2）－正长石（KAS_6）区。在该四元系内，在 SiO_2 为约 73.5% 平面上有不混熔的组成范围（1200℃）。陈显求等将吉州天目纯黑釉和天目斑纹釉的化学组成换算成摩尔分数标记于图 4－19 中。这些组分点均落在分相区上部的一个比较狭窄的区域。按照该四元系统的性质，对于液－液不混熔区上部边界线以外的组分来说，距离边界线越远其最高分相温度越低。为了使吉州天目釉斑纹区的组分处于液－液分离区之中而在高温下分相，必须增加 CaO 和 MgO 的含量，或者在增加 CaO 和 MgO 的含量的同时，降低 Al_2O_3 和 Fe_2O_3 的含量。结果面釉中的 CaO/MgO 比例适当而且含量较多，它的含铁极少，则增多面釉用量就可能在高温下出现分相结构。

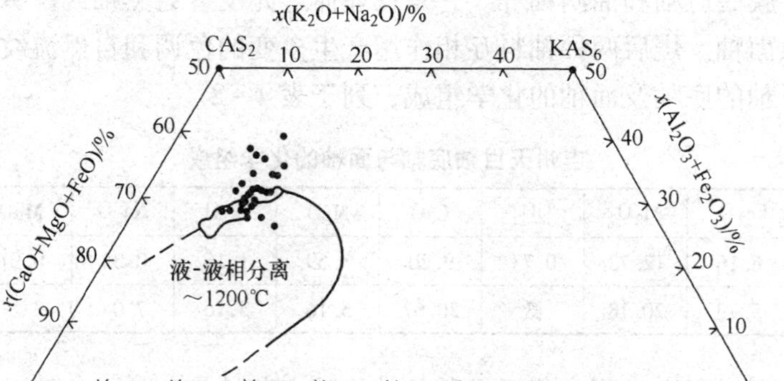

图 4－19　吉州天目釉在 KS_4－CS－CAS_2－KAS_6 四元系图中的分布

（三）铜红釉

一般是指以铜为着色剂，配成釉后经烧成呈现出各种红色色调的色釉，有钧红、郎窑红、祭红、宝石红等。

赵达峰等人系统研究厂铜红釉的显微结构。指出：铜红釉的显微结构是从釉表层到坯釉交界处可分为四层，参见示意图4－20。通常在铜红釉中第一层为无色层，第二层为红色层，第三层为浅紫色层（少数为灰蓝色层），第四层为无色层。这四层的变化会导致外观呈色的变化。作用较大的是红色层，红色层红色的浓淡决定着呈色的色调，从结构上看郎窑红釉和祭红釉的第一层无色层和第二层无色层较为发达，第三层和第四层比较薄。从红色层的强度来看，以钧红为最深，郎窑红次之，祭红又次之，其结果列于表4－3。

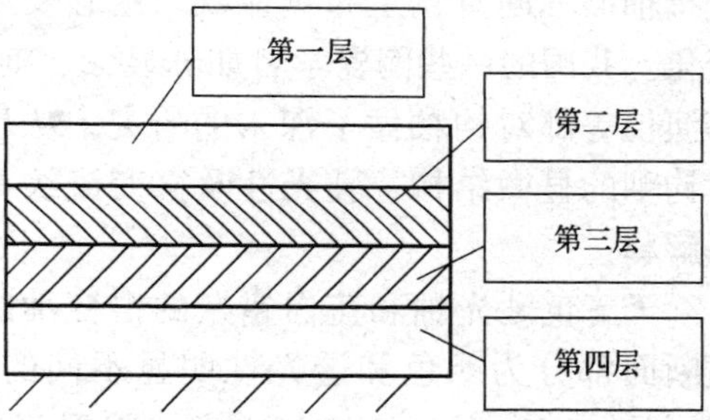

图4－20　铜红釉层显微结构示意图

表4－3　铜红釉的色层显微结构

釉名称	层号	层厚度/mm	颜色	相对颜色强度
钧红1	1	0.08	大红	
	2	0.06	红色	较深
	3	0.08	淡紫色	较深
	4	0.07	无色	
钧红2	1	0.06	无色	
	2	0.03	红色	深
	3	0.15	淡紫色	较淡
	4	0.12	无色	
郎窑红	1	0.12	无色	
	2	0.12	红色	较淡
	3	0.03	灰蓝	较淡
	4	0.02	无色	
祭红	1	0.07	无色	
	2	0.13	红色	很淡
	3	0.17	淡紫色	很淡

色层中的红色一般认为是因呈胶体态的金属铜所致，也有研究指出红色是氧化亚铜粒子所致，还有人认为红色是由釉中的 Cu^{+} 和 Cu^{0} 两者共同着色，因烧成条件的变化可以改变两者的比例关系，而呈现出不同的釉色。烧成气氛通常为还原气氛。优质铜红釉的显微结构见图4－21。

（四）钧釉

钧窑是宋代五大名窑之一。它的釉色丰富，大体上有天蓝和紫红两大类，颜色深浅不一。所有钧釉都呈现深度不同的乳光蓝色。一些紫红的官钧釉夹杂着乳光蓝斑或浅蓝色的

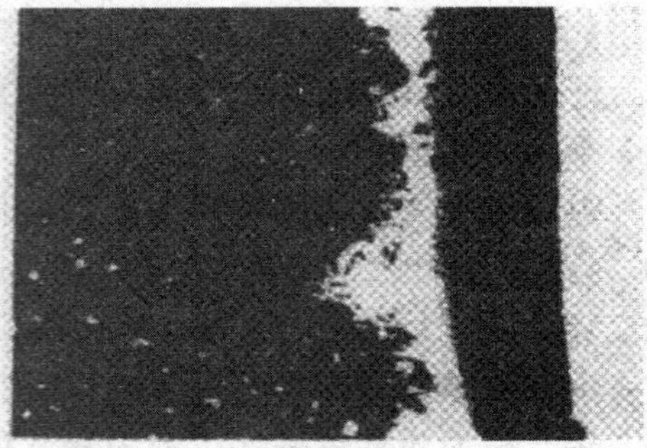

图4-21　铜红（钧红）釉的釉层显微结构

窑变流纹。

釉的乳光是指从不同角度观看时，釉色有轻微变异，使釉层具有含蓄的光泽。窑变现象是指釉面不同背景上布满流纹，色彩发生交错变化。我国的一些陶瓷学者如陈显球、刘凯民、郭演仪等都对钧釉做了深入的研究。从理论上对钧釉的显微结构、乳光性及窑变流纹等做出了解释：

天青色乳光釉和蓝白错杂的窑变釉的釉层横断面都分为颜色和透光性明显不同的两层，上层是厚度为0.7~1.2mm的深蓝色乳光层，下层是厚度为0.15~0.20mm的橄榄绿色透明层。乳光釉中气泡多而小，直径一般在0.05~0.1mm。窑变釉中气泡少而大，一般在0.2~0.6mm。乳光釉的乳光层在反光下呈现均匀的浅蓝色，在透光下呈现均匀的橘红色；窑变釉的乳光层颜色和透光度很不均匀，在针孔及靠近表面的气泡附近的局部釉区，透光度好且蓝色较深，形成直径为1~2mm的斑点分散在上层釉中。斑点的周围呈现各种形态的流纹，从流纹的边沿到中心区，透光性逐渐减弱，蓝色也逐渐变淡，直至变成几乎完全不透明的蓝白色。各种钧釉的乳光层均呈液相分离，乳光层中有分离出来的液滴。乳光层中分相液滴较大，数量较多，但向透明层方向移动时，液滴减小、数量降低，至透明层时，其Al_2O_3含量比乳光层高，分相受到抑制，分相现象几乎完全消失而变成均匀的玻璃体。图4-22显示了钧釉横断面的显微结构。

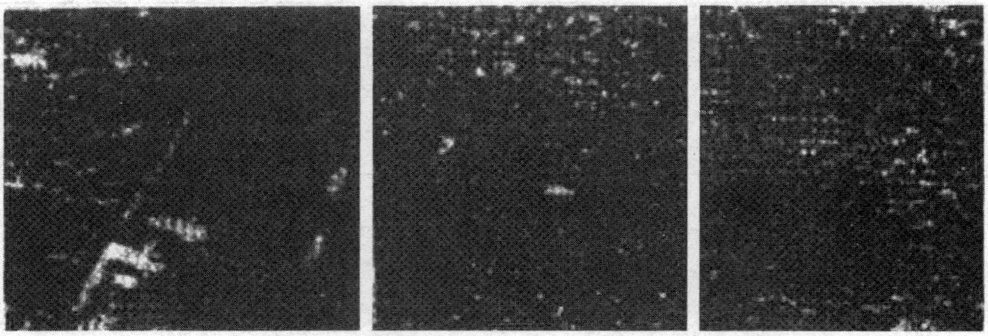

坯体 →|← 透明层 →|← 过渡层 →|← 乳光层

图4-22　钧釉层横断面上分相结构的纵向变化

陈显球等研究指出：乳光层之所以呈现浅蓝色，是因为乳光釉层的孤立液滴的直径为100nm，约为可见光波长的1/10，服从瑞利散射效应。根据瑞利散射定律，散射光强度与入射光波长λ^4成反比。故而当可见光入射时，短波部分的蓝光散射强度显著地比长波红光的散射强度大，视觉效果呈现浅蓝色乳光。刘凯民也指出：良好的乳光蓝色取决于釉层中分相液滴的正确大小和浓度，而正确的分相结构是由釉中对分相起促进作用和阻碍作用的两类氧化物之间的正确比率决定的，其中起关键作用的是P_2O_5/Al_2O_3比或$(P_2O_5+TiO_2)/Al_2O_3$。窑变现象是釉的乳光层的分相结构的宏观不均匀性在视觉上的反映。这种不均匀性分相结构是釉层的气泡向表面移动时，把部分透明层带入乳光层而形成的。低的Al_2O_3含量（<10%）和高的SiO_2/Al_2O_3摩尔比（>12）是获得良好的窑变效果的关键原因。

六、半导体釉

半导体釉是一种用于高压电瓷而具有特殊性能的釉，其表面电阻率为$10^5 \sim 10^9 \Omega \cdot cm$，介于绝缘体与导体之间。该釉通常是在普通电瓷釉中加入一定量（约30%）的导电性金属氧化物或化合物构成。形成的显微结构与普通釉不同，在半导体釉中除了含有大量的玻璃相及少量气泡外，还含有各种形态的导电结晶或固熔体，这些导电相贯穿于玻璃基质之间，构成不间断的导电网络。

半导体釉有铁钛型、钛型、锑锡型、钼型等类型，常用的为铁钛型和锑钛型。梁丽霞（1984年）研究了铁钛型半导体釉的显微结构，指出此釉中的晶体多为从熔体中析出，坯釉中间层发育出成草丛状的莫来石针晶，针晶间及釉层中部有刀剑状的铁钛化合物，如钛铁矿（TiO_2/Fe_2O_3），固熔了微量锌的铁尖晶石（$ZnO \cdot Fe_2O_3$）及磁铁矿（Fe_3O_4）等。导电性是因为铁化合物中Fe^{3+}与Fe^{2+}之间的电子交换而引起的，另一方面是由于TiO_2被还原成低价的TiO_{2-x}，在Ti^{4+}与Ti^{3+}之间进行电子交换而形成的。对于锑钛型半导体釉，因Sb^{5+}固熔进SnO_2中，使SnO_2电荷失去平衡，形成了Sb^{4+}和Sb^{3+}，两者之间进行电子授受，从而导电。半导体釉的电阻与它的显微结构有很大关系，而结构又与釉料的化学组成、烧成制度、釉层厚度等因素相关联。

第三节　陶瓷性质

不同类型陶瓷，因其用途不同，故对其内在物理化学性质与外观质量要求也各不相同。陶瓷内在物理化学性质有：吸水率、透气性、渗透性、抗冻性、吸湿膨胀性、光学性能（光泽度、半透明性与白度）、热学性能（热膨胀性、导热性与热稳定性）、力学性能（机械强度与表面硬度）、电学性能（电导性、介电系数、介质损耗与介电强度）以及化学稳定性（抗酸性与抗碱性）等；陶瓷外观质量有：规格尺寸一致性，器形与表面装饰等。本章只讨论其中几个主要性质。

一、光泽度

表面光泽是陶瓷制品表面的一种特征。不同用途陶瓷对表面光泽要求不同。日用陶瓷，艺术陶瓷与卫生陶瓷等通常要求表面有比较好的光泽，以提高陶瓷外观质量与有利于清洗。而室内外装饰陶瓷就不宜表面光泽太强，甚至要求无光泽。

无釉陶瓷制品表面都比较粗糙（除自生釉瓷体），没有足够好的光泽，故通常所谓陶瓷表面光泽都是指带釉陶瓷的表面光泽。

表面光泽来源于表面对自然光（或白光）的镜面反射。镜面反射量越大则光泽越好。而镜面反射量取决于表面材料的折射率与表面平滑程度（在投射光强度恒定下）。

对于绝对平滑表面，根据菲涅尔公式（Fresnel's Formula）与波动理论可推知其表面光泽（用反射率R表示）随表面材料的折射率（n）增加而提高。

$$R=(n-1)^2/(n+1)^2 \text{（当投射光入射角很小时）} \tag{4-3}$$

陶瓷表面的反射率取决于釉玻璃表面层组成氧化物的种类与数量。但目前还难以使用加和法则计算釉玻璃折射率。因为组成氧化物的折射率计算因子随釉的主成分不同而差别较大。一般说 PbO、TiO_2、BaO、Bi_2O_3、CdO、ZnO、SrO 与 CaO 引入釉玻璃中，利用它们的高折射率来提高釉面的白度。同时利用它们提高釉面的密度，从另一方面来提高釉面的光泽度。在表 4-4 和表 4-5 中分别给出了釉玻璃中常用氧化物的折射率和一些玻璃的折射率。

表 4-4　　釉玻璃中各氧化物折射率

氧化物	折射率	氧化物	折射率
SiO_2	1.476	ZnO	1.96
B_2O_3	1.61～1.414	CaO	1.83
Al_2O_3	1.49	MgO	1.63
Sb_2O_3	2.02	K_2O	1.58
PbO	2.46～2.50	Na_2O	1.59
BaO	2.01		

表 4-5　　一些玻璃的折射率

玻璃类型	相对密度	折射率	玻璃类型	相对密度	折射率
硼硅酸玻璃	2.13	1.469	铝硼酸盐玻璃	2.35	1.49
96% 玻璃	2.28	1.458	钠-钙-硅玻璃	2.49	1.52
石英玻璃	2.20	1.458	铅碱玻璃	2.85	1.539
硼硅酸盐玻璃（低膨胀型）	2.23	1.474	高铅碱硅玻璃	4.28	1.639

陶瓷釉表面不是绝对平滑表面，它的镜面反射率（即光泽度）不仅决定于釉玻璃的折射率，而且与釉表面粗糙程度有关。当表面粗糙度大于入射光波长时，表面除产生镜面反射外，还有漫反射，表面越粗糙，漫反射量越多，相应镜面反射量降低，光泽变弱。

釉表面产生漫反射的主要原因是坯釉料配方设计与烧成工艺选择的错误，导致釉玻璃未充分成熟，釉表面有大面积针孔、橘釉、析晶、袖泡与波浪纹等缺陷。提高釉的始熔温度，可以减少釉针孔缺陷，降低釉的高温黏度，增加釉熔体流动性，可以或多或少地避免釉的波浪纹和橘釉，并有利气泡排除。适当提高表面张力，让釉面在表面张力的作用下将气泡逸出后留下的针孔弥合，可使釉面在烧成后平均光亮，获得较高的光泽度。烧成时进行急冷，避免釉而出现失透或析晶，这样可提高釉面的光泽度。

二、半透明性

高级日用细瓷胎要求具有一定的半透明性，光线照射到该瓷胎上，约有 4% 光能量被表面反射（含表面镜面反射与表面漫反射），部分光能量被瓷胎吸收（均匀吸收，选择性吸收与散射损失），剩下光能量则透射过瓷胎（镜面透射与漫透射）。以镜面透射为主的瓷胎呈透明性，以漫透射为主的瓷胎呈半透明性。通常瓷胎中含有多晶多相成分的散射，故瓷胎呈半透明，而且半透明性也很小。

瓷胎半透明性用半透明度来表示。一般使用光电透明度仪测定半透明度。测得的半透明度是相对于标准透明度板的数据。坯料着色氧化物的种类与数量，瓷胎相组成，玻璃相化学组成，晶体大小，瓷胎厚度以及投射光波长等因素决定了瓷胎的半透明性。

玻璃相是瓷胎半透明性的贡献者，适当增加玻璃相可以提高半透明性。增加玻璃相含量有两种方法：第一是根据陶瓷品种与器形尺寸可能，在原配方基础上增加熔剂性原料含量；第二是采用细磨石英，并相应地提高烧成温度或延长保温时间等工艺，促使石英与黏土分解产物的熔解，在维持一定液相黏度的情况下增加玻璃相。

Fe_2O_3与TiO_2是瓷胎中常见氧化物。这两种着色氧化物选择性吸收可见光中某些波长单色光，使瓷胎半透明度降低。Fe_2O_3与TiO_2含量越高，半透明度越低。钛比铁更降低透光性。

降低瓷胎半透明性的另一原因是瓷胎中各种折射率不同的相所引起的散射。散射界面越多，各相间折光率差别越大，散射也越大。散射相尺寸越接近可见光波长，散射也越大。瓷胎玻璃基质的折射率 $n = 1.5$，石英 $n = 1.55$，莫来石 $n = 1.64$，气孔内气相 $n = 1$。石英与玻璃相的折射率相近，而且石英颗粒粒径也比可见光波长大，除黏土分解物非晶态SiO_2转变的方石英极细外，石英颗粒尺寸都比可见光波长大，一般最小尺寸为3μm，绝大多数都在5～30μm。因此，石英晶相对半透明性影响不大，莫来石与玻璃相折射率相差较大而且莫来石晶体的尺寸都很细小接近可见光波长。由黏土转变过来并长大了的人字形莫来石晶体长度在0.5μm以下，直径为长度的1/5～1/4。长石熔体中的针状莫来石也只有1～3μm（长度），直径更细小，因此，莫来石是对散射损失与透光性降低起重要作用的。气孔与玻璃相折射率差别更大。因此对半透明性影响也更大。据资料报道，5%残留气孔率降低半透明性的效果相当于50%莫来石的作用。图8－5为三种不同相组成瓷胎的透明性，图4－23中A瓷胎是由60%玻璃相与40%石英构成，B瓷胎是由20%石英、20%莫来石与60%玻璃相构成，C瓷胎由30%莫来石与70%玻璃相构成。

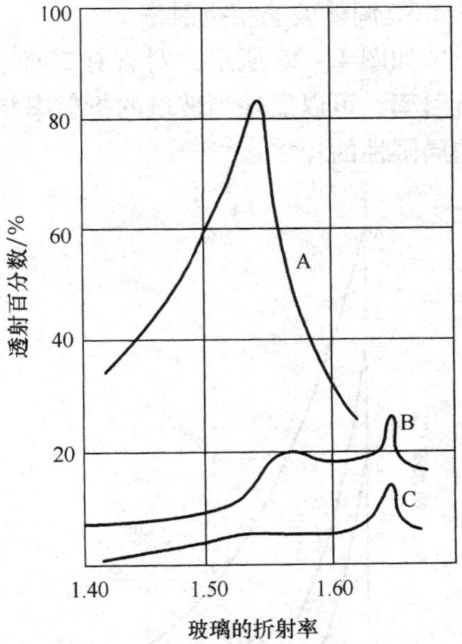

图4－23　不同相组成瓷胎的透明性

对于同一配方与同一生产工艺的瓷胎，其半透明性随瓷胎厚度增加而降低。透光度与厚度成指数关系，即透光度的对数与厚度成直线关系，若投射光强度为I_0，透过的光强度为I，则透光度（T）与瓷坯厚度d存在以下关系（忽视损失光能部分）：

$$I = I_0 T_\tau^{-d} \tag{4-4}$$

$$\log\frac{I}{I_0} = -d\log T_\tau \tag{4-5}$$

式中：T_τ——$d = 1$mm的透光度。瓷胎的T_τ一般为2%～10%（0.02～0.1范围）。

提高透光度的途径如下：

1. 增加玻璃相

在可能条件下，增加坯料配方中的熔剂性原料与石英含量，相对减少黏土含量；提高烧成温度；延长保温时间；采用还原焰操作，加大高温熔体的表面张力；细磨石英以及熔剂性原料中引入一定量 Na_2O、CaO 与 BaO 等对石英熔解能力高的成分。

2. 减少气孔

选择杂质少的原料，塑性料加强陈腐与真空练泥；注浆料应通过陈放、慢速搅拌或真空脱气减少浆料气体；适当提高烧成温度；对石英进行细粉碎。表 4－6 表明石英细度对吸水率的影响，图 4－24 为坯料中细石英含量对吸水率的影响。有关资料指出，在 1300℃烧成的瓷胎，石英颗粒每减小 1μm，气孔率平均变化 1.3%。

表 4－6　　不同细度石英的气孔率

石英颗粒	粗石英	正常石英	很细石英
7 号锥烧后气孔	3.10	2.85	0.05
8 号锥烧后气孔	0.34	0.13	0.06
9 号锥烧后气孔	0.10	0.04	0.03

3. 调整玻璃相折射率

如图 4－25 所示，对含有 20% 石英、20% 莫来石与 60% 玻璃相的瓷胎调整玻璃相的折射率，可以发现当玻璃的折射率与莫来石相同时，半透明度最高。但这个方法是有一定的局限性的。

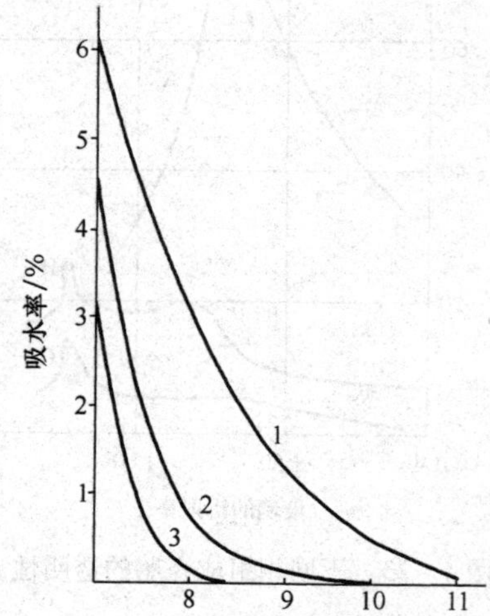

图 4－24　不同石英含量瓷胎吸水率

瓷胎中半径小于 7μm 石英含量

1—33%　2—49%　3—66%

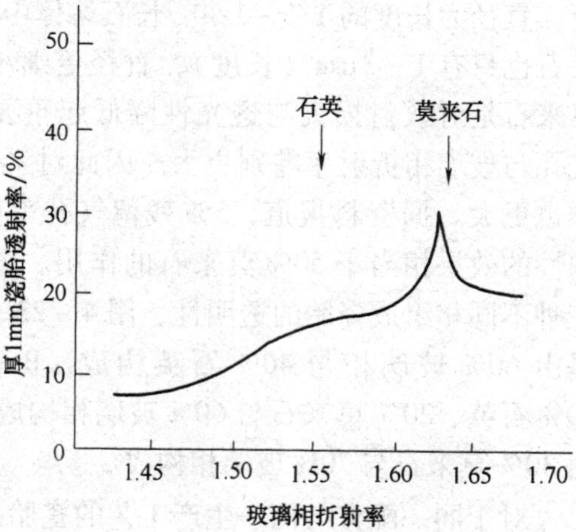

图 4－25　玻璃相折射率对（20% 石英、20% 莫来石与 60% 玻璃相）瓷胎透光性的影响

三、透光色调

由于瓷器含有一定量的着色氧化物，不同种类与不同化合价的着色氧化物对可见光中各种单色光的吸收能力不同，因此各波长单色光的分光透过率也不相同，从而使瓷胎带上不同的色调。我国北方瓷的原料含钛较高，因此瓷器的透光色调是白里泛黄；南方瓷区含

铁较高而含钛极低，这种铁又多属于黏土晶格内的铝铁置换，当采用还原气氛烧成时，铁将以低价形式存在，并不出现斑点，因而瓷器显呈白里泛青，有雅墨浅绿之感。而湖南醴陵、界牌以及广东等地，由于原料中含铁低，在0.2%～0.8%以下，TiO_2也极少，故瓷胎透光色调为青色极淡的白色。由上可见，瓷胎透光色调取决于原料中着色氧化物的种类与数量以及烧成时所采用的气氛。表4－7是我国几个瓷厂的瓷胎分光透过率。

表4－7　我国几个瓷厂的瓷胎分光透过率

瓷胎名称	醴陵某厂	景德镇某厂	唐山某厂	日本某厂
1mm厚透光率/%	3.00	2.54	1.42	2.27
波长/nm	分光透过率/%			
400	0.58	0.59	0.18	0.39
420	0.63	0.69	0.23	0.52
440	0.68	0.71	0.27	0.55
460	0.76	0.73	0.31	0.56
480	0.78	0.74	0.36	0.60
500	0.82	0.75	0.38	0.62
520	0.83	0.77	0.40	0.62
540	0.85	0.79	0.42	0.63
560	0.87	0.82	0.47	0.67
580	0.91	0.83	0.43	0.71
600	0.96	0.85	0.48	0.78
620	0.98	0.90	0.61	0.82
640	1.14	0.96	0.57	0.89
660	1.18	1.00	0.62	0.99
680	1.31	1.05	0.59	1.00
700	1.33	1.10	0.03	1.03

注：450～500nm蓝色；500～578nm绿色；578～592nm黄色；592～620nm橙色；620～700nm红色

四、白　　度

白度是某些陶瓷制品质量的重要指标之一。胎体白度是反映瓷胎选择性吸收大小的参数。选择性吸收越少的胎体白度越高，在不考虑瓷胎散射情况下，选择性吸收与透射（或反射）光强度的关系可用朗伯－比耳（Lamben－Beef）定律来表示：

$$I_\tau = I_0 \exp(-\sum acd) \qquad (4-6)$$

式中：I_τ与I_0——分别为透射光强度与入射光强度；

a——各种着色氧化物吸收系数，它不仅取决于着色氧化物种类，而且还与着色离子在玻璃相结构中的位置等情况有关；

c——各种着色氧化物浓度；

d——瓷胎厚度。

着色氧化物选择性吸收白光中某些波长的单色光而使瓷胎呈色相应降低了白度。瓷胎中的着色氧化物通常是 Fe_2O_3 与 TiO_2。铁在氧化焰烧成时，瓷胎呈黄色，其原因目前解释为瓷胎中碱含量高时，铁以 Fe^{3+} 存在，使硅酸盐玻璃相呈黄色，若玻璃相中碱含量低，则 Fe_2O_3 的熔解度很小，而只能以胶态 Fe_2O_3 析出，出现明显的黄色。在还原焰烧成下，铁以 Fe^{2+} 存在玻璃相中，使玻璃相呈青色。钛元素的着色机理，有人认为钛本身不会使瓷胎着色，而是与氧化铁在高温下生成显色能力很强的深棕色 $TiO_2 \cdot Fe_2O_3$ 尖晶石。也有人认为，在氧化焰下不能形成尖晶石，只有在还原焰下（例如在 H_2 中，1200℃）才可能形成组成为 $FeO \cdot Ti_2O_3$ 的尖晶石（呈深黑色）。高温还原气氛中，部分 TiO_2 还原成 Ti_2O_3，它从蓝色到紫色。还有人认为在 $FeO-Fe_2O_3-TiO_2$ 系统中可能形成一系列混晶体，如 Fe_2O_3 与 $2FeO \cdot TiO_2$，Fe_2O_3 与 $FeO \cdot TiO_2$，或 $Fe_2O_3 \cdot TiO_2$ 与 $FeO \cdot 2\ TiO_2$ 等，从而加深铁的着色。若干文献称，清澈洁白的 TiO_2 当变成非化学配比时，会迅速变为暗黑色。但实际上，上述种种论点，与我国日用陶瓷的实际生产情况不尽相符。因此，如何解决铁钛成分在瓷胎中着色还需进一步探讨。根据现有的大部分资料分析，似应认为高温烧成瓷胎，铁钛成分都溶入硅酸盐玻璃相中，以离子状态存在。在氧化焰烧成下，铁以 Fe^{3+} 存在（6 或 4 配位）呈黄色，钛以 Ti^{4+} 存在（4 成 6 配位），Ti^{4+} 的 $3d$ 轨道上是空的，不会发生“$d-d$”跃迁而呈色，但由于钛在强烈吸收紫外线的同时，其吸收带往往深入可见光的紫蓝部分而使硅酸盐玻璃发黄色，这种现象可能是 Ti^{4+} 场强大，对其周围离子产生强烈极化而引起。在还原下，铁以 Fe^{2+} 存在（6 配位）呈青色或淡蓝色，钛以 Ti^{4+} 存在，它只是加深铁的着色作用。其原因可能还是场强大的缘故，也可能是 Ti^{3+} 对着色离子的还原影响。

对白度的影响以 Fe_2O_3 比 TiO_2 更显著。瓷胎中含有 3% 以下碳素对白度影响不大，但更多的碳素就会使瓷胎带上浅灰到深灰色调而降低白度。

提高白度可以通过以下途径：采用含铁钛等着色成分少的原料；对原料进行精选；对含钛极小的瓷料采用还原焰烧成；对含钛高的瓷料引入少量 CoO；引入一定量滑石，磷酸盐矿物原料可以减弱 TiO_2 的呈色；使用乳白釉。

测定白度一般使用白度仪，利用瓷器表面反光的光电效应使试样与化学纯 $BaSO_4$ 标准片做对比，如 $BaSO_4$ 标准片白度作为 100%，那么一般日用细瓷应不低于 65%。

以上所述白度是将胎体看做透明体来讨论的，然而实际上，瓷胎不是透明体，其中有 30% ~40% 晶相与气孔，玻璃相也因形成机理不同而有不同折射率的玻璃相区，这些相界都会引起乳浊散射，因此，瓷胎是半透明体。它的白度是由投射光进入瓷胎内经过散射后从胎体漫反射出来的光能量来表示的。

五、机械强度

瓷胎的机械强度与许多因素有关。综合文献介绍，它取决于各相的种类，化学成分，相对含量与分布状态，也与其表面所施釉的成分有关。至于晶体中的缺陷，对普通陶瓷来说是重要影响因素。

三组分瓷胎（除方石英瓷外）的机械强度主要取决于占瓷胎体积 40% ~70% 的玻璃相的机械强度。玻璃相是瓷胎中的连续相又是所有相组成中机械强度薄弱环节。瓷胎受外界机械力破坏，首先从它开始。玻璃相的机械强度取决于玻璃相本身的机械强度及其他组成相对玻璃相强度的影响。

键强与单位体积内的键数对玻璃相机械强度有着内在的关系。非桥氧键强比桥键弱。同是非桥氧键，碱土金属离子又比碱金属离子键强高。Al_2O_3含量高时起补网作用，减少非桥氧键数，单位体积内键数增多，玻璃结构网相对就比较致密，机械强度相应也高。

莫来石晶体机械强度比玻璃相高，特别是莫来石是晶体交织成网状时，强度更高。瓷胎中的莫来石是玻璃相的骨架，一般说，骨架可以增加玻璃基质的机械强度，特别是高强度的网状莫来石晶体。莫来石与玻璃相的热膨胀系数比较接近，分别为$4.5\times10^{-6}/℃$与$(3\sim4)\times10^{-6}/℃$。冷却对，两者不易发生明显的收缩应力，因此，增加莫来石含量（减少石英含量）可以提高瓷胎机械强度。莫来石晶体越小，瓷胎结构越均匀，机械强度也越高。

石英与方石英强度也比玻璃相高。它们分布在玻璃相中也是骨架，也会作为骨架而提高玻璃基质的机械强度。但因石英、方石英与玻璃相的热膨胀系数相差较大，冷却时有时玻璃相易发生微裂纹而降低强度。因此，石英与方石英对瓷胎的强度影响就显得比较复杂。目前还没有一致看法。其原因是试验条件差别较大与配方中石英含量变化必然导致其他成分的变化。关于石英对玻璃相强度的影响基本上有两种观点。一种认为石英因热膨胀系数与玻璃相相差较大，冷却时石英因热膨胀系数大而对玻璃相有压应力作用，此压应力成为玻璃相抵抗外界拉应力的预压力，故石英加强玻璃相的强度。另一种观点认为：石英产生的收缩应力使玻璃相产生微裂纹而强度降低。两种观点争论焦点是石英收缩应力是增加强度还是降低强度。

瓷胎冷却时，石英对玻璃相的应力同时有切向压应力与径向拉应力，如图4－26所示。玻璃相对石英只产生拉应力，玻璃相的抗拉强度一般低于抗压强度，当应力大于玻璃相抗拉强度时，玻璃相产生微裂纹。而当玻璃相承受压应力时，不易产生微裂纹而产生预压应力，前者降低强度，后者增加强度。因此，石英对瓷体机械强度的影响就决定于石英在冷却时对玻璃相的作用是以压应力为主还是以拉应力为主。图4－27是石英颗粒在玻璃相中的应力分布图。由图可见当玻璃相厚度大时（$R=\infty$）以拉应力为主，而厚度小时（$R=20\mu m$）以压应力为主。当玻璃相含量恒定时，瓷胎中石英细且颗粒多则石英表面的玻璃相层就薄，应力以压应力为主，强度提高。文献报道，瓷胎中残留石英为8%～20%，石英颗粒在10～30μm，尤其是在25μm情况下，当石英粒表面玻璃层厚度为石英颗粒半径的1/3时，玻璃基质的预应力达最大值，瓷胎机械强度也达最大值。当石英粒度增加时（如大于50μm），瓷胎强度随粒度增加而降低，如图4－28所示。但也有人认为石英粒径减小到25μm以下时，基质裂纹与内部裂纹过渡成周边裂纹，石英与玻璃相分开，玻璃基质未受到损伤而强度提高；当石英颗粒大于50μm时，强度降低是因为玻璃基质与石英粒都容易出现微裂纹之故。

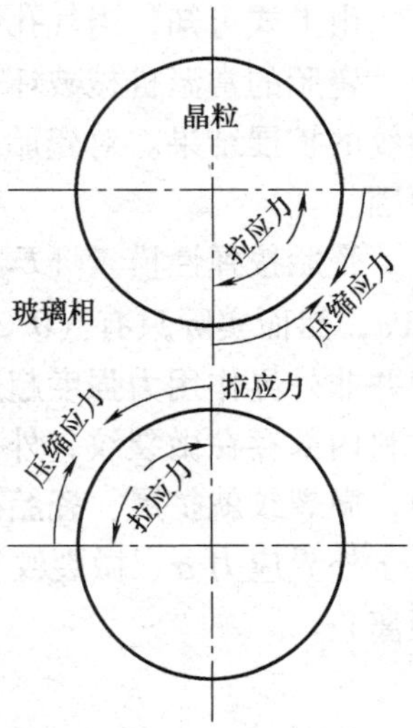

图4－26　冷却时瓷器内部结构的应力状况

瓷胎中气孔一般来说是降低玻璃相强度，因为它减少了玻璃相断面承受外应力的面积。但有时当气孔很少时（如0.1%～1%），有提高强度作用，推测是气孔消耗了部分外应力，瓷胎抗张强度与气孔率的关系可用下式表示：

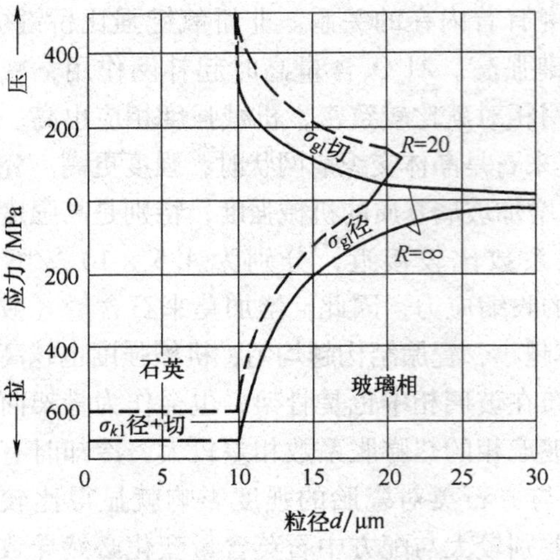

图4－27　石英颗粒在玻璃相中的应力分布

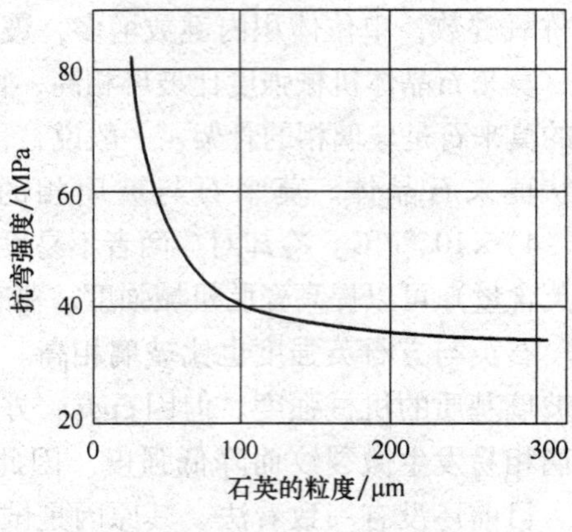

图4－28　石英粒度对抗弯强度的影响

$$\sigma=\sigma_0\exp(-np) \tag{4-7}$$

式中：σ 与 σ_0——分别为有气孔与无气孔时的抗张强度；

P——气孔率，0.08～0.23；

n——4～7。

由上式可知，当气孔率为8%～23%时，原来的强度将要降低一半左右。

瓷胎的常温机械破坏可看做脆性材料的破坏。脆性材料常温机械破坏机理是材料中微裂纹的扩展结果。对瓷胎来说，内部裂纹难以扩展，而基质圆弧裂纹扩展是材料破坏的原因。

瓷胎按弹性模量［$E_{胎}=(733\sim784)\times10^2$MPa］计算，抗张强度应为（73～78）$\times10^2$ MPa，然而实际只有（0.235～0.314）$\times10^2$MPa，只有理论值的1/300左右，可见瓷胎断裂并非外界作用力强度超过其理论抗张强度（材料组成质点间的结合力）。格里菲斯认为材料内部存在微裂纹，外应力在微裂纹处应力集中，集中后的应力若大于质点间的结合力，微裂纹就扩展，瓷胎破坏。英格里斯进行数学分析，得知应力集中点处的应力 σ_A 取决于外界应力 σ、微裂纹长度 c 与微裂纹端部的曲率半径 ρ（ρ 可看做玻璃网络两质点间距离）：

$$\sigma_A=2\sigma\sqrt{\frac{c}{\rho}} \tag{4-8}$$

当 σ_A 大于材料的理论抗张强度时，微裂纹扩果，而裂纹增长的结果，进一步增大了 σ_A。重复循环，导致物体断裂。但并非材料一旦有微裂纹就必定导致断裂，只有当微裂纹尺寸相对于外应力是危险尺寸时，微裂纹才扩展。材料的危险裂纹长度（C_c）与外应力平方成反比，与弹性模量（E）和相形成新表面所需的断裂表面能（γ）乘积成正比：

$$C_c=\frac{E\gamma}{4\sigma^2} \tag{4-9}$$

瓷胎表面釉层的热膨胀系数若大于瓷胎的热膨胀系数，冷部过程中，釉的收缩大于胎体，釉内形成张应力，这将降低瓷器的机械强度，若釉的热膨胀系数小于瓷胎的热膨胀系数，釉内产生压应力，大多可以提高瓷器机械强度。同时也要考虑到瓷胎中石英的跳跃式收缩温度，以及某些坯、釉中间层的变化与影响。

六、表面硬度

陶瓷表面硬度是指瓷胎表面或釉面抵抗外来压缩、摩擦与刻划作用的能力。它是材料的一种重要力学性能。

陶瓷表面硬度的定量表示通常有维氏显微硬度与莫氏硬度，显微硬度是用磨成一定角度的金刚石钻头压入釉面，在显微镜上观察压痕的对角纹长度，用式4-9计算显微硬度：

$$HV = 1.8544\frac{F}{d^2} \tag{4-10}$$

式中：HV——维氏硬度，MPa；

F——负荷，N；

d——压迹对角线长度，mm。

陶瓷表面显微硬度的大小决定于材料的化学组成、矿物组成及其显微结构。

下述材料的莫氏硬度依次为：滑石1；石膏2；方解石3；沸石4；磷灰石5；正长石6；熔融石英7；水晶8；黄玉9；石榴石10；熔融锆石11；氧化铝12；碳化硅13；氮化硼14；金刚石15。日用陶瓷的莫氏硬度一般大于7。

七、热稳定性

瓷胎经受剧烈温度变化而不破坏的性能称热稳定性。酸度剧变瓷胎中就存在一定的热应力，当热应力超过材料的抗张强度时，瓷胎开裂破坏。

瓷胎是致密脆性材料，它承受热应力损坏是瞬时的。通常采用以强度-应力为判断依据，以抗热震断裂性理论来分析其热稳定性，这个理论的主要观点是认为这些材料的外形是完全刚性约束的。因此，一旦承受外应力，则整体中各处的内应力都处在增大热应力值的状态，而当外应力超过材料的强度极限，材料就瞬时被破坏，这对致密度高脆性瓷胎无疑是比较接近的。

目前常用的抗热震断裂理论分析公式是温克尔曼-肖特（Winkelmann-Schott）公式：

$$k = \frac{\sigma_b}{\alpha E}\sqrt{\frac{\lambda}{C_p d}} \tag{4-11}$$

式中：k——热稳定性，k值越高，热稳定性越好；

σ_b——材料的抗拉强度；

α——材料的热膨胀系数；

E——材料的弹性模量（反映材料的弹性）；

λ——材料的导热率；

C_p——材料的热容；

d——材料的容积密度。

由温克尔曼-肖特公式可知，瓷胎热稳定性取决于材料的几个热学参数（λ，α，C_p）与几个力学参数（σ_b，E，d）。其中热膨胀系数影响最大，它是热温定性的敏感参量。

瓷胎热稳定性除与其本身性质有关外，还与瓷胎的形状尺寸以及急冷介质的传热系数与流速有关，瓷胎形状复杂尺寸大的热稳定性差，急冷介质与瓷胎间的传热系数大造成内外温差大，而使瓷胎的热稳定性降低，加热和冷却时，当介质为水时，$\alpha = 232.6 \sim 11630 W/(m^2 \cdot K)$，为空气时，$\alpha = 1.16 \sim 85.2 W/(m^2 \cdot K)$，急冷介质流速增大则热稳定性也变差。

瓷胎的相组成中，石英的热膨胀系数最大，故石英含量越高，颗粒越粗，则热稳定性也越差。降低石英含量，细磨石英，加入细瓷粉以及加入少量滑石都可以提高瓷胎的热稳定性。

八、吸湿膨胀性

多孔性陶瓷制品的胎体暴露在潮湿空气中或直接在水中洗涤时，时间一长，就吸收水分而引起坯体膨胀。若胎体表面施釉，则釉面随之龟裂。这种现象称吸湿膨胀性或时效龟裂或后期龟裂。

多孔性陶瓷吸湿膨胀的原因是气孔吸收水分，吸收水分与构成气孔壁的物质形成水和吸附面使胎体膨胀。

在多孔性精陶胎体中，结晶相的吸湿膨胀很小；而非晶质相（含玻璃相）的吸湿膨胀明显，它们的 Si^{4+} 与 O^{2-} 结合键同水作用而生成 Si—O—H 与 Si—O—H—OH 产生很大的膨胀。此外，水中的 H^+ 与玻璃相中的碱金属离子进行离子交换，使碱离子溶入水中，而水溶液中的 H^+ 进入玻璃相，由于水溶液中碱性增加，引起水对玻璃的碱性侵蚀，更增加了玻璃相的比表面积，产生膨胀更大。

胎体的气孔率越高则吸湿膨胀越严重。在其他条件相同下，烧成温度提高将降低气孔率，从而减弱吸湿膨胀性。

坯料组成中减少碱金属氧化物含量，引入碱金属氧化物，如加入石灰石、白云石或滑石等原料，可以提高玻璃相的化学稳定性，减小吸湿膨胀。此外，CaO 还能促进坯体中生成较多的结晶相，减少玻璃含量，因而能降低坯体吸湿膨胀率。在精陶中引入 Al_2O_3 粉，对降低湿膨胀也有效。据文献报道，高硅坯料比高铝坯料的吸湿膨胀率高。

湿膨胀试验一般采用高压釜法，试样放在高压釜中，在 1.06MPa（10.5atm）下，用高温的饱和蒸汽加热 1h，以加速膨胀，缩短因湿膨胀而产生釉裂实验所需要的时间。根据精陶制品釉裂的时间长短判断制品的后期龟裂趋向。

据国外文献介绍，不同类型的坯体其湿膨胀极大值发生在 100～300℃。空气中湿度不高时，膨胀会缓慢，由于试验条件和长期储存情况不同，而且影响吸湿膨胀的因素很复杂，故用高压釜法测得的结果和常温下长时间储存实验之间往往会有差别。

参考文献

1. ［日］素木洋一．釉及色料［M］．刘可栋，刘光跃译．北京：建筑工业出版社，1979
2. 刘康时．陶瓷工艺原理［M］．广州：华南理工大学出版社，1990
3. 李家驹．日用陶瓷工艺学［M］．武汉；武汉工业大学出版社，1992
4. 诸培南．无机非金属材料显微结构图册［M］．武汉：武汉工业大学出版社，1994
5. 周玉．陶瓷材料学［M］．哈尔滨：哈尔滨工业大学出版社，1995

6. ［德］H·舒尔兹. 玻璃的本质和性质［M］. 黄照柏译. 北京：建筑工业出版社，1984
7. 上海硅酸盐研究所. 中国古陶瓷研究［M］. 北京：科学出版社，1987
8. 李家治. 古陶瓷科学技术1—1989年国际讨论会论文集［M］. 上海：上海科学技术文献出版社，1992
9. 李家治. 中国古代陶瓷科学技术成就［M］. 上海：上海科学技术出版社，1984
10. 中国硅酸盐协会. 陶瓷显微结构专题讲座［M］. 内部教材，1982
11. 李中和. 陶瓷原料与物相分析［M］. 杭州：浙江大学出版社，1989
12. 张风岐. 结晶釉工艺［M］. 上海：上海科学技术出版社，1981
13. ［美］W. D·金格瑞. 陶瓷导论［M］. 清华大学无机非金属材料教研组译. 北京：中国建筑工业出版社，1982

第五章　原料的处理

第一节　原料的精选

原料精选主要是对原料进行分离、提纯，除去原料中的各种杂质的操作过程。原料除去杂质（尤其是含铁的杂质）的目的是使之在化学组成、矿物组成、颗粒组成上更符合制品的质量要求。

普通陶瓷原料，如长石、石英、黏土等原料，一般或多或少地含有一些杂质。天然的长石与石英原料中，除原料表面的污泥水锈等杂质外，还常含有一些云母类矿物及铁质杂质。黏土矿物中，常含有一些未风化完全的母岩、游离石英、云母类矿物、长石碎屑、铁和钛的氧化物，以及树皮草根等一些有机杂质。这些杂质的存在，降低了原料的品位，直接使用将影响制品的性能及外观质量。所以，在使用前，一般要进行精选处理。

现代精细陶瓷对原料的要求，随着高科技对陶瓷材料性能要求的不断提高，原料的高纯度、超细度就成了基本要求，其精制方法也各种各样。

一、原料的精选方法

常用的原料精选方法，可分成以下两大类。

（一）分级法

分级法一般有水簸、水力旋流、浮选、筛选等方法。

原料分级处理主要是利用矿物颗粒直径或密度差别来进行的，适用于除去与原料颗粒以分离状态存在的杂质。分级的目的主要是将原料中的粗粒杂质，如黏土中的砂砾、石英砂、长石、硫铁矿及树皮草根等除去。同时，通过分级可以更好地控制原料的颗粒组成。

一般湿法分级的精确度比较高。这是因为在空气中难以分散的集合颗粒在水中比较容易分散。尤其是对于黏着力较大的黏土类原料，湿法分级的效果比较好。干法分级时的单位面积处理能力大、占地面积小，但噪声和粉尘比湿法大。

湿法分级常用于黏土类原料的精选处理，方法有：水簸法、水力旋流法、浮选法。下面分别介绍：

1. 水簸法（淘洗法）

淘洗法是根据细粒的黏土与粗粒的杂质悬浮在水中时具有不同的沉降速度的原理来进行的。

淘洗系统一般是由粉碎机、搅拌机、除砂机、沉淀池与压滤机等组成。淘洗步骤操作如下：

①在淘洗操作之前，对在水中不能自行崩解的大块黏土应进行粉碎。若原料中混有块状杂质时，宜进行一次粗筛。

②将粉碎好的高岭土或软质黏土与水混合（软质黏土需进行分散）以获得悬浮体，这个操作可以在带有搅拌器的搅拌池中进行。

③沉淀粗粒杂质。将上述悬浮液由搅拌池流入除砂沟，经过一定距离的流动，悬浮液中的粗粒杂质在除砂沟中沉淀下来，而密度小的有用泥浆一直流至沉淀池。悬浮液由搅拌池流入除砂沟时需过筛，以除去木屑、树皮、杂草等夹杂物。

④澄清悬浮体。有用泥浆在沉淀池中经一定时间的沉降后排去沉淀池上部的清水，剩下较浓的黏土物质。

⑤泥浆脱水。浓缩后的泥浆用泵送压滤机脱水，然后干燥。

水簸法操作方便，设备简单，因此，使用较广泛。但它占地面积较大，劳动强度高而且生产效率低。此外，水簸法对分离去大于50μm的机械混合物效果较好，而要分离去几个微米的杂质与黏土矿物晶格中的杂质就无能为力。如需制备要求更高的纯净原料，只有采用强制分离法或化学精选或电渗电解精选法。

2. 水力旋流法

水力旋流法是物料浆在离心力的作用下细粒泥浆与粗重的物粒被分离获取的操作方法。这种方法是湿法精选原料的一种效率较高的工艺措施。由于所需设备具有结构简单，投资小，维护方便，分离精度高与生产量具有很大的波动范围等优点，所以在国内外陶瓷工业中正在广泛被用来精选高岭土矿。

水力旋流器的结构与旋风分离器相似，但尺寸小得多。图5-1系水力旋流器的结构示意图。物料浆在相当高的压力作用下通过给浆管2，沿着圆筒的切线方向进入水力旋流器的短圆筒4内，在离心力的作用下，粗和重的物粒被抛向水力旋流器的器壁，沿着边壁向下滑行到圆锥体底部的排砂管3排出。而含细粒的泥浆则由溢流管1排出。

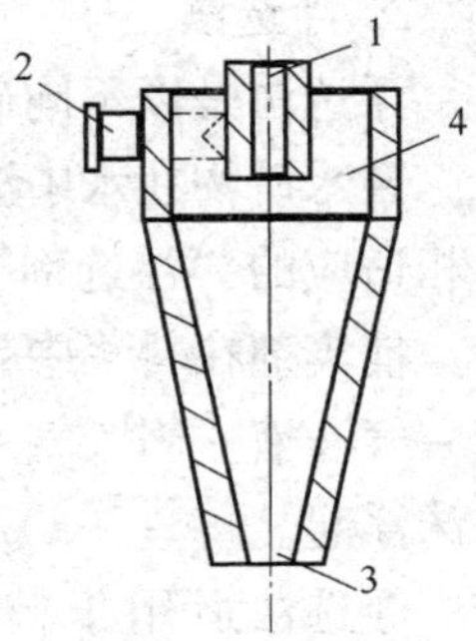

图5-1　水力旋流器结构示意图

1—溢流管　2—给浆管
3—排砂管　4—短圆筒

衡量水力旋流器精选质量的重要指标之一是边界粒度。它是指溢流浆中最大的物料粒度，大于这个粒度的物料由排砂口排出。

精选高岭土时，边界粒度宜需选在30μm左右，并以此来选择水力旋流器的尺寸与工艺控制。

水力旋流器圆筒直径的选择主要决定于对生产能力与边界粒度的要求。当要求生产能力高而边界粒度大时，宜选用直径较大的水力旋流器。生产能力高而边界粒度小时，宜选用小直径的水力旋流器并联使用。陶瓷工业精选高岭土时通常选用圆筒直径75~200mm的水力旋流器。

当进口压力一定时，增大溢流管直径可提高生产能力。要获得良好的分级作用，宜使缢流管直径 $d_{溢}$ 为水利旋流器圆筒直径 D 的20%~40%。增加溢流管在水力旋流器中的沉没深度，也会造成边界粒度增大。

给浆管直径减小，则水力旋流器的生产能力降低，而溢流管的边界粒度变小，相对的排砂管中的细粒减小。

增大旋流器的锥体角度，会降低设备高度，增大边界粒度。一般用于精选高岭土的水力旋流器的锥体角 α 为10~20°。

当其他条件不变时，给矿浆的颗粒越粗，则其边界粒界越粗。因此通常水力旋流器的给矿浆细度要求小于1mm。当要处理粗粒矿浆而又要获得细溢流粒度时，可以采用多级水力旋流器串联使用。

矿浆的浓度增大，会使排砂管过负荷，部分沉砂进入溢流管，使边界粒度增大。在精制高岭土矿，要获得细的边界粒度时，如44μm粒级含量大于95%，其矿浆浓度宜控制在10%左右。

水力旋流器的进口压力一般为5~20kPa，要获得细的边界粒度时，进口压力需维持在15~20kPa。

另外，进口压力必须维持恒定。用砂泵供浆时，当进口压力较低时，压力波动很大。为此，可将料浆用砂泵打到高位稳压池中，然后再由稳压池自流给浆。

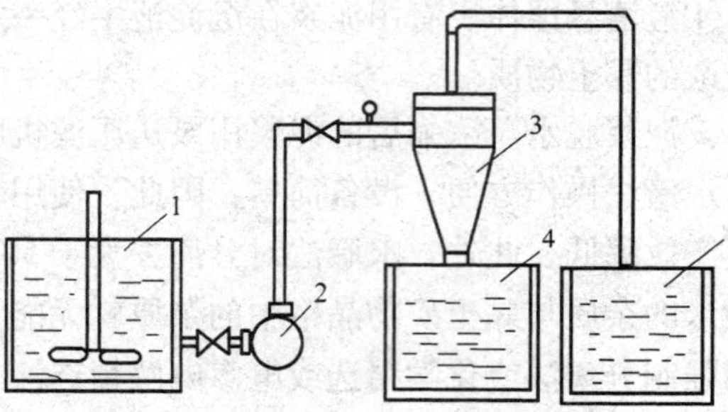

图5-2　水力旋流器工作示意图

1—搅拌池　2—砂浆泵　3—水力旋流器　4—沉淀池　5—溢流池

图5-2为用水力旋流器精选高岭土的工作示意图。高岭土放入搅拌池1内搅拌化浆，再由砂浆泵2打入旋流器3中，要求的颗粒进入溢流池5，粗颗粒沉入沉淀池4。

3. 浮选法

浮选法是以不同矿物表面被水润湿的性质互不相同为基础的精选法。

亲水矿物在水中沉积而疏水矿物则易于浮起。通常为了提高浮选效果都要用与被选原料相适应的“浮选剂”（或称“捕集剂”）来使疏水矿物悬浮。

捕集剂在料浆中是呈离子状态的，因而，捕集剂能有选择地被疏水矿物所吸附，并靠液-气、液-固、气-固各界面的吸附作用使疏水矿物能附着在捕集剂形成的泡沫上，随泡沫浮起。

浮选法适用于精选含有铁矿物与有机物的黏土，其捕集剂可用丁基黄药、铵盐（NH_4NO_3）、Na_2CO_3及松油等。这时，疏水的含铁矿物与有机物随捕集剂浮出，而亲水的高龄土则沉积于料浆。

浮选后的高岭土精矿浆需经过洗涤、脱水与干燥。但必须注意到用浮选法精制高龄土时产品中可能带入少量捕集剂，会对精制料的性能带来影响。

（二）其他方法

1. 磁选法

磁选法是用来分离原料中的含铁矿物的。磁选是利用矿物的磁性差别，根据被磁化物质在磁场中必将受到磁力作用这一物理效应，将铁及其氧化物从原料中分选出来。磁选法对除去粗颗粒的强磁性矿物效果较好，如磁铁矿、钛铁矿及加工运输过程中混入的铁屑。但对黄铁矿等弱磁性矿物及细粒含铁杂质效果不明显。

2. 超声波法

超声波法是将料浆置于超声波作用下，使得原料颗粒和水溶液都产生高频振动，互相碰撞与摩擦，致使原料颗粒表面的氧化铁和氢氧化铁薄膜剥离脱出，从而达到除铁的目的。例如，对石英进行超声波处理除铁的实验，取石英原砂，用超声波发生器在金属槽中进行超声波处理，5min 后 Fe_2O_3含量由原来的0.161%降至0.028%。

3. 升华法

升华法是在高温下使原料中的氧化铁和氯气等气体反应，使之生成挥发性或可溶性的物质（如氯化铁等）而除去。由于氯气有毒，这种方法用得较少。

4. 溶解法

溶解法是用酸或其他各种反应剂对原料进行处理，通过化学反应将原料中所含的铁变为可溶盐，然后用水冲洗将其除去的方法。对于以微粒状态吸附于原料颗粒上的铁粉等杂质，物理方法几乎无能为力，而采用化学方法处理则有较好的效果。例如，经钢球磨细碎的氧化铝粉料中混入的铁质较多，而且对原料的纯度要求又高，一般都采用酸洗的方法将铁除去。

溶解法有各种反应类型，常用的有酸处理、碱处理、氧化处理、还原处理等。溶解法中用得较多的是酸洗。根据原料的情况将几种方法混合使用，往往可以取得更好的效果。

5. 电解法

电解法是基于电化学的原理除去混杂在原料颗粒中含铁杂质的一种方法。在电解过程中，黏土颗粒上的着色铁杂质被溶解除去。

6. 选择性凝聚/絮凝法

在pH为8~11时，向高岭土矿浆中加 Ca^{2+}、Mg^{2+}等碱性土金属离子可观察到铁钛杂质的选择性凝聚，然后用弱阴离子聚合电解质进行选择性絮凝。该工艺要求矿浆浓度要低于20%，因此必定有大量的水分要在后续作业中脱去，同时残留的絮凝剂对最终产品的质量也有影响。

二、水的性质对坯料、制品性能的影响

陶瓷生产过程中水的应用是不可缺少的。水的质量好坏直接影响坯料性能及制品性能。

陶瓷厂一般对水质的要求主要关注的是水中所含的矿物杂质。如可溶性的钙、镁、钠的碳酸氢盐、硫酸盐及氯化物等。Ca^{2+}、Mg^{2+}、SO_4^{2-} 对泥浆的稳定性影响较大，容易引起泥浆絮凝。当含量较大时，对可塑性坯料的化学组成也会带来影响。

一般要求水中 Ca^{2+}、Mg^{2+}不大于10~15mg/kg，SO_4^{2-}小于10mg/kg。

除去 Ca^{2+}、Mg^{2+}的办法，一是借助离子交换将水软化，二是加入添加剂（如磷酸钠、焦磷酸钠等）将 Ca^{2+}、Mg^{2+}、Fe^{3+}等变成不溶性物质。SO_4^{2-} 不易在离子交换中除去，一般可加入少量钡盐，使之成为不溶性物质。如加入 $BaCO_3$可生成 $BaSO_4$，生成的 $BaSO_4$不但不溶于水，而且在普通的烧成温度下，也不会分解。陶瓷厂已有采用软化水配料的，这种软化水除去了高浓度 Ca^{2+}、Mg^{2+}，使泥浆悬浮剂的用量显著减少，泥浆稳定性得到改善。目前，软化水在陶瓷工业中的使用日益受到普遍的重视。

水的pH会影响坯料的可塑性。一般认为水的pH在6.0~8.5范围内对坯料的可塑性最为有利，故生产中一般采用中性水。

近年来也有采用磁化水，可使生坯和制品的强度有一定的提高。流经磁化水处理装置的水被磁化，其水分子的结构发生变化。采用磁化水配置泥浆可使泥浆的水化膜减薄，颗粒之间容易靠拢、聚积，从而使得生坯和制品的强度都得到提高。

第二节　原料的预烧

一般需要进行预烧的陶瓷原料中，有的具有特殊的片状结构（如滑石）；有的硬度较大，不易粉碎（如石英）；有些高可塑性黏土，干燥收缩和烧成收缩都较大，容易引起制品开裂；有的具有多种结晶形态如氧化铝、二氧化钛、二氧化锆等的原料。

一、预烧的作用

原料的预烧可以改变其结晶形态和物理性能，便于加工处理，纯化原料，使之更加符合工艺要求，提高制品的质量。

预烧是生产过程的一道重要工序。但原料预烧又会妨碍生产过程的连续化，对某些原料来说，会降低其可塑性，增大成型机械和模具的磨损。所以原料是否预烧，要根据制品及工艺过程的具体要求来决定。各种原料预烧的具体作用简述如下：

①滑石具有片状结构，成型时容易造成泥料分层和颗粒定向排列，引起产品的变形和开裂。大量使用时要先进行预烧，使其转变为偏硅酸镁（$MgO \cdot SiO_2$），破坏原有的片状结构。

②大块的石英岩质地坚硬，粉碎困难。利用石英573℃晶型转变所发生的体积效应，将石英在粉碎前预烧，然后急冷，使之产生内应力，原料变脆，可大大提高粉碎效率。

③可塑性很强的黏土，用量较多时，易使坯体在干燥和烧成过程中产生较大的收缩，导致制品开裂报废。为了减少这类损失，有时将一部分黏土预烧成熟料，以降低坯体的收缩。

④釉中的氧化锌用量较多时，容易造成缩釉，将氧化锌预烧可以改善这一状况。

诸如上述的几种情况，预烧可以改善原料的结构及物性，提高原料的纯度，使原料更符合工艺要求，减少制品的缺陷。

对于工业氧化物原料预烧可以得到稳定晶型。如氧化铝、氧化钛、二氧化锆等原料，它们都有几种同质多晶体，加热过程中都有晶型转变并伴有体积效应，对产品的质量有很大的影响。同时，各个结晶形态的性能也不一样。无论哪种原料，稳定的高温形态其性能最优良。对于这一类原料，在使用之前一般要进行预烧，使其发生晶型转变，得到所要求的晶型。

二、石英、长石、滑石、工业氧化锌、黏土的预烧

（一）石英的预烧

陶瓷工业用石英原料通常都是采用脉石英或石英岩，它们都是质地坚硬的块状物料，其莫氏硬度为7，粉碎困难，效率低而且容易磨损设备零件。

天然石英是低温型的β-石英，当加热到573℃时，由于低温型β-石英转变为高温型α-石英，其体积发生骤然膨胀，致使石英内部结构疏松，利于粉碎。利用石英这一性质，将石英在粉碎前先煅烧到900～1000℃，以强化晶型转变，然后在空气或冷水中急冷，加剧产生内应力，促使碎裂。

石英煅烧还可以使着色氧化物呈色加深，并使夹杂物暴露出来，便于肉眼鉴别进行

拣选。

石英的煅烧设备可以采用连续式隧道窑或半连续式的立窑或倒焰窑。

（二）长石的预烧

配釉长石普遍采用的是钾长石，为了减少成熟的釉中产生气泡的倾向，可以将长石先行煅烧。目的是最大限度地防止气泡对釉面造成不良影响。另一方面，长石预烧还可以避免长石中的 K_2O、Na_2O 在球磨和搅拌过程中被水溶液浸出，减少由于碱性成分分布不均而带来的烧成缺陷。长石是陶瓷坯体和釉料常用的原料，一般而言，坯体用长石无需预烧，釉料用长石只有在特定的条件下才需要预烧。当然，长石预烧要视其长石的品质、釉性能要求而定。

（三）滑石的预烧

滑石预烧的温度与原料的产状有关。辽宁海城产的滑石具有较明显的片状结构。破坏这种结构需要较高的温度。山东产的滑石呈细片状结构，具有一定杂质，结构破坏的温度比较低。根据电子显微镜观察，山东滑石在 1350～1400℃，其片状结构已破坏；而海城滑石要烧到 1400～1450℃才能破坏片状结构。

滑石的预烧常在倒焰窑中进行，也有在隧道窑中代烧的。

（四）工业氧化锌的预烧

氧化锌一般用在陶瓷釉中，用量较多时会造成釉缩缺陷，故而需预烧。

氧化锌预烧的温度一般为 1250℃左右。可以把粉状氧化锌装在匣钵中，在倒焰窑或在隧道窑中煅烧。然后，磨细待用。

（五）黏土的预烧

黏土预烧的目的在于减少收缩，提高纯度。坯料中用量较大或烧失量较大的黏土常常要预烧一部分，以减少坯体的收缩。一般预烧温度为 700～900℃。预烧设备常采用倒焰窑进行。

参考文献

1. 李家驹. 日用陶瓷工艺学［M］. 武汉：武汉工业大学出版社，1992
2. 姜有志. 天然原料的精制技术［J］. 中国陶瓷，1983（3）：60
3. 王树海. 现代陶瓷粉末研究［J］. 工业陶瓷，1986（3）：16
4. 西北轻工业学院. 陶瓷工艺学［M］. 北京：轻工业出版社，1980

第六章　坯、釉料制备

第一节　坯料的种类和质量要求

一、坯料的种类

坯料是陶瓷原料经过配料和加工后，得到的具有成型性能的多组分混合物。或者说，是指成型前已经按要求精制好的供成型用的物料。

根据成型方法的不同，坯料通常可以分为：

（1）塑性坯料　塑性成型用坯料简称塑性坯料。它是指加工好的含水量在18%～25%呈塑性状态的泥料。成型时采用滚压、旋压等办法进行的。

（2）注浆坯料　注浆成型用坯料即注浆坯料。它是一种物料悬浮在水中的泥浆，其含水量在28%～35%，成型是采用泥浆向石膏制的模型中注入，靠石膏模型的微孔吸收水分而形成制品的坯胎。

（3）半干压坯料　压制成型坯料含水量在8%～15%的称半干压坯料。它是一种湿润的粉料，在一定的机械压力下即可得到制品的坯胎。

（4）干压坯料　粉料中的含水量在3%～7%的称为干压坯料。

（5）热压铸坯料　热压铸成型用的浆料或干粉和蜡后的蜡饼等均称为坯料。热压铸成型用坯料的特点是不含水分。

二、坯料的质量要求

为了保证产品质量和满足成型的工艺要求，坯料应具备下述基本条件：

（1）配方准确　为了保证产品的性能，坯料的组成须满足配方的要求。这需要从两个方面来控制：准确称料（应除去原料中水分，按绝干料计）；加工过程中避免杂质混入。

（2）组分均匀　坯料中的各种组分，包括主要原料、水分、添加剂等都应均匀分布，否则会使坯体或制品出现缺陷，降低产品性能。

（3）细度合理　各组分的颗粒应达到一定细度，并具有合理的粒度分布，以保证产品的性能和后续工序的进行。

（4）气孔少　各种坯料中或多或少都含有一定的空气。这些空气的存在对产品质量和成型都有不利的影响，应尽量减少其含量。

不同的成型方法对坯料的要求各不相同，在满足上述基本条件外，各自还有一些具体要求，下面分别说明。

（一）可塑坯料的质量要求

1. 坯料的可塑性

（1）坯料的可塑性　经混练后的泥团，在外力的作用下产生变形但不开裂，当外力除去后仍能保持形状不变，这种性质称为坯料可塑性。

可塑性是陶瓷生产上对塑性坯料质量控制的一个重要工艺性能之一。可塑成型要求泥料具有良好的可塑性。通常以塑性指标来表征泥料的可塑性强弱，借以反映泥料成型性能的好坏。

（2）塑性指标　变形大小与变形力的乘积的数值（变形大小×变形力）。塑性指标数值应在2以上。坯料的可塑性主要取决于强可塑黏土的用量，而瘠性原料如长石、石英等会降低坯料的可塑性。

影响可塑性的因素很多，测定可塑性的方法又有一定的局限性。因为黏土和坯料的可塑性是多种性质的综合表现，至今还没有找到一种能用一个测定值把多种性质完善地表现出来的测定方法。一般是在测定个别性质后，近似地对可塑性加以推断和定量。

（3）可塑性的测定方法　有管中挤压法、泥条悬挂法、环形缩小法、薄片压延法、圆球压扁法、液限－塑限法、吸水膨胀法、管中挤拉法、扭压拉测屈服值法、软压深度法和圆柱体压缩法等。

用任何一种方法测定不同地区的黏土或不同瓷厂的塑性泥料的可塑性，可以得出不同的塑性值，而这些塑性值彼此是不可比的，因为黏土或塑性坯料的矿源、检选方法、粉碎方法、颗粒分布、塑性泥料含水率以及测定操作等因素混在一起，这些因素都在不同程度上影响可塑性测定值，而各地区各瓷厂对上述影响因素又是不可能强求一致的，因此可塑性测定值作为本地区本瓷厂工艺控制指标是可以的，但作为地区之间瓷厂之间衡量黏土或坯料可塑性指标是不准确的。

2. 含水量

坯料的含水量应适宜，分布应均匀。具体的水分含量视成型方法及黏土的可塑水量和饱水率来决定。

瓷厂使用的塑性坯料，含水量一般为19%～25%。塑性坯料的含水量还随产品的形状大小及成型方法的不同而异。

大型器皿，手工成型，23%～25%；一般器皿，旋压成型，21%～23%；一般器皿，滚压成型，19%～24%。阳模滚压和阴模滚压对泥料含水量要求也不同。

3. 细度

坯料的细度要求能够通过万孔筛，即筛下的颗粒粒径均小于0.06mm。生产中以通过万孔筛筛余量来控制，一般要求筛余在0.2%～1%。

照这样的细度，黏土类原料能达到高度分散状态，石英、长石等石质原料也达到了足够的细度。这时颗粒具有足够大的总表面积，扩大了颗粒之间的接触面，使各组分之间达到充分混合，提高混合的均匀度。这样能加快成瓷过程中的固相反应速度，降低成瓷温度，提高瓷质强度，改善瓷的半透明度。细度主要是通过研磨时间来控制。

细度是指粉状物料分散的程度，以统计的颗粒尺寸大小来表示。例如用万孔筛筛余表示原料或坯釉料的细度。至于通过万孔筛的颗粒中不同粒径的颗粒分布如何是不清楚的。事实上颗粒度、颗粒组成、颗粒分散度、粒径分布、各种粒径的累计百分数严格地说都会对坯料性质产生影响。两种不同配方的坯料，其万孔筛余相同，而粒径分布则可能不同。所以细度和颗粒度是两个概念。

4. 空气含量

塑性坯料中含有7% ~10%的空气。它们以分散的空气泡的状态存在于泥料中，或吸附在粒子的表面，也可能以较大的空气泡吸留在坯体中。空气泡可以降低泥料的可塑性，提高弹性，从而影响泥料的操作性能及瓷器的强度。应通过陈腐、真空练泥等工艺措施排除空气，以改善塑性坯料的成型性能。

5. 生坯干燥强度。

生坯的干燥强度反映出坯料结合性的强弱，这对成型后的脱模、修坯、上釉，以及连续化成型流水线的坯体传输、取拿过程中降低破损率有重要意义。

从生坯干燥强度的变化，可以看出坯料组分及所用原料性能的稳定性，也可以发现工艺因素的变化，从而可以作为塑性坯料质量控制的参考数据。

影响生坯干燥强度的主要因素是所用黏土的种类及结合性强弱。陶瓷生产厂家，大多就地取材。一般南方瓷区多用原生高岭土，结合性较差，生坯干燥强度较低。北方瓷区多以次生高岭土为主要原料，结合性强，生坯干燥强度较大。

生产上多以干坯的抗折强度来衡量塑性坯料的干燥强度。

生坯干燥强度（抗折强度）一般范围：0.9 ~2MPa。

实际生产中可以通过调节强可塑性黏土及其用量或加入添加剂来调整生坯干燥强度。

6. 收缩率

塑性坯料的干燥收缩率和烧成收缩率，对于坯体造型和尺寸的稳定性有重要作用。尤其在生产中调整原有配方时，涉及石膏模型及匣钵等配套辅助用品的尺寸变动以及产品规格尺寸的稳定，更应全面考虑。

一般坯料的收缩率范围：干燥线收缩3.5% ~7.5%，烧成线收缩10.0% ~12.8%，总收缩15.6% ~19.5%。

收缩率可通过瘠性物料和塑性物料相对含量来调节。

（二）注浆坯料的质量要求

注浆成型的制品质量首先取决于泥浆质量，因此控制泥浆质量是保证产品质量的主要因素。在输送、储存、浇注过程中，浆料应能满足下面要求：

①泥浆流动性要好，含水量要少。一般泥浆含水量在28% ~38%。含水量过高，要获得厚度符合要求的坯体，则泥浆在模型中停留时间过长，并使非可塑性原料颗粒沉降，致使泥浆分层，造成废品。含水量过少则难于获得黏度相当低的泥浆，黏稠泥浆流动性差，不能充分注满到模型中的各部位，易产生废品。

影响流动性的因素一般有固相含量、颗粒大小和形状、泥浆的温度。

固相含量增多，必然会降低泥浆的流动性。

一定浓度的泥浆中固相颗粒越细、颗粒间平均距离越小，吸引力增大，位移时所需克服的阻力增大，流动性减小。

颗粒形状不同时，对运动产生的阻力必然不同，在相同的固体体积情况下，非球形颗粒阻力大，球形或等轴颗粒产生的阻力最小。即颗粒越不规则，泥浆的流动性越低。

将泥浆加热，水的黏度下降，泥浆黏度也因而降低，流动性变好。

②悬浮性好。料浆久置，固体颗粒能长期悬浮不致分层沉淀，否则会引起制品成分不均及影响料浆的输送。

③触变性适当。泥浆触变性过大时，容易堵塞泥浆的管道，影响泥浆的输送，且脱模后的坯体容易塌落变形；泥浆触变性过小，生坯强度不够，影响脱模与修坯的质量。

④滤过性好。即泥浆应具有适当的浇注速度。要求泥浆的渗透性适当，既可以缩短注浆时间，提高劳动生产率，又不会因浇注速度过快，不易掌握坯体厚薄，给操作带来困难。

⑤注件的干燥收缩要小。收缩过大，容易引起变形和开裂。配制注浆料时要考虑到成型后的收缩率。

⑥具有足够的排湿性能，使注件容易干燥，形成坚实的坯体。脱模后的坯体受振动而不塌，仍能保持原形。

⑦注浆成型坯体，应具有足够的强度。

⑧泥浆中气泡越少越好，以减少注件中气泡棕眼，并提高生坯强度。

⑨泥浆的空浆性能要好。排除剩余泥浆后，注件内表面光滑，不出现泥缕。因为泥缕可能造成干燥开裂，所以要求剩余泥浆具有良好的排出性。即注浆前的泥浆黏度与剩余泥浆黏度最好接近一致。

⑩适当的泥浆厚化系数。普通瓷器泥浆的厚化系数接近于1.2，空心注浆用的泥浆厚化系数为1.1~1.4，实心注浆时厚化系数为1.5~2.2，但是，由于工厂因浇注的产品不同，其值可以根据不同情况选择。

泥浆的密度、黏度、流动度、触变性、滤过性（渗透性）、稳定性等物理性能和工艺性能通过强可塑性黏土用量、泥料细度、含水率、陈腐时间和泥浆温度来予以控制。而这些物理和工艺性能又需根据原料性质、产品的形状大小、厚薄、石膏模的干燥和新旧程度以及注浆方法来确定。

强可塑黏土用量少，容易获得水分疏散快、干燥快、脱模快的泥浆，但所形成的坯体往往结构不致密、强度差、容易产生裂纹；而且泥浆悬浮性差易生沉淀，注成坯体厚薄不一致，同一产品各个部位的成分也有差异。特别是实心注浆易引起分层现象。强可塑黏土用量多少为宜，在保证泥浆悬浮性稳定性的前提下，通过实验确定。

泥料的细度因产品大小形状复杂程度而不同，小型产品如日用细瓷、化学瓷等浆料细度比大型产品的细度要求更细，浇注小型制品时如粗颗粒过多则易产生坯体的厚薄不均现象。注浆泥料的细度一般应较其他成型方法所用坯料的更细。

在保证流动性的前提下，注浆泥浆的含水量应尽可能少，以降低坯体收缩，减少石膏模吸水量，提高模型干燥速度，缩短模型使用周期且延长使用寿命。含水量的控制是通过加入适当的电解质来调节的，最常用的电解质为碳酸钠和水玻璃。前者的加入可以获得水分疏散快的泥浆，浇注速度快，但坯体疏松而强度较差；用水玻璃则可以得到致密度较高而强度较大的坯体。

日用陶瓷中的鱼盘、壶类以及卫生陶瓷一般均用注浆法成型，这些制品体积大、坯体厚、质量大、形状复杂，对泥浆性能要求较高，特别要设法缩短吸浆时间即提高吸浆速度。

加快吸浆速度的途径有三：

（1）注重泥浆组成

①塑性料与瘠性料的配比，要通过试验，得出最佳值。

②浆料的颗粒组成、细度、添加物的种类和数量要通过试验确定。

（2）改善注浆工艺条件

①泥浆温度从15℃升高到55℃，吸浆速度提高32%～42%；泥浆温度每升高10℃，注浆时间可缩短1/4。采用石膏模温度30～35℃、泥浆温度30～40℃，可增加泥浆流动性及缩短吃浆时间。

②对泥浆进行真空处理可提高吸浆速度12%～15%，提高半成品及成品的质量。

③泥浆的预榨泥，除去原料中可溶性盐类，可以稳定泥浆性能，提高泥浆密度，缩短吸浆时间。将软质原料和硬质原料分别处理，配料后搅拌榨泥，再将泥饼化浆，这种泥浆吸浆速度快，泥浆性能稳定。榨泥处理是为了排除可溶性盐类、可溶性有机胶体及部分细微颗粒。这样可提高吸浆速度1～2倍。

④黏土类原料在300℃下进行干燥处理，可提高吸浆速度一倍。

⑤在一定条件下降低泥浆水分，提高泥浆密度，可缩短吸浆时间和石膏模干燥时间。在同样流动度下如何能获得大密度泥浆，也成为一个课题。

⑥强化注浆，采用真空注浆、压力注浆、电泳注浆、离心注浆、热浆热模注浆等新工艺。

（3）改善石膏模型的性能　石膏模的扩散系数（D_g）与吸浆速度有一个最大值。用调整膏水比、石膏浆的搅拌时间、真空处理和浇注时间来控制石膏模的扩散系数。真空处理的石膏浆其模型强度可提高30%～35%，吸水率提高8%～12%，吸浆速度提高16%～27%。

泥浆在注浆成坯过程中，其成坯速度与泥浆成坯后的结构致密程度有关，当泥浆中的颗粒分散极好（完全悬浮）时，浇注过程中，这些分散的颗粒堆积成坯后结构致密。而当泥浆产生絮凝时（结团），浇注过程中，这些絮凝的团粒堆积成坯后，结构疏松。从吸浆速度考虑是希望泥浆絮凝。但符合要求的泥浆除要求一定的吸浆速度外，还应有一定的流动性、厚化度、空浆性能、生坯强度等。加入解胶剂［水玻璃、Na_2CO_3、$(NaPO_3)_6$、$Na_5P_3O_{10}$等］以提高流动性；加入絮凝剂（高价金属氧化物、硫酸盐及其他有机絮凝剂）以改善吸浆速度；加入有机胶体以提高生坯强度和稳定泥浆性能。在泥浆流动性、稳定性、吸浆速度、生坯强度诸性能不可兼得时，则要根据各地区各瓷厂所采用原料的性质、工艺特点及所生产产品而变通选择取舍之。

（三）干压坯料的质量要求

1. 团粒

干压坯料的团粒大小及其级配将直接影响干压坯体的致密度、收缩率、生坯强度及设计钢模型腔时需要考虑的压缩比。而团粒大小及其级配是通过组筛筛孔大小来控制的。

干压坯料是由团粒、水和空气组成的，其中团粒占整个体积的25%～40%，其余是水和空气。团粒是由几十个甚至更多的坯料颗粒、水和空气所组成的集合体，团粒大小一般要求在0.2~0.5mm，但不希望有大量的细粉存在，因为细粉降低坯料的流动性，难压实。

2. 含水量

干压坯料的含水量与坯体的形状、成型压力和干燥性能等有关。含水量较高时，干燥收缩大，成型压力可以小些。一般干压坯料的含水量控制在4%~7%，甚至有的可为1%~4%，有的干压坯料主要添加有机黏结剂，含水量极少。不管含水量多少，都要求粉料内的水分均匀，这一点至关重要。局部过干或过湿都会导致成型困难，甚至引起产品开裂变形。

3. 可塑性

干压坯料对可塑性没有严格要求，一般可塑性原料用量多的坯料其含水量也较多。为了降低干压坯体的收缩，而获得尺寸准确的制品，可以减少可塑黏土的用量。有些干压坯料如块滑石瓷和金红石瓷可以完全不用可塑黏土，全部是瘠性原料和化工原料，但要加入少量有机黏结剂和增塑剂。

4. 流动性好

粉料应具有好的流动性能，能在较短的时间里填满模型的各个角落，以保证坯体的致密度和压坯速度。

5. 堆积密度大

粉料的堆积密度常用粉料的体积密度来表示，一般要求体积密度大，以减少堆积时的气孔率，降低成型的压缩比，使压制后的生坯密度大而均匀。团粒的粉料体积密度，轮碾造粒的粉料为0.90~1.10g/cm^3，喷雾干燥制备的粉料为0.75~0.90g/cm^3。

第二节　坯料制备

坯料制备对于整个陶瓷生产的质量关系重大，因此，要谨慎选择坯料制备方案。各种成型方法用坯料目前均有不同的制备方案，这要根据原料特性、设备条件、生产规模，对产品的质量要求以及制备方案本身的技术经济指标等因素来选择。

一、塑性坯料制备

可塑性坯料是指旋压、滚压、挤压、手工拉坯等成型方法所用坯料。

塑性坯料的要求是含水量要少而可塑性要好，空气含量要尽可能低，坯料中各种原料颗粒与水分混合均匀。

（一）塑性坯料的成型性能

塑性坯料是供可塑法成型的坯料。塑性坯料呈泥质塑性状态，具有“弹性－塑性”流变特性。它是基于黏土的结合性与可塑性，在黏土的基础上，加入其他组分与水构成的。可以认为是被石英、长石等所瘠化了的黏土泥料。因此，它的一系列性质与黏土的性质分不开。

塑性泥料是由固体颗粒、可塑水分及残留空气构成的多相系统。

当塑性坯料受到外力作用，产生应力变形时，既不同于悬浮液的黏滞流动，也不同于固体的弹性变形，而是同时含有弹性－塑性的流动变形过程，这种变形过程是“弹性－塑性”体所特有的力学性质，称为“流变性”。

流变性的表现特点是，当受到外力作用时，泥料先是表征为弹性变形，在应力很小时，应力应变之间表现为直线关系，即力作用很短时间去掉后，泥料可恢复到原来状态，但力作用时间较长时，泥料就不能恢复到原来状态，损失一部分复原能力（这种损失主要是水分移动所致），但仍处于弹性变形范围内。

随着应力的加大，在达到它的屈服点以后，泥料的弹性随应力的增大而减小，开始出现塑性变形。这时去掉应力，泥料不能恢复原来状态，并且随应力的增大，塑性变形也增加，直至达到破裂点，泥料开始出现裂纹或断裂。从屈服点到破裂点这个塑性变形范围叫延伸变形量。

上述变形过程可用三种不同含水量的塑性黏土应力应变曲线表达，如图 6－1 所示。一般认为适合操作的泥团，应该有一个足够高的屈服值，以防偶然的变形；还要有一个足够大的允许变形量或延伸变形量，以便成型时不发生破裂。增加含水量则屈服值降低，允许变形量增加；降低含水量则屈服值提高而允许变形量减少。因此，可以用屈服值与允许变形量的乘积来表示泥团的成型能力或成型性能。

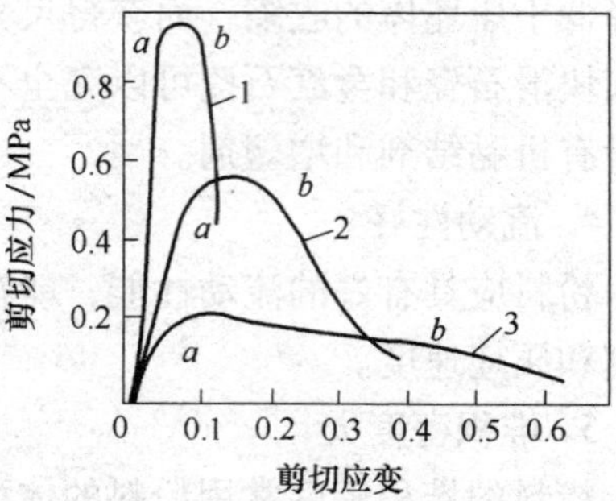

图 6－1　三种不同含水量的塑性黏土的应力－应变图

1—30% H_2O　2—40% H_2O　3—50% H_2O

a—屈服点　*b*—破裂点

泥料的弹性变形是由于所含瘠性物料与空气的弹性作用以及黏土矿物颗粒的溶剂化作用而产生的。塑性变形则是黏土本身的可塑性所赋予的。

泥料的弹性变形，与化学组成、水分含量、颗粒度、离子交换量、触变厚化度及应力作用时间与方式有关。

增加 SiO_2 含量，提高弹性变形，降低塑性变形。增大分散度，提高塑性变形，降低弹性变形。提高 Al_2O_3 含量，则离子交换量大，塑性变形增大。增多水分含量则降低屈服点，增宽允许变形量。应力作用缓慢则变形量和触变厚化度均增大，屈服点也相应提高。

允许变形量越大，则塑性坯料的成型性能越好。

塑性坯料的流变性很难用回转黏度计进行连续测定，因为圆筒与泥料之间有一定程度的滑移，而且变形很大时泥料容易开裂。

测定塑性坯料流变性的方法是将塑性坯料放在具有一定截面积的管子中（金属管或瓷管均可），在管子的一端用与管子内径相配合的活塞施加压力，使塑件坯料从另一端挤出去，并用计时器记录挤出速率。有的电子陶瓷厂有挤压成型法，挤压压力是用油压或气压，压力大小是由压力表显示的，只要把挤出速率记录下来则可作挤出压力（施加压力）与挤出速率的关系曲线，如图 6－2 所示。塑性坯料基本上属于宾汉体，有较大的屈服值，所不同的是曲线底部弯曲。W. E. Worrall（1975 年）认为屈服值高和底部弯曲度小的泥料可塑性高或成型性能好。塑性坯料的主要性能特点是可塑性要好，要有适宜的成型操作性能。坯料的可塑性主要取决于所用黏土的可塑性，应根据要求进行适当调节。

通过淘洗除去非可塑性物质，多次练泥（并非越多越好），泥料陈腐，加入适宜的增塑剂和采用强可塑性黏土等方法，可以提高可塑性。

通过加入减黏原料如石英、熟瓷粉、瘠性黏土和将部分黏土预烧作为熟料使用等方法，可以降低可塑性。

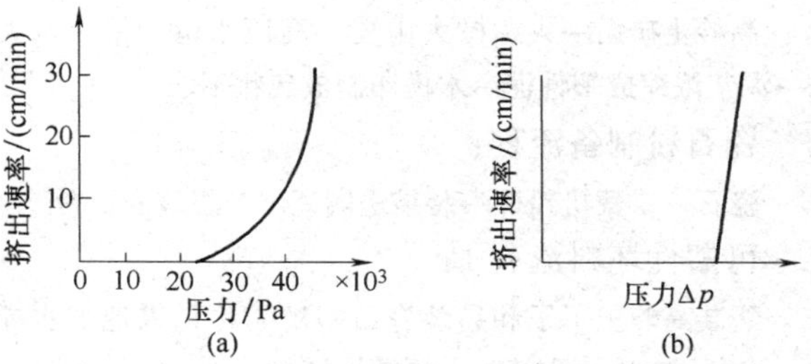

图6－2　挤出压力与挤出速率的关系曲线
（a）实测曲线　（b）理想宾汉体曲线

黏土的颗粒越细，分散程度越大，比表面积越大，可塑性就越好。黏土矿物组成中水铝英石（allophane，非晶质，含水的铝硅酸盐）含量高，则可塑性相对较好。

黏土与水之间，必须按照一定的比例配合才能产生良好的可塑性。水量不足，可塑性显示不出来或显示不完全，水量过多则变为泥浆，又失去可塑性。每种坯料的最佳可塑性与最佳含水量有密切联系。这可以通过实验加以调节和测定。

（二）国内的几种塑性坯料制备方案

国内陶瓷厂由于所处地区条件不同，其塑性坯料制备流程也不尽相同，大致有如下几种：

1. 利用瓷石雷蒙粉和高岭土不子（dǔn）子直接配料的工艺流程

在高岭土矿山上用高压水枪开采高岭土，通过水力旋流器分选，排除粗粒后的泥浆流至沉淀池，沉淀后放掉上面清水，泥浆浓缩成塑性泥，用木模印坯成土砖状，名曰不子。

瘠性原料如瓷石等则在原料专业加工厂用雷蒙机进行干法粉碎，其细度相当于350目筛通过。这种雷蒙粉用袋装（每袋50kg）运送瓷厂。瓷厂配料时解袋入池加水搅拌化浆，同时加入高岭土不子。

雷蒙粉可以是单料如瓷石雷蒙粉、高岭土雷蒙粉；也可以是混合料如按瓷石和高岭土二元配方配好后再进行雷蒙粉碎，这种混合料雷蒙粉，瓷厂解袋入池化浆时不必再加其他原料。

这种坯料制备工艺特点是：

①不用球磨，减少设备，节约电耗，节省投资费用。

②原料生产专业化、规格化，有利于提高和保证原料质量，对瓷厂生产稳定产品质量有利。

③雷蒙粉中含铁量较高，生产上要加强除铁。

④雷蒙粉颗粒级比不合理，泥料可塑性不好。

⑤混合雷蒙粉，由于硬质原料和软质原料密度不同，致使同一批混合雷蒙粉中前后组成相差颇大。

⑥雷蒙机粉碎时粉尘飞扬，影响操作工人健康。

工艺流程如下：

高岭土不子制备流程：

高岭土矿山→人工掀去山皮→高压水枪开采→水力旋流器分选→泥浆沉淀池沉淀→放掉上面清水→泥浆浓缩成塑性泥→木模印制成砖状不子

瓷石粉制备流程：

瓷石→雷蒙机粉碎→装袋送陶瓷厂→袋装瓷石粉

可塑性坯料流程 1：

袋装高岭土不子和袋装瓷石→解袋称量入池加水搅拌化浆→过筛除铁→储浆池→压滤→真空练泥→陈腐→二次真空练泥→可塑性坯料

可塑性坯料流程 2：

高岭土和瓷石→称量→雷蒙机粉碎→混合粉料装袋→解袋入池加水搅拌化浆→过筛除铁→储浆池→压滤→粗练→陈腐→精练→可塑性坯料

2. 硬质干粉料和黏土湿式球磨前配料的工艺流程

经粗碎中碎后的硬质原料和软质原料按配方称量后一同投入球磨机湿磨，然后压滤脱水，所制得的坯料均匀性好，颗粒级配比较合理，微细颗粒较多，可塑性相对提高，对各种原料均能细碎，适应性强。但球磨效率低，不便于连续化生产，劳动强度大，电耗大，投资费用大。另外，干法轮碾或雷蒙机粉碎，粉尘大，除尘设备昂贵。工艺流程如下：

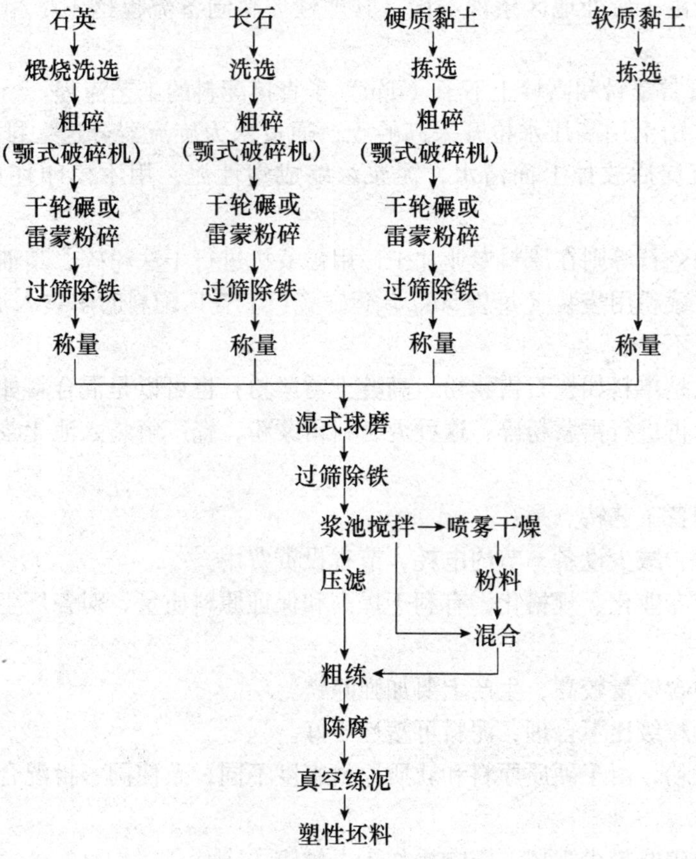

3. 软、硬质原料在湿式轮碾前配料的工艺流程

湿法轮碾，可以克服粉尘问题；湿法装磨，用以降低劳动强度并提高装磨效率，但此

种方法配料准确性较差。按照配方将硬质原料和软质原料称量入湿轮碾，湿碾后的泥浆流入浆池，再用砂泵打入球磨机湿磨。由于硬质原料和软质原料密度不同，砂泵将一个浆池中泥浆先后分别打入几个球磨机，各球磨机中泥浆的组成必然有差异，甚至相差很大。如按一浆池一球磨进行对应称量进行湿轮碾，则可解决此配料不准问题，但所需浆池较多。

工艺流程如下：

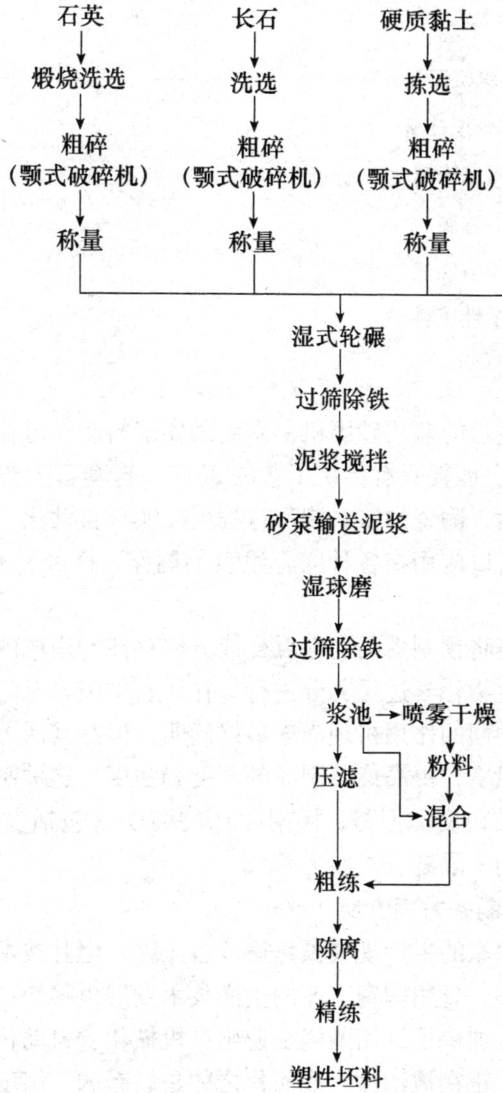

4. 干粉湿混不球磨的工艺流程

采用干粉干混再加泥浆湿混工艺，可以减去劳动强度高而效率低的球磨工序和压滤工序，且便于连续生产，但坯料的均匀性和可塑性均较差，而且雷蒙磨中带进 0.1% ~ 0.3% 的铁，干法除铁效率很低。这种坯料制备工艺国内虽有瓷厂试验过，但至今尚未在生产上得到很好的应用和推广。这种坯料制备工艺流程如下：

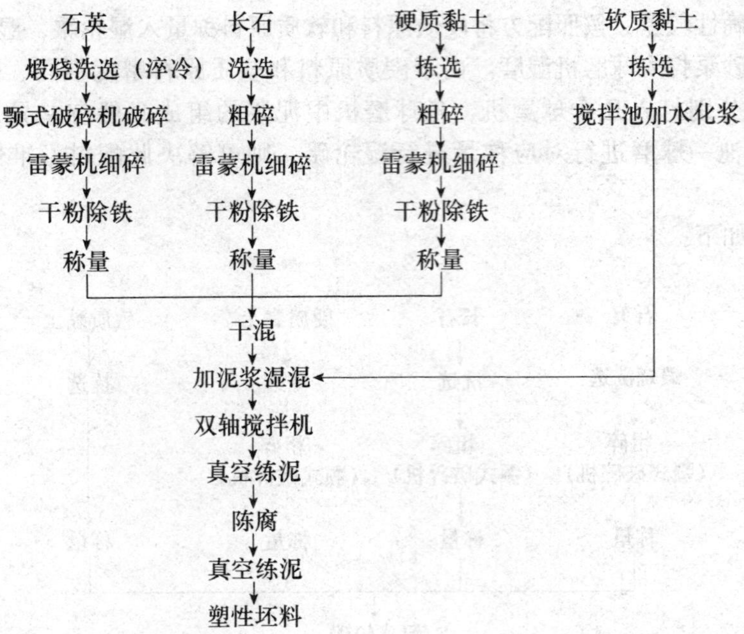

5. 其他制备工艺

湖南大学学者提出了将改进过的蓝式砂磨机引入到陶瓷浆料制作过程中。他们设计的新工艺工效是传统工艺的10倍，能耗只有传统工艺的30%。这套新工艺制作的浆料颗粒更细、更均匀。运用这套工艺后，陶瓷的浆料制作过程可以实现自动化，粉尘污染和噪声污染也大大降低。这套新工艺可以应用在各种陶瓷浆料的制作，已经在有关企业试运行，取得了良好的效果。

陶瓷坯料生物化学制备法是将预制备的瓷料混合成分储存在专用坑内，以使可大大改善坯料塑性和提高瓷器白度的生物化学过程充分进行。在坯料中引入专门培育的硅酸盐菌而可将这一过程急速加快。这种菌的作用机理尚未最终阐明，但是其活力却能显著提高坯料塑性和生坯强度，降低烧结温度，提高烧结制品的密度和强度。这种制备法的特殊价值在于可明显提高陶瓷坯料制品的白度。但是，因对生产的纯度（包括设备制造材料）和特殊的温度制度要求很高而受到了限制。

（三）几种国外的塑性坯料制备方案介绍

日用陶瓷工业在一些发达国家的生产规模虽然逐步被压缩，但其技术发展并没有停滞不前。随着科学技术的突飞猛进，日用陶瓷工业的生产技术发展也很快，电子计算机的普及和许多高新技术的应用，大大加快了日用陶瓷工业生产机械化、自动化的进程。一些传统落后的设备和复杂的生产工艺正在被淘汰，取而代之的是崭新的、高度自动化的先进设备和工艺简单而连接紧凑的自动生产线，从而把相对落后的日用陶瓷工业进一步引上了优质、高产、低消耗的现代化轨道。

由于在原料加工方面依靠技术进步，采用先进的生产手段和检测方法，自动化水平比以前又有进一步的提高。例如，在配有计算机的自动生产线上，能同时快速检测和控制各种原料配比流量，并可根据检测结果随时修正，从而确保了所需原料的成分恒定不变。日本及欧美一些主要陶瓷生产国，陶瓷原料已实现“三化”，即专业化、标准化和商品化。

陶瓷原料的加工精选均由专业化的原料公司来完成。这些公司不但拥有矿山而且建有集中的精选厂，其精选厂工艺流程和设备先进，自动化水平高，配有原料预均化的场地和设备。许多高新技术，如高梯度磁选、微粉碎、离心分级、微机配料、涡流混合以及强化检测监控等技术均获得了广泛的应用。原料加工专业化，为陶瓷厂提供极大的方便；原料的标准化，为陶瓷产品质量的稳定提供了保障。现在日本及欧美一些国家的陶瓷厂均使用加工好的标准陶瓷原料。原料加工专业化，有利于实现原料加工自动化，更有利于实现原料资源的综合利用和环境保护。

1. 日本的坯料制备

日平大型陶瓷厂如大仓（OKURA）陶园、鸣海（NARUMI）制陶、日陶（NORITAKE）等均有原料车间，一般都在本厂制备坯料，而且在坯料的配方及坯料制备工艺上下工夫，以提高产品的内在质量，提高产品的竞争能力。

日本加仙矿山株式会社生产标准化黏土，能满足全国陶瓷业需求的一半。原矿可以得到综合利用，提取黏土后，再提取陶瓷用石英砂，余下的石英砂又可应用于制造玻璃和其他行业。

日本多数陶瓷厂所用原料都由原料专业厂供应，原料进厂经检验符合标准后即可根据配方称量投入球磨机进行球磨。出磨泥浆经强磁除铁、双层振动筛（200 目）、压滤脱水（压力为 1.2 ~ 1.8MPa，压滤后泥饼含水率为 23% 左右）、陈腐（3 个月至 1 年，甚至更长），陈腐时用塑料布盖住，以防止尘灰污染，然后经双轴不锈钢衬里的真空练泥机练泥，并挤成适合成型不同产品的泥段，送成型。泥料的细度、水分、泥料的软硬均加以严格控制，每天都要对坯泥的上述工艺参数进行检验。

坯料的颗粒组成大致为：5μm 以下，30% ~50%；5 ~8μm，30% ~40%；8 ~10μm，20% ~35%；10 ~20μm，10% ~20%，即 8μm 以下的颗粒应占 70% 以上。

滚压成型用泥料含水率为 20% ~21%，一般阳模滚压泥料含水率控制在 20.5% 左右，阴模滚压泥料含水率控制在 21% 左右。

原料进厂要检测化学成分、矿物组成（X－射线分析）、颗粒组成、耐火度、可塑性、水分含量以及外观鉴定，还要用电子显微镜检测黏土结构。日本黏土以多水高岭土占多数，氧化钙含量控制在 0.2% 以下，但 Fe_2O_3 含量略高一些。黏土都经过淘洗精制成标准原料（粉状），以每袋 50kg 包装。精制后的黏土化学组成：SiO_2 52%，Al_2O_3 30%，Fe_2O_3 <1%，CaO <0.2%，R_2O 1.5%，Li 12%。精制后的黏土颗粒组成标准：<10μm，>95%；<5μm，75% 以上。原料都按标准精制，并分为高级、中级、低级，按质论价。

日本原料专业厂及日陶（NORITAKE）等瓷厂的原料车间，每种原料都设专库堆放，洗选堆码都按标准进行：

①堆码高度不超过 3m；

②各种原料都堆在库内，不堆过黄线；

③原料入库前要经过实物对样；

④硬质原料入库前要经选洗。

库中的原料经铲车送入提升机进料仓，再由称料车（自动称量）将原料送至坯釉料制备车间（称料车在轨道上运行）。由于黏土是标准化原料，不需要再经细磨。硬质原料采用颚式破碎机粗碎、双轮轮碾机中碎。日本原料加工都不用雷蒙机，以防止铁质混入。一般雷蒙机粉碎 1t 硬质原料要混入 0. 3kg 的铁质。细粉碎都采用球磨机（4t），球磨介质为鹅卵石，球的大小为 ϕ40 ~ 60mm。坯料磨 28h，颗粒细度要求达到 10μm 的占 95% 以上。釉料磨 36h 颗粒组成要求达到 5μm 的占 75% 以上。出磨前通过自动颗粒分析仪测定粒径分布。由于颗粒级比直接影响泥料的可塑性、坯体表面光泽度及瓷化温度等，所以颗粒级比要严格控制。

日本山五瓷厂坯料配方为：高岭土 60%，长石 20%，蛙目黏土 20%，另加煅烧滑石 3% ~5%。其化学组成如表 6 – 1 所示。

表 6 – 1　　坯料配方化学组成　　单位%

类别	SiO_2	Al_2O_3	Fe_2O_3	CaO	MgO	$K_2O + Na_2O$	灼减
山五坯泥	62. 21	28. 36	0. 4	0. 21	1. 38	2. 07	5. 37
双田坯泥	68. 09	21. 44	0. 72	微	0. 46	4. 26	5. 03

山五坯泥的特点是高铝，熔剂中加滑石起到增透和调节热膨胀系数的作用。

一般日瓷化学成分约为：SiO_2 65%，Al_2O_3 23 –28%，Fe_2O_3 0. 5%，CaO 0. 2%，MgO 1%，$K_2O + Na_2O$ 3%。

日本坯料制备工艺流程：日本原来也采用轮碾机，由于轮碾机不能连续作业，现多改用双滚筒压碾机，滚筒用锰钢制成，磨损很小，中碎到 3mm 以下。

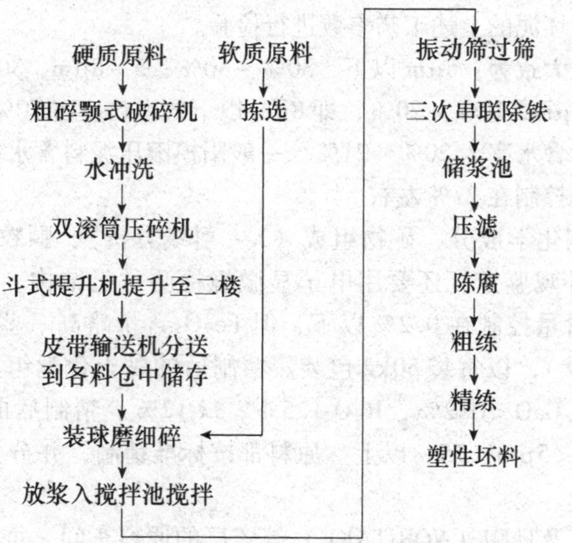

日用陶瓷用球磨机，建筑陶瓷厂有用管磨机和振动磨的。球磨机内衬用花岗岩石头砌成，后改用耐磨橡胶内衬，功效较高。球磨机内衬厚度：花岗岩砌的为 10cm，耐磨橡胶为 2. 5cm。

把压滤泥饼放在特制板上叠起来，每叠 25 ~30 片（每一榨叠成两叠）用专用塑料套罩起来进行陈腐。泥饼出榨时就在袋套上编号，注明日期、榨次，按日期榨次排列陈腐。日本人认为，压滤后泥饼陈腐简便，泥饼结构较松，泥饼表面积较大，水分蒸发较快，可适当降低泥饼含水量，同时水分分布均匀些。由于按袋编号，使用时按先后顺序取用方便。精练前先粗练一次，使泥饼搅碎并使泥饼中心泥浆进口处稀泥及夹心能均匀搅和一次，达到泥段水分分布更均匀的目的。粗练后的泥段再经过双轴双真空室练泥机练泥 1 ~ 2 次。日本真空练泥机内壳及螺旋推进器均采用不锈钢材质，在结构上采用双轴搅练、二次抽真空，泥料在真空室停留 3min，脱气较彻底，这样确保了泥料质量。

日本大型原料厂采用的 25m 高立式圆筒料仓也用耐磨橡胶内衬，并采用风力输送原料。风力输送的原料颗粒一般为 5 ~ 6mm，不小于 3mm，粒度太粗不行，会磨损管道。在风管转弯处也用耐磨橡胶衬里。

压滤机采用的滤板是 100 片的，一榨周期为 2.5 ~ 3h，滤板两头要用橡胶垫圈密封以防止漏浆。压滤机滤板都是圆形的（ϕ81.28cm），加工容易，密封性能良好。压滤机直径为 72.39cm，滤板 84 片，一次压滤泥饼 1.5t，8h 生产滤饼 4.5t；滤板直径 81.28cm，滤板 100 ~ 102 片的，一次压滤泥饼 2t，8h 生产泥饼 6t。压滤机压力为 1.5 ~ 1.8MPa，泥饼含水率 21% 左右。

泥浆管道采用不锈钢衬管，也有采用塑料管的，但塑料管不耐磨、易老化脆裂。以前曾采用铜管输送泥浆。

滤饼放入真空练泥机中练泥时，不允许加水，加水会使泥水混合不均匀。真空练泥机的真空度一定要保持在 0.098 ~ 0.1MPa，真空度低了，泥料不好用，还会出问题。真空泵每天必须放水一次，否则泵的效率降低，达不到要求的真空度。

练泥后坯料用硬度指数分别为 10 ~ 12 和 75 的两种硬度计测量坯料硬度。日本不采用多次练泥，认为练泥时会产生摩擦热，可能导致坯料黏度下降。

陶瓷原料质量标准检验内容：

①原料性状包括色泽，pH，黏度。

②粒度分布，水簸分析，沉降分析。

③化学组成，化学分析，示性分析。

④矿物组成，热分析。

⑤烧成性状，呈色、烧结状态、收缩率。

⑥耐火度。

坯料性能　坯料干燥线收缩率 5%；坯体烧成线收缩率 9%，一般总收缩率接近 14%。坯料矿物组成（%）：长石 27，高岭土 45，石英 28，而长石中的钾长石 70%，钠长石 30%；坯料化学组成（%）：SiO_2 62 ~ 65，Al_2O_3 20 ~ 25，Fe_2O_3 0.4，余为 CaO、MgO、K_2O、Na_2O，TiO_2是 0.1。有时添加滑石 1%，能消除铁的着色，能提高半透明度。坯料颗粒组成：<8μm，70% ~ 75%。

2. 英国的塑性坯料制备

英国坯料制备过程是先将各种原料粉碎到要求的细度，再分别化成一定密度的泥浆，按泥浆的容积进行配比，达到按物料干基质量配比的要求。各种泥浆都汇到混合池进行搅拌混合，经过筛除铁后再将浆料存放储浆池内。经过压滤、真空练泥处理，便可得到满足成型工艺要求的坯料。其工艺流程如下：

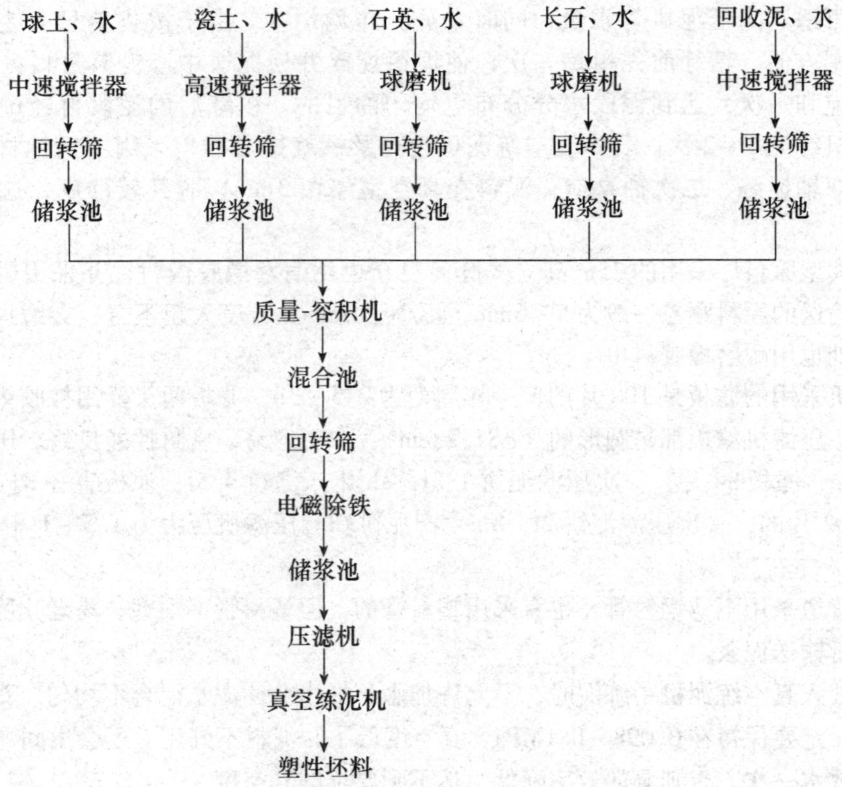

下面介绍主要工序及设备。

（1）球磨　陶瓷生产多用间歇式湿磨，以鹅卵石作研磨介质。以前多用石英块作内衬。由于砌筑时需用50%水泥和50%磨细石英砂用水调成的黏浆作为填充黏结剂，造成石英衬的纯度和硬度下降，砌筑时间较长，后采用了瑞典水泥和采矿工业橡胶衬技术作为湿式球磨机内衬，用以粉碎长石、石英、瓷石和骨灰等。使用证实，与石英衬相比，橡胶内衬有着明显优点：

①有效容积提高25%。

②提高内衬使用寿命。以每周工作6天，每天运行24h计，橡胶衬寿命为7~8年，而石英衬的使用寿命仅为1.5~2年。

③更换内衬时间大大缩短，装配维修安全。更换石英衬约需12天，更换橡胶衬只需26h。

④提高球磨效率，减轻噪声。

英国普遍采用橡胶内衬。严格控制磨内温度，不能超过70~80℃。因为磨内压力随温度提高而提高，这不但存在危险，而且将大大缩短橡胶内衬的使用寿命。

现以直径2133.6mm、长2743.2mm的球磨机为例，采用不同内衬的主要经济技术指标对比情况见表6-2。

从表中可以看出，在采用橡胶内衬时，为了控制磨内温度不超过80℃，提高球磨效率，延长内衬使用寿命，而采用了降低转速、增大功率和选用高密度研磨介质等措施。

球磨机研磨介质的装填量是影响球磨效率的一项重要参数，英国装填系数取40%，球、料、水之比为1:1:1，筒体转速为临界转速的70%。

表 6－2　　球磨机内衬对比

主要参数	石英衬	橡胶衬	备注
研磨介质密度/(g/cm^3)	2.2	3.8	连续运行 18 月后，石英衬磨薄，装料量可增加到 2.6t
进料粒径/mm	6	6	
物料装载量/t	2	2.5	
转速/(r/min)	22	13	
功率/W	33120	44160	
研磨周期/h	20	13	
出料粒径/μm	14.60	14.60	
料浆密度/(g/cm^3)	1.6	1.7	
内衬寿命/年	2	7～8	

在选择坯料球磨工艺上，英国是将硬质矿物原料（包括动物骨骼）单独研磨，分别储存，所以常用连续式湿磨机，各种物料研磨工艺基本相同，只在连续磨中，干物料质量与水的体积应准确控制。例如湿磨煅烧动物骨骼，煅烧过的动物骨骼装在容量为 2t 的塑料袋中进口到英国，每批量为 20t。细度约为过 10 目筛的骨骼被置于研磨设备上方的 100t 料仓中，再由带称量装置的皮带输送机喂入球磨机。加入球磨机的水量用水表严格控制，使磨出的骨浆密度为 $1.6g/cm^3$。将密度为 $1.6g/cm^3$ 的骨浆在浆池内稀释至密度为 $1.1g/cm^3$ 后，用泵抽送分选器进行分选，合格的流入储浆池内，不合格的重新进入球磨机。从储浆池进入沉降池，还必须经过振动筛，以得到符合要求的细度。

(2) 水力旋流分选　水力旋流分选器与锥形磨机配套使用，可以连续粉磨生产。例如，从锥形磨机（2438mm×1219mm）中溢流出来的骨灰浆流入浆池中，并用水稀释至密度为 $1.1g/cm^3$，以泵送至第一级 152mm 分选装置，分选排出的粗料返回磨机进料端，而合格的部分则送入储浆池，再以泵送至一台 76mm 的水力旋流器，分选出来的细粒泥浆进入浓缩器，而粗料则返回磨机的进料端。

湿磨骨灰浆中有 80% 的颗粒 $<10\mu m$。输入浓缩器的泥浆密度为 $1.1g/cm^3$（已过筛、除铁），浓缩后的泥浆密度为 $1.55g/cm^3$，浓缩器的产量约为 1t/h 干料。这样保证浆料的高标准适用于骨灰瓷生产。

上述连续研磨技术适用绝大部分硬质原料，其差别在于泵和旋流器的关系及浆料在浓缩器中的沉降速度。

(3) 搅拌　搅拌容器都是采用玻璃钢材质制作的。间歇式搅拌器有低速、中速和高速三种，以满足不同生产工艺要求。

连续式搅拌器适用于对泥浆密度要严格控制的大量生产的场合。它由高速搅拌机组和有足够深度的容器构成的，搅拌器内分有搅拌室和排渣室，中间用金属丝网隔开。在容器的保护外壳上，对不同高度位置装有两根不锈钢管，分别与低压空气供给装置连接。两根管子间的空气差压可以测量，其差压值大小与泥浆密度有关。将这空气差压讯号输送到临近于搅拌器的控制台，通过控制，供水阀可自动调节开启程度，以补偿干物料连续流入混合室的数量变化，保证泥浆密度的稳定性。

①低速搅拌器通常用于大块原料的化浆，蜗轮减速箱装在筒体中心位置上驱动螺旋叶旋转，能承担较重负荷的搅拌。例如用球土一次制备密度为 $1.2g/cm^3$ 的泥浆，搅拌时间

3h，容积3.637m^3。

②中速搅拌器应用于特大块原料搅拌，在卫生瓷工业中应用广泛。它由三个有叶片的叶轮组成，其深浅调节与容器高度相关。转速150r/min。这种型号的搅拌器可用于各种黏土和不同浓度泥浆的搅拌。例如，用球土一次制备密度为1.6g/cm^3的泥浆，搅拌时间2h，容积4.318m^3。

③高速搅拌器由固定转子式叶轮组成，用于切碎球土和瓷土的搅拌，转速为500r/min。装机功率要比低速搅拌器增加3～4倍，时间可减少1/3。制备泥浆流动性好、时间短、成本低。例如，用球土一次制备密度为1.2g/cm^3的泥浆，搅拌时间1h，容积4.318m^3。

（4）过筛与除铁　振动筛是一种高效多级筛选设备，具有结构简单、占空间小、耗电量少、筛选粒度细、筛选效率高等特点。

①筛选器可用单层、双层、三层、四层筛网，四层筛网常用于干粉筛分。

②对于难以筛分的物料，应调大下偏心砣的先导角，使物料进行较长时间的筛分。

③筛网要张紧，张力要均匀。筛网中部要有支承环，否则筛网将下垂，不但影响过筛效率，而且筛网易破损。

恒磁式磁选机主要用于金属杂质含量很低的管道输浆场合。还有一种将过筛和除铁设备组合在一起的，称为“带电磁除铁器的振动筛”。

（5）密度自动监控装置　英国陶瓷原料的配制方法，是将物料先各自化成具有一定密度的料浆，按容积进行配比混合，达到按干料质量配比的目的。密度自动监控设备就是为保证达到上述要求的自动控制系统。该装置适用于配制容量为1.8～4.5m^3的场合，最多可以控制六种水基泥浆的混合过程。现以一台容量为4.5m^3的设备为例，说明其控制操作过程。设备有一个容量为4.5m^3的玻璃钢储浆桶，其底部设有出料机构，全部被置于三个测力传感器上，储浆桶上还设有手动阀门的排水机构，测力传感器系统被设计成可以取消容器的质量，而称出的仅仅是泥浆的净质量。

由于可以得知容器中干物料的总质量，又可以知道没有被排出物料的质量，因此可以有一个自身零位，这便保证了在加料过程中能准确地控制加入原料的质量。

储浆桶上方装有声波液位指示器，从指示器得到信号并输给电子控制系统，从而得到质量上的有关变化与体积上的相应变化间的关系。测力传感器和声波液位指示器输出信号到电子控制系统，经电子仪器识别后，便可知道供入储浆桶内的泥浆密度，其结果可以从数字读出器读出。知道泥浆密度后，通过电子计算机，便可根据泥浆的容积计算出干料质量。

干料量的调整是通过调整手轮开关进行的。每一次加料量是根据按一定比率的模拟转换器上的数字盘而确定的。

程序控制器有效地控制每一次干料量的调整值，也就是控制泥浆密度的调整值。如果在干料量控制结束时发现泥浆密度过高，设备会自动地加水来调节控制泥浆的密度。

本系统设有电动闭锁装置，以保证下一次通入泥浆以前，储浆桶是空的。

（6）压滤　压滤出来的泥饼质量如何，对练泥质量有着直接影响。为保证练泥质量，对供入真空练泥机的泥饼的基本要求是不同片泥饼的含水率以及同片泥饼不同位置的含水率都要求稳定一致。要达到上述要求，在所有需要控制的因素中，下面几点是主要的：

①泵的效率要高，且尽可能靠近压滤机。

②滤布应清洁，且处于良好的工作状态。

③滤板的排水面应经常清洗，保持清洁，滤饼表面应平整。

④合起滤板后，要有足够的压紧力。密封性要好，以免供浆时在接合面处发生泄漏。

⑤滤板间的空隙厚度要一致。

如果满足上述条件，则当供浆压力为4.4MPa时，可得到平均含水率为22%～25%的泥饼。

在陶瓷工业生产中，要求泥料含水率在19%～22%为好。这意味着压滤机的工作压力必须提高，且要保证泥饼厚度一致。为此，应在每块滤饼中心部位装一等距离的套环或垫圈，以免在随后泵入泥浆时中心板偏斜。滤板偏斜将导致泥饼或厚或薄，使压滤机不同部位的泥饼含水率偏差较大，而且这种偏斜还导致滤板的破损。

高压榨泥对泥料的可塑性有影响。为保证可塑性，应比用正常压力（0.7～0.8MPa）压滤时加入更多的回坯泥，并需用较长时间压滤。

压滤效果与操作方法有很大关系。开始以1.9MPa的压力将泥浆压入滤机中，待泥饼初形成时，进浆压力降到0.7MPa，保压10～20min，然后再提高压力至2.02MPa，保压25～50min；这样便可得到含水率均匀一致的泥饼，而且泥料可塑性可以倍增。这是因为克服了黏土分层，在滤饼的外边缘形成了一个泥料层，使黏土的细颗粒在整个的滤饼截面上均匀分布的缘故。

为避免泥饼中心过湿，使用压缩空气清出装置，对控制泥饼温度均匀是有益的。

泥饼经过真空练泥会显著地提高可塑性，关键是必须均匀地、稳定地喂泥。

英国广泛使用的压滤机是60个滤室（产量2.4t/次）和80个滤室（产量3t/次）顶装式（悬挂式）的重型压滤机，以及100个滤室的全自动高压压滤机（产量5t/次）等。近年来Bulfon又制造1120个滤室和160个滤室的大型压滤机，其特点是在中间部位进浆，相当于两台60个滤室和80个滤室的压滤机组合，产量增大，可节省一套动力装置。

3. 美国的塑性坏料制备

美国一瓷厂所用陶瓷原料都是从原料专业厂购买来的加工好的袋装瓷土粉（有单料粉也有配合粉），解袋入池加水搅拌化浆、过筛（250目）、除铁（1T）、榨泥、真空练泥，供滚压成型用的塑性泥含水量20%。

原料车间所有加工泥料的机器设备凡是接触泥料的部分全用不锈钢制成，所有输送泥浆的管道均用塑料制成。泥浆池、防腐室均用瓷砖砌成，有效地防止了泥料加工过程中铁质、水泥等杂质混入泥料泥浆中。

陶瓷厂附近出产多种优质陶瓷原料，有专门原料厂开采加工，袋装粉料入厂后分别储存在25m高的圆形料仓中，然后根据坯料配方，由电脑控制，通过管道，按配方量用气压送入球磨机细粉碎，再经过筛、除铁、压滤、真空练泥。整个工序干净、无噪声、无粉尘，许多工序环节被机器代替，工人很少。在同一台机器上挤制的泥段呈黄、绿、白三种颜色，回头泥不混入。干压成型的鱼盘坯料，采用小型喷雾干燥器制成含水量为10.5%～11.5%的干压粉料。

二、注浆坯料制备

（一）注浆坯料的浇注性能

1. 泥浆的流变性

含水量超过液限（在自重作用下恰好能流动时的含水量）的坯料，称为泥浆。泥浆是一种胶体粒子与非胶体粒子在水介质中的分散体系，或泥浆是一种高浓度的悬浮液，通常是非牛顿体。一般黏土类泥浆的流动曲线接近宾汉体。只是其黏度在屈服值以后不是立即为一常数，有一个由大变小的过渡阶段，即曲线有一个“底部弯曲”，如图6－3（a）所示。

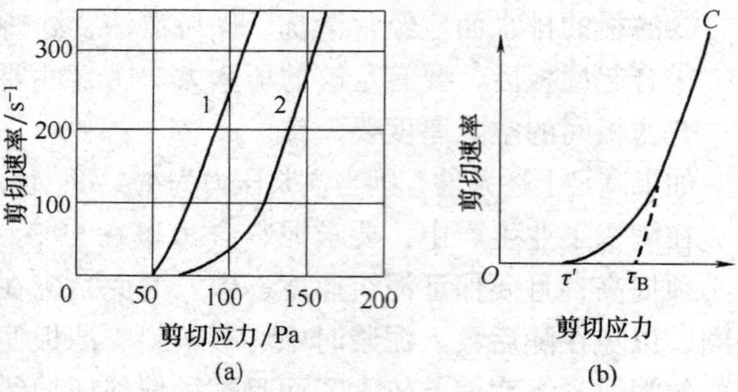

图6－3　泥浆流动曲线

1—卫生瓷泥浆（1.53L/kg）　2—黏土泥浆（1.34L/kg）

如将流动曲线的直线部分延长与应力轴相交于 τ_B（见图6－3），则 O—τ_B—C 相当于理想的宾汉流动曲线。τ_B称为“有效屈服值”，意思是如果系统服从宾汉定律，在最小剪切速率（速度梯度）下可以得到这个屈服值。因此有效屈服值 τ_B和真实屈服值f'的差值，表示泥浆偏离宾汉体的程度。

黏度是流变学的重要参数之一。

回转黏度计如图6－4所示。内筒固定，外筒以角速度 ω 旋转，带动内外筒之间的泥浆发生分层的转动。与外筒相接触的那层泥浆，角速度即为外筒的角速度 ω，与内筒相接触的泥浆静止不动，角速度为零。当运转稳定以后，各层泥浆对旋转轴的动量矩都保持不变，因此，外筒对泥浆作用的力偶、泥浆对内筒作用的力偶、各层泥浆间相互作用的力偶都相等。这个力偶 M 的数值，可从吊丝的扭转角定出。

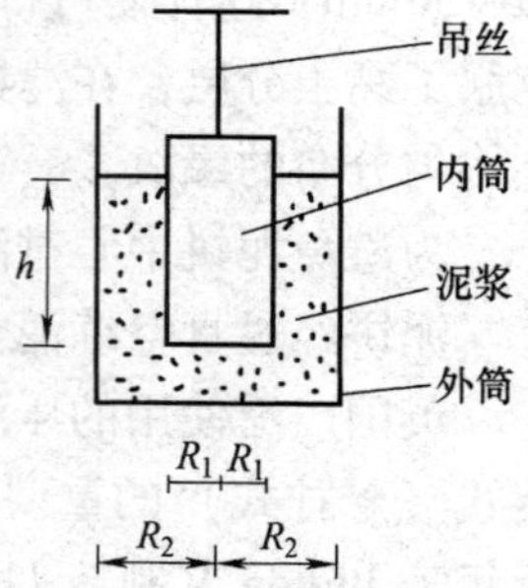

图6－4　外筒转动的回转黏度计

对牛顿液体而言，外筒角速度 ω、内筒所受的力偶 M 及液体的黏度系数 η 之间的关系为：

$$M = \frac{4\pi h\eta\omega}{1/R_1^2 - 1/R_2^2} \tag{6－1}$$

式中：R_1、R_2——分别为内筒及外筒的半径；

h——泥浆浸没内筒的高度。

在测定 M 及 ω 以后，η 即可求出。

式（6－1）称为玛右累斯（Margules）方程。

以 ω 为纵坐标，M 为横坐标，可得一直线，如图6－5所示。

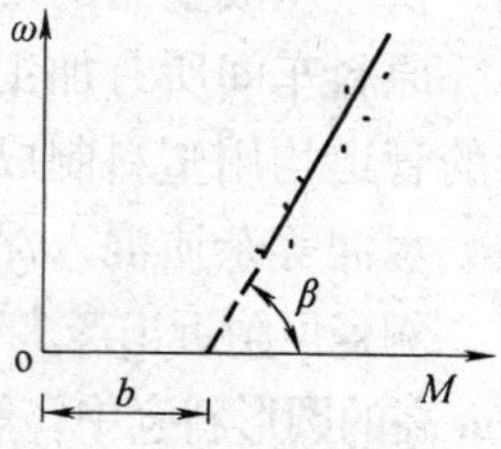

图6－5　回转黏度计中宾汉体的流动曲线

该直线的斜率为：

$$\tan\beta = (1/R_1^2 - 1/R_2^{\ 2})/4\pi h\eta \tag{6－2}$$

该直线延长后在 M 轴上的截距为：

$$b = \frac{4\pi h\tau \ln\ (R_2/R_1)}{1/R_1^2 - 1/R_2^2} \tag{6－3}$$

量出直线的斜率后，从式（6－2）可以求出泥浆的黏度系数 η。量出直线的截距 b，从式（6－3）可求出泥浆的极限剪切应力 τ，这样，就用试验方法求出了宾汉体的两个泥浆参数 η 和 τ。

外筒固定，内筒旋转的回转黏度计，如图6－6所示。

在图6－6中，内筒由电动机的转子带动。电机的定子与可动框架固结，可动框架挂在吊丝上。电机开动后，定子给转子以力偶 M，转子将此力偶传给内筒，内筒传给各层泥浆。另一方面，电机的转子给定子以反作用力偶，其大小也是 M。定子将此力偶传给可动框架，框架再传给吊丝。根据吊丝的扭转角可以定出力偶 M 的数值。按照运动的相对性原理，外筒静止，内筒以等角速转动，就相当于内筒静止，外筒以等角速度旋转。因此适用前者的诸公式，无论对牛顿体还是对宾汉体，都仍然有效。

将塑料薄片或金属薄片埋入泥浆中，在薄片顶施加拉力，拉力逐渐增加时，剪应力随之增加，当薄片发生可以觉察到的流动时，剪应力达到极限值 τ，如图 6-7 所示。使用的薄片不宜太光滑，以保证薄片上附有一薄层浆体，剪切流动发生在泥浆体之间。如薄片被拉动时施加于片顶的拉力与薄片重力的合力为 P，薄片的宽度为 b，埋入泥浆中的深度为 H，则极限剪切应力 τ 可按薄片的平衡而求出。

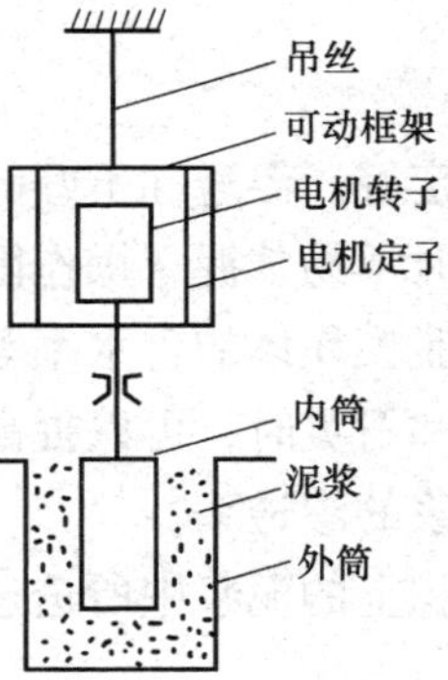

图 6-6　内筒转动的回转黏度计

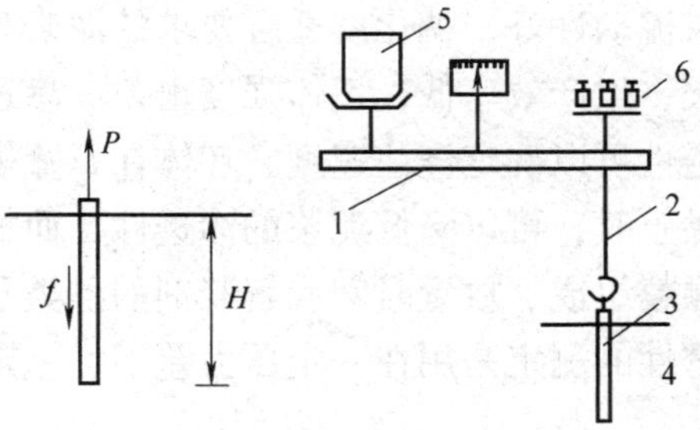

图 6-7　用薄片法测定极限剪切应力
1—天平　2—金属丝　3—塑料片　4—泥浆　5—烧杯　6—砝码

$$2Hb\,\tau - P = 0 \qquad (6-4)$$

$$\tau = P/(2Hb)$$

泥浆黏度直接受黏土质点的溶剂化膜、扩散水层和稀释水的影响。溶剂化膜和扩散水层的比例，则与原料矿物类型和原料分散度有密切关系。泥浆中黏土的离子交换效应及泥浆中的杂质也影响泥浆的黏度。

一般颗粒分散性大、化学成分中碱金属含量低、腐殖质含量少的黏土泥浆黏度较大。如多水高岭石和蒙脱石颗粒分散性大，其泥浆黏度较大。

原料研磨方法、研磨时间和陈腐时间长短、水温、解胶剂种类和用量等，均影响泥浆黏度。泥浆黏度太大，成型时不易灌满模型的所有部位，减慢浇注速度和干燥速度，降低生产效率。泥浆黏度太小，则由于颗粒间结合力小，坯体强度低，造成坯体开裂。

由于泥浆的结构不同（絮凝和解凝泥浆），同样的含水量，其流动度有很大差别。泥浆是一种接近胶体的悬浮液，其中黏土颗粒的板面与边缘带有不同的电荷。在一个较大的 pH 范围内，边缘往往带正电荷，而板面总是带负电荷。板面所带的负电荷在数值上远大于边缘所带的正电荷。

边和面将互相吸引，形成棚架结构（图 6-8）。水分被包围在棚架之中，降低泥浆的流动性。这种泥浆称为絮凝泥浆。

当加入适量电解质时，因为边缘电荷数量较少，边缘的正电荷易被全部中和或改变性质，有可能使颗粒表面全带负电荷。此时颗粒相互排斥，棚架结构中的水被释放，悬浮液的流动度大大增加，整个系统被解凝，这种泥浆称为解凝泥浆，所用的电解质称为解凝剂。

图6－8 “棚架”结构示意图

2. 泥浆的触变性

浇注泥浆在颤动或振动的影响下能获得流动性，而在静止后重新稠化，这个现象即称为触变性（稠化性）。注浆坯料的触变性，取决于所用黏土的性质、解胶剂的含量、泥浆的含水量以及制备方法。

触变性（稠化性）的测定方法与泥浆的厚化度测定方法相同。

触变性（稠化性）测定对泥浆来说具有重大意义。因为即使泥浆的流动性和渗透性好，而稠化度过大时，在注浆过程中易出现黏稠现象，使制品各部分厚度不一，引起开裂和变形。

3. 泥浆的渗透性

泥浆的渗透性是指泥浆中水分的过滤性能（去水性）。

泥浆流动性好，稠化度适合要求的泥浆其渗透性能不一定好。渗透性不好的泥浆，注浆时间长，生产效率低，坯体强度也差。渗透性太强，注浆时不易掌握，操作困难。从泥浆的渗透性可以确定浇注速度、坯体在石膏模中停留时间及脱模坯体的含水率等。在坯料中加入黏土时，可以降低泥浆的渗透性，而加入熟料、长石和石英时，可以提高泥浆的渗透性。颗粒组成、放置时间和解胶剂的种类及数量也影响泥浆的渗透率。

渗透性的测定是用在一定压力差下、一定时间内单位面积上的泥浆中所透过的水量来表示的。

在注浆过程中，有时可见到泥浆凝聚或沉淀，或泥浆刚调制时流动性较好，但放置一定时间后，泥浆流动性变坏，这些都说明泥浆不稳定。泥浆的稳定性与原料性能、颗粒组成、悬浮液性能和浓度有关。胶体微粒在某种液体中分散时，会出现“布朗运动”。在泥浆中加入解胶剂，使颗粒表面带有电荷，可以抵抗凝聚和沉淀。加入少量表面活性物质，可以增加物料的分散性，增大悬浮体的黏性，借以阻止颗粒的下沉，从而也可提高泥浆的稳定性。所以应根据原料性质确定泥浆的制备方法，选择适当的解胶剂及其加入量，以提高泥浆的稳定性。

（二）国内外注浆坯料制备工艺

注浆坯料制备的工艺流程和塑性坯料制备的基本相似，有经过球磨的和不经过球磨的，有经过压滤的和不经过压滤的，也有不经过球磨而经过压滤的。现将几种注浆坯料制备的工艺流程介绍如下，作为比较。

1. 球磨、压滤、泥段化浆

测定水分→{东湖泥→人工精选；桃红泥→人工精选；长石粉}→球磨→振动筛（160～180目）→一级泥浆池→第一、二次粗除铁→二级泥浆池→双层振动筛（80目、180目）→第三次除铁→永磁吸铁→三级池→压滤→一、二次真空练泥→陈腐→第三次真空练泥→泥段入搅拌池化浆→过筛（180目）→除铁→泥浆池→备用（注浆）

本流程中第三次真空练泥以前为塑性坯料制备的工艺流程，这种注浆坯料制备的特点是用制备好的塑性坯料来化浆制备注浆坯料。由于泥浆经过压滤滤去了由原料中混入的有害的可溶性盐类（Ca^{2+}、Mg^{2+}、SO_4^{2-} 等），可以改善泥浆的稳定性，适用于生产质量要求较高、形状较复杂的产品。但此种工艺流程所需设备较多，流程工序多，周期长，成本较高，是其缺点。

本流程在泥段入搅拌池化浆时同时加入水玻璃、Na_2CO_3或水玻璃、腐殖酸钠等电解质和增强剂。在把泥段投入搅拌池时可用较粗的金属线编成较大孔眼的网固定在木架上，置于搅拌池投泥口，使泥段割成小块入池，易于化浆。

2. 压滤、泥段化浆、真空脱泡

瓷石雷蒙粉——┐
高岭土雷蒙粉——→入池加水搅拌化浆→过筛除铁→压滤→粗练→陈腐→泥段割碎入池搅拌化浆→真空脱泡→压力注浆

本流程除增加一道真空脱泡工序外，其余与流程1基本相同。生产实践证明，用经过真空脱泡的泥浆注浆成型的制品，孔隙率低，致密度高，生坯强度有较明显的改善。当然，本流程要增加真空脱泡机、真空泵、空气压缩机以及泥浆管道等一整套设备。

3. 球磨化浆

经过粗碎中碎的硬质原料和软质原料→投球磨（加水、电解质）→搅拌池→过筛除铁→浆桶→注浆成型

这是只球磨不压滤的比较简单的注浆坯料制备流程。球磨起到研磨、混合、化浆的作用。这种流程所需设备少、工序少、周期短、成本低，操作简单，但泥浆稳定性较差。

4. 粉料化浆

各种粉料→配比称量入池加水搅拌化浆→泥浆→注浆成型
电解质——↑

这是既不球磨也不压滤的最简单的注浆坯料制备流程，但泥浆的性能不好。

5. 硬质原料和软质原料分别加工然后混合

硬质原料→洗涤→分级储存（200t料仓）→抽样分析检验→配料混合→粗磨→过筛（500μm细度）→除铁→旋风分离式管磨（>63μm的占1%～2%）→超声波筛选（分选出粗粒）→料仓

高岭土→称重（用中子探测器测定其中湿存水）→浆池加水搅拌化浆→过筛→高岭土浆＋瘠性原料充分混合→注浆用泥浆
└→喷雾干燥器→干压用粉料→喷雾干燥粉料＋泥浆在强化混合器中搅拌→可塑性坯料

这是德国坯料制备流程，其中喷雾干燥粉料是用于等静压成型用的。由于等静压法所使用的颗粒状坯料，要求其含水率达1.5%～3%，这样的颗粒状坯料可以在喷雾干燥时适当控制而获得。其中可塑性坯料是用于喷射注压成型的，其含水率为14%～18%，还引入了一定量的添加物，使之具有一定的流动性，这种坯料只具有流动性而无膨胀性。在喷射注压时添加润滑剂、电解质和增塑剂会产生积极效果。经过喷雾干燥的颗粒状坯料，既可用于等静压成型，也可以按所需含水量而制成可塑性坯料或其他含水量不同的坯料，当然，这需要在坯料中引入一定的添加物如液化剂、黏结剂、润滑剂以及表面活性剂。这些添加物可以在喷雾干燥过程中引入，也可以在强化混合过程中引入。

注浆坯料含水量为29%～50%。对注浆坯料来说，要求它在含水量尽可能低的情况下具有良好的流动性、悬浮性与稳定性，泥浆中各种原料与水分均匀混合而且泥浆具有良好的渗透性等。上述这些性能，主要通过调整坯料配方与加入合适的电解质来满足。但正确选择制备流程与工艺控制也可以在某种程度上改善泥浆性能，如搅拌可促使泥浆中料水混合均匀，保持悬浮状态，减少分层现象。陈腐可使水分分布均匀，促使泥浆中空气排除，提高泥浆流动性与可注性，增加坯体强度。一般泥浆在使用前需要陈腐一段时间，据研究证明，泥浆陈腐几天，使之充分水化水解，可以提高泥浆的工艺性能，并能降低烧成

起泡和针孔。泥浆陈腐可降低含水量同时增加流动性。

三、压制坯料制备

（一）粉料的工艺性质特点

粉料的性质既不像固体又不像流体，而是一种粉状体或称为粉体。在把粉体装进模具中时要想填充密实而均匀，几乎是不可能的。因为粉体装填于金属模中时，与模壁接触的粉体由于模壁的摩擦作用会出现跨接现象，粉体颗粒之间也会出现架桥现象。为了排除这种现象，可采用振动填充法。但振动填充法会导致颗粒按大小分层，有的地方空隙率发生变化或致密、松散不均匀。

为了适合干压成型，要求粉料具备如下工艺性质：

①提高体积密度，降低压缩比。

②要使粉料在金属模型中填充致密均匀，就必须把粉料制成一定大小的球状团粒，以减小颗粒间的内摩擦而提高流动性。

③粉料中的非团粒的细粉部分要极少，因细粉中包含许多空气且细粉降低流动性。

④粉料中水分要均匀。

（二）干压坯料的制备

干压坯料含水率低、对原料可塑性要求不高，但要求具有较好的流动性。粉状体的流动性不好将难于压实，已如前述。要使粉状体具有流动性，就必须采取工艺措施造粒。

所谓造粒，就是在已经磨得很细的粉料中添加黏结剂，做成流动性好的颗粒，而且不是一种颗粒，而是由几种大小不同的球状颗粒组成的。例如某厂用于干压的坯料是由269、196、81 孔/cm^2 三种筛网过筛的球状颗粒组成的，这种颗粒级比堆积密度最大。为了区别于粉料的原始颗粒，特把加工成的球状颗粒叫团粒。

造粒的方法，目前常用的有三种，即普通造粒法、加压造粒法及喷雾造粒法。

普通造粒法是将粉料加适量的水溶液，混合均匀（用手或混拌机混合），然后过筛，由于黏结剂的黏聚作用及筛子的振动或旋转作用，就得到粒度大小比较均匀的团粒。此法实验室中常用，适于制造少量试料。

加压造粒法是将混合好黏结剂的粉料预压成块，然后再粉碎过筛。国内某厂干压料制法是将榨泥后的滤饼进行干燥，再用双筒辊碎机压碎，然后经过小型轮碾机、混控机（加入油酸）、自动平板压床预压成块，再第二次经过轮碾机和平板压床预压成块，最后经过轮碾机、筒形旋转筛（筛网三层，筛孔分别为 81、196、296 孔/cm^2）、振动筛、旋风分离器。旋转筒形筛易于造成球形团粒，振动筛是为了除去粗粒的，筛余的粗粒送平板压床重压，筛下的料再过旋风分离器（或叫离心式旋风筛）成球状团粒的为合格干压坯料，而微细面粉状的即被送去平板压床重压。加压造粒法的优点是造出的团粒体积密度大，机械强度高，能满足各种大件和异形制品的成型要求，是生产上经常采用的造粒法。这种方法在生产上机动性虽然很大，但是产量小，劳动强度高，不能适应大量生产。

喷雾干燥造粒法是用喷雾器将制好的料浆喷入造粒塔进行雾化，这时进入塔内的雾滴即与从另一路进入塔内的热空气会合或相遇而进行干燥，雾滴中的水分受热空气的干燥作用，即在塔内蒸发而成为干料，然后经旋风分离器吸入料斗，装袋备用。

喷雾干燥造粒法得到的球状团粒流动性好。不过，团粒造得好不好与料浆的黏度及喷嘴的压力有关，黏度与压力不当，会使造出的团粒中心出现空洞。这种造粒法是现代化大规模生产所采用的，其优点是产量大，可以连续生产，劳动强度也大为降低，并为自动化成型工艺创造了良好条件。

用加压法造的团粒原是棱角状的，由于经过旋转筒形筛（球磨筒滚磨也可以）把棱角磨掉了而成球形。造粒时所加压力越大，流动性越好。黏结剂用量越少，体积密度越大，流动性越好。

理想的干压坯料是按照最紧密堆积原理造成多种球状团粒，不含或少含微细粉料，并对黏结剂用量等加以优选控制。喷雾干燥法造粒可得到比较理想的圆球形团粒，这是由于造粒过程是在近于液体的泥浆状态下进行的，依靠表面张力的作用而收缩成球形。

（三）湿压坯料制备

湿压坯料是将榨泥后的泥饼进行干燥，然后经过辊碎机辊碎、混捏、棒击粉碎机粉碎、电动快筛，即成含水率12%～14%的湿压坯料，一般比干压坯料含水量大些，这要视湿压产品的形状大小而定。湿压坯料也是呈团粒状的，但不是严格的圆球形，团粒直径大小3mm左右。湿压坯料用手捏之成团，放开手落地即散。由于湿压坯料含水率比干压坯料高，所以湿压坯料的可塑性和流动性都比较好，而收缩率也相应大些。

（四）热压铸坯料制备

榨泥前的工艺流程和干压湿压坯料的相同。从泥饼开始要经过泥饼干燥、辊碎、轮碾、过筛、粉料装钵装窑、煅烧、出窑出钵、干球磨、出磨、料粉干燥、加蜡加热、搅拌、冷却后即为热压铸坯料。

用粉料烧结成烧块，是出于容易粉碎的原因。烧块检验内容：

①用品红溶液检验烧块烧结程度，要求完全烧结，生烧的要剔除。因为用生烧烧块干磨后制成的料浆黏度大，流动性差，降低可铸性。

②烧块出窑后不能在空气中停留，要立即检选，进行干磨，以免吸湿影响可铸性。

③烧块中的杂质要剔除。

干式球磨是热压铸坯料制备中的关键工序之一。烧块在进行球磨以前要在140℃下干燥24h。生产实践证明，可铸性为40mm时，每人8h可完成某种产品7000只；可铸性为60mm时，每人8h可铸造同样产品14000只。

干磨粉料中细粒过多则比表面积增大，要制成同样流动性和可铸性的热压铸坯料，就需要更多的黏结剂，干磨中加少许油酸的目的就是要减少细颗粒，以减少石蜡添加量，同时保证热压铸坯料的流动性和可铸性。

配浆时，为了尽可能减少石蜡含量，要把干磨粉料进行彻底干燥，并立即和熔化好的石蜡混合搅拌。搅拌时间适当延长，可降低浆的黏度，空气易排除，浆的性能好。螺旋桨转速为40～80r/min，最好采用热搅拌抽真空。浆温度高些，则浆的流动性好些；但温度过高则黏结剂被蒸发掉，反而提高黏度。一般配浆温度为80～90℃。粉料石蜡熔化混合搅拌均匀后，倾入搪瓷盆中冷凝成硬块，即为热压铸坯料。

第三节　釉料制备

陶瓷釉中的玻璃相、晶相和气相直接影响陶瓷材料或陶瓷制品的釉面透光度、光泽度、白度、热稳定性和机械强度等物理性能。陶瓷釉的宏观性质取决于它的微观结构，而微观结构又取决于釉料组成、釉料制备工艺、施釉方法和烧成制度等各种因素。因此，要提高釉面质量必须重视釉料制备。

一、釉料制备的质量要求及控制

釉料制备有两方面是至关重要的，一是原料选择，二是釉浆的质量。

（一）原料选择

关于原料选择要注意下列问题。

①制釉原料要求纯度高，一般使用拣选级别较高的原料，并和其他原料分开储存以免杂质混入。

②须采用不溶解于水的原料。能溶于水的原料在施釉时将随着坯体对釉浆水分的吸收而进入坯体，对坯体性质产生影响。

③石英、长石等原料在使用前必须仔细挑选、洗涤，以防止杂质的混入。

④一般日用瓷厂对于石英均采取先煅烧然后使用的方法，一方面可以有利于原料的粉碎，另一方面煅烧可以把铁杂质暴露出来并拣出。制釉所用的黏土可以采用部分煅烧过的黏土，以防止黏土产生的过量收缩而对施釉质量发生影响。

⑤关于长石，普遍采用钾长石进行配釉。为了减少成熟的釉中产生气泡的倾向，可以将长石先行煅烧。我国个别地区对长石预先煅烧然后使用进行过试验。

⑥利用废瓷粉部分取代长石作为制釉原料，在一些生产单位已应用。废瓷片在粉碎前必须洗涤，除去泥污与灰尘。

（二）釉料质量

陶瓷釉性能与釉浆质量关系紧密，为保证顺利施釉并使烧后釉面具有预期的性能，对釉浆质量要严格要求。一般从以下几个方面予以控制：

1. 釉浆细度

釉浆的细度要适当，不能过粗或过细。釉浆细度直接影响釉浆稠度和悬浮性，也影响釉浆与坯的黏附能力、釉的熔化温度以及烧后制品的釉面质量。一般说来，釉浆细，则浆体的悬浮性好，釉的熔化温度相应降低，釉坯黏附紧密且两者反应充分。但釉浆过细时，会使浆体稠度增大，施釉时容易形成过厚釉层，施釉后干燥收缩大，易产生裂纹，从而降低制品的机械强度和抗热震性。即使釉层厚度适中，因釉料过细，高温反应过急，釉层中的气体难以排除，容易产生釉面棕眼、开裂、缩釉和干釉缺陷。此外，随釉浆细度增加，含铅熔块的铅熔出量增加。长石中的碱和熔块中钠、硼等离子的溶解度也有所增加。釉浆细度过粗时，坯釉结合差，而且釉浆悬浮性减弱，易引起沉淀，并降低釉面质量。一般陶瓷釉料的细度为万孔筛筛余不超过 0.2%，釉料颗粒组成：大于 10μm 的占 15% ~25%，小于 10μm 占 75% ~85%。乳浊釉的细度是万孔筛筛余小于 0.1%。

2. 釉浆相对密度

釉浆相对密度对施釉时间和釉层厚度起决定作用。釉浆相对密度较大时，短时上釉也容易获得较厚釉层。但过浓的釉浆会使釉层厚度不均，易开裂、缩釉。釉浆相对密度较小时，要达到一定厚度的釉层须多次施釉或长时间施釉。釉浆相对密度的确定取决于坯体的种类、大小及采用的施釉方法。颜色釉的相对密度往往比透明釉大些。日用瓷釉相对密度波动于1.36~1.75，精陶釉为1.5~1.6，粗陶釉是1.6~1.8。生坯浸釉时釉浆相对密度为1.4~1.45；素坯浸釉时相对密度为1.5~1.7；烧结坯体所施釉浆更浓，要求1.7~1.9；机械喷釉的釉浆相对密度范围可大一些，一般为1.4~1.8。

冬季气温低，釉浆黏度大，釉浆相对密度应适当调小；夏季气温高，釉浆黏度小相对密度应适当调大。

3. 流动性与悬浮性

釉浆的流动性是施釉工艺中重要的性能要求之一。釉料的细度和釉浆中水分的含量是影响釉浆流动性的重要因素。细度增加，可使悬浮性变好，但太细时釉浆变稠，流动性变差；增加水量可稀释釉浆，增大流动度，但却使浆体相对密度降低，釉浆与生坯的黏附性也变差。有效地改善釉浆流动性的方法是加入添加剂。单宁酸及其盐类、偏硅酸钠、碳酸钾、阿拉伯树胶及鞣质减水剂等为常用的解胶剂，适量加入可增大釉浆流动性。

釉浆的悬浮性是釉浆稳定的重要标志。增大颗粒细度，颗粒悬浮的几率变大，悬浮性能变好。另一方面，颗粒级配也事关重要，大颗粒份额多就增大了沉淀的机会，悬浮性变坏。石膏、氧化镁、石灰、硼酸钙等为絮凝剂。少量加入可使釉浆不同程度的絮凝，改善悬浮性能。

另外，陈腐对含黏土的釉浆性能影响显著。它可以改变釉浆的屈服值、流动度和吸附量并使釉浆性能稳定。

二、釉料制备

釉料种类很多，根据对釉料的特殊要求，釉料制备方法也随之而异。

（一）生料釉料制备

由于陶瓷生料釉组成内不使用熔块，所以它们仅限于最高烧成温度大于1150℃时使用。通常可用做生产硬质瓷器、玻化卫生瓷、炻器、电瓷及各种低膨胀坯体的施釉。生料釉内含有矿物溶剂，如长石或霞石正长岩，外加黏土、石英、碳酸钙、白云石、氧化锌和硅酸钴作为常用原料。低膨胀生料釉还使用透锂长石作为熔剂。生料釉不会有任何形式的玻璃相，在烧成时必须经过足够时间将气体排出，釉熔融后可获得光滑而无气泡的釉面，因此，生料釉烧成时间要比熔块釉长。在烧成温度低于1150℃时，则宜采用熔块釉料。

日用瓷厂所使用的釉料多为生料釉，其中白釉均为生料釉，颜色釉等则不仅是生料釉。

1. 配料

釉料配方确定后配料是至关重要的，应严格控制。一般干法配料较多。要求称量设备必须要标准，特别是配方中含量较少物料，如电解质、添加剂等称量必须准确，必要时可用较精密的天平称量。

2. 釉料研磨

釉料细度不但影响釉浆质量，而且影响釉面质量。釉料越细则釉浆稠度越高，同时干燥收缩也越大，施釉后易出现裂纹。

细磨的釉料可以使各种釉原料均匀混合，同时颗粒度小则比表面积大，反应面扩大，容易导致熔融，降低烧成温度，提高釉面光泽度。日用陶瓷厂对釉料细度的要求一般为万孔筛筛余量0.02%，要使釉料达到此种细度要求，有的要研磨100h甚至更长时间。然而，由于长时间湿式研磨，会出现某些原料（如长石）中的碱性成分的浸出，导致釉浆稠度不稳定现象，这可以采用解胶剂，以增加釉浆的悬浮性。

釉浆的稠度对上釉速度和釉层厚度起着重要作用。浓度大的釉浆会使釉层加厚，而且容易出现堆釉等上釉不均匀现象。但是浓度太小的釉浆，在同一操作情况下，会使釉层过薄而在烧成时容易产生干釉现象。

釉料研磨一般采用独用的球磨机进行。

3. 几种生料釉制备流程举例

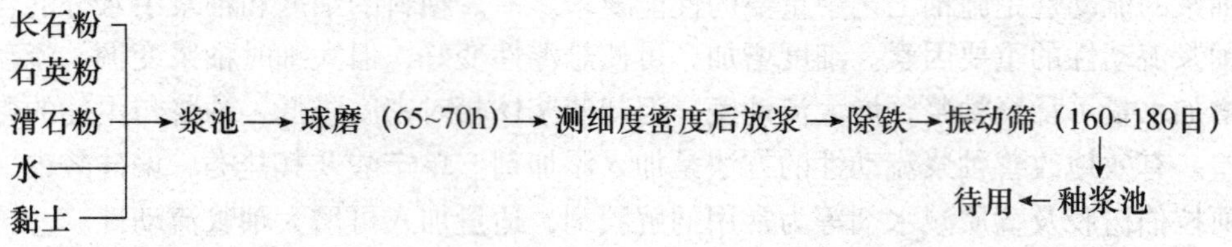

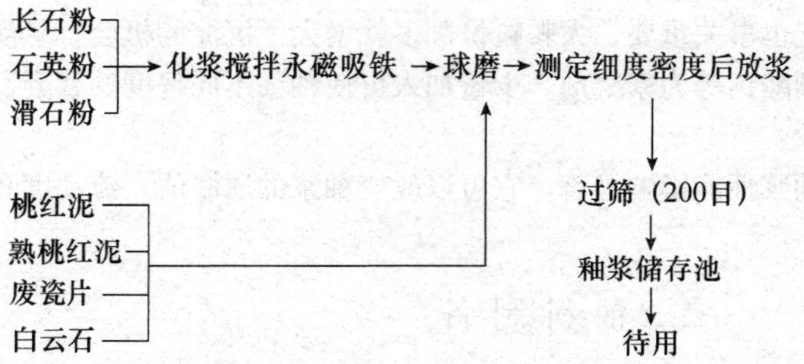

以上两种制釉工艺流程的共同特点是将长石粉、石英粉和滑石粉三种粉状硬质原料单独入池化浆搅拌除铁，然后和软质原料黏土一起投球磨进行湿磨。第二个流程把废瓷片、白云石和桃红泥一起投球磨。三种粉状硬质原料先入池化浆再球磨，主要是使三种粉状硬质原料预先湿润一下，使每个颗粒周围都被水膜包围起来，这样和软质原料混合更均匀，而废瓷片和白云石则不是粉状的，故可和软质原料一起投球磨。再看下面流程。

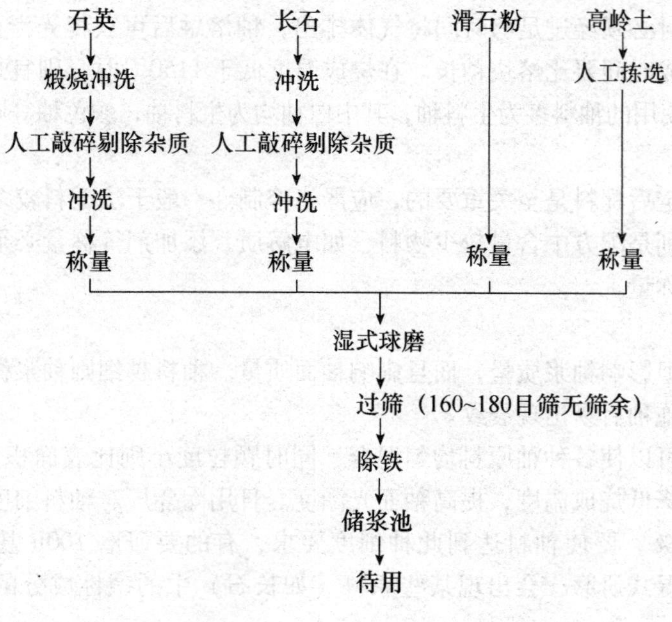

本流程湿磨时，料∶球∶水 = 1∶1.8∶0.5，磨 70h，分析细度要求 400 目筛余 < 0.2%，生产上过 160 ~ 180 目筛无筛余。

石英和长石煅烧冲洗后用人工敲碎剔除杂质这一工序是极为重要的。人工敲碎时，一面敲碎（块度约 10mm）一面拣选，带色的铁质矿物、角闪石等杂质予以剔除，然后把敲碎拣选过的石英、长石分别装在车上，再用水冲洗，晾干后即可称量投入球磨。

分析细度是指从球磨机中取出釉浆样品进行分析，要求过 400 目筛，筛余 < 0.2%，而实际生产中球磨放浆过筛要考虑效率，当然不能用 400 目筛，只能用 160 ~ 180 目筛，有的瓷厂用 200 目筛都相当困难。

高岭土也要人工拣选，为了生产高白釉，凡非黏土质的物质如石英块和着色物质如黑云母都必须仔细剔除。

利用废瓷片来生产釉料。其应用方法是将废瓷片直接配料经轮碾机碾碎后再配料球磨，其粉磨至通过 150 目或 200 目筛，制成瓷粉再配料，效果甚佳。应用表明，釉料中引入一定量的废瓷粉，可防止吸“黄烟”现象，减少针孔和釉泡等缺陷，提高釉面光泽度和白度，而且提高釉面硬度。因此，用废瓷粉取代部分长石、烧黏土或氧化铝，不仅变废为宝，降低釉料成本，而且还显著改善产品质量，值得推广应用。

（二）熔块釉料制备

配釉原料中，有的是有毒的，如氧化铅以铅丹引入，铅丹有毒。还有的原料易溶于水影响釉浆成分均匀。熔制熔块须遵守一定的原则，若配合不当，不是熔块的熔融温度太高，就是制成的熔块中仍然有某些组分溶解于水，或者黏度太大，成分不易均匀。

1. 熔块的配置原则

①$n(RO_2 + R_2O_3)/n(R_2O + RO)$ 为 1 ~ 3。这样就可保持适当的熔化度。因为熔融温度过高，一些成分，如 PbO、B_2O_3 及碱性氧化物易于挥发。

②引入氧化钠、氧化钾的原料与含硼化合物等，凡溶于水的原料以及有毒的原料均须放入熔块中。

③在熔块中 $Na_2O + K_2O$ 的摩尔数之和应小于其他溶剂性氧化物的摩尔数之和。这样，制成的熔块可不溶于水。

④熔块中若有 B_2O_3，则 $n(SiO_2)/n(B_2O_3)$ 须在 2∶1 以上。因为硼盐的熔解度较大，增加 SiO_2 可降低熔解度。

⑤熔块配料中 Al_2O_3 须在 0.2mol 之内。如过多则熔化困难，黏度增加，得不到均匀的熔块，也容易因熔化温度高而使有些成分挥发。

⑥为了使熔块釉具有悬浮性，减少釉浆的厚化度，降低熔块的熔点，强化坯釉中间层的形成以及降低釉的热膨胀系数，将部分黏土（特别是可塑性强的黏土）、多余的石英以及一些易悬浮的原料如石灰石、氧化锌等不放入熔块中，可作为生料处理。

2. 熔块釉与生料釉比较

①熔块釉中的原料部分或大部分须制成熔块。

②生料釉中不用的可溶性原料，可用于熔块釉中制成不溶于水的熔块，减少了有害物质的溶析。

③熔块釉成熟温度范围广、适应性强。

④熔块釉比较同成分的生料釉易熔，因此制成熔块是降低熔融温度而不改变成分的有效方法。

3. 熔块釉料制备流程

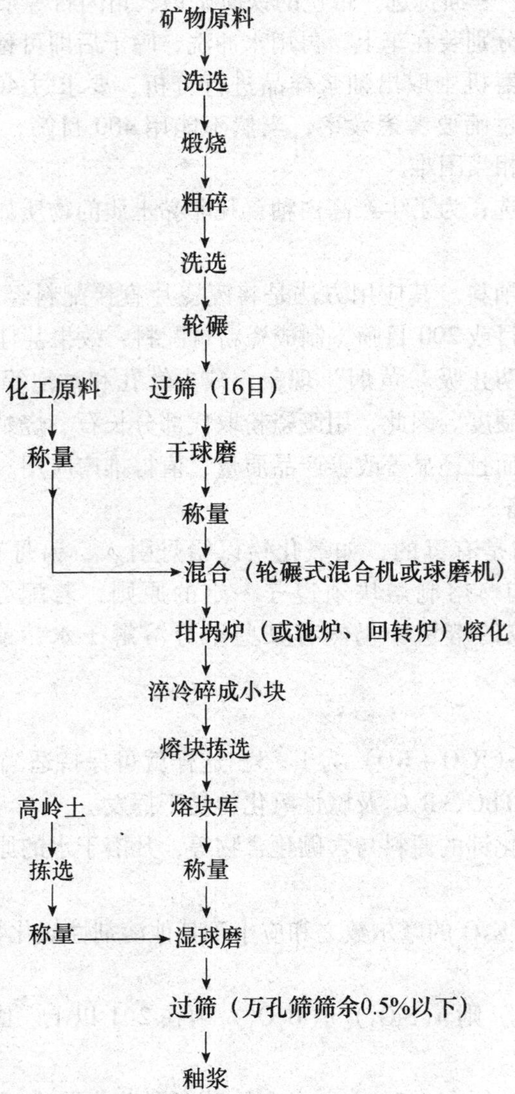

熔块釉包括熔块与生料两部分。

为了保证熔块料混合均匀，所有原料都必须预先制成粉料。长石、石英等硬质原料一般经干碾过筛40～60目即可与化工原料混合入坩埚炉或池炉或回转炉熔制；也有硬质原料干式轮碾后还要干式球磨，黏土类原料先经烘干再进行球磨；化工原料可直接过筛，对其中结块者也须经干碾后过筛。粉料的含水量要尽可能的控制在一定的范围内。

将原料制成粉料是为了混合均匀，但原料过细在池炉中易被烟气带走而改变组成。

配料称量时要求配比准确、混合均匀。通常用轮碾式混合机、球磨机或反复过筛的方法混合熔块料。

熔制熔块的温度制度对保证熔块质量也很重要。通常认为高温、快速熔制既能保证熔块熔融透彻，又能防止过多的易挥发物挥发掉。

熔块熔体经水淬成粒可缩短釉料研磨时间。

要控制熔制气氛，某些成分对气氛比较敏感，如铅熔块，若在还原气氛下熔制，则会形成金属铅。

熔块的熔制按产量大小而决定采用坩埚炉或池炉、或回转炉。

（三）特种釉料制备

除了上述的生料釉、熔块釉之外，还有颜色釉和结晶釉等，统称之为特种釉料。乳浊釉和无光釉则纳入熔块釉，它们的釉料制备工艺基本上是相同的。而颜色釉和结晶釉的釉料制备则有特殊之处，故另划归一类。

1. 铬绿釉料制备

（1）工艺流程

三氧化二铬、三氧化二铝、硼砂→配料→干式碾磨→装钵→煅烧→粉碎→酸洗→水洗→研磨→过筛→烘干→色基（装瓶备用）

基础釉＋色基→湿式球磨→出磨后人工研磨至无手感粗料即为色釉，储存备用

（2）工艺控制　配制色基时所用三氧化二铬、三氧化二铝、硼砂等都是粉状化工原料或工业原料，在煅烧之前要把这些原料混合均匀，有干式研磨法和湿式研磨法，实验室一般都用干式研磨法混合生料，这是因为量少用干法混合比较方便，用湿法研磨混合则要加水进去又要脱水出来，费时费事，当然，干法研磨混合效率要差些。

色基生料在煅烧前必须充分混合均匀及充分磨细，以便反应充分，从而获得质地均匀、发色鲜艳稳定的色基。

煅烧铬绿釉色基时以还原气氛为好，也可以用氧化气氛，煅烧温度应严格控制在1250～1280℃，防止生烧过火，保证色基呈色纯正。

漂洗色基时，应先用1%的稀盐酸洗涤24h，至少要换洗涤剂三次；然后用自来水冲洗数次，漂洗24h，再研磨色基至过万孔筛余0.05%以下，烘干，即为铬绿色基。

基础釉即为一般的白色生料釉，在基础釉中加入一定量的色基，进行湿式球磨，釉浆细度要求过万孔筛，筛余在0.05%以下，所得釉浆即为铬绿釉料。

2. 钴蓝釉料制备

（1）工艺流程

配料称量→湿式球磨→过筛→烘干→煅烧→粉碎→酸洗→水洗→球磨→过筛→烘干→色剂（装瓶备用）

（2）工艺控制

①三氧化二铝、氧化钴用化工原料。

②球磨时，球：料：水比为1:1:1.2。

③球磨时间48h，煅烧后球磨72h，万孔筛余0.02%。

④漂洗，用1%稀盐酸洗涤色剂，漂洗24h，然后用清水漂洗4～5次，每次12h，以便洗净可溶性物质。用含硫酸盐杂质的着色氧化物，含易分解的化合物熔剂和色料等煅烧不足或漂洗不充分时，均会发生棕眼现象。

⑤煅烧气氛，钴蓝色剂与煅烧气氛无关，如在实验室中配制则用电炉煅烧很方便。

⑥煅烧温度在1280～1320℃比较适宜。

（3）钴蓝釉料配制

①基础釉配方（%） 长石47，石英28，抚州高岭土8，滑石10，石灰石6。为克服烟熏缺陷，将石灰石减为4%，加入2%碳酸钡，后者起稳定气氛作用，效果很好。

②钴蓝釉浆制备流程 因色剂、滑石、石灰石均是粉料，故长石、石英、抚州高岭土块等都要经过粗碎、中碎、细碎，有的还要先煅烧再粉碎。如石英煅烧后再洗选粉碎，滑石粉也要经1300℃煅烧。

基础釉＋色剂→称量→湿式球磨→釉浆→备用

（4）其他色釉配制 钴蓝釉料配制颜色釉品种很多，其釉料制备工艺大同小异，我国南北方颜色釉配制方式可归纳为下列五种：

①基础釉＋着色矿石（如铜矿石、紫金土、钴土矿等） 就地取材，传统配釉方式。

②基础釉＋着色化工原料（如三氧化二铁、氧化铜、三氧化二铬等） 呈色纯正，操作方便。

③基础釉＋色基（或色剂、颜料） 呈色纯正，操作方便，便于配套和调制中间色。

④基础釉＋色剂＋辅助原料（辅助原料不参与发色，但使呈色效果更好）。

⑤熔块釉＋着色原料 具有降低熔融温度，增强釉面光泽等特点。

3. 结晶釉料制备

（1）硅锌矿型结晶釉 一般由基础釉、结晶剂、着色剂三部分组成。

①基础釉。一般采用陶瓷厂大生产中所用的白釉作为底釉，即作为坯与结晶釉之间的基础层。此种底釉也可以作为基础釉，再加入结晶剂和着色剂调成生釉或制成熔块釉。基础釉所用原料有长石、石英、黏土等矿物原料。为了调整釉的熔融温度可加入玻璃粉、硼砂和铅丹等作为熔剂。

②结晶剂。硅锌矿的主要成分为氧化锌和石英，对这两种原料的纯度要求高些，这样有利于高温反应中生成硅锌矿结晶。此外还有加入氧化钼和五氧化二钒等作为矿化剂以促进晶体成长。

③着色剂。一般采用化工原料如氧化铁、氧化钴、氧化钛、氧化铜、氧化镍、氧化铬、氧化锰等调衬底色，使晶体突出其艺术价值。

有的结晶釉不加着色剂。

（2）硅锌矿结晶釉料制备工艺 基础釉料制备工艺和生料釉料的完全相同，可以是长石釉、石灰釉或石灰碱釉。

结晶釉料制备工艺和生料釉料制备工艺基本相同，但有基础釉和结晶釉分开制备及混合制备两种，这要视施釉方法而定。

硅锌矿结晶釉料制备流程之一：

石英粉
玻璃粉
氧化锌
稻草灰
→配料称量→湿式球磨→过筛→釉浆→待用

①此结晶釉配方为 石英8.8%，玻璃粉53%，ZnO 35.4%，稻草灰2.8%。

化学组成：SiO_2 51.5%，Al_2O_3 2.41%，Fe_2O_3 0.5%，CaO 6.27%，MgO 0.89%，

K_2O+Na_2O 6.70%，ZnO 31.73%

②此结晶釉的釉浆密度1.53g/cm^3，干釉密度3.18g/cm^3，釉浆水分46.38%。

③釉料颗粒组成（筛分析结果）

>0.088mm	0.088～0.01mm	0.01～0.005mm	0.005～0.001mm	<0.001mm
1%	45.81%	20.95%	31.3%	0.94%

④基础釉配方为长石50%，石英25%，滑石12%，市桥泥13%。

⑤本例是把结晶釉和基础釉分开制备，施釉时先在经800～900℃素烧过的坯体上施一层基础釉，待干燥后，再在基础釉上面涂布一层结晶釉。

硅锌矿结晶釉料制备流程之二：

氧化锌，滑石粉
石英，　碳酸钙
长石，　纯碱
玻璃粉，铅丹
→配料称量→湿式球磨→过筛→釉浆→待用

①此结晶釉配方为氧化锌30%，石英25%，长石10%，玻璃粉23%，滑石粉5%，碳酸钙3%，纯碱2%，铅丹2%，均为粉料。

②湿式球磨，料∶球∶水＝1∶1.2∶0.8，球磨6～8h，釉浆过筛全部通过100目筛；其中要求通过250目筛的颗粒占80%左右。

③本例是把结晶釉和基础釉混合制备，施釉时不另施基础釉，则在已素烧坯体上直接施结晶釉。

第四节　坯釉料制备的主要工序及设备

一、原料粉碎

块状的固体物料在机械力的作用下而破碎使块度或粒度达到要求，这种原料的处理操作，即为原料粉碎。粉碎所需之功与粉碎时新增加的面积、粉碎度、物料块体积的改变（变小）程度成正比。在所作的功中，只有用来克服被粉碎物料质点间吸引力所需的功，才是用于粉碎所作的有效功。

粉碎操作一般用挤压、冲击、研磨、劈裂等方法。在多数情况下，粉碎力都是上述几种力结合而成的。

选择粉碎方法时，应当随被粉碎物料的硬度等物性而定。例如以冲击和挤压粉碎坚硬物料，以研磨粉碎韧性物料，以劈裂粉碎脆性物料。按粉碎后物料块度可分为粗碎［破碎后物料块度（直径）≤40～50mm］，中碎（粉碎后物料块度≤0.5mm），细碎（粉碎后物料块度或粒度≤0.06mm）。

常用的粉碎机械有以下几种。

（一）颚式破碎机

物料受到破碎机的活动牙板推向固定牙板的挤压作用而破碎。被压碎的物料在活动牙板退回时掉出。出料块度可通过调节出口处两牙板间距离来控制，但其进料块度大，出料块度也较粗，可调范围较小，粉碎比不大（约为4）。颚式破碎机是陶瓷厂的粗碎设备。

破碎机的生产能力计算方法如下：

$$G=\frac{0.06\mu\rho kbsd}{\tan\phi} \tag{6-5}$$

式中：G——破碎机的生产能力，kg/h；

μ——物料的松动系数，0.4～0.7；

ρ——物料的密度；

k——每分钟牙板摆动次数，次/min；

b——进料口长度，m；

s——牙板之开程，m；

ϕ——钳角；

d——破碎后最大物料块的直径，mm。

由于破碎机的不平衡运动，致使厂房发生振动，故宜安装在底层。

（二）轮碾机

轮碾机是日用陶瓷厂的中碎设备。物料是在碾盘与碾轮之间相对滑动与碾轮的重力作用下被研磨与压碎的。碾轮越重，尺寸越大，则粉碎力越强。陶瓷厂用于制备坯釉料的轮碾机常采用石质碾轮和碾盘。

轮碾机的粉碎比较大（约10以上），其细度由粉碎系统的筛分设备控制。细度要求越细，则筛分设备的回料量越大，生产能力相对降低。

轮碾机的最大允许加料尺寸取决于碾轮与碾盘间的钳角。一般轮子直径为物料块直径的14～40倍。硬质物料取上限值，软质物料取下限值。轮碾机多用于细碎或粗磨。

轮碾机碾碎的物料颗粒组成比较合理，从微米级颗粒到毫米级颗粒，粒径分布范围很广，因具有较合理的颗粒级配，常用于碾碎匣钵料。

（三）球磨机

球磨机是陶瓷厂的细碎设备。在细磨坯料和釉料时，它起着研磨和混合作用。为防止铁质混入，用瓷砖或花岗岩作衬里，以瓷球或硅石为研磨体。

陶瓷厂多数用间歇式湿式球磨法研磨坯釉料，这是由于湿式球磨时，水对原料颗粒表面的裂缝有劈尖作用，其研磨效率比干式球磨高，制备的可塑泥和泥浆的质量比干磨的好。泥浆除铁比干粉除铁磁阻小，效率高，而且无粉尘飞扬。但与某些细碎设备比，湿式球磨动力消耗大，粉碎效率低，这一直是陶瓷厂原料粉碎中存在的重要问题之一。生产实践和理论研究，得出影响球磨效率的主要因素如下：

1. 球磨转速

球磨转速直接影响球石在磨机内的运动状态。当转速太快，超过球磨机临界转速时，研磨介质将附在球磨机内壁随着球磨机旋转，而失去粉碎（撞击、研磨）作用。当转速太慢，低于临界转速时，研磨介质上升不高就滑行下来，粉碎作用也很小。当转速适当时（临界转速附近），研磨介质升高到其重力的分力等于离心力时就开始下落，物料受到最大的冲击力和研磨作用，粉碎效率最高。

球磨机的临界转速随球磨机圆筒直径的增大而减小，其关系式如下：

当有效内径 $D>1.25\text{m}$ 时，$n=35/\sqrt{D}$

当有效内径 $D<1.25\text{m}$ 时，$n=40/\sqrt{D}$

式中：n——转数，r/min；

D——有效内径，m。

一般 1t 料球磨机转速宜为 25～28r/min。

2. 研磨介质

球磨效率与研磨介质的多少、大小、级配、形状、密度有关。

球磨机中装入的研磨介质越多，则在单位时间内物料被研磨和冲击的次数越多，磨效越高。但研磨介质过多，会由于占据有效空间而导致磨效降低。

研磨介质的大小和级配与球磨机内径、物料粒度有关，三者之间的关系为：

$$D/24>d>90d_0$$

式中：D——球磨机圆筒有效内径，m；

d——研磨介质最大直径 mm；

d_0——物料粒径，mm。

研磨介质的比表面积越大，则研磨介质与物料的接触面积越多，磨效越高。而研磨介质的比表面积与其大小有关，太小则质量轻撞击力小，磨效低。根据瓷厂经验，研磨介质为鹅卵石时，大球直径 70～100mm 占 10%，中球直径 50～70mm 占 20%，小球 30～50mm 占 70%。

有的瓷厂用圆棒形研磨介质代替球状研磨介质，球与球是点接触，圆棒与圆棒是线接触和面接触，生产证明圆棒形研磨介质比球状研磨介质磨效要高。研磨介质的密度越大则冲击力越大，磨效越高。

3. 水量及电解质

加水量的多少也影响球磨效率。加水过多，不仅占据有效空间，而且由于黏附在研磨介质上的物料少，减弱了球石对物料的研磨效率。加水量过少，泥浆流动性差，泥浆将球石黏结成团，失去了球石互相撞击研磨的作用。最佳的加水量要根据物料的工艺性能通过实验确定。

加入电解质，可使物料颗粒表面形成一层胶黏吸附层，对颗粒表面的微裂纹发生劈尖作用，减弱颗粒间的分子引力，提高粉碎效率。如加入 0.5%～1% 的亚硫酸纸浆废液或 $AlCl_3$，可提高球磨效率 30% 左右。

4. 加料粒度

加料粒度越细则球磨时间越短，但过细则势必增加中碎的负担，通常球磨机加料粒度为 2mm 左右。

5. 加料方式

球磨坯料时，应先投硬质原料如石英、长石、瓷粉和少量黏土，先磨若干小时再加软质原料黏土，这样可提高球磨效率。

6. 装载量

球磨机中料、球、水的总装载量对于球磨效率有很大影响。通常总装载量以容积计算时约占球磨机空间的 4/5。一般料: 球: 水比为 1:(1.2～1.5):(1～1.2)。磨釉料时，加水量相应减少。

（四）雷蒙机

雷蒙机的优点在于粉碎效率高，粉碎比大（>60）与细度很细（通常可达 325 目）。但当细磨石英、长石等硬质原料时，锤辊由于转速高而磨损大，使磨料中混入不少铁质，这就要求后续工序加强除铁措施。雷蒙机的出料粒度是通过设备上部的风筛机来控制的，达到要求细度的粉料由风筛机扫出机外，旋风分离机收集之。因此，由雷蒙机磨细的粉料颗粒比较集中，故不宜用于处理有粒级要求的粉料。现将雷蒙粉、球磨泥和水碓舂碎制不子三种不同粉碎方法的颗粒分布如表 6－3 所示，以供参考。

表 6－3　　原料颗粒分布表

原料名称	细度（350 目筛）余/%	真密度/(g/cm^3)	颗粒分布/%									比表面积/(cm^2/g)
			<1μm	<5μm	<10μm	<15μm	<20μm	<30μm	<40μm	<50μm	>50μm	
宁村雷蒙粉	0.027	2.1918	2.67	16.5	37.7	47.2	58	81.4	95	100		3476.6
柳家湾雷蒙粉	0.03	2.7063	3.49	20.9	48.4	59.9	67.4	85	94.2	100		
余干雷蒙粉	0.236	2.6787	2.3	16.4	38.5	49.3	59.6	81.8	92.2	100		
宁村原矿球磨泥	250 目无筛余	2.6879	7.32	49	78.6	81.3	83.6	88.3	94.9	98.4		7436.7
余干瓷石不子			36.41	20.55	15.49					23.13	4.42	
南港瓷石不子			34.03	16.17	16.00					26.78	7.02	

（五）滚碎机（双滚筒压碾机）

滚碎机系按挤压原理不断地向物料施以一定的压力。滚碎机由机架与两个直径一样大的圆滚筒组成，两个圆滚筒架于位置平行的横轴上做彼此方向相反的转动，即向相对方向旋转。物料从上面加入，被滚筒拖下，因摩擦力而带至两滚筒间缝隙处被压碎，而成一定大小的颗粒由下方漏出，所能达到的粉碎度由两滚筒间缝隙的宽度来决定。

由于滚碎机压碎物料只有挤压作用而没有研磨作用，同时滚筒间的缝隙有一定大小，所以滚碎机轧碎的物料，微细粉末很少。

滚碎机主要用于中碎和细碎。波棱滚碎机和排牙滚碎机则可压碎相当大的物块。

（六）振动磨

振动磨是一种超细粉碎设备，是利用研磨介质在磨机内做高频振动而将物料粉碎的。研磨介质做激烈的循环运动和自转运动，对物料进行过度的研磨作用。固体物料在结构上总是有缺陷的，在高频振动下会沿着物料最弱的地方产生疲劳破坏，这就是振动磨所以能有效地对物料进行超细粉碎的原因。

振动磨的振频和振幅是两个重要参数，当振频高振幅小时，其粉碎强度比振频低振幅大时高。振幅大则冲击力大，对粉碎粗粒有效；而振频高则在单位时间内冲击次数多，增强了对物料的疲劳破坏作用，对粉碎细粒特别有效。振动磨的振动频率一般为 3000～6000 次/min（50～100Hz）。

粉碎粗物料和脆性物料，冲击作用是主要的，故须用重而大的球；粉碎细物料，疲劳效应是主要的，故须用小球。但实际操作中换球是困难的，故采用大小球混合作用的办法。振动磨的装载系数干粉碎为0.8～0.9（按体积计），湿粉碎为0.7。振动磨用的研磨介质宜用硬度大强度高的刚玉质或锆英石质球石。研磨介质与物料的质量比大于8:1。

振动磨的进料粒度要求在2mm以下，出料粒度在60μm以下（干磨最细可达5μm，湿磨可达1μm）。振动磨的缺点是内衬磨损较快，产量小，电耗大。用于研磨陶瓷颜料是很适宜的。

二、筛　　分

将已被粉碎的固体物料，放在各种不同孔径的筛面上进行振动或摇动，使各种不同粒径的颗粒分离开来，这种方法称为筛分。

筛分在陶瓷生产中具有如下作用：

①使原料颗粒适合于下一道工序的需要。例如，轮碾后的原料需经筛分除去较大颗粒，以保证球磨机进料块度的均匀性。

②在粉碎过程中及时筛去已符合细度的颗粒，以免垫褥作用，而使粗粒获得充分粉碎的机会，可提高设备的粉碎效率。

③确定颗粒的大小及其比例，并限制原料或坯料中粗颗粒的含量，以提高工艺性能及产品质量。

筛分有干筛和湿筛。干筛的筛分效率主要取决于物料湿度、物料相对于筛网的运动形式以及物料层厚度。当物料湿度和黏性较高时容易黏附在筛面上，使筛孔堵塞影响筛分效率。当料层较薄而筛面与物料之间的相对运动越剧烈时，筛分效率就越高。湿筛的筛分效果主要取决于料浆的稠度和黏度。

陶瓷厂常用的筛分机有下列几种。

1. 摇动筛

这种筛分机是利用曲柄连杆机构使筛面做往复直线运动。根据筛网的支持形式，摇动筛分为悬挂式及滚轮式两种。滚轮式摇动筛，由于滚轮磨损大，操作时有噪声，因此很少使用，而多数使用悬挂式摇动筛。

摇动筛一般用于中碎后细粒的分离，并与中碎设备构成闭路循环系统。摇动筛可用于干筛分和湿筛分。

摇动筛每分钟往复60～800次，冲程19～230mm。往复次数多，筛分效率高。但当筛面线速度过高时，物料可能从筛孔跳过，而降低筛分质量。

2. 回转筛

回转筛按筛面形状可分为圆筒筛、圆锥筛和多角筛（如六角筛）等。回转筛由于筛面仅做回转运动，在筛分时物料与筛面之间的相对运动很小，使相当大一部分细粒分层停留在上层，没有被分离出去，即本来可以筛下去的细粒由于分层浮在上面而没有能够筛下去，所以筛分效果较差。

回转筛的转速不能太快，否则物料会紧贴在转筒的内壁上而失去筛分作用。

3. 振动筛

振动筛的筛面除发生偏移运动外还发生上下振动。由于这种筛振幅小（常用1～3mm）、振频高（常用1200～2000r/min，20～34Hz），增加了物料与筛面的接触与相对运动，防止了筛孔的堵塞，故其筛分效率较高。

振动筛不适用于筛分水分高、黏性大的物料，因为受振动后颗粒间容易黏结成团，影响筛分。

电磁振动筛，使用一个发生振动的交流电磁铁装置使筛网发生很快振动，故筛孔不易堵塞，机体振动小，但需要特殊的发电机装备。而且由于筛网各处振幅不一致，造成了筛网的不均匀工作，筛网磨损较快。

泥浆的过筛一般采用六角回转筛与圆形振动筛。回转筛筛分效率不及振动筛。

三、除　　铁

（一）磁选条件

坯釉料中混有铁质将使制品的外观质量受到影响，如降低白度、产生斑点等。因此，在原料处理与坯釉料制备中除铁是一个很重要的工序。

坯釉料中含铁杂质有金属铁、氧化铁及含铁矿物，它们来自原矿、机器磨耗及环境污染。原矿中的含铁矿物有黑云母、普通角闪石、磁铁矿、褐铁矿、赤铁矿、菱铁矿等。

原料中的铁质矿物可采用选矿法与淘洗法除去，但这仅对粗粒原料较为有效，对细粉状的原料则可用磁铁分离器进行磁选。

利用含铁物料具有一定的磁性，在磁场中受到磁化而被磁铁吸住，从而和非磁性物料分离。从物理学中知道，作用在单位质量颗粒上的磁力（比磁力）为：

$$F = kH\mathrm{d}H/\mathrm{d}h$$

式中：k——物料的比磁化系数，即单位质量物料的磁化系数，cm^3/g；

H——磁场强度，A/m；

$\mathrm{d}H/\mathrm{d}h$——磁场梯度，A/m^2；

h——磁场等强度面的距离。

由上式知道，要使磁选过程有效地进行，必须具备以下基本条件：

1. 有磁场存在

作用于磁性颗粒上的磁力与磁场强度的大小有关（$F \propto H$），H 越大则磁性颗粒越易选出，选别效果越好。

2. 必须是不均匀的磁场

均匀磁场则 $\mathrm{d}H/\mathrm{d}h = 0$，$F = 0$，必须增大磁场的不均匀性。通常，在磁极和磁路中导磁介质的锐棱尖角处会形成磁力线的局部集中，使磁场变得不均匀，$\mathrm{d}H/\mathrm{d}h$ 增大，从而提高磁选效果。

3. 被选物料应有一定的磁性

磁场对不同的含铁矿物有不同的效应。含铁矿物的磁化率（比磁化系数）越大则磁场对它的作用力越大。含铁矿物按磁化率大小可分为如下四类：

（1）强磁性的　单位磁化率 $>3000 \times 10^{-6}$，如金属铁、磁铁矿（Fe_3O_4，80000×10^{-6}），磁黄铁矿（FeS，5400×10^{-6}）等。

（2）中磁性的　单位磁化率（300 ~ 3000）$\times 10^{-6}$，如黑钛铁矿（$FeTiO_3$，399×10^{-6}），赤铁矿（Fe_2O_3，290×10^{-6}）。

（3）弱磁性的　单位磁化率（25 × ~300）$\times 10^{-6}$，如褐铁矿（$2Fe_2O_3 \cdot 3H_2O$，80 ×

10^{-6})，菱铁矿（$FeCO_3$，47×10^{-6}）。

（4）非磁性的　单位磁化率 $<25\times10^{-6}$，如黄铁矿（FeS_2，7.5×10^{-6}）。

（二）对磁选机的要求

①自动、连续作业，无需工人手工操作。

②具有较高和较稳定的除铁效率，使那些含铁量属于等外的陶瓷原料通过磁选后能成为二级原料，争取达到一级原料，以充分利用原料资源。

③尽量减少有用物料的夹带量，以减少资源损失。

通常磁选机只能除去强磁性矿物，弱磁性的和非磁性的矿物都不能除去。

磁选机有干法和湿法两种。干法一般用于分离中碎后粉料中的铁质，而湿法是用于泥浆除铁的。

目前我国陶瓷工业所用干法除铁设备有电轮式磁选机、滚筒式磁选机和传送带式磁选机等。由于物料与磁极间均存在间隙，因此，干式磁选机实际有效磁场强度很低，只有在薄层料流的情况下对强磁性铁矿物有效，而其磁选效率仍很低。

在湿法除铁中，一般采用过滤式湿法磁选机，其结构如图 6－9 所示。操作时先在线圈中通入直流电，使带筛格板的铁芯磁化，泥浆由漏斗进入，然后在静水压的作用下，由下往上经过筛格板，含铁杂质被吸住，而净化的泥浆由溢流槽流出。由于泥浆通过筛格板时，呈薄层细流状，因此，湿法磁选机的除铁效果比较好。

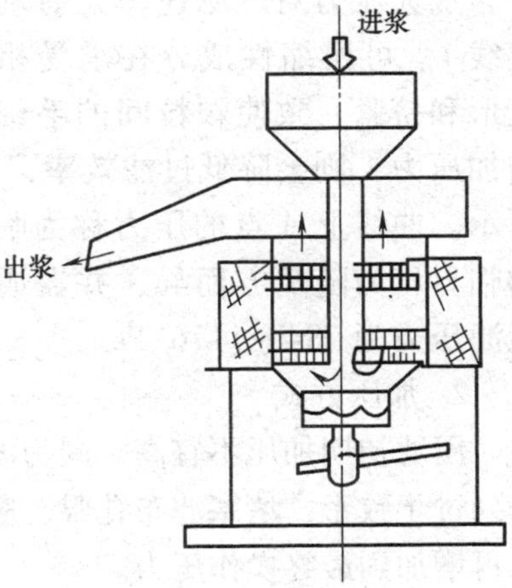

图 6－9　湿式磁选机

泥浆中矿物颗粒通过磁选机时受到的液体阻力：

$$F_c = 3\pi\eta dv$$

式中：F_c——阻力；

η——泥浆黏度；

d——矿物颗粒直径；

v——泥浆流速。

由上式可知，降低泥浆黏度，减小颗粒直径，减慢泥浆流速，可以减小阻力提高除铁效率。还可将湿法磁选机多级串联使用。或将振动筛和磁选机配合使用，均可提高除铁效率。

四、泥 浆 脱 水

泥浆脱水常用的有两种方法：压滤脱水和喷雾干燥脱水。

（一）压滤脱水

压滤脱水采用压滤机，它由 40～100 片方形或圆形滤板所组成，每两片滤板之间形成一个过滤室。泥浆在受压下从进浆孔进入过滤室，水分通过滤布从沟纹中流向排水孔排出，在两滤板间形成了泥饼，如图 6－10 所示。当水分停止滤出时即可打开滤板，取出泥饼。压滤时间一般为 30～60min，回坯泥的压滤时间则较长。

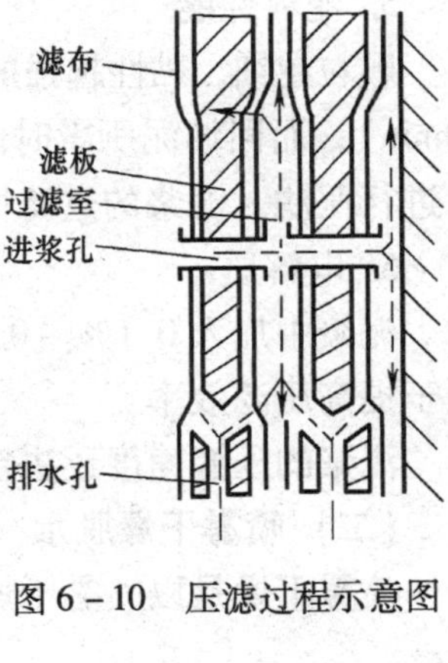

图 6－10　压滤过程示意图

圆形滤板过滤室中各处受压均匀（方形过滤室有死角），泥饼组织均匀性好，故生产上使用圆形滤板较多。

压滤是陶瓷生产中生产效率较低、劳动强度大的工序之一。为了减轻劳动强度，可将压滤机安装在离地面高 1.5 ~ 2m 的平台上，平台下面设有小车或皮带运输机，卸下泥饼直接落在小车或皮带运输机上，送往泥库陈腐或送往真空练泥机加工。压滤时另有盛水装置放在压滤机下面，水由此盛水盘的一角流向管道，此盛水盘用铝板制作，压滤完毕即把此铝质盛水盘推出来，地面安设了轨道，专供此铝盘推进推出之用。

影响压滤效率的因素如下：

1. 压力大小

一般，压滤速率与所加压力成正比，但当压力超过一定数值时，则会降低压滤速率，这与泥料的性质有关。陶瓷原料有可压缩的成分（如黏土）和不可压缩的成分（如石英、长石）。后者的颗粒形状大小是不随压力变化而改变的，因此，颗粒间的孔隙大小也不会改变，加大压力对过滤速率是有利的，如图 6 - 11 中直线 1。可压缩性成分在承受相当大压力时则产生变形和挤紧，致使颗粒间的毛细管孔道变小，继续增加压力，则会降低过滤效率，如图 6 - 11 中曲线 2 所示。曲线上 A 点的压力称为临界压力，各种坯料的临界压力随配方而异，并需通过实验决定。一般压滤压力为 784 ~ 1176kPa。

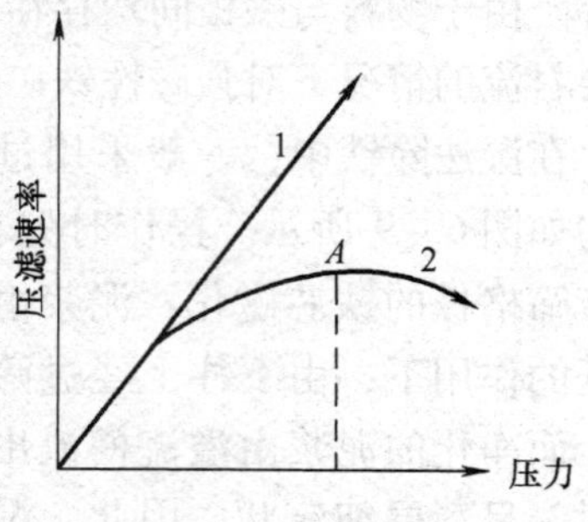

图 6 - 11　压滤压力与速率的关系

2. 加压方式

压滤初期加压不宜高，因为泥浆中的黏土微粒容易使最初一层泥饼在过滤介质滤布上排列过于致密，堵塞滤布孔眼，影响泥浆的过滤速率。一般加压初期采用较低的压力，然后再增加到最终操作压力。

3. 泥浆温度

温度增高，水的黏度降低，可以提高压滤速度。一般适宜的泥浆温度为 40 ~ 60℃。

4. 泥浆密度

泥浆密度小，含水率高，会延长压滤时间；泥浆密度大，含水率低，而且黏稠性小，则会减短压滤时间。一般泥浆密度为 1.4 ~ 1.55g/cm^3，含水率在 60% 左右。

5. 泥料性能

颗粒越细，黏性越强的泥料，过滤操作越困难，因此，新浆料压滤所需时间短（30 ~ 60min），而回坯泥所需时间长。为了有利于压滤，通常将新浆与回坯泥按一定比例混合后进行压滤。泥浆的过滤性能可通过“过滤分析”来测定它的渗透性。

6. 电解质

泥浆中加入 0.1% ~ 0.2% $CaCl_2$或醋酸可促使泥浆凝聚，从而构成较粗的毛细管而有利于提高压滤效率。

泥浆的压滤速度还决定于滤布的清洁程度。

（二）喷雾干燥脱水

喷雾干燥是以喷雾干燥塔为主体，并附有泵、风机与收集细粉的旋风分离器等设备构成的机组来完成的，如图6－12所示。

泥浆由泵压送到干燥塔的雾化器中，雾化器将泥浆雾化成细滴，进入干燥塔内，相遇热空气（400～500℃），进行热交换，使其干燥脱水，尚含有一定水分的固体颗粒自由下降到干燥塔底部，由出口处卸出，而带有微粉及水汽的空气经旋风分离器收集微粉后，从排风机排出。

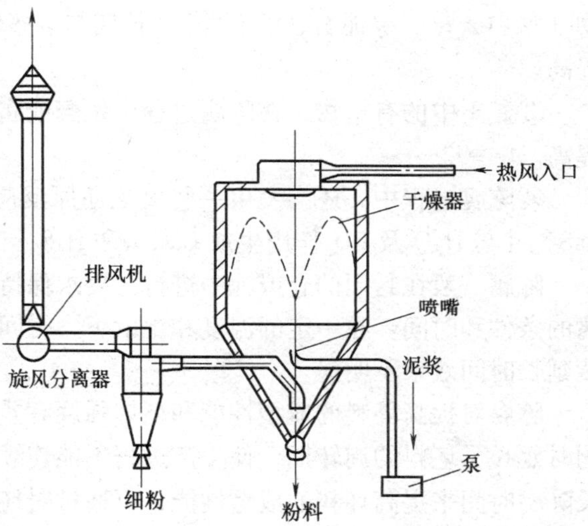

图6－12 喷雾干燥器操作示意图

喷雾干燥按造雾方法可分为压力法、气流法和离心法，而其间按照热空气和物料流向形式又可分成逆流式与顺流式。目前陶瓷工业中使用较多的是压力混合流法（雾化器为喷嘴）和离心顺流法（雾化器为离心回转盘）。前者热能利用率高，喷嘴雾化器的结构较简单、拆换容易，但喷嘴的直径小，容易磨损和堵塞。离心式喷雾盘的结构复杂，加工要求严格和维修困难，但在连续操作时可靠性好，不易磨损和堵塞。离心式比喷嘴式所获得的料粒小，前者平均粒径为150～200μm，后者平均粒径为300μm，但颗粒范围要宽。

对喷雾干燥工艺而言，泥浆含水量过高，则燃料消耗量大；泥浆含水量过低，则泥浆不易雾化。对含50%黏土的料浆其含水量一般要求在35%～50%。喷雾干燥工艺要求采用流动性好没有触变性的浓泥浆。为此，必须选择合适的稀释剂，常用的电解质有碳酸钠、单宁酸钠、腐殖酸钠、木质素磺酸盐、羟基甲基纤维素、麦秆苏打提取物等。为便于混合均匀，减少球磨加水量和有利于放浆，电解质通常在球磨时加入。

喷雾干燥器的干燥介质温度过高，则干燥速度过快，颗粒表面形成一层硬皮而里面仍然是湿的。因此，一般进口干燥介质的温度不高于400～500℃。

五、陈腐与练泥

（一）陈腐

经过细磨后的坯料（包括可塑坯料、注浆坯料、干压坯料），陈放一段时间后可使水分均匀，提高性能，工艺上称为陈腐。

陈腐的作用：经压滤得到的泥饼，其水分和固体颗粒的分布很不均匀，同时含有大量空气，不能直接用于可塑成型。经过一段时间的陈放，可使泥料组分趋于均匀，可塑性提高。球磨后的注浆料放置一段时间后，黏度降低，流动性增加，空浆性能也得到改善。同样，造粒后的压制坯料在密闭的仓库里陈放一段时间，可使坯料的水分更加均匀。具体的作用主要体现在以下几个方面：

①通过毛细管的作用，使坯料中水分更加均匀。

②在水和电解质的作用下，黏土颗粒充分水化和离子交换，一些非可塑性的硅酸盐矿

物（如白云母、绿泥石、长石等），长期与水接触发生水解变为黏土物质，从而使可塑性提高。

③黏土中的有机物，在陈腐过程中发酵或腐烂，变成腐殖酸类物质，使坯料的可塑性提高。

④陈腐过程中，还会发生一些氧化还原反应，例如：FeS_2分解为H_2S，$CaSO_4$还原为CaS，并与H_2O及CO_2作用生成$CaCO_3$和H_2S，产生的气体扩散、流动，使泥料松散均匀。

陈腐一般在封闭的仓或池中进行。要求保持一定的温度和湿度。陈腐的效果取决于陈腐的条件和时间。在一定的温度和湿度下，时间越长，效果越好，但陈腐一定时间后，继续延长时间效果不明显。

陈腐对提高坯料的成型性能和坯体强度有重要的作用。但陈腐需要占用较大的面积，同时延长了坯料的周转期，使生产过程不能连续化，因而，现代化的生产，不希望通过延长陈腐时间来提高坯料的成型性能，可通过对坯料的真空处理来达到这一目的。

（二）练泥

真空练泥可以排除泥饼中的残留空气，提高泥料的致密度和可塑性，并使泥料组织均匀，改善成型性能，提高干燥强度和成瓷后的机械强度。

当泥料进入真空练泥机的真空室时，泥料中空气泡内的空气压力大于真空室内的气压，气泡膨胀（体积V_0变到V_1）而压力降低（P_0变到P_1），并使泥料膜厚度减小（δ_0变到δ_1）如图6－13所示。这时泥料膜的强度相应降低。当空气泡内与真空室内的压力差足以使泥料膜破裂时，空气就在真空室内被抽走，但如泥条很厚或空气泡处于深处，而压力差又不足以使泥料膜破裂，空气还会残留在泥料内。

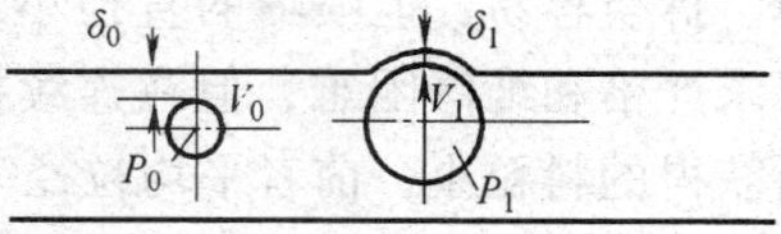

图6－13　真空练泥时泥料膜厚度与去气的关系

将进入真空室的泥料切成细泥条或薄片以及提高真空室的真空度增大压力差，可促使泥料膜破裂。真空室的真空度应保持在96.0～98.6kPa范围内。

影响真空练泥的因素如下：

1. 真空度降低

真空度降低的原因：a. 真空室漏气；b. 真空室堵塞；c. 真空泵润滑油稠度不合适或没有及时更换润滑油；d. 真空泵冷却水温度过高。

2. 温度

泥段出现螺旋状开裂或层裂等缺陷，除真空度不够外，室温和泥饼温度也有一定影响。室温应在20℃以上，冬季的泥饼应在30～40℃；夏天室温高，且练泥发热不易散失，不妨用与室温相近的泥饼。泥饼温度过低，则水的黏滞性增大，降低了泥料的可塑性，容易造成层裂。泥饼的温度过高，则水分蒸发太快也影响真空度。

3. 练泥机结构

真空练泥机内的螺旋推送器构造不同，会影响生产率与泥段的质量。当螺旋桨叶磨损严重时它与筒壁之间的距离增大，也会造成泥段层裂，且影响出泥速度。模口的锥度应适合原料的性质。模口直径、接筒直径、螺旋桨叶直径也应有一定比例，这些因素都是由实验确定的。不同处理方法对坯泥质量的影响试验数据如表6－4所示。

表 6-4　不同处理方法对坯泥质量的影响

不同处理方法	干燥试样	烧成试样		
	抗拉强度/($\times10^4$Pa)	抗拉强度/($\times10^4$Pa)	抗折强度/($\times10^4$Pa)	抗压强度/($\times10^6$Pa)
用挤泥机加工	34.3	2038	5380	286.2
用挤泥机加工（泥浆加热 80~90℃）	46.84	2313	5958	256.8
用挤泥机加工（陈腐 90 天）	50.57	2607	6115	363.6
真空练泥机加工	47.33	2813	5988	371.4
真空练泥机加工（泥浆加热 80~90℃）	61.25	2528	6458	373.9

六、造　　粒

为了干压和半干压成型的需要，将细磨后的陶瓷粉料制备成具有一定大小的团粒的坯料，这个过程称为造粒。

常见的造粒方法有喷雾干燥法、轮碾造粒法等。喷雾干燥工艺是陶瓷生产中普遍采用的一种脱水和造粒的方法。除此之外，还有一些传统的造粒方法，如轮碾造粒、锤式打粉和辊筒式造粒等。这些方法自动化程度低，劳动条件较差。但由于设备简单，容易上马，且能够用于干法制粉中，故在我国的中小企业中仍被广泛应用。轮碾造粒的工艺特点是产量大，能够连续操作，所得粉料的体积密度大。但形状不规则，流动性较差，颗粒分布难以控制。

锤式打粉机和辊筒打粉机设备比较简单，可以制备粒度较大的坯料。辊筒式造粒机常用来制作锦砖斑点料。

目前国外逐渐采用干法制粉工艺，即干法细碎，再适当加水造粒的方法。避免了坯料制备过程中水的循环，降低了能量消耗。在干法制粉工艺中，采用的造粒设备是连续式造粒机，细碎后的粉料在混料筒内进行湿混造粒。混料筒里装置带有销钉和叶片的旋转轴，同时装有喷水用的喷雾喷嘴。造粒时，粉料可以连续不断地送入混料筒里，在轴的高速旋转下，粉料与水和黏合剂充分地混合、润湿、聚集成球。粉料在混料筒里停留时间约为30s。然后被送往流化干燥床，使其进一步干燥，直至符合成型要求。这种造粒机制备的粉料，体积密度大，形状规则，成型性能好。与喷雾干燥工艺相比，采用这种方法造粒的特点是：a. 粉料密度高，堆积密度大，成型压缩比小；b. 能量消耗小，约为喷雾干燥的37%；c. 自动化程度高，占地面积小，不需高大的厂房。

七、熔 块 熔 制

熔制熔块釉所用的熔块是釉料制备中的一个重要工序。

熔块的熔制一般采用坩埚炉、池炉、回转炉。

（一）坩埚炉熔制

熔制熔块的间歇式坩埚炉与熔制玻璃的坩埚炉相似。连续式坩埚炉在坩埚底部有一穿孔。在穿孔下面是用于淬冷熔块的水槽。其结构因燃料种类和坩埚个数而异，图 6-14 为连续式坩埚炉示意图。

熔制前用一瓷球或用一瓷管堵住坩埚底穿孔。经2~3天烘炉，待坩埚内完全红热即可加料，并且要一次加满，以后随粉料的熔融速度陆续补加生料。当坩埚内粉料结块，料层不能自行下降时，可用一钎子捅下去再加生料。

如果温度偏低，流下熔块熔制不良时，必须单独存放，进行复熔。

坩埚炉具有下列特点：

①熔块料不与火焰接触，易挥发物损失小，熔块质量好。在不同的坩埚中可同时熔制不同种类的熔块，比较灵活。

②间歇式坩埚炉，熔块难以熔融均匀。

③工人劳动强度大（特别是间歇式坩埚炉）生产效率低。

④热耗大。

⑤更换坩埚及炉子修理费用高。

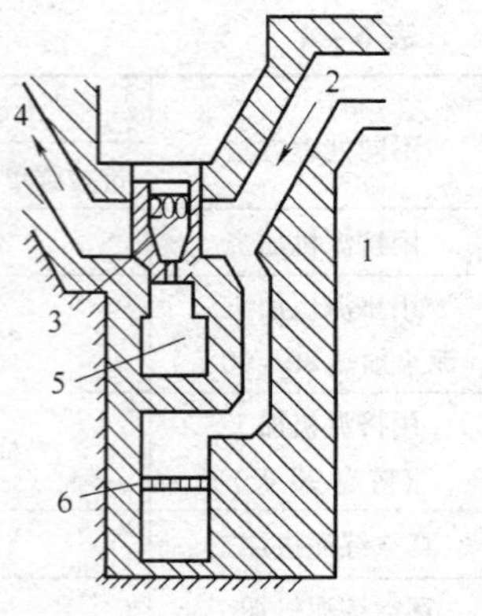

图6－14　连续式坩埚炉示意图
1—马弗炉　2—马弗炉的废气
3—流釉坩埚　4—烟道
5—放水槽的地方　6—燃烧炉床

坩埚的抗侵蚀能力和热稳定性除影响坩埚的使用寿命，还直接影响到坩埚炉的大修周期和经济效果，选择坩埚配方和制作工艺是十分重要的。

坩埚配方1：铝矾土60%（其中可掺入20%匣钵粉），黑泥40%。

坩埚配方2：D石2.92%，烧C石37.5%，紫木节25.0%，山西白矸8.3%，碳酸钠0.4%。

为提高坩埚的热稳定性，必须注意原料的颗粒级配，一种经生产实践证明较好的颗粒级配如表6－5所示。为保证颗粒组成，可留10%左右熟料颗粒在磨好泥料时加入，或在注浆时加入。

表6－5　　熔块坩埚料颗粒级配

筛目数	分计筛余量/%	筛目数	分计筛余量/%
20目筛上	0.13	100~120目	3.78
20~40目	3.39	120~140目	13.3
40~60目	2.39	140~160目	1.34
60~80目	0.62	160目筛下	73.77
80~100目	1.28		

（二）池炉熔制

熔制熔块的池炉有两种基本类型，即顺流式和逆流式。图6－15为顺流式池炉和逆流式池炉结构示意图。

顺流式池炉物料流动方向与火焰方向一致。其熔块液流出口离喷嘴较远，温度较低，容易造成流出口堵塞；而逆流式池炉加料口离烟气排出口近，生料粉容易飞扬，被燃烧废气带入烟道内造成损失。

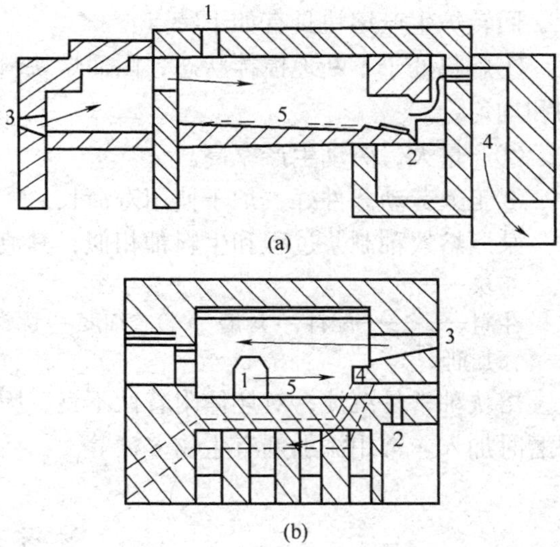

图 6-15　熔块池炉示意图

（a）顺流式　（b）逆流式

1—加料口　2—出料口　3—火口　4—烟道　5—炉池

采用池炉熔制熔块，因是明焰熔制，须采用液体或气体燃料，而烟气温度较高，为提高热利用率，可在主烟道上设置余热锅炉或者干燥器。

在加料口设置自动进料装置，可减轻工人的劳动强度和提高劳动生产率。

某厂使用的逆流式熔块池炉，炉池有效长 1.6m，有效宽 0.82m，有效高 0.715m，有效面积 1.313m^2，其主要技术经济指标为：

熔制温度 1300～1450℃

耗油量　400kg/d

产量　　1500kg/d

与坩埚炉相比，池炉具有下述特点：

①熔块料与火焰直接接触，受气氛影响。

②产量高，劳动条件好，容易自动化。

③结构简单，维修费用低。

④熔块料中易挥发组分有些损失，但仍能保证熔块质量。

表 6-6 列出了一陶瓷厂坩埚炉与池炉熔制的熔块化学分析对比。

表 6-6　　**两种炉制得同种熔块的化学组成**　　单位：%

类别	SiO_2	Al_2O_3	CaO	MgO	PbO	ZnO	B_2O_3
坩埚炉熔块	26.72	5.72	0.25	0.18	31.23	2.22	11.53
池炉熔块	31.8	7.01	0.18	0.21	30.92	2.35	11.24

从上表可知，PbO、B_2O_3均有所挥发损失。

（三）回转炉熔制

熔制熔块的回转炉外形像一球磨机。在钢板制的圆筒内衬高铝质耐火砖。筒体中央有一进出料口，整个筒体放置在两对旋转托轮之上，其中一对主动旋转托轮由电机经减速器驱动。筒体两端，一端为装喷嘴的孔洞，另一端为烟气排出口，通向烟道，结构如图 6-16 所示。

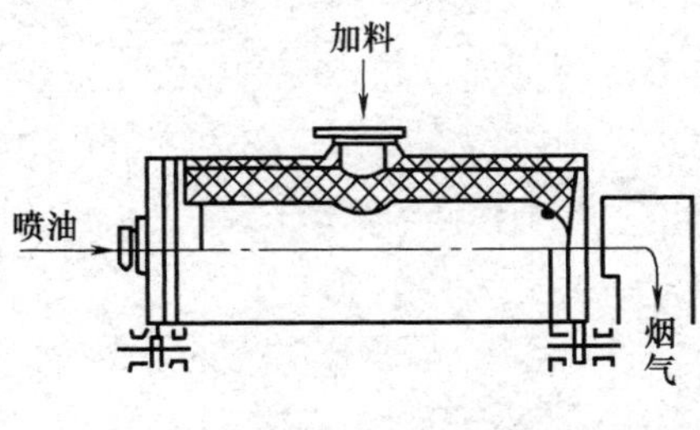

图 6-16　熔制熔块回转炉示意图

某厂回转炉主要技术参数如下：筒体长度 2370mm，有效内径 920mm，筒体转速 7r/min，油泵压力 0.4MPa，鼓风机风压 6468Pa，熔烧温度 1320～1350℃，每炉加料量 250kg，每炉熔制时间 3.5～4.0h，日耗 20#重油 600kg。

和间歇式坩埚炉相同，出料前用钢钎取样，当拉出之熔丝中夹有生料或丝中有结瘤，则为熔化不良，应继续熔制。

回转炉生产熔块具有如下特点：

①熔料处于不断地搅拌状态，因而熔块料与火焰接触情况大大改善，保证熔块熔融透彻和均匀。

②产量大，劳动生产率高。

③工人劳动条件好，炉子使用寿命长。

某厂熔块釉制浆过程和生料釉相似，其流程为：

熔块、生料、添加剂 → 配料 → 球磨 → 检查细度 → 除铁 → 过筛 → 试烧样品 → 储存备用(陈腐)

熔块釉常易沉淀，对坯体附着性不良，因而常加入添加剂以改善性能。通常添加剂在球磨时加入。常用添加剂有生物多糖等。

参 考 文 献

1. 李家驹. 日用陶瓷工艺学［M］. 武汉：武汉工业大学出版社，1992
2. 西北轻工业学院. 陶瓷工艺学［M］. 北京：轻工业出版社，1980
3. 刘康时. 陶瓷工艺原理［M］. 广州：华南理工大学出版社，1990
4. 轻工业部第一轻工业局. 日用陶瓷工业手册［M］. 北京：轻工业出版社，1984
5. 赵德麟. 陶瓷工艺学［M］. 济南：山东大学出版社，1990
6. ［德］H. 莎尔满，H. 舒尔兹. 陶瓷学［M］. 黄照柏译. 北京：轻工业出版社，1989
7. ［日］桥木谦一，滨野健也. 陶瓷基础［M］. 陈世兴译. 北京：轻工业出版社，1986
8. 中国硅酸盐学会. 硅酸盐辞典［M］. 北京：中国建筑工业出版社，1984
9. 鲁陶. 原料加工新工艺可能引发陶瓷工艺革命. 山东陶瓷，2007.（6）
10. 吴基球. 国外日用陶瓷工艺技术现状及发展趋势. 河南建材，2001.（1）
11. 刘志国. 陶瓷釉料新技术工艺综述，技术导航，2006（1）：93 ~ 95.
12. 罗时武. 陶瓷研究 – 从技术到艺术的探究［M］，南昌：江西美术出版社，2006

第七章 成型与模具

对已制备好的坯料，通过一定的方法或手段，迫使坯料发生形变，制成具有一定形状大小坯体的工艺过程称为成型，其中所应用的方法或手段叫做成型方法。成型对坯料提出细度、含水率、可塑性、流动性等成型性能要求；成型应满足烧成所要求的生坯干燥强度、坯体致密度、生坯入窑含水率、器型规整等装烧性能。成型后的坯体还只是半成品，后面还要经历生坯干燥、上釉、装坯等多道工序操作，如人手或机械手的多次取拿，所以，足够高的生坯强度以尽可能减少生坯破损，对于提高成型工序的生产效益有着重要的意义。总之，成型工序应当满足下列要求：

①成型坯体应符合产品图纸或产品样品所要求的生坯形状和尺寸；以产品图纸和产品样品为依据时，生坯尺寸是根据坯料的收缩率放尺计算后的尺寸。

②坯体应具有工艺要求的机械强度，以适应后续工序的操作。

③坯体结构均匀，具有一定的致密度。

④成型适应生产组合，尽可能与前后工序联动。

第一节 器形的合理设计

如同一切工业产品一样，陶瓷产品器形的构成也应包括功能效用、材质和工艺技术、艺术处理等三个方面。功能效用是首要的因素，即产品的使用功能或效用，它决定着器形的基本形式。材质和工艺技术是保证器形付诸于现实的物质基础，是功能效用和艺术处理的先决条件。艺术处理决定着器形的形式美，表达了一定的思想感情。这三个方面之间存在着互相依存互相作用的关系，构成了不可分割的统一体。在进行器形设计之前，正确且全面地分析所要设计产品器形的此三项构成因素及其关系，是非常必要的。

在分析器形的功能效用时，首先要明确，产品的功能是要通过人的使用来实现的。所以，设计师首先应知道人们用其来做什么用的，还需要明白将是什么人使用的，甚至是怎么样使用的，既要“见物”，也要“见人”，要与使用者的生活方式、生活水平、使用要求和习惯等多方面联系起来，这就是现代工业产品设计中常提出的“人体工程学”（或“人机工学”）的基本问题。例如，设计饮水器的器形现常用的有壶、杯、碗等类型，历史上还有罐、瓢等类型。具体选用何种形式，则要考虑上述方面。

在分析器形的材质和工艺技术时，首先要注意器形的基本结构是否符合生产工艺的要求，如何使用材质和工艺技术进行制作；还应注意到，经过工艺加工后的艺术效果是否充分发挥了材质的特点，以及所采用的工艺加工技术是否恰当。特别应注意的是，器形的转折部位避免存在半径过小的曲率变化和过大的应力集中，同时还应避免产品的部件重心和产品整体重心不能偏离太远。我们知道，成型后的陶瓷坯体还要经历干燥和烧成等过程的加工，在这些加工过程中，坯体实质上是经历一个致密化的过程，即收缩致密的过程。在收缩致密过程中，坯体的每一个平面（或曲面）都是向其中心（或重心）收缩而致密，那么在面与面之间的转折处曲率变化过快时，就很容易出现应力集中而出现开裂；如果坯体某一部分的重心偏离其整体重心太远时，在干燥和烧成时的致密化过程中，该部分就会进一步偏离整体而变形或开裂。

在分析器形的艺术效果时，不能孤立地只谈形式规律的运用，而要弄清楚功能效用的要求，考虑如何充分利用工艺技术的成就，发挥材质的特点，以造成一定的艺术效果。器形的形式美不是孤立存在的，而是从属于功能效用并通过材质和工艺技术表现出来。

总之，“实用、可加工、经济和美观”是陶瓷器形设计的基本原则。陶瓷制品的器形及其尺寸比例，是随着人们生产方式、生活方式和生活习惯而变化的。陶瓷器形设计时，如何能够充分满足设计原则，这既需要人机工程学、美学的知识，也需要扎实的陶瓷工艺学知识。

第二节　成型方法的分类与选择

一、成型方法分类

在陶瓷制品生产过程中，成型是造就制品形体的手段。用户对陶瓷制品的性能和质量要求各异，这就致使陶瓷制品的形状、大小、厚薄等的不一，因此，造就陶瓷制品形体的手段是多种的，即成型方法是多种的。陶瓷制品的成型方法可以按坯料含水量（或含调和剂量）、成型压力的施加方式等多种途径进行分类。目前以根据坯料含水量（或含调和剂量）进行分类最为常见，其主要分类为：

①注浆成型法，坯料含水量（或含调和剂量）≤38%。

②可塑成型法，坯料含水量（或含调和剂量）≤26%。

③压制成型法，坯料含水量（或含调和剂量）≤3%。

注浆成型可进一步分为冷法和热法，热法既热压注法，使用钢模；冷法又分常压注浆、加压注浆及抽真空法注浆，使用石膏模或多孔模。

可塑成型既是最古老的成型方法，也是形式变化最多的成型方法。它包括的有：无需用模具的拉坯法和雕塑法，采用滚头（或型刀）与石膏模的滚压法和旋压法，使用钢模（或型头）的挤压法（或挤出法），使用各式样板刀的车坯法等。

压制成型按压力施加形式，可进一步划分为干压法和等静压法。干压法是机械力作用在钢模后再传至坯料上，达到成型目的；等静压法是机械力通过液体介质施于软模，再均匀传至坯料上而成型。

二、成型方法的选择

无论是进行陶瓷工厂设计，还是开发新产品，或是满足用户的订货要求时，确定生产工艺路线中关键的一步，是选择成型方法。在选择成型方法时，最基本的依据是：产品的器形、产量和质量要求、坯料的性能以及经济效益。通常具体要考虑以下几方面：

①产品的形状、大小和厚薄等。一般情况下，简单的回转体宜用可塑法中的滚压法或旋压法；大件且薄壁产品可用注浆法；板状和扁平状产品，宜用压制法。

②坯料的工艺性能。可塑性能良好的坯料宜用可塑法；可塑性能较差的坯料可选择注

浆法或压制法。

③产品的产量和质量要求。产品的产量大时宜用可塑法或压制法，产量小时可用注浆法；产品尺寸规格要求高时用压制法，产品尺寸规格要求不高时用注浆法或手工可塑成型。

④成型设备易操作，操作强度小，操作条件好，并便于与前后工序联动化或自动化。

⑤技术指标高，经济效益好。

总之，在选择成型方法时，希望在保证产品质量的前提下，选用设备先进、生产周期最短、成本最低的一种成型方法。

在选择成型方法时，往往会难以决策。因为同一产品有时可以采用多种方法来成型，而一种成型方法有时又可以成型不同产品；还有先进的设备通常需要较高的一次性投资。此时，就只有通过生产实践来比较，以比较出技术经济指标最高的成型方法。另外，在选择成型方法时，还应考虑到工人的素质和经验能否胜任所选用成型方法的操作，这往往是较为重要的。

第三节　可塑成型

可塑成型法是利用模具或刀具等工艺装备运动所造成的压力、剪力或挤压力等外力，对具有可塑性的坯料进行加工，迫使坯料在外力作用下发生可塑变形而制作坯体的成型方法。

目前，陶瓷制品多数采用可塑法成型。但可塑成型法所用泥料含水量高，干燥热耗大(需要蒸发大量水分)，易出现变形、开裂等缺陷。可塑成型工艺对泥料要求也比较苛刻。当然，可塑成型所用坯料制备比较方便，对泥料加工所用外力不大，对模具强度要求也不高，操作也比较容易掌握，这就是可塑成型法用得较多的一些主要原因。

可塑成型法分类和比较见表7－1，表中所列可塑成型法大多已应用于陶瓷制造，塑压、喷射、挤压和扎膜等方法尚未普遍推广应用。

表7－1　　各种可塑成型方法比较

成型方法	主要设备	模具	成型产品种类	坯料类型及要求	坯体质量	工艺特点
拉坯	辘轳车		圆形制品如花瓶、坛、罐等	黏土质坯料。可塑性好，成型水分23%～26%，水分均匀	表面不光滑，尺寸精度差，容易变形	设备简单，要求很高的操作技术，产量低，劳动强度大
滚压	滚压机	石膏模或其他多孔模具、滚头	圆形制品如盘、碗、杯、碟、小型电瓷等	黏土质坯料，阳模成型水分20%～23%，可塑性高。阴模成型水分21%～25%，可塑性稍低	坯体致密、表面光滑、不易变形	产量大，坯体质量好，适合于自动化生产，需要大量模具
旋压	旋压机	石膏模、型刀	圆形制品如盘、碗、杯、碟、小型电瓷等	黏土质坯料，塑性好，成型水分均匀，一般为21%～26%	形状规范，坯体致密度和光滑性均不如滚压法。坯体易变形	设备简单，操作要求高，坯体质量不如滚压

续表

成型方法	主要设备	模具	成型产品种类	坯料类型及要求	坯体质量	工艺特点
挤压	真空挤泥机、螺旋或活塞式挤坯机	金属机嘴	各种管状、棒状、断面和中孔一致的产品	黏土质坯料，瘠性坯料。要求塑性良好，经真空处理	坯体较软，易变形	产量大操作简单，坯体形状简单，可连续化生产
车坯	卧式或立式车坯机	车刀	外形复杂的圆柱状产品	坯料为挤泥机挤出的泥段。湿车水分16% ~18%，干车水分6% ~11%	干车坯体尺寸精确。湿车较差，且易变形	干车粉尘大，生产效率低，刀具磨损大，已逐渐由湿车代替
塑压	塑压成型机	石膏模或多孔陶瓷金属模	扁平或广口产品如异形盘、碟、浅口制品	黏土质坯料水分为20%左右，具有一定可塑性	坯体致密度高，不易变形，尺寸较准确	适于成型各种异形的盘、碟类制品，自动化程度高，对模具质量要求高
注塑	柱塞式或螺旋式注塑成型机	金属模	各种形状复杂的大小制品	瘠性坯料外加热塑性树脂，要求坯料具有一定颗粒度，流动性好，在成型温度下具有良好塑性	坯体致密，尺寸精确，具有一定强度。坯体中含有大量热塑性树脂	能成型各种复杂形状制品，操作简单。脱脂时间长，金属模具造价高
轧膜	轧膜机、冲片机	金属冲模	薄片制品	瘠性料加塑化剂。具有良好的延展性和韧性。组分均匀，颗粒小、规则	表面光洁，具有一定强度，烧成收缩大	练泥与成型同时进行。产量大，边角料可回收。膜片太薄（< 0.08mm）时，容易产生厚薄不均的现象，烧成收缩较大

可塑成型法是基于坯料具有可塑性。可塑成型一般要求可塑坯料具有较高的屈服值和较大的延伸变形量（屈服值至破裂点这一段）。较高的屈服值能保证成型时坯料具有足够的稳定性和可塑性，而延伸变形量越大，坯料越易被塑成各种形状而不开裂，成型性能越好。由于坯料配方原料不同、粉碎方法不同、颗粒分布和坯料含水量不同，可以有不同的可塑性。有的产瓷区由于原料配方关系，坯料可塑性很差，于是采取多种措施来提高坯料可塑性，虽然可塑性提高了，但又伴随着其他工艺性能的恶化，因此，在生产中不能要求坯料的可塑性越高越好，只要能适应所采用的成型方法即可。

一、滚压成型

滚压成型是在旋压成型基础上发展起来的一种比较新的可塑成型法。由于滚压对日用陶瓷成型具有很多优点，所以很快地获得发展。国内从1965年开始试用滚压成型，到了1970年已普遍推广应用。

（一）滚压特点与操作方法

滚压成型是由旋压成型法演变过来的，滚压与旋压不同之处是把扁平的样板刀改为回转型的滚压头。成型时，盛放泥料的模型和滚头分别绕自己轴线以一定速度同方向旋转，滚头一面旋转一面逐渐靠近盛放泥料的模型，并对坯泥进行“滚”和“压”而成型。滚压时坯泥均匀展开，受力由小到大，比较缓和、均匀，破坏坯料颗粒原有排列而引起颗粒间应力的可能性较小，坯体的组织结构均匀。其次，滚头与坯泥的接触面积较大，压力也较大，受压时间较长，坯体致密度和强度比旋压的有所提高。滚压成型是靠滚头与坯体相滚动而使坯体表面光滑，无需再加水。因此，滚压成型后的坯体强度大，不易变形，表面质量好，规整度一致，克服了旋压成型的基本弱点，提高了日用瓷坯的成型质量。再加上滚压成型的生产效率较高，易与上下工序组成联动生产线，改善了劳动条件等优点，使滚压成型在日用陶瓷工业中得到广泛应用。

滚压成型与旋压成型一样，可采用阳模滚压与阴模滚压。阳模滚压是利用滚头来决定坯体的阳面（外表）形状大小，如图 7－1 所示。它适用于成型扁平、宽口器皿和坯体内表面有花纹的产品。阴模滚压系用滚头来形成坯体的内表面，如图 7－2 所示。它适用于成型口径较小而深凹的制品。阳模滚压时，石膏模型转速（即主轴转速）不能太快，否则坯料易被甩掉，因此要求坯料水分少些，可塑性好些。带模干燥时，坯体有模型支承，脱模较困难但变形较少。阴模滚压时，主轴转速可大些，泥料水分可高些，可塑性要求可稍低，但带模干燥易变形，生产上常把模型扣放在托盘上进行干燥，以减少变形。

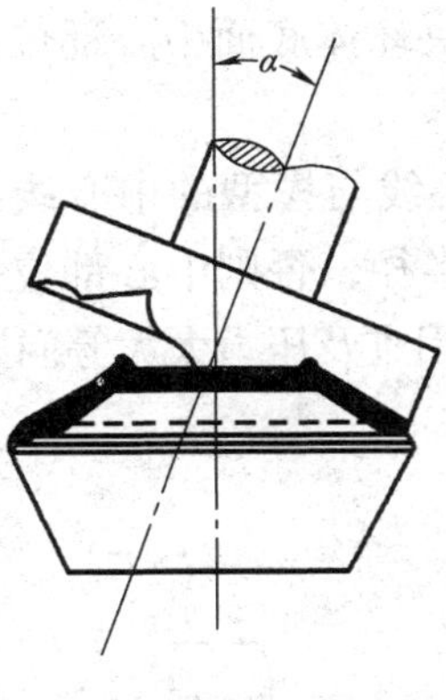

图 7－1　阳模滚压成型

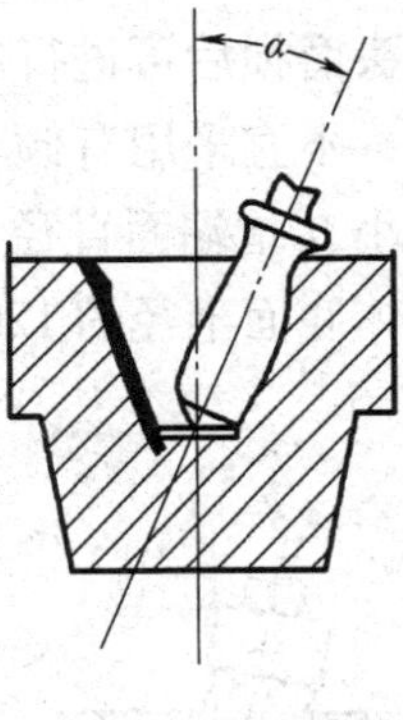

图 7－2　阴模滚压成型

为了防止滚头粘泥，可采用热滚压，即把滚头加热到一定温度（通常为 120℃左右）。当滚头接触湿泥料时，滚头表面生成一层蒸汽膜，可防止泥料粘滚头。滚头加热方法是采用一定型号的电阻丝盘绕在滚头腔内，通电加热。采用热滚压时，对泥料水分要求不严格，适应性较广，但要严格控制滚头温度，并增加附属设备，常需维修，操作较麻烦。有的瓷厂采用冷滚压，为了防止粘滚头，要求泥料水分低些，可塑性好些，并可采用憎水性材料做滚头。

（二）滚压头

滚压成型是靠滚压头来施力的，因此，滚压头的设计合适与否，对滚压成型是一个关键问题。一般对滚压头的要求：

①能成型产品所要求的形状和尺寸，并不易产生缺陷。

②滚压时有利于泥料的延展和余泥的排出。

③使用寿命长，有适当的表面硬度和光洁度。

④制造、维修、调整、装拆方便。

⑤滚头材料来源容易、价格便宜。

设计滚压头的主要工艺参数是滚压头的倾角，即滚压头的中心线与模型中心线（主轴线）之间的夹角，用α表示（参见图7－1、图7－2）。

滚头倾角α的大小是直接影响滚头直径和滚压压力的一个重要工艺参数。滚头倾角α小，则滚头直径和体积就大，滚压时泥料受压面积大，坯体较致密；但若滚头倾角α过小，则滚压时滚头排泥困难，甚至出现空气排不出去的成型缺陷。压力过大则坯体不易脱模，也容易压坏模型。滚头倾角α大，则滚头直径较小，排泥容易，压力较小；若滚头倾角α过大，则易引起粘滚头，坯体底部不平，坯体密度不够等缺陷。在实际生产中，滚头倾角α大小，根据产品器型大小、泥料性能、滚头与主轴的转速等不同，而采用不同的倾角。一般产品直径大，倾角可大些；产品直径小，倾角可小些。深形产品，可采用圆柱形滚头（即无倾角）。一般倾角采用15°～30°，有的可达45°左右。

滚头倾角确定后，滚头大小也基本确定了，但实际设计滚头时，滚头的中心线顶点往往不对准模型中心线，而要平移1～3mm。因为滚头的中心顶点上，其旋转线速度几乎为零，对坯料所施的压力很小，坯体就较疏松，致使坯体底部中心部位表面不光，烧后不平。为了避免这种现象，一方面将滚头中心顶点加工成弧形，同时也需要把滚头中心线平移一定距离，如图7－3所示。这样处理后，不仅可解决坯体底面中心部位成型不良的缺点，而且当滚头磨损后可进行加工修复，继续使用。

深形制品，不宜采用有倾角的滚头时，滚头的中心线与模型的中心线是平行的。这时，滚头的大小（指端面直径）不能小于坯体底面的半径，否则中心部位成型不好，但也不宜超过坯体底面半径的120%，过大，会造成排泥困难及压力太大等问题。如图7－4所示。

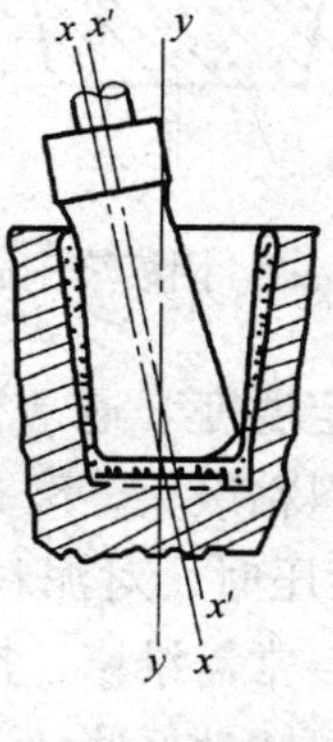

图7－3　滚头中心线平移示意图

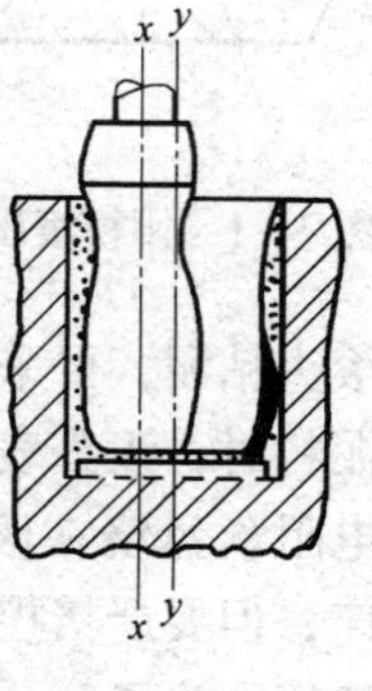

图7－4　滚头端面过大示意图

滚头材料，常用铸铁、钢或塑料。铸铁滚头适用于热滚压，材料便宜，加工性能好，瓷厂用得较多。塑料滚头常用聚四氟乙烯，具有高的憎水性，不易粘断泥，加工性能好，用于冷滚压效果很好。缺点是质地较软，易被泥料中的硬颗粒损坏表面，而且价格较贵。

（三）工艺参数控制

1. 对泥料的要求

滚压成型泥料受到压延力作用，成型压力较大，成型速度较快，要求泥料可塑性好些、屈服值高些、延伸变形量大些、含水量小些。塑性泥料的延伸变形量是随着含水量的增加而变大的，若泥料可塑性太差，由于水分少，其延伸变形量也小，滚压时易开裂，模型也易损坏。若用强可塑性原料，由于其适于滚压成型时的水分较高，其屈服值相应较低，滚压时易粘滚头，坯体也易变形。因此，滚压成型要求泥料具有适当的可塑性，并要控制含水量。瓷厂生产时在确定原料坯料组成之后，一般通过控制含水量来调节泥料的可塑性以适应滚压的需要。所以滚压成型时应严格控制泥料的含水量。

滚压成型对泥料的要求，还和采用阳模滚压还是阴模滚压、热滚压还是冷滚压有关。阳模滚压时因泥料在模型外面，泥料水分少些才不致甩离模型，同时，阳模滚压时，要求泥料的延展性好些（即变形量要大些）才能适应阳模滚压的成型特点。因此，适用于阳模滚压的泥料应是可塑性较好而水分较少。而阴模滚压时，水分可稍多些，泥料的可塑性可以稍差些。冷滚压时，泥料水分要少些而可塑性要好些；热滚压时，对泥料的可塑性和水分要求不严。另外，成型水分还与产品的形状大小有关，成型大产品时水分要低些，成型小产品时水分要高些。泥料水分还与转速有关，滚头转速小时，泥料水分可高些。滚头转速快，则泥料水分不宜太多，否则易粘滚头，甚至飞泥。

含水量还和泥料本身产地和加工处理方法有关，一般滚压成型泥料水分在19%～26%不等。

2. 滚压过程的控制

滚压成型时间很短，从滚头开始压泥到脱离坯体，只要几秒钟至十几秒钟，而滚压的要求并不相同。滚头开始接触泥料时，动作要轻，压泥速度要适当。动作太重或下压过快会压坏模型，甚至排不出空气而引起“鼓气”缺陷。对于成型某些大型制品，例如26.7cm（10.5in）平盘，为了便于布泥和缓冲压泥速度，可采用预压布泥，也可让滚头下压时其倾角由小到大形成摆头式压泥。若滚头下压太慢也不利，泥料易粘滚头。当泥料被压至要求厚度后，坯体表面开始赶光，余泥断续排出，这时滚头的动作要重而平稳，受压时间要适当（某些瓷厂为2～3s）。最后是滚头抬离坯体，要求缓慢减轻泥料所受的压力。若滚头离坯面太快，容易出现“抬刀缕”，泥料中瘠性物质较多时，这种情况就不显著。

3. 主轴和滚压头的转速和转速比的控制。

主轴（模型轴）和滚头的转速及其转速比直接关系到产品的质量和生产效率，是滚压成型工艺中的一个重要参数。主轴转速高，成型效率就高，可提高产量。但阳模滚压转速太快容易飞泥。阴模滚压主轴转速可比阳模滚压的高些。主轴转速还应随产品的增大而减小。为了提高产量，采用较高的主轴转速时，容易出现“飞模”现象，因此要注意模型的固定问题。国内瓷厂根据不同产品主轴转速一般在300～800r/min，有的可达1000r/min以上。

主轴转速基本确定后，滚头转速要与之相适应，一般是以主轴转速与滚头转速的比例（转速比）作为一个重要的工艺参数来控制的。合宜的具体的转速比应通过实验来确定，它对成型质量的影响机理及其关系，还需在实践中进一步总结。

二、旋压成型

（一）旋压操作

旋压成型是陶瓷的常用成型方法之一。它主要利用作旋转运动的石膏模与只能上下运动的样板刀来成型。操作时，先将经过真空练泥的塑性泥料适量放在石膏模中，再将石膏模放置在辘轳车上的模座中，石膏模随着辘轳车上的模座转动；然后徐徐压下样板刀接触泥料。由于石膏模的旋转和样板刀的压力，泥料均匀地分布于模型内表面，余泥则贴在样板刀上向上爬，用手将余泥清除掉。这样模型内壁和样板刀之间所构成的空隙就被泥料填满而旋制成坯体。样板刀口的工作弧线形状与模型工作面的形状构成了坯体的内外表面，而样板刀口与模型工作面的距离即为坯体的厚度。旋压操作时，样板刀要拿稳，用力轻重要均一，以防止振动跳刀和厚薄不匀，起刀不能过快，以防止内面出现迹印。样板刀所需形状随坯体而定，其刀口一般要求呈30°～40°角，以减小切剪阻力。同时刀口不能为锋利尖角，而是1～2mm的平面。

旋压成型中，深凹制品的阴模成型居多，而旋制扁平制品盘碟时，则可采用阳模成型，这时石膏模面形成坯体的内形（显见面），样板刀则形成坯体的外形。

旋压成型示意图如图7－5所示。

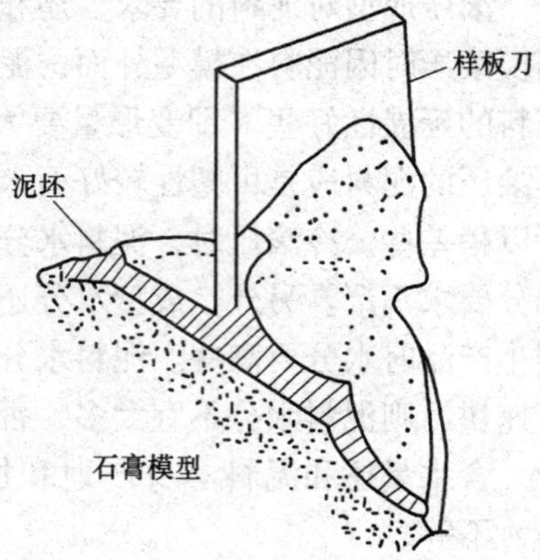

图7－5　旋压成型示意图

（二）旋压工艺特点与控制

旋压成型一般要求泥料水分均匀，结构一致与较好的可塑性。旋压成型由于是以“刮泥”的形式排开坯泥的，因此，它要求坯泥的屈服值相应低些，也即要求坯泥的含水量稍高些，以求排泥阻力小些。同时，“刮泥”成型时，与样板刀接触的坯体表面不光滑，这就不得不在成型赶光阶段添加水分来赶光表面。此外，“刮泥”成型的排泥是混乱的。这些旋压的工艺特点是旋压成型制品变形率高的主要原因之一。

模型转速随制品形状大小的不同而不同。深腔制品、直径小的制品、阴模旋压成型、其主轴转速可高些，反之，则其主轴转速要相应低些。主轴转速高些，有利于坯体表面的光滑度，但主轴转速过高将引起“跳刀”“飞坯”以及不易操作。国内一般采用主轴转速230～400r/min，坯泥含水量21%～26%。

旋压成型时，石膏模、样板刀和模座主轴必须对准“中心”，不但在安装设备与压坯前检查时要注意到这一点，而且还要保证在旋压时，不因样板刀、主轴及工作台摇晃而引起偏心，否则将引起坯体壁厚不均匀、变形与开裂。

旋压成型工艺的另一个特点是样板刀对坯泥的正压力小，生坯致密度差。为了提高样板刀的正压力，采取减小样板刀口的角度，增加样板刀的宽度，样板刀附加木板以及增加泥料量等措施。但是，旋压成型时样板刀对坯泥的正压力仍然是比较小的。

旋压机最初是用手控样板刀的辘轳机，这种设备由于结构简单使用方便，直到现在仍然沿用。后来又从手控发展成利用凸轮控制样板刀的半自动成型机，再后来设计双刀半自动旋压机，虽然设备效率为单刀的两倍，但劳动条件仍不理想。

椭圆形制品（例如鱼盘）过去只用注浆法成型，国外虽有椭圆制品旋压机，但结构复杂，维修困难，使用情况也不理想。国内1972年创造了一种结构简单而有效的椭圆形旋压机，其工效约为注浆法的六倍，不但效率高成本低而且劳动条件也较注浆法好，国内各产瓷区已广泛推广应用。

旋压成型的优点是设备简单，适应性强，可以旋制深凹制品；缺点是旋压质量较差，手工操作劳动强度大，生产效率低，坯泥加工余量大，占地面积较大，而且要求有一定的操作技术。但为条件所限的陶瓷厂，仍采用旋压成型法，生产内销中、低档制品。

三、挤压成型

挤压成型是采用真空练泥机、螺旋或活塞式挤坯机，将可塑料团挤压向前，经过机嘴定型，达到制品所要求的形状。陶管、劈离砖、辊棒和热电偶套管等管状、棒状、断面和中孔一致的产品，均可采用挤压成型。坯体的外形由挤压机机头内部形状所决定，坯体的长度根据尺寸要求进行切割。挤压成型便于与前后工序联动，实现自动化生产。

挤压成型不仅能成型黏土质坯料，也可以成型瘠性坯料配以适量黏合剂而成的塑性料团。这些坯料都应有良好的塑性，且经过真空处理。常用于调和瘠性坯料的黏合剂有聚乙烯醇、羧甲基纤维素、丙三醇、桐油或糊精等。

挤压成型时应注意下列工艺问题：

①坯料真空处理：用于挤压成型的坯料必须经过严格的真空处理，以除尽坯料中的气泡。若残存气泡，挤出时气泡易在坯体表面破裂，影响表面质量。

②挤出力：挤出力的大小是挤压成型中的关键问题。挤出力过小时，泥料含水量较高时才能挤出，这样所成型的坯体强度低、收缩大。若挤出力过大，则摩擦阻力大，设备负荷加重。挤出力的大小主要取决于机头喇叭口的锥度（参见本章第八节）。

③挤出速度：当挤出力固定后，挤出速率主要取决于主轴转速和加料快慢。出坯过快，坯料的弹性滞后释放，容易坯体引起变形。

④管状产品的壁厚：壁厚必须能承受本身的重力作用和适应工艺要求。管壁过薄，则容易软塌，使管经变形成椭圆。此外、承接坯体的托板必须平直光滑，以免引起坯体弯曲变形，尤其是长产品。

四、车坯成型

车坯成型适用于外形复杂的圆柱状产品，如圆柱形的套管、棒形支柱和棒形悬式绝缘子的成型。根据坯泥加工时装置的方式不同，车坯成型分为立车和横车。根据所用泥料的含水率不同，又分为干车和湿车。

干车时泥料含水率为6% ~11%，用横式车床车修。制成的坯件尺寸较为准确，不易变形和产生内应力，不易碰伤、撞坏，上下坯易实现自动化。但成型时粉尘多，效率较低、刀具磨损较大。

与干车比较，湿车所用泥料含水量较高，为16% ~18%，效率较高，无粉尘，刀具磨损小，但成型的坯件尺寸精度较差。横式湿车用半自动车床，采用多刀多刃切削。泥段用车坯铁芯（或铝合金芯棒）穿上，固定于车坯机头上，或将泥段直接固定在机头卡盘上。主轴转速300 ~500r/min。样板刀固定安装在刀架轴上，刀架轴转速1 ~1.5r/min。

车坯的刀具要求有足够的强度和耐磨性，以减少装换刀具的辅助工时。已研究成功的 TiC（碳化钛）沉积刀具，当覆盖层为 5 ~ 8μm 时，比普通热处理45#钢制成的车坯刀耐磨性显著提高。而电镀人造金刚石车坯刀，使用寿命比普通车坯刀成倍增加。

立式湿车近年来有了很大的发展，这主要原因是它采用光电跟踪仿型修坯和数字程序控制等半自动仿型车坯机，使工效和产品质量大大提高。

五、其他成型方法

（一）雕塑、印坯与拉坯成型

雕塑、印坯与拉坯成型都是古老的手工可塑成型法。由于这些成型方法简便、灵活，对于量少而特殊器形的产品，目前仍需使用这些方法。兹分别简述于后。

1. 雕塑

凡异形产品如人物、鸟兽或方形、多角形等器物，多采用手捏、雕塑、雕削、雕镶法成型。人像、山水、花草、虫鱼、禽兽等一般用手捏、雕塑、雕削法成型；方形花钵等多角形器物则采用雕镶法成型。雕镶法是先将练好的塑性泥料用印坯和拍打相结合的方法制成适当厚度的泥尺，然后切成所需形状大小，再用刀、尺等工具进行修、削以制成符合要求的式样和厚度，最后用泥浆黏镶成坯体。

2. 印坯

凡异形产品和精度要求不高的产品，均可用塑性泥料在石膏模中印制成型。印坯也可分单面印坯和双面印坯。现在采用实心注浆成型的匙类过去就是用双面印坯法成型的；现在采用空心注浆法成型的人物的手，过去就是用单面印坯法成型然后黏合的。许多六角瓶、菱形花钵、人物禽兽中某些局部器形、琉璃瓦中的屋脊等都常常采用印坯法成型，然后经过修整再和其他部分黏结成整个坯体。

制品两面均有固定形状或两面均有凹凸花纹的则可采用阴阳石膏模进行双面印坯，如中空制品则可采用单面印坯，然后粘合成坯体。

印坯最大优点是不需要机械设备，手工操作，印坯成型，但生产效率低，而且常由于印坯时施压不均，干燥收缩不匀而引起开裂变形，因此，印坯成型法逐渐被注浆成型法或机械加压法所取代。

3. 拉坯

拉坯又称做坯，是一种万能成型法。碗类、盘碟、壶类、杯类、瓶类等均可用拉坯法成型。拉坯是在陶轮或辘轳上进行的。人力驱动是由拉坯工人手执木棍抵住陶轮上的孔洞中带动陶轮旋转约 1min，把木棍放下，陶轮借惯性作用继续旋转，拉坯工人把塑性泥料置于陶轮中央的泥座上进行拉坯操作。5 ~ 10min 后，陶轮转速逐渐慢下来甚至停止转动，拉坯工人又拿起木棍搅动陶轮。现在拉坯陶轮多数已被电动机取代。

拉坯操作主要靠手掌力和手指力对塑性泥料进行拉、捧、压、扩等作用，泥料在各种力的作用下发生伸长、缩短、扩展，变成所需要的器形。拉坯时还可利用竹片、木棒及样板等进行刮、削、插孔、形成弧线等。

拉坯对坯料的要求是屈服值不宜太高，而延伸变形量则要求宽些。拉坯成型用坯料的含水率一般要比其他塑性成型法含水量高些。

（二）塑压成型

所谓塑压成型法（Ram Process），就是采用压制的方法，迫使可塑泥料在模具中发生形变，得到所需坯体。塑压成型法系20世纪70年代末期美国在日用陶瓷生产中开始采用的一种新成型技术。这种成型方法的特点是设备结构简易，操作方便，适于鱼盘类或其他扁平广口形产品的成型。

我们可以通过比较滚压法、压制法和塑压法所用坯料、模具和成型力等，来理解塑压法的技术关键，详见表7－2。

表7－2　　滚压法、压制法和塑压法的比较

	滚压法	压制法	塑压法
坯料	可塑坯料（坯料制备简单，成型过程中要排余泥）	粉料（坯料制备复杂，成型过程中要排气）	可塑坯料（如何在成型过程中排除余泥）
模具	石膏模具（造价低，强度低，一模一坯）	金属模（造价高，强度高，一模多坯）	石膏模（如何实现一模多坯）
成型力	机械挤碾力（成型力小）	液压冲击力（成型力大）	液压冲击力（如何提高模具的耐压强度）
坯体形状	圆形	广口或扁平状	广口或扁平状

1. 塑压成型的影响因素

要实现塑压成型关键在于：a. 成型过程中的可塑余泥如何排除？b. 石膏模具要实现一模多次压制坯体，如何及时脱模和将石膏模吸入的水分排除？c. 石膏模具强度如何提高？

塑压法解决以上难点的途径是：a. 在石膏模具边沿开设檐沟，以供余泥暂存；b. 浇注石膏模具时在模内预埋排气束，以供在成型过程中吸出模内水分和吹入高压空气帮助脱模；c. 在石膏模内预埋加强筋，模外套金属护套，以增大强度。

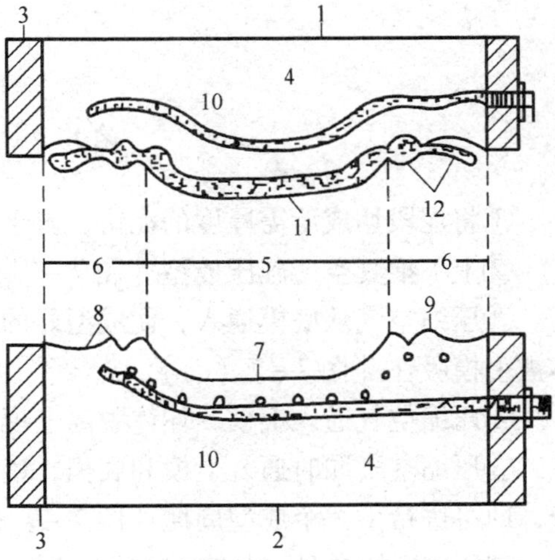

图7－6　塑压模结构示意

1—上模　2—下模　3—金属模框　4—石膏模　5—成型区　6—檐沟区　7—下模内表面　8—沟槽　9—沟槽凸边　10—制品排气束　11—坯体　12—余泥

塑压模结构示意图如图7－6所示。

影响塑压成型的因素很多，主要的有下列几项，必须严加控制。

①塑压模的致密度、石膏粉制备工艺（包括石膏粉细度、杂质含量、炒制温度等）在很大程度上影响着塑压模的致密度和强度。对塑压模的要求是强度要高，致密不能太高。

②檐沟区的设计：檐沟的作用是容纳余泥，并使坯泥的挤出受到一种阻力，檐沟区模子吻合处要留出如纸一样薄的空隙。

③塑压模的透气：通过塑压模制工艺及其特殊处理，使模具具有所需的透气性。

④模具的尺寸、形状和定位要严格控制。

⑤在排除塑压模内的水分时，要通入 0.7MPa 的压缩空气，使塑压过程中吸入模内的水分排除掉。塑压模的排水情况，对于塑压成型坯含水率的降低及每次塑压后模子表面的吸水能力均有影响。

在初次塑压试验中，必须对上述各点进行测定，并把测定数据记录下来，作为制定操作规程的依据。

2. 塑压成型操作

塑压成型是靠压缩空气通入透气的石膏模中，将坯体从模中托起，达到脱模的目的。其操作步骤如下。

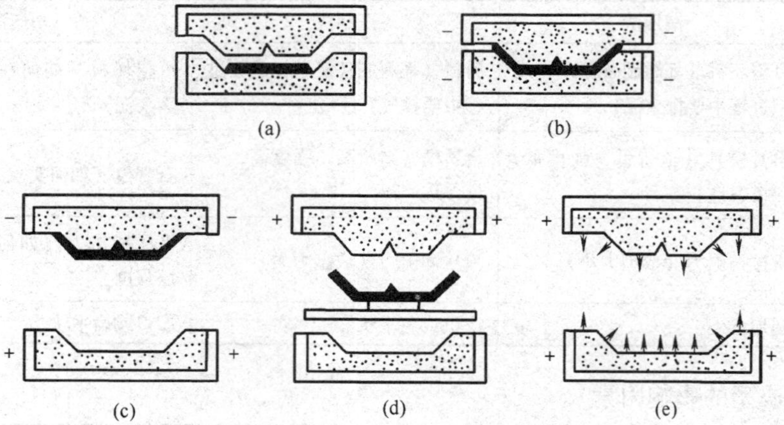

+—送压缩空气　-—抽真空

图 7-7　塑压成型工艺过程

①将泥段切成所需厚度的泥饼，置于底模上［图 7-7（a）］。

②上下抽真空，施压成型［图 7-7（b）］。

③压缩空气从底模通入，使成型好的坯体脱离底模；液压装置返回至开启的工位，坯体被上模吸住［图 7-7（c）］。

④压缩空气通入上模，坯体脱离上模落入操作人员手中的托板上［图 7-7（d）］。

⑤压缩空气同时通入上模和底模，使模内水分排除；关闭压缩空气，揩干模型表面水分，即可进行下一个成型周期［图 7-7（e）］。

塑压成型的成型压力与坯料的含水量有关。坯料水分高时，压力应降低（图 7-8）。坯料水分为 23% ~25% 时，压制单件产品的工作压力为 3.5 ~2.5MPa（国外也有用到 6.9MPa）。坯料可塑越好投泥量越多，则塑压时脱水性能越差。充填的坯料越多则排水量越多，坯体致密度越高。投入泥饼形状应近似于成坯形状并略小于坯体。塑压速度越慢，成型压力越高，加压停顿时间越长，则坯体脱水率和致密度越高。

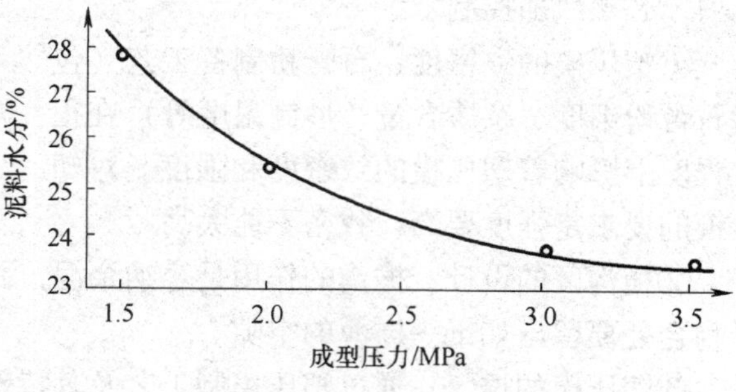

图 7-8　塑压成型泥料水分与成型压力的关系

(三) 注塑成型 (注射成型)

注塑成型又称注射成型，是瘠性
物料与有机添加剂混合压挤成型的方法，它是由塑料工业移植过来的。德国在1939年、美国在1948年先后将其用于陶瓷制品的成型。日本也于1960年采用这种工艺成型氧化铝陶瓷。目前各种形状复杂的高温工程陶瓷（如 SiC、Si_3N_4、BN、ZrO_2等）的制作都开始采用这种成型技术。

1. 坯料的制备

注塑成型采用的坯料不含水。它由陶瓷瘠性粉料和结合剂（热塑性树脂）、润滑剂、增塑剂等有机添加物构成。坯料的制备过程是：将上述组合按一定配比加热混合，干燥固化后进行粉碎造粒，得到可以塑化的粒状坯料。常用的有机添加物列于表7－3中。有机添加物的灰分和碳含量要低，以免脱脂时产生气泡或开裂。

表7－3　注塑成型用有机添加物

种类	添加剂
结合剂	聚苯乙烯、聚乙烯、聚丙烯、醋酸纤维素、丙烯酸树脂、乙烯－醋酸乙烯树脂、聚乙烯醇
增塑剂	二乙基酞酸盐、二丁基酞酸盐、二辛基酞酸盐、脂肪酸酯、植物油、动物油、邻苯二甲酸二乙酯、邻苯二甲酸二丁或二辛酯
润滑剂	硬脂酸、硬脂酸金属盐、矿物油、石蜡、微晶石蜡、天然石蜡
辅助剂	分解温度不同的几种树脂、萘等升华物质、天然植物油

坯料中有机物的含量直接影响坯料的成型性能及烧结收缩性能。提高有机物含量，可使成型性能得到改善，但会使烧成收缩增大（图7－9）。为提高制品的精确度，要求尽量减少有机物用量。但为使坯料具有足够的流动性，必须使粉末粒子完全被树脂包裹住。通常有机物含量在20%～30%，特殊的可高达50%左右。

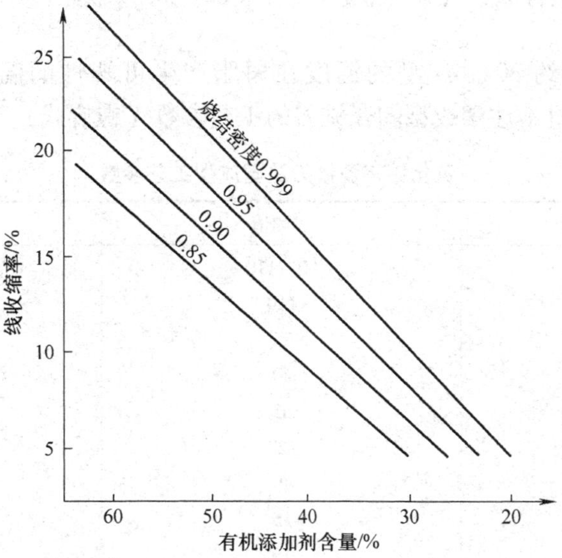

图7－9　有机添加剂含量对制品烧成收缩的影响

注塑成型坯料配方举例：

氧化铝	100 份
乙烯－醋酸乙烯基聚合物	4.96 份
甲基丙烯酸丁酯	4.96 份
石蜡（68～70℃）	5.16 份
二丁酞酸酯	2.33 份

2. 成型过程

注塑成型过程以图 7－10（柱塞式）为例简述如下：

①调节并封闭模具，造粒坯料投入成型机，加热圆筒使坯料塑化［图 7－10（a）］。

②将塑化的坯料注射至模具中成型［图 7－10（b）］。

③柱塞退回，供料。同时冷却模具［图 7－10（c）］。

④打开模具，将固化的坯料脱模取出［图 7－10（d）］。

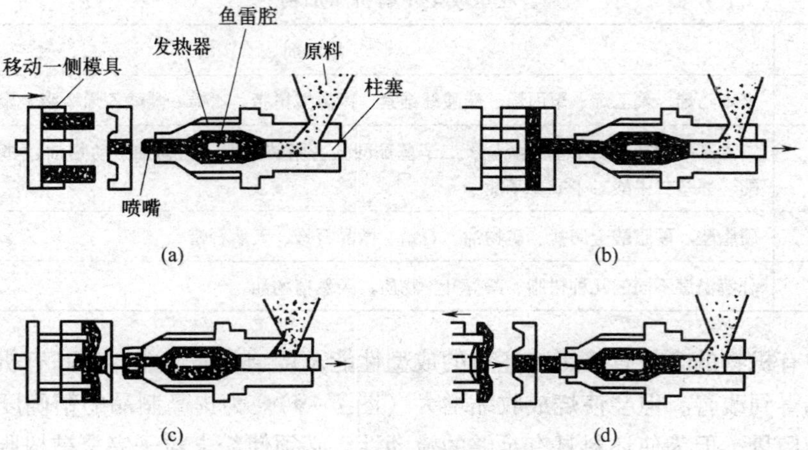

图 7－10　注塑成型工艺过程示意图

（a）模具调整　（b）注塑成型　（c）模具冷却与原料供给　（d）脱模

整个成型周期大约 30s。成型的温度在树脂产生可塑性的温度下，一般为 120～200℃。表 7－4 列出日本注塑成型陶瓷铣刀的工艺参数（螺旋式）。

表 7－4　　氧化铝陶瓷铣刀注塑成型工艺参数

参数名称	实测值	备注
缸筒温度/℃	80～110	
喷嘴温度/℃	110	
初始射出温度/℃	25	
金属模温度/℃	40	
螺旋转数/(r/min)	65	螺旋直径 35cm
射出压力/MPa	127	
保压压力/MPa	49	
射出时间/s	15	
冷却时间/s	10	
成型周期/s	40	

注塑成型时坯体易出现的缺陷有：

①坯料相遇接合时没有融合，从而在坯体的表面和内部产生熔焊线条。

②脱脂后坯体硬化不足，未完全充满模具。

③坯体中包裹着气孔。

3. 注塑成型设备

注塑成型机主要由加料、输送、压注、模型封合装置、温度及压力控制装置等部分构成。根据注塑的形式，注塑成型机有柱塞式和螺旋式两种主要类型（图 7－11、图 7－12）。

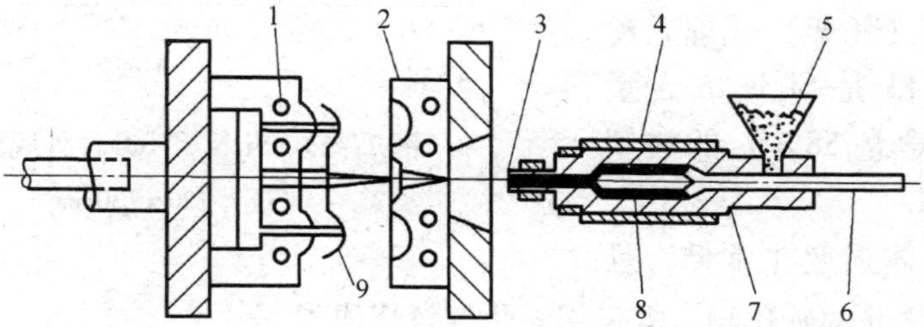

图 7－11　柱塞式注塑成型机

1—冷却水孔　2—模型　3—喷嘴　4—加热器　5—粉料
6—活塞　7—缸　8—鱼雷形分流器　9—坯件

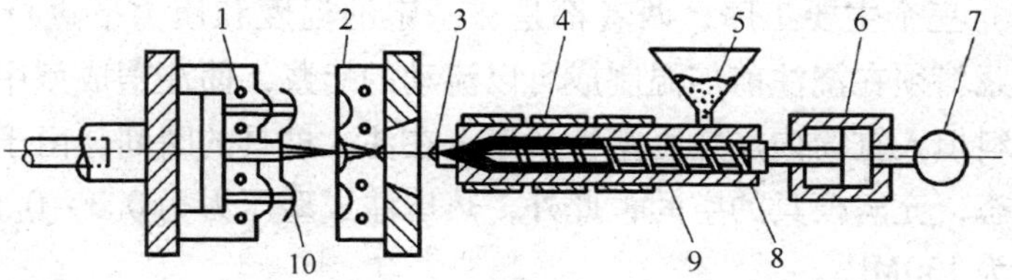

图 7－12　螺旋式注塑成型机

1—冷却水孔　2—模型　3—喷嘴　4—加热器　5—粉料
6—油缸　7—油马达　8—缸体　9—螺旋棒　10—坯件

注塑成型采用金属模具。在模具的结构方面有几个问题应给予注意：

①在金属模型内，生坯的收缩很小（0.1%～0.2%），所得坯体与金属模型尺寸基本相同。因而模型内的空气不能外逸，易裹在生坯中，在脱脂时产生气泡。故金属模具应有 10～20μm 深的排气孔。

②金属模具必须具有冷却沟槽，以便进行冷却和加热，使金属模型保持一定温度。冷却沟槽与温度调节机构相连。

③模型内最细的分注入口部分由于通入高速高压成型坯料，很容易磨损。即使进行淬火或氮化处理也会磨损。日本产的 JC 注塑机中，螺旋采用耐磨的 LS 系高合金钢，缸筒内壁镀一层镍铬金 80℃，耐磨损性大为提高。

4. 脱脂

瘠性粉料之所以能够通过注塑成型得到形状复杂的大型制品，关键是依赖于有机添加剂的塑化作用。但是，这些有机添加剂必须在制品烧结以前从坯体中清除出去，否则就会引起各种缺陷。除去有机添加剂的工序称为脱脂。

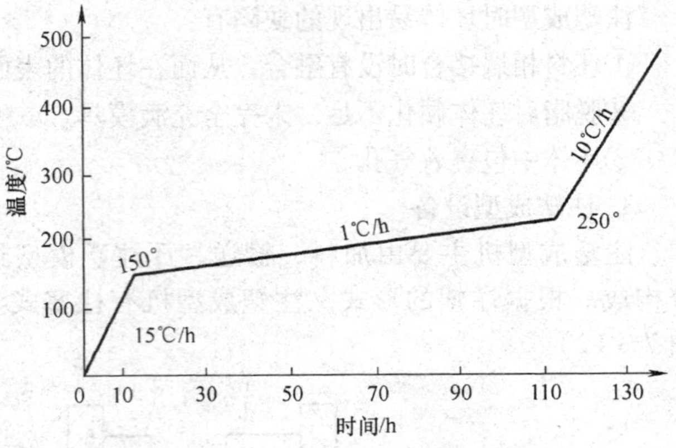

图 7－13　Si_3N_4和 SiC 注件脱脂曲线
（最大 $\phi20\times L30$mm）

脱脂是注塑成型工艺中需要时间最长的一道工序。一般为 24～26h，特殊时需要几个星期。脱脂的速率与原料的特性有关、有机添加剂的种类及其数量，特别是生坯的形状、大小、厚度有关。较薄的坯体脱脂较快，较厚的坯体脱脂速度慢，对形状复杂和容易变形的坯体则采用定位装置（托架）或埋入粉末中。图中 7－13 是 Si_3N_4（含量 56%）和 SiC（含量 58%）的注塑件的脱脂曲线。

脱脂后的坯体强度非常低，且一般都残留百分之几的碳化物。需采用氧化气氛烧成。

注塑成型适合于生产形状复杂、尺寸精度要求严格的制品，产量较大，可以连续化生产。缺点是有机物使用较多，脱脂工艺时间长，金属模具易磨损，造价高等。

注塑成型与热压注成型有很多类似之处，如两者都经瘠性料与有机添加剂混合、成型、脱模（排蜡）三个主要工序；两者都是在一定的温度和压力下进行成型的。不同的是，热压注用的浆料须在浇注前加温制成可以流动的蜡浆，而注塑成型用的是粒状的干粉料，成型时浆粉料填入缸筒内加热至塑性状态，在注入模具的瞬间，由于高温和高压的作用坯料呈流动状态，充满模具的空间；此外，热压注成型压力为 0.3～0.5MPa，注塑成型则高得多，一般为 130MPa。

（四）轧膜成型工艺

轧膜成型是将准备好的陶瓷材料，拌以一定量的有机黏结剂（如聚乙烯醇等）和溶剂，通过粗轧和精轧成膜片后再进行冲片成型。

1. 工艺流程

轧膜成型的工艺流程如下：

瓷粉　黏合剂　增塑剂　水
↓
混合，粉碎
↓
干燥
↓
混料滚压（粗轧）
混练
↓
成型
压延辊（精轧）

粗轧是将粉料、黏合剂和溶剂等成分置于两辊轴之间充分混合混练均匀，伴随着吹风，使溶剂逐渐挥发，形成一层厚膜。精轧是逐步调近轧辊间距，多次折叠，90°转向反复轧练，以达到良好的均匀度、致密度、光洁度和厚度。轧好的坯片在一定湿度的环境中储存，以防止干燥脆化，最后在冲片机上冲压成型。

2. 轧膜成型用塑化剂

轧膜成型用塑化剂由黏合剂、增塑剂和溶剂所组成。各种轧膜瓷料用塑化剂的不同配比列于表7－5。

表7－5　各种轧膜瓷料用塑化剂的不同配比　单位：%

坯料	聚乙烯醇水溶液		聚乙烯醇	乙醇	甘油	蒸馏水	塑化剂用量
	浓度	用量					
高介电容器	15	35			3～5		
电压喇叭	15	18			2		
滤波器	15	24			2		
压电瓷料			900g	480g	240g	4000mL	18～20

轧膜成型对粉料粒度的要求是越细越圆润，含黏合剂量越多，轧辊的精度要求也越高。

3. 轧膜成型的特点

轧膜成型具有工艺简单、生产效率高、膜片厚度均匀、设备简单、粉尘污染小、能成型厚度很薄的膜片等优点。但用该法成型的产品干燥收缩和烧成收缩较干压制品的大。

该法适于生产批量较大的1mm以下的薄片状产品，在先进陶瓷生产中应用较为普遍。

4. 轧膜成型机

(1) 基本结构　轧膜成型机的结构由图7－14所示。它主要是由电机、皮带－蜗杆传动、联轴器等组成的驱动部分，由前后轧辊、轧辊齿轮、可移式轴承组成的轧膜工作部分，以及台式机架、轧刀等所组成。其中，前后轧辊是关键性的工作，为获得光滑而均匀的膜片，对轧辊应当满足以下条件：

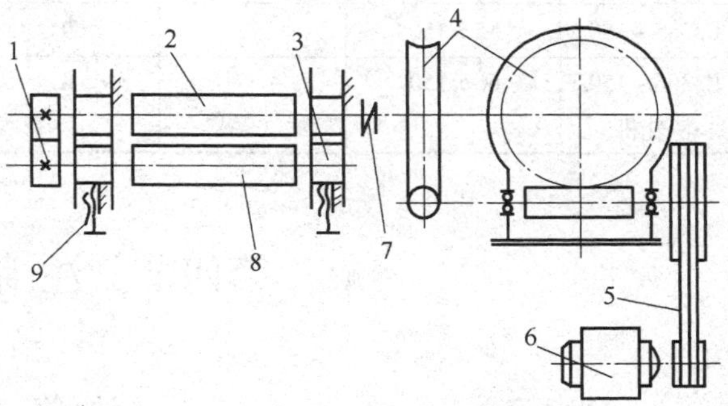

图7－14　轧膜机示意图

1—齿轮传动　2—后轧辊　3—可移式轴承　4—蜗杆传动　5—三角皮带传动　6—电机　7—联轴器　8—前轧辊　9—调节螺旋

①工作面的线速度相同。

②有足够的强度、刚度、表面粗糙度、硬度和几何精度（材质选用45[#]钢或合金钢经渗氮、渗硼等处理，达到RC60以上，粗糙度R_a为1.6～0.2μm）。

③两辊的间距（又称开度）能精密调节。

(2) 工作原理　当轧膜机两个相向滚动的轧辊转动时，置于轧辊之间的可塑泥料团（由粉末原料加入适量黏合剂、增塑剂混练而成）不断受到挤压，使泥料中的每个粒子都均匀地覆盖上一薄层有机黏合剂，同时在轧辊连续不停地挤压下，泥料中的气泡不断地被排除，最后轧出所需厚度的薄片或薄膜，再由冲片机冲出一定形状的坯件。轧膜机又称轧片机。

（3）性能特点

①适于成型厚度在0.08mm至几毫米的极薄的片状电子陶瓷元器件，如晶体管底座、电容器、厚膜电路基板等。

②生产效率高，适于成批生产。

③成型制品与滚轧的平行方向和垂直方向烧成收缩不一，但对尺寸较小的陶瓷基片并无多大影响。

④冲片多余的边角料较多，虽能回收，但难免浪费。

（4）型号规格　先进陶瓷工业用的轧膜机有多种规格。如C3385－150型双辊轧膜机、C3315－250型三辊轧膜机、C33200－400型大双辊轧膜机、C33124－365型三辊浆机和C3366－150型四辊精轧机等多种。几种轧膜机的主要技术参数列于表7－6。

表7－6　几种轧膜机的技术参数

型号	轧辊（直径×长度）/mm	轧辊速度/（m/s）	轧辊转速/（r/min）	前后轧辊速比	配用电机功率/kW	轧辊间隙/mm
C30－1	85.8×150	0.018	4	1:1	2.2（JO2－32－6）	
C3503	148×285	0.031 0.0465 0.062	4 6 8	1:1	3（JO2－41－6）	
C3385－150	85×150		9	1:1	3.0	0～5
C3366－150精轧机	66×150		8			0.03～1（厚度）

第四节　注浆成型

一、注浆过程

注浆成型是基于石膏模（或多孔模）能吸收水分的特性。一般认为注浆过程基本上可分成三个阶段。

从泥浆注入石膏模吸入开始到形成薄泥层为第一阶段。此阶段的动力是石膏模（或多孔模）的毛细管力，即在毛细管力的作用下开始吸水，使靠近模壁的泥浆中的水、溶于水中的溶质及小于微米级的坯料颗粒被吸入模的毛细管中。由于水分被吸走，使浆中的颗粒互相靠近，靠石膏模对颗粒、颗粒对颗粒的范德华吸附力而贴近模壁，形成最初的薄泥层。

形成薄泥层后，泥层逐渐增厚，直到形成注件为第二阶段。在此阶段中，石膏模的毛细管力继续吸水，薄泥层继续脱水，同时，泥浆内水分向薄泥层扩散，通过泥层被吸入石膏模的毛细孔中，其扩散动力为薄泥层两侧的水分浓度差和压力差。泥层犹如一个滤网，随着泥层逐渐增厚，水分扩散的阻力也逐渐增大。当泥层增厚达到所要求的注件厚度时，把余浆倒出，形成了雏坯。

从雏坯形成后到脱模为收缩脱模阶段（也称坯体巩固阶段）。由于石膏模继续吸水和雏坯的表面水分开始蒸发，雏坯开始收缩，脱离模型形成生坯，有了一定强度后就可脱模。

泥浆注浆过程实质上是通过石膏模的毛细管吸力从泥浆中吸取水分因而在模壁上形成泥层。这个过程早就被人们所认识，并且许多研究工作证明，注浆时吸浆过程和泥浆的压滤过程相似，并得出泥层厚度与时间的平方根成正比的定量关系。其中 Adcock、Dal 和 Deen 等都推导出能定量描述泥层生长速率的公式。Dal 和 Deen 在 1958 年从石膏模毛细管吸力在注浆过程中是恒定的，此吸力是石膏模吸水的原动力出发，基于过滤理论提出下列公式：

$$L_s = \sqrt{\frac{2k_s \cdot p_s \cdot t}{\eta\alpha}} \quad 和 \quad L_g = \sqrt{\frac{2k_g \cdot p_g \cdot t}{\eta n_g}} \tag{7-1}$$

$$并\ \alpha = \frac{1-\varphi-n_s}{\varphi}$$

式中：L_s——泥层厚度；

L_g——石膏模的吸水分层厚度；

k_s——泥层渗透率；

k_g——石膏渗透率；

p_s——泥层两端压差；

p_g——石膏模吸水层两端压差；

t——时间；

η——水的黏度；

φ——泥浆中固体粒子的体积分数；

n_s——泥层的空隙率；

n_g——石膏模气孔率。

（7－1）式作为定量描述注浆过程是较成功的，但在实际测量时，式中参数 n_s（泥层的空隙率）是实难测定的。为此，他们把泥浆注浆过程作为以石膏模毛细管吸力为动力，通过两个连续层从泥浆中吸取水分的模型导出下列公式。这两个连续层指和石膏模吸水层，如图 7－15 所示。

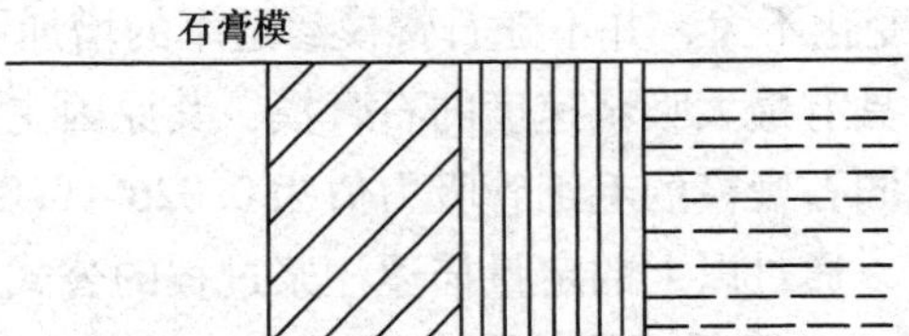

图 7－15　泥浆注浆过程示意图

$$\frac{\mathrm{d}Q}{A\mathrm{d}t} = \frac{p}{\eta\left(\frac{L_s}{k_s}+\frac{L_g}{k_g}\right)} \tag{7-2}$$

式中：A——注浆面积，cm^2；

Q——石膏模吸水量，cm^3；

p——石膏模毛细管吸力，0.1Pa。

根据（7－2）式，先测定石膏模的水渗透率 k_g（利用被水浸透后的石膏模）和石膏模在自由水中的吸水量（此值可作为石膏模的空隙 n_g），然后通过测定石膏模在吸水时水入石膏模的深度与时间的关系，测出有关参数，从而计算出石膏模的毛细管吸力值。

即
$$\frac{dQ}{Adt}=\frac{k_g p}{\eta L_g}$$
因为
$$dQ=n_g A L_g$$
所以
$$p=\frac{L_g^2}{t}\frac{\eta n_g}{2k_g} \tag{7-3}$$

通过实验测定，计算出石膏模的吸力介于 0.015～0.025MPa（不同的石膏模）。但 Dal 等认为利用上法测出的数据与实际不符合，有待修正。

Dal 等公式的有效性已在实践中被证实，其问题在于要精确测量水入石膏模的深度与时间的关系是困难的，尤其在短时间内，误差将是很大的。为此，我国研究工作者从精确测量着手，重新调整上式，消除难以测量的泥层厚度 L_s 和石膏模的吸水层厚度 L_g，得出可精确测量的吸收水量作为参数的下式：

$$Q^2=\frac{2A^2 p n_g a k_g k_s}{\eta\ (a k_s+n_g k_g)}t=k_Q t \tag{7-4}$$

式（7－4）是描述注浆过程的另一种形成，并在实验中精确测量出式（7－4）中的全部参数，得出了石膏模的毛细管吸力值和注浆时形成泥层的渗透率值，从而较好地解释了注浆速率与石膏模的渗透率之间的微妙关系。许多研究工作者从实践中得出，注浆速率与石膏模的渗透率 k_g（扩散系数 D_g）之间的关系并不呈简单的比例关系。而是当石膏的渗透率较小时，石膏模渗透率的提高，其相应的注浆速率也提高，当石膏模的渗透率提高到某一值后，其相应的注浆速率反而降低。并且得出：当水与石膏粉的比例为（70～80）:100 时制成的石膏模在吸浆时具有最大的吸浆速度，而其他水膏比制成的石膏模其吸浆速度均下降。有些研究工作者认为，这是由于泥层阻力和模型阻力变化的综合的结果。但通过实验研究得出：用不同水膏比制成的石膏模进行同一泥浆注浆时所形成的各泥层，其渗透率 k_s 变化不大，并不随石膏模渗透率的增加而降低，不同渗透率的石膏模之间所以呈现出一个具有最大吸浆速度的石膏模，其原因主要是该石膏模具有最大的毛细管吸力，并计算出不同石膏模的毛细管吸力值为 0.026～0.064MPa。

通过以上的定量描述注浆过程的公式，可以看出，要提高注浆速率主要取决于：

1. 降低泥层的阻力

泥层的阻力取决于其结构，其由泥浆的组成、浓度、添加物的种类等因素所决定。

泥浆中塑性原料含量多，固体颗粒细，易形成较致密的坯体，其渗透性差，使注浆速率降低。故要加快吸浆速度，可适当减少塑性原料，增粗泥浆颗粒粒子，其对大件产品的注浆成型尤为重要。

在保证泥浆具有一定流动性的前提下，减少泥浆中的水分，增加其密度，可提高吸浆速度。但由于泥浆浓度增加必然使其流动性降低，这就要求选用高效能的解凝剂（稀释剂）。

泥浆中加入解凝剂（稀释剂）可以改善其流动性，但完全解凝的泥浆，其坯体致密度高，使泥层阻力增加反而影响注浆效率，若在泥浆中加入少量絮凝剂，使形成的坯体结构疏松，可加快吸浆过程。实践证明，加入少量 Ca^{2+}、Mg^{2+} 的硫酸盐或氯化物都可增大吸浆速度。

2. 提高吸浆过程的推动力

从定量公式中可知，吸浆过程的推动力，主要是指石膏的毛细管吸力，如前已所述，石膏毛细管力的大小与石膏模的渗透率有关，在制造石膏模时，当水膏比为 78∶100 时可制得具有最大毛细管力的石膏，当然，制造石膏模时的其他工艺条件也会影响石膏模的毛细管力的大小。

为了提高吸浆过程的推动力，除了石膏模的毛细管力外，还可采用增大泥浆与模型之间压力差方法来达到，这就是在生产中常采用的压力注浆、真空注浆和离心注浆等方法。

3. 提高泥浆和模型的温度

温度升高，水的黏度下降，泥浆黏度也因而降低，流动性增大。实践证明，若泥浆温度为 35 ~40℃。模型温度为 35℃左右，则吸浆时间可缩短一半，脱模时间也相应缩短。

二、注浆成型的特点

注浆成型适用于各种陶瓷产品，凡是形状复杂、不规则的、壁薄的、体积较大且尺寸要求不严的器物都可用注浆法成型。一般日用陶瓷中的花瓶、汤碗、椭圆形盘、茶壶、杯把、壶嘴等使用都可用注浆法成型。

注浆成型后的坯体结构较一致，但其含水量大而且不均匀。干燥收缩和烧成收缩较大。由于注浆成型方法的适应性大，只要有多孔性模型（一般为石膏模）就可以生产，不需要专用设备（也可以有机械化专用设备）也不拘于生产量的大小，投产容易，上马快，故在陶瓷生产中获得普遍使用。但是注浆工艺生产周期长，手工操作多，占地面积大，石膏模用量大，这些是注浆成型工艺上的不足并有待改善的问题。随着注浆成型机械化连续化自动化的发展，有些问题可以逐步得到解决，使注浆成型更适宜于现代化生产。

三、注浆成型对泥浆的要求

注浆成型是基于能流动的泥浆和能吸水的模型来进行成型的。为了使成型顺利进行并获得高质量的坯体，必须对注浆成型所用的泥浆有所要求，其基本要求如下：

①流动性好。即泥浆的黏度要小，在使用时能保证泥浆在管道中的流动并能充分流注到模型的各部位。良好的泥浆应该像乳酪一样，流出时成一根连绵不断的细线。

②稳定性要好。泥浆中不会沉淀出任何组分（如石英、长石等），泥浆各部分能长期保持组成一致，使注浆成型后坯体的各部分组成均匀。

泥浆中单个质点的沉降比质点结成团的要慢。因此，凝聚作用促使泥浆质点急速沉降，使泥浆的稳定性降低。黏土长石石英质泥浆是多分散系统。这样的系统特别不稳定，因为较大质点使小质点黏附到它上面，大质点好像是凝聚中心。由此可以得出有实际意义的结论，即构成泥浆质点大小的差别越小，泥浆稳定性越好。

③具有适当的触变性。泥浆经过一定时间存放后的黏度变化不宜过大，这样泥浆就便

于输送和储存，同时又要求脱模后的坯体不至于受到轻微振动而软塌。注浆用泥浆触变性太大则易稠化，不便浇注，而触变性太小则生坯易软塌，所以要有适当的触变性。

④含水量要少。在保证流动性的前提下，尽可能地减少泥浆的含水量，这样可减少注浆成型时间，增加坯体强度，降低干燥收缩，缩短生产周期，延长石膏使用寿命。

⑤滤过性要好。即泥浆中水分能顺利地通过附着在模型壁上的泥层而被模型吸收。通过调整泥浆中瘠性原料和塑性原料的含量可以调整滤过性。

⑥形成的坯体要有足够的强度。

⑦注浆成型后坯体容易脱模。

⑧泥浆中不含气泡。

在生产中常用泥浆密度、黏度、稠化度、含水量、悬浮性等指标来控制泥浆性能。另外还可测定泥浆的吸浆速度、脱模情况、坯体含水量和生坯强度等来标志泥浆的成型性能。

四、基本注浆方法（单面注浆与双面注浆）

（一）单面注浆

单面注浆是将浆注入模型中，待泥浆在模型中停留一段时间而形成所需的注件后，倒出多余的泥浆。随后带模干燥，待注件干燥收缩脱模后，取出注件。图 7 – 16 所示为单面注浆操作过程。用这种方法注出的坯体，由于泥浆与模型的接触只有一面（故称单面注浆），因此，注件的外形取决于模型工作面的形状，而内表面则与外表面基本相似。坯体的厚度只取决于操作时泥浆在模型中停留的时间。坯体的厚度较均匀。若需加厚底部尺寸时，可以进行二次注浆，即先在底部注浆，待稍干后再注满泥浆，这样可加厚底部尺寸。

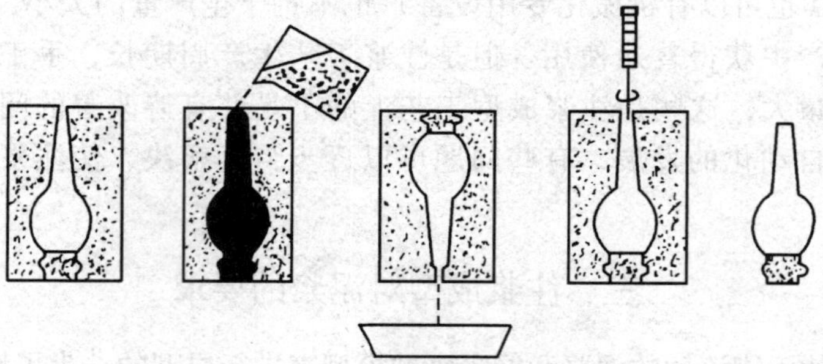

图 7 – 16　单面注浆的操作示意图

单面注浆用的泥浆，其密度一般都比双面注浆的要小，为 1.65 ~ 1.8g/cm³，泥浆的稳定性要求较高，流动性一般为 10 ~ 15，稠化度不宜过高（1.1 ~ 1.4g/cm³），细度一般比双面注浆的要细，万孔筛筛余为 0.5% ~1%。

注浆时，应先将模型的工作面清扫干净，不得留有干泥或灰尘。装配好的模型如有较大缝隙，应用软泥将合缝处的缝隙堵死，以免漏浆。模型的含水量应保持在 5% 左右，过干或过湿都将引起坯体的缺陷，并降低劳动生产率。适当加热模型可以加快水分的扩散而对吸浆有利，但有一个限度，否则适得其反。进浆时，浇注速度与泥浆压头不宜太大，以免注件表面产生缺陷，并应使模型中的空气随泥浆的注入而排出。脱模的合适水分应由实际情况决定。一般为 18% 左右。

单面注浆法多用于浇注杯、壶等类产品。

（二）双面注浆

双面注浆是将泥浆注入两石膏模面之间（模型与模芯）空穴中，泥浆被模型与模芯的工作面两面吸水，由于泥浆中的水分不断被吸收而形成坯泥，注入的泥浆量就会不断减少，因此，注浆时必须陆续补充泥浆，直到空穴中的泥浆全部变成坯时为止。显然，坯体厚度由模型与模芯之间的空穴尺寸来决定，因此，它没有多余的泥浆被倒出（图7－17）。

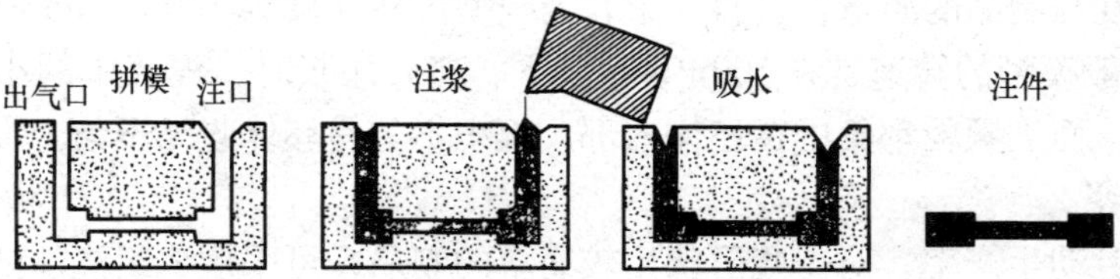

图7－17　双面注浆的操作示意图

双面注浆用的泥浆一般比单面注浆用的泥浆有较高的密度（在1.7g/cm^{3}以上），稠化度也可较高（1.5～2.2g/cm^3），细度也可以粗些，为万孔筛筛余1%～2%。

双面注浆可以缩短坯体的形成过程。制品的壁可以厚些，可以制造两面有花纹及尺寸大而外形比较复杂的制品。但是，双面注浆的模型比较复杂，而且与单面注浆一样，注件的均匀性并不理想，通常远离模面处致密度小。

双面注浆操作时，为了得到致密的坯体，当泥浆注入模型后，必须振荡几下，使气泡逸出，直至泥浆注满为止。另外，必须预留放出空气的通路。

五、强化注浆方法

注浆成型手工操作较多，生产效率低，坯体不够致密，收缩较大，制品缺陷较多。尤其是注造大型较厚的坯体时，当坯体还未形成至所需厚度时，距模壁较远处的泥浆还未脱水，而紧靠石膏模壁的坯体就可能已收缩离开模壁，这时，如不把泥浆倒出，泥浆中水分就可能传至已硬化的泥层，使坯体瘫软倒塌或变形。

为了改进一般注浆方法的缺点，为了提高注件质量，减轻劳动强度，提高劳动生产效率，有必要采取如下技术措施，进行强化注浆。

1. 压力注浆

采用加大泥浆压力的方法，来加速水分扩散，从而加速吸浆速度。加压方法最简单就是提高盛浆桶的位置，利用泥浆的位能提高泥浆压力。这种方式所增的压力一般较小，在0.05MPa以下。也可用压缩空气将泥浆压入模型，一般说来，压力越大，成型速度越快生坯强度越高。但是，压力的加大量受到模具等因素的约束。根据泥浆压力的大小，压力注浆可分为微压注浆、中压注浆和高压注浆。微压注浆的注浆压力一般在0.05MPa以下；中压注浆的压力在0.15～0.20MPa；大于0.20MPa的可称为高压注浆，此时就必须采用高强度树脂模具。

2. 真空注浆

用专门设备在石膏模的外面抽真空，或把加固后的石膏模放在真空室中负压操作，这样都可加速坯体形成，真空注浆可以增大石膏模内外面压差，从而可缩短坯体形成时间，提高坯体致密度和强度，真空度为0.4MPa（300mm）汞柱时，坯体形成时间为常压下的1/2以下，真空度为0.66MPa（500mm）汞柱时，坯体形成时间仅为常压下的1/4。真空注浆时要特别严格的操作，否则易出现缺陷。

3. 离心注浆

离心注浆是使模型在旋转情况下注浆，泥浆受离心力的作用紧靠模壁形成致密的坯体，泥浆中的气泡由于比较轻，在模型旋转时，多集中在中间，最后破裂排出，因此也可以提高吸浆速度与制品的质量。资料介绍，当模型旋转速度为1000r/min时，吸浆时间可缩短75%，一般模型的转速常在500r/min以下。离心注浆时，泥浆中的小颗粒易集中在模型的内表面，而大颗粒都集中在坯体内部，组织不匀易坯体收缩不匀。

4. 成组注浆

为了提高劳动生产率，对一些形状比较简单的制品，可采用成组浇注的方法。这个方法是将许多模型叠放起来，由一个连通的进浆通道来进浆，再分别注入各个模型内。为了防止通道不致因吸收泥浆而堵塞，在通道内，可涂上含有硬脂溶液的热矿物油，不使吸附泥浆。国内不少企业成型鱼盘、洗面器时多采用成组注浆。

5. 热浆注浆

热浆注浆是在模型两端设置电极，当泥浆注满后，接上交流电，利用泥浆中的少量电解质的导电性来加热泥浆，把泥浆升温至50℃左右，可降低浆黏度，加快吸浆速度。当泥浆温度由15℃升高至55℃时，泥浆的黏度可降低50%～60%，注浆成型速度可提高32%～42%。

六、其他注浆成型方法

（一）热压铸成型

注浆成型、塑性泥成型和干压成型等都是按照原料粉碎、坯料制备、成型、干燥、烧成的工艺路线进行的，即先成型而后烧成，干燥烧成收缩很大，烧成时发生分解、氧化、晶型转变、气相产生、液相出现等一系列物理化学变化，导致开裂变形等缺陷产生。而热压铸工艺则是把上述一系列的物理化学变化完成于成型之前，把坯料烧结成瓷粉碎，再加入工艺黏结剂加热化浆，并在一定温度压力下铸造成型脱蜡烧成，这样物理化学变化少，收缩小，造成缺陷的可能性极少。而且产品尺寸精确、结构致密，各种异形产品都能成型，成型后无需干燥，不需要石膏模，生坯强度大便于机械化生产。烧成三次有利于形成稳定晶型，滑石瓷用注浆成型、塑性成型、干压成型的瓷件，均存在储存多孔性问题，而热压铸成型的滑石瓷则无此现象。

1. 热压铸成型对粉料的要求

①粉料要烧结成瓷，可以按湿压料制备工艺制成ϕ3mm的颗粒，装入打磨过且刷涂过Al_2O_3浆的匣钵中，稍加按紧些，以利固相反应，烧结出钵要经过吸红（品红溶液）检验，生烧的剔除，粉料含水量应控制在0.2%以下。含水量多的粉料配浆时需加入更多的石蜡，而且流动性不好，甚至无法调成均匀的浆料。粉料在与石膏混合前需在烘箱中烘至90℃保持2h。

②粉料的细度也要加以控制，粉料越细比表面越大，在相同流动性可铸性要求下所需石蜡量更多，对热压铸成型不利，对产品尺寸公差要求也不利。若颗粒太大，则蜡浆易于

沉淀不稳定。粉料细度一般控制在万孔筛余不大于5%，并要全部通过0.2mm孔径的筛。试验证明，若能进一步减少大颗粒尺寸，使其不超过60μm，并尽量减少1～2μm的细颗粒，则能制成性能良好且稳定的蜡浆和产品。

③蜡浆中主要成分是瓷粉和热塑性黏结剂，后者常用的是石蜡，石蜡熔点55～60℃，溶化后黏度小，料源丰富且便宜，作为热塑性黏结剂很合适。

瓷粉颗粒表面一般是带电荷、有极性、亲水的，而石蜡是非极性、憎水的。所以瓷粉与石蜡不易吸附，加热和浆后容易产生沉淀现象。生产上常将表面活性物质作为瓷粉与石蜡的联系媒介。表面活性物质是由易溶于水或易被水湿润的原子团亲水基（极性基）和易溶于油的原子团亲油基（非极性基）所组成，瓷粉与石蜡通过表面活性物质作桥梁间接地吸附在一起。另外，表面活性物质吸附在瓷粉颗粒表面上，形成单分子薄层，降低粉粒与石蜡界面上的表面能，减少了分子间的作用力，提高了蜡浆的流动性，可相对减少蜡浆中的含蜡量。常用的表面活性物质有油酸、硬脂酸、蜂蜡等。

2. 热压铸成型工艺流程

热压铸成型的工艺流程简述如下：

表面活性物质油酸┐　　　　石蜡→称量→加热┐

瓷粉和瓷球→称量投入球磨机→干磨→过筛→称量→干燥→投入铝锅（电炉加热）→和蜡搅拌→蜡饼备用→化浆搅拌→热压铸成型→坯体→装钵→排蜡和素烧→出钵→扫除吸附剂（压缩空气在吸尘柜

吸附剂 Al_2O_3┘

内吹净）→上釉或彩绘后上釉→釉烧→釉上装饰→彩烤→成品

生产实践证明，表面活性物质油酸在干磨到一定细度后加入，再干磨3h后过筛和蜡，效果最好。这样每个瓷粉颗粒表面均被油酸薄膜包裹着，降低瓷粉颗粒的表面自由能，和蜡后流动性很好。

蜡浆的石蜡用量视不同瓷粉及表面状态一般为瓷粉质量的10%～16%，油酸用量为瓷粉量的0.4%～0.7%，如采用蜂蜡或硬脂酸则为石蜡量的5%左右。

蜡浆质量对于热压铸成型是极为需要的。蜡浆的工艺性能有如下要求：

①稳定性。蜡浆长时间加热而又不加以搅拌的条件下，保持其不分层的性能叫稳定性。一般蜡浆在加热状态下都有趋向分层，有的瓷厂规定100cm^3的蜡浆在70℃下保温24h，分离出的黏结剂量在0.1～0.2cm^3即为稳定。

②可铸性。可铸性是蜡浆铸满模型完全保持要求外形的能力，是鉴定蜡浆黏度和凝固速度的综合指标。一般规律是黏度小而凝固速度慢的则可铸性好。若瓷粉烧结且含水量极低，黏结剂用量适当，颗粒细度合适则蜡浆的可铸性好。颗粒太细，要达到要求的可铸性，则用蜡量较多。颗粒粗些，用蜡量可少些，但不利于烧成。

③粉料的装填密度。在热压铸成型的坯体中，单位体积内所含瓷粉的多少叫做装填密度。装填密度大，表示瓷粉颗粒排列较紧密，烧成时收缩变形较小，烧后结构稳定致密。

④收缩率。石蜡由熔化的液体凝固为固体时，体积会收缩。铸坯的体积收缩率和石蜡用量成正比，也和铸浆温度有关。蜡浆温度高，黏度低，可铸性好，但体积收缩会大些。

3. 热压铸成型工艺参数控制

（1）蜡浆温度　在一定温度范围内（如60～90℃），浆温升高则浆料黏度减小，可使坯体颗粒排列致密，减少坯内缩孔。浆温过高则坯体体积收缩加大，表面容易出现凹坑。浆温和坯体大小、形状、厚度有关。形状复杂、大型的、薄壁的坯体要用温度高一些的浆料进行压铸，一般浆温控制在65～85℃。

（2）铸模温度　模型温度决定于坯体冷却凝固的速度和质量。模型温度也和坯体形状、厚度有关系。形状简单和厚壁坯体压铸时，模型温度要低些，形状复杂和薄壁坯体压铸时，模型温度高些。使用有许多零件插入的模型时，模温要高些。但升高模温会降低致密度和增多内部气孔。一般模温在20～30℃。生产上一般用两副模型轮换压铸，一副模型在压铸，另一副模型放在冰块上冷却。

（3）压力制度　压力大小影响进浆速度。压力大小取决于蜡浆的黏度和流动性。采用黏度大的蜡浆和成型薄或大件坯体时，压力应加大。提高压力会降低坯体冷时的收缩率，增大颗粒排列的致密度，减少缩孔。生产上常用的成型压力为0.3～0.5MPa。

加压持续时间除使蜡浆充满模型外，还可弥补坯体冷凝时发生的体积收缩，并使坯体充分凝固硬化。稳压时间同样和坯体的形状有关。小型坯体在3～4atm下维持5～15s，大型坯体在0.4～0.5MPa（4～5atm）下稳压1min左右，这样可使坯体收缩时得到蜡浆补充，减少内部缩部孔和总收缩。

4. 热压铸机与模具

国内瓷厂中使用的热压铸机是用压缩空气送蜡浆进入铸模（见图7－18）。成型前，把熔化好的蜡浆放入浆桶中，通电加热使蜡浆达到要求的温度。浆桶外面是维持恒温的油浴桶，桶内插入节点温度计，接上继电器控制温度。成型时将模具的进浆口对准铸机出浆口，脚踏压缩空气阀门，压浆装置的顶杆把模具压紧，同时压缩空气进入浆桶，把蜡浆压入模内，用小刀削去铸浆口已凝固的多余的铸料，修整后得到合格的生坯。这时模温很高，故需将模具放在冰上或在冰水中冷却一下再放到铸机上进行压铸。

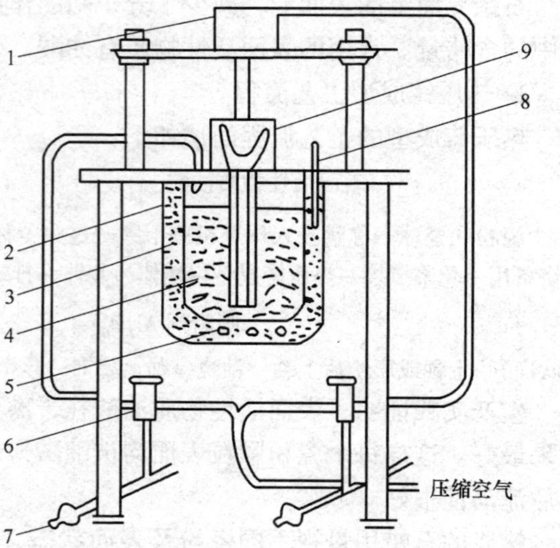

图7－18　热压铸机的构成
1—压紧装置　2—浆桶　3—出浆管　4—油浴桶　5—加热棒
6—压缩空气阀门　7—脚踏板　8—节点温度计　9—模具

钢质热压铸模具是热压铸设备不可分割的重要组成部分。热压铸模具的构造对热压铸成型操作、成型质量、成型效率及铸件质量具有重要作用。模具构造取决于产品结构，而同一产品也可以有不同的模具构造。模具构造合理，装拆方便，则便于成型操作，而且成型效率也比较高。对于形状复杂的产品，模具是由多种模块组装而成，组装后用销子固紧。热压铸模具的进浆口位置是模具设计的关键，根据产品的形状大小、厚薄、高度而确定模具进浆口位置及进浆口大小。模具设计者希望热压铸时蜡浆在几秒钟时间内进入模具充填到模腔内每个角落，不会有注不满现象发生。因为蜡浆是一种热塑性浆体，而热压铸模是钢模，蜡浆碰到钢模很快凝固，所以要在很短时间内充满模腔，否则蜡浆注不满模腔即凝固，一般压铸时间为小型产品3～10s，中型产品10～30s，大型产品30～90s。在压力为0.35MPa时可铸性可达180mm。

热压铸模具设计根据产品形状不同可分为削铸口模和打铸口型，例如接线板和各种电子管座热压铸成型后，铸件的铸口要用小刀削平，这与注浆后的鱼盘生坯要用刀刮平一样。削铸口模，模口宜厚并要有一定锥度。打铸口模，是指模具有芯子，即产品有中孔的，热压铸成型后，通过顶杆打模具芯子把铸口刚凝固的浆料打掉，打注口模芯要有一定锥度，以便于把铸口打出去。

热压铸成型，钢模不吸浆，铸件几乎没有收缩，所以脱模时，要把模具打开，将硬化了的坯体取出，削铸口即为合格的生坯。

5. 排蜡

热压铸成型的坯体，不能直接进行烧结，而要预先进行排蜡。排蜡时，坯体需埋在吸附剂中，以防排蜡时变形。吸附剂一般为预烧过的Al_2O_3粉，其作用一方面支持着坯体，另一方面是能吸附液态石蜡，使石蜡在吸附剂中分解。

石蜡熔化时（60～100℃）体积会膨胀，这时要保持一定时间，使坯体内的石蜡完全熔化（100～300℃），石蜡在吸附剂中渗透、扩散，然后蒸发，升温要缓慢，使坯体体积均匀变化，以免起泡、分层和脱皮，一般排蜡温度为900～1100℃，坯体能初步发生化学反应，有一定的机械强度。

某厂煤窑排蜡升温制度如下：

一般产品		大型产品	
40～100℃	10℃/h	40～100℃	10℃/h
100℃	保温2h	100℃	保温4h
100～180℃	10℃/h	100～180℃	10℃/h
180℃	保温4h	180℃	保温6h
180～260℃	10℃/h	180～260℃	10℃/h
260℃	保温4h	260℃	保温4h
260～300℃	10℃/h	260～300℃	10℃/h
300℃	保温3h	300℃	保温4h
300～400℃	10℃/h	300～400℃	10℃/h
400℃	保温2h	400℃	保温2h
400～500℃	15℃/h	400～500℃	15℃/h
500～1050℃	50℃/h	500～700℃	20℃/h
1050℃	保温3h	700～1050℃	50℃/h
	共72h	1052℃	保温3h
			共83h

在煤窑中排蜡，要注意几点：

①点火时在炉栅上放些木片，再铺上薄层碎煤，再将炭火或火烬铲两铲置于煤层上。

②从点火到300℃可用灰坑下煤焦煤渣来烧。

③从点火到400℃火箱内以没有火舌为原则，即处于烘烧状态。

④从点火到500℃实升温度不得比应升温度高10℃和低30℃。

⑤从点火到停火整个排蜡素烧过程均烧氧化焰，在保证升温保温情况下抽力越大越

好。停火后火箱门全部打开。

⑥从点火到500℃任其自然降温。500℃时窑门下面开口，让冷空气进入。400℃以下，窑门打开一半，并将窑顶天窗盖板打开，允许使用鼓风机强制冷却。

窑内温度冷至50℃以下出窑，冷至室温即可将排蜡后的素坯从匣钵中的Al_2O_3粉内取出，经过刷净、吹风、拣选，即可上釉装钵装窑烧成。热压铸工艺从原料烧结、排蜡素烧到产品烧成烧三次，用于日用瓷尚有一定困难。

（二）电泳注浆

电泳注浆是根据泥浆中的黏土粒子（带有负电荷）在电流作用下能向阳极移动，把坯料带往阳极而沉积在金属模的内表面而成型的。注浆所用模型一般用铝、镍、镀钴的铁等材料来制造。操作电压为120V，电流（直流电）密度约为0.01A/cm^2。金属模的内表面需涂上甘油与矿物油组成的涂料。利用反向电流促使坯体脱模。用电泳注浆法成型的坯体，结构很均匀，坯体生成的速度比石膏模成型时要快9倍左右，但对注造大型陶瓷制品目前尚有困难，有待继续研究。

从泥浆中固相颗粒大小、分散度等特性看，属于溶胶－悬浮体混合物，都是高分散系统，具有很大的表面积，具有胶体性质，如吸附反离子，生成带ξ电位的扩散双电层等，因此在外电场作用下都可以产生电泳现象，故任何陶瓷泥浆都可以电泳成型。

电泳注浆成型通常使用高浓度泥浆，成分的离析是微小的，离析量随施加电压的提高而提高。在高浓度时，由于颗粒之间大量干扰，使颗粒间互相推撞产生“拖拉效应”，即快速运动的颗粒拖着慢速运动，随泥浆浓度增加“拖拉效应”更明显，因而没有离析粒子的相对运动产生。当沉积物析出后，泥浆浓度不断下降，这对稳定电泳注浆成型控制制品厚薄一致不利，因此要不断补充泥浆，以保持泥浆浓度恒定。

第五节　压制成型

压制成型可分为干压成型和等静压成型。粉料含水量为3%～7%时为干压成型；等静压成型法中，粉料含水量可在3%以下。压制成型的特点是生产过程简单，坯收缩小，致密度高，产品尺寸精确，且对坯料的可塑性要求不高。缺点是对形状复杂的制品难以成型，多用来成型扁平状制品。等静压工艺的发展，使得许多复杂形状的制品也可以压制成型。

一、干压成型

（一）干压成型对粉料的要求

①粉料具有较高的体积密度，以降低其压缩比。因为干压成型是将料填充在钢模型腔中压制成型的，模腔深度随压缩比的增大而增高，而模腔越深则越难压紧，影响产品质量。

②粉料流动性要好。良好的流动性可保证压制时颗粒间的内摩擦小，粉料能顺利地填满模型的各个角落。

③粉料要有合理的颗粒级配。从最紧密堆积原理出发，较好级配的颗粒，且细粉尽可能少，可以减少空气含量，并降低压缩比，提高流动性。

④在压力下易于粉碎，这样可形成致密坯体。

⑤水分要均匀，否则易使成型与干燥困难。

为了满足上述要求，生产上一般要控制下列工艺条件：

（1）颗粒度　干压粉料的颗粒细度直接影响坯体的致密度、收缩率和强度。瓷器的干压坯料细度与可塑坯料的要求相同。精陶类的坯料细度可控制在 6400 孔/cm^2 筛余 0.5% ~1%。干压料中团粒占 30% ~50%，其余是少量的水和空气。团粒是由几十个甚至更多的坯料细颗粒、水和空气所组成的集合体，团粒大小要求在 0.25 ~3mm，团粒大小要适合坯件的大小，最大团粒不可超过坯体厚度的 1/7。团粒形状最好是接近圆球状为宜。

（2）含水量　干压坯料的含水量与坯体的形状、干燥性能和成型压力等有关。含水量较大则干燥收缩大，成型压力可小些。形状不太复杂，尺寸公差要求不高的产品可采用含水量较大的半干压坯料。半干压坯料的含水量可控制在 8% ~15%，一般干压坯料的含水量控制在 4% ~7%。有的电子陶瓷零件干压坯料中加有原油、油酸等（在造粒时加入）。

（3）可塑性　为了降低干压坯体的收缩率，获得尺寸准确的制品，强塑性黏土的用量应注意控制。在保证生坯强度的前提下，可以少用或不用可塑黏土。无线电瓷零件（金红石瓷、块滑石瓷等）干压坯料中完全不用可塑黏土，而加入有机增塑剂，如羧甲基纤维素（CMC）、甘油等有机物，加入量视产品要求、坯料性质及干压机而定。

（二）干压机理

干压成型是基于较大的压力，将粉状坯料在模型中压成的。压力可达 3.92 ~9.8MPa 或更高。成型时，当压力加在坯料上时，颗粒状粉料受到压力的挤压，开始移动，互相靠拢，坯体收缩，并将空气驱出。压力继续增大，颗粒继续靠拢，同时产生变形，坯体继续收缩。当颗粒完全靠拢后压力再大，坯体收缩很小。这时颗粒在高压下可产生变形和破裂，由于颗粒的接触面逐渐增大，故其摩擦力也逐渐增大。当压力与颗粒间的摩擦力平衡时，坯体便得到相应压力下的压实状态。加压时，压力是通过坯料颗粒的接触来传递的。当压力由一个方向往下压时，由于颗粒在传递压力的过程中一部分能量消耗在克服颗粒的摩擦力和颗粒与模壁间的摩擦力上，使压力在往下传递时是逐渐减小的。因此，粉料内的压强分布是不均匀的，压后坯体的密度也是不均匀的。一般上层较致密，越往下致密越差，在水平方向上靠近模腔的四周的密实度也与中心部位不同（见图 7 -19），这种差异还与坯体的高度和直径有关。压力越大，坯体越致密，同时其均匀性也比压力小时好些。但也不能为了提高坯体的致密度与均匀性而施加过大的压力，因为在压实的坯料中总有一部分残余空气，过大的压力将把这部分残余空气压缩，当压制完后除去压力时，被压缩的空气将膨

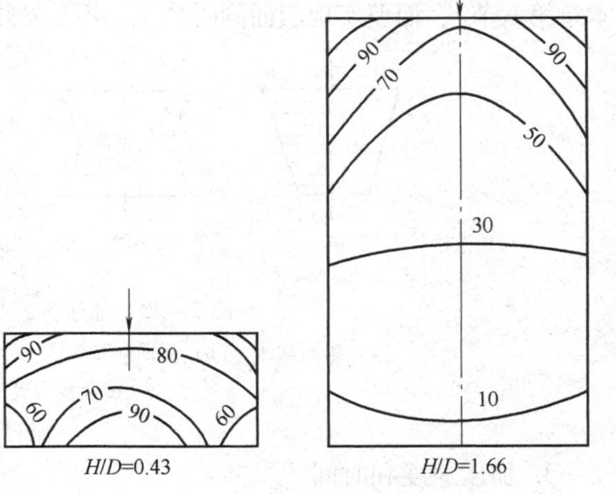

图 7 -19　单面加压时坯体内压力分布

H—坯体高度　D—坯体直径

胀，使坯体产生层裂。

可以看出，在干压过程中，排气是很重要的。坯体中压强的分布，除与厚度有关外，还与颗粒间和颗粒与模壁间的摩擦力有关，与颗粒的级配也有较大关系。当大、中、小颗粒有适当的比例时，才能达到最大的密度。国内某厂生产无线电瓷零件时，其干压粉料的颗粒级配为 81 孔/cm^2（粒径 ϕ0.68mm）占 20%（体积分数，下同），196 孔/cm^2（粒径 ϕ0.43mm）占 30%，269 孔/cm^2（粒径 ϕ0.36mm）占 50%。生坯抗折强度达到 2.8～3.2MPa。

（三）干压工艺

1. 成型压力

成型压力包括总压力和压强。

总压力（即压机的吨位数）取决于所要求的压强，这又与生坯的大小和形状有关，这是压机选型的主要技术指标。

压强是指垂直于受压方向上生坯单位面积所受到的压力，合适的成型压强取决于坯体的形状、高度、粉料的含水量及其流动性，要求坯体的致密度等。一般坯体越高，致密度也要求高，粉料的流动性小（可看成摩擦力大），含水量低，形状复杂的，则要求压强大。一般增加压强可以增加坯体的致密度，但这只在一定范围内显著。当成型压力达到一定值时，再增加压力，坯体致密度的增加已经不明显了。过大的压力也易引起残余空气的膨胀而使坯体开裂。对于一种坯体的具体压力，要通过试验确定，一般黏土质坯料的干压成型压强可为 250～320MPa。坯体尺寸小时取下限；尺寸大且坯料的含水量低时，压强可再大一些。

2. 加压方式

单面加压，压力是从一个方向上施加的，当坯体厚度较大时，则压强分布在厚度方向上很不均匀。两面加压，即上下两面都加压力。两面加压又有两种情况：一种是两面同时加压，这时粉料之间的空气易被挤压到模型的中部，使生坯中部的密度较小；另一种情况是两面先后加压，这样空气容易排出，生坯密度大且较均匀。当然，粉料的受压面越大，就越有利于生坯的致密和均匀性，因此，干压法的进一步改进就是采用等静压成型。另外，在加压过程中采用真空抽气和振动等也有利于生坯致密度和均匀性。不同加压方式对坯体内部压力分布的影响见图 7－20。上下同时加压可以通过不同的模具形式来实现（参见本章第八节）；而要实现四面同时加压，不是常规的方式所能实现的，只有采用等静压方式。

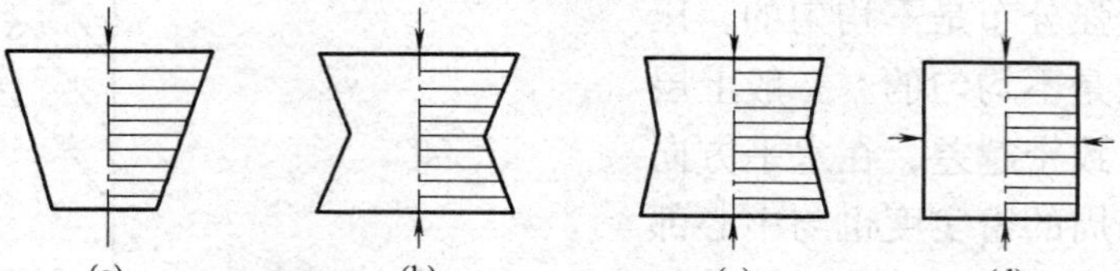

图 7－20　加压方式与压力分布关系

（a）单面加压　（b）双面同时加压　（c）双面先后加压　（d）四面加压

（横条线为等密度线）

3. 加压速度和时间

干压粉料中由于有较多的空气，在加压过程中，应该有充分的时间让空气排出，因此，加压速度不能太快，最好是先轻后重多次加压，达到最大压力后要维持一段时间，让空气有机会排出。加压的速度和时间与粉料的性质、水分和空气排出速度等有关。一般最好加压2~3次。

除控制加压外，装料均匀、模型面涂润滑油等都需要在操作中加以注意。装料后刮料时要从中间向两边刮，不能向一个方向刮料。

二、等静压成型

等静压成型的理论基础是根据帕斯卡原理关于液体传递压强的规律："加在密闭液体上的压强，能够大小不变地被液体向各个方向传递"。有人做过这样的试验，把粉料装进一只有弹性的软模内，放到液体或气体介质中，施加压力，则此压力便会以相等的力向各个方向传递，在压力作用下，粉料的各个方面都受到了挤压，被压实的物体有与模型相似的形状，只是尺寸按比例缩小，其缩小程度视材料可压缩性与所加压强大小而定。

等静压成型在陶瓷科技界早已引起普遍关注，因为它完全摒弃了传统的可塑性泥料机压成型的方式，不用消耗石膏模，半成品不必经过干燥工序即可直接入窑烧成，从而简化了生产工序，提高了产品质量。国外把这种成型方法称之为"餐具生产的革命"、"成型技术的创举"。我国有些产瓷区已引进这项技术并取得良好的效果。

1. 等静压成型对粉料的要求

等静压成型是干压成型的发展，对粉料的要求基本上是相同的，但等静压成型对粉料的要求比干压成型更严格。

等静压成型要求粉料为容易流动的无尘颗粒，并具有一定的结构粒度和均匀适宜的水分。这些要求对于每个坯体都应该是不变的。结构粒度应为0.2~0.4mm，含水量应在1%~3%。

2. 等静压成型的特点

等静压成型与干压成型的主要区别是：

①干压只有一到两个受压面，而等静压则是多轴施压即多方向加压多面受压，这样有利于把粉料压实到相当的密度，同时粉料颗粒的直线位移小，消耗在粉料颗粒运动时的摩擦功相应小了，提高了压制效率。

②与施压强度大致相同的其他压制成型相比，等静压可以得到较高的生坯密度，且在各个方向上都密实均匀，不因形状厚薄不同而有较大变化。

③由于等静压的压强方向性差异不大，粉料颗粒间和颗粒与模型间的摩擦作用显著地减少，故生坯中产生应力的现象是很少出现的。

④等静压成型的生坯强度较高，生坯内部结构均匀，不存在颗粒取向排列。

⑤等静压成型采用粉料含水率很低（1%~3%），也不必或很少使用黏合剂或润滑剂。这对于减少干燥收缩和烧成收缩是有利的。

⑥对制品的尺寸和尺寸之间的比例没有很大限制。等静压可以成型直径500mm、长2.4m左右的黏土管道，并且对制品形状的适应性也较宽。

另外，等静压法可以实现高温等静压，使成型与烧成合为一个工序。

3. 等静压成型的工艺操作

根据使用模具不同，可分为湿袋等静压法和干袋等静压法。

湿袋等静压所用弹性模是一只与施压容器无关的元件。弹性模具装满粉料，密封后，放入高压容器中，模具与加工的液体直接接触。施压容器中可以同时放入几个模具，如图7－21所示即为湿袋等静压法。这种方法用得比较普遍，它适用于研究或小批生产，在压制形状复杂或特大制品时也常用此法，但操作较费时。

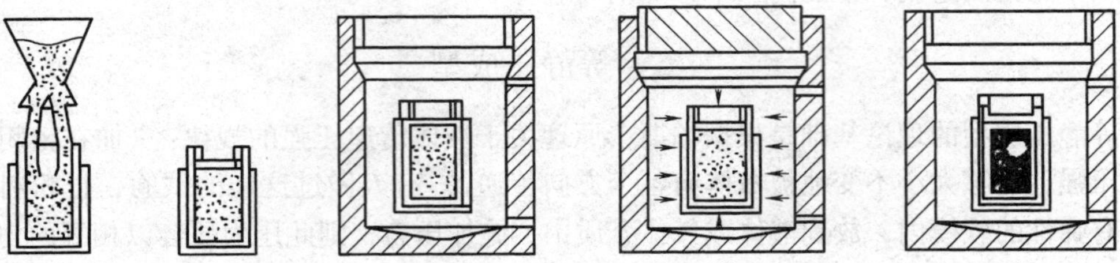

图7－21　湿袋等静压过程示意图

（a）装模　（b）密封模具　（c）放入高压容器　（d）加压　（e）取模

干袋等静压法（图7－22）是在高压容器中封紧一个加压橡皮袋。加料后的模具送入此橡皮袋中加压，成型后又从橡皮袋中退出脱模。也有的将弹性模具直接固定在高压施压容器内，加料后封紧模具就可升压成型。干袋等静压的模具可不与施压液体直接接触，这样可以减少或取消在施压容器中取放模具的时间，加快了成型过程。但这种方法只是在粉料周围受压，模具的顶部或底部无法受压，而且密封较难。此法适用于成批生产特别是管子、圆柱体等形状的产品。

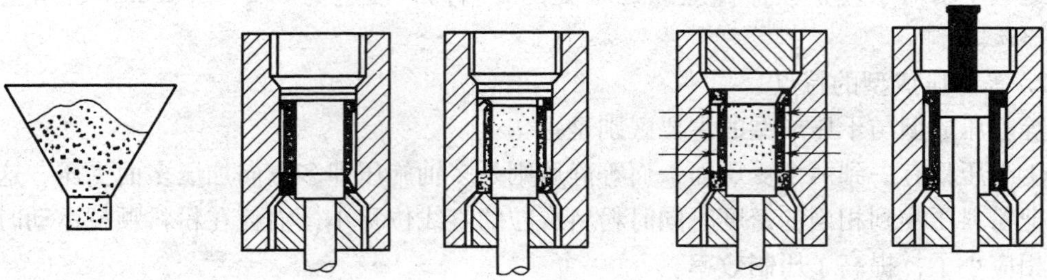

图7－22　干袋等静压过程示意图

（a）粉料斗　（b）加料室　（c）装料　（d）加压　（e）出坯

根据工作温度可分为常温液体等静压、中温液体等静压和高温气体介质等静压。

典型的湿袋等静压成型具体操作过程为：

粉料称量→固定好模具形状→装料→排气→把模具封严→将模具放入高压容器内→把高压容器盖紧→关紧高压容器的支管→施压→（保压）→降压→打开高压容器的支管→打开高压容器的盖→取出模具→把压实坯体取出

对于干袋等静压法，操作过程可以省略一些，有的操作可合为一个过程。

下面重点介绍几个主要操作过程。

①备料：制备等静压粉料的过程与干压法相似。对于无塑性的粉料颗粒则要求细一些（20μm以下粉料的含水量1%～3%）。水分太多，不易排除空气，并易产生分层。采用喷

雾干燥的粉料颗粒是较好的，它易于均匀填满模具内。

②装料：把粉料装入模具中时，一般不易填满，尤其是形状复杂、有较多凹凸的模型。这可采用振动装料，有时还一边振动一边抽真空，效果更好。粉料振紧实后，把模具封严，封处涂上清漆，放入高压容器中。

③加压：一般陶瓷料压力为1.96MPa，无塑性的坯料压力要高些，例如无线电瓷用压力为5.88~9.8MPa，耐火砖可加压至9.8~13.7MPa。如果提高压力能使粉料颗粒断裂或颗粒移动，则会增加生坯的致密度和烧结性。但等静压成型的设备费用随压力提高而增加，超过产品的要求而去提高压力等级是不经济的。

④降压：装在模具内的粉料，在高压容器受压时，残余空气的体积被压缩（在1000atm下，空气体积会减小到原来体积的0.2%），它只占据颗粒之间的空间。成型后要避免突然降压，以免生坯内外气压不平衡会使坯体碎裂，所以要均匀缓慢地降压。

4. 等静压成型设备特点

等静压成型除在工艺上的优点外，在设备方面与干压法相比其优点还表现在：

①便于采用组合模具，适应复杂产品的成型。

②同样的生产能力，等静压设备的投资是较低的。

③设备体积较小，占地面积小，建造成本也较低。

④模具成本较低，复制模具方便。

⑤便于实现自动化。

弹性模具的材料要求能均匀伸长展开，不易撕裂，不能太硬，能耐液体介质的侵蚀。一般常用的模具材料为橡胶，如天然橡胶、氯丁二烯橡胶、硅橡胶等。由于用橡胶制作复杂模具较困难，而且橡胶受高压后容易变形，成本高。故近年来采用塑料模具。弹性模具还需要一些辅助工具配套，如模具的支撑、抽空装置、密封夹紧装置等。

确定模具尺寸时，还需要考虑到粉料的压缩比，压缩比是指粉料振动装模后所占的体积与成型后生坯体积之比。根据压缩比可估计成型前模具尺寸。

施压介质一般采用加防腐剂的水、甘油、刹车油、锭子油等。

5. 国内外等静压成型发展概况

对于日用陶瓷来讲，盘、碟、斗碗类产品采用等静压成型；鱼盘类产品采用塑压成型；杯类产品采用滚压成型；糖缸、奶盅、壶类产品则采用注浆成型。这是较为理想的成型组合。一般来说，采用等静压成型的优越性如下：

①用弹性模代替石膏模。石膏模强度低，易破损，消耗量大，成本高，生产加工存放场地大，耐磨性差，由于模具表面缺陷而影响产品质量。弹性软模则无上述缺陷。

②不用干燥，降低能量消耗，不用干燥房，干燥开裂变形不存在了。等静压成型干压料含水率1%~3%，生坯可直接入窑素烧或上釉烧。

③可以使用塑性差的瘠性料，有的瓷区原料加入塑性剂外，不要进行任何加工。

④可以直接使用原料加工厂的干粉，成型前除加入少量塑性剂外，不要进行任何加工。

⑤制品密度均匀，干燥烧成变形小。

⑥生坯强度高，破损极小。

⑦厂房面积可减小70%~80%。

国外等静压成型新技术发展情况很快很好。1913年美国H·D·马登最早提出等静压成型法（压制 WNO 粉）。1915 年美国 D·W·马克内尔提出压制陶瓷制品的专利。1956 年日本优根公司提出盘类等静压成型模具。20 世纪 30 年代，美国用等静压成型法压制火花塞、陶瓷绝缘子金属陶瓷元件。美国用于等静压成型的干压料是由大小不同的球状颗粒组成的，是由喷射法制成的，其含水率 3%。

原联邦德国 DORST 机械公司于 20 世纪 70 年代设计了全自动式等静压成型机（PIT 250 型），每小时生产 ϕ220mm 平盘 600 件，它是由粒度为 0.2～0.4mm 含水率 3% 的颗粒状粉料在 40～45MPa 的压力下成型的。成型后坯体尺寸误差在 0.5% 以下，半成品外观光洁规整，无需干燥即可入窑素烧。1978 年联邦德国 WALUELE 瓷厂订购了该设备，至 1979 年 2 月开始生产 ϕ19cm 以内的盘子，每小时产量 750 件，较原有产量增加了 20%。

1982 年 DORST 公司又研制 PH 500 型等静压成型机，所需粉料含水率更低（1.5%～2.5%），即坯体更干强度更高的等静压成型机。

原联邦德国内契（NETZSCH）公司自 20 世纪 70 年代以来研制成功的等静压成型机是卧式的，工作原理大同小异，主要适用于 ϕ16～32cm 的盘子成型，最大素坯直径 36cm，产量 600～950 件/h，成型压力为 5.6～8.5MN，装机容量 45～52kW。国内外日用瓷厂，现在主要还是采用滚压成型法来生产盘类扁平制品。等静压技术目前还未普遍推广，其原因恐怕与设备的一次性投资高有关，加上喷雾干燥设备和其他配套设备，投资将更高。另外，等静压成型对原料的严格要求包括流动性和含水率以及弹性软模等技术问题也是较难满足的。此外，高压作业下的安全防护也是一个值得注意的问题。

等静压成型设备有立式和卧式两种。立式等静压成型其原理如图 7－23 所示。目前工厂采用较多的还是卧式等静压成型，据称其造价仅为立式的 60%～70%，图 7－24 为其成型时的喂料、成型示意图。

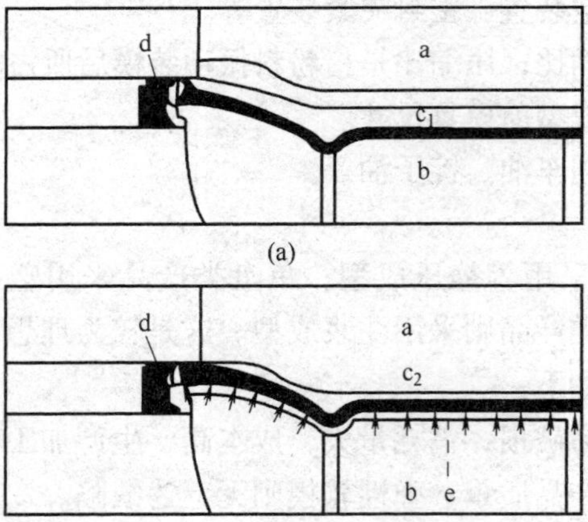

图 7－23　立式等静压成型示意图

（a）上模升高、隔膜压力解除、加入颗粒计量的装料位置

（b）上模压下时的加压位置、均匀压力下的隔膜压紧的颗粒成型

a—钢制或塑料制的上模　b—钢制或塑料制的隔膜座

c_1—被压制的原料颗粒　c_2—压制成的坯盘

d—隔膜　e—压缩室（压力流体）

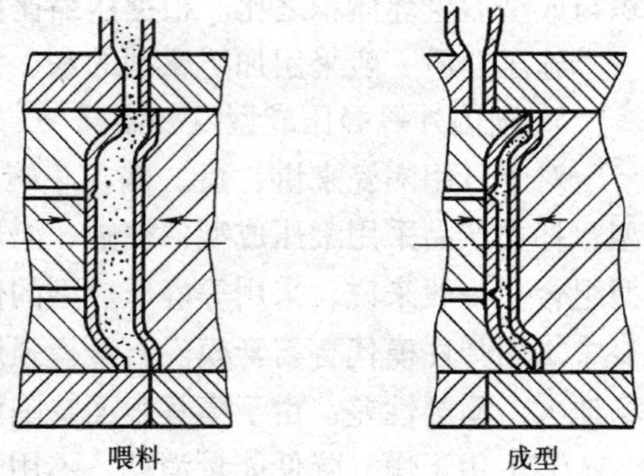

图 7－24　卧式等静压成型示意图

第六节　流 延 成 型

流延成型又称带式浇注法、刮刀法，是一种目前比较成熟的能够获得高质量、超薄型瓷片的成型方法，已被广泛应用于独石电容器瓷片、厚膜和薄膜电路基片等先进陶瓷的生产。

一、流延成型的料浆制备

流延成型用浆料的制备方法是，先将通过细磨、煅烧的熟瓷粉加入溶剂，必要时添加抗聚凝剂、除泡剂、烧结促进剂等进行湿式混磨；再加入黏合剂、增塑剂、润滑剂等进行混磨以形成稳定的、流动性良好的浆料。

有些制备料浆用的除泡剂并不加入粉料中，而在真空除气之前喷洒于浆料表面，然后搅拌除泡。如正丁醇、乙二醇各半的混合液能有效地降低浆料表面张力，于4000Pa残压下的真空罐内，搅拌料浆0.5h，可基本将气体分离干净。浆料泵流入流延机料斗前，必须通过两重滤网，网孔分别为40μm和10μm，以滤除个别团聚或大粒料粉及未溶化的黏合剂。

流延成型用有机材料列于表7-7。水系流延浆料的配制工艺列于表7-8。非水系流延浆料的配制工艺列于表7-9。

表7-7　　流延成型用有机材料

	溶剂	黏合剂	可塑剂	悬浮剂	湿润剂
非水系	丙酮 丁基乙醇 苯 溴氯甲烷 丁醇 二丙酮 乙醇 丙醇 乙基乙丁烯酮 甲苯 三氯乙烯 二甲苯	纤维素醋酸丁烯 乙醚纤维素 石油树脂 聚乙烯 聚丙烯酸酯 聚甲基丙烯 聚乙烯醇 聚乙烯醇缩丁醛 氯化乙烯 聚甲基丙烯酸酯 乙基纤维素 松香酸树脂	丁基苯甲基酞酸 二丁基酞酸 丁基硬脂酸 二甲基酞酸 酞酸酯混合物 聚乙烯甘醇介电体 磷酸三苯酯	脂肪酸（三油酸甘） 天然鱼油 合成界面活性剂 苯磺酸 鱼油 油酸 甲醇 辛烷	烷丙烯基聚醚乙醇 聚乙烯甘醇的乙基乙醚 乙基苯甘醇 聚氧乙烯酯 单油酸甘油 三油酸甘油 乙醇类
水系	（作为除泡剂有：石蜡系，有机硅系，非离子界面活性剂乙醇类）	丙烯系聚合物 丙烯系聚合物的乳液 乙烯氧化物聚合物 羟基乙基纤维素 甲基纤维素 聚乙烯醇 异氰酸酯 石蜡润滑剂 氨基甲酸乙酯（水溶性） 甲基丙烯酸共聚的盐石蜡乳液 乙烯-醋酸乙烯共聚体的乳液	丁基苯基酞酸酯 二丁基酞酸酯 乙基甲苯磺酸胺甘油 聚烷基甘醇 三甘醇 三*N*-丁基磷酸盐 汽油 多元醇	磷酸盐 磷酸络合盐 烯丙基磺酸钠盐 丙烯酸系共聚物	非离子型辛基苯氧基乙醇 乙醇类非离子型界面活性剂

表 7－8　　水系流延浆料的配制工艺

材料	功能	添加量/g	工艺
蒸馏水	溶剂	31.62	在烧杯中预先混合
氧化镁	晶粒成长抑制剂	0.25	
聚乙二醇	可塑剂	7.78	
丁苯基酞酸酯	可塑剂	57.02	
非离子辛基苯氧基乙醇	润湿剂	0.32	
丙烯基磺酸	悬浮剂	4.54	
氧化铝粉末	主原料	123.12	加上述预混料球磨 24h
丙烯树脂系乳液	黏结剂	12.96	加到主原料中混磨 0.5h
石蜡系乳液	消泡剂	0.13	加到主原料中混磨 3min

表 7－9　　非水系流延浆料的配制工艺

材料	功能	添加量/g	工艺
氧化铝粉末	原材料	194.40	第一阶段 经 24h 球磨机混合
氧化镁	粒子成长控制剂	0.49	
鲱鱼油①	悬浮剂	3.56	
三氯乙烯	溶剂	75.81	
乙醇	溶剂	29.16	
聚乙烯醇缩丁醛②	黏结剂	7.78	第二阶段 在上述混合料中加入本栏材料短时混匀
聚乙二醇③	可塑剂	8.24	
辛基酞酸	可塑剂	7.00	

注：①将鲱鱼煮沸或压榨而得的油；②门森德公司生产，相对分子质量约为 32000；③相对分子质量约为 2000。

二、流延成型工艺

流延成型工艺流程如下：

溶剂、细磨熟料、抗聚凝剂、除泡剂、烧结促进剂→混磨→再混磨（加入黏结剂、增塑剂、润滑剂）→真空除气→流延→烘干→卷轴待用

三、成型方法

流延成型时，料浆从料斗下部流至向前移动着的薄膜载体（如醋酸纤维素、聚酯、聚乙烯、聚丙烯、聚四氟乙烯等薄膜）之上，坯片的厚度由刮刀控制。坯膜连同载体进入巡回热风烘干室，烘干温度必须在浆料溶剂的沸点之下，否则会使膜坯出现气泡，或由于湿度梯度太大而产生裂纹。从烘干室出来的膜坯中还保留一定的溶剂，连同载体一起卷轴待用，并在储存过程中使膜坯中的溶剂分布均匀，消除湿度梯度。最后用流延的薄坯片按所需形状进行切割、冲片或打孔。

在实际生产中，刮刀口间隙的大小是最关键和最易调整的。在自动化水平比较高的流延机上，在离刮刀口不远的坯膜上方，装有透射式 X 射线测厚仪，可连续对坯膜厚度进

行检测、并将所测厚度漂离信息，馈送到刮刀高度调节螺旋测微系数，就可制得厚度仅为10μm、误差不超过1μm的高质量坯膜。

四、流延成型的特点

流延成型设备不太复杂，且工艺稳定，可连续操作，生产效率高，自动化水平高，坯膜性能均匀一致且易于控制。但流延成型的坯料因溶剂和黏结剂等含量高，因此坯体密度小，烧成收缩率在20%～21%。

流延成型法主要用以制取超薄型陶瓷独石电容器、氧化铝陶瓷基片等先进陶瓷制品。它为电子元件的微型化，超大规模集成电路的应用，提供了广阔的前景。

五、流延成型机

（1）基本结构　流延成型也称连续刮刀注带法、刮刀法或带式浇铸法。流延成型机的结构由图7－25所示。

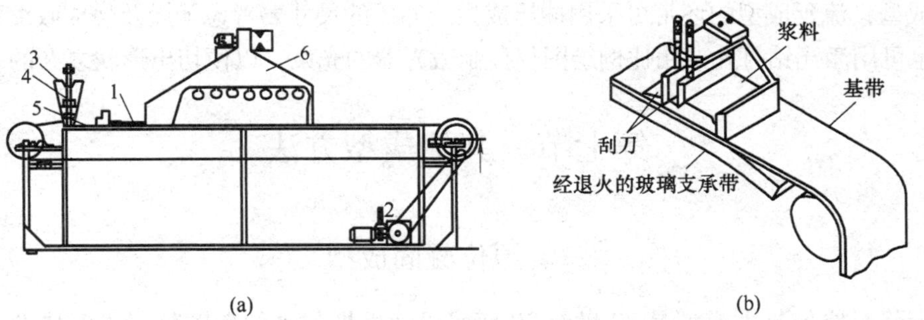

图7－25　流延成型机结构示意图

（a）整机结构　（b）加料漏斗和流延过程

1—不锈钢带　2—传动设备　3—加料漏斗　4—调节支杆　5—弹簧　6—干燥箱

流延成型机的刀片装在机器的左端，运输带自左向右移动，刀片高度用细螺纹杆调节，刚从刀片下面刮出的新鲜料浆层厚度用γ射线或X射线传递仪进行监测。

料浆在移动的运输带上向右移动时逐渐变干。经过滤纯净的空气逆向吹入机器内，另一端则是饱和溶剂蒸气及空气与刚浇注出的湿坯带接触，以减少坯带干燥时的扭曲和开裂。电热流延机中心区最高温度为60℃。

（2）工作原理　流延成型机的工作原理是，将细分散的陶瓷粉料悬浮在由溶剂、增塑剂、黏结剂和悬浮剂组成的无水溶液或水溶液中，成为可塑且能流动的料浆。料浆在刮刀下流过，便在流延机的运输带上形成薄层的坯带，坯带缓慢向前移动，待溶剂逐渐挥发后，粉料的固体微粒便聚集在一起，形成较为致密的、似皮革样柔韧的坯带，再冲压出一定形状的坯体。

（3）性能特点

①该机适宜于制备厚度＜0.2mm以下的各种超薄型电子陶瓷制品，也适宜于制作0.25～1mm厚的氧化铝、氧化铍及其他介电陶瓷基片（板）材料。

②成型制品致密度高、尺寸精确度和平整度好（尤其是大面积薄片）。

③自动化程度高、工艺稳定、生产效率高。

（4）注意事项

①运输带：运输带材质为特氟隆（聚四氟乙烯）、乙二醇对苯二甲团聚酯、赛珞玢（玻璃纸、再生纤维素）和醋酸纤维，特氟隆涂在不锈钢带上也可作为运输带。带厚度为0.038cm，带宽为刀片宽加5.08cm。通常，大批量生产时流延机的刀片宽为10~228.6cm。

运输带浇注速度由注浆层厚度、溶剂的挥发性及流延机的长度等因素所决定。

②厚度监测：干坯带厚度与料浆黏度、刀片与运输带之间的缝隙高度、运输带速度和干燥收缩等有关。因此，大批量生产时对厚度控制很重要，一般常用仪器监测浇注干坯带的厚度。一般当坯带厚小于0.025mm时，易破损；大于0.113mm时，则会导致干燥和辐筒卷带困难。

③干燥：流延机上可用热源提供低于溶剂沸点的温度，加速料浆的干燥，也可用室温、流速为2.83m^3/min的空气，与运输带呈逆向流动。

④修毛边和储存坯带：干燥后的坯带可用锋利的切割器切成固定宽度的带状物，边缘要修整。上卷筒或储藏前要让溶剂全部挥发掉。

⑤成型：流延成型的坯带可采用冲压成型。冲压的尺寸要考虑干燥及烧成收缩而按比例放尺。也可用激光钻打孔或用比例绘图仪控制激光器的光束，以便切出形状复杂的基片。

第七节　其他成型方法

一、原位凝固成型

陶瓷浆料原位凝固成型是20世纪90年代迅速发展起来的新的胶态成型技术。其成型原理不同于依赖多孔模吸浆的传统注浆成型，而是通过浆料内部的化学反应形成大分子网络结构或陶瓷颗粒网络结构，从而使注模后的陶瓷浆料快速凝固为陶瓷坯体。

陶瓷浆料原位凝固成型主要包括凝胶铸成型（Gel - casting）、直接凝固成型（Direct coagul ation casting）、温度诱导絮凝成型（Temperature induced flocculation）、高分子凝胶注模成型（Polymer - linking gelcasting）等。

1. 凝胶铸成型

凝胶铸成型是美国橡树岭国家实验室 Mark A. Janney 教授等人首先发明的，它将传统陶瓷工艺和化学理论有机结合起来，将高分子化学单体聚合的方法灵活地引入到陶瓷的成型工艺中，通过将有机聚合物单体及陶瓷粉末颗粒分散在介质中制成低黏度、高固相体积分数的浓悬浮体，并加入引发剂和催化剂，然后将浓悬浮体（浆料）注入非多孔模具中，通过引发剂和催化剂的作用使有机聚合物单体交联聚合成三维网络状聚合物凝胶，并将陶瓷颗粒原位黏结而固化形成坯体。

（1）凝胶铸成型工艺流程　凝胶铸成型工艺流程如下：

陶瓷粉末、有机单体（含交联剂）、分散剂、溶剂 —混合→ 浆料（加引发剂、催化剂）→注模→凝胶固化→脱模→坯体

（2）凝胶铸成型工艺特点

①成型坯体强度高，可机械加工成形状复杂的部件。

②有机物含量少，排胶较易。

③净尺寸成型，表面光洁，可避免或减少烧成后的加工。

④陶瓷浆料具有很高的固相体积分数，一般大于50%。

⑤由于陶瓷颗粒原位凝固，成型坯体内部均匀，缺陷少，保证烧结后材料的高可靠性。

（3）应用实例　氧化铝（95瓷）陶瓷基片凝胶铸成型工艺：

①采用$\alpha-Al_2O_3$、$CaCO_3$、石英等原料，按95瓷配方进行配料，放入球磨机中磨细至亚微米级。

②选用有机单体丙烯酰胺（AM）、交联剂*N*，*N*-亚甲基双丙烯酰胺（MDAM）、分散剂改性聚丙烯酰胺（PMAA—NH_2）、溶剂、水，按一定配比配成溶液。

③将95瓷粉与已配的溶液混合成流动性较好的浆料，再放入一定配比的引发剂（过硫酸铵）和（催化剂*N*，*N*，*N′*，*N′*-四甲基乙二胺），混合均匀后注入金属模具或其他非多孔材料的模具中。

④在室温或加热到60～80℃，经过一定时间后凝胶固化，脱模即可得到较高生坯强度（一般20～40MPa）的坯体。

2. 直接凝固成型

直接凝固注模成型是瑞士苏黎世高校的L. Gaucker教授和T. Graule博士发明的一种净尺寸原位凝固胶态成型方法，这种方法利用了胶体化学的基本原理，其成型原理是：对于分散在液体介质中的微细陶瓷颗粒，所受作用力主要有胶粒双电层斥力和范德华力，而重力、惯性力等影响很小。根据胶体化学DLVO理论胶体颗粒在介质中总势能U_t是双电层排斥能U_r和范氏吸引能U_a之和，即$U_t=U_r+U_a$。如图7-26所示，当介质pH发生变化时，颗粒表面电荷随之变化。在远离等电点IEP，颗粒表面形成的双电层斥力起主导作用，使胶粒呈分散状态，即可得到低黏度、高分散、流动性好的悬浮体。此时当增加与颗粒表面电荷相反的离子浓度，使双电层压缩；或者改变pH靠近等电点，均可使颗粒间排斥能减小或为零，而范德华力占优势，使总势能显著下降，浆料体系将由高度分散状态变成凝聚状态，若浆料具有足够高的固相含量（>50%，体积分数，下同），则凝固的浆料将有足够高的强度成型脱模。

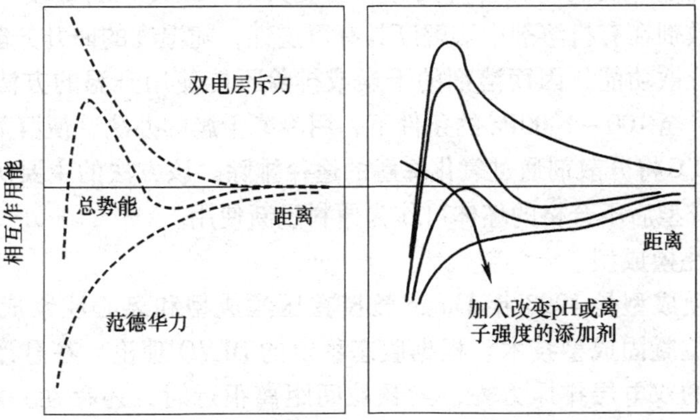

图7-26　水溶性悬浮体中颗粒相互作用

（1）工艺流程

陶瓷粉料、分散剂、水 ⟶浆料⟶加入添加剂⟶去泡⟶坯体

（2）工艺特点

①化学反应可控制，即浆料浇注前不产生凝固，浇注后可控制反应进行，使浆料凝固。

②反应产物对坯体性能成最终烧结性能无影响。

③反应最好在常温下进行。

④不需要或只需少量的有机添加剂（≤1%），坯体不需脱脂，坯体密度均匀（55%～70%），可以成型大尺寸、形状复杂的陶瓷部件。

（3）应用　该成型方法已经成功地应用于氧化铝、氧化锆、碳化硅和氮化硅等形状复杂的陶瓷部件，例如：直径为150mm的转子、齿轮、球阀等。该成型方法中常用的反应体系为尿素酶水解尿素体系、酰胺酶水解胺类物质体系，葡萄糖苷酶－葡萄糖体系、胶质、蛋白质水解酶体系。

3. 温度诱导絮凝成型

温度诱导絮凝成型是瑞士 L. Bcrgstom 1994 年发明的一种近净尺寸原位凝固胶态成型工艺，该方法利用了胶体的空间（位阻）稳定特性。其成型基本原理为：选择在有机溶剂中溶解度随温度变化的分散剂（大分子表面活性物质），分散剂的一端吸附在颗粒表面，只一端伸向有机溶剂中，起到空间稳定粉末颗粒的作用。把分散好的高体积分数（>50%）固相的浆料注模后，降低温度，使分散剂在有机溶刑中的溶解度减少，空间稳定作用下降（$\Delta G<0$），从而使浆料产生原位絮凝。保持温度脱模，再降低压力使溶剂升华，最终得到坯体。

（1）工艺流程

陶瓷粉料、分散剂、有机溶剂 —混合→浆料→去泡→浇注→胶凝→脱模→生坯

（2）应用　该成型方法中选用的溶剂要求随温度的降低没有体积收缩和膨胀，一般选用的溶剂为戊醇。分散剂可选用商业所售的分散剂，如 Hypermer KD－3，该分散剂属于聚酯类型，随温度降低到－20℃时其分散功能失效，致使浆料黏度升高，从而原位凝固，并且该类分散剂在有机溶剂中溶解度具有可逆性，随温度的回升分散剂的溶解度重新增大，重新恢复分散功能，因而溶剂的干燥或排除不能使用升温的方法。Bergstrom 提出在－20℃、压力降至 100～1000Pa 的条件下，用冷冻干燥的办法，使溶剂升华，从而除去溶剂，然后在550℃将分散剂通过氧化降解的途径排除。该方法的主要优点在于有机载体的用量特别低且成型后不合格的坯体可作为原料重新使用。

4. 胶态振动注模成型

胶态振动注模成型是 1993 年 Lange 教授在压滤成型和离心注浆成型的基础上提出的一种新型的原位凝固成型技术。根据胶态稳定的 DLVO 理论，在悬浮体颗粒间除范德华力和静电稳定的双电层排斥力外，当颗粒间距离很近时，还存在一种短程（≤5nm）排斥性的水合力。当悬浮体的 pH 在等电点或其离子浓度达到临界聚沉浓度时，颗粒间

作用力为零，颗粒间紧密接触，反离子吸附在颗粒的表面，形成一个接触的网络结构；当颗粒间的作用能大于零，颗粒呈分散状态；当悬浮体中的离子浓度大于临界聚沉离子浓度时，水合后的反离子不再与颗粒紧密吸附，静电排斥力完全消失，颗粒间形成一个非紧密接触的网络结构，颗粒处在一个较浅的势阱中，颗粒间的吸引力也由于排斥性水合力的作用而减弱，这时的悬浮体是一个不能流动的密实结构。如果此时对静止的浆料进行振动，浆料将产生流动。Lange 利用这一特性，在固相体积分数为 20% 左右的陶瓷悬浮体中加入 NH_4Cl 使颗粒形成絮凝态，然后采用压滤或离心的办法使悬浮体形成密实的结构。在此种状态下固相体积含量较高（>50%），然后再采用振动的办法，使其由坚实态变为流动态，注入模具中，静止后悬浮体又变为密实态，湿坯经干燥后成型。

（1）工艺流程

陶瓷粉料、分散剂、水 —混合→ 浆料（加盐↓）→除去团聚→去泡→振动浇注→凝固→脱模→干燥→坯体

（2）制备料浆的方法

①通过混合水与陶瓷粉末（少于 30%）获得分散的料浆（即混合粉末与液体），调节 pH 使浆料中产生静电双电层和高的粒间相斥力，获得稳定的聚集态料浆。

②加入适量的盐到分散态的料浆中，使料浆中的粒子相互吸引。

③提高粒子的体积分数（例如通过压滤或离心法），获得具有均匀的高堆积密度水饱和的浆料，该浆料具有较高的黏度，并随着剪切速率的提高而变小，因此振动注模成型易于进行。

二、快速原型成型技术（RP）

快速自动成型（Rapid Prototype，简称 RP）是最早于 20 世纪 80 年代初出现的应用于制造业的高新技术。它是集 CAD、CAM、机械电子工程、精密伺服驱动数控技术、激光技术、化学工程、新材料科学为一体的新型制造技术，是世界上最先进的制造技术之一。

RP 技术的本质是用积分制造三维实体。在成型过程中，先由三维造型软件在计算机中做成部件的三维实体模型，然后将其用软件“切”出设定厚度系列片层（几个微米），再将这些片层的数据信息传递给成型机，通过材料逐层添加法制造出来，而不需要特殊的模具、工具成人工干涉。

（1）快速自动成型技术的特点　陶瓷材料的快速自动成型是陶瓷成型方式的一个革命性的突破，它具有以下几个显著特点：

①它加工产品的造价几乎与批量无关，非常适合于制造小批量产品，尤其是单个产品。

②它的生产周期比传统方法要短得多。

③几乎不受零件复杂性的限制。

④制造成本几乎与产品复杂性无关。

⑤高度技术集成，可实行设计制造一体化。

⑥高度柔性，仅需改变 CAD 模型，重新调整和设置参数即可生产不同形状的零件模型。

（2）快速自动成型技术的原理　快速自动成型过程是一个离散/堆积过程，从成型的角度，零件可视为一个空间实体，它由若干非几何意义的"点"或"面"（目前多视为面）叠加而成。从 CAD 模型中获得这些点、面的几何信息（离散），把它与成型参数信息结合，转换为控制成型机工作的 NC 代码，控制材料有规律地、精确地叠加起来（堆积）而构成零件，这就是离散/堆积的原理。

通过离散才能获得堆积的顺序、路径、限制和方式，通过堆积才能将材料构成一个三维实体。离散/堆积是一个分解/组合的过程，其流程如图 7－27 所示。

CAD 模型设计与一般的 CAD 过程无区别，主要目标为零件几何造型，故要求较强的曲面造型功能，须与后续软件有良好的接口。Z 向离散化是一个分层过程，它将 CAD 模型在 Z 方向上分成一系列具有一定厚度的薄层，厚度通常为 0.05～0.03mm。将层面信息处理为控制信息，以便成型机对层面进行加工，即必须把层面几何形状信息转换成控制成型机工作的机器代码。层层堆积是当一层制造完成后，成型机重新布料，再加工新的一层，如此反复直至整个零件加工完成。后处理是对成型机上完成的制品进行必要的处理，如深度固化、修模、着色，使之达到原型或零件的要求。

（3）几种典型的 RP 技术　实现快速自动成型技术的具体工艺方法已经有 10 多种，表 7－10 列出了几种典型的 RP 方法并将它们进行对比。

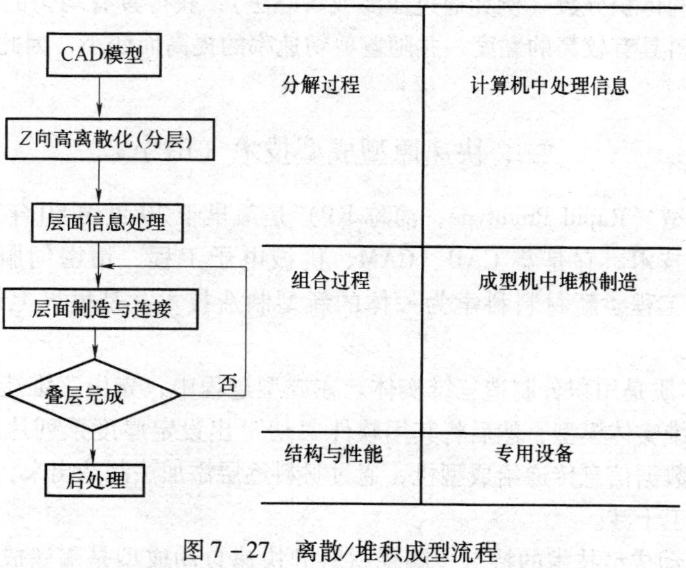

图 7－27　离散/堆积成型流程

表 7－10　RP 方法比较

工艺	原型精度/mm	原料	复杂程度	成型速度
片层叠加（LOM）	±0.254	塑料、金属	简单或中等	快
熔融成型（FDM）	±0.127	蜡、ABS 塑料	中等	较慢
激光烧结（SLS）	±0.1	尼龙、蜡、金属	复杂	较慢

续表

工艺	原型精度/mm	原料	复杂程度	成型速度
三维打印（3DP）	±(0.5% ~1.0%)	聚合物、陶瓷	中等	较快
立体光刻（SLA）	±0.1	光聚合树脂	中等	较快
光掩膜制造（SGC）	±0.1	光聚合树脂	中等	较快

第八节 成型模具

模具是各工业部门中重要工艺装备，其质量、性能，特别是使用寿命，反映了一个国家的工业水平，并直接影响到产品的更新换代和在市场上的竞争力。在陶瓷工业中，成型模具同样起着重要的作用，模具形式的变化往往可引起陶瓷产品的更新，带来新的市场活力；模具成本一般要占陶瓷工业生产成本8% ~15%，模具寿命的延长和制造成本降低，可大为降低成本。陶瓷成型模具的形式多样，按模具材料分类，有石膏模具、无机材料多孔模、金属模、有机弹性模等；按用途分类，有注浆模具、旋压和滚压模具、挤出模具、塑压模具、干压模具和等静压模具等。在以上所有模具中，以石膏模具应用最为广泛。

一、石膏与石膏模

石膏是一种结晶矿物，其化学式为 $CaSO_4 \cdot 2H_2O$。在广义上，石膏是指各种晶型的硫酸钙统称，或者说，石膏是硫酸钙及其各种水化物的统称。

石膏的来源有：一是天然石膏，世界著名的天然石膏矿有墨西哥石膏和我国湖北应城石膏，我国山西、甘肃、宁夏、青海、云南和贵州等地均富产天然石膏。天然石膏按其中硫酸钙的水化程度和含量，可分为硬石膏（$CaSO_4$）、二水石膏（$CaSO_4 \cdot 2H_2O$）和混合石膏（二水石膏含量为30% ~60%）。按其外观或晶型，又可分为纤维石膏、雪花石膏、白石膏、青石膏等。二是化学石膏，即是化学工业的副产品，如磷酸盐工业、氢氟酸工业、染料工业、草酸工业、海水制盐工业和废水处理等的副产品——硫酸钙及其水化物。

$$Ca^{2+} + SO_4^{2-} \longrightarrow CaSO_4 + H_2O \longrightarrow CaSO_4 \cdot 2H_2O$$

我国目前是世界上最大的化学石膏产出国之一。由于化学石膏中所含杂质往往难以除去，人们至今还不能有效的再利用，大部分仍是作为工业废渣弃之，这是一种有待开发的资源。

$CaSO_4 \cdot H_2O$ 系统中，$CaSO_4$存在一系列的水化物（$0 \sim 2H_2O$），其中以硫酸钙和二水硫酸钙最为稳定，半水硫酸钙（$CaSO_4 \cdot 1/2H_2O$）系亚稳态。该系统的稳定态和亚稳态的相平衡如图7－28所示。

石膏模是陶瓷生产中广泛采用的多孔模具。它的气孔率为30% ~50%，气孔的直径大部分在1 ~6μm（图7－29）。成型时，坯料中的水分在毛细管力作用下迅速排出，硬化成坯，此外，由于石膏微溶于水，石膏与接触模型的黏土成分进行离子交换，也促进了坯体硬化和成型。

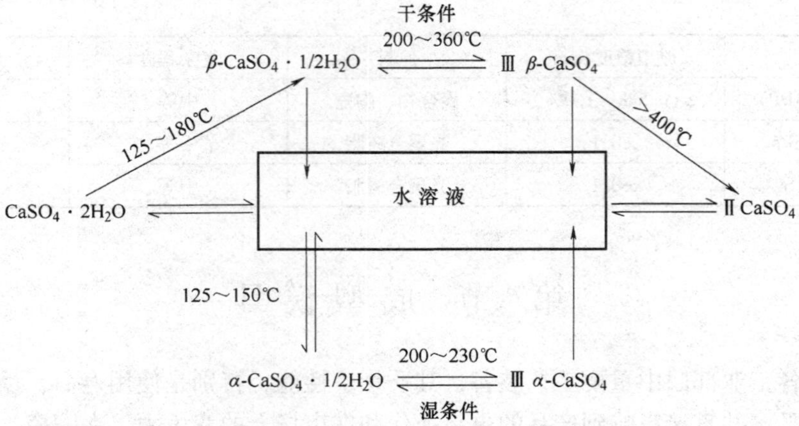

图 7-28 $CaSO_4 \cdot H_2O$ 系统（部分）

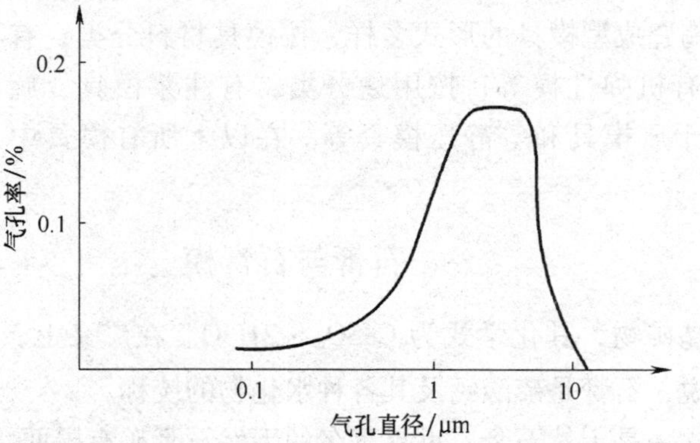

图 7-29 石膏模具的气孔率分布

（一）半水石膏的性质

制模用的石膏粉是半水石膏。它是将二水石膏加热脱水制得的。制备条件不同时，可以得到 α 型和 β 型两种不同晶型的石膏。

表 7-11 为半水石膏的制备条件。卧式蒸压釜示意图见图 7-30，凸底炒锅示意图见图 7-31。两种半水石膏的性质列于表 7-12 中。

表 7-11　　不同晶型半水石膏制作条件

	α-半水石膏	β-半水石膏
条件	有水蒸气的密闭容器中蒸煮	干燥大气中炒制
压力	0.2～0.3MPa	常压
温度	蒸煮后经过 200～240℃热风干燥	160～180℃
时间	6～9h	3～4h
设备	立式、卧式蒸压釜	凸底炒锅、回转炒炉

制备好的半水石膏不能露天或长期存放。否则吸湿又变成二水石膏从而失去胶凝性。但也不宜使用刚制备好的石膏粉，因为这时它的反应力极强，注模时容易产生较多的气

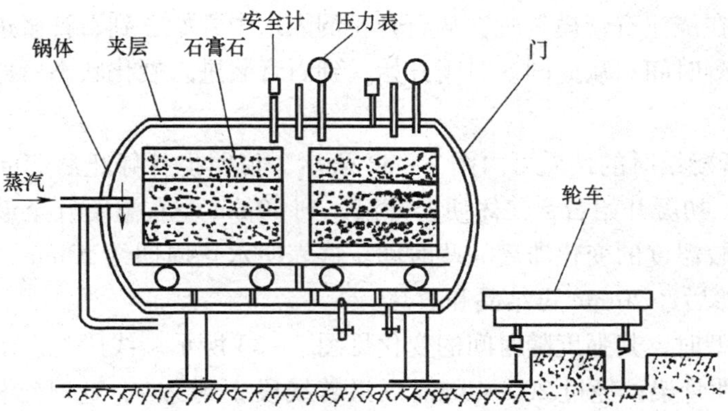

图 7-30　卧式蒸压釜示意图

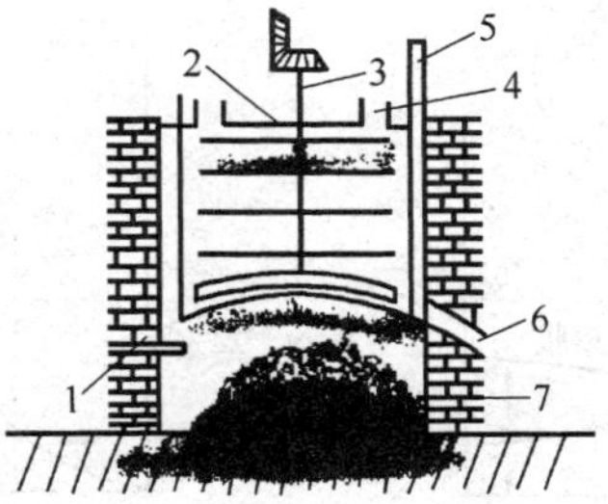

图 7-31　凸底炒锅示意图

1—烧嘴　2—炒锅　3—搅拌器　4—加料口

5—烟囱　6—卸料口　7—燃烧室

表 7-12　　**不同晶型半水石膏的性质**

性质	α-半水石膏	β-半水石膏
结晶形状	针状晶体面整齐	不规则碎屑
相对密度	2.72~2.73	2.67~2.68
标准稠度的石膏与水之比	100:(45~55)	100:(70~80)
标准稠度石膏浆的： 初凝时间/min，≤ 终凝时间/min，≤	 5 30	 5 25
吸浆速度（5min 后成坯厚度）/cm	2.5	2.6
脱水温度/℃	200~210	180~190
制模后的线膨胀/%	0.28	0.16
表面显微硬度/MPa	3.47	2.15
抗折强度/MPa	2.94	1.47
抗拉强度/MPa	(3d) 1.76~3.23 (7d) 2.45~4.90	(3d) 0.784 (7d) 1.568

泡。一般存放 2~8d 后使用较好。

半水石膏调水后会由浆状凝结硬化成整体。正是这种胶凝硬化性能，才使浇注石膏模型成为可能。石膏浆体由流动状态进入到塑性状态称之为初凝；而由塑性状态进入到硬化状态称为终凝。在浇注石膏模具时，从石膏粉倒入水中开始，到石膏浆进入塑性状态这一段时间称之为初凝时间；从此同一时间开始，到石膏浆进入硬化状态所经历的时间称之为终凝时间。

β－半水石膏凝结时的性质可由图 7－32 表示。说明搅拌停止后 20min 开始凝结，完全凝结约 30min。初凝开始石膏浆体便会升温，到 40min 左右温度升至最高点。石膏浆体体积增大的最高较温度的变化滞后一些时间。这表明水化周期约 20min，胶体结构形成在水化后 10min，然后经 20min 再结晶和放热。

浇注石膏模型时，其强度随时间的变化见图 7－33 所示。线段 1 系由凝结开始至时间 τ_1，这时生成硬性骨架；经过 20～40min 后沿着线段 2 到达 τ_2，这时结构强度急剧增加；而线段 3 并不反映强度增加，这是由于粗晶生成的缘故。将模型干燥，其强度会成倍地增加。

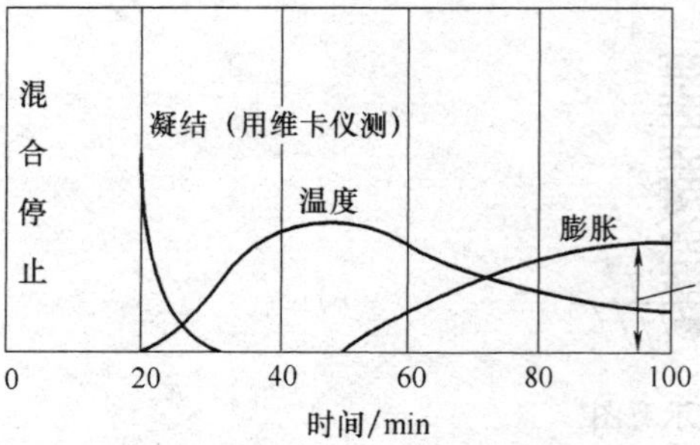

图 7－32　β－半水石膏的凝结特性

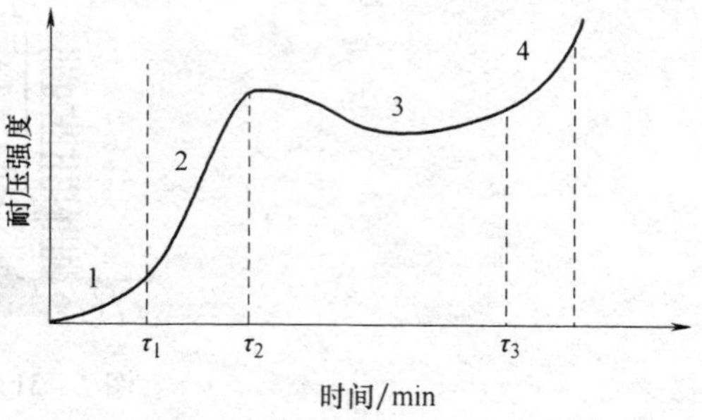

图 7－33　石膏模强度与时间的关系

模型使用时，由反复地吸水、干燥，导致强度下降。其原因是针状二水石膏晶体溶解，使晶体颗粒分隔开来，破坏了晶体交错增强的作用，结果降低了石膏模型的强度。

半水石膏调水后凝结硬化的机理主要有结晶理论与胶凝理论两种。提出结晶理论的学者认为，半水石膏遇水后，起初是溶解，然后析出二水石膏晶体，因为半水石膏在水中的溶解度（10.5g/L）比二水石膏的溶解（2.6g/L）大得多。许多学者用显微镜、X 射线、差热与失重分析研究的结果证实了这种情况。主张胶凝理论的学者认为，半水石膏初凝阶段的生成物呈胶体状态；经过水化作用溶液温度升高，形成二水石膏。这些晶体逐渐长大，交错形成密实的物体，达到胶凝而硬化。到目前为止，还没有一个对二水石膏凝结硬化机理给予完全满意的解释。

（二）浇注石膏模

1. 选用母模（老模、模种）

母模是浇注石膏模的模型。它的形状要和产品外形一致，其尺寸要根据坯料的总收缩和加工余量加以放大。制造母模的材料可用：金属（如锡）、橡胶、塑料、水泥、硫磺、玻璃钢或石膏。做好的母模工作面上常涂上一层洋干漆（又称虫胶片）的酒精溶液。使用时，母模表面要涂一层隔离剂，如机油、花生油或肥皂水，以便容易脱模。

2. 浇注模型

熟石膏粉加水调成浆料后，经 5～8min 便会开始凝固，这时它又变成二水石膏，且放出热量。理论上由半水石膏变成二水石膏需加水约 19%。实际上加入的水分远远超过此量（通常100份石膏粉加水60～90份）。加入大量水分的目的是让半水石膏充分水化，得到流动良好的石膏浆，凝结不致太快，模型表面光滑，多加的水分把针状石膏晶体及其碎屑分隔开来，干燥后留下许多小孔，使模型有一定的吸水性。如加水过多，会提高模型吸水率及气孔平均尺寸，而强度则降低；反之则吸水率降低，强度提高。一般注浆用的石膏模其膏水比为100:（70～90）；可塑成型用的石膏模其膏水比为100:（60～70）。

在浇注石膏模具时，浇注操作必须在初凝时间之内结束，否则石膏浆不能充满整个母模内腔；脱去母模的时间应在终凝时间之后，石膏浆硬化后才能得到完整无缺的石膏模型，但不能过多地超出终凝时间，否则石膏硬化所产生的体积膨胀将造成无法脱去母模。石膏模型的技术指标见表7－7。

（三）影响石膏模质量的因素

石膏模的主要缺点是使用寿命短，耐热性能差。由于模型本身的机械强度不高，使用中容易被碰裂。同时，成型时坯料中的黏土粒子和电解质与模型中的硫酸钙发生离子交换反应，使得模型表面变得凹凸不平。一般可塑成型用模型的使用寿命100～150次，注浆成型用模型的使用寿命为50～150次。当模型的使用温度超过60℃时，模型中的部分二水石膏又会脱水变成半水石膏，造成模型粉化、变脆等，这使坯体干燥温度的提高受到了限制。随机械化、自动化生产及快速干燥工艺的不断发展，如何提高模型的强度和耐热性能，已成为国内外广泛重视的问题。

影响石膏模质量的主要因素为：

1. 半水石膏的质量

（1）纯度和细度　熟石膏中除半水石膏以外，还有少量无水石膏或二水石膏。可溶性无水石膏易吸水形成半水化物，要求的调水量比半水石膏多25%～30%，凝结快，强度大；不溶性无水石膏及二水石膏均不吸收水分，不会凝结。但它们会成为结晶中心，加速凝结过程，降低模型的强度。

模型的强度随半水石膏的细度增大而提高。但当细度超过某一数值时，强度反而会降低。一般工厂使用的半水石膏其细度控制在80～120目，也有粉碎到180目的。

（2）晶型　β－半水石膏的水化速度较大，在标准稠度下有较高的膏水比，这表现在它的水石膏吸水性弱，浇制成的模型呈微晶结构，强度较高。

长期以来，我国陶瓷工厂都只采用β－半水石膏制模。现在已有利用α－半水石膏的陶瓷工厂（包括由天然石膏及化学工业副产品制成的α－半水石膏）。石膏模型的技术指标见表7－13。

表7－13　石膏模型的技术指标

项目	可塑法	注浆法	备注
气孔率/%	25～45	30～50	
扩散系数：/（$\times10^{-2}$cm/s）	1.8～4	3～6	
标准湿度含水率/%	4～7		
最高含水率/%	<18		
湿硬化物密度/（g/cm³）	1.405～1.535		
抗拉强度/MPa	2.45～3.92		

续表

项目	可塑法	注浆法	备注
耐压强度/MPa	>9.3		
表面显微硬度/MPa	>0.106		
模型的干燥温度/℃	50~60		
模型的干燥时间/h	4~144		取决模型的大小与干燥方式
使用温度/℃	<60		
工作表面状况	要平整，不被油腻所沾污		
使用次数/次	100~300	50~150	
模型的壁厚/mm	15~35	30~40	根据要求确定
模型用石膏消耗量占瓷器（或精陶）产品重量的百分率/%	2~10		
注模过程中半水石膏的耗损率/%	4~6		

*此表摘自《日用陶瓷工业手册》，轻工业出版社，1984。

2. 石膏粉与水的比例

石膏粉与水的比例影响模型的气孔率、结构和强度。水分增加，模型的气孔率和气孔的平均直径都相应增大，从而使得吸水率增大，但模型的强度随之降低（见图7-34）。

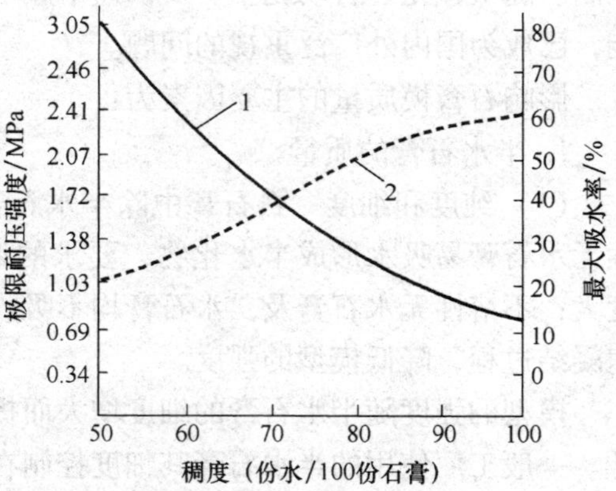

图7-34　水分对石膏模性能的影响

1—极限耐压强度　2—吸水率

（1）配制石膏浆的工艺条件

①真空处理石膏浆。经真空处理后的石膏浆流动性好，凝固时间略有延长，制得后的石膏浆流动性好，凝固时间略有延长，制得模型的强度提高，密度增大，气孔率略降低，气孔分布更均匀（表7-14）。

表7-14　真空处理石膏浆与模型性质的关系

熟石膏∶水（质量比）	吸水率/%		干燥后模型密度/（g/cm^3）		干燥后的抗折强度/MPa	
	真空处理	未处理	真空处理	未处理	真空处理	未处理
100∶70	33.75	35.14	1.145	1.134	8.61	6.94
100∶80	40.00	42.60	1.015	1.000	6.62	5.69
100∶90	45.91	48.36	0.960	0.937	4.55	4.20

②提高搅拌速度。适当提高搅拌速度，可以改善半水石膏的水化条件，使之均匀溶解，达到最佳饱和状态，从而使模具的强度提高（表7-15）。

（2）加入添加剂　为有效地控制半水石膏的凝结速度，提高模型强度，配制石膏浆时常加入添加剂。常用的添加剂可以分为三大类（表7-16）。

表 7-15　　搅拌速度对模型强度、吸水率的影响

条件及性能 / 搅拌速度/(r/min)	石膏:水（质量比）	水温/℃	搅拌时间/s	真空度/MPa	抗拉强度/MPa	抗折强度/MPa	吸水率/%
350	100:67	21	75	0.096	0.98	2.46	56.5
550	100:67	21	75	0.096	1.13	2.72	39.7
750	100:67	21	75	0.096	1.13	2.82	39.5
950	100:67	21	75	0.096	1.22	2.87	39.3

表 7-16　　常用石膏模型添加剂

种类	添加剂名称
缓凝剂	硼砂、鞣质减少剂、明胶、腐殖酸钠、尿素、单宁酸钠、甘油、酒精、亚硫酸、纸浆废液、三聚磷酸盐
促凝剂	硫酸钾、硫酸钠、硫酸铵、硝酸钾、硝钾钠、硼酸钠、硼酸钾、氯化钾、碳酸钾、氧化钙
增强剂	液体桃胶、橡椀烤胶溶液、腐殖酸钠、聚氧化乙烯、蜜胺甲醛树脂、酚醛树脂、蜜胺树脂、蜜胺树脂-乙二醇

①缓凝剂。延缓石膏的溶解和凝结过程，并可以提高模型的强度。其作用原理主要是改变了二水石膏的结晶形状与大小，以及模型中晶体的结合强度和结构。

②促凝剂。加速石膏的溶解和凝结过程。但一般会降低模型的强度，故较少用。

③增强剂。加入一些水溶性添加物代替工业用水调制石膏浆时，可使模型强度提高。其可能的原因是这类溶液具有一定黏性，有的是延缓了凝结过程。另外一类增强剂是合成树脂，如将相对分子质量为（2~4）$\times 10^6$ 的聚氧化乙烯（Polyoxyethylene）调成 0.3% 的溶液加入石膏粉中，可使模型的使用次数提高一倍以上。

二、新型多孔模具

随高压注浆、高温快速干燥及机械化、自动化生产的不断发展，石膏模型在很多情况下已不能满足生产的要求。与此同时，各种新型的多孔模具应运而生。这些新型多孔模具具有类似石膏模型的吸水性能，而强度和耐热能力则较石膏模高得多。

（一）多孔塑料模

多孔塑料模是采用热塑性合成树脂，如聚氯乙烯、聚四氟乙烯、聚氨基甲酸酯等为主体原料，通过振动在金属模具中成型，然后把金属模与塑料坯一起放在 150~350℃ 的电炉中加热 2~2.5h，冷却后即得塑料模型。

配方举例：

①粉状聚氧化乙烯树脂 100 份，邻苯二甲酸丁酯 10 份，三盐基硫酸铝 0.5 份。

②粉状聚四氟乙烯 100 份，石英粉（细度 0.1~0.3mm）20 份，无水硫酸钠 1.6 份。

多孔塑料模具有微孔结构，表面光滑，机械强度高，耐磨性能好，耐化学腐蚀，吸水率可达 40%~50%，气孔率 30%~36%，使用次数可达 4000 余次。但这种模型的吸水速度较慢。一般用于可塑成型和高压注浆成型。此外，模型的使用温度也比较低，开始变形温度为 80℃。

（二）无机填料模

无机填料模是采用热固性树脂加一定颗粒度的无机填料，成型后加热固化而成。常用

的无机填料为：石英砂、素陶粉、长石粉、珍珠岩等。常用的热固性树脂为：酚醛树脂、蜜胺树脂及尿素树脂等。

将无机填料与有机合成树脂按一定比例均匀混合，经冷压成型后加热固化。加热固化时，合成树脂放出气体，形成气孔，获得毛细管状的结构。这种无机填料模型的特点是具有石膏模型的吸水性能，而强度比石膏模约高 100 倍，耐热能力 150℃，使用次数 1500～2000 次。

配方举例：

①石英砂（颗粒度 0.15～0.3mm）900 份，酚醛树脂（液体）70 份，改良蜜胺树脂 140 份。

②石英砂（0.15～0.13mm）850 份，间苯二酚［$C_6H_4(OH)_2$］－甲醛树脂 200 份，醛硬化剂 20 份。

③素陶粉 82 份，珍珠岩 18 份，固体酚醛 14.2%，液体酚醛 8.2%，六次甲基四胺［$(CH_2)_6N_4$］2%。

（三）素陶模型

采用一种或几种高岭土或陶瓷素烧粉为主体原料，添加少量黏合剂如聚氯乙烯树脂或酚醛树脂，以木炭粉或煤粉作为气孔形成剂，经配料、粉碎、半干压成型，在 800℃左右进行素烧。素坯修坯后在 1100℃左右烧成多孔性素陶模型。这种模型的特点是强度和耐热能力较强，可在 300～500℃下使用，吸水率 35%～38%，气孔率 42%～45%，抗压强度 78.4MPa。它的缺点是：经高温烧成后制得的模型，尺寸的一致性差，甚至发生变形，而且整体又较重。

（四）多孔金属模

利用金属填料和热固性树脂制成的金属填料模型，除具备无机填料模型的优点外，还具有良好的导热、导电性能。常用的金属填料有铝粉和铜粉。热固性树脂与无机填料模所用的相同。前苏联多勃鲁什瓷厂采用的多孔金属模，其粉料组成为：7%～11%锡，0.1%～0.6%磷，其余为铜，模型的气孔率为 30%～40%，耐热性为 300℃，抗折强度极限为 40～60MPa。

三、压制成型用金属模

压制成型模具是一种用于装填粉料并在其封闭的空间内完成坯体成型的装置。其封闭的空间称之为模腔，它决定着产品的形状，它的容积必须是可变的，且其内的气体能够排出。

（一）压制成型模具在使用中的特点

①同一模具重复使用，故模具必须具有良好的质量。

②成型的频率高，要求模具的使用寿命较长。一般频率为每分钟 8～22 次，常用为每分钟 12～16 次，模具使用寿命必须在 10 万次以上。

③要反复承受较大压制力，一般在 250～600MPa。

④压制力的施加和卸载必须严格遵循粉料成型工艺的要求，因为粉料的压缩比较大（1.8～2.5），且粉料中的气体在压制过程中经历：压缩→膨胀→排放，所以陶瓷制品的压制成型不可能一次完成，而是两次、三次甚至多次。所以陶瓷制品压制成型必须遵循一

条适宜的压制成型制度来进行，这是它与一般金属冲压成型的不同。

（二）压制成型模具的类型

压制成型模具的类型取决于分类的方法。如按模具在成型过程中体积变化，模具可分为硬模（即金属加工的上模、下模和模框）和软模（即橡胶或树脂加工的背纹）；按一个工作周期内成坯数，可分为单孔模、双联模和多联模；按模具在压机上的固定方式，可分为机械联结模具和磁力联结模具；按成型时排气方式来分，可分为盖模和插模两种基本形式，及由它们组合的复合模（见图 7 – 35）。

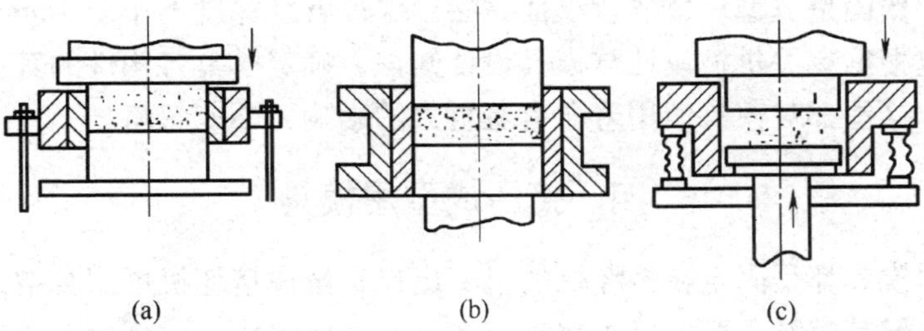

图 7 – 35　压制成型模具的三种形式

（a）盖模　（b）插模　（c）复合模

1. 盖模的主要特点

①上模与模腔之间摩擦小，使用寿命长。

②易调整坯体厚度，可成型异形产品。

③排气困难，易出现分层，适宜压制较薄制品。

④压力损失大。

2. 插模的特点与盖模正好相反

①上模与模腔之间摩擦大，易出现相碰（俗称“啃模”）。

②不便调整坯体厚度，适宜大批量生产。

③排气效果好。

④压力损失小。

复合模正是在结合两者的优点上发展的，目前广泛地被采用于生产中。

（三）注意事项

压制成型模具的轮廓尺寸必须与压机相匹配，应注意三个指标：

①压机立柱的净距离，这是模具的最大横向安装尺寸。

②压机下横梁工作台的尺寸，这是模具的最大宽度尺寸。

③压机活动横梁的最大升程，这是模具安装的可用高度。

在进行模具结构设计时，首先应考虑模腔的孔位数，可按以下条件式计算：

$$Z \leqslant \frac{10^6 K P_{max}}{ab\,[P_{min}]} \tag{7-5}$$

式中：Z——模腔的孔位数，取整数（1，2，…，n）；

K——压力利用系数，0.85～0.95；

P_{max}——压机的最大工作压力，MPa；

$[P_{min}]$——成型坯体所需最小压强，250～320MPa；

a、b——所成型坯体的长度和宽度，mm。

模孔的尺寸即是坯体的尺寸，应根据坯料的收缩率来计算。

为减少模壁与成型面之间的摩擦阻力和黏滞，保证坯体质量，模具应带有发热装置，使模具工作面有适当的温度。通常，贴有橡胶或树脂的工作面，温度不宜高于40℃，金属工作面温度控制在60～80℃。发热装置一般装在上模与下模内，对于规格或厚度大的坯体，模腔中也应布置。

上模芯的工作面是成型坯体的背纹面，必须保证背纹深度不小于4mm。

此外，还应根据有关机械设计与模具设计知识，确定模具各构件的其他尺寸和它们之间的公差配合。这些都对模具使用寿命有着重大的影响，不能忽略。

四、挤压成型用模具

挤压成型用模具都是固定在挤坯机的机嘴出口，虽说挤坯机可用真空练泥机、螺旋或活塞式挤坯机，但其模具主要由机头喇叭口和定型框所组成，定型框由金属材料构成；对于空芯制品（如劈离砖、套管），则还有模芯，模芯可用金属材料制作，也可用坚硬的木料（如楠木）制作。

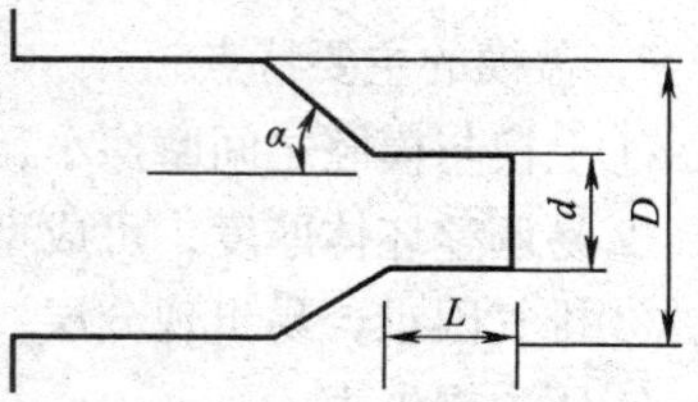

图7－36　挤坯机机头示意图

机头与定型框之间的锥角（α）是模具设计中的关键问题，它直接影响着挤出力的大小（见图7－36）。如果锥角过小，挤出力小，则挤出泥段或坯体不致密，强度低。若锥角过大，则阻力加大，要克服阻力使泥料前进需要更大推力，设备的负荷加重。锥角大小的确定，应考虑挤坯机的机筒直径（D）、机嘴出口直径（d）坯料的塑性等因素。另外，还应给定型框留有一定长度的定型带（L），以防止刚挤出的泥段会产生弹性膨胀，而导致出现横向开裂；反之，过长的定型带又容易引起纵向开裂。通常锥角$\alpha=16°\sim30°$，$d:D=1:(1.6\sim2.0)$，$L=(2.0\sim2.5)\ d$。

劈离砖成型模具的定型框与模芯的组合见图7－37，其定型框也应有一定的锥角。

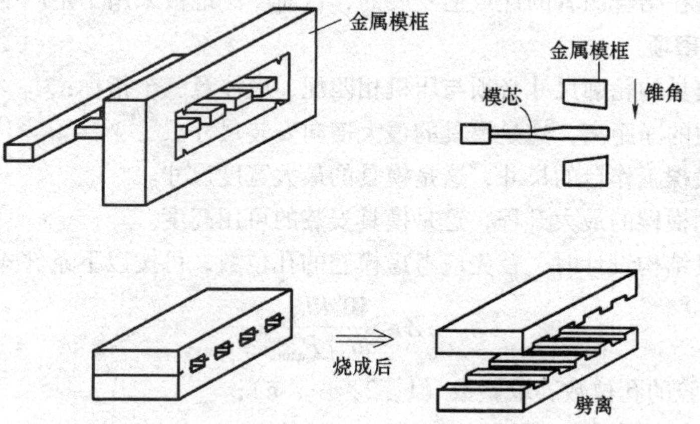

图7－37　劈离砖成型模具的示意图

五、等静压成型模具

弹性模具主要用于冷等静压成型。要求模具能均匀伸长和展开，比较柔软，不易撕裂，能长期耐液体介质的作用。制造这类模具常用的材料为橡胶，如耐油的氯丁橡胶、硅橡胶等。由于橡胶材料成本较高，在高压下易变形，近年来逐渐采用树脂模具。

配制树脂模具所用的原料有下列几种：

①树脂：如聚氨基甲酸酯（易塑造模型、不易粘住压制的粉末）、聚氯乙烯（宜采用乳状树脂，它易扩散到增塑剂中形成细粒糊状物）等。

②增塑剂：增加树脂塑性、降低硬度。如苯二甲酸二辛酯（它的介电性、耐寒性、稳定性均好，挥发性、吸水性不大，易于塑化）、己二酸二辛酯（挥发性小，能耐寒，若和苯二甲酸二辛酯混合使用效果较好）。

③稳定剂：可抑制树脂在加工、使用过程中由于热、光的作用而降低塑性和变色。常用的稳定剂为铅的化合物，如铅丹、三盐基硫酸铅等。硬脂酸钙、硬脂酸钡也是有效的稳定剂。

④填充剂：可降低成本，并无强化作用，因此不宜多用。常用的为碳酸钙、白黏土、硅藻土、滑石粉等。

增塑剂与树脂的比例通常为（2~4）:1。制品形状简单或脱模容易时可少加增塑剂，这时模具较硬。制品形状复杂或不易脱模则多加增塑剂。

六、模具的放尺

陶瓷坯体经过干燥和烧成后，直线尺寸和体积都会缩小。所以确定模具的尺寸时应根据坯体的收缩大小来放尺。

设成型时坯体的长度（即模具的直线尺寸）为 L_0，烧成后产品的长度（如果不需要机械加工）为 L，则产品长度的收缩率 ε_0（以成型时坯体的长度为基准）为：

$$\varepsilon_0 = \frac{L_0 - L}{L_0} \times 100\%$$

由此式可推出：

$$L_0 = \frac{L}{1 - \varepsilon_0}$$

若已知产品要求的长度 L 和收缩率 ε_0，则可求出模具的长度 L_0。

工厂中常以烧后产品长度为基准来计算放尺率 ε：

$$\varepsilon_0 = \frac{L_0 - L}{L_0} \times 100\%$$

则：$L_0 = (\varepsilon + 1)\ L$

因而可利用放尺率 ε 和产品长度 L 求出模具的长度。ε_0 和 ε 的关系式为：

$$\varepsilon_0 = \frac{\varepsilon}{1 + \varepsilon} \qquad \varepsilon = \frac{\varepsilon_0}{1 - \varepsilon_0}$$

实际上坯体各方向上的收缩除和坯料的组成、性质有关外，还受到工艺操作方法的影响。用热压铸法和等静压法成型时，坯体各方向的收缩基本上是一致的。压制成型时，大件坯体垂直和平行于受压方向上的收缩是有差别的。挤坯成型时，直径的收缩 > 壁厚的收缩 > 长度的收缩。这些情况在确定模具尺寸时都应加以考虑。

参考文献

1. 西北轻工业学院．陶瓷工艺学［M］．北京：轻工业出版社，1980
2. 华南工学院．陶瓷工艺学［M］．广州：中国建筑工业出版社，1981
3. 刘康时．陶瓷工艺原理［M］．广州：华南理工大学出版社，1990
4. 李家驹．日用陶瓷工艺学［M］．武汉：武汉工业大学出版社，1992
5. 黄励知．普通陶瓷［M］．广州：华南理工大学出版社，1992
6. 钦征骑．新型陶瓷材料手册［M］．南京：江苏科学技术出版社，1996
7. 刘维良．先进陶瓷工艺学［M］．武汉：武汉理工大学出版社，2004.

第八章　坯体的干燥

第一节　干燥作用与干燥过程

一、干燥的作用

干燥是指排除湿坯水分的工艺过程。陶瓷成型过程中采用注浆法成型的泥浆，含水率一般在30%～35%，呈流动状态；可塑性成型的泥料，含水率在15%～27%，呈可塑状态；即使干压或半干压的制品，其含水量也在1%～8%；这既不利于坯体的搬运，也不利于吸附釉层，更不能直接烧成。因此干燥的作用就是将坯体中所含的大部分机械结合水（自由水）排出，同时赋予坯体一定的干燥强度，使坯体能够有一定的强度以适应运输、修坯、粘接及施釉等加工工序的要求，同时避免了在烧成时由于水分大量汽化而带来的能量损失和各种缺陷。

二、干 燥 过 程

陶瓷坯体中含有化学结合水、大气吸附水和自由水，而干燥过程主要是指除去坯体内部的自由水的过程。假定在干燥过程中坯体不发生任何化学变化，干燥介质恒温恒湿，则干燥过程包含了四个阶段，如图8－1所示。

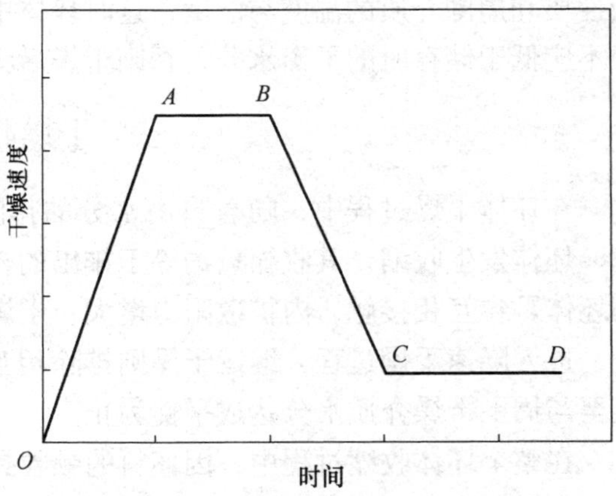

图8－1　干燥过程曲线图

1. 升速干燥（$O \rightarrow A$）

这一阶段也叫加热阶段，坯体表面被加热升温，水分不断蒸发，直到表面温度达到干燥介质的湿球温度 T_A，坯体吸收的热量与蒸发水分所消耗的热量达成动态平衡，则干燥过程进入了等速阶段。由于升速阶段时间很短，所以此阶段排出水量不多。

2. 等速干燥阶段（$A \rightarrow B$）

该阶段的特征是干燥介质的条件（温度、湿度、速率等）恒定不变，水分由坯体内部迁移到表面的内扩散速度与表面水分蒸发扩散到周围介质中去的外扩散速度相等。水分源源不断地由内部向表面移动，表面维持润湿状态，水分汽化仅在表面进行，自由水不断地蒸发排出。因为干燥介质条件不变，坯体表面温度也维持不变，等于干燥介质的湿球温度，因此，此阶段干燥速率和传热速率保持恒定不变，其干燥速率主要取决于干燥介质的条件。

3. 降速干燥阶段（$B \to C$）

在干燥过程中，当坯体中的自由水大部分排出时，干燥速度即开始降低，从等速至降速阶段过渡的含水量（一般取平均值）我们称为临界含水量。临界含水量在干燥速度曲线图中表示为 B 点，B 点称为临界点。测定临界点的含水率具有重要的意义，因为到达临界含水量以后，坯体的干燥是排除其中毛细管中的水分和含水矿物中的物理吸附水，坯体略有收缩，所以此阶段坯体内不会产生干燥收缩的应力，干燥过程进入安全状态。

临界含水量因坯体的性质不同而异，同一材料如干燥速度增大，坯体的成型水分越大，临界含水量越高，坯体物料越厚，临界含水量越大；干燥空气温度高，临界含水量低。在恒定的干燥条件下，通过干燥速度曲线的测定和绘制可以确定其临界含水量。

降速干燥阶段又可分两个小阶段，在第一小阶段，坯体内毛细管中水分蒸发，而且，蒸发面不断地减小，坯体的表面开始出现已干斑点。第二小阶段，坯体的一切毛细管内已经没有水，此时蒸发移入坯体内部进行，坯体内部生成的水蒸气克服坯体及边界层的阻力进入四周空气中。在降速干燥阶段，坯体用以蒸发水分的热消耗降低，加热坯体的热量增加，因此坯体的温度将逐渐升高，力求达到坯体周围的介质的温度，此时的坯体水分与周围空气介质之间成平衡状态。

4. 平衡阶段（$C \to D$）

当坯体干燥到表面水分达到平衡水分时，表面干燥速度降为零。因为表面蒸发与吸附达成动态平衡。此时坯体与周围介质也达成平衡状态，这时，平衡水分的多少取决于坯体的性质和周围介质的温度与湿度，这时坯体中的水分叫干燥最终水分。坯体的干燥最终水分不应低于储存时的平衡水分，否则干燥后将再吸水至达到平衡水分。

三、干燥收缩与变形

在坯体干燥过程中，随着自由水分的排除，颗粒表面的水膜不断变薄，颗粒逐渐靠拢，坯体发生收缩，其收缩量约等于排出的自由水的体积。当水膜厚度减薄至一定程度，则坯体颗粒互相接触，内扩散阻力增大，干燥速度及收缩速度发生急剧变化，收缩基本停止，进入降速干燥过程，继续干燥则排除相互接触的各颗粒间的孔隙水，发生微小收缩，直至与周围干燥介质水分达成平衡为止。

在整个坯体收缩过程中，因坯料的颗粒具有一定的取向性，导致了干燥收缩的各向异性，这种各向异性导致了坯体内外层及各部分收缩率的差异，从而产生了内应力，当这种内应力大于塑性状态坯体的屈服值时，坯体发生变形，若内应力过大，超过其弹性状态坯体的强度时，会导致开裂。影响坯体干燥收缩与变形的因素主要有以下几个方面：

1. 坯体中黏土的性能

坯体中黏土的可塑性越好，粒度越细，则所吸附的水膜越厚，烧成收缩和变形就越大。同时，如果黏土矿物颗粒太粗，分布不匀，也会导致各部分收缩不一致而变形。

2. 坯体的化学组成

坯体中黏土的阳离子对坯体干燥收缩有很大影响，如表 8 - 1 所示。在坯体中加入 Na^+ 作为稀释剂，则可促使黏土颗粒平行排列，实践证明，含有 Na^+ 的黏土矿物比含 Ca^{2+} 的黏土矿物收缩率大。

表 8－1　　高岭土中所含阳离子对干燥性能的影响

阳离子种类	干燥收缩率		干燥后固体物含量（体积分数）/%	干燥后抗折强度/MPa
	长度/%	直径/%		
Na^{+}	4.8	10.0	61.0	2.94
Ca^{2+}	6.5	8.5	59.1	60
Ba^{2+}	5.9	7.6	57.2	1.00
La^{3+}	6.6	7.4	54.7	0.82
H_3O^{+}	7.4	8.9	55.6	1.34

3. 坯体的含水率

坯体含水率越大，则干燥后排出水分多，收缩越大，越容易产生内应力而导致变形和开裂。

4. 坯体的成型方法

采用塑性成型和注浆成型的坯体，由于水分含量大，故干燥收缩较大；同时由于颗粒存在定向排列问题，容易引起变形和开裂。而采用干压、半干压及等静压等成型的坯体，由于粉料含水率低，干燥收缩小，则不易变形和开裂。

5. 坯体的形状

坯体的形状越复杂，各部位厚薄不匀，则干燥不易均匀，其内部应力越容易集中，从而坯体在收缩中产生变形开裂。

第二节　干燥制度的确定

干燥制度是指根据产品的品质要求来确定干燥方法及其干燥过程中各阶段的干燥速度、影响干燥速度的参数（干燥介质的种类、温度、湿度、流量与流速等）。最理想的干燥制度是指在最短的时间内获得无干燥缺陷生坯的制度。

一、影响干燥速度的因素

生产中为了提高干燥效率，节约能源，总是希望干燥速度要大一些。实质上，坯体的干燥速度受到坯体内水分内扩散和外扩散速度等因素支配。因此，干燥速度受到坯体本身性质、干燥设备及干燥条件等诸多因素的限制，对于不同坯体，其干燥速度应不相同。下面介绍影响干燥速度的几个主要因素。

1. 影响内扩散的因素

所谓内扩散，是指坯体内部水分扩散至坯体表面的过程，主要借助于扩散渗透力和毛细管力，服从扩散定律。内扩散有两种形式，即水分的热湿传导与湿传导，所谓热湿传导是指由于温度差而引起的水分传导，温度差引起水分子的动能、水在毛细管内的表面张力、空隙中空气压强的不等，导致水分子由高温处向低温处移动。湿传导则是由于水分浓度差（湿度差）而引起的水分传导，湿度差使水分子从高湿处向低湿处移动。可见，热湿传导方向与温度梯度（热流方向）一致，而湿传导方向与湿度梯度方向一致。如果热湿传导与湿传导方向一致，则内扩散速度将大大加快，反之将降低内扩散速度。因此，影响生坯内扩散的几个主要因素可归纳如下：

①组成坯体物料的性质：粗颗粒、瘠性物料含量多的坯体，其所在的毛细管粗，内扩散阻力小而有利于内扩散速度的提高。

②生坯温度：生坯温度是重要外因，因为温度升高时水的黏度降低，毛细管中弯月面的表面张力也降低，则内扩散阻力减小，可提高内扩散速度。为了加快处于降速干燥阶段的生坯内水分的扩散速度，可采取一定措施使坯体的温度梯度与湿度梯度方向一致，从而加快内扩散的速度。例如当采用电热干燥、微波干燥、远红外干燥等方法时，可以向生坯中自由水直接提供能量使之转化为热能，达到坯体的热、湿传导方向一致，这就比从外部施加热量能更有力的加强内扩散，提高干燥速度。

③坯体表面与内部的湿度差：湿扩散的速度与湿度梯度成正比，湿度差越大，则湿扩散速度越大，相应内扩散速度也提高。

2. 影响外扩散的因素

所谓外扩散是指坯体表面水分汽化，并通过水汽膜向外界扩散的过程。外扩散的动力是坯体表面的水蒸气压与周围介质的水蒸气分压之差，差值越大，则外扩散速度越大。因此，影响外扩散的主要因素有干燥介质与生坯表面的蒸汽分压、干燥介质与生坯表面的温度、干燥介质的流速、方向及生坯表面蒸汽膜的厚度和能量的供给方式等。这些因素综合作用于坯体表面，决定了水分从坯体表面扩散至干燥介质中的速度。传统的干燥就是靠提高这种外扩散速度来加快干燥速度，例如采用的热空气干燥法。而现代的干燥方法，虽然也包含这种原理，但却是以增强输入电热能、辐射能等来降低周围干燥介质蒸汽分压，加大气体流速、控制气体流向等方法来提高外扩散速度。

3. 其他影响因素

坯体中水分的内扩散和外扩散是影响干燥速度的主要因素，此外，还有以下几个因素对干燥速度有一定影响。

（1）干燥方式　干燥方式对坯体的干燥速度影响很大，好的干燥方式能大大加快干燥速度而且不易造成缺陷，采用传统的干燥方式如热风干燥则速度较慢。因此，目前我国已由热风喷射干燥发展到热风－红外线干燥，使坯体在开始干燥时所必需的热量由红外线供给，保证坯体的内部温度高于外表面温度，造成坯体的热扩散与湿扩散的方向一致。另外，从国外引进的微波－真空干燥能更加提高干燥速度。

（2）坯体的厚度和形状　坯体厚度的影响主要是在降速干燥阶段。因为在等速干燥阶段，由于干燥速度主要由外扩散所决定，此时不同厚度的坯体其干燥速度相差很小。而在降速干燥阶段，坯体厚则内扩散阻力大、速度低，则干燥速度小。同时，如坯体形状过于复杂，则干燥速度不能太快，以避免各部分收缩不匀造成开裂。

（3）干燥器的结构及坯体在干燥器中的放置方式与位置　干燥器的结构是否合理，也会在一定程度上影响坯体的干燥速度。例如远红外干燥器的结构，应考虑辐射面与被干燥坯体的位置尽可能靠近，而辐射的形状与干燥坯体形状尽可能相似，以便充分利用辐射能。同时，坯体在干燥器中的放置部位与方式，要考虑坯体的受热与蒸发面积，以便提高干燥速度。

二、干燥介质参数的确定

在实际生产中，生坯的形状、厚度、含水率等往往不太容易改变，干燥速度的调节以及干燥制度的合理制定往往是通过调节干燥介质的温度和湿度、干燥介质的流速和流量来控制的，因此干燥参数的确定显得尤为重要，它是实现合理干燥制度的直接保证。

1. 干燥介质的温度

干燥介质温度的高低，直接影响干燥速度，但是不能盲目提高干燥介质的温度，要综合考虑以下两个方面的影响：

（1）坯体的性质　坯体的性质包括坯体的组成、结构、形状、尺寸及厚度、大小、含水率等。坯体的性质决定了其各部位能否均匀受热，因为陶瓷坯体的热传导性能很差，在较高的介质温度作用下外表面和内部的温度不均匀，造成较大的温度梯度，这样内外热膨胀不匀则容易造成热应力而发生开裂等缺陷。因此，对于注浆成型的复杂形状制品，其含水率也相对较高，干燥介质温度应选择低一点，或者是在对坯体的均匀受热问题采取了一定措施后（如先经过一段低温高湿干燥）可适当提高介质温度。而在干燥墙地砖等形状简单的小型薄壁坯体时，介质温度可相应高一些，如可在120～220℃条件下进行干燥。需要指出，对于一些特殊坯体，其干燥温度受到限制，不宜太高，如石膏模干燥温度不能超过70℃，因为高于70℃时，石膏模可能破裂或强度大大降低。

（2）热能的充分利用及设备因素　干燥介质温度的选取，还要考虑热效率的问题，如干燥介质温度太高，则有相当一部分热能被浪费，增加了产品的成本。这时，如介质温度选得太高还要考虑到干燥的隔热问题，同时温度太高对设备的使用寿命及性能的影响也要加以考虑。因此，在采用蒸汽换热器、暖气等作为干燥介质的热源时，介质温度不宜太高。

2. 干燥介质的湿度

合理的选择干燥介质的湿度，对合理的干燥制度，也是重要的因素之一。因为坯体在干燥过程中，除了合理的温度外，还需要保持合理的湿度，否则容易造成缺陷或降低干燥速度。例如在窑式或链式干燥器中，若干燥介质没有及时排出或补充，则随着坯体中水分的扩散，干燥介质的湿度会逐渐增加，达到一定程度时，很难再将坯体干燥，这就降低了干燥速度，破坏了正常的干燥制度，影响了生产。若干燥介质的湿度太低，则干燥速度过快，对于一些形状复杂的制品，容易造成开裂。因此，在干燥过程中，干燥介质的湿度要根据具体情况而定，不能太高，也不能太低，有时候还是要采取分段处理方法。

以注浆成型的卫生瓷为例，此类坯体壁厚，且形状复杂，含水率高。这类坯体要采用分段控制湿度进行干燥的方法，才能达到干燥的目的，如图8－2所示，可采用三阶段干燥。第一阶段，以高温高湿介质预热坯体，预热阶段排水不多，但为下一阶段打基础；第二阶段，当坯体温度超过40℃时，控制介质温度和相对湿度不高不低，相对湿度为75%左右，使得坯体在收缩中不致变形；第三阶段，当坯体不再收缩时，采用高温低湿（相对湿度为15%左右）进行快速干燥，这时不会产生变形或开裂。

3. 干燥介质的流速和流量

当干燥介质的温度、湿度受到限制时，例如干燥石膏模等产品时，为了能够提高干燥速度，常常通过加大干燥介质的流速和流量来实现。加大干燥介质的流速和流量来提高干燥速度的机理，其实质上是提高了外扩散的速度，因此，此方法在等速干燥阶段效果较明显。实验分析证明，干燥介质空气的流动速度如提高到5～20m/s，可提高干燥速度几倍。因此在采用高速低温的快速对流干燥中，热风流速甚至可达10～30m/s。但是，提高干燥

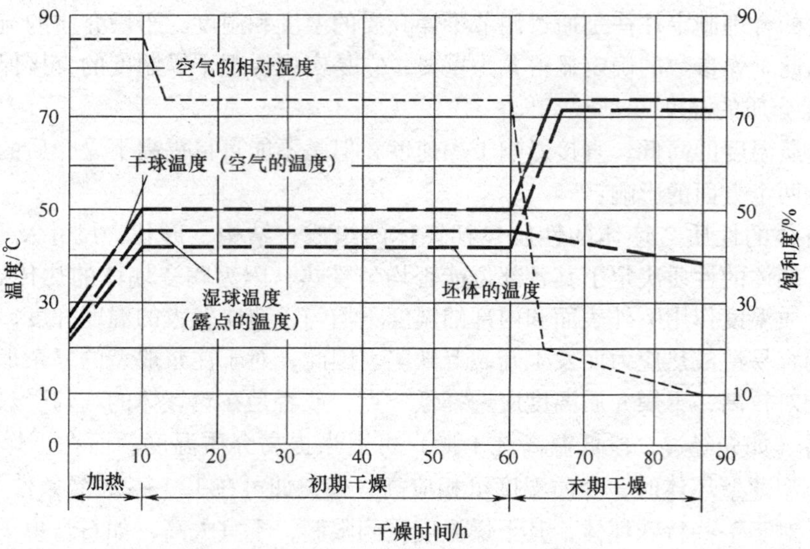

图 8－2　湿空气法的干燥设备中温度和空气含量的变化关系

介质的流速和流量要有一定的前提，其一是保证坯体在快速干燥中不变形开裂；其二是设备要有保障，否则设备的动力消耗过大，影响其使用寿命。

第三节　干 燥 方 法

陶瓷坯体的干燥，古老的方法是采用自然干燥，它是借助大气的温度和空气的流动来排除水分。后来，陶瓷坯体的干燥由自然干燥发展到人工干燥，最简单的干燥设备是烘干房，它是利用热风进行干燥。随着20世纪60年代初期滚压成型机在国内的使用和推广，陶瓷生产能力大大提高，与之相适应的有国外引进的热风链式干燥机，在国内得到普遍推广和应用。然而，随着陶瓷工业的进一步发展，特别是近年来建筑陶瓷行业的迅猛发展，链式干燥又显得较为落后，为了适应快速干燥，喷雾干燥在建筑陶瓷行业得到了极为广泛的应用。另外，电热干燥及高频干燥、微波干燥、红外干燥、热泵干燥等技术也得到了推广和应用。根据坯体蒸发水分而获取的必需热能形式不同，人工干燥方法可分为热空气干燥、工频电干燥、辐射干燥等。

一、热空气干燥

热空气干燥是利用热空气对流传热作用，干燥介质（热空气）将热量传给坯体（或泥浆），使坯体（或泥浆）的水分蒸发而干燥的方法。这种干燥方法的设备较简单，热源易于获得，温度和流速易于控制调节，若采用高速定位热空气喷射，还可以进行快速干燥。一般的热空气干燥，干燥介质流速小，小于1m/s。因此，对流传热阻力大，传热较慢，影响了干燥速度，而快速对流干燥则可使气流速度达到10～30m/s，由于是间歇式操作，可以保证热扩散与湿扩散方向趋于一致，干燥速度显著提高。有资料表明，采用热空气快速干燥，一般日用瓷坯带模5～10min可脱模，白坯干燥只需要10～30min，墙地砖坯体（100mm×200mm×10mm）从含水7.5%干燥到1.0%，只需要10～15min。

热空气干燥根据干燥设备不同可分为室式干燥、隧道式干燥、喷雾干燥、链式干燥及热泵干燥等，下面分别加以介绍。

1. 室式干燥

如图8－3所示，将湿坯放在设有坯架和加热设备的干燥室中进行干燥的方法称之为室式干燥。室式干燥的特点是干燥缓和，间歇式操作，对于不同类型的坯体可以采用不同的干燥制度，因此，比较灵活。但是其设备简单，造价低廉，热效低，周期较长，而且干燥效果不易控制，人工运输的破损率也较高。一般加热干燥介质的方法有地坑、暖气、热风加热等方式。

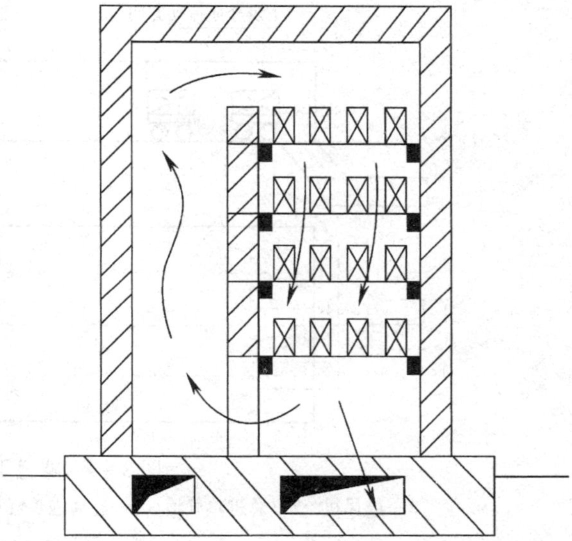

图8－3　室式干燥

对小型薄壁日用瓷坯体可采取高温低湿热空气进行干燥，但对大型厚壁坯应采用低温高湿法使坯体均匀受热升温，避免由于内外收缩不均而使坯体破裂。

2. 隧道干燥

如图8－4所示，隧道干燥采用逆流干燥方式，所谓逆流方式是指气体流动方向与坯体的运动方向相反。湿坯一进入隧道窑干燥器即与低温高湿热空气接触，坯体受热比较均匀，坯体不断在隧道窑中前进，所遇到的热空气的温度越来越高，湿度也逐渐下降，以保证干燥的循序进行，避免了开裂，直到坯体最终被干燥为止。因此，当坯体通过窑尾部时，坯体含水较小，而气流高温低湿，故干燥速度很快。由此可见，隧道式干燥基本上适应了干燥过程四个阶段的标准要求，比较合理，而且由于湿坯移动可采用窑车或链板式网带连续工作，热利用率高，生产效率高，便于调节控制、干燥效果稳定。但必须避免干燥介质气体的出口温度过低以致水汽冷凝在已干燥的坯体表面造成制品缺陷，而且，要求进口处的湿坯温度一定要高于气体出口处的气体温度。这种方法的不足是占地面积太大，干燥速度较慢，热量有损失。

3. 链式干燥

如图8－5所示，热风链式干燥是将湿坯放置在挠性牵引机构的吊篮上或者利用链条运载坯体在弯曲的轨道上传送进行干燥，它可分为立式传送和卧式传送两种。立式传送是指用吊篮式链条牵引，沿立面运动，一般小型坯体适用于这种方式；而卧式传送则采用平面迂回方式，以钢索或链条牵引，适用于大型坯体的干燥。

对于日用瓷，链式干燥可按照：成型→湿坯干燥→定位脱模→再干燥→修坯→再干燥的工艺顺序进行合理设计，借助挠性牵引机构形成自动或半自动化的成型－干燥工艺流水线，减轻劳动强度，提高了生产效率。而且干燥机所需热源可利用隧道窑余热，热源的困难基本得到了解决。

但是，目前国内采用的热风链式干燥机与国外比又较落后了，主要表现在以下几个方面：

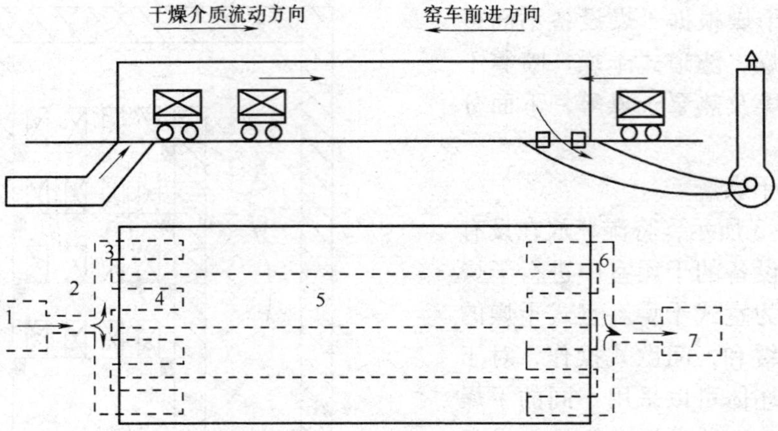

图 8－4　隧道干燥器

1—鼓风机　2—总进热气道　3—连通进热气道　4—支进热气道　5—干燥隧道　6—废气排除道　7—排风机

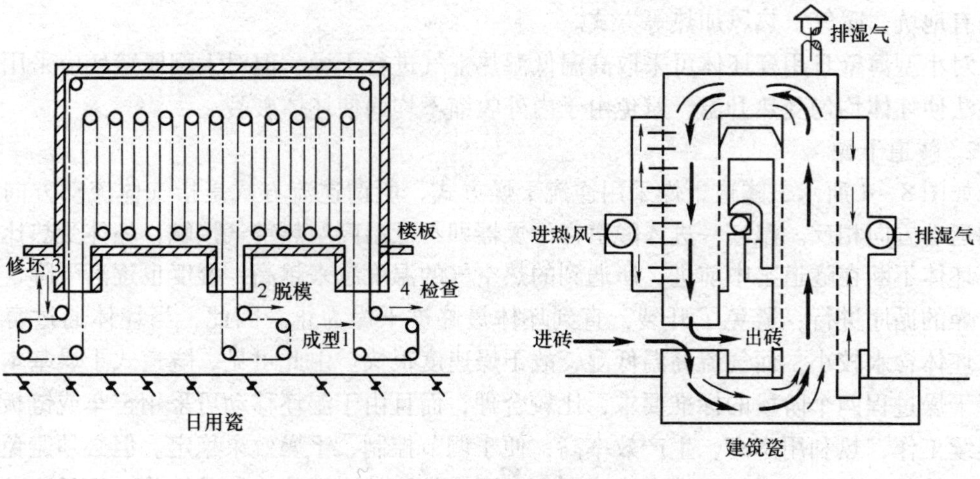

图 8－5　链式干燥器

①国内采用的热风链式干燥机的干燥效率不高。国内干燥机每蒸发 1kg 水所消耗的热量为 7531～12552kJ，而国际水平为 4184～5858kJ。

②国内采用的热风链式干燥机干燥坯体所需时间为 45～240min，所需的模型数为 500～1200 个，而国外所需的干燥时间为 10～20min，所需模型数为 70～80 个。

③国内热风链式干燥机所占的空间比较大，消耗的钢材也较多（一台干燥机所需钢材 18～30t)，购进一台干燥机所需的费用较高，为此目前有许多小瓷厂要进行技术改造感到有较大的困难，如果国内干燥机所能够达到国外干燥机的热效率和干燥所需时间，则干燥机所占的空间将大大减少，所需的钢材投资费也可以大大减少。

④目前，国内瓷厂从隧道窑冷却带可提供给链式干燥机的余热不能满足坯体干燥所需热量，因此，还需用蒸汽予以补充热源，增加了生产成本。

在建筑陶瓷制品的干燥方面，目前基本上全部采用辊道式干燥窑干燥，热源以烧成辊道窑的余热为主。

4. 辊道传送式干燥

我国于1984年开始使用辊道式干燥窑，主要用于干燥墙地砖坯体。目前采用的辊道式干燥窑是与辊底窑合为一体的。上层辊道煅烧产品，下层辊道干燥坯体。干燥窑的热源是利用上层辊道煅烧产品时的余热或者是鼓入热风。

辊道式干燥窑的最大特点是可使坯体均匀干燥，干燥效率高，能实现快速干燥，一般干燥周期为20～40min，干燥温度为120～160℃，生坯干燥后含水量小于1.5%。干燥能力为1.5～3.5t/h，目前我国运行的辊道传送式干燥窑长度在150m左右，内宽为2.5m左右，内高为0.57m，干坯能力为2～3.5t/h，干燥周期为30～40min，进入干燥窑生坯含水量为5%～7%，出干燥窑时则低于1.5%。

5. 喷雾干燥

喷雾干燥器是以喷雾干燥塔为主体，并附有供浆系统、热风系统、除尘系统及控制系统等构成的设备，如图8-6所示。其原理是将溶液或悬浊液分散成雾状的细滴，在热风中干燥而获得粉状或颗粒状产品的过程。这种干燥是用来在建筑陶瓷或采用等静压成型的日用瓷及电瓷行业中坯料制粉用的，其工作过程是泥浆由泵压送到干燥的雾化器中，雾化器将泥浆雾化成细滴，通入干燥塔内受到热空气（400～600℃）干燥脱水，而带有微粉及水汽的空气经旋风分离器收集微粉，再经水浴除尘后从排风机排出。

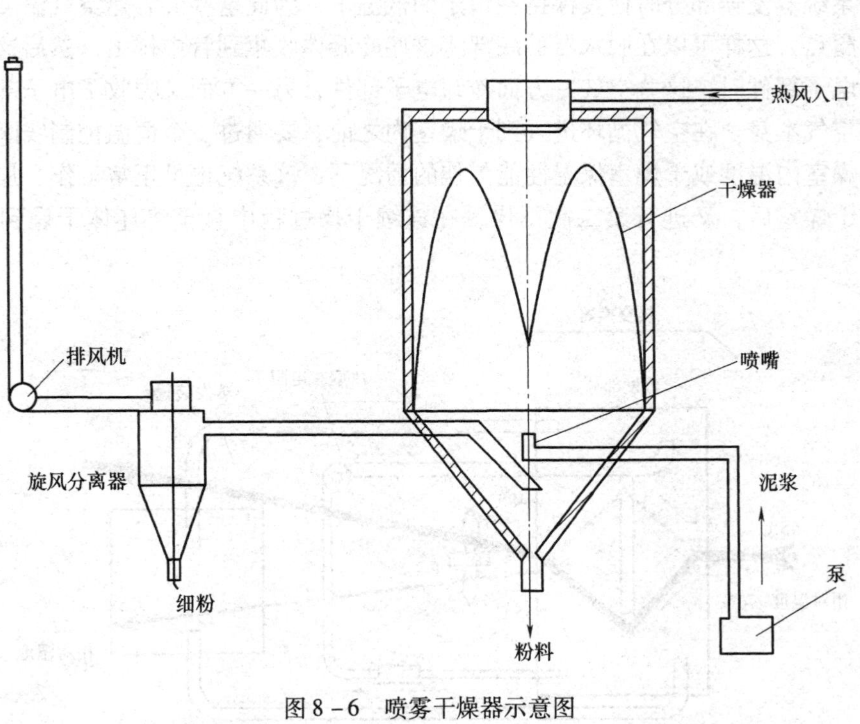

图8-6　喷雾干燥器示意图

喷雾干燥按造雾方法可分为压力法、气流法和离心法；按照热空气和物料流向形式可分成逆流式与顺流式。目前陶瓷工业使用较多的是压力逆流式。此方法热能利用率高，喷嘴雾化器的结构较简单，拆换容易。而离心式因喷塔直径要求大、喷雾盘较复杂、加工要求严格和维修困难而逐渐被淘汰。

对喷雾干燥而言，泥浆含水量应严格控制，一般要求在30%～50%，如含水量过高，则燃料消耗大，且干粉中细颗粒太多，不便于成型；如水含量过低则泥浆不易流动，易堵喷嘴且不易雾化。喷雾干燥时，热空气的温度也应严格控制，一般进风温度在400～600℃，如过高则干燥太快，颗粒外表干燥而里面是湿的，如过低则不能形成理想颗粒，而且造成能源浪费和对设备的损坏。

采用喷雾干燥有如下特点：

①工艺简单并能连续化自动生产，周期短，产量大。

②可省略榨泥、打粉等设备，缩短工艺流程，节省劳力。

③干燥粉料性能稳定，并可随时调节其粒度与水分含量。

④干燥颗粒呈球形，流动性好，成型后坯体强度高。

但是，喷雾干燥燃料消耗量较大，约为0.1kg标准煤/kg粉料。因此，它比链式干燥热耗大，但由于其省略了榨泥、打粉等工艺流程，还是比较经济的。近年来，许多大型陶瓷厂和几乎所有的墙地砖厂等都使用这一方法，而且许多节能措施也相继被采用，如提高泥浆的流动性和浓度，合理控制进出塔风温及风流量和控制好泥浆压力等以节约能耗。

6. 热泵干燥

如图8－7所示，热泵干燥系统的工作原理是在干燥室内的热气体在通过坯体表面后吸收了坯体表面上的一些水分，然后在风机的作用下将这些湿温空气抽入到脱水器内，在经过制冷系统蒸发器部分时使其保持在恒定的低温下，为此这些湿温热空气温度很快降至其本身的露点，这样可以在脱水器的底部将这些冷凝体收集到管中排出，然后这些空气通过设备的电子部件时，这些空气一方面冷却电子部件，另一方面又吸收了电子部件的热量而加热了空气本身。在空气循环进入到干燥室内之前，要通过一个恒温控制线圈。即使在需改变干燥室内温度或干燥室保温性能欠佳的情况下，该系统也可正常工作。加热后的空气进入到干燥室后，又进行第二次干燥，在连续干燥过程中直至将坯体干燥到所需程度为止。

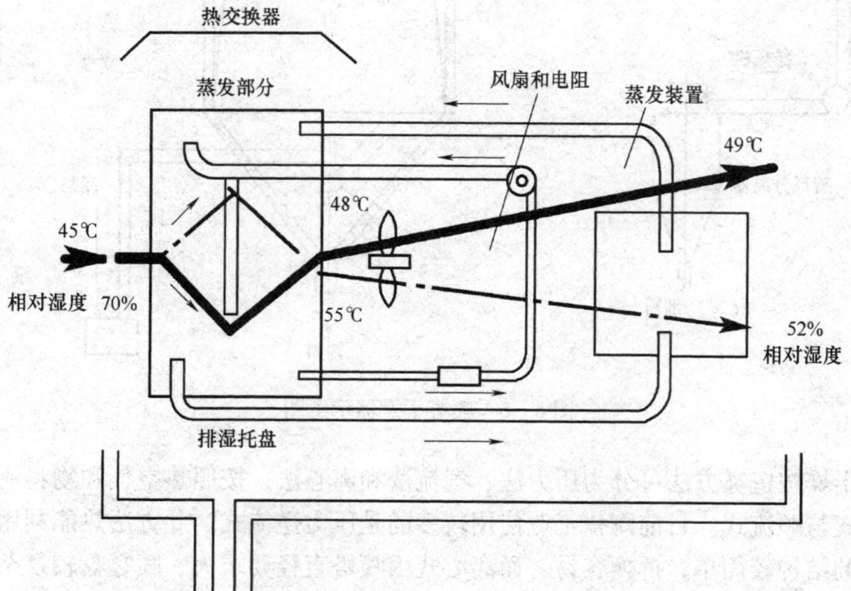

图8－7　热泵干燥原理示意图

热泵干燥与传统热空气对流干燥相比，其不同点是：

①热泵干燥中坯体中的水分是通过介质带入冷凝器进行脱水处理的，而传统的热空气干燥则是排出到大气中。

②热泵干燥可以重复利用空气中的热能干燥坯体，只需要少量的热能由电能提供补充到干燥系统中。同时，它还可以利用仪器本身在干燥工作中产生的热能。

③热泵干燥系统是一个完全封闭的系统，其干燥介质可以连续循环使用，不必如传统热空气干燥一样要不断地向干燥室提供大量新鲜干燥空气。

因此可见，采用热泵干燥，一方面可以节约能源，使能量完全充分利用，因此热效率相当高；另一方面，热泵干燥系统的外形和容积没有任何限制，其脱水器可以随干燥器形状的变化而改变，比较灵活。

有资料表明，使用热泵干燥技术，干燥石膏模的时间从 22h 减少到 8h，节约干燥成本 65%；干燥陶瓷灯管平均每 24h 蒸馏 0.5t 水，干燥周期从 48h 降至 16h；干燥电子绝缘体，具有显著效果，温度均匀，瓷器干燥时间由 36h 减少到 22h。

7. 少空气快速干燥技术

少空气快速干燥技术及设备是咸阳陶瓷研究设计院在科技部“科研院所技术开发研究专项资金”资助下开发的一种新的干燥技术。少空气快速干燥技术适用于卫生陶瓷、高压电瓷和日用陶瓷等可塑和注浆成型产品坯体的干燥。该设备不受单件产品尺寸大小的限制，对于坯体厚度在 10～40mm，水分含量在 20% 以下的产品都适用，干燥后坯体水分可降至 0.4%～1%。少空气快速干燥最大的特点是能耗低，干燥周期短，坯体干燥十分均匀，不会因干燥不均而造成坯体开裂等现象。

（1）少空气节能快速干燥器工作原理　由热风炉供热，并通过干燥器的外循环对干燥器进行供热操作；外循环的热风通过干燥器的内循环最终供应到干燥器的干燥箱体内，对坯体进行加热、干燥。在干燥过程中，通过合理的干燥制度的设置，干燥器的排放管道会定时、间断地对外排放湿空气或进行坯体的冷却。干燥原理图示如图 8－8 所示。

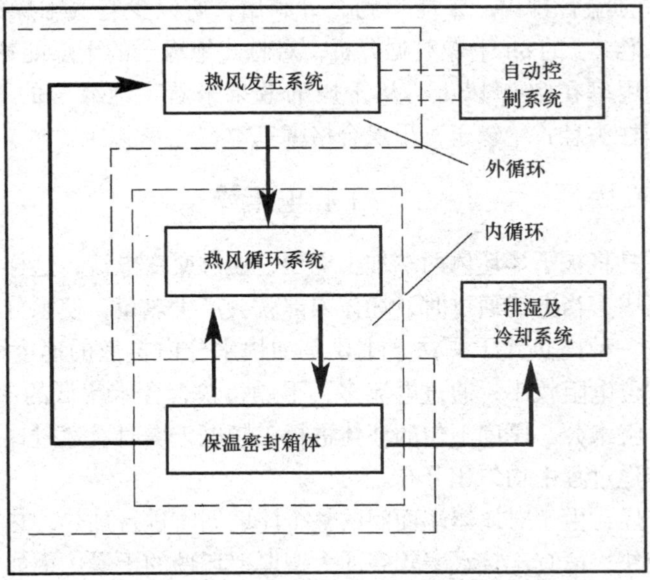

图 8－8　少空气节能快速干燥器干燥原理图

（2）少空气节能快速干燥器工作过程　少空气节能快速干燥器在对坯体进行干燥时，首先是一个时间较长的低温段。低温段的烘房内升温速度较慢，此段主要目的是通过供热使坯体的温度升高，并使坯体内外温度均匀。从结构上讲，烘房是一个密封相对较严的干燥容器，坯体在受热升温的过程中，坯体内外也有少量水分排放，排放出来的水分由于不向环境中排放，所以导致烘房内的绝对湿度逐渐升高，保证了烘房内具有一个高湿的环境。在高湿的环境下，坯体表面水分的排放速度得到抑制，坯体吸收的热量主要通过传热使内部的温度得到提高，坯件内外温度趋于均匀，水分的内外扩散速度趋于一致。

低温高湿的阶段进行到一定时间后，必须进行一定量的水分排放。在水分排放的过程中，烘房内的绝对湿度瞬间大幅减小，有利于坯体表面水分的快速扩散，由于坯体在此阶段内外的温差很小，所以内外水分的扩散速度趋同，坯体不会因水分的内外扩散不均造成体积收缩不均而导致开裂。此阶段的时间一般不宜太长，过长的排湿时间会使烘房内的湿度太低，坯体表面的水分扩散速度太快而产生坯裂。烘房的湿度降低后，必须再一次恢复到一个较高的湿度环境下继续进行干燥，进入高温阶段之前必须保证坯体的收缩已经大部分完成，而设置高温阶段的目的主要是提高干燥的速度。在从低温状态过渡到高温状态的过程中，由于坯体吸收的热量增加，所以坯体内外水分的扩散速度也在提高，坯体的体积收缩如果大部分不能在低温阶段完成，那么此阶段仍然可能产生坯裂。此阶段是在密封的状态下进行的，所以在升温初期，烘房内的绝对湿度仍然会有一个短时间的升高，之后才会下降。随着烘房内温度的不断升高，绝对湿度的不断下降，坯体的含水率会逐步降低，直至达到干燥的要求。

坯体的含水率达到要求后，烘房内要有一个降温的过程。降温时，烘房的供热停止，外循环配入冷风，并进行冷却操作，直至烘房内的温度降至安全时可以出烘房。

（3）少空气快速干燥技术的特点　少空气快速干燥技术对坯体的干燥主要是在密封的箱体内进行的，热风炉供给的热量绝大部分用于坯体的水分排放，只有少部分热量在整个干燥过程中通过排湿管排出，未能得到充分利用，所以少空气干燥的干燥能耗是较低的。根据在对悬式绝缘子的8h干燥数据分析，对悬式绝缘子的干燥能耗可以控制在191~287kJ/kg水，热利用率在70%以上。从干燥的效果来看，绝缘子的干燥合格率基本在97%以上，对于圆柱头悬式绝缘子，干燥合格率基本在99%以上。

二、工频电干燥

这种干燥方法是将被干燥坯体两端加上电压，通过交变电流，这样，湿坯就相当于电阻而被并联于电路中，当电流通过时，坯体内部就会产生热量，使水分蒸发而干燥。这种干燥方法其实质是一种内热式干燥法，主要是加快水分内扩散的速度而干燥坯体。坯体中，含水率高的部位电阻较小，通过电流多，干燥得快，含水率低的部位通过的电流少，干燥得慢。所以，将水分、厚度不匀的坯体进行工频电干燥时，通过这种自动平衡作用可使生坯含水率在传递过程中均匀化分布。

采用工频电干燥，由于对坯体端面间的整个厚度同时进行加热，热扩散与湿扩散方向一致，干燥速度较快，适宜于含水率较高的大型厚壁坯件的干燥，例如电瓷工业用大型泥段的干燥。坯体的含水率与电能消耗的关系如图8-9所示。从图中可看出，当干燥后期坯体含水率低于5%时，电能消耗将剧增。因此，在干燥后期，可以采用其他方法进行干燥。

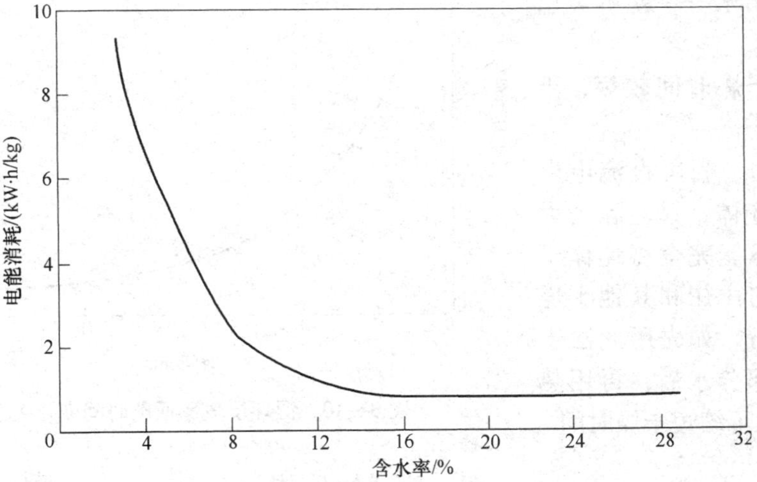

图8-9　湿坯含水率与电耗间的关系

在实际干燥时，通常以0.02mm厚的锡箔或40~80目的铜丝布或直径小于2.5mm的铜丝为电极，也可采用石墨泥浆将铝电极贴敷在湿坯端面上，然后通电流。石墨泥浆的组成为石墨15%~20%，鱼胶2%~5%，黏土75%~80%，水14%~17%。干燥时，由于坯体水分不断减少，坯体的导电性能逐渐降低，电阻逐渐增加，使通过的电流减少，即放出的热量减少，因此，必须随干燥过程的进行逐渐增加电能，一般通过增加电压来实现。因此，在干燥初期，电压一般为30~40V即可，而至干燥后期，必须增至220V甚至更高，有时为500V。这种方法可用微机进行程序控制，操作方便。干燥时间可明显缩短，如大型电瓷生坯一般要10~15天阴干，而用工频电干燥仅用4h。但是，在干燥后期，电能消耗太大。

三、直流电干燥

采用直流电干燥同样可使水分在干燥过程中减少而且均匀分布。这种方法是将生坯放在直流电场中，使其在电场力作用下，按特定的方向析出水分，就可改善坯体内水分的分布情况，产生较好的干燥效果，见图8-10。这种干燥与热效应关系不大，因为湿坯通上直流电后，水分立即从负极析出，并排出坯体外。这种分散相或分散介质在外加电场作用下发生移动的现象叫电动效应，因此，这也是利用电动效应来干燥坯体，湿坯导电在负极析出水分也是电动效应的结果。

分析其原因，是由于在坯体中存在溶解于水的正离子如K^+、Na^+、Ca^{2+}、H_3O^+等，在外电场作用下，正离子带动水分子向负极移动，从而使水分析出。如图8-10所示，随时间增加，脱水速率逐渐下降。

与加热干燥相比，此法的优点是：

①湿坯在加热干燥过程中由于水分分布不匀，会产生内应力。而以直流电干燥，水分以液体的形式排出，坯体内水分分布均匀，因此，内应力很少。

②对于形状复杂的制品，在干燥时微微变形开裂，若采用直流电排出水分，就不会出现这些问题。

③此法干燥时间较短，干燥速度快。

需要说明，利用直流电电动效应干燥坯体，只能除去大部分水，而不能完全将坯体干燥。因此，它往往和其他干燥方式共同进行，如先用此法干燥，脱去大部分水后，再用热空气干燥，也可缩短干燥时间。

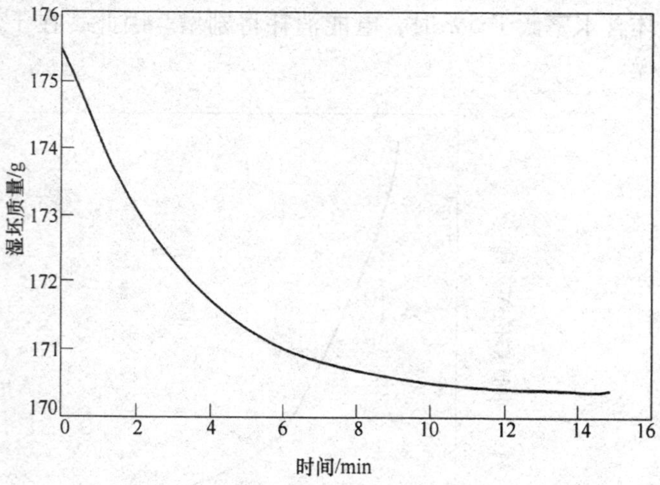

图 8－10　湿坯质量随通电时间变化关系图

四、辐 射 干 燥

辐射干燥是指由热源直接将电磁波辐射到湿坯上，并转化为热能，将坯体干燥的方法。因此，此方法干燥坯体无需任何干燥介质，而且能量的损失也最小。

由于电磁波的波长不一，如图 8－11 所示，一般可将辐射干燥分为高频、微波和红外干燥几种方式。一般说来，辐射干燥时辐射强度越大，辐射距离越短，坯体越薄，干燥速度越快。采用辐射干燥，有如下几个优点：

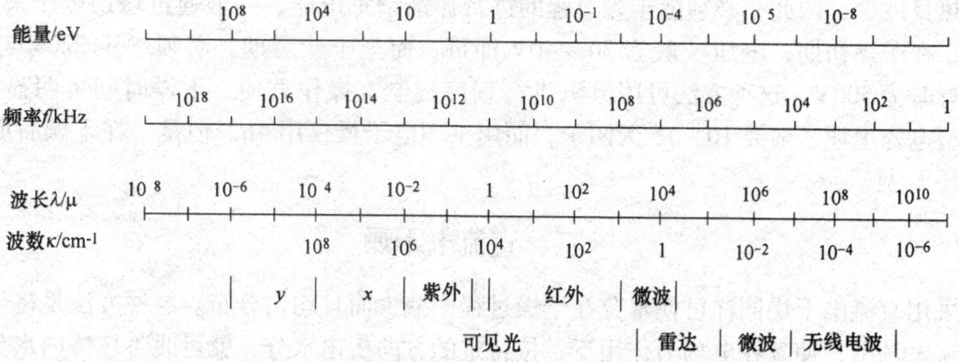

图 8－11　电磁波的能量与波长、波数以及频率间的关系

①能保证坯体清洁。

②设备结构简单，易于实现自动化控制。

③干燥速度较快。

④干燥较均匀，很少发生变形和开裂。

⑤由于干燥时间缩短，还可节约石膏模。

（一）高频干燥

采用高频电场或相应频率的电磁波（10^7Hz）辐射于坯体上，使坯体内的分子、电子及离子发生振动，产生弛张式极化，转化为热能进行干燥。当坯体内含水多时，介电损耗

就会越大，因而电阻越小，产生的热能就越多，干燥越快。同时，当电磁波频率越高时，其辐射能也越大，干燥速率也越快。采用高频干燥时，坯体内外是同时加热的，因此，同时扩大了内扩散和外扩散速度，而且由于坯体表面水分蒸发而使其湿度低于内部，又造成了湿扩散和热扩散方向一致，加快了干燥速度。

这种干燥方式，虽然其干燥速度很快，但是，由于坯体内湿度梯度小，也不会产生变形和开裂，适用于形状复杂而壁厚的制品。但该法耗电大，特别是在干燥后期，由于水分下降，电阻变大，要继续排出水分则需极大的能量，故在干燥后期不宜采用此法，最好和其他方法联合使用。

（二）微波干燥

陶瓷行业采用微波技术从 20 世纪 70 年代就已开始，主要在三个方面：一是微波检测，如对水分直接地和连续地测量，对缺陷的检测，孔隙度和密度的测定以及物理尺寸的测量等；其二是微波烧结，采用微波对陶瓷件进行烧结可以获得致密而且烧结良好的产品；其三是微波干燥，采用微波干燥陶瓷坯体所需时间很短，坯体不易变形和开裂。

微波是介于红外线和无线电波之间的一种电磁波，波长在 1～1000mm 范围内，频率为 300～300000MHz。微波加热原理基于微波与物质相互作用吸收而产生的热效应，微波的特点是对于良导体能产生全反射而极少被吸收，所以，良导体一般不能用于微波直接加热；而对于不导电的介质，只在其表面发生部分反射，其余部分透热，因此，湿的陶瓷坯体可以用微波进行干燥。

微波的另一显著特点是加热具有选择性。也就是说微波产生的热量与被干燥介质有关。潮湿陶瓷坯体会大量吸收微波而发热，而一旦水分下降，升温速度会自动下降，出现自动平衡。这种自动平衡作用使坯体加热干燥更均匀，对于石膏模，由于其多孔结构，其介电常数和介质损耗都比较小，所以微波干燥时模型受热不大，不会影响其使用寿命。

在实际使用中，利用微波易被金属反射的特性，可采用金属板防护屏，避免微波对人体的伤害和对周围电子设备的干扰。图 8－12 为微波干燥器的结构示意图。据资料报道，微波干燥碗类产品，带模干燥时间可由几十分钟缩短至 1.5～3min，产量为 500 件/h；而干燥高度为 80cm 的花瓶，脱模时间可从 4h 缩短为 4min。可见微波干燥是一种快速安全的干燥方式。

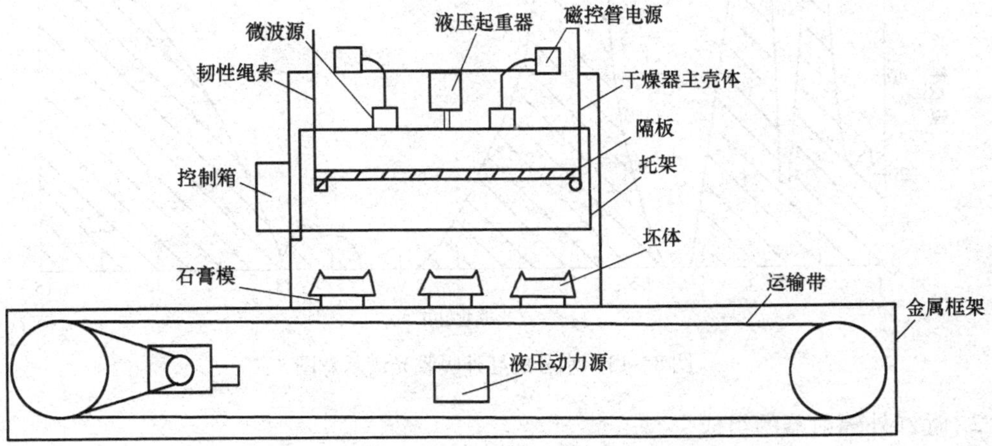

图 8－12　微波干燥器结构示意图

据英国资料介绍，微波－真空干燥技术能显著提高干燥品质和速度。这项技术是先用微波把陶瓷坯件加热到40～60℃，然后使用真空或部分真空抽出热湿气体。这一技术常用于自动化装置中，用来干燥各种不同的陶瓷产品。它缩短了干燥时间，在盘子生产中，脱模时间可从20min减少到90s，而且干燥均匀，消除了变形和开裂。同时提高了产品品质，还延长了模具使用寿命，阴模寿命为800～3000次，阳模为600～700次。

（三）红外干燥

1. 红外干燥的波长

红外线的波长范围为0.75～1000μm，因此，它是一种介于可是光和微波之间的电磁波。一般红外线又分为近红外线和远红外线，当波长为0.75～2.5μm时，称为近红外线，而2.5～1000μm的红外线称为远红外线。坯体能够吸收红外线并将之转化为热能，因此，利用红外线能对坯体进行干燥。

红外线干燥仅仅对于红外线敏感的物质在其强烈吸收的波长区域内有效。而分子吸收红外线的程度与该分子中各原子振动所产生的偶极矩变化的平方成正比，因此，对于非极性分子如O_2、H_2、N_2等，由于其两个原子只产生对称性的伸缩振动，分子的偶极矩为零，故对红外线不敏感，也即是不吸收红外线；而极性分子如H_2O、CO_2等在红外线的作用下分子的键长和键角振动，偶极矩反复变化，吸收的能量与偶极矩变化的平方成正比，因此，水分子是红外敏感物质，当入射的红外线的频率与含水物质的固有振动频率一致时，就会大量吸收红外线，从而加剧分子的振动与转动，使物体温度升高，水分挥发，进行干燥。由此可见，物体吸收红外线的程度与物体的种类、特性、表面状态及红外线波长有关。图8－13为水的红外线吸收光谱图，从图中可以看出，水分在远红外区域有很宽的吸收带，而在近红外区的吸收带较窄。可见，远红外干燥效果要比近红外干燥效率高、效果好。因此，实际的红外干燥应选择波长为2.5～15μm的远红外线干燥较好。

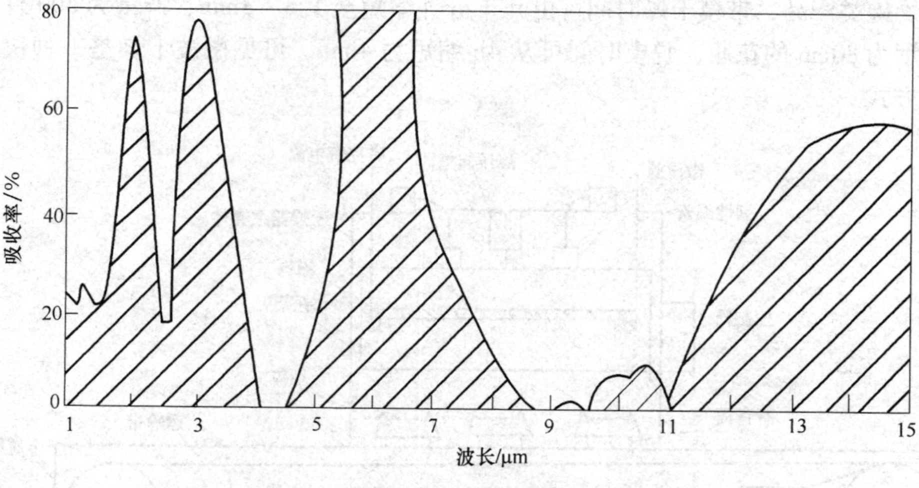

图8－13　水分的红外吸收光谱示意图

2. 远红外辐射器的组成

远红外辐射器的形式很多，但其实质主要由三部分组成，即基体、基体表面能辐射远红外的涂层、热源及保温装置。由热源发出的热量通过基体传到涂层上，再在涂层表面辐射出远红外线，目前，国内外采用湿法制粉工艺的陶瓷墙地砖企业基本上使用这一方法。应用广泛的是在金属或陶瓷基体上涂辐射层，配以电阻丝加热。

（1）基体　基体的形状有管状、板状或其他形式。对基体有以下三个要求：

①导热性能好；

②辐射系数大或反射率高；

③基体与涂料的热膨胀系数基本一致，使涂层不至于剥离。

金属基体材料一般采用钢和铝合金制成。而陶瓷基体则采用一般耐火材料或 SiC 黏土质或锆英石质耐火材料。

（2）涂层　辐射涂层一般采用辐射率较大的某些金属氧化物、氮化物及硼化物等多种材料，一般说来，辐射涂料可分为以下三种：

①全波涂料：波涂料以 SiC、$\gamma-Fe_2O_3$、$\alpha-Fe_2O_3$为主体，配合其他材料制成的涂料，或以铁、锰、稀土酸钙做成的稀土复合涂料，它们能在远红外使用区 2.5～15μm 全波段内辐射率都较高，故称全波涂料。

②长波涂料：长波涂料可分为锆钛系和锆英石系两种，前者以 ZrO_2 和 TiO_2 按一定配比而成，后者则在锆英砂中掺入 Fe_2O_3、Cr_2O_3、MnO_2 等金属氧化物。它们能在 6μm 以外长波部分辐射率高，故称为长波涂料。

③短波涂料：富含 SiO_2（30%～80%）或半导体氧化钛 $TiO_{1.9}$（80%左右）的材料及沸石分子筛系材料，在 3.5μm 以内有很高的辐射率，故称为短波涂料。

远红外涂层的制备有三种方法：涂刷黏结、等离子喷涂和复合烧结。

远红外干燥的辐射强度随辐射体的温度上升而迅速提高，如表 8-2 所示，当辐射体温度从 100℃升到 300℃时，辐射强度则提高了约 10 倍，实践表明，当辐射体的温度在 400～500℃时，辐射效果最好，这时若将坯体带模一起干燥，要注意控制辐制器与坯体的距离和辐射时间，以免影响干燥效果。

表 8-2　　不同温度下远红外辐射强度

温度/℃	辐射强度/（W/m³·h）	温度/℃	辐射强度/（W/m³·h）
100	390.7	300	3907.8
200	1601.8	700	28400.0

3. 远红外干燥的特点

①干燥速度快，生产效率高。采用远红外干燥时，辐射与干燥几乎同时开始，无明显的预热阶段，因此效率很高。有资料表明，远红外干燥生坯的时间比近红外缩短 1/2，为热风干燥的 1/10，例如用 80℃热风干燥需 2h 的生坯，采用远红外干燥，在相同生坯温度下，仅需 10min。而 SITI 公司研制的红外线轨道干燥器可确保 2min 左右使墙地砖坯体水分含量低于 0.8%。

②节约能源。由于远红外干燥速度快，所需时间短，因此，虽然单位时间能耗较大，但单位坯体所需能耗仍然较小，因此，采用远红外干燥可节约能耗。如采用电力为热源的远红外干燥的耗电仅为近红外干燥 1/2 左右，为蒸汽干燥的 1/3。

③设备小巧，造价低，占地面积小，费用低。

④干燥效果好。采用远红外干燥，热湿传导方向一致，因而坯体受热均匀，不易产生干燥缺陷。

由于远红外干燥有如上所述优点，在我国的陶瓷行业中，已经获得了成功的应用，特别是与定位吹热风干燥或配合其他干燥方法能加快干燥速度。

五、综合干燥

在实际生产中，常常采用综合干燥，它是根据坯体的不同干燥阶段的特点，将几种干燥方法综合起来，取长补短，达到事半功倍的效果。综合干燥是一种强化干燥方法，由于几种方法同时采用，往往能使生坯快速干燥而不致出现干燥缺陷。归纳起来，常采用的综合干燥方法有如下几类：

1. 辐射干燥和热空气对流干燥相结合

目前各国普遍采用热风－红外线干燥，坯体在开始干燥时所必需的热量由红外线供给，保证坯体热扩散和湿扩散方向一致。红外线照射加热一段时间后，内扩散被加快，接着喷射热风，使外扩散加快，如此反复进行，水分可迅速排出。图 8－14 所示是英国卡斯帕特公司研制的 Drimax 带式快速干燥器。生坯用带式输送，红外与热风交替干燥。器皿类生坯的干燥需 10min，可与产率为 14 件/min 的自动成型机配套使用，仅需 70～80 套石膏模型，加大了模型使用寿命，设备紧凑，便于自动化操作。意大利 Mori 公司在辊道干燥器的顶部安装了红外辐射板，也使热风与红外干燥交替进行，得到了合理的干燥制度，使墙地砖干燥速度明显加快。此外，还可以采用微波干燥与热风干燥及真空技术相结合的方法进行强化干燥。

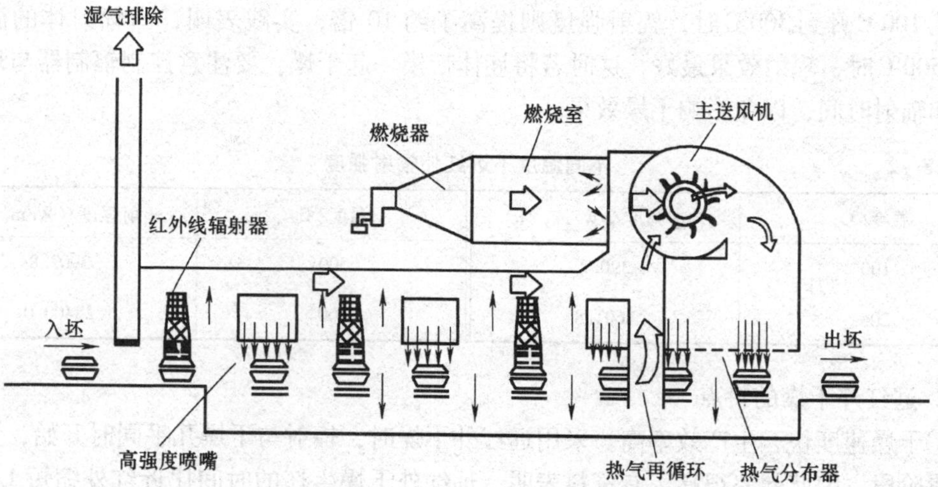

图 8－14　英国带式快速（Drimax）干燥器

2. 电热干燥与红外干燥、热风干燥相结合

干燥含水率高的大型复杂坯件如注浆坯时，可以先用电热干燥，以除去大部分水，然后在施釉后采用红外干燥、热风干燥交替进行，以除去剩余水分，可以大大缩短干燥时间，同时又节约能源。

参 考 文 献

1. 李家驹．日用陶瓷工艺学［M］．武汉：武汉工业大学出版社，1991
2. 刘康时．陶瓷工艺原理［M］．广州：华南理工大学出版社，1994
3. 西北轻工业学院．陶瓷工艺学［M］．北京：轻工业出版社，1991
4. 赵连级．卫生瓷生产［M］．北京：建材工业出版社，1995
5. 江苏宜兴陶瓷工业学校．陶瓷工艺学［M］．北京：轻工业出版社，1993
6. 于丽达．陶瓷墙地砖、釉面砖生产技术手册［M］．北京：国际展望出版社，1993
7. 郭靖远．日用精陶［M］．北京：轻工业出版社，1982
8. 轻工业部第一轻工业局．日用陶瓷工业手册［M］．北京：轻工业出版社，1980
9. 中国硅酸盐学会陶瓷分会建筑卫生陶瓷专业委员会．现代建筑卫生陶瓷工程师手册［M］．北京：中国建材工业出版社，1998
10. 劳动部培训司．工业和建筑陶瓷制造［M］．北京：中国劳动出版社，1991
11. 邵明望．微波干燥技术在陶瓷干燥中的应用．工程陶瓷，1997，31（1）
12. 王公辅．PX－1 型盘类成型干燥线单机连接机械对接技术［J］．中国陶瓷，1992，（5）
13. 伊虹．陶瓷坯体烧成过程中的传热模型［J］．中国陶瓷，1992，（1）
14. 张文丽．等速干燥浅议［J］．中国陶瓷，1997，33（1）
15. 冯士明．黏土陶瓷的微波快速烧结［J］．陶瓷研究，1997，12（4）
16. 胡选林．应用热风炉热风干燥技术改造烧坑式烘房［J］．景德镇陶瓷，13（4）
17. 安永欣．直燃式快速烘房在电工陶瓷生产中的应用［J］．陶瓷，2008 年增刊 2

第九章 粘接、修坯与施釉

第一节 粘接与修坯

一、粘 接

粘接过程是指用一定稠度的粘接泥浆将各自成型好的生坯部件粘接在一起。粘接是制造壶、杯及有些小口花瓶、坛等日用瓷和艺术瓷、卫生瓷等不能一体成型的坯体所必需经过的工序。一般是将零件坯体粘于主件坯体上。

1. 粘接方法

粘接方法包括干法粘接和湿法粘接两种。

①干法粘接。坯体含水率在3%以下进行的粘接。这种粘接方法对操作工人技术要求较高，但粘接件不易变形。

②湿法粘接。坯体含水率在15% ~19%进行的粘接。这种粘接方法操作简单，粘接牢固不易开裂，粘接效率高，但容易变形。

2. 粘接步骤

①粘接面处理。对粘接件进行处理，使粘接面的弧度吻合良好。

②刷水。在坯体粘接点（面）刷水，使坯体粘接点（面）的含水率与粘接泥的含水率接近，能够减少粘接开裂。

③涂粘接泥。一般是在零件坯体的粘接面涂或蘸适量的粘接泥。

④粘接。将涂有粘接泥的零件坯体与主件坯体粘接。

⑤刷余浆。用毛笔等工具刷去粘接点附近的多余的粘接泥。

3. 粘接工艺要点

①各部件的软硬程度（含水率）。在粘接时，各部件的软硬程度并不强求一致，但是含水率尽量接近。一般说来，零件坯件应比主体坯件稍硬一些，以防止变形，但也不能相差太大，否则因含水量不同而收缩不一致引起裂坯缺陷。实践表明，两者之间水分含量相差不应超过2% ~3%。

②粘接处理。对于大件坯体粘接可采用麻面粘接。所谓麻面粘接是指两触面用锯齿状刀子划成锯齿状，这样可以增加接触面积，使粘接口更牢固。麻面粘接的麻面程度可根据坯体含水率而定，如坯体含水率低，则麻面程度可深一些；如含水率高，则可浅一些。对于大型卫生瓷有两种不同的操作方法：一种是在两个粘接件含水率适当的情况下，先将两者粘接处划成麻面；另一种情况是坯体含水较低，使之麻面后可用刷子蘸水刷一遍，直接用稠泥浆进行粘接。这两种操作如能掌握恰当，可以得到同样的效果。

4. 粘接泥浆

粘接泥浆一般和坯体的组成一致，这样才不会由于两者热膨胀系数不一致而导致裂纹产生，同时，还要控制好泥浆的黏度和流动性，一般流动性要好，相对密度调节至2.0以上，这样的泥浆粘接后才不会开裂。为了粘接牢固，也可在粘接泥浆中加入一定的粘接剂（糊精、甲基纤维素等），也可以在泥浆中加入30%左右的釉料或其他熔剂，使其在高温下与坯体牢固结合。

二、修　　坯

对于粘接完的坯体，由于其表面不太光滑，边口都有毛边，而且有的还留有模缝迹，而且有些产品还需进一步加工，如挖底、打孔等，因此需要进一步加工修平，称之为修坯。

修坯是对立体半成品进行打磨加工，使其成为能适应操作施釉和入窑烧成的精坯。修坯是注浆成型和可塑成型工艺中一项必要的工序。它对坯体表面质量影响很大，应足够重视。

1. 修坯方法

修坯有湿修与干修之分。

湿修是在坯体含水很多尚在湿软的情况下进行，适合器形较复杂或需经湿接的坯体，此时操作较容易而且修坯刀子不易磨损，其缺点是容易在搬动及操作过程中使坯件受伤而引起变形，对提高品质不利。一般碗、壶、杯等需进行加工的制品，多采用湿修，其水分视需加工的程度来定。需可塑加工（如打孔等）和粘接的坯体，其湿修水分可略高，为16%~19%，例如瓷器和精陶坯体一般为16%~18%，而粗陶坯一般为8%~16%。湿修可使用刮刀、泡沫塑件等刮平修光。

干修是在坯体含水量降至6%~10%或干燥后水分更低（2%）的情况下进行。此时坯体强度增高，可减少因搬动受伤而引起的变形，对提高品质有利，其缺点是粉尘较大，而且对修坯刀的阻力较大，容易跳刀，修坯刀的磨损也较大，操作技术较难掌握。干修时因坯含水率低，可用泡沫塑料、抹布、帚子等蘸水进行修坯，也可用小刀、筛网等直接干修。

修坯采用的刮刀种类很多，制品不同，其采用的形状也不同。例如卫生瓷的修坯刮刀，按其形状分，可分为平刮刀、圆刮刀、月牙刮刀三种。平刮刀为全半圆形，一般适用于修平面；圆刮刀呈双弧形，适用于刮凹面；月牙刮刀适用于刮凸起面模型对口缝痕迹等。刮刀一般为双面刃，刃宽在5~10mm。刮坯时根据所刮坯体的凹凸程度，改变刮子面同坯体表面的角度进行操作。表9-1给出了日用陶瓷的一些修坯和粘接的工艺参数实例。

表9-1　日用陶瓷的修坯、粘接的工艺参数实例

项目 地区或厂名	产品名称	粘接		干修		湿修	
		粘接浆水分/%	坯体水分/%	坯体水分/%	修坯机转速/(r/min)	坯体水分/%	修坯机转速/(r/min)
唐山瓷区	壶类	32~34	15~17	<10			
景德镇瓷区	壶类	36~40	23~24			23~24	
	盘类			<5	350~400		
宜兴瓷区	精陶杯	28~29	16~17			16~18	
湖南群力瓷厂	杯、碟、盘、碗			1	400~650		135~145
	壶、奶盅	34~37	20~22			20~22	
辽宁锦州瓷厂	杯类	26	17~18	8~9	630~640		
湖南界牌瓷厂	梨形杯	39	18			18~19	430

2. 干修注意事项

修坯时既要强调外观品质，又要注意其他品质缺陷的预防。因此，在操作过程中，要特别小心。在干修坯体时，要注意以下几点：

①坯体表面的石膏脏、绒布脏、海绵脏和泥片屑，务必清除干净，以防造成成品外观缺陷。

②要用混水擦坯，以浆水糊住坯体表面的棕眼，以免影响成品的外观质量。

③坯体本身有气泡，一般在5mm左右，可以用干坯碎块堵，然后用硬物轧实。如果气泡超过5mm，则要看能否堵，若不能堵，可用刮刀刮平，使之没有明显的痕迹，以不影响外观为好。如果气泡较大，又有一定深度，则视为废品。

④坯体表面有明显凹凸一定要刮平。

⑤坯体某一部位如有长10mm、深2mm左右的小裂纹，可以用刮刀刮到无裂纹为止，然后将周围部位刮平。

⑥坯体注浆眼有痕迹的部位一定要用刮刀刮掉，以防止成品出现泥缕缺陷。

坯体经干修后还要进行打磨、检查。检查时一看坯体的洗净面、隐蔽孔；二看眼孔等；三看模缝；四看粘口部位；五看打磨干坯时缺陷部位的技术处理效果；六看有无积水。检查完后还要进行干坯找裂工作。

所谓干坯找裂，就是在干坯上抹上油（煤油等）来寻找裂纹，它是陶瓷行业中一个传统的经验做法，其操作要求如下：

①抹油找裂的坯体必须是经过干燥的全干坯体，半干的坯体或含水量较高的坯体效果不好。

②抹油开始前，先用海绵蘸清水将需抹油部位擦一下，然后用扁笔蘸油抹擦水部位，边抹边用灯照，并集中精力观察，一般有裂纹处，裂纹会迅速吸油，形成一条黑色痕迹。一旦有这种现象，需要用刮刀一层层刮坯体，直到黑色痕迹消失为止。这种裂纹如太深则不能修补。抹油找裂的经验做法关键是“三到”，即笔到、灯到、眼到，要集中精力找裂。

③找裂也不是整个坯体都抹油，一般是粘口部位、湿坯有粘裂的地方及有疑问的地方。

④从擦水、抹油到观察，时间越短越好，拖的时间过长则不容易发现裂纹。

修坯和粘接在日用陶瓷和卫生瓷成型工序中长期以来是用手工操作，效率低，需要大量人工，如何使修坯与粘接机械化是亟待解决的问题。国内外有不少机械修坯和粘接机，但仍然跟不上成型工艺的发展。今后，随着自动修坯机和粘接机的发展，将使整个成型工艺的自动化推向新的水平。同时，采用新的模具和成型工艺，以减少或免去修坯和粘接工序，将是陶瓷成型工艺的发展趋势。

第二节 施 釉

施釉是陶瓷工艺中必不可少的一项工艺，在施釉前，生坯或素烧坯均需进行表面的清洁处理，以除去积存的污垢或油渍，保证坯釉良好结合。清洁的办法，一般采用压缩空气在通风柜内进行吹扫，或者用海绵浸水后湿抹，然后干燥至所需含水率。

施釉工艺发展很快，其方法也很多，一般视产品形状和要求不同而采用不同的施釉方法。

一、釉浆施釉法

釉浆施釉是传统的施釉方法，它是先将原料按一定配比加水研磨成釉浆，然后采用不同的方法，将釉浆施加到坯体表面。釉浆的相对密度、流动性、悬浮性等要调节到合适的程度，否则会影响产品品质。

（一）浸釉

浸釉法是将坯体浸入釉浆，利用坯体的吸水性或热坯对釉的黏附而使釉料附着在坯体上，所以又称蘸釉。

釉层的厚度与坯体的吸水性、釉浆浓度和浸釉时间有关。采用浸釉所用的釉浆浓度比喷釉法大。多孔素烧瓷坯用的釉浆其相对密度一般在1.28～1.5，炻质餐具用釉浆相对密度约为1.74，卫生瓷釉浆相对密度约为1.63。然而，还要视坯体形状、大小及吸水率而定。我国的日用瓷厂对盘类产品施釉采用的飘釉法也是浸釉法的一种。

在“釉下彩”上施釉时，如彩料中已调入了黏性剂，不采用浸釉法；如彩料中没有施加黏性剂，或是在已上釉的坯件上彩绘的，则应采用喷釉法。

（二）浇釉

浇釉法又称淋釉，是将釉浆浇到坯体上，对于无法采用浸釉、荡釉等大型器物，一般采用这种施釉法。

浇釉操作是在一个盆上或缸上架一木板，坯件搁于板上，施釉者两手各执一碗或一勺，取釉浆交替向坯体上泼。如过大坯件需两人操作时，两人手法须一致，否则釉厚度难以均匀。我国南方一些陶瓷厂制成的坯件生坯强度较差，不能用浸釉法进行施釉。施釉时，将盘碟放在旋转的辘轳车上，往盘间中间浇上适量的釉浆，釉浆立即因旋转离心力的作用，往盘的外缘散开，而使制品的坯体上施上层厚薄均匀的釉。甩出的多余釉浆，可以在盘下收集循环使用。

在釉面砖等的生产中，也广泛采用浇釉法施釉。但方法与上述的有所不同。它是将坯体置于运动的传送带上，釉浆则通过半球形或鸭嘴形浇釉器流下形成釉幕而流向坯体。因此，也可将建筑陶瓷的浇釉分为钟罩式浇釉和鸭嘴式浇釉。

1. 钟罩式浇釉

图9－1为钟罩式浇釉法示意图，由固定架将钟罩悬吊在砖坯传送带上方150mm左右处，釉浆经供浆管流到储釉槽里，并保持一定的釉位高度，此后从储釉槽自然流下，在钟罩表面上形成一弧形釉幕流下，当坯体从釉幕下通过时，坯体表面就黏附了一层釉。如果需要进行两次浇釉，可在钟罩上设置两条釉幕，通过坯体就受到两次上釉，多余的釉浆由底部设置的回收盘收集后再利用。

钟罩式施釉装置可以使用高密度的釉料，因为其主要用于一次烧成的墙地砖，对于大型坯体，应使用较宽的钟罩式施釉装置。

由于对施釉线和地面振动敏感，钟罩式施釉装置不应设置在压机附近，否则会在釉面产生波纹缺陷。对于垂直于砖坯运动方向上的波纹缺陷，可能是由于釉料的相对密度太低或坯体输送速度太慢引起的，也可能是由于钟罩式施釉装置振动引起的。同时，对于

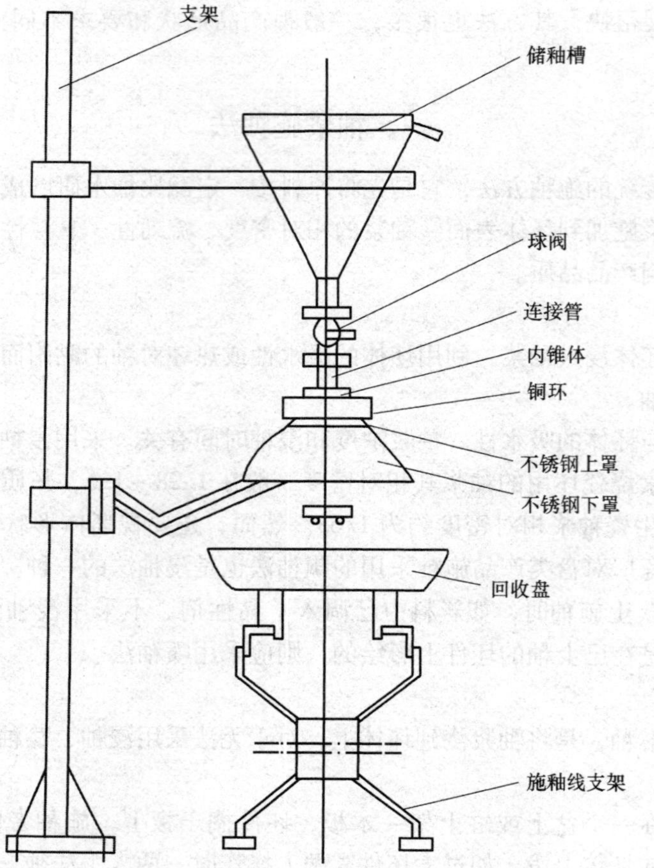

图 9－1　钟罩式浇釉法示意图

采用钟罩式施釉的产品，还会造成局部地方出现无釉的椭圆区缺陷，这可能是由于釉罩面的撕裂引起的。引起釉罩面撕裂的主要原因是气泡，故在施釉前釉浆中的气泡要排除干净。

2. 鸭嘴式浇釉

图 9－2 为鸭嘴式浇釉法示意图。鸭嘴式浇釉装置为一扁平状漏斗，从中流出的釉浆能形成一直线形釉幕，然后施于砖坯上。该方法需注意保持釉液面高度稳定。用该法施釉，釉层厚度可通过调节釉幕的厚薄、釉浆浓度及传送带速度来获得。

采用该法施釉，釉层产生的主要缺陷是釉层不均匀，其产生原因和克服办法如下：

（1）在釉面上产生有规律的波纹　主要是由于厚度不均匀所致，形成原因是浇釉装置阻

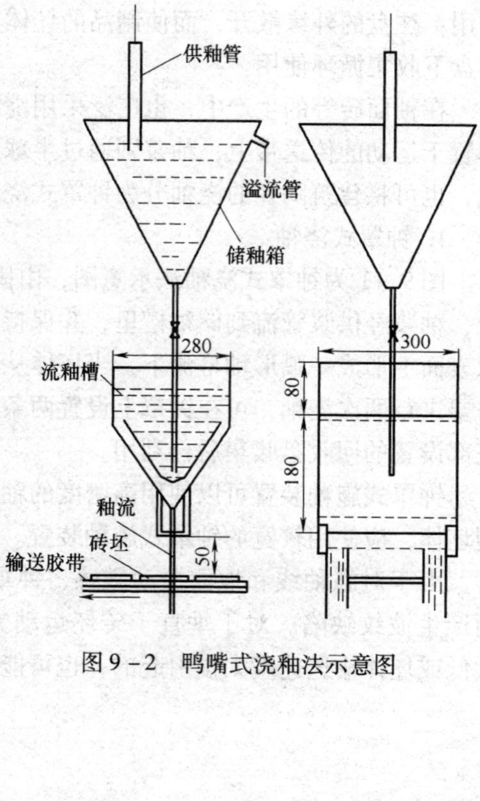

图 9－2　鸭嘴式浇釉法示意图

塞变形或喷头内部和外部釉局部过量，从而导致釉流均匀性改变所致。由浇釉装置阻塞引起的波纹，可以在槽内加一个螺旋桨叶片的方法加以解决，如果相同的波纹缺陷以一定的频率出现，则应检查过滤筛网。

（2）在釉面上产生无规律或不均匀的波纹　主要是由于釉料过稀及釉料中有气泡所致。如果釉料太稀引起的波纹，可以通过缩小出口狭缝和减少施釉量的方法来消除。如果波纹出现在面砖运动方向的横向上，则可能是由于施釉装置振动或输送设备不均匀运动引起的。

（三）荡釉

对于中空制品如壶、花瓶及罐、缸等，对其进行内部施釉，采用其他方法无法实现或比较困难，应采用荡釉法。荡釉操作是指将一定浓度及一定量的釉浆注入器物内部，然后上下左右摇动，使釉浆布满其内表面，然后将余浆倒出。

荡釉法最关键的是倒余浆操作，因为如果釉浆从一边倒出，则釉层厚薄不匀，釉浆贴着内壁而流出的一边釉层较厚，这样会引起缺陷。因此，在倒余浆时动作要快，要在摇晃均匀后迅速使制品口朝下，使釉浆从制品口全圆周均匀流出，釉层才均匀。

另外，旋釉法或称轮釉法，是荡釉法的发展。其方法是将盘、碟、碗类制品放在辘轳车上进行施釉，但此法应注意不要使制品中心施釉过厚，从而使釉下彩模糊不清。

（四）涂刷釉

涂刷釉是指用毛刷或毛笔浸釉后再涂刷在坯体表面上。此法多用于在一坯体上施几种不同釉料形成特厚釉层以及补釉操作。采用此法施釉，釉浆的相对密度通常很大。

在艺术陶瓷制品生产中，通常采用刷釉法以增加一些特殊的艺术效果。刷釉时常用雕空的样板进行涂刷，样板可以用塑料或橡皮雕制，以便适应制品的不同曲面。但是，对于曲面复杂而又要求特殊的制品，如景德镇的“三阳开泰”，则刷釉不能适应，必须用毛笔蘸釉涂于制品上。特别是在制品上施复色釉时，涂釉法比较方便，因为涂釉法可以满足不同位置需要不同厚度的釉层要求。但涂釉时，需注意不要使制品表面凹凸不平。

在建筑陶瓷生产中，也有的涂刷设备可以用来从砖坯表面上除掉釉料，以突出鲜明的装饰效果。在生产釉面砖时，这种施釉法也可以用来进行补釉。

（五）喷釉

喷釉工艺是利用压缩空气将釉浆通过喷枪或喷釉机喷成雾状，使之黏附于坯体上，坯与喷枪的距离、喷釉压力、喷釉次数及釉浆相对密度决定了釉层的厚度。这种方法适用于大型、薄壁及形状复杂的坯体，特别是对于薄壁小件易脆的生坯更为合适，因为这种坯体如果采用浸釉法，则可能因为坯体吸水过多而造成软塌损坏。

喷釉的特点是釉层厚度比较均匀，易于控制，与其他施釉法相比较，容易实现机械化和自动化。在卫生瓷生产中，采用喷釉时坯体通常置于可旋转台子上，喷釉过程中坯体旋转，以保证各部分表面施釉均匀。在建筑陶瓷生产中，用喷釉可以施加较薄的釉层，获得明暗装饰效果。通常有如下两种：

①横向阴影，主要是喷枪在侧面施釉而造成的。

②不规则的明暗色彩，由喷头运动或停歇产生，在整个砖坯上涂加相当均匀的薄颜料层，与砖坯同步间歇式施釉（点），以产生色彩明暗效果。

采用喷釉时，釉料必须细磨，在325目筛上筛余量为零，并且黏度值也必须低，喷枪一般采用两种压缩空气。第一种空气是喷出空气（或一次空气），以手工方法使釉料从其出口孔射出；第二种空气是以空气形成的射流（二次空气），其作用是改变喷角。

喷出作用随空气压力的升高而增加（由空气压力流速减压器调节），釉流量也可通过喷枪的“销子”进行调节。

意大利、德国、日本等国已陆续使用机器人在施釉线上进行施釉。例如利用Robot－50型机器人喷釉装置在卫生陶瓷生产线上进行喷釉。这种装置包括机械手、电子储存元件及液压控制三部分，机械手由微型计算机来控制，能模拟喷釉人的各种复杂动作。这些动作是受电子定位控制及连续工作的伺服气缸来完成的。

据报道，意大利制造的喷釉机械手对卫生洁具进行喷釉时，每1h可喷65件左右。对洗面器施釉，每件需45～50s，坐便器每件需65～70s，净身器每件需60s，水箱或立柱每件需15s，利用手工喷釉每件标准坐便器消耗釉浆2025cm^3，坯体实际附着釉浆为900cm^3；而用机械手喷釉时，消耗釉浆量1250cm^3，坯体附着釉浆1100cm^3。由于机械手能准确重复操作，所以喷釉的控制很稳定。

（六）甩釉

图9－3为一圆盘离心式甩釉装置。釉浆经过釉管压入甩釉盘中，依靠其旋转产生的离心力甩出。釉料以点状形式施加于坯体上。因此，这种方法通常用在建筑陶瓷生产中，坯体表面所形成的斑点或疙瘩的大小随转速而异，转速越大斑点越小，通常转速在800～1000r/min。

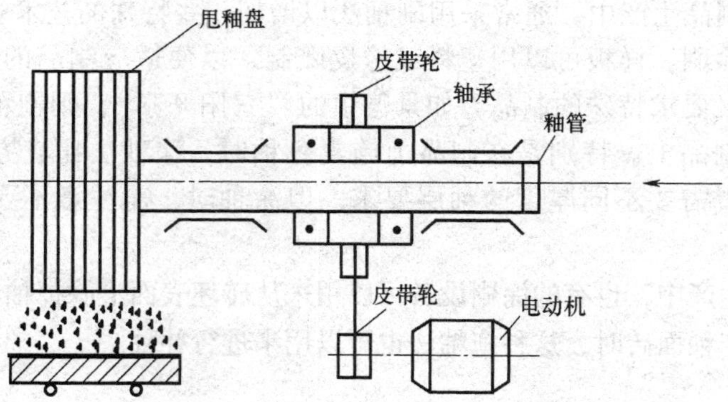

图9－3　圆盘离心式施釉装置

采用此法可以在一种釉面上获得其他颜色不同形状的釉斑，也可以获得花岗石等效果的装饰釉面。

（七）其他施釉法

除了上述的几种釉浆施釉法之外，在建筑陶瓷工业中，为了获得墙地砖表面的特殊装饰效果，还采用了如旋转圆盘施釉法、滚压法和溅射施釉法等。在旋转圆盘施釉法中，其施釉装置上的圆盘直径在120～180mm，厚度约2mm，圆盘之间距离约几个毫米，视需要而定，圆盘组合的厚度在50～100mm，与砖坯间距约50cm。可用密度高的釉料进行施釉，施釉量可由几克到上百克，还可以施用不同釉料，进行多层施釉时，可获得相当均匀的表面。当施釉量太低时，可使用快速旋转圆盘和低密度、低黏度的釉料。滚压法是采用多个辊子组成的施釉系统，辊子一般由海绵橡胶组成，主要用于非平整施釉，或者在以前的涂釉层上压成不规则的形状。而溅射施釉法则是采用“溅射”成“勺子”系统在坯体或釉面上施加少数几个大釉料斑点，以满足特定的装饰需要。

二、静电施釉

静电施釉是将釉浆喷至一个不均匀的电场中，使原为中性粒子的釉料带有负电荷，随同压缩空气向带有正电荷的坯体移动，从而达到施釉的目的。

静电施釉所采用的装置主要由静电发生器、喷枪、运输链、釉箱及载坯车等几部分组成。图9－4为国内采用的一种静电喷釉装置。

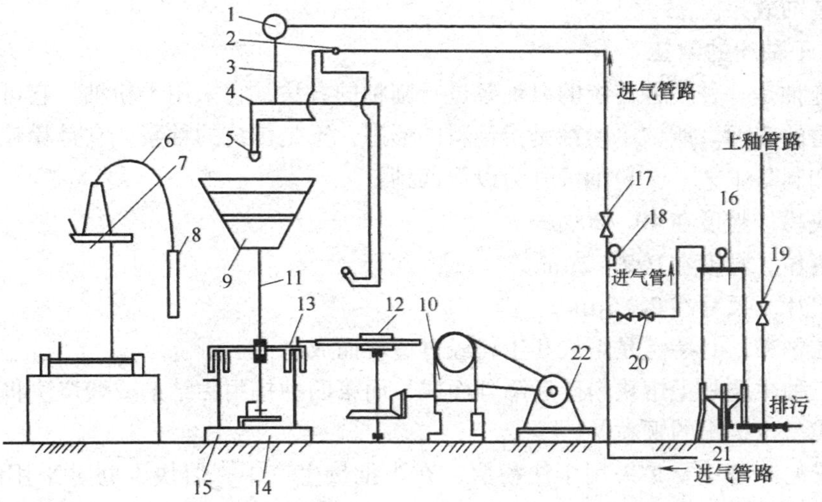

图9－4　静电施釉装置示意图

1—十头分釉箱　2—十头分气箱　3—支釉管理　4—支气管　5—喷雾头
6—高级电缆　7—静电发生器　8—镇电网　9—产品　10—蜗轮减速箱
11—静电小车　12—主动链轮　13—链条　14—齿条　15—导轨　16—釉箱
17—截止阀　18—气压表　19—截止阀　20—减压阀　21—球阀　22—电动机

施釉时，220V的交流电经静电发生器进行工频倍压整流为100～150kV的高压直流电，由高频电缆输送到电网上，使之产生带正电荷的高压静电场。由于载坯车接地，则坯与电网分别形成正负极。在高压的作用下，两极间的空气会产生电离，形成带电荷的离子。当釉料在压缩空气的作用下经过喷嘴雾化后，其中性分子在移动的带电离子作用下也带有负电荷，从而随压缩空气一起向载坯车（正极）移动，使釉的雾滴吸附在坯体上形成釉层。

为了增加釉对坯的附着力，可在施釉时附加一喷枪专门喷水，釉滴靠水的表面张力而“化开”，使其致密地结合在素坯上。静电施釉喷出的雾滴较细，速度也较慢，绝大部分釉雾落在坯体的施釉面上，小部分由于静电的吸引落在坯体的周边和背面。与一般的施釉方法相比，静电施釉釉层分布均匀，效率高，产量大，釉浆浪费少；但是，也有其不足之处，其设备复杂，维持困难。同时，由于高压电场电压高，需要有严格的安全保护措施。

三、干法施釉

20世纪80年代，建筑陶瓷墙地砖生产工艺发生了重大的变化，特别是在坯料制备、压型和烧成技术方面发生了许多革命性的技术变革。在釉料方面，随着陶瓷工业对节能、环境保护等方面要求的不断增强，干法制粉工艺得到了很大的发展和应用，干法施釉工艺的研究也有了重大突破。目前在国外，干釉粉的应用已占整个釉料市场的15%，而且还有加大的趋势。从发展的趋势来看，干法施釉工艺将在很大程度上影响今后的陶瓷地砖工业，其将会使陶瓷墙地砖的表面装饰技术发生突破性的变革。但是，干法施釉也有一定的局限性，目前，通常是在湿法施釉的基础上，结合使用干法施釉对釉面进行装饰，达到一种特殊的装饰效果。

（一）干釉粉的制备

干法施釉是一种代替传统的以釉浆进行施釉的方法，它采用干粉釉，它可获得新的美观而又耐磨的表面。所谓干粉釉是指釉料的形态，不是传统的釉浆，它是粉粒状，根据颗粒的形状和制备工艺，干粉釉可分为以下四种：

①熔块粉。粒度在40~200μm。

②熔块粒。粒度在0.2~2μm。

③熔块片。尺寸在2~5μm。

④造粒釉粉。其特点是熔块和生料经过造粒而成。

前面三种主要是把熔块粉碎后筛分而成，而第四种是用黏结剂或煅烧法将熔块和生料造粒而形成一定级配的颗粒。

干釉粉的制备主要是采用干法粉磨，在小批量生产中，熔块干磨可采用间歇式球磨机，但这种方法费时费力（装料、出料、洗磨）。在大生产中常用锥形连续磨，它采用氧化铝或橡胶衬，用高密度球石作介质，图9-5为用锥形磨连续干磨熔块示意图。

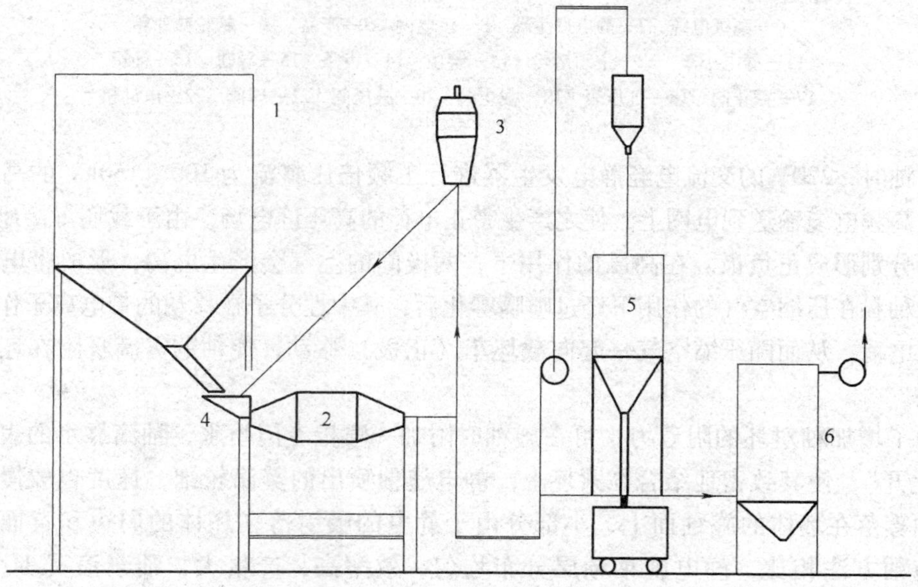

图9-5　用锥形磨连续干磨熔块示意图

1—熔块　2—锥形磨　3—旋风分离器　4—粗料　5—细料　6—粉尘

在锥形磨中，熔块首先被气流降压系统分离，使达到粒度的物料及时从磨中分离出来，然后经过一个完全由微处理机控制的旋风分离器，这样就能得到粒度分布范围很窄的粉料。这种干磨系统由于能及时分离出达到粒度的物料，故能耗低，且避免了物料过细和杂质的引入，且粉料粒度分布一致，粒度分布范围可以很窄，保证了高品质的干釉粉。此外，也可用其他干磨系统，如辊式破碎机、锤式粉碎机等进行造粒。

多级筛分是制备干釉粉的又一主要工艺过程。干法施釉对干釉粉颗粒大小要求较高，不同的颗粒大小产生不同的装饰效果，所以在粉碎后，根据产品装饰要求进行多级筛分，除去过粗或过细部分。图 9－6 为熔块粉碎和多级筛分示意图。

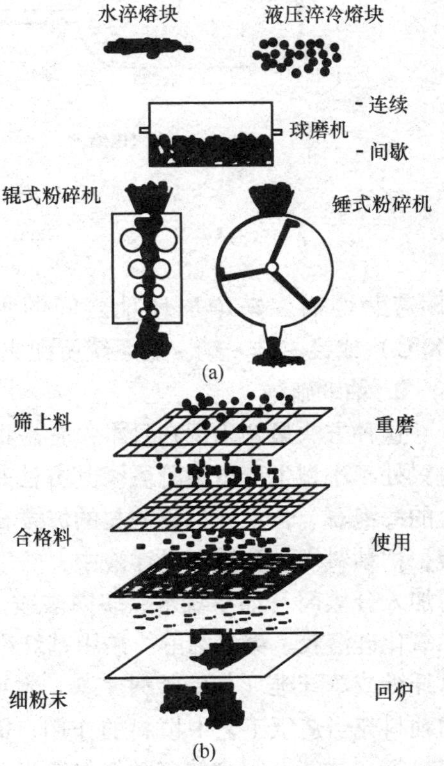

图 9－6　熔块粉碎和多级筛分示意图

（a）粉碎　（b）筛分

经过造粒后，为了达到某种特殊的装饰效果，还要对干釉粉进行着色，然后采用不同方式施加到砖坯表面。

（二）施釉方法

干法施釉就是采用不同的方式将上述干釉分布到陶瓷砖坯体的表面，并使其固着于坯体上。根据施釉方式的不同，可把干法施釉分为以下几种：流化床施釉，釉纸施釉，干法静电施釉，撒干釉，干压施釉，热喷施釉。

流化床施干釉的方法由于其工艺复杂、能耗高、不易控制，目前还处于实验研究阶段，未能在大生产中推广。其他几种干法施釉技术已在国外大生产中应用，其中撒干釉和干压施釉的方法因其设备简单，能在传统的施釉线中配合使用，装饰方法灵活多变，在国外得到了普遍的应用。国内采用干法施釉的工厂也大多运用这种方法。

1. 流化床施釉

流化床施釉设备示意图如图 9－7 所示，当压缩空气以一定的流速从底部通过釉料层时，粉料悬浮形成流化状态。流化床施釉就是使加有少量有机树脂的干釉粉形成流化床，将预热到 100～200℃的坯体浸入流化床中，与釉粉保持一段时间的接触，使树脂软化从而在坯体表面黏附上一层均匀的釉料。这种施釉方法不存在釉浆悬浮体的流变性问题，釉层厚度与坯体气孔率无关，尤其适用于熔块釉及烧结坯体的施釉。

流化床施釉对釉料的颗粒大小要求较高。颗粒过小则压缩空气通过时容易喷出，还会凝聚成团；颗粒过大则会使流化床不稳定和波动。这种施釉方法的釉料粒度比一般釉浆粒度稍大，通常控制在 100～200μm，气流速度通常为 0.15～0.3m/s，釉料中加入的有机树脂尚处于研究和开发中，其加入量一般在 5% 左右，实验表明，采用硅树脂效果较好，也可以采用环氧树脂等。

流化床施釉的主要问题是：在烧成过程中，当升温至 450～500℃时，树脂受热挥发，釉尚未软化，此时釉料与坯的附着力减弱，导致制品部分脱釉。解决的办法是加入低熔点

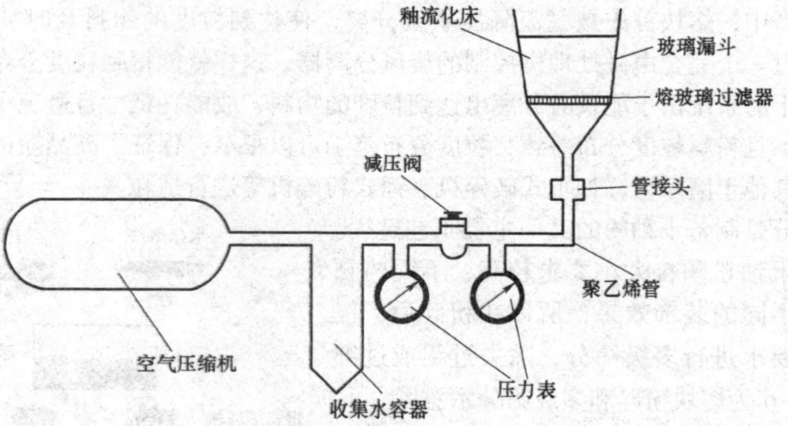

图 9-7　流化床设备简图

"附着助熔剂"来增加坯釉之间的附着力，这种低熔剂，可以是二硅酸铅（软化点500℃）或铅-硅-钠-硼系统所配成的熔剂（软化点415℃）。

2. 釉纸施釉

这种方法最初出现在日本，它是将造纸工艺运用于陶瓷工业施釉中发展起来的，目前也只处于小型生产试验阶段。其方法是将表面含有大量羟基的黏土矿物（如含水镁硅酸盐的海泡石、含水镁铝硅酸盐的坡缕石等）制备成浓度为 0.1% ~10% 的类似纸浆的悬浮液，把釉料均匀分散到悬浮液中，然后把这种分散液进行抄纸而得到釉纸。制备分散液时需加入分散剂（如双氧水、多磷酸铵、醇类、酮类、酯类物质）或黏结剂（如氧化铝或二氧化硅溶胶、聚乙烯醇、羧甲基纤维素等）。也可不用海泡石、坡缕石而用其他抄纸用木纤维或草纤维（如针叶树浆料、木或麻纤维、稻草纤维等）与釉料调制成釉纸。此时的釉料充当造纸工艺中填料的作用，需要加入一定量的助留剂（如聚丙烯酰胺、阳离子淀粉等）才能获得含较多釉料的纸张。

目前，用釉纸施釉进行装饰的方法有如下几种：

①成型和上釉同时进行。在注浆成型时，可先将釉纸附在石膏模中，脱水后，釉纸即附在坯体上。

②可在成型的湿坯上黏附釉纸。

③可在干燥或素烧后的坯体上黏附釉纸。

为了获得丰富多彩的装饰效果，在施釉时，可将各种不同颜色的釉纸采用重叠、剪纸、折叠的方式用水或黏结剂黏附于坯体上。同时，还可在釉中适量引入金属，则因烧成时需氧，在氧化气氛下也可呈现还原色彩。

这种施釉方法不需要特别的施釉装置，大大简化了生产流程；同时，制作釉纸及施釉过程中，粉尘或釉不会挥发，减小了环境污染；另外，还可将成型和施釉同时进行。不足之处是该法需要设置釉浆抄纸设备。

3. 干法静电施釉

干法静电施釉和湿法静电施釉的原理一样，都是利用了带电物件的相互吸引和排斥作用。其工艺基本过程是：用一定的压缩空气将釉粉悬浮于气流中，并由空气输送穿过一个高压电场，这样空气中的离子和电子撞击釉颗粒而使其带电；釉粉和坯体所带电性相反，这样，带负电的釉粉在电荷吸引力作用下向坯体运动，并在坯体的表面积聚，当釉和坯体之间的电位接近零时，釉粉便不会再吸引到坯体上，施釉过程也就完成。

静电喷干釉粒和静电喷釉浆很相似，它能使面砖厂生产的坯体涂上一层0.1～1mm厚的釉粉，在静电干法施釉过程中，粉状釉料最重要的性质之一就是它的“带电”能力，即它对电荷的保持力或阻力。粒子对电需要有阻力或是绝缘的，以阻止粒子的电荷传给其他物体。因此，在多数情况下，要用有机介质包住粒子，使它们表面绝缘。当干粉在坯体表面上沉积时，它的外层电荷越来越多，慢慢地，已经沉积的粉料和将要沉积的粉料之间的电位差缩小到零。这时离子不会相互吸引而会排斥，所以粒子不再沉积。一般说来，电阻越小，釉层越厚，粒子黏附时间越短。图9－8为干法静电施釉原理示意图。

干法静电施釉技术是一项很适用的施釉工艺，在面砖生产中，可用于各种各样的坯体，包括生坯、素坯、加化妆土和不加化妆土的适合于快速烧成和传统工艺的坯体，由于釉料颗粒堆积不紧密，有利于坯体在烧成中达到高温前彻底排气。目前，锆釉和透明釉使用最多，用做主釉层时，用量大约750g/m²，用做中间层和有色表面的保护时，用量可减少到50～100g/m²。

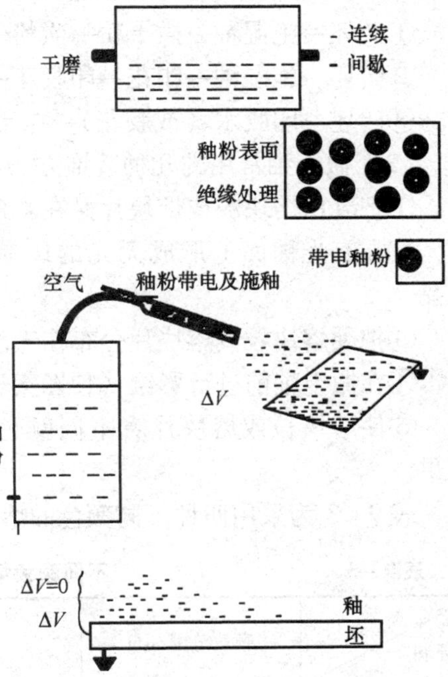

图9－8　干法静电施釉

通常在工厂中使用的干磨釉粉，表面用一层特殊的绝缘介质包裹，以便于静电施釉。该工艺对釉粉的控制参数为：颗粒分布、釉粉绝缘包裹层的种类、釉粉的流动性。在施釉时还应控制空气流量和流速、电场电压大小及环境条件（空气湿度、温度）。

干法静电施釉具有很多优点，施釉工艺简单，省去了传统的釉浆、釉浆泵及湿法施釉线，没有釉料损失，无水处理问题，设备少，节能。釉面质量高，釉层厚度均匀一致。因为釉的颗粒堆积松散，坯体在低温下充分排气，高温时釉中无气体排出，釉面更加平整光滑，针孔、气泡很少。

但是，该法也有一些局限性。如釉层强度较低（不耐机械冲击），釉粉上不能用丝网印花装饰，釉层叠加困难（只可干施2～3种不同釉料）。而且干法静电施釉只能获得平整、光滑表面和云雾状效果，不能获得斑晶状表面，还容易从周围环境中吸附灰尘和脏物，应用时需要控制环境温度和湿度。

4. 撒干釉

撒干釉是目前干法施釉中应用最为普遍的一种，它能获得传统的施釉方法得不到的斑晶状多色装饰效果，也能产生大理石、花岗石般的仿石效果。撒干釉的工艺大体可分为两大类，一类是将干釉粉撒到用传统施釉方法施的湿底釉层上，然后可以根据需要施一层薄透明釉等。另一类是先在坯体上施一层粘接剂，然后再施干粉釉，再据需要施加透明釉等。另外，还可配合丝网印刷，以获得不同花纹图案的装饰效果。如先在筛网上做成不同图形，然后用筛网施黏结剂，再在黏结剂上撒干釉粉，可形成各种图案。表9-2为一种典型的撒干釉装饰次序及各施釉量（指在400×400mm砖上的施釉量）。

表9-2 撒干釉次序及施釉量

次序	熔块/釉	施釉方式	质量/g	次序	熔块/釉	施釉方式	质量/g
1	底釉	圆盘甩釉	50	1	底釉	圆盘甩釉	50
2	89247	钟罩浇釉	125	2	89742	丝网印	—
3	89202	撒干釉	45	3	89744	丝网印	—
4	89247	圆盘甩釉	55	4	89202	撒干釉	120
				5	89247	圆盘甩釉	55

（1）几种常用的撒干釉工艺流程

①砖坯→施湿釉→撒干粉→吹粉→施湿釉（视需要）→入窑。

②砖坯→施湿釉→印花→印胶花→撒干粉→吹粉→入窑。

③砖坯→印胶水（或胶花）→撒干粉→吹粉→施湿釉（视需要）→入窑。

（2）撒干釉常用的几种装饰方法

①把乳白熔块粒或熔块片撒在彩色的透明釉上。

②在有光釉面上形成无光的斑晶，或反之，在无光的或缎光的釉面上形成有光的斑晶。

③把硬熔块粒或熔块片分布在光滑的釉面上（形成高硬度、耐磨和防滑的釉面）。

④在撒干釉前进行彩绘（使图案透过较厚的干釉层，形成轮廓朦胧的效果）。

⑤使熔块粒或熔块片着不同颜色，并以不同的比例，使它们混合，形成各种装饰效果。

表9-3为采用四种不同颜色的熔块粒以不同配比混合所形成的仿石效果。

表9-3 不同颜色熔块粒混合形成的仿石效果 单位：g

原料＼项目	颗粒范围/μm	配方		
乳浊熔块		95	94	95
黑熔块	20~160	1		
	60~100		3	
	100~140			2
绿熔块	20~60	1		
	60~100		1	
	100~140			2
棕熔块	20~60	3		
	60~100		2	
	100~140			1
效果		具有天然大理石质感	具有天然麻石质感	具有天然云石质感

（3）几种常用干粉釉　目前撒干釉中常用的几种干粉釉为熔块粉、熔块粒、熔块片和造粒釉粉，下面对其应用特点进行详细介绍。

①熔块粉。熔块粉的颗粒小，一般为 40 ~ 200μm，它是细磨熔块而成，通常在陶瓷色料中使用。这种粉料的流动性好，便于应用。其应用主要是撒在湿的底釉层上，通常撒完后用水冲洗或用风吹以形成逼真的仿石效果或其他自然效果，表面上常覆盖一层透明釉，其干撒量一般为 30 ~ 100g/m^2。

②熔块粒。熔块粒是经球磨机或锤式粉碎机粉碎，再进行多级筛分而制成。粒度在 0.2 ~ 2mm。每种熔块可以是釉的本色或着各种颜色，它们可以不同比例混合使用。熔块粒的着色是一个专门的加工工序，可以使熔块粒本体着色或仅以色料包裹。当采用色料包裹时，色料的量要适当，分散要好，防止结块。对于这种干釉，通过变换颗粒级配、熔块的种类和颜色，可以得到丰富多彩的装饰效果。常用的熔块品种如下：

a. 富含锆和钙的熔块，以获得不同明亮程度的白色颗粒斑晶；b. 锌无光熔块，以获得半透明的斑晶；c. 富硼熔块或硼 - 钙熔块，使其与其他熔块反应，形成斑晶间的界面效果；d. 透明的无铅熔块，以产生光亮的斑晶。

③熔块片。熔块片是在熔块出炉时用钢辊轧成薄片后水淬，然后再破碎而成。这种淬冷方式得到的熔块不是水淬熔块那种块粒，而是薄片状，其厚度在 0.2 ~ 1mm，经过破碎筛选成 2 ~ 5mm 的小片。熔块种类的选择、着色均与熔块粒相同，熔块片既可单独使用，也可与熔块粒结合使用。其装饰特点是在砖面上形成岛屿状的大斑晶，用量多时类似水磨石；釉层厚，面釉为透明釉时立体感强，釉面致密，硬度高。随撒釉工艺不断完善及人们对装饰要求的提高，熔块片的尺寸越来越大，目前有的工厂使用的熔块片已达到15 ~ 20mm。

④造粒釉粉。造粒釉粉的最大特点是它不仅可以应用熔块，还可以使用生料。这就拓宽了干釉粉的应用范围，对于任何坯体都可以调制与坯釉相宜的干釉粉。此外，通过细磨再造粒的方法，消除了熔块熔化过程中因熔炉耐火材料落渣对釉面造成的可怕影响。造粒釉粉的制备过程为：

计算配方→配料→细磨（干磨或湿磨）→混料→造粒→粉碎→筛分

有多种方法实现造粒，如湿磨后喷雾造粒；加入黏结剂经过干压或挤压后再干燥或在 600 ~ 800℃进行熔烧等。图 9 - 9 为两种造粒工艺过程示意图及造粒釉粉的颗粒分布。一般来说造粒釉粉的粒度为 0.5 ~ 10mm。

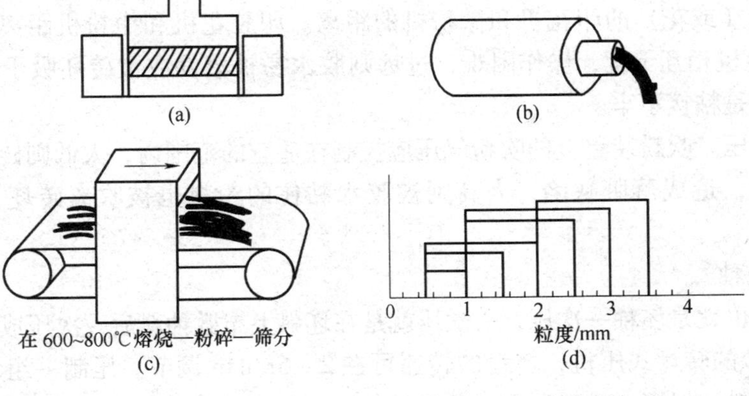

图 9 - 9　造粒（加黏结剂后干燥和熔烧法）
（a）干压　（b）挤压　（c）干燥　（d）造粒釉粉的颗粒分布

造粒釉粉也可以用上述方法进行着色。与熔块粉、熔块粒和熔块片相比，造粒釉粒有以下优点：

a. 根据坯体可以灵活变换釉的组成；b. 可获得柔和、光滑的釉面，装饰效果奇特；c. 能使用虹彩釉、无光釉、结晶釉及粗面釉；d. 不会产生熔块未熔透和熔炉耐火材料落渣造成的缺陷。

（4）撒干釉设备　撒干釉设备有很多种，其主要的区别在于供料的方式和撒料的方式不同。供料方式有小斗式提升机、小皮带输送机或用气动输送。撒料方式有振动筛[限于细颗粒（<150μm）]、振动板或皮带输送机（适合于熔块片）。此类撒干釉机的共同特点是都具有搅拌器。通过搅拌，使各组分混合均匀，并使粉料从搅拌器底部溜出。

此外，还有两种无搅拌器的干撒釉粉自然溜下的设备，它只在实验施釉线中应用，且仅限于中小粒度的干釉粉。另一种是新型的钟罩式撒干釉机，其原理类似于湿法施釉的钟罩式浇釉机，所不同的是钟罩不是静止的，而是在电机带动下在一个圆柱筒里旋转，干釉粉沿钟罩的锥面溜下，通过钟罩和圆柱筒的间隙撒在砖面上。这种设备可调节钟罩与砖的相对高度以及钟罩的转速（9.5~95r/min）以适应不同大小的产品，还起到调节施釉厚度的作用。

（5）影响因素　影响干撒釉工艺方法的因素很多，归纳起来主要有以下几点：

①粉料的粒度。对于采用不同的干撒釉流程，粉料的粒度要求是不一样的，但都需要控制在一适合范围内。过粗则不能在砖坯上紧密堆积，而且不易被胶水黏住，且和色料混合不均，易造成分层，致使产品产生波纹等缺陷。过细则易产生粉尘，烧成时和色料熔融，达不到应有效果。

②胶水的黏性和流动性。胶水的黏性太差，粉料不能牢固黏在砖坯上。而黏性太大，一方面胶水加工困难，另一方面易出现胶水印及黏网现象。此外胶水的流动性要好，应控制在一定范围，流动性太差则易使砖坯局部缺胶，造成砖坯局部缺粉。流动性太好则会造成局部粉料太多，胶水浓度一般为65~67°Bé。

通常胶水是采用CMC为原料，外加一定添加剂混合球磨而成。添加剂一般为水玻璃、磷酸三钠、腐植酸钠中的一种或几种混合物。典型配比为：CMC∶H_2O∶添加剂=1∶(10~30)∶(0~15)，球磨5~6h。

③印胶水（或花）的印花机和撒粉机的距离。印胶花机和撒粉机距离应控制在1~3m，过短则两机相互干扰，操作困难，过远则胶水易被蒸发或被砖坯吸干，使粉料不能黏在砖坯上或是粘接不牢。

④吹粉气压。吹粉装置上的吹粉气压应控制在适宜的范围内，太低则砖坯上未被粘接的粉料吹不走，造成落脏缺陷，太高则被胶水黏住的粉料也被吹离砖坯，使产品产生缺粉。

5. 干压施釉

干压施釉也就是坯釉一次压，一次压就是在坯料上布撒釉料后一次压成。该设备是一种6~8个工位的转盘式压机，转盘的转速可在2~6r/min调节。压制一组坯体有以下几个动作：填坯粉→把模内粉料刮平（伴有抽气）→压制→简单的装饰（见图9-10）。

这种压机可以一天24h三班运转，可以满足一条日产300m^2的辊道窑。

一次压生产的砖有以下特点

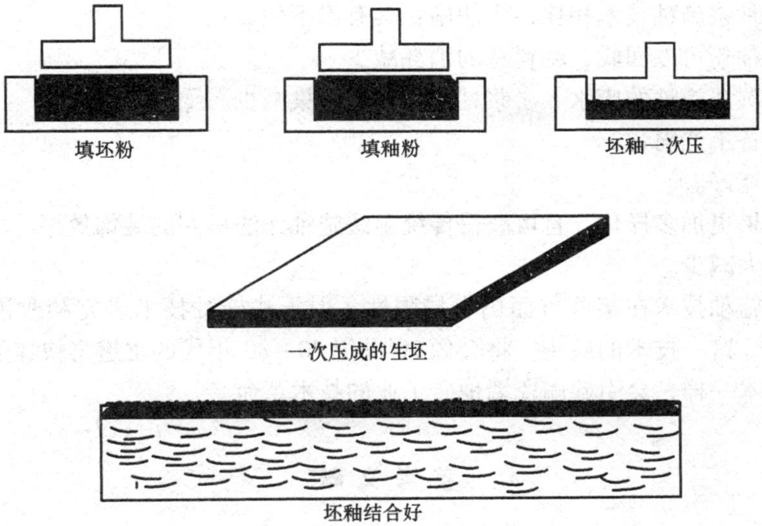

图 9－10　坯釉一次压

①具有高的抗折强度和低的气孔率。

②坯釉结合好，玻化层厚（1～2mm），釉面具有高耐磨性和高硬度（可达莫氏 6～7 级）。

从目前现有的几种设备看，采用此技术可生产下面几类产品：

①色彩均匀的砖。

②釉面带颗粒斑晶的砖。

③在填釉处加筛网能获得奇特的装饰效果釉面。

④干燥后再喷釉或进行丝网印刷。

由于要求坯、釉粉的流动性都要好，一般坯、釉粉都采用湿磨后再喷雾干燥的方法制备。如果干法造粒能获得流动性好的粉料，其经济效益将会更大。

采用一次压工艺在技术经济方面有如下优点：

①省去了既复杂又占地方的施釉线，生产工艺大大简化，生产的自动化水平大大提高。

②厂内没有釉浆，不考虑废水处理问题，节省投资。

③大大减少了污染源（水和空气）。

但一次压工艺有一局限性，它的装饰效果没有施釉机械那样花色多样，产品比较单调，一般这种方法生产的砖都是粗面的，主要适用于作地砖，其耐磨防滑性能极佳。

6. 热喷施釉

最近，在国外还发展出一种热喷施釉法。这是一种在一条特殊设计的隧道窑内将坯体素烧和釉烧连续进行的一种方法。先进行坯体素烧，然后在烧热状态的素坯体上进行喷雾（干釉粉），喷釉后继续进行釉烧，直至坯釉良好融合。意大利已用这种方法生产釉面砖，而且已经有产品问世。这种施釉方法的特点是施釉、素烧、釉烧同时进行，不需设置专门的施釉线，占地面积大大降低。而且该方法坯釉结合好，节约能耗。

综上所述，干法施釉技术打破了长期以来认为釉料必须是“磨得很细的釉浆”的概念。与传统的釉浆施釉技术相比，干法施釉具有以下优点：

①大多数釉粉可以回收，釉料总的消耗减少。

②避免了湿法施釉的废水、淤浆处理，环境污染减少。

③釉料制备工艺简化。

④釉面性能好。

⑤装饰效果更加多样化，且可获得传统湿法施釉无法得到的装饰效果。

⑥能耗大大减少。

尽管干法施釉技术在某些方面仍有局限性，但干法施釉技术研究和改进还在不断进行。有人预计，这一技术的应用，将会像20世纪70~80年代的辊道窑快速烧成、大吨位高速压机等技术一样，会引起陶瓷墙地砖工业的技术革命。

参考文献

1. 李家驹. 日用陶瓷工艺学［M］. 武汉：武汉工业大学出版社，1991
2. 西北轻工业学院. 陶瓷工艺学［M］. 北京：轻工业出版社，1991
3. 赵连级. 卫生瓷生产［M］. 北京：中国建材工业出版社，1995
4. 于丽达. 陶瓷墙地砖、釉面砖生产技术手册［M］. 北京：国际展望出版社，1993
5. 郭靖远. 日用精陶［M］. 北京：轻工业出版社，1982
6. 轻工业部第一轻工业局. 日用陶瓷工业手册［M］. 北京：轻工业出版社，1980
7. 中国硅酸盐学会陶瓷分会建筑卫生陶瓷专业委员会. 现代建筑卫生陶瓷工程师手册［M］. 北京：中国建材工业出版社，1998
8. 劳动部培训司. 工业和建筑陶瓷制造［M］. 北京：中国劳动出版社，1991
9. 李萍译. 陶瓷面砖釉与施釉技术的发展［J］. 陶瓷研究，1997，12（1）
10. 马宝虎. 陶瓷墙地砖干法施釉技术［J］. 中国陶瓷，1991，（6）
11. Bruno Burzacchini. Technical Development in Ceramic Tile Glazes and Related Applications［J］. Ceramic Bulletin，1991，70（3）
12. 张万胜. 论粘接技术［J］. 陶瓷科学与艺术，2002，（6）

第十章 烧成与窑具

烧成是陶瓷制造工艺过程中最重要的工序之一。对坯体来说，烧成过程就是将成型后的生坯在一定条件下进行热处理，经过一系列物理化学变化，得到具有一定矿物组成和显微结构，达到所要求的理化性能指标的成坯。对二次烧成的陶瓷制品，经第一次烧成后称为素坯，再经施釉装饰后进行二次烧成，对无釉产品一般即为成品。对带釉一次烧成的陶瓷产品来说，在热处理过程中釉层也发生一系列物理化学变化，最终形成所需形态（通常为玻璃态），使产品表面具有所要求的理化性能及所期望的装饰效果。合理经济的烧成过程是达到这些目的的必要条件。

烧成过程是在称为“窑炉”的专门热工设备中实现的。关于陶瓷烧成窑炉的分类、构造、工作原理、设计和操作控制等内容，将在有关其他专业课程中讲解。

制品在窑炉中进行烧成时，或为了避免不洁火焰直接接触制品而造成制品窑内污损，或为了承载、叠装制品，合理利用窑炉有效空间，常需要采用一定形状、性能的耐火材料制品来达到这些目的，这些材料通称为“窑具”，它是陶瓷烧成的重要辅助材料。合理确定窑具的材质和形状，延长其使用寿命，对保证烧成过程顺利进行、提高产品品质、节约能源、降低生产成本都有非常重要的意义。

第一节 烧成制度

普通陶瓷生产历史久远，产品种类繁多，原料来源广泛，窑炉类型多样，生产地区分布各地。这些因素决定了陶瓷生产工艺过程的多样性，包括采用不同的烧成制度。

成功的烧成过程必须在合理的烧成制度下进行。对于以燃料燃烧为能源的普通陶瓷烧成来讲，烧成制度通常是指温度制度、气氛制度和压力制度。其中温度制度指陶瓷在整个烧成过程中（包括预热、高温烧成和冷却的全过程）窑内温度与时间的关系；气氛制度指在烧成的各个阶段，窑内接触制品表面的高温气体中所含气体（主要考虑的是 O_2 和 CO）的比例；压力制度是指窑内各部分气体压力的分布要求。在主要由气体进行传热的窑炉中（如常用的使用固体、液体、气体燃料的窑炉，不包括电炉）压力制度是保证温度制度及气氛制度实现的条件。

由于烧制普通陶瓷的窑炉，通常在接近常压（大气压）下操作，因而窑内气体压力分布（压力制度）对产品的物理化学反应直接影响很小，以下主要讨论温度及气氛对产品性能的影响。

一、烧成制度与产品性能的关系

（一）烧成温度对产品性能的影响

制品烧成时，经历了由常温加热到高温，再由高温冷却到常温的过程。随着温度的变化，制品发生了一系列物理化学变化（如脱水、氧化、还原、分解、化合、熔融、再结晶等）。在这个过程中，制品性能也在不断地发生变化，最终达到所需的性能指标。

表 10－1 至表 10－4 分别列出了几种建筑陶瓷材料在烧成过程中导热系数、抗折强度、弹性模量、线膨胀系数的变化情况。

表 10－1　　不同温度下几种陶瓷材料导热系数的变化　　单位：W/h·℃

试样	温度/℃	地面砖	墙面砖	陶管	耐酸陶瓷
生坯	200～400	0.88	0.95	1.2	1.15
	400～600	0.82	0.87	1.1	1
	600～800	0.79	0.8	1.1	0.9
预烧过的	200～400	1.2	1.2	1.4	1.3
	400～600	1.1	1.1	1.3	1.2
	600～800	0.95	1	1.3	1.1

表 10－2　　不同温度下几种陶瓷材料抗折强度的变化　　单位：MPa

温度/℃	卫生瓷	地面砖		墙面砖	陶管		耐酸陶瓷	
20	4.3	3.2	2.7	2	3.4	3.5	4.2	5.7
200	4.5	4.9	3	2.4	3.7	3.7	4.2	6.8
100	4.8	5.9	3.6	2.8	4.6	4.8	5	6.9
500	5.2	6.2	3.5	2.7	4.4	4.6	4.8	6.2
550	5.8	6.3	3.3	2.7	4	4.3	5.5	7.6
600	6	7.3	4.8	2.5	6	6.2	5.8	8.7
800	8	12.3	7.1	4.1	7.8	7.8	6.8	11.7
1000	12	31.5	15	8.6	—	—	—	—
1160	35	43	32	24	15	15	—	—
1220	42	—	—	—	—	—	—	—
1250	46	—	—	—	—	—	26	29

表 10－3　　不同温度下几种陶瓷材料弹性模量的变化　　单位：MPa

温度/℃	卫生瓷	地面砖		墙面砖		陶管		耐酸陶瓷	
200	7280	6600	4000	7200	260	5250	5730	8850	9450
400	7100	6000	3400	6800	7310	4900	5350	7060	6600
500	6960	5700	3400	6600	8690	4640	5160	6250	7200
550	7600	5300	3200	6500	9140	4150	4650	—	8370
600	7830	7200	3600	8200	10580	4890	5850	7180	8600
700	7550	7800	4000	8500	11580	—	—	7570	8230
800	5900	5900	3400	8700	8600	5760	6790	6600	5600
900	2510	—	—	7700	—	4290	4050	—	—

表 10-4　　不同温度下几种陶瓷材料线膨胀系数的变化　　单位：$\times10^{-6}$/℃

温度/℃	卫生瓷	地面砖		墙面砖		陶管		耐酸陶瓷	
20~200	7.2	7.5	7.6	8.1	5.1	2.8	2.8	9.6	8.7
200~400	9.9	13.5	8.8	10.5	8.8	8.3	8.4	13.3	13.6
400~500	10.1	25.5	19.4	12.3	9.7	17.2	16.8	21.7	20.6
500~600	-4.5	43.2	31.4	—	-7.4	23.5	22.4	36	28.6
600~800	-4.6	-1.8	-2	-2.3	-6.5	-0.9	-0.9	3.4	1.3
800~900	-4.6	-36	-22	-2.3	-18.1	-2.2	-2.2	-15	-24
900~1000	-91.6	-200	-176	-73.5	-66	-75.5	—	-41	-52
1000~1100	-235	-278	-256	-73.5	-98.3	-125.8	—	-71	-86
1000~1160	—	-200	-278	-266	—	-250.2	—	—	—
1100~1200	-683	—	—	—	—	—	—	-236	-200
1200~1250	-314	—	—	—	—	—	—	—	—

注：—表示收缩。

我们通常所说的烧成温度，是指制品在烧成过程中所经受的最高温度。考虑到各种理化反应进行是一个渐变过程，考虑到窑炉内温差、制品内外部温差及传热过程需要时间，因此烧成温度实际是指一定的温度范围。

高温下，在没有液相或含有很少液相的烧结阶段，材料组分间的反应是依靠坯料颗粒的表面能和晶粒间的界面来推动的，因此烧成温度的高低除了与坯料的种类有关外，还与坯料的细度及烧成时间有密切的关系。坯料颗粒细则比表面大，能量高，烧结活性大，易于烧结。若坯料颗粒粒度大则堆积密度小，颗粒的接触界面小，不利于传质和传热，不利于烧结。对于具有一定原料组成、颗粒组成的坯体，都有一个对应于所需烧结程度的煅烧温度，此温度即为该陶瓷制品的烧成温度。对于致密陶瓷材料这个温度也叫烧结温度。一般来说，达到烧结温度后，材料密度最大，收缩率最大，吸水率最小。因此，烧成温度通常可参考烧成试验时试样的相对密度、气孔率或吸水率的变化曲线来确定。对于多孔陶瓷制品，因为不要求致密烧结，达到一定的气孔率及强度后即可终止热处理，所以其烧成温度低于其烧结温度。

对传统配方的烧结陶瓷材料来说，烧成温度决定着瓷坯的显微结构与相组成。表10-5是在不同温度下烧成的长石质日用瓷坯的相组成情况。

表 10-5　　不同温度下烧成后的长石质瓷坯相组成

烧成温度/℃	相组成/%			气孔体积/%
	玻璃相	莫来石	石英	
1210	56	9	32	3
1270	58	63	28	2
1310	61	15	23	1
1350	62	10	19	1

瓷坯的物理化学性质也随着烧成温度的提高而发生变化。若烧成温度低，则坯体密度低，莫来石含量少，其机电、化学性能都差。温度升高，莫来石量增多，形成相互交织的网状结构，会明显提高瓷坯的机械强度。在不过烧的情况下，随着烧成温度的升高，瓷坯的体积密度增大，吸水率和显气孔率逐渐减小，釉面的光泽度不断提高，釉面的显微硬度也随着温度的升高而不断增大。但对于长石质瓷坯来说，温度升高到1290℃以后，随着温度升高，釉面硬度略有下降。温度继续升高，瓷坯中残余石英的含量降低，而玻璃相的含量增多，这种高硅质熔体首先将细小针状莫来石熔解，形成富含莫来石的玻璃相。需要说明，上述情况均是指在不同温度下终止烧成所得试样在常温下的性质，而不是指在烧成过程中不同温度时试样的即时状况。

如前所述，瓷坯在合理的烧成温度下烧成，其气孔率可达到最小值，而超过这一范围坯体气孔率又会增大，甚至形成大气孔海绵状结构，这种大气孔的形成与坯料中的杂质有很大关系。由检测得知，气孔中气体大部分为O_2。这可能是坯料中所含的Fe_2O_3在高温下分解生成。如果坯体长石原料中含有氮的化合物，也会有N_2生成。在烧成过程中达到烧结温度后如继续升温称为“过烧”。过烧后坯体内晶相量减少，晶粒增大，玻璃相量增多。在高温下坯体形成的大气泡可促使其周围形成粗大莫来石晶体，这通常导致材料性能恶化。

在烧成温度范围内，适当提高烧成温度，有利于电瓷的机电性能（见图10－1）和日用细瓷的透光度（见图10－2）的提高。由于制品内部，特别是坯体内部组分是不均匀的，各组分颗粒尺寸不同，接触也不十分充分，反应时扩散速度较慢；在液相产生前或液相很少时，内部传热和传质过程的进行都与时间有关。因此，制品内部各种反应进行程度即烧成后制品所具有的性能除与烧成温度有关外，还与整个烧成过程所用时间有很大关系。理论和实践都证明，在适当加以控制的情况下，较高温度较快烧成与较低温度较慢烧成可以得到同样的制品性能。因此，应综合考虑制品坯釉组成、制品形状、尺寸、窑炉及窑内制品装载等情况来确定适当的烧成温度和烧成时间（烧成周期），包括各阶段升降温速度及最高烧成温度等，这些统称为温度制度。

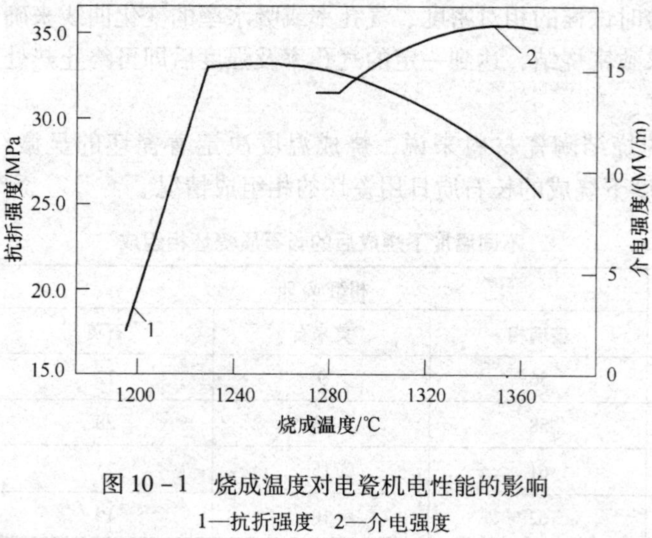

图10－1　烧成温度对电瓷机电性能的影响

1—抗折强度　2—介电强度

（二）保温时间对产品性能的影响

保温是指烧成过程中，达到一定温度后，保持一段时间，这段时间称为保温时间。在产品烧成过程中，温度达到最高烧成温度后，再保持一段时间，具有特别的意义。随后进入冷却阶段。在任何陶瓷制品的烧成过程中，都或多或少需要一段保温时间，这主要是为了尽量拉平窑炉同一断面不同部位及产品内外部的温差，使产品各部分物理化学反应均匀、完全，使制品组织结构趋于一致，从而得到性能一致的产品。在生产实践中，适当降低烧成温度，延长保温时间，有利于提高产品质量，降低烧成损失率。对大型、异形产品及窑内装载密度较大的烧成过程作用尤为明显。但保温时间过长则晶粒熔解，不利于坯中形成坚强的骨架，会导致机械性能的降低。精陶类产品由于坯体中方石英晶相的减少，导致热膨胀系数变小，还会引起釉裂。

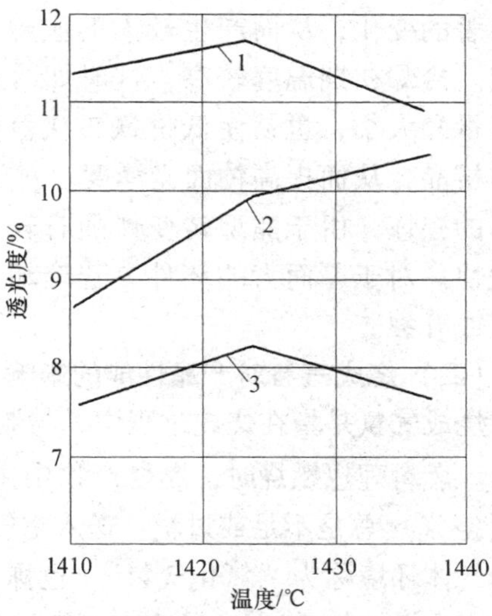

图 10－2　瓷坯的烧成温度与透光度之间的关系

1—Fe_2O_3 0.2%，TiO_2 0.11%

2—Fe_2O_3 0.42%，TiO_2 0.04%

3—Fe_2O_3 0.61%，TiO_2 0.18%

保温时间及保温温度对希望釉面析晶的产品（如结晶釉等艺术釉产品）更为重要。为了控制釉层中析出晶核的速率、尺寸和数量，这类产品的保温温度往往比试样所需烧成温度低得多。保温时间直接关系到晶体的形成率和晶体尺寸的大小。

（三）升、降温速度对产品性能的影响

烧成过程（包括冷却过程）中的升温、降温速度是否恰当，应首先考虑制品在烧成过程中体积的热胀冷缩对坯釉性能带来的影响（有无变形、开裂），另一方面，升温、降温速度对制品的微观结构形成及最终制品的其他性能也有很大的影响。

普通陶瓷坯体在快速加热时因液相产生、气孔率减少而形成的收缩要比缓慢加热时小。因为快速加热时，熔体为黏土及石英所饱和的时间不长，因此，这种低黏度熔体因其表面张力作用而使制品体积收缩的作用也小。例如，将卫生瓷坯体经 24h 加热至 1300℃时，收缩率为 8.3%，若以同样条件缓慢加热时，则收缩率为 8.95%。这是由于缓慢加热时，形成了黏度较高的液相，而其较高的对制品体积收缩作用较强。

致密的坯体慢速升温（24～48h 加热至 1300℃）其抗张强度比快速升温的坯体（18h 加热到 1300℃）约增加 30%，而气孔率则减少。快速升温坯体气孔率为 3.0%，慢速升温坯体气孔率为 1.5%。

冷却速度对材料机械强度的影响较复杂。快速烧成的坯体缓慢冷却时，由于二次莫来石的生长，会在一定程度上降低其抗张强度；而缓慢烧成的坯体缓慢冷却后，其抗张强度可提高 20%。

冷却的最初阶段，冷却速度对坯体中晶粒的大小，尤其是对晶体的应力状态有很大影响。含玻璃相较多的致密坯体，在冷却中玻璃相由塑性状态转为固态时，瓷坯结构

有显著的变化，从而产生较大的应力。因此，应采取高温段快冷和低温段缓冷的冷却制度。冷却初期温度较高，这时如冷却速度较慢则相当于保温阶段的延长，影响晶粒的数量和大小，也易使低价铁二次氧化，使制品带有黄色。高温阶段快冷还可避免釉熔体析晶，从而提高釉面光泽度。对于热膨胀系数较大的瓷坯或含有较多 SiO_2、ZrO_2 等晶体的瓷坯，由于晶型转变伴随有较大的体积变化，因而在转变温度附近冷却速度不能太快。对于厚而大的坯件，若冷却太快，体积变化不均匀也会造成应力集中而引起变形或开裂。

（四）烧成气氛对产品性能的影响

烧成气氛是指在烧成过程中，与制品接触的热气体（燃烧产物）中 O_2 与 CO 含量的多少。燃料理想燃烧时，燃烧产物中主要是 CO_2 及 H_2O，而在实际燃烧操作中，送入的 O_2（空气）总是不足或过量。送入空气过量时燃烧产物中存在过剩的 O_2，这种与制品接触的气体环境称为“氧化气氛”，也称为“氧化焰”；而送入空气不足时，燃烧产物中存在未完全燃烧的 CO，这种含有一定量有还原作用的 CO 的气体环境称为“还原气氛”，也称为“还原焰”。因工艺需要，可利用与制品接触的气体的氧化或还原作用来影响制品组分在烧成过程中的某些物化反应，即可人为控制使窑内或窑内某一段为氧化气氛或还原气氛。这种依靠操作所达到的窑内气氛的规律性分布状况称为气氛制度。

烧成气氛会影响陶瓷坯体高温下的物化反应速度、体积变化、晶粒尺寸与气孔大小，甚至相组成等。

日用瓷坯体在氧化气氛或还原气氛中烧成，其烧结温度、最大烧成收缩、过烧膨胀率、线收缩速率和釉面质量等方面都有所不同。

1. 气氛对烧结温度的影响

图 10－3 是两种坯体（瓷石质瓷坯 A 和长石质瓷坯 B，各试样配方及化学组成见表 10－6）在不同气氛中加热时烧结温度的比较。结果表明：两类坯体在还原气氛中的烧结温度均比在氧化气氛中低。坯体含铁量越多，温度降低越多，如坯 A、B（Fe_2O_3 含量为 0.62%、0.34%）在还原气氛中比在氧化气氛中烧结温度低约 10℃；而 A_2（Fe_2O_3 含量为 2.09%）低约 50℃，B_3（Fe_2O_3 含量为 1.69%）低约 80℃。

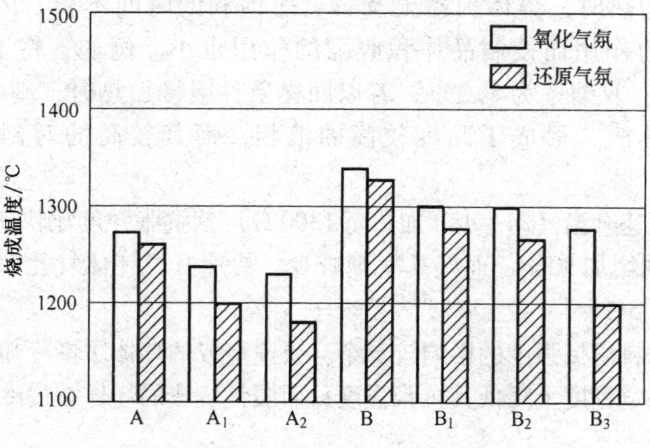

图 10－3　瓷坯在不同烧成气氛下烧结温度比较

表 10-6　　瓷坯试样的配方及化学组成

配方号	原料							化学组成/%									
	星子高岭	苏州高岭	祁门高岭	望城长石	苏州石英	黑山膨润土	氧化铁粉	SiO_2	Al_2O_3	Fe_2O_3	TiO_2	CaO	MgO	K_2O	Na_2O	MnO	合计
A	20	—	80	—	—	—	—	66.61	25.11	0.62	—	1.46	0.37	5.17	0.45	—	99.79
A_1	20	—	80	—	—	—	1.0	66.75	24.52	1.75	0.11	1.27	0.56	4.30	0.51	0.01	99.78
A_2	20	—	80	—	—	—	1.5	65.76	24.79	2.09	0.12	1.43	0.37	5.04	0.44	0.01	100.07
B	—	40	—	30	30	—	—	71.59	22.34	0.43	—	0.14	0.06	4.64	0.90	—	100.10
B_1	—	38	—	30	27	5	—	72.17	22.10	0.49	—	0.23	0.21	4.46	0.88	—	100.54
B_2	—	36	—	28	26	10	—	72.03	21.67	0.54	—	0.31	0.34	4.25	0.85	—	100.31
B_3	—	38	—	30	27	5	1.2	70.94	21.72	1.69	—	0.23	0.21	4.38	0.86	—	100.03

2. 气氛对最大烧成线收缩的影响

由图 10-4 可见，瓷石质坯体（A、A_1、A_2）在还原气氛中的最大烧成线收缩比其在氧化气氛中要大；但长石质坯体（B、B_1、B_2、B_3）在还原气氛中的最大烧成线收缩却比在氧化气氛中小。含有长石与膨润土的坯体（B_1、B_2、B_3），由于在还原气氛中碳素分解温度提高，因此最大烧成线收缩最小。

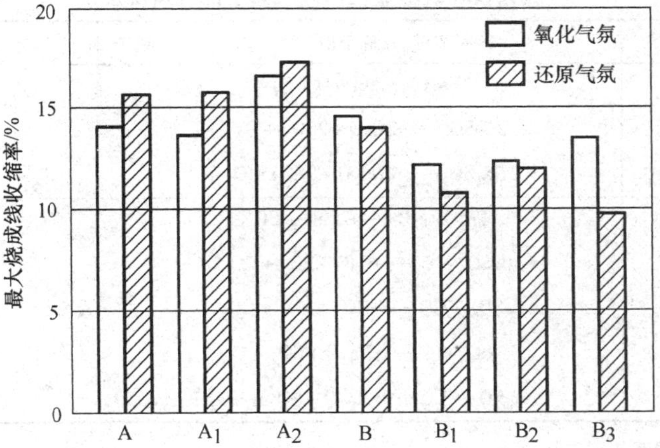

图 10-4　瓷坯在不同气氛下最大烧成线收缩率比较

3. 气氛对坯体过烧膨胀的影响

由图 10-5 可见，所有瓷石质坯（A、A_1、A_2）与未加膨润土的长石质坯（B），在还原气氛中过烧 40℃的膨胀比在氧化气氛中要小得多。当长石质坯体中加入一定量的膨润土时（如 B_1、B_2和 B_3）时，则所得结果正好相反，即在还原气氛中过烧 40℃的膨胀反而在氧化气氛中要大，而且随着膨润土量的增加而增大。含膨润土的坯体，在加入 1.2%的 Fe_2O_3（如 B_3）时，虽然它在还原气氛中过烧时的膨胀仍大于氧化气氛烧成，但同时在氧化气氛中过烧的膨胀也显著增大。

硫酸盐、氧化铁和云母中所含的铁质，氧化气氛中都在接近坯体烧结、釉层熔化的高温下才能分解（见表 10-7）。这时气孔封闭，气体不能排出而引起膨胀起泡。还原气氛

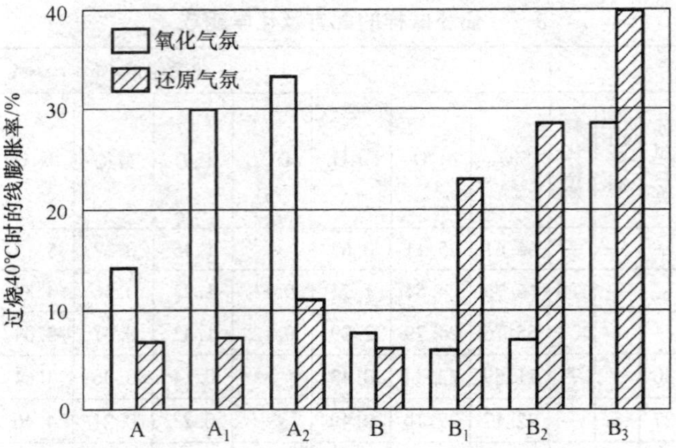

图 10-5　瓷坯在不同气氛中烧成过烧 40℃时线膨胀比较

中，这些物质的分解可提前到坯、釉尚属多孔状态时完成。这时气体能自由逸出，过烧膨胀大为减轻。瓷石坯体含铁量较高，但低温煅烧时坯体的吸附性并不强，因此它的过烧膨胀主要由高价铁和硫酸盐的分解造成，还原气氛过烧膨胀较小。由长石和膨润土配制的坯体，含铁量并不高，但有机物含量较多且具有较强的吸附性，在还原气氛中，坯体易吸碳且碳素氧化温度提高，因而其过烧膨胀量较氧化气氛中大。

表 10-7　氧化铁和硫酸盐在不同气氛下的分解温度

气氛性质	分解反应	分解温度/℃
氧化	$2Fe_2O_3 \longrightarrow 4FeO + O_2\uparrow$	1370
	$2CaSO_4 \longrightarrow 2CaO + 2SO_2 + O_2\uparrow$	1370
	$2Na_2SO_4 \longrightarrow 2Na_2O + 2SO_2 + O_2\uparrow$	1330
还原	$Fe_2O_3 + C \longrightarrow 2FeO + CO\uparrow$	1100
	$CaSO_4 + C \longrightarrow CaO + SO_2 + CO\uparrow$	800
	$CaSO_4 + CO \longrightarrow CaO + SO_2 + CO_2\uparrow$	1100
	$Na_2SO_4 + C \longrightarrow Na_2O + SO_2 + CO\uparrow$	1000
	$Na_2SO_4 + CO \longrightarrow Na_2O + SO_2 + CO_2\uparrow$	1000

4. 气氛对瓷坯线收缩速率的影响

由图 10-6 可见，除个别瓷坯（如 B）外，瓷坯在还原气氛中的最大线收缩速率比在氧化气氛中要大。这可能主要是由于坯中 Fe_2O_3 还原成为 FeO 所致。FeO 易与 SiO_2 形成低熔点的硅酸盐熔体并降低其黏度，增加其表面张力，从而使坯体在较低温度下烧结并产生较大收缩。

5. 气氛对瓷坯的颜色、透光度及釉面质量的影响

（1）影响铁和钛化合价数　氧化焰烧成时，Fe_2O_3 在含碱量较低的瓷器玻璃相中熔解度很低，析出胶态的 Fe_2O_3 使瓷坯显黄色。还原焰烧成时，形成的 FeO 熔化在玻璃相中呈淡青色。对 A_1 瓷坯进行化学分析，发现在氧化焰中，坯中 Fe_2O_3 占总铁量（以 Fe_2O_3 计）的 67%，而在还原焰中仅为 10%，因此还原焰烧成的瓷坯呈白里泛青的玉色。另外液相增加和坯内气孔率降低都相应提高了瓷坯的透光性。

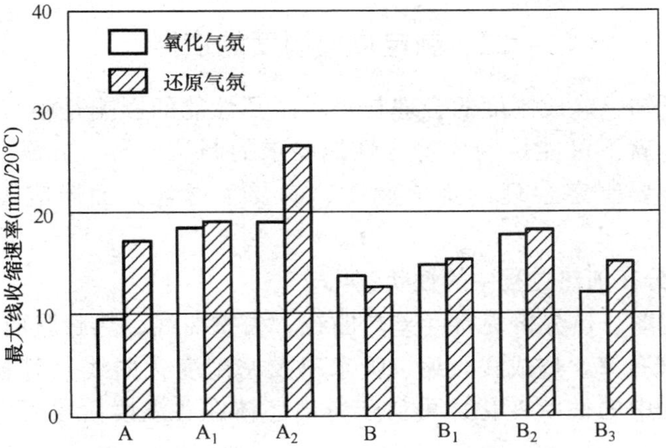

图 10－6　瓷坯在不同气氛中最大线收缩率比较

当坯体中的氧化铁含量一定时，若用氧化焰烧成，被釉层所封闭的 Fe_2O_3 将有一部分与 SiO_2 反应生成铁橄榄石并放出氧，其反应如下：

$$2Fe_2O_3 + 2SiO_2 \longrightarrow 2(2FeO \cdot SiO_2) + O_2 \uparrow$$

反应生成的氧会使釉面形成气泡与孔洞，而残留的 Fe_2O_3 会使瓷坯呈黄色。对含钛较高的坯料应避免烧还原焰，否则部分 TiO_2 会变成蓝至紫色 Ti_2O_3，还可能形成黑色 $2FeO \cdot Ti_2O_3$（尖晶石）和一系列铁钛混合晶体，从而呈色加深。一般北方原料铁含量低而钛含量高，宜采用氧化焰烧成，而南方原料含铁量高而钛含量低，宜采用还原焰烧成。

（2）使 SiO_2 和 CO 还原　在一定的温度下，还原气氛可使 SiO_2 还原为气态的 SiO，在较低的温度下它将按 $2SiO \rightarrow SiO_2 + Si$ 分解，因而在制品表面形成 Si 的黑斑。还原气氛中的 CO 在一定的温度下会按 $2CO \rightarrow CO_2 + C$ 分解。图 10－7 是在 101325Pa（1atm）下这一反应的平衡与温度的关系。从图中可见，在平衡情况下，400℃时只有 CO_2 是稳定的，而在 1000℃时，仅有 0.7%（体积分数）CO_2。CO 的分解在 800℃以下才速度较快，高于 800℃时需要一定的催化剂。碳也有催化作用，但要求一定的表面积。游离态的氧化铁催化作用则与表面积无关。因此在还原气氛中很可能因 CO 分解出碳沉积在坯、釉上形成黑斑。在继续升高温度的烧成中，碳被封闭在坯体中，若再被氧化成 CO_2 就会形成气泡。对吸附性能强的坯体尤为严重。

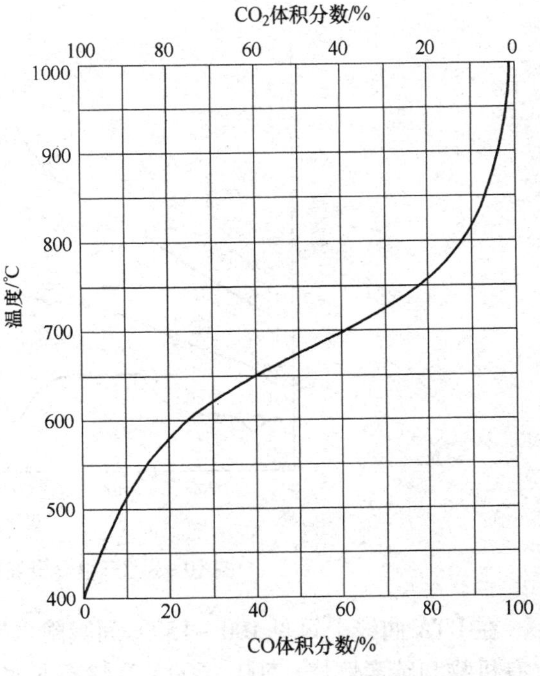

图 10－7　$2CO \rightleftharpoons CO_2 + C$ 的平衡与温度的关系

二、制定烧成制度的依据

由上述内容可知，烧成制度的合理与否对制品性能的影响是很大的，是多方面的。烧成制度不合理，就不可能烧制成符合性能要求的制品。另一方面，影响烧成制度的因素很多，因此，要制定合理的烧成制度，就要考虑各方面影响因素，作为制定的依据。

（一）坯料组分在加热过程中的性状变化

可利用有关相图、热分析资料（差热曲线、失重曲线、热膨胀曲线）、高温物相分析、烧结曲线（气孔率、烧成线收缩、吸水率及密度变化曲线）等技术资料，通过分析坯料在加热过程中的性状变化，可初步得出坯体在各温度阶段可以允许的升温、降温速率。

根据坯料系统有关的相图，可初步估计坯体烧结温度的高低和烧结范围的宽窄。如 $K_2O-Al_2O_3-SiO_2$ 系统中的低共熔点低（985±20℃），$MgO-Al_2O_3-SiO_2$ 系统中的低共熔点高（1355℃），长石质瓷器中的液相量随温度升高增加缓慢，而且长石质液相高温黏度较大。滑石瓷中的液相随温度升高迅速增多。因此长石质瓷的烧成范围较宽，可达50～60℃，而滑石瓷的烧成范围仅在10～20℃，前者的最高烧成温度可接近烧成范围的上限温度，后者的最高烧成温度只能偏于下限温度。

由于相图是在接近理想的情况下作出的，而实际情况往往与相图有较大的出入，因此还应根据坯料的热分析曲线，参照曲线各阶段发生的变化来拟定烧成制度。

图10－8为三组分瓷器坯料的综合热分析图谱。包括坯料的差热曲线DTA、已烧坯体的热膨胀曲线TE、生坯的不可逆热膨胀曲线ITE。

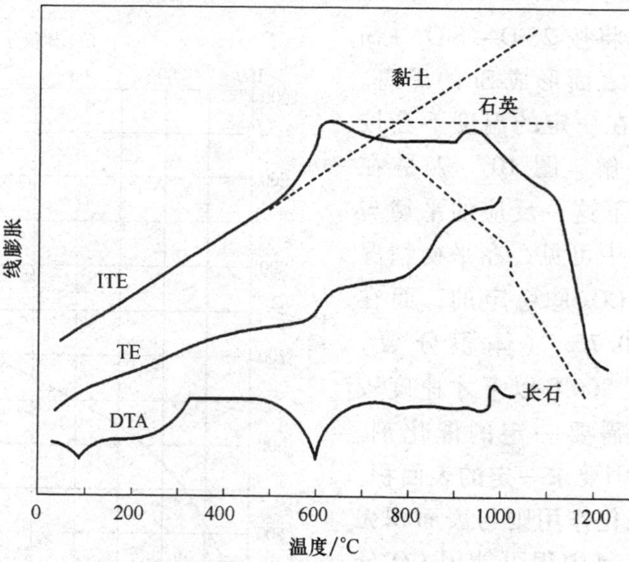

图10－8　三组分瓷坯料的综合热分析图谱

在DTA曲线上可见100～150℃间吸附水排出使生坯表面和中心的温差增加；200℃以上有机物和碳素燃烧；500～600℃高岭石脱水；在900～1050℃出现小的放热峰，是形成一次莫来石的先兆。ITE曲线上分别绘出长石、石英、黏土三组分体积的变化。接近

600℃时黏土脱去结构水产生的收缩缓和了石英晶型转变（573℃）引起的膨胀。长石熔融前只有连续的线膨胀。约到1050℃时，长石熔融，坯体急剧收缩，热塑性显著增加，直到坯体成熟。TE 曲线可反映石英相转变后剩余的游离石英量及坯体膨胀值。利用这些曲线可初步绘出坯体的理论烧成曲线（见图 10－9、图 10－10）。每一部分的速率须分别确定：加热时采用不可逆膨胀曲线的数据，冷却时采用可逆膨胀曲线的数据。先绘出图 10－9 中的烧成曲线，再根据差热分析的数据修订成图 10－10 的曲线，如减慢 100～150℃、550℃左右的升温速度，加快由 1000℃至最高温度及冷却开始至 750℃的温度变化速度。通过石英的相转变区域时也应缓慢冷却。

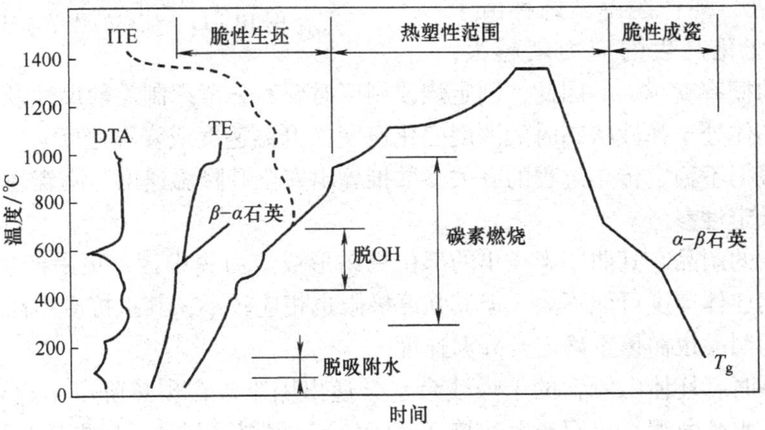

图 10－9　利用综合热分析图谱绘制的理论烧成曲线

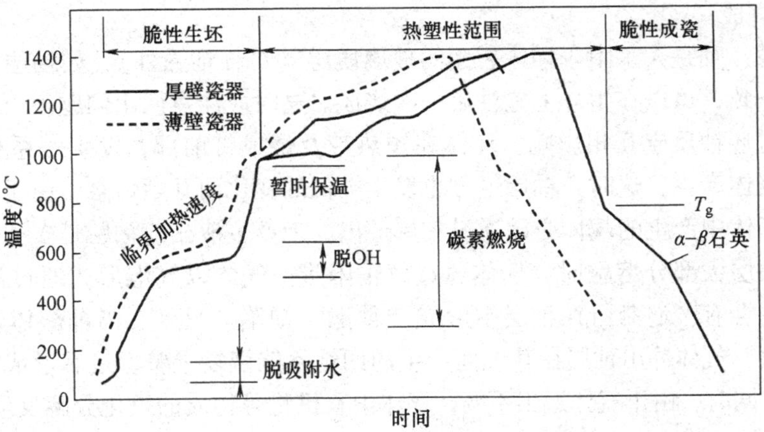

图 10－10　利用 DTA 数据修改的烧成曲线

坯体配方在实验室研制得到的相应坯料的烧结曲线（见图 10－11）也是制定烧成制度的重要依据。烧结范围宽、液相高温黏度大、液相生成量随温度变化小的坯料，烧成温度可以确定在烧结范围上限（T_2）附近；烧结范围窄、液相高温黏度小、液相生成量随温度变化大的坯料，烧成温度只能定在烧结范围下限（T_1）附近。

（二）制品的尺寸及形状

烧成过程中，陶瓷坯体在出现液相之前或液相固化之后，可视为弹性体；液相出现直至其完全固化之前处于或部分处于可塑性状态。坯体在弹性状态受热时由于传热过程所需时间，在坯体断面方向上形成温度梯度，从而引起了不同层坯体的不均匀膨胀（冷却过程中为不均匀收缩），这种不均匀膨胀或收缩使坯体内部产生应力。当这种应力超过坯体的强度极限时就会出现开裂；坯体处于部分塑性状态时，虽可能不会开裂但易产生变形。窑内升温（降温）速度越快、坯体尺寸越大、坯体越厚，这种由于体积不均匀变化产生的应力就越大，开裂和变形的概率就越大。因此，制定烧成制度时要充分考虑制品的尺寸及形状，特别是要慎重确定坯体处于弹性状态时的温度变化速度（升温速度或降温速度）。

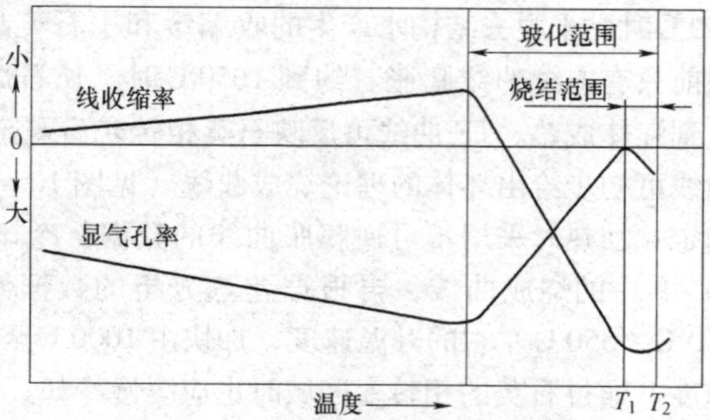

图 10－11　坯料的烧结曲线

有学者根据不稳定传热过程的有关参数推算出安全升降温速度与陶瓷坯体厚度的平方成反比，可供定性参考。

形状复杂的制品在其曲率半径小的部位更易形成应力集中区，更易产生开裂及变形，这些部位虽然坯体厚度可能不大，但其强度极限也相应较小，其抵抗应力能力较小，因此对形状复杂的制品也需慎重确定升降温速度。

坯体较厚时，坯体中所含的干燥残余水分逸出困难，在预热阶段中也要控制升温速度，否则由于水分急骤汽化而产生“爆坯”，还会污损周围制品，后果较为严重。

（三）釉烧方式

1. 一次烧成

一般来说，釉是人工附于坯体表面的玻璃质层（自释釉除外），如釉层成熟温度与坯体烧成温度一致，可以在生坯上施釉后一次烧成。这时应注意两个问题。

①烧成时坯釉反应互相影响。坯体在预热带及烧成带前部，发生一系列物理化学变化，有大量气体产生，这时，釉层组分也发生类似的变化而开始熔融，由于釉覆盖于坯体表面，因此坯体中产生的气体必须通过釉层逸出。未产生液相前釉层是多孔体，气体通过顺利；而当釉层大部分熔融时，气体通过就很困难。气体以气泡形式通过液态的釉层逸出，这时往往会有气泡滞留在釉层中形成“釉泡”缺陷。另外，当釉熔体黏度较大或表面张力较小时，气体冲出釉层在其表面产生的凹坑不能恢复平整，最后形成“针孔”“橘釉”等缺陷。同时，由于气体逸出不畅，坯体中有机物等物质的氧化分解反应进行不完全，残余碳素留在坯中形成“黑心”，严重时会使坯体鼓起，形成空心。这就要求仔细制定烧成制度，使釉层熔融前坯体中产生气体的反应进行得尽可能完全，以保证釉面和坯体质量。

②高火保温结束，进入冷却阶段，如釉要求为光亮釉，则需要进行快速冷却（称为急冷），以防止釉熔体有结晶产生而影响表面亮度；在烧制结晶釉或亚光、无光釉时，情况正好相反，应当延长保温期，慢速冷却，促进晶体生成。因此，要针对具体情况，制定这一段的烧成制度。

2. 二次烧成

当釉层或者与釉层相关的装饰层成熟温度与坯体烧成温度相差较大时，一般应采用二次或二次以上烧成，这时有以下两种情况：

①釉层成熟温度低于坯体烧成温度，则先烧成坯体（素烧），然后施釉进行二次烧成（釉烧）。如精陶质釉面砖及琉璃制品则采用这种方法。

②釉层成熟温度与坯体烧成温度相同，但釉上装饰层（如日用瓷贴花、彩绘）所需温度与坯釉不同（通常较低），则对施釉坯进行本烧。本烧后制品（白坯）进行装饰后烧成，又称为彩烤。为增强装饰效果，也有进行一次以上装饰，而进行三次甚至四次烧成的情况。这时，烧成温度依次降低以适应釉层和各层装饰对温度的要求。

在某些情况下，虽然釉层成熟温度与坯体烧成温度相近，也采用二次烧成，通常为低温素烧、高温釉烧，如我国青瓷、薄胎瓷。因为青瓷涂施的釉层较厚，薄胎瓷的坯壁太薄，不预先素烧以增加坯体强度则难以上釉。国外的瓷器习惯上大多是采用二次烧成，包括日用瓷及卫生洁具瓷（卫生瓷）等。二次烧成的优点是：

①坯体组分中氧化分解反应产生的气体已在素烧中排除，施釉后釉烧时，不会产生“橘釉”“气泡”等缺陷，有利于得到高品质的釉面及装饰效果。

②低温素烧后坯体多孔，吸水性增强，易于施釉，釉面平整光滑。

③素烧后坯体机械强度提高，适于对施釉、装饰等工序进行机械化操作，降低半成品破损率。

④素烧时坯体已产生部分收缩，二次烧时收缩减少，有利于减少变形。

⑤素烧后可对坯体进行检选，剔除废品，可避免釉料损失，提高成品合格率。

二次烧成的缺点是能耗较高，坯釉中间层生长不良。要根据制品（坯、釉）的具体情况，决定使用一次还是二次烧成，并制定相应的烧成制度。

如坯料含铁量较高而烧制白瓷时，可考虑在一定阶段采用还原焰烧成，制定适当的气氛制度，提高釉层白度。

（四）窑炉

应根据不同产品选择适当的烧成窑炉。窑炉要能够实现制品烧成所需要的烧成制度，包括压力制度及其所帮助实现的温度制度和气氛制度。当窑炉不能达到上述要求时，也常用调整烧成制度来迁就窑炉，然而这常常是不合理的，会造成低质高耗（能耗），影响产品质量。因此，应选用适当的窑炉，满足制品烧成需要，达到高质量、低消耗的目的。

影响烧成的因素是多方面的，除了上述四点外，还有燃料、装窑方法及装窑密度、气候等，这些因素往往是变化的。因此，应根据具体情况综合分析，除制定合理的烧成制度外，在窑炉具体操作时还应根据各种因素的变化情况及时加以调整。

三、烧成制度示例和说明

根据具体情况，制定合理的制品烧成制度，是陶瓷工艺过程的重大工作。如前所述，影响陶瓷烧成的因素很多，因此，在实际操作过程中，要根据具体情况来确定合理的烧成制度。下面以某油烧隧道窑还原气氛一次烧成普通长石质日用瓷为例，对烧成制度进行说明。烧成曲线如图 10 - 12 所示。

（一）温度制度和气氛制度

温度制度包括烧成各阶段升温速度、降温速度、最高烧成温度及高火保温时间等。

1. 预热阶段（常温 ~300℃）

本阶段工艺目的主要是坯体的预热和坯体残余水分的排除。这时窑内升温速度与坯体

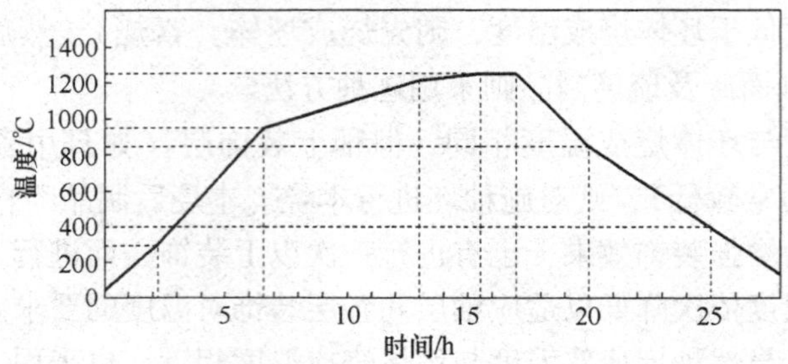

图 10－12　某油烧隧道窑还原气氛一次烧成普通长石质日用瓷烧成曲线

残余水分、坯体尺寸形状、窑内温差、窑内制品装载密度等有关。如控制入窑坯体含水率在1%～2%以下时，残余水分排除时坯体基本不发生收缩，坯体内部所含水分蒸发逸出通畅，因此升温速度可以加快；反之如入窑坯体含水率较高，入窑后水分剧烈蒸发，坯体易发生“爆裂”。厚壁及形状复杂的产品这种情况更为严重。这时，应控制升温不能太快。残余水分排除也与坯体组分有关，当坯体中可塑黏土质原料含量高时，坯体较致密，水分蒸发排出困难，这个因素应在确定该段升温速度时考虑。

对于大断面窑炉，特别是断面高宽比较大的窑炉，由于预热带烟气分层而形成较大的上下温差，这使同一断面不同部位制品受热不均匀，为减少其影响，只有降低升温速度加以弥补。采取相应措施，如调整装窑密度、设置预热带搅拌气幕、装置高速等温烧嘴，特别是采用断面高宽比很小（扁平）的窑炉，可在很大程度上解决这一问题。

传统大断面隧道窑及间歇式窑炉如倒焰窑中，产品常用匣钵或棚架结构窑具进行叠装，这时装窑密度（窑内单位容积物料装载量）更大，通气不畅，增大了窑炉断面上下温差。

预热阶段升温速度可在综合考虑上述因素的基础上确定。该段对气氛没有特殊要求，通常为氧化气氛。

2. 氧化分解阶段（300～950℃）

陶瓷坯釉在此阶段发生的物理变化主要有质量减轻，强度降低（有机物等塑性物质分解）。发生的化学变化主要有结晶水排除，有机物、硫化物氧化，碳酸盐分解，石英晶型转变等。

本段升温速度和气氛主要与坯料化学组成、颗粒组成、坯体尺寸、形状及装窑密度等因素有关。

由坯釉发生的化学反应可看出，本阶段窑内有大量气体产生、排出，因此主要应考虑相关因素对气体排出的影响，如坯体致密、尺寸大小、壁厚、坯料细度大等都影响气体排出的速率。如上述因素影响较小，本阶段通常可较快升温。石英用量较多的坯体，应考虑573℃左右由于晶型转变引起的体积膨胀，适当控制升温速度。

此阶段宜用氧化焰烧成。

3. 高温阶段（950℃～最高烧成温度）

该阶段坯体开始出现液相，釉层开始熔融。

本阶段应根据坯釉铁钛含量及对制品外观的颜色要求来决定是否采用还原气氛烧成。在使用还原气氛烧成时，本阶段又可分为氧化保温期、强还原期、弱还原期三个阶段。这三个阶段之间的两个转化温度点及后两段还原气氛浓度（CO 浓度）是确定气氛制度的关键。

氧化保温期转强还原期的温度可称为临界温度，临界温度主要由坯釉化学组成决定。对于一定的坯釉组成，有合适的临界温度（范围）。临界温度过低则还原过早，坯釉中有关组分氧化反应进行不完全，部分有机物或碳素残留在坯中，易产生“黑心”甚至起泡等缺陷；而临界温度过高，则还原推迟，Fe_2O_3还原不足，坯体发黄，起不到还原气氛应起的作用。

为使釉完全熔融前氧化反应能充分进行，气体完全排除，有文献建议临界温度应定在釉始熔前 100～150℃（视最高烧成温度而定，一般最高烧成温度较高则提前温度也较高）。

强还原阶段还原气氛浓度 CO 为 3%～6%。这时，燃料燃烧的空气过剩系数 α 约为0.9。

还原阶段理应在由强还原期转为弱还原期后结束，这时釉层已基本成熟，各种还原反应已基本结束。但是，这时如很快转为氧化气氛，还原后的二价铁则易二次氧化，使制品发黄，因此，应维持一段弱还原气氛直至釉层完全成熟，二价铁固定。

有文献认为，在弱还原阶段，烟气中 CO 浓度以 1.2%～2.5%；空气过剩系数 α 约为 0.95 为宜。

可塑性黏土含量较高的坯体，一般来说引入的铁杂质也多，需较强还原气氛烧成。但同时应注意，黏土的吸附能力也较强。这时，如还原气氛过强，则烟气中的残留碳易被坯体吸附，所以，还原期应较长而还原气氛浓度应适中。

高温阶段也常称为“成瓷阶段”。在这个阶段，由于液相量增加，气孔率减小，坯体产生较大的收缩。这时应特别注意窑内烟气与制品间的传热状况，并加以调整，力求减少制品不同部分、同一部分表层及内部的温差，防止由于收缩相差太大而导致制品变形或开裂。在接近最高烧成温度段时，升温要早，但平均升温速度要小，以减少不同部位产品及产品内温度分布梯度。对壁厚及形状复杂的制品，这一点更应引起注意。

最高烧成温度一般要根据成品所要求的吸水率、烧成收缩、抗折强度等性能指标确定。

最高烧成温度还与烧成周期有关。对于同一产品，烧成周期较长，最高烧成温度则应较低；反之，烧成周期较短，最高烧成温度则应较高。

4. 高火保温阶段

如前所述，高火保温阶段即达到最高烧成温度后，再保持一段时间。由于制品不同、所使用的窑炉不同、装窑密度不同、烧成周期不同，高火保温阶段长短也应不同。但这一阶段是必不可少的。

高火保温阶段的主要作用是减少制品不同部分、同一部分表层及内部的温差。从而使坯体内各部分物理化学反应进行得同样完全，组织结构趋于均一。同时也减少窑内各部位的温差，使窑内不同部位的制品处于接近相等的受热条件下，从而具有基本相同的成品理化性能。这一点要深入体会理解。

5. 冷却阶段

850℃以上由于有较多液相，因此坯体还处于塑性状态，故可进行快冷。快冷防止了液相析晶、晶体长大以及低价铁再氧化，从而提高了坯体的机械强度、白度以及釉面光泽度。同一产品，由于冷却时间不同，其中 Fe_2O_3 和 FeO 的相对含量有明显差异（表 10－8）。可见快速冷却对防止 FeO 的再次氧化有很大作用。

表 10－8　某日用瓷冷却总时间与成品中不同形式氧化铁含量的关系

总冷却时间/h	w（Fe_2O_3）%	w（FeO）%
24	47.09	52.91
10	38.58	61.42
1	23.82	76.11

在 850℃以下由于液相开始凝固，石英晶型转化，坯体渐固化，故应缓冷，防止因坯体快速收缩而开裂。特别是对含碱和游离石英较多的坯体，因为碱玻璃热膨胀系数较大，石英晶型转变也引起体积变化，降温过快后果尤为严重。

急冷时的降温速度可控制在 150～300℃/h，缓冷阶段的速率为 40～70℃/h。瓷器在 400℃以下可适当快冷，降温速度可达 100℃/h 以上。对含大量方石英类原料的陶坯，在晶型转化温度段仍需缓冷。产品的出窑温度还应考虑窑外环境温度，一般掌握在 100℃以下。

（二）压力制度

普通陶瓷产品通常在燃料供热的窑炉中烧成（有别于电热窑炉）。在这种窑炉中，窑内气体（烟气及空气）的压力对窑内温度和气氛的分布有决定性的影响。

通过调节窑炉有关设备（烧嘴、风机、闸板等）控制窑内各部分气体压力呈一定分布，保证期望的窑内温度分布和气氛分布。这个窑内气体压力的规律性分布称为压力制度，压力制度起着保证温度制度和气氛制度实现的作用。

一般隧道窑的预热带应为负压，使排烟通畅，由转换气幕吸入少量空气，以保证转换气幕前为氧化气氛。窑头负压控制在 0～10Pa，因负压过大，窑头密封不好会吸入过多冷风，增大预热带前段上下温差，预热带中部负压一般控制在 10～40Pa，末端为 0～30Pa。

烧成带保持微正压，使外界冷空气难以入窑，稳定窑内气氛和温度。高火保温区保持微正压以保证弱还原气氛，防止制品二次氧化。

零压点控制在预热、烧成两带之间，使氧化、还原阶段分明。零压位的稳定与否影响气氛制度：零压位向后移就会延长氧化时间、缩短还原时间，造成还原不足；零压位往前移又会造成制品氧化不足，都会影响产品质量。

冷却带一般处于正压下，但正压不宜过大，窑尾正压最大为 15Pa。

烧成制度的制定是一项很复杂的工作，制定时要综合考虑各方面因素；在执行过程中要随时根据坯釉配方变化、制品品种变化、燃料变化甚至气候变化及烧成制品反馈的信息等因素予以调整。

在调整烧成制度时要注意调节效果的滞后性，一般来说，窑炉自重越大（厚壁），烧成周期越长，装窑密度越大，则滞后时间越长。因此，要根据这些情况，在一次调整后经过滞后期的观察分析才可确定调整是否正确，以决定随后是否需继续调整及如何调整。如果在滞后期内即做下一步调整，则可能会做出错误判断，以至于情况比调整前更为恶化。新型薄壁轻型快烧窑炉滞后期很短，因此调节灵敏，为提高烧成的质量创造了条件。

第二节　烧成工序的节能与低温快速烧成

一、烧成工序的节能

改革开放以来，我国陶瓷工业得到了快速的发展。自1993年起，我国建筑卫生陶瓷产量一直居世界首位。据统计，1998年陶瓷砖产量占世界总产量的34.5%，卫生陶瓷占世界总产量的23.4%。2002年陶瓷砖年产量约25亿m^2，卫生陶瓷年产量约5500万件。2004年起我国日用陶瓷产量也位居世界第一，高达130亿件，约占世界总产量的60%；建筑瓷砖年产量约为30亿m^2，约占世界总产量的50%。

虽然目前我国陶瓷产量在世界上遥遥领先，但总体上仍存在制品档次低、综合能耗高、资源消耗大、能源综合利用率低、生产效率低等问题。陶瓷工业所消耗的能源，大部分用于烧成和干燥工序。两者能耗占陶瓷生产总能耗的80%以上。其中约60%用于烧成，20%用于干燥。发达国家的能源综合利用率一般在50%以上，美国达57%，而我国仅达28%～30%。

我国是一个能源和资源相对贫乏的国家，陶瓷行业是一个高能耗行业，从原料的制备到制品的烧成等各工序燃料、电力等能源成本占整个产品成本的23%～40%。因此，在陶瓷生产中节约能源有非常重要的经济和战略意义。如前所述，在整个陶瓷生产工艺过程中，烧成工序的能耗约占60%，因此，烧成工序的节能，就具有更加重要的意义。

经过大量的科学研究和工业实践，目前我国陶瓷产品烧成工序的节能已取得了很大的成绩，所采用的有效的节能技术有以下几点。

（一）低温快烧

在陶瓷生产中，烧成温度越高，能耗就越高。我国陶瓷传统的烧成温度一般为1100～1280℃，有的日用陶瓷品种传统烧成温度高达1400℃以上。据热平衡计算，若烧成温度降低100℃，则单位产品热耗可降低10%以上，同时烧成时间可缩短10%，产量增加10%，热耗降低4%。因此，应用低温快烧技术，可以大大增加产量，节省能源。低温快烧的关键技术要点是应研究采用适合低温快烧配方的新原料，降低坯料的烧成温度，降低釉料的玻化温度，为低温快烧提供物质条件。

低温快烧是陶瓷烧成工序节能降耗的重大课题，在后边专门进行论述。

（二）采用裸装明焰烧成技术

目前，我国陶瓷窑炉烧成方式主要有：明焰钵装、隔焰裸装和明焰裸装。在使用煤炭作燃料的烧成过程中，采用明焰钵装。由于匣钵占用窑位，增加了加热重量，因此能耗大，产量低，烧成周期长。隔焰裸装采用重油为燃料，燃烧产物不清洁，为不影响产品质量而必须采用匣钵，这样增加了能耗，降低了产量。使用清洁气体燃料的明焰裸烧是最合理的烧成方式，最大限度地简化了传热和传质过程，去除了匣钵吸热和占用空间，大大提高了生产能力，降低了能耗。

明焰裸装烧成是与采用气体清洁燃料和窑炉的改进密切相关的。

（三）窑炉技术的不断进步

窑炉是陶瓷烧成的重大设备。目前，我国陶瓷生产使用较多的窑型有：隧道窑、辊道窑和梭式窑。其他窑型如倒焰窑、推板窑、多孔窑等已基本淘汰。现在，陶瓷墙地砖基本全部采用辊道窑烧成，卫生陶瓷部分采用辊道窑和梭式窑烧成，大部还是隧道窑烧成。日用陶瓷大部分仍为隧道窑烧成，少量为辊道窑烧成。

辊道窑烧成具有产量大、产品质量好、能耗低、自动化程度高、操作方便、工人劳动强度低等优点，是陶瓷烧成窑炉发展的主要方向。同等规模的窑炉，隧道窑匣钵烧成墙地砖年产量只有 20 万 ~ 25 万 m^2，单位产品能耗为（3000 ~ 4000）×4.18kJ/kg，用辊道窑烧成，年产量可达 200 万 ~ 250 万 m^2，单位产品能耗（550 ~ 600）×4.18kJ/kg。卫生陶瓷隧道窑烧成单位产品能耗为 2400 ×4.18kJ/kg，辊道窑烧成单位产品能耗为 1200 ×4.18kJ/kg；日用陶瓷隧道窑烧成单位产品能耗为 12000 ×4.18kJ/kg，辊道窑烧成单位产品能耗为 3500 ×4.18kJ/kg。

随着我国陶瓷工业的迅速发展，初步形成了以创新思维从事窑炉设计制造的方向，注重应用高科技与新技术研制窑炉新产品，在节能、提高烧成效率、缩短烧成周期、提升陶瓷产品烧成质量等方面，取得了许多成功的经验。

新一代的现代化窑炉的技术特点主要表现在重视技术创新，以高新技术来推动创新。重视基础学科研究，注意吸收其他行业科研成果，并运用到新型陶瓷窑炉设计与研制中。

在新型窑炉设计、研制与制造方面，专业化分工越来越细，如喷嘴、各种保温和耐火材料、监测仪器、自动控制及信息处理等方面都取得了不少进步。许多窑炉产品的各个部件由数十家乃至上百家企业协作生产，最后组装而成。一台先进的窑炉往往凝聚了燃烧技术、材料技术、节能技术、信息处理技术、自动控制技术等多领域的研究成果，高新技术领导着窑炉技术发展的新潮流。

新型陶瓷窑炉研制与开发极为注重窑炉的综合技术配套。窑炉技术水平已达到运行辊道化、燃料气体化、烧成自动化、窑体轻量化及节能化等目标与水平。由于新型陶瓷窑炉能够不断降低能源消耗、窑内温差，大大缩短了烧成周期，提高了自动化水平，已成功达到烧成质量提高，节能效果好，减轻工人劳动强度及降低窑炉造价，缩短施工周期等效果。

目前，建筑卫生陶瓷行业已普遍采用的辊道窑与梭式窑窑炉，由于采用了先进的喷嘴燃烧系列及轻量化的炉体，因此节省场地，操作方便。梭式窑炉均采取向上打开窑门，内部为全陶瓷纤维棉结构。梭式窑炉的烧成采取人工操作与全自动控制两种方法。人工操作式的梭式窑装配全自动控制系统后，即可实现全自动无人化操作。全自动控制系统主要由温度测知、氧度监测、自动供气与闭气开关可自动调节式、自动烟囱闸板开启开关及计算机信息处理及指令部分组成。

另一方面，随着劳动制度的进步，传统的连续化工作制度面临着改进。因此，以梭式窑为代表的新型间歇式窑炉也具有很大的发展空间。

（四）采用高效轻质保温耐火材料及新型涂料

一般来说，轻质耐火材料的隔热能力是重质耐火材料的 2 倍，蓄热量仅为重质耐火材料的一半；硅酸铝耐火纤维材料的隔热能力是重质耐火材料的4倍，蓄热量仅为重质耐火材料的1/10。因此，在窑炉及窑车构筑上大量使用轻质耐火材料和硅酸铝耐火纤维材料节能效果十分明显。有文献介绍：某企业用上述新型耐火材料改造隧道窑，散热量降低70%，散热量占总能耗的比例从20.6%降低到9.02%，综合节能16.67%。为提高窑炉内壁铺设的硅酸铝纤维耐火材料的抗粉化能力，还可采用热辐射新型涂料进行防护，同时可提高窑炉内的传热效率。

热辐射涂料是由较高黑度的材料与结合剂和外加剂配成的新型涂料，其特点是涂层结合强度高、耐高温、耐磨损和具有较高的表面热辐射率。

从基尔霍夫定律可知，在一定的温度和波长的情况下，辐射体的辐射率和吸收率之比值是一个常数。即物体的热辐射率越大，吸收率也越大。当炉衬表面上涂刷了高辐射率的涂料，则增加了吸收的热量，炉衬温度也随之而升高，即提高了热辐射率。此时，通过炉衬传导散失的热量，虽有增加，但微不足道。同时，热辐射强度随着温度的升高而增大，且由最大的波长移向较短的波长一边。

热辐射涂料应具有较高的辐射率，长期使用辐射能不衰减，高温下强度高、抗氧化且不与基底材料发生化学反应。同时，涂刷时附着力强，易成膜，易干燥，在储存期内不沉淀、不结块。

热辐射涂料的材料组成，应经实验确定，其关键是选用高辐射率的基质材料和结合剂。基质材料中SiC较好，热辐射率高，耐火度高，但易氧化、难烧结。在高温下，SiC氟化后使辐射率下降，涂层脱落。因此，需加防氧化剂和适当的烧结剂。软质黏土、膨润土和长石等材料具有良好的塑性和反絮凝作用，不但起烧结作用，而且能改善涂料的施工性能，即涂刷方便、成膜好和防止料的沉淀。这种涂料涂刷在高温衬体的表面上，能达到节约能源和提高炉衬寿命的目的。因此，该类涂料也称为节能涂料或陶瓷涂料。

（五）烧成工序的余热利用

陶瓷窑炉所产生的烟气带走的热量是巨大的，而且温度较高可达400~500℃，占窑炉总热耗的25%~35%。若将这部分余热利用起来，其经济效益相当可观。目前，我国陶瓷行业余热的利用率非常低，一般只有3%~8%，而国外的余热利用率一般都在15%左右。可见，我国陶瓷热工设备的余热利用还有很大的开发空间。

现有陶瓷工业余热利用方式有直接利用窑炉余热；在换热器中用烟气余热加热助燃空气和煤气；设置预热段，用烟气余热加热坯体或喷雾泥浆；设置余热锅炉，用烟气热量生产蒸汽并用产生的蒸汽来发电；利用烟气余热产生的蒸汽来制冷和供暖等方式。

二、低温快速烧成

我国是传统的陶瓷生产大国，陶瓷烧成温度普遍偏高。20世纪70年代发生的能源危机，促使陶瓷行业在节能降耗上进行技术改进，取得了一定的成绩。

在20世纪70年代以前，我国卫生陶瓷烧成温度为1300℃左右，90年代下降为1150~1200℃。釉面砖素烧温度由1180℃下降到1050~1100℃，釉烧温度由1080℃下降为1020℃。在此期间，硬质日用瓷一般烧成温度由1400℃下降为1300~1350℃，炻器日用瓷烧成温度由1350℃下降为1220～1250℃，骨质瓷素烧温度由1180℃下降为1100～1150℃。取得的节能效果十分明显。

快速烧成是一个相对的概念。

传统上，普通陶瓷的烧成周期（整个烧成过程所需时间）都较长，特别是单件质量较大、尺寸及厚度较大的产品，往往需要30～40h，甚至更长。这固然是由于坯釉的烧成反应需要一定时间，但更主要的是由于外部条件如窑炉温差、装窑密度、燃料、生坯成型强度、窑具性能（特别是耐急冷急热性能）等条件所限制。

显而易见，长的烧成周期大大增加了能耗（燃料消耗，附属设备电耗），降低了产量。因此，缩短烧成周期，进行快速烧成，有重大的意义。

有文献提出按烧成周期长短将烧成分为三类：烧成周期在10h以上者称为常规烧成；在4～10h以内的称为加速烧成；在4h以下的称为快速烧成。这种划分虽然没有涉及产品类别而较为笼统，但对于大部分普通陶瓷产品来说还是符合实际的。

由于采用低温快烧工艺，大大地降低了陶瓷产品烧成温度与缩短了烧成时间，节能效果显著，在很大程度上降低了能耗成本。

快速烧成是现代陶瓷窑炉的一大特点。现代陶瓷窑炉中将旧式窑炉几十小时的总烧成时间缩短为十几小时、几小时，甚至不到1h。快速烧成的结果，单窑生产能力大幅度地增加，单位热耗显著减少，而产品质量由于科学地、合理地缩短总烧成时间，并未受到影响。

表10－9中列出了当今一些典型陶瓷品种总烧成时间的缩短情况。从表中可见，不同品种陶瓷的总烧成时间大都缩短很多。总烧成时间之所以能够缩短很多，有两个方面的原因：一是陶瓷产品本身的物理化学变化及其配方的研究表明，总烧成时间可以大幅度缩短而不会影响产品的品质；二是现代陶瓷窑炉及窑具的优异性能使得陶瓷制品有可能进行快速烧成。

随着陶瓷基础理论和窑炉技术的进步和发展，在实现快速烧成的同时，烧成温度也有所降低。

表10－9　陶瓷总烧成时间的缩短　单位：h

窑炉类型	卫生陶瓷	釉面砖素烧	釉面砖釉烧	地砖	日用瓷素烧	炻器	电瓷	电子陶瓷
旧式窑炉	20～72	40～60	20～30	50～70	24～40	30～50	66～78	50～60
现代窑炉	7～14	0.5～1.0	0.75～1.1	0.75～1.0	1～3	2～8	48～60	4～6

测定常规烧成（24h）和快速烧成（8h）卫生瓷的一些性能指标（见表10－10）。表中数据表明，快速烧成卫生瓷的主要性能指标和常规烧成的指标很接近。

表10－10　快速烧成和常规烧成卫生瓷的性能对比

指标	快烧	常规烧成
烧成时间/h	8	24
最高温度下的保温时间/h	0.5	0.75
最高烧成温度/℃	1250～1260	1250～1260

续表

指标	快烧	常规烧成
吸水率/%	0.25～0.5	0.3～0.87
密度/(g/cm^3)	2.34	2.33
抗折强度/MPa	70	68
热稳定性（循环次数）	>3	>3
莫来石含量/%	19	19.5
残余石英含量/%	13	13

（一）低温快速烧成的意义

1. 节约能源（燃料）

陶瓷生产过程中燃料费用占生产成本比例很大，一般在30%以上。缩短烧成时间，对节约能源的效果显著。如一次烧成陶瓷墙地砖，在隧道窑中26h烧成单位产品热耗为$4.6\times10^5kJ/m^2$，而同样的产品在辊道窑中90min烧成时的热耗为$1.5\times10^5kJ/m^2$。这足以说明快速烧成的节能作用。当在同一条隧道窑里焙烧卫生瓷时，根据热平衡计算，单位制品的热量消耗Q为：

$$Q=K-\frac{t}{N}+A \tag{10-1}$$

式中：t——烧成时间，h；

N——窑内容车数，辆；

K、A——常数。

从上式可知，单位制品的热耗与烧成时间成直线关系，烧成时间每缩短10%，产量可增加10%，单位制品热耗可降低4%，所以快速烧成既可节约燃料，又可提高产量，使生产成本大幅度降低。

2. 充分利用原料资源

要实现快速烧成，往往要研制相应较低温度烧成的坯釉配方。低温烧成普通陶瓷产品，其配方组成中一般都应含有较多的熔剂成分。我国地方性原料十分丰富，这些地方性原料或低质原料（如瓷土尾矿、低质滑石等）及某些新开发的原料（如硅灰石、透辉石、霞石正长岩、含锂矿物原料等）往往含较多的低熔点成分，来源丰富，价格低廉，很适合制作低温坯釉料，或者快烧坯釉料。因此，低温快速烧成能充分利用原料资源，并且能促进新型陶瓷原料的开发和利用。可以说，在一定程度上，低温快速烧成的关键在于开发与利用低温陶瓷原料。低温快烧工艺的研究促进了陶瓷节能工作的进展。

目前已成功筛选出不少低温陶瓷原料及低温釉用熔剂原料，其主要原料品种有硅灰石、透辉石、透闪石、绢云母黏土、叶蜡石、珍珠岩等。

硅灰石属于硅酸钙矿物。自然界中的硅灰石主要存在于不纯的石灰岩与酸性岩浆岩的接触变质带内，在火成岩的富钙片岩中也可见到。与硅灰石原料伴生的矿物还有透辉石、石榴子石、方解石及石英等，均属陶瓷工业可以采用的原料种类。硅灰石具有良好的热膨胀特性，它的热膨胀系数随温度增加，呈现直线性上升，因此，非常有利于快速烧成的工艺要求。此外，硅灰石熔点比较低，为1540℃，硅灰石与瓷坯中的碱－碱土成分结合时能进行较低温烧成。一般在坯料中掺入10% ~20%的硅灰石取代长石、石英时，可将烧成温度下降80~120℃。硅灰石还具有独特的工艺性能，如使用硅灰石原料后，可以有效的减少坯体收缩率，而且能够降低坯体的吸湿膨胀，防止陶瓷坯体的后期干裂等。含硅灰石的坯体还具有较高的机械强度和较低的介电损失。引入硅灰石的坯体，在烧结过程中成熟速度加快，可以在十几分钟至几十分钟内使坯体成熟，大大降低了单位制品的热损耗，其烧成周期也从过去的约90h，下降为仅仅50min。硅灰石最先被引入到釉面砖坯料配方中，使面砖的烧成热能消耗由15000kJ/kg制品，下降为7700kJ/kg制品。除用于釉面砖外，硅灰石原料近年来已扩大了其应用范围，取得明显的节能降耗效果。

透辉石属于硅酸镁－硅酸钙铁类质同相系列中的矿物。透辉石的理论化学组成为：CaO 25.8%，MgO 18.5%，SiO_2 55.7%。透辉石的热膨胀系数与硅灰石大体相同，也是非常适合低温快烧工艺的优质原料。透辉石的熔剂性质也很独特，如其开始变化温度为1170℃，软化温度为1280℃，熔融温度为1290℃，软化温度范围为110℃，熔融温度范围则为10℃。因此透辉石与硅灰石同样可以有效地减少陶瓷制品坯体的收缩率。引入有透辉石原料的面砖产品，其坯体的总收缩（包括干燥收缩与烧成收缩）仅为0.2% ~0.4%。配入透辉石的瓷砖坯体同样可以降低坯体的吸湿膨胀，杜绝釉面砖使用的后期龟裂缺陷。引入透辉石的建筑陶瓷制品，其烧成温度极低，仅为980~1020℃，较之硅灰石坯体的烧成温度还要降低100℃左右。因此，扩大透辉石原料的使用范围，将具有更大的节能降耗效果，产生更大的经济效益。

珍珠岩属于一种酸性火山岩浆喷发的玻璃质熔岩。在珍珠岩内常含有一些透长石、石英的斑晶微晶及各种形态的雏晶及稳晶矿物等，如角闪石刚、叶蜡石、黑云母等。珍珠岩开始收缩温度为1025℃，软化温度为1175℃，熔融温度大于1500℃，软化温度范围为150℃，熔化温度范围为325℃。开始收缩的温度比长石低120℃，软化温度低75℃，软化范围加宽95℃。由于这些特性，珍珠岩在陶瓷制品烧成中可以大大降低烧成温度，改进烧结的质量。珍珠岩还有一种特性，即含有珍珠岩的陶瓷坯体中，莫来石晶体形成较早，从而有利于烧结过程的进行。因此，含珍珠岩坯体除具有与长石－石英－黏土（高岭矿物）三元系坯体配方相同的工艺特性之外，还能降低烧成温度（从原来的1280℃降低为1180~1160℃），制品具有良好的热稳定性。

3. 提高窑炉与窑具的使用寿命

陶瓷产品的烧成温度在较大幅度降低之后，可以减少匣钵的破损和高温荷重变形。对砌窑材料的材质要求也可降低，减少了建窑费用，同时还可以增加窑炉的使用寿命，延长检修周期。在匣钵的材质方面也可降低性能要求，延长其使用寿命。

从快速烧成发展趋势看，装匣烧成将会逐渐减少，趋向于在隔焰窑中裸装烧成（用耐火棚架支承产品）或在辊道窑中无匣烧成。

4. 缩短生产周期、提高生产效率

快速烧成除了节能和提高产量外，还可大大地缩短生产周期和显著地提高生产效率。以釉面砖为例，通常的素烧在隧道窑中需30~40h，釉烧在隧道窑中需20~30h，仅烧成一道工序就占50~70h。而釉面砖在辊道窑中快速烧成，素烧为60min，釉烧为40min，总的烧成时间不到2h，当其他工序时间不变时，仅采用快速烧成就可大大缩短生产周期。

另外，低温烧成，有利于提高色料的显色效果，可更多的采用丰富釉彩和更多的色釉品种。快速烧成可使坯体中晶粒细小，从而提高瓷件的强度，改善某些介电性能。

虽然低温烧成及快速烧成具有上述优点，但也应注意到，采用这些烧成方法的前提是必须保证产品的质量。而低温快烧产品的质量并非完全等同于常规烧成的产品。此外，由于陶瓷产品种类繁多、性能要求各异，因此并非任何品种都可以采用低温烧成或快速烧成。

（二）快速烧成的工艺措施

要实现快速烧成，一般应满足以下工艺条件：

1. 坯、釉料能适应快速烧成的要求

快速烧成的坯料的工艺性质要求有以下几个方面：

①干燥收缩和烧成收缩均小。这样可保证产品及尺寸准确，不致弯曲、变形。一般坯料只能适应100～300℃/h的升温速度，而快速烧成时的升温速度可达800～1000℃/h，所以要配制低收缩的坯料，选用少收缩或无收缩的原料（如灼减量小的黏土、滑石、叶蜡石、硅灰石、透辉石或预烧过的原料、合成原料等）。

②坯料的热膨胀系数要小，随温度的变化接近线性关系，在烧成过程中坯体不致开裂。

③坯料的导热性能好，使烧成时物理化学反应能迅速进行，又能提高坯体的抗热震性。

④坯料中少含晶型转变的成分，以免因体积变化破坏坯体。

⑤快速烧成用的釉料要求其化学活性强，以利于物理化学反应能迅速进行。始熔温度要高些，以防快速烧成时原料的反应滞后，引起釉面产生缺陷（针孔、气泡等）。高温黏度比普通釉料低些，而且随温度升高黏度降低较多，以便获得平坦光滑无缺陷的釉面，热膨胀系数较常规烧成时小些，便于和坯体匹配。

2. 减少坯体入窑水分、提高坯体入窑温度

残余水分少则短时间内即可排尽，而且生成的水汽量也少，不致在快速烧成条件下产生巨大应力。入窑坯温高则可提高窑炉预热带的温度，缩短预热时间。

3. 控制坯体厚度、形状和大小

厚坯、大件、形状复杂的坯体在快速烧成时容易损坏，难以进行快速烧成。

4. 选用温差小和保温良好的窑炉

小截面窑炉内的温度比较均匀。低蓄热量的窑炉易于升温和冷却。

5. 选用抗热震性能良好的窑具

快速烧成时，窑具首先承受大幅度的温度变化。它的使用条件比通常的烧成方法要苛刻得多。而窑具的抗热震性是快速烧成能否进行的重要条件。

第三节　装　　窑

一、装　　窑

烧成前将陶瓷生坯装入窑炉内的操作称为装窑。显而易见，装窑工序与窑炉形式和产

品形状尺寸直接相关。传统间歇式窑炉如倒焰窑、大断面隧道窑，由于窑内温差大，因此，在产品装窑操作上要仔细布置，减少温差对不同部位产品的影响，如产品尺寸形状不同而混装，有时还可利用窑内温差不同部位装烧不同产品，各自取得预期的结果。

随着传统窑炉的淘汰，新型窑炉的应用及单一品种产品的大批量生产，装窑操作已日趋模式化、自动化。如宽断面快速墙地砖烧成辊道窑，已完成全部自动进坯、排列。除考虑窑内横向空间利用及砖列纵向间距外，并不须专门考虑“装窑”问题，也没有专门的装窑工序。然而对于大件、异形、批量小的产品，在现代间歇窑中装烧（如梭式窑、罩式窑中装烧大型电瓷），还是要仔细考虑这个问题的。

不同的装窑操作要求不同的窑具加以配合。选材适当、形状合理的窑具，是实现合理装窑的物质条件。

传统窑炉采用不洁燃料（煤、渣油），为防止产品污损，装窑时需将产品装入封闭的窑具空间中烧成，这种起封闭作用的窑具特称为匣钵。因此，利用匣体装烧产品的装窑操作也称为“装钵”。

从原则上来讲，装窑操作应满足以下要求：

①根据窑内温差情况，调节窑内不同部位装窑密度（单位容积装载产品及窑具重量）。使温度较高的部位装窑密度较大，温度较低的部位装窑密度较小，使不同部位产品单位时间、单位质量得到的热量相近。合理确定平均装窑密度，提高窑炉单位时间产量。

②窑具及产品间隙合理（如钵柱间、棚架间），能满足窑内气体合理流动、传热均匀的要求。特别是靠近燃烧器及气体进出口部位，应仔细分析、考虑气流情况，避免局部过热或过冷。

③保护产品不受污损。包括窑内烟气及窑具本身污损（如窑具掉渣等）。

④装载牢固，特别是叠装较高时，要充分考虑产品及窑具高温荷重性能及受力平衡情况，还要考虑烧成过程中震动及运动惯性、受力等因素（如装在隧道窑窑车上的窑具及产品）。确保产品安全及窑炉安全运转，不发生窑具、产品窑内倒塌（倒窑）等意外。

⑤由于陶瓷坯体在烧成过程中有较大的体积收缩，在高温阶段有较大量的液相生成，因此窑具之间、产品与窑具之间、窑具与窑体之间（窑底、窑车面等）接触面要进行必要处理（如采用垫泥、垫饼、垫砂、涂层等），便于坯体烧成收缩时的自由滑动，防止因收缩受阻产生开裂，同时防止高温后黏结，否则需强力分开而损坏窑具或产品。

⑥减轻操作劳动强度，力争机械化、自动化操作。减少产品装烧损失率，延长窑具使用寿命。

⑦在确保安全及产品质量前提下，减少窑具质量，降低窑具与产品质量比，降低产品单位能耗，提高经济效益。

二、装 窑 方 法

（一）日用陶瓷

大部分日用陶瓷产品器型小、器壁薄、表面施釉，不能直接叠装。在大断面用不洁燃料的窑炉中烧成，要避免窑内烟气污染，需要将制品装在耐火容器——匣钵内，匣钵的材质应符合承重及高温荷重要求，形状应与被装制品器型适应，以提高装窑密度。

同其他耐火材料一样，匣钵要先进行专门烧成。匣钵可多次使用，叠装时上层匣钵底常涂以高温下可形成玻璃质的涂层，以防止落渣，污损下层产品。钵口接合处要涂以耐火黏土或氧化铝浆，防止高温下黏结。匣钵装产品后可叠装成钵柱。钵柱应有足够的稳定性，以免在窑内气流冲击或窑车运动时倾倒。匣钵装产品前一般要铺一薄层石英粉，使坯体放置平稳，防止高温后与钵底黏结，同时也利于坯体高温收缩时自由移动，避免变形或开裂。

一般日用陶瓷器中，盘、碟、碗类大都每件匣钵装一件产品，而壶、杯等形状较复杂的产品，常是数件装在一个较大的匣钵内。

为防止产品烧成收缩时变形，特别是对一些形状复杂的产品，装钵时也常采用耐火质的垫饼、垫钉等辅助材料，见图 10－13。

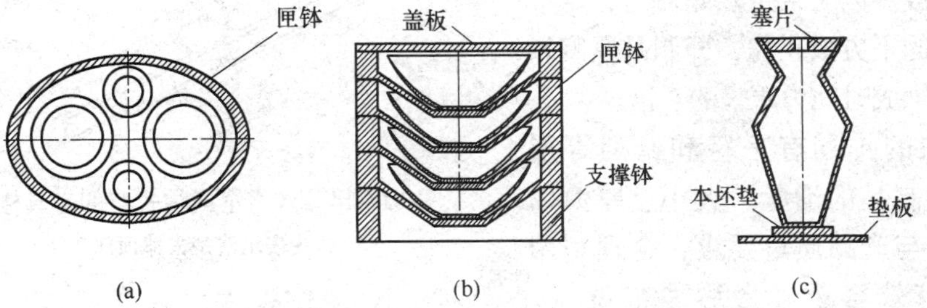

图 10－13　一些日用陶瓷的装钵方法
（a）大小制品搭配装钵（俯视）　（b）碗类的装钵
（c）保持瓶口圆正的塞片及保持瓶底均匀收缩的本坯垫片

中国传统陶瓷生产工艺在制品装窑操作中积累了十分丰富的经验，应该给予总结和提高。

窑炉类型不同，钵柱在窑内的分布也应不同。

1. 倒焰窑装窑

①倒焰窑内温度分布很不均匀，上下温差和水平温差都较大，必须按照坯料的烧结性能以及对制品的质量要求确定合适的窑位。

②装窑前，清除吸火孔和支烟道中的窑渣杂屑，确保烧成时火焰畅通。并在窑床上撒一层石英或熟料粉、糠灰等，防止垫座黏坏窑床。

③垫座系用耐火材料做成，每根匣钵柱均用三个，摆成等边三角形，使之受力均匀。

④匣钵柱的水平排列方式多为平行排列（可平行、交错或两者混合），钵柱间距要适当，调节水平间距大小可以均衡窑内水平温度。排布一般是内密边稀，钵柱间距为 3～5cm，边钵柱距窑墙为 10～12cm（对快速烧成窑可适当加宽）。

⑤匣钵柱的上下要保持平、正、直、稳。为了防止靠近窑墙的一排钵柱向外倾倒，要求稍向中心倾斜，在每柱间隙里隔一定高度用废匣钵片或特殊的“支撑”卡紧，防止高温时歪倒。匣钵柱的高度要根据窑炉结构及所装产品来定。钵柱距窑顶一般为 15～20cm，中间钵柱与窑顶间隙小，四周大。近挡火墙处，钵柱较矮，以免挡住火焰。

随着窑炉工业的发展，能耗高、劳动条件差的倒焰窑已基本退出历史舞台，被梭式窑等先进窑炉所代替。由于先进窑炉使用清洁燃料，因此产品装窑时已不用匣钵，产品直接装在耐火支架上（见图 10－14）。

2. 隧道窑装窑

传统隧道窑装窑是将钵柱直接在窑车上，装钵与装窑同时进行。因此，隧道窑装窑也叫装车。

①隧道窑内所装产品尽可能是同一类型，或者使匣钵的直径尽可能一样，这样可使钵柱通道保持一致，以利于窑内焰气规律性流动。

②不应把厚度相差较大的产品在同一窑内混装烧成。因为从传热角度看，烧成时间与厚度的平方成正比，即制品厚度增加1倍时，烧成时间为原来的4倍。

③钵柱的排列有平行和错列等形式。应根据制品的形状、大小、厚薄以及烧成温度与产品质量要求，合理利用窑车上的有效容积（俗称"窑位"）。一般匣钵间距3～5cm，距离窑壁10～15cm，距窑顶10～15cm。

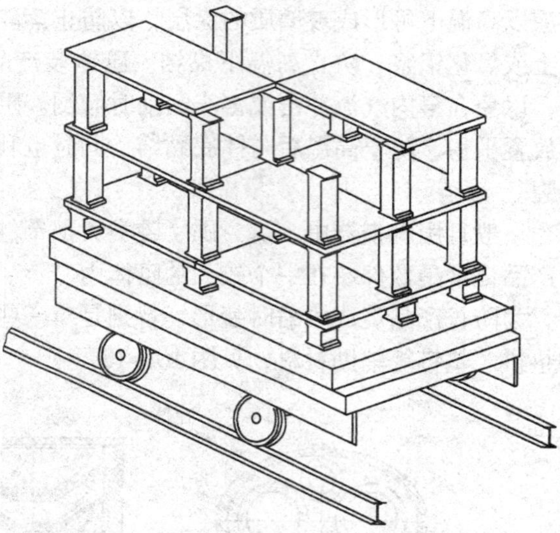

图10－14 隧道窑或梭式窑的窑具棚架结构
（为表示清楚去掉顶部2块）

3. 无匣钵装窑

传统大断面使用不洁燃料（煤、渣油）的窑炉，一般来讲匣钵是必不可少的。然而，使用匣钵的缺点也是显而易见的：传热状况恶化，烧成周期延长，匣钵吸热量大，导致热耗增加，产品装窑密度减小，装钵装窑劳动强度大，难以实现机械化操作等。

随着窑炉结构及燃料结构不断改进，陶瓷生产越来越多地采用宽、低断面隧道窑、辊道窑及先进的梭式窑，采用洁净燃料（气体燃料、轻油燃料），这些都为无匣钵装窑创造了条件。

无匣钵装窑视窑炉类型及产品类型不同而有下列情况：

①大断面隧道窑及梭式窑的装窑：这类窑炉多用耐火材料制棚板、支柱，在窑内砌筑成层状结构，产品装于各层棚板平面之上（见图10－14）。这种装窑方法不用匣钵，窑具构筑体（俗称车摞）不必每次重新砌筑，而只需略加修整，因此降低了操作劳动强度。产品、窑具间气体流动通畅，改善了传热状况，窑具与产品质量比较装钵法有了降低。有关资料显示：与匣钵装窑法相比，后一种方法装窑密度提高33%，窑具用量减少50%以上，平均产品燃耗减少30%，窑炉生产能力提高40%。

②宽断面低高度辊道窑：对于这类窑炉，只需将产品放置在耐火材料制的垫板之上，烧成时产品与垫板一起在窑内辊道上运动。这种装窑方法大大降低了窑具质量，传热状况良好，易于进行机械化、自动化操作，目前已越来越多地代替了传统的匣钵装窑方法，也是今后日用陶瓷窑炉发展的方向。

（二）墙地砖

传统墙地砖生产工艺较落后。二次烧成内墙陶质砖素烧采用砖坯叠装成摞，然后视窑炉类型不同进行装钵或装于棚板支柱构筑的车摞内。由于砖摞体积较大，通气传热不良，因此烧成周期很长，可达40～60h。并且装烧损失率高，操作劳动强度大。二次釉烧时采用带齿方形圈状匣钵分隔装坯，以避免黏结，完全为人工操作，损失率较高。

随着墙地砖生产工艺技术迅速地发展，上述墙地砖生产工艺现已淘汰。现代窑炉已使墙地砖装窑操作发生了巨大的、本质性的变化。目前，不论是二次、三次烧的内墙砖产品，还是一次快速烧成的彩釉砖及其地砖类产品（无釉砖、抛光砖等），都已采用无窑具（只靠辊道）快速烧成。半成品入窑及出窑已完全实现了机械化、自动化操作，而作为一个工序的“装窑”已成为历史。至于调节单层成行列排布在辊道上的砖坯间隙、速度等，也已纳入烧成管理，而不再专门分出来作为一个工序进行考虑。

（三）卫生洁具

卫生洁具形状复杂，尺寸较大，质量较大，不论是哪种装窑方法，一般均需采用适当形状的耐火垫座，防止烧成收缩时变形，保持器型所需形状。

传统采用不洁燃料的隧道窑或梭式窑仍采用装钵的方法，形成钵柱，其操作要点类似日用瓷。

现代新型窑炉（辊道窑、隧道窑、梭式窑）均采用单层或多层棚架结构装窑。单层装窑时只需垫板及相应形状的垫座（见图 10－14）。

（四）电瓷

高低压电瓷属于普通陶瓷范畴。中、小件电瓷装窑方法原则上与日用瓷相同。大型产品装窑有其特殊之处，下面予以说明。

1. 座装

圆筒形制品大多采用座装（见图 10－15）。有些坯件小而壁厚，重心集中在下部，也用这种方法装钵。凡中空而壁薄的坯件，都须用垫座，其目的是防止坯件在烧成过程中变形。一般垫座都与所装坯件相同的原料制成（称为本坯垫），因为这样坯件在焙烧过程中，与垫座同时收缩，使坯件与垫座直接接触的一端不致开裂、变形。一般垫座的大小、厚薄要以坯件的大小和接触面的大小来确定。垫饼是承托坯件用的工具，能起到垫平找正、防止制品变形的作用。本坯垫只能使用一次，浪费较大。目前工厂广泛采用耐火黏土或碳化硅压制的垫饼，使用时在装坯面涂覆一层氧化铝料浆，并撒上一层石英粉或氧化铝粉，增加可滑动性。此类垫饼可以重复多次使用。

壁厚而体积较小的坯件一般可不用垫座，直接将石英粉或氧化铝粉均匀地撒在匣钵底面上，然后将坯件放上（见图 10－16）。

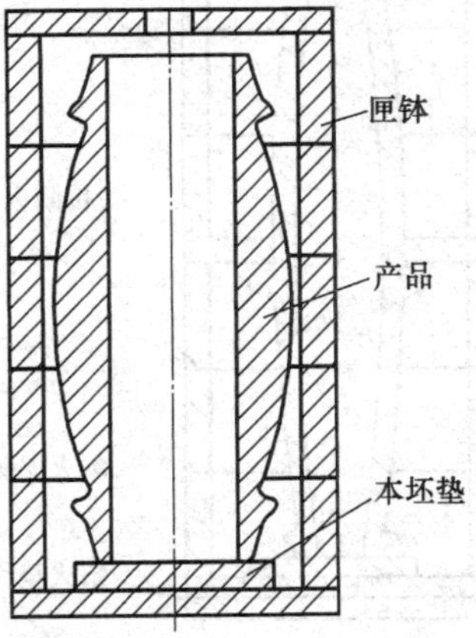

图 10－15 大型电瓷匣钵座装

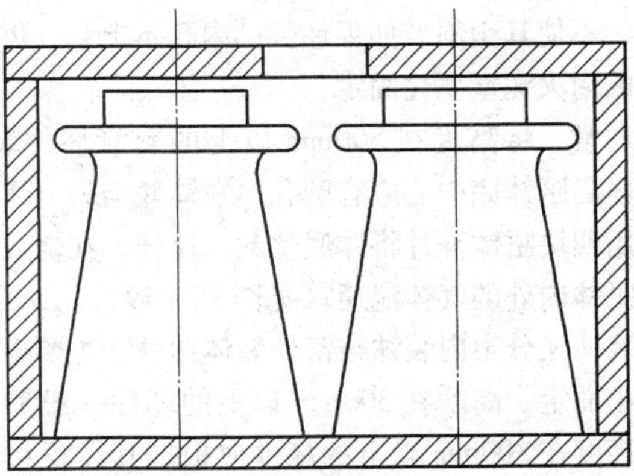

图 10－16 无垫座的座装

2. 吊装

两端小、中间大的产品大都采用吊装。一般体积小而质量为 2～3kg 的产品，能够利用坯体不上釉的中腰法兰部分用匣钵卡盖和一圆形垫座卡在其上，使其在匣钵内悬空吊起（见图 10－17）。圆形垫座由两半组成。干燥后孔径的尺寸应大于坯件卡装部位 3～5mm，卡盖经过 1200～1300℃烧成后的孔径尺寸，应较坯件卡装部位的外径大 5～8mm。

有些产品直径小而长度大（细长），如果采用座装，在烧成过程中可能因收缩或坯体软化而变形弯曲。这类产品也须采用吊装。但由于这类产品生坯机械强度不高，吊装时下端须用垫座支撑，切忌悬空吊起，以防钵柱摇动和因坯体自重而折断。坯件在烧成过程中，由于收缩而自动脱离垫座吊起，在自身重力作用下，保持垂直形状（见图 10－18）。

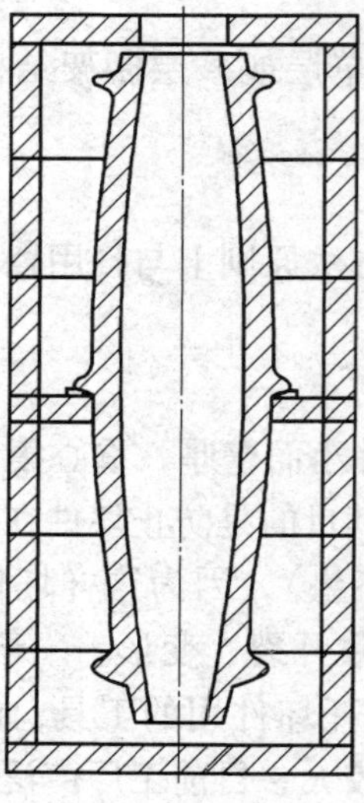

图 10－17　细长形电瓷的吊装

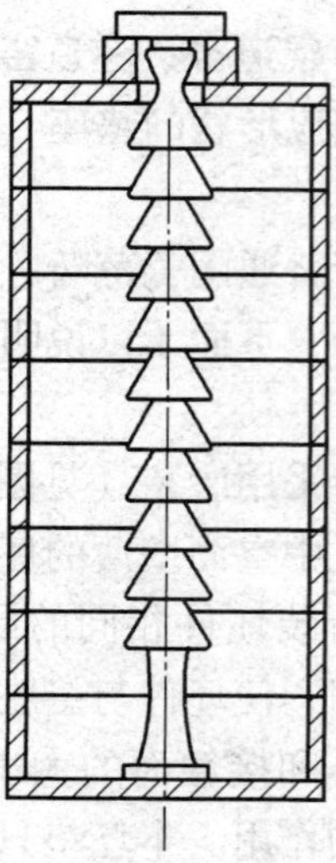

图 10－18　细长形电瓷坯体的吊装（烧前）

3. 其他装法

高度较高、重心在下端的套管类产品，装钵时可把下端的无釉面直接放在垫座上，然后在坯件中间用卡圈卡紧，不使其歪斜。如果坯件的内孔不上釉，可使用焙烧过的耐火泥塞塞住固定。

通常，将高度在 500mm 以上的套管坯件装钵时，最下面的匣钵底中心应有圆孔，在钵底与另一钵盖接触处需用四块匣钵碎片将钵底垫起，这样，在烧成过程中能使匣钵内外的气体流通（见图 10－19）。

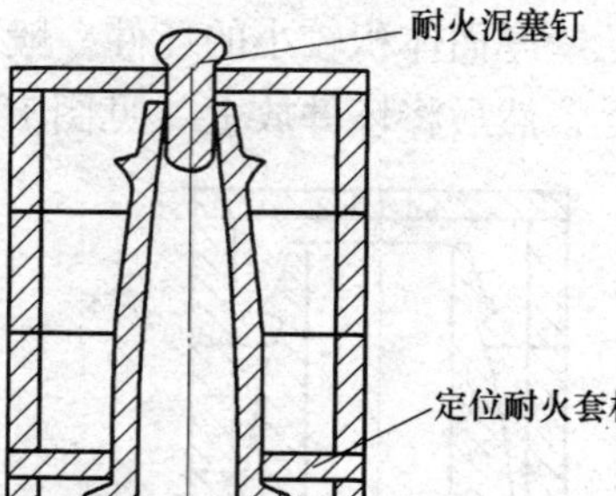

图 10－19　形状复杂坯件装钵

装钵又分窑内装钵与窑外装钵两种，主要根据坯件的大小而定。高度在 300mm 以上的坯件一般都在窑内装，高度在 300mm 以下的坯件应根据其体积和质量来决定在窑内装还是在窑外装。为了避免窑外装钵后在运入窑内的过程中坯件歪倒撞击体重不大的细长坯件，一般也在窑内装钵。窑外装钵会延长装窑时间，影响窑炉运转周期，这也是要加以考虑的。

第四节　窑　　具

一、窑　　具

陶瓷制品在窑炉内烧成时，或者为了隔离不净的烟气接触，或者为了制品的支撑、托放及叠装，常用一些耐火材料制成不同形状的辅助材料应用于窑内，这些辅助耐火制品统称为“窑具”。

不同类型普通陶瓷用窑炉及窑具见表 10 – 11。

表 10 – 11　　普通陶瓷用窑炉及窑具

陶瓷类型	所用窑炉	窑具品种
日用瓷	倒焰窑、隧道窑、辊道窑	匣钵，棚板、支柱、窑车材料、辊棒、支架垫饼
建筑陶瓷	隧道窑、辊道窑	棚板、支柱、窑车材料、辊棒
卫生陶瓷	隧道窑、辊道窑、梭式窑	棚板、支柱、托板、窑车材料、辊棒
电瓷	隧道窑、梭式窑、罩式窑	匣钵、垫座、棚板、支柱

传统明焰陶瓷窑炉，特别是以煤或渣油为燃料的大断面窑炉，常采用匣钵来隔离产品，同时形成“钵柱”起到承载作用。以气体或轻油为燃料的新型窑炉，可不用匣钵，而代之以棚板、支柱砌筑的棚架结构来装载产品，这样有利于传热，但窑具与制品质量比仍很高，不利于产品单位燃耗的降低。陶瓷工作者对现代窑炉窑具与产品质量比这个指标非常重视，不断从窑具材质及结构、形状等方面改进，以求最大限度降低此质量比。

现代窑炉窑具带出的热量比旧式窑炉少 3/4 左右，现代隧道窑有的取消了棚板，减少了支柱，而采用重结晶碳化硅质横梁、薄型垫板和轻巧的专用垫具，使窑具与产品质量比降至 0.5 ~ 0.8。而传统隧道窑常在 2 ~ 3 以上，甚至高于 10。

现代辊道窑在这方面又优于隧道窑，是当代最节能的窑炉。辊道窑中产品靠耐火辊棒组成的辊道支撑、运行（对某些较大或非平板型产品则辅以垫板，如卫生洁具和日用瓷）。作为窑具的辊棒又是窑炉的一部分，它只在原地转动而不随产品向前运动，因此处于稳定传热，热耗更小。表 10 – 12 表示生产能力相近的辊道窑、隧道窑比较。

表 10 – 12　　辊道窑与隧道窑主要耗能指标比较

序号	项目	辊道窑	隧道窑
1	产品	一次烧成墙地砖	釉面砖素烧
2	燃料	焦炉煤气	水煤气
3	烧成方式	明焰单层裸烧	明焰叠装裸烧
4	烧成温度/℃	1150	1050
5	产量/(kg/h)	1319	1069

续表

序号	项目	辊道窑	隧道窑
6	烧成周期/h	0.72	60
7	窑具/产品（质量比）	0（未计辊子）	0.24
8	单位热耗/(kJ/kg 产品)	186	350
9	热效率/%	82.2	44.7

新型耐火材料的应用改善了窑具的传热效果，减轻了窑具的质量，降低了能耗。

窑具作为陶瓷生产的消耗品，如何提高其寿命（即提高其使用次数），成为窑具设计生产的首要问题。

随着陶瓷工业的发展，目前越来越多的窑具品种已进入专业化生产。这对于提高窑具质量，满足生产需要，降低窑具生产成本起到重要作用。

二、窑具的性能要求

窑具重要的使用指标是其使用寿命，即在多次反复冷热循环与荷载下的使用次数，它是反映窑具材质性能、制造工艺及使用条件等方面的综合指标。这几方面中任何一方面的不足都会影响窑具的使用寿命。由于不同窑炉和不同产品的窑具使用条件的差异很大，以使用次数表示的窑具使用寿命指标在不同窑炉、产品情况下可比性较差，但在一定程度上它表明了窑具的实际使用效果，所以生产实际中仍经常使用。

作为窑具的耐火材料的重要理化性能指标如下：

（一）结构强度

窑具通常是堆码成垛或搭成棚架在窑内使用的。每件窑具不但承受着自身的重力和生坯的重力，还要受到装、出窑时的机械作用力，所以窑具要有足够的常温机械强度。这个要求主要依靠合理的窑具生产工艺来保证。

在高温下，窑具会产生塑性形变、颗粒位移及结构的变动。这种情况直接影响窑具的高温机械强度。窑具的荷重软化性能一方面与其造型、结构尺寸有关，另一方面与使用条件有关。但更重要、更本质的是取决于窑具材料本身的性质。黏土质匣钵的荷重软化开始温度为1360℃，堇青石匣钵为1370℃。在隧道窑中烧成时，若钵柱高为1.4m左右，盛放厚8mm 的254mm 平盘，则匣钵底层最大负荷处受压0.106MPa。只要考虑匣钵形状上的刚性（如底部四周呈微拱转接），各种现用的窑具是能够满足这种高温荷重的要求的。

（二）抗热震性（耐急冷急热性）

多次反复地加热与冷却是窑具使用过程的一个重要特点。快速烧成时，升温与冷却更加急剧，窑具的使用条件更加恶劣。因此，良好的抗热震性是窑具材料必须具备的一个重要性能。

1. 窑具抗热震性的基本概念

从整体来看，窑具受热和冷却时温度与所产生的应力在壁厚方向分布如图 10 - 20 所示。加热时，表面温度 T_S 高于平均温度 T_a，较冷的内层阻碍表层的膨胀，使窑具表面受到压应力，而中心的温度 T_i 低于平均温度 T_a，产生张应力。冷却时，则与此相反。表面温度和中心温度与平均温度之差 ΔT 越大，所产生的应力就越大。窑具壁薄则 ΔT 小，产生的应力也小。若窑具的表面或内部产生的应力超过其断裂强度，则会引起开裂。

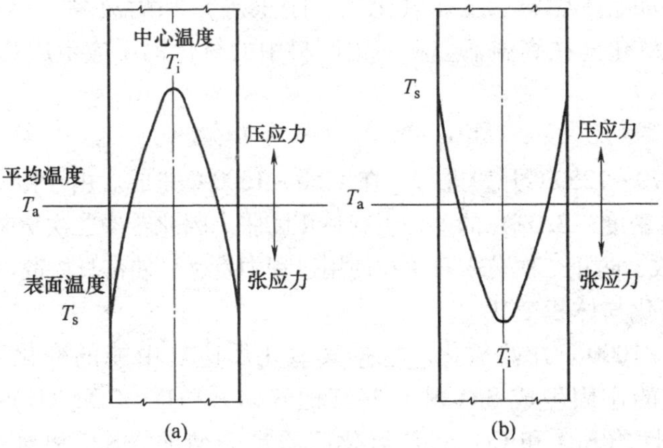

图 10-20　窑具材料受热与冷却时温度与应力分布图

（a）冷却　（b）加热

窑具和其他耐火材料一样是多孔的（显气孔率高达20%，甚至更高）和非均质的，而且不可避免地存在着微裂纹。气孔的存在会降低材料的强度和导热性，使材料受热应力时容易产生裂纹；但气孔和颗粒界面又会阻碍裂纹的扩展。所以对于窑具来说，提高其抗热震性的实质是防止裂纹的蔓延、扩展。如能将裂纹的扩展控制在较小的范围内，材料也不致完全破坏。裂纹扩展的推动力是由断裂瞬间材料积存的弹性应变能所提供，而裂纹蔓延的程度与断裂表面能有关。弹性应变能小则原有裂纹扩展的可能性小；若材料的断裂表面能大，则裂纹蔓延程度小，材料的抗热震性能好。若裂纹扩展开始后，弹性能量释放速率超过单位时间内产生新断裂表面所需的断裂表面能，则多余的能量就转变为裂纹扩展所需的能量。裂纹继续不稳定地扩展导致材料破坏。因此，材料的抗热震性和断裂表面能成正比，和弹性应变能成反比。

2. 窑具中应力与结构的关系

窑具煅烧后，由于微观上的不均匀性以及熟料与基质热膨胀系数的差别，其内部必然存在内应力。有学者曾对此做过详细的分析。若 $\alpha_{熟料} > \alpha_{基质}$（如以莫来石为熟料、堇青石为基质），则冷却时基质会在切向上形成压应力，而在径向上形成张应力。若基质以薄层的形式分布在熟料周围，则张应力不会太大，而压应力却能补偿张力的不良影响，改善材料的强度。若 $\alpha_{熟料} < \alpha_{基质}$（如以熔融石英为熟料，以高铝原料为基质），则基质在切向及径向上都受到张应力。只要基质烧结良好，连续相强度高，则张应力引起的微裂纹可以使裂纹钝化，吸收能量，抑制裂纹扩展，提高窑具的韧性。

（三）重复使用时窑具的体积稳定性

窑具使用过程中体积发生不可逆变化的程度称为体积稳定性。窑具制造烧成时虽然已经历了一系列物理－化学变化，但总是达不到理论上的平衡状态。在使用过程中某些反应有可能继续进行，特别是在窑具材料的耐火度和使用温度差别较小时，这种“二次反应”更加明显。在“二次反应”中晶相数量和大小会改变，液相重新分布，导致微观结构有所变化。这些变化在不同程度上引起窑具体积变化，而影响其使用寿命。具体影响有：

1. 二次莫来石的形成与体积变化

用高铝原料（如矾土熟料、工业氧化铝、刚玉等）和耐火黏土制造窑具时，黏土中分解出来的游离二氧化硅在高温下会和高铝原料中的氧化铝反应生成莫来石，这种莫来石称为二次莫来石。

$$3Al_2O_3 + 2SiO_2 \longrightarrow 3Al_2O_3 \cdot 2SiO_2$$

这个反应在1270～1350℃开始进行，在1350～1500℃完成。由于刚玉相对密度（3.9～4.0）与莫来石相对密度（3.03）的差别引起体积膨胀。因此希望二次莫来石反应在煅烧矾土以及制造窑具时完成，防止二次莫来石化在使用过程中发生，使窑具松散以致崩裂。

2. 碳化硅的氧化与体积变化

碳化硅在900～1000℃开始氧化。根据其氧化反应自由能的变化可知，SiC受到氧、一氧化碳或水蒸气的作用生成SiO_2和一些其他气体（CO_2、CO、H_2）。当氧的浓度很低时，也会形成挥发性的SiO和CO。SiC氧化后质量会增加（SiC相对分子质量为40.10、SiO_2相对分子质量为60.08）。由于碳化硅相对密度大（3.21～3.22），形成的石英玻璃相对密度小（2.0～2.3），所以体积增大。高温下氧化产物由无定形石英转变为方石英，又会有体积变化。这些变化使碳化硅窑具多次使用后结构松散以致损坏。

3. 熔融石英的析晶与体积变化

以热力学观点来说，无定形物质是不稳定的，有自发地向晶体转化的趋势。所以熔融石英质窑具中的石英颗粒在使用过程中必然会析晶成方石英。这时也有体积变化（石英玻璃向α－方石英转变时的体积效应为－0.9%、α－方石英向β－方石英转变时的体积效应为－2.8%），因此窑具使用一定时间后会质地疏松，强度降低，组成变动。

一般来说，重烧膨胀与收缩取决于窑具烧成时是否已充分烧结，这也取决于原料的纯度、颗粒组成、烧成的制度等工艺过程的合理程度。

（四）导热性能

煅烧陶瓷产品时，热量通过窑具传递至坯体，导热性高的窑具能提高烧成时的热效率。研究资料表明，同一种陶瓷产品采用黏土质匣钵装烧时，产品得到的热量仅4.7%左右，而使用碳化硅质匣钵时，产品得到的热量会增多一倍，达到9.4%。窑炉的升温及冷却速度、燃料消耗都与窑具、窑车衬砖及砌炉材料的导热性和热容有关。导热性良好的窑具有助于产品的均匀烧成，对烧结范围窄的产品更能提高成品率。

窑具的导热性取决于其化学组成、矿物组成、气孔率和组织结构等因素。

（五）耐火度

这是各种耐火材料的基本性能。作为窑具使用的耐火材料要求其耐火度比实际使用温度高出100℃以上。一般说来，耐火度越高的耐火材料价格越高。而耐火度高于使用温度越多，则使用寿命越长。因此，应综合考虑各种因素，选择适用的窑具材料。

三、窑具材质的类型及损坏情况分析

窑具是耐火材料，因此窑具材质及损坏情况属于耐火材料相应的范畴。下面就作为窑具使用的耐火材料材质及损坏情况进行说明。

（一）窑具材质类型

普通陶瓷烧成常用的窑具材质要根据产品种类、烧成温度、窑炉类型、生产成本、窑具形状等诸方面因素来确定。主要有以下几种类型：

1. 硅铝质（黏土质、高铝质也称莫来石质）

这是作为窑具使用历史很久的一类材料。根据使用温度不同采用黏土－熟料质或高铝质，前者用高岭土质熟料或铝矾土熟料及耐火塑性黏土配制，Al_2O_3含量30%～46%；后者用铝矾土熟料和高铝质可塑黏土配制，Al_2O_3含量大于46%，也称为莫来石质，因为在$Al_2O_3-SiO_2$相图中Al_2O_3组分为46%～72%时高温稳定相为莫来石。

黏土质窑具性能指标不高，使用寿命不长。但由于其取材方便，成本较低而曾被广泛使用，使用温度小于1300℃。

高铝质窑具性能指标较高，机械强度和抗热震性较好，使用温度小于1400℃。

2. 硅铝镁质（莫来石－堇青石质，堇青石－莫来石质）

硅铝质窑具热稳定性较差，影响其使用寿命，为了改善其热稳定性，在硅酸铝系统中引入镁质原料（滑石、绿泥石、镁质黏土等），煅烧时生成低热膨胀系数的堇青石晶体（$2MgO \cdot 2Al_2O_3 \cdot 5SiO_2$）。也可采用合成堇青石熟料配以黏土质结合剂，或高铝熟料配以堇青石质结合剂，前者为堇青石－莫来石质，后者为莫来石－堇青石质。

从$MgO-Al_2O_3-SiO_2$系统相图可如，堇青石组成位于莫来石的初析晶区内，达到1460℃时会分解为莫来石及液相，特别是析出区温度变化不大时液相量变化很大，这使得含堇青石质材料烧结及熔融温度范围很窄，荷重软化温度较低，软化温度范围小，限制了它的最高使用温度在1300℃左右。通常用调整组成和改进工艺来提高其高温弯曲强度和荷重软化点。

北京某公司生产的堇青石窑具材料性能见表10－13。

表10－13　北京某公司产堇青石和堇石－莫来石质窑具材料性能

产品号	矿物组成	体积密度/(g/cm^3)	显气孔率/%	1250℃抗折强度/MPa	20～100℃热膨胀系数/($\times10^{-6}$/℃)	最高使用温度/℃
COR115	堇青石	1.8～1.9	24～30	12（1100℃）	2.2	1150
COR120	堇青石	1.8～2.0	24～28	15（1100℃）	2.8	1200
COM125	堇青石－莫来石	1.8～2.0	25～30	12	2.5	1250
COM130	堇青石－莫来石	1.9～2.0	23～28	13	2.8	1300
COM135	堇青石－莫来石	1.9～2.1	22～28	11	3.3	1350
CME130	堇青石－莫来石	1.9～2.0	23～28	10	3.2	1300

目前，上两类材质中堇青石－莫来石质使用较多。广东石湾某厂使用窑具材料性能见表10－14。

3. 碳化硅质

碳化硅有良好的热物理性能。它的导热系数很高。据文献介绍，90% SiC砖500℃时$\lambda=15.12W/(m \cdot ℃)$，1100℃时$\lambda=11.63W/(m \cdot ℃)$。碳化硅的热膨胀系数较小，$\alpha=(5.57\sim5.59)\times10^{-6}/℃$。它在高温下不会发生塑性变形。由于具有这些优良性能，所以自20世纪60年代以来已用于制造窑具。它的使用温度远高于上述两类窑具，可在1400～

1700℃使用。但碳化硅在氧化气氛中900～1200℃范围内易氧化，生成挥发性的SiO和CO，或SiO_2与CO_2，使材料膨胀、松散甚至开裂，这是其致命的弱点。

表10－14　广东石湾某厂使用窑具材料性能

窑具	H型匣钵	盒型匣钵	炻器餐具匣钵	卫生洁具棚板	各种形状支柱	瓷器餐具匣钵
材质	堇青石－莫来石	堇青石－莫来石	堇青石－莫来石	莫来石	莫来石	莫来石
成型方法	冲压	冲压	辊压或冲压	压力注浆	挤压或压力注浆	辊压或冲压
气孔率/%	25～30	25～30	27～30	24～27	27～30	25～38
抗热震性（1100℃→水）/次	>10	>10	>10	>10	>10	>10
常温抗折强度/MPa	6～9	6～9	10～14	12～16	12～16	>16
1000℃热膨胀率/%	0.27	0.33	0.35	0.35	0.35	0.5
Al_2O_3含量/%	>45	>50	>50	>55	>55	>65
安全使用温度/℃	1280	1280	1320	1300	1320	1400

制造碳化硅窑具通常采用耐火黏土作结合剂。这类窑具的抗热震性好，可使用到1450℃。还可加入高铝原料（如氧化铝）作结合剂，以减少游离石英的出现，从而进一步提高窑具的性能，如改善抗热震性、抗氧化性和高温强度，使用温度可达1600℃。上述窑具一般含SiC在60%～90%。

加入氧化铝作结合剂的碳化硅在1500℃烧成时，因碳化硅分解而产生活性较好的二氧化硅，反应生成莫来石，形成结合相。因此也称为莫来石结合碳化硅材料。

使用氮化物结合的碳化硅性能优于莫来石结合碳化硅（Si－SiC）。这种材料的制备工艺是以Si－SiC粉末为原料，在氮气中烧成。由硅氮反应转变为Si_3N_4，烧结中随着Si_3N_4晶粒长大而气孔率降低，减少了可氧化表面。

我国研制的氮化物结合碳化硅材料性能基本达到国际水平，见表10－15。

表10－15　国内外氮化物结合碳化硅材料性能比较

制造者	美国1	美国2	日本	国产1	国产2	国产3	国产4
结合相	Si_3N_4	Sialon/Si_3N_4	Si_2ON_2/Si_3N_4	Si_3N_4/β－Sialon	Sialon/O'－Sialon	Si_3N_4	Si_3N_4
体积密度/(g/cm^3)	2.65	2.70	2.60	2.71	2.72	2.69	2.62
显气孔率/%	14.3	14	2.70	15	12.1	15	18
常温耐压强度/MPa	161	213	100－150	208	219	194	215
常温抗折强度/MPa	43	47	55	52	57.2	39.7	55
抗折强度（1400℃）/MPa	54（1350℃）	48（1350℃）	55	50	51.5	42.8	68（1250℃）
热膨胀系数（20～1000℃）/（$\times10^6$/℃）	4.7	5.1	4.7	4.7	5.0	—	4.6

续表

制造者	美国1	美国2	日本	国产1	国产2	国产3	国产4
导热系数/[W/(m·℃)]	16.3 (1000℃)	20 (600℃) 17 (1200℃)	16.2 (1200℃)	18.4 (600℃) 14.6 (1200℃)	—	—	16.45 (常温)
SiC 含量/%	75.6	—	70~80	>70	>70	70.86	—
Si_3N_4 含量/%	—	—	—	—	—	20.56	—
Si_2ON_2 含量/%	20.6	—	16~23	>20	>20	—	—

在极高温度和还原气氛下，碳化硅颗粒通过再结晶过程而直接结合成再结晶碳化硅，再结晶碳化硅含 SiC 98%~99%。除成型用的黏结剂外，一般不添加结合剂。这类制品的性能优良，导热系数、抗热震性、荷重开始变形温度、高温强度均高于其他类型窑具。

4. 熔融石英窑具

熔融石英质窑具是以熔融石英为骨料的窑用耐火制品。由于熔融石英的热膨胀系数很小（含 $SiO_2$99.5%时 $\alpha=0.54\times10^{-6}$/℃），而且高温黏度大，所以用它来配制窑具抗热震性好，高温荷重软化温度也比硅铝质及硅铝镁质窑具高，使用温度可达1380℃。

这类窑具目前都是用耐火黏土作结合剂，一般用量为30%~35%，所以又可称为黏土-熔融石英质窑具。也有碳化硅或矾土熟料取代部分熔融石英，再与黏土及黏结剂制成窑具。熔融石英质材料在高温下长期使用过程中，石英玻璃颗粒会转变为方石英，逐渐膨胀以致松散剥离，强度降低，这是其主要的弱点。

（二）窑具材料损坏机理分析

窑具使用条件有三个特点，即不稳定传热、高温荷重及多次重复使用。这种使用条件促使材料损坏，但不同材质窑具损坏机理不同。研究损坏机理对选用材质、改进材质都有很大的意义。

窑具损坏的一般外部特征是裂纹扩大、变形增大、质地疏松有时崩落、强度下降。不同材质窑具损坏机理不同。

1. 硅酸铝质窑具

硅酸铝质窑具按使用原料不同分为黏土质及高铝质（莫来石质），前面已有论述。

黏土质原料经煅烧成为熟料，产生许多莫来石微晶，这些熟料周围又是莫来石化的结合黏土胶着体。从材料相组成来看，晶相主要为莫来石及方石英，玻璃相为熔有氧化铝及铁杂质的碱硅酸盐玻璃，除此之外还有大量的气孔。从材料结构来看，窑具本身烧成后即存在微裂纹。经多次使用后，材料中莫来石晶体长大，比表面减少，宏观性能变差，微裂纹扩大连接，最终造成破损。因此，机械损坏是这类材质窑具损坏的主要形式。

高铝质（莫来石质）窑具情况类似，只是结构晶相中除莫来石外还有刚玉产生，提高了材料性能；但它又存在由二次莫来石化引起的体积膨胀问题。这也是造成损坏的原因之一。有文献认为，釉层及装饰材料中的碱蒸气也会对窑具材料发生侵蚀作用，但不是造成损坏的主要原因。

2. 硅铝镁质窑具

我国学者曾研究过这类材质匣钵使用过程中的变化。结果表明，莫来石－堇青石匣钵中的莫来石以粒状晶体居多，很少有发育完善的针状与长柱状晶体；而堇青石和刚玉晶体分别交错丛生，还有残余石英存在，玻璃相中也偶有裂纹。随着使用次数的增加，莫来石和堇青石晶体不断发育长大，莫来石含量明显增多而堇青石含量却减少。这可能是由于堇青石分解及二次莫来石形成所致，刚玉则熔解于液相中，气孔增多且互相连通，玻璃相的裂纹增多加深，石英逐渐方石英化。由于这些结构上的变化，使窑具的抗折强度、抗热震能力及密度随使用次数的增加而下降，气孔率随之增大。荷重开始软化温度在使用过程中并无多少变化。

由此可见，硅酸铝质窑具在使用中也主要表现为因性能下降而造成的机械损坏。

3. 碳化硅质窑具

一般来说 SiC 质材料有优良的性能，但它在一定温度范围内易氧化的问题影响了其使用。氧化破坏后的 SiC 的材料颜色变浅，质地变疏松，体积膨胀，机械强度及高温荷重性能大大下降。

SiC 材料随条件不同其氧化反应十分复杂。表 10－16 列出 SiC 材料的重要反应及其反应自由能变化。由热力学可知，在反应过程中如自由能降低，反应就能自发进行；反之则不能自发进行。由表可看出，加热气氛中氧分压很大时（即 O_2浓度大），主要为反应 1 号（自由能降低最多），当氧分压较小时，主要反应为 4、5 号。

表 10－16　SiC 氧化反应类型及自由能变化

序号	反应式	不同温度下自由能变化/(kcal/mol)		
		2986K	1000K	1500K
1	$SiC + 2O_2 \rightarrow SiO_2 + CO_2$	−279.2	−250.5	−2320
2	$SiC + 3/2O_2 \rightarrow SiO_2 + CO$	−217.7	—	—
3	$SiC + O_2 \rightarrow SiO_2 + C$	−136.1	−156.8	−137.6
4	$SiC + 3/2O_2 \rightarrow SiO + CO_2$	−110.1	—	—
5	$SiC + O_2 \rightarrow SiO + CO$	−49.0	−79.7	−100.7
6	$SiC + 2CO \rightarrow SiO_2 + 3C$	−121.5	−61.3	−21.8
7	$SiC + CO \rightarrow SiO + 2C$	+156	+15.3	+15.1
8	$SiC + 4H_2O \rightarrow SiO_2 + CO_2 + 4H_2$	−58.6	−67.3	−75.6
9	$SiC + 3H_2O \rightarrow SiO + CO_2 + 3H_2$	−52.8	−66.9	−78.2
10	$SiC + H_2O \rightarrow SiO + C + H_2$	+38.5	+13.6	−3.1
11	$SiC + H_2O \rightarrow Si + CO + H_2$	+34.1	+8.2	−9.2

注：1kcal = 4.18kJ。

SiC 还可与窑内烟气中的 CO 和 H_2O 作用，与 CO 反应只能按 6 号进行。因 7 号反应中自由能是增加的，反应不能进行。即使在还原气氛中 SiC 也会氧化；SiC 与水只能以 8、9 号反应进行。在 950～1150℃使用的 SiC 材料氧化特别严重，而使用在 1200℃以上则氧化不严重。

有文献认为碳化硅颗粒表面最初形成的无定形氧化层到1200℃以上陆续转变为方石英。无定形层的缺陷较多，氧气通过它比通过方石英层更为容易。所以在无定形层存在的温度范围内，SiC材料氧化较为严重。

在无定形层转变为方石英的过程中，结构重排、体积收缩导致开裂，暴露了新的碳化硅表面，使其继续氧化。

在黏土结合剂仍有脆性的温度下，由于体积变化而引起的裂纹会加速碳化硅的氧化。若温度升高，结合剂软化，结构致密，透气性低，因而氧化缓慢。

再结晶碳化硅窑具的老化损坏仍然是氧化问题。当氧化形成的SiO_2量达到理论极限值时，窑具的性能开始直线式恶化。但它的使用寿命比黏土结合的制品长得多（图10－21）。这是由于再结晶制品晶粒之间的界面熔固在一起没有间隙的缘故。

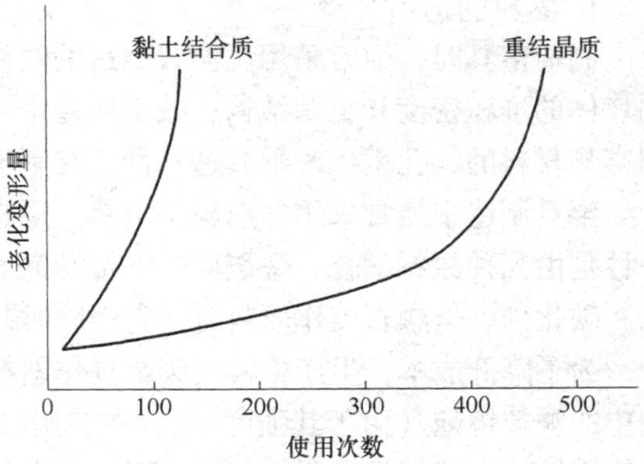

图10－21　碳化硅窑具材料老化曲线

SiC窑具在使用前采用防氧化涂层可改善其抗氧化性能，如用SiC粉50%，合成莫来石20%～30%，结合黏土20%～30%，混合球磨成浆料，对SiC窑具进行涂布。

4. 熔融石英质窑具

用黏土结合的熔融石英质窑具中，莫来石化的基质分布在熔融石英颗粒的间隙中，起着黏结石英颗粒的作用。用扫描电镜观察未曾使用过的黏土－熔融石英质匣钵的断面时，可见其整体结构并不致密，基质部分有较多微裂纹，而熔融石英颗粒上裂纹较少，其边缘上有极薄的方石英转化带。测定用30%高岭土结合的熔融石英匣钵使用后的性能与结构的变化，结果表明：

①方石英析出的数量随匣钵使用次数的增加而增加，但其析出速率则随之降低。

②随着使用次数增加，匣钵材料的真密度、气孔率增加，而体积密度则下降。这主要是由于方石英析出使结构松散，出现裂纹所致。

③匣钵在180～230℃范围内的膨胀率突然增大。这与α－方石英、β－方石英相变时的体积效应相吻合。

对已损坏的黏土－熔融石英匣钵做偏光显微镜及电子探针分析，结果表明，有些石英颗粒已完全方石英化，而有些颗粒仅外部边缘方石英化。成分中除SiO_2外，还有Al_2O_3、Fe_2O_3、TiO_2、K_2O等，而中心部分仍为石英玻璃，其成分仅为SiO_2。

熔融石英质匣钵使用过程中产生裂纹，还会是由于与碱性物质接触而引起。一些工厂装钵时常采用垫饼支撑生坯，如果垫饼含碱性物质（如碳酸钠、水玻璃、工业氧化铝等），在高温下与之接触的匣钵底面就会受侵蚀，出现质量损失，促使石英晶型转化，产生裂纹。0.01%含量的氧化钠就会促使石英玻璃析晶。

前面已经提到，使用条件与窑具的损害情况关系密切。在冷却中如冷却速度过大，特别是在产生热应力最大的温度区间内冷却太快时，窑具破损率更大。经验表明，匣钵在还原气氛中使用比在氧化气氛中使用寿命缩短1/3～1/2，其原因尚无圆满的解释。据分析可能是由于还原气氛下易熔物质增多（如二价铁和氧化硅生成低共熔物），高温黏度降低；还原性气体通过将 SiO_2还原为挥发性 SiO 而降低强度；CO 及碳素沉浸入窑具气孔内使其破坏。但还原气氛会抑制石英玻璃的析晶，因此，熔融石英质匣钵在还原气氛下使用寿命较长。

四、窑具的制造

1. 熟料的选用

制造窑具时，通常采用高温煅烧过的熟料作骨料，其作用是获得要求的颗粒级配以控制坯体的堆积密度和组织结构；减少成型水分，减少干燥和烧成收缩，增加烧后强度；控制窑具材料的气孔率，改善其透气性，有利于其抗热震性能。

窑具制造中最常采用的熟料是由单一原料煅烧而成（如高岭土熟料、矾土熟料）。另一种是由几种原料配合、煅烧而成（如莫来石熟料、堇青石熟料）。采用高温处理过的刚玉、碳化硅、熔融石英作原料时，它们同时起着熟料的作用。

为了降低成本，生产中常用废窑具作熟料，这时应注意：这种熟料粉碎后一般达不到期望的颗粒级配（由于其强度差），在使用时甚至还会继续收缩，因此，并不能改善窑具的使用性能。特别是采用经多次使用的废窑具作熟料时，还会改变窑具的组成，直接影响窑具的各项理化性能，使其使用性能恶化。

熟料要求充分烧结，吸水率（开气孔率的表征）小于2%，有一定强度以承受外加负荷、阻碍裂纹扩展或改变其扩展方向。使用熟料时要控制其颗粒组成以得到最大的堆积密度，尤其是塑性原料用量少时更应如此。

原则上要求采用间断式颗粒组成，减少或取消中间颗粒。要做到这一点，可采取以下措施：

①确定颗粒的恰当级数，为了获得较高的堆积密度，一般采用2～3级，粒级超过3级时，不但加工困难，而且对颗粒堆积密度影响不大。

②控制颗粒的粒径比，要求粗、细颗粒直径比在（6～8）∶1以上。制造薄壁和形状复杂的窑具时，粗颗粒粒径为1～2mm；制造厚壁、平板状窑具时，粗颗粒粒径可增大至3～4mm，细颗粒的粒径一般为0.088～0.1mm。

③控制各级颗粒的质量比，要求细颗粒均匀填充在粗颗粒的空隙之中。采用两种粒级时，粗、细颗粒的质量比为（6～7）∶（3～4）；采用三种粒级时，粗、中、细颗粒质量比为（5～6）∶（1～2）∶（2～3）。

2. 混合料的均匀性

在原料混合时，要求结合剂均匀分布在熟料颗粒周围。若采用黏土作结合剂时，可先将部分黏土调成泥浆与粗颗粒熟料混合，然后再加入其余的原料，充分搅拌、陈腐。

3. 成型

窑具的造型要根据坯体的外形、质量及装窑方法而定。要注意应力容易集中部位的圆滑过渡。

窑具发展的趋势是轻质、薄壁、牢固、承载量大。

窑具的成型方法取决于其形状及材质性能。棚板、支柱可用半干压成型（包括振动捣打成型）；圆形匣钵多用可塑法（旋坯、滚压）成型；异形窑具常用注浆法成型。国外已有采用等静压成型制造再结晶碳化硅窑具。

4. 烧成

窑具虽然是辅助材料，但其烧成质量直接影响其使用寿命，所以应在窑炉中进行专门煅烧，而不能与陶瓷产品一起搭烧。否则，不能保证窑具使用性能。

窑具在煅烧时一定要充分烧结，以避免使用时发生残余收缩或膨胀。这就要求窑具的烧成温度高于其使用温度。专业生产窑具一般要高于使用温度约100℃；陶瓷厂附带生产至少要高30℃以上。

从理论上来说，窑具的烧成温度虽然应和使用温度联系起来，但决定窑具烧成温度的依据，应该是其物化反应完成或基本完成的温度条件。由于在窑具原料中熟料已高温煅烧，所以窑具的烧成温度取决于结合剂的烧成温度及其与熟料反应的温度。根据这个原则确定烧成温度时，窑具在使用中基本上不会再有物化反应发生，组织结构也不会有明显的变化，因而性能稳定。

窑具的烧成气氛制度与窑具的材质有关。黏土质窑具一般在氧化气氛中烧成；含TiO_2的高铝窑具在弱还原焰中烧成有助烧结；碳化硅质窑具应避免在氧化气氛中煅烧；黏土－熔融石英质窑具宜在弱还原气氛中煅烧，而且希望快速烧成、快速冷却、无须进行保温。

5. 窑具生产的专业化和标准化

传统陶瓷生产专业化、标准化程度很差，窑具也基本上是由陶瓷工厂自己生产，满足自身需要。由于是辅助生产，技术水平很低，生产工艺落后，成本高，能耗大，互换性差，生产的窑具质量不能保证。

随着陶瓷工业的发展，窑具的这种生产方式已远远不能满足需要。国外先进企业窑具生产已基本实现专业化、标准化，窑具性能指标达到了很高的水平。

经过十多年的发展，我国陶瓷窑具生产已基本实现专业化生产，但在窑具生产工艺水平的提高、节能减排和标准化等方面还有许多工作要做。

参 考 文 献

1. 西北轻工业学院．陶瓷工艺学［M］．北京：中国轻工业出版社，1991
2. 李家驹．日用陶瓷工艺学［M］．武汉：武汉工业大学出版社，1991
3. 刘康时．陶瓷工艺原理［M］．广州：华南理工大学出版社，1994
4. 中国硅酸盐学会陶瓷分会建筑卫生陶瓷专业委员会．现代建筑卫生陶瓷工程师手册［M］．北京：建材工业出版社，1998
5. 杜海清．电瓷制造工艺［M］．北京：机械工业出版社，1983
6. 张晓峰．陶瓷烧结过程温度场分析［J］．稀有金属材料与工程．2008，（A01）
7. 张翼．还原条件对陶瓷烧成的影响［J］．华南理工大学学报，自然科学版，2004，（3）
8. 刘于昌．工艺参数对氧化铝陶瓷烧结性能和显微结构的影响［J］．山东陶瓷，2006，（5）
9. 轻工业部第一轻工业局．日用陶瓷工业手册［M］．北京：轻工业出版社，1980
10. 宋希文．耐火材料工艺学［M］．北京：化学工业出版社，2008

11. 王维邦. 耐火材料工艺学［M］. 北京，冶金工业出版社，2003
12. 曾令可. 陶瓷工业能耗的现状及节能技术措施［J］. 陶瓷学报，2006，(1)
13. 夏德宏. 热辐射涂料在陶瓷辊道窑中的节能机理与应用［J］. 中国陶瓷工业，2004，(4)
14. 刘志国. 低温快烧陶瓷原料技术及生产工艺［N］. 陶城报，2008，12，12
15. 苑克兴. 建卫瓷行业节能减排的现状及技术措施［J］. 中国陶瓷工业，2009，(1)

第十一章 陶瓷装饰

陶瓷装饰是用工艺技术和装饰材料美化日用陶瓷制品的重要手段。它对提高制品的外观质量，丰富人们的日常生活起着积极有效的作用。

陶瓷装饰可对坯体或坯体表面进行加工，也能对釉本身或在釉面上和釉下进行联合装饰。具体方法很多，各有其艺术特点与风格按装饰技法不同可归纳成以下几种：

①雕塑——刻花、剔花、堆花、镂空、浮雕、塑造。

②色坯与化妆土。

③色釉——单色釉、复色釉、变色釉、窑变花釉。

④晶化釉——结晶釉、砂金釉、液一液分相晶化釉。

⑤釉上彩——古彩、粉彩、新彩、广彩、印彩、刷彩、喷彩、贴花。

⑥釉下彩和釉中彩——贴花、印彩、彩绘。

⑦贵金属装饰——亮金、磨光金、腐蚀金。

⑧其他装饰方法——光泽彩、碎纹釉、无光釉、流动釉、斗彩、照相装潢。

第一节 陶瓷颜料

陶瓷颜料是指在陶瓷制品上使用的颜料通称，它包括釉上、釉下以及使釉料和坯体着色的颜料。它是以色基和熔剂配合制成有颜色的无机陶瓷装饰材料。色基是以着色剂和其他原料配合，经煅烧后而制得的无机着色材料。着色剂是使陶瓷胎、釉、颜料呈现各种颜色的物质。

陶瓷绝大多数装饰方法都需依赖陶瓷颜料来提高装饰效果，陶瓷颜料品种越多，色阶越全，质量越好，其装饰效果越显著。因此，陶瓷颜料是陶瓷装饰的重要材料，对陶瓷颜料进行研究是发展陶瓷装饰的重要工作之一。

一、分　类

陶瓷颜料的种类很多，至今还没有统一的分类方法。下面按陶瓷颜料的化学组成与矿相类型进行综合分类（见表 11－1）。应该指出，这个综合分类法并没有包括目前所有陶瓷颜料类型，但可由此看到陶瓷颜料的概貌。

表 11－1　　陶瓷颜料分类表

陶瓷颜料类型		陶瓷颜料举例
简单化合物	着色氧化物及其氢氧化物	Fe_2O_3、Cr_2O_3、CuO、$Cu(OH)_2$
	着色碳酸盐、硝酸盐、氯化物	$CoCO_3$、$MnCO_3$、$CrCl_3$、$Co(NO_3)_2 \cdot 6H_2O$
	铬酸物、铀酸盐	铬酸铅（$PbCrO_4$）、铀酸钠（Na_2UO_4）
	锑酸盐	拿波尔黄（$2PbO \cdot Sb_2O_5$）
	硫化物与硒化物	镉黄（CdS）、镉硒红

续表

陶瓷颜料类型		陶瓷颜料举例
固溶体单一氧化物型	刚玉型	铬铝桃红
	金红石型	铬锡紫丁香紫
	萤石型	钒锆黄
尖晶石型	完全尖晶石型	钴青（$CoO \cdot Al_2O_3$）
	不完全尖晶石型	钴蓝（$CoO \cdot 5Al_2O_3$）
	类尖晶石型	锌钛黄（$2ZnO \cdot TiO_2$）
	复合尖晶石型	孔雀蓝（Co，Zn）$O \cdot (Cr, Al)_2O_3$
钙钛矿型	灰锡石型	铬锡红
	灰钛石型	钒钛黄
硅酸盐型	柘榴石型	维多利亚绿
	榍石型	铬钛茶
	锆英石型	钒锆蓝
混合异晶型		尖晶石与柘榴石混晶

1. 简单化合物类型颜料

这一类颜料系指过渡元素的着色氧化物、氯化物、碳酸盐、硝酸盐以及氢氧化物。此外，一些铬酸盐（如铬酸铅红）、铀酸盐（如铀酸钠红）、锑酸盐（如拿波尔黄）、硫化物、硒化物等也归属这一类。

简单化合物颜料，在烧成时，除了少数外，一般是不耐高温的，抵抗还原气氛与耐釉的酸碱侵蚀能力也弱。如拿波尔黄颜料，在1180℃以上时，锑挥发而引起发色力降低或完全褪色，它在碱性釉中呈良好的黄色，而在酸性硼釉中则呈乳白色。因此，陶瓷工业上很少直接使用简单化合物颜料而是用它来制造性能好的其他类型的颜料。

2. 固溶体单一氧化物类型颜料

着色氧化物或其相应盐类常可以与另一种耐高温的氧化物化合（固熔）而形成稳定的固溶体。这种固溶体虽由两种氧化物合成，但用X射线鉴定时，只表现为一种氧化物晶格，故命名为固溶体单一氧化物类型颜料。例如，MnO_2通常用作棕色釉下颜料时，发色很弱，高温时又不稳定。但当它与氧化铝固熔时，则成为在还原气氛下1300℃使用的粉红釉下颜料（锰红）。用X射线鉴定时，它只表现为$\alpha-Al_2O_3$（刚玉）晶格。

形成这类颜料的条件是这两种氧化物必须能够形成稳定的固溶体。而形成固溶体的条件并不需像形成连续置换型固溶体那样苛刻。属于这一类型的陶瓷颜料有刚玉型的锰桃红、刚玉型铬铝红、金红石型铬锡紫丁香紫与铬钛黄等。

固溶体单一氧化物型颜料一般情况下是耐高温的，但对气氛与熔体侵蚀的稳定性则各不相同，差异很大。

3. 尖晶石型颜料

这类颜料的化学通式为AB_2O_4或$AO \cdot B_2O_3$。当A与B不是1∶2时，则为不完全尖晶石，如$CoO \cdot 2.5Al_2O_3$。而当B为四价金属离子而A为二价离子时，构成类（似）尖晶石，如$2ZnO \cdot TiO_2$。同一类型的尖晶石或不同类型的尖晶石可以形成固溶体而构成所谓复合尖晶石，如（Co，Zn）$O \cdot (Cr, Al)_2O_3$。

通常尖晶石类型颜料具有耐高温、对气氛敏感性小与化学稳定性好的特性，因而被认为是一种良好的陶瓷颜料。

属于尖晶石类型的颜料有：铬铝锌红［$ZnO \cdot (Cr, Al)_2O_3$］；锌钛黄（$2ZnO \cdot TiO_2$）；孔雀蓝［$(Co, Zn)O \cdot (Cr, Al)_2O_3$］等。

4. 钙钛矿型颜料

这类颜料是指以钙钛矿 $CaO \cdot TiO_2$ 或钙锡矿 $CaO \cdot SnO_2$ 为载色母体的颜料。例如 Cr_2O_3 与钙锡矿固熔形成铬锡红颜料，用 X－衍射鉴定时，只表现为钙锡矿母体的衍射特征。

钙钛矿型颜料的发色取决于母体类型与着色氧化物种类。表 11－2 示出几种发色元素在不同母体中的呈色情况。

表 11－2　发色元素在钙钛母体中的呈色

发色元素	V	Cr	Mn	Fe	Co	Cu
$CaO \cdot TiO_2$	黄	茶、紫	黄、茶	黄	绿	黄、灰
$CaO \cdot SnO_2$	黄	赤	黄、茶	茶	浅灰青	浅灰

5. 硅酸盐类型颜料

这类颜料有两种构成形式。一种是着色氧化物与硅酸盐矿物母体形成固熔体；另一种是着色氧化物参与形成硅酸盐化合物。

（1）柘榴石型颜料　通式为 $3RO \cdot R_2O_3 \cdot 3SiO_2$。其中 R^{2+} 为 Mg^{2+}、Mn^{2+}、Ca^{2+}、Fe^{2+}、Co^{2+}、Ni^{2+}、Cu^{2+}；R^{3+} 为 Cr^{3+}、Al^{3+}。天然的锰铝柘榴石（$3MnO \cdot Al_2O_3 \cdot 3SiO_2$）呈淡玫瑰色。人工合成的著名的维多利亚绿是钙铬柘榴色（$3CaO \cdot Cr_2O_3 \cdot 3SiO_2$）。这种颜料呈色极稳定且鲜艳纯正，适用范围也很广。

（2）榍石型颜料　通式为 $CaO \cdot TiO_2 \cdot SiO_2$ 或 $CaO \cdot SnO_2 \cdot SiO_2$。当发色氧化物与之固熔时即形成榍石型颜料。例如榍石型铬锡红，它是 Cr_2O_3 细粒分散在钙榍石母体中的颜料。榍石型颜料发色取决于着色氧化物与榍石的种类。表 11－3 示出发色元素引入榍石母体中的呈色情况。

表 11－3　发色元素引入榍石母体的发色

榍石母体类型	发色元素						
	V	Cr	Mn	Cu	Co	Ni	Fe
钛榍石 $CaO \cdot TiO_2 \cdot SiO_2$	茶、灰	茶	黄、茶	浅茶、灰	浅茶、灰	黄	黄
锡榍石 $CaO \cdot SnO_2 \cdot SiO_2$	黄、灰	暗红紫	暗灰茶	青、绿	青、绿	青、绿	黄

（3）锆英石型颜料　它是着色氧化物与锆英石的固熔体。研究工作指出，用钒与镨氧化物时，比较容易固熔，而用铁氧化物时，固熔比较困难。这些填隙着色离子是处于锆英石结构的［ZrO_8］立方体中。钒离子进入 $ZrSiO_4$ 晶格成为钒锆蓝；镨离子进入其中形成镨黄；铬、铁离子进入，分别形成硅酸锆绿、铁锆红等颜料。但钒锆黄颜料的母体不是锆英石而是锆石（ZrO_2），钒锆黄是分散载体型颜料。

据文献报道，还有以堇青石、硅锌矿、钡长石、钙长石、透辉石等晶格为母体的颜料。

硅酸盐类型陶瓷颜料是比较稳定的颜料，是当前研究工作的重点之一。

二、陶瓷颜料制造

陶瓷颜料的品种繁多，各种类型的颜料制造方法是不相同的。甚至同种颜料也可用不同方法来制取。因此，这里只能谈颜料制造的一般工艺知识。颜料的制备工艺流程主要有下面几个主要步骤：

配料→混合→煅烧→粉碎→洗涤→烘干→粉碎→过筛

1. 原料的加工处理、配料、混合

陶瓷颜料所用的基本原料随颜料种类及制造方法的不同而不同，除一些传统颜料用天然着色矿物原料外，大多为化工原料。对原料纯度的要求是随颜料种类、生产方法与质量要求而定的，通常使用工业纯与化学纯，来保证原料质量的稳定。

陶瓷颜料用的原料一般分成色基、载色母体与矿化剂。色基是颜料中能发色的原料，常用的有着色氧化物、氢氧化物、碳酸盐、硫酸盐、硝酸盐与氯化物。有时也用磷酸盐、铬酸盐、重铬酸盐、钒酸盐等着色盐类。载色母体通常是无色氧化物、盐类或固熔体。矿化剂常为碱金属氧化物、碳酸盐、硝酸盐、氢氧化物、硼酸、硼酸盐、氟化物、钼酸铵、钼酸钠等。使用哪种矿化剂取决于颜料种类与制造方法。

原料在使用前需经过粉碎。粉碎设备中与原料接触的部件不宜用铁质材料，以免铁粉掺入。此外，也要防止各原料之间的相互污染，放置时不能落入灰尘，以免影响颜料的色泽、发色均匀性及鲜艳性。粉磨设备常为高铝瓷衬球磨机与高铝瓷质研磨体粉碎，因而粉碎与混合可以同时进行，混合分湿法或干法两种工艺操作，均以粉料进行。为保证配料混合分布均匀，通常要求色基原料全部通过180目筛，载色母体与矿化剂原料的细度控制在120～160目筛。在配料中使用水溶性原料时，则宜用干球磨混合，原料含水率要小于0.3%。湿混时可加少量NaOH和Na_2CO_3来加速沉淀。若配料组成中含有重铬酸钾或硼酸，则可先使其溶于少量热水中，再将其余混均匀的原料加入其中，拌匀烘干后研碎混合均匀。

2. 颜料合成

混合料经干燥后在坩埚或匣钵中进行煅烧合成。煅烧是制备颜料的重要工序，煅烧温度、保温时间、烧成气氛随颜料种类与配方而定的。颜料煅烧温度一般在1400℃以下，为稳定呈色，有时要进行2～3次复烧，但不宜烧成结实硬块。烧成气氛视颜料的品种而定，多数采用氧化焰。此外，大多数颜料煅烧常在倒焰窑、推板窑、梭式窑及电炉中煅烧合成。

3. 细碎、洗涤与包装

煅烧后的色剂烧块要进行细碎。每种色料都有它最佳呈色细度范围，一般平均粒度在3～10μm（不同制品，有不同的要求，细度也就不同）。色料则呈色不均匀，随着细度的增加发色能力增强。但太细了呈色能力又会下降，尤其是包裹色料，粉碎得太细发色能力会大大降低。

色料粉碎可分为干法和湿法两种。

干法粉碎适用于煅烧完全、硬度小和不含可溶性盐的色料，其特点是工艺简单，效率高，能耗低。粉碎设备一般用锤式粉碎机，其细度要求全部过250目筛（最好是400目筛）。

湿法粉碎是用湿式球磨机进行细磨，也可使用搅拌磨等，其细度同样要求全部过250目筛（最好400目筛）。湿法粉碎后的色料根据要求须经稀盐酸或稀硝酸进行酸洗，酸洗后用温水或冷水进行反复洗涤，以除尽所有的可溶性物质。若残留有可溶性盐类会使呈色出现深浅不匀的现象，严重者会导致色脏的缺陷。洗涤后的颜料烘干打粉过筛，最后经配色包装得到成品色料。

除上述固相法制备陶瓷颜料外，常见的还有液相法和水热法。液相法是将可溶性盐溶于溶液中，经过充分搅拌、反应、沉淀、分离、干燥、煅烧等过程，从而获得色调均匀、着色力强的陶瓷颜料。与固相法比较，液相法的最大特点是合成温度低，色调均匀，着色力强。究其原因是液相混合为均相混合，且原始颗粒小，比表面积大，即表面能高化学反应充分所致。

水热法也是将可溶性的盐按照配方比例称量好，放置水中经过充分的搅拌反应，再放入高压反应釜中进行水热反应或水热处理。反应和处理结束后，将高压釜的高压阀打开让水媒介质快速汽化，即可得到干燥的粉体颜料。由于水热反应和热处理是在高压釜中进行，釜中各部位的温度和压力是均匀的，所制得颜料质地均匀，颜料颗粒大小容易得到控制。

4. 色料配方实例

（1）红色料

①铬铝粉红：

a. 三氧化二铬 12，氧化锌 32，氢氧化铝 47，硼酸 9；煅烧温度 1300℃。

b. 三氧化二铬 11，氧化锌 30，氧化铝 50，硼酸 9；煅烧温度 1280℃。

②铬锡红：

a. 三氧化二铬 0.6，二氧化锡 52，硅石 23.2，石灰石 23.2，硼酸 1；煅烧温度 1300℃。

b. 铬酸铅 5，二氧化锡 47，硅石 18，石灰石 30；煅烧温度 1280℃。

③锰红：

a. 氢氧化铝 80，碳酸锰 8，氟化钠 4，氯化钠 6，铅丹 2；煅烧温度 1200℃。

b. 磷酸锰 53，氢氧化铝 47；煅烧温度 1200℃。

④铁锆粉红：

a. 二氧化锆 60，石英粉 40，硫酸亚铁 20，氟化钠 6；煅烧温度 950℃。

b. 二氧化锆 60，石英粉 30，硫酸亚铁 10，氟化钠 3，氯化钠 3；煅烧温度 950℃。

（2）黄色料

①钒锡黄：

a. 二氧化锡 91，偏钒酸铵 9；煅烧温度 1280℃。

b. 二氧化锡 95，五氧化二钒 5；煅烧温度 1280℃。

②钒锆黄：

a. 二氧化锆 91，偏钒酸铵 9；煅烧温度 1280℃。

b. 二氧化锆 95，五氧化二钒 5；煅烧温度 1280℃。

③铬钛黄：

a. 二氧化钛 88.5，五氧化二锑 8.9，重铬酸钾 2.6；煅烧温度 1250℃。

b. 二氧化钛 90，三氧化二锑 5，重铬酸钾 5；煅烧温度 1250℃。

④镨黄：

a. 二氧化锆 65，石英粉 35，氧化镨 4，氟化钠 6；煅烧温度 1000℃。

b. 二氧化锆 60，石英粉 40，氧化镨 4，氟化钠 5，钼酸铵 5；煅烧温度 1000℃。

（3）绿色料

①铬绿：

a. 重铬酸钾37，萤石21，沉淀碳酸钙21，石英21；煅烧温度1200℃。

b. 三氧化二铬75，氢氧化铝25；煅烧温度1300℃。

②铬锆绿：

a. 锆英石34，石灰石32，重铬酸钾29；硼砂5，煅烧温度1100℃。

b. 二氧化锆60，二氧化硅40，三氧化二铬10，氟化钠6；煅烧温度1100℃。

③孔雀绿：氧化钴17，氧化锌13，三氧化二铬46，氢氧化铝24；煅烧温度1280℃。

（4）蓝色料

①海碧蓝：

a. 氧化钴18，氢氧化铝74，氧化锌6；煅烧温度1280℃。

b. 氧化钴20，氧化铝60，氧化锌20；煅烧温度1280℃。

②钴蓝：

a. 氧化钴10，氧化铝35，氧化锌5，长石30，硼砂20；煅烧温度1250℃。

b. 氧化钴30，石英70；煅烧温度1250℃。

③钒锆蓝：

a. 二氧化锆63，二氧化硅31，偏钒酸铵6，氟化钠5；煅烧温度1000℃。

b. 二氧化锆63，二氧化硅31，五氧化二钒6，氟化钠6；煅烧温度1000℃。

（5）棕色料

①铁铬锌铝棕：氧化锌51，三氧化二铬16，三氧化二铁17，氢氧化铝16；煅烧温度1280℃。

②铁铬锌棕：氧化锌55，三氧化二铬22，三氧化二铁23；煅烧温度1240℃。

（6）灰色料

①锑锡灰：二氧化锡90，三氧化二锑10；煅烧温度1300℃。

②镍锆灰：二氧化锆56，二氧化硅31，氧化镍10，氧化钴3；煅烧温度1100℃。

（7）黑色料

a. 三氧化二铁42，三氧化二铬8，二氧化锰25，氧化钴25；煅烧温度1250℃。

b. 三氧化二铬43，三氧化二铁45，氧化钴12；煅烧温度1250℃。

c. 三氧化二铬31，三氧化二铁39，氧化镍30；煅烧温度1260℃。

d. 三氧化二铬30，三氧化二铁30，氧化镍18，氧化铜22；煅烧温度1240℃。

三、陶瓷颜料发色机理

物体的显色是由于它对可见光发生选择性的吸收和选择性的反射所致。凡能使陶瓷坯、釉具有对可见光选择性吸收和反射的物质均可制成色料。这些物质有两大类，即形成分子着色和晶体着色的过渡金属和稀土金属的化合物（主要是氧化物），以及能形成胶体微粒着色的少数过渡金属和贵金属。

1. 过渡金属和稀土金属化合物发色机理

过渡元素与稀土元素发色离子的发色原因，是由于过渡元素离子都具有$4S^{1\sim2}3d^{x}$型电子结构，稀土元素离子具有$6S^{1\sim2}5d^{1\sim8}4f^{x}$型电子结构，它们最外层的$S$层和次外层的$d$

层，甚至第三层的f层上有未充满电子。这些未成对的电子很不稳定，容易从各层的次亚层轨道间发生跃迁。跃迁就是这些未成对电子受可见光波的激发，从能量低（E_1）轨道跃迁至能量高（E_2）轨道，即从基态激发到激发态所致。因此，只要基态与激发态之间的能量差（$\Delta E = E_2 - E_1 = h\nu$）处于可见光波能量范围内时，相应波长的单色光即被吸收而呈现补色颜色。例如：Co^{3+}（$3d^3$）吸收绿光以外的色光，强烈反射绿光故显绿色；$V^{4+}3d^1$反射蓝光显蓝色；V^{3+}（$3d^2$）显绿色；Ti^{3+}（$3d^1$）显蓝紫色；Fe^{2+}（$3d^6$）显绿色；Fe^{3+}（$3d^5$）为黄色；Cu^{2+}（$3d^9$）为蓝色等。

2. 着色离子发色与离子基态光谱项有关系

光谱项是用来反映离子中各电子相互作用而影响能级的参数。它是用轨道的总角量子数（L），自旋总角量子（S）以及L与S的偶合总角量子数（J）三个量子数来表示。例如Cr^{3+}离子，它轨道的总角量子数L为3（用“F”来表示），自旋总角量子数S为3/2，而偶合总角量子数$J = L - S = 3/2$；其光谱项为$^4F_{3/2}$。所有着色离子的光谱项可通过计算得到，也可通过查表11－4。光谱项为“S”的离子有的不发色，有的发色很弱，如：Ti^{4+}、Cu^{+}、La^{3+}、Lu^{3+}、Mn^{2+}、Fe^{3+}、Gd^{3+}；凡光谱项为“$^1S_0$”的离子都不发色，如：Ti^{4+}、Cu^{+}、La^{3+}与Lu^{3+}；光谱项为“D”的离子都发紫色或蓝色，如Ti^{3+}、Mn^{3+}、Fe^{2+}、Cu^{2+}；光谱项为“F”的过渡性元素离子都发绿或蓝色，如V^{3+}、Cr^{3+}、Co^{2+}、Ni^{2+}，而“F”的稀土元素离子却是无色的或发色很弱，这与过渡性元素离子不同，如Ce^{3+}、Eu^{3+}、To^{3+}、Yb^{3+}；光谱项为“H”的离子发黄色或绿色，如Pr^{3+}、Sm^{3+}、Dy^{3+}、Tu^{3+}；光谱项为“I”的离子发淡黄色或淡紫红色，如Na^{3+}、Pm^{3+}、Er^{3+}、Ho^{3+}。

表11－4　　过渡元素与稀土元素的离子光谱项

离子	3d或4f的电子数	光谱特性				离子	3d或4f的电子数	光谱特性			
		L	S	J	基态光谱项			L	S	J	基态光谱项
Ti^{4+}	0	0	0	$J=L-S$ 0	^1S_o	Pr^{3+}	2	5	1	4	$^3H_4$
Ti^{3+}	1	2	1/2	3/2	$^2D_{3/2}$	Nd^{3+}	3	6	3/2	9/2	$^4I_{9/2}$
V^{3+}	2	3	1	2	$^3F_2$	Pm^{3+}	4	6	2	4	$^5I_4$
Cr^{3+}	3	3	3/2	3/2	$^4F_{3/2}$	Sm^{3+}	5	5	5/2	5/2	$^6H_{5/2}$
Mn^{3+}	4	2	2	0	^5S_o	Eu^{3+}	6	3	3	0	^7F_o
Mn^{2+}	5	0	5/2	$J=L+S$ 5/2	$^6S_{5/2}$	Gd^{3+}	7	0	7/2	$J=L+S$ 7/2	$^8S_{7/2}$
Fe^{3+}	5	0	5/2	5/2	$^6S_{5/2}$	Tb^{3+}	8	3	3	6	$^7F_4$
Fe^{2+}	6	2	2	4	$^5D_4$	Dy^3	9	5	5/2	15/2	$^6H_{15/2}$
Co^{2+}	7	3	3/2	9/2	$^4F_{9/2}$	Ho^{3+}	10	6	2	8	$^5I_8$
Ni^{2+}	8	3	1	4	$^3F_4$	Er^{3+}	11	6	3/2	15/2	$^4I_{15/2}$
Cu^{2+}	9	2	1/2	5/2	$^2D_{5/2}$	tm^{3+}	12	5	1	6	$^3H_6$
Cu^{+}	10	0	0	0	$^1S_0$	Yb^{3+}	13	3	1/2	7/2	$^2F_{7/2}$
La^{3+}	0	0	0	$J=L-S$ 0	$^1S_0$	Lu^{3+}	14	0	0	0	$^1S_0$
Ce^{3+}	1	3	1/2	5/2	$^2F_{5/2}$						

四、影响色剂呈色因素

对于陶瓷着色剂来说，它的呈色首先取决于着色离子的存在状态，其次取决于使用时的工艺条件，而后者又会影响前者。

1. 着色离子的化合价与配位数

作为陶瓷颜料中的着色离子，其呈色不仅取决于离子的种类与电价，还与着色离子的配位数、极化能力以及周围离子对它的作用有关。因此，离子的光谱项色调不一定是含有该离子颜料的色调，颜料呈色情况更为复杂，一般可能出现以下情况：

①无色离子构成有色化合物。例如 V^{5+}（$3d^0$）为无色，但 V_2O_5 都为黄橙色。Cu^+（$3d^{10}$）为无色，而 Cu_2O 却为红色。

②化合物的颜色随阳离子价数增加变深。例如 TiO_2、V_2O_5、Cr_2O_3 与 Mn_2O_7，它们的阳离子分别为 Ti^{4+}、V^{5+}、Cr^{6+}、Mn^{7+}，颜色分别为白色、橙色、暗紫红与紫红色。

③同一阳离子，与不同阴离子形成的不同化合物其呈色不相同。如 AgCl 无色，而 AgI 却为黄色。

④稀土元素的颜料呈色较稳定。稀土元素处于第六周期，原子核外有六个电子层。发生跃迁的电子是在从最外层向内第三层 f 层上，因而跃迁电子不易受邻近离子的影响，故呈色较稳定，色调较柔和，但不够光亮。过渡元素离子的跃迁电子（$3d$）更靠近外层易受邻近离子的影响，呈色稳定性相对较差。

⑤某些填隙式固溶体颜料仍呈显着色离子的色调。例如钒锆蓝，它是 V^{4+} 离子（蓝色）固熔在 $ZrSiO_4$ 晶格中的颜料（蓝色）。又如钒锡黄，它是 V_2O_5（黄色）悬浮在 SnO_2 晶体上的颜料。它们都是颜料色调与其中着色氧化物色调相似的例子。

2. 熔剂的组成

色剂配成颜料时，常需和熔剂配合方可使用。熔剂的化学性质对色剂呈色的影响主要表现为对着色离子价态的作用。从表 11－5 可见，在酸性强的熔剂中，金属离子有利于向低价转变，因熔剂中游离氧较少。而在强碱性熔剂中，则利于金属离子向高价转变，因其含游离氧多。例如，在高碱熔剂中锰以 Mn^{3+} 存在，显现出紫罗兰色；而在硼酸盐熔剂中，Mn^{3+} 比例相应下降，紫色程度相应降低。含钾熔剂的碱性相对比含钠熔剂强，故前者更有利于 Mn^{3+} 存在，呈色也就深些。

表 11－5　元素呈色与熔剂性质的关系

发色元素	酸性熔剂		强碱性熔剂	
	氧化物型态	颜色	氧化物型态	颜色
Fe	FeO	碧绿色	Fe_2O_3	黄褐色
Cr	Cr_2O_3	绿色	CrO_3	橙黄色
Mn	MnO	浅黄褐色	Mn_2O_3	紫色
Cu	Cu_2O	无色	CuO	绿、青
V	V_2O_3	浅绿色	V_2O_3	褐色

3. 基础釉的组成

对于以离子着色的色釉来说，其颜色主要取决于基础釉对着色离子配位状态的影响。

同一价态的着色离子，若配位状态不同，其吸收带波长的位置也就不一样。如 Co^{2+} 组成［CoO_6］八面体时，吸收带波长较短；而组成［CoO_4］四面体时，吸收带波长较长。前一情况呈品红色，后一情况呈蓝色。价态不同的同一着色离子，其配位场分裂能不同。高价离子的分裂能大于低价离子，前者的吸收带波长处于波长较短的波段。如 Fe^{3+} 的分裂能为 167.5kJ/mol，吸收带在紫外区；Fe^{2+} 的分裂能为 12.6kJ/mol，吸收带在近红外区。因此，Fe^{3+} 呈黄、品红色，而 Fe^{2+} 呈青绿色。表 11－6、表 11－7 中列出一些色剂在不同釉料中的呈色情况。

经验表明，还原焰烧成时，铜在石灰釉中呈鲜艳稳定的红色；在钾釉中也呈现红色，但不太稳定；在滑石釉、锌釉中呈灰黑色或发黑；在硼釉中呈灰红色。

陶瓷生产中采用的色剂往往是几种着色离子混合着色。它们对基础釉适应的情况列于表 11－8 中。

表 11－6　着色氧化物的呈色与基础釉的关系（氧化焰）

名称	铅釉	铅硼釉	碱金属釉		备注
			钠钙釉	锌钾釉	
氧化铜	草绿	蓝绿	天蓝	绿	还原焰中呈红色
氧化钴	青蓝	青蓝	青蓝	青蓝	在高镁釉中呈粉红色
氧化铁	黄褐	褐	褐	褐	高硅釉中呈深绿色 高碱釉中呈青绿色（还原焰） 高硼釉中变为砂金釉
氧化锰	紫褐	褐	紫红	蓝紫	
氧化镍	黄绿	褐	褐紫	赤紫（钾钙釉）	高铅釉中呈红色
氧化铬	绿	绿	蓝绿	蓝绿	
氧化锑	黄		无色	无色	

表 11－7　尖晶石色剂在釉中的呈色

尖晶石名称	晶体颜色	瓷釉	铅釉
$CoO \cdot Al_2O_3$	深蓝	深蓝（不太稳定）	亮蓝
$CuO \cdot Al_2O_3$	苹果绿	灰绿	绿
$MnO \cdot Al_2O_3$	黄褐	黄褐	黄褐
$NiO \cdot Al_2O_3$	天蓝	绿	黄绿
$BaO \cdot Cr_2O_3$	暗绿	灰绿	灰绿
$CuO \cdot Cr_2O_3$	暗绿	灰绿	灰绿
$CoO \cdot Cr_2O_3$	深蓝、绿	蓝绿	蓝绿
$MgO \cdot Cr_2O_3$	暗橄榄绿	绿	
$ZnO \cdot Cr_2O_3$	绿黄	褐	茶
$CoO \cdot Fe_2O_3$	黑	灰	灰
$MgO \cdot Fe_2O_3$	印度赤	褐（不太稳定）	黄褐（不太稳定）
$MnO \cdot Fe_2O_3$	青灰	褐	褐
$ZnO \cdot Fe_2O_3$	暗灰	灰	橙褐

表 11－8　　色剂在基础釉中适应的情况

颜色	色剂名称	还原焰	氧化焰		
		石灰釉	石灰釉	锌釉	铅硼釉
粉红	锰红	○	○	○	○
	铬锡红	×	○	×	○
	铬锆红	×	×	○	○
黄	锑黄	×	×	×	○
	钒锆黄	×	○	○	○
	钒锡黄	×	○	○	○
茶褐	铬铁锌茶	○	○	○	○
	铬钛茶	×	○	×	○
绿	铬绿	○	○	×	○
蓝	孔雀蓝	○	○	○	○
	钒蓝	×	○	○	○
紫	铬锡紫	×	○	○	○
黑	铬铁黑	○	○	○	○
	铁铬钴黑	○	○	○	○
灰	锑锡灰	○	○	○	○

注：○——适应　×——不适应。

4. 烧成制度

许多着色氧化物的呈色明显受温度的影响。如氧化铁在氧化气氛下 800℃以内呈赤褐色或鲜红色，800℃以上增加黑的色调，至 1200℃甚至出现黑褐色。锰的氧化物低温时呈紫色，且比较稳定，加热至 1200℃常褪色。锑在 1000℃以下与铅共用时为良好的黄色色剂，1100℃以上则褪色。

陶瓷颜料中有的品种对烧成气氛是不敏感的，如镨锆黄在氧化及还原气氛中均呈柠檬黄色，锑锡灰均成灰色，钕硅紫均呈丁香紫色；但有些品种对气氛却是敏感的，如铬锡红在氧化气氛中呈紫红色至桃红色，在还原气氛中则颜色变浅至无色；钒锡黄在氧化气氛中呈鲜黄色，在还原气氛中呈灰色或无色；硒镉红在氧化气氛中呈红色，而在还原气氛中则会褪色。陶瓷颜料呈色与气氛的关系是复杂的，值得系统研究。如果气氛会改变着色离子的价态、影响着色离子在母体矿物中固熔的程度或着色化合物的稳定性都有可能使色剂的呈色发生变化。

第二节　釉 上 装 饰

釉上装饰是在釉烧过的陶瓷釉面上通过不同的方法进行彩饰，然后在不高的温度下（600～900℃）进行彩烤，使产品表面具有彩色画面的一种装饰方法。在日用陶瓷、建筑陶瓷及陈设艺术陶瓷方面应用极为广泛。

一、彩　　绘

在釉烧过的釉面上用低温颜料进行彩绘，然后在不高的温度下进行彩烧的方法称为釉上彩。

釉上彩的彩烧温度低，许多陶瓷颜料都可采用，故色调极其丰富多彩。此外，彩绘是在强度高的陶瓷釉面上进行的，因而除手工绘画外，其他装饰法均可采用，故生产效率高，劳动强度低，生产成本低。但是釉上彩的颜料是颜料与助熔剂的混合物，由于助熔剂的作用，颜料便与釉面结合一起，使画面光泽度差，彩绘画面容易磨损脱落，受酸性物质侵蚀时会溶出铅、镉等毒性元素。虽然可采用无铅熔剂来降低铅溶出量，但画面光亮度变差。助熔剂成分非但对彩料的铅溶出量有关，而且选择不当也会破坏颜料的正常发色。通常碱性颜料配弱酸性熔剂，而弱酸性颜料配酸性熔剂。

釉上彩料使用时都需加入使彩料具有流动性的调料。调料大致分两类，即油性调料与水溶性调料（或水）。油性调料常用乳香油、樟脑油、煤油与乙基纤维素、树脂等调制成调料。水溶性调料常用淀粉、饴糖、冰片、甘油等调成的。选择调料是根据釉上彩料成分与彩料用途而定。

釉上彩料也是需要调制成中间色然后使用的，有时调制时还需加入一些助熔剂。釉上彩料的调制方法如下：

①红色：CdS 与 CdSe 配以无铅或少铅酸性熔剂的镉硒红；金红配以少铅多碱硅硼玻璃的紫金红；以及 Fe_2O_3配以高铅玻璃熔剂的西赤。

②黄色：锑酸铅配以高铅熔剂的锑黄或铬酸铅配以铅熔剂的铬黄。

③绿色：氧化铜配以铅熔剂的铜绿或 Cr_2O_3配以铅硼熔剂的铬绿。

④蓝色：硅酸钴配以铅硼玻璃的花绀青与钴铝尖晶石配铅硼熔剂的海碧。

⑤黑色：Cr_2O_3、Fe_2O_3、Co_2O_3等混合物配以铅熔剂的混合黑。

贴花是釉上彩装饰中应用最广泛的一种。贴花纸是专业工厂生产的带有着图案的花纸。过去依赖胶水等黏结剂将彩料移到陶瓷釉面上，现在采用薄膜贴花纸，用稀释酒精水即可把彩料移到釉面上，操作简单，质量也好。但是，彩烤时应加强通风，防止有机物与彩饰的金水起反应导致画面缺金等缺陷。稀释酒精水的配比：夏天，酒精 20% ~30%，清水 70% ~80%；冬天，酒精 60% ~70%，清水 30% ~40%。

贴花操作应注意的事项：

①配制粘贴液必须按季节气候及薄膜的厚度，适当调整酒精和水的配比。花纸在粘贴时用橡胶刮排除其间的全部空气，确保花纸黏附良好，杜绝气泡、皱纹等缺陷产生。

②膜层下多余的粘贴液必须排除，否则花纸不平整，呈现皱纹，在烤烧中会产生爆花。

③瓷器上的余液及灰尘，必须用毛巾抹净，以防冲金、朦金等缺陷产生。

④干燥后，如发现膜层有气泡，必须用针尖刺破并再涂一次浓酒精液，以排除空气，防止爆花。

⑤操作时酒精液不宜敞放，坚持勤添少加，以防酒精挥发。

印彩有图章和丝网印两种。橡皮印章点彩印花的方法只适于单色或液体金的装饰，因为多用于粗陶瓷的装饰及印制商标，明胶印章因弹性好，印出图案细致美观，已在日用瓷生产中广泛使用。丝网印花则是一种广泛使用的易于机械化生产的装饰方法。

喷花与刷花是用镂空板贴在陶瓷釉面上，然后将混有松节油与树脂的釉上彩料涂刷或通过压缩空气与喷枪使彩料只染着在镂空处以获彩色图案。喷花或刷花的彩料可以是单色的或多色的。

釉上彩的手工彩绘技术系一种用笔墨点上彩料在器皿上绘制图案的方法，应用极为普遍。依据所用彩料和绘画技艺的不同可分为古彩（也称五彩）、粉彩和新彩三种。古彩和粉彩为我国创造发明，景德镇的这类产品闻名世界。古彩按国画特色绘制画面，用不同粗细线条来构成图案，且线条刚劲有力，用色较浓且有强烈的对比特点。彩烧温度较高，彩烧后色面坚硬耐磨，色彩经久不变，特别是矾红彩料，使用年代越长，则越红亮可爱。但古彩彩料种类少，故色调变化不够多，在艺术表现上有一定局限性。粉彩是由古彩发展来的，它与古彩在技艺上的不同点在于，粉彩在填色前，须将类似花朵及人物衣着等要求凸起的部分先涂上一层玻璃白，然后在涂玻璃白上再渲染各种料粉使之显出深浅阴阳之感，视之有立体感的。但技术要求高，具有画面龟裂及铅溶出量大等缺点。新彩从国外传入，因采用进口彩料易使画面具有西洋风格而得名。它采用人工合成的色料，烧成温度较宽，配色可能性大，色彩种类极为丰富，成本低，是一般日用陶瓷普遍采用的一种彩绘方法。

二、贵金属装饰

用金、铂、钯和银等贵金属在陶瓷釉上进行装饰，一般只限于一些高级细瓷和礼品瓷制品。饰金是常见的，其他贵金属装饰较少见。用金装饰陶瓷有亮金、磨光金与腐蚀金等方法，使用的金饰彩料只有金水与粉末金两种。

（一）亮金（金水）

亮金装饰系指金着色材料，在适当的温度下彩烧后可以直接获得发金光的金属层装饰法。

亮金是用金水装饰。金水的制造工艺极其复杂，其制造方法大致如下：第一步用金属金与王水混合物加热到200～250℃，待金全部溶解后，蒸发掉硝酸与部分盐酸，冷却后加 NH_4Cl 即成氯化金溶液或氯金酸铵溶液，这种溶液的含金量约15%。然后将氯化金溶液与预先制好的含硫量约12%的硫化油化合成硫化金胶。最后用特制的混合溶液冲淡，使金水的含金量为10%～12%，即为商品金水。金水的含金量必须控制在10%～12%，含金量不足的金水，金层易脱落而且耐热性降低。

金水的使用方法与釉上彩绘彩料相同，直接用毛笔涂画即可，故很方便。金水在30s内就干燥成褐色的亮膜，在彩烧后褐色亮膜被还原成发亮的金层。陶器用金水彩烧温度600～700℃，而瓷器用金水彩烧温度可达700～850℃。

用白金水作为贵金属装饰材料，与亮金使用相同。白金水系用钯或铂取代金水中部分金制得的，其取代量以金、钯之比为8∶2较合适。

亮金在陶瓷装饰中广泛采用，主要用于饰金边，有时也用于描绘画面等。每 $1m^2$ 金层的含金量只有1g，金膜厚度只有0.05μm。这种金膜容易磨损，通常使用1～2个月后表面已出现许多划痕。

（二）磨光金（无光金、厚质金）

磨光金经过彩烧后金层是无光的，必须经过抛光才能获得金子的光泽而得名。

磨光金的制备是将纯金溶化在王水中，再将所制得的氯化金溶液加以还原。草酸、过氧化氢、亚硫酸或硫酸亚铁等均可用作还原剂。还原后沉淀出的金属黄金为胶态细颗粒，呈棕色。其反应为：

$$2AuCl_3 + 3H_2SO_3 + 3H_2O = 2Au\downarrow + 3H_2SO_4 + 6HCl$$

这些棕色细胶粒经过轻微煅烧后，与总加入量为10%的碱性硝酸铋与无水硼砂混合物溶剂以及松节油和稠化油描绘剂混合，充分细磨即成磨光金装饰用的金彩料，其含金量为52%～72%。磨光金彩料中加入氧化汞可使金层变薄，加入一些银可以得到淡黄色，加入一些铂则可得到带红色调的金黄色。

磨光金中的含金量较亮金高得多，因此经久耐用，只是金层性软，仍能被刮伤。磨光金通常只用于高级日用陶瓷制品。磨光金彩料可在釉面上直接彩绘，经过700～800℃彩烤后呈无光泽的薄金层。只有用玛瑙笔或细砂或红铁石抛光后才能发亮。

（三）液态磨金

液态磨金采用液态金水，但这种金水含金量较高（16%～22%）。经过彩烧后为无光金层，只有经抛光后才能获得亮金层。

液态磨金用的金彩料是由18%金、24%银、0.6% Bi_2O_3、8.5%树脂以及60%溶剂（其中10%环乙醇、50%松节油与香精油混合物）组成。充分混合是极为重要的，否则金膜将会不均匀，不致密，而且色泽也不佳。

液态磨光金彩料可以直接在釉面上彩饰，而且可以涂饰1～2次（包括在彩烧后的金层上再涂饰）。金层的厚度以0.3～0.5mm为宜，然后在850～900℃下彩烧，最后进行抛光。

液态磨金层在显微镜下可见到膜层是粒状的，较厚与密实，但抛光后，晶体消失，金膜变得光亮，与釉面附着良好，耐磨，具有磨光金的装饰效果。

（四）腐蚀金

腐蚀金用彩料是磨光金彩料。这种装饰方法是用松节油、汽油把蜡或沥青等溶化制成防腐剂，先将防腐剂涂布在釉面上，然后用金属工具在防腐剂上刻划出图案，再用氢氟酸溶液涂刷无防腐剂的釉面部分，则该釉面即行分解成可溶性化合物（$2KF + 2AlF_3$）与挥发性氟化硅（SiF_4），经过水冲洗后，腐蚀产物被冲去，釉面消失。这样，釉表面变毛与沉陷，而有防腐剂保护的部分保持着原来的光泽。再用煤油、汽油或樟脑油洗去防腐剂并用清水冲洗干净，然后在整个制品表面涂上一层磨光金彩料。彩烧后加以抛光，原来未经腐蚀的釉面上的金层是光亮的，而腐蚀过的部分上的图案则是无光的。彩烧温度为700～800℃，彩烧5～6h。

腐蚀金装饰技术的特点是能造成发亮金面与无光金面的互相衬托，具有高雅富丽、雍容庄严的艺术效果，适用于装饰高级日用细瓷及陈设瓷。

三、光 泽 彩

陶瓷装饰中使用的光泽彩又称电光釉，是釉面上涂有或多或少能映现出彩虹效果的金属或金属氧化物薄膜的装饰方法。

光泽彩的彩虹是由于入射光与光亮的光泽彩薄膜的反射光相互发生干涉的结果。其现象好似水面上浮着一层薄油层的干涉现象。金属氧化物薄膜光泽彩是采用氧化焰烧制的，而金属薄膜光泽彩则是用还原焰烧制的。

光泽彩彩料的制造方法：第一步是制造可溶性树脂皂，将氢氧化钠溶解在沸腾热水中，而后再将捣碎的松香缓缓加入沸腾之碱液内，并不断搅拌，待生成透明的松脂酸钠（皂胶）即停止加温和搅拌；第二步是制造金属树脂皂，将可溶性树脂皂用大量的水稀释，然后慢慢滴入某种金属的氧化物或硝酸盐稀溶液，并不断搅拌，一直滴到溶液 pH 为 7～8 为止（即全部产生不溶性金属树脂皂）；第三步是将制得的金属树脂皂沉淀进行干燥，干燥物被溶入熏衣草油或玫瑰油等醚类的油中即成彩料（也称电光水）。在所有彩料中通常都加有氧化铋，它能降低彩烧温度并使彩料附着在釉面上。

光泽彩彩料可分有色的（如铁的、钴的、铜的等）与无色的（如铋的、铅的、锌的等）两类。另外，两种或两种以上不同的光泽彩彩料可以混合调制出其他色调的光泽彩彩料。表 11－9 是主要光泽彩彩料的配制表。表 11－10 是不同光泽彩彩料的调制比例。

表 11－9　　主要光泽彩彩料配制

名称＼树脂皂	钴树脂皂	锰树脂皂	铜树脂皂	铅树脂皂	铀树脂皂	铬树脂皂	苯	玫瑰油
钴光泽彩	0.5	—	—	—	—	—	—	1
锰光泽彩	—	0.5	—	—	—	—	0.15	1
铜光泽彩	—	—	0.5	—	—	—	—	1
铅光泽彩	—	—	—	0.5	—	—	0.15	1
铀光泽彩	—	—	—	—	0.5	—	0.15	1
铬光泽彩	—	—	—	—	—	0.5	—	1.5

表 11－10　　不同光泽彩彩料的调制比例

复光泽彩＼单光泽彩	松香	盐性基铋	玫瑰油	铋光泽彩	铀光泽彩	铅光泽彩	铬光泽彩	钴石光泽彩	铁光泽彩	铁红光泽彩	黄光泽彩	钴光泽彩	锰光泽彩
钻石光泽彩	5	1.6	5	—	—	—	—	—	—	—	—	—	—
黄光泽彩	—	—	—	1	3	—	—	—	—	—	—	—	—
柠檬黄光泽彩	—	—	—	—	—	—	1	3	—	—	—	—	—
古铜光泽彩	—	—	—	—	—	3	7	—	—	—	—	—	—
铁红光泽彩	—	—	—	1	—	—	—	—	3	—	—	—	—
黄棕光泽彩	—	—	—	—	—	—	—	—	—	5	2	—	—
驼色光泽彩	—	—	—	—	—	—	—	—	—	3	2	—	—
灰光泽彩	—	—	—	3	—	—	—	—	—	—	—	1	—
灰褐光泽彩	—	—	—	1	—	—	—	—	—	—	—	—	3

光泽彩装饰工艺与釉上彩相似，可以用毛笔或喷洒方法将彩料涂在釉烧过的釉面上，但彩料层要薄，待干燥后，在隔焰炉中于 600～900℃下彩烧。彩烧后，由于树脂酸盐和展色剂的分解与碳化，产生的碳还原金属氧化物便在釉面上产生一种金属薄膜。但有学者认为，有少数易被还原的氧化物才能在彩烧时被还原成金属薄膜，而大多数光泽彩彩烧后系金属氧化物薄膜。

四、其他装饰方法

1. 墨彩

墨彩是以黑色（艳黑）作为主要色料勾线，染色描绘画面的一种装饰方法。它是用黑色颜料描绘纹样，用红色颜料勾勒人物面部和手部线条，并且淡淡地染点红色，同时勾描金色作为点缀。用色单纯，不填玻璃质的透明颜色。以工整细致、清新明快、素净淡雅、秀丽华贵的特色而独具一格。

墨彩的绘制技法与粉彩相同，主要是在釉面染色并不须罩填各种颜色。烧成温度为700～850℃。

2. 广彩

广彩是“广州织金彩瓷的”的简称，它是我国优秀传统彩瓷之一。它以花鸟、人物、虫鱼图案为题材，构图丰满紧凑，笔法工整，用线较重，色彩浓艳，间以金色平填，表现出金碧辉煌、绚彩华丽的艺术特色。烧成温度为700～750℃。

3. 照相装潢

照相装潢是一种将照片上的画面转移至陶瓷制品釉面上的装饰方法。它是先在一块玻璃板上涂上一层载物质，载物层中分布有对光敏感的物质微粒。载物层是植物胶或各种成分的动物胶，感光物质是重铬酸钾微粒。这种微粒受光照后会分解，同时将胶层受光的地方硬化。当玻璃板涂上感光的胶层以后，用照片的反底片盖上让它曝光。感光后硬化的胶层不再吸收颜料，而深色不透光部分不发生光化作用，胶层还保留它的黏性。因此，底片上曝光部位的胶层硬化，而阴影处的胶层未硬化而能吸收颜料。

当胶层涂上很细的釉上彩料粉末后便附着在原来底片的阴影部分上，加上颜料后，再涂上一层胶作为保护层。然后，将玻璃板浸入水中，使胶层与彩料由玻璃板上脱下，细心地将它贴在陶瓷釉面上，最后在隔焰炉中彩烧。彩烧时将所有的有机物烧掉，而颜料与溶剂则牢固地附着在釉面上了。

第三节 釉下装饰

一、彩　绘

釉下彩绘是在素烧坯或未烧的坯体上进行彩绘，然后施上一层透明釉，高温(1200～1400℃）烧成。釉下彩绘的画面光亮柔和，不变色，耐腐蚀，不磨损。但是由于釉下彩绘的画面与色调不如釉上彩丰富多彩，以及不易机械化等原因，而未广泛使用。这种装饰方法创始于唐代长沙窑，宋代磁州窑继承了这个传统，元代以后景德镇予以发展。

釉下彩绘所用彩料是由颜料、黏结剂与描绘剂等组成的。黏结剂指能使陶瓷颜料在高温烧成后黏附在坯体上的组分，常用的有釉料、长石等熔剂。描绘剂是指在彩绘时能使陶瓷颜料展开的组分，如茶汁、阿拉伯树胶、甘油与水、牛胶与水、糖汁与水、乳香油与松节油等。

釉下彩料按使用温度不同分为：高于1250℃烧成或低于1250℃烧成的两种。我国的釉下彩料多用在还原焰下1300℃左右烧制的瓷器上。常用的釉下颜料以湖南醴陵釉下基础颜料为例，见表11－11。

表11－11　醴陵釉下基础颜料的七个色系

色系	颜料名称				
红色系	玛瑙红	锰红	桃红	芙蓉红	肉红
橙黄色系	钛黄	橘黄	柠檬黄	镨黄	钒锆黄
绿色系	草青	浅绿	水绿	青松绿	苔绿
蓝色系	海碧	海蓝	钒锆蓝		
茶褐色系	360#茶色	361#褐色			
白色系	241#白色	242#白色			
黑色系	艳黑	鲜黑	821#黑		

表中的釉下基础颜料很少直接使用，多数情况是中间色，可用釉下基础颜料混合而得，也可用“罩色”法，但后者在技术上要求很高。个别情况下陶瓷器的釉下彩也可用可溶性着色盐类作为颜料，即把着色盐类与水或甘油溶液混合，然后将该溶液彩涂在多孔性生坯上，釉烧后在釉下呈现柔和的具有云彩状色图。

釉下彩按制品的质量要求、规格尺寸以及釉料种类等因素，分成“三烧制”“二烧制”与“一烧制”。“三烧制”是将已成型而未施釉的坯体预先经过800～850℃低温素烧后再彩饰，彩完后的坯体尚需进行第二次低温焙烧，其目的是去掉彩料中的胶、油等有机物，使之便于上釉。最后施透明釉入高温窑进行釉烧。“二烧制”即省去生坯素烧，或者省去第二次低温焙烧。“一烧制”是指只有一次釉烧的方法。

常见的釉下彩有青花、釉里红、釉下五彩、青花釉里红等。

1. 青花

景德镇地区的釉下青花、青花釉里红和醴陵的各色釉下彩陶瓷在国际上享有很高声誉。一般釉下彩都用墨汁或黑色彩料画线条，用彩料与水的混合物填色，墨汁烧尽后，图案便成为白色或黑色轮廓，用淡色青料填色，画面全由深浅蓝色组成。青花用的颜料是一种含钴的矿物，它主要是含锰钴的氧化物，以云南所产的珠明料为最好，目前也有用工业氧化钴来配制青花料。青花产品是还原气氛烧成，烧成温度在1280～1350℃，温度过高不但会使产品发生过烧，而且氧化钴在高温下挥发使青花颜色趋于灰黑色。青花虽是单色的釉下彩饰，但由于采用多种绘制技法，使画面的浓淡、深浅、粗细、大小适当，因而艺术效果极佳。

青花装饰通常采用彩绘与贴花等方法，彩绘的工艺流程是：画面设计→过稿→勾线→分水→施釉→烧成。该方法对彩绘工人的操作技艺要求很高；贴花工艺流程是：画面设计→制作印刷凹版→印制花纸→贴花（或加分水）→施釉→烧成。釉下青花贴花花纸是将青花色料用特制的黏合剂调和，通过凹版印刷方法制成贴花纸。青花贴花纸目前有两种：一种是青花带水贴花纸，即具有青花线条与分水效果的花纸；另一种是青花线条贴花纸，这种贴花后仍需用手工分水。此两种贴花的操作方法是一样的。

青花的装饰效果和许多因素有关，其中以色料的化学组成、釉料性质、釉层厚度及烧成条件等影响最大。青花所呈现的蓝色并非氧化钴的呈色效果，而是由钴、铁、锰甚至少量铜所产生的混合色调。青花料中 CoO、Fe_2O_3、MnO、CuO 等着色氧化物的比例以及

SiO_2/Al_2O_3的比值、熔剂氧化物的数量都会影响所呈现的色调。一般说来，青花料中 CoO 含量多则呈深蓝色调。采用钴土矿作青花料时要控制 Fe_2O_3/CoO 及 MnO/CoO 的比值。采用氧化钴配制青花料时，蓝色之中会泛现紫红色。采用尖晶石型蓝色料时呈色稳定，但仍免不了有紫红色调，不及天然钴土矿色调的柔和与安定。

不同成分的釉料会使同一种青花料呈色有所差异。古代青花瓷多采用石灰釉，其透明度高，成熟温度较低，对着色剂发色有利，釉层稍厚不致朦花。因而传统青花瓷清澈如水、明朗透底。采用长石－滑石质釉料时，青花色调鲜艳明快，但透明度较差，釉层稍厚即易朦花，景德镇陶瓷工厂的实践经验表明，煤烧青花瓷采用石灰－碱釉较为恰当。青花瓷较适宜的化学式为：

$$\left.\begin{matrix} 0.22\sim0.34K_2O+Na_2O \\ 0.46\sim0.62CaO+MgO \\ 0.01\sim0.20ZnO+BaO \end{matrix}\right\} 0.4\sim0.8Al_2O_3\cdot3.5\sim7.0SiO_2$$

$$n(Al_2O_3)/n(SiO_2)=1.8\sim10$$

要求釉料透明度高、成熟温度低时，Al_2O_3用量取下限；要求热稳定性高时，Al_2O_3用量取上限。

一般说来，釉层过薄会使青花趋于暗黑色，易出现铁疤或料刺等缺陷；釉层过厚则会使花纹模糊不清，色调偏向灰紫。

烧成条件对青花质量的影响主要表现在气氛与烧成温度两方面。以氧化钴着色的青花色料对气氛并不敏感。但气氛对含有一定数量铁质的坯、釉会带来不同的色调，从而使青花的呈色受到影响。还原气氛下釉面呈现白里泛青或深浅不同的青色，这时青花与之相衬则和谐清新。此外，色料中的铁、锰、钛、镍等在还原气氛下对青蓝颜色无不良影响。在氧化气氛中釉面白中泛黄，这时青花与之配合会呈蓝绿色或暗绿色调。所以有人认为青花宜在弱还原焰中烧成。烧成后若坯体玻化完全、釉料充分熔融，则能很好地衬托和显现出青花的颜色，因此青花瓷宜在较高温度下烧成。但过高温度会使青花变黑和泛现紫红色。

2. 釉里红和青花釉里红

釉里红是景德镇的传统装饰之一，它是采用铜作着色剂的色料，在坯体上描绘各种纹样，然后施透明釉，经高温还原气氛烧成，在釉里透出红色的纹样，故称“釉里红”。因其呈色条件复杂，故其产品极为名贵。

从元代开始将青花与釉里红两种釉下装饰方法同时用于一件器皿上，创造出青花釉里红。这类产品既具有青花的雅致沉静，又增添釉里红的明丽浑厚，十分名贵。由于两种着色物质性质不同，对烧成的要求也有差异，要使同一器皿上红、蓝两色都能色泽鲜美，其技术难度是十分高的。

3. 釉下五彩

釉下五彩又称为窑彩。它不像青花那样单一色彩，而是多种色彩，故称为五彩。根据生产的条件和实际需要，釉下五彩可在素烧的无釉坯体或生坯上彩绘，也可在素烧的或未烧的釉坯上加彩。在素烧的无釉坯体上彩绘后，通常再经低温素烧，以排除画面上的墨线及调色的有机物便于上釉，最后施透明釉后高温烧成，这样就经过三次烧成。若在素烧的釉坯上彩绘，则在花纹上喷上一层同种釉料后再行烧成，这种经过二次煅烧的方法实际上属于釉中彩。生坯经过素烧可以增加机械强度，便于彩饰和运输，而釉坯素烧则能使坯釉结合良好、运用各种技法（如罩色、分水、连续渲染、贴花等）彩绘时都不致因水渗透而使坯釉分离。但素烧毕竟增多了一个工序。如果生坯的干后强度较高，壁厚，或彩饰时没有大量水分与坯体接触，则可在生坯上彩饰，不必素烧。不过生产实践表明，生坯彩饰后再施釉容易朦花；由于彩饰的部位有胶、油等黏性物质，使坯体吸釉不均匀，若釉料高温流动性差，釉面会出现波纹，所以许多工厂在未素烧的釉坯上彩绘，再在画面上喷釉，然后一次煅烧。

釉下五彩的起稿、描线、填色、混水方法和青花的操作方法相似。其烧成温度在1250～1280℃，过高则颜色会发生变化，如绿色变淡、黄色变为青褐色、玛瑙红会出现紫色。

二、其他装饰方法

1. 喷花

喷花原是一种釉上装饰方法，现在已发展到釉下及釉中喷花。它是利用通入压缩空气的喷枪，将用清水调和的颜料喷成雾状细粒，雾粒穿过贴放在坯体上的镂空版（金属或纸质）落在坯上组成图案花样。喷花也称喷彩。

釉下喷花可在瓷器或生坯上喷饰，但都需在画面上再行施釉。釉下喷花所喷的颜料层要稍厚些，可在颜料中掺入20%～25%的干釉粉。喷花可以是单色，也可以是多色喷花。釉下喷花的彩烧温度为1280～1300℃。

2. 贴花

釉下花纸可贴在湿坯上，利用湿坯所含的水分渗透花纸面上，溶解印花料，使图案花纹与纸面分离。也可用凹版印刷的花纸贴于干坯上，贴花时先在坯体上涂一笔清水，把花纸（印花一面）复贴于坯面的装饰部位，接着用清水涂于花纸背面，按平花纸，略干后，徐徐将花纸的托纸撕下，纸上的花纹即附着在坯面上，然后施釉入窑经高温烧成。

第四节　釉　中　彩

釉中彩又名高温快烧颜料。是20世纪70年代发展起来的一种新的装饰材料和方法。这种陶瓷颜料的熔剂成分不含铅，是在陶瓷釉面上进行彩绘后，在1060～1250℃下快速烤烧而成（一般在最高温度阶段不超过30min）。在高温快烧的条件下，制品釉面软化熔融，使陶瓷颜料渗透到釉层内部，冷却后釉面封闭，颜料便自然地沉在釉中，具有釉中彩的实际效果。这种装饰方法不仅降低了釉对彩料的侵蚀，而且还不受产品烧成气氛等的影响，故彩料的品种增多，克服了釉下彩因彩料品种不多，画面与色调不如釉上彩丰富的局限性。另外，釉中彩有釉面的保护，提高了画面的耐酸碱性和耐磨性能，从而解决了陶瓷的铅、镉溶出。它兼有釉上、釉下装饰的优点，所用颜料和新彩相似，但相互之间不能任意覆盖。

釉中彩的装饰方法除了彩绘外，还有贴花、丝网印花和喷花等。贴花是采用高温花纸贴在釉面上，一次高温釉烧即可。丝网印花是将釉中彩调和成丝网印花彩料，通过丝网将图案纹样印在坯体釉面上的一种方法。目前，印花彩料的开发，丝网的版网制备技术，印花机械的性能都日趋完善，这有利于釉中彩的开发使用。另外，也可通过喷花的技术，直接将釉中彩喷在生坯釉面上再进行釉烧。还可以通过模板套喷使图案层次清晰达到更佳的艺术效果。

第五节 颜色釉

颜色釉简称色釉。在无色透明釉或乳白釉料中引入适量的颜料，即为色釉，它是陶瓷制品简便而廉价的装饰方法。我国历代的色釉装饰占有相当重要的地位。

颜色釉常以自然界的景物、动植物命名，如天青、豆青、梅子青、孔雀绿、鹧鸪斑等。也有按用途、产地等命名的，如祭红、祭蓝、广钧、宜钧等。若器物通体一色者为单色釉，多色相间者为花釉。

按釉的成熟温度可分为低温色釉和高温色釉两大类。低温色是指在1000℃左右烧成的以硅酸铅为基础或以硼－硅－碱质熔块为基础的易熔釉。传统的高温色釉是指1250℃以上烧成的石灰釉或石灰－碱釉为基础的釉，现代高温色釉多以长石釉为基础。

按釉的呈色机理不同，可分成离子着色、胶体着色与晶体着色三大类。一般陶器用低温颜色釉，而炻器与瓷器则用高温颜色釉。

一、低温颜色釉

我国最早的低温色釉是东汉的绿色陶釉。它是将含铅的化合物与硅砂及含铜、铁的着色物混合、熔化成硅酸铅质玻璃，再把它施于陶坯上，在低于1000℃烧成，釉面呈黄绿色。铅釉除成熟温度低外，釉面光滑平整，釉层透明，光泽度强，但是化学稳定性差，不耐磨损，易受环境大气的侵蚀。赫赫有名的唐三彩事实上也是一种用低温含铅色釉装饰的产品。

1. 唐三彩

唐三彩是用几种低温颜色釉装饰陶器的方法，盛行于唐代，以黄、绿、白三色较多而得名，此外还有紫、蓝、黑色。黄色釉中含铁，绿色釉中含铜，紫色釉中含锰，蓝色釉中含钴，艳黄色釉中含锑等。它是在同一陶器上施以多种色釉，烧后不同色釉互相浸润，形成绚丽多彩、光彩夺目效果。唐三彩陶器为二次烧成，坯体先经过1050～1150℃素烧后，在胎体上用刷釉的方法刷上几种低温色釉，釉烧是在800～950℃氧化焰烧成。

2. 法华

法华原名粉花，始于元而盛于明朝，以黄、绿、紫三种颜色较多，故又称“法花三彩”，此外还有蓝、白等色。法花色彩艳丽，线条生动，形象简练，具有独特的山西地区风格。它主要烧造寺庙祭器，故在釉色前冠以“法字”，如法黄、法翠、法蓝、法紫、法白等。这类釉料也用 Cu、Fe、Co、Mn 为着色剂，但所用的熔剂不是铅粉而是牙硝（KNO_3），其用量常在50%左右。KNO_3易溶于水。直接配釉时，素坯吸入釉浆中的水分会将KNO_3带入坯体中，导致烧成时器皿变形。所以要采用高温素烧的石胎来施釉，或将KNO_3制成熔块再来制釉。釉层较薄且透明，可清晰映现釉下刻纹，釉面有细密鱼子碎纹，微微流淌。下面列举两个法华釉式供参考。

法紫

$$\left.\begin{array}{l}0.013CaO\\0.012MgO\\0.002Na_2O\\0.964K_2O\\0.009BaO\end{array}\right\}0.09Al_2O_3\cdot 2.44SiO_2\quad\left|\begin{array}{l}\text{着色剂}\\0.001CuO\\0.007CoO\\0.014Fe_2O_3\\0.123MnO_2\end{array}\right.$$

法翠

$$\left.\begin{array}{l}0.009CaO\\0.013MgO\\0.002Na_2O\\0.976K_2O\end{array}\right\}0.13Al_2O_3\cdot 2.09SiO_2\quad\left|\begin{array}{l}\text{着色剂}\\0.312CuO\\0.001Fe_2O_3\end{array}\right.$$

低温颜色釉虽然名目繁多，但绝大多数是在易熔的硅酸铅玻璃中加入一定的某种着色原料而制得，这种以 $PbO-SiO_2$ 二元系统的低温色釉组分大致范围为：SiO_2 15% ~38%，PbO 50% ~75%，着色氧化物 0.1% ~12%，其他成分 0 ~5%。

低温色釉着色绝大部分是离子着色，以过渡金属氧化物为着色剂，它们以离子形态溶解在硅酸铅玻璃中而显色。离子着色的规律是，不同离子在同一基础釉中发不同的色调，而相同的离子在不同的基础釉中也发不同的色调。例如 CuO 在碱金属离子含量高的釉中呈土耳其绿色，在含铅量高的釉中呈绿色到黄绿色，而在酸性釉中可以是无色。表 11 - 12 列出几种主要发色元素在不同性质的釉中的发色情况。

表 11 - 12　　若干元素在不同基釉中的呈色情况

发色元素	在酸性釉中	在碱性釉中
Fe	碧绿（Fe^{2+}）	黄褐（Fe^{3+}）
Cr	绿（Cr^{3+}）	橙黄（Cr^{6+}）
Mn	淡黄褐（Mn^{2+}）	紫红（Mn^{3+}）
V	淡绿（V^{3+}）	褐（V^{5+}）
Cu	无色（Cu^{+}）	浅蓝或绿（Cu）

同一元素的不同电价离子，其发色也不同。如同样是铁元素，三价时发黄色或茶色，而二价铁则发蓝绿色。当同一元素同一电价而配位数不同时，其发色也不同。表 11 - 13 列出主要发色离子的配位数对其发色的影响。离子着色色釉发色不固定，色调受烧成温度及釉料成分变化的影响。除部分传统色釉及低温色釉外，几乎很少采用。

表 11 - 13　　离子配位数与发色

配位数	Cr^{2+}	Cr^{3+}	Cr^{6+}	Fe^{2+}	Fe^{3+}	Mn^{2+}	Mn^{3+}	Cu^{+}	Cu^{2+}	V^{3+}	V^{4+}	Co^{2+}	Ni^{2+}	U^{6+}
4	—	—	黄	—	茶	无色	红紫	—	—	—	—	蓝 - 红紫	红紫	橙
6 ~10	蓝	绿	—	蓝绿	黄	淡橙	—	无色	蓝绿	绿	蓝	粉红	黄绿	黄

二、高温颜色釉

成熟温度在 1250℃ 以上的颜色釉，又名高温色釉。釉料中含黏土、石英及助熔剂

（长石、石灰石、滑石、白云石、氧化锌等）。着色剂主要是含铁、铜、钴、锰等的化合物，具有较好的理化性能。

传统高温色釉以 $CaO-Al_2O_3-SiO_2$ 系统的石灰釉或 $K_2O-CaO-Al_2O_3-SiO_2$ 系统的石灰－碱釉，这类色釉多在还原焰中烧成。由于不易控制颜色的稳定性和艺术效果，高温颜色釉制造工艺的难度大于低温颜色釉。

1. 青釉

青釉是以含铁化合物为着色剂，还原焰烧成的一种高温颜色釉。我国宋代许多名窑的产品大部分施这种釉。由于在还原气氛中部分 Fe^{3+} 离子被还原成 Fe^{2+}，Fe^{2+} 使釉呈青色，而 Fe^{3+} 使釉显黄褐色，为此 Fe^{2+}/Fe^{3+} 以不同比值可使釉呈现由黄褐到青绿的各种色调，如月白、天青、粉青、梅子青、豆青、豆绿、翠青、玉青等。胎体的色调对釉的呈色起一定的衬托作用。铁质少的坯体会使青釉明快青翠，铁质过多则使釉层发暗。青瓷釉较一般透明釉厚些，釉层越厚则釉色越深。但釉层过厚则会流釉，引起鸡爪纹或开裂。还原气氛烧成釉中 Fe^{2+} 增多，会呈深浅不同的青色。氧化气氛烧成的青釉中 Fe^{3+} 多釉变成黄绿色。故青釉对烧成气氛极为敏感。在高温时铁的氧化物存在下列平衡关系：

$$Fe_2O_3 \rightleftharpoons 2FeO + 1/2O_2$$

提高温度，上述平衡向生成 FeO 方向移动，有利于青釉呈色。冷却时高温阶段宜快冷，以免釉中低价铁二次氧化使釉面泛黄。

青釉的基础釉历来都是用石灰釉或石灰－碱釉。石灰釉的碱性成分以 CaO 为主，一般含量在5%以上，有的 CaO 含量高达20%。景德镇传统的石灰釉是以釉果为基础，以釉灰为主要助熔剂，属于石灰石－石英－绢云母质釉。石灰釉的白度随釉灰含量的增加而降低。釉灰多，则釉色青；釉灰少则釉色白；釉的成熟温度随釉灰的增加而降低。用釉果和釉灰二元配方配制的石灰釉具有很多优点：

①实用配方原料种类少，配制工艺简单。

②釉果具有长石、石英、高岭土三者的作用，由于绢云母的存在，使釉浆具有悬浮性和涂挂性。

③釉灰中含有90%的石灰，具有优良的高温助熔作用。

④釉的高温黏度较低，有利于釉中硅酸亚铁青色玻璃相的形成，使釉具有白里泛青的特色；同时，釉的透明性好，非常适合釉下彩装饰，尤其对釉下青花装饰特别适应。

⑤釉的硬度高，不易擦伤。

⑥釉的弹性好，不易龟裂和剥落。

⑦对着色剂着色有利。

不过，上述优点只有在景德镇的柴窑中烧成才能充分发挥出来；在煤窑、油窑中烧成，釉面质量较差，主要缺陷是还原后期沉碳、吸烟。

石灰－碱釉中 CaO 含量为7%～12%，K_2O+Na_2O 含量为4%～6%。这种釉的高温黏度比石灰釉要高，釉面光泽度、透明度比石灰釉稍差，呈半光亮。宋代龙泉青釉多以石灰－碱釉为基础釉。

以长石代替釉果作主要原料，以石灰石取代釉灰作助熔原料，再以相当于长石用量一半的石英配成的釉，也具有石灰－碱釉的良好性能，而且透明度高，光泽也好。

以长石、釉果、石英、滑石、石灰石为原料配制出的白度较高的混合釉，现已在各瓷厂广泛应用；有时，还加入少量的 ZnO 或 $BaCO_3$，对提高白度效果明显，同时对釉的发色也有利。如果在上述基础釉中，加入 1% ~3% 的 Fe_2O_3，经还原焰烧成，就可得到青釉。根据釉青色的深浅程度，青釉又有粉青、影青、豆青、梅子青等色釉之分。对青瓷发展具有深刻影响的要数龙泉青瓷。龙泉青瓷极盛于宋代，尤以官窑、哥窑、弟窑烧制的青瓷具有代表性，在世界上享有盛誉。龙泉青瓷的突出特点是釉层较厚，晶润颇佳，釉色青翠，色调从粉青到梅子青皆全。龙泉青瓷的青釉历来以石灰－碱釉为基础，釉的化学组成大致如下：SiO_2 9% ~62%；Al_2O_3 14% ~19%；CaO 6% ~15%，K_2O+Na_2O 3% ~7%；Fe_2O_3 0.8% ~3%。

龙泉青釉的釉式范围大致为：

$$\left.\begin{matrix}R_2O\\RO\end{matrix}\right\}0.50\sim0.7Al_2O_3\cdot3.80\sim5.10SiO_2\cdot0.8\sim3Fe_2O$$

2. 铜红釉

铜红釉是以含铜物质为着色剂，经还原气氛烧制成的红釉。外观上有色调均一的单色红釉，也有夹杂其他颜色的花釉。

铜红釉的铜原料可以用铜花（黑色 Cu_2O 与少量金属铜混合物）、铜灰（熔铜时铜液表面一层渣滓，其中 CuO 50%左右）、CuO 与 Cu_2O（红色化工原料）。它们在铜红釉中的引入量，按 CuO 计：深红色1% ~1.5%，淡红色0.1% ~0.15%。当釉中铜含量低时（<1.5%）易全部还原成低价状态，烧后呈红色；当铜含量多时（>3%），即使在还原气氛下烧成也呈现绿色，因为许多铜还不能呈低价状态，仍以 Cu^{2+} 着色。

铜红釉的基础釉中应有低熔点氧化物使釉的高温黏度变小，从而有利于 Cu_2O 分子聚集。因此，铜红釉容易发生流釉现象。石灰釉或石灰－碱釉中铜常使釉呈红色。若基础釉为钡铀，有利于使釉呈纯红色。釉中酸性氧化物含量高，则红色鲜艳，这可能是酸性氧化物能促使生成 Cu_2O 的缘故。釉中含有硼会使釉稍带紫色。为了保证釉中的铜以 Cu_2O 形式存在，除采用还原焰烧成外，在配方中还要引入还原剂如 SnO_2、Fe_2O_3、Pb_3O_4、Mn_3O_4、SiC 等。这些还原剂在还原焰下被还原成低价氧化物 SnO、PbO、FeO、MnO。这些低价氧化物在高温下都有变成高价氧化物的趋势。在转变过程中，本身被氧化，而同时又使 $Cu^{2+}\rightarrow Cu^{+}$，例如：

$$SnO+2CuO\longrightarrow SnO_2+Cu_2O$$

还原剂通常引入量在 2% 以下，SnO_2 1% ~3%，Fe_2O_3 0.5% ~2%。铜红釉要求在 1100 ~1300℃用还原焰烧成，使下列平衡向右进行：

$$2CuO\rightleftharpoons Cu_2O+1/2O_2\rightleftharpoons 2Cu+O_2$$

胶粒状态 Cu 悬浮于玻璃或釉中，产生绿光吸收带使其呈现红色。

铜红釉的呈色机理一直存在着争论。最初认为与铜红玻璃一样，是铜金属胶粒分散在玻璃中吸收蓝紫波长的色光而散射出红色。但后来发现铜红玻璃的吸收光谱和金属铜胶体溶液的吸收光谱差别较大，而与 Cu_2O 胶体溶液的吸收光谱相近，随后也发现铜红玻璃中确实存在 Cu_2O 胶粒，因此认为铜红釉与铜红玻璃都有铜金属胶粒与 Cu_2O 胶粒发色。近几十年来，我国科学家在深入研究禹县钧红釉时，发现铜红釉是液－液分相釉，铜成分分布在某一分相中。但这个观点还有待于进一步深入研究。综上所述，铜红釉的发色机理目前有以下几种解释：

①金属铜粒子以胶体状悬浮在釉中，使其呈红色。

②分散在玻璃体中的 Cu_2O 颗粒吸收光波，使铜红质玻璃呈红色。

③在釉中的胶体 Cu^+ 与 Cu^0 胶粒子混合着色。由于烧成条件不同，釉中 Cu^+ 与 Cu^0 比例有差异，因而使釉色多样。

④钧红是液-液分相釉。液相分离的小滴中含有完整的 Cu_2O 晶体，通过小滴中 Cu^+ 对光的选择吸收而产生颜色。

⑤釉中存在着辉铜矿 Cu_2S 多晶小球，其含量多少与红色液滴的配合控制着釉色发红的程度。

我们相信随着现代测试技术的进步与玻璃着色理论的完善，铜红釉及其他色釉的呈色规律将会得到更全面与更深入的阐明。

铜红釉名贵的品种有钧红、祭红、朗窑红、桃花片等。

(1) 钧红　钧红是问世最早的铜红釉，由河南禹县烧造，其特色是釉色鲜艳紫红，釉面滋润均匀、华丽而不俗、透明照人，釉面有裂纹并微有流淌现象。它是在焙烧过的石胎上施釉，于强还原气氛下的1300~1320℃烧成。由于是瓷胎上施釉，釉层厚度要求1.4~2mm，采用多次施釉法，一般是先浸釉或淋一次钧红釉，再补喷三五次，并使器具上部的釉层略比下部厚，以免高温烧成时釉往下流，造成上部产生干釉。钧红釉的烧成控制很重要，如果控制不好，即使是同一配方，也会出现不同的红色，即发生“窑变”，使烧造的钧红釉出现红、紫等多种色调。

(2) 祭红　祭红又称霁红、极红、鸡红，因古代皇室用这种红瓷作祭器而得名。祭红是钧红之后，于明代宣德期间烧制的铜红色釉。祭红釉的特点是釉面光亮，色彩深沉，安定肃穆，不流釉，不脱口，釉面也没有龟裂纹理，色调鲜红匀称。因它对烧成条件极为敏感，质量很不稳定，好的成品并不易多得。即使用一种配方，在同一次烧成中由于温度和气氛的少许差异，也会出现多种不同的色调，成品率很低。这是祭红比钧红名贵的主要原因。生坯施釉，1250~1280℃还原焰烧成。由于该釉的高温黏度较大，呈色要红，要光亮，且无龟裂，因此，在配釉时，要根据烧成温度、气氛的变化，选择基础原料。按景德镇传统的烧成条件，一般选用熔融温度较低的瓷石，如陈湾、三宝蓬、瑶里釉果等为主要原料，选石灰石为熔剂原料，以石灰釉为基础釉，石灰釉对一价铜离子呈红色有利。作为着色剂的铜花或氧化铜的用量，一般在0.2%~0.5%为好。一般认为，较为成功的祭红釉的组成范围大致为：

SiO_2 64%~67%、Al_2O_3 12.9%~17.7%、CaO 8.40%~14.5%、MgO 0.25%~0.95%、K_2O 1.70%~3.70%、Na_2O 2.20%~4.90%、Fe_2O_3 0.50%~0.90%、CuO 0.20%~0.60%、SnO 1.0%~3.50%。

祭红釉宜在柴窑1280℃左右还原气氛烧成。实践证明：祭红釉的原料，用预先煅烧的，比用生料直接配制成的祭红釉呈色要稳定。因此，应尽可能将原料煅烧至1200℃左右，经细碎后，再称料，这样可使碳酸盐、硫酸盐及有机杂质分解、排除，以改善釉的性能。其次，釉料粒度宜细，一般控制在万孔筛筛余0.02%左右。因为颗粒细，有利于CuO分散在釉中，使釉料组成均匀，有利于降低釉的熔融温度，促进釉的玻化，有利于釉中各组分的反应进行。釉层厚度一般为0.7~1mm，过薄了，呈色不鲜；过厚了，易流釉或产生裂纹，或产生针孔，影响釉面质量。祭红釉的烧成是至关重要的，在尽可能选择并配制出烧成温度范围较宽的祭红釉配方外，掌握和控制好烧成条件仍是能否烧成祭红釉制品关键因素，祭红釉的烧成条件：弱还原焰，使 CuO 还原为 Cu_2O，尽可能不被还原为金属铜，升温比较缓慢，柔和均匀，由还原转为中性焰时，气氛的转化也应缓慢，不可过急。

（3）郎窑红　郎窑红又名牛血红、宝石红，是我国传统名贵铜红色釉中的后起之秀，制作历史较钧红、祭红都晚，始作于清朝，以清康熙督窑官郎廷极而取名，是铜红釉中最鲜艳的一种。其特点是釉面有大片裂纹，透明度高，釉的流动性大，颜色由上而下逐渐加深，而器物口边无色，俗称“脱口”。釉中含铜量比钧红要低一点，约 0.5%。生坯施釉，还原气氛 1300℃以下烧成。郎红釉仍以石灰釉为基础釉，由于配方中引入了铅晶料、锡晶料、玻璃粉等辅助熔剂，造成釉的高温黏度小，流动性大，从而使釉面光润，光泽好，引入的 Na_2O 等较多，使釉的热膨胀系数大于坯的热膨胀系数，从而造成釉面出现龟裂。釉料细度一般控制为万孔筛筛余 0.3% ~0.4%，釉料的颗粒较细，较难熔的物料如铜花、石英等，也变得易溶于釉熔体中，且处于分散均匀的状态。施釉采用浸釉或喷釉施于生坯上，釉层厚度为 1.5 ~2mm。釉层较厚，使色调显得很红；当釉层较薄时，则呈色不纯正均匀，在不规则的红色中会混有紫、灰色条纹或绿色斑点等。表 11 - 14 为钧红、祭红、郎窑红的釉式。

（4）桃花片　桃花片又名美人醉，属于铜红釉类。通常要施二、三层釉才能达到这种釉的艺术效果。可先施一层含铜的高温底釉，表层的面釉较易熔且含少量氧化锡或氧化铁作还原剂。有的先施一层青釉，再喷上铜红釉，最后又盖上一层青釉。也可以是石灰釉或钡釉作底釉，然后施含氧化锡的铜红色釉，表面上再施面釉。入窑高温（1300℃以下）还原焰烧成。色调变化比较多，例如：粉红色中略带灰色的称为“豇豆红”，灰而色暗的叫“乳鼠皮”；粉红色中出现绿点的称为“苔点绿”；粉红色中稍有红块的称为“孩儿脸”；生产工艺技术复杂，颇难掌握。

表 11 - 14　　三种铜红釉的釉式

组成品种	碱性氧化物	中性氧化物	酸性氧化物	添加剂
钧红	0.400CaO 0.127PbO 0.033MgO $0.083K_2O$ 0.0003MnO $0.356Na_2O$	$0.261Al_2O_3$	$2.730SiO_2$ $0.0015TiO_2$ $0.0006P_2O_5$ $0.001B_2O_3$	0.029CuO $0.031SnO_2$ $0.0106Fe_2O_3$
祭红	0.630CaO 0.038MgO $0.228Na_2O$ $0.104K_2O$	$0.558Al_2O_3$	$3.810SiO_2$	0.014CuO $0.012Fe_2O_3$
郎窑红	0.757CaO 0.038MgO $0.159Na_2O$ $0.043K_2O$ 0.003PbO	$0.248Al_2O_3$	$1.771SiO_2$ $0.00005TiO_2$ $0.003P_2O_5$ $0.0005B_2O_3$	0.016CuO $0.097Fe_2O_3$ $0.00007MnO_2$

3. 铁系色釉（不包括青瓷釉）

用铁着色的釉称为之铁系色釉。其种类很多，诸如乌金釉、天目釉、油滴、兔毫等。铁釉的类型也取决于基础釉组成、烧成工艺和釉的铁含量。

（1）乌金釉　乌金釉是景德镇名贵的色釉之一。由它装饰的"马踏飞燕"是极名贵的艺术品。乌金釉以铁化合物为主要着色剂，其组成主要以石灰釉为基础釉，釉中含有4%～7%的 Fe_2O_3，以及少量的 MnO_2、CoO 着色剂，着色剂应溶解分散在釉层中。釉面光亮乌黑如漆，晶莹透亮，似能照见人影的镜面。乌金釉是传统名釉，具地方特色，如景德镇生产的乌金釉，历来是用乌金土为着色原料加入基础釉配制而成的，由于原料低廉易得，至今仍在应用。

景德镇某厂乌金釉配方为：祁门瓷土 18%，瑶里釉果 30.5%，二灰 18%，乌金土 33.5%。

工艺要点：

①按配方称料，一次性投入湿式球磨，釉浆过万孔筛，密度 1.4～1.45g/cm^3。

②浸、喷相结合施釉于生坯上，釉厚 1.5～2.0mm。

③还原气氛，1280～1320℃烧成。

传统的乌金釉以天然矿物为着色原料。现在，多数陶瓷工厂采用化工原料 Fe_2O_3 或色料作着色剂，效果颇佳，黑度、亮度都可超过传统的乌金釉。在乌金釉的釉坯上，再涂滴流动性大的其他颜色釉，可得到各种乌金花釉。

（2）天目釉　天目釉是指宋朝建安、吉州等地瓷器上的一种黑褐色釉或黑褐底色上析晶呈现斑点或条状花纹的釉。据日文献记载，在 12～13 世纪日本僧人到浙江天目山学佛教带回日本黑釉瓷器，故称"天目"釉。天目釉品种繁多，名贵的有油滴、兔毫、星盏、玳瑁、黑定盏、鹧鸪斑、黄（柿）天目等。天目釉为宋代铁黑结晶釉的通称。

（3）油滴釉　一种结晶的黑釉。因黑色釉面上浮现出许多具有银灰色金属光泽的小圆点，好似油滴在釉面上的效果而得名。由于油滴釉较一般釉的黏度大，在釉烧时，釉中所含 Fe_2O_3 和碳酸盐等物质分解放出的气体从釉中逸出，留下痕迹成为铁化合物聚集的中心，因而在制品釉面上形成银灰色的斑点。在显微镜下可以观察到，油滴中密集着许多粒状和块状的赤铁矿以及少量磁铁矿的结晶斑，有时油滴中还有少量辉石和石英晶体。山东、山西一些陶瓷工厂生产油滴时，采用天然的黑黏土制釉，釉中 Fe_2O_3 控制在 5%～8%，低于 5% 时无晶体析出，高于 8% 时出现铁锈而不能生成油滴。在（1260±20）℃下氧化烧成，烧成温度过高过低均不会生成油滴。油滴的烧成和普通黑釉的烧成基本相同。但烧成温度要恰到好处，温度低了，形不成油滴，温度高了形成的油滴会流开，或者流成"兔毫"。这是由于温度高，形成油滴的铁氧化物微晶和釉都发生流动，由于流速不同，而形成不同呈色的条纹——兔毫。所以，兔毫的烧成温度较油滴要高。

（4）兔毫　兔毫是在黑釉中透出美丽的淡棕色或铁锈色流纹，形如兔毫而得名。釉中含铁和少量的磷酸钙。当釉料熔融向下流动时析晶而形成上述筋纹。为黑釉系列的名贵品种，以福建建阳的兔毫盏最负盛名。釉属于 $P_2O_5-CaO-K_2O-Fe_2O_3-Al_2O_3-SiO_2$ 系统。其组成范围为：

SiO_2 60%～63%，Al_2O_3 18%～20%，Fe_2O_3 5%～8%，CaO 5%～7%，K_2O 3%～5%，P_2O_5 0.07%～1.4%，MnO 0.5%～0.8%。

通常在1300～1330℃氧化焰中烧成。因温度和气氛的差异，兔毫的颜色有金、银、灰、黄色数种。灰兔毫是在釉面析出钙长石形成灰绿色。若在钙长石之间析出Fe_2O_3大晶粒则形成金兔毫。若釉中出现液相分离，液相小滴聚集，还原气氛时，析出含磁铁矿的晶体薄膜，则形成银兔毫。若氧化气氛作用强时含赤铁矿则形成黄兔毫。

4. 花釉

它是由单一色釉衍生出来的多色相间的复色彩釉。一般将花釉归纳为两大系统，其一为还原焰窑变花釉，如红釉系花釉（包括铜红系窑变花釉），因起源于钧窑，也可称之为钧窑花釉；另一为氧化焰烧成的黑釉系花釉，河北邯郸磁州窑花釉即属此系。

钧红花釉是用钧红作底釉烧成红瓷后，再重沾一道钧红釉并用一种由钴、铁、锰硅酸盐熟料组成的低温釉，在它的表面涂点成各种纹样，于1280～1320℃间还原烧成。此釉为红底上呈现出蓝白交错的生动色纹。实践证明，$n(SiO_2)/n(Al_2O_3)>12$的钧釉有利于产生窑变现象。

“三阳开泰”是用乌金釉和郎窑红两种色釉交织填涂的综合艺术釉，多用来装饰花瓶的名贵产品，闻名海内外。

黑釉系花釉是采用含铁多的钙质黏土为底釉，以各种颜色的乳浊釉为面釉，氧化焰烧成。在高温下底釉起泡冲破面釉并起搅动面釉的作用，随着温度提高釉泡平伏，从而形成黑色底上交混着各种颜色斑点或条纹的光亮釉面。当面釉流动性小于底釉时，形成彩斑，反之则形成条纹，如果器形适当可出现羽毛状彩色纹样，所以极适于装饰禽兽等艺术品。一些花釉的工艺特征见表11－15。

表11－15　花釉的工艺特征

名称	底釉	面釉	烧成条件	釉面外观
钧红花釉	钧红釉	含铅的石灰－碱釉	1280～1320℃还原焰	红色底釉上呈现蓝白交错、形状多样的条纹
钛花釉	钧红釉	含钛的石灰－碱釉	1280～1320℃还原焰	蓝白交错，间有青黑、红、黄等色
火焰红	钧红釉	含铁、钛、锡、磷的石灰－碱釉	1280～1320℃重还原焰	红釉中夹杂青色与紫色，犹如火焰
吉州天目釉	铁质黑釉	含磷乳浊釉	1300℃氧化焰	黑地上有不同流纹与斑纹
乌金花釉	乌金釉	钛花釉	1280～1300℃还原焰	乌黑釉面上显露蓝白、奶黄的丝纹
虎斑花釉	紫金釉	钛花釉	1300℃还原焰	黄色底釉上显出虎毛状纹样
广钧	黑褐色铁、锰釉	含锌的石灰－碱釉	1260～1300℃氧化焰	黑褐色底，表面上呈蔚色、白色、绿色条纹
宜兴陶器花釉	含钴、锰、铬的高铁石灰－碱釉	含锡、钛、锆的乳浊釉或色釉	1230～1250℃氧化焰	

第六节　艺　术　釉

艺术釉是在颜色釉的基础上，采用专门的工艺方法，以增加釉面艺术效果的一类釉。

它广泛装饰于日用陶瓷、陈设瓷和建筑陶瓷，增加了陶瓷产品的艺术感染力和产品的附加值。

一、结晶釉与砂金釉

（一）结晶釉

除透明釉是接近于非晶质玻璃体以外，很多类型的釉都含有形状大小不同的晶体。乳浊釉中的晶粒尺寸为1～3μm或者更细小。无光釉中晶粒虽较乳浊晶粒大5～6倍，但仍较小，肉眼不能看出。天目釉、油滴釉、兔毫釉等釉中的晶粒大小也属于微晶范畴，只有砂金釉才具有肉眼可见的悬浮小晶粒。此处所谓结晶釉，是指釉面分布着星形、针状或花叶形粗大聚晶体的一种装饰釉。

按釉中结晶剂的种类可将其分为六类，即硅酸锌、硅酸钛、硅锌铅、锰钴等结晶釉和砂金釉。常见的结晶形体有星形、冰花、晶簇、晶球、花朵、松针以及纤维状等。

硅锌矿和硅锌钛系结晶釉制造较普遍，前者易于结晶，晶花大而圆，因而极适于装饰花瓶类产品。后者晶花比较小，呈松针状或朵状小花，容易满布器皿，对小烟缸、小动物之类艺术品尤为合适。

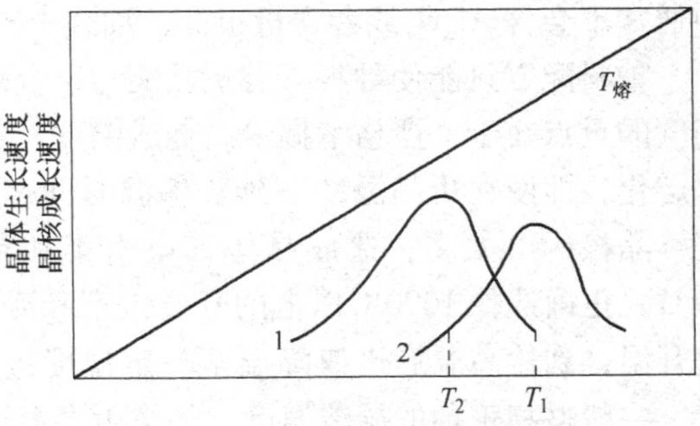

图11－1　熔体析晶过程图
1—晶核形成速度　2—晶体成长速度

根据泰曼析晶理论，熔体析晶首先要有处于过饱和状态的成晶物质，以形成晶核。其次是熔体冷却时，须在该物质的析晶温度范围内进行保温，以使晶核发育成长，而保温温度和保温时间的不同选择，又可以控制晶花的大小和形状。如图11－1所示，熔体只有在两条曲线相交区才能析出晶体。熔体在近于T_1温度下保温慢冷，可获得少量大晶体。在两条曲线相交点的相应温度下保温，则晶体密集，使釉失透无光。因此欲获优质产品，除要求合适的釉配方组成外，还必须制定严格的制备工艺。

结晶釉是在含氧化铝低的釉料中加入ZnO、MnO_2、TiO_2等结晶形成剂使之达到饱和程度而获得的。在严格控制烧成的过程中，晶核形成并长大。若欲对结晶大小、形状与出现部位进行控制，则比较困难，在许多情况下带有偶然因素。釉的高温黏度对结晶影响很大，高温黏度越大，则越不易析晶，晶体长大也困难。因而，应选用高温熔体黏度低的釉料，以促进析晶及晶体长大。

结晶釉用的原料按照它们的作用可分为三类，即晶核剂、熔剂和着色剂。表11－16为硅酸锌和硅酸钛系结晶釉的常用配方。

表中1#和2#釉的晶花为$ZnSiO_4$晶体，3#釉的晶花为硅酸钛。ZnO、SiO_2、TiO_2为上述釉的晶核形成物质。玻璃粉、长石、硼砂、铅丹为形成釉玻璃的熔剂原料，并可促进晶体的形成和调节釉的熔融温度和结晶状态。NiO、Fe_2O_3、TiO_2为着色剂，使釉玻璃和晶花着色。

表 11－16　　结晶釉的配方组成　　单位：%

编号＼组成	玻璃粉	ZnO	SiO_2	长石	硼砂	Pb_3O_4	NiO	釉面形貌
1	40	30	20	2	2	5	1	黄底蓝色大晶
2	40	30	20	2	2	6	—	白底白色大晶
3	70	8	$TiO_2$15	$Fe_2O_3$4	坯泥 3	—	—	黄底金黄松针形

釉料组成直接影响着釉面析晶的效果。结晶釉料常用玻璃粉，它主要调节釉的高温黏度与析晶温度。若玻璃粉用量少则釉高温黏度大，晶体不易析出与生长。但用量过多，会因引入大量碱金属氧化物增大了釉的热膨胀系数而导致釉面开裂。

硅锌矿 $2ZnO \cdot SiO_2$的析晶与生长速度大，所以常用 ZnO 作为晶核剂。ZnO 用量过多则晶花浮在釉面上使表面粗糙，用量过少则不易析晶，硅－锌系统结晶釉中 ZnO 含量为 25%～35%。釉中石英含量多会提高釉的黏度和降低析晶速度。石英数量少时，减少硅锌矿晶体的生成，而且釉面易开裂。釉式中 SiO_2的相对摩尔数一般在 1.2～2。

由于 Al_2O_3会提高釉的黏度，降低釉的流动性，阻碍晶体的析出与生长。所以结晶釉中通常不会含 Al_2O_3或者含量很低，釉式中的 Al_2O_3相对摩尔数小于 0.1。

釉料配方只能使釉料具有析晶能力，合理的烧成制度才能保证获得优质结晶釉。烧成制度的重点在于，严格掌握最高烧成温度，关系到能否获得结晶釉，若温度过高，晶核全部熔化，即使在析晶温度下延长保温时间，也不能获得晶花。而欠火则由于釉的流动性差，晶核析出太多，造成晶体细小密集和釉面无光。结晶釉的烧成温度范围仅有 5～10℃。正确选择 1000℃以上的升温速率和冷却阶段的析晶保温温度，采用氧化焰烧成快速升温，到达高温后迅速降温至一定温度进行保温。硅酸锌和硅锌钛系结晶釉的析晶温度，一般略高于釉的始溶温度。如果由高温迅速降至此温度下进行保温，可得团形放射状的大晶体；如果在略低于该温度下保温，则得松针状发育不完全的小晶花。若止火温度略微偏高，晶核少，但因釉的黏度低晶体易长大，常得到大而少的晶花。图 11－2 为在一般硅碳棒电炉中，烧制上述两类结晶釉的升温曲线。

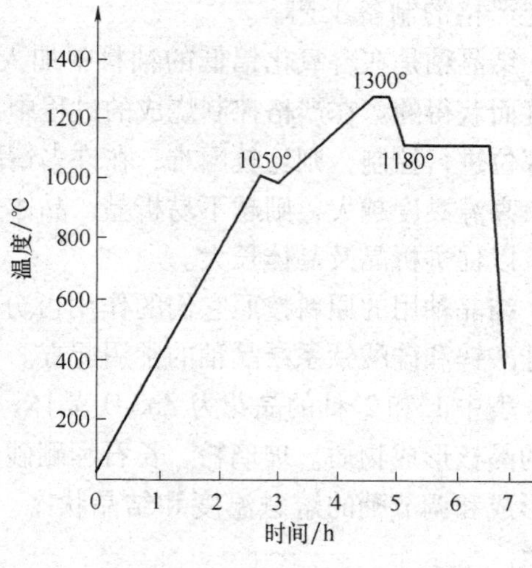

图 11－2　结晶釉的烧成曲线

经常不能期望结晶釉在制品的指定部位析出晶体，从而影响装饰的预期效果。因此也不能成批成套生产。目前采用预放晶种的方法，即在施釉前或施釉后的坯体上，在预定的部位放置一定粒度的人工合成晶体，并使它在釉烧温度下不完全熔解而成为结晶中心。然后再控制烧成工艺，在析晶温度处保温，此时釉料基本上已完全熔化，而新的晶核又难于形成，所以成晶组分只能而且极容易就围绕预放晶种结晶长大，从而克服了上述缺点。这也是目前常采用的一项新技术。

铁红釉是一种红釉，如红色以斑点状出现，则称之为朱斑釉。它是在含碱和镁比较多的石灰釉中，添加11%～15%的氧化铁和同等数量的骨灰，于氧化焰或还原焰烧成的釉。氧化烧成的朱斑釉在棕色彩底上呈现出蚕豆大的橘红色斑块（红花），还原烧成时底色变黑，习惯上称之为红结晶釉。根据我国科学家的研究，发现该釉的呈色和结晶机理为析晶和液相分离行为的总效应。该釉分为三层，表面为含较多$Ca_3(PO_4)_2$的富铁红色薄层，中间为含$Ca_3(PO_4)_2$和铁都少的棕色或黑色层，底层无色。在釉熔化的初期，各层处于混浊的液态，在棕色或黑色熔体中分散着许多偏红色的富铁细小熔球，随着温度上升各相熔体的黏度、表面张力和密度降低的程度不同，小熔球开始上升并聚集成大熔滴浮到釉表层，其中Fe离子被进一步氧化，因而形成了所谓大红花。经X射线鉴定，其中有极多高折射率的血红色$\alpha-Fe_2O_3$亚微针晶形成的球晶。由于液相进行二次分离，从而除形成无色底层外，在中间层再次形成富铁的棕色或黑色连续相和分散其中的浅黄贫铁聚集相，这就是所谓的红结晶釉的“花心”。如果烧成温度过高，发生各相的扩散均匀化，则红花和花心消失，这就成了朱红釉。温度过低影响贫铁相的聚集，从而获得无花心的大红花。

（二）砂金釉

砂金釉是釉内结晶呈现金子光泽的细结晶的一种特殊釉，因其形状同自然界的砂金石相似而得名。

砂金釉中的微晶体通常是Fe_2O_3。但也有的为Cr_2O_3或铀酸钠。铁砂金釉中的微晶呈相互孤立像小金箔一样闪闪发光的单个薄片状晶体。微晶颜色视其粒度而异，最细的发黄色，最粗的发红色。结晶数量越多则釉的透明性越差。以Fe_2O_3为晶体的铁砂金釉，是在红色坯体上出现氧化铁结晶。而以Cr_2O_3为结晶体的铬砂金釉，晶粒更细小。前者有金星釉之称，而后者有猫眼釉之称。

铁砂金釉中，Fe_2O_3引入量较高（10%～30%），以求釉熔体对Fe_2O_3有过饱和特性。Al_2O_3应尽可能低，以防止熔体高温黏度太大。$n(SiO_2) \geq 0.4$mol时，有阻止微晶形成的不利影响。ZnO对形成微晶不利，釉不引入ZnO。PbO能使砂金釉外观更美丽，它提高砂金釉的光亮度。砂金釉通常制成熔块釉，但也有用生料釉的。表11－17是几种砂金釉配方。

表11－17　　砂金釉配方实例

序号	釉式	配方		工艺
1	$\left.\begin{matrix}0.803Na_2O\\0.091PbO\\0.106BaO\end{matrix}\right\}\left.\begin{matrix}0.15Al_2O_3\\0.70Fe_2O_3\\1.214B_2O_3\end{matrix}\right\}7.46SiO_2$	釉料： 熔块64 石英22 苏州土5.2 Fe_2O_3 8.8	熔块： $BaCO_3$ 3.5 石英42 Fe_2O_3 8.5 硼砂3.9 纯碱3.5 铅丹3.5	1150～1180℃用非铁质坯熔块釉
2	$\left.\begin{matrix}0.2020Na_2O\\0.0632K_2O\\3.68SiO_2\\0.0466MgO\\0.6882CaO\end{matrix}\right\}\left.\begin{matrix}0.46Al_2O_3\\0.015\sim0.023Cr_2O_3\end{matrix}\right\}0.04\sim0.07Fe_2O_3$	石英26.0 钠长石39.0 石灰石18.3 大同土14.0	Fe_2O_3 2.0 Cr_2O_3 0.7	1280～1310℃用非铁质坯生料釉

续表

序号	釉式	配方	工艺
3	$\left.\begin{matrix}0.091K_2O\\0.844Na_2O\\0.065BaO\end{matrix}\right\}\left.\begin{matrix}0.034Al_2O_3\\0.41Fe_2O_3\\0.84B_2O_3\end{matrix}\right\}3.44SiO_2$	石英44.0　$BaCO_3$ 2.6 长石1.4　$KNO_3$3.7 烧硼砂32.6　膨润土1.0 Fe_2O_3 14.7	1020～1120℃
4	$1.0Na_2O\left\{\begin{matrix}0.15Al_2O_3\\1.25B_2O_3\\0.75Fe_2O_3\end{matrix}\right\}7.00SiO_2$	无水硼砂13.5　Fe_2O_3 16.0 硼酸4.1　石英54.0 无水纯碱7.2　高岭土5.2	1160℃

砂金釉釉层宜厚一些，但一般不超过2mm。釉层过薄时釉色向黑色方向转化，结晶也小。过厚则不但易发生流釉与黏足缺陷，而且晶体易出现在釉层深处，效果差。砂金釉可以施在铁质坯体上，也可施在非铁质坯体上。铁质坯体有利于铁砂金釉析晶，但由于铁含量高的坯体，烧结温度低，烧结温度范围窄，对砂金釉的析晶温度控制不利。

砂金釉的烧成制度对析晶很关键。一般采用氧化焰烧成。升温时宜快速，就这一点看，熔块釉比生料釉有利。降温时，在进入析晶温度范围内宜缓慢冷却，甚至在某一温度下保温。一般采用比釉熔化温度低50～80℃下保温。

二、无　光　釉

无光釉的表面对光反射不强烈，没有玻璃那样高的光泽度，只在平滑的表面上呈绢状、蜡状或玉石状的光泽。这种釉用在艺术陶瓷和建筑陶瓷上可以获得特殊的艺术效果。

无光釉可用以下三种方法来制得：

①降低釉烧温度或增加釉料中的 Al_2O_3 含量。

②用稀氢氟酸溶液轻度腐蚀釉面。

③冷却时使透明釉析出微晶。

在实际生产中第一与第三种方法采用比较多。在含有石灰石的无光釉中，所生成的微晶主要是钙长石或硅灰石。在加入钡时，则为钡长石。

控制普通光泽釉中各氧化物比例可以制得无光釉。减少 SiO_2 与增加 Al_2O_3 可使釉无光。低温无光釉的铝硅比（摩尔数比）为1∶3，高温无光釉为1∶6。也可以控制氧化率 $\left(\frac{2n(SiO_2)+3n(B_2O_3)}{n(RO)+n(R_2O)+3n(Al_2O_3)}\right)$，高温无光釉氧化率为4∶3，低温无光釉为3∶2。而普通光泽釉为4∶1。

无光釉的酸度系数应控制在1～1.25。例如光泽釉（$0.72CaO+0.28K_2O$）$0.4Al_2O_3\cdot2.8SiO_2$，酸度系数为1.27，变更组成为（$0.72CaO+0.28K_2O$）$0.65Al_2O_3\cdot2.6SiO_2$，酸度系数为1.13，即成无光釉。

在黏土多的陶瓷坯体与长石多的瓷器坯体上，形成无光釉的组成范围是不同的。因为坯体成分熔入釉中会改变釉层的组成。高温无光釉可用生料釉配成，低温无光釉常用熔块釉配制。

向普通的光泽釉中加入适量的添加物，可制成无光釉。如添置加少量的 $BaSO_4$ 可得到白色无光釉。加入 TiO_2 可得深浅不同的黄色无光釉。加入合成的钡长石、硅锌矿也可得到很好的无光釉。也可以用 RO 取代部分 Na_2O，以 MgO 取代部分 CaO 与 K_2O，或引入 ZnO 与 SnO_2 都可以获得无光釉。

冷却速度是制造无光釉的关键之一。一般采用缓慢冷却，可以使釉析晶而无光。冷却过快，会变成透明釉。无光釉中加入色料即成为无光色釉。

三、碎纹釉

碎纹釉又称纹片釉、裂纹釉。釉面上的裂纹是陶瓷产品的一种缺陷，但是碎纹釉是人为地在釉中造成清晰的开裂纹样，使陶瓷产品具有独特的艺术效果。由于裂纹形态不一，其名也随之而异，如鱼子纹、百圾碎、冰裂纹、蟹爪纹等品种。最名贵的一种叫"金丝铁线"或"鳝爪纹"，它是在粗疏的黑色纹片中交织着细密的红、黄色裂纹，色调深、浅的裂纹相互衬托。

按制备方法的不同，裂纹釉又分为夹层型和镶嵌型两种。夹层型是在制品釉层上再覆盖一层高热膨胀系数的色釉，重复焙烧，冷却时因收缩不一致而形成外层釉裂，由裂纹显底釉颜色。镶嵌型则是利用坯、釉热膨胀系数差直接产生釉裂，再用金属溶液或黑汁浸渍制品使裂纹染色，从而获得布满彩色纹路网络的釉面。浸渍彩料的制品须在 750 ~ 800℃进行彩烧。

釉料组成、釉层厚度和烧成制度对裂纹形态均有影响。当坯体组成一定时，釉具有高的热膨胀系数是形成裂纹釉的基础。减少釉中石英含量，增加碱金属氧化物的含量。釉料中石英颗粒的细度对是否出釉裂的影响较明显。细颗粒石英易熔解于长石熔体中，降低釉的热膨胀系数，不易形成裂纹。若釉中未熔解的石英颗粒增多，转化成方石英的机会也多，易使釉面开片。釉层厚度对开裂与否起决定性作用，同样的釉，厚釉层较薄釉层易开裂。制造碎纹釉时，釉的厚度要厚一些，通常在 0.8 ~ 1.5mm。为此，釉浆的密度要大，且采取多次施釉来保证釉层厚度。在烧成过程中，釉与坯反应形成中间层的状况，釉成分的挥发对釉裂均有影响。快速烧成时，釉与坯结合不牢固，中间层没有形成，则冷却时釉面易布满网状裂纹。若釉烧温度高，釉中低温熔剂挥发，以及釉熔解坯体中的 SiO_2 增多，会使釉的热膨胀系数降低，釉面不易开裂。当烧成时间较短时，则烧成温度越高的坯体中残余石英量越少，生成方石英的机会也少，釉层中的压应力越低，从而易于釉裂。若烧成时间长，坯体中石英剩余量虽少，但因冷却时间也长，方石英生成充分，坯体的热膨胀系数大，对于组成一定的釉料来说尚不致出现裂纹。对陶器制品，素烧温度对釉裂比较敏感，降低素烧温度或缩短保温时间则釉易出现碎纹釉。

四、变色釉

变色釉又称异光变彩釉。一般色釉是异光同色的，即其颜色不因照射光源的波长而影响。变色釉则在不同光源照射下，釉面呈现不同的颜色，而且这种光敏特性是可逆的称为变色釉。

变色釉可由两部分组成，即基础釉与专用的着色剂。是以高级细瓷白釉料作为基础釉，着色剂是以钕、铈、铽、镨、钐、铕、镧、镱、钬等混合稀土氧化物，经过一定的工艺处理，精制成着色剂。然后按比例与基础釉一道配制成釉料，经施釉、干燥后入窑烧成，使它在高温下发生物理化学变化，生成一种新的固熔体。该固熔体在不同的光源照射激发下产生电子跃迁，出现能级差，使釉面呈现不同的颜色。

变色釉采用稀土氧化物作着色剂，这是由于镧系元素的电子层结构比较特殊的缘故。它们具有 $6s^{1\sim2}5d^{1\sim8}4f^{x}$ 型电子结构，随着镧系元素原子序数的增加，原子最外面两层电子层的排布几乎无变化，所增多的电子任意分布在 7 个 $4f$ 轨道之间，使其电子能级与光谱线条多种多样，因而可在紫外，可见光以至红外区域内吸收与反射各种波长的辐射波，而呈现异光变色的效果。用混合稀土氧化物作着色剂的变色釉其表面反射率较强的波长为：410nm（紫）、440nm（蓝）、490nm（青绿）、550nm（绿）、610nm（橙）、650nm（红）、700nm（红），见图 11－3。

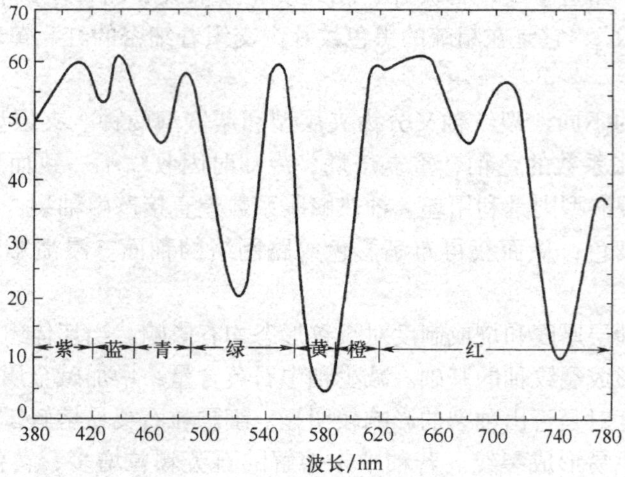

图 11－3　变色釉表面反射率曲线

故变色釉的颜色变化取决于可见光范围内波长反射的各种颜色的比例，实际上取决于照射光源的波长（能量）。如在太阳光下呈淡紫色；在普通灯光下是玫瑰色；在日光灯下呈天青色；在水银灯下显深绿色；在高压钠灯下呈橙红色；在钪钠灯下呈深蓝色。

由于 Nd_2O_3 的变色效应明显，所以变色釉着色剂多用纯 Nd_2O_3 或富 Nd_2O_3 的稀土混合物。这类色剂分别属于 $Nd_2O_3-Pr_6O_{11}-Sm_2O_3$ 系统、$Nd_2O_3-Er_2O_3$ 系统或 $Nd_2O_3-Pr_6O_{11}-CeO_2$ 系统，也有采用 $CeO_2-V_2O_5$ 系统色剂。色剂中 Nd_2O_3 含量会影响变色的灵敏度，一般希望 Nd_2O_3 含量大于 85%。色剂中引入 Sm_2O_3 能促进 Nd_2O_3 变色，而较多的 Pr_6O_{11}（>2.5%）会干扰 Nd_2O_3 的呈色。常见的变色色料有两种类型：

①硅酸钕型：富钕氧化物 60%～80%，石英 20%～40%，硼砂 5%～20%。

②铝酸钕型：氧化钕 50%～60%，氧化铝 30%～50%，硼砂 5%～10%。

均在 1250～1300℃煅烧。硅酸钕型色料可采用品位较低的富钕氧化物来合成，而铝酸钕型色料须用化学纯的氧化钕来合成，否则颜色不正。两者价格相差很大。

五、金属光泽釉

金属光泽釉是指釉面产生色调和光泽等外观类似某种金属表面的陶瓷光泽釉，如金光釉、银光釉、铜光釉、铜红色金属光泽釉等。

金属光泽釉的制作方法常见的有四类：

①使釉料含有过量的氧化物，如 MnO_2、TiO_2、PbO、CuO、NiO、Fe_2O_3、V_2O_5等。在釉烧过程中，金属氧化物达到饱和状态，冷却时在釉表面析出金属，使釉面呈现金属光泽。

②电镀法。通过电镀使釉表面附着一层金属离子。电镀成本高，且电镀的金属表面层不耐磨，易氧化，因而限制了使用。

③热喷涂法。在炽热的釉面（600～800℃）喷涂无机金属盐溶液或有机金属盐溶液，在高温的热分解作用下使釉表面形成一层金属膜。建筑陶瓷多采用此法，常在辊道窑的冷却带的高温段向窑内喷入无机或有机金属盐溶液，冷却后即可得到金属光泽釉的产品。

④低温镀膜法。在干净陶瓷釉面上涂覆一层金属盐溶液，涂覆时陶瓷制品应加热。干燥后在600～800℃烤烧，制得金属氧化物薄膜产生金属光泽。

就第一种制作方法举例。

（1）金棕色金属光泽釉　釉式如下：

$$\left.\begin{array}{l}0.016Li_2O\\0.246Na_2O\\0.308K_2O\\0.093CaO\\0.011MgO\\0.326PbO\end{array}\right\}0.35\sim0.45Al_2O_3\left\{\begin{array}{l}2.0\sim3.0SiO_2\\0.2\sim0.6B_2O_3\end{array}\right.\text{外加}\left\{\begin{array}{l}CuO\ 3\%\sim3.5\%\ \text{（质量分数）}\\Mn_2O_3\ 6.5\%\sim8.0\%\ \text{（质量分数）}\\V_2O_5\ 1\%\sim1.5\%\ \text{（质量分数）}\end{array}\right.$$

在1160～1200℃氧化焰烧成。烧成是直接影响釉面金属光泽的，应采取快速烧成，即迅速将温度升至最高烧成温度，冷却时的860～200℃需缓慢冷却可获得满意的效果。另外，具有高折射率的釉面，则增强了金属光泽的效果。施釉厚度为0.3～0.5mm时可得较好的金属光泽。釉层薄，则釉面无光或者半无光。釉层太厚，会使釉面成为无光黑色的表面而失去光泽。

（2）银白色金属光泽釉　银白色金属光泽釉，是一定组成的釉料，经烧成后，釉表面呈现出银白色金属光泽的釉。高温银白金属光泽釉组成：长石50%，石灰石25%，石英25%，外加氧化铜4%～10%。

这种釉料在高温下烧成时，釉熔体的黏度较低，达到饱和状态的CuO析晶并悬浮到釉面上，在釉表面形成一层很薄的CuO薄膜而得到金属光泽。

工艺要点：

①准确称料，湿式球磨，细度为万孔筛余0.1%以下，调和成含水率为50%～55%的釉浆。

②喷釉法施釉于生坯上，釉厚约0.5mm。

③还原气氛1280～1340℃下烧成。

该釉适合装饰陈设、美术瓷；釉中CuO的添加量增加，釉色从绿色向黑色转变，金属光泽也由银白色向暗绿色转变，且光亮度也由镜面变为无光表面。

六、萤 光 釉

萤光釉（也称夜光釉）是指在夜晚能发光的釉料。它是由非放射性长余辉发光材料在陶瓷釉上应用，在黑暗的夜色中发光。光釉的突出特点是：釉烧温度低，受光照后能发出带色的光，余晖时间长等特点。可应用于交通标志、太平门、报警器及陈设陶瓷制品的装饰。

1. 萤光釉的组成

萤光釉的基本组成是基础釉中添加发光剂。为此基础釉的选择很重要，常用的基础釉是在烧温度不超过900℃的低温釉。主要原因是发光剂在高温下会分解、挥发或者被釉熔体吞蚀，而失去发光能力。萤光釉的基础釉中不能含 PbO，因为 PbO 会使发光材料的发光性碎灭。

目前，用来配萤光釉的基础釉主要是硼釉，其釉式组成范围大致是：

$$\left.\begin{matrix}0.6\sim0.8R_2O\\0.2\sim0.3RO\end{matrix}\right\}0.06\sim0.20Al_2O_3\left\{\begin{matrix}1.0\sim2.8SiO_2\\0.1\sim0.5B_2O\end{matrix}\right.$$

2. 发光剂

发光剂主要有三种类型：磷光材料，荧光材料，自发光材料。

用来配萤光釉的发光剂是磷光材料，它是由 ZnS、CaS、SrS 等基本物质再添加着色元素（称为激活剂）组成的。当光照射到发光材料上时，一部分光会反射出来，一部分光被材料吸收，当被材料吸收的光能足够大时，将使电子从低能级跃迁到高能级轨道。处于高能级轨道的电子是不稳定的，电子会自发地从高能级返回到低能级，这时，就会释放所吸收的光能。这种光能的释放可以以热的形式释放，也可以光的形式释放，若以光的形式释放出来，这就是发光。吸收的光能足够多时电子成为自由电子，而自由电子极易被光俘获，当电子返回到电子轨道时，又释放光能，这种能量达到可见光的能量范围时，就以可见光波范围的电磁辐射而发光。

3. 萤光釉的制备

夜光釉的基础釉常用的是低温硼熔块釉，先将基础釉球磨至所需的细度，制成釉浆，然后，添加夜光粉混磨 1h 即成夜光釉釉浆。夜光粉的细度控制宜粗些，以防止被釉熔体吞烛。夜光粉的加入量应根据发光材料发光能力的强弱，以及釉料所需要达到的发光程度来确定，一般控制在10%～40%。施釉厚度应在1.5mm 左右。

第七节 坯体装饰

一、色坯、斑点、绞胎

（一）色坯

色坯是使陶瓷坯体整体着色的装饰方法。其着色机理可以看做着色离子与坯料中的 Al_2O_3、SiO_2 等形成着色的硅酸盐、铝硅酸盐，最后这些盐类与坯料成分结合成均匀带色体。

色坯常用天然着色黏土着色，也可以在白色的坯体中加入着色氧化物或陶瓷颜料。例如，红色颜料用氧化铁与锰红；黄色用锑黄、钒锆黄与铬钛黄；绿色用氧化铬；蓝色用氧化钴与钴铝锌蓝；棕色用氧化锰及铁铬氧化物混合物；黑色用铁、钴、锰、铬氧化物的混合物等。其加入量随着色能力的强弱与对色调深浅要求而异，一般外加1%~10%，有时也可高达15%或低于1%。

着色剂氧化物和陶瓷颜料的细度，以及它与坯料混合均匀性，是直接影响色坯的装饰效果。当颜料细度不够与混合不均匀时，将引起着色不均匀，甚至表面出现“色斑”。通常是颜料与坯料一起进行湿法球磨粉碎，细度控制在万孔筛筛余0.1%~0.5%，这样既可保证细度要求又能达到充分混合的目的。若所使用的颜料硬度大，应在使用前先将颜料单独细磨后再混入坯料中进行球磨，这样可以防止坯料过分细磨而影响坯料的其他工艺性能。

色坯装饰在建筑陶瓷上采用较多，而就日用陶瓷来说采用不多，因为要使制品外观着色并不需要将坯体整体带色，也可采取在石膏模型内壁先注上色泥、后注入泥浆的合并浇注成型来达到色坯的整体装饰效果。另外，还可采用化妆土或色釉装饰法，同样能使制品外观带色。这样可以节约大量的颜料，降低成本。

（二）斑点

斑点是将色泥通过造粒的方法与基料（常为白坯料）混合，经压制成型、干燥、烧成使坯体形成色斑的装饰方法。这种装饰使产品表面具有仿天然花岗岩效果。又称仿花岗岩。

就造粒的斑点而言，有大斑点（粒经1~10mm）与普通斑点（粒径<1mm）之分。从装饰效果看，大斑点具有极佳的仿天然花岗岩的效果，而无天然花岗岩的放射性危害问题，作为建筑陶瓷的装饰深受广大消费者的喜欢。但是大斑点瓷质砖生产技术难度大，主要面临如下几个问题：一是造粒问题，这是大斑点造粒核心技术；二是混合好的坯料运输问题，由于大、小颗粒粒径相差太大，在输送与储存时容易造成颗粒偏析现象；另一个重要问题是成型的布料问题，因大、小颗粒流动性相差悬殊，导致布料不均或者出现偏析现象。

斑点坯料的制备可用混喷法（塔内混合）或粉料混合法（塔外混合）制备。

1. 喷雾塔混喷法

工艺流程如下：

原料→配料→球磨→除铁过筛→（分两路）
- →浆料罐搅拌→色料配料→计量泵供浆→混合器→喷雾干燥
- →浆料池搅拌→柱塞泵供浆→喷雾干燥

通过喷雾塔内色料喷枪配置的多少和调节色浆计量泵，可达到粉料按设定比例配色，可以是单色，也可以多色。由于混喷生产时，色浆污染白色基础浆料，而且细小的色粒也均匀分布于白粉粒之中，使粉料中的色料不清晰，层次不分明，现在很少采用此法生产。

2. 粉料混合法

工艺流程如下：

原料→配料→球磨→除铁过筛→（分两路）
- →浆料池搅拌→色料配料→柱塞泵供浆→喷雾干燥→粉料罐→
- →浆料池搅拌→柱塞泵供浆→喷雾干燥→粉料罐→

配料→混合→过筛→色料坯料陈腐

基础白粉料与色粉料的水分，颗粒级配要相适应。两者掺和比例视装饰效果需要而定，一般为10%~50%。也有用两种或三种色粒调配的，三种以上较为少用。色料加入基础浆料搅拌，而不是与基础原料进入球磨共同粉碎时，色料的细度应全部通过325目筛，色料应加水搅拌成色浆后再加入到基础浆料池中，与基础浆料一起搅拌，搅拌时间不少于2h。色粒粉料中的细粉应尽量少，过细粉末应重新回到浆池，以减小砖面的色痕缺陷。

3. 大颗粒粉料制备

大颗粒粉料除了单一颜色外，还可以由多种不同颜色的小色粒结成，或多种颜色层层包裹结成的大颗粒。颗粒外形有各种形态。大颗粒粉料制备方法有三种：流化床法、辊压制粒法、搅拌成球法。

（1）流化床法　将喷雾干燥的基础白粉料送入振动流化床，在不断向前移动中，由喷淋嘴将色浆喷入处于“沸腾”状态的粉料中，黏结成大小不等的颗粒，经干燥过筛，获取大小适合的大颗粒。整个过程连续进行，生产效率高。但只能生产单色粒子，已很少使用。

（2）辊压制粒法　把喷雾干燥的基础白粉料与一种或多种色粉料按一定比例混合均匀，然后进入对辊成球机中，压制成30～50mm大小的腰形粉球，经打碎、过筛获得大小适合的大颗粒，此工艺把混合、辊压成球、打碎、过筛连成作业线，每小时产量可达2～8t。

（3）搅拌成球法　把基础的粉料和1～3种不同色的色粉料按比例放入圆盘中，通过多种形式的搅拌机构进行搅拌，边搅拌边喷洒少量的水，出料过筛获得大颗粒。另一种方法是将白粉料放入圆盘搅拌过程中，喷洒色浆搅拌成球后，再加入白粉料，搅拌成球，多次反复后达到层层包裹的效果。

色粒坯料成型时的布料有一次布料与二次布料之分。一次布料是将色粒坯料通过布料机构均匀地填充在模框中。二次布料是将白色基料先填充模框内，然后再次推料将粒料坯均匀填充模框。冲压成型是正打，即砖面向上，此方法可减少色坯料用量，但成型效率一般降低50%以上。大斑点坯体成型时，在布料过程中，由于大颗粒粉料在转移及刮料时往上表面移动，细颗粒料下沉。因此，砖坯正面应朝上。另外，还有计算机布料法，即布料由计算机按预先设定程序（布料图案纹样）进行布料，造成云状、大理石纹和各种花岗岩石纹样，效果极为逼真。

常用色料与色坯体配比见表11－18与表11－19。

表11－18　常用坯用色料

色料名称	成分	显色	最高烧成温度/℃
锰红	Mn－Al	粉红	1300
棕红	Fe－Si	红棕	1200
铬绿	Cr－Al	绿	1280
橘黄	Ti－Sb－Cr	橘黄	1250
普黑	Fe－Cr	灰黑	1280
艳黑	Fe－Cr－Co	灰黑	1300
钴蓝	Co－Al－Zn	蓝	1300
孔雀蓝	Co－Cr－Al	孔雀蓝	1300
孔雀绿	Co－Cr－Al	孔雀绿	1300
钒锆蓝	V－Zr－Si	青蓝	1300

表 11-19　常用色坯料配方

色坯料	配方/%	适用温度/℃
桃红色	基础白料 100，锰红 2~5	1200~1250
红棕色	基础白料 100，棕红 2~4	1180~1200
绿色	基础白料 100，氧化铬 0.5~2	1200~1230
绿色	基础白料 100，草绿 0.2~2	1200~1250
蓝色	基础白料 100，钴蓝 1~2	1200~1250
黄色	基础白料 100，橘黄 1~4	1200~1250
灰色	基础白料 100，艳黑 0.1~1	1200~1250
黑色	基础白料 100，普黑 2~4	1200~1250

（三）绞胎

将两种以上不同色调的坯泥不均匀地掺和在一起的成型，造成坯体出现不同色调的花纹达到装饰的效果称为绞胎（又称绞泥）。

将不同的颜料加入到坯料中，制成不同色调的可塑坯料，再把这几种颜色的坯料揉捏在一起，利用辘轳旋压成型或者手工拉成型，使坯体形成绞纹的装饰，干燥后施透明釉，釉烧即可。也有不施釉的制品。另外，也可在成型好的坯体上，浸一层这样的泥浆形成绞泥纹。这种装饰方法多用于陶器制品。

二、镂空、刻花、堆雕

（一）镂空

镂空又称镂雕、透雕，是景德镇瓷区和广东枫溪产瓷区的传统陶瓷艺术品种。它是以镂空为主，结合圆雕、捏雕、堆雕等技法，在陶瓷坯体上把装饰纹样雕通，再在上面粘贴花草或加彩的一种装饰方法。

镂雕的造型和设计与一般陶瓷设计相同，但要特别注意纹样应互相连接，镂空的面积不宜过大，形状也不宜繁杂，多以弧形组成，一般多采用粒形、弧形或规则的几何形状，以免在坯胎烧成时变形。

小型镂雕瓷的坯料一般采用日用瓷的坯料，大型镂雕瓷的坯泥必须含有足够的氧化铝和适当的熟料，以防变形，同时要求具有较高的可塑性。镂雕瓷用的注浆泥浆的含水率为 29%~30%，加入 0.5%~0.6% 的水玻璃电解后，泥浆经搅拌均匀后过 80~120 目筛用于注浆。

镂雕产品一般都采用注浆方法成型，有些造型复杂的采用印坯方法成型。注浆成型的小件产品与日用瓷的注浆操作相同，大型产品则采取两个模型分别注浆，然后再进行粘接。为了防止干燥时的变形，在大件坯体脚下铺垫一层 1~2mm 厚的生滑石粉，以便坯体干燥收缩。坯体干燥至含水率为 20%~22% 时进行修坯。镂雕花纹的坯体有的采用干坯，有的采用湿坯。干坯应以坯体发白方可进行镂雕，而湿坯应在含水率为 14%~15% 进行镂雕。操作时进出刀要准确流畅，刀尖要保持与坯体垂直，运刀要迅速敏捷，用力要稳。双层镂雕应先完成内层坯体的镂雕和粘贴，然后粘接上外层坯体，再雕通之。

镂雕制品有的施釉，有的不施釉。施釉的镂雕产品多采用喷雾施釉，釉浆相对密度为

1.5～1.65。烧成温度一般为1250～1350℃。经高温烧成的产品有的还需要加彩，按设计要求进行釉上加彩时，双层镂空则通过外层孔洞先向内层加彩，然后外层加彩，再进行烤花，烤花温度750～850℃。

（二）刻花

刻花是我国陶瓷传统装饰方法之一。它是依照设计的稿样在坯体上用铁、竹制的刀、扦等工具刻划出装饰纹样，施透明釉烧成。这种装饰方法目前多用在陶器上，如江苏宜兴、四川荣昌、安徽界首等地。它们保持和发展了传统的刻花装饰，而且具有独自的艺术风格。刻花又分干坯刻花和湿坯刻花，对坯料性能要求与镂空要求相同。刻花有的施釉，有的不施釉。另外，色釉刻花是将刻花和颜色釉结合运用的一种装饰方法，它是把多种色釉按作者的设计要求，运用刻划纹样的不同部位，使画面层次鲜明，色调变化丰富，具有板画的效果。刻花的纹样和器型结合紧密，同时又和坯釉相连，立体感强，题材多半是花草图案，也有书法篆刻，形象简练，线条刚健有力，手法灵活，具有朴素大方的特点。

刻花是用工具直接在坯体上刻划，充分利用原材料，一般不需要用其他装饰材料进行加工，因而具有节省材料，操作简便，成本低，便于生产等优点，在日用陶瓷和陈设陶瓷上均可装饰。在大生产中，目前有用模印的方法来代替手工制作的，也有将刻花与釉下彩结合应用的装饰。经过刻花的坯体，即可施釉烧成。有的将坯体先烧成涩胎，然后施低温釉再烤烧一次。

（三）堆雕

堆雕是我国传统的陶瓷装饰方法之一，它是在坯体表面上，用笔蘸取和坯体同性质的泥浆或用泥料填堆出各种纹样，花纹凸出坯面，具有浮雕装饰效果，故又称凸雕、浮雕。堆雕可分为堆泥和堆釉两种。

1. 堆泥（堆花）

堆泥是将泥浆或各种不同色泽的彩泥，用手指或笔在坯体表面堆出各种浮雕状的纹样。它主要以拇指作为画笔，塑造出栩栩如生的各种树木花草、飞禽走兽、山川云石。形象具体，远近分明，层次清晰，具有粗犷奔放的民间风格。常用手法有：搓、揿、拓、捺、印、划、贴印等。

将所设计的图案画在纸上，用透明的赛璐珞板（厚约0.25mm）覆在画稿上面，再用锋利的小刀，按纹样镂刻。要注意镂穿部分的连接，不要使局部的纹样掉落下来。用刻好镂空花纹的赛璐珞板覆于坯体表面，然后用拇指涂布彩色泥于镂空部分，揭去赛璐珞板后，坯上即获得与镂空部分相同的凸形花纹。

2. 堆釉

用毛笔蘸取白釉浆在施好色釉的坯体上堆填纹样，因釉料在高温烧成时会流动，故画面形象必须概括简练，同时釉质透明，可充分利用其特点来表现物体轻重、厚薄等不同质感，具有其他装饰方法所不及的特殊效果，堆釉在陶器上用得较少。手工堆釉效果虽然好，但生产效率低，目前大生产已采用特制的花纹模板将白釉浆转贴于坯体上，且往往和颜色釉结合运用，以增强装饰的色彩效果。其操作步骤是：

①根据坯体造型进行画面设计，再用手工堆成浮雕纹样。

②将乳胶液注进堆成的花纹，注满后将余浆液倒掉，这样反复三四次，达到所需要的厚度为止。待干燥后掀下修整即成乳胶模。

③将含水率为23%～28%的白釉浆，再加1%～2%纯净桃胶，抹入凹形纹样的乳胶花模中，洗净周围余釉后，将原用的色釉涂一笔作底釉，然后将乳胶模贴于已施底釉的坯体上，摸平后轻轻撕开乳胶花模即可。

三、化 妆 土

化妆土是一种天然黏土，或是由一种黏土、熔剂和非可塑性物料混合制成的泥浆，将它薄薄地施于陶瓷坯体用来掩盖坯体表面的颜色、缺陷或粗糙表面，起到化妆的作用。化妆土一般均为白色，也有特意添加着色剂或利用带色黏土制成彩色化妆土用来装饰坯体表面的。

化妆土一般分为两种。一种是在坯体上施好化妆土后再施釉，通常将此种化妆土称为釉底料或底釉。用于掩盖坯体中铁化合物的颜色，以提高釉面白度或颜色釉的呈色效果。通常选用烧后呈白色的黏土。另一种化妆土用于改变坯体的表面颜色和抗风化能力，在制品的表面施此种化妆土后，使产品形成类似某种天然矿物的表面。也可以在化妆土层上剔划或描绘纹样作为装饰。化妆土的用途很广，从日用陶瓷器皿到建筑卫生陶瓷都可使用。

化妆土常作为底釉，这时它是釉与坯的中间层，其本身性能直接影响到坯体和釉层的结合性能。对化妆土要求如下：

①必须是均匀的，具有细腻的颗粒组成。

②要求化妆土的细度小于坯体而大于釉料。

③化妆土的干燥收缩和烧成收缩应适中，略大于坯体的干燥收缩和烧成收缩。

④化妆土的热膨胀系数要求介于坯体和釉料的热膨胀系数之间：

$$\alpha_{坯} \geqslant \alpha_{化妆土} \geqslant \alpha_{釉}$$

⑤化妆土泥浆的悬浮性要好，并且烧前、烧后要能很好地黏附在坯体上。

化妆土的成分，从理论上讲应介于坯与釉之间，实际上化妆土成分更接近于坯料。它的熔剂性原料较少，例如黏土矿物40%～50%，石英30%～40%，长石10%～20%，$CaCO_3$ 5%～8%，或者在坯泥中加入部分长石熔剂、颜料与水，有时还加入2%～4%胶水或糊精等黏合剂。

四、渗 花

渗花是采用丝网印花等方式，借助可溶性着色剂渗入坯体中进行彩饰的方法。尽管受着色剂种类的局限，开发出的颜色还不够丰富，但在建筑陶瓷的瓷质砖生产中应用很广。

坯体渗花用液体色剂都是具有着色作用的可溶性盐类。渗花用的彩料由色剂加一些辅助材料组成，可直接用于渗花装饰。通常对渗花色剂的要求是：具有着色作用的可溶性无机盐类；在高温烧成中呈色稳定；对干坯和丝网没有太大的腐蚀性。常用渗花色剂见表11－20。

渗花彩料是由色剂、稀释剂、增稠剂和渗透剂等辅助材料，按一定的比例配制而成的。渗花彩料常用辅助材料见表11－21。

渗花彩料应全部过100目筛，静置陈腐12～24h。渗花彩料密度为1.05～1.2g/cm^3，流动性根据丝网和使用增稠剂种类而定。酸碱度一般控制在pH 6～8，以免损坏坯面，必要时可用纯碱或氨水加以调节。彩料不宜长期存放，尤其是色剂加入量较大的彩料，时间过长会出现析晶现象或水解变质。一般不超过15天。

表11-20　常用渗花色剂

原料名称	分子式	颜色	用量范围/%	显色效果
氯化钴	$CoCl_2 \cdot 6H_2O$	红色晶体	1~8	蓝色
硫酸钴	$CoSO_4 \cdot 7H_2O$	红色晶体	2~8	蓝色
硝酸钴	$Co(NO_3)_2 \cdot 6H_2O$	红色晶体	1~5	蓝色
硝酸镍	$Ni(NO_3)_2 \cdot 6H_2O$	青绿色晶体	5~20	黄褐色
氯化镍	$NiCl_2 \cdot 6H_2O$	绿色片状晶体	5~20	黄褐色
醋酸镍	$(CH_3COO)_2Ni \cdot 2H_2O$	绿色单斜晶体	5~20	黄褐色
氯化铜	$CuCl_2 \cdot 2H_2O$	绿色晶体	5~20	绿色
硫酸铜	$CuSO_4 \cdot 5H_2O$	蓝色晶体	5~20	绿色
硝酸铜	$Cu(NO_3)_2 \cdot 3H_2O$	蓝色晶体	5~20	青色
重铬酸钾	$K_2Cr_2O_7$	橙红色晶体	1~5	黄色
重铬酸铵	$(NH_4)_2Cr_2O_7$	黄色晶体	1~5	黄色
氯化金	$AuCl_3$	红色晶体	5~20	桃红色
氯化铂	$PtCl_4 \cdot 5H_2O$	红色晶体	5~20	灰黄色
硝酸铀	$UO_2(NO_3) \cdot 6H_2O$	黄色晶体	5~20	黄色
氯化锰	$MnCl_2 \cdot 4H_2O$	玫瑰红晶体	5~20	红色
氯化铁	$FeCl_3 \cdot 6H_2O$	棕色晶体	2~10	棕褐色

表11-21　渗花彩料常用辅助材料

序号	类别	材料名称
1	增稠剂	甘油、羧甲基纤维素、淀粉、阿拉伯树胶
2	稀释剂	水、工业酒精
3	渗透剂	表面活性材料的水溶液
4	其他	纯碱、氨水

渗花用砖坯有生坯和素烧坯两种，即一次烧成和二次烧成。采用素烧坯的二次烧成渗花工艺的优点是渗花深度较深，砖坯破损少，边缘无裂纹，可以多次套色。渗花工艺参数及影响因素如下：

①坯体在保证有足够的生坯强度情况下，应有良好的渗水性能，因此尽量少用黏土，多用瘠性原料，必要时加入坯体增强剂。用于渗花工艺的砖坯的成型压强通常比普通瓷质砖低3~5MPa，以增加空隙，提高渗透性。如采用素烧坯渗花效果会大大提高。

②实际生产中，对一次渗花砖来说，坯体温度一般控制在50~70℃内，坯体含水率小于0.2%。若温度过高，彩料在丝网上受热而使水分蒸发，黏度变大，彩料堵塞丝网，出现“黏网”，“花纹色泽不均”等缺陷。若温度过低，水分不易挥发，容易出现裂纹。

③对丝网孔径的要求，视印制的图案纹样和生坯、素坯渗花工艺而定。生坯渗花宜用孔径0.280mm（60目）~0.170mm（90目）；而素坯渗花宜用孔径0.154mm（100目）~

0.125mm（120 目）；特别精细的图案宜用孔径 0.11mm（140 目）。

④丝网印刷前的喷水是为了调整坯体温度和增加坯体润湿程度，以利彩料渗入。印花后的喷水是为了帮助彩料进一步渗入坯中，水量越大，渗入深度越深，但色剂在坯内厚度方向的浓度梯度变化也加大，而且坯体强度急剧下降，会造成坯体裂纹。如需加大喷水量时，可分两次喷水。一般喷水量为：印花前 60～120g/m^2，印花后 200～300g/m^2。为了增加渗入功能，也可在水中添加适量促渗剂。二次烧成渗花砖，素烧坯印花后喷水量为 400～500g/m^2。

⑤渗花线上砖坯运行速度与喷水、印花等机构的布排位置也是影响渗花效果的重要因素。一般输送带速度 12～20m/min，以每次坯体刚好全部吸入所喷水量和彩料时开始下一工序为原则。

⑥渗入深度以 2～2.5mm 为宜，渗入深度少于 1.5mm 时，易被抛光时磨去颜色，渗入太深也没有必要。

第八节　釉料、颜料中铅、镉离子的溶出

用于装饰陶瓷产品的低温釉料及彩料中，常引入含铅、镉等重要离子的原料。当施这类釉料及彩料的餐具在使用时与食物长期接触，则铅、镉等重金属离子会不同程度地溶解在酸性食品中，如果这些溶出离子进入人体内则会影响人的身体健康。因此，世界各国对于接触食物的日用器皿均要求控制其溶出的数量。我国对日用陶瓷产品铅、镉溶出量的限制是按照 GB12651—2003 标准来执行的。标准规定：当采用 GB/T 3534 中规定的方法测定［釉面或画面在 4% 乙酸溶液中，温度为（22±2）℃，浸泡 24h±10min。空心制品的溶出量以从萃取液中测得铅、镉的浓度 mg/L 或 μg/mL 表示。扁平制品及颜料的溶出量以单位面积溶出浓度（mg/dm^2）表示］，任何单一制品铅、镉溶出量的允许极限值不超过表 11－22 给定值。

表 11－22　　日用陶瓷产品铅、镉溶出量的限制（GB12651—2003）　　单位：mg/L

器型	非特殊装饰产品		特殊装饰产品	
	铅	镉	铅	镉
扁平制品	5.0	0.50	7.0	0.50
除杯类以外的小空心制品	2.0	0.30	5.0	0.50
杯类	0.5	0.25	2.5	0.25
除罐以外的大空心制品	1.0	0.25	2.5	0.25
罐	0.5	0.25	1.0	0.25

一、溶出原因

1. 铅的溶出

含铅的釉料及釉上颜料常用的熔剂，其化学组成多属于 $PbO-SiO_2$、$PbO-B_2O_3-SiO_2$ 或 $R_2O(RO)-PbO-B_2O_3-SiO_2$ 系统。烧成后它们形成含铅的低熔点玻璃。这种玻璃受到酸液作用时，Pb^{2+} 会从玻璃的硅氧网络上脱落，可用下列反应式表示：

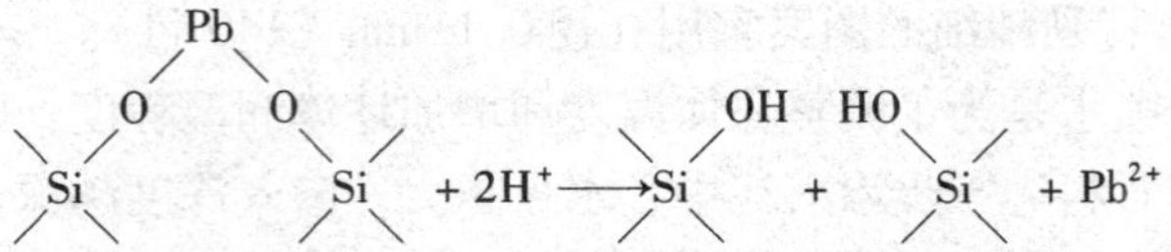

由于 Si—O 的单键强度大（443.5kJ/mol），而 Pb—O 的单键强度低（150.6kJ/mol），所以酸液能将 Pb—O 键打断，使网络上的 Pb^{2+} 游离，溶入溶液中。在含碱的系统中，K—O 和 Na—O 的键结合力比 Pb—O 更弱，因此碱离子比铅离子更容易被酸溶出。这样在网络上留下空位，成为铅溶出的通道，使 Pb^{2+} 继续溶出。由此可见，釉及颜料在酸性介质中溶出的离子不仅是铅，而且还有其他离子，后者对铅的溶出是有影响的。

此外，釉及溶剂的耐酸能力实质上是其玻璃结构网络稳定性的反映，网络越紧密则其耐酸能力越强。例如在含硼的釉料或溶剂中，硼常以［BO_4］四面体和［BO_3］三角体状态存在，而且两者会随釉或熔剂组成的不同而互相转变。［BO_4］可以和［SiO_4］构成复合的玻璃网络，使结构趋向致密，因而化学稳定性强，铅溶出量低。而［BO_3］在玻璃体中呈链状或层状结构与［SiO_4］相连，链力较弱，结构疏松，会使釉或熔剂的化学稳定性变弱，铅溶出量大。因此含硼的釉料和熔剂，希望其硼离子尽量呈四配位状态存在。

2. 镉的溶出

含镉较多的釉料主要为硒镉红釉，它以硫硒化镉 Cd（S，Se）固溶体为着色剂所组成。含镉较多的颜料主要以硫化镉作着色剂的镉黄。它们溶出的方式是相似的。

文献报道，镉釉表面存在两种相：一种为玻璃相，除其他碱性成分外，还含铅和少量镉；另一种为硫化镉或硫硒化镉晶体。在使用和试验过程中，晶相受光 - 氧作用会变成可溶性硫酸盐。在黑暗条件下，镉和铅一样，都是由玻璃相中溶出，而在光线照射下，还有由晶体中产生的，溶出量取决于对光线的敏感性。因此，在光照的条件下，镉的熔出量是黑暗条件下的若干倍。镉硒红釉在釉烧时，部分 Cd（S，Se）晶体熔解于釉玻璃中，部分挥发（CdS 和 CdSe 的挥发温度分别为 980℃ 和 688℃），在强氧化气氛下还会生成气态 SO_2 及 SeO_2。这样使釉面上出现微孔，成为镉、铅溶出的通道。

二、影响因素

铅、镉溶出量的大小取决于釉的化学组成与结构，颜料与色剂本身的稳定性及有关制造工艺。铅、镉溶出量还受彩烧的工艺制度和测试条件的影响。

1. 釉料的化学组成与结构

许多文献报道，降低铅、镉溶出量，单纯地减少釉及溶剂中的铅、镉含量是不全面的。它主要取决于釉的化学组成，玻璃网络结构，阳离子的极化、键强和溶解度等因素。

①［SiO_4］四面体构成釉玻璃连续的网络结构。釉中 SiO_4 含量越多，则［SiO_4］的相对数量也越多。由于 Si—O 单键强度大，因而使玻璃体的化学稳定性好。此外，SiO_2 多则［SiO_4］四面体包围 Pb^{2+} 及 R^+ 越紧密，更加降低其在水中或酸性介质中的溶解度。

②釉与颜料在受到酸性介质的作用时，溶出的不仅仅是 Pb^{2+}、Cd^{2+}，还有其他离子，而其他离子的溶出又会影响 Pb^{2+}、Cd^{2+} 的溶出。另一方面，PbO 是极化率高的氧化物，在一定条件下也可以成为玻璃形成体。在 $Na_2O-PbO-SiO_2$ 系统中，随着 PbO 含量增加，

玻璃结构紧密，表现为化学稳定性强，溶出量低。而在 $K_2O-PbO-SiO_2$ 系统中，K_2O 为网络外体氧化物又有反极化作用，会破坏玻璃的紧密性，即使 PbO 含量不增多，也会使铅溶出量增大。

③多数情况下，Al_2O_3 的引入有利于减少铅釉及含铅熔块的重金属溶出。Al^{3+} 在铅釉及低温熔剂中有两种配位。当 $n(Al)/n(K+Na)\leqslant 1$ 时，易形成硅酸盐网络骨架。Al^{3+} 进入硅酸盐骨加可四配体位硅的位置，电荷不需碱金属来补偿，因此网络骨架结构最强，Si—O—Si 桥键的弯曲振动最弱。当 $n(Al)/n(K+Na)>1$ 时，部分 Al^{3+} 可能进入六配位的状态，削解了 Si—O—Si 桥键的强度，故六配位的铝不如四配位铝稳定。另外，引入铝量多时，虽也可促进与增强四面体网络形成，但必须有 K^+、Na^+ 电荷补偿才能发生。若 K^+、Na^+ 溶出，则四面体网格上的 [AlO_4] 电荷失去平衡，最易受到侵蚀，使铅溶出量增大。

④在铅釉和含铅熔剂中，R_2O 均是调节剂，充填于四面体网络空隙中。大量 R^+ 会破坏玻璃网络。比较起来，K^+ 的离子半径较大（约 0.13nm），与网络中 [SiO_4] 四面体束缚力小些，而 Na^+ 的离子半径为 0.095nm，与网络束缚力较大。加之 K^+ 在溶液中的扩散系数较大，$D_{k+}=2\times10^{-8}\sim10^{-6}cm^2/s$，因而 K^+ 易为酸液溶解。由此可见，单独引入碱金属氧化物使釉或熔剂铅溶出量增大的顺序为：$K_2O>Na_2O>Li_2O$，引入碱土金属氧化物时，也是离子半径大的使铅易于溶出，其顺序为：$Ba^{2+}>Sr^{2+}>Ca^{2+}>Mg^{2+}$。

⑤釉中加入 ZrO_2、TiO_2、SnO_2 等乳浊剂不会增大铅溶出量，有时还会降低。因为这些氧化物能形成四面体 [MeO_4]，进入玻璃网络，加固硅氧网络，使玻璃体更为稳定。

⑥将着色氧化物或合成的色剂引入釉中时，它们对铅溶出量的关系和基础釉的组成、釉烧制度有关。有的情况下无影响，有的会增多溶出量。国际铅锌研究机构 ILZRO 的研究结果认为：对釉烧范围为 1000～1160℃ 的铅釉来说，Cr_2O_3、Co_3O_4、Fe_2O_3、MnO_2、$ZrO_2\cdot SiO_2$ 和 Pb－Sb 黄、Cr－Al 红、Sn－Sb 灰、Co－Cr－Fe 黑的采用对釉的铅溶出量无影响，均可以配成低于允许溶出量的釉料。但若将 2% CuO 加入到 1024℃ 烧成的铅釉中，则铅溶出量为基础釉的若干倍至 10 倍。

2. 生产工艺因素与铅溶出量的关系

陶瓷的生产工艺过程是很繁杂的，其中除釉的组成、结构外。还有釉层厚度、釉与坯之间的相互作用、烧成时间、温度和气氛等工艺因素都会对铅釉形成后它在酸性溶液中浸泡时铅的可溶性产生影响。这些工艺因素与铅溶出量的关系可归纳成如下几点：

（1）画面的设计　釉上彩画面的安排对铅溶出量的关系是密切的，这涉及画面面积与器皿容量的比例，纹样的安排，颜色的采用，装饰工艺的选择等。实践表明，同一花面贴在不同大小的瓷碟上，所测出的铅溶出量差异很大（图 11－4），大容量器皿上的溶出量较小容量器皿为低，也就是说，容量大的器皿要配用占产品面积较小的花面，釉上喷彩的溶出量较高，往往超出限定值。

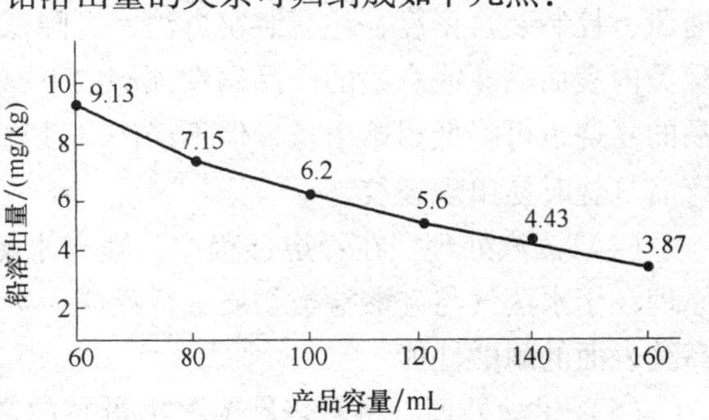

图 11－4　不同容量瓷碟彩烧后的铅溶出量
（花面相同、彩烧温度相同）

（2）釉层厚度　一般来说，釉层越厚则铅溶量越大。这可从坯、釉的反应来解释。薄釉层和坯体作用后溶解较多的 SiO_2、Al_2O_3，使铅溶出量降低。虽然厚釉层也会和坯作用，但所溶解的 SiO_2、Al_2O_3尚不致影响釉的溶出量到如此明显的程度。

（3）颜料的质量　从铅溶出量来说，我国釉上颜料铅溶出量过高，颜料质量不稳定。若用这类装饰产品，彩烧后铅溶出量会超过规定值。

（4）烧成工艺　适当高的烧成温度和较长的烧成时间均可以提高釉面的耐酸性能，从而降低了铅、镉溶出量。这可能是因为在高温下长时间的烧成从坯体溶入更多的耐酸性的氧化物，从而使釉的耐酸性增强。唐山陶瓷研究所将 042 画面花纸在不同温度下彩烧，测得其铅溶出量数值如下：

彩烧温度/℃	铅溶出量/(mg/kg)
700	111.40
750	83.7
780	15.8
810	1.7
850	1.27

由此可见，适当提高彩烧温度，使窑内温度均匀达到 800℃以上，可以降低铅溶出量到限定要求以下。

产品码装和装窑密度对铅、镉溶出量也有直接影响，这主要是与窑内温度的均匀性及铅的挥发有关。采取稀码和加强窑内通风，及时将铅蒸气排出窑外，对降低铅、镉溶出量效果明显。

三、降低铅、镉溶出量的方法

（1）选用耐酸性的颜料、花纸与熔剂　希望采用色剂及熔剂的耐酸性均高的颜料，尖晶石类色剂、硅酸锆系色剂的耐酸性较高。通过调整熔剂的组成可获得铅溶出量低的颜料。采用含铋的无铅色剂印成的花纸。选用高温快烧釉中彩的装饰方法。

（2）恰当画面设计　包括安排画面大小与产品容量的比例。选用装饰方法与花样，确定用色的深浅。一般来说，改进画面设计，用色边、边花与花朵结合，色调清淡的冷色也可达到降低铅、镉的溶出量。

（3）改进彩烧工艺　适当提高彩烧温度及延长彩烧时间可降低铅溶出量。加强窑内通风，控制装窑密度，注意装窑方法，可降低铅的溶出。在大容积的窑中彩烧时，将盘、碟类内表面贴花或彩绘的产品码在顶部；下部可装杯、碗类外表面贴花或彩绘的产品。产品的复烧也可降低铅熔出量，但不经济。且复烧时容易使产品上的金边减薄或断缺。大件产品复烧时易出现裂纹。

（4）蒸汽处理　在彩烧过程中，喷入水蒸气可大幅度降低彩瓷的铅、镉溶出量。其原理在于水蒸气与硅酸盐类物质进行反应，生成硅氧凝胶，在产品表面形成薄膜，从而提高其表面的耐酸性能。

（5）化学处理　将彩烧后铅溶出量高的产品放入酸类溶液中浸泡后，可使溶出量明显降低。实践表明，不同的酸所溶解的铅量是不同的。对于同一花面、同一大小的产品，在酸的浓度固定的条件下，用不同酸处理后，铅溶出量大小的顺序依次为：硝酸 > 硫酸 >

盐酸 > 柠檬酸 > 醋酸 > 草酸 > 碳酸。应注意这个方法对釉面光泽和色彩的影响。

参 考 文 献

1. 华南工学院．陶瓷工艺学［M］．北京：中国建筑工业出版社，1981
2. 李家驹．日用陶瓷工艺学［M］．武汉：武汉工业大学出版社，1992
3. 西北轻工业学院．陶瓷工艺学［M］．北京：轻工业出版社，1980
4. 轻工业部第一轻工业局．日用陶瓷工业手册［M］．北京：轻工业出版社，1984
5. 黄励知．普通陶瓷［M］．广州：华南理工大学出版社，1975
6. 中国硅酸盐学会．硅酸盐辞典［M］．北京：中国建筑工业出版社，1983
7. 章秦娟．陶瓷工艺学［M］．武汉：武汉工业大学出版社，1997
8. 中国硅酸盐学会陶瓷分会建筑卫生陶瓷专业委员会．现代建筑卫生陶瓷工程师手册［M］．北京：中国建材工业出版社，1998
9. 潘文锦．景德镇的颜色釉［M］．南昌：江西教育出版社，1986
10. 杜海清．陶瓷釉彩［M］．长沙：湖南人民出版社，1975
11. 张凤岐．结晶釉工艺［M］．上海：上海科学技术出版社，1981
12. 邓文科．醴陵釉下彩瓷［M］．北京：轻工业出版社，1984
13. 胡守真．陶瓷餐具铅毒消除技术［M］．北京：轻工业出版社，1986
14. 周健儿．仿金光泽釉的研制［J］．景德镇陶瓷学报，1993（3）
15. 蔡飞虎．大斑点瓷质砖的生产工艺［J］．陶瓷工程，1998（4）
16. 张玉南．陶瓷艺术釉工艺学［M］．南昌：江西高校出版社，2009

第十二章　陶瓷制品缺陷及其分析

在陶瓷生产过程中，从原料至成品包装，任何一道工序稍有不妥都会造成制品缺陷，乃至报废。有些缺陷在半成品制作过程中可以发现，有的要经烧成后才能显现出来。

陶瓷制品缺陷名目繁多，产生的原因错综复杂，涉及面很广。由于各地域、各厂的生产情况不同，原料、设备、工艺、管理各异，一种工艺因素可能导致不同的缺陷，同一种缺陷也可能是由完全不同的几种工艺因素引起的，因此正确而全面地分析缺陷产生的原因并找出解决的办法有时较为困难。在这种情况下，必须从多方面深入调查研究，尤其要仔细地观察缺陷形态、分布规律，通过工艺试验确定缺陷与设备功能、工艺控制条件之间的关系，从中查明产生原因，找出关键环节，采取相应措施。但对多数缺陷，有经验的技术人员和生产者可依据基础理论与实践经验立即做出准确的鉴别并找到有效的防治方法。

质量是企业的生命，陶瓷企业要认真掌握和贯彻 GB/T19000—ISO9000《质量管理和质量保证》系列标准，建立和健全质量保证体系，积极采用国际标准和先进技术，创名牌产品，提高产品市场占有率和企业经济效益。

第一节　日用陶瓷缺陷分析

陶瓷生产中常见的品质缺陷有几十种，高档日用陶瓷品质上应达到五无（无斑点、无落渣、无擦伤、无针孔、无色脏）、一小（变形小）、一低（铅溶出量低）、三光滑（釉面光滑、花面光滑、毛口或底足光滑）。在总结生产实践经验的基础上，参考国内外有关标准，对各种品质缺陷进行归纳与分类，着重对一些主要缺陷的表征、产生原因进行分析讨论。至于克服办法，则大体可根据缺陷产生的原因去采取相应的措施，限于篇幅，不予具体阐述。

一、变　　形

制品呈现不符合规定设计的形状称变形。变形是陶瓷制品最常见、最主要的缺陷之一。

（一）变形的主要原因

1. 制品造型设计在结构上不合理或不符合工艺材料和工艺技术要求

①重心位置处理不当，上重下轻。

②体形过高、过长；各部分厚度与尺寸不适宜、不匀称；蓄泥不当等。

2. 坯料配方不当，使烧结和收缩不均衡

①坯料中高可塑性黏土用量过大，灼减量过大，使干燥收缩与烧成收缩过大。

②坯料中熔剂量过大，Al_2O_3含量过低，坯体在高温下液相量过多且黏度低。

③坯、釉两者的热膨胀系数配合不当。

3. 坯料制备工艺不严

①坯料中含有空气或杂质，混合、搅拌、捏练不充分，陈腐时间短。

②坯料水分过高或不均匀。

③坯料过细或颗粒级配不合理；颗粒定向排列等。

4. 成型工艺不当

①成型压力过小或过大。

②成型设备不精良，振动大。

③滚头曲线设计不合理；滚头倾角过小或过大；滚头转速不当；安装不好。

④滚压、旋压、塑压成型时投泥不正；成型、修坯、取釉等操作不当；坯板、托坯饼、托坯架不平。

⑤注浆用的泥浆颗粒过细；密度不合适；稳定性差。

⑥模型干湿不均匀；带模干燥温度不均匀；强行脱模或脱模过迟；脱模操作不当。

5. 干燥处理不当

①干燥制度控制不当，干燥速度过快。

②坯体各部位干燥不均匀。

③坯体放置不平或放置方法不妥当。

6. 装坯、装窑工艺不当

①坯体入窑水分过高。

②使用高温结构强度低的匣钵、棚板等窑具；使用的匣钵内底不平、开裂又未用垫饼；使用不平或有杂质的垫饼。

③装坯不正或因搬动时振动，使坯底足部分窜离垫饼，位移下码，烧成时坯体因收缩不均匀而向一边倾斜。

④匣钵柱未保持平、稳、正。

7. 烧成工艺不当

①窑内各处温差过大。

②烧成时升温过急；烧成温度过高；高火保温时间过长。

8. 石膏模品质差

①石膏模结构不合理；制造不符合要求；规格不统一；致密度不一致。

②石膏模含水率不均匀；过干、过湿、过旧；模型变形或磨损。

③石膏模与模座的吻合度差，不同心。

总之，根据陶瓷生产工艺的特点，变形的起因基本上可归纳为三个方面：机械应力、结构应力、坯料组成。当破坏力不大于坯体强度时导致变形，当破环力超过坯体强度时则发生开裂。

（二）日用陶瓷的变形表征及产生原因

日用陶瓷变形的表征有多种，其中几种最常见的变形及产生原因，分述如下。

1.边沿下垂

边沿下垂是指制品口沿坍塌或直口器的口沿向外翻撇，边沿局部或全部下垂。

①制品造型设计不合理，器皿腹部的厚度不够；底径过小；折边的转折处结构不合理，折边向四周伸展幅度过大；蓄泥厚度及位置不当等。

②滚头或样板刀位置调整不好，使坯体口沿太薄。模型、滚头的沿部弧度小，使坯体

口沿外翻。

③模型、滚头的沿部弧度小，使坯体口沿外翻。

④塑压成型的坯体太软，因边缘余泥自重使坯体变形。

⑤坯体太湿即进行脱模，脱模操作用力过大，动作过猛，坯体附于托坯饼上成跌落趋势，使坯体口沿外翻。

2. 收口

收口是指制品口沿向内收缩过大。主要因脱模、整形操作不当而引起。

3. 三角变形

三角变形是指制品边沿呈三角形变形。多产生于脱模工序，如模型干湿不均匀或带模干燥时温度不均匀；强行脱模等。

4. 多角变形

多角变形是指制品呈多边形变形。

①模型本身变形；含水率不均匀。

②坯泥水分不均匀。

③滚压、旋压成型时割边不平整或不干净，坯体口沿留有成型余泥。

④干燥不均匀；强行脱模或脱模操作不当捏伤坯体腹部；托坯饼不平。

5. 塌坯

塌坯是指制品整体往下坍塌变矮或向一边垮。

①脱模操作不当，使坯身向一边垮。

②湿坯因跌落而造成坍塌变矮。

③烧成温度过高或高火保温时间过长，使制品塌陷变形。

6. 凹凸底

凹凸底是指制品底部中心小范围呈弧形凹陷或凸起。

①坯料耐火度低；烧成温度过高。

②坯泥含水率过高或过低；水分分布不均匀。

③滚头曲线设计不合理；加工不当；滚头倾角过小或过大；滚头顶部超越坯体中心的距离过小或过大；滚头转速偏低或偏高；转速比过小或过大。

④滚头或型刀安装不正确。

⑤石膏模底板工作面平度不符合要求；模型太湿，吸水率减弱。

⑥制品器型结构不合理，口径与底径比例不当，底径过大超过自身负荷而沉底。

7. 厚薄不匀

厚薄不匀是指对称形制品同一横断面厚薄不一致，呈一边厚一边薄。

①石膏模衔口（俗称皮带口）车削不好，使石膏模与模座配合太松或太紧。

②滚压或旋压成型时，模型在模座中放置不平整。

③成型机制造精度差，轴承间隙过大，成型时振动大。

④修坯时，坯件在模座上晃动，操作时用力不均匀。

8. 嘴耳把歪

嘴耳把歪是指嘴、耳、把粘接对称度与垂直度有偏差，高低不适，歪斜不正。系壶、杯、瓶、罐类制品常见的缺陷。

①嘴、耳、把的位置、大小、轻重、伸张角度等设计不合理。

②强行脱模，用力过重，脱模后存放的托板不平，使嘴、耳、把附件变形，其形状不标准；或其接头处的形状修削得不好，与主件的形状不相吻合；主、附件的含水率不一致，相差悬殊。

③粘接泥配方、制备、使用不当；粘接泥无专人配制，其细度、水分、添加剂等控制不好。

④粘接手法、技巧掌握不好，粘接时附件与主件未对正位置，用力不均匀或用力过重，使粘接后出现歪斜、附件变形。

⑤干燥不均匀，烧成温度过高等，因变形而导致嘴、耳、把歪斜。

9. 盖身不合

盖身不合是指制品盖与身子不相吻合。又称盖子盖合不严。

①盖、身的形状或尺寸设计不当。

②成型或修坯不佳，使盖、身的形状不符合标准。

③烧成时，在盖或身的口面上有釉缕、疙瘩或黏附物等。

④分别烧成盖和身时，烧成温度显著不同，其中之一过烧或生烧，使其形状、尺寸发生了变化。盖与身同时烧成时，配错了盖和身。

二、裂　纹

裂纹是指制品胎、釉开裂而形成的纹状缺陷。包括阴裂（指被釉盖没的裂纹）、釉裂（指釉面开裂而胎体未裂）、胎釉皆裂（指胎体和釉均裂）。裂纹是陶瓷制品最常见、最主要的缺陷之一。

生产中可以从裂纹的形状、产生部位、方向等来判断其成因。下面按裂纹产生的部位分述各种裂纹产生的主要原因。

1. 层裂

层裂是指坯体有分层现象而产生开裂。注浆成型的坯体其中间分层又叫重皮。

①坯料本身含有空气，存在夹层。

②成型操作不当。如成型时投料不够，再行添料。旋压、滚压成型时下压和抬离动作过快、过猛。压制成型时，粉料含水率过高，压力过大，加压和抬离速度过快，排气不好，被压缩的空气膨胀。注浆成型所用的泥浆颗粒粗，密度小，未经陈腐；电解质加入量不足。实心压力注浆时，泥浆渗透性差，压力不够，坯体中间包有稀泥浆，形成空心夹层。石膏模过干、吸水太快。

2. 口裂

口裂是指制品口部开裂。口裂以阴裂居多，其裂纹细小，常呈纵向。因坯件受损程度低，操作者很难发现，烧成前未予剔除得以流入成品。

①坯泥可塑性与结合性差；含水率太低或不均匀。

②热滚压成型时，滚头温度过高；旋压、滚压成型时割边不平整、不干净，坯体口沿黏附有余泥，使坯体口沿干燥收缩不均匀。

③注浆成型时，泥浆性能差；石膏模过干或其口沿部位吸水过快。

④脱模过早或过迟，脱模操作不当，使坯体口沿部位受损伤。

⑤修坯、施釉、釉下装饰、取釉时，坯体口沿过薄，未干，未放置平稳，操作不当，用力过重而伤坯或碰损坯。装坯时，用一只手取坯，大拇指掰坏坯体。

⑥机械设备不精良，振动大。

3. 底裂

底裂是指制品底部开裂。其裂纹呈一字形、弧形或不规则形状。

①旋压、滚压成型时，泥料过硬或水分不均匀；投料不够后又添料；投泥不正；下压动作过猛。

②半成品加工过程中，坯体过湿，所用吸坯器的面积太小，吸坯、放坯时用力过大。

③挖底时，机械设备振动，坯体受力不平衡，使坯体内表面产生裂纹，或裂纹呈内表面长、外表面短的形态，并且坯身向里面凹陷。

4. 肩裂

肩裂是指制品的肩部开裂。

①坯料可塑性与结合性差，使坯体干燥强度低；坯泥含水率过低；成型时投泥位置不正。

②在半成品加工过程中，将坯件放置于坯座时碰伤坯体肩部；坯座直径过大、过小，或其形状不适合坯体。

③用吸坯器吸坯时，下压用力过猛或未吸稳坯件，坯件不慎跌落，损伤其肩部。

5. 底足裂

底足裂是指制品的底足开裂。

①坯泥含水率过低，可塑性与结合性差；成型时，泥饼直径过小，投泥位置不正，成型压力过大。

②带模干燥时间过长，脱模过迟，坯体在模型中底足开裂；脱模时，足部被模型排气孔中的余泥粘坏，使足底破裂。

③挖底、取釉操作不当；刀具不锋利；用力过猛或不均匀；使用的机械设备振动，使坯体底足撞击受伤。

④磨坯时，手法不当，手指在坯底板上用力过重有伤坯体，其裂纹一般从底足到肩部。

⑤大件产品垫底烧粉过少，烧成时影响坯件收缩，使坯体烧结与收缩不均匀。

6. 嘴耳把裂

嘴耳把裂是指嘴、耳、把附件与主件（坯身）的接头处开裂。壶、瓶、罐、杯等空腹器皿的嘴、耳、把接头处的裂纹常为周边裂纹或圆弧形裂纹。

①粘接件之中的主件坯体过薄或过湿；嘴、耳、把附件与主件的含水率相差过大，或接头处的形状不相吻合；或附件与主件素烧温度不同，吸水率不同。

②粘接泥配方不当，黏性差；粘接泥浆调配不好，水分过低。

③粘接技术不熟练，粘接时用力过猛或过轻，使嘴、耳、把的接头处其周围粘接泥浆压喷不均匀或未压喷出来造成粘接不牢；粘接壶嘴、壶把等施加敷泥时用力过重有损粘接件；粘接操作时，取、放坯体不正确，使坯件受冲击。

7. 眼裂

眼裂是指壶类制品的漏水孔眼周围局部形成裂纹，或指玲珑制品的玲珑眼边缘开裂。

①泥料可塑性与结合性差，坯料干燥强度低。

②在坯体含水率过低时打孔眼；打眼机本身有毛病，打眼管不符合要求，打眼器具不锋利，打眼时用力过大。

在烧成的低温阶段，升温过急，易引起炸坯，其裂口处因有釉覆盖而显得光滑。在烧成的冷却阶段，中温冷却速度过快，尤其是厚胎和高硅质制品因残余石英晶型转化，易造成胎釉皆裂，此时裂口锋利，称为惊裂。如胎体未裂，仅釉面有头发丝粗的裂纹，则称为惊釉。

日用精陶产品在使用中由于胎体吸湿后体积膨胀，而产生釉层的后期龟裂。

三、斑　　点

斑点是指制品表面呈现的有色污点，又称为铁点、黑点。

斑点主要来自于铁、钛、碳、锰等的影响。坯、釉料中含铁杂质有金属铁、氧化铁及含铁矿物，它们来自于原矿、机械设备磨耗及环境污染。斑点成因极多，涉及原料品质、设备条件、工艺控制、管理技术、厂区环境卫生等诸多方面，故表现出存在的普遍性和解决的顽固性。

1. 原料本身因素及坯、釉料制备方面

①原料含有过多的有害杂质，使坯、釉料中混入含铁杂质，如黑云母、钛铁矿、硫化铁、氧化铁、锰化合物等，且在坯、釉料精制过程中未能充分磨细、过筛、磁选而除去。

②原料精制、加工、运输过程中，设备磨损或生锈，有金属铁和铁锈混入坯、釉料。

③坯、釉料管理不善；回坯泥管理与处理不当。

2. 半成品制作过程方面

使用了生锈的铁器工具与设备。

3. 厂区环境卫生方面

环境卫生不好，飘尘污染；釉坯存放过久，且未清除干净灰尘即装坯、入窑。

4. 使用窑具方面

使用含硫化铁等杂质较多的匣体、垫饼等窑具。匣钵上的铁点在烧成过程中爆裂，掉在制品表面形成斑点。

5. 烧成控制方面

在烧成中的氧化期温度偏低，氧化时间过短，窑内通风不良，因低温沉碳以及有机杂质分解出来的碳素未烧尽而封闭在坯中形成阴黑斑。还原气氛过浓，还原期及高火保温时间过长，游离碳素沉积在釉中无法排除也会形成阴黑斑，并且斑点数量增多，直径增大。

四、熔　　洞

熔洞是指易熔物在烧成过程中熔融而产生的孔洞。因坯体中混入易熔物，如石膏渣、长石渣或颗粒较大的含铁杂质等而形成熔洞，产生的主要原因如下：

①原料拣选、洗涤不严。在坯、釉料制备过程中，过筛次数少，筛网目数低，跑筛和漏筛；成型时用的坯泥、泥浆、釉料等保管不善，有杂质混入。

②成型割边、修余泥时，将石膏模碎屑刮入坯体或坯料中。

③厂区及车间卫生管理不好；回坯泥不清洁，又处理不好，有杂质混入。

五、落　渣

落渣是指制品釉面粘有匣钵、糠头灰等渣粒。

①匣钵、棚板品质低劣，热稳定性差，耐火度与高温荷重软化温度低；匣钵粗糙、疏松，有裂隙与破损，口沿松散，口沿与外底没有涂层或涂层过薄，匣钵有粗砂剥落掉入制品。

②装坯、装窑操作不规范，诸如：入窑坯上粘有灰尘、泥屑、釉渣等未清除干净；使用破损、有裂隙的匣钵；未定期清扫匣钵；操作者手上粘有灰粒；已装好坯的钵柱或盖板、盖钵被多次转动、碰撞、摩擦；装窑过程中，在匣钵柱之间用塞子加固时用力敲打使钵柱振动；推窑车入窑时振动过大，使窑具上的砂粒落在坯体上等。

六、粘疤与底沿粘渣

粘疤是指烧成时坯体与外物粘接形成的残缺。底沿粘渣则是指制品底足边缘粘有细小渣粒。

①一匣多坯的匣钵，因品质不好，耐火度低或高温荷重软化温度低，匣底凹陷变形，或坯体端面不平，使几只制品互相粘接。一匣一坯的匣钵，因造型不当，设计高度太低，直径过小，匣钵内残留有碎渣等而造成制品粘匣。

②装坯、装窑不端正、不平整，使坯体间隔的均衡性发生变化，坯件产生位移，使坯体与坯体，或坯体与匣钵相接触，以致损坏釉面或胎体。

③彩烤时，产品之间不留间隔，摆放过密，烤花温度过高，使制品釉面熔化而相互粘连。

④入窑坯件严重变形；坯体耐火度低；器皿的底与底足造型不当；施釉过厚，釉高温黏度过低，烧成温度过高而造成流釉；坯体取釉高度不够或取釉不干净；垫饼耐火度低或有易熔物；垫饼涂料太薄或不均匀；钵底烧粉垫得过少且有粗颗粒熔融，烧成后均容易使制品底足粘在垫饼或匣钵上。

⑤烧粉品质不好，垫粉操作不谨慎，钵底烧粉铺得过厚或不均匀，局部形成堆积，造成制品底沿粘渣；或在装坯时用粘有烧粉的手触摸坯体。

⑥制品的口沿或底足、装坯针点未打磨光滑，不平整。

七、底 足 粘 脏

底足粘脏是指制品的底足粘有其他杂质而变色，一般使底足呈红色或黄色。

①装坯时，匣钵底部未垫 Al_2O_3 粉或垫得太少；所用 Al_2O_3 粉内混有某种杂质而粘于制品的底足；用垫饼装坯时，垫饼太湿或垫饼之下烧粉含水分太多，烧成后生成红色物质。

②匣钵未涂涂料、涂层太薄或脱落；匣钵上的铁点粘染于制品底足，烧成后铁质熔化沾染，底足被着成红色。

③坯泥原料和匣钵中含铁等着色氧化物，在高温下为 $\gamma-Al_2O_3$ 所收集，被制品无釉的底足吸收，使底足着成黄色。

④烧成冷却期的高温阶段冷却速度过慢，已经还原的低价铁又重新被氧化成高价铁，

使底足呈黄色。

八、疙瘩与泥渣

疙瘩是指釉下坯体凸起的瘤状实心体。而泥渣则是指尚未清除的泥屑、釉渣残留于坯体上造成缺陷。从外形看，疙瘩凸起较缓，棱角圆滑，表面光洁；而泥渣凸起较急，棱角较为尖锐。

①在石膏模制造过程中，因膏水比、搅拌、脱气、注模速度等方面控制不好，使石膏模的工作面产生较大气孔；或在石膏模干燥、运输过程中损伤模型工作面，使其成型的坯体表面产生疙瘩。

②原料与成型车间未做好卫生工作，有较干泥料颗粒混入坯料而造成疙瘩。

③因成型、修坯、施釉、挖底、取釉、装坯等工序操作不慎，将泥屑或带釉残渣黏附于坯体表面，又未及时清除干净即流入烧成，而造成制品泥渣缺陷。

九、缺泥与磕碰

缺泥是指坯体残缺现象。而磕碰则是指制品被冲击或残缺。这两种缺陷最容易发生在制品的口沿与底足两处。

①制品造型设计不合理，口部过薄；底足较薄、过深，弧度不当。

②坯料可塑性与结合性差，成型困难，坯体干燥强度低。

③成型时用了破旧模型；投泥不足、不正，后又填补泥料；坯体口沿余泥未截平整；成型压力不够；石膏模过干、工作面局部凸起；成型底面积特别大的坯体时所用泥饼未经预压，使成型后的坯体残缺。

④在半成品加工、运输过程中造成坯体残缺或破损，又未进行必要的修补；坯体素烧温度过低或取放不当，使素坯残缺；装坯检查不严，带有残缺之坯体进入烧成，均会导致缺坯。

⑤从本烧出窑起均可能发生制品碰撞，主要由于开窑、搬运、彩饰、检验、包装等工序操作失误所致。也有因制品堆码方式不妥，发生倾倒事故而碰损制品。

十、起　　泡

起泡分坯泡与釉泡两种。坯泡是指釉下坯体凸起的空心泡。而釉泡则是指釉表面的小泡。起泡的原因不外乎在釉熔融之后，在坯体中或釉层中发生气体而得不到逸散所致。

1. 坯泡

①坯料中碳酸盐、硫酸盐、碳素、有机物等杂质含量过多。

②可塑坯料陈腐与捏练不充分，内夹有空气泡或混有块状杂质；注浆成型时，注浆速度过快；泥浆的电解质用量不当；剧烈地搅拌泥浆；泥浆存放过久或落入杂质，致使泥浆中窝藏有空气泡带入坯体；成型时石膏模太干、太热。

③烧成时因氧化不足产生氧化泡，主要原因有：坯体入窑水分过高；装窑密度过大；窑内温差大；氧化气氛不足或波动、不稳定；氧化阶段升温过急，中火保温不充分；还原阶段开始过早，使坯体各组成部分氧化分解反应不充分，水蒸气、CO_2、SO_3等气体未能

充分排出，当釉熔融，封闭坯体气孔以后，气体还继续向外排出而呈现凸泡。氧化泡因被釉层所覆盖，不易磨破，其大小不一，断面颜色基本正常。

④烧成时因还原不足产生还原泡，主要原因有：氧化结束时温度过高，还原阶段开始过迟，或操作时不能保持还原气氛，升温过快，窑内温差过大使局部区域还原严重不足，致使硫酸盐和高价铁的分解温度提高，产生的气体无法逸出而形成气泡，表现为胎体断面粗糙，透明度差，气泡断面呈淡黄色。

⑤烧成时因过烧产生过火泡，主要原因有：烧成温度过高或窑内局部温度过高，超过坯体烧结温度范围，使坯体膨胀起泡。表现为坯体断面结构疏松，釉面有轻微“沸腾”现象，呈橘皮状，泡较大，圆形，断面呈暗黄色。

2. 釉泡

①釉料中高温分解物（氧化铁、硫酸盐等）含量高；釉料始熔温度偏低，玻化过早；釉熔体黏度太高或表面张力过大，对釉层内气体逸散起阻滞作用。

②釉浆过细、过稠；存放过久，有机物腐烂发酵；杂质混入。

③施釉时坯体过干、过热，不但使釉料未能被坯体均匀吸收，同时还易封闭住气孔，使釉中水蒸气无法外逸而形成釉泡。釉浆搅拌不均匀，颗粒沉淀，表面水分多；湿坯施釉；两次施釉之间的时间间隔太久；釉坯存放时间过长等均容易产生釉泡。

④素烧温度低；使用含硫量过多的燃料；坯体入窑水分过高，窑内水蒸气过多；氧化不足或还原过早，使分解产物和沉积的碳素在釉玻化之前未能全部分解逸出，窝藏在釉层中；还原阶段，还原气氛过浓，还原时间过长，造成碳素沉积，在釉熔化后碳素继续燃烧，所生成的气体被釉液包裹，遂成釉泡。因碳素氧化引起的釉泡一般泡小且多，断面呈灰色，泡易被磨破沾污成黑色小点，同时制品还伴有烟熏缺陷。

⑤烧成温度偏低，釉的高温黏度大或釉层过厚，气泡不易排除而滞留在釉层中；烧成温度过高，溶解在釉中的气体又被放出形成新的气泡。

⑥因坯体内可溶性盐类在干燥过程中随水分扩散蒸发，而聚集在坯体的口部边沿或棱角处，降低了这些部位的软化温度，在烧成过程中，这些部位的受热面积较大，较早地玻化，气体不易逸出而形成一连串小釉泡，俗称“水泡边”。

十一、针孔与橘釉

针孔是指制品釉面呈现的小孔，又称棕眼、猪毛孔。针孔是陶瓷制品最常见、最主要的缺陷之一。

在烧成过程中，坯、釉料中的有机物、碳素、碳酸盐、硫酸盐等分解放出的气体在釉熔融之前未能充分排出，气泡上升到表面破裂，加上釉的高温熔融状态不良，留下的凹坑不能封闭而形成针孔缺陷。在陶瓷生产全过程中均有导致发生针孔的可能性。从物理方面看，则与细度、混合状态、物理化学反应、黏度、表面张力等均有关系。

若釉面密集针孔群，使釉面缺乏光泽，外观呈橘子皮状，则称之为橘釉。造成橘釉的原因与针孔相似，但程度上更为严重。

1. 坯料方面

①原料中有机物、碳素、碳酸盐、硫酸盐、氧化铁等杂质含量过多；坯料中高可塑性黏土用量多，坯料灼减量大，烧成时排出气体多；坯体透气性差；化妆土厚度不当等。

②可塑泥料颗粒过粗或含水率过高；陈腐时间短，捏练不充分；真空练泥机真空度不足，未充分排除泥料中的空气；坯料混有油污等。

③注浆用的泥浆存放过久或存放处温度太高，泥浆中有机物发酵；泥浆未进行真空脱泡，搅拌不均匀或太剧烈使泥浆夹带空气泡；泥浆泵使用不当，漏入空气；电解质选择及用量不当；泥浆密度过大，流动性小；注浆速度过快，窝藏在泥浆中的空气泡不易排除而带入坯体。

2. 釉料方面

①釉料始熔温度低，高温黏度大，流动性小，熔融釉不能均匀布满胎体表面；釉表面张力过小，使釉面小气泡破裂时所形成的针孔难以弥合。

②釉料颗粒过粗；存放时间过长，釉浆中有机物腐烂发酵。

③釉浆过浓或过稀，水分不均匀。

3. 成型、施釉方面

①注浆成型时，石膏模过干、过热。

②施釉时，坯体过干、过热，水分不均匀；坯体有浮灰、油污，未清除干净；坯体修整不善，表面不平。

③第一次施釉与第二次施釉之间的间隔时间过长；坯体较疏松且施釉前坯体太湿，施釉过薄；素烧坯气孔率过高，施釉过薄，釉被坯体所吸收。

④施釉时间过长，生坯长时间接触釉浆，吸水过多，在釉层鼓起小泡。釉层过厚，不仅产生釉裂，也易产生闭口气孔而引起针孔。

4. 烧成方面

①坯体入窑水分过高；燃料含硫量高；窑内温差大。

②烧成时氧化不足，有机物、碳素、碳酸盐、硫酸盐尚未充分分解而釉已玻化，气孔封闭在釉内，逸出时冲破已玻化的釉面易形成针孔。

③釉熔融温度过高而烧成温度低，升温过急，高温保温时间短，釉熔化不良，逸出气体的痕迹未被釉液填充。

④窑内通风不良，水蒸气过多；还原气氛过浓，还原时间过长，游离碳素沉积在釉面上，燃烧后残留针孔。

⑤烧成温度过高，釉玻化时升温过快，釉面发生“沸腾”形成橘釉；烧成后在高温冷却阶段冷却速度过慢，釉面析晶、失透无光。

十二、釉　　缕

釉缕是指釉熔化后流聚成的缕状物。

①坯体造型与修整不良，施釉时多余的釉浆得不到均匀流淌。

②釉料调配不良，高温黏度过低，釉发生过熔；或烧成温度低，釉的熔融状态不佳。

③釉浆密度与施釉操作不当。诸如：荡内釉时，釉浆密度大、黏性大，余釉不容易均匀地排除；倒余釉操作不当，余釉未均匀地倒出又未倒干净，多余的釉浆由坯体口缘返回，流过已施釉的表面形成条状堆积；浸釉操作不当，从釉浆中提出坯件时倾斜度不当；釉浆密度过小，施釉后釉浆向下流淌呈条带状堆积在坯体某一部位；施釉不均匀，局部釉层过厚均容易产生釉缕缺陷。

十三、缺　　釉

缺釉是指制品表面脱釉，包括压釉和滚（缩）釉。

1. 压釉

压釉即坯体接头凹下处细条状缺釉。

①粘接泥配方不当，其耐火度过高；施外釉之前，嘴、耳、把等附件与坯身的接头处已经开裂。

②嘴、耳、把等附件与坯身的含水率不一致；附件与坯身接头处的形状不相吻合；粘接操作不当，接头处缺少粘接泥浆或接头周围粘接泥浆压喷不均匀、敷泥施加不均匀，均会使接头处产生较大的应力以致引起压釉。

③施釉前，坯体接头处的棱角部位未抹水或抹水不均匀；釉料过细；釉浆过稠；施釉后釉头未清除干净，造成局部积釉过厚。

④烧成温度过低，釉熔化不好。

2. 滚（缩）釉

滚（缩）釉即釉面边缘滚缩形成中间缺釉。

①施釉前，未清除干净坯体上的坯粉、灰尘、油渍、落蜡等，使坯与化妆土、釉结合不良；素烧温度过高或过低；素烧坯表面过于光滑，或表面有下凹和凸起之处。

②坯釉配方不相适应，釉润湿性能差，高温黏度和表面张力过大；釉料中 ZnO 未煅烧且用量大；釉浆在坯体上的附着力差；坯釉的热膨胀系数相差过大；坯釉在干燥和烧成当中有较大收缩差，导致釉层开裂甚至剥离，减弱了坯釉结合性。

③釉料过细；釉浆过稠；施釉过厚；浸釉操作不当，釉浆未均匀布满坯体的全部，或局部积釉引起缩釉；施釉后各工序操作不慎，坯体受碰撞、摩擦、振动，造成釉层局部脱落。

④坯体入窑水分过高，烧成时窑内水蒸气太多，使坯釉分离，釉层剥离而造成缺釉；大件坯体瓷化不均匀也可能出现剥釉。

十四、釉 面 擦 伤

釉面擦伤是指制品釉面出现条痕和局部失光的现象。

①在生产过程中各工序对坯体处理不慎重，坯体伤痕未经修补即进入烧成工序。

②釉面硬度低，容易被擦伤。

③开窑时，制品之间未垫纸，在搬运或堆码制品时擦伤釉面。

④用砂纸擦拭制品上某些缺陷，或在打磨制品边口、装坯针点等处时，不慎摩擦釉面造成伤痕。

十五、生烧与过烧

制品未达到或超过烧成温度称为生烧或过烧。

生烧的制品往往发黄，吸水率偏高，釉面光泽度低并且粗糙，抗折强度低，尺寸不符，敲击声音不脆。

过烧的制品则会发生过烧变形，尺寸不符，抗折强度降低，釉面起泡或流釉。

①原料品质波动幅度过大；制泥控制不严；坯、釉料配方不当；坯料烧成温度范围狭窄。

②燃料性质不稳定；烧成温度偏低或偏高；高温保温时间不足或过长；烧成气氛不同。

③装窑密度分布不合理，局部过密或过稀；窑内温差太大，造成了局部制品生烧或过烧。

④测温误差；匣钵、棚板、窑车耐火材料的材质影响传热。

十六、烟　　熏

烟熏是指制品局部或全部呈现灰黑、褐色现象。又称吸烟、串烟、吃烟。以煤烧明焰窑还原气氛烧成陶瓷制品时，烟熏缺陷较为常见。

①釉料中钙含量偏高，且釉层过厚容易产生烟熏。石灰釉较易烟熏；长石釉中方解石或石灰石用量过多时也易发生烟熏缺陷。

②釉料始熔温度过低，高温黏度过大。

③注浆料中掺兑过多的电解质水玻璃。

④燃煤品质差；窑内通风不良。

⑤烧成中，氧化期与还原期安排不妥，氧化不充分或还原过早，使坯体内的碳素、有机物或低温沉碳未能烧尽就被釉层封闭；还原气氛过浓，还原结束过迟，烟气严重倒流，均能造成釉层内高温沉积碳素过多，使制品的釉面呈灰黑色。

⑥使用含硫多的燃料，因硫的影响，使釉面呈黄、黄绿或褐色的硫黄斑。钛含量较多的坯体在氧化气氛中烧成时呈黄色，在还原气氛中烧成时呈不稳定的灰色。

十七、阴　　黄

阴黄是指制品局部或全部发黄。

①坯、釉料中含铁、钛杂质多，且还原气氛太弱；窑内局部温度偏低还原不足；强还原阶段开始温度过高，升温过急，使釉面过早熔融，坯体过早烧结，气孔被封闭，还原气氛不能渗入坯内，坯体内 Fe_2O_3 未能充分还原成 FeO 而呈黄色。

②烧成中，高温阶段末期，气氛控制不当，或冷却初期未采取急冷，FeO 被重新氧化成 Fe_2O_3，从而使制品泛黄。

③烧成温度过低，使制品生烧，色泽发黄。烧成温度过高，使制品过烧呈暗黄色。

十八、火　　刺

由火焰中飞灰或制品的黄褐色粗糙面称为火刺。

①匣钵品质不高，有裂隙、缺口，其重叠处密封程度差。

②燃煤挥发成分含量高；火焰直接侵蚀制品。

在窑炉的喷火口处或火焰温度过高处，其制品边缘的局部釉面常会呈现粗糙的黄色或褐色。

十九、色　　脏

制品表面呈现不应有的杂色现象，称为色脏。

①坯体或釉浆中混有某种显色物质，烧成后成为色脏。

②印花或印刷花纸时使用了不清洁的印刷工具；贴花时使用了不清洁的橡皮刮；操作者手上染有色料未及时洗净；贴花的粘贴液中混有脏物；施彩时操作者不慎将色料、金水、电光水等喷涂到不应有的部位；用铜版制作的青花贴花纸粘有铜粒且混入釉中，烧成后釉面出现污点。

③彩饰后立即将未烤烧的制品堆叠起来，花面相碰、摩擦损坏，互相染成色脏；或彩烤装炉、装窑时排列过密，花面相互碰粘，或有碎屑杂物落到制品上生成污点。

二十、彩色不正

彩色不正是指制品同一花纹色彩浓淡不均匀或由于欠火而产生不光亮的现象。

①颜料和花纸品质不好，同一花纹中存在色彩浓淡不均匀的现象；贴花纸过期、受潮变质；贴花粘贴液含有杂质。

②用铜版制作的花纸，因铜版已旧或印刷时压印不均匀，造成印刷的花纸彩色不均匀。

③装饰时，手工描绘操作不严，调和颜色的水或油料混有杂质；喷彩或手工填色不均匀。

④颜色釉因配方、施釉不当或过烧而流釉，使釉色不均匀。

⑤烤花窑结构上存在缺陷或局部破损，装窑量或装窑方式不当，窑内温差大，使烤花温度不均匀；彩烤时间过长或过短；彩烤温度过高或过低，造成显色不均匀。

⑥烤花窑使用的燃料含硫成分过多；颜料发生变化。

二十一、画面缺陷

画面缺陷是指画面残缺和色泽不正的现象。

①彩饰时操作大意，漏画、漏印、漏贴、剪破花纸或不慎将画面的一部分擦掉，使画面残缺。

②釉下手工彩绘时，釉的附着力不强；坯件过湿，混水过涌、过多，连续进行接色或罩色；喷釉时压缩空气的压力大，喷釉器与坯体距离近或停留在局部的时间过长，均会产生颜色冲泡。勾墨线或印墨线配兑墨料时掺入过多的胶汁、乳香油，加之勾线或印线过厚，干燥过急，会造成线条剥离。颜料颗粒过细、茶汁过浓、坯体粘有灰尘则会引起混填颜色剥离。

③用釉下丝网花纸贴坯时，因色料、釉料调剂不当，不适应气候变化；花纸保管不善，存放时间过长；灌水不到，涂水不够，压贴不紧，釉质疏松，均会引起画面残缺。

④釉下或釉上喷花时，铁皮模版预先未经加热或加热一次所喷的次数太多，颜色从模版流至坯体或制品的花面上面使画面模糊。

⑤釉上印花时，操作不当或皮印的花纹转折处刻制成死角会产生扁线、夹线或印线起水点。色料中的樟脑油过多或过少，油料的浓度不当会产生套色不均匀或扩散。印包上颜色过厚，皮印线条过粗，印线用力过大，会使印出的花纹线条过粗。

⑥用釉上薄膜贴花纸贴花时，粘贴剂中酒精与水的配比不当，没有根据季节、气候的变化与膜层的厚薄适当调整酒精与水的比例；粘贴操作马虎，粘贴完一批，未及时将花纸

刮平，包有空气，使粘贴后花面呈现气泡、麻点、皱纹、纹样残缺；薄膜花纸保管不妥，存放期过长，薄膜自然老化不好粘贴。

⑦金边、金线画得太薄或厚薄不均匀，镶金后的制品上金水未干被擦伤金饰。

⑧施彩后，在装箱、重叠、堆码、搬运、装窑或满炉时，摆放过紧，制品互相碰撞或接触其他物体，使画面缺损。

⑨彩烤时，使用含硫多的燃料，升温过急，彩烤温度过高或过低，釉下彩的釉烧温度与气氛，对呈色和图案的清晰度均有影响。

二十二、饰金缺陷

1. 金色不亮

金色不亮是指饰金的制品（除磨光金外）出现金属膜层不亮的现象，又称为朦金。

①窑内潮湿，新烤花窑未烘窑即进制品彩烧；燃料含硫量过多；烤花窑漏烟；烧成时窑内气氛不良，如有大量水蒸气、煤气、煤烟、油烟或花纸薄膜与印刷油烟滞留在窑内，在金油熔化还未挥发前，有可能吸附这些不良物质，从而影响金膜亮度。

②烤烧时，温度曲线制定不合理；隧道烤花窑预热带负压操作，冷空气从窑的不严密处漏入预热带，使预热带温度偏低，当饰金制品进入高温彩烧时，加热速度急剧上升，各种油脂突然汽化，引起膜的破裂，且有被燃烧产物污染的气体重新渗入金属膜内，造成金属光泽减弱。

2. 金色发蓝

金色发蓝是指饰金的制品金的黄亮度减弱，呈现深紫蓝色，又称为蓝金。

①饰金过程中，掺加稀释剂过多，冲淡了金液，金水浓度偏稀。

②饰金过薄，金层未达到它应有的厚度。

③烤烧温度过高，促使一部分金属挥发，从而使金膜发蓝。

3. 金色发暗

金色发暗是指亮金水装饰的制品发暗，不光亮，呈古铜色。

①金水存放期太长，金水产生沉淀，在镶金时把沉淀物也镶于釉面，由于沉淀物多是难熔金属或灰尘之类的杂质，所以使金膜呈色发暗，发古铜色。

②金水不够稳定，在进厂之前金水过早地产生了沉淀，开瓶前把沉淀物摇起来和金水混用，易产生金膜呈色发暗现象。

4. 冲金

冲金是指制品的金线条或金边局部中断，出现断金缺陷或金线长毛，成为不连贯的珠状，又叫断金、飞金、金线长毛。

①贴花粘贴溶液配制不当。

②贴花、镶金后水分与金水未干，制品过早入窑烤烧；或装窑密度过大，制品之间未留一定的间隙，窑内废气难以排除；用圆形电烤花炉烤花时过早盖上顶盖，使气体和水蒸气排除不畅，形成水点停留在制品口部，将金线冲断或使金水流淌。

③隧道烤花窑的预热带未设排气孔或窑内通风不好，窑中的废气未能及时排出；或进车（进箱）速度过快，制品上残存的水汽和花纸颜料等的挥发物未得到充分排除。

④彩烤时，薄膜花纸在300℃左右开始分解，碳化放出刺激性臭气体，这种气体遇到

产品温度较低的部位又凝结成液体并能溶解金水，被溶解的部分呈空白，使金线或金边呈断续的珠状。

⑤烤烧时，在最初的加热阶段，如果从室温急剧升温到150～200℃，彩饰后残余的溶剂会猛烈汽化、沸腾，引起金膜冲动等缺陷。

5. 扎金

扎金是指饰金陶瓷制品金线条扎断、不清和金线、金边、浓淡不均匀。又称为缺金。

①金线、金边画得太薄或金层厚薄不均匀；镶金后的制品金水未干被擦伤金饰。

②烤烧前，饰金制品在往返搬移时相互碰撞，相触其它物体或被手粘连，造成扎金。

③装窑（装箱）密度大，码放不整齐或由于振动过大，使制品相互碰撞引起扎金。

6. 附着力不强

饰金制品其金线条容易擦掉，称为附着力不强。

①饰金制品烤烧温度过低，金膜与釉未结合牢固；或烤烧时间太短，使金膜在釉面上附着不牢。

②金水掺加稀释剂太多，致使单位体积中能起附着作用的物质减小；金水制品本身含铋量偏低，影响金膜本身的附着能力。

③被彩饰的陶瓷器皿表面不清洁，有灰尘等未擦除干净。

④烤烧后的饰金制品长期存放在潮湿或有腐蚀性气体的地方受蚀，影响其附着力。

二十三、铅溶出量超标

铅溶出量超标是指日用陶瓷制品铅的析出量超过有关标准。

釉上彩若颜料、贴花纸品质不佳或彩烧工艺不合适时，熔剂中的铅稳定性降低，在遇弱酸（主要是食物中的有机酸）时铅被溶出而引起图案变色与人体铅中毒。日用精陶器使用铅硼釉时，也具有铅溶出量过大的缺点。无花纹图案的白瓷、釉中彩、釉下彩、采用无铅颜料的釉上彩、内表面施无铅釉的日用精陶器则无此弊病。

引起铅溶出量超标的主要原因是：

①釉上陶瓷颜料与贴花纸化学稳定性差，抗蚀性不强。日用精陶其釉的耐酸性差。

②釉上彩花面色层面积在制品上所占的比例过大。

③烤花窑温差过大；通风不好，废气难以排除；烤花温度低。

第二节　墙地砖缺陷分析

在墙地砖产品外观品质检查的有关国家标准中只提到变形及13项缺陷，而在实际生产中常见的缺陷有几十种，因此必须先将形形色色的产品品质缺陷加以综合、分类，然后再进行分析。

鉴于在第一节中已对日用陶瓷的各种缺陷进行了比较详细的分析讨论，故本节仅选择在墙地砖生产中频繁出现、较典型的几种缺陷进行分析讨论。

一、变　　形

墙地砖变形包括制品上凸、下凹及整体扭斜。上凸是指砖的中心部位高出砖平面。下凹是指砖的中心部位凹于砖平面。扭斜是指砖侧面的变形，即砖任何一个角到其余三个角所组成平面的垂直距离有偏差。

1. 釉面砖素坯变形

釉面砖的砖坯越薄、收缩越大、素烧时码放越高，其素坯变形就越严重。

①坯料配方不当，高可塑性黏土用量过大，硬质黏土用量少，灼减量大；Al_2O_3含量低，熔剂量过多，高温液相量过多，液相高温黏度过低，坯体在干燥与烧成时产生过大的、不均匀的收缩。

②粉料制备不良含水率过高、过低、不均匀；颗粒级配不当或颗粒定向排列。

③成型时，填料与加压不均匀，同一块砖不同部位的厚薄不一致。

④模具变形，结构不合理，脱模时阻力大；模具安装不符合要求；模具电加热温度不当。

⑤坯体干燥速度不当、干燥温度过高或过低，干燥不均匀，干燥所用的垫板不平等。

⑥素烧时装坯用的匣钵、棚板、垫板等窑具变形；高温荷重软化温度低；装钵、装车不符合要求，码放不整齐，坯垛高低不一，中间部位密两边松上部密下部松，导致窑内温差大。

⑦坯体入窑水分高；烧成时预热阶段升温过急，烧成温度过高。

2. 炻质釉面外墙砖与地砖变形

（1）凹凸变形

①坯料与釉料的热膨胀系数不相适应，在坯及釉中引起较大应力。如果制品产生下凹变形并且有釉面龟裂现象，说明釉的热膨胀系数过大。如果制品产生上凸变形并有釉层剥脱出现，则说明坯的热膨胀系数过大。

②砖的背纹设计不合理

③同一块砖四周与中间部位的填料不均匀，或砖坯过薄抵抗变形能力差。

④烧成时，烧成温度不当，冷却不合理；辊棒上部与下部温度差达不到要求。一般而言，因辊棒上部与下部温度差不当产生的变形，砖坯总是凸向低温面。

（2）整体扭斜

①压机的布料系统有故障，布料装置的刮板有破损，刮料不平，或布料装置离压机中框太近，且粉料流动性不好，使个别模腔填料不满。砖的两侧填料不均匀，填料多的一侧强度高，收缩小；填料少的一侧强度低，收缩大，烧后成扇形砖。

②辊道窑横向温差过大。

③烧成时，助燃风压过小，烧嘴喷出火焰过长，窑体两侧喷入的火焰在窑的中央部位交织，使中央部位的温度高于两侧的温度，导致制品变形。

④砖坯运行故障。如果坯体入辊道窑排列过稀，会降低产量，发生过烧；而排列过密，则制品互相碰撞、起堆，会引起变形。

⑤因辊棒粘渣及涂敷铝粉浆过多或不均匀，使辊棒尺寸及表面形状发生变化，传动不平稳，导致制品变形。

3. 瓷质砖变形

瓷质砖由于其本身瓷化程度高，玻璃相含量多，快速烧成时比精陶质、炻质砖更易发生变形。

①坯料配方不当，坯料的灼减量大，熔剂含量多，且坯料过细，烧成收缩大。

②坯釉适应性不好，包括坯、釉的热膨胀系数不相适应，坯的烧成温度与釉的熔融温度不相适应等。

③粉料颗粒度与颗粒级配不合理，水分不均匀，流动性不好。

④压机布料装置运行速度不合理，填料不均匀。

⑤压机压力不均匀或脱模后坯体垫板不平整。

⑥坯体干燥不合理，坯体内、外或上、下表面的收缩不一致。

⑦坯体背面涂敷铝粉浆过厚或不均匀，铝粉浆与坯体的热膨胀系数差别大。

⑧入窑坯体已经变形。

⑨烧成制度不合理，烧成时，辊棒上、下温度差调节不符合要求，使坯体上、下表面收缩与膨胀不一致，引起制品上凸、下凹，严重时呈波浪形变形。烧成时，低温阶段升温过急或同一块制品上承受的温差过大；较长时间停窑后再烧窑，各组烧嘴的煤气压力发生变化；烧成温度过高等。

⑩辊道窑的辊棒弯曲，不在同一水平面上；辊棒粘渣传动不平稳；烧成带相邻辊棒之间的间距过大使砖弯曲加大；砖坯入窑排列间隔过小，辊棒传动速率过快，使各排砖坯相互挤压，造成变形。

4. 瓷质仿古砖变形

（1）烧成变形（测砖的四边和中心平直度）

①坯釉不匹配产生的上翘，龟背变形。

②生产工艺控制不当，主要是烧成工艺不当引起的变形。如烧成曲线不合理，烧成温度对坯釉热膨胀系数带来变化，从而影响砖的平直度。

（2）放后变形

入库后的产品，放一段时间后平直度变化，超出分级标准的变形。

①与坯釉热膨胀系数的差异有关，差异越大，放后变形可能性与变形幅度越大。

②与烧成过程中辊子上下温差的大小，冷却快慢有关。温差越大，冷却越快，放后变形越大。

二、裂　　纹

裂纹是墙地砖生产中频繁出现的、最主要的缺陷之一，且所占的比例较大。其产生原因可从以下几方面寻找。

1. 坯料方面

①坯料配方不当。坯料中二氧化硅含量高，灼减量大；瘠性原料与可塑性原料比例不当，可塑性原料用量过多，坯体疏水性差且收缩大；而可塑性原料用量过少，则坯料可塑性差，生坯强度低，两者均易造成裂纹。

②坯料颗粒过粗或过细。

③粉料颗粒度与颗粒级配不合理，粉料流动性差，粉料陈腐时间短，水分不均匀，有过干、过湿现象或水分波动过大。

④生产仿花岗岩瓷质砖时，其基料与色料配比不合理，混合不好。

⑤粉料中有泥粒子，干硬块、湿块或过于致密的料块。

2. 成型与施釉方面

①成型时填料不饱满、不平整、不均匀，使砖坯某处密度较低，各部位密度不一致，则在其薄弱的部位易于开裂。

②模具精度与表面粗糙度不符合要求，模具装配不当，位置不正或松紧不一，使压制时压力不均匀，砖坯厚薄偏差过大，压制膨胀率过高，砖坯推出模时受阻等。

③模具使用周期过长，边角处间隙过大，角部压不实，整体压力不稳；模具加热温度过低；擦模次数少。

④成型时压机动作不正常；压力过低；第一次冲压的压力过大；砖坯脱模过快。

⑤釉浆含水率过高，密度小。

⑥釉的热膨胀系数大于坯的热膨胀系数，釉的弹性差，坯釉中间层不良，釉层过厚，易产生釉裂。

3. 干燥方面

①坯体干燥时，干燥制度不合理，干燥温度过高，干燥速度过快，干燥不均匀。

②立式干燥器循环风机的风压不够。

③坯体出干燥器时温度过高或过低。

④砖的背纹设计不合理，背纹未敞开，干燥时不利于砖垛顺利排气。

4. 机械设备方面

①施釉线受力不均匀，皮带不水平，施釉时坯体振动。集砖器集砖不合理，左右皮带速度不一致，导致坯体碰撞。

②补偿器使用不合理，人工补偿时动作过猛，易使坯体受到外力作用。

③立式干燥器内吊篮的托辊弯曲或圆整度不符合要求。

④储坯车的托辊变形，储坯系统装载机出现运动故障。

⑤装、卸坯车操作不当，光电管设置不合理。

⑥车间湿度过大；翻坯器碰撞较多。

⑦坯体自动输送系统颠簸、振动。

5. 烧成方面

①有变形、裂纹的坯体因漏检而入窑烧成；素坯在运输过程中叠得过高，受重压。

②坯体干燥不充分，入窑水分高，或坯体不进行干燥直接入窑烧成。

③窑炉结构不合理；窑内温差大，窑温波动；抽湿风机风压不稳定，排湿不够。

④烧成制度不合理，烧成周期过短。

⑤烧成时，预热阶段（水分蒸发期）温度过高，升温过快，受热不均匀。所产生裂纹的特征是：裂口边缘圆滑，裂缝中可能有流釉。

⑥烧成时，冷却阶段的冷却速度不当，中温（700～500℃）冷却过快，冷却不均匀，制品出窑温度过高。所产生裂纹的特征是：裂口锋利，断面光滑。

⑦内墙面砖的素烧温度偏低，素坯吸水率高，坯体残余石英多。

三、夹　　层

夹层是指坯体中间分层，又称为分层、层裂。主要是由于压制成型时坯体中残存有空气，卸压后被压缩的残余气体膨胀造成。

1. 原料组成方面

坯料中劣质黏土用量过多；具有滑腻、片状结构的矿物原料（生滑石、叶蜡石等）用量过多。

2. 粉料性能方面

①粉料含水率不合理，水分不均匀。粉料含水率过低，运输过程中颗粒易被破坏变成细粉，降低其堆积密度；含水率过高，颗粒易变形粘接，堵塞排气孔隙且易粘模。

②粉料颗粒形状、颗粒度及颗粒级配不合理，影响成型时的排气性能。

③粉料结块。结块后使水分不均匀，影响粉料流动性，结块处致密度较高，不易排气。

④粉料输送过程不畅，受到挤、压、摩擦等外力作用，产生大量细粉，颗粒表面发毛、粗糙，流动性较低，排气性差。

⑤粉料陈腐时间短。

3. 压制成型方面

①填料时，布料装置前进与后退速度不合理；各模腔粉料装填量不均匀。

②成型操作不得法，第一次加压过快，压力过大，气体无法排除；上冲头提升不到位或提升太快，两次冲压之间的间隔时间过短，气体未完全逸出。

4. 模具方面

①模具构造不合理，模芯与模腔的间隙过小，模腔斜度不合适。

②模具安装不符合要求，有松动或不吻合；上冲头高度不够，不在同一水平面上，使加压不均匀。

③模具磨损；使用时模具的加热温度过高，材料膨胀使间隙偏小。

四、尺寸偏差

制品的尺寸超过规定尺寸范围称为尺寸偏差。主要因坯体收缩率的改变而产生。

①坯料配方改变或原料化学组成发生变化。

②球磨参数不一样，坯料过粗或过细，粉料不稳定，其水分、颗粒度、颗粒级配发生变化。

③成型压力波动，坯体致密程度不一样。

④模具尺寸不准确或磨损过大，安装不良。

⑤烧成制度不稳定，烧成温度不一致。

⑥色料的品种与加入量不同，引起坯体烧成温度升高或降低。

五、大小边

大小边俗称大小头，是指制品的形状不方不正，近似梯形，相对的两条边其边长尺寸大小不一。大小边的出现往往伴随着边不直（凸边或凹边）的产生。其产生的机理是砖坯各部位的致密度不同，烧成时收缩不同所致。

①粉料颗粒度与颗粒级配不合理，粉料流动性差，水分不均匀。

②模具钢材品质不好，热处理时间不够；模具安装平整度差，例如：插模的模芯高低不平，模具装配间隙不合适，偏差较大等。

③填料不均匀。原因有：a. 压砖机主体倾斜或上冲梁与下工作台两工作面不水平。

模芯下降填料倾斜；b. 布料格栅太软或间隙被破坏；c. 落料斗设计不合理，不能将粉料均匀撒开；d. 布料装置运动时与模框面不平行，使模腔部分区域填料过多；e. 布料装置行程不合理，运动的速度和角度参数设计不合理，使模腔前缘填料量偏多或偏少；f. 下模芯或磁吸座变形，模腔填料深度波动，填料量不一致。

④模腔中粉料在压制过程中受力不均匀。原因有：a. 上模芯或上模部分变形；b. 压机油缸活动横梁或底座不平行，有倾斜。

⑤成型时，单位面积的压力不够，受压时间太短，使砖坯致密度未达到要求。

⑥辊道窑左右两侧的温差过大，在烧成过程中使砖坯受热不均匀。主要原因有：a. 窑两侧烧嘴的燃料或空气量供给不均匀；b. 窑顶的隔板高度不一，引起窑内两侧的气流流动不均匀；c. 窑烧成带和预热带两侧转辊的密封不好，有冷风进入窑内；d. 窑底的一侧有堆砖现象，而引发窑两侧的蓄热不均匀。

六、黑　　心

黑心是指制品内部出现黄色、灰色以至黑色。严重时还会引起制品表面隆起鼓泡或内部形成洞穴。常出现于用劣质原料制作的坯体，在快速烧成时更容易出现。

①坯料配方中高可塑性黏土或劣质黏土用量过多，瘠性料偏少，使坯料中铁、钛化合物与有机物含量高，灼减量大；坯料中混有富集铁、碳杂质或高湿结块物；加入过多的有机添加剂；坯料中熔剂含量高，坯体出现液相过早，烧成温度范围狭窄；坯料过细；釉料始熔温度过低。

②砖坯太厚；成型压力过高，冲压太猛，使坯体过于致密、透气性差，坯内有机物及碳素难以氧化分解完全。

③砖坯背纹的深度与形式不利于排气。

④坯体入窑水分过高；窑内温差大，通风不足，氧化气氛不强，氧化时间不够，氧化不充分。

⑤烧成温度过低，烧成周期过短，烧成制度不合理。

⑥燃料品质差，发热量低，烧成操作困难，易堵烧嘴和灭火，破坏了烧成温度制度。

七、色　　差

色差是指批量与批量之间、同一批量不同产品之间、同一块砖表面不同部位的颜色不均匀、深浅不一的现象。如果制品呈现不同与本身正常色调的异色，也视为色差。色差缺陷会影响墙地砖的整体装饰效果。

1. 有釉制品（色釉内墙面砖、彩釉砖、瓷质外墙砖、釉面锦砖等）色差

（1）色剂品质　色剂的种类、性质、细度、制备色剂所用的原料及工艺因素均会影响色剂的品质。

（2）有釉制品的生产工艺

①坯料、基础釉的配料不准确，化学组成、性能等发生了变化；生坯吸釉性能变化引起釉层厚度比较明显的变化。

②色剂加入量不准确，使色剂与基础釉的比例发生变化。

③施釉工艺参数发生变化，例如：釉浆密度、喷釉时压缩空气的压力、甩釉机的转

速、浇釉机的流量等发生变化，均会使施釉量发生变化，而色釉层厚度不同则发色不同。

④烧成制度不稳定，窑内的温度、压力波动，气氛发生变化，均会破坏色剂自身的稳定性而导致釉面色差。

⑤燃料含水分与硫化物多。

⑥安排生产不合理，同一色调或相近色调的品种没有做到集中时间生产，因频繁调换品种，设备冲洗不干净产生色差。

2. 不抛光及抛光仿花岗岩瓷质砖色差

①陶瓷色剂品质波动。有些色剂本身在基料（白料）中的稳定性与重复性差；生产同一颜色的砖所用的色剂来自不同的生产厂家；色剂制造厂家受生产技术水平等限制，制出的色剂稳定性差。

②进厂原料品质波动。基料（白料）采用的天然矿物原料的化学成分尤其是铁、钛、灼减量变化大，使基料的白度发生变化。色料所用的原料性能波动。同样也会影响色剂的发色效果。

③制色料的泥浆性能不稳定。泥浆性能包括细度、密度、流动性、悬浮性、保水性等。如果泥浆过粗，悬浮性差，各种原料与色剂未充分混合，使泥浆均一性受到破坏，如制粉前又搅拌不均匀的话，均会使色料的发色效果不一致。

④喷雾干燥造粒的粉料，其颗粒大小与颗粒级配发生变化。如果色料与基料其粉料的颗粒级配差别大，流动性不同，易使砖中心部位与四周出现色差。如果色料颗粒级配不合理，大颗粒多，则色点大而稀，呈色浅；如果小颗粒多，则色点小而密，呈色深。如果粉料水分不均匀，粉料流动性就会不同。

⑤基料与色料配比波动或混料不均匀。诸如：配料系统精度不高，电子秤计量器不准确，使配料不准；料仓出料口堵料；双轴式混料机混合效果不佳等。

⑥压制成型时，填料不均匀，喷粉、压机压力尤其是最大压力变化，使砖坯致密度和厚度发生变化，导致呈色不均匀。

⑦基料与色料性能差异过大，粉料流动性不好，布料装置工作不连续等，在取料、布料过程中，使基料颗粒与色料颗粒在布料隔栅里流动速度不同，引起基料与色料颗粒分离，尤其是在粉料中颗粒小的颗粒较多时，转面更容易发生一行一行深浅不一的色带（色痕）色差。

⑧布料装置变形或安装不当，使其与平台配合不良；布料装置位置不对，布料时将平台上的粉料研细推入模腔边缘，细粉显色比其他粒度的粉料深，从而使砖坯边缘部位产生深色条带色差。

⑨每块砖坯所施透明釉的质量不同，或透明釉性能不同，影响呈色。

⑩烧成制度不稳定，温度、压力、气氛波动；窑内温差大；烧成温度与烧成周期不同；烧嘴开度大小、辊子转速、窑的抽力、进砖疏密发生变化，以及频繁的空窑均是造成色差的工艺因素。窑内压力发生变化会改变原来设置的烧成制度；助燃空气送风量及窑炉风机抽风量发生变化会使气氛产生变化。

⑪由抛光工序所产生的色差：如抛光机的进砖速度、磨头转速与压力不稳定，会使抛光砖的表面粗糙度与表面色泽不同而导致色差。

3. 抛光渗花瓷质砖色差

①原材料的化学组成波动；泥浆细度发生变化。

②渗彩釉的渗透性有差别，渗透深度不一致，抛光后部分图像消失。

③渗彩釉的黏度发生变化。因为砖坯还是热的，经反复印刷使渗彩釉料的黏度增大，从而粘在丝网上，阻塞网孔。

④印花机的操作不妥。砖坯和网版距离、刮刀角度与压力不均匀，网版有缺陷等，导致印在砖坯上的渗彩釉数量发生变化或图案残缺。

⑤印花机操作工技术水平低，熟练程度差，责任心不强，抹网次数少。

⑥喷助渗剂的数量波动，使渗透深度不一。

⑦印花后至入窑之前的储坯时间过长或过短，影响渗透深度的一致性。

⑧受季节变化的影响。春、夏季雨水多，空气潮湿，使渗彩釉的渗透深度增加，抛光后制品显色变浅。

⑨烧成时，烧成周期、温度、压力、气氛发生变化。

⑩由抛光工序产生的色差：抛光机磨削量发生变化，制品表面粗糙度与光泽度不同而产生色差。

4. 仿古砖色差

（1）坯体颜色的变化

①泥浆池中加入色料后没有及时加入一定的三聚磷酸钠等，色料搅拌不均匀引起渐变性色差。泥浆性能不佳，如有假溶或沉淀也会引起渐变性色差。

②拌点产品有时因色点与白料颗粒级配差别大，使拌料产生无规律色差。此料落在压砖机料斗内形成圆锥形堆积，中间细粉多，两边粗颗粒多，呈不均匀分布，产生不均匀色差。

③拌点产品，色点与白料在混料称量时比例发生偏差，产生严重色差；两者混合不均匀或不良喂料时，将平台上的粉料来回搓细后推入模腔中造成像西瓜纹的色条纹。

④数量大的订单，坯料用2～3个调色浆池调色时，不做好浆池对冲，则不同浆池喷出的粉料也有不同程度的色差。

⑤烧成参数变化引起坯体色差（如空窑，调整烧成温度和周期，温差，煤气压力变化，助燃风量变化，风机抽风量变化，喷枪火焰情况变化或不良等）。

⑥压砖机压力尤其是高压不稳定时，引起坯体致密度不一致，烧成后颜色不一致。

（2）底釉颜色的变化

①底釉如分次球磨，分搅拌桶存釉，换搅拌桶用釉时易引起色差。

②施釉量变化。

③用水刀喷釉，有时堵枪。

④烧成参数变化引起底釉颜色变化甚至单片明显色差。

（3）花釉、网版、印花机引起的颜色变化

印花釉引起颜色变化的原因如下：

①印花釉细度不够，引起网版堵塞，颜色逐渐变浅。

②砖坯过热网版上印花釉逐渐干掉，黏度增大引起透过量减少，颜色变化。

③印花釉黏度不够，易引起阴阳色及印花的边缘模糊。

④印花釉没有搅拌，有的品种因黏度较低，产生分层，引起渐变性色差。

网版引起颜色变化的原因如下：

①网版制作中曝光度不够，使用中透釉量逐渐增大，引起严重渐变性色差。

②网版制作中稳定性很重要。

③网版绷得过紧，引起印花图案边缘模糊。

④因网版制作技术问题，有时同一批次特别是不同批次订购的网版透墨量或印花疏密程度差别大。

印花机调制引起颜色变化（如换网版，调制花刮压力掌握不够精确）。印花操作中引起色差的原因如下：

①印花釉釉料或沉积物堵塞网版，通常是印花釉配方不对或砖坯太干、太湿。

②图案不居中，通常是因网版制作错误，网版张力不够，花刮压力过大。

③印出图案缺花，通常因印花釉太稠而印花速度又偏快，网版目数太大，即网目太细，网版堵塞，花刮压力不够，印花釉施量不足，印花釉分布不好，花刮与网版排例不正确，砖坯变形过大等。

④印花图案边缘模糊，可能原因是花刮压力不够，网版张力过大，即绷得过紧，网版质量差，弹性不够，离开砖坯太慢，印花釉黏度不够，网版目数小等。

⑤网版使用过程中易脱胶引起印花缺陷，可能原因是网版制作使用的胶质量不好或老化，花刮对网版的压力过大，印花釉与网版不相容，印花釉磨蚀力过大等。

5. 一次烧成胶辊印花釉面砖色差，花色模糊，有失真现象

①印油不合适，如干得太慢，黏性太大，表面应力太大。

②釉层湿度太大，使印花釉干得太慢。

③胶辊太低，造成后一版把前一版的印花色点移位或抹散。

④各版未对正。

⑤深色砖色料的加入量比例较大。

⑥刮刀压力变化不均匀，刮刀压力大时颜色较深，小时较浅，还会引起胶辊面刮不干净。

⑦刮刀安装位置不正。

⑧刮刀太钝。

⑨胶辊磨损严重。

⑩色料呈色不稳定。化妆土白度不一。

八、釉面缺陷

1. 釉面波纹

①釉浆密度太大，施釉后釉层不均匀，呈波浪状。

②待施釉的坯体表面过热。

③甩釉时，甩釉盘转速过低；喷釉时，雾化压力低，使釉雾点粗，生釉层表面高低不平。

④釉高温黏度大，润湿性与流动性差，釉不易展平。

⑤窑内温差大，釉料熔融温度范围窄，烧成时欠火或过火。欠火时会产生大块鳞片状波纹，釉面光泽不良。过火时会产生细小鳞片状波纹，伴有大量小针孔，但釉面光泽较好。

⑥适用氧化气氛烧成的釉料（如铅釉），若在釉烧中出现较强的还原气氛，CO 潜入釉层，会影响釉面的平整度。

2. 釉面无光

①釉料配方不当。诸如：熔剂原料用量少，黏土原料引入量过多，釉的熔融温度过高；难熔物质较多或某些氧化物过多而在釉中析出细小晶体；釉用原料带入过多杂质等。

②熔块配方发生变化；熔块熔制温度过低，夹有生料；熔块熔制温度过高，则会使某些物质挥发过多。

③球磨时，研磨体有过多的磨损物混入釉浆，使釉料配方发生变化；釉料细度不够；釉浆搅拌不充分；釉层过薄。

④素烧温度过低，且素坯施釉量过少，釉层过薄，釉被素坯吸收，使坯体的粗粒外露。

⑤釉烧温度过低，因生烧釉面无光；釉高温黏度低，且釉烧温度过高，因过烧釉面产生无光并伴有橘釉缺陷。

⑥当燃料中含硫量过高时，含硫烟气与釉熔体作用形成硫酸盐晶体，使釉面出现白斑或发朦。窑炉长期停用未经烘窑直接使用，或高火炉烧湿煤，制品易产生星斑。

⑦以氧化气氛烧成时，燃料不完全燃烧，冷却时烟气倒流，烟气会附着在将要凝固的釉层表面上，产生薄膜状无光。

⑧烧成时，高温急冷阶段降温速率不够快，在釉中产生析晶，出现朦釉现象。

3. 缩釉

①釉对坯的润湿性差、高温黏度大、表面张力大。例如：ZnO、Al_2O_3含量多的釉及锆乳浊釉容易缩釉。

②釉层干燥收缩大。例如：釉料中生黏土用量多，ZnO 用量多且未经预烧，釉料过细，釉浆密度过小等，使釉层干燥收缩大。

③釉层对坯体的附着力差；坯体粘粉、积尘、有油污；素坯吸水率低，釉层过厚，施釉后釉层表面水分未全部被素坯吸收，就将砖坯叠放起来，釉层受压与坯体结合不良，烧成后易缩釉。

④釉坯储存时间过长，可溶性盐类物质聚集到砖边或砖角部位形成硬壳，烧后缩釉。

⑤釉烧时，预热初始阶段升温过急，釉层产生裂纹，甚至与坯体部分脱离，在烧成的高温阶段产生缩釉。

4. 釉泡与针孔

釉泡包括突出釉面的开口气泡与闭口气泡。造成釉泡与针孔的主要根源均是来自釉层中的气泡。

①釉料中高温分解物（碳酸盐、硫酸盐）含量高；釉料始熔温度低，玻化过早；釉高温黏度大，气体排出困难。

②坯体中有机物分解或坯釉之间反应生成的气体，在釉熔融过程中排出。

③熔块熔融时化学分解不完全，釉烧时再分解；熔块熔制时吸烟；熔块釉 pH 太高。

④釉浆密度过大，釉浆中含有空气泡，施釉时捕集在釉层中的气体在釉始熔温度以前未完全排除；施釉时坯体过热；两次施釉之间的间隔时间过长。

⑤釉浆陈腐时间过长，储存在温度较高的地方，碱类物质继续溶解改变釉的成分，有机物发酵产生气泡。

⑥坯入窑水分偏高；窑炉的抽力不够。

⑦采用氧化焰釉烧时，燃料不完全燃烧。出现还原气氛造成碳素沉积。

⑧釉烧时过烧，导致釉面“沸腾”起泡。

九、大规格抛光砖缺陷

1. 抛光砖变形（翘角，凹、凸心，凹、凸边）

①窑后入抛前产品变形较大，通过刮平以及抛光很难修正过来。

②抛光机长期运转，运输皮带支撑底版摩擦过量而变形，引起产品在抛光时变形。

③磨头压力太大，造成砖两边位同中间位磨削程度不同而使产品抛后变形。

2. 抛光砖返抛较多（抛后光泽度不够或砖面有刮痕存在）

①入抛之前，4 个边未进行粗界边，因砖尺码变化，凹腰、凸腰引起砖在抛光运行中砖与砖空隙较大而产品返抛增加。

②刮平机粗刮平、中细刮平同细刮平调节不当，造成刮痕太深，抛光时刮痕很难抛平。

③磨头排布不当或挡板调节不当而造成砖光泽度不好。

④抛光机部分磨盘摆动不平衡或磨头夹块无摆动，造成抛光过程中砖面刮花。

⑤抛光速度太快，产品未抛好就已经出机。

3. 抛光砖对角线误差大（抛后砖界边后，砖对角线误差超标）

①抛前未粗界边，仅靠抛后两台粗界边机界边，界边时砖的吃刀量很难调节好。

②界边时，两边压砖轮压力调节不当，造成界边时一边砖行进快一边行进慢。

③界边运送皮带高低调节不当，或推砖机调节不当而造成砖对角线误差。

4. 抛光砖抗污性能差

①抛光砖气相存在是不可避免的，气相是以气孔形式存在的，气孔又分开口和闭口气孔。部分闭口气孔在抛光过程中变为开口气孔，使开口气孔比未抛光前增多，加重了吸污性。

②在加工过程中，由于残留石英和玻璃相热膨胀系数相差很大，在冷却时受张应力影响产生微裂纹，这些微裂纹在抛光中受磨头强大的外力，使裂纹扩展，变多变长，布满砖面，一部分污染物渗入裂纹中。

5. 抛光砖抛后变形

①坯料配方不合理，钾长石量少，钠长石量偏大。

②坯料配方中二氧化硅含量偏高，三氧化二铝含量偏低。

③产品烧成周期太短或窑炉的烧成带缩短。

④烧成温度偏低，烧成范围窄；烧成制度不合理，片面追求低温快烧，反应不完全不均一。

⑤产品吸水率偏高。

⑥在配方和烧成制度不变的情况下，在线抛光容易产生抛后变形，而离线抛光（烧成后放一段时间再抛光），则不容易产生变形。

⑦抛光机设置不合理，如不对称抛光，抛光硬件状况波动，抛后速度不稳定，抛光时切削量差异及工人技术和素质影响也是造成抛光砖抛后变形的重要原因。

6. 抛光砖脆性大

抛光砖中玻璃相组成和均匀性是影响抛光砖脆性的重要原因。其次，抛光砖内部应力和微裂纹的存在是影响脆性的另一因素。

十、吸湿膨胀

吸湿膨胀性是指多孔性陶瓷制品暴露在潮湿空气、水中或吸收可溶性盐类，干燥之后引起胎体不可逆膨胀，膨胀过大还会使制品釉面出现裂纹（称为后期龟裂）。吸湿膨胀是多孔性（未玻化或玻化程度差，结构不致密）陶瓷制品的共性。

陶瓷墙地砖的吸湿膨胀是一个重要的品质指标。如吸湿膨胀过大，制品在铺贴一定时间后，会产生拱起、剥离、釉面龟裂等现象。

①胎体材质欠佳，非晶相（含玻璃相）的吸湿膨胀大。坯料配方，化学组成不合理。

②生产工艺控制不佳，烧成温度过低，制品吸水率过大，使吸湿膨胀过大。

③砖的使用环境恶劣，例如：用在浴池等处。

④砖铺贴后水泥砂浆凝结时发生收缩，砖吸水后产生膨胀。

第三节　卫生陶瓷缺陷分析

卫生陶瓷制品常见缺陷细分有十几种。在产品外观品质的有关国家标准中，把一些主要的、容易发生的缺陷规定为变形和10项外观缺陷：裂纹、棕眼、缺釉、斑点、落脏、磕碰、坑包、凹凸、橘釉、烟熏等，并且规定了各类品种的缺陷范围。

本节着重对其中几种缺陷产生的主要原因进行分析讨论。

一、变　形

变形缺陷在卫生陶瓷生产中极为常见。制品整体程度不同地存在歪、扭、倾斜、凹凸不平称为整体变形。制品某一部分或眼孔部位不符合规定要求，则称为局部变形。产生变形的原因是多方面的。

1. 坯料方面

①坯料配方不当。如果高可塑性原料加入量过多，不仅影响注浆速率，易使坯体坍塌，而且在干燥过程中坯体容易变形。若熔剂原料，特别是长石用量过多，烧成时坯体很容易变形。

②注浆用的泥浆搭配不合理。卫生陶瓷注浆用的泥浆一般以回浆泥为主，经陈腐的新泥和回坯泥为辅调配而成。如果搭配比例发生变化，则会引起泥浆发生变化，从而引起制品变形。

③泥浆成型性能差。例如：泥浆细度不当；新出球磨机的泥浆未经陈腐或陈腐期过短，泥浆性能不稳定；注浆时泥浆温度过高，超过38℃以上，泥浆发热；泥浆含水率过高，脱模后坯体发软；泥浆过稠，密度超过1.85g/cm^{3}以上，所注坯体均易塌陷变形。

④注浆速度过慢、中断供浆，会造成坯体塌陷变形。

2. 成型及半成品加工方面

①注浆模型过干；擦模方法不当；擦模不均匀；模内湿坯收缩不一致，使坯体局部塌

陷或局部过早脱模，导致变形。

②在注浆过程中，由于泥浆表面起皮，或在封闭模型的漏浆过程中在空腔内产生了负压，形成湿坯塌陷。

③过早脱模，坯体含水率偏高；修坯、粘接操作不当；坯体偏薄或厚薄不一致等。

④模型整体或局部不符合规定要求，如模型偏薄、平面凹凸、边缘扭曲等；样板、木托等不符合要求，失去对坯体的控制作用。

3. 烧成方面

①装窑方法欠妥。如坯垫不平，坯与垫接触部位不相吻合；装窑时，坯体重心不当，倾斜角度不准确，烧成时坯体容易发生变形。

②烧成制度尤其是烧成温度不合理，烧成温度过高，或局部温度过高等，引起制品变形。

二、裂　　纹

卫生陶瓷裂纹缺陷是坯裂、炸裂、龟裂的总称。坯裂是指无釉覆盖的裂纹；炸裂是指生产过程中形成应力产生贯穿坯体的裂纹；龟裂是指釉面微裂纹。在外观检查中占有很大比例，一般占缺陷率的10%～25%以上，个别大件产品有时可高达50%以上。生产各工序不慎，均可导致裂纹缺陷产生。

1. 原料与坯体方面

①原料杂质多，洗、选料不符合要求，有杂质混入坯料。

②坯料配料不准；低可塑性原料用量不当；泥浆细度不合适，过粗或过细；注浆所用泥浆的温度过高。

③泥浆性能不稳定；电解质加入量不当，泥浆过于黏稠；陈腐时间过短；相对密度不合适。

2. 成型与半成品加工方面

①擦模过程中，用力不均匀或操作方法不当。

②揭模或湿坯脱模过早、过晚。

③模型结构复杂，模型造型或结构本身影响湿坯在模型内均匀地收缩。

④模型对口缝处溢浆，使坯体在对口缝处开裂。

⑤坯体脱模后，在某一部位的重力作用下，使悬空部位接茬处开裂，或某一部位含水率高，受力不均匀，造成坯体开裂。

⑥脱模湿坯与垫托接触部位不相吻合，垫托受外力作用而开裂。

⑦修坯粘接时，刀具不锋利，用力不均匀，坯体含水率过高或过低，室内温度高，室外多风等，造成割口与修坯部位开裂。粘接坯体不实、不牢；各部件与主件含水率不同，收缩不一致，使坯体在干燥时开裂。

⑧打孔眼操作不妥，打孔器具不锋利，造成制品眼孔部分开裂。

⑨坯体底部、凹沟处、漏浆处存浆，或底部模型过干、过湿而造成制品开裂。

⑩坯体在施釉过程中或在存放、搬运、检验等环节不慎磕碰，造成制品开裂。

3. 烧成方面

①装窑不慎，坯体与垫托磕碰；坯体与垫物形状不相吻合、接触不良，坯体受力部位

易于开裂。

②入窑坯体含水率过高；烧成温度不稳定，在烧成的预热阶段升温过快，易造成烧裂。

③在烧成的冷却阶段过急，会坏死釉面出现炸裂。

④制品局部釉面因相互粘连产生炸裂。

⑤制品在出窑、运输、检验、入库等环节不慎磕碰，破损开裂。

三、斑　　点

卫生陶瓷制品表面常常会程度不同地出呈现黑色、棕色、灰色、绿色等异色污点，操作工人习惯称之为脏点。这种缺陷直接影响到制品的外观品质。

1. 原料及坯料方面

①原料品质差，含铁量高，含杂质多，堆放不善，拣选与洗料不严格。

②坯、釉料的细度达不到要求，过筛、除铁工艺控制不严，效果差。

③回坯泥、回收釉保管不善，处理不当，混入石膏碎屑等杂质。

④在泥浆、釉浆的储存、运输、使用过程中不注意保持清洁。未定期清理泥浆罐的淤泥，注浆管道缺乏检修与疏通，有杂质和沉淀物混入泥浆。清扫模型时未堵严注浆管，有杂质混入泥浆管路中。

2. 生产工艺方面

①操作人员不执行操作规范，工作责任心不强。

②石膏模型强度低，不干净，沾有石膏渣等，注浆前又未清除干净。置放注浆碗、合模时不慎磕碰模型，有石膏碎屑混入坯体中。

③擦模时，有棉布、海绵等碎屑落入模型内，在注浆时混入坯体中；修坯时，有绒布、毛巾、海绵碎屑粘在坯体上。

④喷釉之前坯体沾有灰尘、污垢等，未清除干净。

⑤入窑之前坯体检验不严格；扫灰不干净；装窑工的手脏；窑车面不干净，有残渣、匣钵碎屑等落在坯体上。

⑥窑内落脏。油烧隔焰隧道窑的马弗板残缺，重油雾化不好，窑顶积尘物较多；此外，如果热煤气的品质差，含有灰尘与焦油渣，均会使制品产生斑点。

3. 机械设备与工业卫生方面

①机械设备磨损或生锈，球磨机内衬及球石磨损等，有铁质和杂质混入坯料、釉料、坯体。

②操作工在工作岗位上修理铁器工具（如锉刀等），或检修设备后不及时清理现场，有铁屑等杂质落入污染。

③不文明生产，工作场地不清洁，设备与工具不干净，厂房积尘多又不注意清扫，造成落尘污染。

四、坑　　包

坑包是指釉面不平，出现直径大于1.5mm的破口泡。包括由气泡形成的破口泡或不破口泡，如烧泡、釉泡等，以及因坯表有易熔物，使制品表面产生的溶洞或凸包，如成型脏、石膏脏等。

1. 注泡

注泡是指釉面出现凸包或破口，泡的内表面光滑并且无釉。产生于注浆工序。

①管道设备不合理或供浆压力高、速度快，泥浆冲击力大，有空气卷入泥浆内。

②模型的空气眼不通畅；注浆速度快，注浆时冲击强烈，模型内出现封闭空腔，模内卷入空气不能及时、有效地排除。

③在实心注浆的坯体内部有空气潜伏，烧成后使制品表面凸起或破口。

④模型过湿，形成开口注浆泡；模型对口缝不严，在注浆过程中出现跑浆，造成泥浆液面升降不稳，或使泥浆液面降至空腔的某一部分，形成“二次空腔”，空腔部位的空气难以排出，再注浆时产生注浆泡。

2. 修粘泡

修粘泡外观为釉面上凸，坯体破口，粘接处釉面起泡与坯体分离。

产生的主要原因是：修粘工在粘接零部件时，所用的粘接泥浆含有空气泡，粘接时挤出的残浆未刮干净形成浮浆，烧成后在制品的粘接部位形成密集小泡。

3. 烧泡

烧泡是指在烧成过程中形成的大小不等凸起的坯泡。这种泡连同坯体一起凸起，不容易破口，泡的内表面很粗糙，而有别于注泡与釉泡。

①坯体的烧成温度低，烧成温度范围窄。

②在烧成过程中，升温过急，烧成温度偏高或局部温度偏高，超出坯体的烧成温度范围。

③坯体开始烧结时，坯体中的碳素、碳酸盐、硫酸盐等尚未分解完毕而继续分解，但釉已经熔融形成很大的阻力，这是 CO_2 与 SO_3 气体逸出而形成坯泡。

4. 釉泡

釉泡是指釉面可见的气泡，有破口泡和落泡。釉泡容易破口，破口易粘脏与划手。

①坯、釉料含碳素、有机物、碳酸盐、硫酸盐等杂质多，坯体在烧成过程中气体排出量大。釉料始熔温度低，高温黏度大，气体排出困难。

②坯、釉料中的可溶性盐因干燥而聚集在坯体边缘与棱角部位，阻碍气体逸散。

③釉浆中含有空气泡；施釉前釉浆搅拌不均匀；釉层过厚；烧成时氧化分解反应所放出的气体逸出釉面，冷却后在制面表面留下釉坑。

④喷釉操作不当。当釉层已达到厚度的2/3时突然中断喷釉，釉面水分吸入坯体，再继续喷釉时釉层就要起泡。操作工没有根据釉种而选用不同型号的喷枪。喷釉后色釉坯件放置在高温或湿度大的场所。

⑤坯体入窑水分高；装窑密度大；烧成时间短；窑内上下温差大，通风不良等；烧成过程中碳素、有机物等氧化分解不充分，气体不能有效排出，被包裹在釉层之内，形成釉泡或冲破釉面而留下凹坑。

⑥烧成时，烧成温度过高，升温过急，气体急剧上升，强烈脱出而形成釉面“沸腾”现象，使釉层呈橘皮状“麻面”。

五、棕　眼

在卫生陶瓷生产中，将针孔缺陷习惯称为棕眼。棕眼是指直径不大于 1.5mm 的无釉部分或釉面小孔。它对成品外观品质有很大的影响。主要因原料、成型、施釉工序操作不当引起。

1. 原料及泥浆方面

①原料拣选不细、选料不净，有机物等杂质混入其中，致使泥浆发酵产生气泡。

②出球磨机的泥浆，在向储浆池输送过程中，因冲力大在浆池中产生气泡；储浆池的底部杂质多，又未定期清洗储浆池。

③泥浆陈腐期短。

④泥罐内的泥浆真空脱气达不到额定真空度；泥罐底部的泥浆真空脱气不彻底。

⑤向成型泥缸、泥罐送浆时，因管路设计不合理产生棕眼。例如：管道超长，管道直角弯多，管道直径骤然变细等，泥浆在输送过程中受阻，同时压力高，冲击力大，使空气卷入泥浆中。

⑥管道成网状，互相交叉，供浆和回浆时互相影响。供浆管道互相串联、高低不平，供浆时互相冲击。

⑦管道靠近地坑、暖气等热源，管道内过夜残存的泥浆遇热发酵。

⑧供浆时压缩空气压力偏高，在泥浆输送时卷入空气。一般而言，平面供浆压力大于0.25MPa，高压供浆压力大于0.4MPa易出棕眼。

⑨不使用管道压力注浆的泥缸，每天未进行有效搅拌。

2. 注浆及半成品加工方面

①擦模力量过大，模型过湿，失去对泥浆的吸水能力。

②注浆方法不对。例如：注浆阀门开得过大，造成注浆过快、过猛，冲击力大；阀门因堵泥空隙小，使注浆压力增大，均容易在坯表形成密集的针孔状小泡。

③修坯时未能消除坯体上已经存在的棕眼。

④施釉时，因个别产品的坯体沟洼处积有灰尘等，且坯体的含水率又高，强行进行喷釉，局部产生棕眼。

六、缺　　釉

缺釉是指有釉制品的表面局部无釉。其无釉部分比棕眼大但坯体不受损伤。缺釉的外观表现为：制品应施釉处没施釉，釉面短缺。施釉部位缺釉或滚釉时，滚釉部分周围或一侧釉层较厚，坯体外露；也有釉面呈不规则性的短缺现象。

①坯、釉料配方不当，致使在常温或熔融之前釉层局部脱落。

②釉高温黏度大，釉熔体表面张力过高，釉与坯的浸润不良，导致缩釉性缺陷。

③坯体中的可溶性盐类，在干燥不当的情况下，往往浓缩在坯体的边沿、棱角等水分容易蒸发的部位，形成深色的“碱皮”，使釉不能牢固地附着在坯体上，发生缺釉。

④釉浆过细，密度过大，施釉不均匀或釉层过厚。

⑤坯体擦水不当，喷釉前坯体有的部位含水率高，釉浆对坯体的附着力差。如坯体表面过干，吸釉速度过快，也容易暴釉。

⑥喷釉前，坯体表面有灰尘、泥水、浮砂、油迹、蜡点未清除干净，减弱了釉在坯体上的附着力，烧成后釉层收缩出现无釉部位。

⑦喷釉时，喷枪走动不均匀，坯体局部未喷到釉。或坯体沟角部位局部釉层过厚。

⑧釉坯在存放、搬运、装窑过程中，因操作不慎，将局部釉面蹭掉而未及时补救，造成缺釉。

⑨釉坯存放过久，且存放在湿度高的场所，入窑坯体含水率过高，在烧成过程中釉层开裂卷起，产生小面积缩釉。

七、釉缕与釉面波纹

釉缕是指釉面凸起的釉条或釉滴痕迹。外观为釉面呈厚釉条痕或滴状、块状痕迹，并有堆釉现象。釉缕略凸于釉面，色泽较白，色差界限分明。

釉面波纹是指釉面不平滑、不均匀，呈波浪状。如果釉的熔融温度范围宽，流动性强，烧成后，此缺陷尚可得到一定程度的改善。

1. 釉缕

①熔融温度及高温黏度偏低，而烧成温度又偏高，釉在烧成中流成缕状。

②喷釉操作时，未正确掌握用垫、喷釉姿势，喷枪与坯体之间的距离，喷涂面积，釉浆雾化程度，喷枪走动速度，喷釉遍数等操作技术，使坯体喷釉后局部的釉层较厚，烧成时釉熔化，顺着制品斜面流动形状缕状。

2. 釉面波纹

①釉浆密度偏低，施釉时在坯体上流成条纹状。

②喷釉时，气压不足，喷枪的出料口有破损处，喷枪与施釉面不垂直，或是坯体在轮盘上转动速度太快，坯体喷釉后其釉面成条纹状。

③釉熔体高温黏度大，流动性差，釉熔融温度范围窄，而烧成温度又低。

八、烟　熏

制品表面局部或全部呈灰、褐、黑色称为烟熏，俗称串烟、吸烟。

①入窑坯体含水率偏高，装窑时所用的匣钵、盖、垫、耐火土等辅助材料过湿；烧成时使用未经煅烧的匣钵；匣钵之间重叠处未用泥条封严。

②装窑时，装窑密度过大，使用泥条、耐火土、专用垫不妥，使坯体底部封闭过严，窑内火焰不畅通，引起制品底部烟熏。

③烧成时，窑内气氛控制不当或不稳定；隔焰窑有的部位透火；煤烧明焰隧道窑加煤过急，燃料不完全燃烧，燃烧室的浓烟窜入窑内或匣钵内；在烧成的氧化分解阶段氧化气氛不强，坯内碳素、有机物等氧化不完全；在釉的熔融阶段，火焰中存在着大量的游离碳素，沉积于釉面又未被氧化，冷却后被封闭于釉面内形成烟熏。

④烧成时，窑内通风不良，排烟抽力不够，排烟受阻，烧成带的烟气倒流至冷却带，火焰中的游离碳素沉积在尚未凝固的釉面上造成烟熏。

⑤使用石灰釉比长石釉容易烟熏。

⑥燃料中硫含量大，含硫的气体在窑内停留时间过久。

本章主要对日用陶瓷、墙地砖、卫生陶瓷制品的一些常见缺陷及其产生原因进行了分析讨论。电瓷的缺陷除了变形、开裂、斑点之外，其余几乎都发生在釉面上。其釉面常见的缺陷有：釉泡、釉裂、析晶、混浊、针孔、橘釉、滚釉、剥釉、面渣、无光、烟熏等。

釉面发生缺陷的主要根源在于釉在开始玻化至完全玻化时，其中所含的气体或能产生气体的物质。这些气体在坯、釉之中的关系恰似空气溶解在水中一样，有的含在坯体的微细孔中，有些小气泡则溶解在釉中，还有一些气体则存在于坯体的表面上，当烧成达到适当温度时就逸放出来了。此外，也有一些小气泡存在于釉的表面层或内层，如果数量少，对一般陶瓷制品的危害性不太大，然而对于电瓷等工业陶瓷的使用性能仍然有影响。

使釉产生气体的来源很多：或者来源于坯料的组成、原料、制泥、成型、修坯、抹水以及烧成；或者来源于釉用原料、制釉、施釉以及釉的烧成。釉产生缺陷的物理化学现象可以从溶解、分解、化合和黏度、表面张力等方面进行分析研究。

陶瓷制品种类繁多，虽然不同类型的陶瓷制品的同一种缺陷或类似缺陷产生的原因不尽相同，但是其缺陷所产生的原理还是基本相同的。因此，在分析各类陶瓷制品同种缺陷的产生原因时，还是可以互相参考，从中得到启发，并且可以举一反三，达到触类旁通的效果。

参考文献

1. 中华人民共和国国家标准 GB/T 3303—1982．日用陶瓷器缺陷术语．北京：技术标准出版社，1983
2. 中国硅酸盐学会．硅酸盐词典［M］．北京：中国建筑工业出版社，1983
3. 李家驹．日用陶瓷工艺学［M］．武汉：武汉工业大学出版社，1992
4. 应紫森．陶瓷缺陷分析［M］．景德镇：陶瓷研究杂志社编印，1993
5. 缪松兰．日用陶瓷制造过程中常见的缺陷［J］．中国陶瓷，1985（6）：55～59，1986（1）：56～58
6. 卫明刚．日用瓷器其他缺陷的产生和防止［J］．景德镇陶瓷，1997（3）：5～11
7. 丁菊芳、王镇谱．饰金陶瓷质量缺陷分析［J］．景德镇陶瓷，1985（1）：38～40
8. 袁茂盛．一次快烧彩釉外墙砖常见缺陷分析［J］．景德镇陶瓷，1996（1）：8～11
9. 公方杰．瓷质砖裂纹缺陷分析［J］．陶瓷，1995（5）：50～51
10. 陈翎、方文桂．饰面砖缺陷及其克服办法［J］．景德镇陶瓷，1985（1）：50～54
11. 闫仰礼、史东鑫．玻化砖成型缺陷原因及解决办法［J］．陶瓷，1997（4）：46～48
12. 王静会．陶瓷墙地砖压制过程中常见缺陷分析［J］．陶瓷，1997（1）：44～46
13. 于国波．一次快烧墙地砖常见缺陷分析［J］．建材技术——陶瓷，1991（1）：35～40
14. 赵连级．卫生瓷生产［M］．北京：建材工业出版社，1993
15. 姚文博．卫生瓷产品斑点缺陷的排除［M］．陶瓷，1987（4）：39～41
16. 杜海清．电瓷制造工艺［M］．北京：机械工业出版社，1983
17. 梁建盈．大规格抛光砖主要缺陷［J］．陶瓷，2000（2）：43～45
18. 马养志、成智文．大规格抛光砖主要缺陷分析［J］．陶瓷，2006（9）：28～31

附录1　水玻璃的成分（Na_2O:SiO_2）与密度变化关系

w（SiO_2）/%	w（Na_2O）/%	密度/(g/cm^3)	w（SiO_2）/%	w（Na_2O）/%	密度/(g/cm^3)
（1）w（Na_2O）-1.69w（SiO_2）			（3）w（Na_2O）-2.44w（SiO_2）		
1.05	0.64	1.0161	1.21	0.52	1.014
3.13	1.90	1.0548	2.41	1.03	1.013
6.65	4.04	1.1069	7.06	3.02	1.0935
9.90	6.02	1.1637	11.66	4.99	1.1600
13.34	8.10	—	16.68	7.04	—
16.70	10.14	1.2970	19.64	8.29	1.2866
19.82	12.04	1.3705	21.92	9.25	1.3266
21.40	13.00	1.4037	24.17	10.20	1.3783
22.94	13.93	1.4444	25.64	10.82	1.3969
23.81	14.46	1.4646	27.00	11.40	1.4230
24.70	15.00	—	28.39	11.98	1.4529
24.69	15.60	—	29.43	12.42	—
26.51	16.10	—	30.64	12.93	—
28.23	17.14	—	31.65	13.36	—
29.69	18.03	—	32.89	13.88	—
31.58	19.18	—			
32.85	19.78	—			
（2）w（Na_2O）-2.06w（SiO_2）			（4）w（Na_2O）-3.36w（SiO_2）		
2.96	1.48	—	1.80	0.55	1.0183
5.98	2.99	1.0820	3.36	1.03	—
9.00	4.50	1.1328	6.72	2.06	1.0733
12.12	6.06	1.1789	9.89	3.03	1.1137
15.32	7.66	—	11.35	4.03	1.1499
16.86	8.43	1.2664	16.58	5.08	1.1934
18.76	9.38	1.3028	19.49	5.97	1.2404
21.06	10.53	1.3426	21.18	6.49	1.2653
22.24	11.12	1.3426	22.46	6.88	1.2839
23.10	11.55	1.3849	24.38	7.47	1.3170
24.02	12.01	1.4023	26.24	8.04	1.3476
24.86	12.43	1.4188	27.74	8.50	1.3692
25.78	12.93	1.4428	29.76	9.12	1.4078
26.60	13.30	—			
29.06	14.80	—			

注：密度与 Na_2O 含量成正比关系。

附录2 泥浆的“真密度－波美浓度－固体含有量”关系

浓度/°B'e	真密度/(g/cm^3)	固体含有量		含水量		浓度/°B'e	真密度/(g/cm^3)	固体含有量		含水量	
		g/L	%	cm^3/L	%			g/L	%	cm^3/L	%
1	1.007	11.375	1.13	995.625	99.87	29	1.252	409.500	32.71	842.500	67.29
2	1.014	22.750	2.24	991.250	97.76	30	1.263	427.375	33.84	835.625	66.16
3	1.022	35.750	3.50	986.250	96.50	31	1.274	445.250	34.95	828.750	65.05
4	1.029	47.125	4.58	981.875	95.42	32	1.285	463.125	36.40	821.875	63.69
5	1.036	58.500	5.65	977.500	94.35	33	1.297	482.625	37.21	814.375	62.79
6	1.045	73.125	7.00	971.875	93.00	34	1.308	500.500	38.26	807.500	61.74
7	1.052	84.500	8.03	967.500	91.97	35	1.320	520.000	39.39	800.000	60.61
8	1.060	97.500	9.20	962.500	90.80	36	1.332	539.500	40.50	792.500	59.50
9	1.067	108.875	10.20	958.125	89.50	37	1.345	560.625	41.69	784.375	58.31
10	1.075	121.875	11.34	953.125	88.66	38	1.357	580.125	42.75	776.875	57.25
11	1.083	134.875	12.45	948.125	87.55	39	1.370	601.250	43.89	768.750	56.11
12	1.091	147.875	13.55	943.125	86.45	40	1.383	622.375	45.00	760.625	55.00
13	1.100	162.500	14.77	937.500	85.23	41	1.397	645.125	46.18	751.875	53.82
14	1.108	175.500	15.84	932.500	84.16	42	1.410	666.250	47.25	743.750	52.75
15	1.116	188.500	16.89	927.500	83.11	43	1.424	689.000	48.38	735.000	51.62
16	1.125	203.125	18.05	921.875	81.95	44	1.438	711.750	49.49	726.250	50.51
17	1.134	217.750	19.20	916.250	80.80	45	1.453	736.125	50.66	716.875	49.34
18	1.142	230.750	20.21	911.250	79.79	46	1.468	760.500	51.50	707.500	48.20
19	1.152	247.000	21.45	905.000	78.55	47	1.483	784.875	52.92	698.125	47.05
20	1.162	263.259	22.65	898.750	77.35	48	1.498	809.250	54.02	688.750	45.92
21	1.171	277.875	22.73	893.125	76.27	49	1.514	835.250	55.17	678.750	44.83
22	1.180	292.500	24.78	887.500	75.21	50	1.530	861.250	56.29	688.750	43.71
23	1.190	308.750	25.95	881.250	74.05	51	1.546	—	—	—	—
24	1.200	325.000	27.08	875.000	72.92	52	1.563	—	—	—	—
25	1.210	341.250	28.20	868.750	71.50	53	1.580	—	—	—	—
26	1.220	357.500	29.30	862.500	70.70	54	1.597	—	—	—	—
27	1.231	375.375	30.49	855.625	69.51	55	1.615	—	—	—	—
28	1.241	391.625	31.56	849.375	68.44	—	—	—	—	—	—

注：固体的真密度2.60g/cm^3，泥浆温度15℃。

附录3　常用陶瓷原料常数

原料名称	别名	化学式	成分	摩尔质量/(g/mol)	质量分数/%	成分比例			熔点/℃	密度/(g/cm³)	溶解度
氧化银	—	Ag_2O	—	231.76	—	—	—	—	D300	7.143	I
硝酸银	—	$AgNO_3$	—	169.89	—	—	—	—	D212	4.352	S
碳酸银	—	Ag_2CO_3	—	275.77	—	—	—	—	D218	6.08	I
氧化铝	—	Al_2O_3	—	101.90	—	—	—	—	2050	3.5～4.1	I
氢氧化铝	—	$Al(OH)_3$	—	78.0	—	—	—	—	D300	3.42	I
一水铝石	水铝石	$Al_2O_3 \cdot H_2O$	Al_2O_3	101.9	85.0	1.000	5.67	—	D300	3.02～3.4	I
			H_2O	18.0	15.0	0.177	1.000	—			
				119.9	100.0	—	—	—			
三水铝石	水铝矿	$Al_2O_3 \cdot 3H_2O$	Al_2O_3	101.9	65.4	1.000	1.877	—	D300	2.423	I
			H_2O	54.0	34.6	0.530	1.000	—			
				155.9	100.0	—	—	—			
硫酸铝	—	$Al_2(SO_4)_3$	Al_2O_3	101.9	29.79	1.000	0.424	—	D770	2.71	S
			SO_3	240.2	70.21	2.357	1.000	—			
				324.0	100.00	—	—	—			
含水硫酸铝	—	$Al_2(SO_4)_3 \cdot 18H_2O$	Al_2O_3	101.9	15.30	1.000	0.424	0.315	D865	1.62	S
			SO_3	240.2	36.06	2.357	1.000	0.741			
			H_2O	324.0	48.64	3.180	1.349	1.000			
				666.1	100.00	—	—	—			
硅线石	—	$Al_2O_3 \cdot SiO_2$	Al_2O_3	101.9	62.9	1.000	1.690	—	1860	3.25	I

			SiO_2	60.1	37.1	0.590	1.000	—			
				162.0	100.0	—	—	—			
高岭石	—	$Al_2O_3 \cdot 2SiO_2 \cdot 2H_2O$	Al_2O_3	101.9	39.5	1.000	0.848	2.830	1930	2.58～2.95	I
			SiO_2	120.2	46.5	1.180	1.000	3.340	D600～650		
			H_2O	36.0	14.0	0.355	0.301	1.000			
				258.1	100.0	—	—	—			
叶蜡石	—	$Al_2O_3 \cdot 4SiO_2 \cdot H_2O$	Al_2O_3	101.9	28.3	1.000	0.424	5.66	1760	2.66～2.9	I
			SiO_2	240.4	6.7	2.359	1.000	13.35			
			H_2O	18.0	5.0	0.177	0.075	1.000			
			—	360.3	100.0	—	—	—			
蒙脱石	斑脱石	$Al_2O_3 \cdot 2SiO_2 \cdot 6H_2O$	Al_2O_3	101.9	22.6	1.000	0.424	0.944	D1150	2.5～2.6	I
			SiO_2	240.4	53.4	2.360	1.000	2.226			
			H_2O	108.0	24.0	1.060	0.449	1.000		3.75～4.25	I
			—	450.3	100.0	—	—	—			
莫来石	—	$3Al_2O_3 \cdot 2SiO_2$	Al_2O_3	305.7	71.8	1.000	2.45	—	1930	3.03～3.15	I
			SiO_2	120.2	28.2	0.393	1.00	—			
			—	425.9	100.0	—	—	—			
红柱石	—	$Al_2O_3 \cdot SiO_2$	Al_2O_3	101.9	62.9	1.000	1.696	—	1860	3.1～3.29	I
			SiO_2	60.1	37.1	0.590	1.000	—			
			—	162.0	100.0	—	—	—			
蓝晶石	—	$Al_2O_3 \cdot SiO_2$	Al_2O_3	101.9	62.9	1.000	1.696	—	—	3.53～3.67	—
			SiO_2	60.1	37.1	0.590	1.000	—			
				162.0	100.0	—	—	—			
冰晶石	氟化铝钠	$AlF_3 \cdot 3NaF$	—	210.0	—	—	—	—	920	2.9～3.0	I

续表

原料名称	别名	化学式	成分	摩尔质量/(g/mol)	质量分数/%	成分比例			熔点/℃	密度/(g/cm^3)	溶解度
硫酸铝铵	—	$Al_2(SO_4)_3 \cdot (NH_4)_2SO_4 \cdot$	—	906.7	—	—	—	—	94.5	1.65	S
		$24H_2O$			—	—	—	—			
硫酸钾铝	钾明矾	$Al_2(SO_4)_3 \cdot K_2SO_4 \cdot 24H_2O$	—	948.8	—	—	—	—	84.5	1.73～1.76	S
三氧化二砷	白砷石、砒霜	As_2O_3	—	197.8	—	—	—	—	218 升华	3.74	S(热水)
五氧化二砷	—	As_2O_5	—	229.8	—	—	—	—	—	4.086	I
金	—	Au	—	197.0	—	—	—	—	—	19.3	I
氧化硼	—	B_2O_3	—	69.6	—	—	—	—	577	3.7～3.9	SI
硼酸		$B_2O_3 \cdot 3H_2O$	—	123.7	—	—	—	—	184～186	1.435	S
氧化钡	—	BaO	—	153.4	—	—	—	—	1923	5.32～5.72	S
碳酸钡	—	$BaCO_3$	—	197.3	—	—	—	—	D1740	4.275	I
含水氯化钡	—	$BaCl_2 \cdot 2H_2O$	—	244.2	—	—	—	—	960	3.879	S
氢氧化钡	—	Ba(OH)$_2$	BaO	171.3	—	—	—	—	D	4.50	S
硫酸钡	重晶石	$BaSO_4$	SO_3	153.4	65.7	1.000	1.915	—			
				<u>80.1</u>	<u>34.3</u>	5.23	1.000	—			
				233.5	100.0	—	—	—	D1580	4.30～4.48	I
铬酸钡	—	$BaCrO_4$		253.5						4.50	I
含水氢氧化钡	—	Ba(OH)$_2 \cdot 8H_2O$	BaO	171.3	54.3	1.000	1.190	—			
			H_2O	<u>144.0</u>	<u>46.7</u>	0.84	1.000	—			
				315.3	100.0				779	2.19	SI
钡长石	—	$BaO \cdot Al_2O_3 \cdot 2SiO_2$	BaO	153.4	40.8	1.000	1.505	1.278			
			Al_2O_3	101.9	27.1	0.664	1.000	0.847			
			SiO_2	<u>120.2</u>	<u>32.1</u>	0.784	1.180	1.000			

				375.5	100.0	—	—	—	1550	3.3～3.45	I
氧化铍	—	BeO	—	25.0	—	—	—	—	2520	3.03	I
绿柱石	铍长石	$3BeO \cdot Al_2O_3 \cdot 6SiO_2$	BeO	75.1	14.6	1.000	0.736	0.206			
			Al_2O_3	101.9	19.0	1.360	1.000	0.274			
			SiO_2	360.6	67.0	4.800	3.520	1.000			
			—	537.6	100.0	—	—	—	1410～1430	2.65～2.9	I
氧化铋	—	Bi_2O_3	—	466.0	—	—	—	—	820	8.2～8.9	S
氯化铋	—	$BiCl_3$	—	315.4	—	—	—	—	230	4.75	S
硝酸铋	—	$Bi(NO_3)_3$	—	395.01	—	—	—	—			
含水硝酸铋	—	$Bi(NO_3)_3 \cdot 5H_2O$	—	485.0	—	—	—	—	D30	2.83	S
氧化钙	生石灰	CaO	—	56.1	—	—	—	—	2575	3.4	S
碳酸钙	方解石	$CaCO_3$	CaO	56.1	56.00	1.000	1.275	—			
			CO_2	44.0	44.00	1.430	1.000	—			
				100.1	100.0	—	—	—	D825	2.71	I
氯化钙	—	$CaCl_2$	—	101.98	—	—	—	—	772	2.15	S
含水氯化钙	—	$CaCl_2 \cdot 6H_2O$	—	219.0	—	—	—	—	30.2	1.68	S
硫酸钙	无水石膏	$CaSO_4$	CaO	56.1	41.2	1.000	0.700	—			
			SO_3	80.1	58.8	1.430	1.000	—			
				106.2	100.0	—	—	—	1450	22.96	SI
含水硫酸钙	生石膏	$CaSO_4 \cdot 2H_2O$	CaO	56.1	32.6	1.000	0.700	1.56			
			SO_3	80.1	46.5	1.430	1.000	2.23			
			H_2O	36.0	20.9	0.64	0.450	1.00			
				172.2	100.0	—	—	—	D900	2.32	S
半水石膏	熟石膏	$CaSO_4 \cdot 1/2H_2O$	CaO	56.1	38.6	1.000	0.700	6.23			
			SO_3	80.1	55.2	1.430	1.000	8.90			

续表

原料名称	别名	化学式	成分	摩尔质量/(g/mol)	质量分数/%	成分比例			熔点/℃	密度/(g/cm³)	溶解度
半水石膏	熟石膏	$CaSO_4 \cdot 1/2H_2O$	H_2O	9.0	6.2	0.160	0.110	1.000			
				145.2	100.0	—	—	—	D180	2.60	SI
氟化钙	萤石	CaF_2	—	78.1	—	—	—	—	1330	3.18	I
白云石	—	$CaMg(CO_3)_2$	CaO	56.1	30.4	1.000	1.390	0.640			
			MgO	40.3	21.9	0.720	1.000	0.460			
			CO_2	88.0	47.7	1.570	2.180	1.000			
				184.4	100.0	—	—	—	D730	2.8~2.9	I
正磷酸钙	磷灰石	$Ca_3(PO_4)_2$	CaO	168.3	54.3	1.000	1.190	—			
			P_2O_5	141.9	45.7	0.84	1.000	—			
				310.2	100.0	—	—	—	1550	3.8	I
钙长石		$CaO \cdot Al_2O_3 \cdot 2SiO_2$	CaO	56.1	20.2	1.000	0.550	0.470			
			Al_2O_3	101.9	36.6	1.820	1.000	0.850			
			SiO_2	120.2	43.2	2.140	1.180	1.000			
				278.2	100.0	—	—	—	1552	2.77	I
硼酸钙	硼灰石	$Ca(BO_2)_2 \cdot 2H_2O$	CaO	56.1	4.7	1.000	0.810	1.560			
			B_2O_3	69.6	43.0	1.240	1.000	1.930			
			H_2O	36.0	22.3	0.640	0.52	1.000			
				161.7	100.0	—	—	—	1150		SI
灰钙石	钙钛矿	$CaO \cdot TiO_2$	CaO	56.1	41.3	1.000	0.700	—			
			TiO_2	79.9	58.7	1.420	1.000	—			
				336.0	100.0	—	—	—	1970	4.0	I
氧化镉	—	CdO	—	128.4	—	—	—	—	D900	8.15	I

硫化镉	—	CdS	—	—	—	—	—	—	980	3.9～4.8	I
含水氯化镉	—	$CdC_2 \cdot 2.5H_2O$	—	228.4	—	—	—	—	D	3.33	S
碳酸镉	—	$CdCO_3$	Cd	128.4	74.5	1.000	2.920	—			
			CO_2	44.0	25.5	0.340	1.000	—			
				172.4	100.0	—	—	—	D500	4.26	I
二氧化铈	—	CeO_2	—	172.1	—	—	—	—	2600	7.2～7.5	I
氧化钴	—	Co_2O_3	—	165.9	—	—	—	—	$O_2$895	5.13	I
氧化亚钴	—	CoO	—	74.9	—	—	—	—	D1800	5.68	I
四氯化三钴	—	Co_3O_4	—	24008	—	—	—	—	$O_2$995	6.07	I
碳酸钴	—	$CoCO_3$	—	118.9	—	—	—	—	D	4.13	I
硅酸钴	—	Co_2SiO_4	CoO	149.8	71.4	1.000	2.490	—			I
			SiO_2	60.1	28.6	0.400	1.000	—			
				209.9	100.0	—	—	—	1325	4.63	I
含水氯化钴	—	$CoCl_2 \cdot 6H_2O$	$CoCl_2$	129.8	54.6	1.000	1.200	—			
			H_2O	108.0	45.4	0.830	1.000	—			
				237.8	100.0				86.75	1.84	S
含水硝酸钴	—	$Co(NO_3)_2 \cdot 6H_2O$	—	290.9	—	—	—	—	56	1.88	S
含水硫酸钴	—	$CoSO_4 \cdot 7H_2O$	CoO	74.9	26.7	1.000	0.940	0.590			
			SO_3	80.1	28.6	1.070	1.000	0.650			
			H_2O	126.0	44.7	1.640	1.570	1.000			
				281.0	100.0	—	—	—	96.8	1.95	S
磷酸钴	—	$Co_3(PO_4)_2$	CoO	224.7	61.3	1.000	—	4.160			
			P_2O_5	141.9	38.7	0.640	—	1.000			
				366.6	100.0	—	—	—			
氧化铬	—	Cr_3O_2	—	152.0	—	—	—	—	1900～2140	5.21	I

续表

原料名称	别名	化学式	成分	摩尔质量/(g/mol)	质量分数/%	成分比例			熔点/℃	密度/(g/cm³)	溶解度
铬酐	—	CrO_2	—	99.99		—	—	—	196	2.7	S
铬矾	—	$Cr_2(SO_4)_3 \cdot K_2SO_4 \cdot 24H_2O$	Cr_2O_3	152.0	15.2	1.00	0.470	1.620			
			K_2O	49.2	9.4	0.620	0.290	1.000			
			SO_3	320.4	32.1	2.110	1.000	3.400			
			H_2O	432.0	43.3	2.840	1.350	4.590			
				998.6	100.0	—	—	—	89	1.83	S
硫酸铬	—	$Cr(SO_4)_3 \cdot 18H_2O$	Cr_2O_3	152.0	21.2	1.000	0.630	0.470			
			SO_3	240.3	33.6	1.580	1.000	0.744			
			H_2O	324.0	45.2	2.130	1.350	1.000			
				716.3	100.0	—	—	—		1.7	S
氧化铜	黑铜矿	CuO	—	79.5	—	—	—	—	D1026	6.3~6.5	I
氧化亚铜	赤铜矿	Cu_2O	—	143.1	—	—	—	—	1210~1235	5.75~6.09	I
含水硝酸铜	—	$Cu(NO_3)_2 \cdot 6H_2O$	CuO	79.5	26.9	1.000	0.740	0.740			
			N_2O_3	108.0	36.5	1.360	1.000	1.000			
			H_2O	108.0	36.5	1.360	1.000	1.000			
				295.5	99.9	—	—	—	D26.4	2.074	S
氢氧化铜	—	$Cu(OH)_2$	CuO	79.5	81.5	—	—	—			
			H_2O	18.0	18.5	—	—	—			
				97.5	100.0	—	—	—	D	3.368	I
碱性碳酸铜	—	$CuCO_3 \cdot Cu(OH)_2 \cdot 2H_2O$	CuO	159.0	66.5	—	—	—			
			CO_2	44.0	18.4	—	—	—			
			H_2O	36.0	15.1	—	—	—			

				239.0	100.0	—	—	—	D		
含水硫酸铜	—	$CuSO_4 \cdot 5H_2O$	CuO	79.5	31.8	1.000	0.990	—			
			SO_3	80.1	32.1	1.010	1.000	—			
			H_2O	90.0	36.1	—	—	—			
			—	249.6	100.0	—	—	—	D400	2.87	
三氧化铒	—	Er_2O_3	—	382.4	—	—	—	—		8.61	I
三氧化二铁	—	Fe_2O_3	—	159.7	—	—	—	—	1560	5.12	I
氧化亚铁	—	FeO	—	71.1	—	—	—	—	1410	5.7	I
氯化亚铁	—	Fe_2Cl_4	—	324.4	—	—	—	—	282	2.8	S
氢氧化铁	—	$Fe(OH)_3$	—	106.8	—	—	—	—	D599	3.4～3.9	I
硫酸亚铁	铁矾	$FeSO_4 \cdot 7H_2O$	FeO	71.8	28.8	—	—	—			
			SO_3	80.1	28.8	—	—	—			
			H_2O	126.0	45.4	—	—	—			
				277.9	100.0	—	—	—	D64	1.9	S
硫化铁		FeS	—	87.9	—	—	—	—	1170	4.75～5.0	I
四氧化三铁	磁铁矿	Fe_3O_4	FeO	71.8	31.0	1.000	0.450	—			
			Fe_2O_3	159.6	69.0	2.220	1.000	—			
				231.4	100.0	—	—	—	1538	4.96～5.4	I
钼酸	—	$H_2MoO_4 \cdot H_2O$	MoO_3	143.9	80.0	—	—	—			
			H_2O	36.0	20.0	—	—	—			
				179.9	100.0	—	—	—		3.1	
正硅酸	—	H_2SiO_3	SiO_2	60.1	76.8	—	—	—			
			H_2O	18.0	23.0	—	—	—			
				78.1	100.0	—	—	—	D15	2.1～2.3	I
原硅酸	—	H_4SiO_4	SiO_2	60.1	62.5	—	—	—			

续表

原料名称	别名	化学式	成分	摩尔质量/(g/mol)	质量分数/%	成分比例			熔点/℃	密度/(g/cm³)	溶解度
原硅酸	—	H_4SiO_4	H_2O	36.0	37.5	—	—	—			
				96.1	100.0	—	—	—		1.58	I
正锡酸	—	H_2SnO_3	SnO_2	150.6	89.3	—	—	—			
			H_2O	18.0	10.7	—	—	—			
				168.6	100.0	—	—	—			S I
硒酸	—	H_2SeO_3	SeO_2	110.9	86.3	—	—	—			
			H_2O	18.0	14.0	—	—	—			
				128.9	100.0	—	—	—	D	3.004	
钨酸	—	H_2WO_4	WO_3	231.8	92.8	—	—	—			
			H_2O	18.0	7.2	—	—	—			
				249.8	100.0	—	—	—		5.5	
氧化铟	—	In_2O_3	—	277.6	—	—	—	—	850	7.18	I
氧化铱	—	IrO_2	—	224.2	—	—	—	—	D	3.12	
三氧化铱	—	Ir_2O_3	—	432.4	—	—	—	—	D1000		
氧化钾	—	K_2O	—	94.2	—	—	—	—	红热	2.32	S
硝酸钾	—	KNO_3	—	101.1	—	—	—	—	D400	2.106	S
氢氧化钾	—	KOH	—	56.1	—	—	—	—	360.4	2.044	S
氯化钾	—	KCl	—	74.5	—	—	—	—	772	1.087	S
铬酸钾	—	K_2CrO_3	—	194.2	—	—	—	—	975	2.732	S
重铬酸钾	红矾钾	$K_2Cr_2O_4$	—	294.2	—	—	—	—	397.5	2.692	S
过锰酸钾	灰锰氧	$KMnO_4$	—	158.0	—	—	—	—	D240	2.70	S
亚铁氰化钾	黄血盐	$K_4Fe(CN)_6 \cdot 3H_2O$	—	422.3	—	—	—	—	D	1.85	S

碳酸钾	真珠灰、钾碱	K_2CO_3	K_2O	94.2	—	—	—	—			
			CO_2	44.0	—	—	—	—			
				138.2	—	—	—	—	891	2.33	S
白榴石	—	$K_2O \cdot Al_2O_3 \cdot 4SiO_2$	K_2O	94.2	21.6	1.000	0.920	0.390			
			Al_2O_3	101.9	23.3	1.080	1.00	0.420			
			SiO_2	240.4	55.1	2.550	2.36	1.000			
				436.5	100.0	—	—	—	1686	2.47	
正长石	钾长石	$K_2O \cdot Al_2O_3 \cdot 6SiO_2$	K_2O	94.2	16.9	1.000	0.920	0.260			
			Al_2O_3	101.9	18.3	1.080	1.000	0.280			
			SiO_2	360.6	64.8	3.830	3.540	1.000			
				556.7	100.0	—	—	—	1220	2.5～2.54	I
绢云母	—	$K_2O \cdot 3Al_2O_3 \cdot 6SiO_2$ H_2O	K_2O	94.2	11.8	1.000	0.300	0.260			
			Al_2O_3	305.7	38.4	3.250	1.000	0.850			
			SiO_2	360.6	45.3	3.830	1.180	1.000			
			H_2O	36.0	4.5	0.450	0.120	0.100			
				796.5	100.0	—	—	—	1300，D330～750	2.76～3.0	I
氧化镧	—	La_2O_3	—	325.8	—	—	—	—	2315	6.51	I
氧化锂	—	Li_2O	—	29.9	—	—	—	—	1270	2.03	S
碳酸锂	—	Li_2CO_3	Li_2O	29.9	40.5	—	—	—			
			CO_2	44.0	59.5	—	—	—			
				73.9	100.0	—	—	—	618	2.11	SI
锂辉石	—	$Li_2O \cdot Al_2O_3 \cdot 4SiO_2$	Li_2O	29.9	8.0	1.000	0.290	0.120			
			Al_2O_3	101.9	27.4	3.410	1.000	0.420			
			SiO_2	240.4	64.6	8.040	2.360	1.000			

续表

原料名称	别名	化学式	成分	摩尔质量/(g/mol)	质量分数/%	成分比例			熔点/℃	密度/(g/cm³)	溶解度
锂辉石	—	$Li_2O \cdot Al_2O_3 \cdot 4SiO_2$		372.2	100.0	—	—	—	1380	2.33~2.67	I
氧化镁	—	MgO	—	40.3	—	—	—	—	2800	3.654	I
碳酸镁	—	$MgCO_3$	MgO	40.3	47.8	—	—	—			
			CO_2	44.0	52.2	—	—	—			
				84.3	100.0	—	—	—	D350	3.04	I
含水氯化镁	—	$MgCl_2 \cdot 6HO$	—	203.2	—	—	—	—	D100	1.569	S
斜顽火辉石	—	$MgO \cdot SiO_2$	MgO	40.3	40.1	1.000	0.670	—			
			SiO_2	60.1	59.9	1.500	1.000	—			
				100.4	100.0	—	—	—	D1560	3.28	I
堇青石	—	$2MgO \cdot 2Al_2O_3 \cdot 5SiO_2$	MgO	80.6	13.8	1.000	0.400	0.270			
			Al_2O_3	203.8	34.8	2.530	1.000	0.680			
			SiO_2	300.5	51.4	3.730	1.470	1.000			
				584.9	100.0	—	—	—	D1440	2.57~2.66	I
滑石	—	$3MgO \cdot 4SiO_2 \cdot H_2O$	MgO	120.9	31.9	1.000	0.503	6.790			
			SiO_2	240.4	63.4	1.988	1.000	13.500			
			H_2O	18.0	4.7	0.147	0.074	1.000			
				379.3	100.0	—	—	—	D700~900	2.7~2.8	I
尖晶石	—	$MgO \cdot Al_2O_3$	MgO	40.3	28.3	1.000	0.400	—			
			Al_2O_3	101.9	71.7	2.530	1.000	—			
				142.2	100.0	—	—	—	2135	3.5~4.5	I
				120.9	43.6	1.000	1.010	3.35			
蛇纹石	—	$3MgO \cdot 2SiO_2 \cdot 2H_2O$	MgO	120.2	43.4	0.990	1.000	3.34			
			Al_2O_3	36.0	13.0	0.290	0.300	1.000			

			H_2O	271.7	100.0	—	—	—	D1000	2.36～2.5	I
镁橄榄石	—	$2MgO \cdot SiO_2$	MgO	80.6	57.3	1.000	1.340	—			
			SiO_2	<u>60.1</u>	<u>42.7</u>	0.750	1.000	—			
				140.7	100.0	—	—	—	1890	3.26	I
氧化钼	—	MoO_3	—	143.9	—	—	—	—	795	4.5	SI
氧化锰	—	MnO	—	70.9	—	—	—	—	1650	5.18	I
三氧化二锰	—	Mn_2O_3	—	157.9	—	—	—	—	热至1080失氧	4.50	I
碳酸锰	—	$MnCO_3$	MnO	70.9	61.7	—	—	—			
			CO_2	<u>44.0</u>	<u>38.3</u>	—	—	—			
				114.6	100.0	—	—	—	D	3.125	I
氯化锰	—	$MnCl_2 \cdot 4H_2O$	—	197.8	—	—	—	—	58	2.04	S
四氧化三锰	—	Mn_3O_4	—	228.8	—	—	—	—	1705	4.856	I
二氧化锰	—	MnO_2	—	86.9	—	—	—	—	D	5.03	I
硫酸锰	—	$Mn_2(SO_4)_3$	Mn_2O_3	157.9	39.7	—	—	—			
			SO_3	<u>240.3</u>	<u>60.3</u>	—	—	—			
			H_2O	398.2	100.0	—	—	—	D160	3.24	S
含水硫酸锰	—	$MnSO_4 \cdot 4H_2O$		70.9	31.8	—	—	—			
			Al_2O_3	80.1	35.9	—	—	—			
			SiO_2	<u>72.0</u>	<u>32.3</u>	—	—	—			
				223.0	100.0	—	—	—	700	2.107	S
氧化钠	—	Na_2O	—	62.0	—	—	—	—	红热	2.27	S
氯化钠	食盐	NaCl	—	58.5	—	—	—	—	801	2.16	S
碳酸钠	苏打	Na_2CO_3	Na_2O	62.0	48.5	—		—			
			CO_2	<u>44.0</u>	<u>51.5</u>	—		—			
				106.0	100.0	—	—	—	840	2.5	S

续表

原料名称	别名	化学式	成分	摩尔质量/(g/mol)	质量分数/%	成分比例			熔点/℃	密度/(g/cm³)	溶解度
碳酸氢钠	小苏打	$NaHCO_3$	—	84.0	—	—	—	—	D270	2.22	S
含水碳酸钠	—	$Na_2CO_3 \cdot 10H_2O$	Na_2O	62.0	21.7	—	—	—			
			CO_2	44.0	15.4	—	—	—			
			H_2O	180.0	62.0	—	—	—			
				286.0	100.0	—	—	—		1.46	S
硫酸钠	—	$Na_2SO_4 \cdot 10H_2O$	Na_2O	62.0	19.2	—	—	—			
			SO_3	80.1	24.9	—	—	—			
			H_2O	180.0	55.9	—	—	—			
				322.1	100.0	—	—	—	32	1.49	S
硝酸钠	—	$NaNO_3$	—	85.0	—	—	—	—	310	2.27	S
氟化钠	—	NaF	—	42	—	—	—	—	982	2.79	
铬酸钠	—	$Na_2CrO_4 \cdot 10H_2O$	Na_2O	62.0	18.1	1.000	0.620	0.340			
			Cr_2O_3	100.0	29.0	1.610	1.000	0.560			
			H_2O	180.0	52.9	2.900	1.800	1.000			
				342.0	100.0	—	—	—	19.9	1.48	S
铀酸钠	—	Na_2UO_4	—	348.0	—	—	—	—			I
重铬酸钠	—	$Na_2Cr_2O_7 \cdot 2H_2O$	—	298.0	—	—	—	—	无水时 320	2.52	S
钼酸钠	—	$Na_2MoO_4 \cdot 2H_2O$	Na_2O	62.0	25.6						
			MoO_3	144.0	59.5						
			H_2O	36	14.9						
				242.0	100.0	—	—	—	热至 100 失水	1.73	S
钠长石	—	$Na_2O \cdot Al_2O_3 \cdot 6SiO_2$	Na_2O	162.0	11.8	1.000	0.610	0.170			
			Al_2O_3	101.9	19.4	1.640	1.000	0.280			

			SiO_2	360.6	68.8	5.820	3.540	1.000			
		$Na_2O\cdot Al_2O_3\cdot 2SiO_2$		524.5	100.0	—	—	—	1100	2.6	I
钠霞石	—		Na_2O	62.0	21.8	1.000	0.610	0.520			
			Al_2O_3	101.9	35.9	1.640	1.000	0.850			
			SiO_2	120.2	42.3	1.940	1.180	1.000			
			—	284.1	100.0	—	—	—	1526	2.55 ~ 2.6	I
氧化钕		Nd_2O_3	—	336.4	—	—	—	—	1930	7.24	I
五氧化铌	泥酐	Nd_2O_5	—	265.8	—	—	—	—	1520	4.60	I
氯化铵		NH_4Cl	—	53.5	—	—	—	—	D350	1.50	S
碳酸铵		$(NH_4)\ CO_3\cdot H_2O$	—	114.0	—	—	—	—	D85	—	S
硝酸铵		NH_4NO_3	—	S0.0	—	—	—	—	169.6	1.725	S
硫酸铵		$(NH_4)_2SO_3$	—	132.0	—	—	—	—	140	7.769	S
氧化镍		NiO	—	74.7	—	—	—	—	D2400	7.45	I
三氧化镍		Ni_2O_3	—	165.4	—	—	—	—	D600	4.84	I
含水硫酸镍	碧矾	$NiSO_4\cdot 7H_2O$	—	280.8	—	—	—	—	98 ~ 100	1.98	S
氧化铅	密陀僧	PbO	—	223.2	—	—	—	—	888	9.5	I
二氧化铅		PbO_2	—	239.2	—	—	—	—	D290	9.36	I
四氧化三铅	铅丹	Pb_3O_4	—	685.6	—	—	—	—	D500	9.096	I
碳酸铅		$PbCO_3$	—	267.2	—	—	—	—	D345	6.6	I
铅白	碱式碳酸铅	$2PbCO_3\cdot Pb\ (OH)_2$	—	775.6	—	—	—	—	D400	6.4	I
铬酸铅		$PbCrO_4$	—	323.2	—	—	—	—	844	6.3	I
氯化铅		$PbCl_3$	—	278.1	—	—	—	—	498	5.98	I
硫酸铅		$PbSO_4$	—	303.3	—	—	—	—	1170	6.23	I
硫化铅	方铅矿	PbS	—	239.3	—	—	—	—	1015	7.1 ~ 7.7	I
二氧化镨		PrO_2	—	172.9	—	—	—	—	—	—	

续表

原料名称	别名	化学式	成分	摩尔质量/(g/mol)	质量分数/%	成分比例			熔点/℃	密度/(g/cm^3)	溶解度
三氧化二镨		Pr_2O_3	—	329.8	—	—	—	—	D	6.88	I
二氧化硫		SO_2	—	64.1	—	—	—	—	—	2.26	S
氧化锑		Sb_2O_3	—	291.4	—	—	—	—	656	5.67	I
五氧化二锑	方锑矿	Sb_2O_5	—	323.4	—	—	—	—	D450	3.78	I
四氧化二锑		Sb_2O_4	—	307.4	—	—	—	—	930	4.07	I
氧化锡		SnO_2	—	150.6	—	—	—	—	1127	6.3~6.9	I
氧系硒		SeO_2	—	110.9	—	—	—	—	340	3.95	S
氧化亚锡	燧石	SiO_2	—	60.1	—	—	—	—	1600~1750	2.20~2.65	I
氧化锡	—	SnO	—	134.6	—	—	—	—	D	6.45	I
氯化锡	—	$SnCl_4$	—	260.4	—	—	—	—	D247.2	2.23	S
氯化亚锡	—	$SnCl_2$	—	189.5	—	—	—	—	2430	2.2	S
氧化锶	—	SrO	—	103.6	—	—	—	—	D1100	4.5~4.7	S
碳酸锶	—	$SrCO_3$	—	147.6	—	—	—	—	D2580	3.62	SI
硫酸锶	—	$SrSO_4$	—	183.7	—	—	—	—	1560	3.7~3.9	I
氧化钛	钛白	TiO_2	—	80.0	—	—	—	—	D600~1470	3.75~4.25	I
五氧化钽	—	Ta_2O_5	—	441.9	—	—	—	—	2800	7.60	I
氧化铀	—	UO_2	—	270.0	—	—	—	—	D750	10.95	I
三氧化铀	—	UO_3	—	286.0	—	—	—	—	1300 升华	7.92	I
八氧化三铀	—	U_3O_8	—	842.1	—	—	—	—	1970	8.20	I
三氧化二钒	—	V_2O_3	—	149.9	—	—	—	—	690	4.87	SI
五氧化二钒	—	V_2O_5	—	181.9	—	—	—	—	1473	3.35	SI
三氧化钨	—	WO_3	—	231.8	—	—	—	—	>1800	7.16	I

氧化锌	—	ZnO	—	84. 1	—	—	—	—	D300	5. 47	I
硫酸锌	—	$ZnCO_3$	ZnO	84. 1	64. 9	—	—	—		4. 42	SI
	—		CO_2	44. 0	35. 1	—	—	—			
	—			125. 4	100. 0	—	—	—	D50		
含水硫酸锌	—	$ZnSO_4 \cdot 7H_2O$	ZnO	81. 4	28. 4	—	—	—		2. 05	S
	—		SO_3	80. 1	27. 8	—	—	—			
	—		H_2O	126. 0	43. 8	—	—	—			
	—			287. 5	100. 0	—	—	—			
硅锌矿	—	$2ZnO \cdot SiO_2$	ZnO	162. 8		—	—	—			
	—		SiO_2	60. 1		—	—	—			
	—			222. 9		—	—	—			
氧化锆	—	ZrO_2		123. 2		—	—	—	2700	5. 49	I
锆英石	—	$ZrSiO_4$	ZrO_2	123. 2	67. 2	1. 000	2. 050	—	>2500	4. 66 ~4. 70	I
	—		SiO_2	60. 1	32. 8	0. 490	1. 000	—			
	—			183. 3	100. 0	—	—	—			

注：S—溶解，I—不溶解，SI—微溶解，D—分解。

附录4　美国筛网规格表（U. S. A. Standard Sevies）和线组织标准试验筛网（ASTM：E11－70）

筛网标称		平均开孔尺寸与标准筛网标称的允许偏差/mm	占开孔数不超过5%的最大开孔尺寸/mm	个别最大开孔尺寸/mm	公称线径①/mm
标准②/mm	代号/in				
125	5	±3.7	130.0	130.9	8.0
106	4.25	±3.2	110.2	111.1	6.40
100③	4	±3.0	104.0	104.8	6.30
90	3 1/2	±2.7	93.6	94.4	6.08
75	3	±2.2	78.1	78.7	5.80
63	2 1/2	±1.9	65.6	66.2	5.50
53	2.12	±1.6	55.2	55.7	5.15
50③	2	±1.5	52.1	52.6	5.05
45	1 3/4	±1.4	46.9	47.4	4.85
37.5	1 1/2	±1.1	39.1	39.5	4.59
31.5	1 1/4	±1.0	32.9	33.2	4.23
26.5	1.06	±0.8	27.2	28.0	3.90
25.0③	1	±0.8	26.1	26.4	3.80
22.4	7/8	±0.7	23.4	23.7	3.50
19.0	3/4	±0.6	19.9	20.1	3.30
16.0	5/8	±0.5	16.7	17.0	3.00
13.2	0.530	±0.41	13.87	14.05	2.75
12.5③	1/2	±0.39	13.10	13.31	2.67
11.2	7/16	±0.35	11.75	11.94	2.45
9.5	3/8	±0.30	9.97	10.16	2.27
8.0	5/16	±0.25	8.41	8.85	2.07
6.7	0.265	±0.21	7.05	7.20	1.87
6.3③	1/4	±0.20	6.64	6.78	1.82
5.6	No.3 1/2④	±0.18	5.90	6.04	1.68
4.75	No.4	±0.15	5.02	5.14	1.54
4.00	No.5	±0.13	4.23	4.35	1.37
3.35	No.6	±0.11	3.55	3.66	1.23
2.80	No.7	±0.095	2.975	3.070	1.10

续表

筛网标称		平均开孔尺寸与标准筛网标称的允许偏差/mm	占开孔数不超过5%的最大开孔尺寸/mm	个别最大开孔尺寸/mm	公称线径①/mm
标准②/mm	代号/in				
2. 36	No. 8	±0. 080	2. 515	2. 600	1. 00
2. 00	No. 10	±0. 070	2. 135	2. 215	0. 900
1. 70	No. 12	±0. 060	1. 820	1. 890	0. 810
1. 40	No. 14	±0. 050	1. 505	1. 565	0. 725
1. 18	No. 16	±0. 045	1. 270	1. 330	0. 650
1. 00	No. 18	±0. 040	1. 080	1. 135	0. 580
850	No. 20	±35	925	970	0. 510
710	No. 25	±30	815	775	0. 450
600	No. 30	±25	660	695	0. 390
500	No. 35	±20	550	585	0. 340
425	No. 40	±19	471	502	0. 290
355	No. 45	±16	396	425	0. 247
300	No. 50	±14	337	363	0. 215
250	No. 60	±12	283	306	0. 180
212	No. 70	±10	242	263	0. 152
180	No. 80	±9	207	227	0. 131
150	No. 100	±8	174	192	0. 110
125	No. 120	±7	147	163	0. 091
106	No. 140	±6	126	141	0. 076
90	No. 170	±5	108	122	0. 064
75	No. 200	±5	91	103	0. 053
63	No. 230	±4	77	89	0. 044
53	No. 270	±4	65	76	0. 037
45	No. 325	±3	57	66	0. 030
38	No. 400	±3	48	57	0. 023

注：①筛网经线和纬线分别的平均线径与公称线径的偏差不应超过下列数值粗于600μm的筛网5%；600 ~ 120μm的筛网50%；细于125μm的筛网10% 。

②标准的筛网标称是按照国际标准组织（ISO）推荐的试验筛孔值。

③这些筛网不在标准系列之内，但因其较常使用故包括在此表内。

④本行以下数值（3 1/2 ~ 400）为每1in线段内的近似孔数，但筛网应按标称的毫米或微米值检验。

附录 5　俄罗斯检验用高精度方孔金属丝织筛网（ГОСТ3584—1953）

筛网号	方孔边长的公称尺寸/mm	孔边长的允许偏差/%		线径/mm	
		平均	最大	公称	允许偏差
2.5	2.50	±5	±10	0.5	±0.02
2	2.00			0.5	
1.6	1.60			0.45	
1.25	1.25			0.4	±0.012
1	1.00			0.35	
09	0.900			0.35	
08	0.800			0.3	0.01
07	0.700			0.3	
063	0.630			0.25	
056	0.560			0.23	
05	0.500			0.22	
045	0.450			0.18	±0.006
04	0.400			0.15	
0335	0.355			0.15	
0315	0.315	±6	±12	0.14	
028	0.280			0.14	
025	0.250			0.13	
0224	0.224			0.13	
02	0.200			0.13	
018	0.180			0.13	
016	0.160	±7	±15	0.12	
014	0.140			0.09	±0.005
0125	0.125			0.09	
0112	0.112			0.08	
01	0.100	±8		0.07	
009	0.090			0.07	
008	0.080				±0.003
0071	0.071				
0063	0.063				
0056	0.056	±9			
005	0.050				
0045	0.045				
004	0.040				

附录6　英国标准筛（B·S·410：1969）

筛号①No.	孔径/mm	孔径平均允许误差/%	线径/mm	筛号①No.	孔径/mm	孔径平均允许误差/%	线径/μm
	16.0	±3	3.15	(18)	850	±3.5	500
	13.2	±3	2.80	(22)	710	±4	450
	11.0	±3	2.50	(2)	600	±4	400
	9.50	±3	2.24	(30)	500	±4	315
	8.00	±3	2.00	(36)	425	±4	280
	6.70	±3	1.80	(44)	355	±4	224
(3)	5.60	±3	1.60	(52)	300	±4	200
(31/2)	4.75	±3	1.60	(66)	250	±4	160
(4)	4.00	±3	1.40	(72)	212	±4.5	140
(5)	3.35	±3	1.25	(85)	180	±5	125
(6)	2.80	±3	1.12	(100)	150	±5	100
(7)	2.36	±3	1.00	(120)	125	±5	90
(8)	2.00	±3	0.90	(150)	106	±5	71
(10)	1.70	±3	0.80	(170)	90	±5	63
(12)	1.40	±3	0.71	(200)	75	±5	50
(14)	1.18	±3	0.63	(240)	63	±5	45
(16)	1.00	±3	0.56	(300)	53	±5	36
				(350)	45	±6	32
				(400)	38	±6	30

注：①新标准中筛号不用，括号内的数值为旧标准中近似对应的筛号。

附录 7　法国标准筛（AFNOR NF $X_{11\sim501}$ Dec. 1970）

主要尺寸	辅助尺寸	主要尺寸	辅助尺寸	主要尺寸	辅助尺寸	主要尺寸	辅助尺寸
/mm				/μm			
125	112	10	9	800	900	80	
100	90	8	7.10	630	710	63	71
80	71	6.3	5.6	500	560	50	56
63	56	5	4.5	400	450	40	45
50	45	4	3.55	315	355	32*	36*
40	35.5	3.15	2.8	250	280	25	28
31.5	28	2.5	2.24	200	224	20	22*
25	22.4	2	1.8	160	180		
20	18	1.6	1.4	125	140		
16	14	1.25	1.12	100	112		
12.5	11.2	1			90		

注：数字底下划横线者为 ISO/R565 所推的数字。

*这三个数值是 35.5，31.5，22.4 的近似值。

附录8 德国标准筛网系列（D1N4189—1968）

网眼尺寸/mm		许用线径/μm	网眼尺寸/mm		许用线径/μm
主系列	辅助系列		主系列	辅助系列	
0.025		22	1		0.22；0.28；0.36
	0.028	22；25			0.5；0.56
0.032		25；28		1.12	0.25；0.32；0.41
	0.036	28；30			0.56
0.04		30；32	1.25		0.25；0.32；0.4；0.56
	0.045	32；36			0.63
0.05		30；36；40		1.4	0.25；0.32；0.45；0.63
	0.056	32；40；45			0.71
0.063		36；40；45；50	1.6		0.28；0.36；0.5；0.71
	0.071	40；45；50；56			0.80
0.08		40；50；56；63		1.8	0.32；0.4；0.56；0.8
	0.09	45；56；63；71	2		0.32；0.4；0.56；0.9
0.1		50；63；71；80		2.24	0.36；0.45；0.63；0.9
	0.112	50；71；80；90	2.5		0.4；0.5；0.7；1
0.125		56；80；90；100		2.8	0.45；0.56；0.8；1.12
	0.14	63；90；100；112	3.15		0.45；0.56；0.8；1.12
0.16		71；100；112；125			1.25
	0.18	80；112；125；140		3.55	0.5；0.63；0.9；1.25
0.2		90；125；140；160	4		0.56；0.71；1；1.4
	0.224	100；125；160；180		4.5	0.63；0.8；1.12；1.6
0.25		100；140；160；200	5		0.71；0.9；1.25；1.6
	0.28	112；160；180；220			1.8
0.315		112；160；200；250		5.6	0.71；0.9；1.25；1.6
	0.355	125；180；220；280			1.8
0.4		125；180；220；250；280		5.6	0.71；0.9；1.25；1.6；1.8
	0.45	140；200；250；320	6.3		0.8；1；1.4；1.8；2
0.5		140；200；250；320		7.1	0.9；1.12；1.4；2
	0.56	160；220；280；360	8		1；1.25；1.6；2；2.2
0.63		160；220；280；400		9	1；1.25；1.6；2.2
	0.71	180；250；320；450	10		1.12；1.4；1.8；2.5
0.8		200；250；320；450；500		11.2	1.12；1.4；1.8；2.5
	0.9	200；250；320；450	12.5		1.25；1.62；2.8
				14	1.4；1.8；2.2；3.2
			16		1.4；1.8；2.2；3.2

附录9 日本标准筛（JISZ8801—1966）

公称尺寸/mm	筛网的开孔			铁丝	
	孔径/mm	允许误差/%		线径/mm	允许误差/mm
		平均	最大		
101.6	101.6	±2	3	7.7	±2.0
88.9	88.9	±2	3	7.3	±2.0
76.2	76.2	±2	3	6.5	±1.6
63.5	63.5	±2	3	5.8	±1.3
50.8	50.8	±2	3	5.2	±1.0
44.4	44.4	±2	3	4.7	±0.9
38.1	38.1	±2	3	4.5	±0.8
31.7	31.7	±2	3	4.2	±0.6
25.4	25.4	±2.5	5	3.9	±0.5
22.2	22.2	±2.5	5	3.7	±0.4
19.1	19.1	±2.5	5	3.5	±0.3
15.9	15.9	±2.5	5	3.1	±0.2
12.7	12.7	±2.5	5	2.8	±0.2
11.1	11.1	±2.5	5	2.5	±0.15
9.52	9.52	±2.5	5	2.3	±0.15
7.93	7.93	±2.5	5	2.0	±0.10
6.73	6.73	±2.5	5	1.8	±0.07
/μm	/mm			/mm	/mm
5660	5.65	±2.5	10	1.600	±0.040
4760	4.76	±2.5	10	1.290	±0.040
4000	4.00	±2.5	10	1.080	±0.040
3360	3.36	±3	10	0.870	±0.030
2830	2.83	±3	10	0.800	±0.030
2380	2.38	±3	10	0.800	±0.030
2000	2.00	±3	10	0.760	±0.030
1680	1.68	±3	10	0.740	±0.025

续表

公称尺寸/mm	筛网的开孔			铁丝	
	孔径/mm	允许误差/%		线径/mm	允许误差/mm
		平均	最大		
1410	1. 41	±3	10	0. 710	±0. 025
1190	1. 19	±3	10	0. 620	±0. 025
1000	1. 00	±5	15	0. 590	±0. 025
840	0. 84	±5	15	0. 430	±0. 025
710	0. 71	±5	15	0. 350	±0. 025
590	0. 59	±5	15	0. 320	±0. 020
500	0. 50	±6	15	0. 290	±0. 020
420	0. 42	±6	25	0. 290	±0. 020
350	0. 35	±6	25	0. 260	±0. 020
297	0. 297	±6	25	0. 232	±0. 015
250	0. 250	±6	25	0. 174	±0. 015
210	0. 210	±6	25	0. 153	±0. 015
177	0. 177	±6	25	0. 141	±0. 015
149	0. 149	±6	40	0. 105	±0. 015
125	0. 125	±6	40	0. 087	±0. 015
105	0. 105	±6	40	0. 070	±0. 010
88	0. 088	±7	40	0. 061	±0. 010
74	0. 074	±7	60	0. 053	±0. 010
63	0. 063	±7	60	0. 039	±0. 005
53	0. 053	±8	60	0. 038	±0. 005
44	0. 044	±8	60	0. 028	±0. 005
37	0. 037	±8	90	0. 026	±0. 005

附录 10　国际标准组织推荐筛网系列（ISO/R565—1972）

主要系列尺寸（R20/3）/mm	辅助系列尺寸/mm		主要系列尺寸（R20/3）/μm	辅助系列尺寸/mm	
	具有 2 个中间值（R20）	具有 1 个中间值（R40/3）		具有 2 个中间值（R20）	具有 1 个中间值（R40/3）
125	125	125		900	850
	112	106		800	
	100		710	710	710
90	90.0	90.0		630	600
	80.0	75.0		560	
	71.0		500	500	500
63.0	63.0	63.0		450	425
	56.0	53.0		400	
	50.0		355	355	355
45.0	45.0	45.0		315	300
	40.0	37.5		280	
	35.5				
31.5	31.5	31.5	250	250	250
	28.0	26.5		224	212
	25.0			200	
22.4	22.4	22.4			
	20.0	19.0	180	180	180
	18.0			160	150
16.0	16.0	16.0		140	
	14.0	13.2			
	12.5		125	125	125
11.2	11.2	11.2		112	106
	10.0	9.5		100	
	9.00				
5.60	5.60	5.60	90	90	90
	5.00	4.75		80	75
	4.50			71	

续表

主要系列尺寸（R20/3）/mm	辅助系列尺寸/mm		主要系列尺寸（R20/3）/μm	辅助系列尺寸/mm	
	具有 2 个中间值（R20）	具有 1 个中间值（R40/3）		具有 2 个中间值（R20）	具有 1 个中间值（R40/3）
4.00	4.00	4.00			
	3.55	3.35	63	63	63
	3.15			56	53
2.80	2.80	2.80		50	
	2.50	2.36			
	2.24		45	45	45
2.00	2.00	2.00		40	38
	1.80	1.70		36	32
	1.60			32	26
1.40	1.40	1.40		28	22
	1.25	1.18		25	
	1.12			22	
1.00	1.00	1.00		20	

附录 11　各种筛网对照表

筛孔净宽名义尺寸/mm	$1cm^2$的筛孔数	筛目		相当于德国筛号/（筛孔数/cm）
		筛孔数/（个/in）	筛孔净宽/mm	
5.0	2.3～2.7	—	—	—
4.0	3.2～4	5	3.962	—
3.3	4.4～5.8	6	3.372	—
2.8	6.2～7.8	7	2.794	—
2.3	8.4～11.0	8	2.362	—
2.0	11.0～13.8	9	1.981	—
1.7	14.4～19.4	10	1.651	4
1.4	20～26	12	1.397	5
1.2	28～35	14	1.168	6
1.0	40～48	16	0.991	—
0.85	50～64	20	0.883	8
0.70	76～90	24	0.701	—
0.60	100～124	28	0.589	10
0.50	140～177	32	0.495	12
0.42	194～244	35	0.417	14
0.355	250～325	42	0.351	16
0.30	372～476	48	0.295	20
0.25	540～660	60	0.246	24
0.21	735～920	65	0.208	30
0.18	990～1190	80	0.175	—
0.15	1370～1760	100	0.147	40
0.125	1980～2400	115	0.124	50
0.105	2640～3270	150	0.104	60
0.085	4070～5100	170	0.089	70
0.075	5500～6970	200	0.074	80
0.063	7200～9400	250	0.061	100
0.053	10200～12900	270	0.053	—
0.042	16900～19300	325	0.043	—

附录 12　测温锥的软化温度与锥号对照表

标定软化温度/℃	我国采用的锥号	塞格尔锥号/(S·K)	标定软化温度/℃	我国采用的锥号	塞格尔锥号/(S·K)
600	60	022	1280	128	9
650	65	021	1300	130	10
670	67	020	1320	132	11
690	69	019	1350	135	12
710	71	018	1380	138	13
730	73	017	1410	141	14
750	75	016	1430	143	15
790	79	015	1460	146	16
815	81	014	1480	148	17
835	83	013	1500	150	18
855	85	012	1520	152	19
880	88	011	1530	153	20
900	90	010	1540	154	—
920	92	09	1580	158	26
940	94	08	1610	161	27
960	96	07	1630	163	28
980	98	06	1650	165	29
1000	100	05	1670	167	30
1020	102	04	1690	169	31
1040	104	03	1710	171	32
1060	106	02	1730	173	33
1080	108	01	1750	175	34
1100	110	1	1770	177	35
1110	—	2	1790	179	36
1120	112	—	1820	182	—
1140	114	3	1830	183	37
1160	116	4	1850	185	38
1180	118	5	1880	188	39
1200	120	6	1920	192	40
1230	123	7	1960	196	41
1250	125	8	2000	200	42

注：21 ~ 25 的塞格尔三角锥已不再制造，因为它们的熔点太接近了。